W0258565

Bergbaumechanik

Maercks/Ostermann

Bergbaumechanik

Lehrbuch für bergmännische Lehranstalten
Handbuch für den praktischen Bergbau

Siebente neubearbeitete Auflage

Von

Dr.-Ing. W. Ostermann

Springer-Verlag
Berlin Heidelberg GmbH
1968

Dr.-Ing. W. OSTERMANN

Lehrer i. R. an der Bergschule Bochum

Alle Rechte vorbehalten.

Kein Teil dieses Buches darf ohne schriftliche Genehmigung des Springer-Verlages übersetzt oder in irgendeiner Form vervielfältigt werden.

Copyright © 1938, 1940, 1950, 1954, 1960 and 1968 by Springer-Verlag Berlin Heidelberg

Ursprünglich erschienen bei Springer-Verlag Berlin Heidelberg New York 1968

Softccover reprint of the hardcover 7th edition 1968

Library of Congress Catalog Card Number: 68–21408

ISBN 978-3-642-92966-3   ISBN 978-3-642-92965-6 (eBook)

DOI 10.1007/978-3-642-92965-6

Die Wiedergabe von Gebrauchsnamen, Handelsnamen, Warenbezeichnungen usw. in diesem Buche berechtigt auch ohne besondere Kennzeichnung nicht zu der Annahme, daß solche Namen im Sinne der Warenzeichen- und Markenschutz-Gesetzgebung als frei zu betrachten wären und daher von jedermann benutzt werden dürften

Titelnummer 0648

Vorwort

Die Entwicklung an den bergmännischen Lehranstalten, insbesondere die Gründung der Ingenieurschulen für Bergwesen, war nur der äußere Anlaß für eine durchgreifende Änderung der „Bergbaumechanik". Diese ergibt sich vor allem aus der Einführung der internationalen Formelzeichen, des internationalen Einheitensystems, allerdings mit der technischen Krafteinheit Kilopond (kp), sowie der grundsätzlichen Darstellung der Gesetze als Größengleichungen.

Die m-kg-s-(kp)-Einheitenzusammenstellung fordert eine Abrede ihrer Handhabung, auf die einleitend hingewiesen ist. Sie soll aber die allmähliche Überleitung in das Rechnen mit dem internationalen Einheitensystem mit der kohärenten Krafteinheit Newton (N) vorbereiten.

Die grundsätzliche Verwendung von Größengleichungen ist eine seit langem gestellte Forderung vor allem auch der Kultusminister. Sie schließt jedoch nicht die Wiedergabe von oft gebrauchten Zahlenwertgleichungen aus, die umfangreiche Rechnungen z. B. in Tabellen erleichtern. Zur Darstellung mancher technischer Größen sind sie vielfach unentbehrlich. Hier sollen die teilweise unübersichtlichen, oft maßbehafteten „Konstanten" solcher Zahlenwertgleichungen abgeleitet werden.

Die Wiedergabe von Beispielen aus dem Bergbau mit der Ableitung ihrer besonderen Gesetze wurde erweitert. In dem Kapitel „Anwendungen der Gesetze bei der Förderung im Bergbau" am Ende der Dynamik wurde ein Teil dieser Beispiele zusammengefaßt. Eine Neufassung erfuhr die Behandlung der Rutschsicherheit bei der Band- und Treibscheibenförderung. Für die Anwendung der Strömungslehre auf die Wetterbewegung im Bergbau unter Tage konnten neuere Forschungsergebnisse für die Reibungszahl im „Übergangsgebiet" mit verschiedenen „Grenzkurven" aufgenommen werden.

Wo es sich anbot, wurde der Stoff gekürzt bzw. gestrafft. Dennoch sollte die in vielen Auflagen bewährte ausführlichere Darstellung bei der Ableitung und Einführung in die Anwendung der Gesetze beibehalten werden. Das Buch dient nicht nur als Lehrbuch für bergmännische Lehranstalten aller Art, sondern auch als Handbuch für den Betriebsbeamten. Gerade für diese ist aber die Möglichkeit der Benutzung des Buches zum Selbststudium von besonderem Wert.

Der Unterstützung vieler Kollegen sowie der Maschinentechnischen Abteilung und der Prüfstelle für Grubenbewetterung der Westfälischen Berggewerkschaftskasse Bochum verdanke ich manche Anregungen.

Insbesondere bin ich meinem Kollegen, Herrn Dipl.-Ing. SCHRIEVER für viele Anregungen sowie die Durchsicht der Korrekturfahnen, Herrn Dipl.-Ing. SCHLITT für die Bearbeitung des Kapitels Lokomotivförderung und meinem Sohn Dipl.-Ing. W. OSTERMANN für die Unterstützung bei den Kapiteln Planung von Kratzerförderern in Verbindung mit schälender und schneidender Gewinnung zu Dank verpflichtet.

Der Westfälischen Berggewerkschaftskasse sei dafür gedankt, daß sie auch bei dieser Auflage wieder das Zeichenbüro der Ingenieurschule für Bergwesen für die umfangreiche Zeichenarbeit zur Änderung oder Erneuerung von Abbildungen zur Verfügung stellte. Herrn STEIN danke ich besonders für die mustergültige Ausführung der Zeichnungen.

Dem Verlag danke ich für das freundliche Eingehen auf meine Wünsche und die große Sorgfalt der Ausstattung, die er dem Buch gegeben hat.

Bochum, im Frühjahr 1968

Walter Ostermann

Inhaltsverzeichnis

Zweiter Abschnitt

Dynamik fester Körper

Inhaltsverzeichnis IX

Seite

Dritter Abschnitt

Festigkeitslehre

Verzeichnis der Tabellen

Verzeichnis der Zahlentafeln

Formelzeichen

	Formelzeichen	bevorzugte Einheiten	
Statik und Dynamik			
Kraft, Last	F	kp, Mp	
Stützkräfte	F_A, F_B		
Belastungskräfte	F_1, F_2		
Resultierende Kraft	$F_{1,2}$ oder F_M		
Reibkraft	F_R		
Normalkraft	F_N		
Seilkraft, Bandkraft	F_S, F_{S_1}, F_{S_2}	kp, Mp	
Umfangskraft	F_U		
Fliehkraft	F_C		
Kraftkomponenten in X- oder Y-Richtung	F_x, F_y		
Gewichtskraft	G	kp, Mp	
Masse	m	kg, t	
Volumen, Rauminhalt	V	m³	
Wichte	γ	kp/m³	
Dichte	ϱ	kg/m³	
Spezifisches Volumen	v	m³/kg	$v = \dfrac{V}{m} = \dfrac{1}{\varrho}$
Reibungszahl	μ	—	
Haftreibzahl	μ_0	—	
Reibungswinkel	ϱ	° ′ ″	
Hebelarm der rollenden Reibung	f	cm	
Streckenlast	q	kp/m	
Fläche, Querschnitt	A	m², cm²	
Moment einer Kraft	M	kpm, kpcm	Drehmoment M_d
Dynamisches oder Massenträgheitsmoment	J_d	kg m²	
Schwungmoment	GD_i^2	kp m²	
Trägheitshalbmesser	i	m	Trägheitsdurchm. D_i
Reduzierte Masse	m_{red}	kg	
Reduzierte Gewichtskraft	G_{red}	kp, Mp	
Zeit	t	s, min, h	
Geschwindigkeit	v	m/s, km/h	
Winkelgeschwindigkeit	ω	s⁻¹	
Beschleunigung	a	m/s²	
Winkelbeschleunigung	ε	s⁻²	
Drehzahl	n	min⁻¹	
Drehwinkel	φ	—	
Übersetzungsverhältnis	i	—	
Mengenstrom, Volumenstrom	$\dot{V}$	m³/h, m³/s	
Mengenstrom, Massenstrom	$\dot{m}$	t/h, kg/s	
Gewichtskraft des Mengenstromes	$\dot{V} \cdot \gamma$	Mp/h, kp/s	
Arbeit	W	kp m, kWh	
Energie, Arbeitsvermögen	E, W	kp m, kWh	
Leistung	P	kp m/s, kW, PS	
Wirkungsgrad	η	—	

Formelzeichen (Fortsetzung)

	Formelzeichen	bevorzugte Einheiten	
Förderung im Bergbau (Abschnitte 63 bis 66)			
Radumfangskraft	F_{Ra}	kp, Mp	Grenz-Radumfangskraft F_{Rag}
Zughakenkraft der Lokomotive	F_{Ha}	kp, Mp	
Eigenbedarfskraft der Lokomotive	F_L	kp, Mp	
Reibwert des gesamten Fahrwiderstandes	μ_f	—	$\mu_f = \mu_R + \mu_{Sp}$
Steigungsbeiwert	μ_S	—	$\mu_S = \tan\alpha \approx \widehat{\alpha}$
Beschleunigungsbeiwert	μ_m	—	$\mu_m = \dfrac{a}{g}\left(1 + \dfrac{m_{R\text{red}}}{m}\right)$
Haftreibwert zwischen Rad und Schiene	μ_0		
Einfallen	α	°Altgrad, g Neugrad	$90° = 100^g$ (gon)
Flözmächtigkeit	h_{Fl}	m	h_k: der Kohle h_B: der Berge
Dichte der anstehenden Kohle	ϱ_K	kg/fm³	
Wichte der anstehenden Kohle	γ_K	kp/fm³	
Schüttdichte	ϱ_H	t/rm³	
Schüttwichte	γ_H	Mp/rm³	
Schüttungszahl	S_{Fl}	rm³/fm³	
Arbeitszeit vor Ort	t_{avo}	min	z. B. je Schicht min/S
reine Laufzeit der Gewinnungsmaschine	t_L	min	z. B. je Schicht min/S
Zeitausnutzungsgrad der Gewinnung	η_t	—	$\eta_t = \dfrac{t_L}{t_{avo}}$
Schnittbreite der Gewinnungsmaschine	$\triangle b$	m	
Schnittbreite während der Bergfahrt	$\triangle b_B$	m	
Schnittbreite während der Talfahrt	$\triangle b_T$	m	
Hobel-Marschgeschwindigkeit	v_H	m/s	
Hobel-Marschgeschwindigkeit bei Bergfahrt	v_{HB}	m/s	
Hobel-Marschgeschwindigkeit bei Talfahrt	v_{HT}	m/s	
Schrämmaschinen-Marschgeschwindigkeit	v_G	m/min	
Schrämmaschinen-Marschgeschwindigkeit bei Bergfahrt	v_{GB}	m/min	
Schrämmaschinen-Marschgeschwindigkeit bei Talfahrt	v_{GT}	m/min	
Netto-Flächenverhieb	$\dot{A}_N$	m²/min	bezogen auf reine Maschinenlaufzeit
Brutto-Flächenverhieb	$\dot{A}_{Br}$	m²/S	bezogen auf gesamte Schichtzeit
Abbaugeschwindigkeit (Abbaufortschritt)	v_A	m/S, m/d	
Verhältnis von Hobelberg-zu-talfahrtgeschwindigkeit	f	—	$f = \dfrac{v_{HB}}{v_{HT}}$

Formelzeichen (Fortsetzung)

	Formel- zeichen	bevorzugte Einheiten	
Fördergeschwindigkeit	v_F	m/s	
Füllquerschnitt des Förderers	$A_{F\ddot{u}}$	m²	
Beladungsquerschnitt	A_B	m²	
Beladungsquerschnitt bei Bergfahrt der Gewinnungsmaschine	A_{BB}	m²	
Beladungsquerschnitt bei Talfahrt der Gewinnungsmaschine	A_{BT}	m²	
Förderstrom, Massenstrom	$\dot{m}$	t/h	
Förderstrom, Volumenstrom	$\dot{V}$	rm³/h	
Gewinnungsmenge je Schicht	$\dot{V}_S$	fm³/S	
Gewichtskraft der Beladung	q_B	kp/m	
Gewichtskraft der Kette oder der Matte	q_K	kp/m	
Gewichtskraft des Gummigurtes	q_G	kp/m	
Festigkeitslehre			
Normalspannung	σ	kp/cm²	
Schubspannung	τ	kp/cm²	
zulässige Normalspannung	σ_{zul}	kp/cm²	
zulässige Schubspannung	τ_{zul}	kp/cm²	
Sicherheit	ν	—	
Elastizitätsmodul	E	kp/cm²	
Gleitmodul	G	kp/cm²	
Dehnung	ε	—	$\varepsilon = \dfrac{\triangle l}{l_0}$
Schiebung, Gleitung	γ	—	
Flächenträgheitsmoment	J	cm⁴	Axiales: J_x, J_y Polares: J_p
Widerstandsmoment	W	cm³	Axiales: W_x, W_y Polares: W_p
Biegemoment	M_b	kp cm, kp m	
Torsionsmoment, Verdrehungs- moment	M_t	kp cm, kp m	
Durchbiegung	f	cm	
Verdrehungswinkel	φ	—	
Knickkraft	F_k	kp, Mp	
Knickspannung	σ_k	kp/cm²	
Schlankheitsgrad	λ	—	
Knickzahl	ω	—	
Strömungsmechanik			
Fläche	A	m²	
Gleichwertige Grubenweite	A_w	m²	
Umfang	U	m	
mittlere Rauhigkeitshöhe	k	mm	
Strömungswinkel	α	—	
Schaufelwinkel	β	—	
Geschwindigkeit	c, w, u	m/s	abs. Geschw. c relat. Geschw. w Umfangs- oder Führungsgeschw. u

Formelzeichen (Fortsetzung)

	Formel- zeichen	bevorzugte Einheiten	
Druck	p	kp/m², kp/cm², at Torr mm WS m WS	
Statischer Druck	p_s		
Dynamischer Druck	p_d		
Gesamtdruck	p_g		
Druckhöhe, Förderhöhe	H	m	$H = \dfrac{p}{\gamma}$
Widerstandshöhe	Hw	m	
Rohrreibungszahl	λ	—	
Widerstandszahl	ζ	—	
Dynamische Viskosität	η	kps/m²	
Kinematische Viskosität	ν	m²/s	
Reynoldssche Zahl	Re	—	

Einleitung

1. Teilgebiete der technischen Mechanik

Die Mechanik ist ein Teilgebiet der Physik und befaßt sich mit den Kräften und den Wirkungen dieser Kräfte auf die Körper. Dabei stützt sich die Lehre der Mechanik auf Erfahrungen bei der Beobachtung von Naturvorgängen. Diese allgemeinen Beobachtungen werden durch planmäßig durchgeführte Versuche ergänzt.

Die sinnfälligste Wirkung der Kräfte ist die Bewegung. Während die Kraft für uns eine nicht leicht faßliche und zu erklärende Erscheinung ist, lassen sich die reine Bewegung und ihre Gesetze aus unserer Anschauung heraus wesentlich leichter verstehen, da sie an die allgemeinen Begriffe Raum und Zeit anknüpfen. Bewegung ist die zeitlich betrachtete Änderung der räumlichen Lage eines Körpers.

Nach dem Aggregatzustand unterscheiden wir feste, flüssige und gasförmige Körper. Bei den festen Körpern haben wir zwischen starren, in ihrer Gestalt völlig unveränderlichen, und verformbaren Körpern zu unterscheiden. Es ist zweckmäßig, bei den festen Körpern zunächst nicht auf die verhältnismäßig geringen Formänderungen einzugehen, sondern die Körper als *absolut starr anzusehen*.

Dies ist die Voraussetzung für die ersten beiden Teilgebiete der Mechanik, nämlich der *Dynamik* und der *Statik*.

Innerhalb der *Dynamik* werden zunächst Betrachtungen über die Bewegung, ihre Merkmale sowie den Bewegungsablauf nach rein räumlichen und zeitlichen Gesichtspunkten angestellt. Die dabei wirkenden Kräfte bleiben außer Betracht. Eine solche Aufgabe gehört in das Gebiet der *Bewegungslehre* oder *Kinematik*. Die eigentliche Dynamik verbindet die kinematischen Gesetze mit den wirkenden Kräften.

In der *Statik* wird das Zusammenwirken von äußeren Kräften an einem Körper oder an Körpersystemen und inneren Kräften in Körpersystemen sowie deren Wirkung auf benachbarte Körper untersucht. Dabei werden die Körper nicht nur als starr, sondern auch als im Gleichgewicht befindlich angenommen. Bei diesen Untersuchungen benutzt man sowohl die zeichnerische Darstellung als auch die Rechnung. Während sich die Statik zunächst mit dem idealen Zustand reibungsfreier Systeme befaßt, behandelt das anschließende Gebiet die Reibungslehre bei festen Körpern.

Je nach dem Aggregatzustand der bewegten Körper unterscheiden wir die *Dynamik fester Körper*, kurz Dynamik, die Dynamik der Flüssigkeiten, auch *Hydrodynamik* genannt, und die Dynamik gasförmiger Körper, die *Aerodynamik*. Die Dynamik flüssiger und gasförmiger Körper ist in diesem Buch in der Strömungsmechanik zusammengefaßt.

Bei festen Körpern treten Formänderungen infolge der von außen wirkenden Kräfte auf. Diesen setzen die Körper innere Kräfte entgegen. Die Ermittlung der Formänderungen, der inneren Kräfte und der damit zusammenhängende Formänderungswiderstand der Körper wird in der *Festigkeitslehre* behandelt.

2. Einheitensysteme, Größengleichungen

a) Einheiten, Einheitensysteme

Jede physikalische Größe ist das Produkt aus Zahlenwert und Einheit. Als Grundeinheiten werden in diesem Buch die *Länge* in m, die *Masse* in kg und die *Zeit* in s verwendet. Diese Grundeinheiten sind im *internationalen Einheitensystem*, kurz als SI-Grundeinheiten bezeichnet, als m-kg-s-System zusammengestellt. Bei diesem System wird die Kraft als abgeleitete Größe in N (Newton) = kg m/s^2 gemessen. Im Gegensatz dazu wird in diesem Buch die Kraft (Gewichtskraft) in kp noch als technische Krafteinheit benutzt.

Es sei hier darauf hingewiesen, daß zur Vermeidung der Doppeldeutigkeit des Wortes *Gewicht* gemäß DIN 1305 vom Januar 1964 in diesem Buch bei Angaben im Sinne einer Kraft das Wort „*Gewichtskraft*" dagegen bei Angaben von Mengen im Sinne eines Wägeergebnisses das Wort „Masse" benutzt wird.

Es spricht sicher viel dafür, zum internationalen Einheitensystem mit der kohärenten Krafteinheit N überzugehen, und es ist dazu in den letzten Jahren sehr viel geschrieben worden. Die Krafteinheit kp (p, Mp usw.) hat jedoch den Vorteil, daß die Tabellen spezifischer Größen ohne Umrechnung verwendet werden können, da die Masse in kg denselben Zahlenwert hat wie die Gewichtskraft in kp. Man beachte jedoch stets die Einheit.

Die Verwendung der m-kg-s-(kp)-Einheiten*zusammenstellung* soll jedoch den Übergang zum internationalen Einheiten*system* vorbereiten. Die Umrechnung von Massenkräften mit $9{,}81 \; \dfrac{N}{kp} = 9{,}81 \; \dfrac{kg \, m}{s^2 \, kp}$ bereitet nicht allzu große Schwierigkeiten. Da aber das internationale Einheitensystem bestimmte Größen oder Einheiten aufgibt bzw. sogar neue Größen an Stelle entsprechender Größen des technischen Einheitensystems einführt, ist eine Vereinbarung für das Arbeiten mit der m-kg-s-(kp)-Einheitenzusammenstellung erforderlich. Dazu sei auf die nachfolgende Zusammenstellung einiger Größen und Einheiten hingewiesen:

	m—kg—s—(kp)- Einheitenzusammenstellung	m—kg—s- Einheitensystem
Dichte, (Wichte)	neben ϱ in kg/m³ bisher noch γ in kp/m³	nur noch ϱ in kg/m³
Energie	bisher noch 1 kcal = 427 kp m	nur 1 J (Joule) = 1 N m
Druckeinheiten	kp/m² 10 kp/m² = 0,736 Torr	N/m² 10^5 N/m² = 1 bar
Druckhöhe (Förderhöhe)	$H = \dfrac{p}{\gamma}$ in m $\left(\dfrac{\text{kp m}}{\text{kp}}\right)$	—
Spezifische Arbeit (Spezifische Strömungsarbeit)	$\dfrac{p}{\varrho}$ in $\dfrac{\text{kp m}}{\text{kg}}$	$Y = \dfrac{p}{\varrho}$ in $\dfrac{\text{N m}}{\text{kg}}\left(\dfrac{\text{m}^2}{\text{s}^2}\right)$
Dynamische Viskosität η	kp s/m²	1 N s/m² = 10 P (Poise)

Für die Umrechnung von SI-Einheiten in technische Einheiten und umgekehrt werden in diesem Buch an gegebener Stelle Umrechnungsfaktoren gebracht.

Gelegentlich muß in den Gesetzen von einer Grundform ausgegangen werden, die nur im internationalen Einheitensystem gültig ist. Für den Übergang zur m-kg-s-(kp)-Einheitenzusammenstellung wird zugelassen:

$$\text{für } \quad G = m \cdot g \qquad \text{die Beziehung:} \qquad m = \frac{G}{g} \quad \text{und}$$

$$\text{für } \quad \gamma = \varrho \cdot g \qquad \text{die Beziehung:} \qquad \varrho = \frac{\gamma}{g}$$

Diese Beziehungen sind nicht als Definition der Masse m oder der Dichte ϱ aufzufassen. Sie dienen lediglich der Überführung der Gleichungen auf die m-kg-s-(kp)-Einheitenzusammenstellung, die hier allgemein verwendet wird.

Ein Förderstrom kann sinnvoll lediglich als Volumenstrom $\dot{V}$ z. B. in m³/h oder als Massenstrom $\dot{m} = \dot{V} \cdot \varrho$ z. B. in t/h angegeben werden. In technischen Rechnungen werden aber vielfach die Kräfte an Förderern benötigt, für die die Gewichtskraft des Förderstromes bekannt sein muß. Dieser wird angegeben durch $\dot{V} \cdot \gamma$ z. B. in Mp/h und es hat diese Gewichtskraft in Mp/h denselben Zahlenwert wie der Förderstrom in t/h.

b) Größengleichungen, Zahlenwertgleichungen

Die in der Mechanik aufgestellten Gleichungen sind nach DIN 1313 Größengleichungen, in denen die Formelzeichen für die physikalische

Größe selbst stehen. Demgegenüber stehen nach J. WALLOT in Zahlenwertgleichungen die Formelzeichen für die Zahlenwerte der physikalischen Größen[1].

Nach dieser Definition könnte man jedes physikalische Gesetz als Zahlenwertgleichung behandeln:

$$v = \frac{s}{t} = \frac{200}{5} = 40 \tag{2,1a}$$

Diese Schreibweise ist aber wenig sinnvoll, da die Einheiten der gegebenen und errechneten Größen nicht erkennbar sind. In diesem Buch wird diese Schreibweise auch nicht benutzt. Das obige Geschwindigkeitsgesetz wird vielmehr als *Größengleichung* behandelt:

$$v = \frac{s}{t} = \frac{200\,\text{m}}{5\,\text{s}} = 40\,\text{m/s} \tag{2,1}$$

Führen wir dagegen in Gleichungen Umrechnungsfaktoren ein, um das Ergebnis damit in einer gewünschten Einheit zu erhalten, so sind damit auch die Einheiten aller übrigen Größen festgelegt. Wir haben dann eine *Zahlenwertgleichung*:

$$v = \frac{\pi \cdot d \cdot n}{60} \quad\left|\quad \begin{array}{l} d \;\;\text{in}\;\; \text{m} \\ n \;\;\text{in}\;\; \text{min}^{-1} \\ v \;\;\text{in}\;\; \text{m/s} \end{array}\right. \tag{2,2a}$$

und man schreibt dann z. B.

$$v = \frac{3{,}14 \cdot 2 \cdot 120}{60} = 12{,}56 \;\; \text{in} \;\; \text{m/s}$$

Zahlenwertgleichungen sind in diesem Buch gekennzeichnet und haben eine Legende der vorgeschriebenen Einheiten, wie es zu Gl. (2,2a) gezeigt ist. Diese Legende sollte bei Benutzung einer Zahlenwertgleichung stets angegeben werden. Wenn in diesem Buch bei Rechnungen mit Zahlenwertgleichungen auf die Wiederholung der Legende verzichtet wird, so deshalb, weil angenommen werden kann, daß für die durch Nummer angezogene Gleichung die Einheiten in der dort aufgeführten Legende nachgeprüft werden.

In Zahlenwertgleichungen werden die Formelzeichen durch ihren Zahlenwert ersetzt, jedoch kann nach FLEGLER[1] hinter das Zahlenergebnis die Einheit mit dem Wort „in" angefügt werden (das Wort „in" steht als Abkürzung für „gemessen in"). Siehe Berechnung zu Gl. (2,2a).

Man sollte jedoch derartige Gleichungen als *Größengleichungen* aufstellen und behandeln:

$$v = \pi \cdot d \cdot n = \frac{3{,}14 \cdot 2\,\text{m} \cdot 120\,\text{min}^{-1}}{60\,\text{s/min}} = 12{,}56\,\text{m/s} \tag{2,2}$$

---

[1] Siehe auch FLEGLER, EUGEN: Die physikalischen Gleichungen und ihre Schreibweise, Elektrotechnische Zeitschrift A, 1964, S. 598/605.

Da Einheiten wie Zahlenwerte kürzbar sind, läßt sich mit dieser Schreibweise die vollständige Gleichung mit Zahlenwerten und Einheiten übersehen. Aus diesem Grunde wird *heute die Größengleichung bevorzugt*. Zahlenwertgleichungen sind in Veröffentlichungen und Vorträgen abzulehnen, da die notwendige Angabe der Einheiten umständlich ist und Mißverständnisse oder Fehler nicht zu vermeiden sind.

Bei der Rechnung mit Größengleichungen kann jedoch empfohlen werden, die gegebenen Größen auf ihre Einheit zu prüfen, und soweit es übersehen werden kann, vorher in Einheiten umzurechnen, die ohne eine allzu große Vielzahl von Umrechnungsfaktoren zu dem Ergebnis in einer gewünschten Einheit führt.

Statik fester Körper

I. Zusammensetzen und Zerlegen von Kräften in der Ebene

3. Grundlagen

In der Statik werden die festen Körper als starr, d. h. unverformbar und unzerstörbar angenommen. Ihre Formen und ihre Abmessungen spielen deshalb meist keine Rolle. Die Körper haben vielmehr die Aufgabe, die gegenseitige Lage der angreifenden Kräfte genau festzulegen. In vielen zeichnerischen Betrachtungen der Statik läßt man die Körper überhaupt fort und zeichnet nur die Kräfte.

Äußere Kräfte wirken von außen auf einen Körper ein. *Innere Kräfte* liegen nur im Innern eines Körpers oder Körpersystems vor. Die inneren Kräfte heben sich gegenseitig auf und treten nach außen nicht in Erscheinung.

Wir unterscheiden Druck- und Zugkräfte. Eine *Druckkraft* tritt auf, wenn ein Körper gegen einen anderen drückt (z. B. Förderwagenpuffer). Sie ist also zum Körper, auf den sie sich bezieht, hin gerichtet. Eine *Zugkraft* liegt vor, wenn ein Körper von einem anderen gezogen wird (z. B. Kupplung am Förderwagen). Sie ist also vom Körper, auf den sie sich bezieht, weggerichtet. Seile und Ketten können nur Zugkräfte übertragen.

Die Kraft, mit der die Erde einen Körper anzieht, nennt man seine *Gewichtskraft*.

Die *Einheit der Kraft* heißt *Kilopond* (kp), sie ist gleich der Gewichtskraft des Urkilogramms, das in Paris aufbewahrt wird[1].

Der 1000ste Teil des kp heißt Pond (p), der 1000fache Betrag Megapond (Mp).

Um die Kraftwirkung beurteilen zu können, muß von der Kraft folgendes bekannt sein:

Die *Größe* (der Betrag) der Kraft in kp, Mp usw.,

die *Lage* der Kraft, d. h. ihre Wirkungslinie (*Wirklinie*) am Körper, z. B. gekennzeichnet durch die Angabe des Winkels, den die Wirklinie mit einer angenommenen Nullinie bildet (Abb. 3,1),

die *Richtung* der Kraft, gekennzeichnet durch den Richtungspfeil.

---

[1] Siehe Dynamik, Abschn. 48.

Satz 1: Die Bestimmungsstücke einer Kraft sind a) *Größe,* b) *Lage der Wirklinie,* c) *Richtung.*

Zur *zeichnerischen Darstellung* einer Aufgabe der Statik, bei der eine oder mehrere Kräfte an einem Körper oder Körpersystem angreifen, werden im *Lageplan* nach Satz 1 die Größen der Kräfte, ihre Richtungen und ihre Wirklinien angegeben (Abb. 3,1). Zur Kennzeichnung der Entfernung der Angriffspunkte von Kräften und ihre Lage am Körper gibt man den *Längenmaßstab* an (z. B. Maßstab 1 : 100). Die Größe der Kräfte gibt man jedoch im Lageplan im allgemeinen nur an mit ihrem Formelzeichen und dem Zahlenwert mit Maßeinheit (z. B. $F_2 = 100$ kp).

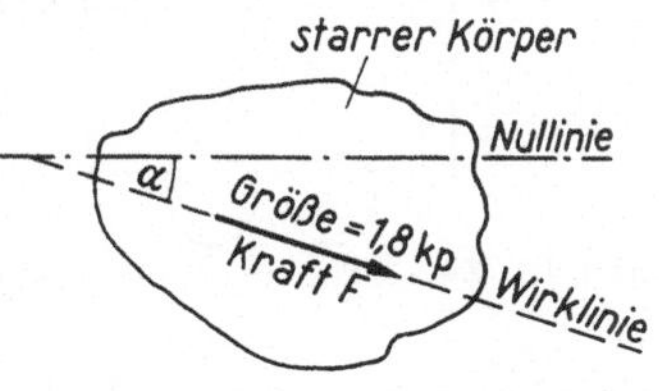

Abb. 3,1. Bestimmungsstücke einer Kraft

Die zeichnerische Untersuchung des Zusammenwirkens mehrerer Kräfte erfolgt in einem *Kräfteplan*, in dem die Kräfte durch Größe, Lage der Wirklinie und Richtungssinn auf der Wirklinie gekennzeichnet sind. Bei getrennter Zeichnung des Kräfteplanes und Lageplanes müssen die Wirklinien im Kräfteplan zu den Kraftrichtungen im Lageplan parallel gezeichnet werden. Die Kräfte werden hier jedoch immer in einem *Kräftemaßstab* als Strecken dargestellt. Man wählt ihn entsprechend der verfügbaren Zeichenfläche und gibt ihn z. B. in der Form an

$$\text{Kräftemaßstab: 1 cm} \triangleq 100 \text{ kp}$$

(lies: 1 cm entspricht 100 kp)

Es empfiehlt sich meist, den Kräfteplan getrennt vom Lageplan zu zeichnen. Dann sind die Kräfte im Lageplan mit ihren Wirklinien und ihren Größen, diese jedoch nur unter Angabe der Zahlenwerte mit Maßeinheit dargestellt. Im Kräfteplan sind die Kräfte nur mit Wirklinie und Richtungssinn, mit ihrer Größe jedoch im angegebenen Kräftemaßstab, gezeichnet. Den Richtungspfeil setzt man zweckmäßig an das Ende der Strecke, durch die die Kraft dargestellt wird.

4. Zusammensetzen von Kräften mit gleicher Wirklinie

Unter Zusammensetzen von Kräften versteht man die Ermittlung ihrer Gesamtwirkung. Wirken an einem Körper zwei oder mehrere Kräfte, so könnte die gleiche Wirkung hervorgerufen werden durch eine Einzelkraft, die man als *Mittelkraft* oder *Resultierende* F_M (oder auch $F_{1,2}$ usw.) bezeichnet. Sie kann zeichnerisch oder rechnerisch ermittelt werden.

In Abb. 4,1 wird ein Förderwagen von zwei Arbeitern bewegt; der eine drückt gegen den Förderwagen mit einer Kraft $F_1 = 80$ kp, der andere zieht in derselben Kraftrichtung mit der Kraft $F_2 = 60$ kp.

Abb. 4,2 zeigt im Kräfteplan die zeichnerische Ermittlung der Resultierenden, die durch Addition der im Kräftemaßstab gezeichneten Kräfte F_1 und F_2 gefunden wird. Da im Kräfteplan nur die Wirkungslinie und die Kraftrichtung neben der Größe der Kraft gezeigt werden, kann die Resultierende parallel zu $F_1 + F_2$ gezeichnet werden. Wenn die Resultierende die gleiche Wirkung wie die beiden Einzelkräfte zusammen haben soll, muß ihre Richtung mit derjenigen der Einzelkräfte übereinstimmen.

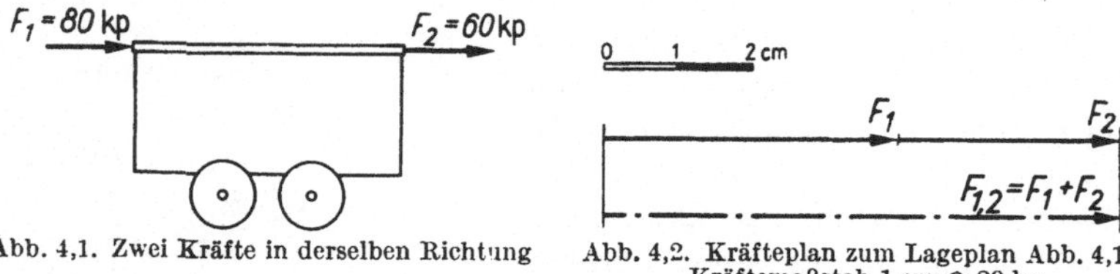

<table>
<tr><td>Abb. 4,1. Zwei Kräfte in derselben Richtung</td><td>Abb. 4,2. Kräfteplan zum Lageplan Abb. 4,1,
Kräftemaßstab 1 cm ≙ 20 kp</td></tr>
</table>

Rechnerisch ergibt sich die Resultierende

$$F_{1,2} = F_1 + F_2 = 60 \text{ kp} + 80 \text{ kp} = 140 \text{ kp}$$

In Abb. 4,3 drücken zwei Arbeiter mit den Kräften $F_1 = 80$ kp und $F_2 = 60$ kp gegeneinander. Der Wagen wird dem Stärkeren folgen.

Abb. 4,4 zeigt im Kräfteplan die zeichnerische Ermittlung der Resultierenden, die durch Subtraktion der im Kräftemaßstab gezeichneten Kräfte F_1 und F_2 gefunden wird. Wenn die Resultierende die gleiche Wirkung wie die beiden Einzelkräfte zusammen haben soll, muß ihre Richtung mit derjenigen der größeren Kraft übereinstimmen.

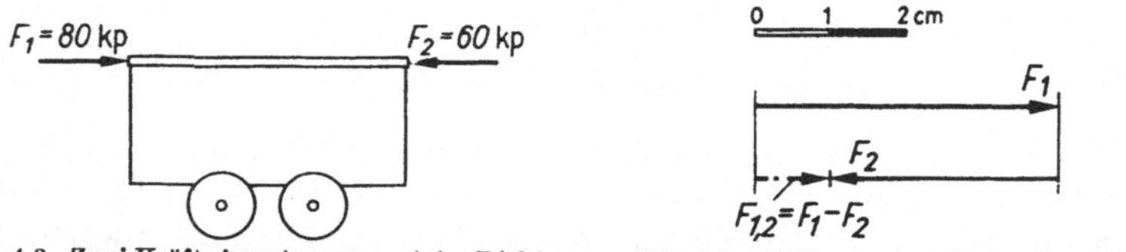

<table>
<tr><td>Abb. 4,3. Zwei Kräfte in entgegengesetzter Richtung</td><td>Abb. 4,4. Kräfteplan zum Lageplan Abb. 4,3,
Kräftemaßstab 1 cm ≙ 20 kp</td></tr>
</table>

Rechnerisch ergibt sich die Resultierende

$$F_{1,2} = F_1 - F_2 = 80 \text{ kp} - 60 \text{ kp} = 20 \text{ kp}$$

An den Beispielen erkennen wir, daß Kräfte, die in derselben Geraden wirken, sich entweder unterstützen oder einander entgegenwirken. Um zu einem mathematischen Ansatz zu kommen, müssen wir den in verschiedenen Richtungen derselben Geraden wirkenden Kräfte auch verschiedene Vorzeichen geben. Nimmt man die Kraftrichtung nach rechts als positiv (+) an, so ergibt sich für die nach links wirkenden Kräfte ein negativer (−) Wert. Es ist im allgemeinen üblich, so wie im mathematischen Koordinatensystem zu verfahren:

Kraftrichtung nach rechts: positiv (+); links: negativ (−)

oben: positiv (+); unten: negativ (−)

Es besteht für diese Kennzeichnung keinerlei Zwang, nur ist es *wichtig, die einmal gewählte Kennzeichnung* der Kräfte für den Fall *beizubehalten.*

Damit können wir folgende Sätze aufstellen:

Satz 2: Wirken zwei oder mehrere Kräfte an einem Körper in derselben Geraden, so ist ihre Resultierende gleich der algebraischen Summe der Einzelkräfte.

Satz 3: Zwei gleich große, entgegengesetzt gerichtete Kräfte heben sich in ihrer Wirkung auf, d. h. ihre Resultierende ist gleich Null.

5. Zusammensetzen von Kräften mit gleichem Angriffspunkt aber verschiedenen Richtungen

Nach Abb. 5,1 ist ein Versuch dargestellt, bei dem ein Faden über Rollen durch Gewichtskräfte von 3 kp und 4 kp gespannt ist. Der Widerstand der Rollen sei so gering, daß er vernachlässigt werden kann. Zwischen den Rollen werde an einem beliebigen Punkt des Fadens eine Gewichtskraft von 5 kp angehängt. Läßt man das System frei ein-spielen, so nimmt es im Punkt A eine ganz bestimmte Gleichgewichtslage ein. Die der Gewichtskraft 5 kp gleich große aber entgegengesetzt wirkende Kraft müßte dann die Re-sultierende zu den schrägen Faden-kräften 3 kp und 4 kp sein. Zeich-nen wir mit diesen Fadenkräften vom Knotenpunkt als Eckpunkt aus ein Parallelogramm, so ergibt sich die Diagonale als Resultierende, d. h. in dem Versuchsbeispiel die Gegenkraft von 5 kp. Daraus folgt:

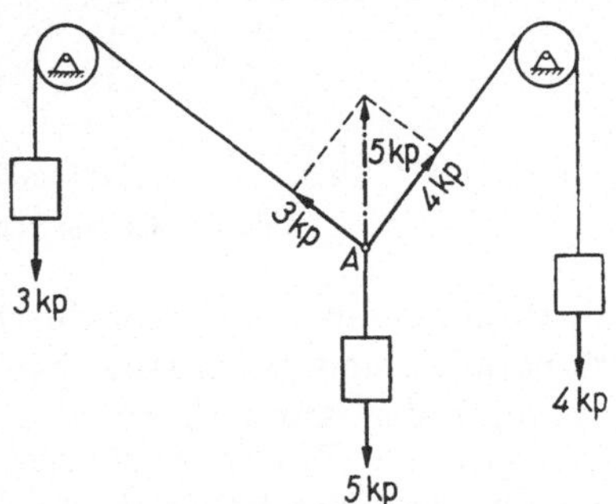

Abb. 5,1. Versuch zum Nachweis des Satzes vom Kräfteparallelogramm

Satz 4: Die Resultierende zweier Kräfte ergibt sich als Diagonale des aus beiden gebildeten Kräfteparallelogramms.

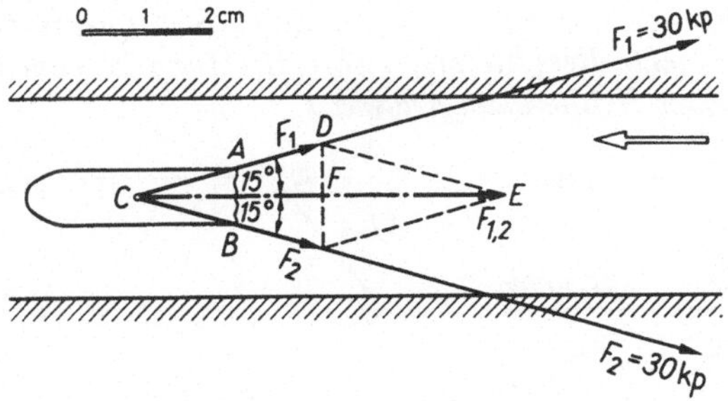

Abb. 5,2. Kahn im Fluß, Kräftemaßstab 1 cm ≙ 10 kp

Beispiel: Von den Ufern eines Flusses aus wird ein Kahn durch zwei Seile unter einem Winkel von 15° mit einer Kraft von je 30 kp gezogen. Mit welcher resultierenden Kraft $F_{1,2}$ müßte an einem in Flußrichtung angeordneten Seil gezogen werden, damit die gleiche Wirkung erzielt wird? (Abb. 5,2.)

Lösung: Greifen die Seile an den Punkten A und B des Kahnes an und soll
der Kräfteplan in den Lageplan Abb. 5,2 gezeichnet werden, so sind die Wirkungslinien zunächst bis zu ihrem Schnittpunkt C zu verschieben, der dann
Eckpunkt des Kräfteparallelogramms wird. Rechnerisch ergibt sich für das rechtwinklige Dreieck CFD, in dem $CF = 1/2\,F_{1,2}$ ist, da Dreieck CDE gleichschenklig
ist:

$$\cos 15^\circ = \frac{\frac{1}{2}\,F_{1,2}}{F_1}$$

$$F_{1,2} = 2\,F_1 \cdot \cos 15^\circ = 2 \cdot 30\,\text{kp} \cdot 0,9659 = 58\,\text{kp}$$

In Abb. 5,3a greifen die Kräfte $F_1 = 300$ kp und $F_2 = 400$ kp
unter dem Winkel α an. Die Zeichnung des Kräfteparallelogramms ergibt die Resultierende $F_{1,2} = 290$ kp. Da im Parallelogramm die gegenüberliegenden Seiten gleich sind, ist auch die der Kraft F_2 gegenüberliegende Seite gleich dieser Kraft. Man findet demnach gemäß Abb. 5,3b

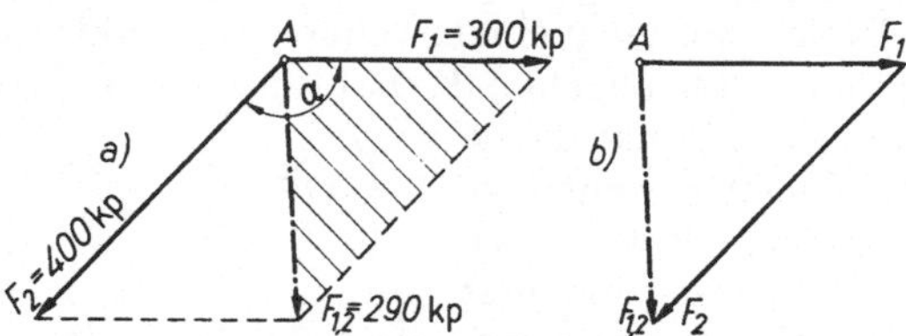

Abb. 5,3. Kräfteparallelogramm (a) und Krafteck (b)

die Resultierende, wenn man durch das Ende der Kraft F_1 eine der Kraft
F_2 parallele und gleich lange Strecke F_2 zeichnet. Die Verbindung des
Anfanges der Kraft F_1 mit dem Ende der Kraft F_2 ergibt dann die
Resultierende $F_{1,2}$. Wir erhalten somit den *Kräftezug* oder das *Krafteck*, und da dieses Krafteck drei Seiten hat, das *Kräftedreieck*.

Das Ergebnis zeigt, daß die Zeichnung des vollständigen Parallelogrammes nicht erforderlich ist. Man braucht nur die einzelnen Kräfte
nach Größe und Richtung zu einem fortlaufenden Streckenzug mit
gleichem *Umfahrungssinn* (Pfeilrichtung) aneinander zu reihen. Die
Verbindungslinie des Anfangspunktes der ersten aufgetragenen Kraft
zum Endpunkt der letzten, die sogenannte *Schlußlinie des Kraftecks*,
ist dann die *gesuchte Resultierende. Ihre Richtung ist dem Umfahrungssinn der gegebenen Kräfte entgegengesetzt.*

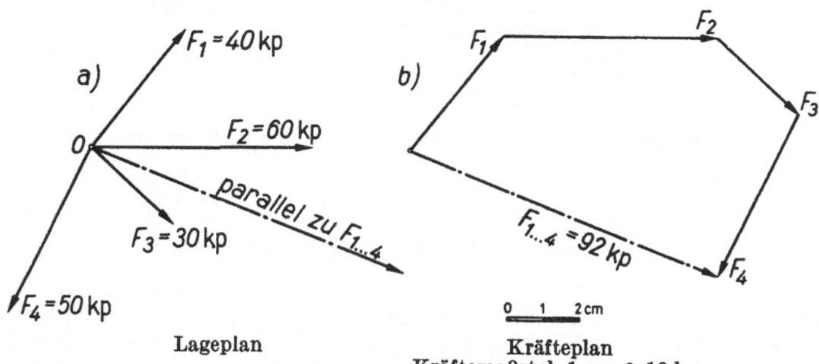

Kräftemaßstab 1 cm $\hat{=}$ 10 kp

Abb. 5,4. Beliebig viele Kräfte mit gleichem Angriffspunkt

In Abb. 5,4a greifen nicht nur zwei, sondern mehrere Kräfte an einem Punkte an. Man findet zeichnerisch die Resultierende durch den Kräftezug oder das Krafteck. Dazu werden im Kräfteplan Abb. 5,4b im Kräftemaßstab die einzelnen Kräfte im Umfahrungssinn hintereinander gezeichnet. Die Schlußlinie ist die Verbindung des Anfangspunktes mit dem Endpunkt des Kräftezuges und stellt im Kräftemaßstab die Resultierende dar, die dem Umfahrungssinn des Kräftezuges entgegen gerichtet ist.

Ändert man die Reihenfolge der Kräfte im Kräftezug, so ergibt sich immer wieder die gleiche Resultierende nach Größe und Richtung.

Wir können deshalb den Satz aufstellen:

Satz 5: Die Resultierende von zwei oder mehreren Einzelkräften mit gemeinsamem Angriffspunkt ist die Schlußlinie eines im Umfahrungssinn der Kraftrichtungen gezeichneten Kraftecks (Kräftezuges). Die Reihenfolge der Kräfte ist beliebig. Die Kraftrichtung der Resultierenden läuft dem Umfahrungssinn der gegebenen Kräfte entgegen.

Trägt man im Lageplan die im Kräfteplan gefundene Resultierende im gemeinsamen Angriffspunkt nach Größe und Richtung an, so haben wir *die* Kraft, die die gleiche Wirkung hervorruft, wie die Einzelkräfte zusammen. Zeichnet man im Lageplan im Angriffspunkt die gefundene Resultierende in entgegengesetzter Richtung ein, so muß diese mit den Einzelkräften zusammen den Körper im Gleichgewicht halten.

Beispiel: Die Seilscheibe eines Fördergerüstes (Abb. 5,5) wird am Umfang durch die beiden Seilkräfte G und F_Z belastet. Wie groß ist die resultierende Lagerkraft und welche Richtung hat sie?

Lösung: Die Kräfte G und F_Z müssen durch den Wellenzapfen auf die Lager und von diesen auf das Fördergerüst übertragen werden. Der Wellenmittelpunkt ist daher der gemeinsame Angriffspunkt der beiden Kräfte.

Um die Resultierende zu finden, tragen wir im Kräfteplan maßstäblich die Kräfte G

Abb. 5,5. Die Strebenkraft im Fördergerüst

und F_Z hintereinander auf. Die Resultierende ist dann die Verbindung des Anfangs- und Endpunktes dieses Kräftezuges und ihre Richtung ist dem Umfahrungssinn der Kräfte G und F_Z entgegengerichtet.

Übertragen wir die nach Richtung und Größe gefundene Resultierende in den Lageplan mit dem gemeinsamen Angriffspunkt in der Wellenmitte, so ist die Richtung, in welcher die Lager auf das Fördergerüst drücken, gefunden. In dieser Richtung wird man die Streben anordnen, mit denen das Gerüst abgestützt wird.

Beispiel: An einer Gewichtskraft $G = 1000$ kp (Abb. 5,6) ziehen die Kräfte $F_1 = 500$ kp, $F_2 = 300$ kp, $F_3 = 400$ kp, $F_4 = 700$ kp in verschiedenen Richtungen nach oben. In welcher Richtung und mit welcher Größe wirken Gewichtskraft und Kräfte insgesamt?

Lösung: Sämtliche Kräfte haben denselben Angriffspunkt A, folglich lassen sie sich im Krafteck zu einer Resultierenden F_M zusammenfassen.

Überträgt man die Resultierende aus dem Krafteck parallel an den Angriffspunkt A in den Lageplan, so sieht man, daß eine auf die Unterlage hin gerichtete Kraft alle Einzelkräfte ersetzt. Das Gewichtstück wird nicht angehoben. Es ist eine besondere Aufgabe der Statik zu untersuchen, ob die Standfestigkeit ausreicht, um ein Umkippen des Gewichtstückes zu verhindern.

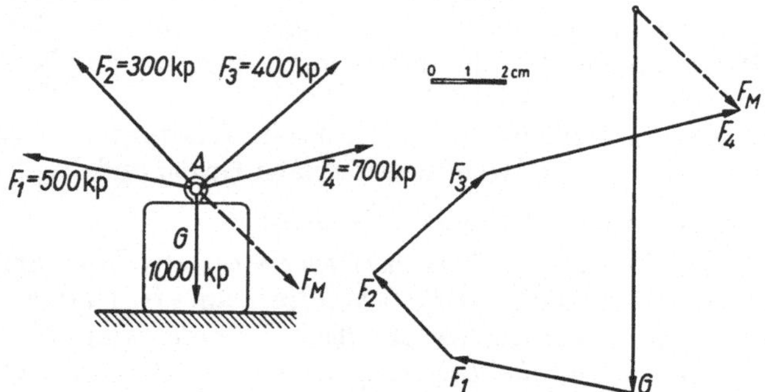

Abb. 5,6. Kräfte an einem Gewicht, Kräftemaßstab 1 cm $\widehat{=}$ 100 kp

6. Zerlegen einer Kraft in zwei Seitenkräfte

Ebenso wie man zwei Einzelkräfte durch das Kräftedreieck zu einer Resultierenden zusammensetzen kann, läßt sich auch eine Einzelkraft in zwei Ersatzkräfte zerlegen. Man nennt diese Ersatzkräfte *Seitenkräfte* oder *Kraftkomponenten*. Bei der Kraftzerlegung wird allerdings vorausgesetzt, daß die Wirkungslinien dieser Seitenkräfte bekannt sind. Sie ergeben sich aus Überlegungen am Lageplan, aus dem hervorgehen muß, in welcher Richtung Seitenkräfte möglich sind. Man findet dann die Größe der Seitenkräfte, indem man im Kräfteplan durch Anfangs- und Endpunkt der Einzelkraft Parallelen zu den bekannten Wirkungslinien legt. Der Schnitt der Parallelen begrenzt die Seitenkräfte. Man gibt den Seitenkräften, die die Wirkung der gegebenen Einzelkraft ersetzen sollen, solche Richtungen, daß im Kräftezug die Einzelkraft dem Umfahrungssinn der Seitenkräfte entgegen gerichtet ist.

Sind mehr als zwei Kraftrichtungen bei Kräften in der Ebene möglich, so gibt es keine eindeutige Lösung für die Seitenkräfte. Wir sagen dann, das Kraftsystem ist *statisch unbestimmt*.

Satz 6: Die Zerlegung einer Kraft oder von Kräften mit gemeinsamem Angriffspunkt in zwei Seitenkräfte oder Komponenten erfolgt im Krafteck, indem man durch Anfangs- und Endpunkt der Kraft oder des Kräftezuges Parallelen zu den gegebenen Wirklinien der Seitenkräfte zieht. Eine Zerlegung ist höchstens in zwei Kraftrichtungen möglich.

Beispiel: Zwei in B und C gelenkartig gestützte Eisenstäbe (Abb. 6,1) legen sich im Punkte A gelenkartig gegeneinander. Im Punkte A wird eine Gewichtskraft $G = 300$ kp aufgehängt. Dann muß die Gewichtskraft von den Eisenstäben getragen werden. Da die Gewichtskraft auf den Kopf der Stäbe drückt, muß eine Druckkraft in jedem Stab auftreten. Diese Druckkräfte verlaufen in Richtung der Stäbe. Folglich sind die Wirkungslinien der Seitenkräfte F_1 und F_2 durch die Stabrichtungen gegeben. Wie groß sind die Seitenkräfte?

Lösung: Man zeichnet im Kräfteplan parallel zur gegebenen Kraft im gewählten Maßstabe die Strecke entsprechend der Gewichtskraft $G = 300$ kp.

Durch den Anfangs- und Endpunkt der Kraft G werden Parallelen zu den Stabrichtungen gezogen, die sich schneiden. Die Kraftrichtungen ergeben sich aus der Überlegung, daß im Kräftezug die Seitenkräfte der gegebenen Kraft entgegen gerichtet sind. Dann ergibt sich $F_1 = 300$ kp und $F_2 = 300$ kp. Auch rechnerisch ergibt sich $F_1 = F_2 = G = 300$ kp, da die Winkel im Kräftedreieck 60° betragen, also das Krafteck ein gleichseitiges Dreieck ist.

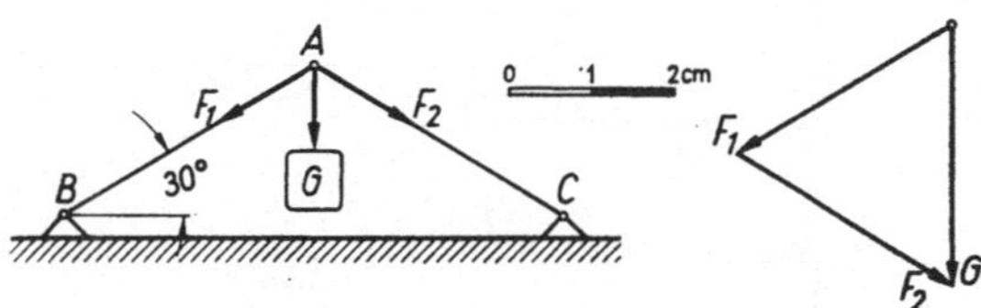

Abb. 6,1. Zerlegen einer Kraft in zwei Seitenkräfte (Druckkräfte), Kräftemaßstab 1 cm ≙ 100 kp

Beispiel: In Abb. 6,2 sind zwei Eisenstäbe in den Punkten B und C gelenkartig an der Decke aufgehängt und im Punkte A gelenkartig miteinander verbunden. Im Punkte A ist eine Gewichtskraft $G = 300$ kp wirksam. Wie groß sind die Seitenkräfte ?

Lösung: Da die Gewichtskraft am Fuß der Stäbe zieht, ergibt sich in jedem der beiden Stäbe eine Zugkraft, die nur in Richtung der Stäbe verlaufen kann. Die Wirkungslinien der Seitenkräfte F_1 und F_2 sind damit bekannt. Das Kräftedreieck liefert diese Kräfte nach Größe und Richtung.

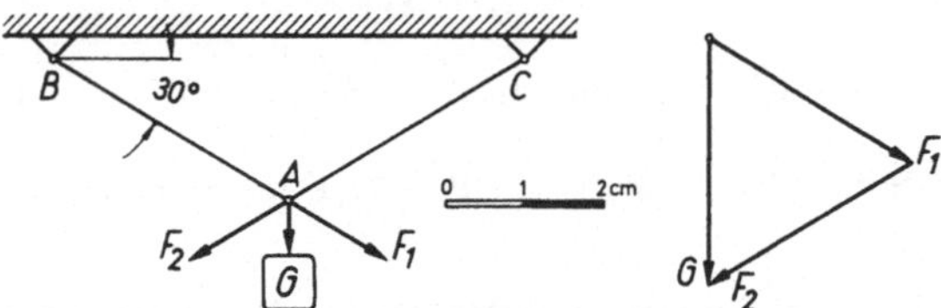

Abb. 6,2. Zerlegen einer Kraft in zwei Seitenkräfte (Zugkräfte), Kräftemaßstab 1 cm ≙ 100 kp

Beispiel: Auf einer im Winkel α gegen die Horizontale geneigten Ebene ruht ein Körper mit der Gewichtskraft G. Es sind die am Körper wirkenden Kräfte (ohne die Reibungskräfte) zu untersuchen (Abb. 6,3).

Lösung: Wir können die lotrecht wirkende Gewichtskraft G in zwei Richtungen zerlegen. Zunächst wird eine Kraft wirksam sein, die den Körper abwärts in Richtung der geneigten Ebene bewegen möchte. Wir nennen sie F_H, denn sie stellt die sogenannte „Hangabtriebskraft" dar. Außerdem drückt das Gewicht auf seine Unterlage. Wir können uns nur vorstellen, daß die Kraft senkrecht zur Unterlage, also der geneigten Ebene, wirkt. Die Kraft nennen wir F_N (normal = senkrecht, nämlich zur geneigten Ebene), die Normalkraft.

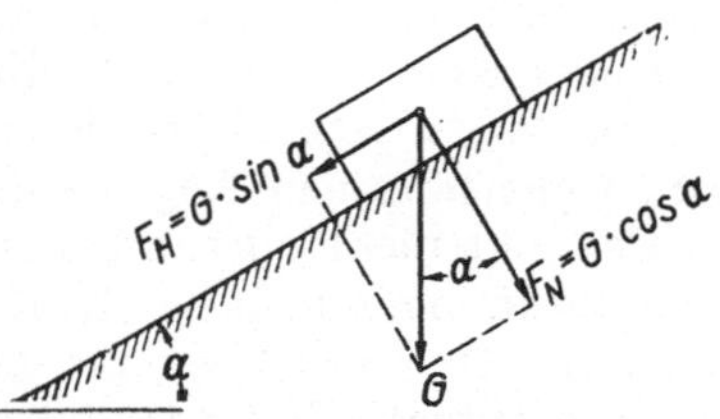

Abb. 6,3. Kräfte am Gewicht auf geneigter Ebene

Abb. 6,3 zeigt die Zerlegung von G in F_H und F_N im Kräfteparallelogramm. Die Richtungen von G und F_N schließen nach den Lehrsätzen der Geometrie den Neigungswinkel α ein. Dann ergibt sich nach der Trigonometrie

$$\text{Hangabtriebskraft } F_H = G \cdot \sin \alpha$$

$$\text{Normalkraft} \qquad F_N = G \cdot \cos \alpha$$

Wenn auf die Achse eines Schienenfahrzeuges (Abb. 6,4) eine Zugkraft $F = 50$ kp schräg zur Schienenrichtung ausgeübt wird, wird nur ein Teil der Zugkraft F zur Fortbewegung des Fahrzeuges ausgenutzt. Die Zugkraft F ruft außerdem eine Andruckkraft des Spurkranzes an die Schienen hervor, die nur senkrecht auf die Schienen, also in Achsrichtung wirken kann. Man bezeichnet die Andruckkraft dann mit Normal-

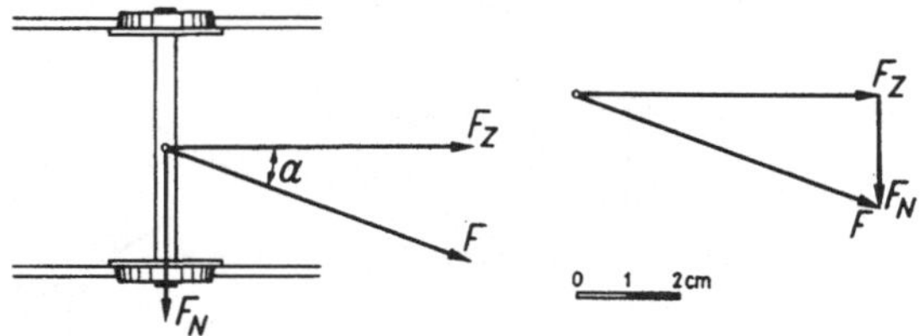

Abb. 6,4. Bewegung eines Schienenfahrzeuges mit schräger Zugkraft, Kräftemaßstab 1 cm ≙ 8 kp

kraft F_N. Damit sind die Wirklinien der Seitenkräfte mit F_N senkrecht zur Bewegung und F_Z in Bewegungsrichtung gefunden. Mit den Parallelen dieser Wirklinien durch Anfangs- und Endpunkt der gegebenen Kraft $F = 50$ kp im Kräfteplan ergeben sich zeichnerisch F_Z und F_N nach Größe und Richtung.

Ist $\alpha = 20°$ gegeben, so lassen sich die Größen von F_Z und F_N auch rechnerisch ermitteln:

$$\sin \alpha = \frac{F_N}{F} \; ; F_N = F \cdot \sin \alpha = 50 \text{ kp} \cdot \sin 20° = 50 \text{ kp} \cdot 0{,}342 = 17{,}1 \text{ kp}$$

$$F^2 = F_z^2 + F_N^2 ; F_z = \sqrt{F^2 - F_N^2} = (\sqrt{50^2 - 17{,}1^2}) \text{ kp} = (\sqrt{2209}) \text{ kp} = 47 \text{ kp}$$

7. Zusammensetzen von Kräften mit verschiedenem Angriffspunkt

a) durch wiederholte Konstruktion des Kraftecks

Nach Satz 5 lassen sich zwei oder mehrere an einem Körper oder Körpersystem wirkende Kräfte durch einmalige Konstruktion des Kraftecks zu einer Resultierenden zusammenzusetzen, wenn sie alle einen gemeinsamen Angriffspunkt haben. Ist dieser gemeinsame Angriffspunkt nicht vorhanden, so muß nach anderen Möglichkeiten für das Zusammensetzen der Kräfte gesucht werden. Da in der Statik die Körper oder Körpersysteme als starr angenommen werden, haben sie nur die Aufgabe, Kräfte zu übertragen. Im Lageplan aber erkennt man lediglich die gegenseitige Lage der angreifenden Kräfte.

Trotzdem ist ein Zusammensetzen dieser Kräfte, die an verschiedenen Punkten des Körpers angreifen, nur für einen gemeinsamen Angriffspunkt möglich, durch den auch die Resultierende hindurchgehen muß. Man kann aber den Angriffspunkt einer Kraft nach Satz 1 auf ihrer Wirklinie beliebig verschieben. Dadurch erhält man für zwei Kräfte, deren Angriffspunkte am Körper voneinander entfernt liegen, einen gemeinsamen Angriffspunkt im Schnittpunkt ihrer Wirklinien. Es ist für die Untersuchung ohne Bedeutung ,ob dieser Schnittpunkt außerhalb des Körpersystems liegt, wenn nur die Wirklinie der Resultierenden ebenfalls durch diesen Schnittpunkt gelegt wird.

In Abb. 7,1 greifen die Kräfte $F_1 = 200$ kp und $F_2 = 400$ kp in den Punkten A und B eines beliebig angenommenen Körpers an. Die Verlängerung der Wirklinien ergibt den Schnittpunkt M, der als gemeinsamer Angriffspunkt der gegebenen Kräfte F_1 und F_2 angenommen und für den im Kräfteplan das Zusammensetzen zur Resultierenden durchgeführt werden kann. Sie ergibt sich zeichnerisch zu $F_{1,2} = 550$ kp. Überträgt man die Wirklinie von $F_{1,2}$ in den Lageplan durch den gemeinsamen An-

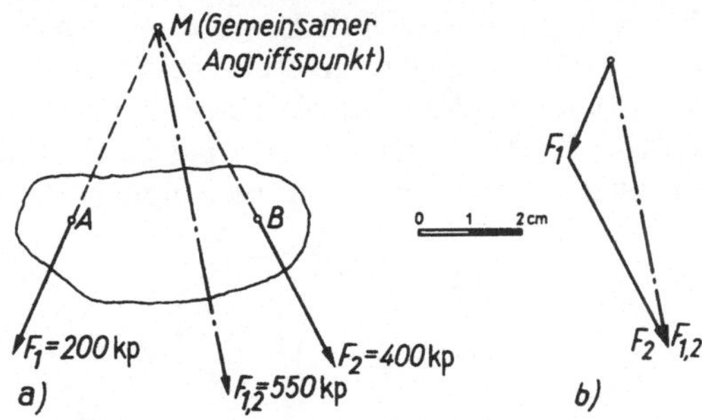

Abb. 7,1. Zwei Kräfte mit verschiedenen Angriffspunkten
a) Lageplan, b) Kräfteplan, Kräftemaßstab 1 cm ≙ 100 kp

griffspunkt M, so ergibt sich die Lage der Resultierenden. Ihr Angriffspunkt kann an einer beliebigen Stelle auf der Wirklinie im Lageplan liegen.

Greifen mehr als zwei Kräfte an verschiedenen Punkten eines Körpers an, und schneiden sich ihre Wirklinien im Lageplan nicht an einem Punkte, so läßt sich ihre Resultierende nach Lage und Größe finden, indem man die Kräfte nacheinander zusammenfaßt, wie es am Beispiel Abb. 7,2 gezeigt werden soll.

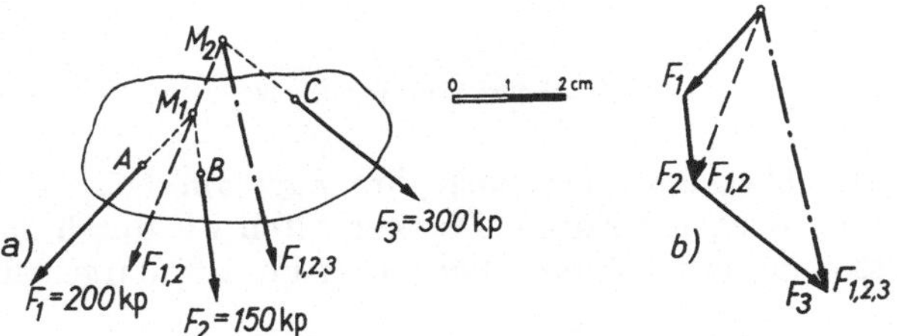

Abb. 7,2. Drei Kräfte mit verschiedenen Angriffspunkten
a) Lageplan, b) Kräfteplan, Kräftemaßstab 1 cm ≙ 100 kp

Die Kräfte $F_1 = 200$ kp, $F_2 = 150$ kp und $F_3 = 300$ kp greifen in den Punkten A, B und C an einem Körper an. Die Verlängerung der Wirklinien von F_1 und F_2 ergibt den Schnittpunkt M_1, für den man im Kräfteplan die Hilfsresultierende $F_{1,2}$ findet. Man überträgt nun $F_{1,2}$ in den Lageplan durch den Schnittpunkt M_1 und bringt ihre Wirklinie mit derjenigen von F_3 zum Schnitt im Punkte M_2. Die Resultierende $F_{1,2,3}$ im Kräfteplan aus $F_{1,2}$ und F_3 ist zugleich die Resultierende aller drei Kräfte. Sie braucht nur noch in den Lageplan durch den Schnittpunkt M_2 übertragen zu werden. Der Angriffspunkt der Resultierenden $F_{1,2,3}$ liegt auf einem beliebigen Punkte ihrer Wirklinie im Lageplan.

b) durch Krafteck und Seileck

Die Methode des Zusammensetzens von Kräften mit verschiedenen Angriffspunkten durch wiederholte Konstruktion des Kraftecks ist nicht nur umständlich, sie versagt auch in den Fällen, wo der Schnittpunkt der Wirklinie im Lageplan außerhalb der verfügbaren Zeichenfläche liegt. Dieser Fall kommt praktisch immer bei parallelen oder annähernd parallelen Kräften vor. In solchen Fällen bestimmt man die Resultierende stets mittels *Krafteck* und *Seileck.*

Das Krafteck, wie es auch bei Kräften mit gemeinsamem Angriffspunkt gezeichnet wird, ergibt lediglich *Richtung* und *Größe* der Resul-

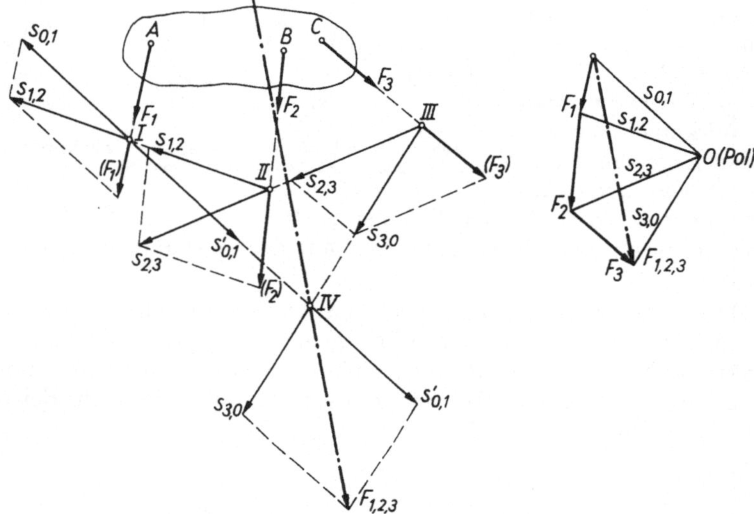

Abb. 7,3. Entwicklung des Seilecks

tierenden. Wir brauchen aber noch ihre *Lage* am Körper, bzw. ihre Lage zu den gegebenen Kräften. Diese erhalten wir durch das Seileck, dessen Entstehung in folgendem Beispiel (Abb. 7,3) dargestellt werden soll.

In den Punkten A, B und C eines Körpers greifen die Kräfte F_1 F_2 und F_3 in den angegebenen Richtungen an. Im Kräfteplan ergibt sich durch maßstäbliche Auftragung und Zusammensetzung dieser Kräfte die Resultierende $F_{1,2,3}$ nach Größe und Richtung.

Wir fügen nun im Lageplan in einem beliebig gewählten Punkt I der Wirklinie von F_1 zwei beliebige Kräfte $s_{0,1}$ und $s'_{0,1}$ hinzu, die sich gegenseitig aufheben, auf den Körper also keinerlei Wirkung ausüben. Hier ergibt die Zusammensetzung von F_1 und $s_{0,1}$ im Kräfteparallelogramm die Resultierende $s_{1,2}$. Überträgt man $s_{0,1}$ und $s_{1,2}$ durch Anfang und Ende von F_1 in den Kräfteplan, so schneiden sich diese im Punkte O. Die Wirklinie von $s_{1,2}$ schneidet die Wirklinie von F_2 im Lageplan im Punkte II, und die Zusammensetzung von F_2 und $s_{1,2}$ im Kräfteparallelogramm ergibt die Resultierende $s_{2,3}$. Die Übertragung von $s_{2,3}$ in den

Kräfteplan durch das Ende von F_2 gibt wieder den Schnitt von $s_{1,2}$ und $s_{2,3}$ im Punkte O. Die Wirklinie von $s_{2,3}$ schneidet im Lageplan die Wirklinie von F_3 im Punkte III. Die Zusammensetzung von F_3 und $s_{2,3}$ ergibt als Resultierende $s_{3,0}$, die in den Kräfteplan durch das Ende von F_3 übertragen ebenfalls durch Punkt O geht. Die Wirklinie der nunmehr freien Kräfte $s'_{0,1}$ und der letzten Resultierenden $s_{3,0}$ schneiden sich im Punkte IV. Die Zusammensetzung von $s'_{0,1}$ und $s_{3,0}$ im Lageplan durch das Kräfteparallelogramm muß die Resultierende der gegebenen Kräfte F_1, F_2 und F_3 sein. Auch im Kräfteplan bilden $s_{0,1}$, $s_{3,0}$ und $F_{1,2,3}$ ein Krafteck. Damit ist im Lageplan die Lage der Resultierenden durch den Punkt IV gefunden.

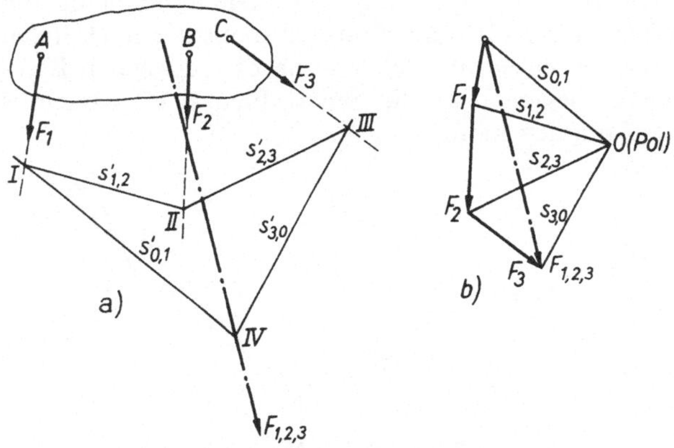

Abb. 7,4. Vereinfachte Zeichnung von Poleck und Seileck
a) Lageplan, b) Kräfteplan

Praktisch macht man sich beim Zeichnen des Seilecks über diese Zusammenhänge meist keine Gedanken mehr und verfährt schematisch wie folgt:

Man zeichnet nach Abb. 7,4 zunächst in bekannter Weise das Krafteck für F_1, F_2 und F_3 mit der sich daraus ergebenden Resultierenden $F_{1,2,3}$. Nimmt man willkürlich einen Pol (O) an, so nennt man die Verbindungslinien zu den Ecken des Kraftecks die *Polstrahlen* $s_{0,1}$, $s_{1,2}$, $s_{2,3}$ und $s_{3,0}$, die zusammen ein *Poleck* bilden. Man bezeichnet am besten die Polstrahlen nach den Kräften, durch deren Berührungspunkt im Krafteck sie gehen. Für die Kräfte F_1 und F_2 haben wir den Polstrahl $s_{1,2}$, für die Kräfte F_2 und F_3 den Polstrahl $s_{2,3}$ usw. Die Polstrahlen $s_{0,1}$ und $s_{n,0}$ sind dann Seitenkräfte der Resultierenden F_{1-n}. Man überträgt diese Polstrahlen nun parallel in den Lageplan, wobei man den ersten Schnittpunkt I des Strahles $s'_{0,1}$ mit der Wirklinie von F_1 beliebig annehmen kann. Die Linien $s'_{0,1}$, $s'_{1,2}$, $s'_{2,3}$ und $s'_{3,0}$ werden mit *Seilstrahlen* und der ganze Linienzug mit *Seileck* bezeichnet. Durch den Schnittpunkt des ersten Seilstrahles $s'_{0,1}$ und des letzten $s'_{3,0}$ geht, parallel zur Resultierenden aus dem Krafteck, die Wirklinie von $F_{1,2,3}$, auf welcher die Resultierende an beliebiger Stelle angreifen kann.

Die Wahl des Poles oder die Lage des Punktes I hat auf das Ergebnis der Lage von $F_{1,2,3}$ keinen Einfluß, wie man durch wiederholtes

Zeichnen leicht feststellen kann. Natürlich ist auch die Größe und Richtung von $F_{1,2,3}$ unabhängig von der Reihenfolge der Kräfte im Krafteck. Sie ist grundsätzlich der natürlichen Anordnung der gegebenen Kräfte im Lageplan anzupassen.

Es ist aber sehr wichtig zu beachten, daß nur *die* Seilstrahlen mit der Wirklinie der Kräfte zum Schnitt gebracht werden dürfen, die im Kräfteplan mit dieser Kraft ein Dreieck bilden. Daraus folgt der beim Zeichnen eines Seilecks zu beachtende wichtige Satz:

Satz 7: *Jedem Schnittpunkt im Seileck muß ein Dreieck im Krafteck entsprechen.*

Man macht in dieser Beziehung besonders dann leicht Fehler, wenn die Reihenfolge der Kräfte im Krafteck nicht der natürlichen Reihenfolge im Lageplan entspricht, oder wenn die gegebenen Kräfte ungünstig zueinander liegen, oder die Seilstrahlen sich überschneiden, was durchaus vorkommen kann.

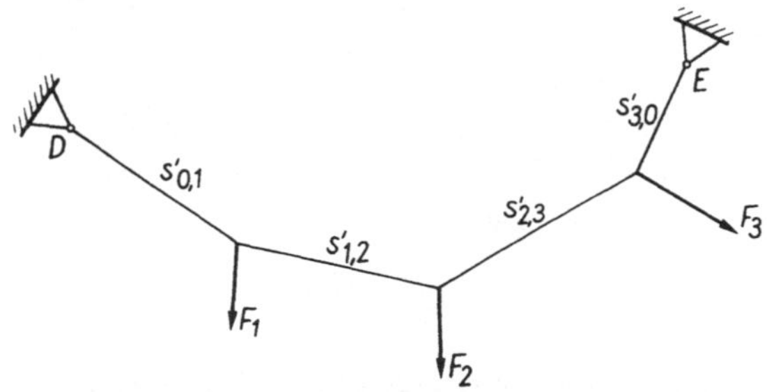

Abb. 7,5. Erklärung der Bezeichnung Seilstrahlen

Der Name Seileck rührt daher, daß nach Abb. 7,5 ein mit F_1, F_2 und F_3 belastetes Seil geeigneter Länge, das an beliebigen Punkten D und E auf den Verlängerungen von $s'_{0,1}$ und $s'_{3,0}$ befestigt ist, genau die Form des Linienzuges $s'_{0,1}$, $s'_{1,2}$, $s'_{2,3}$, $s'_{3,0}$ annimmt.

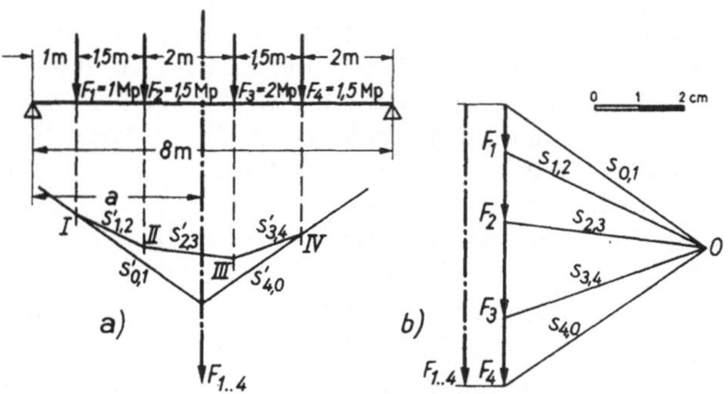

Abb. 7,6. Ermittlung der Resultierenden paralleler Kräfte
a) Lageplan, Maßstab 1:100, b) Kräfteplan, Kräftemaßstab 1 cm $\widehat{=}$ 1 Mp

Beispiel: An einem Körper greifen vier parallele Kräfte F_1, F_2, F_3 und F_4 gemäß Lageplan Abb. 7,6 an, deren Resultierende $F_{1,2,3,4}$ durch Kraft- und Seileck bestimmt werden soll.

Lösung: Die Kräfte werden maßstäblich in ihrer Lage zueinander im Lageplan aufgetragen. Man zeichnet im Kräfteplan das Krafteck und findet die Resultierende als Summe der Einzelkräfte. Durch einen beliebig gewählten Pol zieht man die Polstrahlen $s_{0,1}$ bis $s_{4,0}$ und überträgt sie parallel in den Lageplan. Man beginnt dabei z. B. mit dem Seilstrahl $s'_{0,1}$ parallel zu dem Polstrahl $s_{0,1}$, der durch einen beliebigen Punkt I der Wirklinie von F_1 gelegt wird. Der Seilstrahl $s'_{1,2}$ parallel zum Polstrahl $s_{1,2}$ geht ebenfalls durch I und schneidet die Wirklinie von F_2. Durch diesen Schnittpunkt legt man $s'_{2,3}$ parallel zu $s_{2,3}$ usw. Durch den Schnittpunkt des ersten und letzten Seilstrahles $s'_{0,1}$ und $s'_{4,0}$ geht die Resultierende $F_{1\ldots4}$, deren Richtung und Größe man aus dem Krafteck überträgt.

Zeichnerisch ergibt sich $F_{1\ldots4} = F_1 + F_2 + F_3 + F_4 = 6$ Mp; $a = 3{,}79$ m.

Beispiel: Bestimme die Resultierende von zwei entgegengesetzt gerichteten parallelen Kräften $F_1 = 3$ Mp und $F_2 = 5$ Mp mit einem Abstand von 2 m (Abb. 7,7).

Lösung: Die Resultierende ergibt sich im Kräfteplan nach Größe und Richtung, also $F_{1,2}$ $= F_1 - F_2 = (3 - 5)$ Mp $= -2$ Mp. Sie ist im Kräftezug dem Umfahrungssinn entgegen, also nach unten gerichtet. Man zieht durch einen beliebig gewählten Pol die Polstrahlen und überträgt diese parallel als Seilstrahlen so in den Lageplan, daß sich gemäß Satz 7 diejenigen Strahlen im Seileck mit der Kraft im Lageplan schneiden, die im Krafteck mit dieser ein Dreieck

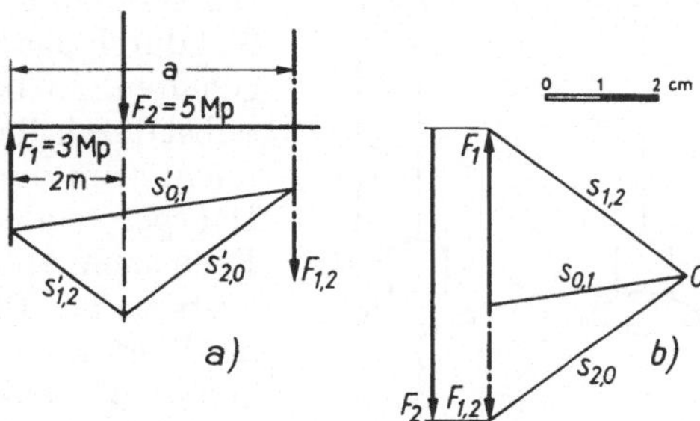

Abb. 7,7. Ermittlung der Resultierenden zweier entgegengesetzt gerichteter paralleler Kräfte a) Lageplan, Maßstab 1:100, b) Kräfteplan, Kräftemaßstab 1 cm $\,\triangleq\,$ 1 Mp

bilden. Durch den Schnittpunkt von $s'_{0,1}$ und $s'_{2,0}$ geht die Resultierende, deren Richtung man aus dem Krafteck überträgt.

Zeichnerisch ergibt sich $a = 5$ m.

Die zeichnerische Untersuchung (Abb. 7,7) läßt erkennen, daß die Resultierende stets auf der Seite der größeren Kraft (F_2) liegt. Je kleiner die Resultierende ist, um so größer ist ihr Abstand a von der ersten Kraft. Ein Sonderfall liegt vor, wenn die beiden gegebenen Kräfte gleich groß sind. Dann ist ihre Resultierende gleich Null und liegt unendlich weit entfernt. Die Polstrahlen $s_{0,1}$ und $s_{0,2}$ fallen zusammen, und die Seilstrahlen $s'_{0,1}$ und $s'_{0,2}$ sind parallel. Das Seileck ist nach rechts offen. Zwei gleich große, entgegengesetzt gerichtete parallele Kräfte, die einen bestimmten Abstand voneinander haben, bezeichnet man als *Kräftepaar*. Die Kräfte sind nicht im Gleichgewicht. Sie besitzen eine Drehwirkung, deren Eigenschaften im folgenden Abschnitt untersucht werden sollen.

II. Gleichgewicht von Einzelkörpern in der Ebene

8. Wechselwirkungsgesetz

Jede Kraft erzeugt eine gleich große, aber entgegengesetzt gerichtete Kraft. Äußere auf einen Körper wirkende Kräfte werden durch gleich große aber entgegengesetzt gerichtete Stützkräfte im Gleichgewicht gehalten. Ein eingespannter Stab wird, wenn er gezogen wird, nur so

2*

lange in Ruhe bleiben, wie an der Einspannstelle eine *gleich große Gegenkraft* wirksam ist. Die Kraftwirkung beruht also auf Gegenseitigkeit, denn auch der zweite Körper erfährt eine Kraftwirkung durch den ersten.

Eine Lampe mit der Gewichtskraft G kann z. B. an einem Drahtseil aufgehängt sein (Abb. 8,1 a). Das Seil kann aber auch, damit die Lampe in der Höhe verstellbar ist, über eine feste Rolle geführt und an einem gleich schweren Gegengewicht befestigt werden (Abb. 8,1 b). Im ersten Falle wird die Lampe über das Seil durch den in der Decke befestigten Haken gehalten, in dem als Gegenkraft $F_W = G$ wirksam ist. Im zweiten Falle wird die Lampe über das Seil durch das Gegengewicht $F = G$ in Ruhe gehalten. In beiden Fällen ist also das Seil selbst durch die Gewichtskraft G beansprucht (nicht etwa durch das Doppelte des Wertes). Dagegen ergibt sich für den Ruhezustand im Falle nach Abb. 8,1 b als Größe der Gegenkraft an der Einspannstelle der festen Rolle der Wert $F_W = 2G$. In diesem Falle ist nämlich die Gegenkraft zum Lampengewicht die Gegengewichtskraft F. Die Gegenkraft zu den beiden nach unten wirkenden Gewichtskräften F und G ist die nach oben im Haken wirkende Kraft $F + G = 2G$.

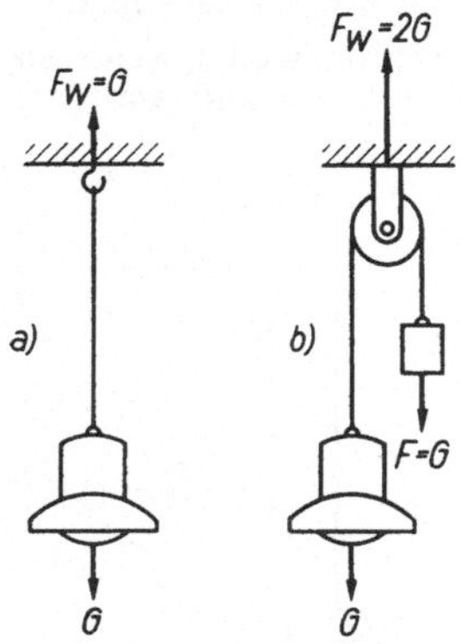

Abb. 8,1. Kraft und Gegenkraft in der Befestigung einer Hängelampe

Allgemein gilt das von NEWTON[1] im Jahre 1687 angegebene *Wechselwirkungsgesetz* (Gesetz von Wirkung und Gegenwirkung):

Satz 8: Kräfte treten nie allein, sondern stets paarweise auf. Jede Kraft hat ihre Gegenkraft. Beide haben gleiche Größe, aber sie sind entgegengesetzt gerichtet.

Anmerkung: Oft wird die Kraft mit dem Tragvermögen verwechselt. Das Tragvermögen eines Flaschenzuges wird als seine Tragfähigkeit, z. B. 3 t angegeben. Falls man an diesen Flaschenzug ein kg-Gewichtstück hängt, wird er auch nur mit 1 kp belastet. Wir sagen z. B. auch wohl, ein Haken „*trägt*" 1 Mp. Wenn man aber an den Haken nur eine Lampe mit 2 kg Masse hängt, wird er auch nur mit einer Gewichtskraft von 2 kp „*belastet*"[2].

9. Drehmoment, Statisches Moment, Kräftepaar

Bisher wurden nur Kräfteanordnungen untersucht, die keinerlei Drehwirkung ausüben. Wir wollen nun solche Kräfte betrachten, die den Körper, an welchem sie angreifen, in eine Drehbewegung zu versetzen suchen. Diese liegt vor, wenn sich sämtliche Punkte des Körpers um eine feste *Drehachse* drehen. Es ist zweckmäßig, sich die Drehachse

---

[1] NEWTON, ISAAC, 1643—1727, engl. Physiker, Mathematiker und Astronom.
[2] Siehe hierzu auch Abschn. 48.

als eine durch den Körper hindurchgesteckte Achse oder Welle vorzustellen, um die sich der Körper (reibungsfrei) drehen kann. Damit eine Drehung zustande kommt, muß auf den Körper eine Kraft einwirken, deren Wirklinie die Drehachse nicht schneidet.

Wir wollen der Einfachheit wegen stets annehmen, daß alle am Körper angreifenden Kräfte in einer zur Drehachse senkrechten Ebene liegen. Wählt man dann die Ebene der Kräfte als Zeichenebene, so erscheint die Drehachse als Punkt. Deshalb spricht man häufig auch einfach vom *Drehpunkt*.

Greift an einem Körper nach Abb. 9,1, der sich um die Achse O zu drehen vermag, im Abstande a eine Kraft F an, so hat die Kraft das Bestreben, den Körper um die Achse zu drehen. Die Drehwirkung ist um so größer, je größer die Kraft F und je größer der Hebelarm a ist. Die Kraft erzeugt ein Drehmoment, das ausgedrückt wird durch das Produkt

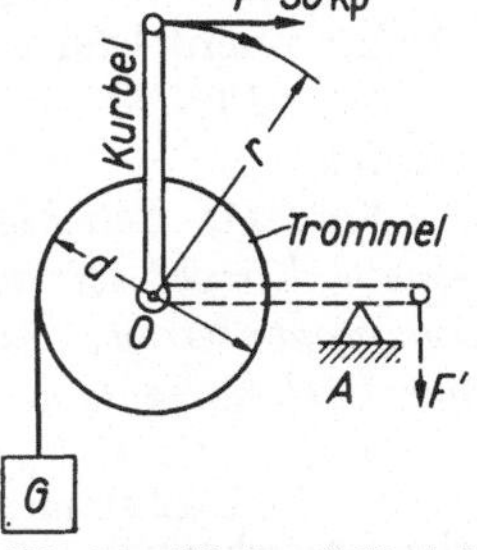

$$\boxed{M = F \cdot a}$$

Drehmoment = Kraft mal Hebelarm.

Abb. 9,1. Das Drehmoment einer Kraft

Unter *Hebelarm* versteht man den (senkrechten) *Abstand* der *Kraftrichtung von der Drehachse* oder die *Länge des Lotes vom Drehpunkt auf die Kraftrichtung*.

In dieser Gleichung ist

F = Größe der Kraft, z. B. in kp

a = Hebelarm, z. B. in m

M = Drehmoment, seine Maßeinheit ergibt sich dann in kpm

Beispiel: An einer Kurbel, die sich um die Achse O dreht, greift im Abstand des Kurbelradius $r = 0{,}6$ m (tangential zum Kurbelkreis gerichtet) die Kraft $F = 30$ kp an. a) Welches Drehmoment übt die Kraft aus? b) Welche Gewichtskraft G kann man damit bei einem Trommeldurchmesser $d = 0{,}3$ m heben? (Abb. 9,2.)

Lösung: a) $M = F \cdot r = 30 \text{ kp} \cdot 0{,}6 \text{ m} = 18 \text{ kpm}$

$$\text{b) } M = G \,\frac{d}{2}\,; G = \frac{2\,M}{d} = \frac{2 \cdot 18 \text{ kpm}}{0{,}3 \text{ m}} = 120 \text{ kp}$$

Ist die Kurbel, auf die das Drehmoment ausgeübt wurde, z. B. in Abb. 9,2 nach einer Drehung um 90° durch die Sütze A festgelegt, so daß das durch F' ausgeübte Moment nur dazu dient, das Gewicht zu halten, also eine Drehung gar nicht zustande kommt, so nennt man das Moment *statisches Moment*.

Die Bezeichnung *Drehmoment* benutzt man immer, wenn eine Drehbewegung wirklich stattfindet. Ist aber der Hebelarm nur der Abstand

Abb. 9,2. Winde mit Kurbel

der Kraftrichtung von einem angenommenen Drehpunkt, kommt also eine Drehbewegung in Wirklichkeit gar nicht zustande, so spricht man vom *statischen Moment*. Ein Unterschied zwischen diesen beiden Momenten besteht tatsächlich nicht. Wichtig und ausschlaggebend ist jedenfalls der Begriff *Moment*.

Im Beispiel Abb. 9,2 ist angenommen, daß das Moment $F \cdot r$ das im entgegengesetzten Drehsinn wirkende Moment $G \frac{d}{2}$ zu halten imstande ist. Die beiden Momente sind zwar gleich groß, wirken aber in ihrer Drehrichtung entgegengesetzt. Man unterscheidet deshalb die Momente nach ihrer Drehrichtung und es soll in diesem Buch[1], wenn nicht aus Zweckmäßigkeitsgründen eine Umkehrung empfehlenswert ist, das

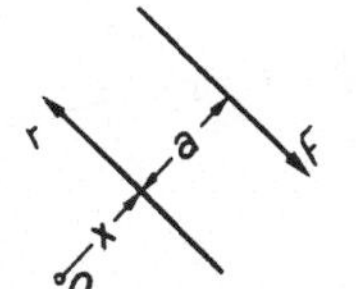

Abb. 9,3. Drehwirkung
eines Kräftepaares

das   *Moment im Uhrzeigersinn als positiv* $(+)$

Moment entgegen dem Uhrzeigersinn als negativ $(-)$

angegeben werden.

Man schreibt darum in dem Beispiel Abb. 9,2

$$M = + F \cdot r \qquad \text{und} \qquad M = - G \frac{d}{2}$$

Es wurde schon am Schluß des Abschnittes 7 angegeben, daß man *zwei parallele Kräfte von gleicher Größe und entgegengesetzter Richtung als Kräftepaar bezeichnet*. Die Resultierende der Kräfte ist gleich Null. Untersucht man die Drehwirkung eines Kräftepaares, so ergibt sich nach Abb. 9,3 für eine beliebige Drehachse O im Abstand x folgendes Drehmoment:

$$M = + F(a + x) - F x = + F a + F x - F x$$

$$M = F a$$

Die Produkte der Kräfte mit dem beliebigen Abstand x heben sich stets auf. Daraus folgt:

Satz 9: Ein von zwei gleich großen entgegengesetzt gerichteten Kräften F mit dem Abstand a gebildetes Kräftepaar übt das Drehmoment M = F · a aus.

Weil das Kräftepaar nur eine Drehwirkung von unveränderlichem Drehmoment besitzt, ergeben sich noch folgende Sätze:

Satz 10: Das Kräftepaar kann in seiner Ebene beliebig verschoben werden.

Satz 11: Beliebig viele Kräftepaare, welche in derselben Ebene an einem Körper wirken, lassen sich zu einem resultierenden Kräftepaar zusammensetzen. Sein Drehmoment ist gleich der algebraischen Summe der Drehmomente der einzelnen Kräftepaare.

---

[1] DIN 1312 empfiehlt für ein Moment entgegen dem Uhrzeigersinn eine positive Bezeichnung.

Wirkt eine Einzelkraft F nach Abb. 9,4 am Kurbelgriff einer Handkurbel im Abstande a von der Drehachse O, so kann man in der Wirkungsebene der Kraft F an der Drehachse zwei untereinander und der Kraft F gleich große, entgegengesetzt gerichtete Kräfte F und F'' parallel zur Richtung der Einzelkraft F hinzufügen. Dadurch tritt keine Änderung des Gleichgewichtszustandes ein. Die hinzugefügte Kraft F bildet mit der Einzelkraft ein Kräftepaar, dessen Drehmoment $+F \cdot a$ ist. Außer diesem Kräftepaar wirkt jetzt noch die in O angreifende, nach rechts gerichtete Kraft F', die die Achse belastet. Daraus folgt:

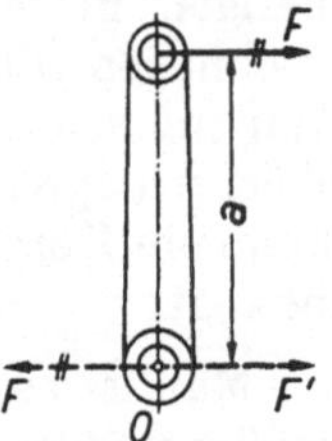

Abb. 9,4. Parallelverschiebung einer Kraft durch Hinzufügen eines Kräftepaares

Satz 12: Jede Kraft kann parallel zu sich selbst verschoben werden, wenn man ein Kräftepaar hinzufügt, dessen Drehmoment gleich der Kraft mal ihrer Verschiebung senkrecht zur Kraftrichtung ist.

Wirken beliebig viele Kräfte an einem Körper in derselben Ebene, aber an verschiedenen Angriffspunkten, so ergibt sich nach den Sätzen vom Kräftepaar folgende Lösung für die Ermittlung der Resultierenden nach Größe, Richtung und Lage:

Beispiel: In Abb. 9,5a sind zwei Kräfte $F_1 = 25$ kp und $F_2 = 35$ kp gegeben. Nimmt man eine beliebige Drehachse O an und zieht von dieser die Lote auf die einzelnen Kraftrichtungen, so ergeben sich die Hebelarme $a_1 = 2$ cm und $a_2 = 1$ cm. Dann ist die algebraische Summe ihrer Drehmomente

$$M = \Sigma F \cdot a = F_1 \cdot a_1 + F_2 \cdot a_2 = 25 \text{ kp} \cdot 2 \text{ cm} + 35 \text{ kp} \cdot 1 \text{ cm} = 85 \text{ kpcm}$$

Verlängert man die beiden Kräfte bis zu ihrem Schnittpunkt M, so kann man im Kräfteplan (Abb. 9,5b) für diesen Schnittpunkt die Kräfte zu ihrer Resultierenden $F_{1,2}$ zusammensetzen. Ihre Wirklinie kann in den Lageplan durch den Schnittpunkt M übertragen werden. Zeichnerisch ergibt sich im Kräfteplan $F_{1,2} = 34$ kp. Fällt man im Lageplan vom Drehpunkt O das Lot a_r auf die Resultierende und bildet damit das Moment von $F_{1,2}$, so findet man

$$M_R = F_{1,2} \cdot a_r = 85 \text{ kpcm}$$

$$a_r = \frac{M_R}{F_{1,2}} = \frac{85 \text{ kpcm}}{34 \text{ kp}} = 2,5 \text{ cm}$$

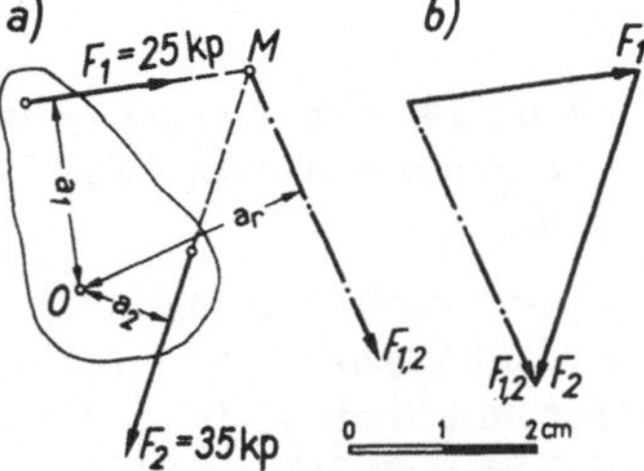

Abb. 9,5. Zusammensetzung beliebig gerichteter Kräfte
a) Lageplan, Maßstab 1:1, b) Kräfteplan, Kräftemaßstab 1 cm $\triangleq$ 10 kp

Wir stellen fest, daß das Moment der Resultierenden $F_{1,2}$ der beiden Kräfte F_1 und F_2 bezogen auf einen beliebigen Drehpunkt gleich der Summe der Einzelmomente dieser Kräfte ist:

$$M_R = F_{1,2} \cdot a_r = F_1 \cdot a_1 + F_2 \cdot a_2$$

Hieraus ergibt sich folgender

Satz vom statischen Moment (Momentensatz)

Satz 13: Das statische Moment der Resultierenden ist gleich der algebraischen Summe der statischen Momente der Einzelkräfte für die gleiche Kraftebene.

10. Zeichnerische Gleichgewichtsbedingungen

Die Statik ist die Lehre vom Gleichgewicht der Körper. Alle bisherigen Betrachtungen dienten darum der Vorbereitung für Untersuchungen, die zur Beurteilung des Gleichgewichtszustandes dienen. Wir müssen aber erkennen, daß wir nicht nur vom Gleichgewicht bei Körpern sprechen können, wenn sie sich in Ruhe befinden. Vielmehr kann ein Körper auch im Gleichgewicht sein, wenn er sich gleichförmig bewegt.

Man ist es aber gewöhnt, und es ist der Einfachheit wegen zweckmäßig und meist auch zutreffend, sich einen im Gleichgewicht befindlichen Körper ruhend vorzustellen.

Den Begriff Gleichgewicht bezieht man vielfach auch auf die am Körper angreifenden Kräfte und spricht z. B. von „den Kräften, die sich im Gleichgewicht befinden". Wenn nämlich alle Kräfte zusammen dieselbe Wirkung auf den Körper ausüben wie keine Kraft, so entspricht das dem Gleichgewichtszustand des Körpers. Damit ergibt sich:

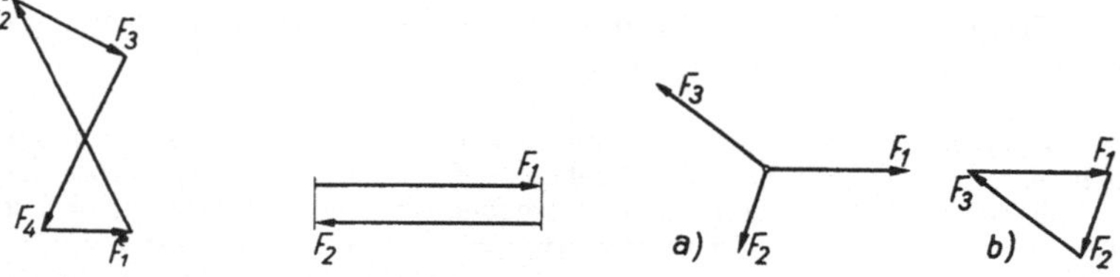

Abb. 10,1. Geschlossenes Krafteck   Abb. 10,2. Geschlossenes Krafteck aus zwei Kräften   Abb. 10,3. Drei im Gleichgewicht stehende Kräfte a) Lageplan, b) Kräfteplan

Satz 14: Ein Körper befindet sich im Gleichgewicht, wenn sich alle von außen am Körper angreifenden Kräfte in ihrer Wirkung gegenseitig aufheben.

Die Resultierende aller Kräfte muß dann gleich Null sein, darf also gar nicht vorhanden sein. Im Krafteck fällt somit das Ende der letzten Kraft mit dem Anfang der ersten zusammen (Abb. 10,1). Man sagt, das Krafteck ist *geschlossen*. Sämtliche Pfeile haben denselben Umfahrungssinn.

Man kann sich den Gleichgewichtszustand von mehreren Kräften auch dadurch entstanden denken, daß man zu den nicht im Gleichgewicht stehenden Kräften die Gegenkraft ihrer Resultierenden hinzufügt, die dann das Gleichgewicht herstellt.

Wir wollen nun zunächst die einfacheren Fälle betrachten, daß an einem Körper nur 2 oder 3 Kräfte angreifen. Für zwei Kräfte ergibt sich gemäß Abb. 10,2.

Satz 15: Zwei Kräfte stehen im Gleichgewicht, wenn die eine die Gegenkraft der anderen ist, d. h. wenn sie dieselbe Wirklinie, die gleiche Größe, aber entgegengesetzten Richtungssinn haben.

Abb. 10,3 zeigt den Fall, daß sich drei Kräfte im Gleichgewicht befinden, weil sich im Lageplan ihre Wirklinien in einem Punkte schneiden und sich ihr Krafteck schließt.

Abb. 10,4. gibt den Fall wieder, daß drei Kräfte im Kräfteplan zwar ein geschlossenes Krafteck bilden, dennoch aber kein Gleichgewicht herrscht, wie sich aus dem Lageplan ergibt. Bringt man nämlich die Wirklinien der Kräfte F_1 und F_2 zum Schnitt, so ruft die Kraft F_3 in bezug auf den Schnittpunkt A das linksdrehende Moment von der absoluten Größe $F_3 \cdot a$ hervor. Die Momente der Kräfte F_1 und F_2 werden Null, da für sie in bezug auf den Drehpunkt A kein Hebelarm vorhanden ist. Oder anders ausgedrückt: Die Resultierende $F_{1,2}$ aus den Kräften F_1 und F_2 bildet mit F_3 ein Kräftepaar $F_3 \cdot a =$

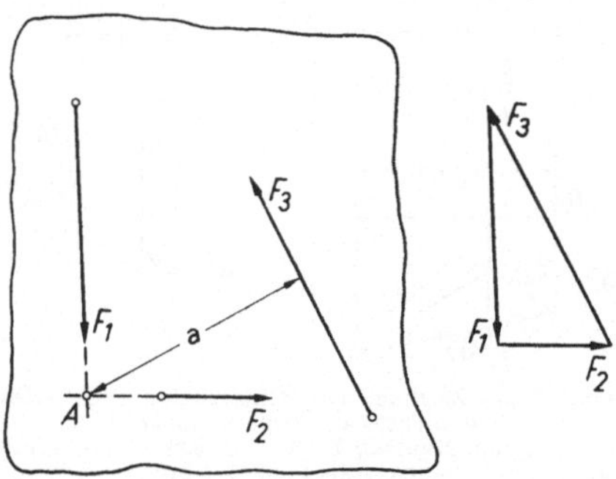

Abb. 10,4. Drei Kräfte, die ein geschlossenes Krafteck bilden, aber nicht im Gleichgewicht sind

$F_{1,2} \cdot a$. Das Körpersystem, an dem die drei Kräfte angreifen, wird also eine Linksdrehung machen wollen. Erst wenn man F_3 um den Hebelarm a parallel verschiebt, so daß auch seine Wirklinie durch A geht, verschwindet das Moment und das Gleichgewicht ist hergestellt. Für drei Kräfte, die im Gleichgewicht sein sollen, ergibt sich darum die zusätzliche Bedingung, daß sich ihre Wirklinien in einem Punkte schneiden müssen.

Satz 16: Drei Kräfte stehen im Gleichgewicht, wenn sich ihre Wirklinien in einem Punkte schneiden und sich ihr Krafteck schließt.

Die Bedingung, wonach die Wirklinien von drei im Gleichgewicht stehenden Kräften einen gemeinsamen Schnittpunkt besitzen müssen, läßt sich *dann* schwer nachweisen, wenn dieser Schnittpunkt bei annähernd parallelen Kräften außerhalb der Zeichenebene liegt, oder wenn sie überhaupt parallel sind. Wir können dann aber das Seileck hinzuziehen, um den Gleichgewichtszustand nachzuweisen. Denken wir uns nämlich an ein Kraftsystem die durch Krafteck und Seileck gefundene Resultierende als Gegenkraft angebracht, so muß diese Gegenkraft das Kraftsystem ins Gleichgewicht bringen. Diese Überlegung bringt uns zu der *allgemeinen zeichnerischen Gleichgewichtsbedingung,* denn sie gilt nicht nur für zwei und drei, sondern auch für beliebig viele Kräfte.

Satz 17: Gleichgewicht beliebig vieler Kräfte in der Ebene liegt vor, wenn sich Krafteck und Seileck schließen, d. h. wenn keine Resultierende vorhanden ist und die Seileckseiten (Seilstrahlen) einen geschlossenen Linienzug bilden.

Beispiel: Ein Sicherheitsventil (Abb. 10,5) soll bei einem Überdruck $p =$ 12 kp/cm² abblasen. Der Ventildurchmesser betrage $d = 16$ mm, der Hebelarm a

ist 120 mm. Es soll zeichnerisch der Abstand x gefunden werden, auf den eine Gewichtskraft $G = 8$ kp geschoben werden muß. (Die Eigengewichtskraft des Hebels soll vernachlässigt werden.)

Lösung: Bei Erreichen des Überdruckes von 12 kp/cm² muß die Gewichtskraft G der Kraft $F = p\,\dfrac{\pi d^2}{4}$ das Gleichgewicht halten. Zur zeichnerischen Untersuchung müssen wir die Kraft im Drehpunkt A bestimmen. Hierzu „machen wir den Hebelarm frei", d. h. wir bringen in einem neuen maßstäblich gezeichneten Lageplan in A an Stelle des Zapfenlagers eine Kraft F_V an, die nur senkrecht nach unten wirken kann, da sie mit G zusammen der Ventilkraft F das Gleichgewicht zu halten hat. Für den Fall des Gleichgewichtes muß sich das Krafteck aus F, G und F_V schließen:

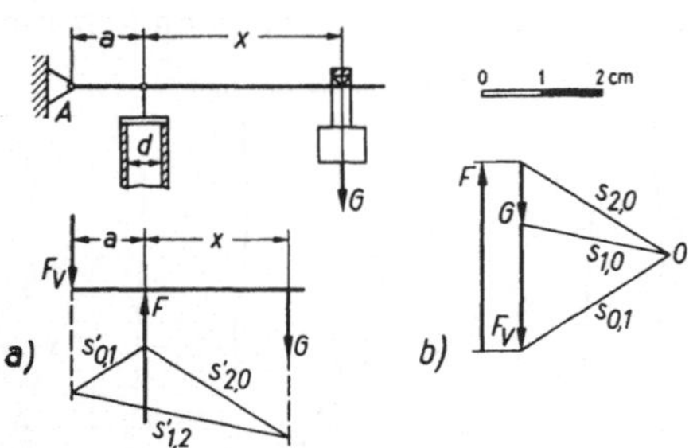

Abb. 10,5. Zeichnerische Untersuchung des Gleichgewichtes am Sicherheitsventil
a) Lageplan, Maßstab 1 : 10, b) Kräfteplan, Kräftemaßstab 1 cm $\widehat{=}$ 8 kp

$$F = p \cdot \frac{\pi\,d^2}{4} = 12\,\frac{\text{kp}}{\text{cm}^2}\,\frac{\pi\,(1{,}6\ \text{cm})^2}{4}$$
$$= 24\ \text{kp}$$

Wir zeichnen das Krafteck aus $F = 24$ kp und $G = 8$ kp und finden als Schlußlinie die Kraft $F_V = 16$ kp, die nach unten gerichtet ist. Durch einen beliebig gewählten Pol O ziehen wir die Polstrahlen $s_{0,1}$, $s_{1,2}$ und $s_{2,0}$ und übertragen diese in bekannter Weise als Seilstrahlen parallel in den Lageplan. Durch den Schnittpunkt von $s'_{1,2}$ und $s'_{2,0}$ muß die Wirklinie von G gehen. Zeichnerisch ergibt sich dann $x = 240$ mm.

11. Rechnerische Gleichgewichtsbedingungen

Beliebig viele Kräfte stehen, wie wir gesehen haben, im Gleichgewicht, wenn ihre Resultierende gleich Null ist und kein Drehmoment in bezug auf einen beliebig gewählten Drehpunkt vorliegt. Um diese Bedingungen durch Gleichungen rechnerisch ausdrücken zu können, zerlegt man sämtliche Kräfte F_1, F_2, F_3 usw. (Abb. 11,1) in Kraftkomponenten, die in Richtung von zwei aufeinander senkrecht stehenden Achsen liegen. Die Achsen, die wir mit X und Y bezeichnen wollen, können dabei in beliebiger Richtung gewählt werden, nur sollen sie aufeinander senkrecht stehen. Haben die Kräfte z. B. alle die gleiche Schräglage, so wird man eine der Achsen in diese Richtung legen.

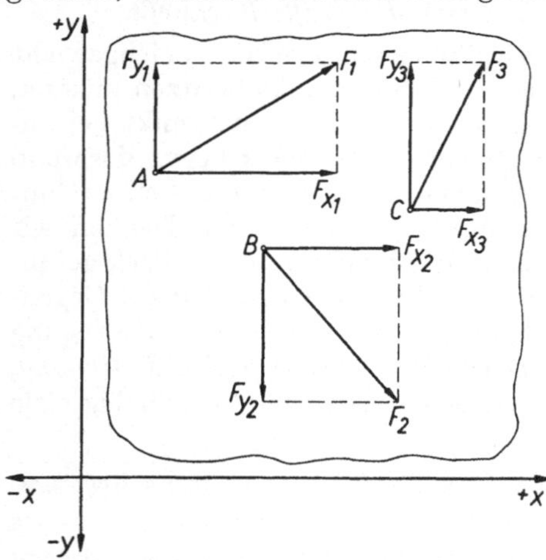

Abb. 11,1. Zerlegung beliebig gerichteter Kräfte in Horizontal- und Vertikalkräfte

Für die rechnerische Untersuchung nimmt man wie im mathematischen Koordinatensystem die Kräfte
in Richtung der X-Achse nach rechts positiv ($+$), nach links negativ ($-$),
in Richtung der Y-Achse nach oben positiv ($+$), nach unten negativ ($-$)
an.

Da nach obiger Überlegung aber außerdem kein Drehmoment im Falle des Gleichgewichtes vorliegen darf, muß nach Satz 13 auch die algebraische Summe der statischen Momente aller Kräfte gleich Null sein.

Damit ergeben sich die drei *Gleichgewichtsbedingungen* für die Kräfte in der Ebene

$$\boxed{\text{I. } \sum F_x = 0; \quad \text{II. } \sum F_y = 0; \quad \text{III. } \sum M = 0} \qquad (11,1)$$

Die rechnerischen Gleichgewichtsbedingungen lauten in Worten:

Satz 18: Kräfte in der Ebene sind im Gleichgewicht, wenn die algebraische Summe der Komponente aller Kräfte in Richtung von zwei senkrecht aufeinander stehenden Achsen und außerdem die algebraische Summe aller auf einen beliebigen Bezugspunkt bezogenen statischen Momente gleich Null ist.

Wir haben aber noch drei verschiedene Gleichgewichtslagen zu unterscheiden:

In Abb. 11,2 ist ein Körper, den man sich hier z. B. als gelochte Blechplatte vorstellen kann, in einem Punkte, hier einer Schneide, reibungsfrei aufgehängt. Greift die Gewichtskraft G im Schwerpunkt S des Körpers an, so stellt nach Satz 15 eine im Stützpunkt O angreifende gleich große aber entgegengesetzt wirkende Stützkraft F_N das Gleichgewicht her. Ebenfalls nach Satz 15 müssen die Wirklinien von G und F_N, wie das in Abb. 11,3a dargestellt ist, zusammenfallen. Wir wollen nun den Stützpunkt O auf der Wirklinie von G verschieben. Dann ergeben sich die in Abb. 11,3 oben dargestellten Möglichkeiten der Gleichgewichtslage.

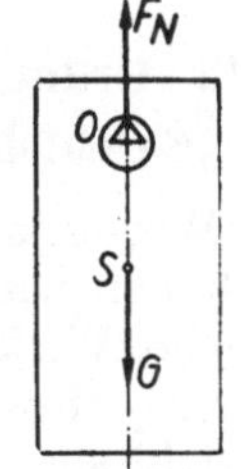

Abb. 11,2. Gleichgewichtslage eines gestützten Körpers

Liegt gemäß Abb. 11,3a der Stützpunkt O oberhalb des Schwerpunktes S, so wird bei einer Drehung des Körpers um den Stützpunkt der *Schwerpunkt gehoben*. Das Kräftepaar F_N und G mit dem Hebelarm a führt den Körper stets wieder in seine Gleichgewichtslage zurück. Wir sprechen in diesem Fall vom *stabilen* (oder *sicheren*) *Gleichgewicht*.

In Abb. 11,3b liegt der Stützpunkt O in Richtung der Wirklinie von G unterhalb des Schwerpunktes S. Bei geringer Auslenkung des Körpers durch Drehung um den Stützpunkt wird das Kräftepaar F_N und G mit dem Hebelarm a wirksam, und dreht den Körper nach unten in die stabile Gleichgewichtslage. In diesem Falle haben wir demnach eine *labile* (oder *unsichere*) *Gleichgewichtslage*.

In Abb. 11,3c ist der Körper in seinem Schwerpunkt gestützt. Bei einer Drehung bildet sich überhaupt kein Kräftepaar, der Körper ist in jeder Lage im Gleichgewicht, der *Schwerpunkt* wird bei der Drehung *weder gehoben noch gesenkt.* Wir sprechen in diesem Falle vom *indifferenten* (oder *unentschiedenen*) *Gleichgewicht.*

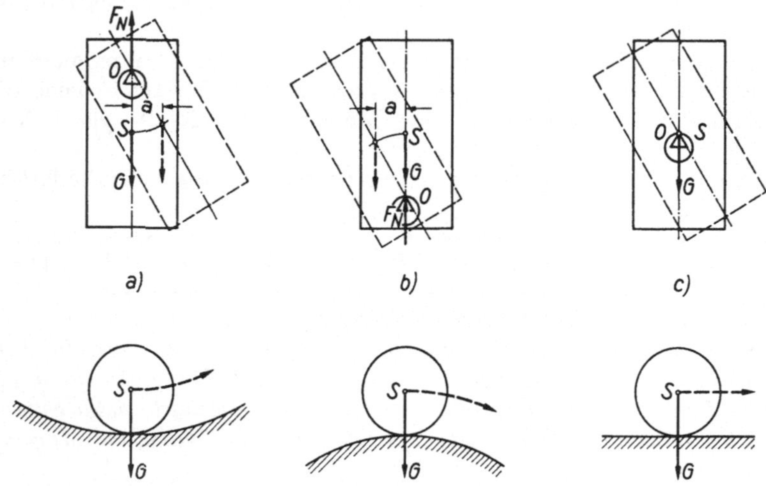

Abb. 11,3. Die stabile (a), labile (b) und indifferente (c) Gleichgewichtslage

Abb. 11,3 unten zeigt die drei Gleichgewichtslagen für die Stützung einer Kugel durch gekrümmte oder ebene Unterlagen.

12. Grundsätzliche Betrachtungen zur Anwendung der Gleichgewichtsbedingungen bei der Lösung von Aufgaben der Statik

Wirken auf einen Körper oder ein Körpersystem mehrere Kräfte, so haben wir bisher die Resultierende gesucht, die auf den Körper die gleiche Wirkung ausübt wie die Einzelkräfte. Wenn die auf einen Körper einwirkenden äußeren Kräfte nicht *miteinander* im Gleichgewicht sind, muß er durch einen oder mehrere Anschlußkörper gehalten, d. h. *gestützt* werden, um ins Gleichgewicht zu kommen. Die Gleichgewichtsbedingungen ermöglichen es uns, diese *Stützkräfte nach Größe und Richtung zu ermitteln.*

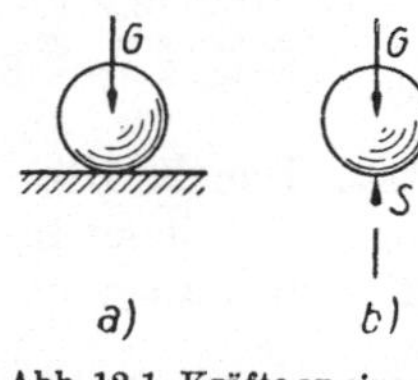

Abb. 12,1. Kräfte an einer abgestützten Kugel

Man wird zu diesem Zweck die Beanspruchung eines Körpers in einer Übersichtsskizze darstellen (Abb. 12,1a), dann aber in einer besonderen Skizze den Körper ohne den Anschlußkörper wie in Abb. 12,1b die Kugel ohne die stützende Unterlage zeichnen. Dieser Anschlußkörper, also im Beispiel Abb. 12,1a die Unterlage, muß ersetzt werden durch die Stützkraft. Alle Kräfte, also auch die Stützkräfte beziehen sich auf den von seiner Umgebung „freigemachten Körper".

Bei der Zerlegung einer Kraft in zwei Seitenkräfte hatten wir bereits gesehen, daß sich aus dem Lageplan ergeben muß, welche Kraftrichtungen für diese Seitenkräfte gegeben sind. Die Ermittlung der Stützkräfte nach den Gleichgewichtsbedingungen stellt im Grunde nichts anderes dar als eine *Zerlegung der gegebenen Kräfte in* entsprechende *Stützkräfte*, die *dann allerdings* den gegebenen Kräften das *Gleichgewicht* halten sollen.

In der Technik benutzen wir Lager und Stützen, die ihrer Bauweise entsprechend nur in einer oder in beliebiger, d. h. also auch in zwei aufeinander senkrechten Richtungen belastbar sind. Von einem *festen Lager* sprechen wir, wenn es den untersuchten Körper in beliebiger, also auch in zwei aufeinander senkrechten Richtungen stützt. Es vermag im allgemeinen aber kein Drehmoment aufzunehmen. Demgegenüber bezeichnen wir als *bewegliches oder loses Lager* alle Befestigungsarten, bei denen die

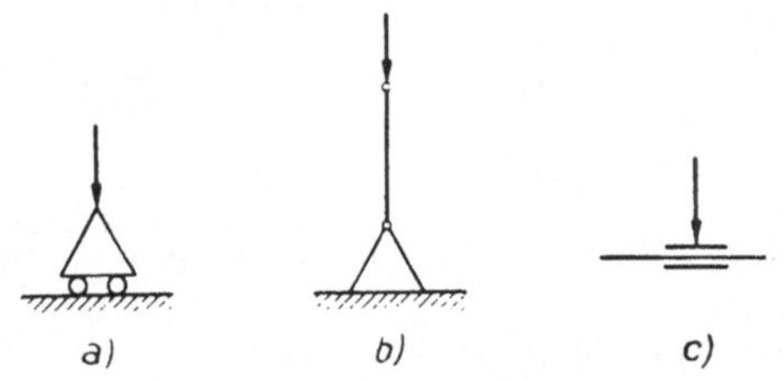

Abb. 12,2. Einwertige Auflager
a) Loses Lager b) Pendelstütze c) Gleithülse

Bewegungsfreiheit nur in einer Richtung beschränkt ist (Abb. 12,2). Es können dann nur Kräfte übertragen werden, deren Wirklinien diese Richtung besitzen. Außerdem gibt es Lagerarten, die Momente übertragen können.

Lager, die nur einer der drei Gleichgewichtsbedingungen genügen, die z. B. nur Kräfte in einer Richtung aufnehmen können, werden als *einwertige Auflager* (Abb. 12,2), solche Lager, die zwei Gleichgewichtsbedingungen erfüllen, also z. B. Kräfte in zwei aufeinander senkrechten Richtungen übertragen, werden als *zweiwertige Auflager* bezeichnet. Wie Abb. 12,3 zeigt, ist als zweiwertige Auflagerung auch die Kombination von zwei einwertigen Auflagern anzusprechen. *Dreiwertige Auflager* (Abb. 12,4) sind entweder die feste Einspannung (Abb. 12,4a), die alle drei Gleichgewichtsbedingungen erfüllt, nämlich Kräfte in zwei senkrecht zueinander stehenden Richtungen und Momente aufnimmt, oder die Kombination von zwei- und einwertigen Auflagern (Abb. 12,4b und c). Darüber hinaus gibt es *vier-* und *mehrwertige Auflager* (Abb. 12,5) Im folgenden sind diese Lagerarten nach ihren Wertigkeiten geordnet schematisch dargestellt.

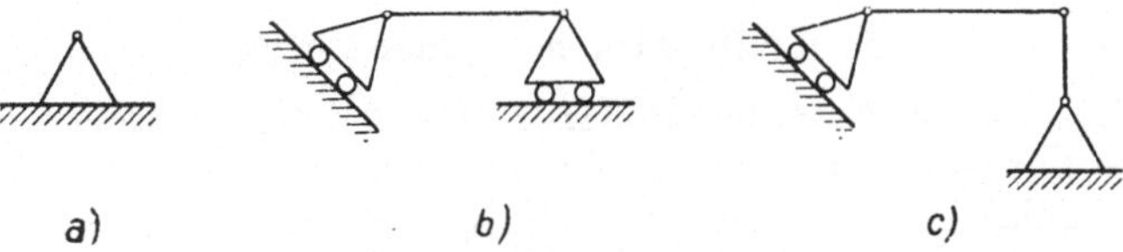

Abb. 12,3. Zweiwertige Auflager
a) Festes Lager b) zwei lose Lager c) Kombination von einem losen Lager mit einer Pendelstütze

Abb. 12,2 zeigt schematisch verschiedene einwertige Auflager, die nur Kräfte in den angegebenen Richtungen aufnehmen können. Abb. 12,3 zeigt schematisch verschiedene zweiwertige Auflager, und

zwar das feste Lager, das nur zwei aufeinander senkrechte Kräfte überträgt, nicht aber ein Moment (Abb. 12,3a) sowie eine Kombination
von zwei einwertigen Lagern (Abb. 12,3b und c).

Ein- und zweiwertige Auflagerungen bewirken nur unter besonderen
Bedingungen stabiles Gleichgewicht, z. B. Abb. 12,3a. Meist haben wir
bei Körpern, die auf diese Weise abgestützt sind, labiles Gleichgewicht.
Wir sprechen dann von statisch unterbestimmten Körpern. Dreiwertige
Auflagerungen nach Abb. 12,4 liefern immer ein stabiles Gleichgewicht,

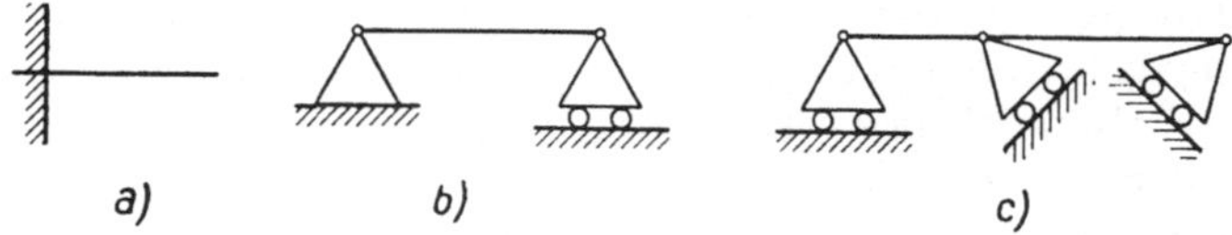

Abb. 12,4. Dreiwertige Auflager
a) Feste Einspannung b) ein festes und ein loses Lager, c) drei lose Lager

ganz gleich in welcher Richtung der Körper belastet ist. Die Stützkräfte lassen sich immer nach den Gleichgewichtsbedingungen ermitteln. Die Kombination von drei einwertigen Lagern (Abb. 12,4c) wird
man in der Technik seltener, dagegen häufig die Lagerung nach
Abb. 12,4a und b finden.
Natürlich sind auch weitere
Kombinationen z. B. mit der
Pendelstütze möglich.

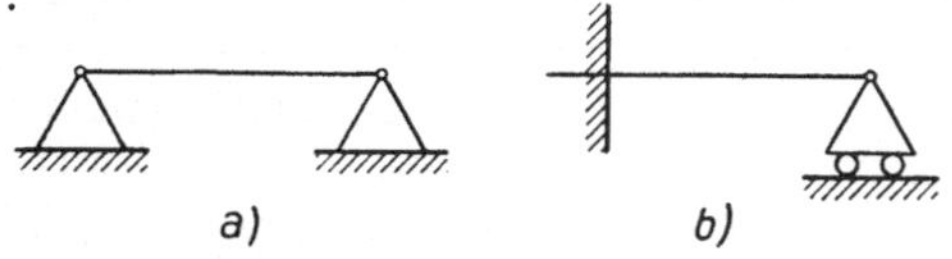

Abb. 12,5. Vierwertige Auflager
a) Zwei feste Lager, b) Kombination von fester Einspannung und losem Lager

Abb. 12,5 zeigt schematisch zwei Möglichkeiten
vierwertiger Auflagerung.
Bei diesen ist es nicht mehr
ohne weiteres möglich, die Wirklinien der Stützkräfte festzulegen,
durch die ein belasteter Körper im Gleichgewicht gehalten wird. Mit
Hilfe der Gleichgewichtsbedingungen allein lassen sich die Stützkräfte
darum nicht mehr ermitteln.

*Satz 19: Anordnungen von Körpersystemen der Statik, bei denen die
Kräfte mit Hilfe der Gleichgewichtsbedingungen allein nicht bestimmt werden können, heißen statisch unbestimmt*[1].

13. Anwendungsbeispiele der Gleichgewichtsbedingungen

a) Kräfte wirken in einer Ebene

Die Lösung von Aufgaben mit Hilfe der Gleichgewichtsbedingungen
kann zeichnerisch und rechnerisch erfolgen. In der überwiegenden
Mehrzahl führt die zeichnerische Lösung von Aufgaben der Statik zu
einfachen und übersichtlichen Ergebnissen, die bei entsprechendem
Maßstab der Darstellungen auch genügend genau sind. Die rechnerischen

---

[1] Ausnahmen bilden einige Anordnungen statisch unterbestimmter Systeme,
die sich zwar nach den Gleichgewichtsbedingungen bestimmen lassen, aber nicht
im stabilen Gleichgewicht sind.

Lösungen sind selten einfacher, meist recht verwickelt und unübersichtlich. Während aber zur zeichnerischen Lösung ein maßstäblich gezeichneter Lageplan vorhanden sein muß, genügt für die rechnerische Lösung ein Situationsplan ohne Maßstab. Diesen sollte man aber in jedem Falle anfertigen, wenn er nicht bereits gegeben ist.

Es wurde schon gesagt, daß zur Untersuchung von Aufgaben der Statik Körper und Körpersystem *freigemacht* werden müssen.

Im nachfolgenden soll an einfachen Beispielen die zeichnerische und rechnerische Lösung von Aufgaben unter Anwendung der Gleichgewichtsbedingungen behandelt werden.

Beispiel: Ein Träger auf zwei Stützen ist durch eine Schrägkraft $F_1 = 1{,}2$ Mp, unter $30°$ geneigt gegen die Trägerachse, und eine Vertikalkraft $F_2 = 0{,}6$ Mp belastet (Abb. 13,1a). Bestimme a) zeichnerisch und b) rechnerisch die Stützkräfte F_A und F_B in vertikaler und horizontaler Richtung.

Wir betrachten den Träger mit den an ihm angreifenden Kräften für sich, d. h. freigemacht in einem maßstäblich gezeichneten Lageplan (Abb. 13,1b). Da die Stütze A ein loses Lager ist, kann sie nur Kräfte in vertikaler Richtung übertragen.

Lösung: a) Zur zeichnerischen Lösung fassen wir die gegebenen Kräfte zu einer Resultierenden $F_{1,2}$ mittels Kräfteparallelogramms zusammen. Wir haben dann am Träger insgesamt drei Kräfte $F_{1,2}$, F_A und F_B, auf die wir Satz 16 anwenden können. Durch den Schnitt der Wirklinien von $F_{1,2}$ und F_A in D erhalten wir aus der Verbindung von D mit B die Wirklinie von F_B. Wir zeichnen mit dieser Wirklinie das Krafteck aus $F_{1,2}$, F_A und F_B. Die Stützkraft F_B läßt sich in einem weiteren Krafteck zerlegen in die Vertikalstützkraft F_{BV} und die Horizontalstützkraft F_{BH}.

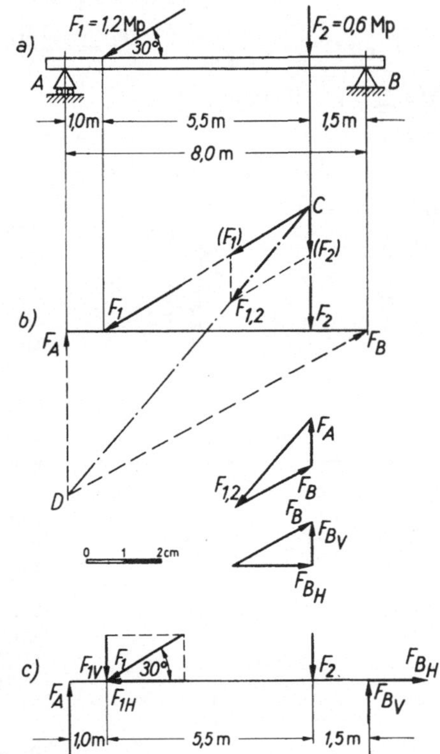

Abb. 13,1.   Stützkräfte am Träger auf zwei Stützen Lageplan, Maßstab 1:100, Kräfteplan. Kräftemaßstab 1 cm $\widehat{=}$ 0,5 Mp

Zeichnerisch ergibt sich $F_{1,2} = 1{,}6$ Mp, $F_A = 0{,}65$ Mp, $F_B = 1{,}19$ Mp, $F_{BV} = 0{,}55$ Mp, $F_{BH} = 1{,}05$ Mp.

b) Zur rechnerischen Lösung zerlegen wir gemäß Abb. 13,1c $F_1 = 1{,}2$ Mp in die Vertikalkomponente

$$F_{1V} = F_1 \cdot \sin 30° = 1{,}2 \text{ Mp} \frac{1}{2} = 0{,}6 \text{ Mp}$$

und die Horizontalkomponente

$$F_{1H} = F_1 \cdot \cos 30° = 1{,}2 \text{ Mp} \cdot 0{,}866 = 1{,}05 \text{ Mp}$$

Wir denken uns ein Achsenkreuz so gelegt, daß die x-Achse horizontal, die y-Achse vertikal verläuft und wenden die Gleichgewichtsbedingungen, Gl. (11,1), an:

Aus $\sum F_X = 0$ ergibt sich $-F_{1H} + F_{BH} = 0$, $F_{BH} = F_{1H} = 1{,}05\ \mathrm{Mp}$

Für $\sum M = 0$ wählen wir als Drehpunkt den Angriffspunkt von F_A und finden dann:

$$F_{1V} \cdot 1\ \mathrm{m} + F_2 \cdot 6{,}5\ \mathrm{m} - F_{BV} \cdot 8\ \mathrm{m} = 0$$

$$F_{BV} = \frac{F_{1V} \cdot 1\ \mathrm{m} + F_2 \cdot 6{,}5\ \mathrm{m}}{8\ \mathrm{m}} = \frac{0{,}6\ \mathrm{Mp} \cdot 1\ \mathrm{m} + 0{,}6\ \mathrm{Mp} \cdot 6{,}5\ \mathrm{m}}{8\ \mathrm{m}} = 0{,}56\ \mathrm{Mp}$$

Aus $\sum F_Y = 0$ ergibt sich

$$-F_{1V} - F_2 + F_{BV} + F_A = 0$$

$$F_A = F_{1V} + F_2 - F_{BV} = (0{,}6 + 0{,}6 - 0{,}56)\ \mathrm{Mp} = 0{,}64\ \mathrm{Mp}$$

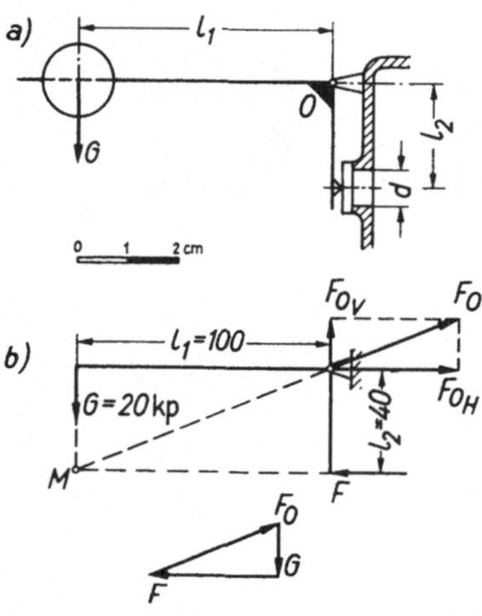

Abb. 13,2. Sicherheitsventil einer Wasserdruckpresse
Lageplan, Maßstab 1:2, Kräfteplan, Kräftemaßstab 1 cm ≙ 20 kp

Beispiel: Das Sicherheitsventil einer Wasserdruckpresse (Abb. 13,2a) ist über einen Winkelhebel mit den Schenkeln $l_1 = 100$ mm und $l_2 = 40$ mm durch eine Gewichtskraft von 20 kp belastet. Der Ventildurchmesser beträgt 20 mm. Bestimme a) zeichnerisch und rechnerisch die Ventilkraft, b) zeichnerisch und rechnerisch die Stützkraft F_O und ihre Komponenten in vertikaler und horizontaler Richtung, c) den Wasserdruck in kp/cm², bei dem das Sicherheitsventil öffnet.

Lösung: a) Bei der zeichnerischen Lösung zeichnen wir maßstäblich den Lageplan (Abb. 13,2b) und finden als äußere Kräfte G, F und F_O, die im Gleichgewicht sein müssen. Nach Satz 16 müssen sich ihre Wirklinien in einem Punkte schneiden. Durch die Verbindungslinie des Schnittpunktes M der bekannten Kraftrichtungen von F und G mit dem Drehpunkt des Winkelhebels O finden wir die Richtung der Stützkraft F_O. Damit können wir das Krafteck zeichnen, indem wir durch Anfang und Ende der gegebenen Kraft G die Parallelen zu F und F_O ziehen. Da die Kräfte im Gleichgewicht sind, muß sich das Krafteck schließen.

Wir finden *zeichnerisch* $F = 50$ kp.

Rechnerisch ergibt sich gemäß Abb. 13,2b nach der Gleichgewichtsbedingungen $\sum M = 0$

$$-G \cdot l_1 + F \cdot l_2 = 0$$

$$F = \frac{G \cdot l_1}{l_2} = \frac{20\ \mathrm{kp} \cdot 100\ \mathrm{mm}}{40\ \mathrm{mm}} = 50\ \mathrm{kp}$$

b) Zeichnerisch ergibt sich im Kräfteplan (Abb. 13,2b) $F_O = 54$ kp; $F_{OV} = 20$ kp; $F_{OH} = 50$ kp.

Rechnerisch ergibt sich aus dem rechtwinkligen Dreieck des Kraftecks

$$F_O = \sqrt{G^2 + F^2} = \sqrt{(20\ \mathrm{kp})^2 + (50\ \mathrm{kp})^2} = 54\ \mathrm{kp}$$

Aus $\sum F_Y = 0$ ergibt sich $-G + F_{OV} = 0$; $G = F_{OV} = 20$ kp

Aus $\sum F_X = 0$ ergibt sich $-F + F_{OH} = 0$; $F = F_{OH} = 50$ kp

$$\text{c)}\quad F = p\,\frac{\pi\,d^2}{4}\ ; p = \frac{F}{\dfrac{\pi\,d^2}{4}} = \frac{50\ \mathrm{kp}}{\dfrac{\pi \cdot 2^2}{4}\ \mathrm{cm^2}} = 15{,}9\ \mathrm{kp/cm^2}$$

Bei den bisherigen beiden Beispielen war es möglich, nach Satz 16 die Richtung der gesuchten Stützkräfte durch Schnitt ihrer Wirklinien mit den gegebenen Kräften zu finden und für diese Richtungen ihre Größe durch Zeichnen des Kraftecks zu ermitteln. Im Beispiel Abb. 13,1 war dazu allerdings zunächst nötig, für die beiden gegebenen Kräfte die Resultierende zu ermitteln, da Satz 16 nur für das Gleichgewicht von drei Kräften gilt. Man kann dieses Verfahren natürlich auch anwenden, wenn mehrere Kräfte an einem dreiwertig abgestützten Körper angreifen, solange es möglich ist, die gegebenen Kräfte zu einer Resultierenden zusammenzufassen und ihre Wirklinie mit den Richtungen der Stützkräfte zum Schnitt zu bringen.

Dieses Verfahren versagt aber, wenn an dem Körper parallele oder annähernd parallele Kräfte angreifen. In diesem Falle wenden wir das *Seileckverfahren* unter Bezugnahme auf Satz 17 an. Wir werden sehen, daß es bei parallelen Kräften nicht mehr nötig ist, die Resultierende besonders zu ermitteln, vielmehr können wir unmittelbar die Größe und Richtung der Stützkräfte finden.

Beispiel: Ein Träger werde nach Abb. 13,3a zwischen den beiden Stützen A und B durch die Kräfte $F_1 = 200$ kp und $F_2 = 500$ kp belastet. Zu bestimmen sind zeichnerisch die Stützkräfte F_A und F_B.

Lösung: Wir zeichnen zunächst maßstäblich den Lageplan freigemacht (Abb. 13,3b). Die Wirklinien der Stützkräfte können nur parallel zu den Kraftrichtungen der Kräfte F_1 und F_2 verlaufen.

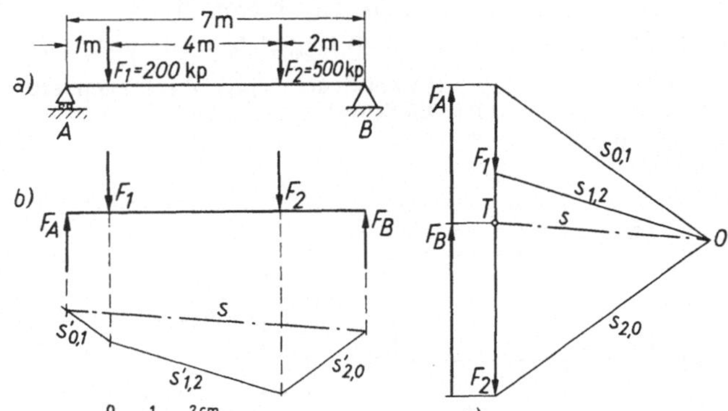

Abb. 13,3. Träger auf zwei Stützen mit zwei parallelen Kräften zwischen den Stützen
a) Lageplan, Maßstab 1:100, b) Lageplan freigemacht, c) Kräfteplan, Kräftemaßstab 1 cm ≙ 100 kp

Man zeichnet dann unter Fortlassen der Stützkräfte das Krafteck mit dem Poleck und in bekannter Weise das Seileck. Da die Richtung der Stützkräfte F_A und F_B von vornherein bekannt ist, nämlich vertikal verläuft, braucht man hier nicht den Seilstrahl $s'_{0,1}$ durch den Stützpunkt F_A zu legen, sondern kann ihn durch einen beliebigen Punkt der Wirklinie von F_A gehen lassen. Die äußersten Seilstrahlen $s'_{0,1}$ und $s'_{2,0}$, deren Schnittpunkt die Lage der Resultierenden bestimmte, bringt man zum Schnitt mit den Wirklinien von F_A und F_B. Die Verbindungslinie der Schnittpunkte ist die noch fehlende Schlußlinie s, die das *Seileck schließt* (Satz 17). Zu ihr parallel wird der im Krafteck noch fehlende Polstrahl s gezogen, der durch den Teilpunkt T die gesuchten Stützkräfte F_A und F_B voneinander abgrenzt. Da wir $s'_{0,1}$ mit F_A und s zum Schnitt gebracht haben, und diese im Krafteck ein Dreieck bilden, muß hier s_1 und s_0, die Stützkraft F_A abgrenzen. Ebenso schneiden sich $s'_{2,0}$ und s in F_B, die im Krafteck ebenfalls ein Dreieck bilden, so daß $s_{2,0}$ und s die Stützkraft F_B abgrenzen. Da sich im Falle des Gleichgewichtes das *Krafteck schließen* muß, ergibt sich, daß beide Stützkräfte nach oben gerichtet sind.

Zeichnerisch ergibt sich: $F_A = 315$ kp, $F_B = 385$ kp.

Beispiel: Bestimme für das Beispiel Abb. 13,3 rechnerisch die Stützpunkte F_A und F_B.

Lösung: Wir wenden die drei Gleichgewichtsbedingungen (Satz 18) an und finden:

$\Sigma F_X = 0$ entfällt, da Horizontalkräfte nicht vorhanden sind.

$\Sigma F_Y = 0$ enthält zwei Unbekannte, nämlich die Stützkräfte F_A und F_B.

Man kommt aber zu einer Lösung durch $\Sigma M = 0$, wobei ein Kunstgriff angewendet wird. Man *wählt als Drehpunkt einen der beiden Stützpunkte.*

$\Sigma M = 0$ für den Drehpunkt im Stützpunkt B

$$F_A \cdot 7\,\text{m} - F_1 \cdot 6\,\text{m} - F_2 \cdot 2\,\text{m} = 0$$

$$F_A = \frac{F_1 \cdot 6\,\text{m} + F_2 \cdot 2\,\text{m}}{7\,\text{m}} = \frac{200\,\text{kp} \cdot 6\,\text{m} + 500\,\text{kp} \cdot 2\,\text{m}}{7\,\text{m}} = 314\,\text{kp}$$

Nunmehr ergibt sich F_B aus der Gleichgewichtsbedingung $\Sigma F_Y = 0$

$$-F_1 - F_2 + F_A + F_B = 0$$

$$F_B = F_1 + F_2 - F_A = (200 + 500 - 314)\,\text{kp} = 386\,\text{kp}$$

Anmerkung: Für die Anwendung der Gleichgewichtsbedingung $\Sigma M = 0$ ist jeweils ein Drehpunkt zu wählen, der sich in vorliegenden Beispielen zweckmäßig als Angriffspunkt einer der Stützkräfte ergibt. Allgemein soll bei dem Hinweis auf die Bedingung $\Sigma M = 0$ der Drehpunkt als Zeiger angegeben werden. In obigem Beispiel schreiben wir dann also ΣM_B, d. h. ΣM für das Lager B als Drehpunkt.

Beispiel: Für einen Träger auf zwei Stützen mit überkragendem Ende, der nach Abb. 13,4 belastet ist, sollen die Stützkräfte F_A und F_B a) zeichnerisch und b) rechnerisch ermittelt werden.

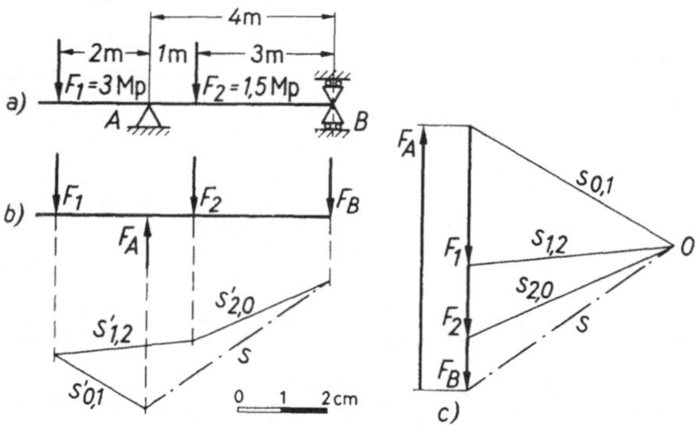

Abb. 13,4. Träger auf zwei Stützen mit überkragendem Ende
a) Lageplan, Maßstab 1:100, b) Lageplan freigemacht, c) Kräfteplan, Kräftemaßstab 1 cm $\cong$ 1 Mp

Lösung: a) Die Zeichnung von Lageplan freigemacht, Krafteck und Seileck erfolgt in gleicher Weise wie im vorigen Beispiel. Die Schlußlinie s im Seileck durch die Schnittpunkte von $s_{0,1}$ mit F_A und $s_{2,0}$ mit F_B schneidet bei der Übertragung in das Krafteck durch den Pol erst die Verlängerung über die Kraft F_2 hinaus. Daraus ergibt sich, daß diese Verlängerung, die mit den Polstrahlen $s_{2,0}$ und s ein Dreieck bildet, die nach unten gerichtete Stützkraft F_B darstellt. Die Stützkraft F_A muß im Krafteck mit den Polstrahlen $s_{0,1}$ und s ein Dreieck bilden.

Da das Krafteck geschlossen sein muß, wenn Gleichgewicht vorhanden ist, ist F_A nach oben gerichtet.

Zeichnerisch ergibt sich $F_A = 5{,}63\,\mathrm{Mp}$ nach oben gerichtet, $F_B = 1{,}13\,\mathrm{Mp}$ nach unten gerichtet (wie in Abb. 13,4b gezeichnet).

b) Für die rechnerische Lösung wenden wir zunächst wieder die Gleichgewichtsbedingung $\sum M_A = 0$ an. Da wir annehmen wollen, daß die Richtung von F_B noch nicht bekannt ist, und darum zunächst nach oben gerichtet gedacht werden soll (im Gegensatz zur Annahme in Abb. 13,4b), ergibt sich *für F_B ein linksdrehendes Moment*:

$$- F_1 \cdot 2\,\mathrm{m} + F_2 \cdot 1\,\mathrm{m} - F_B \cdot 4\,\mathrm{m} = 0$$

$$F_B = \frac{- F_1 \cdot 2\,\mathrm{m} + F_2 \cdot 1\,\mathrm{m}}{4\,\mathrm{m}} = \frac{- 3\,\mathrm{Mp} \cdot 2\,\mathrm{m} + 1{,}5\,\mathrm{Mp} \cdot 1\,\mathrm{m}}{4\,\mathrm{m}} = -1{,}125\,\mathrm{Mp}$$

Das *negative Ergebnis für F_B deutet darauf hin, daß F_B umgekehrt gerichtet* ist, als bei der Aufstellung der Momentengleichung angenommen wurde. F_B ist also nicht nach oben, sondern nach unten gerichtet, wie es sich auch bei der zeichnerischen Lösung ergeben hat.

Aus $\sum F_Y = 0$ ergibt sich

$$- F_1 - F_2 - F_B + F_A = 0$$

$$F_A = F_1 + F_2 + F_B = (3 + 1{,}5 + 1{,}125)\,\mathrm{Mp} = 5{,}625\,\mathrm{Mp}$$

b) Kräfte wirken in verschiedenen Ebenen

Wir haben bisher nur Aufgaben kennengelernt, bei denen die Gleichgewichtsbedingungen zur Untersuchung von Kräften angewendet wurden, die in einer einzigen Ebene lagen. Die schwierigere Aufgabe der Untersuchung von Kräften im Raum soll in diesem Buche nicht behandelt werden.

Die Bestimmung der Stützkräfte eines Körpers, der mit mehreren beliebig gerichteten Kräften belastet ist, kann aber vielfach wie folgt durchgeführt werden:

α) Schneiden sich die Wirklinien verschiedener Kräfte in einem Punkt, so werden sie zu einer Resultierenden zusammengesetzt. Die Wirklinien der Stützkräfte müssen dann mit der Resultierenden eine Ebene bilden, für die man die Untersuchung durchführt.

β) Lassen sich die Kräfte nicht zu einer einzigen Resultierenden zusammenfassen, so zerlegt man jede einzelne Kraft in ihre Vertikal- und Horizontalkomponente. Dann ermittelt man die Stützkräfte getrennt für die Vertikal- und Horizontalebene. Für jede Abstützung findet man dann eine Vertikal- und Horizontalkraft, die man einzeln zusammensetzt. Dabei ergibt sich im allgemeinen, daß die Wirklinien der Stützkräfte verschiedene Richtungen haben.

Beispiel zu α): Eine Seilscheibenachse wird durch die senkrechte Seillast $F_S = 5\,\mathrm{Mp}$, durch den unter $60°$ wirkenden Seilzug $F_Z = 5\,\mathrm{Mp}$ und durch die Eigengewichtskraft $G = 1\,\mathrm{Mp}$ belastet (Abb. 13,5). Es sollen rechnerisch die Lagerkräfte F_A und F_B ermittelt werden.

Lösung: Nach Satz 12 können die Kräfte F_S und F_Z auf den Drehpunkt der Seilscheibe verschoben werden. Damit haben F_S, G und F_Z einen gemeinsamen Angriffspunkt und können zu einer Resultierenden zusammengesetzt werden (Abb. 13,5b). Mit dem eingezeichneten Winkel $120°$ ermittelt man rechnerisch die Größe der Resultierenden nach dem Kosinussatz:

$$F_M^2 = (F_S + G)^2 + F_Z^2 - 2(F_S + G)\,F_Z \cdot \cos 120°$$

mit $\cos 120° = -\cos 60° = -0,5$ ergibt sich

$$F_M^2 = [(5+1)^2 + 5^2 - 2(5+1)\,5\cdot(-0,5)]\,\text{Mp}^2 = 91\,\text{Mp}^2$$

$$F_M = \sqrt{91\,\text{Mp}^2} \approx 9,5\,\text{Mp}$$

Den Neigungswinkel α der Resultierenden gegen die Vertikale errechnet man für das Kräftedreieck Abb. 13,5b nach dem Sinussatz

$$\frac{\sin\alpha}{\sin 120°} = \frac{F_Z}{F_M}$$

$$\sin\alpha = \frac{F_Z}{F_M}\cdot\sin 120° = \frac{F_Z}{F_M}\cdot\sin 60° = \frac{5\,\text{Mp}}{9,5\,\text{Mp}}\cdot 0,866 = 0,4558$$

$$\alpha = 27°\,7'.$$

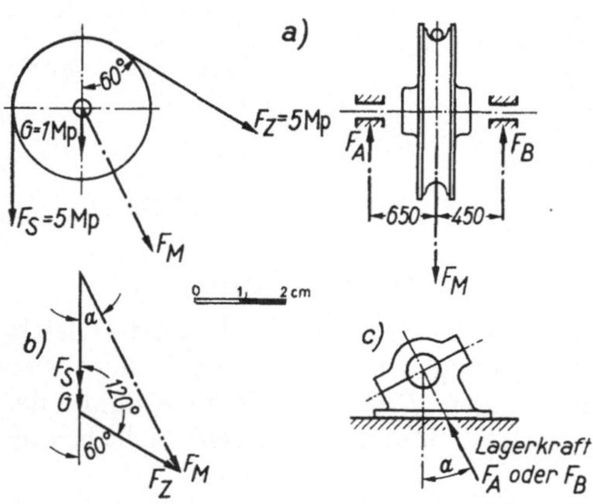

Abb. 13,5. Lagerdrücke bei Schrägbelastung
a) Lageplan (ohne Maßstab), b) Kräfteplan, Kräftemaßstab
1 cm ≙ 2 Mp, c) Lagerausführung bei Schrägbelastung

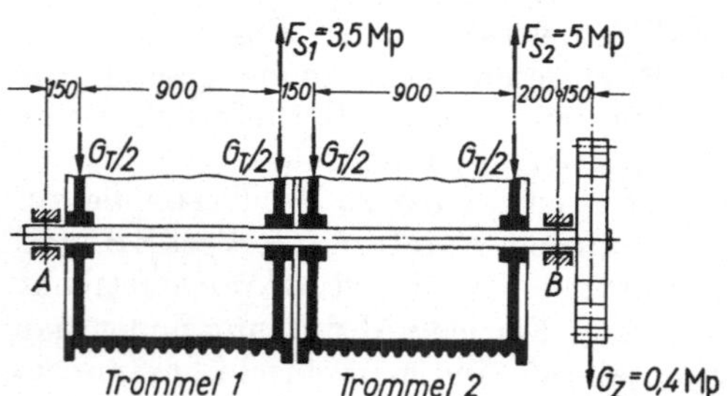

Abb. 13,6a. Trommelwelle mit Belastungen in verschiedenen Richtungen

Unter dem Winkel 27° 7′ gegen die Vertikale sind auch die Wirklinien der Stützkräfte F_A und F_B geneigt. Ihre Größe ergibt sich rechnerisch:

aus $\sum M_B = 0$:

$$F_A \cdot 1100\,\text{mm}$$
$$- F_M \cdot 450\,\text{mm} = 0$$

$$F_A = \frac{F_M \cdot 450\,\text{mm}}{1100\,\text{mm}}$$

$$= \frac{9,5 \cdot 450}{1100}\,\text{Mp} = 3,9\,\text{Mp}$$

aus $\sum F_v = 0$:

$$F_A + F_B - F_M = 0$$

$$F_B = F_M - F_A$$
$$= 9,5\,\text{Mp} - 3,9\,\text{Mp}$$
$$= 5,6\,\text{Mp}$$

Wegen der Schräglage der Lagerkräfte unter $\alpha = 27° 7'$ wird das Lager zweckmäßig entsprechend Abb. 13,5c so ausgebildet, daß die Schnittlinie der Lagerschalen senkrecht zur Richtung der Lagerkräfte steht.

Beispiel zu β): Eine Trommelwelle werde nach Abb. 13,6a durch die Seilkräfte $F_{s_1} = 3,5\,\text{Mp}$ und $F_{s_2} = 5,0\,\text{Mp}$, die beide in der gezeichneten Stellung auf der rechten Trommelseite angreifen und durch die Zahnkraft $F_Z = 1,8\,\text{Mp}$ (die das Drehmoment für das Heben der überhängenden Last hervorruft) beansprucht. Außerdem wirken die Trommelgewichtskräfte $G_T = 1\,\text{Mp}$ je zur Hälfte über die Trommelsterne sowie die Zahnradgewichtskraft $G_Z = 0,4\,\text{Mp}$ in Zahnradmitte auf die Trommelwelle.

Die Richtung der Seilzüge geht aus Abb. 13,6b hervor, und zwar F_{s_1} als Seilzug des Oberläufers unter 45° und F_{s_2} als Seilzug des Unterläufers unter 60° gegen die Horizontale, während die Zahnkraft senkrecht nach unten wirkt.

Es sollen zeichnerisch die Lagerkräfte F_A und F_B nach Größe und Richtung ermittelt werden.

Lösung: In Abb. 13,6b zerlegen wir die Seilzüge F_{s_1} und F_{s_2} zunächst in ihre Vertikal- und Horizontalkomponenten. Zeichnerisch ergibt sich

$$F_{S_{1V}} = 2,5\,\mathrm{Mp}; \quad F_{S_{1H}} = 2,5\,\mathrm{Mp}$$

$$F_{S_{2V}} = 4,33\,\mathrm{Mp}; \quad F_{S_{2H}} = 2,5\,\mathrm{Mp}$$

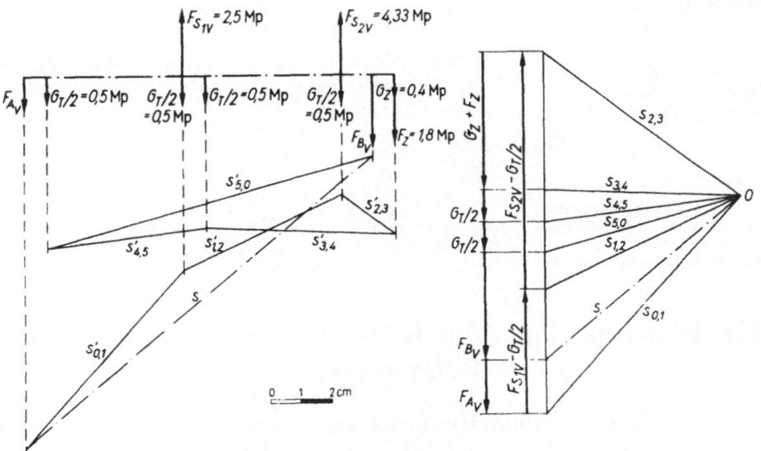

Abb. 13,6b. Seilkräfte an den Trommeln und Kräfte am Zahnrad mit Zerlegung in Vertikal- und Horizontalkomponenten, Kräftemaßstab 1 cm $\,\widehat{=}\,$ 1 Mp

Für die *Vertikalebene* zeigt Abb. 13,6c die zeichnerische Untersuchung. Im maßstäblich gezeichneten Lageplan werden zunächst die Kräfte „freigemacht". Diese werden im Kräfteplan zusammengesetzt. Da die Reihenfolge der Kräfte beliebig ist, werden hier aus Gründen der Zweckmäßigkeit zunächst die nach oben gerichteten Kräfte $F_{S_{1V}} - G_T/2$ und $F_{S_{2V}} - G_T/2$ aneinandergefügt und daran die Kräfte $F_Z + G_Z$, $G_T/2$ und $G_T/2$ gezeichnet. Mit einem beliebig gewählten Pol

Abb. 13,6c. Zeichnerische Ermittlung der Lagerkräfte für die Vertikalebene Längenmaßstab 1:20, Kräftemaßstab 1 cm $\,\widehat{=}\,$ 1 Mp

zeichnen wir die Polstrahlen $s_{0,1}$ bis $s_{5,0}$ und übertragen diese parallel als Seilstrahlen in den Lageplan. Dabei ist nach Satz 7 darauf zu achten, daß jedem Dreieck im Krafteck ein Schnittpunkt im Seileck entsprechen muß. Den ersten Seilstrahl $s'_{0,1}$ bringen wir mit der Richtung von F_{A_V}, den letzten Seilstrahl $s'_{0,5}$ mit der Richtung von F_{B_V} zum Schnitt. Die Verbindung dieser Schnittpunkte ist die Schlußlinie s im Seileck, die wir parallel in das Krafteck übertragen.

Da im Lageplan $s'_{0,1}$ und s sich mit der Richtung von F_{A_V} schneiden, begrenzen im Krafteck dieselben Polstrahlen die vertikale Stützkraft F_{A_V} und entsprechend $s_{5,0}$ und s die vertikale Stützkraft F_{B_V}. Beide sind nach unten gerichtet und ergeben sich zeichnerisch zu

$$F_{A_V} = 0{,}86\,\mathrm{Mp}; \quad F_{B_V} = 1{,}77\,\mathrm{Mp}$$

Für die *Horizontalebene* zeigt Abb. 13,6d die zeichnerische Untersuchung. Im maßstäblich gezeichneten Lageplan sind auch hier die Kräfte freigemacht. Die zeichnerische Untersuchung mit Krafteck und Seileck erfolgt in gleicher Weise wie vorher. Da die Stützkräfte der Richtung der horizontalen Seilzugkomponenten entgegengerichtet und diese nach Abb. 13,6b nach rechts gerichtet sind, ergibt sich für F_{A_H} und F_{B_H} eine Richtung nach links. Ihre Größe ist nach dem Krafteck

$$F_{A_H} = 1{,}6\,\mathrm{Mp}; \quad F_{B_H} = 3{,}4\,\mathrm{Mp}$$

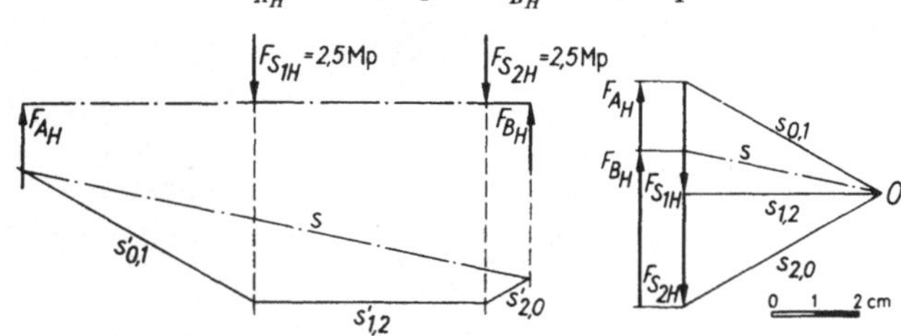

Abb. 13,6d. Zeichnerische Ermittlung der Lagerkräfte für die Horizontalebene
Längenmaßstab 1:20, Kräftemaßstab 1 cm ≙ 1 Mp

In Abb. 13,6e werden nun die für die Vertikal- und Horizontalebene nach Größe und Richtung ermittelten Lagerstützkräfte zusammengesetzt. Zeichnerisch ergibt sich

$$F_A = 1{,}82\,\mathrm{Mp}; \quad F_B = 3{,}83\,\mathrm{Mp}$$

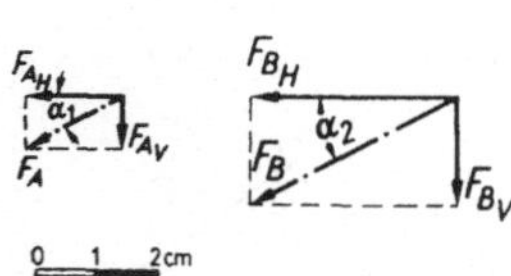

Abb. 13,6e. Zusammensetzung der Lagerkräfte für die Trommelwelle
Kräftemaßstab 1 cm ≙ 1 Mp

Die Neigung der Lagerkräfte gegen die Horizontale errechnet man mit den Bezeichnungen der Abb. 13,6e zu

$$\tan \alpha_1 = \frac{F_{A_V}}{F_{A_H}} = \frac{0{,}86\,\mathrm{Mp}}{1{,}6\,\mathrm{Mp}} = 0{,}5375, \quad \alpha_1 = 28° 15'$$

$$\tan \alpha_2 = \frac{F_{B_V}}{F_{B_H}} = \frac{1{,}77\,\mathrm{Mp}}{3{,}4\,\mathrm{Mp}} = 0{,}5206. \quad \alpha_2 = 27° 30'$$

III. Gleichgewicht von Körpersystemen in der Ebene. Gelenksysteme

14. Allgemeine Sätze für Gelenksysteme

Die bisherigen Betrachtungen setzten stets starre und grundsätzlich einteilige Körper voraus. Praktisch haben wir es vielfach mit Körpersystemen zu tun, deren Einzelteile allerdings meist keine Bewegungsfreiheit gegeneinander haben.

Der Kurbeltrieb (Abb. 14,1a) ist ein Körpersystem, bei dem (Wirkungsweise als Kraftmaschine) die Kolbenstange die vom Kolben empfangene Kolbenkraft über die Schubstange auf die Kurbel überträgt. Wir können die Kräfte in der Statik nur für den Gleichgewichtszustand untersuchen und nehmen deshalb an, daß die Kurbel in der gezeichneten Stellung festgehalten, d. h. in Ruhe ist.

Wir erkennen, daß sich an dem Körpersystem, bestehend aus zwei gelenkig miteinander verbundenen Stäben, Schubstange und Kurbel, drei *äußere Kräfte* das Gleichgewicht halten müssen:

1. Die Kolbenstangenkraft F, 2. die Normalkraft von der Gleitbahn auf den Kreuzkopf F_N und 3. die Tangentialkraft am Kurbelzapfen F_T'. (Die Kraft am Kurbelzapfen F_T' kann nur tangential zum Kurbelkreis wirken, weil sie mit dem Kurbelradius r ein Moment überträgt). Die Weiterleitung dieser äußeren Kräfte erfolgt beim Kurbeltrieb durch die oben genannten zwei Gelenkstäbe, in denen *innere Kräfte* auftreten, die in sich ebenfalls im Gleichgewicht sein müssen. Zur Untersuchung dieser inneren Kräfte müssen wir *für die einzelnen Gelenkpunkte die Einzelteile des Körpers „freimachen!"* Dabei ergibt sich, daß in einem gelenkig gelagerten Stab nur Längskräfte in Stabrichtung auftreten können.

Satz 20: An einem geraden Stab können nur Längskräfte, und zwar Zug- oder Druckkräfte in Stabrichtung auftreten, sofern der Stab in nur zwei Punkten gelenkig gelagert ist und die Kräfte nur in diesen beiden Gelenkpunkten angreifen. Einen solchen Stab nennt man Zweigelenkstab.

Für die Untersuchung der inneren Stabkräfte gilt:

Satz 21: Bei Gelenksystemen müssen die Einzelteile „freigemacht" und unter Hinzufügen der an den gegenseitigen Berührungsstellen auftretenden Kräfte für sich betrachtet werden. Auf jeden Gelenkpunkt sind dann die Gleichgewichtsbedingungen anzuwenden.

Es ist zu empfehlen, jeden Gelenkpunkt unter Beifügung sämtlicher daran angreifenden Kräfte besonders herauszuzeichnen. Dadurch ist es möglich, die Richtung aller Kräfte einwandfrei festzulegen. Es können dabei nur solche Kräfte nach den Gleichgewichtsbedingungen untersucht werden, die an dem gerade betrachteten Gelenkpunkt angreifen. Sich auf einen anderen Gelenkpunkt beziehende Kräfte dürfen dabei nicht miterfaßt werden. Die am Gelenkpunkt nach Trennung zu ergänzenden Kräfte sind stets *Gegenkräfte*, d. h. sie haben gleiche Größe und gleiche Wirklinie, aber entgegengesetzten Richtungssinn wie die Kraft, die im betrachteten Punkt weitergeleitet wird.

In Abb. 14,1b ist der Gelenkpunkt des Kreuzkopfzapfens A herausgezeichnet und freigemacht. Ist F gegeben, so läßt sich im Krafteck nach den Gleichgewichtsbedingungen Satz 16 die Stabkraft F_S der Schubstange und die Normalkraft F_N nach Größe und Richtung finden. Dabei ergibt sich, daß F_N nach oben gerichtet ist als die Stützkraft der Kreuzkopfgleitbahn auf den Kreuzkopf, und zwar als Gegenkraft der durch Kolben- und Schubstangenkraft hervorgerufenen Normalkraft.

In der Schubstange wirkt gegen den Kreuzkopfzapfen die nach links gerichtete Kraft F_S. Dabei stützt sich die Schubstange im Falle des Gleichgewichtes gegen den Kurbelzapfen in umgekehrter Richtung mit der gleich großen Kraft F_S' ab. Wir übertragen diese Kraftrichtung möglichst nahe an die Gelenkpunkte in den Lageplan Abb. 14,1a.

Anschließend wird in Abb. 14,1c der Gelenkpunkt des Kurbelzapfens B herausgezeichnet und freigemacht. Mit der gefundenen Kraft F'_S können wir im Krafteck nach den Gleichgewichtsbedingungen die Tangentialkraft F'_T und die Kurbelkraft F_K nach Größe und Richtung ermitteln. Dabei ergibt sich, daß F'_T nach links gerichtet ist als die Gegenkraft der gleich großen Kraft F_T, welche mit dem Kurbelradius das Drehmoment $M = F_T \cdot r$ hervorruft.

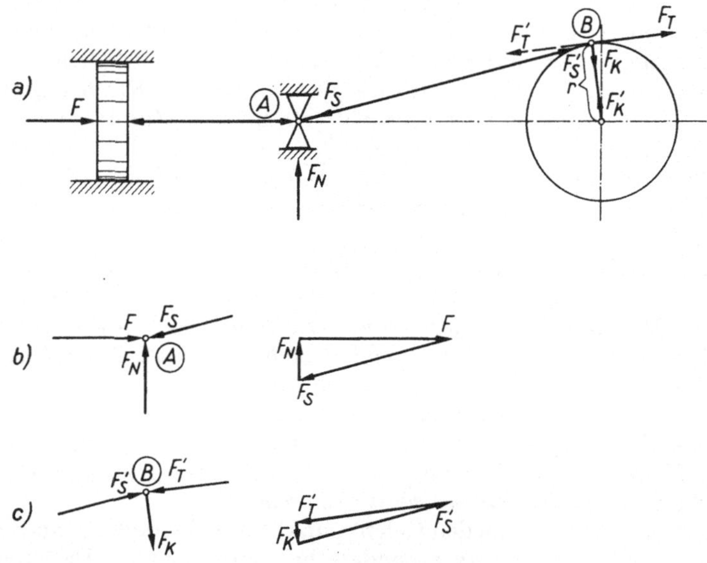

Abb. 14,1. Der Kurbeltrieb als Gelenksystem

In der Kurbel wirkt die zum Drehpunkt gerichtete Kraft F_K. Dabei muß im Falle des Gleichgewichtes von der Kurbeldrehachse aus eine gleich große entgegengesetzt gerichtete Kraft F'_K wirksam sein. Wir übertragen diese Kraftrichtung möglichst nahe an die Gelenkpunkte in den Lageplan Abb. 14,1a.

Wir betrachten noch einmal die Gelenkstabkräfte F_S und F_K. Die Schubstange, deren innere Kräfte F_S und F'_S gegen die Gelenkpunkte gerichtet sind, wird für den gezeichneten Fall auf Druck beansprucht. Die Kurbel, deren innere Kräfte F_K und F'_K von den Gelenkpunkten weg gerichtet sind, wird für den gezeichneten Fall auf Zug beansprucht.

Die Richtigkeit dieser Überlegung wird deutlich, wenn man sich klar macht, daß ein Stab, dessen innere Kräfte auf seine Gelenke gerichtet sind, auf Druck beansprucht wird, weil die Gegenkräfte an den als feststehend anzusehenden Gelenkpunkten bestrebt sind, den Stab zusammenzudrücken. Entsprechendes gilt bei der Zugbeanspruchung.

Satz 22: Bei der Untersuchung von Gelenksystemen herrscht in den Stäben eine Beanspruchung auf Zug, deren innere Kräfte von den Gelenkpunkten weggerichtet, in den Stäben eine Druckbeanspruchung, deren innere Kräfte auf den Gelenkpunkt hin gerichtet sind.

15. Dreigelenkbogen

Abb. 15,1a zeigt den einfachen *Dreigelenkbogen*, bei dem zwei Zweigelenkstäbe gelenkig an je einem Stützpunkt (*A* und *B*) befestigt und durch ein drittes Gelenk (*C*) unter sich verbunden sind. Es ist der einfache Fall angenommen, daß nur einer der beiden Gelenkstäbe belastet ist. Wir können für die Untersuchung die aufgestellten Sätze anwenden.

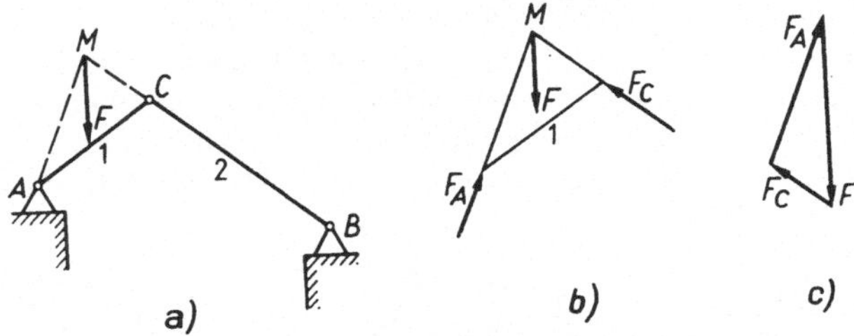

Abb. 15,1. Einfacher Dreigelenkbogen mit Einzelkraft

Betrachten wir den Stab *1*, indem wir ihn herausziehen und freimachen (Abb. 15,1b), so ergibt sich, daß F_C nur in Richtung des Stabes *2* wirken kann (nach Satz 20), während die Richtung von F_A durch den Schnittpunkt *M* der Wirklinien von *F* und F_C gefunden wird.

Die Kräfte F_C und F_A ergeben sich dann für den Schnittpunkt *M* aus dem Krafteck nach Größe und Richtung (Abb. 15,1c). Die Stützkraft F_B ist gleich F_C, da sie nur im Stab *2* auf das Stützlager weitergeleitet wird.

Sind die Stäbe *1* und *2* nicht gerade Stäbe, sondern irgendwie geformte Teile, z. B. Bogenstücke, so ändert das am Lösungsgang nichts. Es ist nur darauf zu achten, daß die Kraft F_C stets in die Richtung der *geraden* Verbindungslinie der Gelenke *B* und *C* fällt.

Man spricht darum auch meist vom Dreigelenk*bogen*, dessen einfachste Form das Gelenkdreieck ist. Die Ausbildung jedes der Zweigelenkstäbe als gerader Stab oder Bogen hat auf die statische Untersuchung keinen Einfluß. Sie spielt nur eine Rolle bei der Betrachtung des Kräfteverlaufes innerhalb der Stäbe.

Unter den möglichen Gelenksystemen ist *allein der Dreigelenkbogen innerlich im stabilen Gleichgewicht.* Abb. 15,2 zeigt, daß die beiden um *A* und *B* drehbaren Gelenkstäbe nur einen Punkt *C* haben, in dem sie, gelenkig miteinander verbunden, ein starres System bilden. Solange keine formändernden Kräfte wirksam sind, werden die Stäbe *1* und *2* durch äußere Kräfte nicht aus dieser Lage gebracht werden können.

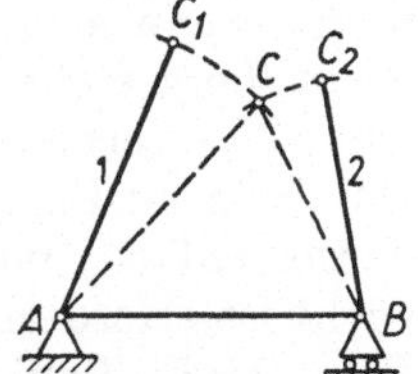

Abb. 15,2. Dreigelenkbogen, innerlich statisch bestimmt

16. Gelenkvielecke

Abb. 16,1 zeigt ein *Gelenkviereck*, das, wie gestrichelt dargestellt, leicht aus seiner Lage verschoben werden kann. Es gibt jedoch für das Gelenkviereck Belastungsmöglichkeiten, in denen es im Gleichgewicht gehalten wird. Das ist z. B. der Fall, wenn sich die Richtung einer auf den Stab *2* wirkenden Kraft *F* mit den Wirklinien der Stabrichtungen von *1* und *3* in einem Punkte schneiden (in Abb. 16,1 dargestellt). In diesem Falle herrscht aber *nur labiles Gleichgewicht*, d. h. die geringste Verschiebung des Angriffspunktes oder der Richtung von *F* führt zu einem Zusammenbrechen des Stabvierecks. Wir nennen darum ein solches System *kinematisch unbestimmt*.

Abb. 16,2 zeigt, daß man ein *Gelenkviereck durch Hinzufügen eines Diagonalstabes kinematisch und innerlich statisch bestimmt* machen kann. Werden aber gemäß Abb. 16,3 bei einem *Gelenkviereck zwei Diagonalstäbe hinzugefügt*, so läßt sich

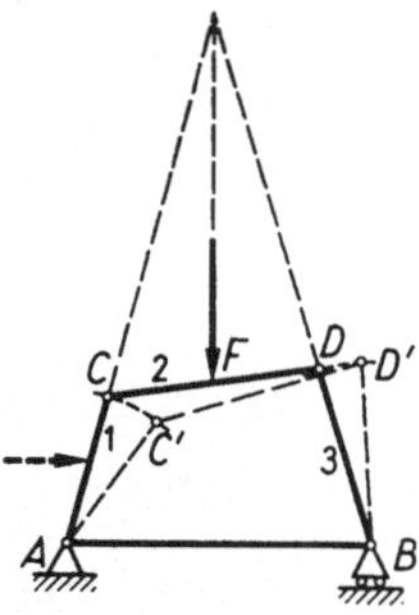

Abb. 16,1. Gelenkviereck, kinematisch unbestimmt

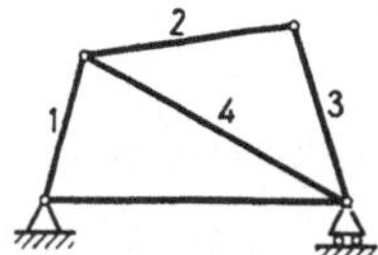

Abb. 16,2. Gelenkviereck mit einem Diagonalstab, kinematisch und statisch bestimmt

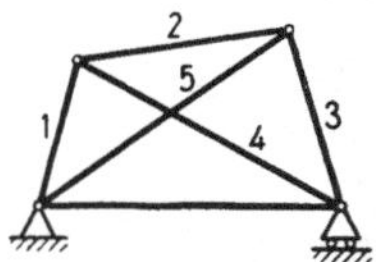

Abb. 16,3. Gelenkviereck mit zwei Diagonalstäben, statisch unbestimmt

dieses Gelenksystem nicht mehr nach den Gleichgewichtsbedingungen eindeutig untersuchen. Ein solches Gelenksystem ist *statisch unbestimmt*.

Die Türstockzimmerung des Streckenausbaus ist als Gelenksystem aufzufassen. Das Einbühnen der Stempelfüße hat nur den Zweck, sie in festem Abstand voneinander zu halten. Die Stempel müssen aber um ihre Fußpunkte drehbar betrachtet werden. Das gleiche gilt auch von den Befestigungspunkten der Kappe mit den Stempeln. Ob sie verblattet sind, wie beim deutschen Türstock, oder die Kappen in ausgekehlten Stempelköpfen gelagert sind, wie beim polnischen Türstock, für die Betrachtungen nach den Gesetzen der Statik sind auch diese Befestigungspunkte als Gelenke zu betrachten.

Nach den letzten Betrachtungen ist demnach ein normaler Türstock *kinematisch unbestimmt* und im günstigsten Fall im labilen Gleichgewicht, wenn nicht durch besondere Maßnahmen ein stabiles Gleichgewicht hergestellt wird. Die Einfügung eines Diagonalstabes gemäß Abb. 16,2 verbietet sich, weil der innere Querschnitt freibleiben muß. Eine Verschiebung der Zimmerung, wie sie in Abb. 16,1 z. B. gestrichelt dargestellt ist, muß aber verhindert werden, denn stabiles Gleichgewicht ist erforderlich. Man könnte das erreichen, indem man z. B. den Türstock im Punkte *C* (Abb. 16,1) so verankert, daß diese Gelenkbefestigung Zug- und Druckkräfte aufnehmen könnte. Eine solche Verankerung käme der Wirkung der Einfügung eines Diagonalstabes gemäß Abb. 16,2 gleich, d. h. wir hätten damit stabiles Gleichgewicht hergestellt, das System wäre kinematisch und statisch bestimmt.

Praktisch ist jedoch eine solche Verankerung nicht auszuführen. Es ist nur möglich, durch Quetschhölzer *a* an beiden Seiten des Türstockes gemäß Abb. 16,4, die allerdings nur Druck aufnehmen können, das stabile Gleichgewicht herzustellen. Natürlich wird man diese Abstützungen möglichst in der Nähe der Gelenkpunkte, d. h. der Kappe anbringen, damit die Stempel nicht zusätzlich auf Biegung beansprucht werden und dann brechen.

Durch diese Quetschhölzer ist die gegenseitige Bewegungsfreiheit der einzelnen Stäbe (Stempel und Kappe) aufgehoben. Wir verwenden aber bewußt zur Abstützung Hölzer, die sich zusammenquetschen lassen, um eine begrenzte Bewegungsfreiheit des Gelenksystems zu ermöglichen. Dadurch erhält man eine gewisse Nachgiebigkeit des Ausbaus, der den Druck des durch den Ausbruch aus dem Verband geratenen Gebirges günstiger aufzunehmen gestattet. Sind die äußeren Kräfte auf den Ausbau überwiegend Schrägkräfte oder Kräfte aus dem Stoß, so genügt die Abstützung durch ein Quetschholz an der Kappe gegen den gegenüberliegenden Stoß.

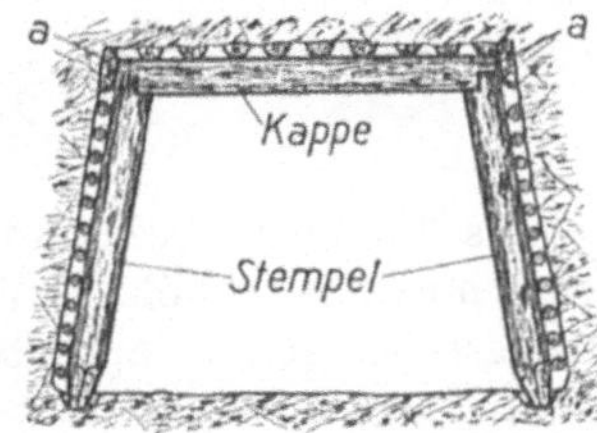

Abb. 16,4. Deutscher Türstock durch Quetschhölzer *a* in der Nähe der Kappe in stabiles Gleichgewicht gebracht

Abb. 16,5a zeigt ein *Gelenkfünfeck*, das im Streckenausbau vielfach Anwendung findet. Fände eine Abstützung der zweiteiligen, gelenkigen Kappe *3* und *4* nur in den Gelenkpunkten C und D statt, so könnte bei Beanspruchungen aus dem Stoß der Ausbau in die gestrichelte Lage $AC'E'D'B$ ausweichen. Sobald die Stempel *1* und *2* mit den Kappen *3* und *4* eine Gerade bilden, genügt die geringste Kraft, um den Ausbau zum Zusammenbrechen zu bringen.

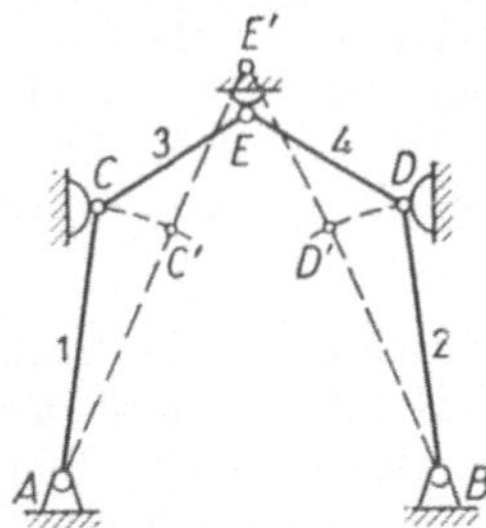

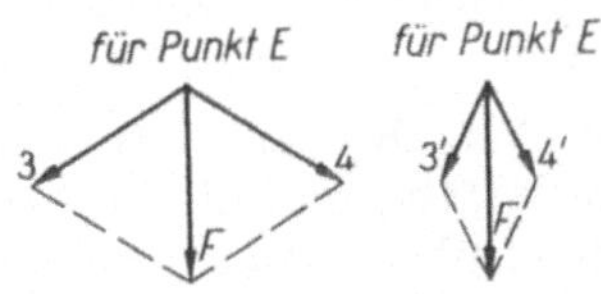

Abb. 16,5a. Das Gelenkfünfeck als Türstockzimmerung

Abb. 16,5b. Untersuchung der Stabkräfte im Gelenkfünfeck bei senkrechter Belastung des Gelenkpunktes E in Abb. 16 5a

Das Stabfünfeck muß deshalb nicht nur einwandfrei festgelegte Stempelfüße haben, sondern es müssen auch die drei verbleibenden Gelenkpunkte gemäß Abb. 16,5a durch Quetschhölzer in C, D und E abgestützt sein. Um eine gesicherte Stabilität zu erreichen, ist das Stabfünfeck stets so auszubilden, daß die Stempel mit den Kappen auch dann noch einen Winkel kleiner als 180° und größer als 90° bilden, wenn der Ausbau beim Zusammendrücken der Quetschhölzer seine Lage verändert hat.

Allerdings werden die Stabkräfte im Gelenkfünfeck um so kleiner, je mehr sich die Stempel mit der Kappe der Geraden nähern, wie die

Untersuchungen der Stabkräfte für den Gelenkpunkt E in den Kraftecken Abb. 16,5 b ergeben. Für die Ausbildung des Grubenausbaus als Gelenkfünfeck wird man darum die Gesichspunkte der Stabilität, der Beanspruchung der Stäbe und schließlich des freien Querschnittes gegeneinander abzuwägen haben.

17. Fachwerke

a) Erklärung

Als Fachwerk bezeichnen wir solche Gebilde, bei denen Stäbe, und zwar meist Kanthölzer, Walzprofileisen oder Rohre, an den Verbindungsstellen (Knotenpunkten) durch Schrauben, Nieten oder Schweißverbindung miteinander verbunden sind. Sie finden als Dachbinder, Brücken- oder Krankonstruktionen Verwendung. Man betrachtet die Stäbe als Zweigelenkstäbe, die an ihren Enden „gelenkig" miteinander verbunden sind. Dann können in den Stäben lediglich Zug- und Druckkräfte auftreten. Außerdem nehmen wir an, daß die äußeren Kräfte nur an den Gelenkpunkten (Knotenpunkten) angreifen. In Wirklichkeit greifen fast immer auch zwischen den Knotenpunkten äußere Kräfte an, die wir dann aus Gründen der Einfachheit anteilig auf die Gelenkpunkte umrechnen.

Wir zeichnen Fachwerke schematisch aus den Verbindungslinien der Knotenpunkte (Gelenkpunkte) und bezeichnen diese dann als *Netz* des Fachwerks. Den oberen durchlaufenden Stab nennt man *Obergurt*, den unteren *Untergurt*. Die zwischen den Gurtungen liegenden Stäbe nennt man *Füllstäbe*, und zwar die senkrechten *Pfosten*, die schräg verlaufenden *Diagonalen*. Je nachdem ob Zug- oder Druckkräfte übertragen werden, spricht man von Zug- oder Druckstäben. Bei Angabe der Stabkräfte werden Zugkräfte positiv ($+$), Druckkräfte negativ ($-$) angegeben.

Die Aufgabe, aus den gegebenen Belastungen die Stützkräfte (äußere Kräfte) und die Stabkräfte (innere Kräfte) zu bestimmen, ist nach den früheren Ausführungen unter Anwendung der Gleichgewichtsbedingungen lösbar. Das gilt natürlich nur für innerlich statisch bestimmte Fachwerke, die hier nur untersucht werden sollen. Da die Gleichgewichtsbedingungen für jeden Knotenpunkt 2 Gleichungen liefern, da keine Momente auftreten, können bei n Knotenpunkten $2n$ Unbekannte bestimmt werden. Darin sind die allgemein vorhandenen 3 Stützkräfte einbegriffen. Daraus folgt, daß $2n - 3$ Stabkräfte ermittelt werden können.

Satz 23: *Ein statisch bestimmtes Fachwerk besitzt stets $2n - 3$ Stäbe ($n = $ Anzahl der Knotenpunkte). Der Satz ist nicht umkehrbar, d. h. ein Fachwerk mit $2n - 3$ Stäben ist nicht unbedingt statisch bestimmt. Jedenfalls ist aber ein Fachwerk mit mehr als $2n - 3$ Stäben innerlich statisch unbestimmt, mit weniger als $2n - 3$ Stäben kinematisch unbestimmt (d. h. verschiebbar).*

Die Bestimmung der Stabkräfte von Fachwerken ist nach mehreren Verfahren möglich, von denen nur folgende zeichnerische und rechnerische Verfahren erläutert werden sollen:

b) Kräfteplan nach Cremona

Sollen *sämtliche Stabkräfte* eines Fachwerkes ermittelt werden, so ist die *zeichnerische Lösung* besonders geeignet. Man betrachtet dabei in geeigneter Reihenfolge alle Knotenpunkte einzeln nacheinander und wendet auf sie die Gleichgewichtsbedingungen an. Für jeden Knotenpunkt haben wir den einfachen Fall von Kräften mit gemeinsamem Angriffspunkt. Bei geeigneter Reihenfolge der Untersuchung der einzelnen Knotenpunkte lassen sich alle diese Kraftecke so zusammenschieben, daß jeweils zwei gleiche, entgegengesetzt gerichtete Kräfte, mit denen jeder Stab auf seine beiden Knotenpunkte wirkt, aufeinanderfallen. Die dadurch entstehende Figur heißt CREMONA-*Plan*. Der CREMONA-Plan ist also nur ein zusammengesetztes Krafteck zur Bestimmung der Stabkräfte eines Fachwerks, das aus mehreren Einzelkraftecken (für jeden Knotenpunkt eins) besteht und bei dem jede Stabkraft nur einmal erscheint. Die Zeichnung des CREMONA-Planes soll an folgendem Beispiel erläutert werden:

Beispiel: In Abb. 17,1 trägt ein einfaches Fachwerk in der Mitte des Obergurtes im Knotenpunkt IV die Last $F = 8000$ kp. Es sollen die Stabkräfte ermittelt werden.

Lösung: Vor der Untersuchung der inneren Kräfte (Stabkräfte) bestimmt man nach den Gleichgewichtsbedingungen die äußeren Kräfte. Dabei ist das gesamte Fachwerk als geschlossener Körper zu betrachten. Die Last F ruft in den Auflagern die Stützkräfte F_A und F_B hervor, die nach den Gleichgewichtsbedingungen gleich groß sind, und zwar jede gleich der halben Last:

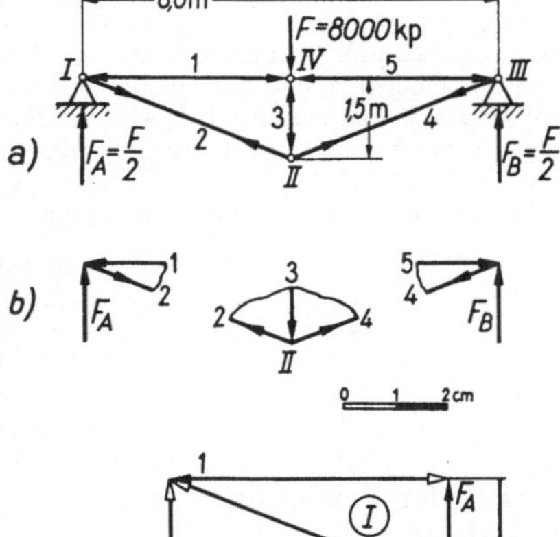

Abb. 17,1. Untersuchung der Stabkräfte eines einfachen Fachwerks
a) Lageplan, Maßstab 1:100, b) freigemachte Gelenkpunkte, c) Kräfteplan, Kräftemaßstab 1 cm ≙ 2000 kp

$$F_A = F_B = \frac{F}{2} = \frac{8000 \text{ kp}}{2} = 4000 \text{ kp}$$

Wir zeichnen zunächst das Krafteck der *äußeren* Kräfte, und zwar in der Reihenfolge, wie sie beim Umfahren des Fachwerkes in einem bestimmten Umfahrungssinn angetroffen werden. In unserem Beispiel beginnen wir mit F_A, umfahren im Uhrzeigersinn und treffen nacheinander auf F und F_B, die ein geschlossenes Krafteck bilden müssen.

An dieses Krafteck der äußeren Kräfte werden die Kraftecke der inneren Stabkräfte angebaut. Dabei *behalten* wir *für jeden Knotenpunkt den für die äuße-*

ren Kräfte gewählten Umfahrungssinn bei, also hier den des Uhrzeigers, da nur so ein zusammenhängender CREMONA-Plan entsteht, in dem jede Stabkraft nur einmal vorkommt.

Wir beginnen mit dem Knotenpunkt *I*, der freigemacht besonders herausgezeichnet ist und finden im Krafteck die Stabkräfte *1* und *2* nach Größe und Richtung. Die gefundenen Richtungen der Stabkräfte werden in den Lageplan möglichst dicht an den Gelenkpunkt *I* übertragen und an das andere Ende der Stäbe die entgegengesetzt gerichteten Pfeile eingetragen.

Anschließend läßt sich für den Knotenpunkt *II*, der wieder freigemacht herausgezeichnet ist, mit der gefundenen Stabkraft *2* beginnend die Größe und Richtung der Stabkräfte *3* und *4* finden. Dabei gilt allerdings für Stab *2* die im Lageplan für den Knotenpunkt *II* angegebene Richtung, die zur besseren Kennzeichnung in den Kräfteplan als *offener Pfeil* eingezeichnet wird.

Für den anschließend untersuchten Knotenpunkt *III* muß sich das Krafteck aus F_B, der gefundenen Stabkraft *4* (mit *ihrer* für Knotenpunkt *III* gültigen Richtung) und der Stabkraft *5* schließen.

Für den Knotenpunkt *IV* ist das Krafteck bereits vorhanden und schließt sich ebenfalls mit der äußeren Kraft *F* und den Stabkräften *5, 3* und *1* für die im Lageplan am Knotenpunkt *IV* eingezeichneten Richtungen.

Der so entstandene Kräfteplan wird mit CREMONA-*Plan* bezeichnet. Wir erkennen, daß jede Stabkraft nur einmal vorkommt. Aus dem Lageplan ergibt sich, daß der Obergurt mit den Stäben *1* und *5* sowie der Pfosten Stab *3* nach Satz 22 auf Druck beansprucht wird, weil die Kräfte auf den Gelenkpunkt (Knotenpunkt) hin gerichtet sind. Der Untergurt mit den Stäben *2* und *4* wird auf Zug beansprucht, weil im Lageplan die Kräfte vom Gelenkpunkt weggerichtet sind. Die tabellarische Zusammenstellung ergibt dann

Stab Nr.	innere Stabkraft
	kp
1	− 10 700
2	+ 11 400
3	− 8 000
4	+ 11 400
5	− 10 700

Bei der Zeichnung des CREMONA-*Planes* sind folgende Regeln zu beachten:

a) Man bestimme zunächst die Stützkräfte unter Konstruktion des Kraftecks der *äußeren* Kräfte (erforderlichenfalls mit Hilfe des Seilecks). Hierbei sollen die Kräfte in *der* Reihenfolge aneinandergereiht werden, wie man sie beim Umfahren des Fachwerkes im Uhrzeigersinn (oder umgekehrt) vorfindet.

b) An dieses Krafteck baue man die Kraftecke der inneren Stabkräfte an, jeweils für einen Knotenpunkt ein Krafteck. Die Reihenfolge der Knotenpunkte ist dabei beliebig, jedoch kann man nur nacheinander solche Knotenpunkte untersuchen, an denen *höchstens zwei unbekannte* Kräfte angreifen. Sind mehr als 2 unbekannte Kräfte vorhanden, müssen diese vorher durch Betrachtung anderer Knotenpunkte ermittelt werden.

c) Die Kräfte sind in allen Kraftecken wieder in der Reihenfolge aneinanderzufügen, wie man sie vorfindet, wenn man im *gleichen Sinn*, wie bei den äußeren Kräften, *um den Knotenpunkt herumgeht*.

d) Man übertrage nach dem Zeichnen eines jeden Einzelkraftecks die auf Grund des fortlaufenden Umfahrungssinnes sich aus dem Krafteck ergebenden Kraftrichtungen als Pfeile in den Lageplan des Fachwerks, und zwar direkt neben den Knotenpunkt.

e) An das andere Ende der Stäbe im Lageplan zeichnet man direkt neben den dortigen Knotenpunkt die entgegengesetzte Kraftrichtung. Sämtliche Pfeile beziehen sich auf die Knotenpunkte und kennzeichnen nach Satz 22, ob die Stäbe auf Zug oder Druck beansprucht werden.

f) Bei der Zeichnung des Kraftecks für den nächstfolgenden Knotenpunkt übernehme man von den bereits gefundenen Stabkräften die für diesen Knotenpunkt geltenden Kraftrichtungen, die in den Kräfteplan zur besseren Unterscheidung zweckmäßig als offene Pfeile gezeichnet werden.

g) Bei Fachwerken mit einer Symmetrieachse, bei denen auch die Belastung zu dieser symmetrisch ist, genügt die Aufstellung des CREMONA-Planes für eine Hälfte, da die Stabkräfte ebenfalls zur Symmetrieachse symmetrisch sein müssen. Aus Kontrollgründen empfiehlt sich aber, auch die zweite Hälfte zu zeichnen.

h) Sämtliche Kraftecke müssen sich schließen. Das gilt auch für die Kraftecke, deren Eckpunkte durch die voraufgegangene Zeichnung bereits festliegen. Trifft das in der Zeichnung nicht zu, so hat man falsch oder ungenau gezeichnet.

Beispiel: Ein Auslegerkran Abb. 17,2a wird belastet mit 8000 kp. Es sollen die Stabkräfte ermittelt werden.

Lösung: Außer der Last $F = 8000$ kp treten als äußere Kräfte die Stützkräfte F_A und F_B auf, die in bekannter Weise durch Krafteck und Seileck ermittelt werden. Dabei ergibt sich zeichnerisch
$F_A = 20{,}6$ Mp nach oben gerichtet,
$F_B = F_A - F = (20{,}6 - 8)$ Mp $= 12{,}6$ Mp
nach unten gerichtet.
Die Zeichnung des Kraftecks gibt eine Umfahrung der äußeren Kräfte im Lageplan im Sinn des Uhrzeigers, mit dem auch die Kraftecke für die einzelnen Knotenpunkte gezeichnet werden müssen.
Wir beginnen mit dem Knotenpunkt I, an dem F und die Stäbe 1 und 2 angreifen. Es folgt der Knotenpunkt II mit den Stäben 1, 4 und 3. Danach folgt Knotenpunkt III mit Stab 4, Außenkraft F_B und Stab 5. Der CREMONA-Plan muß sich schließen für den Knotenpunkt IV mit der Außenkraft F_A und den Stäben 2, 3 und 5. Das Ergebnis der Stabkräfte wird in nachfolgender Tabelle zusammengestellt.

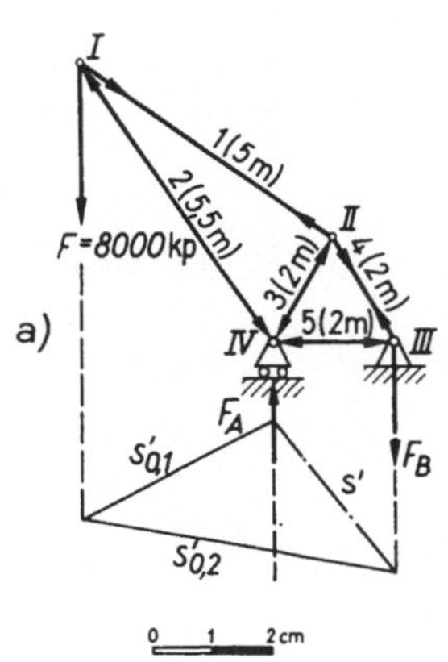

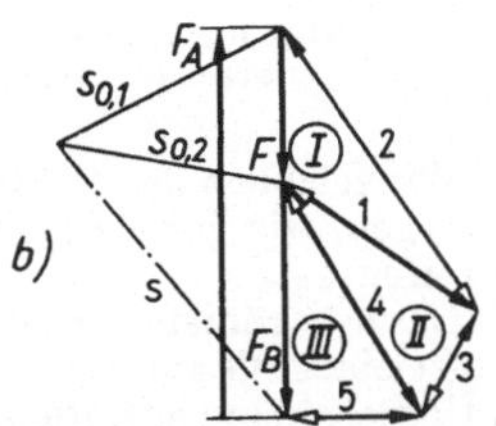

Abb. 17,2. Untersuchung der Stabkräfte eines Auslegerkranes
a) Lageplan, Maßstab 1:100,
b) Kräfteplan, Kräftemaßstab
1 cm ≙ 4000 kp

Stab Nr.	1	2	3	4	5
Stabkraft in kp	+12 600	−18 300	− 6 500	+14 500	− 7 200

Beispiel: Ein Dachbinder werde nach Abb. 17,3 an sämtlichen Knotenpunkten des Obergurtes mit Vertikalkräften belastet. Es sollen die Stabkräfte ermittelt werden.

Lösung: Nach der Gleichgewichtsbedingung $\sum F_Y = 0$ ergibt sich

$$F_A + F_B - F_1 - F_2 - F_3 - F_4 - F_5 = 0$$

Da es sich um ein symmetrisches Fachwerk handelt, dessen Belastung ebenfalls symmetrisch verteilt ist, muß $F_A = F_B$ sein. Damit ergibt sich:

$$F_A = F_B = \frac{F_1 + F_2 + F_3 + F_4 + F_5}{2} = \frac{(1 + 2 + 2 + 2 + 1)\,\mathrm{Mp}}{2} = 4\,\mathrm{Mp}$$

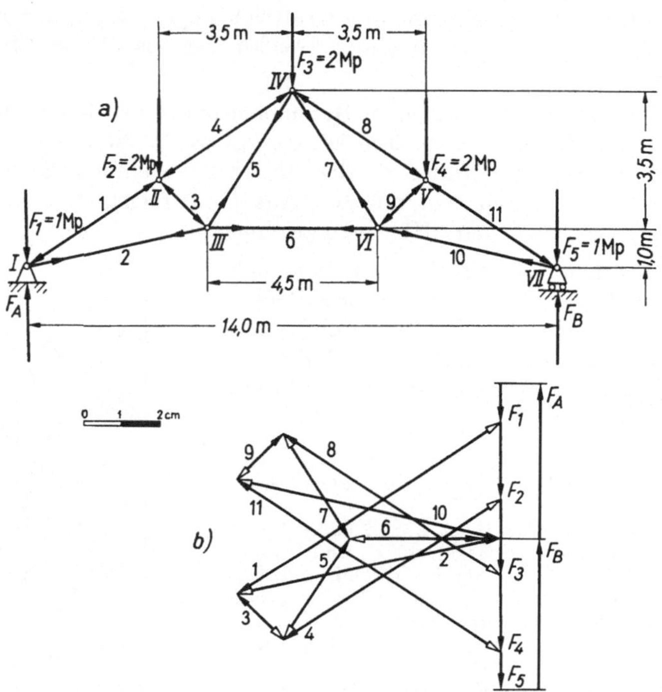

Abb. 17,3. Untersuchung der Stabkräfte eines Fachwerks mit verteilter Last
a) Lageplan, Maßstab 1:100, b) Kräfteplan, Kräftemaßstab 1 cm ≙ 1 Mp

Wir zeichnen das Krafteck der äußeren Kräfte, indem wir sie nacheinander so auftragen, wie wir sie beim Umfahren des Fachwerkes im Sinne des Uhrzeigers antreffen.

Dann beginnen wir mit dem Krafteck für den Knotenpunkt *I*, wobei wir die Kräfte ebenfalls aneinanderreihen, wie wir sie beim Umfahren des Knotenpunktes im Uhrzeigersinn antreffen. Dabei ermitteln wir die Stabkräfte *1* und *2* nach Größe und Richtung, übertragen die gefundenen Richtungen der Stäbe in den Lageplan in die Nähe des Knotenpunktes *I* und setzen an ihr Ende die jeweils entgegengesetzte Pfeilrichtung.

Wollten wir die Untersuchung des Knotenpunktes *III* anschließen, so bekämen wir 3 Unbekannte, nämlich die Stäbe *3*, *5* und *6*. Deshalb müssen wir zunächst Knotenpunkt *II* untersuchen, für den wir in gleicher Weise die Stabkräfte *4* und *3* finden. Für Stab *1* gilt hierbei die im Lageplan am Knotenpunkt *II* eingetragene Richtung, die wir als offenen Pfeil in das Krafteck übernehmen.

Schließen wir jetzt die Untersuchung des Knotenpunktes *III* an, so sind die Stabkräfte *2* und *3* nach Größe und Richtung bekannt. Wir können demnach das Krafteck zeichnen und finden die Stabkräfte *5* und *6* ebenfalls nach Größe und Richtung.

Da es sich um ein symmetrisches Fachwerk mit symmetrisch verteilter Last handelt, könnten wir die Zeichnung des CREMONA-Planes jetzt abschließen, da die Stabkräfte zur Symmetrieachse (in Richtung der Kraft F_3) ebenfalls symmetrisch sein müssen. Aus Kontrollgründen setzen wir die Zeichnung des CREMONA-Planes jedoch fort, indem wir nacheinander die Knotenpunkte IV, V, VI und VII untersuchen. Die Zeichnung ist fehlerfrei, wenn sich sämtliche Kraftecke auch dann, wenn die Eckpunkte durch die vorausgegangenen Kraftecke bereits festliegen, schließen. Falls das nicht der Fall ist, kann der Fehler in einer Ungenauigkeit der Zeichnung insbesondere bei der parallelen Übertragung der Wirklinien der Stabkräfte liegen.

Im Lageplan erkennen wir, daß die Stäbe des Obergurtes auf Druck, die des Untergurtes auf Zug beansprucht werden. Die Diagonalstäbe 3 und 9 werden auf Druck, die Diagonalstäbe 5 und 7 auf Zug beansprucht.

Die Zusammenstellung der Stabkräfte zeigt folgende Tabelle:

Stab Nr	1 und 11	2 und 10	3 und 9	4 und 8	5 und 7	6
Stabkraft in Mp	$-8{,}3$	$+7{,}15$	$-1{,}75$	$-6{,}85$	$+3{,}2$	$+4{,}0$

c) Schnittverfahren nach Ritter

Die *rechnerische Bestimmung* von Stabkräften durch das Schnittverfahren dient zur Bestimmung *einzelner Stabkräfte*. Die zeichnerische Lösung mit Hilfe des CREMONA-Planes ist zwar meist einfacher und übersichtlicher; außerdem ist die Genauigkeit bei geeigneter Wahl des Zeichenmaßstabes ausreichend. Will man aber nur die Kraft in einem Einzelstab eines Fachwerks wissen, bietet das Schnittverfahren die Möglichkeit der schnelleren Lösung.

Man ermittelt zunächst in bekannter Weise die Stützkräfte des Fachwerkes und denkt sich dann einen Schnitt derart durch das Fachwerk gelegt, daß es in zwei *völlig voneinander getrennte Teile* zerlegt wird, wobei die fraglichen Stäbe getroffen werden. Hierbei dürfen aber *höchstens drei nicht durch einen Punkt gehende Stäbe* geschnitten werden. Danach wendet man auf einen der beiden Teile die Gleichgewichtsbedingungen an, und bestimmt so die geschnittenen Stabkräfte.

Beim RITTERschen *Schnittverfahren*[1] wendet man möglichst *ausschließlich* die Gleichgewichtsbedingung $\sum M = 0$ an. Man wählt dabei hintereinander die Knotenpunkte der gesuchten Stabkräfte *als Drehpunkte*, so daß so viele Gleichungen mit je *einer* Unbekannten entstehen, wie Stabkräfte gesucht werden. Die geschnittenen, gesuchten Stäbe zeichnet man zunächst grundsätzlich als *Zugstäbe*. Ergibt sich für eine Stabkraft dann eine *negative* Lösung, so deutet das darauf hin, daß der Stab in Wirklichkeit auf *Druck* beansprucht wird.

Beispiel: Ein Auslegerkran gemäß Abb. 17,4a wird mit $G = 3$ Mp belastet. Gesucht werden die Stabkräfte *1, 2, 3* und *4*.

Lösung: Nach Abb. 17,4b werden zunächst die äußeren Kräfte rechnerisch ermittelt.

Aus $\sum F_v = 0$ ergibt sich:

$$F_V - G = 0; \ F_V = G = 3 \text{ Mp}$$

---

[1] RITTER: Ende des 19. Jahrhunderts Professor der Mechanik in Aachen.

Aus $\sum M_{\mathrm{II}} = 0$ ergibt sich:

$$- F_{H_1} \cdot 2000\ \text{mm} + G \cdot 1500\ \text{mm} = 0$$

$$F_{H_1} = \frac{G \cdot 1500\ \text{mm}}{2000\ \text{mm}} = \frac{3\ \text{Mp} \cdot 1500\ \text{mm}}{2000\ \text{mm}} = 2{,}25\ \text{Mp}$$

Aus $\sum F_x = 0$ ergibt sich:

$$- F_{H_1} + F_{H_2} = 0;\ F_{H_1} = F_{H_2} = 2{,}25\ \text{Mp}$$

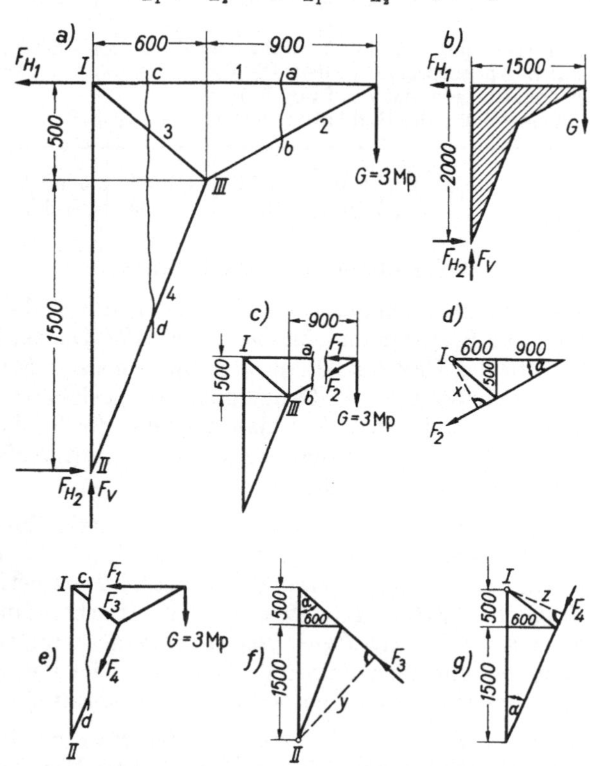

Abb. 17,4. Untersuchung der Stabkräfte eines Auslegerkranes nach dem RITTERschen Schnittverfahren

Nunmehr sollen die Stabkräfte ermittelt werden. Der Schnitt a — b schneidet die Stäbe *1* und *2* (Abb. 17,4 c).

Aus $\sum M_{\mathrm{III}} = 0$ folgt:

$$G \cdot 900\ \text{mm} - F_1 \cdot 500\ \text{mm} = 0$$

$$F_1 = \frac{G \cdot 900\ \text{mm}}{500\ \text{mm}} = \frac{3\ \text{Mp} \cdot 900\ \text{mm}}{500\ \text{mm}} = 5{,}4\ \text{Mp (Zug)}$$

Aus $\sum M_{\mathrm{I}} = 0$ ergibt sich die Stabkraft F_2:

Nach Abb. 17,4 d müssen wir jedoch zunächst den Hebelarm x der Stabkraft F_2 ermitteln:

$$\tan \alpha = \frac{500\ \text{mm}}{900\ \text{mm}} = 0{,}556;\ \ \alpha = 29°\,4'$$

$$x = 1500\ \text{mm} \cdot \sin \alpha = 1500\ \text{mm} \cdot 0{,}4858 = 728\ \text{mm}$$

Damit ergibt sich:

$$G \cdot 1500 \text{ mm} + F_2 \cdot 728 \text{ mm} = 0$$

$$F_2 = -\frac{G \cdot 1500 \text{ mm}}{728 \text{ mm}} = -\frac{3 \text{ Mp} \cdot 1500 \text{ mm}}{728 \text{ mm}} = -6{,}18 \text{ Mp (Druck)}$$

Der Schnitt $c - d$ schneidet die Stäbe *1, 3* und *4*, von denen die Stabkraft $F_1 = 5{,}4$ Mp aus der vorigen Rechnung bekannt ist (Abb. 17,4e).

Für den Knotenpunkt *II* als Drehpunkt ergibt sich aus $\sum M_{II} = 0$ die Stabkraft F_3, wenn wir nach Abb. 17,4f zunächst den Hebelarm y ermitteln

$$\tan \alpha = \frac{600 \text{ mm}}{500 \text{ mm}} = 1{,}2; \quad \alpha = 50° 12'$$

$$y = 2000 \text{ mm} \cdot \sin \alpha = 2000 \text{ mm} \cdot 0{,}7683 = 1537 \text{ mm}$$

Damit ergibt sich

$$G \cdot 1500 \text{ mm} - F_1 \cdot 2000 \text{ mm} - F_3 \cdot 1537 \text{ mm} = 0$$

$$F_3 = \frac{G \cdot 1500 \text{ mm} - F_1 \cdot 2000 \text{ mm}}{1537 \text{ mm}} = \frac{3 \text{ Mp} \cdot 1500 \text{ mm} - 5{,}4 \text{ Mp} \cdot 2000 \text{ mm}}{1537 \text{ mm}}$$

$$= -4{,}1 \text{ Mp (Druck)}$$

Aus $\sum M_I = 0$ ergibt die sich Stabkraft F_4, wenn wir nach Abb. 17,4g zunächst den Hebelarm z ermitteln:

$$\tan \alpha = \frac{600 \text{ mm}}{1500 \text{ mm}} = 0{,}4; \quad \alpha = 21° 48'$$

$$z = 2000 \text{ mm} \cdot \sin \alpha = 2000 \text{ mm} \cdot 0{,}3714 = 743 \text{ mm}$$

Damit ergibt sich

$$G \cdot 1500 \text{ mm} + F_4 \cdot 743 \text{ mm} = 0$$

$$F_4 = \frac{-G \cdot 1500 \text{ mm}}{743 \text{ mm}} = \frac{-3 \text{ Mp} \cdot 1500 \text{ mm}}{743 \text{ mm}} = -6{,}06 \text{ Mp (Druck)}$$

IV. Schwerpunkt

18. Allgemeines

Die Erfahrung lehrt, daß man jeden beliebigen Körper in jeder beliebigen Lage durch eine *einzige* Stützkraft im Gleichgewicht halten kann. Dabei geht die Wirklinie der Stützkraft stets durch *einen* ganz bestimmten *Punkt S innerhalb oder außerhalb des Körpers*, in welcher Lage man den Körper auch abstützt (oder aufhängt).

Satz 24: Derjenige Punkt, in welchem man einen Körper abstützen muß, damit er sich in jeder beliebigen Lage im Gleichgewicht befindet, heißt Schwerpunkt. Alle durch den Schwerpunkt hindurchgehenden geraden Linien nennt man Schwerlinien.

Obgleich der Schwerpunkt mit dem Begriff Masse verknüpft ist, spricht man auch von dem Schwerpunkt einer Fläche bzw. Linie. Man denkt sich diese dann gleichmäßig mit Masse belegt, z. B. als blechartige oder drahtförmige Körper. Die Gewichtskraft einer Fläche ist dann proportional dem Flächeninhalt und die Gewichtskraft eines Linienstückes proportional der Linienlänge. Wenn also in diesem Abschnitt von

4*

Körpern die Rede ist, können sinngemäß auch Flächen oder Linien darunter verstanden werden.

Satz 25: Hat ein homogener Körper eine Symmetrieebene, eine Symmetrieachse oder einen Symmetriepunkt (Mittelpunkt), so liegt der Schwerpunkt auf diesen Symmetrieelementen.

So hat ein Kegel z. B. eine Symmetrieebene, aber auch eine Symmetrieachse, eine Halbkreisfläche eine Symmetrieachse, eine Kugel einen Symmetriepunkt.

Die Bestimmung des Schwerpunktes kann durch *Versuche, rechnerisch* oder *zeichnerisch* erfolgen.

Das *rechnerische Verfahren* benutzt den Momentensatz (Satz 13). Unter Moment versteht man bei Körpern das Produkt $G \cdot x$, d. h. Gewichtskraft mal Abstand von einer beliebig gewählten Bezugsgeraden oder Bezugsebene. An die Stelle des Produktes $G \cdot x$ tritt aber
bei homogenen Körpern $V \cdot x$, das Produkt Volumen mal Abstand,
bei Flächen $A \cdot x$,   das Produkt Fläche mal Abstand,
bei Linien $l \cdot x$,   das Produkt Linienlänge mal Abstand.

Satz 26: Bezogen auf dieselbe Bezugsgerade oder -ebene ist die Summe der Momente aller Einzelteile gleich dem Moment des Gesamtkörpers.

Ferner folgt, sinngemäß aus der Tatsache daß die Schwerlinie durch den Schwerpunkt geht:

Satz 27: Bezogen auf eine Schwerlinie ist die Summe der Momente aller Einzelteile eines Körpers gleich Null.

Das *rechnerische Verfahren* beruht also auf der Ermittlung der Schwerlinie mit Hilfe des Momentensatzes, bzw. der Gleichgewichtsbedingung $\Sigma M = 0$. Ermittelt man für Flächen und Linien die Schwerlinien in zwei aufeinander senkrechten Achsen, so liegt der Schwerpunkt auf dem Schnitt dieser Schwerlinien. Bei Körpern ist die Ermittlung von Schwerlinien in drei aufeinander senkrechten Ebenen erforderlich.

Das *zeichnerische Verfahren* benutzt Krafteck und Seileck. Für eine gewählte Ebene wirken die Gewichtskräfte der Einzelteile eines Körpers senkrecht nach unten. Setzt man diese Einzelgewichtskräfte zu einer Resultierenden als Summe der Einzelgewichtskräfte zusammen, so findet man durch das Seileck die Wirklinie der Resultierenden, die zugleich die Schwerlinie des Körpers für diese Ebene ist.

Satz 28: Die Wirklinie der Resultierenden aus den Gewichtskräften der Einzelteile eines Körpers ist zugleich die Schwerlinie für die untersuchte Ebene.

Sinngemäß können wir als „Kräfte" (Gewichtskräfte) beim zeichnerischen Verfahren setzen

bei homogenen Körpern das Volumen der Einzelteile,
bei Flächen   den Flächeninhalt der Einzelflächen,
bei Linien   die Linienlänge der Einzellängen.

Führen wir bei Flächen und Linien das zeichnerische Verfahren in zwei aufeinander senkrechten Achsen durch, so liegt der Schwerpunkt auf dem Schnitt der gefundenen Schwerlinien. Bei Körpern muß die Untersuchung für drei aufeinander senkrechten Ebenen erfolgen.

19. Schwerpunkt von Linien

Der Schwerpunkt regelmäßiger Linien ist in verschiedenen *Taschenbüchern*[1] oder Handbüchern zu finden. Nachfolgend sollen die wichtigsten Angaben zusammengestellt werden.

a) *Gerade Strecke*, Schwerpunkt S liegt im Mittelpunkt der Strecke.

b) *Dreieckumfang*. Für den Schwerpunkt S gilt mit den Bezeichnungen der Abb. 19,1

$$y_0 = \frac{\frac{1}{2}\,h\,(a + b)}{a + b + c}$$

c) *Parallelogrammumfang*, Schwerpunkt S liegt im Schnittpunkt der Diagonalen.

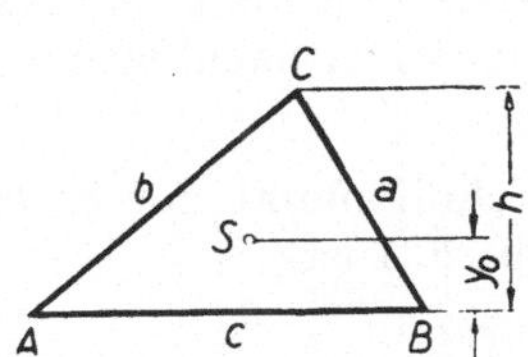

Abb. 19,1. Schwerpunkt des Dreieckumfanges

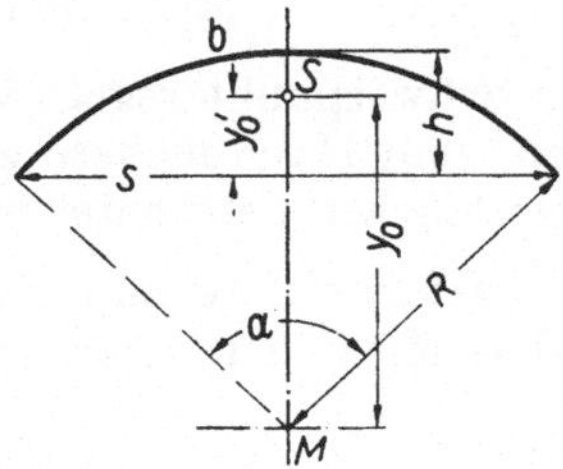

Abb. 19,2. Schwerpunkt des Kreisbogens

d) *Kreisbogen*, Schwerpunkt S liegt auf der Halbierungslinie des Zentriwinkels α. Mit den Bezeichnungen der Abb. 19,2 ergibt sich ($b = $ Bogenlänge)

$$y_0 = \frac{R \cdot s}{b} \tag{19,1}$$

Für flache Kreisbögen mit der Höhe h ist $y_0' \approx \frac{2}{3}\,h$ (19,1a)

Für den *Halbkreisbogen* ist $y_0 = \frac{R \cdot s}{b} = \frac{R \cdot 2\,R}{R\,\pi}$

$$y_0 = \frac{2\,R}{\pi} \tag{19,1b}$$

Beispiel: Von einem Rahmen nach Abb. 19,3 ist der Schwerpunkt rechnerisch zu bestimmen.

Lösung: Die y-Achse des Rahmens ist Symmetrieachse und damit Schwerlinie in Richtung dieser Achse. Zur Ermittlung des Schwerpunktes auf der y-Achse beziehen wir alle Momente auf die gezeichnete x-Achse. Der Schwerpunktsabstand y_1 für den Halbkreisbogen errechnet sich zu

$$y_1 = \frac{2\,R}{\pi} = \frac{2 \cdot 40\ \text{mm}}{3,14} = 25,5\ \text{mm}$$

Der Schwerpunktsabstand der Linie a ist gleich Null.

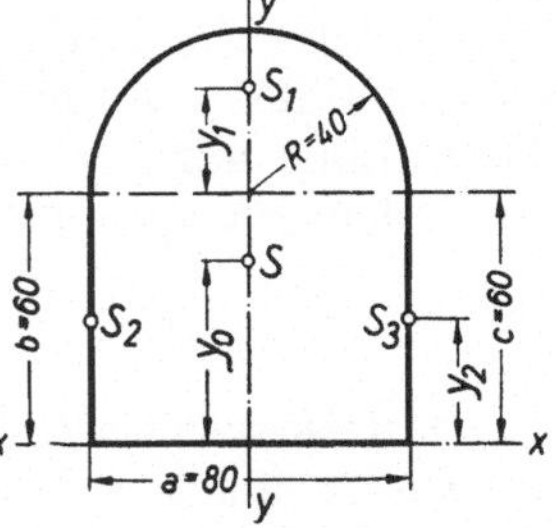

Abb. 19,3. Ermittlung des Schwerpunktes eines Rahmens

---

[1] Dubbels Taschenbuch für den Maschinenbau, Springer, 12. Auflage, 1966, S. 212 ff.

Der Schwerpunktsabstand der Linien b und c ist

$$y_2 = \frac{b}{2} = \frac{c}{2} = \frac{60\ \text{mm}}{2} = 30\ \text{mm}$$

Damit ergibt sich unter Anwendung der Gleichgewichtsbedingung $\sum M = 0$

$$a \cdot 0 + b \cdot y_2 + c \cdot y_2 + R \cdot \pi \cdot (y_1 + b) - (a + b + c + R \cdot \pi) \cdot y_0 = 0$$

$$y_0 = \frac{a \cdot 0 + b \cdot y_2 + c \cdot y_2 + R\,\pi\,(y_1 + b)}{a + b + c + R\,\pi}$$

$$= \frac{80 \cdot 0 + 60 \cdot 30 + 60 \cdot 30 + 40 \cdot \pi\,(25{,}5 + 60)}{80 + 60 + 60 + 40 \cdot \pi}\ \text{mm} = 44\ \text{mm}$$

20. Schwerpunkt von Flächen

Der Schwerpunkt regelmäßiger Flächen ist ebenfalls in Taschenbüchern[1] und Handbüchern zu finden, von denen nachfolgend einige wichtige Flächen betrachtet werden sollen:

a) *Dreieck*, Schwerpunkt S liegt im Schnittpunkt der Seitenhalbierenden. Mit den Bezeichnungen der Abb. 20,1 ist

$$y_0 = \frac{1}{3}\,h \qquad\qquad (20{,}1)$$

b) *Parallelogramm*, Schwerpunkt S liegt im Schnittpunkt der Diagonalen, und in der Mitte des Abstandes von zwei gegenüberliegenden Seiten.

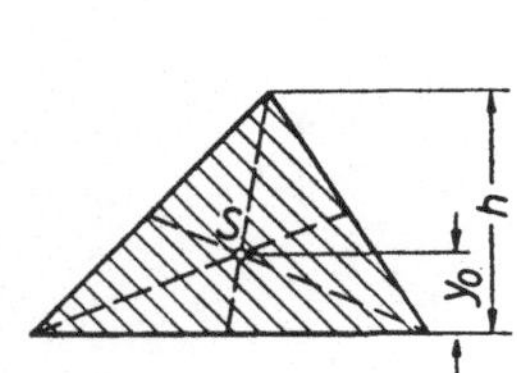
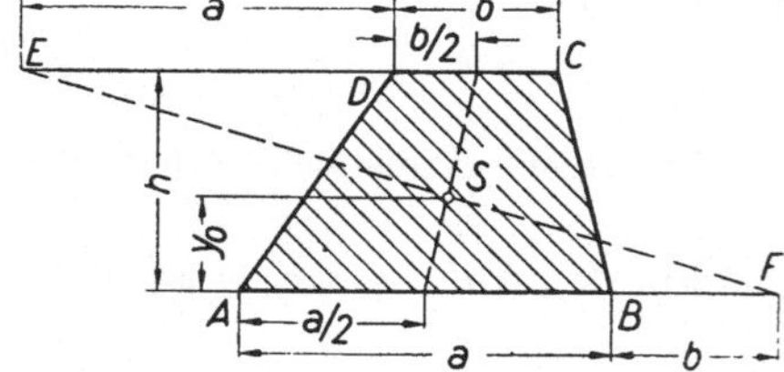

Abb. 20,1. Schwerpunkt der Dreiecksfläche   Abb. 20,2. Schwerpunkt der Trapezfläche

c) *Trapez* (Abb. 20,2). Trägt man an AB die Grundlinie b und an CD die Grundlinie a an und verbindet E mit F, so ergibt der Schnittpunkt dieser Linie mit der Verbindungslinie der Mitten der Grundlinien a und b den Schwerpunkt S. Mit den Bezeichnungen der Abb. 20,2 ist

$$y_0 = \frac{h}{3}\,\frac{a + 2\,b}{a + b} \qquad\qquad (20{,}2)$$

d) *Kreisausschnitt*, Schwerpunkt S liegt auf der Halbierungslinie des Zentriwinkels α. Mit den Bezeichnungen der Abb. 20,3 ist

$$y_0 = \frac{2}{3}\,\frac{R \cdot s}{b} \qquad\qquad (20{,}3)$$

[1] Siehe Fußnote [1], S. 53.

Für den *Halbkreis* ergibt sich

$$y_0 = \frac{2}{3}\,\frac{R \cdot 2R}{R \cdot \pi}$$

$$y_0 = \frac{4R}{3\pi} \qquad\qquad (20,3\text{a})$$

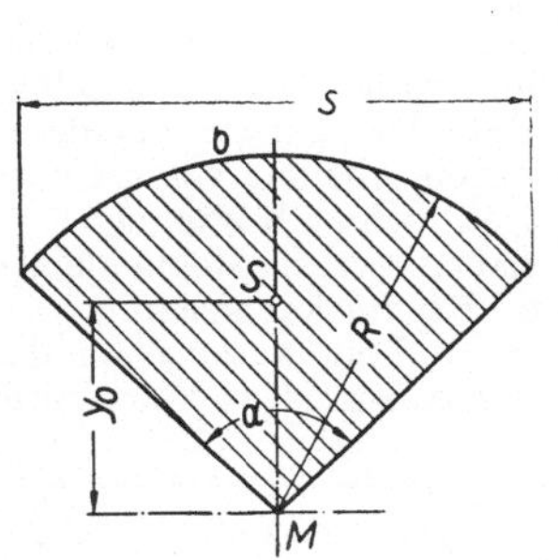

Abb. 20,3. Schwerpunkt des Kreisausschnittes

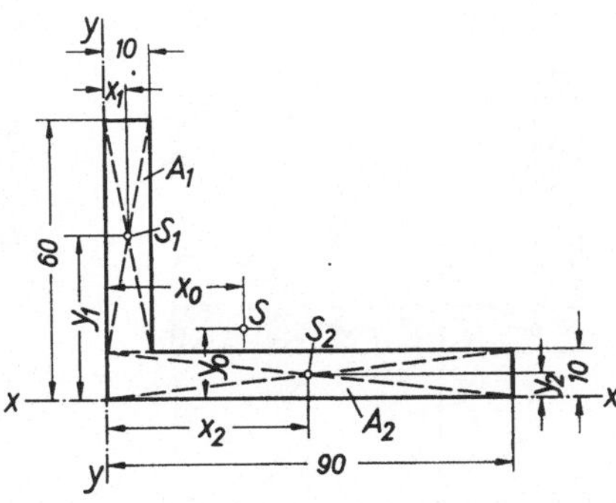

Abb. 20,4. Rechnerische Ermittlung des Schwerpunktes der Querschnittsfläche eines Winkeleisens

Beispiel: Für den Querschnitt des Winkeleisens Abb. 20,4 soll der Schwerpunktsabstand von den beiden äußeren Kanten ermittelt werden.

Lösung: Als Bezugsachsen werden die Außenkanten des Winkels gewählt. Man zerlegt die Gesamtfläche A_0 gemäß Abb. 20,4 in die Einzelflächen

$$A_1 = (50 \cdot 10)\ \text{mm}^2 = 500\ \text{mm}^2$$

$$A_2 = (90 \cdot 10)\ \text{mm}^2 = 900\ \text{mm}^2$$

$$A_0 = A_1 + A_2 = (500 + 900)\ \text{mm}^2 = 1400\ \text{mm}^2$$

Der Schwerpunkt der beiden Rechteckflächen A_1 und A_2 liegt auf dem Schnitt ihrer Diagonalen. Damit ergibt sich

$$x_1 = \frac{10\ \text{mm}}{2} = 5\ \text{mm}, \qquad y_1 = \frac{50\ \text{mm}}{2} + 10\ \text{mm} = 35\ \text{mm}$$

$$x_2 = \frac{90\ \text{mm}}{2} = 45\ \text{mm}, \qquad y_2 = \frac{10\ \text{mm}}{2} = 5\ \text{mm}$$

Für die x-Achse folgt:

$$A_1 \cdot y_1 + A_2 \cdot y_2 - A_0 \cdot y_0 = 0$$

$$y_0 = \frac{A_1 \cdot y_1 + A_2 \cdot y_2}{A_0} = \frac{500 \cdot 35 + 900 \cdot 5}{1400}\ \text{mm} = 15,7\ \text{mm}$$

Für die y-Achse folgt:

$$A_1 \cdot x_1 + A_2 \cdot x_2 - A_0 \cdot x_0 = 0$$

$$x_0 = \frac{A_1 \cdot x_1 + A_2 \cdot x_2}{A_0} = \frac{500 \cdot 5 + 900 \cdot 45}{400}\ \text{mm} = 30,7\ \text{mm}$$

Beispiel: Der Schwerpunkt des Winkeleisens Abb. 20,4 ist zeichnerisch zu ermitteln.

Lösung: Wir zeichnen in Abb. 20,5 den Querschnitt des Winkeleisens maßstäblich (Maßstab 1:1) und ermitteln die Schwerlinie in senkrechter und horizontaler Richtung. Hierzu zeichnen wir in beiden Richtungen für die Flächen $A_1 = 500\ \text{mm}^2$ und $A_2 = 900\ \text{mm}^2$ das Krafteck. Die Kräfte sind in diesem Falle durch die Flächen dargestellt. Durch Zeichnung des Seilecks finden wir die Lage der Resultierenden A_0, die nach Satz 28 zugleich die Schwerlinie in der gezeichneten Richtung ist. Der Schnitt der aufeinander senkrechten Schwerlinien ist der gesuchte Schwerpunkt S.

Zeichnerisch ergibt sich gemäß Abb. 20,5

$$x_0 = 30{,}7 \text{ mm}, \quad y_0 = 15{,}7 \text{ mm}$$

Beispiel: Die Lage des Schwerpunktes für den Querschnitt Abb. 20,6 ist zu bestimmen.

Lösung: Da es sich um einen Querschnitt mit Symmetrieachse handelt, ist die Lage des Schwerpunktes auf dieser gegeben. Nur sein Abstand von der unteren Kante y_0 ist noch zu bestimmen.

Wir haben hier die Möglichkeit, vom gesamten Rechteckquerschnitt $A_g = 9 \text{ cm} \cdot 3 \text{ cm} = 27 \text{ cm}^2$ auszugehen, dessen Schwerpunktsabstand von der unteren

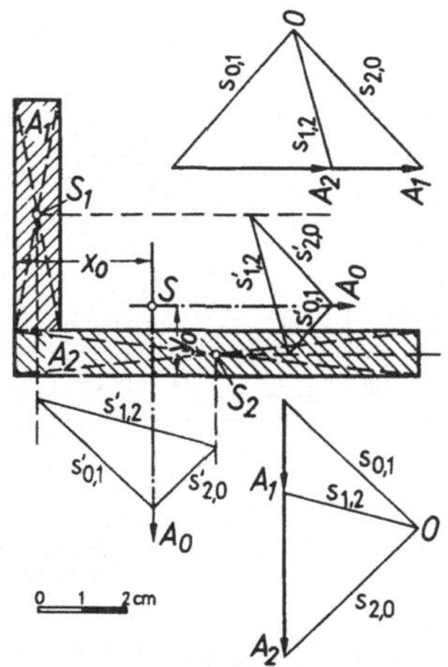

Abb. 20,5. Zeichnerische Ermittlung des Schwerpunktes der Querschnittsfläche eines Winkeleisens nach Abb. 20,4
Längenmaßstab 1:1,
Kräftemaßstab 1 cm $\widehat{=}$ 250 mm² Fläche

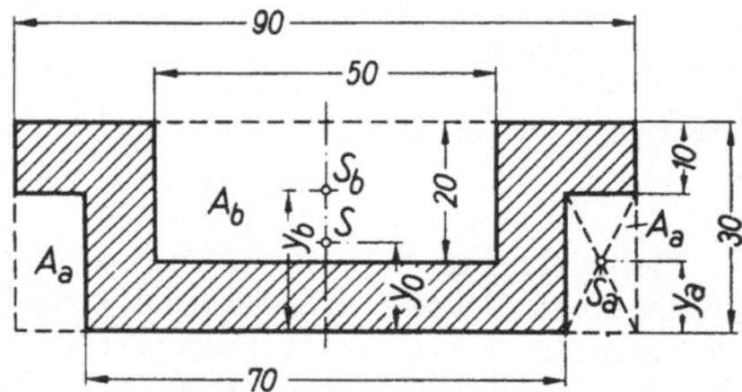

Abb. 20,6. Schwerpunktsbestimmung einer Fläche

Kante $y_g = \dfrac{3 \text{ cm}}{2} = 1{,}5 \text{ cm}$ beträgt. Wir brauchen jetzt nur noch die Momente der Ausschnitte $2\,A_a \cdot y_a$ und $A_b \cdot y_b$ abzuziehen, so ist die algebraische Summe dieser Momente im Gleichgewicht mit dem Moment aus der Gesamtfläche $A = A_g - (2\,A_a + A_b)$ und dem gesuchten Schwerpunktsabstand y_0. Es ist

$$A_a = 2 \text{ cm} \cdot 1 \text{ cm} = 2 \text{ cm}^2, \quad A_b = 5 \text{ cm} \cdot 2 \text{ cm} = 10 \text{ cm}^2$$

$$A = A_g - (2\,A_a + A_b) = [27 - (2 \cdot 2 + 10)] \text{ cm}^2 = 13 \text{ cm}^2$$

$$y_a = 1, \text{ cm}, \quad y_b = (1 + 1) \text{ cm} = 2 \text{ cm}$$

Damit ergibt sich

$$A_g \cdot y_g - 2\,A_a \cdot y_a - A_b \cdot y_b - A \cdot y_0 = 0$$

$$y_0 = \frac{A_g \cdot y_g - 2\,A_a \cdot y_a - A_b \cdot y_b}{A}$$

$$= \frac{27 \cdot 1{,}5 - 2 \cdot 2 \cdot 1 - 10 \cdot 2}{13} \text{ cm} = 1{,}27 \text{ cm} = 12{,}7 \text{ mm}$$

Die Lage des Schwerpunktes von Flächen hat ihre besondere Bedeutung für die Festigkeitslehre, in der wir noch näher darauf eingehen werden. Deshalb wird auch in den Tabellen für die Walzprofilstähle der Flächeninhalt der Querschnitte und die Lage des Schwerpunktes angegeben. Siehe hierzu Stahlprofiltabellen Anhang Tabelle 27⋯31 für einige wichtige Profilstähle. Mit den Tabellenangaben kann auch die

Lage des Schwerpunktes für zusammengesetzte Profile ermittelt werden.

Beispiel: Ein Laufkranträger ist zur Versteifung durch ein zusammengesetztes Profil gemäß Abb. 20,7 hergestellt. Die Lage des Schwerpunktes der Querschnittsfläche ist zu bestimmen.

Lösung: Die gezeichnete y-Achse ist Symmetrieachse des Querschnittes, auf der der Schwerpunkt liegen muß. Es ist der Abstand y_0 von der x-Achse zu berechnen.

Aus den Tabellen 28 und 29 im Anhang entnehmen wir

$$\llbracket\ 26: \qquad A_1 = 48,3\ \text{cm}^2$$

$$\llcorner\ 60 \cdot 60 \cdot 10: \qquad A_2 = 11,1\ \text{cm}^2$$

$$\text{Flacheisen}: \qquad A_3 = (41,0 - 1,0)\ \text{cm} \cdot 1,0\ \text{cm} = 40\ \text{cm}^2$$

$$\llcorner\ 80 \cdot 80 \cdot 10: \qquad A_4 = 15,1\ \text{cm}^2$$

$$\text{Gesamtquerschnitt}: \qquad A = A_1 + 2\,A_2 + A_3 + 2\,A_4$$

$$A = (48,3 + 2 \cdot 11,1 + 40 + 2 \cdot 15,1)\ \text{cm}^2 = 140,7\ \text{cm}^2$$

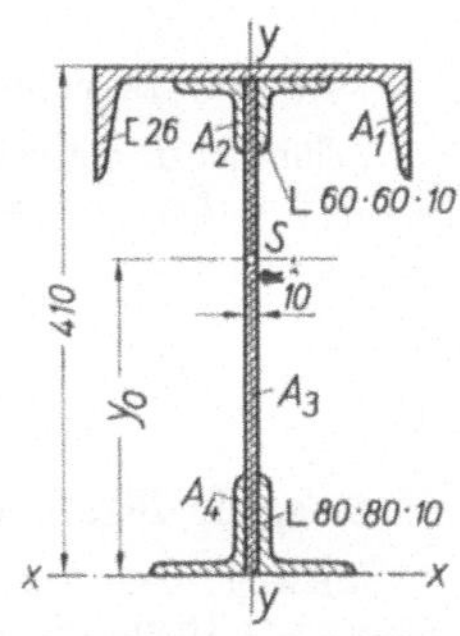

Abb. 20,7. Schwerpunktsbestimmung des Querschnittes eines Kranträgers

Mit den Schwerpunktsangaben der Tabellen (für Profilstahl ist der Abstand von der Profilkante e angegeben) ergibt sich der Abstand der einzelnen Profile von der x-Achse mit den Bezeichnungen der Abb. 20,7

$$y_1 = (41,0 - 2,36)\ \text{cm} = 38,64\ \text{cm}$$

$$y_2 = (41,0 - 1,0 - 1,85)\ \text{cm} = 38,15\ \text{cm}$$

$$y_3 = \frac{1}{2}\,(41 - 1)\ \text{cm} = 20\ \text{cm}$$

$$y_4 = 2,34\ \text{cm}$$

Damit ergibt sich:

$$A_1 \cdot y_1 + 2\,A_2 \cdot y_2 + A_3 \cdot y_3 + 2\,A_4\ y_4 - A \cdot y_0 = 0$$

$$y_0 = \frac{A_1 \cdot y_1 - 2\,A_2 \cdot y_2 + A_3 \cdot y_3 + 2\,A_4 \cdot y_4}{A}$$

$$= \frac{48,3 \cdot 38,64 + 2 \cdot 11,1 \cdot 38,15 + 40 \cdot 20 + 2 \cdot 15,1 \cdot 2,34}{140,7}\ \text{cm}$$

$$y_0 = 25,5\ \text{cm}$$

21. Schwerpunkt von Körpern

Der Schwerpunkt einiger regelmäßiger Körper ist von Bedeutung.

a) *Prisma und Zylinder* (mit parallelen Endflächen). Der Schwerpunkt liegt bei beiden Körpern in halber Höhe und auf der Verbindungslinie der Schwerpunkte der beiden Endflächen.

b) *Pyramide und Kegel.* Der Schwerpunkt liegt bei beiden Körpern in $^1/_4$ der Höhe von der Grundfläche auf der senkrechten Achse.

c) *Kugel.* Der Schwerpunkt liegt in ihrem Mittelpunkt.

d) *Halbkugel.* Der Schwerpunkt liegt um $^3/_8 R$ (R = Radius) vom Mittelpunkt der Kugel entfernt.

22. Guldinsche Regeln

Die Lehre vom Schwerpunkt findet Anwendung bei der Berechnung von Oberflächen, Rauminhalten und Massen von Umdrehungskörpern. Man verwendet dabei die GULDINschen Regeln, welche lauten:

Satz 29: Die Oberfläche eines Umdrehungskörpers ist gleich der erzeugenden Linie l multipliziert mit dem Schwerpunktsweg dieser Linie.

$$A = l \cdot 2\pi \cdot x_0 \qquad (22,1)$$

Satz 30: Der Rauminhalt eines Umdrehungskörpers ist gleich der erzeugenden Fläche A multipliziert mit dem Schwerpunktsweg dieser Fläche.

$$V = A \cdot 2\pi \cdot x_0 \qquad (22,2)$$

(x_0 = Schwerpunktsabstand von der Drehachse).

Beispiel: Berechne die Oberfläche einer Kugel.

Lösung: Die erzeugende Linie der Kugeloberfläche ist ein Halbkreis mit der Länge $l = R\pi$. Der Schwerpunktsabstand ist nach Gl. (19,1b)

$$x_0 = \frac{2R}{\pi}$$

$$A = l \cdot 2\pi x_0 = R\pi \cdot 2\pi \frac{2R}{\pi} = 4\pi R^2$$

Beispiel: Berechne den Rauminhalt eines Kegels.

Lösung: Die erzeugende Fläche ist ein Dreieck. Bezeichnet d den Durchmesser der Grundfläche und h die Höhe des Kegels, so ist der Inhalt der Erzeugungsfläche

$$A = \frac{1}{2} h \frac{d}{2}$$

Der Abstand des Schwerpunktes der Erzeugungsfläche von der Drehachse liegt auf $^1/_3$ Abstand von der Drehachse. Mit d, dem Durchmesser der Grundfläche ist dann

$$x_0 = \frac{1}{3} \frac{d}{2} = \frac{d}{6}$$

Damit wird nach Gl. (22,2)

$$V = A \cdot 2\pi \cdot x_0 = \frac{1}{2} h \frac{d}{2} \cdot 2\pi \frac{d}{6} = \frac{1}{3} h \frac{\pi d^2}{4}$$

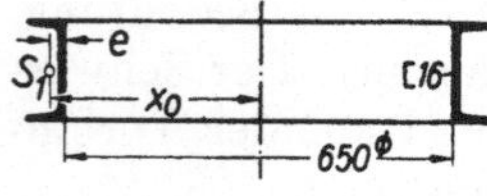

Abb. 22,1. U-Stahl-Ring

Beispiel: Berechne die Masse eines Ringes aus Stahlprofil [16 mit dem Innendurchmesser 650 mm (Abb. 22,1) $\varrho = 7{,}8$ kg/dm³. Aus der Tabelle 28 im Anhang für [-Stahl entnehmen wir:

$$A = 24{,}0 \text{ cm}^2 = 0{,}24 \text{ dm}^2, \quad e = 1{,}84 \text{ cm}$$

$$x_0 = 32{,}5 \text{ cm} + 1{,}84 \text{ cm} = 34{,}34 \text{ cm} = 3{,}434 \text{ dm}$$

$$m = V \cdot \varrho = A \cdot 2\pi \cdot x_0 \cdot \varrho = 0{,}24 \text{ dm}^2 \cdot 2\pi \cdot 3{,}43 \text{ dm} \cdot 7{,}8 \text{ kg/dm}^3 = 40{,}4 \text{ kg}$$

V. Reibung

23. Haftreibung auf horizontaler Berührungsfläche

Nach dem Gesetz der Wechselwirkung von NEWTON greifen an einem auf horizontaler Unterlage ruhenden Körper zwei Kräfte an: die Gewichtskraft G und die von der Unterlage ausgeübte Gegenkraft als Normalkraft F_N. Beide Kräfte stehen im Gleichgewicht.

Läßt man nun in horizontaler Richtung eine zusätzliche Kraft F auf den Körper einwirken (Abb. 23,1a), so wäre eigentlich das Gleichgewicht gestört und der Körper müßte sich bewegen. Erfahrungsgemäß bewegt er sich aber erst bei Überschreitung einer gewissen Kraft, die wir mit F_0 bezeichnen wollen. Solange $F < F_0$ ist, tritt keine Bewegung ein. Dann muß also, da ja offensichtlich Gleichgewicht besteht, eine weitere Kraft wirken, die durch F hervorgerufen und mit F im Gleichgewicht ist. Diese Kraft kann nur durch die Unterlage auf den Körper übertragen werden, da der Körper andere Berührungspunkte mit der Umgebung nicht besitzt. Sie heißt *Reibungskraft* oder *Reibwiderstand* F_R. Abb. 23,1b zeigt diese Kräfte am freigemachten Körper.

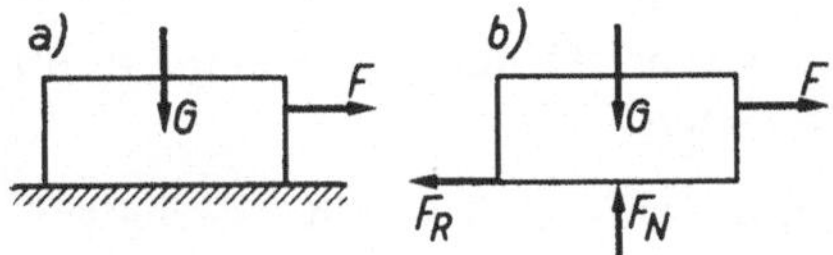
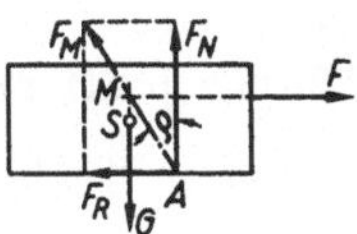

Abb. 23,1. a) Kräfte am Körper auf horizontaler Unterlage, b) Körper freigemacht

Abb. 23,2. Gleichgewichtsuntersuchung der Kräfte bei Haftreibung

Wir stellen uns die Entstehung der Reibungskraft so vor, daß die Oberflächenunebenheiten von Körper und Unterlage ineinander „verzahnen". Zur Einleitung der Bewegung muß der Körper entweder aus der Verzahnung gehoben oder die Verzahnung abgenutzt werden. Der Vorgang ist immer mit einer mehr oder weniger großen Erwärmung an den Reibflächen verbunden.

Da die Reibkraft F_R nur in der Ebene der Berührungsfläche des Körpers mit der Unterlage auftreten kann, ergibt sich im Gleichgewichtszustand, die in Abb. 23,2 dargestellte Kräftezusammensetzung für den Fall, daß F oberhalb der Berührungsfläche am Körper angreift. F_R und F_N lassen sich zu einer Resultierenden F_M zusammenfassen, deren Wirklinie aber aus Gründen des Gleichgewichtes durch den Schnittpunkt M der Wirklinie von G und F gehen muß. Damit rückt der Angriffspunkt von F_N nach A rechts der Wirklinie von G, und zwar um so mehr, je höher F angreift. Dadurch wird nämlich auch das Momentengleichgewicht hergestellt: Das rechtsdrehende Kräftepaar F und F_R muß im Gleichgewicht mit dem linksdrehenden Kräftepaar G und F_N stehen.

Aus dieser Untersuchung ergeben sich die Folgerungen:

a) die *Reibungskraft* F_R liegt immer *in der Berührungsfläche*, bildet also *mit* der *Normalkraft* F_N *einen rechten Winkel*. Ist $F = 0$, so ist auch $F_R = 0$. Mit Vergrößerung von F wächst F_R in gleichem Maße bis ein *Grenzwert* $F_{R_0} = F_0$ erreicht ist, der *von Werkstoff, Oberflächenbeschaffenheit, Schmierzustand* und der *Gewichtskraft abhängig* ist. Es liegt also ein *Gleichgewichtsbereich* vor, in welchem F von Null bis F_0 beliebig schwanken kann.

b) Mit zunehmender Gewichtskraft G, d. h. mit zunehmender Normalkraft F_N, wächst die Grenzkraft F_0 für den Beginn der Bewegung und damit F_{R_0}. Erfahrungsgemäß ist für gleiche Werkstoffe von Körper und Unterlage gleiche Oberflächenbeschaffenheit und gleichen Schmierzustand das *Verhältnis* F_{R_0}/F_N *konstant*. Man nennt das Verhältnis

$$\frac{F_{R_0}}{F_N} = \mu_0 = \text{Haftreibungszahl.}$$

Damit ergibt sich für den Fall der Ruhe die *größtmögliche Reibungskraft*

$$F_{R_0} = \mu_0 \cdot F_N \tag{23,1}$$

Hierin ist

$\mu_0 = $ Haftreibungszahl, unbenannte Zahl,

$F_N = $ Normalkraft $= $ senkrecht zur Berührungsfläche wirkende Anpreßkraft z. B. in kp,

$F_{R_0} = $ Reibungskraft ergibt sich dann in kp,

z. B. bei Stahl auf Stahl, Oberfläche bearbeitet und geschmiert, kann man im Durchschnitt mit $\mu_0 = 0{,}1$ rechnen.

c) Nach dem Kräfteparallelogramm Abb. 23,2 ist das Verhältnis $\frac{F_R}{F_N}$ gleich dem Tangens des Winkels ϱ. Für die Haftreibungszahl μ_0 gilt dann

$$\mu_0 = \tan \varrho_0 \tag{23,2}$$

Hierin bezeichnet man

ϱ_0 mit Haftreibungswinkel, gemessen in Winkelgraden.

d) Der Reibungswiderstand F_R ist der *beabsichtigten Bewegung* stets *entgegen gerichtet*. Abb. 23,3a zeigt das z. B. an einer Backenbremse, bei der unter der Bremsbacke die Bremstrommel entgegen dem Uhrzeigersinn gedreht werden soll. Abb. 23,3b zeigt die Kräfte an dieser Backenbremse freigemacht. Der um den Punkt O drehbar gelagerte Hebel ist an seinem Ende durch G belastet und drückt mit der

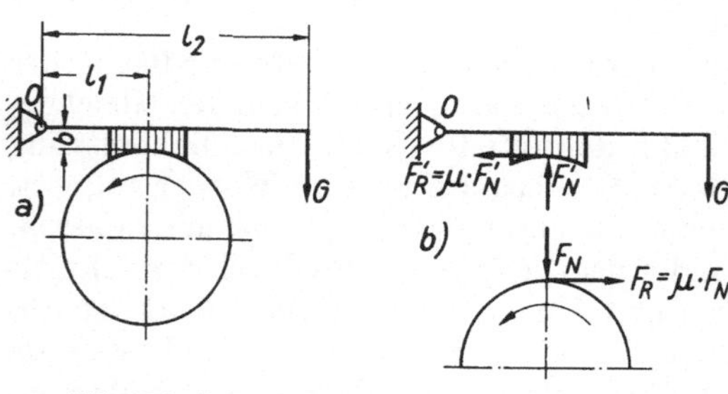

Abb. 23,3. Reibungskräfte an einer Backenbremse

Bremsbacke auf die Trommel mit der radial auf ihre Welle gerichteten Kraft F_N. Nach dem Wechselwirkungsgesetz ruft diese an der Bremsbacke die gleich große Gegenkraft F'_N hervor. Da die Bremstrommel sich nach links drehen soll, wirkt *an der Bremstrommel* die *nach rechts ge-*

richtete Bremskraft $F_R = \mu \cdot F_N$. Vom Standpunkt der Bremsbacke aus würde die gleiche Bremswirkung hervorgerufen, wenn sich diese bei stillstehender Bremstrommel im Uhrzeigersinn um die Trommel drehen wollte. Die Reibungskraft *an der Bremsbacke* $F'_R = \mu \cdot F'_N$ ist deshalb auf diese bezogen *nach links gerichtet*.

Beispiel: Der Muschelschieber eines Hubkolbenhaspels hat eine Grundfläche 150 mm mal 100 mm und wird durch den Druck der Druckluft von 4 atü gegen den Schieberspiegel gedrückt (Abb. 23,4).

a) Wie groß ist die Normalkraft zwischen Schieber und Schieberspiegel bei Vernachlässigung der Eigengewichtskraft?

b) Welche Kraft ist an der Schieberstange aufzuwenden, um den Schieber in Bewegung zu setzen, wenn die Haftreibungszahl 0,1 beträgt?

Lösung: Gegeben: $p = 4$ atü
$= 4$ kp/cm²

Abb. 23,4.   Reibungswiderstand an einem Muschelschieber

Schiebergrundfläche: $A = 15$ cm $\cdot$ 10 cm $= 150$ cm²; $\mu_0 = 0{,}1$

a) Normalkraft: $F_N = p \cdot A = 4$ kp/cm² $\cdot$ 150 cm² $= 600$ kp

b) Schieberstangenkraft: $F_0 = F_{R_0} = \mu_0 \cdot F_N = 0{,}1 \cdot 600$ kp $= 60$ kp

24. Gleitreibung auf horizontaler Berührungsfläche

Vergrößert man nach den vorigen Betrachtungen die horizontale Kraft F über F_{R_0} hinaus, so gerät der Körper in Bewegung. Erfahrungsgemäß kann man dann, wenn sich der Körper bewegt, die Kraft wieder verkleinern, ohne daß er zur Ruhe kommt. Zum *Ingangsetzen* der Bewegung braucht man also eine größere Kraft als zum *Inganghalten*.

Bliebe bei der eingeleiteten Bewegung die Größe der horizontalen Kraft F gleich F_{R_0}, so würde sich der Körper beschleunigt bewegen. Man kann F so weit verkleinern, daß die Bewegung gleichförmig wird, d. h., daß der Körper in gleichen Zeiten gleiche Wege zurücklegt. Wir haben schon früher festgestellt, daß auch der Zustand der gleichförmigen Bewegung für die Gleichgewichtsbetrachtung in der Statik gilt. In diesem Falle gilt, daß zwischen F und F_R Gleichgewicht besteht, d. h. die von außen angreifende Kraft F hebt gerade den Reibungswiderstand F_R auf.

Die Größe der Geschwindigkeit ist erfahrungsgemäß ohne nennenswerten Einfluß auf F_R, also auch auf F. Die zur Aufrechterhaltung der Bewegung erforderliche Kraft ist also in allen Fällen gleich groß.

Die Reibungskraft F_R ist bei der Bewegung konstant und nur abhängig von Werkstoff, Oberflächenbeschaffenheit, Schmierzustand und Normalkraft. Es gibt also zwischen F und F_R nur eine einzige Gleichgewichtsmöglichkeit (keinen Gleichgewichtsbereich). Nach den Überlegungen gemäß Abb. 23,1 ergibt sich das allgemeine Gesetz der gleitenden Reibung:

$$\text{\textit{Reibungswiderstand}} \quad \boxed{F_R = \mu \cdot F_N} \quad \text{(\textsc{Coulomb}sches Reibungsgesetz)[1].} \quad (24{,}1)$$

---

[1] Coulomb 1736 $\cdots$ 1806, französischer Physiker.

Darin ist

$$\mu = \tan \varrho \qquad\qquad (24,2)$$

Hierin bedeuten:

μ = Reibungszahl, unbenannte Zahl,

ϱ = Reibungswinkel in Winkelgraden,

F_N = Normalkraft, senkrecht zur Berührungsfläche wirkende Anpreßkraft z. B. in kp,

F_R = Reibungswiderstand ergibt sich dann in kp.

Einige Richtwerte für μ_0 und μ gibt folgende Zahlentafel[1]:

	μ_0		μ	
	trocken	geschmiert	trocken	geschmiert
Stahl auf Stahl	0,15	0,1	0,1	0,05
Stahl auf Gußeisen oder Bronze . .	0,2	0,1	0,16	0,05
Holz auf Holz	0,65	0,2	0,3	0,1
Lederriemen auf Gußeisen	0,55	—	0,28	0,12
Lederriemen auf Holz	0,47	—	0,27	—

Die Zahlentafel zeigt, daß die Gleitreibzahl kleiner ist als die Haftreibzahl. Wir haben aber gesehen, daß bei gegebener Reibzahl und bekannter Anpreßkraft der Widerstand der Gleitreibung einen eindeutigen, bestimmten Wert (nämlich $\mu \cdot F_N$) hat, während der Haftreibwiderstand von der Verschiebekraft abhängt und jeden Wert innerhalb des Gleichgewichtsbereiches, höchstens $\mu_0 \cdot F_N$, annehmen kann.

Die Gleichungen (24,1) und (23,1) kann man auch durch den folgenden Satz ausdrücken:

Satz 31: Die Reibwiderstandskraft F_R ist ein bestimmter, im wesentlichen von Werkstoff, Oberflächenbeschaffenheit und Schmierung abhängiger (durch μ bzw. μ_0 ausgedrückter) Bruchteil der zur Gleitfläche senkrechten Anpreßkraft F_N.

Hinsichtlich der Schmierung werden folgende Zustandsverhältnisse unterschieden:

a) *Trockene Reibung* liegt vor, wenn keine Schmierung vorhanden ist. Völlig trockene Reibung haben wir insbesondere bei Berührung von Metallen selten, da alle Körper meist mit einem feinen Fetthauch überzogen sind, der schon eine Herabsetzung der Reibung zur Folge haben kann.

b) *Flüssigkeitsreibung* (flüssige Reibung oder *Schwimmreibung*) liegt vor, wenn eine so dicke Schmiermittelschicht zwischen den Berührungsflächen vorhanden ist, daß die Rauhigkeitserhebungen der aufeinander gleitenden Körper sich nicht mehr berühren. Die Übertragung der Kräfte erfolgt dann nur noch durch die Schmierschicht und die Reibung hängt allein von den Eigenschaften (vor allem der Viskosität) des

---

[1] Siehe auch Dubbels Taschenbuch für den Maschinenbau, Springer, 12. Auflage, 1966, S. 217, Bild 74.

Schmiermittels ab. Reine Flüssigkeitsreibung haben wir bei langen Tragzapfen in Quergleitlagern, während bei ebenen Flächen das Schmiermittel leicht weggedrückt werden kann.

c) *Mischreibung* (halbflüssige Reibung) haben wir, wenn eine Schmiermittelschicht vorhanden ist, die jedoch nicht ausreicht, die Rauhigkeitserhebungen der aufeinander gleitenden Flächen zu trennen, so daß noch eine mehr oder weniger starke Verzahnung derselben vorliegt.

Die Reibzahlen sind innerhalb gewisser Grenzen abhängig vom *spezifischen Flächendruck* und der *Gleitgeschwindigkeit*, insbesondere bei geschmierten Gleitlagern.

Anmerkung: Das allgemeine Reibungsgesetz $F_R = \mu \cdot F_N$, das wir noch in vielen Anwendungen kennenlernen, ist in seinem mathematischen Aufbau so einfach, daß die großen Schwierigkeiten bei der Ermittlung und Beurteilung des Reibwiderstandes nicht nur von Anfängern oft unterschätzt werden. Wir nutzen die Reibung (z. B. bei Bremsen, bei der Bandförderung, bei der Treibscheibenförderung oder beim Reibungsstempel) zur Unterstützung von technischen Aufgaben oder müssen sie möglichst niedrig halten (wie bei der Lagerung unserer Maschinen oder bei allen Bewegungsvorgängen in der Förderung), um die Kräfte und Beanspruchungen in erträglichen oder wirtschaftlichen Grenzen zu halten.

Das richtige *Abschätzen der Reibzahl* ist ein vordringliches und auch ein sehr schweres Problem in der Technik. Die durch Versuche ermittelten Werte *streuen* sehr stark.

Dazu kommt, daß nur selten die Widerstände aus einer eindeutigen Gleitreibung herrühren. Wir vereinfachen dann vielfach die Rechnungen, indem wir z. B. aus Verklemmungen oder anderen Ursachen herrührende Widerstände mit der Reibungszahl μ berücksichtigen, nur um dadurch zu einfachen Rechengängen zu kommen.

Die in den Tabellen der Handbücher angegebenen Reibzahlen können also immer nur als ungefähre Richtwerte dienen. Es ist zweckmäßig, die jeweils *ungünstigen* Werte anzunehmen, d. h.

bei *erwünschter* Reibung mit *kleiner* Reibzahl,

bei *unerwünschter* Reibung mit *großer* Reibzahl.

zu rechnen. Die Lösung ergibt dann auch immer nur *Näherungswerte*. Mit Rücksicht darauf ist hier auch ein großzügigeres Abrunden der Zahlen, insbesondere im Endergebnis, durchaus am Platze.

Diese beschränkte Genauigkeit, und wegen der Streuung der Reibzahlen auch die Unsicherheit in der Berechnung des Reibungswiderstandes, ist vielfach die Ursache einer geringschätzigen Beurteilung der Untersuchung von Systemen und Einrichtungen, die reibungsbehaftet sind. Das beruht aber doch nur auf einer völligen Verkennung der Sachlage. Am Beispiel des Reibungsstempels sehen wir, daß die Streuung der Reibwerte, aber auch der physikalisch begründete Unterschied von Haft- und Gleitreibung die Ursache dafür ist, daß es so außerordentlich schwer ist, eine gleichmäßige Belastung der nebeneinander aufgestellten Stempel zu erreichen, durch die es erst möglich ist, das Hangende im

Verband zu halten, und nahezu gleichmäßig abzusenken. Ganz ähnliche Verhältnisse haben wir bei der Anwendung von Reibungskupplungen in unseren Maschinen, insbesondere wenn wir sie noch zum Überlastschutz heranziehen wollen. In beiden Fällen werden in letzter Zeit Wege verfolgt, die sich von der Ausnutzung der Reibkräfte abwenden. Beim Abstützen des Hangenden kommen heute vermehrt hydraulische Stempel, bei den Kupplungen hydraulische Kupplungen zur Anwendung. Der Grund ist in beiden Fällen nicht zuletzt darin zu sehen, daß mit der Hydraulik technisch übersichtlichere Verhältnisse geschaffen werden.

Bei den stählernen Stetigförderern spielen für die Kettenbeanspruchung die Reibungswiderstände eine überragende Rolle, und zwar nicht nur bei den Zweiketten-Kratzerförderern, sondern auch bei den Trogbandförderern, vor allem, wenn man aus betrieblichen Gründen größere Fördererlängen anstrebt. Nur die eingehende Untersuchung der Reibungskräfte führt zur wirtschaftlichen Beherrschung der Kettenkräfte oder gegebenenfalls auch zu betrieblichen Lösungen für eine Herabsetzung der Reibungswiderstände.

Einfache Reibungsaufgaben

Beispiel: Gegen einen Schleifstein von 1,0 m Durchmesser wird das zu schleifende Werkstück mit 20 kp in radialer Richtung angedrückt. Berechne a) den Reibwiderstand zwischen Stein und Werkstück bei einer Reibzahl $\mu = 0{,}3$; b) das vom Stein zur Überwindung des Reibwiderstandes aufzubringende Drehmoment.

Lösung: a) $F_R = \mu \cdot F_N = 0{,}3 \cdot 20 \,\text{kp} = 6 \,\text{kp}$

$$\text{b)} \; M_d = F_R \cdot \frac{d}{2} = 6 \,\text{kp} \cdot \frac{1{,}0 \,\text{m}}{2} = 3 \,\text{kpm}$$

Beispiel: Eine Stehleiter ist nach Abb. 24,1 unter $\alpha = 40°$ gespreizt und oben mit G senkrecht belastet. a) Wie groß muß die Haftreibungszahl zwischen Leiterholmen und Boden mindestens sein, damit die Leiterholme nicht auseinandergleiten? b) Wie ändert sich die erforderliche Haftreibzahl bei Änderung der Belastung G? c) Bis zu welchem Winkel α kann die Stehleiter gespreizt werden, wenn die Haftreibzahl $\mu_0 = 0{,}5$ beträgt?

Lösung: a) Abb. 24,1b zeigt die Kräfte an einem Leiterholm freigemacht. Nach der Gleichgewichtsbedingung $\sum F_Y = 0$ muß die Normalkraft gegen jeden der beiden Holme $F_N = G/2$ sein.

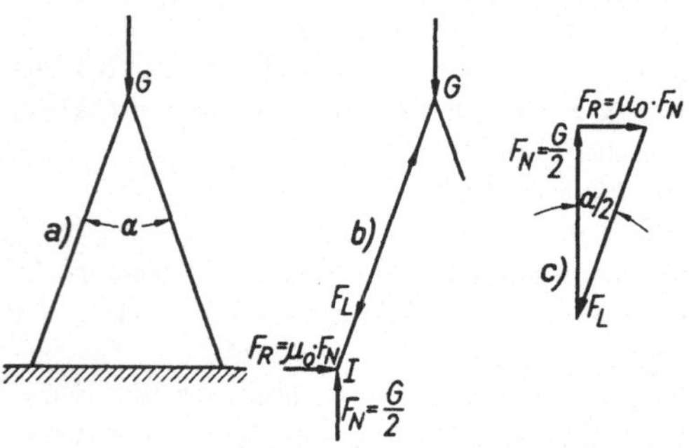

Abb. 24,1. Stehleiter
a) Lageplan, b) Kräfte an einem Leiterholm freigemacht,
c) Kräfteplan für Abstützung bei I

Hiermit ist in Abb. 24,1c das Krafteck gezeichnet. Mit dem eingezeichneten Winkel $\alpha/2 = 20°$ als dem halben Spreizwinkel ergibt sich

$$\tan 20° = \frac{F_R}{F_N} = \frac{\mu_0 \cdot F_N}{F_N} = \mu_0$$

$$\mu_0 = 0{,}364$$

b) die erforderliche Haftreibzahl ist von der Belastung unabhängig.

c) Nach der Berechnung zu a) ist $\mu_0 = \tan \alpha/2$. Daraus folgt

$$\tan \alpha/2 = \mu_0 = 0,5; \quad \alpha/2 = 26° \, 30'$$

$$\text{Spreizwinkel } \alpha = 2 \cdot 26° \, 30' = 53°$$

Beispiel: Bei einer Scheibenkupplung Abb. 24,2 werden die beiden Scheiben durch 6 Schrauben gegeneinander gepreßt, damit lediglich infolge der Reibung ein Drehmoment von 50 kpm übertragen werden kann. Mit welcher Kraft muß jede der 6 Schrauben die Scheiben gegeneinander drücken, wenn man annimmt, daß der resultierende Reibwiderstand auf dem Lochkreisumfang bei $D = 200$ mm $\varnothing$ angreift? $\mu_0 = 0,15$.

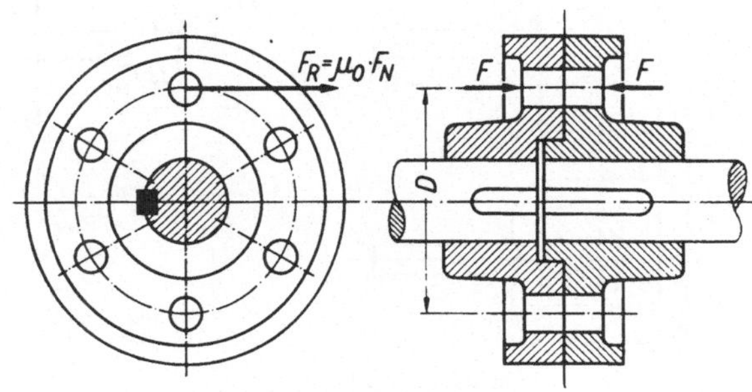

Abb. 24,2. Scheibenkupplung

Lösung:
$$M_d = F_R \frac{D}{2}$$

$$F_R = \frac{2\,M_d}{D} = \frac{2 \cdot 50 \text{ kpm}}{0,2 \text{ m}} = 500 \text{ kp}$$

Mit der Gesamtkraft F_N der Schrauben wird

$$F_R = \mu_0 \cdot F_N$$

$$F_N = \frac{F_R}{\mu_0} = \frac{500 \text{ kp}}{0,15} = 3330 \text{ kp}$$

Jede der 6 Schrauben muß in Achsrichtung eine Kraft ausüben von

$$F = \frac{F_N}{6} = \frac{3330 \text{ kp}}{6} = 555 \text{ kp}$$

Wird diese Kraft F unterschritten oder das Drehmoment vergrößert, so werden, wie es in der Festigkeitslehre gezeigt wird, die Schrauben auf Abscheren beansprucht.

Beispiel: Abb. 24,3 zeigt einen sogenannten *Klemmring* oder *Reibungsring*, der über eine Säule geschoben und an seinem vorstehenden Arm im Abstand $x = 300$ mm durch eine Kraft F belastet ist, so daß er sich in schräger Lage gegen die Säule anpreßt und durch Reibung getragen wird. a) Wie groß muß die Reibzahl zwischen Säule und Ring mindestens sein, damit der Ring mit den angegebenen Maßen nicht abgleitet? b) Welche Sicherheit ν gegen Abgleiten liegt vor, wenn die Reibzahl für Stahl und Holz tatsächlich $\mu_0 = 0,4$ ist? c) Welchen Einfluß hat die Größe der Belastung F und ihr Abstand von der Säulenmitte auf die Haftsicherheit des Klemmringes?

Lösung: a) In Abb. 24,3 b sind die Kräfte freigemacht. Rechnerisch ergibt sich nach den Gleichgewichtsbedingungen:

für $\sum F_X = 0$: $-F_{N_1} + F_{N_2} = 0$, $\quad F_{N_1} = F_{N_2} = F_N$

für $\sum F_Y = 0$: $\mu F_{N_1} + \mu F_{N_2} - F = 2\mu F_N - F = 0$

$$\text{also } \mu = \frac{F}{2 F_N}$$

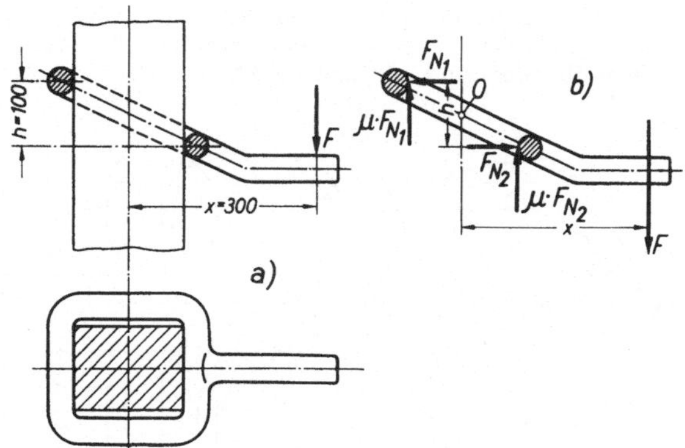

Abb. 24,3. Klemmring

Für $\sum M = 0$ für Drehpunkt in O (die Momente von $\mu \cdot F_{N_1}$ und $\mu \cdot F_{N_2}$ heben sich auf):

$$-F_{N_1}\frac{h}{2} - F_{N_2}\frac{h}{2} + F \cdot x = -F_N \cdot h + F \cdot x = 0$$

Daraus folgt

$$F_N = F\frac{x}{h}$$

Setzt man den Wert F_N in obige Gleichung ein, so ergibt sich:

$$\mu = \frac{F}{2F} \cdot \frac{h}{x} = \frac{1}{2} \cdot \frac{h}{x} = \frac{1}{2} \cdot \frac{100 \text{ mm}}{300 \text{ mm}} = \frac{1}{6} = 0{,}167$$

b) Die Sicherheit gegen Abgleiten ergibt sich aus dem Verhältnis der wirklichen Reibzahl μ_0 zur errechneten Reibzahl

$$\nu = \frac{\mu_0}{\mu} = \frac{0{,}4}{0{,}167} = 2{,}4\text{fach}$$

c) Die Rechnung zu a) zeigt, daß weder die Größe der Belastung F noch die Balkenbreite die Reibung beeinflussen. Die erforderliche Reibzahl μ ist nur abhängig von dem Verhältnis $\dfrac{h}{x}$. Für $\mu_0 = 0{,}4$ und $h = 100$ mm ergibt sich der Mindestwert für den Abstand x

$$\mu_0 = \frac{1}{2}\frac{h}{x}; \; x_{\text{min}} = \frac{h}{2\mu_0} = \frac{100 \text{ mm}}{2 \cdot 0{,}4} = 125 \text{ mm}$$

25. Backenbremse

Ein besonderes Beispiel der Ausnutzung gleitender Reibung haben wir bei den Bremsen, die in einfacher Bauart als Backenbremsen ausgeführt werden. Bremsen verwenden wir zum *Festhalten* einer Last und bezeichnen sie als *Haltebremse*, oder zum *Regeln* einer Bewegung und bezeichnen sie als *Regelbremse* oder *Fahrbremse*.

In Abb. 25,1 ist schematisch eine einfache Backenbremse dargestellt. Eine Bremsbacke am Hebelarm l wird durch einen um O drehbaren Bremshebel gegen die Bremstrommel (den Bremsring oder die Bremsscheibe) vom Durchmesser D_B mit der Bremshebelkraft F angepreßt. Abb. 25,2a und b zeigt Bremstrommel und Bremshebel freigemacht. Wir erkennen, daß an der Bremsbacke eine Normalkraft F_N auftritt, die an der Bremstrommel eine gleich große entgegengesetzte *radial auf den Drehpunkt T gerichtete* Gegenkraft F_N' hervorruft. Senkrecht zu dieser tritt die Reibkraft

$$F_R = \mu \cdot F_N'$$

auf, die an der im Uhrzeigersinn drehenden Bremstrommel der Bewegung entgegen, also im Beispiel Abb. 25,2a nach rechts, dagegen an der Bremsbacke Abb. 25,2b nach links gerichtet ist.

In vorliegendem Beispiel ist angenommen, daß der Drehpunkt O des Bremshebels in Richtung der Wirklinie von F_R liegt, so daß die Reibkraft kein Moment erzeugt. Mit den Buchstaben der Abb. 25,2a ergibt sich für den Drehpunkt der Bremstrommel T nach der Gleichgewichtsbedingung $\Sigma M_T = 0$

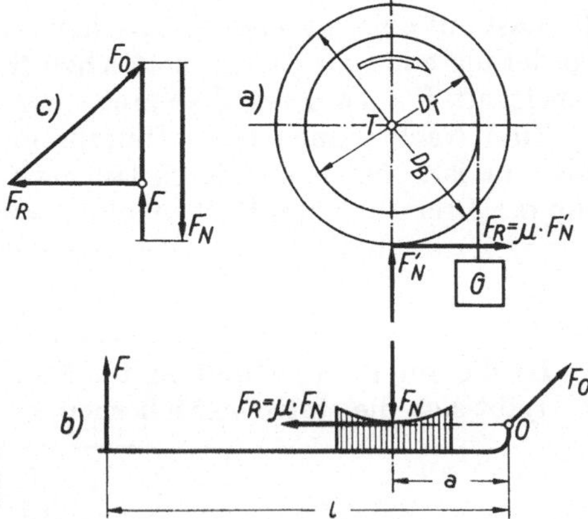

Abb. 25,1. Die einfache Backenbremse

Abb. 25,2. Die einfache Backenbremse, Einzelteile freigemacht
a) Trommel, b) Bremshebel, c) Krafteck zur Ermittlung der Kraft F_O im Drehpunkt O

$$- F_R \frac{D_B}{2} + G \frac{D_T}{2} = 0$$

$$F_R = \mu \cdot F_N' = G \frac{D_T}{D_B}$$

$$F_N' = G \frac{1}{\mu} \frac{D_T}{D_B}$$

Die gleiche aber entgegengerichtete Bremsbackenkraft F_N muß von der Bremshebelkraft F erzeugt werden, damit die Last G gehalten wird. Nach der Gleichgewichtsbedingung $\Sigma M_0 = 0$ ergibt sich aus

5*

Abb. 25,2 b:

$$F \cdot l - F_N \cdot a = 0$$

$$F = F_N \frac{a}{l}$$

Setzen wir den obigen Wert für $F_N = F_N'$ ein, so ergibt sich

$$F = \frac{1}{\mu} \, G \, \frac{a}{l} \, \frac{D_T}{D_B} \tag{25,1a}$$

Gleichung (25,1a) zeigt, daß die erforderliche *Bremshebelkraft F klein* wird, *wenn*

a) die Reibzahl μ möglichst groß ist,
b) die Abmessungen D_B und l groß,
c) die Abmessungen D_T und a klein sind.

Die Gleichung (25,1a) dient zur *Berechnung der Bremshebelkraft F* einer Haltebremse, die eine Last G im statischen Gleichgewicht zu halten hat. Es ist allgemein üblich, derartige Bremsen so auszuführen, daß die Last mit einer größeren statischen Sicherheit gehalten wird. Bei der Forderung einer dreifachen statischen Sicherheit z. B. muß die Bremshebelkraft F auch dreimal so groß ausgeführt werden.

Zum Nachrechnen einer Haltebremse, wenn die Bremshebelkraft bekannt ist, löst man Gl. (25,1a) nach der Gewichtskraft G auf, die von der Bremshebelkraft F gehalten werden kann

$$\boxed{G = \mu \cdot F \, \frac{l}{a} \, \frac{D_B}{D_T}} \tag{25,1}$$

Ist die am Trommelumfang tatsächlich wirkende Last G_U gegeben, so ergibt sich die statische Sicherheit ν_S aus

$$\boxed{\nu_S = \frac{G}{G_U}} \tag{25,2}$$

Beispiel: Am Trommeldurchmesser $D_T = 400$ mm (gemessen als Seilmittenabstand) hängt eine Last $G_ü = 240$ kp. Die Haltebremse hat einen Bremsringdurchmesser $D_B = 300$ mm und eine Bremshebelkraft $F = 500$ kp. Die Hebelarme der nach Abb. 25,1 ausgeführten Bremse betragen $l = 800$ mm, $a = 200$ mm. Wie groß ist die statische Sicherheit der Bremse? $\mu = 0{,}4$.

Lösung: Gegeben: $F = 500$ kp; $D_T = 400$ mm $\varnothing$; $D_B = 300$ mm $\varnothing$; $l = 800$ mm; $a = 200$ mm; $G_U = 240$ kp; $\mu = 0{,}4$.

Gesucht: $G = ?$, $\nu_S = ?$
Nach Gl. (25,1)

$$G = \mu \cdot F \, \frac{l}{a} \, \frac{D_B}{D_T} = 0{,}4 \cdot 500 \, \text{kp} \, \frac{800}{200} \, \frac{300}{400} = 600 \, \text{kp}$$

Nach Gl. (25,2)

$$\nu_S = \frac{G}{G_ü} = \frac{600 \, \text{kp}}{240 \, \text{kp}} = 2{,}5 \, \text{fach}$$

Abb. 25,2c zeigt die zeichnerische Ermittlung der Kraft im Drehpunkt O nach Größe und Richtung. Am Hebel wirken senkrecht F_N und F, die sich zum Teil aufheben. Die Restkraft ist mit F_R und der gesuchten Kraft F_O im Gleichgewicht. Ist F_R nicht nur nach Richtung, sondern auch nach Größe bekannt, so ergibt sich F_O als Schlußlinie im Krafteck und ist als Stützkraft nach rechts oben gerichtet.

Abb. 25,3 zeigt die einfache Backenbremse für den Fall, daß der Drehpunkt des Bremshebels nicht in Richtung der Wirklinie der Reibkraft $F_R = \mu \cdot F_N$ liegt. Wir wollen diese Bremse nacheinander für die beiden in Abb. 25,3a unter I und II angegebenen Drehrichtungen betrachten. Abb. 25,3b zeigt den Bremshebel freigemacht für die Drehrichtung I. Nach der Gleichgewichtsbedingung $\Sigma M_0 = 0$ ergibt sich

$$F \cdot l - F_N \cdot a - \mu \cdot F_N \cdot b = 0$$

$$F = F_N \frac{a + \mu \cdot b}{l} \qquad (25,3\text{a})$$

Abb. 25,3c zeigt den Bremshebel freigemacht für die Drehrichtung II. Hier ergibt sich für $\Sigma M_0 = 0$

$$F \cdot l - F_N \cdot a + \mu \cdot F_N \cdot b = 0$$

$$F = F_N \frac{a - \mu \cdot b}{l} \qquad (25,3\text{b})$$

Aus den beiden Gleichungen (25,3a) und (25,3b) ergibt sich:

Für die schematisch dargestellte Bremse erhalten wir verschiedene Bremshebelkräfte für beide Drehrichtungen. In unserem Falle ist die Bremshebelkraft F für die Drehrichtung I größer, für die Drehrichtung II kleiner, verursacht durch die in beiden Fällen entgegengesetzt gerichtete Reibungskraft $\mu \cdot F_N$.

Eine in beiden Drehrichtungen gleichmäßig wirkende einfache Backenbremse haben wir also nur, wenn der Drehpunkt des Bremshebels in Richtung der Wirklinie der Bremskraft $F_R = \mu \cdot F_N$ gemäß Abb. 25,2 liegt, d. h. der Hebelarm $b = 0$ ist, wie Gleichung (25,1a) zeigt.

Wir erhalten eine *selbstsperrende Bremse*, bei der jede Last ohne Wirkung einer Bremshebelkraft F gehalten wird, wenn wir in Gl. (25,3b)

Abb. 25,3. Die einfache Backenbremse mit außerhalb der Wirklinie der Bremskraft F_R liegendem Drehpunkt
a) Schema für beide Drehrichtungen,
b) Hebelarm für Drehrichtung I,
c) Hebelarm für Drehrichtung II,
d) selbstsperrende Backenbremse für Drehrichtung II

für die Drehrichtung *II* die Kraft $F = 0$ setzen:

$$F_N \frac{a - \mu b}{l} = 0$$

$$a - \mu b = 0$$

also $$b = \frac{a}{\mu}$$

Zum Beispiel müßte für $a = 200$ mm und $\mu = 0{,}4$, $b = \frac{a}{\mu} = \frac{200\ \mathrm{mm}}{0{,}4} = 500$ mm werden. Abb. 25,3d zeigt eine solche *selbstsperrende Bremse*.

Einfache Backenbremsen setzen die *ganze* Bremskraft F_N in die Bremswelle und ihre Lager. Läßt man den Bremshebel, wie in Abb. 25,1 und 25,3 dargestellt, von unten gegen den Bremsring drücken, so vermindert die Gewichtskraft von Trommel und Bremsring die durch die Bremskraft hervorgerufene Wellen- und Lagerbelastung.

Doppelte Backenbremsen haben diesen Nachteil nicht. Sie arbeiten, wie Abb. 25,4 zeigt, mit *zwei* einander gegenüberstehenden Bremsbacken, so daß die erzeugten Bremskräfte F_{N_1} und F_{N_2} entgegengesetzt gerichtet sind[1].

Man ordnet die Hebelstützen, welche die Bremsbacken tragen, schräg gestellt an. Durch die Schrägstellung erreicht man ein selbsttätiges Ablösen der Bremsbacken von der Bremsscheibe, sobald die Bremskraft aufhört. Die Bremse lüftet sich also leicht.

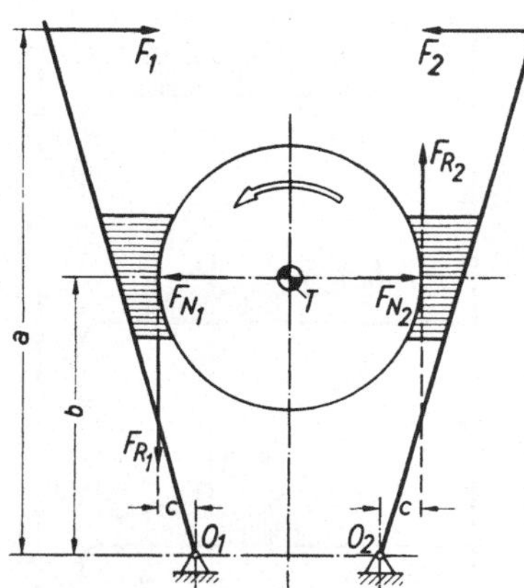

Abb. 25,4. Die doppelte Backenbremse

Da die Wirklinien der Reibkräfte F_{R_1} und F_{R_2} nicht durch die Drehpunkte der Hebel O_1 und O_2 gehen, liefern sie mit dem in Abb. 25,4. eingezeichneten Hebelarm c ein Moment. Mit der angegebenen Drehrichtung entgegen dem Uhrzeigersinn entsteht am linken Hebel ein dem Bremshebelmoment $F \cdot a$ entgegengerichtetes Moment $F_R \cdot c$, welches die Anpreßkraft F_{N_1} um den Betrag $\Delta F_N = \dfrac{F_R \cdot c}{b}$ verringert.

Am rechten Hebel entsteht ein hineindrehendes Moment $F_R \cdot c$, welches das Bremshebelmoment $F \cdot a$ unterstützt. Hier wird deshalb die Anpreßkraft F_{N_2} um den Betrag $\Delta F_N = \dfrac{F_R \cdot c}{b}$ vergrößert. Dies führt zu

---

[1] In den nachfolgenden Abb. 25,4; 25,5 bis 25,7 sind die Bremsstrommeln und Bremshebel nicht „freigemacht". Die eingezeichneten Kräfte F_N und F_R beziehen sich stets auf den Bremshebel. Auf den Bremsring bezogen sind sie entgegengesetzt gerichtet.

einer ungleichmäßigen Anpreßkraft der beiden Bremsbacken:

$$\text{links} \quad F_{N_l} = F_{N_1} - \Delta F_N$$

$$\text{rechts} \quad F_{N_r} = F_{N_2} + \Delta F_N$$

Die Bremswelle und ihre Lagerung ist nicht wie bei der einfachen Backenbremse durch die volle Anpreßkraft belastet. Die Schrägstellung der Hebel ruft aber doch eine Belastung $F = 2\Delta F_N = 2\dfrac{F_R \cdot c}{b}$ hervor.

Außerdem ergibt sich ein ungleichmäßiger Verschleiß der Bremsbeläge, der jedoch bei Bremsen für Fördermaschinen unbedeutend ist, da sich hier die Drehrichtung nach jedem Treiben umkehrt und damit auch die Richtung der Kräfte ΔF_N. In der nachfolgenden Untersuchung der doppelten Backenbremse sollen der Unterschied der Kräfte F_{N_1} und F_{N_2} durch den Einfluß von ΔF_N wie auch die nicht sehr großen Momente von F_R bei schräg gestellten Hebelstützen vernachlässigt werden.

Greifen die Kräfte $F_1 = F_2$ horizontal an den Bremshebeln an, so ergibt sich mit den eingezeichneten Hebelarmen senkrecht von den Drehpunkten O_1 und O_2 auf die Kraftrichtungen:

$$\sum M_{O_1} = 0: \quad F_1 \cdot a - F_{N_1} \cdot b = 0; \quad F_{N_1} = F_1 \frac{a}{b}$$

$$\sum M_{O_2} = 0: \quad - F_2 \cdot a + F_{N_2} \cdot b = 0; \quad F_{N_2} = F_2 \frac{a}{b}$$

Mit $F_N = F_{N_1} + F_{N_2}$ und $F = F_1 = F_2$ ergibt sich

$$F_N = 2 F \frac{a}{b}$$

Aus $\sum M_T = 0$ ergibt sich $G \dfrac{D_T}{2} - F_R \dfrac{D_B}{2} = 0$

$$F_R = G \frac{D_T}{D_B} = \mu F_N$$

$$G \frac{D_T}{D_B} = 2 \mu F \frac{a}{b}$$

$$\boxed{G = 2 \mu \cdot F \frac{a}{b} \frac{D_B}{D_T}} \tag{25,4}$$

Vergleichen wir diese Gl. (25,4) mit Gl. (25,1), so ergibt sich, daß die *doppelte Backenbremse für* die *gleiche Bremshebelkraft F die doppelte Last G gegenüber* der *einfachen Backenbremse* halten kann. Die Gl. (25,4) setzt, wie vorstehend angegeben, voraus, daß der Einfluß von ΔF_N vernachlässigt werden kann, so daß $F_{N_1} = F_{N_2}$ ist.

Die Bremsen der Fördermaschinen in Hauptschächten und ihre Berechnung für Treibscheibenmaschinen sind in DIN 22403 genormt. Die nachfolgend dargestellten Bremsen und die Voraussetzung für den festgelegten Rechnungsgang sollen darum dargelegt werden.

In Abb. 25,5a ist zunächst der grundsätzliche Aufbau der doppelten Backenbremse nach DIN 22403 mit den dort angegebenen Hebelarmen wiedergegeben. Die Bremshebelkraft F_A[1] ruft über einen Winkelhebel in der Zugstange eine Kraft F hervor, indem sich der Winkelhebel mit seinem Drehpunkt O_1 auf den rechten Bremshebel abstützt, so daß durch die Zugstangenkraft F auch der linke Bremshebel an die Bremstrommel angepreßt wird. Die dabei zurückgelegten Wege sollen als vernachlässigbar klein angenommen werden. Auch soll eine Veränderung der Lage der Bremshebel infolge Verschleißes der Bremsbacken vernachlässigt werden. Eine Spannschraube an der linken Bremshebellagerung gestattet eine Änderung der Zugstangenlänge, so daß nach dem Verschleiß der Bremsbacken der Winkelhebel in die gezeichnete Mittellage zurückgeführt werden kann.

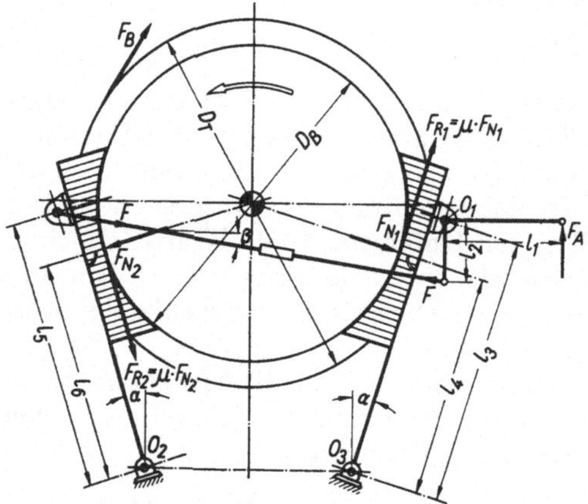

Abb. 25,5a. Die Grundlagen der Berechnung der doppelten Backenbremse nach DIN 22403 bzw. BV für Hauptseilfahrtanlagen Anlage 13a und b

Die Gestängekräfte, die an den Bremshebeln angreifen, rufen die Anpreßkräfte F_N auf die Bremsbacken hervor, mit denen sich die Reibkräfte $F_R = \mu \cdot F_N$ senkrecht zu diesen ergeben. Da sich die Bremstrommel um ihren Mittelpunkt dreht, können die *Anpreßkräfte F_N nur zentral von diesem Mittelpunkt aus senkrecht auf den Bremshebel* wirken. Zur Berechnung des Momentes sind die Hebelarme l_4 und l_6 deshalb auch in Richtung der Bremshebel gemäß Abb. 25,5a angegeben.

Da berechtigterweise der Hebelarm von F_N in Richtung des Bremshebels gemessen wird, hat man für die Berechnung der Momente der Stangenkräfte ihre Hebelarme l_3 und l_5 ebenfalls so angenommen, daß sie in Richtung der Bremshebel gemessen werden. Inwieweit das berechtigt ist, soll untersucht werden.

Abb. 25,5b, c und d zeigt die Bremshebel und den Winkelhebel freigemacht. Zur Verdeutlichung ist eine stärkere Schrägstellung der Bremshebel unter dem Winkel α und eine Anordnung gewählt, die eine besonders starke Neigung der Zugstange unter dem Winkel β zeigt. *Bei der normalen Ausführung sind α und β kleiner* als in Abb. 25,5 dargestellt.

Für den *Winkelhebel* Abb. 25,5d ergibt sich, daß der angegebene Hebelarm l_2 nicht senkrecht auf der Zugstangenkraft F steht. Er läßt sich aber so bequemer messen als der tatsächliche Hebelarm l_2'. Mithin

---

[1] Die Bezeichnung der Kräfte und Hebelarme entsprechen nicht der Bergverordnung für Hauptseilfahrtsanlagen (Anlage 13), doch sind sie so gewählt, daß sie mit den dort verwendeten Bezeichnungen verglichen werden können.

ist der tatsächliche Wert der Zugstangenkraft etwas größer als der errechnete. Der Fehler wird bei kleinem Winkel β sehr gering sein. Es ergibt sich aus $\Sigma M_{O_1} = 0$

$$- F_A \cdot l_1 + F \cdot l_2 = 0; \quad F = F_A \frac{l_1}{l_2}$$

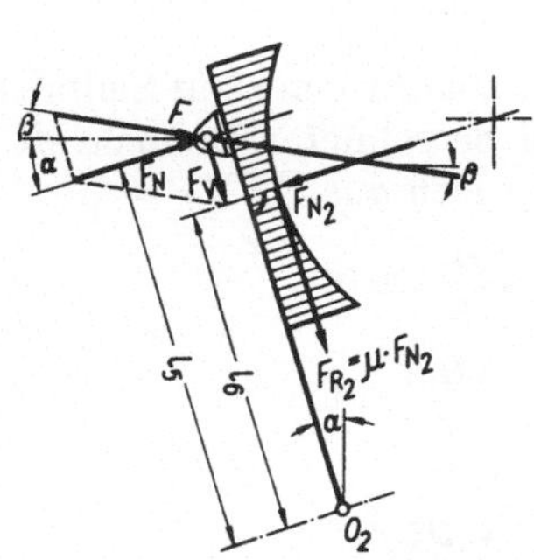

Abb. 25,5b. Kräfte am linken Bremshebel der doppelten Backenbremse nach Abb. 25,5a

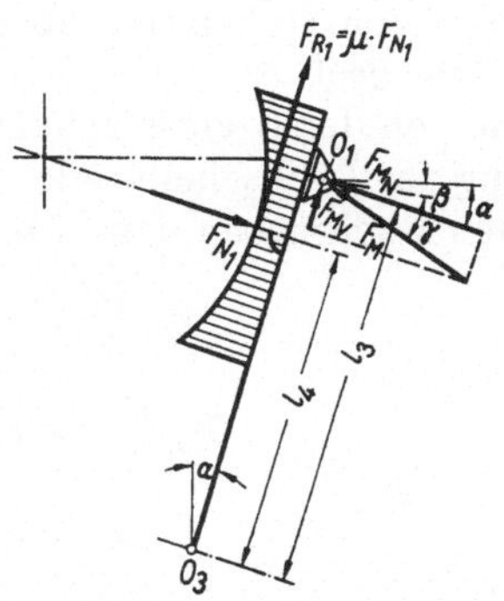

Abb. 25,5c. Kräfte am rechten Bremshebel der doppelten Backenbremse nach Abb. 25,5a

Für ein Verhältnis z. B. $l_1 : l_2 = 2$ wird dann $F = 2 F_A$.

Die Kraft im Drehpunkt O_1 ergibt sich als Resultierende aus F_A und F für den Schnittpunkt ihrer Wirklinien in M. Während F mit der Horizontalen den Winkel β bildet, ist die Resultierende F_M gegen F um den Winkel γ geneigt.

Überträgt man die gefundene Resultierende F_M auf den Drehpunkt O_1 an den rechten Bremshebel Abb. 25,5c, so ergibt ihre Zerlegung eine auf den Bremshebel wirkende Normalkraft F_{M_N}, die zu dem Hebelarm l_3 senkrecht steht. Damit ergibt sich aber ein Unterschied von F_{M_N} und F, der um so kleiner wird, je kleiner α wird, also je steiler die Bremshebel stehen. Das Normblatt vernachlässigt diesen Unterschied und setzt *unter Annahme einer kleinen Bremshebelneigung* α

Abb. 25,5d. Kräfte am Winkelhebel der doppelten Backenbremse nach Abb. 25,5a

$$F_{M_N} \approx F$$

Tatsächlich ist $F_{M_N} > F$. Damit ergibt sich:

$$F \cdot l_3 - F_{N_1} \cdot l_4 = 0; \quad F_{N_1} = F \frac{l_3}{l_4} \tag{a}$$

Die Untersuchung am linken Bremshebel zeigt Abb. 25,5b. Die Zerlegung der Stangenkraft F ergibt die zum Bremshebel und damit zum Hebelarm l_5 senkrechte Kraft F'_N, die unter *Annahme kleiner Stangenneigung* β und *kleiner Bremshebelneigung* $\alpha : F'_N \approx F$ ergibt. Tatsächlich ist $F'_N < F$. Damit wird:

$$F \cdot l_5 - F_{N_2} \cdot l_6 = 0; \quad F_{N_2} = F \frac{l_5}{l_6} \tag{b}$$

Die Betrachtung zeigt, daß für den rechten Bremshebel die Hebelkraft F tatsächlich zu klein, für den linken Bremshebel zu groß angenommen wird. Die Fehler beim Einsetzen der Hebellängen l_3 und l_5 gemessen in Richtung der Bremshebel heben sich also annähernd auf. Allerdings werden außerdem noch Momente mit den Kraftkomponenten in Richtung der Bremshebel F_{M_V} und F_V, Abb. 25,5b und c, vernachlässigt, deren Hebelarme aber so gering sind, daß auch dieser Fehler nicht sehr groß ist.

Die von der Bremse gehaltene Last entspricht einer auf Seilmittenumfang der Treibscheibe oder Seiltrommel berechneten Bremskraft F_B. Mit den Buchstaben der Abb. 25,5a ergibt sich aus $\sum M_T = 0$:

$$F_B \, \frac{D_T}{2} - (F_{R_1} + F_{R_2}) \, \frac{D_B}{2} = 0$$

$$F_B \, \frac{D_T}{2} - (F_{N_1} + F_{N_2}) \, \mu \, \frac{D_B}{2} = 0$$

$$F_{N_1} + F_{N_2} = F_B \, \frac{1}{\mu} \, \frac{D_T}{D_B}$$

Setzt man die für F_{N_1} und F_{N_2} gefundenen Werte aus Gl. (a) und (b) ein

$$F \left(\frac{l_3}{l_4} + \frac{l_5}{l_6} \right) = F_B \, \frac{1}{\mu} \, \frac{D_T}{D_B}$$

und für F den gefundenen Wert $F = F_A \, \dfrac{l_1}{l_2}$, so ergibt sich die Bremskraft F_B bezogen auf Seilmitte für die dargestellte Bremse nach DIN 22403:

$$F_B = F_A \, \frac{l_1}{l_2} \left(\frac{l_3}{l_4} + \frac{l_5}{l_6} \right) \mu \, \frac{D_B}{D_T}$$

Die Reibung des Bremsgestänges in ihren Gelenken wirkt der Bremshebelkraft F_A entgegen. Das Normblatt DIN 22403 berücksichtigt dies durch einen Wirkungsgrad, der im Mittel $\eta = 0,90$ angenommen wird. Damit ergibt sich

$$\boxed{F_B = F_A \, \frac{l_1}{l_2} \left(\frac{l_3}{l_4} + \frac{l_5}{l_6} \right) \eta \cdot \mu \, \frac{D_B}{D_T}} \tag{25,5}$$

Vergleicht man Gl. (25,4) mit Gl. (25,5), so zeigt sich, daß an die Stelle des Faktors 2 für die doppelte Backenbremse in Gl. (25,4) der Klammerausdruck als Summe der Hebelverhältnisse der Bremshebel getreten ist. In den üblichen Bremsausführungen ergibt der Klammerausdruck Werte von 2,0 bis 2,2. Man sollte sich darüber klar sein, daß diese Hebelverhältnisse nicht exakt genau sind. Andererseits ist auch die Angabe des Reibwertes μ nicht genau. Mehr noch ist die Abschätzung der Widerstände der Hebelgelenke durch einen angenommenen Wirkungsgrad unzuverlässig. Würde man also an Stelle der Berücksichtigung der Hebelverhältnisse der Bremshebel durch den Klammerausdruck mit dem Faktor 2 rechnen, so ergäbe sich im Höchstfalle ein

Fehler von 10%, den man durch entsprechend niedrigere Annahmen für den Reibwert μ oder den Wirkungsgrad η ausgleichen könnte.

Für die Ausführung der Bremsen an Fördermaschinen, ihre Betriebsweise und Berechnung gilt die Bergverordnung „für Hauptseilfahrtanlagen" §§ 16 und 17. Während § 16 die Ausführung und Betriebsweise vorschreibt, sind in § 17 die Grundlagen der Berechnung der Bremsen festgelegt. Die wichtigsten Abschnitte lauten:

§ 16 Absatz 1: Die Fördermaschine muß mit einer Bremseinrichtung ausgerüstet sein, deren Bauart vom Oberbergamt zugelassen ist und mindestens aus einer Fahr- und einer Sicherheitsbremse besteht.

Absatz 2: Die Fahrbremse muß derart regelbar sein, daß bei gleicher Bremshebelauslage stets der gleiche Bremsdruck wirkt.

Absatz 3: Die Antriebskraft der Sicherheitsbremse muß unabhängig sein a) von der Antriebskraft der Fördermaschine, b) der Antriebskraft der Fahrbremse, c) von Antriebsmitteln, bei deren Ausbleiben die Sicherheitsbremse unwirksam werden kann.

Absatz 4: Wenigstens eine Bremse der Bremseinrichtung muß unmittelbar auf den Seilträger oder eine auf gleicher Achse sitzende Bremsscheibe einwirken.

Absatz 6: Die Bremsen müssen als Backenbremsen ausgebildet sein ....

§ 17 Absatz 1: Die *Fahrbremse* muß das gewöhnliche Übergewicht bei der Güterförderung und das größte Übergewicht bei der Seilfahrt mit *wenigstens 3facher statischer Sicherheit* halten können.

Absatz 2: Die *Fahrbremse* muß unter den gleichen Belastungsverhältnissen eine *Verzögerung von wenigstens* 2 m/s² gewährleisten[1].

Absatz 3: Die *Sicherheitsbremse* muß das gewöhnliche Übergewicht bei der Güterförderung und das größte Übergewicht bei der Seilfahrt mit *wenigstens 3facher statischer Sicherheit* halten können.

Absatz 4: Die Sicherheitsbremse muß unter den gleichen Belastungsverhältnissen eine *Verzögerung von wenigstens* 1,2 m/s² gewährleisten[1].

Absatz 5: Sofern an Treibscheibenfördermaschinen bei der Güterförderung unter den Belastungsverhältnissen nach Absatz 3 bei 3facher statischer Sicherheit der Sicherheitsbremse die rechnerische Seilrutschgrenze überschritten wird, muß abweichend von Absatz 3 die statische Sicherheit der Sicherheitsbremse bei der Güterförderung kleiner sein. Die durch die Sicherheitsbremse bewirkte Verzögerung darf nicht größer und höchstens 10% geringer als die Verzögerung sein, bei der sich rechnerisch Seilrutsch ergibt[1]. Die statische Sicherheit muß jedoch mindestens 2fach sein.

Ferner werden in Fußnoten festgelegt:

Fußnote 3: Reibungszahl zwischen Bremsbacken und abgedrehten Bremskränzen $\mu = 0{,}4$.

Fußnote 5: Die Verzögerung (des § 17 Absatz 2, 4 und 5) gilt für das abwärts gehende Übergewicht bei der ungünstigsten Stellung der Förderkörbe (Fördergefäße, Gegengewichte).

Fußnote 7: Reibungszahl zwischen Seil und Treibscheibe $\mu_1 = 0{,}25$.

Außerdem gibt die „Bergverordnung für Hauptseilfahrtanlagen" Muster der Bremsberechnung in Anlage 13.

Abb. 25,6 zeigt die Ausführung einer vereinigten Fahr- und Sicherheitsbremse nach DIN 22403 und BV für Hauptseilfahrtanlagen Anlage 13a und b, Skizze 1.

Für die *Fahrbremse* berechnet sich mit dem Durchmesser des Fahrzylinders d in cm und dem Überdruck des Treibmittels (Dampf oder

---

[1] Siehe hierzu Dynamik Abschn. 63a. Dynamische Sicherheit gegen Seilrutsch bei der Treibscheibenförderung.

Druckluft) p in kp/cm² die Bremskraft F_{B_F} auf Mitte Seil bezogen

$$F_{B_F} = \frac{\pi\,d^2}{4}\,p\,\frac{l_1}{l_2}\left(\frac{l_3}{l_4} + \frac{l_5}{l_6}\right)\eta\cdot\mu\,\frac{D_B}{D_T} \qquad (25{,}6)$$

Für die *Sicherheitsbremse* ergibt sich mit der Bremsgewichtskraft F_A und den in Abb. 25,6 angegebenen Hebelarmen die auf Mitte Seil bezogene Bremskraft F_{Bs}

$$F_{Bs} = F_A\,\frac{l_8}{l_9}\,\frac{l_7}{l_2}\left(\frac{l_3}{l_4} + \frac{l_5}{l_6}\right)\eta\cdot\mu\,\frac{D_B}{D_T} \qquad (25{,}7)$$

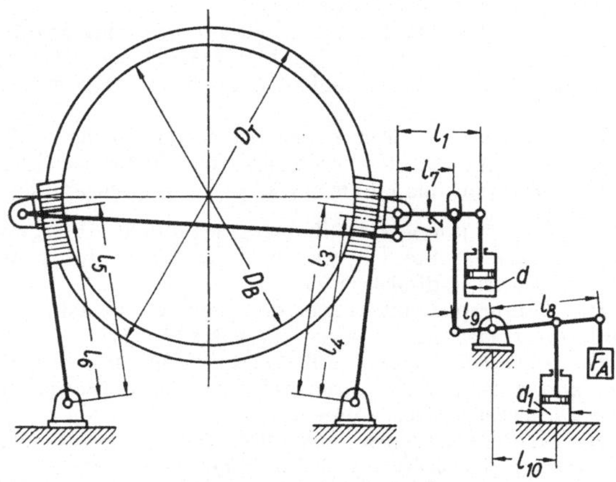

Abb. 25,6. Die vereinigte Fahr- und Sicherheitsbremse nach DIN 22403 bzw. BV für Hauptseilfahrt-anlagen Anlage 13a und b, Skizze 1

Die statische Sicherheit errechnet sich damit aus der Übergewichts-kraft $G_Ü$

$$\boxed{\nu_S = \frac{F_B}{G_Ü}} \qquad (25{,}8)$$

Beispiel: Berechne die statische Sicherheit einer vereinigten Fahr- und Sicherheitsbremse nach Abb. 25,6, wenn die Übergewichtskraft der einen Förderseite über die andere aus der Nutzlast von 6 Förderwagen mit je 1000 kp besteht,

Treibscheiben-Durchmesser, bezogen auf Seilmitte . . . . $D_T = 7{,}0$ m
Bremskranzdurchmesser . . . . $D_B = 6{,}8$ m
Reibungszahl für die Bremsbacken . . . . $\mu = 0{,}4$
Durchmesser des Fahrbremszylinders . . . . $d = 45$ cm
Geringster Dampfdruck . . . . $p = 8{,}0$ atü
Bremsgewichtskraft der Sicherheitsbremse . . . . $F_A = 3000$ kp
Durchmesser des Hubzylinders für das Bremsgewicht . . . $d_1 = 40$ cm
Wirkungsgrad des Bremsgestänges . . . . $\eta = 0{,}90$

Hebelarme gemäß Abb. 25,6.

$l_1 = 0{,}45$ m	$l_4 = 3{,}65$ m	$l_7 = 0{,}35$ m	$l_{10} = 1{,}00$ m
$l_2 = 0{,}20$ m	$l_5 = 3{,}80$ m	$l_8 = 1{,}50$ m	
$l_3 = 3{,}80$ m	$l_6 = 3{,}65$ m	$l_9 = 0{,}30$ m	

Lösung: $G_{U} = 6 \cdot 1000 \text{ kp} = 6000 \text{ kp}$

a) *Fahrbremse*:

Wirksame Kolbenfläche des Fahrbremszylinders

$$A = \frac{\pi \, d^2}{4} = \frac{\pi \, (45 \text{ cm})^2}{4} = 1590 \text{ cm}^2$$

Nach Gl. (25,6) ergibt sich die auf Seilmitte bezogene Bremskraft

$$F_{BF} = A \cdot p \, \frac{l_1}{l_2} \left(\frac{l_3}{l_4} + \frac{l_5}{l_6} \right) \eta \cdot \mu \, \frac{D_B}{D_T}$$

$$= 1590 \text{ cm}^2 \cdot 8 \text{ kp/cm}^2 \cdot \frac{0,45}{0,20} \cdot \left(\frac{3,80}{3,65} + \frac{3,80}{3,65} \right) \cdot 0,9 \cdot 0,4 \cdot \frac{6,8}{7,0} = 20\,840 \text{ kp}$$

Nach Gl. (25,8):

$$\nu_{S_F} = \frac{F_{BF}}{G_{U}} = \frac{20\,840 \text{ kp}}{6000 \text{ kp}} = 3,47\text{fach}$$

gefordert wird $\nu_{S_F} \geq 3\text{fach}$

b) *Sicherheitsbremse*:

Nach Gl. (25,7) ergibt sich die auf Seilmitte bezogene Bremskraft

$$F_{BS} = F_A \, \frac{l_8}{l_9} \, \frac{l_7}{l_2} \left(\frac{l_3}{l_4} + \frac{l_5}{l_7} \right) \eta \cdot \mu \, \frac{D_B}{D_T}$$

$$= 3000 \text{ kp} \cdot \frac{1,50}{0,30} \cdot \frac{0,35}{0,20} \cdot \left(\frac{3,80}{3,65} + \frac{3,80}{3,65} \right) \cdot 0,9 \cdot 0,4 \cdot \frac{6,8}{7,0} = 19\,100 \text{ kp}$$

Nach Gl. (25,8)

$$\nu_{S_S} = \frac{F_{BS}}{G_{U}} = \frac{19\,100 \text{ kp}}{6\,000 \text{ kp}} = 3,18\text{fach}$$

c) der erforderliche *Luftdruck* für den *Haltezylinder* ergibt sich aus der Gleichgewichtsbedingung $\sum M = 0$ für die Hebel l_8 und l_{10}:

$$\frac{\pi \, d_1^2}{4} \, p \cdot l_{10} - F_A \cdot l_8 = 0$$

erforderlicher Luftüberdruck

$$p = F_A \, \frac{l_8}{l_{10}} \, \frac{1}{\frac{\pi \, d_1^2}{4}} = 3000 \text{ kp} \, \frac{1,50}{1,00} \, \frac{1}{1256,6 \text{ cm}^2} = 3,6 \text{ kp/cm}^2$$

Abb. 25,7 zeigt die vereinigte Fahr- und Sicherheitsbremse nach DIN 22403 und BV für Hauptseilfahrtanlagen Anlage 13a und b, Skizze 2, wie sie von den SSW gebaut wird. Dabei dreht sich der Hebel l_{12} bei der Benutzung als Fahrbremse um den vom Haltezylinder festgelegten Punkt O_1. Bei der Benutzung als Sicherheitsbremse wird der Haltezylinder entlüftet, während gleichzeitig Druck auf den Fahrzylinder gegeben wird. Damit wird der Drehpunkt O_2 am Fahrzylinder zum Festpunkt, und die Bremskraft wird nur durch die Bremsgewichtskraft F_A bestimmt.

Mit den Angaben der Abb. 25,7 ergibt sich die Bremskraft F_B bezogen auf Mitte Seil

für die Fahrbremse

$$F_{B_F} = \frac{\pi \, d^2}{4} \, p \, \frac{l_{11}}{l_{12}} \frac{l_1}{l_2} \left(\frac{l_3}{l_4} + \frac{l_5}{l_6} \right) \eta \cdot \mu \, \frac{D_B}{D_T} \tag{25,9}$$

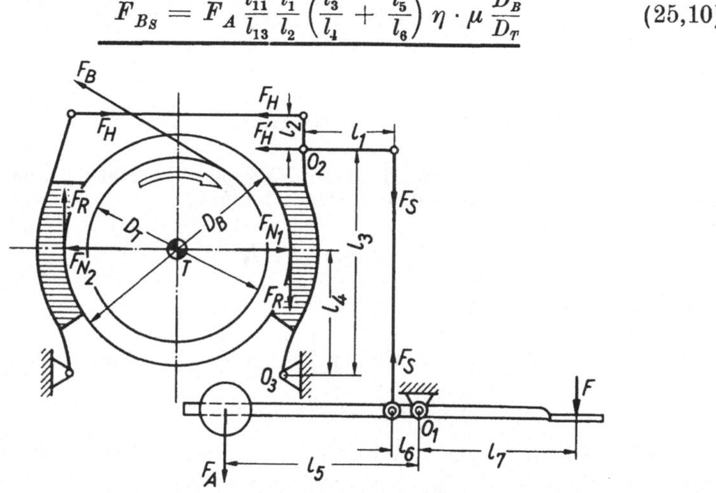

Abb. 25,7. Die schnellschließende Fahr- und Sicherheitsbremse der SSW nach DIN 22403 bzw. BV für Hauptseilfahrtanlagen Anlage 13a und b, Skizze 2

für die Sicherheitsbremse

$$F_{B_S} = F_A \, \frac{l_{11}}{l_{13}} \frac{l_1}{l_2} \left(\frac{l_3}{l_4} + \frac{l_5}{l_6} \right) \eta \cdot \mu \, \frac{D_B}{D_T} \tag{25,10}$$

Abb. 25,8. Selbstschließende Gewichtsbremse eines Förderhaspels

Abb. 25,8 zeigt eine selbstschließende Gewichtsbremse (Lüftungsbremse), wie sie an Förderhäspeln für mittlere und kleine Seilfahrtanlagen gebraucht wird. Die Bremsgewichtskraft F_A hält die Bremse ständig geschlossen. Soll gefahren werden, so muß der Haspelführer durch Niedertreten mit der Fußhebelkraft F die Bremse lüften.

Mit den Buchstaben der Abb. 25,8 ergibt sich

$$\sum M_{O_1} = 0: \quad -F_A \cdot l_5 + F_S \cdot l_6 = 0; \quad F_S = F_A \frac{l_5}{l_6}$$

$$\sum M_{O_2} = 0: \quad -F_H \cdot l_2 + F_S \cdot l_1 = 0; \quad F_H = F_S \frac{l_1}{l_2} = F_A \frac{l_1}{l_2} \frac{l_5}{l_6}$$

$$\sum M_{O_3} = 0: \quad -F_H' \cdot l_3 + F_{N_1} \cdot l_4 = 0; \quad F_{N_1} = F_H' \frac{l_3}{l_4} = F_A \frac{l_1}{l_2} \frac{l_3}{l_4} \frac{l_5}{l_6} \quad \text{(a)}$$

denn man kann setzen

$$F_H = F_H'$$

Auf dem linken Bremshebel wird durch die gleiche Kraft F_H die Normalkraft F_N erzeugt, wenn man annimmt, daß die Hebellängen l_3 und l_4 beider Bremshebel gleich sind. Das gilt ausreichend genau bei geringer Schräglage der Stange mit der Kraft F_H. Es kann dann gesetzt werden:

$$F_{N_1} = F_{N_2} = F_N$$

Die gesamte Reibkraft ist damit

$$F_R = F_{R_1} + F_{R_2} = 2\,\mu \cdot F_N$$

Aus $\sum M_T = 0$ ergibt sich

$$F_R \frac{D_B}{2} = F_B \frac{D_T}{2} = 2\,\mu \cdot F_N \frac{D_B}{2}$$

$$F_B = 2\,\mu\, F_N \frac{D_B}{D_T}$$

Setzt man für F_N den Wert der Gl. (a) für $F_{N_1} = F_N$ ein:

$$F_B = 2\,\mu \cdot F_A \frac{l_1}{l_2} \frac{l_3}{l_4} \frac{l_5}{l_6} \frac{D_B}{D_T} \qquad (25{,}11)$$

Mit der Übergewichtskraft G_{U} ergibt sich dann wieder die Sicherheit nach Gl. (25,8)

$$\nu_S = \frac{F_B}{G_U}$$

Alle Seilfahrtbremsen sind als Backenbremsen auszubilden. Bei den selbstschließenden Gewichtsbremsen darf die erforderliche Fußkraft nicht größer als 35 kp und der Hub des Fußtrittes nicht größer als 400 mm sein. Die mit $\mu = 0{,}40$ erzielte statische Sicherheit bei dem größeren Übergewicht muß mindestens eine dreifache sein.

Die *Fußkraft* errechnet sich nach Abb. 25,8

$$F = F_A \frac{l_5}{l_7} \qquad (25{,}12)$$

Ist m der Lüftungsabstand der Bremsbacken vom Bremsring, so errechnet sich der *Lüftungshub* h des Fußtrittes

$$h = 2\,m \frac{l_1}{l_2} \frac{l_3}{l_4} \frac{l_7}{l_6} \qquad (25{,}13)$$

Beispiel: Berechne a) die statische Sicherheit, b) die Fußkraft und c) den Hub des Fußtrittes einer Bremse nach Abb. 25,8 für eine Übergewichtskraft $G_{\ddot{u}} = 400$ kp unter folgenden Verhältnissen:

$$F_A = 30\ \text{kp};\quad \mu = 0{,}40;\quad D_B = 500\ \text{mm}\ \varnothing;\quad D_T = 400\ \text{mm}\ \varnothing;\ \frac{l_5}{l_6} = \frac{8}{1}$$

$$\frac{l_1}{l_2} = \frac{2{,}5}{1};\ \frac{l_3}{l_4} = \frac{2}{1};\ \frac{l_5}{l_7} = \frac{8}{7};\ \text{folglich}\ \frac{l_7}{l_6} = \frac{7}{1};\ m = 3\ \text{mm}$$

Lösung: a) Nach Gl. (25,11)

$$F_B = 2\,\mu \cdot F_A \cdot \frac{l_1}{l_2}\ \frac{l_3}{l_4}\ \frac{l_5}{l_6}\ \frac{D_B}{D_T}$$

$$F_B = 2 \cdot 0{,}4 \cdot 30\ \text{kp} \cdot 2{,}5 \cdot 2 \cdot 8\,\frac{0{,}5\ \text{m}}{0{,}4\ \text{m}} = 1200\ \text{kp}$$

Nach Gl. (25,8):

$$v_s = \frac{F_B}{G_{\ddot{U}}} = \frac{1200\ \text{kp}}{400\ \text{kp}} = 3{,}0\text{fach}$$

b) Nach Gl. (25,12):

$$F = F_A\,\frac{l_5}{l_7} = 30\ \text{kp}\,\frac{8}{7} = 34{,}3\ \text{kp}$$

c) Mit $m = 3$ mm nach Gl. (25,13):

$$h = 2\,m\,\frac{l_1}{l_2}\ \frac{l_3}{l_4}\ \frac{l_7}{l_6} = 2 \cdot 3\ \text{mm} \cdot 2{,}5 \cdot 2 \cdot 7 = 210\ \text{mm}$$

26. Reibung auf geneigter Ebene

a) Verschiebekraft parallel zur geneigten Ebene

Wenn wir bisher nur die Reibung bei horizontaler Berührungsfläche betrachtet haben, so stellt diese zwar den einfacheren Fall, aber doch nur einen Sonderfall dar. Die Mehrzahl der Bewegungen finden auf mehr oder weniger geneigter Bahn statt.

Gemäß Abb. 26,1 bezeichnen wir den Neigungswinkel mit α. Die Zerlegung der senkrecht abwärts gerichteten Gewichtskraft ergibt die folgenden Komponenten

α) in Richtung der Ebene:

$$\text{den}\ \textit{Hangabtrieb} = G \cdot \sin \alpha$$

der für eine Bewegung aufwärts durch die Verschiebekraft F aufgebracht werden muß und *immer auf der geneigten Ebene abwärts wirkt*,

β) in Richtung senkrecht zur Ebene:

$$G \cdot \cos \alpha$$

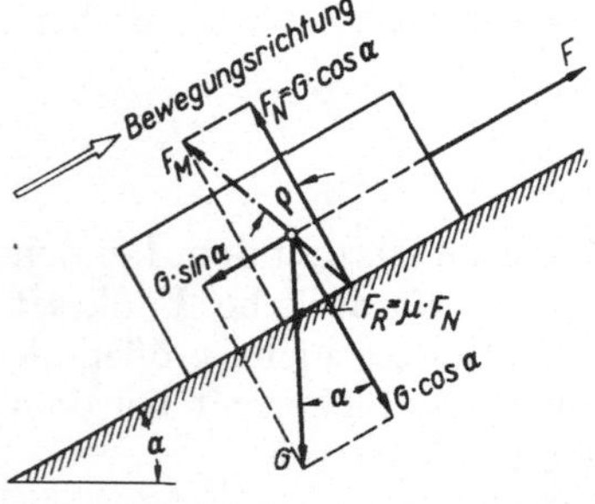

Abb. 26,1. Gleichgewichtsuntersuchung für die Aufwärtsbewegung eines Körpers auf geneigter Ebene durch eine zur geneigten Ebene parallelen Verschiebekraft F

die von der unterstützenden Ebene durch die *Normalkraft* F_N aufgenommen wird:

$$F_N = G \cdot \cos \alpha$$

Diese ruft senkrecht zur Normalkraft eine Reibungskraft hervor, und zwar sowohl für den Fall der Ruhe für den gesamten Ruhebereich, wie für den Grenzfall des Beginnes einer Bewegung, d. h. der Überwindung der Haftreibung $F_{R_0} = \mu_0 \cdot F_N$, wie auch für den Fall gleichförmiger Bewegung $F_R = \mu \cdot F_N$. Damit ergibt sich für die geneigte Ebene die *Reibungskraft*

$$F_R = \mu \cdot G \cdot \cos \alpha$$

Die *Reibkraft* wirkt *immer der Bewegungsrichtung entgegen*.

Bei der *Aufwärtsbewegung* müssen Reibkraft und Hangabtriebskraft von einer parallel zur geneigten Ebene gerichteten Verschiebekraft F aufgebracht werden:

Verschiebekraft aufwärts:

$$F = \mu \cdot G \cdot \cos \alpha + G \cdot \sin \alpha$$

Bei der *Abwärtsbewegung* wirkt die Hangabtriebskraft $G \cdot \sin \alpha$ unterstützend, es kann also die Verschiebekraft F um diesen Betrag kleiner sein:

Verschiebekraft abwärts:

$$F = \mu \cdot G \cdot \cos \alpha - G \cdot \sin \alpha$$

In der allgemeinen Form schreibt man

$$\textit{Verschiebekraft} \qquad \boxed{F = \mu\, G \cos \alpha \pm G \sin \alpha} \qquad (26{,}1)$$

wobei das *positive* Zeichen für *Aufwärts-*, das *negative* für *Abwärtsbewegung* gilt.

Ein *erster Sonderfall* liegt vor, wenn der Neigungswinkel $\alpha = \varrho_0$ bzw. $\alpha = \varrho$ wird. In diesem Falle ist keine Verschiebekraft mehr erforderlich, um den Körper im Gleichgewicht, d. h. in Ruhe bzw. in gleichförmiger Bewegung zu halten. Es ist dann nämlich gemäß Abb. 26,2

$$\mu \cdot G \cdot \cos \varrho = G \cdot \sin \varrho$$

$$\mu \cdot \cos \varrho = \sin \varrho$$

$$\mu = \frac{\sin \varrho}{\cos \varrho} = \tan \varrho \quad \text{bzw.}$$

$$\mu_0 = \tan \varrho_0$$

entsprechend Gl. (24,2) bzw. (23,2).

Hierauf gründet sich ein einfaches Verfahren, den Reibwinkel und damit die Reibzahl eines bestimmten Körpers auf einer bestimmten Unterlage experimentell zu ermitteln. Man neige

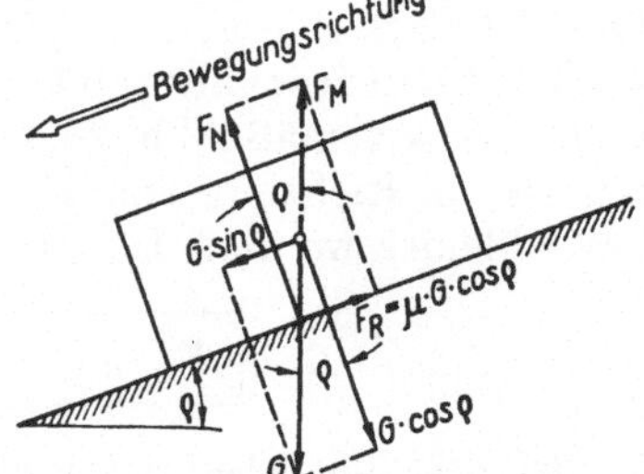

Abb. 26,2. Gleichgewichtsuntersuchung eines Körpers auf einer um den Reibungswinkel ϱ geneigten Ebene

die Unterlage gemäß Abb. 26,3 so stark, daß der Körper gerade noch in Ruhe bleibt bzw. daß er — vorher in Bewegung gesetzt — gerade gleichförmig abwärts gleitet. Der gefundene Neigungswinkel ist dann der gesuchte Reibwinkel ϱ_0 bzw. ϱ, dessen Tangens die Reibzahl μ_0 bzw. μ ist.

Ein *zweiter Sonderfall* liegt vor, wenn $\alpha < \varrho$, d. h. der Neigungswinkel kleiner als der Reibwinkel ist. Ohne eine Verschiebekraft vermag die Hangabtriebskraft den Körper weder in Bewegung zu setzen, noch in Bewegung zu halten. Der Körper bleibt in Ruhe bzw. er kommt zur Ruhe. Es liegt *Selbsthemmung* vor. In dem Maße, in dem der Neigungswinkel den Reibwinkel unterschreitet, ist eine mehr oder weniger große Verschiebekraft abwärts erforderlich, die die Hangabtriebskraft unterstützt, um den Körper in Bewegung zu setzen bzw. in Bewegung zu halten.

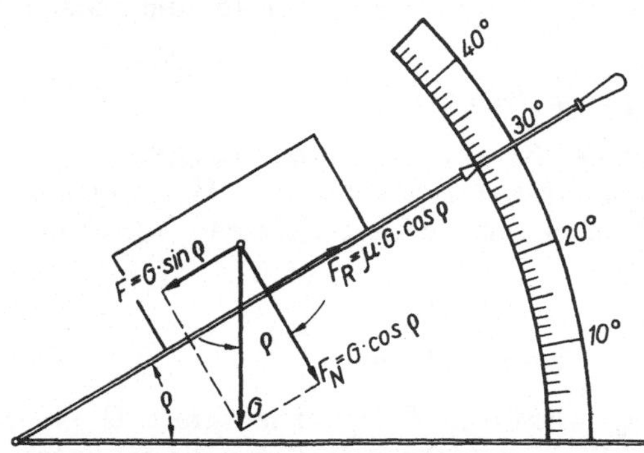

Abb. 26,3. Bestimmung des Reibwertes durch eine verstellbare geneigte Ebene

Beispiel: Auf einer Rutsche gleitet bei einem Neigungswinkel = 17° ein Körper mit der Gewichtskraft 30 kp gerade gleichförmig abwärts. Welche zur Rutsche parallele Verschiebekraft F ist nötig, um den (in Bewegung befindlichen) Körper bei einem Neigungswinkel $\alpha = 10°$ a) gleichförmig aufwärts, b) gleichförmig abwärts gleiten zu lassen?

Lösung: Es ist $\varrho = 17°$, also $\mu = \tan 17° = 0{,}306$

a) für die Aufwärtsbewegung

$$F_1 = G(\mu \cdot \cos \alpha + \sin \alpha) = 30 \text{ kp } (0{,}306 \cdot \cos 10° + \sin 10°)$$
$$= 30 \text{ kp } (0{,}306 \cdot 0{,}985 + 0{,}174) = 14{,}25 \text{ kp}$$

b) für die Abwärtsbewegung

$$F_2 = G(\mu \cdot \cos \alpha - \sin \alpha) = 30 \text{ kp } (0{,}306 \cdot 0{,}985 - 0{,}174) = 3{,}8 \text{ kp}$$

Ein *dritter Sonderfall* liegt vor, wenn bei größerem Neigungswinkel α ($\alpha \gg \varrho$) ein Körper *gleichförmig abwärts gleiten* soll. Es muß dann eine *aufwärts gerichtete Haltekraft F'' hemmend* an ihm angreifen, um eine beschleunigte Abwärtsbewegung zu verhindern. Diese Kraft F'' muß zunächst den Hangabtrieb $G \cdot \sin \alpha$ aufnehmen. Da aber die Reibkraft $\mu \cdot G \cdot \cos \alpha$ gemäß Abb. 26,4 der Bewegungsrichtung entgegen gerichtet, also in Richtung von F'' wirkt, kann die Haltekraft um die Reibkraft kleiner werden. Damit wird die *Haltekraft für Abwärtsbewegung*:

$$\boxed{F' = G \cdot \sin \alpha - \mu \cdot G \cdot \cos \alpha} \qquad (26,2)$$

Beispiel: Ein Sicherheitshaspel soll bei Seilbruch des Zugseiles das Abgleiten einer Schrämmaschine bei größerem Einfallen verhindern. Nach Abb. 26,5 soll der Fall angenommen werden, daß die Schrämmaschine auf den Rinnen eines Zweiketten-Kratzerförderers verfahren wird. Es soll die Haltekraft F ermittelt werden, die das Seil des Sicherheitshaspels bei Seilbruch des Zugseiles aushalten muß.

Für die Untersuchung kommt der Beurteilung des Reibwertes eine besondere Bedeutung zu. Während die Schrämmaschine am Zugseil aufwärts bewegt wird, soll der Seilbruch eintreten. Gelingt es, das Sicherheitsseil am Haspel unter Spannung zu halten, so kehrt für die nun von der Schrämmaschine beabsichtigte Abwärtsbewegung die Reibkraft $\mu \cdot G \cdot \cos \alpha$ ihre Richtung um und wirkt aufwärts, wie in Abb. 26,5 dargestellt. Da aber die Schrämmaschine in Bewegung war, ist nicht mehr die Haftreibung $\mu_0 \cdot G \cdot \cos \alpha$, sondern die Gleitreibung $\mu \cdot G \cdot \cos \alpha$ wirksam. Außerdem muß für die Haltekraft der ungünstigste Reibwert angenommen werden. Das ergibt bei Reibung von Stahl auf Stahl $\mu = 0{,}1$, vor allem wenn Feinkohle die Reibwirkung noch herabsetzt.

Bei einer Eigengewichtskraft von 6600 kp einer Walzenschrämmaschine mit einer 15 Mp-Zugwinde und einem Einfallen $\alpha = 25°$ ergibt sich nach Gl. (26,2)

$$F' = G(\sin \alpha - \mu \cdot \cos \alpha) = 6600 \text{ kp } (\sin 25° - 0{,}1 \cdot \cos 25°)$$
$$= 6600 \text{ kp } (0{,}4226 - 0{,}1 \cdot 0{,}9063) = 2190 \text{ kp}$$

Bei einem Einfallen von 35° ergibt sich

$$F' = 6600 \text{ kp } (\sin 35° - 0{,}1 \cdot \cos 35°) = 6600 \text{ kp } (0{,}5736 - 0{,}1 \cdot 0{,}8192) = 3245 \text{ kp}$$

Man verwendet im allgemeinen Sicherheitshäspel mit einer Seilkraft von 6 Mp. Diese würden nach der Berechnung selbst bei einem Einfallen von 35° ausreichen.

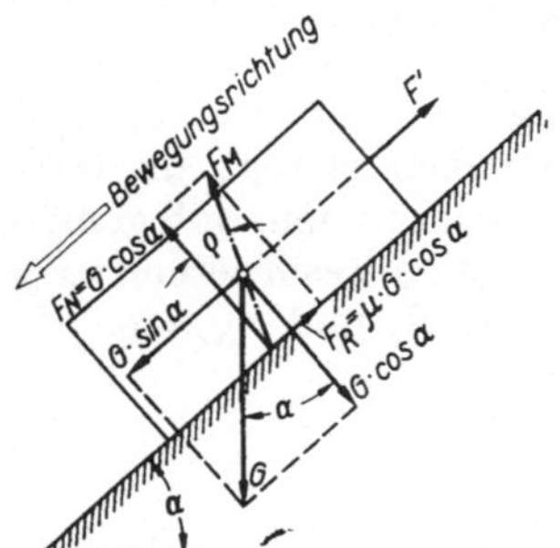

Abb. 26,4. Haltekraft F' für den Gleichgewichtszustand eines abwärts gleitenden Körpers bei stark geneigter Ebene ($\alpha \gg \varrho$)

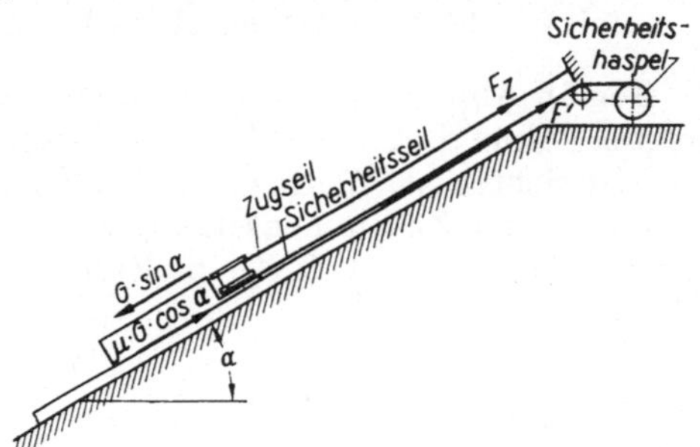

Abb. 26,5. Kräfte am Sicherheitsseil einer Schrämmaschine, verfahren auf Zweiketten-Kratzerförderer bei größerem Einfallen

Es wurde aber vorausgesetzt, daß im Augenblick des Bruches des Zugseiles das Sicherheitsseil in Spannung ist. Ist diese Spannung jedoch nicht vorhanden, so wird sich die Schrämmaschine, wenn auch nur ein kurzes Wegstück, beschleunigt abwärts bewegen, so daß, wie in der Dynamik gezeigt wird, Beschleunigungskräfte hinzukommen, die unkontrollierbar sind. Deswegen ist die größere Tragkraft des Sicherheitshaspels durchaus berechtigt.

Bei der Berechnung der Zugkraft an der Winde gelten andere Überlegungen. Es gilt Gl. (26,1), aber als Reibzahl ist unbedingt mit einem höheren Wert zu rechnen. Bei 25° Einfallen ergibt sich die Zugkraft für $\mu = 0{,}4$ wie folgt

$$F = G \, (\sin \alpha + \mu \cdot \cos \alpha) = 6600 \text{ kp } (\sin 25° + 0{,}4 \cdot \cos 25°)$$
$$= 6600 \text{ kp } (0{,}4226 + 0{,}4 \cdot 0{,}9063) = 5182 \text{ kp}$$

Tatsächlich sind aber bereits Zugkräfte an der *nicht* im Eingriff befindlichen Schrämmaschine gemessen worden, die zu einer Abänderung der normalen Winde von 9 Mp in eine Zugwinde von 15 Mp Zugkraft geführt haben. Man rechnet rückwärts, daß für eine gemessene Zugkraft von 11 Mp bei einem Einfallen von 25° der Reibwert sich ergibt zu:

$$F = G \cdot \sin \alpha + \mu \cdot G \cdot \cos \alpha;$$

$$\mu = \frac{F - G \cdot \sin \alpha}{G \cdot \cos \alpha} = \frac{11\,000 \text{ kp} - 6\,600 \text{ kp} \cdot \sin 25°}{6\,600 \text{ kp} \cdot \cos 25°}$$

$$= \frac{11\,000 \text{ kp} - 6\,600 \text{ kp} \cdot 0{,}4226}{6\,600 \text{ kp} \cdot 0{,}9063} = \frac{8\,320 \text{ kp}}{5\,982 \text{ kp}} = 1{,}37$$

Dieser außerordentlich hohe Wert für eine Reibzahl läßt nur deutlich erkennen, daß Widerstandskräfte beim Verfahren der Schrämmmaschine wirksam sind, die nichts mehr mit Gleitreibung zu tun haben. Es handelt sich wahrscheinlich nicht nur um Verklemmungen, sondern es kommt vor, daß die Schrämmaschine an den Stoßstellen der Förderrinnen um einige mm angehoben werden muß, so daß dadurch große Zugkräfte ausgelöst werden. Da diese Kräfte aber unkontrollierbar sind und nicht berechnet werden können, bezieht man sie oft einfach in den Reibwert μ ein.

b) Verschiebekraft in horizontaler Richtung

Gemäß Abb. 26,6a wird ein Körper auf einer um den Winkel α geneigten Ebene durch eine *Verschiebekraft* F_H aufwärts bewegt, die *horizontal* gerichtet ist. Wir machen den Körper frei und finden, daß gemäß Abb. 26,6b die Zusammensetzung von F_H und G eine Resultierende F_M ergibt, deren Gegenkraft F'_M die Resultierende von F_N und $F_R = \mu \cdot F_N$ sein muß.

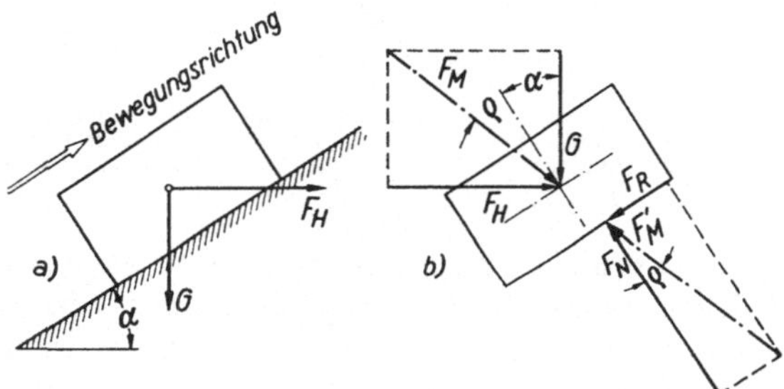

Abb. 26,6. Gleichgewichtsuntersuchung für die Aufwärtsbewegung eines Körpers auf geneigter Ebene durch eine horizontal gerichtete Verschiebekraft F_H

Die Resultierende F'_M schließt mit der auf die geneigte Ebene gerichteten Normalkraft F_N, wie schon in Abb. 26,1 nachgewiesen, den Reibungswinkel ϱ ein. Somit schließt die Resultierende F_M mit der Richtung von G nach Abb. 26,6b den Winkel $\alpha + \varrho$ ein. Damit ergibt sich aus diesem Krafteck unmittelbar die

horizontale Verschiebekraft $\boxed{F_H = G \cdot \tan\,(\alpha + \varrho)}$ *(aufwärts)*.   (26,3)

Soll der Körper durch eine horizontale Kraft F'_H so *gehalten* werden, daß er gleichförmig abwärts gleitet, so ergibt sich aus der Kräftezerlegung gemäß Abb. 26,7 die

horizontale Haltekraft $\boxed{F'_H = G \cdot \tan\,(\alpha - \varrho)}$ *(aufwärts)*.   (26,4)

Soll schließlich der Körper auf einer geneigten Ebene, deren Neigungswinkel sehr klein ist, gleichförmig abwärts gleiten, so ergibt sich die horizontal gerichtete Verschiebekraft F_H nach Abb. 26,8

horizontale
Verschiebekraft $\boxed{F_H = G \cdot \tan(\varrho - \alpha)}$ *(abwärts für* $\alpha < \varrho$). $\qquad$ (26,5)

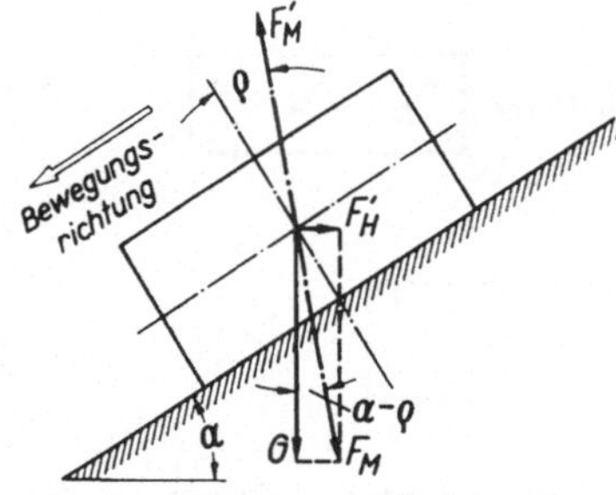

Abb. 26,7. Horizontal gerichtete Haltekraft F'_H bei gleichförmig abgleitendem Körper auf geneigter Ebene

Abb. 26,8. Horizontal gerichtete Verschiebekraft F_H zur gleichförmigen Abwärtsbewegung eines Körpers bei kleinem Neigungswinkel $\alpha < \varrho$

Aus der Gl. (26,5) folgt, daß ohne Einwirkung einer Kraft F_H ein Körper in Ruhe bleibt, wenn in dieser Gleichung $F_H = 0$ gesetzt wird. Dann ist

$$G \cdot \tan(\varrho - \alpha) = 0$$

Wir haben also *Selbsthemmung*, wenn

$$\alpha \leqq \varrho$$

ist.

c) Reibung in Keilnuten

Wird ein Körper mit der Gewichtskraft G, wie in Abb. 26,9 dargestellt, in einer keilförmigen Rinne (Keilnut) fortbewegt, so treten an den geneigten Gleitflächen zwei Normalkomponenten F_{N_1} und F_{N_2} auf, die mit der Gewichtskraft des Körpers im Gleichgewicht sein müssen. Abb. 26,9 b zeigt das Krafteck für die zeichnerische Gleichgewichtsbedingung. Sind

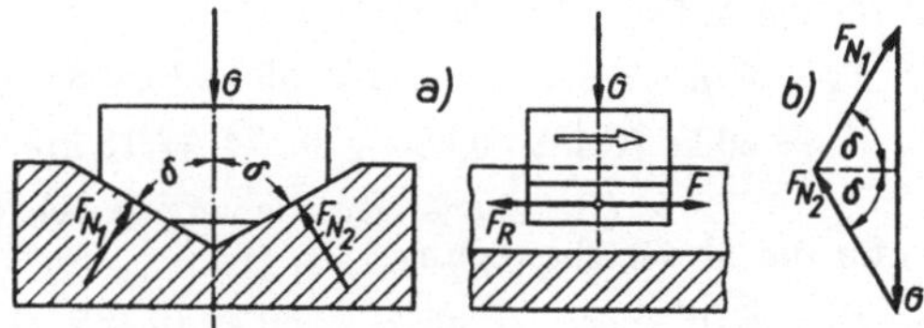

Abb. 26,9. Reibungswiderstand in einer Keilnut

die Neigungswinkel der Gleitfläche gegen die senkrechte Wirklinie von G gleich, so sind auch die Normalkomponenten gleich: $F_{N_1} = F_{N_2} = F_N$, d. h. das Kräftedreieck Abb. 26,9 b ist gleichschenklig. Daraus folgt:

$$G = 2\,F_N \cdot \sin \delta$$

$$F_N = \frac{G}{2 \sin \delta}$$

Im Seitenriß Abb. 26,9a ist der der Bewegung entgegenwirkende Reibungswiderstand eingezeichnet. Er tritt auf jeder der beiden Gleitflächen senkrecht zu den Normalkräften F_{N_1} und F_{N_2} auf:

$$F_R = 2\,\mu \cdot F_N = 2\,\mu\,\frac{G}{2\sin\delta}$$

Setzt man zur Abkürzuug $\frac{\mu}{\sin\delta} = \mu'$, so ist der

$$\textit{Reibungswiderstand in Keilnuten}\quad \boxed{F_R = \mu' \cdot G} \qquad (26,6)$$

μ' wird bezeichnet als

$$\textit{Keilnutreibzahl}\quad \boxed{\mu' = \frac{\mu}{\sin\delta}} \qquad (26,7)$$

Hierin ist

μ = tatsächliche Reibzahl der sich berührenden Körper,

δ = halber Keilnutwinkel.

Da $\sin\delta$ für alle Winkel $< 90°$ stets < 1 ist, ist auch die Keilnutreibzahl μ' stets größer als μ. Das heißt: *Der Reibungswiderstand in einer Keilnut ist größer als der auf der Ebene. Er nimmt mit dem Keilnutwinkel ab.*

Beispiel: In dem Beispiel zur Reibung auf geneigter Ebene auf S. 82 gleitet ein Körper von 30 kp bei einer Reibzahl $\mu = 0,306$ auf einer Rutsche, die unter $\alpha = 10°$ geneigt ist. Zu berechnen war die parallele Verschiebekraft a) für gleichförmige Aufwärts-, b) für gleichmäßige Abwärtsbewegung. Berechne für die gleichen Verhältnisse die Verschiebekräfte bei Ausbildung der Rutsche als Rinne mit halbem Keilnutwinkel $\delta = 45°$.

Lösung: $\mu' = \dfrac{\mu}{\sin\delta} = \dfrac{0,306}{\sin 45°} = 0,433$

Damit wird in gleicher Weise wie im früheren Beispiel gerechnet:

a) für die Aufwärtsbewegung:

$$F_1 = G(\mu' \cdot \cos\alpha + \sin\alpha) = 30\ \text{kp}\ (0,433 \cdot \cos 10° + \sin 10°)$$
$$= 30\ \text{kp}\ (0,433 \cdot 0,985 + 0,174) = 18\ \text{kp}$$

(Bei ebener Rutsche ergab sich $F_1 = 14,25$ kp)

b) für die Abwärtsbewegung:

$$F_2 = G(\mu' \cdot \cos\alpha - \sin\alpha) = 30\ \text{kp}\ (0,433 \cdot 0,985 - 0,174) = 7,6\ \text{kp}$$

(Bei ebener Rutsche ergab sich $F_2 = 3,8$ kp)

27. Zugkräfte beim kettenangetriebenen Stetigförderer

Mit den Gesetzen der Reibung auf geneigter Ebene lassen sich die Kettenkräfte in Kratzer- und Trogbandförderern unter Tage für die Förderung in Streb und Strecke untersuchen. Nach Gl. (26,1) ergibt sich die Bewegungskraft im Kettenband dieser Förderer. Mit der Beladungsgewichtskraft G_B und der Kettenbandgewichtskraft vom Ober-

bzw. Untertrumm G_K beim Kratzerförderer ergibt sich nach Gl. (26,1):

im Obertrumm: $\quad F_O = \mu \, (G_B + G_K) \cos \alpha \pm (G_B + G_K) \sin \alpha \quad$ (27,1a)

im Untertrumm: $F_U = \mu \cdot G_K \cdot \cos \alpha \mp G_K \cdot \sin \alpha \qquad$ (27,1b)

Daraus ergibt sich die gesamte Kettenkraft $F = F_O + F_U$

$$F = \mu \cdot \cos \alpha \, (G_B + 2 \, G_K) \pm G_B \cdot \sin \alpha \qquad (27,2)$$

Sind die gesamte Kettenkraft, die Beladung und die Kettengewichtskräfte aus Messungen für einen Einsatzfall bekannt, läßt sich der Reibwert μ für Fördergut und Ketten auf der Rinne berechnen:

$$\mu = \frac{F \pm G_B \cdot \sin \alpha}{(G_B + 2 \, G_K) \cos \alpha} \qquad (27,3)$$

In den Gl. (27,1) bis (27,3) gilt das obere Vorzeichen für ansteigende, das untere für einfallende Förderung.

Beispiel: Ein Zweikettenkratzerförderer PFI hat bei 6° ansteigender Förderung eine Beladung von 13 200 kg. Die Gewichtskraft des Kettenbandes beträgt 19,2 kp/m. Bei einer Nutzlänge des Förderers von 240 m ergibt sich beim *Anfahren* ein Drehmoment am Kettenstern von 1485 kpm, das im *Dauerbetrieb* auf 990 kpm zurückgeht. Die Übertragung des Drehmomentes über den Kettenstern von 328 mm Durchmesser hat einen Wirkungsgrad von 90%.

Zu berechnen sind für das Anfahren sowie den Dauerbetrieb a) die Kettenkräfte insgesamt, b) die rechnungsmäßigen Reibzahlen.

Lösung: Gegeben: $G_B = 13\,200$ kp; $G_K = q_K \cdot l = 19,2$ kp/m $\cdot$ 240 m $=$ 4608 kp; beim Anfahren: $M_{d_1} = 1485$ kpm; im Dauerbetrieb:

$M_{d_2} = 990$ kpm; $d_{St} = 0,328$ m; $\eta_{St} = 0,90$; sin 6° $= 0,1045$; cos 6° $= 0,9945$.

a) $$M_d = \frac{F \cdot d_{St}/2}{\eta_{St}}$$

beim Anfahren $\quad F_1 = \dfrac{M_{d_1} \cdot \eta_{St}}{d_{St}/2} = \dfrac{2 \cdot 1485 \text{ kpm} \cdot 0,90}{0,328 \text{ m}} = 8205 \text{ kp}$

im Dauerbetrieb $F_2 = \dfrac{M_{d_2} \cdot \eta_{St}}{d_{St}/2} = \dfrac{2 \cdot 990 \text{ kpm} \cdot 0,90}{0,328 \text{ m}} = 5436 \text{ kp}$

b) Damit ergibt sich nach Gl. (27,3)

beim Anfahren $\quad \mu_1 = \dfrac{F_1 + G_B \cdot \sin \alpha}{(G_B + 2 \, G_K) \cos \alpha} = \dfrac{8205 \text{ kp} + 13\,200 \text{ kp} \cdot 0,1045}{(13\,200 + 2 \cdot 4608) \text{ kp} \cdot 0,9945} = 0,45$

im Dauerbetrieb $\mu_2 = \dfrac{F_2 + G_B \cdot \sin \alpha}{(G_B + 2 \, G_K) \cos \alpha} = \dfrac{5436 \text{ kp} + 13\,200 \text{ kp} \cdot 0,1045}{(13\,200 + 2 \cdot 4608) \text{ kp} \cdot 0,9945} = 0,32$

Die Gl. (26,1) findet sich in der Literatur auch in anderer Form, die man durch Ausklammern von $\mu \cdot G \cdot \cos \alpha$ erhält:

$$F = \mu \cdot G \cdot \cos \alpha \left(1 \pm \frac{\sin \alpha}{\cos \alpha} \cdot \frac{1}{\mu} \right)$$

$$F = \mu \cdot G \cdot \cos \alpha \left(1 \pm \frac{\tan \alpha}{\mu} \right) \qquad (27,4)$$

In Gl. (27,4) wird für söhlige Förderung, d. h. $\alpha = 0°$, also cos 0° $= 1$ und tan 0° $= 0$ die

$$\text{Kettenkraft } F = \mu \cdot G$$

Der Faktor $f(\alpha) = \cos \alpha \left(1 \pm \dfrac{\tan \alpha}{\mu} \right)$ kennzeichnet also den Einfluß des Neigungswinkels auf die Kettenkräfte in Ober- und Untertrumm des Stetigförderers im Ansteigen oder Einfallen.

Entsprechend Gl. (27,1a und b) können wir nach Gl. (27,4) jetzt schreiben:

Bewegungskraft im Obertrumm

$$F_O = \mu \, (G_B + G_K) \cos \alpha \left(1 \pm \frac{\tan \alpha}{\mu} \right) \qquad (27,5\text{a})$$

Bewegungskraft im Untertrumm

$$F_U = \mu \, G_K \cos \alpha \left(1 \mp \frac{\tan \alpha}{\mu} \right) \qquad (27,5\text{b})$$

In den Gln. (27,4) und (27,5a und b) gilt das obere Vorzeichen für ansteigendes Förderertrumm, das untere für einfallendes Trumm.

Anmerkungen zur Reibzahl μ: Die Kräfte, die sich bei Zweiketten-Kratzer- und Trogbandförderern mit den Gln. (27,1), (27,2) oder (27,5) berechnen lassen, sind lediglich Bewegungskräfte für die Überwindung der Widerstände sowie der Höhenunterschiede bei der Förderung (Abb. 27,1). Die tatsächlichen Kettenkräfte sind nach Abb. 27,2 häufig um die nicht abgebauten Vorspannkräfte höher. Da es im Betrieb kaum möglich ist, die Vorspannkräfte zuverlässig zu bestimmen

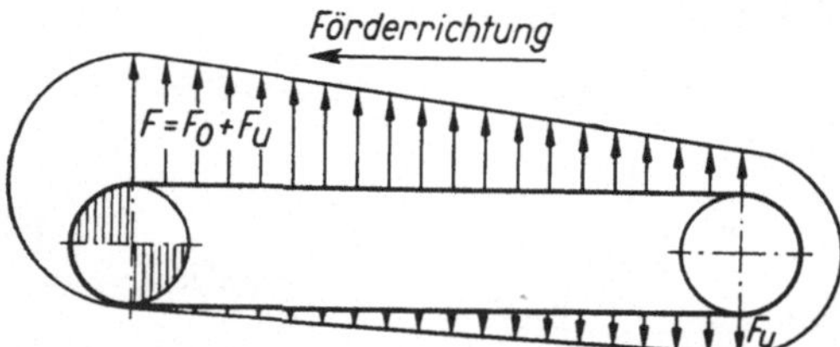

Abb. 27,1. **Kräfte im Kettenband kettenangetriebener Förderer mit Einzelantrieb. Kräfte senkrecht zu ihrer Richtung dargestellt**

bzw. einzuhalten, kann es durchaus vorkommen, daß die tatsächlichen Kettenbeanspruchungen größer werden als es sich nach den erforderlichen Bewegungskräften ergäbe (siehe Abschnitt 82). Man sucht zu hohe Beanspruchungen betrieblich dadurch zu vermeiden, daß man die Vorspannkräfte so bemißt, daß sich bei höchster Beladung eben gerade keine Hängekette an den angetriebenen Kettensternen mehr bildet, wie dies in Abb. 27,1 dargestellt ist.

Für diesen Fall interessieren für Planung und Betrieb von kettenangetriebenen Stetigförderern nur die Reibwerte, weil mit diesen sowohl die Kettenkräfte als auch die Antriebe berechnet werden. Dazu müssen nach den Gln. (27,1) oder (27,5) außer den Gewichtskräften der Totlasten und der Beladung noch die geometrischen Verhältnisse des Förderers nach Länge, Neigung und Abweichungen von der Stunde in horizontaler und vertikaler Richtung bekannt sein.

Es hat nicht an Versuchen gefehlt, die Reibzahlen sowohl an Kratzer- wie an Trogbandförderern zu ermitteln[1,2]. Am zuverlässigsten müssen nach dem heutigen Stand der Technik die Ergebnisse bei der Messung der Drehmomente für definierte geometrische sowie Beladungsverhältnisse sein, da die hiermit berechnete Kettenkraft tatsächlich die reine Bewegungskraft nach Gl. (27,2) darstellt. Es ist auch versucht worden, die Kettenkräfte unmittelbar zu messen[2], doch kann hiermit nur dann die sich aus Widerstands- und Hubkräften ergebende

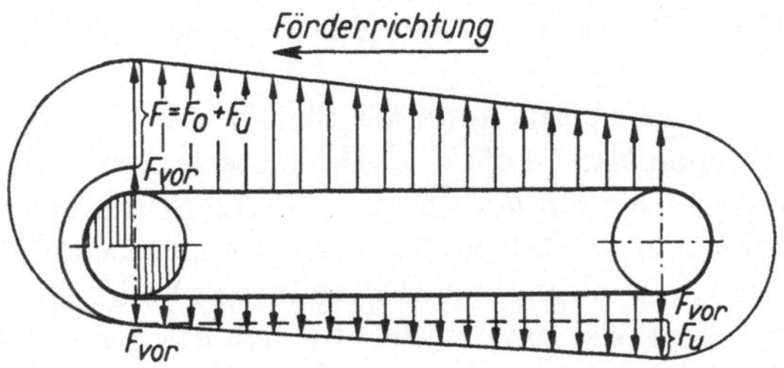

Abb. 27,2. Kräfte im Kettenband wie in Abb. 27,1, jedoch bei nicht abgebauter Vorspannkraft F_{vor}

Bewegungskraft ermittelt werden, wenn der Kraftverlauf über der ganzen Länge in Ober- und Untertrumm für einen bestimmten Beladungszustand gemessen wird (Abb. 27,2). Solange derartige Messungen unter Berücksichtigung der verschiedenen Einflüsse von Lagerung und Fördergut auf die Reibzahl nicht durchgeführt werden können, sind die Untersuchungen mit dem Ziel der Ermittlung von Reibzahlen über Messungen der Drehmomente an Förderern zuverlässiger. Das gilt auch dann, wenn man berücksichtigt, daß die Verluste bei der Übertragung des Drehmomentes über den Kettenstern sehr streuen[2].

Nach diesen Darstellungen leuchtet es ein, daß die Messung der elektrischen Leistungsaufnahmen zur Ermittelung von Reibwerten an Förderern noch unzuverlässigere Ergebnisse haben wird. Nach den Gesetzen der Dynamik gilt:

$$P_{zu} = \frac{F \cdot v_F}{\eta} = \frac{\mu \cdot G \cdot f(\alpha)\, v_F}{\eta}$$

Danach zeigt es sich, daß für gegebene Förderverhältnisse die zugeführte Leistung proportional dem Quotienten $\frac{\mu}{\eta}$ ist.

Im gleichen Verhältnis der Genauigkeit der Annahme des Wirkungsgrades schwankt deshalb auch die Zuverlässigkeit der Ermittelung des Reibwertes μ. Und der Gesamtwirkungsgrad der Übertragung von Elektromotor bis zur Kettenbewegung schwankt allein schon mit der Belastung in weiten Grenzen.

Ferner ist zu beachten, daß es nicht möglich ist, beim *Kratzerförderer* die Reibung der Ketten mit Kratzer und der Beladung auf der

---

[1] FILZEK, B.: Grundsätzliche Betrachtungen zur Verteilung der Motorenleistung an Westfalia-Panzerförderern. Westfalia-Berichte 2/1952.

[2] OSTERMANN, W.: Messungen an Zweiketten-Kratzerförderer. Glückauf 1962, S. 1025/41.

Rinne zu trennen. Diese lassen sich niemals getrennt messen und werden sich außerdem gegenseitig beeinflussen. Ebenso ist es wenig lohnend, zwischen den Reibzahlen im Obertrumm, d. h. Fördertrumm, und Untertrumm gleich Leertrumm zu unterscheiden, wenn sie auch nach Messungen in einzelnen Fällen durchaus verschieden sind.

Auch beim *Trogbandförderer* muß damit gerechnet werden, daß neben der rollenden Reibung der Laufrollen je nach der Ausrichtung des Bandes nach der Stunde eine Gleitreibung der Spurkränze zu erwarten ist. Hierfür kann man ebenfalls nur einen gemeinsamen Reibwert angeben.

Andererseits muß man unterscheiden zwischen Reibwerten *im Dauerlauf* und denen *beim Anfahren*. Ihr Unterschied ist bei Trogbandförderern vernachlässigbar gering. Bei Kratzerförderern kann er dagegen außerordentlich groß sein. Er wird weniger beeinflußt von dem Unterschied der Gleitreibung zur Haftreibung. Vielmehr spielen beim Kratzerförderer Einflüsse eine Rolle, die eigentlich nicht als Reibung zu definieren, jedoch nur durch einen Reibwert mathematisch auszudrücken sind. So treten z. B. Verklemmungen von Bergeteilen in der Kette und Brikettierung mehr oder weniger feuchter Kohle insbesondere auch bei Anwensenheit von Feinbergen und anderes auf. Aus diesem Grunde ist der Reibwert beim Anfahren nach längeren Stillstandszeiten des Förderers erfahrungsgemäß am größten.

Nachstehend sollen einige Reibzahlen aus Messungen an Zweiketten-Kratzerförderern mitgeteilt werden. Sie können weder Anspruch auf Vollständigkeit noch auf große Zuverlässigkeit erheben; doch vermitteln sie einen ersten Anhalt über die zu erwartenden Reibzahlen. Es wäre zu wünschen, wenn durch weitere Messungen an diesem Standardfördermittel für die Strebförderung zuverlässige Reibwerte ermittelt würden.

Zahlentafel 1. *Reibzahlen nach Messungen an Zweiketten-Kratzerförderern mit Förderkohle im Dauerbetrieb*
(angenommener Wirkungsgrad des Getriebes einschl. Kettenstern 0,75)

Lage des Förderers	unbeladen mit Kohlenresten	beladen mit	
		betriebstrockener Fettkohle	trockener Flammkohle
Ausgerichtet nach der Stunde, auch bei ein bis zwei S-Kurven	0,23 ... 0,28	0,26 ... 0,30	
Wellig mit schärferen Sätteln	0,27 ... 0,30	0,35 .. 0,40 .. 0,44	0,50 ... 0,55

Zahlentafel 2. *Reibzahlen nach Messungen an Zweiketten-Kratzerförderern mit Kali auf starkem Feinsalzpolster im Dauerbetrieb*
(angenommener Wirkungsgrad des Getriebes einschl. Kettenstern 0,75)

Lage des Förderers	unbeladen mit Salzresten	beladen mit Kalisalzen
Ausgerichtet nach der Stunde	0,36 ... 0,38	0,66 ... 0,68
Wellig	0,48	0,77

Die Reibwerte unterscheiden sich beim Anfahren von den in Zahlentafel 1 und 2 angegebenen Werten für den Dauerbetrieb u. U. erheblich. Für die backfähige Fettkohle, vor allem bei Anwesenheit von lettigem Gut, Feuchtigkeit oder auch Feinbergen und besonders beim Anfahren nach längeren Stillstandszeiten kann der Reibwert mehr als doppelt so groß sein wie im Dauerbetrieb.

Bei Förderung von Flammkohle ergab sich bei einer Messung der Reibwert beim Anfahren zu $\mu = 0,60 \cdots 0,62$.

Auch für Kalisalze ergaben sich Reibwerte beim Anfahren, die etwa 20% über denen im Dauerbetrieb liegen. Grobstückiges Steinsalz hat dagegen vielfach bedeutend niedrigere Reibwerte sowohl im Dauerbetrieb als auch beim Anfahren.

Für *Trogbandförderer* mit umlaufenden Trogrollen kann bei Bändern, die nach der Stunde verlegt sind, im Mittel mit $\mu = 0,03$ gerechnet werden. Dieser Angabe liegt ein Wirkungsgrad des Getriebse einschließlich Kettenstern von $\eta_{\text{ges}} = 0,80 \cdots 0,85$ zugrunde. Wenn auch dieser Wert naturgemäß mit dem Zustand und der Verlegung des Förderers schwankt, so scheint es immer dann, wenn man bezüglich der Ermittlung der Kräfte oder der Antriebsleistung sichergehen möchte, nicht empfehlenswert, mit niedrigeren Reibwerten zu rechnen.

Beispiel: Welche Bewegungskräfte treten im Kettenband von Ober- und Untertrumm eines Zweiketten-Kratzerförderers von 200 m Länge auf, dessen Kettengewichtskraft $q_K = 19,2$ kp/m und dessen Gewichtskraft der Beladung $q_B = 50$ kp/m beträgt, wenn die Reibzahl von Kette und Kohle $\mu = 0,30$ beträgt, a) bei 10° einfallender, b) bei 20° einfallender, c) bei 10° ansteigender, d) bei 20° ansteigender, e) bei söhliger Förderung.

Lösung: Gegeben: $G_B = l \cdot q_B = 200$ m $\cdot$ 50 kp/m $= 10\,000$ kp;
$G_K = l \cdot q_K = 200$ m $\cdot$ 19,2 kp/m $= 3840$ kp; $\mu = 0,30$.

Gesucht: Zugkraft im Obertrumm $F_O = ?$ Zugkraft im Untertrumm $F_U = ?$

a) $\alpha = 10°$ einfallende Förderung:

$$\cos\alpha \left(1 - \frac{\tan\alpha}{\mu}\right) = \cos 10° \left(1 - \frac{\tan 10°}{0,30}\right) = 0,4060 \text{ für einfallendes Obertrumm}$$

$$\cos\alpha \left(1 + \frac{\tan\alpha}{\mu}\right) = \cos 10° \left(1 + \frac{\tan 10°}{0,30}\right) = 1,564 \text{ für ansteigendes Untertrumm}$$

$$F_O = \mu\,(G_B + G_K)\cos\alpha \left(1 - \frac{\tan\alpha}{\mu}\right) = 0,30\,(10\,000 + 3840)\,\text{kp} \cdot 0,4060 = 1\,685 \text{ kp}$$

$$F_U = \mu \cdot G_K \cos\alpha \left(1 + \frac{\tan\alpha}{\mu}\right) = 0,30 \cdot 3840 \text{ kp} \cdot 1,564 = 1\,800 \text{ kp}$$

b) $\alpha = 20°$ einfallende Förderung:

$$\cos 20° \left(1 - \frac{\tan 20°}{0,30}\right) = -0,2004 \text{ für einfallendes Obertrumm,}$$

$$\cos 20° \left(1 + \frac{\tan 20°}{0,30}\right) = 2,080 \text{ für ansteigendes Untertrumm}$$

$$F_O = 0,30\,(10\,000 + 3840)\,\text{kp} \cdot (-0,2004) = -832 \text{ kp (Haltekraft),}$$

$$F_U = 0,30 \cdot 3840 \text{ kp} \cdot 2,080 = 2396 \text{ kp}$$

c) $\alpha = 10°$ ansteigende Förderung:

$$\cos 10° \left(1 + \frac{\tan 10°}{0,30}\right) = 1,5640 \text{ für ansteigendes Obertrumm,}$$

$$\cos 10° \left(1 - \frac{\tan 10°}{0,30}\right) = 0,4060 \text{ für einfallendes Untertrumm}$$

$F_O = 0,30 \, (10000 + 3840) \text{ kp} \cdot 1,564 = 6490 \text{ kp}$

$F_U = 0,30 \cdot 3840 \text{ kp} \cdot 0,4060 = 417 \text{ kp}$

d) $\alpha = 20°$ ansteigende Förderung:

$$\cos 20° \left(1 + \frac{\tan 20°}{0,30}\right) = 2,080 \text{ für ansteigendes Obertrumm,}$$

$$\cos 20° \left(1 - \frac{\tan 20°}{0,30}\right) = - \, 0,2004 \text{ für einfallendes Untertrumm}$$

$F_O = 0,30 \, (10000 + 3840) \text{ kp} \cdot 2,080 = 8636 \text{ kp}$

$F_U = 0,30 \cdot 3840 \text{ kp} \cdot (-0,2004) = - \, 230 \text{ kp (Haltekraft)}$

e) Söhlige Förderung $\alpha = 0$:

$$\cos \alpha \left(1 \pm \frac{\tan \alpha}{\mu}\right) = 1 \text{ für Ober- und Untertrumm,}$$

$F_O = 0,30 \, (10000 + 3840) \text{ kp} = 4152 \text{ kp}$

$F_U = 0,30 \cdot 3840 \text{ kp} = 1152 \text{ kp}$

28. Reibung am Keil

Ein keilförmiger Körper stellt eine geneigte Ebene dar. Es gibt *einseitige Keile* mit nur einer Neigung zur Bewegungsrichtung, bei dem aber auch an der Fläche parallel zur Bewegungsrichtung Reibungswiderstände auftreten. Der *doppelseitige Keil* hat zwei Neigungen zur Bewegungsrichtung, die verschieden oder gleich groß sein können. Den Neigungswinkel zur Bewegungsrichtung bezeichnen wir wie bei der geneigten Ebene mit α. Dieser Neigungswinkel α kann größer, gleich oder kleiner als der Reibungswinkel ϱ sein; davon wird es nach früheren Betrachtungen abhängen, ob der Keil gehalten werden muß oder ob er selbsthemmend, also zum Austreiben eine zusätzliche Kraft erforderlich ist.

Da die Bewegungskraft am Keil horizontal angreift, finden die Überlegungen und Gleichungen zur geneigten Ebene mit horizontaler Verschiebekraft Anwendung. Während wir allerdings dort einen Körper auf der geneigten Ebene bewegten, wird im Falle des Keils die geneigte Ebene unter dem Körper mit seiner Belastung F_Q verschoben, wobei der Körper angehoben wird.

a) Kraft zum Eintreiben eines Keiles

Abb. 28,1 zeigt die Untersuchung der Gleichgewichtsbedingungen zum Eintreiben eines Keiles unter der Last F_Q, wobei der Keil doppelseitig mit verschiedenen Keilneigungen α_1 und α_2 gegen die horizontale Bewegungsrichtung und zunächst auch verschiedenen Reibungswinkeln

ϱ_1 und ϱ_2 dargestellt ist. Die vertikalen Berührungsflächen des unter der Last F_Q zu hebenden Körpers sollen als reibungsfrei angenommen werden.

Für die Betrachtungen wenden wir die Gleichgewichtsuntersuchungen der Abb. 28,1 auf beide Keilflächen an. An der oberen Keilfläche, die unter dem Winkel α_1 geneigt ist, ruft die Last F_Q die Normalkraft F_{N_1} hervor. Nach Abb. 28,1 ist die Resultierende F_{M_1} aus der Last F_Q und der horizontalen Verschiebekraft F_{H_1} gegen die Normalkraft F_{N_1} um den Reibungswinkel ϱ_1 geneigt. Danach ergibt sich nach Abb. 28,1 bzw. Gl. (26,3)

$$F_{H_1} = F_Q \cdot \tan (\varrho_1 + \alpha_1)$$

An der unteren Keilfläche ergibt sich in gleicher Weise die Normalkraft F_{N_2} um α_2 gegen die Last F_Q geneigt, und die Resultierende F_{M_2}, gegen die Normalkraft um den Reibungswinkel ϱ_2 geneigt. Damit ist

Abb. 28,1. Gleichgewicht beim Eintreiben eines Doppelkeiles mit verschiedenen Keilneigungen bei Keilreibung

$$F_{H_2} = F_Q \cdot \tan (\varrho_2 + \alpha_2)$$

Aus $\Sigma\, F_x = 0$ folgt

$$F_{H_1} + F_{H_2} - F = 0; \quad F = F_{H_1} + F_{H_2}$$

Kraft zum Eintreiben: $\boxed{F = F_Q \left[\tan (\varrho_1 + \alpha_1) + \tan (\varrho_2 + \alpha_2)\right]}$

$$(28,1)$$

1. Sonderfall: $\alpha_1 = \alpha_2$ und $\varrho_1 = \varrho_2$

Eintreibkraft: $F = 2\,F_Q \cdot \tan (\alpha + \varrho)$ $\hspace{2em}$ (28,2)

2. Sonderfall: Einseitiger Keil, d. h. $\alpha_2 = 0$

Eintreibkraft: $F = F_Q \left[\tan (\varrho_1 + \alpha) + \tan \varrho_2\right]$ $\hspace{1em}$ (28,3)

b) Kraft zum Austreiben eines Keiles mit Selbsthemmung

Am Keil herrscht nach früheren Überlegungen Selbsthemmung, wenn $\alpha_1 < \varrho_1$ und $\alpha_2 < \varrho_2$ ist. Zum Austreiben eines Keiles nach Abb. 28,1 ist eine Kraft F erforderlich, die der eingezeichneten entgegen gerichtet ist. Auch die Reibung wirkt in umgekehrter Richtung. Damit ergibt sich nach Gl. (26,5) die horizontale Verschiebekraft als

Kraft zum Austreiben: $\boxed{F = F_Q \left[\tan (\varrho_1 - \alpha_1) + \tan (\varrho_2 - \alpha_2)\right]}$

$$(28,4)$$

1. Sonderfall: $\alpha_1 = \alpha_2$ und $\varrho_1 = \varrho_2$

Kraft zum Austreiben: $\underline{F = 2\,F_Q \cdot \tan(\varrho - \alpha)}$ $\qquad$ (28,5)

2. Sonderfall: Einseitiger Keil $\alpha_2 = 0$

Kraft zum Austreiben: $\underline{F = F_Q\,[\tan(\varrho_1 - \alpha) + \tan\varrho_2]}$ $\qquad$ (28,6)

c) Haltekraft für einen Keil mit größeren Keilneigungen

Sind die Keilneigungen $\alpha_1 > \varrho_1$ und $\alpha_2 > \varrho_2$, so würde der Keil unter der Last F_Q ohne Verschiebekraft wieder herausgleiten. Es ist also eine horizontale Haltekraft F' in Richtung der in Abb. 28,1 eingezeichneten Kraft F erforderlich. Da der Keil aber das Bestreben hat, sich entgegen der Richtung des Eintreibens rückwärts zu bewegen, wirkt die Reibung in umgekehrter Richtung wie in Abb. 28,1 angenommen ist. Man erhält diese Haltekraft nach Gl. (26,4)

Haltekraft für den nicht selbsthemmenden Keil: $\boxed{F' = F_Q\,[\tan(\alpha_1 - \varrho_1) + \tan(\alpha_2 - \varrho_2)]}$

$\qquad$ (28,7)

1. Sonderfall: $\alpha_1 = \alpha_2$ und $\varrho_1 = \varrho_2$

Haltekraft: $\underline{F' = 2\,F_Q \cdot \tan(\alpha - \varrho)}$ $\qquad$ (28,8)

2. Sonderfall: Einseitiger Keil $\alpha_2 = 0$

Haltekraft: $\underline{F' = F_Q\,[\tan(\alpha - \varrho_1) - \tan\varrho_2]}$ $\qquad$ (28,9)

d) Verschiebung von zwei sich berührenden Keilen

In Abb. 28,1 war angenommen, daß der auf dem Keil gleitende mit F_Q belastete Körper nur an der Berührungsfläche mit dem Keil Rei-

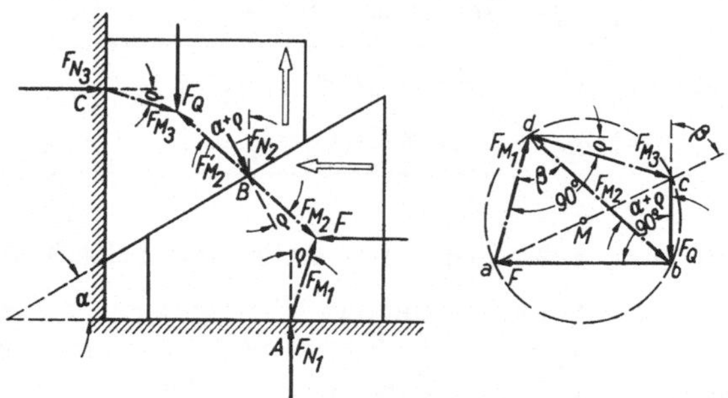

Abb. 28,2. Gleichgewichtsuntersuchung bei Verschiebung von zwei aufeinander einwirkenden Keilen

bungskräfte hervorruft. In Abb. 28,2 ist nun angenommen, daß dieser Körper sich an der gegenüberliegenden Fläche abstützt und an dieser gleitet. Es entsteht damit die Verschiebung von zwei sich berührenden einseitigen Keilen, die sich auf zwei feststehende, senkrecht aufeinander stehende Ebenen stützen. Durch Verschieben des unteren Keiles mit der Kraft F soll die auf dem oberen Keil ruhende Last F_Q gleichförmig gehoben werden.

Abb. 28,2 zeigt die Gleichgewichtsuntersuchung bei der Verschiebung der Keile. Die Last F_Q ruft die Normalkräfte F_{N_3} und F_{N_2} an den Berührungsflächen des oberen Keiles hervor, während an den Berührungsflächen des unteren Keils die Normalkräfte F_{N_2} und F_{N_1} wirksam sind. Die Gesamtwiderstände F_{M_1}, F_{M_2} und F_{M_3} sind nach den Untersuchungen auf geneigter Ebene (Abb. 26,6) gegen die Normalkräfte um den Reibungswinkel ϱ geneigt und stehen mit den äußeren Kräften F und F_Q im Gleichgewicht.

Für den unteren Keil schneiden sich die Wirklinien von F, F_{M_1} und F_{M_2} in einem Punkte, für den (ohne Maßstab) das Kräftedreieck gezeichnet ist. Beim oberen Keil schneiden sich die Wirklinien von F'_{M_2}, F_{M_3} und F_Q in einem Punkte, für den das Kräftedreieck ebenfalls gezeichnet ist. Der durch die Gesamtwiderstände F_{M_1}, F_{M_2} und F_{M_3} gebildete Linienzug ABC heißt die *Drucklinie* der Keile. Gleichgewicht ist immer nur dann vorhanden, wenn sich diese Drucklinie so zeichnen läßt, daß sie innerhalb aller Berührungsflächen liegt.

Die zusammenhängend gezeichneten Kräftedreiecke Abb. 28,2 ergeben das Kräfteviereck aus F, F_{M_1}, F_{M_3} und F_Q, das an den Ecken b und d rechtwinklig ist, wenn der Reibungswinkel ϱ für alle drei Reibungswiderstände gleich ist. Es läßt sich deshalb mit dem Durchmesser $\overline{ac}$ ein Kreis um das Viereck zeichnen. Nun beträgt der Winkel zwischen F_Q und F_{M_3} $\alpha + \varrho$, demnach ist $\beta = \alpha + 2\varrho$. Da Umfangswinkel über derselben Sehne $\overline{ab}$ einander gleich sind, muß auch der Winkel $a\,c\,b = \beta = \alpha + 2\varrho$ sein. Folglich ist nach dem Krafteck

$$\tan \sphericalangle\, a\,c\,b = \frac{F}{F_Q} = \tan\,(\alpha + 2\,\varrho)$$

$$\textit{Verschiebekraft}\quad F = F_Q \cdot \tan\,(\alpha + 2\,\varrho) \qquad (28{,}10)$$

Selbsthemmung liegt vor, wenn $\alpha \leq 2\,\varrho$.

Beispiel: a) Welche Vorspannkraft F_Q entsteht an der Anlagefläche A einer Stangenverbindung (Abb. 28,3), wenn der gezeichnete Befestigungskeil (einseitiger Keil mit der Neigung 1:20) mit der Kraft $F = 1500$ kp eingepreßt wird? $\mu_0 = 0{,}15$. b) Welche Kraft F' ist nötig, den Keil wieder zu lösen? c) Bei welchem Haftreibwert μ_0 würde der Keil keine Selbsthemmung mehr besitzen?

Lösung: $\tan \alpha = \dfrac{1}{20} = 0{,}05$; $\alpha = 2° 52'$;

$$\mu_0 = \tan \varrho_0 = 0{,}15;\quad \varrho_0 = 8° 32'$$

Bei der gezeichneten Stangenverbindung liegt der Fall der Verschiebung von zwei sich berührenden Keilen vor. Damit gilt Gl. (28,10)

a) $F = F_Q \cdot \tan\,(\alpha + 2\,\varrho)$;

Abb. 28,3. Befestigungskeil bei einer Stangenverbindung

$$F_Q = \frac{F}{\tan\,(\alpha + 2\,\varrho_0)} = \frac{1500\ \text{kp}}{\tan\,(2° 52' + 2 \cdot 8° 32')} = \frac{1500\ \text{kp}}{\tan 19° 56'} = 4140\ \text{kp}$$

b) Zum Austreiben des unter $F_Q = 4140$ kp eingetriebenen Keiles berechnet sich die Kraft nach Gl. (28,6) für einseitigen Keil

$$F = F_Q\,[\tan(\varrho_0 - \alpha) + \tan\varrho_0] = 4140 \text{ kp } [\tan(8° \, 32' - 2° \, 52') + \tan 8° \, 32']$$
$$= 4140 \text{ kp } [0{,}0992 + 0{,}15] = 1030 \text{ kp}$$

c) Die Grenze der Selbsthemmung liegt vor, wenn

$$\alpha \geqq 2\,\varrho_0, \quad \text{d. h.} \quad \varrho_0 \leqq \frac{1}{2}\,\alpha$$

für kleine Winkel ist dann auch

$$\mu_0 = \tan\varrho_0 \leqq \frac{1}{2}\tan\alpha = \frac{1}{2}\cdot 0{,}05 \leqq 0{,}025$$

Zur Keilbefestigung von Radnaben werden Nasenkeile verwendet, die als einseitige Keile mit einer Neigung $1:100$ ausgeführt werden. Die eintreibende Kraft F wird durch Schläge mit dem Hammer erzeugt. In radialer Richtung wird durch den sich auf der Welle abstützenden Keil eine Kraft F_Q auf die Radnabe hervorgerufen, durch die die Nabe auf Zerreißen beansprucht wird. Diese berechnet sich nach Gl. (28,3)

$$F = F_Q\,[\tan(\varrho + \alpha) + \tan\varrho]$$
$$F_Q = \frac{F}{\tan(\varrho + \alpha) + \tan\varrho}$$

Bei einem Reibwert $\mu = 0{,}15 = \tan\varrho$, d. h. $\varrho = 8° \, 32'$ und $\tan\alpha = \frac{1}{100} = 0{,}01$, d. h. $\alpha = 0° \, 34'$, also $\varrho + \alpha = 8° \, 32' + 0° \, 34' = 9° \, 6'$ und damit $\tan(\varrho + \alpha) = \tan 9° \, 6' = 0{,}16$ ergibt sich die radiale Kraft

$$F_Q = \frac{F}{0{,}16 + 0{,}15} = 3{,}23 \cdot F$$

Die Radnabe wird demnach beim Eintreiben eines Keiles durch mehr als den dreifachen Betrag der Eintreibkraft auf Zerreißen beansprucht.

29. Reibung an der Schraube

a) Schraube mit Flachgewinde

Die Schraube stellt eine um ihren Kern gewickelte geneigte Ebene dar (Abb. 29,1a). Mit dem Außendurchmesser d und dem Kerndurchmesser d_1 ergibt sich der *mittlere Schraubendurchmesser*

$$d_m = \frac{d + d_1}{2} \qquad\qquad (29{,}1)$$

Ein Punkt auf der Schraubenlinie mit dem mittleren Durchmesser d_m, legt bei einer Umdrehung die Ganghöhe oder *Steigung h* der Schraube zurück. Das rechtwinklige Dreieck aus dem Kreisumfang mit dem Durchmesser d_m und der Steigung h gibt die Schraubenlinie als Neigungslinie mit dem Winkel α wieder (Abb. 29,1b). Daraus folgt der *mittlere Neigungswinkel* der Schraube

$$\tan \alpha = \frac{h}{\pi \cdot d_m} \qquad (29,2)$$

Bewegt sich auf der Schraube eine durch eine Gewichtskraft G belastete Mutter, so läßt sich das Drehmoment M zur Aufwärtsbewegung der Mutter folgendermaßen ermitteln:

Die tragenden Gewindeflächen der Schraubenspindel, auf welche sich die Mutter stützt, haben überall gleichen Abstand von ihrer Achse. Für die Berechnung kann deshalb auch die Last G, wie in Aufriß und Grundriß Abb. 29,1a durch ein kleines Stück der Mutter gekennzeich-

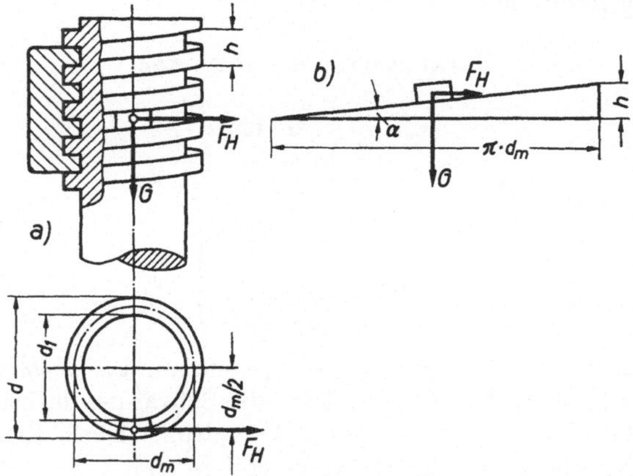

Abb. 29,1. Reibung beim Flachgewinde

net, in einem Punkte im Abstand $d_m/2$ von der Drehachse wirkend angenommen werden. Da die Kraft zur Bewegung der Mutter horizontal angreift, ergibt sich mit dem mittleren Neigungswinkel α des Gewindes und der Reibzahl $\mu = \tan \varrho$ nach Gl. (26,3) die Umfangskraft F_H zur Aufwärtsbewegung der Mutter

$$F_H = G \cdot \tan(\alpha + \varrho)$$

Das Drehmoment für die Bewegung der Schraube ist

$$M = F_H \cdot d_m/2$$

Damit ergibt sich das

Moment zum Aufwärtstreiben einer Last G

$$\boxed{M = G \cdot \tan(\alpha + \varrho)\, \frac{d_m}{2}} \qquad (29,3)$$

Greift zur Bewegung der Mutter eine Kraft F im Abstand l von Mitte Schraube an einem Schraubenschlüssel an, so ist das Moment

$$M = F \cdot l = F_H \frac{d_m}{2}$$

Daraus errechnet sich die *Kraft am Schraubenschlüssel* für die *Aufwärtsbewegung* einer Last G

$$F = G \cdot \tan\,(\alpha + \varrho)\,\frac{d_m}{2\,l} \qquad (29,4)$$

Eine Schraubenbewegung aufwärts ohne Reibung, d. h. für $\mu = 0$ also auch $\varrho = 0$ erfordert das Moment

$$M' = G \cdot \tan\,\alpha\,\frac{d_m}{2}$$

Das Verhältnis der Momente zur Bewegung einer Schraube ohne und mit Reibung nennt man

Wirkungsgrad der Schraube

$$\eta = \frac{M'}{M} = \frac{G \cdot \tan\,\alpha\,\dfrac{d_m}{2}}{G \cdot \tan\,(\alpha + \varrho)\,\dfrac{d_m}{2}}$$

$$\boxed{\eta = \frac{\tan\,\alpha}{\tan\,(\alpha + \varrho)}} \qquad (29,5)$$

Wir haben bereits in Abschn. 26b) gesehen, daß *Selbsthemmung* vorliegt, wenn $\alpha \leqq \varrho$ ist. Das bedeutet für die Schraube, daß sie sich unter der Belastung nicht von selbst rückwärts dreht. Diese Eigenschaft ist z. B. bei Schraubenspindeln, die zum Heben von Lasten dienen, sehr wertvoll, weil dann Bremsen oder Sperren entbehrlich sind.

Im Fall der Selbsthemmung ist also eine negative, d. h. im umgekehrten Drehsinn wirkende Kraft F_H erforderlich, um eine Last G abwärts zu treiben. Da ϱ im allgemeinen ein kleiner Winkel ist, kann man $\tan\,\varrho$ bzw. auch $\tan\,2\varrho$ annähernd durch ϱ bzw. 2ϱ, gemessen im Bogenmaß, ersetzen. Damit ergibt sich für den Grenzfall der Selbsthemmung $\alpha = \varrho$

$$\eta = \frac{\tan\,\varrho}{\tan\,2\,\varrho} = \frac{\varrho}{2\,\varrho} = 0,5$$

Bei Selbsthemmung ist der Wirkungsgrad der Schraube also stets sehr schlecht:

Bei *Selbsthemmung*

$$\eta \leqq 0,5$$

Nach Gl. (26,5) ergibt sich die horizontale Kraft zum Abwärtstreiben einer Last für den Fall der Selbsthemmung. Damit ergibt sich auch für eine *Schraube mit Selbsthemmung*, d. h. für $\alpha < \varrho$ bzw. $\eta = 0,5$ das

Moment zum Abwärtstreiben einer Last G

für $\alpha < \varrho$

$$M = G \cdot \tan\,(\varrho - \alpha)\,\frac{d_m}{2} \qquad (29,6)$$

Die gebräuchlichen Ausführungen unserer Schrauben haben eine geringe Steigung, also einen Steigungswinkel α, der kleiner als der Reibungswinkel ϱ ist. Zu einer größeren Steigung kommen wir, insbesondere bei den Schrauben mit Flachgewinde, wenn nicht nur ein Schraubengang, sondern mehrere Schraubengänge parallel um den Schraubenkern gewickelt sind. Wir kennen *eingängige, zweigängige* und *dreigängige Schrauben*. Die mehrgängige Schraube hat stets ein steileres Gewinde, d. h. die Steigung h für eine Umdrehung ist größer. Damit wird der Steigungswinkel α größer und schließlich auch $\alpha > \varrho$, der Wirkungsgrad $\eta = \dfrac{\tan\alpha}{\tan(\alpha + \varrho)}$ wird dann besser, und zwar größer als 0,5.

Mehrgängige Schrauben haben einen *besseren Wirkungsgrad*, aber auch *keine Selbsthemmung*. In diesem Falle brauchen wir gemäß Gl. (26,4) eine Haltekraft F'_H und es ergibt sich das

Moment zum Abwärtsbremsen einer Last G

für $\alpha > \varrho$

$$M = G \cdot \tan(\alpha - \varrho)\,\frac{d_m}{2} \tag{29,7}$$

Die eingängige Schraube benutzen wir bei gewünschter Selbsthemmung z. B. als *Befestigungsschraube*. Dagegen benutzen wir als *Bewegungsschrauben*, z. B. Getriebeschrauben, sofern eine Selbsthemmung nicht unbedingt gefordert wird, mehrgängige Schrauben mit größerer Steigung, deren Wirkungsgrad dann besser ist.

Beispiel: Abb. 29,2 zeigt eine Schraubenwinde, mit der eine Last $G = 4000\,\text{kp}$ gehoben werden soll. Das Flachgewinde hat 60 mm äußeren, 44 mm Kerndurchmesser und $^1/_2''$ Ganghöhe. Die Reibzahl der Schraubenreibung betrage $\mu = 0,1$. An der ringförmigen Auflagerfläche der Stützklaue tritt unter der Last G eine Gleitreibung mit der Reibzahl $\mu_1 = 0,12$ auf, wobei angenommen werden soll, daß die Reibkraft am mittleren Durchmesser $d_2 = 50\,\text{mm}$ angreift. Die Kraft F zum Heben der Last mit der Schraubenwinde greift an einem Hebel mit $l = 800\,\text{mm}$ an. a) Welchen mittleren Steigungswinkel hat das Schraubengewinde ? b) Ist die Schraube selbsthemmend ? c) Welches ist der Wirkungsgrad der Schraube ? d) Welches Drehmoment muß an der Schraube, e) welches Drehmoment muß an der Gleitfläche der Stützklaue, f) welches gesamte Drehmoment muß zum Heben der Last G aufgewendet werden ? g) Welche Kraft F ist am Hebel zum Heben der Last erforderlich ? h) Wie groß ist der Wirkungsgrad der Schraubenwinde insgesamt ? i) Welche Kraft F' muß zum Senken der Last G am Hebel wirken ?

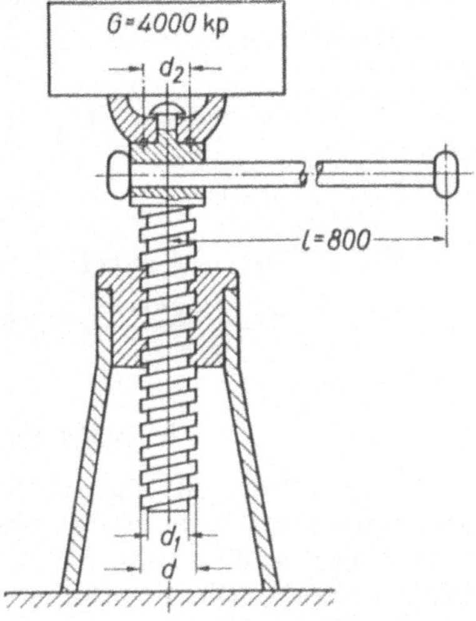

Abb. 29,2. Schraubenwinde

Lösung: Gegeben: Schraubenspindel: $d = 60\,\text{mm}\ \varnothing$, $d_1 = 44\,\text{mm}\ \varnothing$, $h = {}^1/_2'' = 12,7\,\text{mm}$, $\mu = 0,1$, Stützklauenreibzahl $\mu_1 = 0,12$, $d_2 = 50\,\text{mm}\ \varnothing$, Last

7*

$G = 4000$ kp, $l = 800$ mm.

a) Nach Gl. (29,1)

$$d_m = \frac{d + d_1}{2} = \frac{(60 + 44)\,\text{mm}}{2} = 52\,\text{mm}\ \varnothing$$

Nach Gl. (29,2)

$$\tan \alpha = \frac{h}{\pi \cdot d_m} = \frac{12{,}7}{\pi \cdot 52} = 0{,}0778;\quad \alpha = 4°\,27'$$

b) $\mu = \tan \varrho = 0{,}1;\quad \varrho = 5°\,43',$

$\alpha < \varrho$, die Schraube ist selbsthemmend.

c) Nach Gl. (29,5)

$$\eta_{\text{Schr}} = \frac{\tan \alpha}{\tan (\alpha + \varrho)} = \frac{\tan 4°\,27'}{\tan (4°\,27' + 5°\,43')} = \frac{0{,}0778}{0{,}1793} = 0{,}434 \mathrel{\widehat{=}} 43{,}4\%$$

d) Nach Gl. (29,3)

$$M_{\text{Schr}} = G \cdot \tan (\alpha + \varrho)\,\frac{d_m}{2} = 4000\,\text{kp} \cdot 0{,}1793\,\frac{5{,}2\,\text{cm}}{2} = 1865\,\text{kpcm}$$

e) $M_{\text{Kl}} = \mu \cdot G\,\dfrac{d_2}{2} = 0{,}12 \cdot 4000\,\text{kp}\,\dfrac{5{,}0\,\text{cm}}{2} = 1200\,\text{kpcm}$

f) $M_{\text{ges}} = M_{\text{Schr}} + M_{\text{Kl}} = (1865 + 1200)\,\text{kpcm} = 3065\,\text{kpcm}$

g) $M_{\text{ges}} = F \cdot l;\quad F = \dfrac{M_{\text{ges}}}{l} = \dfrac{3065\,\text{kpcm}}{80\,\text{cm}} = 38{,}3\,\text{kp}$

h) Zur Berechnung des Gesamtwirkungsgrades setzen wir die Arbeit[1] zum Heben der Last G bei einer Umdrehung ins Verhältnis zur aufgewendeten Arbeit der Kraft F am Hebelarm l bei einer Umdrehung:

$$\eta = \frac{G \cdot h}{F \cdot \pi \cdot 2 \cdot l} = \frac{4000\,\text{kp} \cdot 1{,}27\,\text{cm}}{38{,}3\,\text{kp} \cdot \pi \cdot 2 \cdot 80\,\text{cm}} = \frac{5080\,\text{kpcm}}{19250\,\text{kpcm}} = 0{,}264 \mathrel{\widehat{=}} 26{,}4\%$$

i) Nach Gl. (29,6) beträgt des Moment für die Schraube zum Abwärtstreiben der Last:

$$M_{\text{Schr}} = G \cdot \tan (\varrho - \alpha)\,\frac{d_m}{2} = 4000\,\text{kp} \cdot \tan (5°\,43' - 4°\,27')\,\frac{5{,}2\,\text{cm}}{2}$$

$$= 4000\,\text{kp} \cdot 0{,}0221\,\frac{5{,}2\,\text{cm}}{2} = 230\,\text{kpcm}$$

$$M_{\text{ges}} = M_{\text{Schr}} + M_{\text{Kl}} = (230 + 1200)\,\text{kpcm} = 1430\,\text{kpcm}$$

$$F' = \frac{M_{\text{ges}}}{l} = \frac{1430\,\text{kpcm}}{80\,\text{cm}} = 17{,}9\,\text{kp}$$

b) Schraube mit Spitzgewinde

Die Schraube mit Spitzgewinde ist dargestellt in Abb. 29,3a und wird ausgeführt beim genormten metrischen Gewinde mit einem Spitzenwinkel $\beta = 60°$, beim früher gebräuchlichen WITHWORTH-Gewinde mit $\beta = 55°$. Wir haben es hier mit einer Keilnutreibung zu tun gemäß Abschn. 26c, wobei der halbe Keilnutwinkel δ in Abb. 29,3b eingetragen ist. Es ist zweckmäßig, die Reibung mit dem halben Spitzenwinkel

---

[1] Siehe Abschn. 51.

zu berechnen, wobei sich

$$\beta/2 = 90° - \delta$$

ergibt (Abb. 29,3 b).

Die Belastung G ruft gemäß Abb. 29,3 b auf beiden Seiten eine Normalkraft $F_N = \dfrac{G/2}{\cos \beta/2}$ hervor. Damit wird

$$F_R = 2\,\mu \cdot F_N = \frac{2\,\mu \cdot G/2}{\cos \beta/2} = \frac{\mu}{\cos \beta/2}\,G$$

Wir setzen ähnlich der Gleichung für die Keilnutreibung Gl. (26,7) den

Reibwert für Spitzgewinde $\boxed{\mu' = \dfrac{\mu}{\cos \beta/2} = \tan \varrho'}$ (29,8)

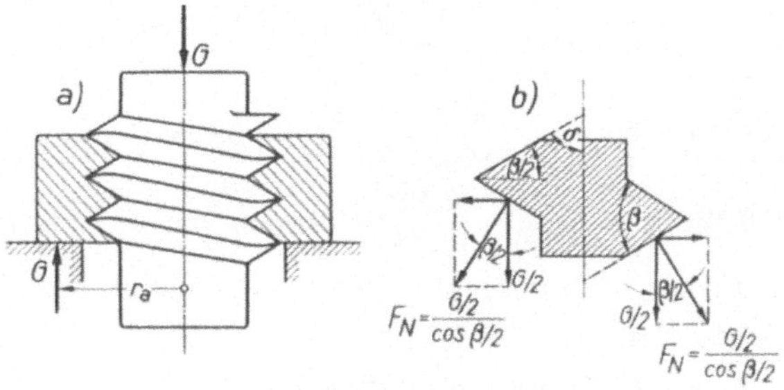

Abb. 29,3. Reibung beim Spitzgewinde

Hierin bedeutet β den Spitzenwinkel des Gewindes. Dann ergeben sich die Gleichungen zur Berechnung des Momentes, und zwar mit Gl. (26,3) das

Moment zum Anziehen einer Mutter

$$\underline{M = G \cdot \tan (\alpha + \varrho')\, d_m/2} \qquad (29,9)$$

und mit Gl. (26,5) da $\alpha < \varrho'$ ist das

Moment zum Lösen einer Mutter

$$\underline{M' = G \cdot \tan (\varrho' - \alpha)\, d_m/2} \qquad (29,10)$$

Die Bedeutung der Größen entsprechen denen des Abschn. 26b. Hierzu kommt gegebenenfalls noch die Reibung der Mutter an der Auflage (Abb. 29,3 a) mit der Reibungskraft. $\mu_a \cdot G$ am Hebelarm r_a, so daß das Gesamtdrehmoment *zum Anziehen* einer Mutter

$$M_{ges} = M + M_a = G\left[\tan (\alpha + \varrho')\, d_m/2 + \mu_a \cdot r_a\right] \qquad (29,11a)$$

und *zum Lösen* einer Mutter

$$M'_{ges} = M + M_a = G\left[\tan (\varrho' - \alpha)\, d_m/2 + \mu_a \cdot r_a\right]. \qquad (29,11b)$$

Bei Schrauben mit metrischem Gewinde ist der Spitzenwinkel $\beta = 60°$. Damit wird $\cos \beta/2 = \cos 30° = 0{,}866$ und $\mu' = \dfrac{\mu}{\cos \beta/2} =$

$\dfrac{\mu}{0{,}866} = 1{,}155\,\mu$. Die Reibzahl des Spitzgewindes ist also um 15,5% größer als die des Flachgewindes. *Das Spitzgewinde eignet sich* also *besonders für Befestigungsschrauben.* Der schlechtere Wirkungsgrad ist hierbei ohne Bedeutung.

Beispiel: Durch Anziehen der Mutter soll in einer Schraube M 36 eine Längskraft von 7,5 Mp erreicht werden. Die Reibzahl der Schraube sowie die an der Auflage der Mutter sei $\mu = 0{,}12$. Der Hebelarm der Reibungskraft an der Mutterauflage wird mit $r_a = 21$ mm angenommen. Berechne a) das Drehmoment zum Anziehen der Mutter, b) die Kraft zum Anziehen der Mutter mit einem Schlüssel von der Länge $l = 1{,}00$ m, c) die Kraft zum Lösen der Mutter mit dem vorgenannten Schlüssel.

Lösung: Gegeben: Schraubengewinde M 36. Dafür ergibt sich nach der Schraubentabelle, Anhang Tabelle 26:

$$d = 36 \text{ mm } \varnothing\,;\; d_1 = 30{,}8 \text{ mm } \varnothing\,;\; d_m = \frac{d + d_1}{2} = \frac{(36 + 30{,}8)\,\text{mm}}{2} = 33{,}4 \text{ mm } \varnothing\,;$$

$$h = 4 \text{ mm};\quad \tan\alpha = \frac{h}{\pi \cdot d_m} = \frac{4}{\pi \cdot 33{,}4} = 0{,}0382;\quad \alpha = 2°\,11';$$

$$\mu = 0{,}12;\quad \mu' = \frac{\mu}{0{,}866} = \frac{0{,}12}{0{,}866} = 0{,}1386 = \tan\varrho';\quad \varrho' = 7°\,53';$$

$$\mu_a = 0{,}12;\quad r_a = 21 \text{ mm};\quad G = 7500 \text{ kp};\quad l = 1{,}0 \text{ m}.$$

a) Nach Gl. (29,11 a)

$$M_{\text{ges}} = G\left[\tan(\alpha + \varrho')\,d_m/2 + \mu_a \cdot r_a\right]$$

$$= 7500 \text{ kp}\left[\tan(2°\,11' + 7°\,53')\frac{3{,}34}{2} + 0{,}12 \cdot 2{,}1\right]\text{cm}$$

$$= 4113 \text{ kpcm}$$

b)
$$M_{\text{ges}} = F \cdot l;\quad F = \frac{M_{\text{ges}}}{l} = \frac{4113 \text{ kpcm}}{100 \text{ cm}} \approx 41 \text{ kp}$$

c) Zum Lösen der Mutter unter der Belastung $G = 7500$ kp ergibt sich nach Gl. (29,11 b)

$$M'_{\text{ges}} = G\left[\tan(\varrho' - \alpha)\,d_m/2 + \mu_a \cdot r_a\right]$$

$$= 7500 \text{ kp}\left[\tan(7°\,53' - 2°\,11')\frac{3{,}34}{2} + 0{,}12 \cdot 2{,}1\right]\text{cm}$$

$$= 7500 \text{ kp}\left[\tan 5°\,42'\,\frac{3{,}34}{2} + 0{,}12 \cdot 2{,}1\right]\text{cm}$$

$$= 3140 \text{ kpcm}$$

$$M'_{\text{ges}} = F' \cdot l;\quad F' = \frac{M'_{\text{ges}}}{l} = \frac{3140 \text{ kpcm}}{100 \text{ cm}} = 31{,}4 \text{ kp}.$$

30. Zapfenreibung

a) Tragzapfenreibung

Ein Tragzapfen ist der zylindrische Teil einer belasteten Welle, der Stützkräfte auf sein Lager überträgt. Wird eine Druckkraft F auf die untere Lagerhälfte ausgeübt, so treten an der Berührungsfläche radial gerichtete Normalkräfte auf. Damit sich jedoch der Zapfen im Lager leicht drehen kann, ist ein geringer Spielraum zwischen Zapfen und Lagerfläche zur Aufnahme des Schmierstoffes erforderlich. Dann wird der Zapfen am meisten von dem unteren Teile der Lagerfläche getragen. Abb. 30,1a zeigt die Verteilung des Lagerdruckes über die Lagerfläche. Beim stillstehenden Zapfen ist der Lagerdruck in der Mitte des Zapfens am größten und nimmt nach den Seiten hin bis Null ab, da das Öl dort abfließen kann.

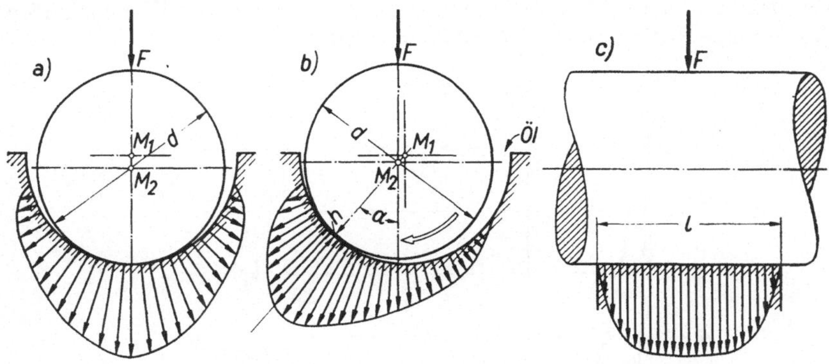

Abb. 30,1. Verteilung der Flächenpressung bei Traglagern über der Lagerfläche
a) bei stillstehendem Zapfen, b) bei umlaufendem Zapfen, c) in Richtung der Welle

Wir berechnen die Flächenpressung als Quotient aus der Lagerkraft und der Projektionsfläche des Lagers. Wegen der ungleichen Verteilung der Lagerkraft geben wir sie an als

$$\textit{mittlere Flächenpressung} \quad \boxed{p_m = \frac{F}{d \cdot l}} \quad \text{z. B. in kp/cm}^2 \quad (30,1)$$

Hierin bedeutet
F = Lagerkraft z. B. in kp,
d = Zapfendurchmesser in cm,
l = Lagerlänge in cm.

Die zulässige Flächenpressung bei Querlagern ist von der Ausführung und Werkstoffpaarung des Lagers, von der Art der Schmierung und der Kühlung abhängig und kann bei kleineren Zapfenumfangsgeschwindigkeiten im allgemeinen größer als bei größeren Geschwindigkeiten gewählt werden. Da sich im Stillstand Zapfen und Lagerfläche metallisch berühren, weil der Schmierstoff an den am stärksten belasteten Stellen ausweicht, ist beim *Beginn des Umlaufes* anfangs mit *trockener Reibung* zu rechnen. Nach Eintritt der Bewegung wird aber das Öl vom Zapfen mitgenommen. Es bildet sich ein schlanker, gekrümmter Ölkeil, der den Zapfen anhebt und gleichzeitig so weit zur Seite drückt, bis Gleichgewicht vorhanden ist (Abb. 30,1b). Er steigt um so höher hinauf, je größer die Umfangsgeschwindigkeit des Zapfens ist. Das Maß h auf dem Schenkel des Verlagerungswinkels α gibt die Dicke der Schmierschicht an der engsten Stelle zwischen Zapfen und

Lagerschale an. Sie ist maßgebend für den Reibungswiderstand des Lagers.

STRIBECK[1] hat bereits um 1900 diese Verhältnisse untersucht und die in Abb. 30,2 wiedergegebenen Kurven der Reibzahl des Tragzapfens beim Gleitlager in Abhängigkeit von der Zapfen-Umfangsgeschwindigkeit gefunden. Links vom Kleinstwert haben wir *Mischreibung*, bei der der Schmierdruck allein nicht ausreicht, die Oberflächenunebenheiten von Zapfen und Lagerschale zu trennen und die Lagerkraft zu tragen. Reibzahl und Verschleiß hängen hier von den besonderen Eigenschaften des Schmierstoffes und der Gleitflächen ab.

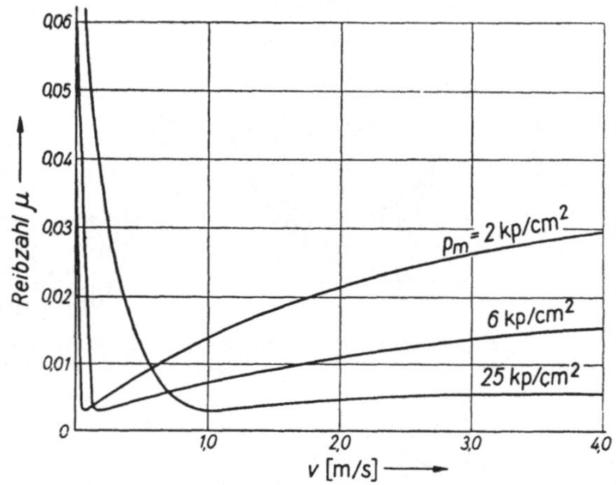

Abb. 30,2. Reibzahl für Ringschmierlager in Abhängigkeit von der Zapfenumfangsgeschwindigkeit bei verschiedener Flächenpressung p_m nach STRIBECK

Rechts vom Kleinstwert haben wir das Gebiet der *Flüssigkeitsreibung (Schwimmreibung)*, bei dem die Gleitflächen durch einen Schmierfilm getrennt sind. Der Schmierdruck trägt die Last F, so daß kein Verschleiß entsteht. In diesem Gebiet ist für die Reibzahl die Viskosität des Schmierstoffes von Bedeutung. Die Druckverteilung bei umlaufendem Zapfen zeigt Abb. 30,1b. Das Druckmaximum liegt in Umlaufrichtung kurz vor der engsten Stelle zwischen Zapfen und Lagerschale.

Zahlentafel 3 gibt einige Erfahrungswerte der Reibzahl der Tragzapfenreibung[2].

Mit der Reibzahl μ ergibt sich das

$$\text{\textit{Reibmoment des Traglagers }} M_{Tr} = \mu \cdot F \cdot d/2 \qquad (30,2)$$

Hierin bedeuten:

F = Lagerbelastung z. B. in kp,
d = Zapfendurchmesser z. B. in cm,
M_{Tr} ergibt sich dann in kpcm.

---

[1] STRIBECK, R.: Die wesentlichen Eigenschaften der Gleit- und Rollenlager. Z. VDI 1920, S. 1341, 1432, 1463 und VDI-Forsch. H. 7.
[2] NIEMANN, G.: Maschinenelemente, 1. Bd. S. 241, Tafel 15/1, Springer 1963.

Zahlentafel 3. *Erfahrungswerte der Reibzahl μ bei der Tragzapfenreibung*

Lagerart	Anlauf-reibung	Misch-reibung	Schwimm-reibung
Fettschmiernng, Bronze-Lagerschale . .	0,12	0,05 $\cdots$ 0,1	—
Öl-D chtschmierung	0,14	0,04 $\cdots$ 0,07	0,014
Ringschmierlager in Weißmetallschale .	0,24	—	0,0017 $\cdots$ 0,003
in Bronzeschale	0,14	—	0,003 $\cdots$ 0,005
in Gußeisenschale . .	0,14	0,02 $\cdots$ 0,1	0,004 $\cdots$ 0,008
Reichsbahnachslager in Weißmetallschale	0,24	—	0,006

b) Spurzapfenreibung

Unter einem Spurzapfen versteht man einen Zapfen, der an seiner Stirnfläche gestützt wird und in Achsrichtung belastet ist. Ist ein Spurzapfen noch nicht eingelaufen, so kann man bei genauer Herstellung annehmen, daß die Belastung über die Stirnfläche gleichmäßig verteilt ist (Abb. 30,3).

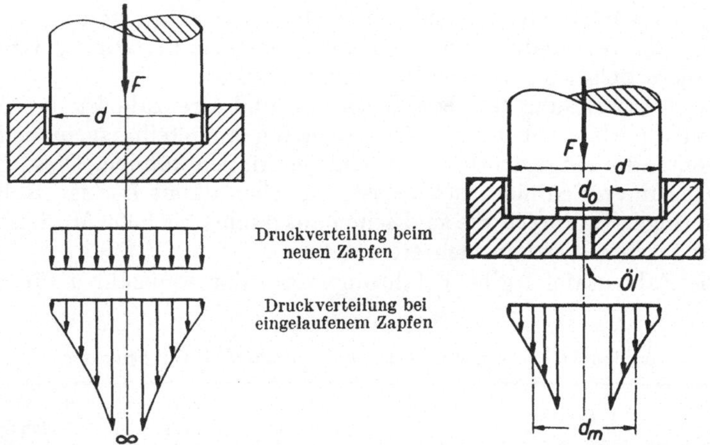

Abb. 30,3. Spurzapfen und seine Druckverteilung vor und nach Einlauf   Abb. 30,4. Spurzapfen bei ebener Spurplatte und ringförmigem Auflager

Beim eingelaufenen Zapfen ist infolge der Abnutzung die Flächenpressung, d. i. die Belastung je Flächeneinheit, nicht mehr gleichmäßig verteilt. Da die Umfangsgeschwindigkeit von außen nach innen abnimmt und in der Mitte gleich Null ist, nimmt auch die Abnutzung von außen zum Mittelpunkt hin ab, so daß die Flächenpressung jetzt nicht mehr gleichmäßig ist, sondern außen gering, zum Mittelpunkt hin anwächst und hier den Wert Unendlich erreichen muß (Abb. 30,3). Es muß also die Innenzone allmählich zermahlen werden. Man begegnet dieser Schwierigkeit beim Stützlager durch Aussparung der Innenzone. Abb. 30,4 zeigt ein solches Spurlager mit der dort herrschenden Druckverteilung. Der *mittlere Flächendruck* wird dann berechnet aus

$$p_m = \frac{F}{\frac{\pi}{4}(d^2 - d_0^2)} \qquad \text{z. B. in kp/cm}^2 \qquad (30,3)$$

Unter der Annahme, daß die Reibkraft am mittleren Ringdurchmesser d_m angreift, ergibt sich das

$$\text{\textit{Reibmoment des Spurlagers}} \quad \underline{M_{Sp} = \mu \cdot F \cdot d_m/2} \qquad (30{,}4)$$

Hierin bedeutet:

F = axiale Lagerbelastung z. B. in kp,

d = Zapfendurchmesser z. B. in cm,

d_0 = Durchmesser der inneren Aussparung z. B. in cm,

$d_m = \dfrac{d + d_0}{2}$ = mittlerer Durchmesser z. B. in cm,

p_m = mittlere Flächenpressung, ergibt sich dann in kp/cm^2,

M_{Sp} = Reibungsmoment, ergibt sich dann in kpcm.

Ring-Spurlager mit ebenem Spurring können mangels eines Anstellwinkels zwischen den Gleitflächen nur geringen Schmierdruck erzeugen, haben darum meist auch nur halbflüssige Reibung. Sie sind daher nur belastbar für $p_m = 3$ bis 8 kp/cm^2 und gestatten nur mittlere Gleitgeschwindigkeiten am mittleren Durchmesser d_m von $v_m = 5$ bis 10 m/s. Bei Verwendung von Drucköl können sie in geringen Grenzen für höhere Belastung verwendbar gemacht werden.

Die beste Lösung für jede Belastung und Drehzahl ist das Kippsegment-Spurlager, bei dem der Lagerring aufgeteilt ist in einzelne Segmente, die entgegen der Drehrichtung kippen können. Diese Lager erzeugen ihren Schmierdruck selbst, erreichen damit flüssige Reibung und geringen Reibwert. Sie sind schon ausgeführt bis 5000 Mp Last und Zapfendurchmesser von mehreren Metern.

Die Zahlentafel 4 gibt Erfahrungswerte der Reibzahl μ für Spurlager[1].

Zahlentafel 4. *Erfahrungswerte der Reibzahl μ für Spurlager*

Lagerart	Anlauf-reibung	Misch-reibung	Schwimm-reibung
Zapfen-Spurlager mit Weißmetallager	0,25	0,05$\cdots$0,1	—
Kippsegment-Lager mit Weißmetallager	0,25	—	0,0015$\cdots$0,004

31. Rollwiderstand

a) Allgemeine Gesetze

Ein zylindrisches Rad berührt geometrisch betrachtet eine horizontale Ebene in einer Linie. Bei Belastung des Rades z. B. durch die Eigengewichtskraft G würde in dieser Linie eine unendlich große „Flächenpressung" entstehen. Dadurch tritt eine *Verformung* der Körper ein: Das Rad plattet sich ab, wie man es an einem Gummireifen beobachten kann; die Unterlage wird unter Bildung zweier Wülste längs des Zylinders eingedrückt, wie man es z. B. bei einem Rad auf

---

[1] Fußnote [2], S. 104.

einer Gummiunterlage feststellen kann. Die Verformungen können entweder nach der Entlastung wieder zurückfedern (Gummirad, elastische Verformung) oder, soweit es die Unterlage betrifft, auch bleibend sein (Lehmboden, plastisch). Bei der Rollbewegung werden laufend neue Stellen verformt, wobei für elastische Verformung diese nach der Entlastung wieder zurückfedern. Man spricht dabei von *elastischer Nachwirkung*.

Durch die Verformung tritt eine *innere Reibung* auf, außerdem findet beim Eindringen des Rades in die Unterlage ein teilweises „Schlüpfen" statt, d. h. ein gegenseitiges *Gleiten* von Oberflächenteilchen, das *Gleitreibung* zur Folge hat. Es muß also, damit die Rollbewegung aufrecht erhalten wird, dauernd eine antreibende Kraft F auf das Rad einwirken, um alle diese Widerstände, die man unter dem Namen *Rollwiderstand* zusammenfaßt, zu überwinden.

Abb. 31,1 zeigt die Kräfteuntersuchung an einem Rade auf horizontaler Ebene bei vorhandenem Rollwiderstand. Ist die antreibende Kraft F_r im Drehpunkt des Rades mit dem Rollwiderstand F_{R_r} im Gleichgewicht, so muß die Resultierende F_M aus

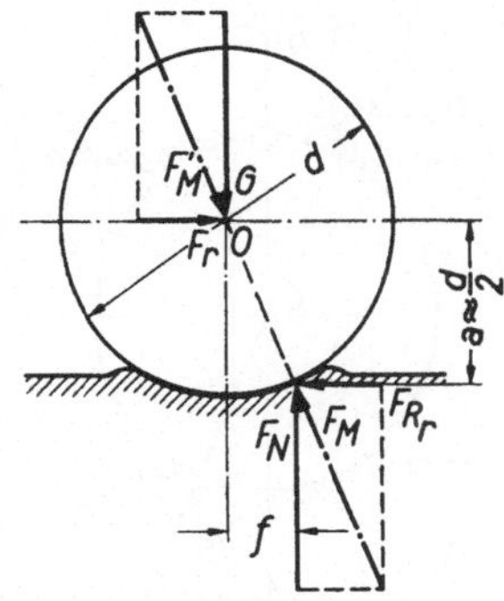

Abb. 31,1. Rad auf horizontaler Ebene mit Rollwiderstand

$F_N = G$ und F_{R_r} durch den Angriffspunkt von F_r (dem Drehpunkt O des Rades) gehen und es muß die entgegengesetzt gerichtete Resultierende F_M' zugleich die Resultierende von G und F_r sein. Nach den Gleichgewichtsbedingungen ergibt sich dann

$$\sum F_x = 0: \qquad F_r - F_{R_r} = 0; \qquad F_r = F_{R_r}$$

$$\sum F_y = 0: \qquad F_N - G = 0; \qquad F_N = G$$

$$\sum M_0 = 0: \quad F_{R_r} \cdot a - F_N \cdot f = 0$$

Für die verhältnismäßig kleine Verformung ist annähernd

$$a \approx d/2$$

Also ist der

$$\text{\textit{Rollwiderstandskraft}} \quad \boxed{F_{R_r} = \frac{f}{d/2}\, F_N} \qquad (31,1)$$

Hierin ist:

$\dfrac{f}{d/2}$ = Rollreibzahl, unbenannte Zahl, mit $f = $ Hebelarm des Rollwiderstandes z. B. in cm und d = Durchmesser des Rades in gleicher Einheit wie f z. B. in cm,

F_N = Normalkraft z. B. in kp. F_N ist gleich der gesamten Anpreßkraft, d. h. gleich der Summe der zur Fahrbahn senkrechten Komponenten der äußeren Kräfte,

F_{R_r} ergibt sich dann in kp.

Die Größe f ist zwar annähernd konstant, bestimmt durch den Werkstoff des Rades und der Unterlage. Strenggenommen enthält sie aber eine Reihe von Einflüssen, die von diesen unabhängig sind. Zum Beispiel ist die elastische Nachwirkung von der Rollgeschwindigkeit abhängig, diese unterstützt aber die Rollbewegung. Die Rollreibzahl wird ferner um so kleiner, je größer der Durchmesser des Rollkörpers ist.

Wir bezeichnen vielfach in Anlehnung an die Lehre von der Gleitreibung die *Rollreibzahl* mit

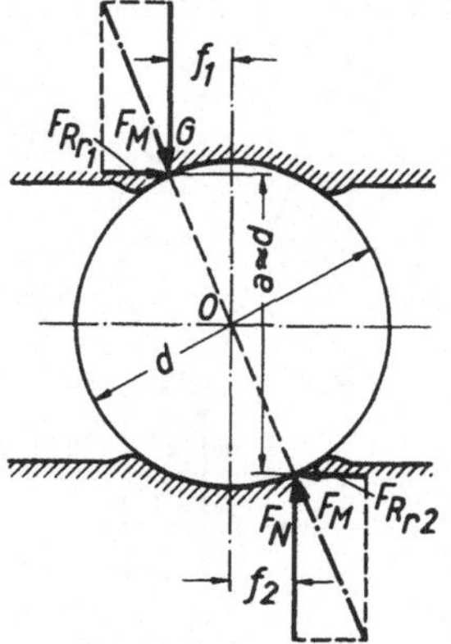

Abb. 31,2. Rollkörper zwischen zwei horizontalen Ebenen

$$\mu_r = \frac{f}{d/2} \qquad (31,2)$$

Für ein Stahlrad mit $d = 100$ cm auf einer Stahlschiene ist z. B. $f = 0,05$ cm. Damit wird $\mu_r = \dfrac{f}{d/2} = \dfrac{0,05}{100/2} = 0,001$. Wie bei der Gleitreibung gibt die *Rollreibzahl* den *Anteil der Rollwiderstandskraft von der Normalkraft* an.

Werden zwei parallele Ebenen unter Zwischenschaltung eines Rollkörpers bewegt (Abb. 31,2), wobei die Antriebskraft an der oberen Ebene und nicht im Rollendrehpunkt angreift, wie z. B. bei Kugelstühlen, so tritt an beiden Ebenen eine Rollwiderstandskraft auf. Hierbei ist

$$F_N = G$$

Aus $\Sigma\, M_0 = 0 : -\, G \cdot f_1 - F_N \cdot f_2 + F_{R_{r_1}} \cdot a/2 + F_{R_{r_2}} \cdot a/2 = 0$

Nimmt man an, daß die Rollwiderstandskräfte der beiden parallelen Ebenen gleich sind, d. h. $f_1 = f_2 = f$, also auch $F_{R_{r_1}} = F_{R_{r_2}}$ ist und wird hier $a \approx d$ gesetzt, so ergibt sich

$$F_N\,(f_1 + f_2) = 2\,F_N \cdot f = 2\,F_{R_r} \cdot d/2$$

$$F_{R_r} = \frac{f}{d/2}\,F_N$$

Da diese Gleichung der Gl. (31,1) entspricht, ist zu folgern: Der Rollwiderstand eines Rollkörpers auf der Ebene bei Angriff der Bewegungskraft in seinem Drehpunkt entspricht dem eines Rollkörpers, der zwischen zwei parallelen Ebenen bewegt wird.

Beispiel: Ein Maschinenteil mit der Gewichtskraft 2,5 Mp soll auf Rohren von 200 mm Durchmesser auf einer waagerechten Asphaltstraße fortgerollt werden. Der Hebelarm des Rollwiderstandes zwischen Rohr und Maschinenteil beträgt 0,05 cm und zwischen Rohr und Asphaltstraße 0,12 cm. Welche horizontale Kraft ist erforderlich? (Abb. 31,3.)

Lösung: Gegeben: $G = 2500$ kp; $d = 200$ mm $= 20$ cm $\varnothing$; $f_1 = 0,05$ cm; $\qquad f_2 = 0,12$ cm.

Im Gegensatz zu Abb. 31,2 sind die Hebelarme des Rollwiderstandes in Abb. 31,3 an den beiden Ebenen verschieden. Man kann sich die Kräfte von mehreren Rohren als Rollkörper an einem derselben vereinigt denken. Dann ist

$$F \cdot d = G \left(f_1 + f_2 \right)$$

$$F = \frac{G \left(f_1 + f_2 \right)}{d} = \frac{2500 \text{ kp} \left(0{,}05 + 0{,}12 \right) \text{cm}}{20 \text{ cm}} = 21{,}3 \text{ kp}$$

Beispiel: Eine Walze zum Einebnen hat 0,75 m Durchmesser und 0,9 Mp Gewichtskraft und benötigt zum Fortrollen 146 kp. Wie groß ist der Hebelarm des Rollwiderstandes bei Vernachlässigung der Zapfenreibung?

Nach Gl. (31,1):

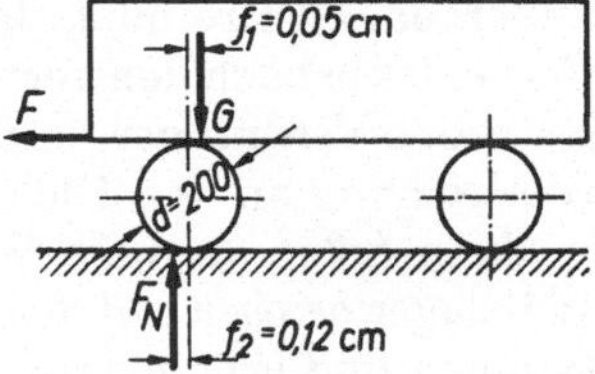

$$F_{R_r} = \frac{f}{d/2} F_N$$

$$f = \frac{F_{R_r} \cdot d}{2 \, F_N} = \frac{146 \text{ kp} \cdot 75 \text{ cm}}{2 \cdot 900 \text{ kp}} = 6{,}1 \text{ cm}$$

Abb. 31,3. Fortrollen eines Maschinenteiles auf Rollkörpern

b) Rollwiderstand von Wälzlagern

Wir haben gesehen, daß die Gleitreibung sehr niedrig werden kann, wenn es gelingt, soviel Schmierstoff zwischen die Gleitflächen zu bringen, daß die Berührung der Unebenheiten der Gleitflächen ausgeschlossen ist. Wir nannten diesen Zustand flüssige Reibung oder Schwimmreibung. In *Gleitlagern* ist gemäß Abb. 30,2 die Schwimmreibung je nach der Flächenpressung unterschiedlich erst bei Überschreitung einer gewissen Gleitgeschwindigkeit, also Drehzahl möglich. In jedem Falle durchläuft ein Gleitlager beim Anlauf die Bereiche der trockenen Reibung und der Mischreibung. Für Gleitlager, die im Dauerbetrieb im Bereich der Schwimmreibung arbeiten, haben wir verhältnismäßig günstige Reibzahlen. Beim Anfahren liegen dagegen die Reibzahlen drei- bis mehrfach so hoch. Aber auch bei höherer Flächenpressung oder kleineren Zapfenumfangsgeschwindigkeiten kommen wir bei Gleitlagern in das Gebiet der Mischreibung und erhalten höhere Reibzahlen.

Beim *Wälzlager* haben wir im Dauerbetrieb insbesondere bei höheren Drehzahlen nicht immer günstigere Reibwerte als bei Gleitlagern. Dagegen sind die Reibungswiderstände beim Anlauf nicht höher als im Dauerbetrieb. Die Lagerung von Wellen und Achsen für *stark unterbrechenden Betrieb* werden darum *vorteilhaft mit Wälzlagern* ausgebildet. Ein Beispiel hierfür ist die Wälzlagerausführung in den Radsätzen der Förderwagen. Weitere Vorteile der Wälzlager gegenüber Gleitlagern sind die einfache und fast *wartungsfreie Dauerschmierung* bei sehr geringem Schmierstoffverbrauch und die *höhere Tragfähigkeit* je cm Lagerbreite. Außerdem sind Wälzlager bezüglich Abmessurgen, Qualität, zulässiger Belastung und Lebensdauer *weitgehend genormt*.

Ein vollständiges Wälzlager, sowohl als Quer- wie als Längslager ausgeführt, besteht aus zwei Laufringen und den dazwischen angeordneten Wälzkörpern, die durch einen Käfig aus weicherem Werkstoff voneinander getrennt und auch zusammengehalten werden. Als Wälzkörper dienen Kugeln oder Rollen, letztere als Zylinder-, Kegel-, Tonnen- oder Nadelrollen.

Für die Reibungsverhältnisse im Wälzlager haben wir den in Abb. 31,2 dargestellten Fall, nur werden die Wälzkörper zwischen gewölbten Flächen bewegt. Es treten aber Rollwiderstandskräfte sowohl beim Innenring wie beim Außenring auf. Daneben haben wir aber noch Gleitreibung an den Wälzflächen, wenn die Lagerkraft nicht senkrecht auf die Drehachse gerichtet ist (z. B. beim sog. Hochschulterlager), außerdem Gleitreibung der Walzkörper am Käfig und an den Borden. Ferner ist je nach den verwendeten Schmiermitteln eine mehr oder weniger große Verdränger- und Walkarbeit notwendig. Schließlich tritt noch Gleitreibung an den Dichtungen des Lagers auf.

Man faßt alle diese Widerstände in einem *ideellen Reibwert* μ_i für Wälzlager *bezogen auf den Umfang des Zapfens* vom Durchmesser d zusammen und erhält damit das

$$\text{Reibmoment des Wälzlagers } \underline{M_R = \mu_i \cdot F \cdot d/2} \qquad (31.3)$$

Hierin bedeuten:

F = Lagerkraft z. B. in kp,
d = Zapfendurchmesser z. B. in cm,
M_R ergibt sich dann in kpcm.

Der ideelle Reibwert μ_i bezogen auf den Zapfenumfang beträgt etwa
bei Rillenkugellagern   0,0013
„ Pendelkugellagern   0,0008
„ Zylinderrollenlagern   0,0010
„ Kegelrollen- und Pendelrollenlagern   0,0018

Die Werte gelten für höhere Belastung, kleinere Zapfendurchmesser und sparsame Schmierung. Außerdem gelten sie für mittlere Lagerluft. Die Reibwerte können bei geringerer Lagerluft, vor allem aber bei unsachgemäßem Einbau der Wälzlager bedeutend steigen.

32. Fahrwiderstand

Zur Fortbewegung eines Wagens auf horizontaler Fahrbahn muß der Zapfenreibungswiderstand in den Achslagern und der Rollwiderstand der Räder auf der Fahrbahn überwunden werden. Bei Schienenfahrzeugen kommt noch die Spurkranzreibung hinzu. Die Zugkraft am Haken wird auf die Achsen übertragen. Betrachten wir gemäß Abb. 32,1 die Gleichgewichtsverhältnisse am Rade eines Schienenfahrzeuges, so ergibt sich, daß die Achslager mit dem Gesamtgewicht des Fahrzeuges abzüglich Eigengewicht der Radsätze belastet sind, das mit F_Q bezeichnet

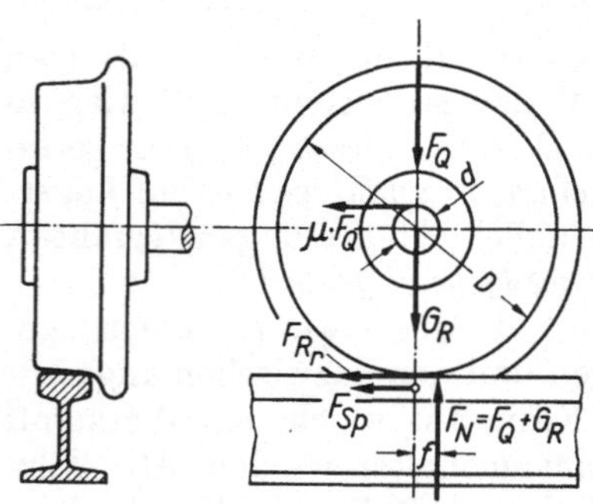

Abb. 32,1. Fahrwiderstand am Rad eines Schienenfahrzeuges

werden soll. Die Räder wirken aber auf die horizontale Schiene mit F_Q zuzüglich Radsatzgewicht, das wir mit G_R bezeichnen wollen.

Für die *Zapfenreibung* ergibt sich mit dem Reibwert μ_i gemäß Gl. (31,3)

$$M_z = \mu_i \cdot F_Q \frac{d}{2}$$

bezogen auf den Radumfang ist das Reibungsmoment des Zapfens

$$M_z = F_{R_z} \frac{D}{2} = \mu_i \cdot F_Q \frac{d}{2}$$

$$F_{R_z} = \mu_i \cdot F_Q \frac{d}{D} \tag{32,1 a}$$

Gl. (32,1a) gibt den Anteil der Zugkraft zur Überwindung der Zapfenreibung an.

Für die *Rollwiderstandskraft* ergibt sich nach Gl. (31,1)

$$F_{R_r} = \frac{f}{D/2} (F_Q + G_R) \tag{32,1 b}$$

Der Anteil des Radsatzgewichtes G_R am Gesamtgewicht G des Fahrzeuges ist nur bei schweren Schienenfahrzeugen, wie z. B. bei Eisenbahnen, beachtlich. Bei Förderwagen ist der Anteil des Radsatzgewichtes jedoch verhältnismäßig gering, so daß aus Gründen der Vereinfachung der Unterschied zwischen F_Q und $G = F_Q + G_R$ vernachlässigt wird und in beiden Fällen mit der Gewichtskraft des gesamten Wagens G gerechnet wird.

Die Gesamt-Widerstandskraft aus rollender Reibung am Radsatz ergibt sich dann zu

$$F_R = \mu_R \cdot G = \frac{\mu_i \cdot d + 2\,f}{D} \, G \tag{32,1c}$$

Die *Spurkranzreibung* läßt sich für das Durchfahren gerader Strecken nicht rechnerisch erfassen, da sie nur durch das Schlingern des Wagens hervorgerufen wird. In der Kurve tritt dagegen eine Spurkranzreibung auf, die mit Achsstand und Spurweite zu- und mit dem Kurvenhalbmesser abnimmt.

Mit μ_{Sp}, der Reibzahl der Spurkranzreibung, ergibt sich diese zu

$$F_{Sp} = \mu_{Sp} \cdot G \tag{32,2}$$

Die gesamte Widerstandskraft eines Schienenfahrzeuges ist dann die Summe der einzelnen auf den Radumfang bezogenen Widerstandskräfte

$$F_{ges} = F_R + F_{Sp}$$

Sie wird bezeichnet als *Fahrwiderstand* und es ist der

$$\text{\textit{Fahrwiderstand }} F_F = G(\mu_R + \mu_{Sp}) = G \cdot \mu_f \tag{32,3}$$

Hiermit ergibt sich der *Reibwert des Fahrwiderstandes* eines Schienenfahrzeuges

$$\mu_f = \frac{\mu_i\, d + 2\,f}{D} + \mu_{Sp} = \mu_R + \mu_{Sp} \tag{32,4}$$

Gl. (32,3) des Fahrwiderstandes bzw. Gl. (32,4) des Reibwertes zeigen die Einflußgrößen der Widerstandskräfte, soweit sie überhaupt rechnerisch erfaßt werden können. Tatsächlich läßt sich der Fahrwiderstand aber nur insgesamt durch Versuche ermitteln, zumal einige weitere Einflüsse hinzukommen, die nicht vorausbestimmt werden können. Diese sind: zusätzliche Widerstände infolge Unebenheiten der Fahrbahn sowie Verschmutzungen, Luftwiderstand, zusätzlicher Widerstand in Krümmungen und Weichen.

Der Luftwiderstand ist für alle Wettergeschwindigkeiten und die geringe Fahrgeschwindigkeit der Grubenbahn vernachlässigbar klein. Alle anderen Einflüsse sind sehr unterschiedlich.

Bei der Messung des Fahrwiderstandes in geraden und gekrümmten Bahnen sollte man unterscheiden zwischen

dem Fahrwiderstand der Förderwagen im Zugverband und

dem Fahrwiderstand des frei ablaufenden Einzelwagens.

Den Fahrwiderstand eines frei ablaufenden Einzelwagens kann man auf Ablaufbergen mit einer Neigung α wenig größer als dem Reibungswinkel ϱ_f des Fahrwiderstandes ($\mu_f = \tan \varrho_f$) bestimmen. Läuft der Wagen aus einer Überhöhung h auf der geneigten Bahnstrecke l in einer anschließenden horizontalen Bahn auf einer Strecke l_1 bis zum Stillstand aus, so ergibt sich der *Fahrwiderstand des frei ablaufenden Wagens*

$$\mu_f' = \frac{h}{l + l_1}$$

Im allgemeinen ist μ_f' des frei ablaufenden Wagens größer als μ_f des gezogenen, da der frei ablaufende Wagen wegen des Schlingerns größere Spurkranzreibung hervorruft[1]. Das ist bei der Anlage der Umlaufbahn der Schächte zu beachten. Der Unterschied ist bei Förderwagen mit Kegelrollenlager-Radsätzen und vor allem bei Großraum-Förderwagen geringer.

Zum *Fahrwiderstand im Zugverband* wird auf Abschnitt 64 verwiesen.

33. Seilreibung

a) Allgemeine Grundgesetze

Ein ruhend über einer festen Scheibe liegendes Seil oder Band kann erfahrungsgemäß bzw. überlegungsgemäß auf einer Seite, z. B. links (Abb. 33,1) stärker belastet werden (F_{S_1}) als auf der anderen (F_{S_2}), ohne daß Bewegung eintritt. Es treten zwischen Seil und Scheibe Reibungskräfte, nämlich die *Seilreibung* auf, die einen Teil der Seilkraft F_{S_1} mittragen. Falls das Seil in gleichförmiger Bewegung über die Scheibe gezogen werden soll, muß F_{S_1} ebenfalls um einen bestimmten, zur Überwindung der Seilreibung benötigten Betrag größer sein als F_{S_2}.

---

[1] Die Veröffentlichung: OSTERMANN: Untersuchungen über den Fahrwiderstand frei ablaufender Förderwagen, Glückauf 71. Jg. (1935) S. 39/44, zeigt Ergebnisse an solchen zu dieser Zeit gebräuchlichen Förderwagen.

Dieser Betrag wird offenbar nicht nur durch die Reibzahl μ, sondern auch durch den Umschlingungswinkel α bestimmt.

Zur Berechnung betrachten wir ein kleines dem Umschlingungswinkel $d\varphi$[1] entsprechendes Seilstückchen von der Länge ds (Abb. 33,2a). An ihm greifen im Grenzfall der Ruhe bzw. der gleichförmigen Bewegung folgende Kräfte an:

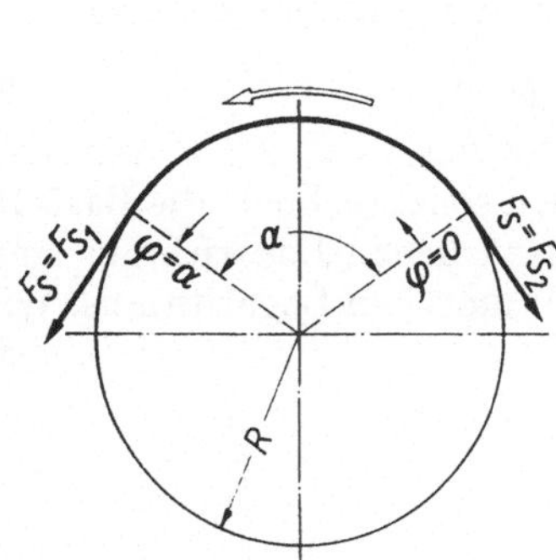

Abb. 33,1. Zur Seilreibung

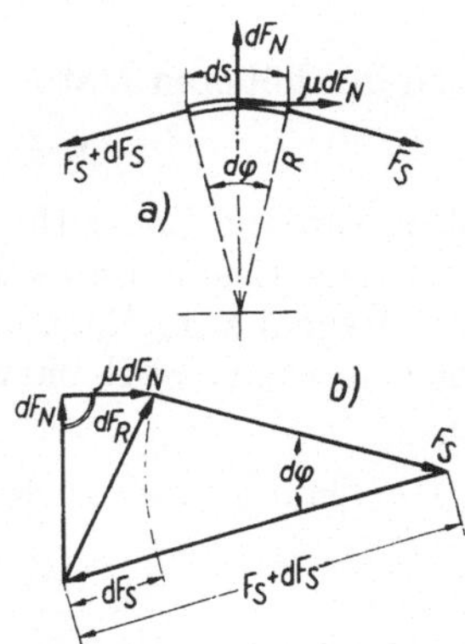

Abb. 33,2. Gleichgewichtsuntersuchung für Seilreibung an einem Seilstückchen

Die Seilkraft F_S vom weniger stark belasteten Seilende herrührend, $F_S + dF_S$ vom stärker belasteten Seilende herrührend, sowie der an dem sehr kleinen Seilstück herrschende Gesamtwiderstand dF_R mit den beiden Komponenten dF_N, der Normalkraft des Seilstückes ds auf die Scheibe, und der dazu senkrechten Reibkraft $\mu \cdot dF_N$.

Diese Kräfte müssen, da Gleichgewicht vorliegt, ein geschlossenes Krafteck bilden (Abb. 33,2b). Aus diesem Krafteck lassen sich folgende Beziehungen ablesen, die um so genauer gelten, je kleiner man $d\varphi$ macht:

$$dF_S = \mu \cdot dF_N$$

$$dF_N = (F_S + dF_S) \sin d\varphi = F_S \cdot d\varphi + dF_S \cdot d\varphi$$

Dabei ist $\sin d\varphi = d\varphi$ gesetzt. Da dF_S und $d\varphi$ zwei sehr kleine Größen sind, wird ihr Produkt unendlich klein. Wir nennen ein Produkt $dF_S \cdot d\varphi$ „klein höherer Ordnung" und es ist deshalb vernachlässigbar. Damit wird

$$dF_N = F_S \cdot d\varphi$$

Daraus folgt:

$$dF_S = \mu \cdot F_S \cdot d\varphi \quad \text{oder} \quad \frac{dF_s}{F_s} = \mu \cdot d\varphi$$

Die Integration dieser Funktion für ein kleines Seilstückchen ergibt:

$$\int \frac{dF_s}{F_s} = \mu \cdot \int d\varphi$$

[1] Der Buchstabe d soll darauf hindeuten, daß es sich bei der betrachteten Größe um sehr kleine (unendlich kleine) Beträge handelt.

Wir integrieren zwischen den zu untersuchenden Grenzen, also auf der linken Seite von $F_S = F_{S_1}$ bis $F_S = F_{S_2}$ auf der rechten Seite von $\varphi = 0$ bis $\varphi = \alpha$ (Abb. 33,1) und schreiben dann

$$\int_{F_S=F_{S_2}}^{F_S=F_{S_1}} \frac{dF_S}{F_S} = \mu \cdot \int_{\varphi=0}^{\varphi=\alpha} d\varphi$$

Nach der höheren Mathematik ergibt sich aus diesem Integral

$$\ln F_{S_1} - \ln F_{S_2} = \mu \cdot \widehat{\alpha} \tag{a}$$

Der natürliche Logarithmus (ln) hat die Basis $e = 2{,}718$, während der BRIGGsche Logarithmus (lg), mit dem wir sonst rechnen, die Basis 10 hat. Die Regeln zum Rechnen mit dem natürlichen Logarithmus sind die gleichen, wie beim Rechnen mit dem BRIGGschen Logarithmus. Wir wissen

$$\ln a - \ln b = \ln \frac{a}{b} = x$$

$$\frac{a}{b} = e^x$$

Entsprechend ergibt sich aus Gl. (a)

$$\frac{F_{S_1}}{F_{S_2}} = e^{\mu\alpha}$$

Daraus folgt für den Grenzfall der Ruhe bzw. der gleichförmigen Bewegung die am stärksten belasteten Seilende wirkende

$$\textit{größte Seilkraft} \quad \boxed{F_{S_1} = F_{S_2} \cdot e^{\mu\alpha}} \tag{33,1}$$

Hierin ist

F_{S_2} = Seilvorspannkraft am weniger belasteten Ende z. B. in kp,
e = Basis des natürlichen Logarithmus = 2,718,
μ = Reibzahl der Ruhe bzw. der Bewegung, unbenannte Zahl,
$\widehat{\alpha}$ = Umschlingungswinkel im Bogenmaß

$$\frac{\widehat{\alpha}}{\alpha^\circ} = \frac{2\pi}{360^\circ} = \frac{\pi}{180^\circ} \; ; \quad \text{d. h. } \widehat{\alpha} = \alpha^\circ \frac{\pi}{180}$$

F_{S_1} ergibt sich dann in kp.

Die Gl. (33,1) gilt selbstverständlich in gleicher Weise für den Fall, daß das Seil ruht und die Scheibe sich dreht bzw. das Bestreben hat, sich zu drehen, oder auch für den Fall, daß sich *Scheibe und Seil bewegen*, jedoch dabei aufeinander Kräfte ausüben (Riementrieb).

$$e^{\mu\alpha} \textit{ ist stets größer als 1}$$

Anhang Tabellen 6···8 zeigen Werte für $e^{\mu\alpha}$. Außerdem ist $e^{\mu\alpha}$ in einem Schaubild Abb. 33,3 mit logarithmisch geteilter Ordinate in Abhängigkeit vom Umschlingungswinkel α für verschiedene Reibwerte μ dargestellt.

Eine vereinfachte Berechnung von $e^{\mu\alpha}$ ergibt sich wie folgt:

$$\ln e^{\mu\alpha} = \mu \,\widehat{\alpha} = \mu \,\alpha^\circ \,\frac{\pi}{180}$$

Da ferner $\ln x = 2{,}303 \lg x$

$$\lg e^{\mu\alpha} = \mu \,\alpha^\circ \,\frac{\pi}{2{,}303 \cdot 180}$$

$$\boxed{\lg e^{\mu\alpha} = \frac{\mu \cdot \alpha^\circ}{132}} \tag{33,2}$$

Beispiel: $\mu = 0{,}35$; $\alpha = 240^\circ$;

Lösung: Nach Gl. (33,2):

$$\frac{\mu \,\alpha^\circ}{132} = \frac{0{,}35 \cdot 240}{132} = 0{,}6365 = \lg e^{\mu\alpha}$$

$$e^{\mu\alpha} = 4{,}33$$

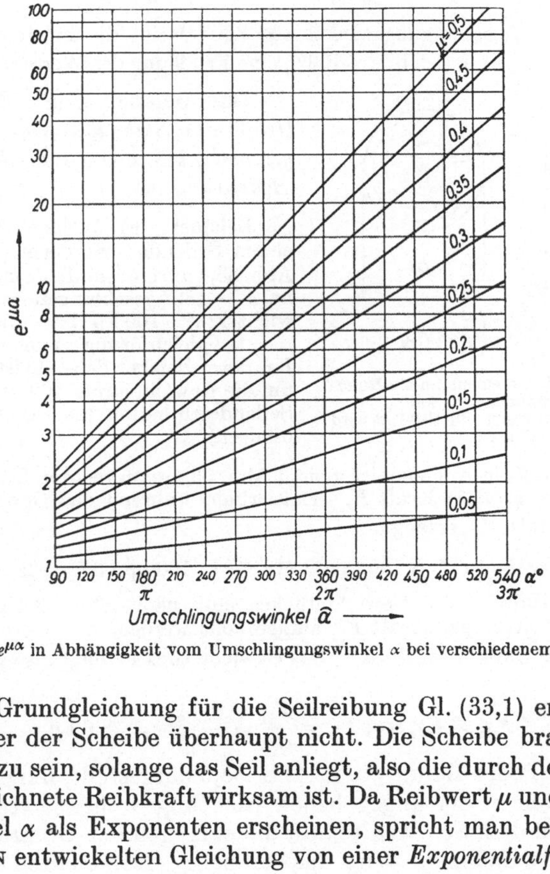

Abb. 33,3. $e^{\mu\alpha}$ in Abhängigkeit vom Umschlingungswinkel α bei verschiedenem Reibwert μ

In der Grundgleichung für die Seilreibung Gl. (33,1) erscheint der Durchmesser der Scheibe überhaupt nicht. Die Scheibe brauchte z. B. nicht rund zu sein, solange das Seil anliegt, also die durch den Reibwert μ gekennzeichnete Reibkraft wirksam ist. Da Reibwert μ und Umschlingungswinkel α als Exponenten erscheinen, spricht man bei dieser von EYTELWEIN entwickelten Gleichung von einer *Exponentialfunktion*.

Beispiel: Nach Anhang Tabelle 6 ergibt sich für $\mu = 0{,}2$ und $\alpha = 180^\circ$, d. h. $\alpha = \pi$: $e^{\mu x} = 1{,}87$. Um wieviel Prozent erhöht sich der Wert a) bei Verdoppelung

8*

des Reibwertes auf $\mu = 0{,}4$, b) bei Verdoppelung des Umschlingungswinkels auf $\alpha = 360°$, d. h. $\alpha = 2\pi$?

Lösung: a) Für $\mu = 0{,}4$ und $\alpha = 180° \cong \pi$ ergibt sich nach Anhang Tabelle 6

$$e^{\mu\alpha} = 3{,}50$$

$$p = \frac{3{,}50 - 1{,}87}{1{,}87} \cdot 100 = 87\%$$

Bei Erhöhung des Reibwertes um 100% erhöht sich der Wert $e^{\mu\alpha}$ um 87%.

b) Für $\mu = 0{,}2$ und $\alpha = 360° \cong 2\pi$ ergibt sich nach Anhang Tabelle 6 $e^{\mu\alpha} = 3{,}50$.

Auch bei Erhöhung des Umschlingungswinkels um 100% erhöht sich der Wert $e^{\mu\alpha}$ um 87%, was zu erwarten war.

c) Um wieviel Prozent erhöht sich der Wert $e^{\mu\alpha}$, wenn man bei einem Umschlingungswinkel $\alpha = 360°$, d. h. $\widehat{\alpha} = 2\pi$ den Reibwert $\mu = 0{,}2$ verdoppelt auf $\mu = 0{,}4$.

Für $\mu = 0{,}4$ und $\alpha = 360°$ wird $e^{\mu\alpha} = 12{,}3$

$$p = \frac{12{,}3 - 3{,}50}{3{,}50} \cdot 100 = 251\%$$

Bei einem Umschlingungswinkel $\alpha = 360°$ ergibt die Erhöhung des Reibwertes μ von 0,2 auf 0,4, d. h. um 100% eine Erhöhung des Wertes $e^{\mu\alpha}$ von 251%.

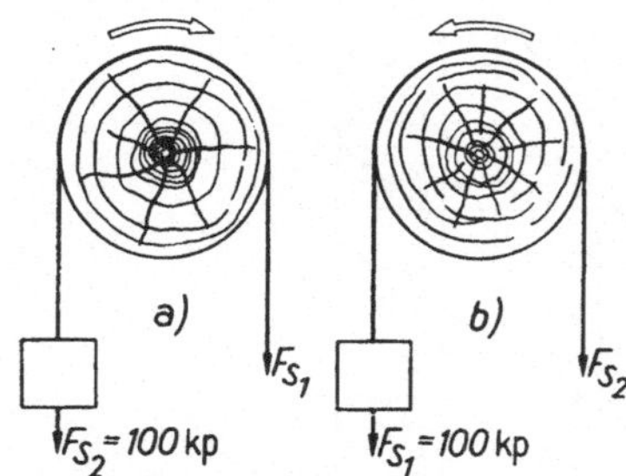

Abb. 33,4. Gewicht an einem um ein Rundholz geschlungenen Seil
a) Gewicht wird gehoben,　b) Gewicht wird gehalten

Das Beispiel zeigt, daß *für die Größe der Seilreibung* der *Umschlingungswinkel α von ausschlaggebender Bedeutung* ist.

Beispiel: a) Welche Kraft ist an einem Seilende erforderlich, das gemäß Abb. 33,4 um ein Rundholz mit einem Winkel $\alpha = 180°$ geschlungen ist, um eine Gewichtskraft 100 kp bei einem Reibwert $\mu = 0{,}4$ gleichförmig zu heben? b) Welche Kraft am gleichen Seilende ist erforderlich, um die Gewichtskraft 100 kp am anderen Seilende zu halten (das Abgleiten zu verhindern)?

Lösung: a) Zum Anheben ist gemäß Abb. 33,4a am rechten Seilende die um die Seilreibung größere Kraft F_{S_1} erforderlich, während das Gewichtstück die Seilvorspannkraft F_{S_2} erzeugt:

$$F_{S_1} = F_{S_2} \cdot e^{\mu\alpha} = 100 \text{ kp} \cdot 2{,}718^{0{,}4 \cdot \pi} = 100 \text{ kp} \cdot 3{,}5 = 350 \text{ kp}$$

b) Zum „Halten" des Gewichtstückes muß nach Abb. 33,4b am rechten Seilende eine Seilvorspannkraft F_{S_2} aufgebracht werden, die so groß ist, daß die Seilreibung das Gewichtstück hält. Das Gewichtstück erzeugt also jetzt die Seilkraft F_{S_1}

$$F_{S_1} = F_{S_2}\, e^{\mu\alpha}; \quad F_{S_2} = \frac{F_{S_1}}{e^{\mu\alpha}} = \frac{100 \text{ kp}}{3{,}5} = 28{,}6 \text{ kp}$$

Ist ein Seil oder Band, wie in Abb. 33,5 dargestellt, um eine Scheibe gelegt, die sich in der angegebenen Richtung dreht, so treten infolge Seilreibung in dem Seil Kräfte auf, die entgegen der Drehrichtung von F_{S_2} nach F_{S_1} zunehmen. Wird das Seil bei F_{S_1} festgehalten und wir ziehen mit F_{S_2} am anderen Seilende, dann haben wir die *Bandbremse*. Werden die beiden Seilenden belastet und wir drehen die Scheibe, um das Seil zu bewegen, so haben wir den Fall der *Treibscheibe bei der Schachtförderung* oder den *Trommelantrieb beim Bandförderer*. In allen Fällen ist am Umfang der Scheibe oder Trommel eine Kraft wirksam, die wir als *Umfangskraft* bezeichnen. Aus der Überlegung erkennen wir, daß die Umfangskraft F_U nicht größer werden kann als die Seilreibung, weil sich sonst die Scheibe unter dem stillstehenden Seil oder Band drehen würde.

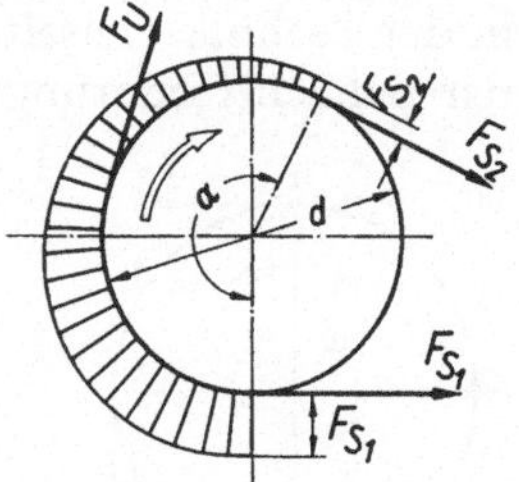

Abb. 33,5. Kräfte an einem um eine sich drehende Scheibe gespannten Seil

$$F_U \leqq F_{S_1} - F_{S_2} \qquad (33,3)$$

Man kann mit der Umfangskraft F_U die Seilkräfte F_{S_2} oder F_{S_1} unter Anwendung der Gl. (33,1) von EYTELWEIN ausdrücken

$$F_U = F_{S_1} - F_{S_2} = F_{S_2} \cdot e^{\mu\alpha} - F_{S_2}$$

$$\underline{F_U = F_{S_2}(e^{\mu\alpha} - 1)} \qquad (33,4)$$

oder die Gleichung auflösen nach der mindestens erforderlichen Seilvorspannkraft F_{S_2}

$$\underline{F_{S_2} = F_U \frac{1}{e^{\mu\alpha} - 1}} \qquad (33,4\text{a})$$

Wird in Gl. (33,4) und (33,4a) $F_{S_2} = 0$, so wird auch $F_U = 0$.

Satz 32: Die übertragene Umfangskraft nimmt mit der Seilvorspannkraft F_{S_2} zu. Ohne Seilvorspannkraft kann auch keine Umfangskraft übertragen werden.

$$F_U = F_{S_1} - F_{S_2} = F_{S_1} - \frac{F_{S_1}}{e^{\mu\alpha}} = F_{S_1}\left(1 - \frac{1}{e^{\mu\alpha}}\right)$$

$$F_U = F_{S_1} \frac{e^{\mu\alpha} - 1}{e^{\mu\alpha}}$$

$$\underline{F_{S_1} = F_U \frac{e^{\mu\alpha}}{e^{\mu\alpha} - 1}} \qquad (33,5\text{a})$$

und da

$$\frac{e^{\mu\alpha}}{e^{\mu\alpha} - 1} = 1 + \frac{1}{e^{\mu\alpha} - 1}$$

ist

$$F_{S_1} = F_U\left(1 + \frac{1}{e^{\mu\alpha} - 1}\right) \qquad (33,5)[1]$$

Der Faktor $\dfrac{e^{\mu\alpha}}{e^{\mu\alpha} - 1}$ in Gl. (33,5a) ist stets größer als 1. Je größer $e^{\mu\alpha}$, d. h. je größer μ bzw. α, um so kleiner wird der Faktor.

Satz 33: Die größere Seilspannung F_{S_1} ist stets größer als die übertragene Umfangskraft F_U. Je größer $e^{\mu\alpha}$, d. h. je größer μ bzw. α, um so kleiner wird die im Verhältnis zur übertragenen Umfangskraft F_U auftretende größte Seilkraft F_{S_1}.

---

[1] Die Gl. (33,5) ist neben der Gl. (33,5a) angegeben, da in der Literatur vielfach für gegebene Werte α und μ gleich die Werte $\dfrac{1}{e^{\mu\alpha} - 1}$ zu finden sind. Siehe Anhang Tabelle 9.

b) Bandbremse

Bandbremsen nutzen die Seilreibung aus und finden wegen ihres raumsparenden Aufbaus sowohl als *Haltebremsen* wie als *Regelbremsen* in der Technik vielseitige Verwendung. Im Bergbau waren sie früher in der Schachtförderung zugelassen, während heute allgemein Backenbremsen vorgeschrieben sind. So wurden sie z. B. als Vorgelegebremse in der Blindschachtförderung eingebaut, wenn die Sicherheitsbremse (Notbremse), die dann unmittelbar auf das Treibmittel (Treibscheibe oder Trommel) wirken mußte, als Backenbremse ausgeführt war. [1]

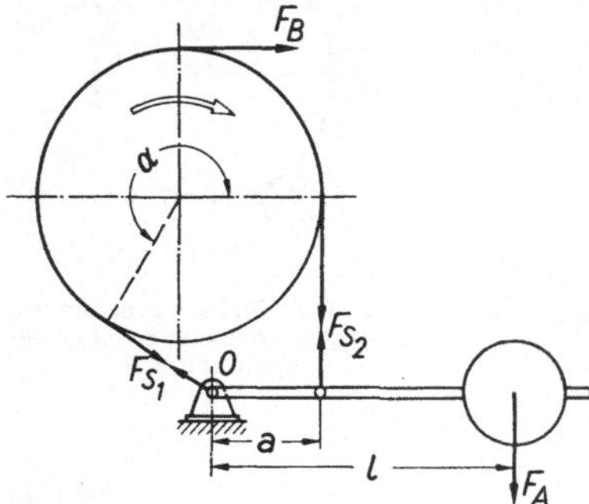

Abb. 33,6.   Schema der einfachwirkenden Bandbremse

Einfachwirkende Bandbremsen nach dem Schema Abb. 33,6 sind nur in einer Drehrichtung wirksam. Hierbei ist das Band mit der größeren Seilkraft F_{S_1} fest verlagert, während das andere Bandende am Bremshebel befestigt ist. Es soll für die Mittelstellung des Bremshebels bei der Betätigung möglichst in Bandrichtung verschoben werden.

Nach Gl. (33,4a) ist mit den Buchstaben der Abb. 33,6

$$F_{S_2} = F_B \frac{1}{e^{\mu\alpha} - 1}$$

Aus $\sum M_0 = 0$ folgt

$$F_A \cdot l = F_{S_2} \cdot a = F_B \cdot a \frac{1}{e^{\mu\alpha} - 1}$$

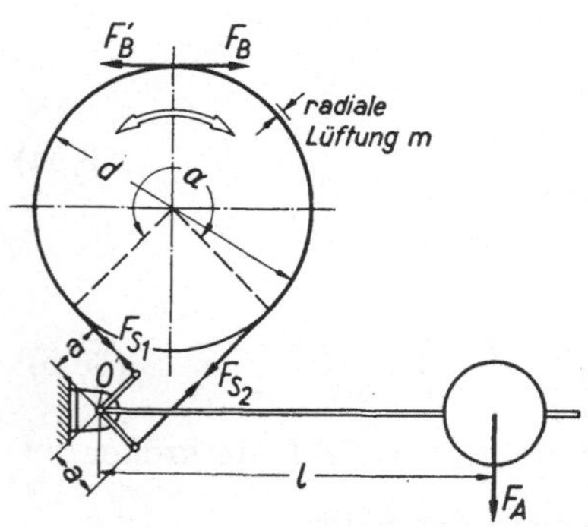

Abb. 33,7.   Schema der doppeltwirkenden Bandbremse

Damit ergibt sich die durch die Gewichtskraft F_A am Umfang der Bremsscheibe hervorgerufene *Bremskraft* F_B *der einfachwirkenden Bandbremse*

$$F_B = F_A \frac{l}{a} (e^{\mu\alpha} - 1) \qquad (33,6)$$

Auch Bandbremsen lassen sich so ausführen, daß sie in beiden Drehrichtungen die gleiche Bremswirkung haben. Abb. 33,7 zeigt das Schema einer solchen *doppeltwirkenden Bandbremse* [1], bei der beide Bandenden durch den Bremshebel gespannt werden. Für die Ausführung ist die Forderung zu beachten, daß die Hebelarme vom Drehpunkt des Bremshebels senkrecht auf die Bandrichtungen einander gleich sind (in Abb. 33,7 Hebelarme a),

---

[1] Bandbremsen sind heute im Bergbau an Förderhäspeln wie auch Abteufwinden nicht mehr zugelassen.

und daß sich bei Betätigung der Bremse die Bandenden möglichst in Bandrichtung verschieben.

Mit den Bezeichnungen der Abb. 33,7 ergibt sich aus $\sum M_0 = 0$

$$F_A \cdot l - F_{S_1} \cdot a - F_{S_2} \cdot a = 0$$

Mit Gl. (33,5a) und (33,4a) und den Bezeichnungen der Abb. 33,7 ist:

$$F_A \cdot l - F_B \frac{e^{\mu\alpha}}{e^{\mu\alpha} - 1} a - F_B \frac{1}{e^{\mu\alpha} - 1} a = 0$$

$$F_A \cdot l = F_B \cdot a \left(\frac{e^{\mu\alpha}}{e^{\mu\alpha} - 1} + \frac{1}{e^{\mu\alpha} - 1} \right) = F_B \cdot a \, \frac{e^{\mu\alpha} + 1}{e^{\mu\alpha} - 1}$$

Damit ergibt sich die durch die Gewichtskraft F_A am Umfang der Bremsscheibe hervorgerufene *Bremskraft der doppeltwirkenden Bandbremse*

$$\boxed{F_B = F_A \, \frac{l}{a} \, \frac{e^{\mu\alpha} - 1}{e^{\mu\alpha} + 1}} \tag{33,7}$$

Der *Lüftungsweg s*, gemessen *an einem der beiden Hebelarme a*, berechnet sich bei *radialer Lüftung m* unter der Annahme, daß das Band die Bremstrommel $^3/_4$ des Umfanges umschlingt:

$$2\,s = \frac{3}{4} \left[(d + 2\,m)\, \pi - d \cdot \pi \right] = \frac{3}{4}\, 2\,m \cdot \pi$$

$$s = 0{,}75\, m \cdot \pi \tag{33,8}$$

Beispiel: Abb. 33,8 zeigt die Anordnung einer doppelt wirkenden Bandbremse. Gegeben: $F_A = 36$ kp, $\mu = 0{,}40$ (Holz auf Eisen), Umschlingungswinkel $\alpha = 270°$. Hebellängen $l_1 = 74$ cm, $a = 5{,}2$ cm, $l_2 = 54$ cm, $l_3 = 8$ cm, $l_4 = 20$ cm. Bremsscheibendurchmesser $D_B = 50$ cm, Trommeldurchmesser $D_T = 30$ cm. Zu berechnen ist a) die Bremskraft des auf Seilmitte bezogenen Trommelumfanges, b) Fußkraft F zum Lüften der Bremse, c) Lüftungsweg des Fußhebels bei radialer Lüftung des Bandes um 1,5 mm.

Lösung: a) Mit $F'_B =$ Bremskraft am Umfang der Bremsscheibe und $F_B =$ Bremskraft bezogen auf Seilmitte ergibt sich aus $\sum M_T = 0$:

$$F_B \frac{D_T}{2} = F'_B \frac{D_B}{2}$$

$$F_B = F'_B \frac{D_B}{D_T}$$

Nach Gl. (33,7):

$$F'_B = F_A \frac{l}{a} \frac{e^{\mu\alpha} - 1}{e^{\mu\alpha} + 1}$$

$$F_B = F_A \frac{l}{a} \frac{D_B}{D_T} \frac{e^{\mu\alpha} - 1}{e^{\mu\alpha} + 1}$$

für $\alpha = 270°$ und $\mu = 0{,}40$ ergibt sich aus Abb. 33,3 bzw. Anhang Tabelle 6 $e^{\mu\alpha} = 6{,}60$:

$$F_B = 36 \text{ kp} \frac{74}{5{,}2} \frac{50}{30} \frac{6{,}60 - 1}{6{,}60 + 1} = 630 \text{ kp}$$

b) Bei gelüfteter Bremse sind die Bandkräfte F_{S_1} und F_{S_2} gleich Null. Für die Fußkraft zum Heben des Bremsgewichtes F_A gelten damit die Momentengleichungen

$$-F_1 \cdot l_2 + F_A \cdot l_1 = 0; \quad F_1 = F_A \frac{l_1}{l_2}$$

und am Fußhebel

$$F_1 \cdot l_3 - F \cdot l_4 = 0; \quad F = F_1 \frac{l_3}{l_4}$$

$$F = F_A \frac{l_1}{l_2} \frac{l_3}{l_4} = 36 \text{ kp} \quad \frac{74}{54} \frac{8}{20} = 20 \text{ kp}$$

c) Bezeichnet man mit h den Lüftungshub am Fußhebel, so ergibt sich mit den Hebelübersetzungen und Gl. (33,8)

$$h = \frac{l_2}{a} \frac{l_4}{l_3} s = \frac{l_2}{a} \frac{l_4}{l_3} 0{,}75 \, m \cdot \pi$$

$$= \frac{54}{5{,}2} \frac{20}{8} 0{,}75 \cdot 1{,}5 \text{ mm} \cdot \pi = 92 \text{ mm}$$

Beispiel: Eine Bandbremse habe wieder die Anordnung der Abb. 33,8. Die Hebelarme a der beiden Bandkräfte F_{S_1} und F_{S_2} sind gleich, so daß die Brems-

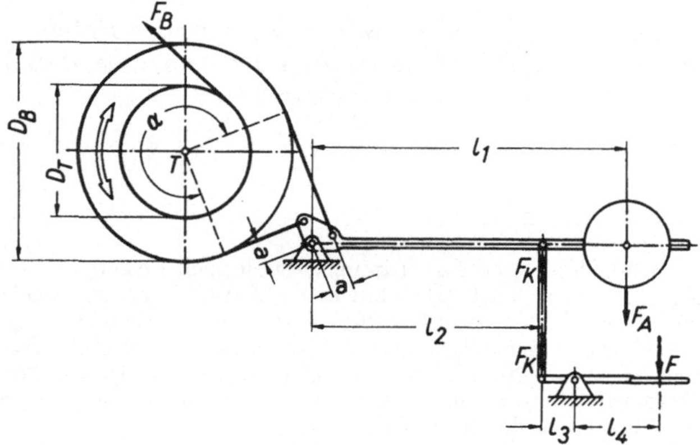

Abb. 33,8. Doppeltwirkende Bandbremse

wirkung für beide Drehrichtungen gleich gut ist. Es soll die größte auf Seilmitte der Trommel bezogene Last F_B berechnet werden, welche die Bremse halten kann. Gegeben sind:

Umschlingungswinkel $\alpha = 280°$; $\mu = 0{,}40$;
Bremsgewichtskraft $F_A = 62$ kp; Hebel $l_1 = 85$ cm; $a = 3{,}5$ cm;
Trommeldurchmesser $D_T = 70$ cm; Bremsscheibendurchmesser $D_B = 85$ cm.

Lösung: Die Lösung ist ohne Benutzung der für die Bandbremse abgeleiteten Formeln durchzuführen.

Die Gleichgewichtsbedingung für den Gewichtshebel lautet

$$-F_{S_1} \cdot a - F_{S_2} \cdot a + F_A \cdot l_1 = 0,$$

$$F_{S_1} = F_{S_2} \cdot e^{\mu \alpha}$$

Nach Gl. (33,2) ist mit $\alpha = 280°$ und $\mu = 0{,}40$

$$\lg e^{\mu \alpha} = \frac{\mu \, \alpha°}{132} = \frac{0{,}4 \cdot 280}{132} = 0{,}848$$

$$e^{\mu \alpha} = 7{,}0$$

Also ist
$$F_{S_1} = 7\,F_{S_2}$$

$$-7\,F_{S_2}\cdot a - F_{S_2}\cdot a + F_A\cdot l_1 = -8\,F_{S_2}\cdot a + F_A\cdot l_1 = 0$$

$$F_{S_2} = \frac{F_A\cdot l_1}{8\,a} = \frac{62\text{ kp}\cdot 85\text{ cm}}{8\cdot 3{,}5\text{ cm}} = 188\text{ kp}$$

$$F_{S_1} = 7\,F_{S_2} = 7\cdot 188\text{ kp} = 1316\text{ kp}$$

Die Bremskraft bezogen auf den Umfang der Bremsscheibe F_B' ist nach Gl. (33,3)

$$F_B' = F_{S_1} - F_{S_2} = (1316 - 188)\text{ kp} = 1128\text{ kp}$$

$$-F_B\frac{D_T}{2} + F_B'\frac{D_B}{2} = 0$$

$$F_B = F_B'\frac{D_B}{D_T} = 1128\text{ kp}\,\frac{85}{70} = 1370\text{ kp}$$

Diese Last $F_B = 1370$ kp am Trommelseil vermag die Bremse bei einfacher Sicherheit zu halten.

Die Fußkraft F zum Lüften der Bremse berechnet sich mit den Hebelarmen $l_2 = 22$ cm, $l_3 = 6$ cm und $l_4 = 52$ cm zu

$$F = F_A\frac{l_1}{l_2}\frac{l_3}{l_4} = 62\text{ kp}\,\frac{85}{22}\frac{6}{52} \approx 28\text{ kp}$$

Bei der *Differentialbremse*, die in Abb. 33,9 schematisch dargestellt ist, unterstützt das Band mit der Bandkraft F_{S_1} am kleineren Hebel b das Spannmoment $F_A\cdot l$, wirkt also auf eine Verkleinerung der Bremsgewichtskraft hin. Die Differentialbremse eignet sich aber *nur für eine Drehrichtung*, ist also einfachwirkend, und *es muß stets* $a > b$ sein.

Aus $\Sigma M_0 = 0$ ergibt sich:

$$F_A\cdot l - F_{S_2}\cdot a + F_{S_1}\cdot b = 0$$

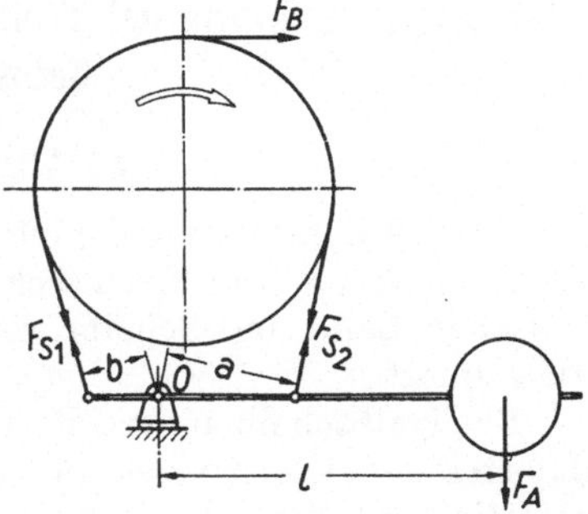

Abb. 33,9. Schema der Differentialbremse

Nach Gl. (33,4 a) und (33,5 a) ist

$$F_A\cdot l = F_B\cdot a\,\frac{1}{e^{\mu\alpha}-1} - F_B\cdot b\,\frac{e^{\mu\alpha}}{e^{\mu\alpha}-1}$$

$$F_A\cdot l = F_B\,\frac{1}{e^{\mu\alpha}-1}\,(a - e^{\mu\alpha}\cdot b) \tag{33,9}$$

Nach dieser Gl. (33,9) ergeben sich *für die Differentialbremse* folgende *drei Möglichkeiten*:

1. $a > e^{\mu\alpha}\cdot b$. Ist z. B. $e^{\mu\alpha} = 2$, so müßte a größer als $2\cdot b$ werden. Das ist immer der Fall, wenn das Band mit der Kraft F_{S_1} möglichst nahe an den Drehpunkt O heranrückt. Wir haben dann die in Abb. 33,6 dargestellte einfachwirkende Bandbremse. Allerdings wird das Spannmoment $F_A\cdot l$ zum Erreichen derselben Bremswirkung kleiner sein können, solange überhaupt noch ein Hebelarm b vorhanden ist.

2. $a = e^{\mu\alpha} \cdot b$. Ist z. B. $e^{\mu\alpha} = 2$, so müßte der Hebelarm a doppelt so groß sein wie b. Für diesen Fall wird der Klammerausdruck der Gl. (33,9) gleich Null, d. h. es ist kein Spannmoment $F_A \cdot l$ mehr erforderlich. Die Bremse ist *selbstsperrend*.

3. $a < e^{\mu\alpha} \cdot b$. Es soll weiterhin $a > b$ sein, jedoch kleiner als $e^{\mu\alpha} \cdot b$. Für diesen Fall wird der Klammerausdruck in Gl. (33,9) negativ. Wir sprechen dann von einer *Reibungssperre*. Die Bremse zieht sich nicht nur von selbst fest, sondern es muß zu ihrer Lüftung unter Überwindung der Reibung eine besondere Kraft aufgewendet werden.

Die Differentialbremse findet in der Technik vielfach Anwendung z. B. bei Aufzügen, bei denen die Bremse durch Elektromagnete während des Betriebes durch den fließenden Motorstrom gelüftet ist, so daß die Bremse selbsttätig zur Wirkung kommt, wenn der Aufzugsmotor aus irgendeinem Grund stromlos wird. Sie werden in neuester Zeit auch bei Trogbandförderern verwendet, die in größerem Einfallen oder Ansteigen fördern, um beim Ausbleiben der Antriebsenergie (Druckluft oder Strom) die Antriebe mit Sicherheit zu halten, und ein Rückwärtslaufen des Förderers zu verhindern.

34. Die Seilreibung bei Treibscheiben- und Bandförderung sowie beim Riementrieb

a) Allgemeine Gesetze

Bei der Bandbremse findet während des Bremsens stets ein Gleiten zwischen Band und Bremsscheibe statt. Der Umschlingungsbogen α zwischen Band und Scheibe wird zur Erzeugung der Gleitreibung voll ausgenutzt.

Bei Treibscheiben- und Bandförderung, sowie beim Riementrieb soll dagegen kein Gleiten zwischen Seil, Band oder Riemen und der Scheibe stattfinden. Dieses Gleiten soll vielmehr wegen des Verschleißes, der Erwärmung, sowie im Untertagebetrieb der Brandgefahr und bei der Treibscheibenförderung wegen der Unfallgefahr mit erhöhter Sicherheit vermieden werden.

Auch für die vorgenannten Fördereinrichtungen gilt die Grundgleichung von EYTELWEIN (33,1), für die wir den Index g einführen wollen, wenn der geometrische Umschlingungsbogen zur Übertragung ausgenutzt wird:

$$F_{S_{1g}} = F_{S_2} \cdot e^{\mu\alpha_g} \tag{34,1}$$

wobei $F_{S_{1g}}$ als die größte Seilkraft im Anlauftrumm als *größte Durchzugskraft* bezeichnet werden kann. Ebenso gilt nach Gl. (33,4)

$$F_{U_g} = F_{S_2}(e^{\mu\alpha_g} - 1) \tag{34,2}$$

Dabei kann für die Treibscheiben- und Bandförderung, bzw. den Riementrieb F_{U_g} als die *größte Mitnahmekraft* bezeichnet werden. Während jedoch bei der Bandbremse F_{S_1} wie F_U die tatsächlich im Betrieb auftretenden Kräfte darstellen, stellen für den Fall der Anwendung der

Seil- oder Bandreibung bei obigen Anwendungsbeispielen die Gln. (34,1) und (34,2) den *labilen Grenzzustand zwischen Rutschen und Haften* dar. Soll Rutschen oder Gleiten vermieden werden, so müssen die wirklich auftretenden Kräfte $F_{S_{1w}}$ und F_{U_w} kleiner sein als in obiger Gleichung, d. h.

$$F_{S_{1w}} < F_{S_2} \cdot e^{\mu\alpha_g}$$

und

$$F_{U_w} < F_{S_2}(e^{\mu\alpha_g} - 1)$$

Da für gegebene Verhältnisse aber die Vorspannkraft F_{S_2} und der Reibwert μ konstant sind, ergibt sich zwangsläufig, daß *zur Übertragung der kleineren Kräfte $F_{S_{1w}}$ und F_{U_w} auch ein kleinerer Umschlingungsbogen α_w in Anspruch genommen wird* [1,2], der im allgemeinen also kleiner ist als der geometrische Umschlingungsbogen α_g. Wir bezeichnen diesen in Anspruch genommenen Bogen α_w als

Reibungsbogen α_w

Der verbleibende Umschlingungsbogen nimmt dann offenbar an der Kraftübertragung nicht teil. Wir bezeichnen ihn als

Reservebogen oder Ruhebogen $\alpha_R = \alpha_g - \alpha_w$ (34,4)

Aus den obigen Ungleichungen kommen wir jetzt wieder zur mathematischen Darstellung des Gleichgewichts durch die Gleichungen:

Durchzugskraft $\boxed{F_{S_{1w}} = F_{S_2} \cdot e^{\mu\alpha_w}}$ (34,1a)

Mitnahmekraft $\boxed{F_{U_w} = F_{S_2}(e^{\mu\alpha_w} - 1)}$ (34,2a)

Die *statische Sicherheit* gegen Rutschen definiert FILZEK [2] als das Verhältnis der Umfangskräfte (Mitnahmekräfte) bei Ausnutzung des geometrischen Umschlingungsbogens F_{U_g} gegenüber denen mit dem wirklich ausgenutzten Umschlingungsbogen F_{U_w}

$$\nu_R = \frac{F_{U_g}}{F_{U_w}} \qquad (34,5)$$

Ist $F_{U_w} = F_{U_g}$, so wird $\nu_R = 1$. Es *herrscht* dann labiles *Gleichgewicht*, d. h. die Rutschgrenze ist erreicht. Abb. 34,1 zeigt den Verlauf der Seil- und Bandkräfte bei Treibscheiben- oder Bandförderung. Mit F_{S_2} und $F_{S_{1w}} < F_{S_{1g}}$ muß bei gegebener Reibzahl μ der Reibungsbogen $\alpha_w < \alpha_g$ sein, und zwar um den Reserve- oder Ruhebogen α_R.

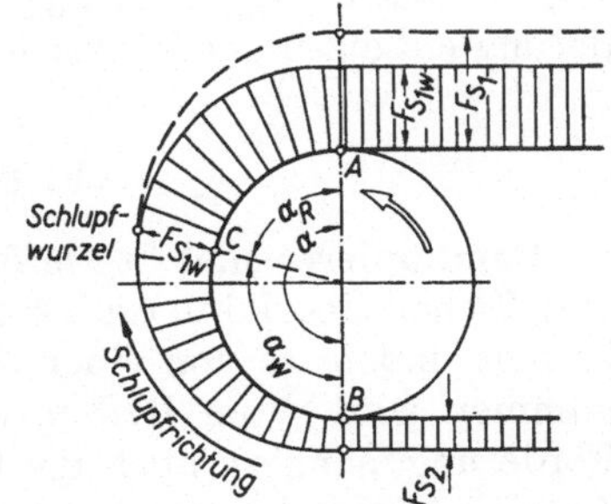

Abb. 34,1. Zur Treibscheiben- oder Bandförderung

---

[1] Diese Theorie ist erstmalig dargestellt von IDELBERGER: „Zur Theorie der Antriebe von Bandförderern". Glückauf 91. Jg. (1955) S. 766/775.

[2] FILZEK, BENNO: „Der Einfluß der Abspannung eines Gummigurtförderers auf seine Sicherheit gegen Rutschen und gegen Bruch". Bergbau-Archiv 25. Jg. (1964) Heft 1/2, S. 9/20.

Nicht zu verwechseln mit dem Rutschen des Seiles oder Bandes über Treibscheibe oder Trommel ist der sogenannte *Dehnschlupf*. Beim Lauf des Seiles oder Bandes über Treibscheibe oder Trommel nimmt die Seilkraft entsprechend Abb. 34,1 in der Bewegungsrichtung von $F_{S_{1w}}$ auf F_{S_2} ab. Im elastischen Bereich, der hier nur in Frage kommt, ist nach der Elastizitätslehre die elastische Längung der Seilkraft proportional. Das bedeutet aber, daß im Bereich der Kraft $F_{S_{1w}}$ die Seillängung größer ist als im Bereich der Kraft F_{S_2}. Während das Seil (oder Band) über die Treibscheibe (oder Antriebstrommel) läuft, nimmt seine Länge ab, es wird kürzer. Das Seil (oder Band) kriecht oder „schlüpft" auf der Treibscheibe (oder Trommel). Man bezeichnet diesen Vorgang als *„Dehnschlupf"*. Der Dehnschlupf geht stets in Richtung auf die große Seilkraft $F_{S_{1w}}$. Treibt die *Treibscheibe oder Trommel* das Seil oder Band, geht der Dehnschlupf *entgegen der Drehrichtung*. *Beim Riementrieb* treibt der Riemen die angetriebene Scheibe, so daß hier der Dehnschlupf in *Drehrichtung* geht.

Dehnschlupf kann nur im Bereich des Reibungsbogens α_w stattfinden, der deshalb auch mit „Schlupfbogen" bezeichnet wird. Im Bereich des Reservebogens α_R bleibt die Seilkraft konstant, so daß hier keine Längenänderung, kein Schlupf und keine Übertragung einer Umfangskraft stattfindet, weshalb man hier auch vom „Ruhebogen" spricht.

Im Bereich des Ruhebogens ist das *Seil oder das Band* relativ zur Scheibe *immer in Ruhe*, während sie *im Bereich des Reibungsbogens immer in Bewegung* sind. Es bildet sich ein fester Übergang vom Ruhebogen zum Reibungsbogen für den Fall eines Gleichgewichtes bei der Kräfteübertragung heraus. Da in diesem Punkte der Schlupf beginnt, nennt IDELBERGER diesen Punkt die *„Schlupfwurzel"*. (Abb. 34,1 Punkt C.) Wichtig ist aber, daß der *Reibungs-* oder *Schlupfbogen* α_w *stets am Seilablaufpunkt* beginnt, ohne Rücksicht auf die Lage von $F_{S_{1w}}$ und F_{S_2}. Die *Richtung des Schlupfes* dagegen geht *immer auf die größte Seilkraft $F_{S_{1w}}$ bzw. $F_{S_{1g}}$* zu (bei der Treibscheiben- und Bandförderung entgegen der Drehrichtung).

b) Bandförderung[1]

Bandförderer sind Stetigförderer, bei denen ein Band zum Tragen und Ziehen des Fördergutes dient. Dabei wird das Band stetig fortbewegt, indem es von einer oder mehreren Antriebstrommeln mitgenommen wird. Vom Reibungsschluß hängt nicht nur die ungestörte Förderung, sondern auch die Grubensicherheit ab. Wenn nämlich die Antriebstrommel unter dem zurückbleibenden Band rutscht, kann die-

---

[1] Die Benennungen von Stetigförderern sind nach DIN 15201 genormt. Danach gilt die Benennung „Bandförderer" als Oberbegriff für „Gurtbandförderer" bei Förderern mit Gurten aus Geweben oder Litzen, „Gummigurtförderer" bei Förderern mit Gurten aus Gewebeeinlagen, die mit Gummi oder Kunststoff überzogen sind, „Drahtgurtförderer" bei Förderern mit Gurten aus Drahtgeweben oder „Stahlbandförderer" bei Bändern aus Stahl.

ses infolge der entstehenden Reibungswärme entflammen, was im Grubenbetrieb um so leichter vorkommen kann, als dort das Rutschen nicht immer gleich bemerkt wird. Wir verwenden zwar als Bandmaterial unter Tage in zunehmendem Maße sogenannte „flammwidrige Bänder". Sie können zwar auch entflammen, haben jedoch eine sehr kurze Nachbrenndauer und tragen darum den Brand nicht weiter. Dem Studium der Kraftverhältnisse bei den Antrieben von Bandförderern gerade zur Begegnung der Rutschgefahr kommt deshalb für ihren Einsatz unter Tage eine besondere Bedeutung zu.

Bei der Bandförderung kann man ausgehen von den Widerstandskräften des Voll- und Leertrumms, die von den Antriebstrommeln unter Ausnutzung der Bandreibung überwunden werden müssen.

$$F_{U_w} = F_{\text{Voll}} + F_{\text{Leer}} \tag{34,6}$$

Genaue Untersuchungen der Widerstandskräfte sind von VIERLING[1] durchgeführt worden. Nach diesen Untersuchungen nimmt an den Widerständen der Laufwiderstand der Tragrollen in Ober- und Untertrumm nur mit 40%, dagegen der Walkwiderstand von Band und Fördergut mit 60% teil. Dabei ist der Walkwiderstand des Bandes und der hierbei noch nicht berücksichtigte Biegewiderstand durch das Umlenken um die Trommeln von den Eigenschaften des Bandes und vom Trommeldurchmesser, aber auch vom Rollenabstand abhängig. Eine gesicherte Vorausberechnung der Bandkräfte $F_{S_{1w}}$ und $F_{S_{2w}}$ mit genügender Genauigkeit ist demnach schwierig, insbesondere wenn man noch die mehr oder weniger sorgfältige Verlegung der Traggerüste des Bandförderers in der Strecke beachtet.[2]

Der Antriebsmotor überträgt nach der gewählten Leistung bei gegebener Bandgeschwindigkeit eine bestimmte größte Umfangskraft F_U auf das Band durch die Bandreibung auf der Trommel. Die übertragene Umfangskraft kann nach Gl. (34,2) im Höchstfalle $F_{U_g} = F_{S_2}(e^{\mu\alpha_g} - 1)$ betragen, die wir im Abschn. a) als Mitnahmekraft bezeichnet haben.

Diese Mitnahmekraft läßt sich demnach durch Erhöhung der Vorspannkraft F_{S_2} erreichen. Da man stets betrebt ist, die Spannkraft zur Verringerung der Bandkräfte klein zu halten, müssen der Reibwert μ und der Umschlingungswinkel α möglichst groß gewählt werden.

Zur *Steigerung des Reibwertes* μ kann man die Antriebstrommel mit einem Reibbelag versehen. Zahlentafel 5 gibt Reibwerte nach DIN 22101 wieder.

Zahlentafel 5. *Reibzahlen μ bei der Bandförderung zwischen Band und Trommel nach DIN 22101*

Betriebsart	naß	feucht	trocken
Blanke Trommel	0,10	0,20	0,30
Holz gefütterte Trommel		0,15	0,35
Gewebe gefütterte Trommel		0,15	0,40

[1] VIERLING, A.: „Untersuchungen über die Bewegungswiderstände von Bandförderanlagen", Fördern und Heben Bd. 6 (1956), Nr. 2, S. 131—142.
[2] Siehe Abschn. 66.

Brennbare Reibbeläge sind im Untertage-Betrieb nicht statthaft. Es sind zwar in der Praxis schon erheblich größere Reibwerte festgestellt worden. Man darf aber nicht vergessen, daß gerade bei Trommeln mit Reibbelägen Feuchtigkeit und Verschmutzung den Reibwert außerordentlich verkleinern. Auch das Bandmaterial ändert u. U. den Reibwert. So liegt der Reibwert von flammwidrigen PVC-Gurten auf blanken Trommeln bei etwa $\mu = 0{,}15$.

Die *Erhöhung des Umschlingungswinkels* α hat bei den Bandförderern eine besondere Bedeutung. Abb. 34,2 zeigt den Verlauf der Bandkraft F_S beim *Eintrommelantrieb*. Grundsätzlich ergeben sich die Ver-

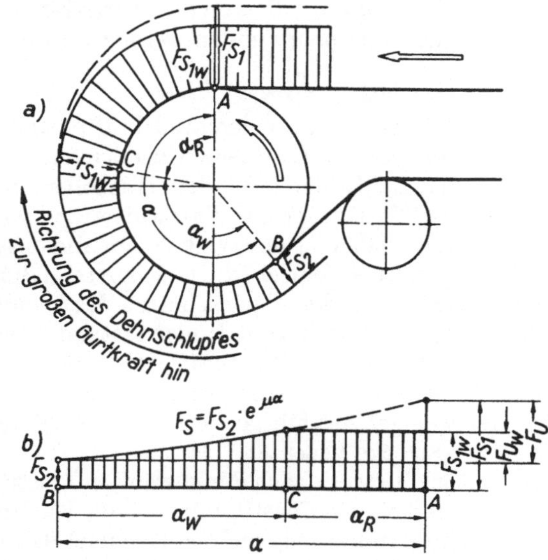

Abb. 34,2. Verlauf der Bandkraft beim Eintrommel-Bandantrieb

hältnisse hinsichtlich Rutschsicherheit, Dehnschlupf, Schlupf- bzw. Reibungsbogen und Ruhebogen, wie sie im Abschn. a) dargestellt sind. Der Umschlingungswinkel α kann beim Eintrommelantrieb höchstens bis auf 250° vergrößert werden. Hiermit und mit $\mu = 0{,}3$ ergibt sich $\dfrac{F_{S_1}}{F_{S_2}} = e^{\mu\alpha} = 3{,}7$. Dieser Wert stellt ungefähr die obere Grenze des beim Eintrommelantrieb erreichbaren Bandkraftverhältnisses dar. Da die höchste Bandkraft F_{S_1} durch die Zerreißfestigkeit des Bandes begrenzt ist, ergibt sich auch die Grenze der Mitnahmekraft F_U und damit der übertragbaren Motorleistung.

Abb. 34,2b zeigt den Verlauf der Bandkraft über dem abgewickelten Umschlingungsbogen. Entgegen der Drehrichtung steigt die Bandkraft F_{S_2} vom Punkte B nach Gl. (34,1a) $F_{S_{1w}} = F_{S_2} \cdot e^{\mu\alpha_w}$ bis zur Schlupfwurzel C auf den Wert $F_{S_{1w}}$, der die wirkliche Bandkraft im Obertrumm darstellt, und bleibt dann im Bereich des Ruhebogens F_{U_w} konstant. Die Mitnahmekraft F_{U_w} ergibt sich aus $F_{U_w} = F_{S_{1w}} - F_{S_2}$. Wir lesen aus Abb. 34,2b ab, daß bei Ansteigen der Bandkraft im Obertrumm auf $F_{S_{1g}}$ die Mitnahmekraft bis auf F_{U_g} anwachsen kann. In diesem Augenblick wird die Rutschsicherheit $\nu_R = 1$, da $\alpha_R = 0$ ist; wir haben den labilen Grenzzustand zwischen Rutschen und Haften erreicht.

In Abb. 34,2a ist auch die Richtung des Dehnschlupfes angegeben, nämlich entgegen der Drehrichtung, und zwar von B nach C. Nur im Bereich des Reibungsbogens α_w findet Dehnschlupf statt. Im Bereich des Ruhebogens α_R, d. h. von C bis A tritt keine relative Bewegung zwischen Band und Trommel auf.

In den bisherigen Betrachtungen ist unberücksichtigt geblieben, daß eine äußere Spannkraft F_{Sp} notwendig ist, wenn nach den Gln. (34,2) bzw. (34,2a) eine bestimmte Umfangskraft F_U rutschfrei übertragen werden soll.

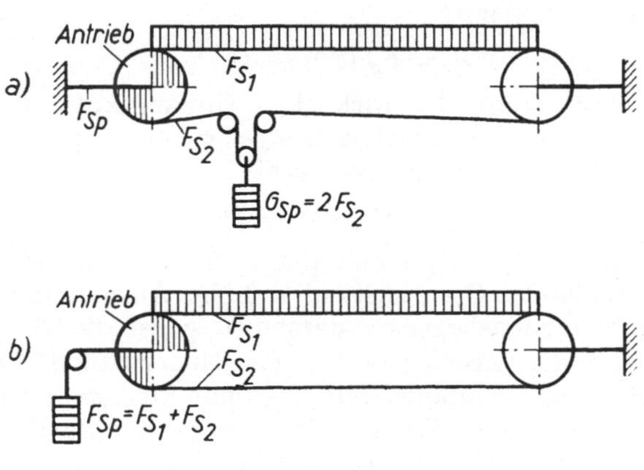

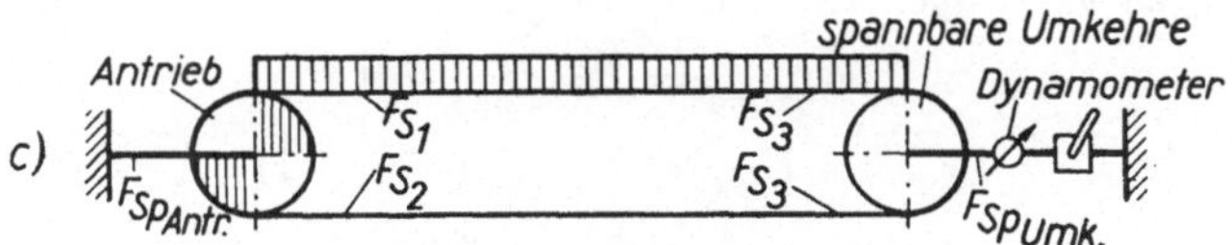

Abb. 34,3. Vorspannung von Bandförderern
a) durch gewichtsbelastete Spannrolle im Leertrumm, b) durch gewichtsbelastete Abspannanlage der Antriebsstation, c) durch starre Abspannung der Umkehre mit Spindel oder Zughub und Überwachung mittels Dynamometer

1. Am übersichtlichsten werden die hierfür erforderlichen Bedingungen unter der Voraussetzung konstanter Vorspannkraft F_{S_2} wie sie nach Abb. 34,3a mit gewichtsbelasteter Spannrolle im Leertrumm auftritt. Leider ist eine solche Vorspannung im Untertagebetrieb aus Platzgründen im allgemeinen nicht möglich. Es ergeben sich dagegen folgende beiden anderen Spannungsarten:

2. Das Band wird mit einem gewichtsbelasteten Spannwagen vorgespannt (Abb. 34,3b).

3. Der Abstand der Endstationen des Förderbandes wird durch Winde, Hubzug oder Spindel vergrößert (Abb. 34,3c).

Wird die Antriebsstation oder die Umkehre nach Abb. 34,3b durch einen gewichtsbelasteten Spannwagen abgespannt, so darf bei allen vorkommenden Betriebszuständen nicht die Vorspannkraft F_{S_2} im Leertrumm, sondern vielmehr nur die Abspannkraft F_{Sp} als konstant angenommen werden. Wird diese Abspannkraft unvernünftig hoch eingestellt, so kann es zu vorzeitigem Bruch des Bandes kommen.

Betrachten wir im Falle Abb. 34,3b die Gewichtskraft F_{Sp}, aber auch im Falle der Vorspannung nach Abb. 34,3a die Spannkraft in der Verankerung der Antriebsstation F_{Sp}, so ergibt sich diese aus:

$$F_{Sp} = F_{S_1} + F_{S_2}$$

$$F_{Sp} = F_{S_2}\,(e^{\mu\alpha} + 1)$$

1. Für die *Annahme konstanter Vorspannkraft* F_{S_2} nach Abb. 34,3a gilt im labilen Grenzzustand:

$$F_{Sp} = F_{S_2}(e^{\mu\alpha_g} + 1) \tag{34,3}$$

Wird zur Übertragung der wirklichen Umfangskraft F_{U_w} nach Gl. (34,2a) der kleinere Reibungsbogen $\alpha_w < \alpha_g$ in Anspruch genommen, so ergibt sich die wirkliche Spannkraft

$$F_{Sp_w} = F_{S_2}(e^{\mu\alpha_w} + 1) \tag{34,3a}$$

Während die Gln. (34,1), (34,2) und (34,3) die Beziehungen für die Bandförderung im labilen Grenzzustand, d. h. bei Ausnutzung des geometrischen Umschlingungsbogens α_g darstellen, geben die Gln. (34,1a), (34,2a) und (34,3a) die Verhältnisse für den „Nennzustand" bei Übertragung der wirklichen Umfangskraft F_{U_w} mit kleinerem Umschlingungsbogen $\alpha_w < \alpha_g$ wieder. FILZEK[1] definiert noch einen dritten Zustand, bei dem *die wirkliche Umfangskraft F_{U_w} bei Ausnutzung des geometrischen Umschlingungswinkels α_g mit den kleinstmöglichen (mindesten) Kräften übertragen wird.* Hierfür gilt:

$$F_{S_{1\,\mathrm{mind}}} = F_{S_{2\,\mathrm{mind}}} \cdot e^{\mu\alpha_g} \tag{34,1b}$$

$$F_{U_w} = F_{S_{2\,\mathrm{mind}}}(e^{\mu\alpha_g} - 1) \tag{34,2b}$$

$$F_{Sp_{\mathrm{mind}}} = F_{S_{2\,\mathrm{mind}}}(e^{\mu\alpha_g} + 1) \tag{34,3b}$$

Diese Mindestkräfte wird man praktisch im Betrieb dadurch einstellen können, daß man bei höchster Beladung die Abspannkraft F_{Sp} soweit verringert, bis gerade Rutschen des Bandes auf der Treibtrommel eintritt. Eine erhöhte Sicherheit gegen Rutschen verlangt dann eine im Maße der gewünschten oder geforderten statischen Rutschsicherheit ν_R erhöhte Abspannkraft. F_{Sp_w}. Mit den Gln. (34,1) bis (34,3) und (34,1b) bis (34,3b) ergibt sich dann auch in Erweiterung der Gl. (34,5) die statische Sicherheit gegen Rutschen für konstante Vorspannkraft F_{S_2}

$$\nu_R = \frac{F_{U_g}}{F_{U_w}} = \frac{F_{S_{1g}}}{F_{S_{1\mathrm{mind}}}} = \frac{F_{S_2}}{F_{S_{2\mathrm{mind}}}} = \frac{e^{\mu\alpha_g} - 1}{e^{\mu\alpha_w} - 1} \tag{34,5a}$$

---

[1] Siehe S. 123, Fußnote 2.

2. Bei *konstanter Spannkraft F_{Sp} der Antriebsstation* nach Abb. 34,3b gelten die Gleichungen für den labilen Grenzzustand:

$$F_{S_{1g}} = F_{Sp} \frac{e^{\mu\alpha_g}}{e^{\mu\alpha_g} + 1} \tag{34,7}$$

$$F_{S_{2g}} = F_{Sp} \frac{1}{e^{\mu\alpha_g} + 1} \tag{34,8}$$

$$F_{U_g} = F_{Sp} \frac{e^{\mu\alpha_g} - 1}{e^{\mu\alpha_g} + 1} \tag{34,9}$$

Aus Gl. (34.9) geht hervor, daß es ohne Spannkraft F_{Sp} nicht möglich ist, eine Umfangskraft F_U und damit ein Drehmoment M_d zu übertragen. Bleibt die Spannkraft F_{Sp} konstant und ändert sich infolge des Beladungszustandes die wirkliche Umfangskraft F_{U_w}, so muß sich notwendig der wirkliche Übertragungsbogen α_w ändern und es gilt:

$$F_{S_{1w}} = F_{Sp} \frac{e^{\mu\alpha_w}}{e^{\mu\alpha_w} + 1} \tag{34,7a}$$

$$F_{S_{2w}} = F_{Sp} \frac{1}{e^{\mu\alpha_w} + 1} \tag{34,8a}$$

$$F_{U_w} = F_{Sp} \frac{e^{\mu\alpha_w} - 1}{e^{\mu\alpha_w} + 1} \tag{34,9a}$$

Um die wirkliche Umfangskraft F_{U_w} unter Ausnutzung des geometrischen Umschlingungsbogens α_g zu übertragen, ergeben sich die *kleinstmöglichen* (mindesten) *Kräfte* aus den Bedingungen:

$$F_{S_{1\mathrm{mind}}} = F_{Sp_{\mathrm{mind}}} \frac{e^{\mu\alpha_g}}{e^{\mu\alpha_g} + 1} \tag{34,7b}$$

$$F_{S_{2\mathrm{mind}}} = F_{Sp_{\mathrm{mind}}} \frac{1}{e^{\mu\alpha_g} + 1} \tag{34,8b}$$

$$F_{U_w} = F_{Sp_{\mathrm{mind}}} \frac{e^{\mu\alpha_g} - 1}{e^{\mu\alpha_g} + 1} \tag{34,9b}$$

Man kann sich leicht davon überzeugen, daß analog zu Gl. (34,5a) auch bei konstanter Abspannkraft F_{Sp} jedes zugehörige Kräfteverhältnis die Sicherheit gegen Rutschen ausdrückt, d. h. mit der Erhöhung der Spannkraft F_{Sp} wie mit Erhöhung von F_{S_2} erhöht sich proportional die statische Sicherheit gegen Rutschen:

$$\nu_R = \frac{F_{U_g}}{F_{U_w}} = \frac{F_{S_{1g}}}{F_{S_{1\mathrm{mind}}}} = \frac{F_{S_{2g}}}{F_{S_{2\mathrm{mind}}}} = \frac{F_{Sp}}{F_{Sp_{\mathrm{mind}}}} = \frac{e^{\mu\alpha_g} - 1}{e^{\mu\alpha_g} + 1} \cdot \frac{e^{\mu\alpha_w} + 1}{e^{\mu\alpha_w} - 1} \tag{34,5b}$$

3. Bei der *Bandvorspannung mit Spannspindel oder Zughub* nach Abb. 34,3c wird im Ruhezustand die Umkehrtrommel um eine bestimmte Länge weggezogen. Sie bleibt, solange nicht nachgespannt wird, im Betrieb starr und unverrückt liegen. Dem Band wird also eine Vordehnung aufgezwungen, als deren Folge sich eine Vorspannkraft ein-

stellt, deren Größe sich nach der Form der Zugkraft-Dehnungskurve des Bandes richtet.

Im Betrieb wandern mit zunehmender Belastung zusätzliche Dehnungen aus dem Unterband über die Treibtrommel in das Oberband.

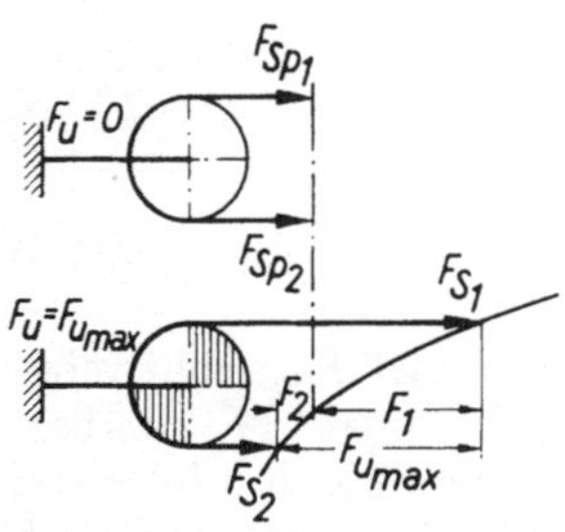

Abb. 34,4. Aufbau der Bandzugkräfte bei starrer Abspannung gemäß Abb. 34,3c nach MÜLLER[1]

Es fehlt aber im Gegensatz zu den vorher behandelten Spannarten ein Element, die Zusatzdehnungen wegzuspannen. Deshalb können diese Dehnungen nur während der Dauer von Lastspitzen unter Spannungsschwund im Unterband verschluckt werden (Abb. 34,4). Diese Anlagen bringen demnach als nicht zu ändernden Geburtsfehler ein betriebswidriges Verhalten mit. Bei höchster Beladung rufen die Spannungsspitzen im Oberband nämlich zwangsläufig Spannungsminima im Unterband hervor und das gerade zu einem Zeitpunkt, zu dem ein Maximum an Reibungsschluß vonnöten wäre.

MÜLLER hat hierüber eingehende Untersuchungen[1] angestellt. In seinen interessanten Ausführungen kommt er auch zum Vergleich der Bandkräfte sowie der Rutschsicherheit der starren Vorspannung gegenüber einer Gewichtsvorspannung. Allerdings zielen seine Überlegungen auf eine „absolute Rutschsicherheit" für die ungünstigsten Verhältnisse. Am ungünstigsten ist bei starrer Vorspannung nach MÜLLER das Anfahren eines Förderbandes mit einer Blockierung im Unterband nahe der Antriebstrommel. Es leuchtet ein, daß für diese Bedingungen sich größere Bandbeanspruchungen und damit stärkere Bänder ergeben als nach den Überlegungen von FILZEK, bei dem die Spannkraft nur um einen Sicherheitsfaktor ν_R größer gemacht wird als sie bei Ausnutzung des geometrischen Umschlingungsbogens α_g mit den kleinstmöglichen Kräften erforderlich ist.

FILZEK schlägt darum vor, in die Abspannung nach Abb. 34,3c ein Dynamometer einzubauen, das zwei Markierungen erhält. Die untere Markierung stellt die vorgenannte, mindestens erforderliche Spannkraft $F_{Sp_{\mathrm{mind}}}$ dar, die durch Versuche an der Bandanlage im Betrieb bei größter Beladung festgestellt wird, wenn das Band auf der Treibtrommel gerade zu rutschen beginnt. Die obere Markierung ist dann durch den ν_R-fachen Betrag, d. h. durch

$$F_{Sp_{\mathrm{max}}} = \nu_R \cdot F_{Sp_{\mathrm{mind}}}$$

gegeben. Wenn dann dafür Sorge getragen wird, daß diese Marken weder unter- noch überschritten werden, so ist mit einer langen Lebensdauer des Bandes zu rechnen.

---

[1] MÜLLER, ERNST: „Die Herabsetzung der Brandgefahr, der Störanfälligkeit und des Bandverschleißes durch Beherrschung der Bandvorspannung im untertägigen Förderbandbetrieb." Bergbau-Wissenschaften 10 (1963) Heft 17/18, S. 409/417. Auszug einer von der Technischen Universität Berlin genehmigten Dissertation.

Zusammenstellung I der Gleichungen für die Bandförderung mit Eintrommelantrieb

Konstante Vorspannkraft F_{S_2}		Konstante Abspannkraft F_{Sp}	
$F_{S_{1g}} = F_{S_2} \cdot e^{\mu\alpha_g}$	(34,1)	$F_{S_{1g}} = F_{Sp}\,\dfrac{e^{\mu\alpha_g}}{e^{\mu\alpha_g}+1}$	(34,7)
$F_{U_g} = F_{S_2}\,(e^{\mu\alpha_g}-1)$	(34,2)	$F_{S_{2g}} = F_{Sp}\,\dfrac{1}{e^{\mu\alpha_g}+1}$	(34,8)
$F_{Sp_g} = F_{S_2}\,(e^{\mu\alpha_g}+1)$	(34,3)	$F_{U_g} = F_{Sp}\,\dfrac{e^{\mu\alpha_g}-1}{e^{\mu\alpha_g}+1}$	(34,9)
$F_{S_{1w}} = F_{S_2} \cdot e^{\mu\alpha_w}$	(34,1 a)	$F_{S_{1w}} = F_{Sp}\,\dfrac{e^{\mu\alpha_w}}{e^{\mu\alpha_w}+1}$	(34,7 a)
$F_{U_w} = F_{S_2}\,(e^{\mu\alpha_w}-1)$	(34,2 a)	$F_{S_{2w}} = F_{Sp}\,\dfrac{1}{e^{\mu\alpha_w}+1}$	(34,8 a)
$F_{Sp_w} = F_{S_2}\,(e^{\mu\alpha_w}+1)$	(34,3 a)	$F_{U_w} = F_{Sp}\,\dfrac{e^{\mu\alpha_w}-1}{e^{\mu\alpha_w}+1}$	(34,9 a)
$F_{S_{1\text{mind}}} = F_{S_{2\text{mind}}}\,e^{\mu\alpha_g}$	(34,1 b)	$F_{S_{1\text{mind}}} = F_{Sp\,\text{mind}}\,\dfrac{e^{\mu\alpha_g}}{e^{\mu\alpha_g}+1}$	(34,7 b)
$F_{U_w} = F_{S_{2\text{mind}}}\,(e^{\mu\alpha_g}-1)$	(34,2 b)	$F_{S_{2\text{mind}}} = F_{Sp\,\text{mind}}\,\dfrac{1}{e^{\mu\alpha_g}+1}$	(34,8 b)
$F_{Sp\,\text{mind}} = F_{S_{2\text{mind}}}\,(e^{\mu\alpha_g}+1)$	(34,3 b)	$F_{U_w} = F_{Sp\,\text{mind}}\,\dfrac{e^{\mu\alpha_g}-1}{e^{\mu\alpha_g}+1}$	(34,9 b)
$v_R = \dfrac{F_{U_g}}{F_{U_w}} = \dfrac{F_{S_{1g}}}{F_{S_{1\text{mind}}}} = \dfrac{F_{S_2}}{F_{S_{2\text{mind}}}} = \dfrac{F_{Sp_g}}{F_{Sp\,\text{mind}}}$ $= \dfrac{e^{\mu\alpha_g}-1}{e^{\mu\alpha_w}-1}$	(34,5 a)	$v_R = \dfrac{F_{U_g}}{F_{U_w}} = \dfrac{F_{S_{1g}}}{F_{S_{1\text{mind}}}} = \dfrac{F_{S_{2g}}}{F_{S_{2\text{mind}}}} = \dfrac{F_{Sp}}{F_{Sp\,\text{mind}}}$ $= \dfrac{e^{\mu\alpha_g}-1}{e^{\mu\alpha_g}+1} \cdot \dfrac{e^{\mu\alpha_w}+1}{e^{\mu\alpha_w}-1}$	(34,5 b)

Übertragene Umfangskraft im labilen Grenzzustand F_{U_g} mit α_g

Übertragene wirkliche Umfangskraft F_{U_w} im Nennzustand mit α_u

Übertragene wirkliche Umfangskraft F_{U_w} mit geometrischen Bogen α_g bei kleinsten (mindesten) Kräften

In diesem Fall gilt für die statische Rutschsicherheit wieder nach Gl. (34,5)

$$\nu_R = \frac{F_{U_g}}{F_{U_w}} = \frac{F_{Sp_g}}{F_{Sp_{mind}}} = \frac{F_{S_{2g}}}{F_{S_{2mind}}} \qquad (34,5\,c)$$

Zur besseren Übersicht sind die Gleichungen zur Berechnung von Förderbändern mit Eintrommelantrieb umstehend zusammengestellt.

Beispiel: Die Umfangskraft eines Förderbandes mit Eintrommelantrieb betrage 1500 kp, der Reibwert der blanken Trommel $\mu = 0{,}20$, der Umschlingungswinkel $\alpha_g = 240°$. Für die Sicherheit gegen Rutschen werden $\nu_R = 1{,}3$ verlangt. Es sollen die Kräfte sowie der Reibungsbogen und der Reservebogen berechnet werden a) für Vorspannung nach Abb. 34,3a mit konstantem F_{S_2}, b) für Vorspannung nach Abb. 34,3b mit konstanter Spannkraft F_{Sp}.

Lösung: Gegeben: $F_{U_w} = 1500$ kp; $\mu = 0{,}20$; $\alpha_g = 240°$. Nach Gl. (33,2)

$$\lg e^{\mu\alpha_g} = \frac{\mu \cdot \alpha_g^°}{132} = \frac{0{,}20 \cdot 240°}{132} = 0{,}3646$$

$$e^{\mu\alpha_g} = 2{,}315$$

a) Nach Gl. (34,2 b)

$$F_{S_{2mind}} = \frac{F_{U_w}}{e^{\mu\alpha_g} - 1} = \frac{1500 \text{ kp}}{2{,}315 - 1} = 1140 \text{ kp}$$

Nach Gl. (34,1 b)

$$F_{S_{1mind}} = F_{S_{2mind}} \cdot e^{\mu\alpha_g} = 1140 \text{ kp} \cdot 2{,}315 = 2640 \text{ kp}$$

Nach Gl. (34,3 b)

$$F_{Sp_{mind}} = F_{S_{2mind}} (e^{\mu\alpha_g} + 1) = 1140 \text{ kp} (2{,}315 + 1) = 3780 \text{ kp}$$

Ferner folgt aus Gl. (34,5 a)

$$F_{U_g} = \nu_R \cdot F_{U_w} = 1{,}3 \cdot 1500 \text{ kp} = 1950 \text{ kp}$$

$$F_{S_{1g}} = \nu_R \cdot F_{S_{1mind}} = 1{,}3 \cdot 2640 \text{ kp} = 3430 \text{ kp}$$

$$F_{S_{2g}} = \nu_R \cdot F_{S_{2mind}} = 1{,}3 \cdot 1140 \text{ kp} = 1480 \text{ kp}$$

$$F_{Sp_g} = \nu_R \cdot F_{Sp_{mind}} = 1{,}3 \cdot 3780 \text{ kp} = 4915 \text{ kp}$$

Aus Gl. (34,5 a)
$$\nu_R = \frac{e^{\mu\alpha_g} - 1}{e^{\mu\alpha_w} - 1}$$

folgt:

$$e^{\mu\alpha_w} = \frac{e^{\mu\alpha_g} - 1 + \nu_R}{\nu_R} = \frac{2{,}315 - 1 + 1{,}3}{1{,}3} = 2{,}01$$

Nach Gl. (33,2)

$$\lg e^{\mu\alpha_w} = \frac{\mu \cdot \alpha_w^°}{132} = \lg 2{,}01 = 0{,}3036$$

$$\alpha_w^° = \frac{132 \cdot 0{,}3036}{\mu} = \frac{132 \cdot 0{,}3036}{0{,}20} = 200°$$

Nach Gl. (34,4) $\alpha_R = \alpha_g - \alpha_w = 240° - 200° = 40°$

b) Nach Gl. (34,9b)

$$F_{Sp_{\text{mind}}} = F_{U_w} \frac{e^{\mu \alpha_g} + 1}{e^{\mu \alpha_g} - 1} = 1500\,\text{kp} \frac{2{,}315 + 1}{2{,}315 - 1} = 3780\,\text{kp}$$

Nach Gl. (34,7b)

$$F_{S_{1\text{mind}}} = F_{Sp_{\text{mind}}} \frac{e^{\mu \alpha_g}}{e^{\mu \alpha_g} + 1} = 3780\,\text{kp} \frac{2{,}315}{2{,}315 + 1} = 2640\,\text{kp}$$

Nach Gl. (34,8b)

$$F_{S_{2\text{mind}}} = F_{Sp_{\text{mind}}} \frac{1}{e^{\mu \alpha_g} + 1} = 3780\,\text{kp} \frac{1}{2{,}315 + 1} = 1140\,\text{kp}$$

Ferner folgt aus Gl. (34,5b)

$$F_{U_g} = v_R \cdot F_{U_w} = 1{,}3 \cdot 1500\,\text{kp} = 1950\,\text{kp}$$

$$F_{S_{1g}} = v_R \cdot F_{S_{1\text{mind}}} = 1{,}3 \cdot 2640\,\text{kp} = 3430\,\text{kp}$$

$$F_{S_{2g}} = v_R \cdot F_{S_{2\text{mind}}} = 1{,}3 \cdot 1140\,\text{kp} = 1480\,\text{kp}$$

$$F_{Sp_g} = v_R \cdot F_{Sp_{\text{mind}}} = 1{,}3 \cdot 3780\,\text{kp} = 4915\,\text{kp}$$

Aus Gl. (34,5b)

$$v_R = \frac{e^{\mu \alpha_g} - 1}{e^{\mu \alpha_g} + 1} \cdot \frac{e^{\mu \alpha_w} + 1}{e^{\mu \alpha_w} - 1} = \frac{2{,}315 - 1}{2{,}315 + 1} \cdot \frac{e^{\mu \alpha_w} + 1}{e^{\mu \alpha_w} - 1} = 0{,}3965 \frac{e^{\mu \alpha_w} + 1}{e^{\mu \alpha_w} - 1}$$

$$e^{\mu \alpha_w} = \frac{v_R + 0{,}3965}{v_R - 0{,}3965} = \frac{1{,}3 + 0{,}3965}{1{,}3 - 0{,}3965} = 1{,}878$$

$$\lg e^{\mu \alpha_w} = \frac{\mu \cdot \alpha_w^{\circ}}{132} = \lg 1{,}878 = 0{,}2736$$

$$\alpha_w = \frac{132 \cdot 0{,}2736}{\mu} = \frac{132 \cdot 0{,}2736}{0{,}20} = 180^{\circ}$$

Nach Gl. (34,4)

$$\alpha_R = \alpha_g - \alpha_w = 240^{\circ} - 180^{\circ} = 60^{\circ}$$

Die Rechnung ergibt in beiden Fällen der unterschiedlichen Abspannungsart die gleichen Kräfte. Lediglich die Ruhebögen α_R, die an der Übertragung der wirklichen Umfangskraft F_{U_w} nicht teilnehmen, sind unterschiedlich. Es ist aber nach den Gln. (34,5a), (34,5b) und (34,5c) für die Sicherheit v_R gegen Rutschen die Kenntnis von Reibungs- und Ruhebogen ohne Bedeutung; ihre Berechnung kann demnach entfallen.

Für die Abspannung folgt aus den Rechnungen: Eine Abspannung mit Gewicht im Leertrumm nach Abb. 34,3a verlangt eine Gewichtskraft $G_{Sp} = 2F_{S_{2g}} = 2 \cdot 1480\,\text{kp} = 2960\,\text{kp}$.

Eine Abspannung mit gewichtsbelastetem Spannwagen nach Abb. 34,3b verlangt eine Gewichtskraft $F_{Sp_g} = 4915\,\text{kp}$. Schließlich müßte bei einer starren Abspannanlage gem. Abb. 34,3c ein Dynamometer (wenn es allerdings nicht wie in der Abb. 34,3c dargestellt in der Abspannung der Kehrstation, sondern der Antriebsstation eingebaut wäre) Kennmarken an den Stellen $F_{Sp_{\text{mind}}} = 3780\,\text{kp}$ und $F_{Sp_{\text{max}}} = 4915\,\text{kp}$ aufweisen. Für ein Dynamometer in der Abspannung der Kehrstation werden diese Kräfte niedriger liegen:

$$F_{Sp_{\text{Antrieb}}} = F_{S_1} + F_{S_2} = F_{\text{voll}} + F_{\text{leer}} + 2\,F_{S_2}$$

$$F_{Sp_{\text{Umkehre}}} = 2\,F_{S_3} = 2\,F_{\text{leer}} + 2\,F_{S_2}$$

Die Vergrößerung der Beladung, der Fördererlänge, aber auch die Erhöhung der Widerstandskräfte z. B. bei Verwendung eines breiteren Bandes oder eines Gummigurtes mit größerer Zahl von Einlagen, erhöhen die Bandkräfte, für die ein rutschsicherer Betrieb nur durch

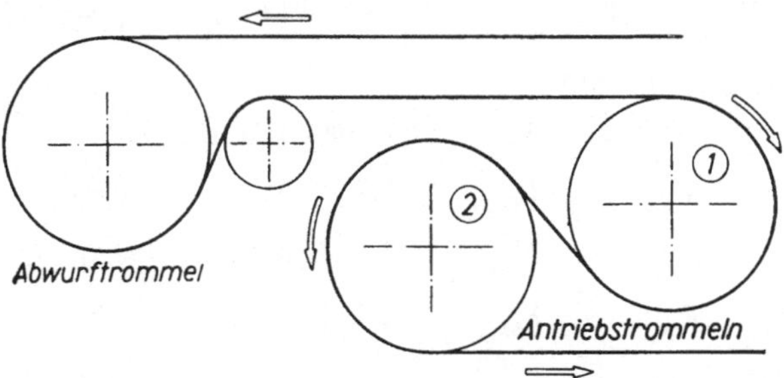

Abb. 34,5. Schema eines Zweitrommelantriebes

Vergrößerung des Umschlingungswinkels erreicht werden kann. Das führt uns zum *Zweitrommelantrieb*, der in Abb. 34,5 im Schema dargestellt ist. In Bewegungsrichtung läuft das Förderband nach Verlassen einer Abwurftrommel zunächst *über Trommel 1*, und zwar *mit der Förderseite* und kommt in das Untertrumm *über Trommel 2* diesmal *mit seiner Unterseite*. Das führt leider bei vielen Förderantrieben zu unterschiedlichen Reibwerten der beiden Trommeln.

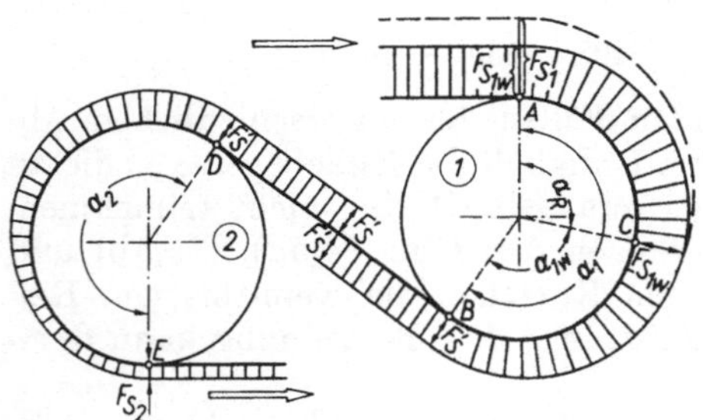

Abb. 34,6. Verlauf der Bandkraft beim Zweitrommel-Bandantrieb

Allgemein gilt nach Abb. 34,6 das Gesetz für die Bandkräfte

$$F_{S_1} = F'_S \cdot e^{\mu_1 \alpha_1}$$

und

$$F'_S = F_{S_2} \cdot e^{\mu_2 \alpha_2}$$

Damit wird

$$F_{S_1} = F_{S_2} \cdot e^{\mu_1 \alpha_1} \cdot e^{\mu_2 \alpha_2}$$

d. h. *größte Durchzugkraft* im labilen Grenzzustand:

$$F_{S_{1g}} = F_{S_2} \cdot e^{\mu_1 \alpha_{1g} + \mu_2 \alpha_{2g}} \tag{34,10}$$

Rutschsicheren Betrieb haben wir nur, wenn die größte Bandkraft im Obertrumm $F_{S_{1w}}$ kleiner bleibt als $F_{S_{1g}}$. Nach Abb. 34,7 ergibt sich die *wirkliche Durchzugkraft*

$$F_{S_{1w}} = F_{S_2} \cdot e^{\mu_1 \alpha_{1w} + \mu_2 \alpha_{2g}} \tag{34,10a}$$

Damit wird die wirklich übertragene Umfangskraft für konstante Vorspannkraft F_{S_2}, das ist die

$$\textit{Mitnahmekraft} \quad F_{U_w} = F_{S_2}\left(e^{\mu_1\alpha_{1w}+\mu_2\alpha_{2g}} - 1\right) \qquad (34,11\,\text{a})$$

Sie kann für den labilen Grenzzustand anwachsen auf

$$F_{U_g} = F_{S_2}\left(e^{\mu_1\alpha_{1g}+\mu_2\alpha_{2g}} - 1\right) \qquad (34,11)$$

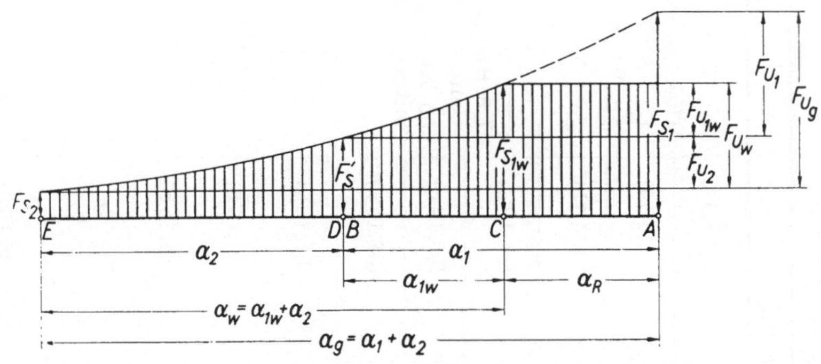

Abb. 34,7. Bandkräfte und Umfangskräfte beim Zweitrommelantrieb

Die Gln. (34,10) und (34,10a) sowie (34,11) und (34,11a) entsprechen den in Zusammenstellung I für Eintrommelantrieb aufgestellten Gln. (34,2) und (34,2a). Hier tritt jeweils nur an die Stelle von $e^{\mu\alpha_g}$ beim Zweitrommelantrieb: $e^{\mu_1\alpha_{1g}+\mu_2\alpha_{2g}}$ und an die Stelle von $e^{\mu\alpha_w}$ beim Zweitrommelantrieb: $e^{\mu_1\alpha_{1w}+\mu_2\alpha_{2g}}$.

In der Zusammenstellung II sind die entsprechenden Gleichungen für Zweitrommelantrieb aufgestellt, wobei gesetzt ist:

$$m_g = e^{\mu_1\alpha_{1g}+\mu_2\alpha_{2g}}$$

und

$$m_w = e^{\mu_1\alpha_{1w}+\mu_2\alpha_{2g}}$$

Auch beim Zweitrommelantrieb schwankt mit dem Beladungszustand, also auch mit der Umfangskraft F_{U_w} die Größe der Bandkraft $F_{S_{1w}}$. In gleicher Weise ändert sich der in Anspruch genommene Reibungsbogen α_{1w}. Wird dieser Bogen $\alpha_{1w} = 0$, so wird der Ruhebogen $\alpha_R = \alpha_{1g}$ (Abb. 34,6). Das bedeutet nur, daß zur Übertragung der Umfangskraft lediglich Trommel 2 in Anspruch genommen wird.

Nach Abb. 34,7 ist der Reibungsbogen zugleich der Schlupfbogen $\alpha_w = \alpha_{1w} + \alpha_{2g}$, d. h. auf diesem Bogen findet Dehnschlupf statt.

Beispiel: Die Umfangskraft eines Förderbandes mit Zweitrommelantrieb betrage 2500 kp, die Reibwerte sind $\mu_1 = \mu_2 = 0{,}20$. Der Umschlingungswinkel für Trommel 1: $\alpha_{1g} = 215°$, für Trommel 2: $\alpha_{2g} = 225°$. Die Sicherheit gegen Rutschen soll $\nu_R = 1{,}3$ betragen. Es sollen die Kräfte a) für Vorspannung nach Abb. 34,3a mit konstantem F_{S_2}, b) für Vorspannung nach Abb. 34,3b mit konstanter Spannkraft F_{Sp} berechnet werden.

Lösung: Gegeben: $F_{U_w} = 2500$ kp; $\mu = 0{,}20$; $\alpha_{1g} = 215°$; $\alpha_{2g} = 225°$

Zusammenstellung II der Gleichungen für die Bandförderung mit Zweitrommelantrieb

$$\text{Hier bedeuten:} \qquad m_g = e^{\mu_1 \alpha_{1g} + \mu_2 \alpha_{2g}}; \qquad m_w = e^{\mu_1 \alpha_{1w} + \mu_2 \alpha_{2g}}$$

Konstante Vorspannkraft F_{S_2}		Konstante Abspannkraft F_{Sp}		
$F_{S_{1g}} = F_{S_2} \cdot m_g$	(34,10)	$F_{S_{1g}} = F_{Sp} \dfrac{m_g}{m_g + 1}$	(34,13)	Übertragene Umfangskraft im labilen Grenzzustand F_{U_g} mit $\alpha_{1g} + \alpha_{2g}$
$F_{U_g} = F_{S_2}(m_g - 1)$	(34,11)	$F_{S_{2g}} = F_{Sp} \dfrac{1}{m_g + 1}$	(34,14)	
$F_{Sp_g} = F_{S_2}(m_g + 1)$	(34,12)	$F_{U_g} = F_{Sp} \dfrac{m_g - 1}{m_g + 1}$	(34,15)	
$F_{S_{1w}} = F_{S_2} \cdot m_w$	(34,10 a)	$F_{S_{1w}} = F_{Sp} \dfrac{m_w}{m_w + 1}$	(34,13 a)	Übertragene wirkliche Umfangskraft F_{U_w} im Nennzustand mit $\alpha_{1w} + \alpha_{2g}$
$F_{U_w} = F_{S_2}(m_w - 1)$	(34,11 a)	$F_{S_{2w}} = F_{Sp} \dfrac{1}{m_w + 1}$	(34,14 a)	
$F_{Sp_w} = F_{S_2}(m_w + 1)$	(34,12 a)	$F_{U_w} = F_{Sp} \dfrac{m_w - 1}{m_w + 1}$	(34,15 a)	
$F_{S_{1\mathrm{mind}}} = F_{S_{2\mathrm{mind}}} \cdot m_g$	(34,10 b)	$F_{S_{1\mathrm{mind}}} = F_{Sp\,\mathrm{mind}} \dfrac{m_g}{m_g + 1}$	(34,13 b)	Übertragene wirkliche Umfangskraft F_{U_w} mit geometr. Bogen $\alpha_{1g} + \alpha_{2g}$ bei kleinsten (mindesten) **Kräften**
$F_{U_w} = F_{S_{2\mathrm{mind}}}(m_g - 1)$	(34,11 b)	$F_{S_{2\mathrm{mind}}} = F_{Sp\,\mathrm{mind}} \dfrac{1}{m_g + 1}$	(34,14 b)	
$F_{Sp\,\mathrm{mind}} = F_{S_{2\mathrm{mind}}}(m_g + 1)$	(34,12 b)	$F_{U_w} = F_{Sp\,\mathrm{mind}} \dfrac{m_g - 1}{m_g + 1}$	(34,15 b)	
$v_R = \dfrac{F_{U_g}}{F_{U_w}} = \dfrac{F_{S_{1g}}}{F_{S_{1\mathrm{mind}}}} = \dfrac{F_{S_2}}{F_{S_{2\mathrm{mind}}}} = \dfrac{F_{Sp_g}}{F_{Sp\,\mathrm{mind}}}$ $= \dfrac{m_g - 1}{m_w - 1}$	(34,16 a)	$v_R = \dfrac{F_{U_g}}{F_{U_w}} = \dfrac{F_{S_{1g}}}{F_{S_{1\mathrm{mind}}}} = \dfrac{F_{S_{2g}}}{F_{S_{2\mathrm{mind}}}} = \dfrac{F_{Sp}}{F_{Sp\,\mathrm{mind}}}$ $= \dfrac{m_g - 1}{m_g + 1} \dfrac{m_w + 1}{m_w - 1}$	(34,16 b)	

Nach Gl. (33,2)

$$\lg m_g = \lg e^{\mu_1 \alpha_{1g} + \mu_2 \alpha_{2g}} = \frac{\mu(\alpha_{1g}^\circ + \alpha_{2g}^\circ)}{132} = \frac{0,20\,(215^\circ + 225^\circ)}{132} = 0,6668$$

$$m_g = e^{\mu_1 \alpha_{1g} + \mu_2 \alpha_{2g}} = 4,64$$

a) Nach Gl. (34,11 b)

$$F_{S_{2\mathrm{mind}}} = \frac{F_{U_w}}{m_g - 1} = \frac{2500\ \mathrm{kp}}{4,64 - 1} = 687\ \mathrm{kp}$$

Nach Gl. (34,10 b)

$$F_{S_{1\mathrm{mind}}} = F_{S_{2\mathrm{mind}}} \cdot m_g = 687\ \mathrm{kp} \cdot 4,64 = 3190\ \mathrm{kp}$$

Nach Gl. (34,12 b)

$$F_{S_{p\,\mathrm{mind}}} = F_{S_{2\mathrm{mind}}}\,(m_g + 1) = 687\ \mathrm{kp}\,(4,64 + 1) = 3875\ \mathrm{kp}$$

Ferner folgt aus Gl. (34,16 a)

$$F_{U_g} = \nu_R \cdot F_{U_w} = 1,3 \cdot 2500\ \mathrm{kp} = 3250\ \mathrm{kp}$$

$$F_{S_{1g}} = \nu_R \cdot F_{S_{1\mathrm{mind}}} = 1,3 \cdot 3190\ \mathrm{kp} = 4150\ \mathrm{kp}$$

$$F_{S_{2g}} = \nu_R \cdot F_{S_{2\mathrm{mind}}} = 1,3 \cdot 678\ \mathrm{kp} = 893\ \mathrm{kp}$$

$$F_{S_{p_g}} = \nu_R \cdot F_{S_{p\,\mathrm{mind}}} = 1,3 \cdot 3875\ \mathrm{kp} = 5040\ \mathrm{kp}$$

b) Nach Gl. (34,15 b)

$$F_{S_{p\,\mathrm{mind}}} = F_{U_w}\,\frac{m_g + 1}{m_g - 1} = 2500\ \mathrm{kp}\,\frac{4,64 + 1}{4,64 - 1} = 3875\ \mathrm{kp}$$

Nach Gl. (34,13 b)

$$F_{S_{1\mathrm{mind}}} = F_{S_{p\,\mathrm{mind}}}\,\frac{m_g}{m_g + 1} = 3875\ \mathrm{kp}\,\frac{4,64}{4,64 + 1} = 3190\ \mathrm{kp}$$

Nach Gl. (34,14 b)

$$F_{S_{2\mathrm{mind}}} = F_{S_{p\,\mathrm{mind}}}\,\frac{1}{m_g + 1} = 3875\ \mathrm{kp}\,\frac{1}{4,64 + 1} = 687\ \mathrm{kp}$$

Ferner folgt aus Gl. (34,16 b)

$$F_{U_g} = \nu_R \cdot F_{U_w} = 1,3 \cdot 2500\ \mathrm{kp} = 3250\ \mathrm{kp}$$

$$F_{S_{1g}} = \nu_R \cdot F_{S_{1\mathrm{mind}}} = 1,3 \cdot 3190\ \mathrm{kp} = 4150\ \mathrm{kp}$$

$$F_{S_{2g}} = \nu_R \cdot F_{S_{2\mathrm{mind}}} = 1,3 \cdot 687\ \mathrm{kp} = 893\ \mathrm{kp}$$

Auch hier bei der Berechnung eines Zweitrommelantriebs ergeben sich für beide Arten der Abspannung die gleichen Kräfte. Reibungs- und Ruhebogen ließen sich nach Gl. (34,16a) bzw. (34,16b) zwar berechnen und werden für die beiden Spannungsarten ebensolche Unterschiede ergeben wie im Beispiel für den Eintrommelantrieb. Für die Planung eines Förderbandes ist ihre Kenntnis jedoch ohne Bedeutung. Dagegen lassen sich mit den berechneten Kräften, wie es in der Festigkeitslehre gezeigt wird, die erforderliche Bandkonfektion zuverlässig ermitteln.

Die Berechnungen folgen den Vorschlägen von FILZEK, während MÜLLER in der angegebenen Arbeit die Rutschsicherheit aus den Dehnungsgesetzen, insbesondere bei Spindelvorspannung, ableitet.

Hierauf kommt Müller in einer weiteren Arbeit[1] zurück, wobei er ebenfalls eine „absolute Rutschsicherheit" für den ungünstigsten Fall des Anfahrens mit dem Kippmoment des Elektromotors eines im Untertrumm nahe der Antriebstrommel blockierten Bandes verlangt. Eine gleiche Rutschsicherheit läßt sich auch nach den vorstehenden Berechnungsmethoden erreichen, wenn nur die Rutschsicherheit, die in den Beispielen mit $v_R = 1{,}3$ gewählt wurde, entsprechend hoch angesetzt wird. Die hier dargestellte Berechnungsart hat folgende Vorteile:

1. Alle Kräfte im Band sowie der Abspannung lassen sich aus den Widerstandskräften in Voll- und Leertrum oder aber aus dem zu übertragenden Drehmoment bzw. der Umfangskraft in einfacher und übersichtlicher Weise im voraus berechnen. Das Rechnungsverfahren eignet sich demnach für die Planung von Bandanlagen.

2. Die Gleichung für Rutschsicherheit behält für alle Arten der Abspannung ihre Gültigkeit, ebenso auch für Eintrommel- wie für Zweitrommelantrieb.

3. Eine Rechnung über die kleinstmöglichen (mindesten) Kräfte sichert nicht nur die Einhaltung kleiner Bandbeanspruchungen. Bleiben alle Kräfte auf den v_R-fachen Betrag begrenzt, so sind auch die aus unvernünftig hoher Vorspannung resultierenden Unwägbarkeiten der Bandkräfte ausgeschaltet.

4. Für Gewichtsvorspannung bestehen nach den Rechnungen keine Schwierigkeiten für den Betrieb eines entsprechend ausgelegten Förderbandes. Für ein Band mit Spindelvorspannung ist nur zu fordern, daß eine Überwachung der berechneten oder durch Versuch ermittelten Mindest- und Höchst-Abspannkräfte durch ein Dynamometer erfolgen sollte.

5. Die Rechnungen bezwecken nicht nur ein Rutschen des Bandes auf der Antriebstrommel zu vermeiden, sondern auch die Voraussetzungen für eine lange Lebensdauer des Förderbandes zu schaffen.

6. Das Rechnungsverfahren nach dem Dehnungsverhalten von Müller ist dagegen geeignet, vorhandene Anlagen nachträglich auf ihre zuverlässige Rutschsicherheit nachzuprüfen.

Die bisherigen Betrachtungen für den Zweitrommelantrieb setzen voraus, daß die Verteilung der Umfangskräfte $F_{U_{1g}}$ (bzw. $F_{U_{1w}}$) und $F_{U_{2g}}$ auf die beiden Trommeln 1 und 2 (Abb. 34,7) den theoretischen Voraussetzungen der Seilreibung entsprechend übertragen werden. Mit einer diesem theoretischen Verhältnis entsprechenden Verteilung der Umfangskräfte ist aber bei *starr gekuppelten Trommeln* praktisch nicht zu rechnen. Das führt zu einer Mehrbelastung der einen gegenüber der anderen Trommel und der Gefahr des Bandrutschens, insbesondere wenn die Bandgeschwindigkeiten auf den beiden Trommeln verschieden sind. Idelberger[2] hat darüber Untersuchungen angestellt und kommt zu dem Schluß, daß bei ungleichen Bandgeschwindigkeiten der Dehn-

---

[1] Müller, Ernst: „Beitrag zur Klärung der Rutschsicherheit von Seilreibungstrieben." Bergbauwissenschaften 11 (1964) S. 180/186.
[2] Idelberger, H.: „Zur Theorie der Antriebe von Bandförderern", Glückauf 91. Jg. (1955) S. 769/772.

schlupf eine ausschlaggebende Rolle hinsichtlich des Ausgleichs der Umfangsgeschwindigkeit der starr gekuppelten Trommeln und der Verteilung der Band- und Umfangskräfte spielt. Die Verteilung der Umfangskräfte ist dann aber statisch unbestimmt.

Man hat daher nach Wegen gesucht, wie sich die Kraftaufteilung beim Zweitrommelantrieb statisch bestimmt durchführen läßt. Bei der Verwendung von *Ausgleichsgetrieben* mit Planetenrädern (Demag) werden die Drehmomente in einem festen Verhältnis auf die beiden Trommeln übertragen. Dieses Verhältnis braucht nicht genau den betrieblichen Voraussetzungen zu entsprechen, die je nach der Bandbelastung (den Widerständen) eine unterschiedliche Aufteilung der Drehmomente erfordern. Aus der erzielten längeren Lebensdauer der Bänder ergibt sich aber, daß trotzdem mit den Ausgleichsgetrieben eine Schonung der Bänder erreicht wird. Der andere Weg des *getrennten Antriebes der beiden Trommeln* hat den Nachteil, nur für bestimmte Reibungsverhältnisse eine statisch bestimmte Verteilung der Umfangskräfte zu sichern. Doch ergibt sich auch hierbei unzweifelhaft eine Schonung der Bänder und die Vermeidung übermäßigen Rutschens auf den Trommeln. Vor allem bei voll ausgenutzten Zweitrommelantrieben hat die Erfahrung die Überlegenheit des getrennten Antriebes gegenüber starr gekuppelten Antriebes gezeigt.

c) Riementrieb

Zur Übertragung der Maschinenkraft auf eine Arbeitsmaschine benutzen wir in vielen Fällen den Riementrieb, bei dem gemäß Abb.34,8 im allgemeinen *ein endloser Riemen* die kleinere *Antriebsscheibe des Motors* und die größere *getriebene Scheibe der Arbeitsmaschine umhüllt.*

Kann man annehmen, daß die Reibzahl auf beiden Riemenscheiben gleich ist, so besteht Rutschgefahr an der treibenden Scheibe mit dem kleineren Umschlingungswinkel. Bei den meisten Riementrieben erfolgt die Vorspannung durch Vergrößerung des Abstandes der beiden Scheiben.

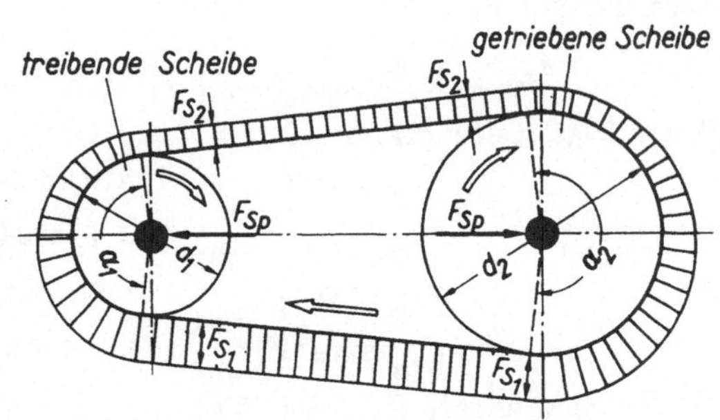

Abb. 34,8. Kräfte am Riementrieb

Hierfür gelten die Überlegungen im Abschnitt b) Bandförderung unter 3. für eine Vorspannung mit Spannspindel. Während aber bei der Bandförderung die Spannungsspitzen durch größere Beladung hervorgerufen werden, ergeben sie sich beim Riementrieb mit dem Anwachsen des übertragenen Drehmomentes. Da dieses Drehmoment Kenngröße für die Auslegung eines Riementriebes ist, ergibt sich seine Berechnung nach den Gleichungen der Zusammenstellung I für Eintrommelantrieb der Bandförderung.

Beim Riementrieb mit Spannrolle gemäß Abb. 34,10 gelten die Gleichungen für konstante Spannkraft F_{S_2} im Unterlasttrumm. Die Größe von F_{S_2} ergibt sich mit der Gewichtskraft G der Spannrolle aus dem Kräfteroparallelogramm mit den Ablenkungswinkeln des Riemens an dieser Stelle.

Mit dem Durchmesser d_1 der Antriebsscheibe ergibt sich das übertragene Drehmoment

$$M_d = F_U \frac{d_1}{2} \tag{34,17}$$

Beispiel: Es soll durch einen Riementrieb gemäß Abb. 34,8 ein Drehmoment $M_d = 25{,}5$ kp m übertragen werden. Die Treibscheibe hat einen Durchmesser von 300 mm, einen Umschlingungswinkel von 169° und eine Reibzahl $\mu = 0{,}25$. Zu berechnen sind die Kräfte für eine 1,4fache Rutschsicherheit.

Lösung: Gegeben: $M_d = 25{,}5$ kp m; $\quad d_1 = 300$ mm $= 0{,}3$ m; $\quad \mu = 0{,}25$; $\alpha_{1g} = 169°$; $v_R = 1{,}4$.

Nach Gl. (33,2)

$$\lg e^{\mu \alpha_{1g}} = \frac{\mu \cdot \alpha_{1g}^0}{132} = \frac{0{,}25 \cdot 169°}{132} = 0{,}32$$

$$e^{\mu \alpha_{1g}} = 2{,}09$$

Nach Gl. (34,17)

$$M_d = F_{U_w} \frac{d_1}{2}; \quad F_{U_w} = \frac{2 M_d}{d_1} = \frac{2 \cdot 25{,}5 \text{ kpm}}{0{,}3 \text{ m}} = 170 \text{ kp}$$

Nach Gl. (34,9 b)

$$F_{S_{p\,\text{mind}}} = F_{U_w} \frac{e^{\mu \alpha_{1g}} + 1}{e^{\mu \alpha_{1g}} - 1} = 170 \text{ kp} \frac{2{,}09 + 1}{2{,}09 - 1} = 482 \text{ kp}$$

Nach Gl. (34,7 b)

$$F_{S_{1\text{mind}}} = F_{S_{p\,\text{mind}}} \frac{e^{\mu \alpha_{1g}}}{e^{\mu \alpha_{1g}} + 1} = 482 \text{ kp} \frac{2{,}09}{2{,}09 + 1} = 326 \text{ kp}$$

Nach Gl. (34,8 b)

$$F_{S_{2\text{mind}}} = F_{S_{p\,\text{mind}}} \frac{1}{e^{\mu \cdot \alpha_{1g}} + 1} = 482 \text{ kp} \frac{1}{2{,}09 + 1} = 156 \text{ kp}$$

Ferner folgt aus Gl. (34,5 b):

$$F_{U_g} = v_R \cdot F_{U_w} = 1{,}4 \cdot 170 \text{ kp} = 238 \text{ kp}$$

$$F_{S_{p_g}} = v_R \cdot F_{S_{p\,\text{mind}}} = 1{,}4 \cdot 482 \text{ kp} = 675 \text{ kp}$$

$$F_{S_{1g}} = v_R \cdot F_{S_{1\text{mind}}} = 1{,}4 \cdot 326 \text{ kp} = 456 \text{ kp}$$

$$F_{S_{2g}} = v_R \cdot F_{S_{2\text{mind}}} = 1{,}4 \cdot 156 \text{ kp} = 218 \text{ kp}$$

Die Spannkraft $F_{S_{p_g}} = 675$ kp muß für eine 1,4fache Rutschsicherheit zur Übertragung der Nenn-Umfangskraft $F_{U_w} = 170$ kp bzw. des Nennmomentes $M_d = 25{,}5$ kpm bei Vernachlässigung der Verluste wirksam sein. Im Stillstand verteilt sich diese Spannkraft gleichmäßig auf die beiden Riemen, da $F_{Sp} = F_{S_1} + F_{S_2}$ und $F_U = 0 = F_{S_1} - F_{S_2}$ ist. Demnach haben wir im Stillstand:

$$F_{S_1} = F_{S_2} = \frac{F_{S_{p_g}}}{2} = \frac{675 \text{ kp}}{2} = 327{,}5 \text{ kp}$$

Auch beim Riementrieb besteht die Möglichkeit, den Reibwert μ oder den Umschlingungswinkel α zu erhöhen. Damit ergibt sich die

Möglichkeit, für gleiche Spannkraft F_{Sp} bzw. Riemenvorspannung F_{S_2} eine größere Umfangskraft F_U, d. h. ein größeres Drehmoment $M_d = F_U \frac{d_1}{2}$ zu übertragen.

1. Erhöhung des Reibwertes μ

Man verwendet bei hoch beanspruchten Riementrieben sowohl Riemenscheiben als auch Riemen mit höherem Reibwert. Dubbel's Taschenbuch gibt als Reibzahl für Flachriementriebe an[1] $\mu \approx 0,22 + 0,012\,v$; v in m/s. Eine besondere Bedeutung hat der *Keilriementrieb* für hohe Beanspruchungen. Er ist genormt für Keilwinkel von $32°$ bis $36°$. Dadurch erhält man Keilreibzahlen $\mu' = 2,5$ bis $3,5$ [siehe Gl. (26,7)].

2. Erhöhung des Umschlingungsbogens α_1

Beim einfachen offenen Riementrieb soll man gemäß Abb. 34,9 dem *ziehenden Riemen* den unteren Lauf geben, da durch das Durchhängen des oberen Laufes mit der kleineren Riemenkraft F_{S_2} der Umschlingungsbogen α der treibenden Scheibe vergrößert (Abb. 34,9a), im umgekehrten Falle (Abb. 34,9b) aber vermindert wird.

Den *Spannrollenantrieb* zeigt Abb. 34,10, bei dem durch eine Gewichtskraft G eine Spannrolle gegen den gezogenen Riemen (das Leertrumm) gedrückt wird. Wie die Abbildung zeigt, wird der Umschlingungsbogen erheblich vergrößert, und zwar etwa vom 0,45fachen des Vollwinkels beim offenen Riementrieb auf das 0,7fache. Diese Angaben können nur als Richtwerte betrachtet werden. Außerdem hat der Spannrollentrieb den Vorteil einer definierten Spannkraft bei gleichbleibender Vorspannkraft F_{S_2}. Schließlich werden im Gegensatz zur starren Vorspannung die mit der Schwankung des Drehmomentes sich ändernden Dehnungen stets weggespannt.

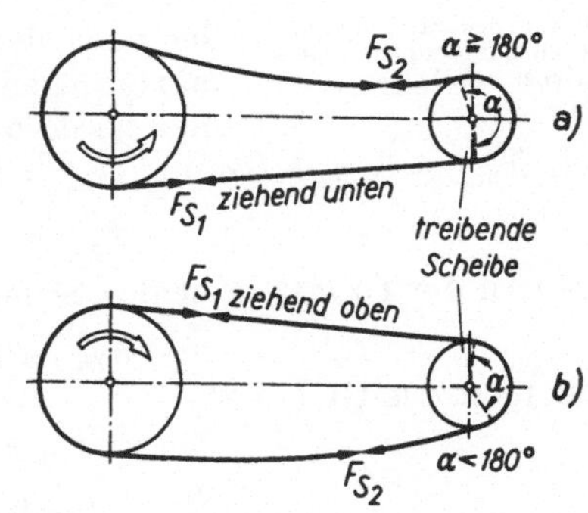

Abb. 34,9. Umspannungsbogen beim offenen Riementrieb

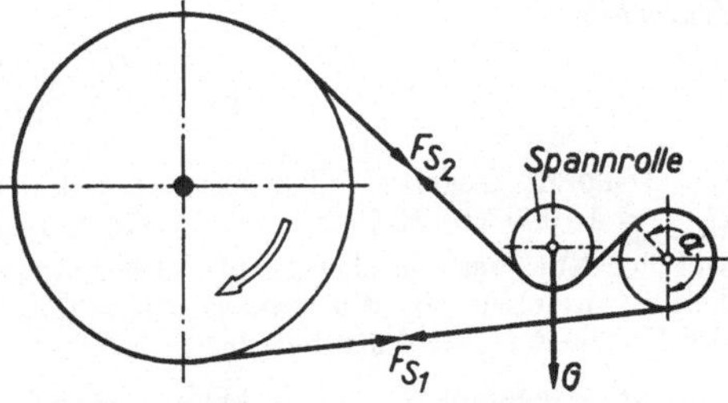

Abb. 34,10. Vergrößerung des Umspannungsbogens beim Spannrollentrieb

---

[1] Dubbels Taschenbuch für den Maschinenbau, Springer-Verlag 12. Auflage 1966, I. Band, S. 755.

d) Treibscheibenförderung

Bei der Treibscheibenförderung muß die Reibung zwischen Seil und Treibscheibe die von der Maschine abgegebene Umfangskraft beim Heben oder Einhängen von Lasten auf das Seil übertragen. Dabei muß genügend Sicherheit gegen Rutschen vorhanden sein, da sonst unübersehbare Gefahren eintreten. Die Gewichtskräfte des Oberseiles werden bei der Treibscheibenförderung stets durch das Unterseil ausgeglichen, das nach Möglichkeit die Masse je m haben soll wie das Oberseil. Dann sind die bewegten Totlasten auf beiden Seiten der Treibscheibe gleich und die Seilvorspannkraft F_{S_2} ist beim *Heben von Lasten* durch die Totlast G_{tot} auf der Seite des ablaufenden Seilendes gegeben (Abb. 34,11).

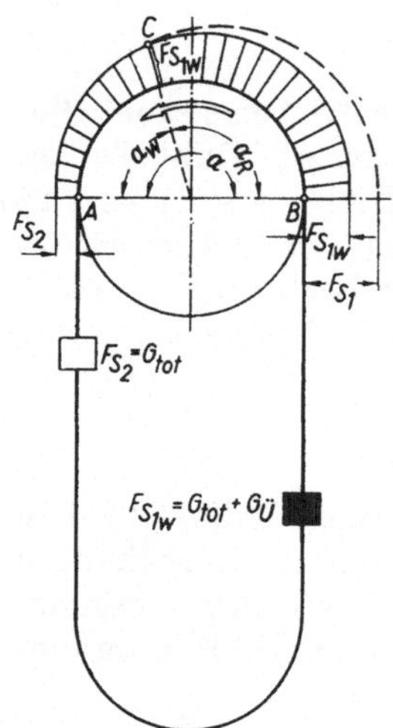

Abb. 34,11. Seilkräfte bei der Treibscheibenförderung zum Heben von Lasten

Auf der Seite des auflaufenden Seilendes ist die Seilkraft $F_{S_{1w}}$ durch die Totlast G_{tot} und das größte Übergewicht $G_{\ddot{U}}$ (also meist die Nutzlast) bestimmt. Die größtmögliche Seilkraft $F_{S_{1g}}$ ergibt sich mit dem Reibwert μ, der nach der Bergverordnung für Hauptseilfahrtanlagen normal mit $\mu = 0,25$ angenommen wird, und dem Umschlingungsbogen α.

Mit $F_{S_{1w}} = G_{\text{tot}} + G_{\ddot{U}}$ und $F_{S_2} = G_{\text{tot}}$ ergibt sich:

$$F_{U_w} = F_{S_{1w}} - F_{S_2} = G_{\text{tot}} + G_{\ddot{U}} - G_{\text{tot}}$$

und sofern die Totlast in beiden Seilenden gleich ist:

$$F_{U_w} = G_{\ddot{U}} \tag{34,18}$$

Ferner folgt aus Gl. (34,2)

$$F_{U_g} = F_{S_2}(e^{\mu \alpha_g} - 1)$$

$$F_{U_g} = G_{\text{tot}}(e^{\mu \alpha_g} - 1) \tag{34,19}$$

Damit ergibt sich nach Gl. (34,5) $v_R = \dfrac{F_{U_g}}{F_{U_w}}$ die *statische Sicherheit gegen Rutschen*:

$$v_R = \frac{G_{\text{tot}}(e^{\mu \alpha_g} - 1)}{G_{\ddot{U}}} \tag{34,20}$$

Beispiel: Gegeben: Totlast auf jeder Seite einer Treibscheibenförderung $G_{\text{tot}} = 10\,000$ kp, Reibzahl $\mu = 0,25$, Umschlingungswinkel $\alpha_g = 185°$. a) Mit welcher Nutzlast (welcher größten überhängenden Gewichtskraft $G_{\ddot{U}}$) beginnt das Seil zu rutschen? b) Wie groß ist die statische Sicherheit gegen Rutschen, wenn die Nutzlast $G_{\ddot{U}} = 6$ Mp beträgt?

Lösung: Gegeben $G_{\text{tot}} = 10\,000$ kp; $\mu = 0,25$; $\alpha_g = 185°$: zu b) $G_{\ddot{U}} = 6000$ kp

$$\lg e^{\mu \alpha_g} = \frac{\mu \cdot \alpha_g}{132} = \frac{0,25 \cdot 185}{132} = 0,3504$$

$$e^{\mu \alpha_g} = 2,24$$

a) Nach Gl. (34,19)

$$F_{U_g} = G_{\text{tot}}\,(e^{\mu \alpha_g} - 1) = 10\,000 \text{ kp } (2{,}24 - 1) = 12\,400 \text{ kp}$$

Nach Gl. (34,20) für $v_R = 1$

$$G_{\ddot{U}} = \frac{G_{\text{tot}}\,(e^{\mu \alpha_g} - 1)}{v_R} = \frac{12\,400 \text{ kp}}{1} = 12\,400 \text{ kp}$$

b) Nach Gl. (34,20)

$$v_R = \frac{G_{\text{tot}}\,(e^{\mu \alpha_g} - 1)}{G_{\ddot{U}}} = \frac{12\,400 \text{ kp}}{6\,000 \text{ kp}} = 2{,}07$$

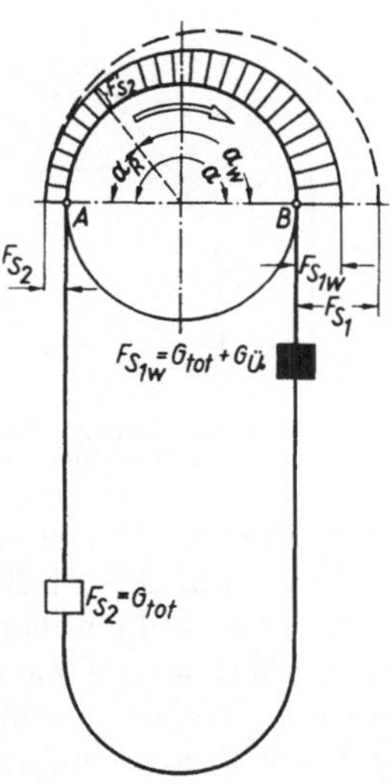

Abb. 34,12. Seilkräfte bei der Treibscheibenförderung zum Einhängen von Lasten

Beim *Einhängen von Lasten* treibt das Seil die Treibscheibe bzw. die Treibscheibe muß das Seil bremsen. Der Schlupfbogen oder Reibungsbogen α_w beginnt also am Seilablaufpunkt B (Abb. 34,12). Entgegen der Drehrichtung nimmt auf dem Reibungsbogen α_w die Seilkraft auf F_{S_2} ab und bleibt dann im Bereich des Ruhebogens α_R gleich. Die Seilkraft F_{S_2} ist auch hier durch die Totlast G_{tot} gegeben. Die größtmögliche Seilkraft $F_{S_{1g}}$ und mit dem einzuhängenden Übergewicht $G_{\ddot{U}}$ die wirkliche Seilkraft $F_{S_{1w}}$ ergeben die Umfangskräfte F_{U_g} sowie F_{U_w} und damit in gleicher Weise die Sicherheit v_R gegen Rutschen, wie beim Heben von Lasten:

Anmerkung: Beim Heben und Einhängen von Lasten treten im Bereich der Anfahrt und des Stillsetzens „Beschleunigungskräfte" auf, die auf die Sicherheit gegen Seilrutsch wesentlichen Einfluß haben. Hierauf wird in der Dynamik Abschnitt 63a eingegangen.

Für die *Erhöhung der Sicherheit gegen Seilrutsch* gibt es mehrere Möglichkeiten:

1. Vergrößerung des Umschlingungswinkels α

Die Vergrößerung des Umschlingungswinkels führt zu einer Erhöhung des Ruhebogens $\alpha_R = \alpha_g - \alpha_w$ bei gleichen Belastungsverhältnissen und damit zu einer erhöhten Sicherheit gegen Seilrutsch.

Bei *Turmfördermaschinen* werden gemäß Abb. 34,13 die Seile durch Umlenkscheiben auf Mitte Fördertrumm abgelenkt. Das führt auch zu einer Vergrößerung des Umschlingungswinkels. Im allgemeinen ist es dagegen bei Flurfördermaschinen mit Treibscheibe nicht möglich, auf diese Weise den Umschlingungswinkel zu vergrößern.

Bei der Blindschachtförderung ist in einzelnen Fällen die *Schuhkettenscheibe* von OHNESORGE in Anwendung (Abb. 34,14).

Der Grundgedanke dieser Treibscheibe ist, eine mehrfache Umschlingung des Seiles zu ermöglichen, ohne daß das Seil aus seiner Auflaufmitte herauswandert. OHNESORGE läßt das Seil nicht auf einer Trommel, sondern auf einem darauf gelegten biegsamen Rillenband, der sogenannten Schuhkette, auflaufen (Abb. 34,14). Das Band hat die Breite b und würde bei jeder Umdrehung um das Breitenmaß b an der Auflaufseite nach außen wandern, wenn nicht besondere Maßnahmen getroffen wären. Die erste Maßnahme besteht darin, daß man das Band axial ge-

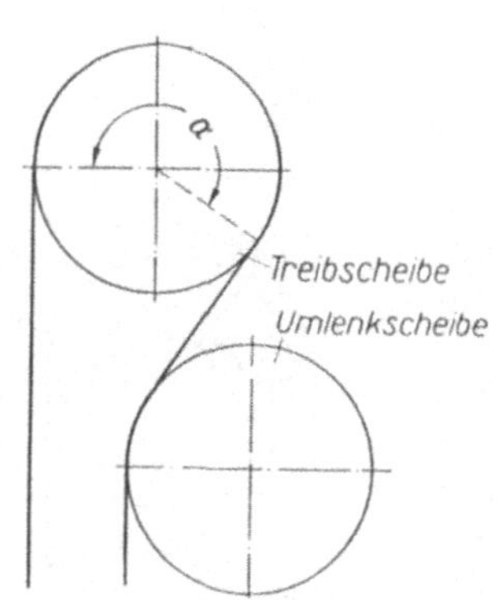

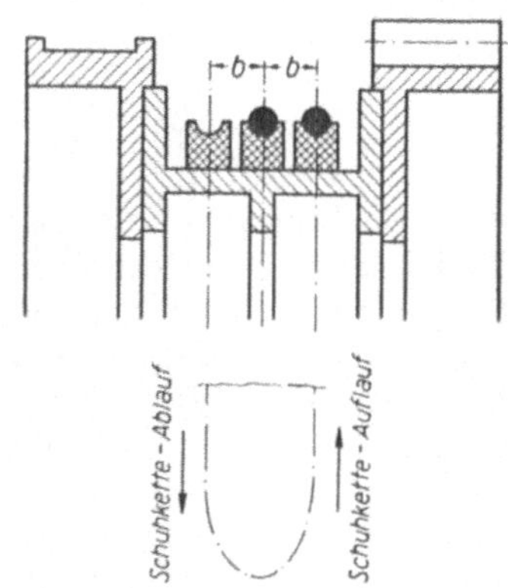

Abb. 34,13. Seilführung bei der Turmfördermaschine

Abb. 34,14. Die Schuhketten-Treibscheibe von OHNESORGE mit Zahnrad und Bremsscheibe

genläufig zur Wanderbewegung verschiebt, und zwar bei jeder Umdrehung um das Maß b. Dadurch wird für das Seil die Wanderbewegung ganz aufgehoben, es läuft immer an derselben Stelle auf. Als zweite Maßnahme macht man das Band endlos. Es wird zweieinhalbmal um die Scheibe geschlungen, dadurch läuft der letzte Gang bei $1^1/_2$-facher Seilumschlingung frei vom Druck des Seiles, so daß dieser Gang ohne Zwang ablaufen kann. Das ablaufende Ende wird in einer kurzen Schleife wieder zur Auflaufstelle geführt. Man kommt mit einer sehr kleinen Trommelbreite aus.

Das Seil wird außerordentlich geschont, da es in einer geschmierten Seilrille laufen kann, für die man $\mu = 0,14$ annehmen darf. Bei $1^1/_2$-facher Umschlingung ist $\alpha = 1,5 \cdot 2\pi = 3\pi = 9,42$ und

$$e^{\mu\alpha} = 2,718^{0,14 \cdot 9,42} = 3,8$$

d. h. mit der OHNESORGE-Treibscheibe läßt sich das Verhältnis der Seilkräfte

$$F_{S_1} : F_{S_2} = e^{\alpha\mu} = 3,8 : 1$$

überwinden.

Die einfache Treibscheibe hat bei ungeschmiertem Seil und Rillenfutter bei $\alpha = 180°$ oder im Bogenmaß $\widehat{\alpha} = \pi$ und $\mu = 0,25$ nur $e^{\mu\alpha} = 2,2$, läßt also demgemäß nur ein Verhältnis $2,2 : 1$ zu.

Ein besonderes Beispiel der Erhöhung des Umschlingungswinkels ist die Spillwinde mit Parabolscheibe (Abb. 34,15), wie sie zum Vorschub von Schrämmaschinen im Streb früher gelegentlich verwendet wurde. Die Enden des Seiles, das mit mehrfacher Umschlingung auf einer Trommel mit annähernd parabelförmigem Profil liegt, sind am

Strebende durch besondere Winden gespannt. Mit der Maschinenkraft der Schrämmaschine wird die Parabolscheibe gedreht, so daß die Maschine sich an dem Seil hochzieht. Dabei klettert das Seil auf den größeren Durchmesser d, bis der Flankenwinkel φ des Parabelpunktes gegen Achsrichtung den Reibungswinkel ϱ überschreitet, so daß das Seil zur Mitte der Trommel abrutscht. Der Nachteil der Spillwinde mit Parabolscheibe ist der naturnotwendig starke Seilverschleiß. Andererseits ist die Sicherheit gegen Rutschen sehr groß.

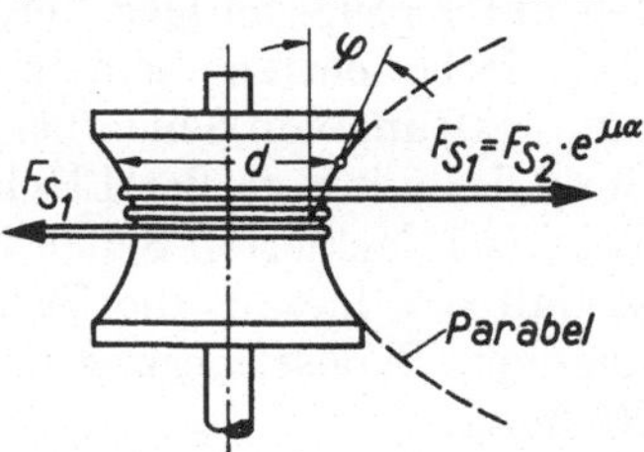

Abb. 34,15. Spillwinde mit Parabolscheibe als Vorschubwinde für Schrämmaschinen

Bei $\mu = 0,12$ für geschmiertes Seil und $3^1/_2$fache Umschlingung, d. h. $\alpha° = 3,5 \cdot 360°$ ergibt sich nach Gl. (33,2)

$$\lg e^{\mu\alpha} = \frac{\mu \cdot \alpha°}{132} = \frac{0,12 \cdot 3,5 \cdot 360°}{132} = 1,145$$

$$e^{\mu\alpha} = 14,0$$

Das Verhältnis der Seilkräfte ist also:

$$F_{S_1} : F_{S_2} = 14:1$$

2. Vergrößerung des Reibwertes μ

Der in der Bergverordnung für Hauptseilfahrtanlagen für die Berechnung von Bremsen vorgeschriebene Reibwert für die Reibung des Seiles in Treibscheiben $\mu = 0,25$ gilt nur für gebräuchliche Rillenfutter aus Hartholz oder Leder. Tatsächlich ist es möglich, auch zu Rillenfuttern mit höheren Reibwerten zu kommen. So sind z. B. Ferodo, Jurid, Becorit oder sonstige Leichtmetallfütterungen bei Treibscheiben in Anwendung. Die Versuchsgrubengesellschaft hat in Heft 3 (1931) nachstehende Reibwerte für einige Rillenfutter bekanntgegeben:

Rillenfutter	Zustand des Seiles			
	ungeschmiert		geschm. m. Lack	
	μ_0	μ_R	μ_0	μ_R
Ulme, Buche oder Eiche	0,45	0,20	0,50	0,17
Leder gefettet	0,40	0,13	0,25	0,13
Leder — Baumwolle — Balata . .	0,45	0,22	0,50	0,20
Baumwolle imprägniert	0,42	0,20	0,40	0,20
Gummi mit Gewebe	0,60	0,55	0,65	0,25

Hierin bedeutet μ_0 den in Versuchen gemessenen Haftreibwert, μ_R den während des Rutschens gemessenen Gleitreibwert. Man erkennt, wie stark teilweise der Reibungswiderstand zurückgeht, wenn das Seil erst zum Rutschen gekommen ist. Im allgemeinen führt die Konservierung der Seile durch Seilschmiere und Lacke zu einer Herabsetzung des Haftreibwertes μ_0, bei Holz und Gummi aber auch zu einer Erhöhung.

Die heute vielfach verwendeten Leichtmetallfutter, z. B. Becorit haben ebenfalls hohe Reibwerte gezeigt. Vielfach wird der große Haftwiderstand einer Einbettung des Seiles mit seinem Drahtprofil zugeschrieben. Die Erfahrung hat aber gezeigt, daß Dehnschlupf und Gleiten unter gleichzeitiger Verdrehung des Seiles stattfinden, so daß das Seil hierbei entlang seinem Bett gleitet. Dagegen kann man sich die gute Haftung von Seilen bei Metallfütterung durch eine Art Verschweißung des unter großer Flächenpressung aufliegenden Seiles vorstellen. Bei frisch lackierten Seilen ist dieser Vorgang nicht so leicht möglich, so daß sich hieraus die Verringerung der Haftreibung erklärt. Dünnflüssigere Konservierungsmittel erhöhen darum vielfach wieder die Reibung.

VI. Einfache Maschinen

35. Hebel und Rolle

Die einfachen Maschinen verfolgen das Ziel, mit kleiner Kraft eine große Last zu heben oder zu bewegen. Geschieht dies durch Hebel oder durch Einrichtungen, die auf die Hebelwirkung zurückgeführt werden können, so müßte, von Reibungswiderständen abgesehen, das Kraftmoment gleich dem Lastmoment sein. Es gilt die *allgemeine Gleichung des Hebelgesetzes*:

$$\textit{Kraft mal Kraftarm} = \textit{Last mal Lastarm}$$

$$\boxed{F \cdot a = F_Q \cdot b} \tag{35,1}$$

In Anlehnung an die Zahnradübersetzung spricht man auch bei Hebeln und Anordnungen, die auf das Hebelgesetz zurückgehen, vom Übersetzungsverhältnis, versteht aber darunter in diesem Falle das Verhältnis der Hebelarme bzw. das Verhältnis der Kräfte:

$$\textit{Hebel-Übersetzungsverhältnis } i = \frac{a}{b} = \frac{F_Q}{F} \tag{35,2}$$

Damit ergibt sich

$$F = \frac{F_Q}{i} \tag{35,3}$$

Das *Hebel-Übersetzungsverhältnis i* wird berechnet als Verhältniszahl mit dem *Nenner 1*.

Die *Hebelarme* werden, wie im Abschn. 9 bereits angegeben wurde, *vom Drehpunkt aus senkrecht zur Kraftrichtung gemessen*.

Man unterscheidet *einarmige* und *zweiarmige Hebel* je nachdem, ob die Kräfte auf einer Seite vom Drehpunkt oder beiderseits des Drehpunktes angreifen.

Als Beispiel des einarmigen Hebels zeigt Abb. 35,1 den Hebebaum (die Knippstange) zum Transport einer auf Rollen gesetzten Last. Die eingezeichneten Kräfte F und F_Q gelten bezogen auf den Hebel, so daß gemäß Gl. (35,1) mit den vom Drehpunkt O senkrecht auf die Kräfte angegebenen Hebelarmen a und b gilt:

$$F \cdot a = F_Q \cdot b$$

Bezogen auf die zu transportierende Last wird eine Kraft F_Q hervorgerufen, die der eingezeichneten entgegen gerichtet ist. Sie wird zerlegt nach Abb. 35,1 in die Kräfte F_H und F_V, wobei F_V der Last entgegen wirkt, die Rollen also entlastet, während F_H den Rollwiderstand überwindet.

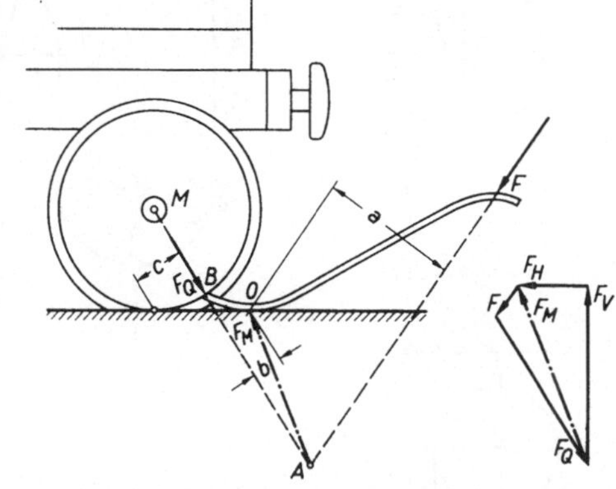

<table>
<tr><td>Abb. 35,1. Hebebaum zum Transport einer Last auf Rollen</td><td>Abb. 35,2. Hebebaum zum Bewegen eines Eisenbahnwagens (Krafteck ohne Maßstab)</td></tr>
</table>

Den Hebebaum als zweiarmigen Hebel zeigt Abb. 35,2 zum Bewegen eines Eisenbahnwagens. Auch hier sind die eingezeichneten Kräfte bezogen auf den Hebebaum, und es gilt für den Drehpunkt O die Gl. (35,1)

$$F \cdot a = F_Q \cdot b$$

Im Kräfteplan ist eine Untersuchung der Kräfte angestellt. Für das Gleichgewicht der äußeren Kräfte am Hebebaum schneiden sich die Wirklinien von F und F_Q in A. Dabei ergibt sich die Richtung von F_Q als Zentrale vom Drehpunkt des Wagenrades M auf den Angriffspunkt des Hebebaums B. Es wird allerdings vorausgesetzt, daß der Reibwiderstand des Hebebaumes in B vernachlässigbar klein, während er im Stützpunkt O verhältnismäßig groß ist, was der Wirklichkeit auch am zuverlässigsten entspricht.

Durch den Schnittpunkt A muß auch die Richtung der Stützkraft F_M im Drehpunkt O gehen. Damit läßt sich das Krafteck aus F, F_Q und F_M zeichnen.

Die Stützkraft F_M wird zerlegt in F_V und F_H, wobei F_V die vertikale Stützkraft darstellt, während F_H solange ohne Wirkung bleibt, wie sie kleiner ist als die Haftreibung $\mu_0 F_V$ des Hebebaumes auf der Unterlage.

Für das freigemachte Eisenbahnrad wirkt F_Q der in Abb. 35,2 eingezeichneten Richtung entgegen und ruft mit dem Hebelarm c vom Stützpunkt des Wagenrades ein Drehmoment hervor, das das Moment der Rollwiderstandskraft überwindet und so den Eisenbahnwagen in Bewegung setzt.

10*

Auch die *Rolle* und die *Rollenverbindungen* sind technische Einrichtungen, die auf die Hebelwirkung zurückgeführt werden können. Die *feste Rolle* Abb. 35,3 geht zurück auf den zweiarmigen Hebel, dessen Drehpunkt auch der Rollendrehpunkt ist. Die Hebelarme für F und F_Q sind in beiden Fällen $d/2$, es ist also $F = F_Q$. Die feste Rolle dient des-

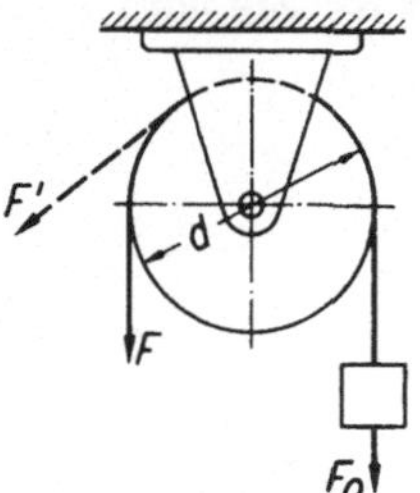

Abb. 35,3. Die feste Rolle

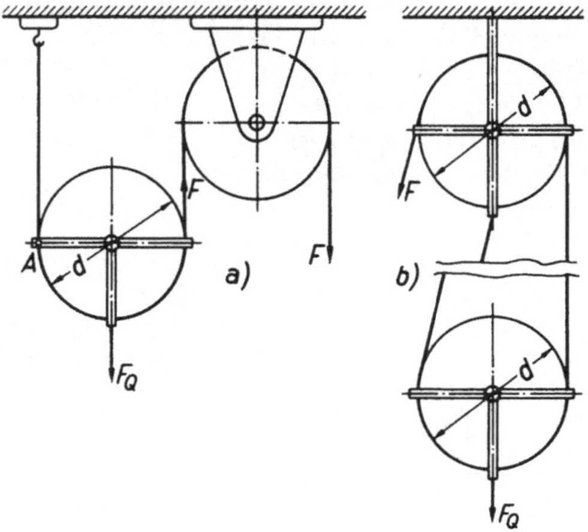

Abb. 35,4. Verbindung von fester und loser Rolle

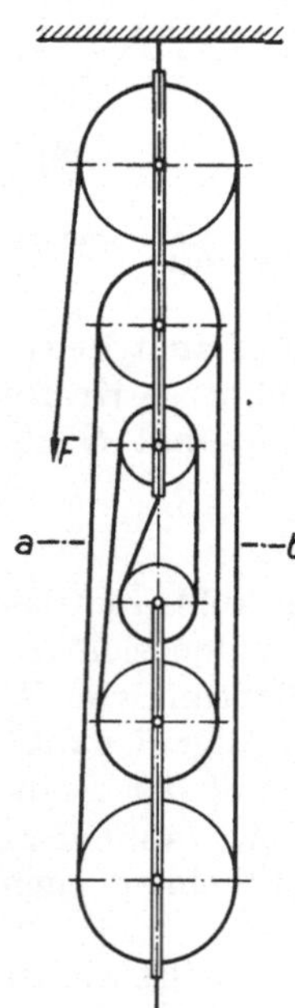

Abb. 35.5. Flaschenzug mit drei losen Rollen

halb nur zur Änderung der Kraftrichtung. (Die Kraft kann in der gezeichneten Richtung F oder z. B. auch in Richtung F' wirken.)

Die *lose Rolle* Abb. 35,4a ist ein einarmiger Hebel, dessen Drehpunkt für die Kräfte F und F_Q der Punkt A ist. Damit ergibt sich nach Gl. (35,1)

$$F \cdot d = F_Q \cdot d/2$$

Das Übersetzungsverhältnis der losen Rolle ist demnach

$$i = \frac{d}{d/2} = 2$$

Damit wird nach Gl. (35,3)

$$F_Q = i \cdot F = 2F \text{ oder } F = F_Q/2$$

Bei der losen Rolle ist die erforderliche Kraft gleich der halben Last. (Bei Vernachlässigung der Reibungswiderstände.)

Abb. 35,4a zeigt die lose Rolle in Verbindung mit einer festen Rolle, wobei letztere nur zur Umlenkung der Kraftrichtung dient. Abb. 35,4b zeigt die Verbindung von loser und fester Rolle in einer Form, die als *Flaschenzug* bezeichnet wird. Man sieht hier, daß sich die Last F_Q auf 2 Seile gleichmäßig verteilt, so daß die Seilkraft $F = F_Q/2$ wird.

Den *einfachen Flaschenzug* zeigt Abb. 35,5. Er besteht aus einer gleichen Anzahl fester und loser Rollen, die jede für sich in einem gemeinsamen Gehäuse, der „Flasche", gelagert sind. Die Rollen können sowohl untereinander wie auch nebeneinander angeordnet sein.

Die Linie $a-b$ schneidet 6 Seile, auf die sich die Last F_Q gleichmäßig verteilt. Dann ergibt sich

$$F = F_Q/6$$

Allgemein gilt *für* den *einfachen Flaschenzug mit n losen Rollen*

$$F = \frac{F_Q}{2n} \qquad (35,4)$$

Aus der Überlegung ergibt sich nach Gl. (35,3) für die lose Rolle wie auch den Flaschenzug das Hebel-Übersetzungsverhältnis entsprechend Gl. (35,2)

Übersetzung des einfachen Flaschenzuges mit n losen Rollen $i = 2n$ (35,5)

so daß die Gl. (35,4) auch in der Form der Gl. (35,3) geschrieben werden kann:

$$F = \frac{F_Q}{i}$$

In Verbindung mit losen Rollen tritt aber auch eine Vergrößerung des Kraftweges im Verhältnis zum Lastweg auf. Bezeichnet s den *Weg der Kraft F*, so erkennt man z. B. in Abb. 35,4a, daß sich dieser auf die beiden Seilenden der losen Rolle verteilt. Damit wird der *Weg s_1 der Last F_Q* auch nur halb so groß wie der Kraftweg s.

Für die *lose Rolle* gilt deshalb

$$Kraftweg = zweimal\ Lastweg$$

$$s = 2s_1$$

Für den *Flaschenzug* Abb. 35,4b und Abb. 35,5 verteilt sich der Kraftweg s bei n losen Rollen allgemein auf $2n$ Seile. Damit wird

$$Kraftweg\ s = 2n \cdot s_1 = i \cdot s_1 \qquad (35,6)$$

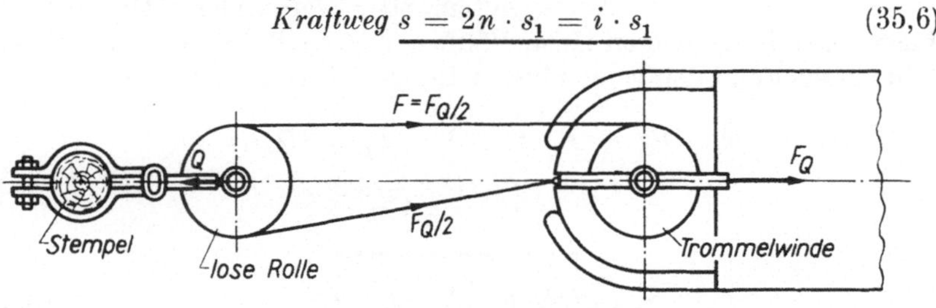

Abb. 35,6. Vorschub einer Schrämmaschine mit loser Rolle

Hierin bedeuten:

s_1 den Lastweg, z. B. in m,

n die Anzahl der *losen* Rollen, unbenannte Zahl,

i das Hebelübersetzungsverhältnis gemäß Gl. (35,5), unbenannte Zahl,

s der Kraftweg, ergibt sich dann in m.

Die lose Rolle wird angewendet beim Vorschub der Schrämmaschine im Streb, wenn das Windenseil nicht unmittelbar am Stempel angeschlagen wird, sondern gemäß Abb. 35,6 über eine am Stempel befestigte

Rolle gelegt und das freie Seilende an der Schrämmaschine angeschlagen wird. Die am Stempel befestigte Rolle ist als lose Rolle anzusehen, so daß sich die Widerstandskraft F_Q für das Bewegen der Schrämmaschine auf zwei Seile verteilt und die Windenzugkraft $F = F_Q/2$ wird. Ist allerdings der Umfangsweg der Seiltrommel s, so ergibt sich nach Gl. (35,6) mit s_1, dem gleichzeitig zurückgelegten Weg der Schrämmaschine,

$$s = 2s_1,$$

d. h. das Trommelseil muß sich doppelt so schnell bewegen wie die Schrämmaschine. Die Befestigung der losen Rolle am Stempel wird mit der gesamten Kraft F_Q belastet, während die Trommelwelle und ihre Lager nur mit der Seilkraft $F = F_Q/2$ beansprucht werden.

Der einfache Flaschenzug findet unter Tage Anwendung unter der Bezeichnung „Zughub“. Er wird z. B. benutzt zum Einbau oder zur Abspannung von Zweikettenkratzerförderern oder Hilfsantrieben von Kohlenhobeln bei mittlerem Einfallen.

Eine besondere Rollenanordnung stellt der *Differential-Flaschenzug* nach Abb. 35,7 dar, der bei gedrängter Anordnung und geringem Eigengewicht ein großes Übersetzungsverhältnis besitzt. Er besteht aus zwei festen Rollen von verschiedenem Durchmesser d und D, die miteinander gekuppelt sind, und einer losen Rolle, an der die Last hängt. Alle drei Rollen, die eine Verzahnung besitzen, sind durch eine endlose Kette miteinander verbunden. Da sich die Last F_Q auf die beiden Kettenläufe der losen Rolle gleichmäßig verteilt, herrscht an den beiden festen Rollen Gleichgewicht, wenn

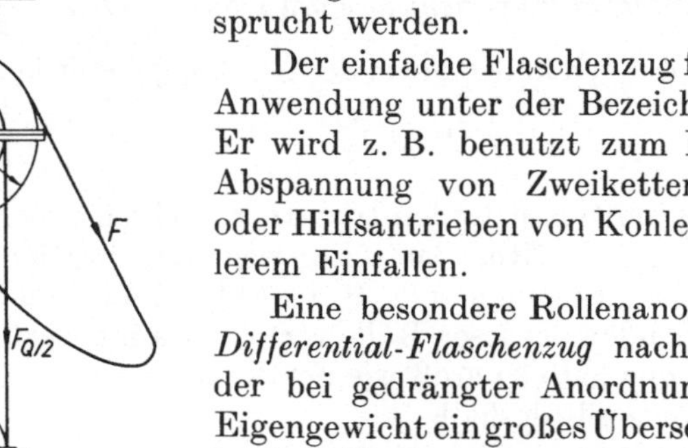

Abb. 35,7. Differential-Flaschenzug

$$F \cdot D/2 + F_Q/2 \cdot d/2 - F_Q/2 \cdot D/2 = 0$$

$$F = \frac{F_Q/2\,(D/2 - d/2)}{D/2}$$

$$\boxed{F = \frac{F_Q}{2}\frac{D - d}{D}} \tag{35,7}$$

Hieraus ergibt sich nach Gl. (35,2) das

Übersetzungsverhältnis des Differential-Flaschenzuges $i = \dfrac{2\,D}{D - d}$ (35,8)

Entsprechend ergibt sich *mit dem Lastweg* s_1 der

$$\textit{Kraftweg } s = s_1\frac{2\,D}{D - d} \tag{35,9}$$

Beim Differentialflaschenzug wird die Kraft F um so geringer, je größer D und je kleiner $D - d$ ist.

Im allgemeinen führt man das Durchmesserverhältnis der festen Rollen aus mit $d:D = 11:12$. Hierfür ergibt sich ein

$$\textit{Übersetzungsverhältnis } i = \frac{2\,D}{D-d} = \frac{2\cdot 12}{12-11} = \frac{24}{1}$$

Alle Hebel und Rollen rufen bei der Betätigung Reibungswiderstände hervor, deren Größe sich im einzelnen nur sehr schwer ermitteln läßt. Bei der festen Rolle wird beispielsweise $F > F_Q$ sein, weil bei der gleichförmigen Bewegung nicht nur der Lagerwiderstand am Rollenbolzen, sondern wegen der Reibung zwischen den einzelnen Drähten ein Biegewiderstand des Seiles zu überwinden ist. Man könnte diese Widerstände durch einen *Verlustfaktor* c_f berücksichtigen, der alle Verluste berücksichtigt und größer sein müßte als 1. Dann wäre

$$F = c_f \cdot F_Q$$

Anschaulicher und geläufiger ist es, statt dessen mit dem Wirkungsgrad[1] η zu rechnen. Für die feste Rolle ergibt er sich zu

$$\eta_f = \frac{F_Q}{F} = \frac{F_Q}{c_f \cdot F_Q} = \frac{1}{c_f}$$

Der Wirkungsgrad ist also der Kehrwert des Verlustfaktors. Für die feste Rolle rechnet man sowohl bei Seilen wie bei Ketten mit $\eta_f = 0{,}94 \cdots 0{,}96 \approx 0{,}95$.

Bei losen Rollen macht die Last F_Q nur den halben Weg der Kraft F. Daraus folgt, daß der Wirkungsgrad

$$\eta_l = \frac{F_Q}{2\,F}$$

auch günstiger ist als bei festen Rollen. Man kann rechnen mit $\eta_l = 0{,}97 \cdots 0{,}98$ für *eine* lose Rolle.

Allgemein gilt dann die Gleichung des Wirkungsgrades für Rollen und Rollenverbindungen (Flaschenzug)

$$\textit{Wirkungsgrad } \eta = \frac{F_Q}{F \cdot i} \qquad (35{,}10)$$

Man kann mit folgenden Wirkungsgraden rechnen:
Flaschenzüge mit insgesamt 2 Rollen: $\eta = 0{,}91 \cdots 0{,}94$,

$\qquad$,, $\qquad$,, $\qquad$,, $\quad$ 4 $\quad$,, $\qquad \eta = 0{,}85 \cdots 0{,}90$,

$\qquad$,, $\qquad$,, $\qquad$,, $\quad$ 6 $\quad$,, $\qquad \eta = 0{,}80 \cdots 0{,}87$,

$\qquad$,, $\qquad$,, $\qquad$,, $\quad$ 8 $\quad$,, $\qquad \eta = 0{,}76 \cdots 0{,}84$.

Beispiel: Mit einem einfachen Flaschenzug, der aus je 3 festen und losen Rollen besteht, soll eine Last von 420 kp auf eine Höhe von 3,50 m gehoben werden. Mit einem Wirkungsgrad $\eta = 0{,}85$ sind zu berechnen a) die Kraft zum Heben der Last, b) die Länge des ablaufenden Seiles.

---

[1] Der Wirkungsgrad wurde bereits bei der Schraube und der Berechnung von Bremsen erwähnt. Eine eingehendere Behandlung des Wirkungsgrades und seine Anwendung findet sich in der Dynamik Abschn. 53b.

Lösung: a) Nach Gl. (35,5)

$$i = 2n = 2 \cdot 3 = 6$$

Nach Gl. (35,10)

$$\eta = \frac{F_Q}{F \cdot i}; \quad F = \frac{F_Q}{i \cdot \eta} = \frac{420 \text{ kp}}{6 \cdot 0{,}85} \approx 82 \text{ kp}$$

b) Nach Gl. (35,6)

$$s = i \cdot s_1 = 6 \cdot 3{,}5 \text{ m} = 21 \text{ m}$$

Beispiel: Eine Last von 1200 kp soll mit einem Differential-Flaschenzug gehoben werden. Der Durchmesser des großen Rades beträgt 300 mm, der des kleineren Rades 260 mm. Der Wirkungsgrad sei $\eta = 0{,}93$. Zu berechnen sind a) das Übersetzungsverhältnis, b) die Kraft zum Heben der Last, c) der Kraftweg für 2,60 m Hubhöhe.

Lösung: a) Nach Gl. (35,8);

$$i = \frac{2\,D}{D - d} = \frac{2 \cdot 300}{300 - 260} = 15{:}1$$

b) Nach Gl. (35,10):

$$\eta = \frac{F_Q}{F \cdot i}; \quad F = \frac{F_Q}{i \cdot \eta} = \frac{1200 \text{ kp}}{15 \cdot 0{,}93} = 86 \text{ kp}$$

c) Nach Gl. (35,6):

$$s = i \cdot s_1 = 15 \cdot 2{,}60 \text{ m} = 39 \text{ m}$$

36. Zahnrädergetriebe, Schneckengetriebe

Beim Hebel und der Rolle haben wir als Übersetzungsverhältnis das Verhältnis der Hebelarme und damit der Kräfte kennengelernt. Die Kräfte mit ihren Hebelarmen bilden Momente und es ist nach Gl. (35,1) das Kraftmoment *gleich* dem Lastmoment.

Bei Drehbewegungen benutzen wir in der Technik Riementrieb oder Zahnrädergetriebe zur Übertragung des Drehmomentes von einer Welle auf eine andere. Haben die bei der Übertragung miteinander arbeitenden Riemenscheiben oder Zahnräder unterschiedliche Durchmesser, so ist das Drehmoment der treibenden Welle nicht mehr gleich dem Drehmoment der getriebenen Welle. Diese Tatsache läßt sich am Beispiel einer Handwinde mit Zahnrädergetriebe Abb. 36,1 am besten erkennen.

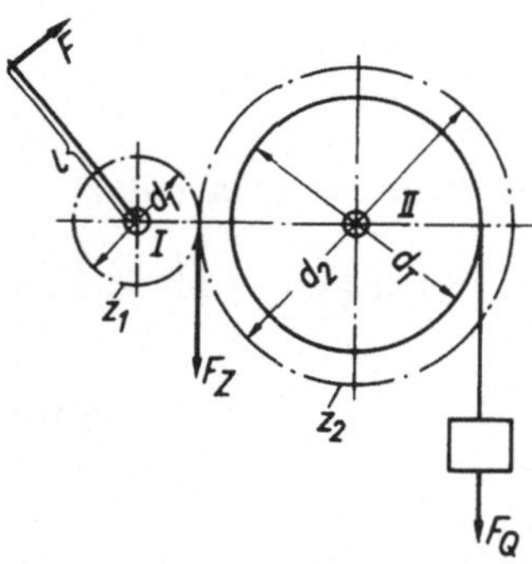

Abb. 36,1. Handwinde mit Zahnrädergetriebe

An der Kurbel mit dem Kurbelarm l greift die Kraft F an und ruft an der Welle I das Drehmoment

$$M_{d_1} = F \cdot l$$

hervor.

Dieses Moment ruft am Umfang des Zahnrades z_1 die Zahnkraft F_Z hervor:

$$M_{d_1} = F_Z \frac{d_1}{2}$$

Diese Zahnkraft F_Z wird auf den Umfang des Zahnrades z_2 übertragen. Damit ergibt sich das Drehmoment der Welle II

$$M_{d_2} = F_Z \frac{d_2}{2}$$

das zum Heben der Last F_Q am Umfang einer Seiltrommel mit dem Durchmesser d_T benutzt wird. Im Falle des Gleichgewichtes ergibt sich dann

$$M_{d_2} = F_Q \frac{d_T}{2}$$

Man versteht unter dem *Übersetzungsverhältnis* oder kürzer unter der *Übersetzung* das Verhältnis der Drehzahlen der durch die Zahnräder gekuppelten Wellen, das nach DIN 868 in Richtung des Kraftflusses angegeben wird. Der Kraftfluß geht eindeutig im Beispiel Abb. 36,1 von der Welle I mit dem kleineren Zahnraddurchmesser d_1 zur Welle II mit dem größeren Zahnraddurchmesser d_2. Die Drehzahl der Welle I, bezeichnet mit n_1, ist im umgekehrten Verhältnis wie die Zahnraddurchmesser größer als die Drehzahl n_2 der Welle II. Wie in der Bewegungslehre noch nachgewiesen wird, verhalten die Drehzahlen sich umgekehrt wie die Zahnraddurchmesser:

$$\frac{n_1}{n_2} = \frac{d_2}{d_1}$$

Da die Zahnkraft F_Z am Umfang des Teilkreises für beide miteinander in Eingriff befindlichen Zahnräder gleich ist, ergibt sich nach DIN 868 auch das *Übersetzungsverhältnis*

$$i = \frac{M_{d_2}}{M_{d_1}} = \frac{d_2}{d_1} \tag{36,1a)[1]}$$

Beim Zahntrieb Abb. 36,2 berühren sich die miteinander kämmenden Zahnräder auf ihren Wälzkreisen, die als *Teilkreise* für ihre Herstellung benutzt werden. Der Abstand von Mitte bis Mitte Zahn, gemessen auf dem Teilkreis, wird als *Teilung t* bezeichnet. Natürlich muß die Teilung bei zwei miteinander kämmenden Zahnrädern gleich sein. Die Verbindung der Wellen-Mittel-

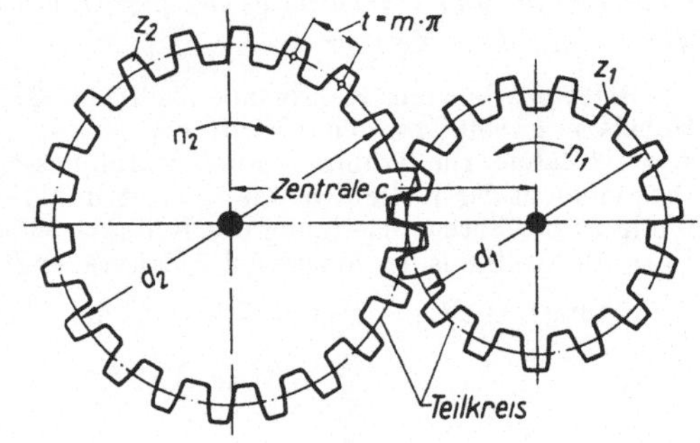

Abb. 36,2. Der Zahntrieb

---

[1] Die Tatsache, daß durch Getriebe, in gleichem Maße wie die Drehzahl herabgesetzt wird, das Drehmoment vergrößert wird, ist der Grund für den vielfach von Erfindern des „perpetuum mobile" gemachten Irrtum, daß es sich hierbei um eine Energiesteigerung handelt. In Wirklichkeit ist die übertragene Energie, von Reibungsverlusten abgesehen, unverändert, denn Energie und Drehmoment sind nicht identisch, obwohl beide in kpm gemessen werden können.

punkte bezeichnet man als *Zentrale*, die durch den Berührungspunkt der Teilkreise gehen muß, in dem auch die Zahnkraft F_Z angreift.

Da die Zähnezahl z eine ganze Zahl sein muß und auch der Teilkreisdurchmesser d ein möglichst glattes Maß ergeben soll mit Rücksicht auf die Zentrale $c = \dfrac{d_1 + d_2}{2}$, definiert man als Teilung

$$\boxed{t = m \cdot \pi} \quad \text{in mm} \tag{36,2}$$

wobei m in mm als *Modul* bezeichnet wird, der eine glatte Zahl ist, obwohl die Teilung dann wie die Zahl π eine irrationale Zahl wird. Es ergibt sich dann aus

$$\pi \cdot d = t \cdot z = m \cdot \pi \cdot z$$

$$\boxed{d = m \cdot z} \tag{36,3}$$

Die Zahnräder werden z. B. mit folgenden Teilungen ausgeführt:

m	in mm	3	4	5	6	7	8	10	12
$t = m \cdot \pi$	in mm	9,42	12,56	15,71	18,85	22,0	25,15	31,42	37,7

Wenn die Teilung von zwei miteinander kämmenden Zahnrädern gleich sein muß, ist auch der Modul beider Räder gleich. Dann ist nach Gl. (36,3) der Teilkreisdurchmesser von zwei miteinander arbeitenden Zahnrädern ihren Zähnezahlen verhältnisgleich. Daraus läßt sich für Gl. (36,1a) die allgemein gebräuchliche Gleichung schreiben:

$$\textit{Übersetzungsverhältnis} \quad \boxed{i = \frac{M_{d_2}}{M_{d_1}} = \frac{z_2}{z_1}} \tag{36,1}$$

Satz 34: *Die durch ein Zahnradgetriebe übertragenen Drehmomente verhalten sich wie die Zähnezahlen. Man bezeichnet dieses Verhältnis mit Übersetzung und berechnet es bei der Übersetzung ins Langsame als Quotienten mit dem Nenner 1.*

Beispiel: Bei einer Handwinde nach Abb. 36,1 greift an der Kurbel mit einem Hebelarm $l = 400$ mm eine Kraft von 35 kp an. Die Zahnräder haben $z_1 = 16$, $z_2 = 64$ Zähne, die Trommel einen Durchmesser von 300 mm. Berechne a) das Drehmoment der Welle *I*, b) das Übersetzungsverhältnis, c) das Drehmoment der Welle *II* bei Vernachlässigung der Reibungswiderstände, d) die zu hebende Last F_Q, e) die Teilkreisdurchmesser der Zahnräder für einen Modul $m = 10$ mm.

Lösung: a) $M_{d_1} = F \cdot l = 35 \text{ kp} \cdot 0{,}4 \text{ m} = 14 \text{ kpm}$

b) $\qquad i = \dfrac{z_2}{z_1} = \dfrac{64}{16} = \dfrac{4}{1}$

c) $\qquad i = \dfrac{M_{d_2}}{M_{d_1}} ; \quad M_{d_2} = i \cdot M_{d_1} = 4 \cdot 14 \text{ kpm} = 56 \text{ kpm}$

d) $\qquad M_{d_2} = F_Q \dfrac{d_T}{2} ; \quad F_Q = \dfrac{M_{d_2}}{d_T/2} = \dfrac{56 \text{ kpm}}{0{,}3\text{m}/2} = 373 \text{ kp}$

e) $\qquad d_1 = m \cdot z_1 = 10 \text{ mm} \cdot 16 = 160 \text{ mm} \; \varnothing$

$\qquad\quad d_2 = m \cdot z_2 = 10 \text{ mm} \cdot 64 = 640 \text{ mm} \; \varnothing$

Auch bei der Übertragung von Drehmomenten durch Zahnradgetriebe sind Reibungswiderstände zu überwinden, so daß $M_{d_2} < i \cdot M_{d_1}$ ist. Man berücksichtigt das auch hier üblicherweise durch den Wirkungsgrad η, der stets kleiner ist als 1. Damit ergibt sich der

$$\textit{Wirkungsgrad des Zahnradgetriebes} \quad \boxed{\eta = \frac{M_{d_2}}{i \cdot M_{d_1}}} \qquad (36,4)$$

Stirnradgetriebe ergeben für *einfache* Übersetzungen einen Wirkungsgrad $\eta = 0,96 \cdots 0,99$.

Man geht mit einer Zahnradübersetzung vor allem wegen der schwierigen Unterbringung des großen Zahnrades nicht über $i = 8:1$, meist bleibt man sogar unter $i = 5:1$. Soll ein größeres Drehmomenten-Verhältnis übertragen werden, kommt man zur Verwendung von Mehrfach-Übersetzungen mit Zwischengetrieben.

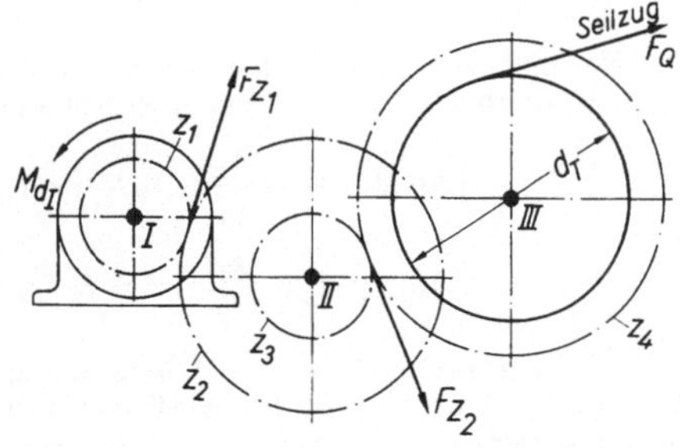

Abb. 36,3. Zahnrädergetriebe mit Mehrfach-Übersetzung eines Förderhaspels mit Druckuft-Drehkolbenmotor

Eine Zweifach-Übersetzung zeigt Abb. 36,3 bei einem Förderhaspel. Die Übersetzung i_1 von Welle *I* nach Welle *II* ist nach Gl. (36,1)

$$i_1 = \frac{z_2}{z_1} = \frac{M_{d_2}}{M_{d_1}}$$

Mit den Buchstaben der Abb. 36,3 ist dann die Übersetzung i_2 von Welle *II* nach Welle *III*

$$i_2 = \frac{z_4}{z_3} = \frac{M_{d_3}}{M_{d_2}}$$

Dann ergibt sich die Gesamt-Übersetzung

$$i_{\text{ges}} = \frac{M_{d_2}}{M_{d_1}} \cdot \frac{M_{d_3}}{M_{d_2}} = \frac{M_{d_3}}{M_{d_1}} = \frac{z_2}{z_1} \cdot \frac{z_4}{z_3} = i_1 \cdot i_2$$

Allgemein erkennt man

$$\boxed{i_{\text{ges}} = i_1 \cdot i_2 \cdot i_3 \cdots} \qquad (36,5)$$

Satz 35: *Die Gesamtübersetzung ist das Produkt der einzelnen hintereinander geschalteten Übersetzungen.*

Beispiel: Der Drehkolbenmotor des Förderhaspels Abb. 36,3 gibt ein Drehmoment $M_{d_1} = 2700$ kpcm ab und soll eine Last $F_Q = 900$ kp am Umfang einer Trommel vom Durchmesser $d_T = 120$ cm heben. Das erforderliche Zahnradgetriebe ist zu berechnen; dabei sollen die Verluste durch Reibungswiderstände unbeachtet bleiben.

Lösung: Das Drehmoment der Trommelwelle ist

$$M_{d_3} = F_Q \frac{d_T}{2} = 900 \text{ kp} \cdot \frac{120 \text{ cm}}{2} = 54\,000 \text{ kpcm}$$

Damit ergibt sich das Gesamt-Übersetzungsverhältnis

$$i_{ges} = \frac{M_{d_3}}{M_{d_1}} = \frac{54000}{2700} = \frac{20}{1}$$

Wollen wir die Zahnräder wählen, so müßte die Übersetzung so aufgeteilt werden, daß das Produkt wieder die Gesamtübersetzung ergibt:

$$i_{ges} = i_1 \cdot i_2 = \frac{20}{1} = \frac{4}{1} \cdot \frac{5}{1}$$

d. h.

$$i_1 = \frac{4}{1} \quad \text{und} \quad i_2 = \frac{5}{1}$$

Nehmen wir an, daß das Ritzel 1 mit $z_1 = 18$ Zähnen und das Ritzel 3 mit $z_3 = 16$ Zähnen ausgeführt ist, so ergibt sich die Zähnezahl der großen Zahnräder:

$$\text{Rad 2:} \quad i_1 = \frac{z_2}{z_1} ; \quad z_2 = i_1 \cdot z_1 = 4 \cdot 18 = 72 \text{ Zähne}$$

$$\text{Rad 4:} \quad i_2 = \frac{z_4}{z_3} ; \quad z = i_2 \cdot z_3 = 5 \cdot 16 = 80 \text{ Zähne}$$

Die Zahnräder der ersten Übersetzung sollen einen Modul $m_1 = 12$ mm, die der zweiten Übersetzung $m_2 = 16$ mm haben; dann berechnen sich die Teilkreisdurchmesser

$$d_1 = m_1 \cdot z_1 = 12 \text{ mm} \cdot 18 = 216 \text{ mm } \varnothing$$
$$d_2 = m_1 \cdot z_2 = 12 \text{ mm} \cdot 72 = 864 \text{ mm } \varnothing$$
$$d_3 = m_2 \cdot z_3 = 16 \text{ mm} \cdot 16 = 256 \text{ mm } \varnothing$$
$$d_4 = m_2 \cdot z_4 = 16 \text{ mm} \cdot 80 = 1280 \text{ mm } \varnothing$$

Das Drehmoment der Vorgelegewelle II ergibt sich nach Gl. (36,1)

$$i_1 = \frac{M_{d_2}}{M_{d_1}} ; \quad M_{d_2} = i_1 \cdot M_{d_1} = 4 \cdot 2700 \text{ kpcm} = 10800 \text{ kpcm}$$

Die Zahnkräfte F_{z_1} und F_{z_2} der Abb. 36,3 berechnen sich:

$$M_{d_1} = F_{z_1} \cdot d_1/2; \quad F_{z_1} = \frac{M_{d_1}}{d_1/2} = \frac{2700 \text{ kpcm}}{\frac{21,6 \text{ cm}}{2}} = 250 \text{ kp}$$

$$M_{d_3} = F_{z_2} \cdot d_4/2; \quad F_{z_2} = \frac{M_{d_3}}{d_4/2} = \frac{54000 \text{ kpcm}}{\frac{128 \text{ cm}}{2}} = 844 \text{ kp}$$

Beispiel: Welche Drehmomente werden auf die Welle II und III im vorigen Beispiel übertragen und welche Last F_Q kann am Umfang der Trommel des Förderhaspels Abb. 36,3 gehoben werden, wenn für das berechnete Zahnradgetriebe die Wirkungsgrade für jede Zahnradübersetzung mit $\eta = 0,96$ angenommen werden?

Lösung: Gegeben: $M_{d_1} = 2700$ kpcm; $i_1 = 4:1$; $i_2 = 5:1$; $d_T = 120$ cm. Nach Gl. (36,4):

$$\eta = \frac{M_{d_2}}{i_1 M_{d_1}} ; \quad M_{d_2} = i_1 M_{d_1} \cdot \eta = 4 \cdot 2700 \text{ kpcm} \cdot 0,96 = 10370 \text{ kpcm}$$

$$\eta = \frac{M_{d_3}}{i_2 \cdot M_{d_2}} ; \quad M_{d_3} = i \cdot M_{d_2} \cdot \eta = 5 \cdot 10370 \text{ kpcm} \cdot 0,96 = 49780 \text{ kpcm}$$

$$M_{d_3} = F_Q \frac{d_T}{2} ; \quad F_Q = \frac{2 M_{d_3}}{d_T} = \frac{2 \cdot 49300 \text{ kpcm}}{120 \text{ cm}} = 830 \text{ kp}$$

Eine bedeutend größere Übersetzung erhält man bei der Übertragung von Drehmomenten durch **Schneckengetriebe**. Diese bestehen aus Schnecke und Schneckenrad. Die *Schnecke* ist eine Schraube, die wir der Einfachheit halber nur mit Flachgewinde betrachten wollen. Moderne Schneckengetriebe haben meist Trapezgewinde. Die Schnecke kann eingängig ($g = 1$) und mehrgängig ($g = 2$, 3 oder 4) ausgeführt sein. Mehrgängige Schnecken haben, wie bereits in Abschn. 29a) festgestellt wurde, einen großen Steigungswinkel, der sich nach Gl. (29,2) berechnet:

$$\tan \alpha = \frac{h}{\pi \cdot d_m}$$

wobei α den mittleren Steigungswinkel, h die Steigung für eine Umdrehung und $d_m = \dfrac{d + d_1}{2}$ den mittleren Durchmesser bedeuten.

Das *Schneckenrad* kann man sich entstanden denken, wenn man aus einer zur Schnecke passenden Mutter einen zur Achse parallelen Streifen herausschneidet, und diesen mit den Schraubengängen nach außen um eine zylindrische Scheibe wickelt. Dieses Schneckenrad (oder Schraubenmutterrad) hat dann eine Anzahl Gewindegänge, die als Zähne erscheinen. Schneckenräder haben bis zu 50 Zähne. Bezeichnet man die Gangzahl der Schnecke mit g, die Zähnezahl des Schneckenrades mit z_2, so ergibt sich wegen der Tatsache, daß bei einer Umdrehung der Schnecke jeder Schneckengang g das Schneckenrad um einen Zahn weiter dreht, das

Übersetzungsverhältnis des Schneckengetriebes $\boxed{i = \dfrac{z_2}{g}}$ (36,6)

Auch Schneckenräder besitzen wie Stirnräder einen Teilkreis, auf dem die Teilung $t = m \cdot \pi$ (m = Modul) als Abstand von Mitte bis Mitte Zahn gemessen wird. Der Teilkreis berührt den Mantel eines Zylinders mit dem mittleren Durchmesser d_m der Schnecke (Abb. 36,4). Dann besteht zwischen der Steigung der Schnecke h und der Zahnteilung t des Schneckenrades die Beziehung nach Gl. (29,2)

$$h = g \cdot t = \pi \cdot d_m \cdot \tan \alpha \qquad (36,7)$$

Es bezeichnet nach Abb. 36,4:

F_U = Umfangskraft am Schneckenrad im Teilkreis (entspricht dem Axialschub der Schnecke) z. B. in kp,

F_A = Umfangskraft an der Schnecke bezogen auf den mittleren Durchmesser der Schnecke d_m (entspricht der Axialkraft am Schneckenrad),

μ = $\tan \varrho$ die Reibzahl der Schnecke,

$d_m = \dfrac{d + d_1}{2}$ den mittleren Durchmesser der Schnecke z. B. in cm,

d_S = Teilkreisdurchmesser des Schneckenrades z. B. in cm,

M_{d_1} = Drehmoment der Schnecke: $M_{d_1} = F_A \dfrac{d_m}{2}$, dann in kpcm,

M_{d_2} = Drehmoment des Schneckenrades $M_{d_2} = F_U \dfrac{d_S}{2}$, dann in kpcm.

Für den Fall des *Antriebes an der Schnecke* ist der Wirkungsgrad

nach Gl. (29,5)
$$\eta = \frac{\tan\alpha}{\tan(\alpha+\varrho)}$$

nach Gl. (36,7) ist
$$\tan\alpha = \frac{g\cdot t}{\pi\cdot d_m}$$

Damit ergibt sich der

Wirkungsgrad des Schneckengetriebes $\eta = \dfrac{1}{\tan(\alpha+\varrho)}\ \dfrac{g\cdot t}{\pi\cdot d_m}$ \qquad (36,8)

Der Wirkungsgrad des Schneckengetriebes wird durch steigenden

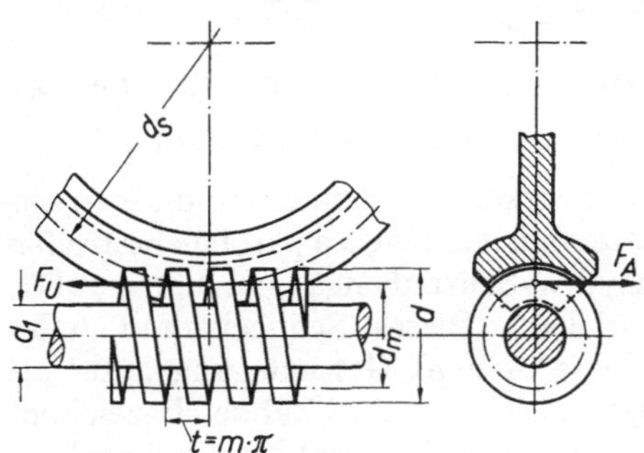

Abb. 36,4. Schneckengetriebe mit eingängiger Schnecke

Reibwert $\mu = \tan\varrho$ verschlechtert, durch höhere Gangzahl g der Schnecke verbessert. Wie bereits bei der Schraube mit Flachgewinde abgeleitet wurde, liegt *Selbsthemmung* vor, *wenn* $\eta \le 0,5$ *ist*.

Schneckengetriebe ermöglichen nicht nur hohe Übersetzungen 25:1 bis 60:1, sondern gestatten auch ohne Einbau von Bremsen Lasten zu halten, wenn sie selbstsperrend sind.

Nach Gl. (26,3) gilt für den Fall der geneigten Ebene mit der horizontal angreifenden Verschiebekraft, die hier mit F_A bezeichnet wird und mit der Last, die hier mit F_U bezeichnet wird

$$F_A = F_U \cdot \tan(\alpha+\varrho)$$

Aus Gl. (29,5) $\eta = \dfrac{\tan\alpha}{\tan(\alpha+\varrho)}$ folgt: $\tan(\alpha+\varrho) = \dfrac{\tan\alpha}{\eta}$

Setzt man diesen Wert ein und multipliziert beide Seiten obiger Gleichung mit $\pi\cdot d_m$, so ergibt sich

$$F_A \cdot \pi \cdot d_m = F_U \cdot \pi \cdot d_m \frac{\tan\alpha}{\eta}$$

Nach Gl. (36,7) ist $g\cdot t = \pi\cdot d_m \cdot \tan\alpha$, deshalb ist

$$F_A \cdot \pi \cdot d_m = \frac{F_U\cdot g\cdot t}{\eta}$$

Das *Drehmoment der Schnecke* ist $M_{d_1} = F_A \dfrac{d_m}{2}$ also

$$\boxed{M_{d_1} = F_U \frac{g\cdot t}{2\,\pi\cdot\eta}} \qquad (36,9)$$

Hierin bedeuten:

F_U = Umfangskraft am Teilkreis des Schneckenrades z. B. in kp,

g = Gangzahl der Schnecke,

t = Teilung des Schneckenrades z. B. in cm,

η = Wirkungsgrad des Schneckengetriebes nach Gl. (29,5) bzw. Gl. (36,8),

M_{d_1} = Drehmoment der Schnecke, dann in kpcm.

Außerdem bestehen zwischen den Drehmomenten M_{d_1} der Schnecke und M_{d_2} des Schneckenrades die gleiche Beziehung wie bei Zahnradübersetzungen Gl. (36,4)

$$\eta = \frac{M_{d_2}}{i \cdot M_{d_1}}$$

die sich auch durch entsprechende Umformung aus Gl. (36,8) ergibt.

Beispiel: Ein Schneckengetriebe mit einem Modul $m = 8$ mm hat eine Schnecke mit einem Wellendurchmesser 50 mm und einem äußeren Durchmesser 85 mm, die mit einem Drehmoment 1400 kpcm angetrieben wird. Die Übersetzung betrage $i = 20 : 1$, der Reibwert $\mu = 0,12$. Berechne 1. für eingängige, 2. für zweigängige Schnecke a) die Zähneteilung, b) die Zähnezahl, c) den Teilkreisdurchmesser des Schneckenrades, d) den mittleren Steigungswinkel der Schnecke, e) den Wirkungsgrad des Getriebes, f) die Umfangskraft am Schneckenrad, g) das Drehmoment am Schneckenrad. h) Ist das Schneckengetriebe selbsthemmend?

Lösung: 1. *eingängige Schnecke, $g = 1$*

a) $t = m \cdot \pi = 8$ mm $\cdot \pi = 25,1$ mm $= 2,51$ cm

b) Nach Gl. (36,6):

$$i = \frac{z_2}{g} \; ; \; z_2 = i \cdot g = 20 \cdot 1 = 20 \text{ Zähne}$$

c) Nach Gl. (36,3):

$$d_S = m \cdot z_2 = 8 \text{ mm} \cdot 20 = 160 \text{ mm} \; \varnothing$$

d) $\qquad d_m = \dfrac{d + d_1}{2} = \dfrac{(50 + 85)\,\text{mm}}{2} = 67,5 \text{ mm} \; \varnothing$

Nach Gl. (36,7) $g \cdot t = \pi \cdot d_m \cdot \tan \alpha$

$$\tan \alpha = \frac{g \cdot t}{\pi \cdot d_m} = \frac{1 \cdot 25,1}{\pi \cdot 67,5} = 0,1185; \quad \alpha = 6° 45'$$

e) $\mu = \tan \varrho = 0,12$; $\varrho = 6° 51'$; $\tan(\alpha + \varrho) = \tan(6° 45' + 6° 51') = \tan 13° 36' = 0,2419$

Nach Gl. (29.5):

$$\eta = \frac{\tan \alpha}{\tan(\alpha + \varrho)} = \frac{0,1185}{0,2419} = 0,49$$

oder nach Gl. (36,8):

$$\eta = \frac{1}{\tan(\alpha + \varrho)} \cdot \frac{g \cdot t}{\pi \cdot d_m} = \frac{1}{0,2419} \cdot \frac{1 \cdot 25,1}{\pi \cdot 67,5} = 0,49$$

f) Nach Gl. (36,9):

$$M_{d_1} = F_U \frac{g \cdot t}{2 \pi \cdot \eta}$$

$$F_U = \frac{M_{d_1} \cdot 2 \pi \cdot \eta}{g \cdot t} = \frac{1400 \text{ kpcm} \cdot 2 \pi \cdot 0,49}{1 \cdot 2,51 \text{ cm}} = 1715 \text{ kp}$$

g) $\qquad M_{d_2} = F_U \dfrac{d_S}{2} = 1715 \text{ kp} \dfrac{16 \text{ cm}}{2} = 13\,720 \text{ kpcm}$

oder nach Gl. (36,4):

$$\eta = \frac{M_{d_2}}{i \cdot M_{d_1}} \; ; \; M_{d_2} = i \cdot M_{d_1} \cdot \eta = 20 \cdot 1400 \text{ kpcm} \cdot 0,49 = 13\,720 \text{ kpcm}$$

h) Das Schneckengetriebe ist selbsthemmend, da $\eta < 0,5$

2. *Zweigängige Schnecke, $g = 2$*
    a) $t = m \cdot \pi = 8 \text{ mm} \cdot \pi = 25,1 \text{ mm} = 2,51 \text{ cm}$
    b) $z_2 = i \cdot g = 20 \cdot 2 = 40$ Zähne
    c) $d_S = m \cdot z_2 = 8 \text{ mm} \cdot 40 = 320 \text{ mm} \; \varnothing$
    d) $d_m = 67,5 \text{ mm} \; \varnothing$

$$\tan \alpha = \frac{g \cdot t}{\pi \cdot d_m} = \frac{2 \cdot 25,1}{\pi \cdot 67,5} = 0,2370; \quad \alpha = 13^\circ \, 20'$$

e) $\mu = \tan \varrho = 0,12; \quad \varrho = 6^\circ \, 51'$

$$\tan (\alpha + \varrho) = \tan (13^\circ \, 20' + 6^\circ \, 51') = \tan 20^\circ \, 11' = 0,3676$$

$$\eta = \frac{\tan \alpha}{\tan (\alpha + \varrho)} = \frac{0,2370}{0,3676} = 0,644$$

f)
$$F_U = \frac{M_{d_1} \cdot 2\pi \cdot \eta}{g \cdot t} = \frac{1400 \text{ kpcm} \cdot 2\pi \cdot 0,644}{2 \cdot 2,51 \text{ cm}} = 1127 \text{ kp}$$

g)
$$M_{d_2} = i \cdot M_{d_1} \cdot \eta = 20 \cdot 1400 \text{ kpcm} \cdot 0,644 = 18\,000 \text{ kpcm}$$

h) Das Schneckengetriebe ist nicht selbsthemmend, da $\eta > 0,5$ ist.

Die Rechnung zeigt, daß für das gleiche Übersetzungsverhältnis das Schneckengetriebe mit zweigängiger Schnecke gegenüber eingängiger einen besseren Wirkungsgrad η und damit auch ein größeres Abtriebsdrehmoment M_{d_2} bei geringerer Umfangskraft F_U, d. h. Zahnradbeanspruchung hat. Es ist jedoch nicht selbsthemmend und das Schneckenrad hat zweimal so großen Durchmesser d_S.

Dynamik fester Körper

A. Bewegungslehre (Kinematik)

I. Einfache geradlinige Bewegungen

37. Gleichförmige Bewegung

Die von den Punkten eines Körpers durchlaufenen Linien nennen wir *Bahnen* der Punkte.

Nach ihrem Verlauf behält bei der *fortschreitenden Bewegung* der Körper seine Richtung bei, ohne sich zu drehen. Bei der Betrachtung genügt es, die Bewegung eines beliebig herausgegriffenen Punktes zu untersuchen. Hierzu eignet sich, wie sich später ergibt, am besten der Körperschwerpunkt. Denkt man sich den Körper auf seinen Schwerpunkt zusammengeschrumpft, so spricht man von seinem *Massenpunkt*. Dieser ersetzt den fortschreitend bewegten Körper vollständig.

Die fortschreitende Bewegung kann auf geraden und krummen Bahnen erfolgen. Bei der krummlinigen Bewegung unterscheiden wir wieder ebene und räumliche Bewegungen. Ein wichtiger Sonderfall der fortschreitenden Bewegung ist die Kreisbewegung, bei der der Massenpunkt eine Kreisbahn durchläuft.

Beschreiben dagegen die einzelnen Körper*teile* Kreisbahnen, so sprechen wir von einer *Drehbewegung*. Die Ebenen der Kreisbahnen stehen hierbei senkrecht auf einer ortsfesten Drehachse, die dargestellt ist durch die Verbindung der Mittelpunkte der Kreisbahnen.

Von einer *allgemeinen Bewegung* sprechen wir, wenn sie sich aus fortschreitender und Drehbewegung zusammensetzt. Ein Förderwagen führt auf der Grubenbahn eine fortschreitende Bewegung aus. Seine Räder haben um die Achse eine Drehbewegung. Bei ihrer Rollbewegung auf der festen Unterlage überlagert sich die Drehbewegung mit der zur Drehachse senkrecht liegenden fortschreitenden Bewegung.

a) Allgemeine Gesetze

Bei der gleichförmigen Bewegung legt der Massenpunkt in gleichen Zeiten gleiche Wegstrecken zurück. Dabei ist die Dauer der „gleichen Zeiten" nicht beliebig.

Ist z. B. bekannt, daß eine Grubenlokomotive in der Schicht 24 km zurücklegt, so wissen wir, daß sie zwischendurch Pausen macht, sich also keinesfalls gleich schnell bewegt. Die Bedingung gleichförmiger Bewegung ist also offenbar nur erfüllt, wenn die betrachteten Zeitabstände so klein sind (aber nicht gleich Null werden), daß die zurückgelegten Wegabschnitte auch dann noch gleich sind.

Satz 36: Ein Körper bewegt sich gleichförmig, wenn er in gleichen, beliebig kleinen Zeiten, gleiche Wege zurücklegt.

Beispiel: Ein Radfahrer legt auf geradliniger Bahn in 10 min einen Weg von 2400 m zurück. Aus diesen Angaben läßt sich berechnen, wie groß der in 1 sek zurückgelegte Weg ist.

$$\frac{2400 \text{ m}}{10 \text{ min} \cdot 60 \text{ s/min}} = 4 \text{ m/s}$$

Wir sagen dann, der Radfahrer hat eine Geschwindigkeit von 4 m/s.

Erklärung 1: Unter der Geschwindigkeit eines Körpers verstehen wir den Quotienten aus Weg und zugehöriger Zeit.

Es ist üblich, für die Größen Weg, Zeit und Geschwindigkeit feste Bezeichnungen zu verwenden.

Man setzt:

s = Weg des Körpers z. B. in m (s = spatium = Zwischenraum),

t = Zeit, die zum Zurücklegen des Weges s erforderlich ist, z. B. in sek[1] (t = tempus = Zeit),

v = Geschwindigkeit z. B. in m/s (v = velocitas = Schnelligkeit).

Damit ergibt sich die Gleichung für die

$$Geschwindigkeit \quad \boxed{v = \frac{s}{t}} \quad (\text{gilt nur für } a = 0)[2] \qquad (37,1)$$

Wird der Weg in m und die Zeit in sek gemessen, so ist die *Einheit der Geschwindigkeit* m/s (m je sek, nicht Metersekunde!). Weitere praktisch gebrauchte Geschwindigkeitseinheiten sind im Verkehrswesen km/h (km je Stunde, nicht Stundenkilometer), in der Fördertechnik und Fertigungstechnik m/min, in der Schiffahrt Knoten.

$$1 \text{ km/h} = \frac{1000 \text{ m}}{3600 \text{ s}} = \frac{1}{3,6} \text{ m/s}$$

Umrechnungsfaktor: $3,6 \dfrac{\text{km/h}}{\text{m/s}}$

$$1 \text{ m/min} = \frac{1}{60} \text{ m/s}$$

Umrechnungsfaktor: $60 \dfrac{\text{m/min}}{\text{m/s}}$

$$1 \text{ Knoten} = 1 \text{ Seemeile/h} = \frac{1852 \text{ m}}{3600 \text{ s}} = 0,514 \text{ m/s}$$

Umrechnungsfaktor: $0,514 \dfrac{\text{m/s}}{\text{Knoten}}$

---

[1] Die Maßeinheit für die Zeit ist die Sekunde, das Zeichen hierfür s. In Fällen, wo Verwechselungen mit dem Wegzeichen s möglich sind, wird auch sek gebraucht.

[2] Diese Bemerkung wird erst später erläutert.

Beispiel: Auf dem Äquator sei ein Kabel verlegt. In welcher Zeit würde der Strom dieses Kabel einmal durchlaufen haben, wenn die Fortpflanzungsgeschwindigkeit des elektrischen Stromes 300000 km/s beträgt?

Lösung: Äquatorlänge $s = 40000$ km

$$v = \frac{s}{t} \; ; \; t = \frac{s}{v} = \frac{40000 \text{ km}}{300000 \text{ km/s}} = 0{,}13 \text{ s}$$

Beispiel: Ein Fußgänger macht in der Minute 52 Doppelschritte zu 1,60 m; welche Geschwindigkeit in m/s hat er bzw. wieviel km legt er in einer Stunde zurück?

Lösung: $s = 52 \cdot 1{,}6$ m $= 83{,}2$ m in $t = 60$ s

$$v = \frac{s}{t} = \frac{83{,}2 \text{ m}}{60 \text{ s}} = 1{,}39 \text{ m/s}$$

$$v = 1{,}39 \text{ m/s} \cdot 3{,}6 \frac{\text{km/h}}{\text{m/s}} = 5 \text{ km/h}$$

b) Mittlere Geschwindigkeit

Wenn in dem früheren Beispiel des Radfahrers dieser bei 4 m/s Geschwindigkeit unter gleichförmiger Bewegung in jeder Sekunde 4 m Weg zurücklegt, läßt sich die Geschwindigkeit auch wie folgt erklären:

Erklärung 2: Die Geschwindigkeit ist bei gleichförmiger Bewegung zahlenmäßig gleich dem in der Zeiteinheit (z. B. 1 s) *zurückgelegten Weg.*

Bei vielen Bewegungen sind die Bedingungen der Gleichförmigkeit nicht genau sondern nur annähernd erfüllt. Das gilt sogar streng genommen für fast alle Bewegungen, wenn man die betrachtete Zeitspanne nur klein genug macht. Unsere Grubenbahnen ändern durch verschiedene Einflüsse, bereits auf der geraden Strecke, wenn auch nur in geringen Grenzen, ihre Geschwindigkeit. In stärkerem Maße ändert sich aber die Geschwindigkeit beim Durchfahren von Kurven. Außerdem ist zu beachten, daß der Förderzug aus dem Stillstand auf einem Anfahrweg zunächst auf die Höchstgeschwindigkeit und gegen Ende der Fahrt wieder zum Stillstand gebracht werden muß.

Wir fassen trotzdem diese Bewegung als *gleichförmig* auf und berechnen sie nach den dafür gültigen Gleichungen. Die aus einem zurückgelegten Weg s und einer bestimmten Zeit t berechnete Geschwindigkeit hat dann die Bedeutung einer mittleren Geschwindigkeit v_m, die ein Körper gehabt hätte, wenn er diesen Weg in der angegebenen Zeit mit einer gleichbleibenden Geschwindigkeit v_m zurückgelegt hätte. Es ist in den Gleichungen jedoch nicht unbedingt immer nötig, diese Geschwindigkeit durch v_m als mittlere Geschwindigkeit zu kennzeichnen.

Beispiel: Welche Zeit erfordert die Seilfahrt aus 600 m Teufe, wenn die mittlere Seilgeschwindigkeit 5 m/s beträgt?

Lösung: $v = \dfrac{s}{t}$

$$t = \frac{s}{v} = \frac{600 \text{ m}}{5 \text{ m/s}} = 120 \text{ s} = 2 \text{ min}$$

11*

Beispiel: Welche mittlere Seilgeschwindigkeit wäre erforderlich, wenn die Seilfahrt in der gleichen Zeit von 2 min aus 900 m Teufe durchgeführt werden sollte?

Lösung: $v = \dfrac{s}{t} = \dfrac{900\ \text{m}}{120\ \text{s}} = 7,5\ \text{m/s}$

oder aus der mathematischen Betrachtung der Gl. (37,1):

Für gleiche Zeiten sind die Geschwindigkeiten den Wegen direkt proportional:

$$\frac{v_2}{v_1} = \frac{s_2}{s_1}$$

$$v_2 = v_1 \frac{s_2}{s_1} = 5\ \text{m/s}\ \frac{900\ \text{m}}{600\ \text{m}} = 7,5\,\text{m/s}$$

Beispiel: Ein Becherwerk (Abb. 37,1) trägt in Abständen von $l = 50\ \text{cm}$ Becher von $m_B = 60\ \text{kg}$ Nutzgewicht. Mit welcher Geschwindigkeit muß die Kette laufen, wenn $\dot{m} = 80\ \text{t/h}$ gehoben werden sollen?

Lösung:

Geforderter Förderstrom: $\dot{m} = 80\ \text{t/h} = \dfrac{80\,000\ \text{kg/h}}{3\,600\ \text{s/h}} = 22{,}2\ \text{kg/s}$

Becherzahl je sek: $\dot{z} = \dfrac{\dot{m}}{m_B} = \dfrac{22{,}2\ \text{kg/s}}{60\ \text{kg}} = 0{,}37\ \text{s}^{-1}$

Geschwindigkeit: $v = \dot{z} \cdot l = (0{,}37 \cdot 0{,}50)\ \text{m/s} = 0{,}185\ \text{m/s}$

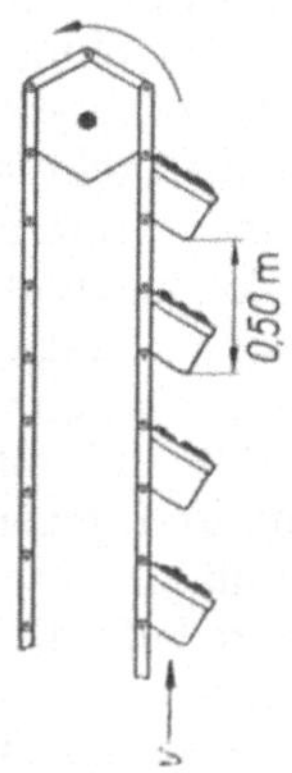

Abb. 37,1. Das Becherwerk

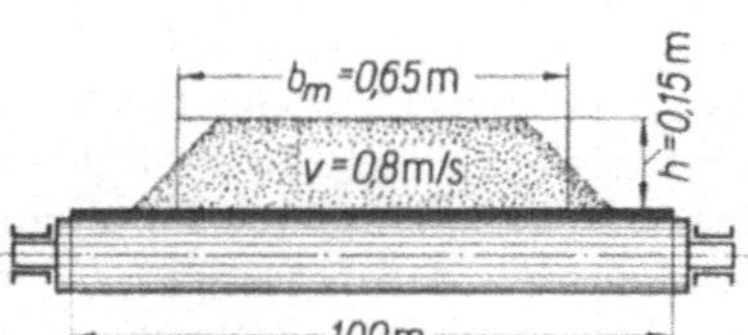

Abb. 37,2. Das Förderband

Beispiel: Ein Förderband (Abb. 37,2) bewegt sich mit einer Geschwindigkeit 0,80 m/s. Welchen Förderstrom $\dot{m}$ in t/h liefert das Band, wenn die mittlere Beschickungsbreite $b = 0{,}65$ m, die Beschickungshöhe $h = 0{,}15$ m und die Schüttdichte $\varrho_H = 0{,}75$ t/rm³ ist?

Lösung: Füllquerschnitt:

$$A = b \cdot h = 0{,}65\ \text{m} \cdot 0{,}15\ \text{m} = 0{,}0975\ \text{m}^2$$

Beladungsmenge je m: $q = A \cdot \varrho_H = 0{,}0975\ \text{m}^2 \cdot 0{,}75\ \text{t/rm}^3 = 0{,}0731\ \text{t/m}$
Förderstrom: $\dot{m} = q \cdot v = 0{,}0731\ \text{t/m} \cdot 0{,}80\ \text{m/s} \cdot 3600\ \text{s/h} = 210\ \text{t/h}$

c) Graphische Darstellung

Beispiel: Eine Hauptstreckenlokomotive hat eine Geschwindigkeit von 10,8 km/h, während eine Zubringerlokomotive mit 4,5 km/h Geschwindigkeit fährt. Berechne die zurückgelegten Wege in Abständen von 2 sek.

Hauptstreckenlokomotive (H.-Lok)

$$v_H = 10{,}8 \text{ km/h} = \frac{10{,}8}{3{,}6} \text{ m/s} = 3 \text{ m/s}$$

Zubringerlokomotive (Z.-Lok)

$$v_Z = 4{,}5 \text{ km/h} = \frac{4{,}5}{3{,}6} \text{ m/s} = 1{,}25 \text{ m/s}$$

$$v = \frac{s}{t} \; ; \quad s = v \cdot t$$

Hiermit sind die Ergebnisse in nachstehender Zahlentafel zusammengestellt:

Die Bewegung wird zeichnerisch durch das *Weg-Zeit-Schaubild* (Weg-Zeit-Diagramm) oder (s, t)-*Schaubild* dargestellt. In einem rechtwinkligen Koordinatensystem werden vom Schnittpunkt der Achsen aus in einem gewählten Maßstab die Zeiten auf der waagerechten Achse als Abszissen und die zugehörigen Wege auf der senkrechten Achse als Ordinaten auf-

Zeit t sek	H.-Lok Weg s_H m	Z.-Lok Weg s_Z m
2	6	2,5
4	12	5,0
6	18	7,5
8	24	10,0
10	30	12,5

getragen (Abb. 37,3). Die Maßstäbe werden als Zeiten bzw. Wege für 1 cm der Zeichnung angegeben.

Im Beispiel: t-Achse: 1 cm $\triangleq$ 2 s; s-Achse: 1 cm $\triangleq$ 5 m. Die Verbindung der jeweiligen Wege (Ordinaten) über den einzelnen Zeiten nach vorstehender Zahlentafel liegen für beide Beispiele auf einer geraden Linie, der *Weg-Zeit-Linie*. Sie beginnen im Koordinatenursprung und sind unter einem Winkel α gegen die waagerechte Zeitachse geneigt. Die *Neigung der Weg-Zeit-Linie* ist *um so größer, je größer die Geschwindigkeit ist.*

Satz 37: Im Weg-Zeit-Schaubild wird die gleichförmige Bewegung durch eine Gerade, die Weg-Zeit-Linie, dargestellt, die unter Beibehaltung der Zeichenmaßstäbe um so steiler verläuft, je größer die Geschwindigkeit ist. Der Tangens des Winkels, den die Weg-Zeit-Linie mit der Zeitachse bildet, ist ein Maß für die Geschwindigkeit.

$$v_H = \tan \alpha_1 = \frac{30 \text{ m}}{10 \text{ s}} = 3 \text{ m/s}$$

$$v_Z = \tan \alpha_2 = \frac{12{,}5 \text{ m}}{10 \text{ s}} = 1{,}25 \text{ m/s}$$

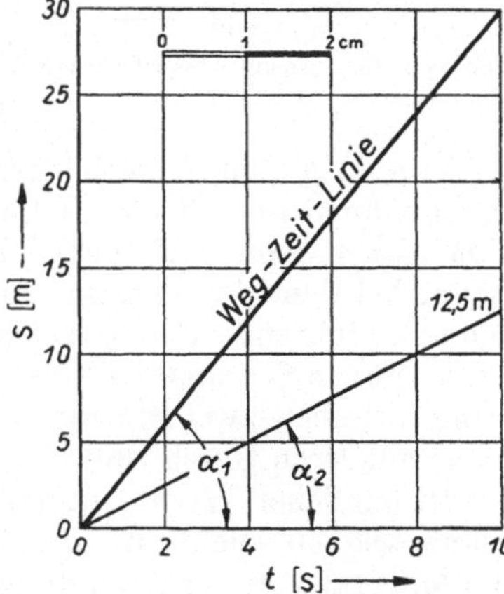

Abb. 37,3. Weg-Zeit-Schaubild[1] der gleichförmigen geradlinigen Bewegung

[1] Einige Schaubilder, in denen noch die Einheit am geteilten Achsenkreuz in eckiger Klammer angegeben ist, wurden aus der früheren Auflage unverändert übernommen.

Trägt man die Geschwindigkeit in Abhängigkeit von der Zeit auf, so erhält man das *Geschwindigkeits-Zeit-Schaubild* oder (v, t)-*Schaubild*. Die *Geschwindigkeits-Zeit-Linie* ist bei der gleichförmigen Bewegung eine zur Zeitachse parallele Gerade. In Abb. 37,4 sind die gewählten Maßstäbe

$$t\text{-Achse}:\ 1\ \text{cm} \mathrel{\widehat{=}} 2\ \text{s};\quad v\text{-Achse}:\ 1\ \text{cm} \mathrel{\widehat{=}} 0{,}5\ \text{m/s}$$

Satz 38: *Im Geschwindigkeits-Zeit-Schaubild wird die gleichförmige Bewegung durch eine gerade zur Zeit-Achse parallele Linie, die Geschwindigkeits-Zeit-Linie, dargestellt. Der für einen bestimmten Zeitabschnitt zurückgelegte Weg ist durch den Inhalt der unter der Geschwindigkeits-Zeit-Linie entstehenden Fläche dargestellt.*

Für $t_1 = 10$ s ergibt sich nach Abb. 37,4

$$s_1 = v \cdot t_1 = 3\ \text{m/s} \cdot 10\ \text{s} = 30\ \text{m}$$

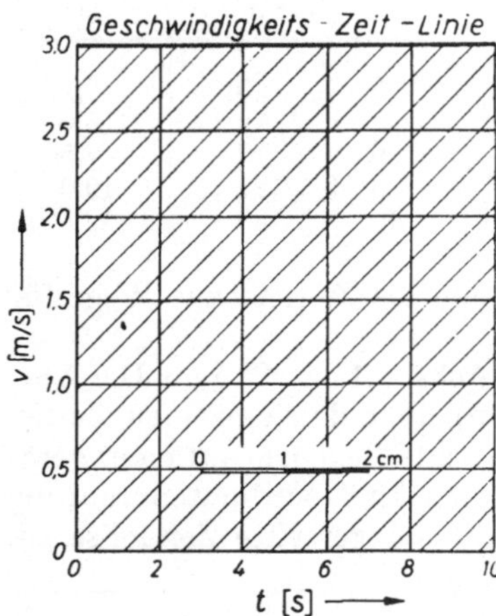

Abb. 37,4. Geschwindigkeits-Zeit-Schaubild

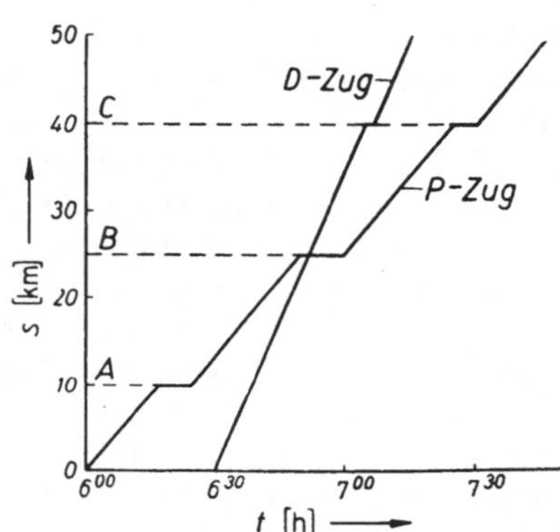

Abb. 37,5. Graphischer Fahrplan für die Eisenbahn

Von Weg-Zeit-Schaubildern macht man im Verkehrswesen bei Eisenbahnen und Straßenbahnen Gebrauch in Form von *graphischen Fahrplänen.* Abb. 37,5 zeigt einen graphischen Fahrplan für die Eisenbahn, bei dem der Personenzug in A, B und C anhält, während der schneller fahrende D-Zug, gekennzeichnet durch die steilere Weg-Zeit-Linie, nur in C anhält und den Personenzug in B überholt. Die Bewegung zwischen zwei Stationen wird als gleichförmig, unter Annahme einer mittleren Geschwindigkeit, betrachtet.

In ähnlicher Weise benutzen die Straßenbahnen graphische Fahrpläne, wie ein solcher in Abb. 37,6 wiedergegeben ist. Bei diesem sind die Maßstäbe zu der Abbildung angegeben.

Für die s-Achse ist die Entfernung zwischen den einzelnen Stationen nur deswegen angegeben, weil man für die bekannte mittlere Geschwindigkeit der Bahnen die Fahrzeiten hierfür angeben kann. Die Neigung der Weg-Zeit-Linien aller Straßenbahnzüge ist gleich, da die mittlere

Geschwindigkeit unverändert bleibt. Die ansteigenden (s, t)-Linien bedeuten die Hinfahrt, die abfallenden die Rückfahrt des gleichen Straßenbahnzuges.

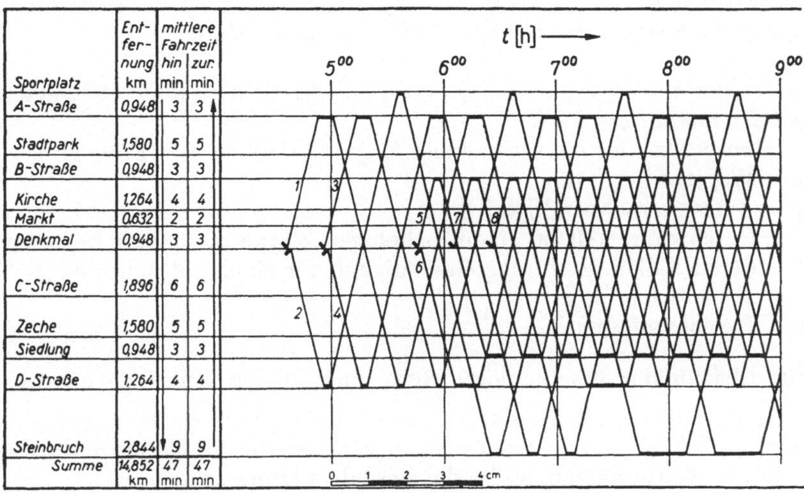

Sportplatz	Entfernung km	mittlere Fahrzeit hin min	zur. min
A-Straße	0,948	3	3
Stadtpark	1,580	5	5
B-Straße	0,948	3	3
Kirche	1,264	4	4
Markt	0,632	2	2
Denkmal	0,948	3	3
C-Straße	1,896	6	6
Zeche	1,580	5	5
Siedlung	0,948	3	3
D-Straße	1,264	4	4
Steinbruch	2,844	9	9
Summe	14,852 km	47 min	47 min

Abb. 37,6. Graphischer Fahrplan für die Straßenbahn
t-Achse 1 cm $\cong$ $^1/_3$ h s-Achse 1 cm $\cong$ 1,6 km

Von 4.30 Uhr bis gegen 5.00 Uhr werden die ersten 4 Straßenbahnzüge eingesetzt. Um 5.45 Uhr beginnend bis 6.30 Uhr werden Einlegewagen eingesetzt, die zwischen B-Straße und Siedlung bzw. D-Straße den verstärkten Berufsverkehr bewältigen sollen.

Ähnliche graphische Fahrpläne werden heute schon für die Grubenbahnen unter Tage aufgestellt, um den reibungslosen Verkehr der vollen und leeren Wagenzüge sicherzustellen.

38. Gleichmäßig beschleunigte Bewegung

a) Erklärungen

Ein aus dem Zustand der Ruhe heraus anfahrender Wagen bewegt sich zunächst langsam, dann immer schneller, er wird beschleunigt. Seine Geschwindigkeit nimmt dabei dauernd zu. Es ist nötig, bei der beschleunigten Bewegung für die Geschwindigkeit eine neue, weitergehende Deutung zu geben.

Erklärung 3: Unter der Geschwindigkeit einer beliebig beschleunigten Bewegung in einem bestimmten Zeitpunkt versteht man diejenige Geschwindigkeit, die der Körper hätte, wenn er sich von diesem Zeitpunkt ab gleichförmig weiterbewegen würde.

Legt der Körper in gleichen Zeitabschnitten ungleiche Wegstrecken zurück, so heißt die Bewegung ungleichförmig. Die Geschwindigkeit ändert sich im Laufe der Zeit. Nimmt sie zu, so ist die Bewegung beschleunigt, nimmt sie ab, so ist die Bewegung verzögert. Nimmt die

Geschwindigkeit in gleichen Zeitabschnitten um den gleichen Betrag zu bzw. ab, so ist die Bewegung *gleichmäßig beschleunigt*, bzw. *gleichmäßig verzögert*.

Erklärung: *Bei gleichmäßig beschleunigter Bewegung ist die Beschleunigung die Geschwindigkeitszunahme in der Zeiteinheit,*
oder
die Beschleunigung ist der Quotient aus der Geschwindigkeitszunahme und der zugehörigen Zeit.

Man verwendet im allgemeinen folgende Größen und Einheiten:

s = Wegstrecke in m,

v_0 = Anfangsgeschwindigkeit in m/s,

v = Geschwindigkeit zu einem beliebigen Zeitpunkt t, oder in besonderen Fällen die Endgeschwindigkeit für einen betrachteten Zeitabschnitt in m/s,

a = Beschleunigung.

b) Gleichmäßig beschleunigte Bewegung aus der Ruhelage heraus

Bewegt sich ein Körper aus der Ruhe heraus und wächst dabei seine Geschwindigkeit in der Zeit t gleichmäßig auf die Endgeschwindigkeit in diesem Zeitpunkt an, so ist die Beschleunigung:

$$a = \frac{v}{t} \quad \text{in} \quad \frac{m/s}{s} = \frac{m}{s^2}$$

Die *Einheit der Beschleunigung* ist demnach m/s².

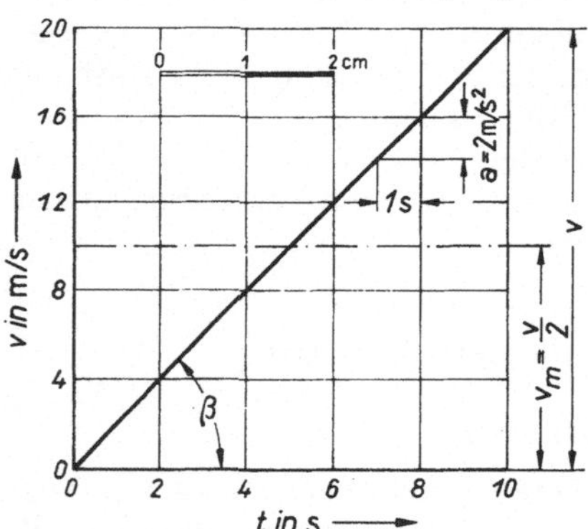

Abb. 38,1.   Geschwindigkeits-Zeit-Schaubild der gleichmäßig beschleunigten Bewegung
t-Achse 1 cm ≙ 2 s v-Achse 1 cm ≙ 4 m/s

Das *Geschwindigkeits-Zeit-Gesetz* der gleichmäßig beschleunigten Bewegung lautet

$$\boxed{v = a \cdot t} \qquad (38,1)$$

Trägt man im Geschwindigkeits-Zeit-Schaubild den Verlauf der Geschwindigkeit bei gleichmäßig beschleunigter Bewegung auf, so ergibt sich eine gerade ansteigende Geschwindigkeits-Zeit-Linie, da die Geschwindigkeitszunahme in jedem Zeitpunkt die gleiche ist. Die (v, t)-Linie beginnt im Koordinatenursprung, da die Bewegung aus der Ruhelage heraus beginnt (Abb. 38,1). Für den Zeitabschnitt 1 Sekunde ergibt sich als Ordinate die Beschleunigung a. Die Geschwindigkeits-ZeitLinie ist geneigt unter dem Winkel β.

Satz 39: *Im Geschwindigkeits-Zeit-Schaubild wird die gleichmäßig beschleunigte Bewegung durch eine Gerade dargestellt, die unter Beibehaltung der Zeichenmaßstäbe um so steiler verläuft, je größer die Beschleunigung ist. Der Tangens des Winkels, den die Geschwindigkeits-Zeit-Linie mit der Zeitachse bildet, ist ein Maß für die Beschleunigung.*

Nach Abb. 38,1 ist: $a = \tan \beta = \dfrac{v}{t} = \dfrac{20\,\text{m/s}}{10\,\text{s}} = 2\,\text{m/s}^2$

Um das Weg-Zeit-Gesetz zu finden, ersetzt man die gleichmäßig beschleunigte Bewegung durch eine gleichförmige Bewegung mit der *mittleren Geschwindigkeit* $v_m = \dfrac{v}{2}$ (Abb. 38,1). Der in der Zeit t zurückgelegte Weg ist dann in beiden Fällen der gleiche, und zwar

$$s = \frac{v}{2}\,t \tag{38,2}$$

Danach ergibt sich, daß der Weg im Geschwindigkeits-Zeit-Schaubild (wie bei der gleichförmigen Bewegung) dargestellt ist durch die unter der Geschwindigkeits-Zeit-Linie liegende Dreiecksfläche (Satz 38). Setzt man den Wert v der Gl. (38,1) in die Gl. (38,2) ein, so ergibt sich das *Weg-Zeit-Gesetz*

$$s = \frac{1}{2}\,a\,t^2 \tag{38,3}$$

Zu der gleichen Lösung kommt man, wenn man die Dreiecksfläche für die Endgeschwindigkeit nach Gl. (38,1) $v = a \cdot t$ berechnet:

$$s = \frac{1}{2}\,v \cdot t = \frac{1}{2}\,a \cdot t \cdot t = \frac{1}{2}\,a \cdot t^2$$

Nach Gl. (38,1) ergibt sich

$$t = \frac{v}{a}$$

Setzt man diesen Wert für t in Gl. (38,3) ein, so ergibt sich

$$s = \frac{1}{2}\,a \cdot \frac{v^2}{a^2}$$

Daraus erhält man das *Geschwindigkeits-Weg-Gesetz*

$$s = \frac{v^2}{2\,a} \tag{38,4}$$

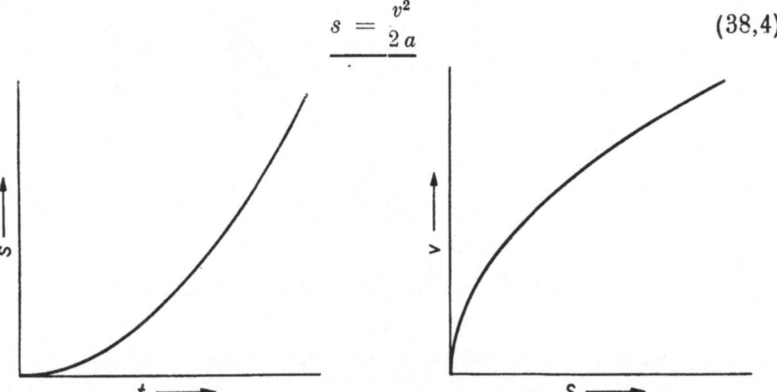

Abb. 38,2. Weg-Zeit-Schaubild der gleichmäßig beschleunigten Bewegung

Abb. 38,3. Geschwindigkeits-Weg-Schaubild der gleichmäßig beschleunigten Bewegung

Das Weg-Zeit-Gesetz Gl. (38,3) folgt dem mathematischen Gesetz der quadratischen Parabel $y = 2p \cdot x^2$, worin y den Weg s und x die Zeit t bedeuten. Sie ist in Abb. 38,2 dargestellt.

Das Geschwindigkeits-Weg-Gesetz Gl. (38,4) folgt ebenfalls dem mathematischen Gesetz der quadratischen Parabel, die gemäß Abb. 38,3 aber nach rechts geöffnet ist.

Das Weg-Zeit-Schaubild der gleichmäßig beschleunigten Bewegung soll für eine Beschleunigung $a = 2$ m/s² aufgezeichnet werden. Wir berechnen zunächst die zurückgelegten Wege für jede fortlaufende Sekunde nach der Gleichung $s = \dfrac{1}{2}\,a \cdot t^2$.

$$\text{Am Ende der 1. Sekunde ist } s_1 = \frac{1}{2} \cdot 2 \text{ m/s}^2 \cdot 1^2 \text{ s}^2 = 1 \text{ m};$$

$$\text{,,\quad,,\quad,, 2.\quad,,\quad,, } s_2 = \frac{1}{2} \cdot 2 \text{ m/s}^2 \cdot 2^2 \text{ s}^2 = 4 \text{ m};$$

$$\text{,,\quad,,\quad,, 3.\quad,,\quad,, } s_3 = \frac{1}{2} \cdot 2 \text{ m/s}^2 \cdot 3^2 \text{ s}^2 = 9 \text{ m};$$

$$\text{,,\quad,,\quad,, 4.\quad,,\quad,, } s_4 = \frac{1}{2} \cdot 2 \text{ m/s}^2 \cdot 4^2 \text{ s}^2 = 16 \text{ m}.$$

Wir wählen für das Schaubild die Achsen-Maßstäbe

$$t\text{-Achse: } 1 \text{ cm} \triangleq 0{,}5 \text{ s}; \quad s\text{-Achse: } 1 \text{ cm} \triangleq 2 \text{ m}$$

Tragen wir nun in den einzelnen Zeitabschnitten die berechneten Wege als Ordinaten auf (Abb. 38,4), so erhält man durch Verbindung der Ordinatenpunkte I, II, III und IV die Weg-Zeit-Linie, die die Form der quadratischen Parabel

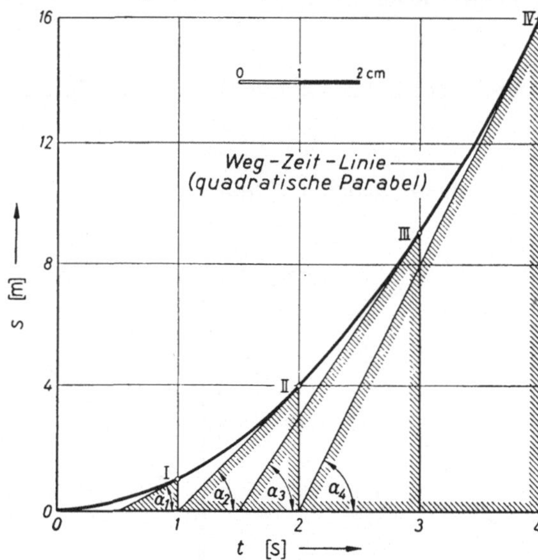

Abb. 38,4. Weg-Zeit-Schaubild der gleichmäßig beschleunigten Bewegung
t-Achse 1 cm $\triangleq$ 0,5 s　s-Achse 1 cm $\triangleq$ 2 m

hat. Nach Erklärung 3 für die Geschwindigkeit einer beschleunigten Bewegung und Satz 37 läßt sich für jeden Punkt der Linie die zugehörige Geschwindigkeit bestimmen, indem man die Tangente durch diesen Punkt an die Weg-Zeit-Linie zieht. Die Neigung der Tangente bezeichnet man als *Steigung der Kurve im Berührungspunkt der Tangente*. Diese Steigung läßt sich aus dem Tangens des Winkels der Tangente mit der Zeit-Achse berechnen. Für die vier berechneten

Punkte der Weg-Zeit-Linie ergeben sich aus den schraffierten rechtwinkligen Dreiecken

$$\text{für den Kurvenpunkt } I \qquad v_1 = \tan\alpha_1 = \frac{1\,\text{m}}{0{,}5\,\text{s}} = 2\,\text{m/s};$$

$$\text{,, ,, \qquad ,, } \quad II \qquad v_2 = \tan\alpha_2 = \frac{4\,\text{m}}{1\,\text{s}} = 4\,\text{m/s};$$

$$\text{,, ,, \qquad ,, } \quad III \qquad v_3 = \tan\alpha_3 = \frac{9\,\text{m}}{1{,}5\,\text{s}} = 6\,\text{m/s};$$

$$\text{,, ,, \qquad ,, } \quad IV \qquad v_4 = \tan\alpha_4 = \frac{16\,\text{m}}{2\,\text{s}} = 8\,\text{m/s}.$$

Trägt man die so erhaltenen Geschwindigkeiten über der Zeit auf, so erhält man die Geschwindigkeits-Zeit-Linie.

Das Verfahren aus der Weg-Zeit-Linie, den Verlauf der Geschwindigkeit in Abhängigkeit von der Zeit „abzuleiten", indem man punktweise die Steigung der Weg-Zeit-Linie durch Zeichnen der Tangenten ermittelt, findet in der Praxis vielfach Anwendung. Es ist nämlich im allgemeinen leichter möglich, durch Meßtrommeln die Weg-Zeit-Linie aufzeichnen zu lassen, aus der dann der Verlauf der Geschwindigkeit in Abhängigkeit von der Zeit abgeleitet wird. Wegen der begrenzten Zeichengenauigkeit erhält man dadurch allerdings nur angenäherte, aber praktisch vielfach ausreichende Werte für die einzelnen Geschwindigkeiten. In gewissen Grenzen läßt sich bei Verwendung eines Spiegellineals die Steigung der Kurve in einem Punkte genauer bestimmen, und sogar der Tangens des Steigungswinkels unmittelbar ablesen. Es ist dann aber der Maßstab der Achsen zu berücksichtigen[1].

Ist der Neigungswinkel α der Tangente oder sofort $\tan\alpha$ der Steigung in einem Punkte der Kurve ermittelt und betragen die Maßstäbe: der t-Achse: 1 cm $\triangleq x$ in s, der s-Achse: 1 cm $\triangleq y$ in m, so ergibt sich die Geschwindigkeit in diesem Punkte zu

$$v = \frac{y}{x}\,\tan\alpha \text{ in m/s}$$

c) Allgemeine Erklärung der Geschwindigkeit

Bisher haben wir drei Erklärungen für die Größe der Geschwindigkeit gefunden:

1. Geschwindigkeit als Quotient von Weg und zugehöriger Zeit:

$$v = \frac{s}{t}$$

2. Geschwindigkeit zahlenmäßig als Weg in der Zeiteinheit;

3. Geschwindigkeit in einem beliebigen Punkte bei beschleunigter Bewegung als die Größe, die sich ergäbe, wenn sich der Körper von diesem Punkte aus gleichförmig weiterbewegen würde.

Die letzten Betrachtungen der gleichmäßig beschleunigten Bewegung haben ergeben, daß wir die Geschwindigkeit aus der Steilheit der

---

[1] Siehe hierzu Abschn. 44c.

Weg-Zeit-Linie für bekannte Achsenmaßstäbe ableiten können. Als
Maß für die Steilheit benutzen wir in Übereinstimmung mit der Mathematik die *Steigung*. Die Steigung einer geraden Linie ist das Verhältnis
der beiden Katheten beliebiger, durch
die Hypotenuse bestimmter, rechtwink-
liger Dreiecke.

Die Steigung der Weg-Zeit-Linie
Abb. 38,5 zwischen den Punkten P_1
und P_2 der Geraden ergibt sich aus den
Katheten Δs und Δt als Geschwindigkeit

$$v = \frac{\Delta s}{\Delta t}$$

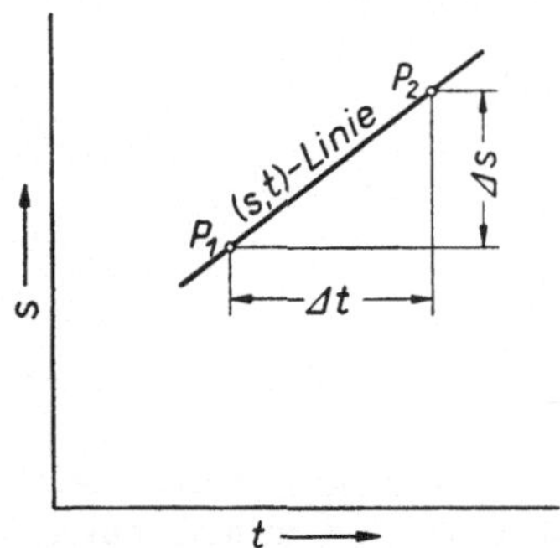

Abb. 38,5. Bestimmung der Geschwindigkeit aus der Steigung der Weg-Zeit-
Linie

*Erklärung 4: Die Geschwindigkeit ist
gleich der Steigung der Weg-Zeit-Linie
unter Berücksichtigung der Achsen-Maßstäbe.*

Die Erklärung 4 ist jedoch nur rich-
tig, wenn man den Nenner Δt genügend klein (genau: unbegrenzt
klein) macht. Um das anzudeuten, schreibt man für unbegrenzt kleine
Zeiten und unbegrenzt kleine Wege dt und ds und es ergibt sich die *allgemeine Form für die Geschwindigkeit*

$$\boxed{v = \frac{ds}{dt}} \quad \text{(gilt ohne Einschränkung).} \qquad (38,5)$$

Diese Form gehört in das Gebiet der höheren Mathematik. Man
bezeichnet $\frac{ds}{dt}$ (lies: ds nach dt) als *Differentialquotienten*, der mathematisch exakt die Steigung einer beliebigen Weg-Zeit-Kurve in einem
Punkte angibt[1].

d) Gleichmäßig beschleunigte Bewegung aus einer Anfangsgeschwindig-
keit heraus

Wenn der Körper zu Beginn der Betrachtung bereits die Anfangsgeschwindigkeit v_0 hat, so lautet das *Geschwindigkeits-Zeit-Gesetz*:

$$\boxed{v = v_0 + a\,t} \qquad (38,6)$$

Die Geschwindigkeits-Zeit-Linie geht gemäß Abb. 38,6 durch den
Punkt v_0 der Ordinate.

Die mittlere Geschwindigkeit v_m ist das arithmetische Mittel aus
Anfangs- und Endgeschwindigkeit

$$v_m = \frac{v + v_0}{2}$$

---

[1] Siehe hierzu Abschn. 44a.

Damit ergibt sich der in der Zeit t zurückgelegte Weg

$$s = v_m \cdot t = \frac{v + v_0}{2} t \qquad (38,7)$$

Der Weg läßt sich aber auch aus der Fläche unter der Geschwindigkeits-Zeit-Linie berechnen. Diese setzt sich zusammen aus einer Rechteckfläche $v_0 \cdot t$ und einer Dreiecksfläche $\frac{1}{2} a \cdot t \cdot t$, also ist

$$s = v_0 \cdot t + \frac{1}{2} a \cdot t^2 \qquad (38,8)$$

Bildet man aus Gl. (38,6) den Wert $t = \dfrac{v - v_0}{a}$ und setzt diesen Wert in die Weggleichung (38,7) ein, so lautet diese

$$s = \frac{v + v_0}{2} \cdot \frac{v - v_0}{a}$$

$$s = \frac{v^2 - v_0^2}{2a} \qquad (38,9)$$

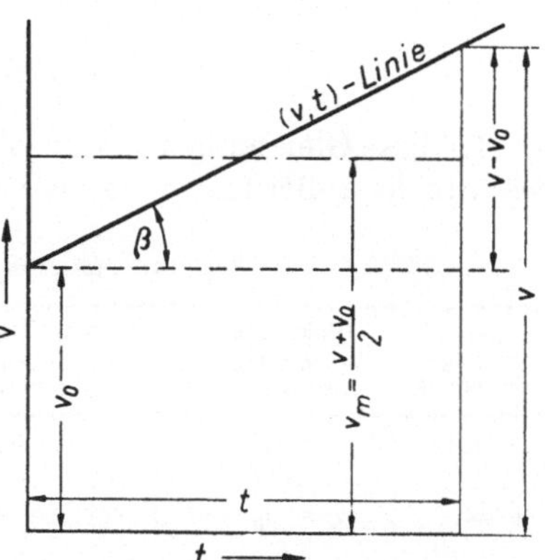

Abb. 38,6. Geschwindigkeits-Zeit-Schaubild der gleichmäßig beschleunigten Bewegung mit Anfangsgeschwindigkeit

e) Gleichmäßig verzögerte Bewegung

Man nennt eine Bewegung verzögert, wenn die Geschwindigkeit abnimmt.

Erklärung: *Ein Körper bewegt sich gleichmäßig verzögert, wenn seine Geschwindigkeit in gleichen, beliebig kleinen Zeiten je um denselben Betrag abnimmt.*

Die Geschwindigkeits-Zeit-Linie ist also eine abfallende Linie. Der Winkel β ist jetzt stumpf (Abb. 38,7). Da $v_0 > v$ ist, wird *a negativ.* Im übrigen gelten für die gleichmäßig verzögerte Bewegung die gleichen Überlegungen und Ergebnisse wie bei der beschleunigten Bewegung. *Verzögerung ist gleich negative Beschleunigung.* Die Gesetze heißen dann

$$v = v_0 - a \cdot t \qquad (38,6a)$$

$$s = \frac{v_0 + v}{2} t \qquad (38,7a)$$

$$s = v_0 \cdot t - \frac{1}{2} a\, t^2 \qquad (38,8a)$$

$$s = \frac{v_0^2 - v^2}{2a} \qquad (38,9a)$$

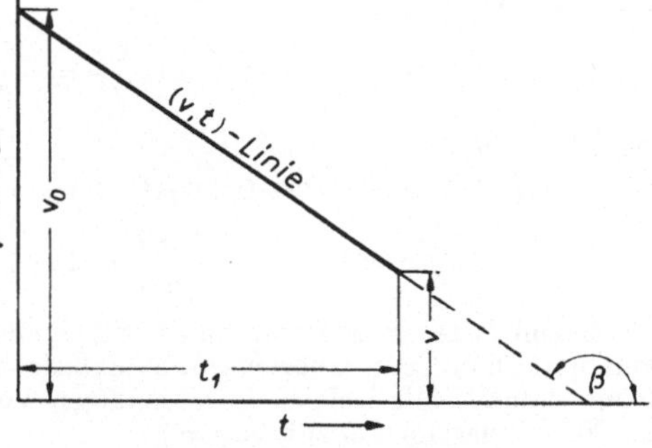

Abb. 38,7. Geschwindigkeits-Zeit-Schaubild für gleichmäßig verzögerte Bewegung

Wird der Körper aus der Anfangsgeschwindigkeit v_0 bis zur Ruhe verzögert, so ist $v = 0$ und es ergibt sich

$$v_0 = a \cdot t \qquad (38,6\text{b})$$

$$s = \frac{v_0}{2}\, t \qquad (38,7\text{b})$$

$$s = \frac{1}{2}\, a\, t^2 \qquad (38,8\text{b})$$

$$s = \frac{v_0^2}{2\,a} \qquad (38,9\text{b})$$

In diese Gleichungen ist die *Verzögerung mit ihrem absoluten Zahlenwert*, nicht außerdem noch als negativer Zahlenwert, *einzusetzen.*

Zusammenstellung der Bewegungsformeln

Gleich-förmige Bewegung	Gleichmäßig beschleunigte Bewegung		Gleichmäßig verzögerte Bewegung	
	mit Anfangs-geschwindigkeit v_0	aus dem Ruhe-zustand $v_0 = 0$	bis zur End-geschwindigkeit v	bis zum Ruhe-zustand $v = 0$
(37,1)	(38,6)	(38,1)	(38,6 a)	(38,6 b)
$v = \dfrac{s}{t}$	$v = v_0 + a \cdot t$	$v = a \cdot t$	$v = v_0 - a \cdot t$	$v_0 = a \cdot t$
$s = v \cdot t$	(38,7)	(38,2)	(38,7 a)	(38,7 b)
	$s = \dfrac{v + v_0}{2}\, t$	$s = \dfrac{v}{2}\, t$	$s = \dfrac{v_0 + v}{2}\, t$	$s = \dfrac{v_0}{2}\, t$
	(38,8)	(38,3)	(38,8 a)	(38,8 b)
	$s = v_0 \cdot t + \dfrac{1}{2}\, a\, t^2$	$s = \dfrac{1}{2}\, a\, t^2$	$s = v_0 \cdot t - \dfrac{1}{2}\, a\, t^2$	$s = \dfrac{1}{2}\, a\, t^2$
	(38,9)	(38,4)	(38,9 a)	(38,9 b)
	$s = \dfrac{v^2 - v_0^2}{2\,a}$	$s = \dfrac{v^2}{2\,a}$	$s = \dfrac{v_0^2 - v^2}{2\,a}$	$s = \dfrac{v_0^2}{2\,a}$

Beispiel: Eine Grubenbahn legt beim Anfahren aus dem Ruhezustand 40 m Weg in 20 Sekunden gleichmäßig beschleunigt zurück. Wie groß ist die Beschleunigung und die Endgeschwindigkeit (in m/s und km/h)?

Lösung: Gegeben: $s = 40$ m; $t = 20$ s; Gesucht: $a = ?$; $v = ?$.
Nach Gl. (38,3)

$$s = \frac{1}{2}\, a \cdot t^2; \qquad a = \frac{2\,s}{t^2} = \frac{2 \cdot 40\ \text{m}}{20^2\ \text{s}^2} = 0{,}2\ \text{m/s}^2$$

Nach Gl. (38,1)

$$v = a \cdot t = 0{,}2\ \text{m/s}^2 \cdot 20\ \text{s} = 4\ \text{m/s}$$

$$v = 4\ \text{m/s} \cdot 3{,}6\ \frac{\text{km/h}}{\text{m/s}} = 14{,}4\ \text{km/h}$$

Beispiel: Der Fördermaschinist will einen Förderzug bei 14 m/s Geschwindigkeit und 60 m Teufe abbremsen, so daß der Korb an der Rasenhängebank zur Ruhe kommt. Mit welcher gleichmäßigen Verzögerung und in welcher Zeit ist die Fördermaschine abzubremsen?

Lösung: Gegeben: $v_0 = 14$ m/s; $s = 60$ m; Gesucht: $a = ?$; $t = ?$.

Nach Gl. (38,9 b)

$$s = \frac{v_0^2}{2\,a}\;;\qquad a = \frac{v_0^2}{2\,s} = \frac{(14\,\text{m/s})^2}{2\cdot 60\,\text{m}} = 1{,}63\;\text{m/s}^2$$

Nach Gl. (38,6 b)

$$v_0 = a\cdot t;\qquad t = \frac{v_0}{a} = \frac{14\;\text{m/s}}{1{,}63\;\text{m/s}^2} = 8{,}6\;\text{s}$$

Beispiel: Bei einer Hauptschachtförderung wird der Förderkorb zunächst in 10 Sekunden auf 12 m/s und in weiteren 7,5 sek auf die Geschwindigkeit 18 m/s gleichmäßig beschleunigt, mit der er sich gleichförmig weiterbewegt. Am Ende des Treibens wird der Korb auf 120 m Bremsweg zum Stillstand gebracht, die Teufe beträgt 600 m.

Bestimme: a) die Beschleunigung und den Anfahrweg für den 1. und 2. Teil der Anfahrt, b) die Bremszeit, c) die Verzögerung, d) die gesamte Fahrzeit. e) Zeichne die Bewegungs-Schaubilder.

Lösung: Die Bewegung zerfällt in 4 Perioden, die entsprechend mit Indices 1 bis 4 bezeichnet werden sollen:

1. Periode: 1. Teil-Anfahrt: $\quad s_1 = ?;\; t_1 = 10\;\text{s};\; v_1 = 12\;\text{m/s};\; a_1 = ?$
2. Periode: 2. Teil-Anfahrt: $\quad s_2 = ?;\; t_2 = 7{,}5\;\text{s};\; v_2 = 18\;\text{m/s};\; a_2 = ?$
3. Periode: gleichförmige Fahrt: $s_3 = ?;\; t_3 = ?;\; v_3 = 18\;\text{m/s};\; a_3 = 0$
4. Periode: Verzögerung: $\quad s_4 = 120\;\text{m};\; t_4 = ?;\; v_3 = 18\;\text{m/s};\; v_4 = 0;\; a_4 = ?$

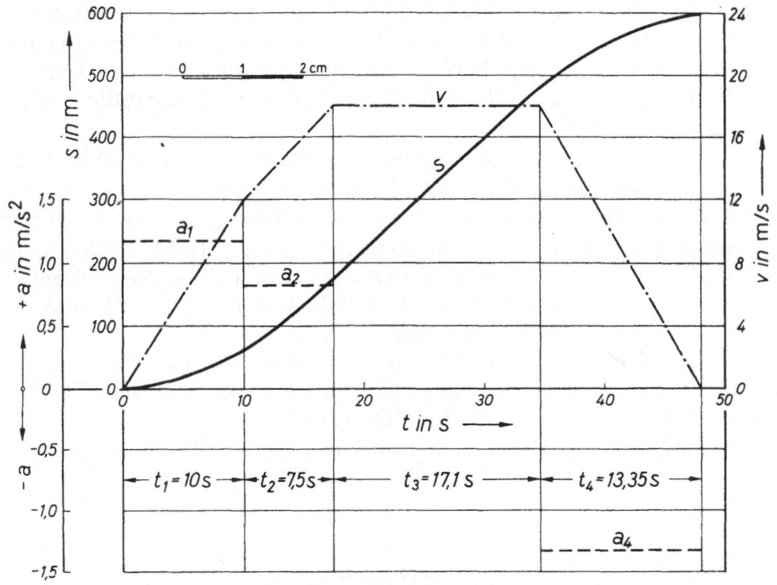

Abb. 38,8. Beispiel Hauptschachtförderung, Bewegungs-Schaubilder
t-Achse 1 cm $\triangleq$ 5 s s-Achse 1 cm $\triangleq$ 100 m v-Achse 1 cm $\triangleq$ 4 m/s a-Achse 1 cm $\triangleq$ 0,5 m/s²

$$s_{\text{ges}} = s_1 + s_2 + s_3 + s_4 = 600\;\text{m}$$

a)
$$v_1 = a_1\cdot t_1;\quad a_1 = \frac{v_1}{t_1} = \frac{12\;\text{m/s}}{10\;\text{s}} = 1{,}2\;\text{m/s}^2$$

$$s_1 = \frac{1}{2}\,a_1\cdot t_1^2 = \frac{1}{2}\cdot 1{,}2\;\text{m/s}^2\cdot 10^2\;\text{s}^2 = 60{,}0\;\text{m}$$

$$v_2 = v_1 + a_2\cdot t_2;\quad a_2 = \frac{v_2 - v_1}{t_2} = \frac{(18-12)\;\text{m/s}}{7{,}5\;\text{s}} = 0{,}8\;\text{m/s}^2$$

$$s_2 = \frac{v_2^2 - v_1^2}{2\,a_2} = \left(\frac{18^2 - 12^2}{2\cdot 0{,}8}\right)\text{m} = 112{,}5\;\text{m}$$

b) $\quad s_4 = v_m \cdot t_4 = \dfrac{v_3}{2} \cdot t_4; \quad t_4 = \dfrac{2\,s_4}{v_3} = \dfrac{2 \cdot 120\,\text{m}}{18\,\text{m/s}} = 13{,}35\ \text{s}$

c) $\quad v_3 = a_4 \cdot t_4; \quad a_4 = \dfrac{v_3}{t_4} = \dfrac{18\,\text{m/s}}{13{,}35\ \text{s}} = 1{,}35\ \text{m/s}^2$

d) $\quad s_\text{ges} = s_1 + s_2 + s_3 + s_4$

$\qquad s_3 = s_\text{ges} - (s_1 + s_2 + s_4) = 600\ \text{m} - (60 + 112{,}5 + 120)\ \text{m} = 307{,}5\,\text{m}$

$\qquad v_3 = \dfrac{s_3}{t_3}; \quad t_3 = \dfrac{s_3}{v_3} = \dfrac{307{,}5\,\text{m}}{18\,\text{m/s}} = 17{,}1\ \text{s}$

$\qquad t_\text{ges} = t_1 + t_2 + t_3 + t_4 = (10 + 7{,}5 + 17{,}1 + 13{,}35)\ \text{s} = 47{,}95\ \text{s}$

e) Siehe Abb. 38,8

39. Freier Fall und lotrechter Wurf

Unter Vernachlässigung des Luftwiderstandes fallen infolge der Erdanziehung alle Körper gleichmäßig beschleunigt, unabhängig von ihrer Gewichtskraft mit derselben Beschleunigung, also gleich schnell. Praktisch können wir den Widerstand, insbesondere den der Luft, nur bei Körpern mit großer Gewichtskraft und verhältnismäßig geringer Fallhöhe vernachlässigen.

Alle freifallenden Körper zeigen denselben Bewegungsablauf. Der freie Fall ist eine *gleichmäßig beschleunigte* Bewegung.

Die *Fallbeschleunigung*, allgemein mit g bezeichnet, ist in unseren geographischen Breiten in Meeresspiegelhöhe (DIN 1305) genau $9{,}806\,65\ \text{m/s}^2$; sie wird mit Norm-Fallbeschleunigung g_n bezeichnet.

Wir rechnen stets mit der Fallbeschleunigung $g = 9{,}81\ \text{m/s}^2$ oder gelegentlich überschläglich mit rund $10\ \text{m/s}^2$.

g ist am Äquator etwas kleiner ($9{,}78\ \text{m/s}^2$), an den Polen größer ($9{,}83\ \text{m/s}^2$). Maßgebend für die Größe von g ist sowohl die Fliehkraft als auch der Abstand vom Erdmittelpunkt.

Die *Fallgesetze* ergeben sich dann mit der Fallhöhe h nach den Gln. (38,1), (38,3) und (38,4)

$$\boxed{v = g \cdot t} \qquad\qquad (39{,}1)$$

$$\boxed{h = \frac{1}{2}\,g\,t^2} \qquad\qquad (39{,}2)$$

$$h = \frac{v^2}{2\,g} \qquad\qquad (39{,}3)$$

Gebräuchlicher ist die Gleichung, die sich für die Endgeschwindigkeit v aus Gl. (39,3) ergibt

$$\boxed{v = \sqrt{2\,g \cdot h}} \qquad\qquad (39{,}4)$$

Beim *lotrechten Wurf* nach *abwärts* mit der Abwurfgeschwindigkeit v_0 gilt

$$v = v_0 + g \cdot t \tag{39,1a}$$

$$h = v_0 \cdot t + \frac{1}{2} g \cdot t^2 \tag{39,2a}$$

Der *lotrechte Wurf* nach *aufwärts* ist eine gleichmäßig verzögerte Bewegung mit g als Verzögerung. Hierfür gilt

$$v = v_0 - g\,t \tag{39,1b}$$

$$h = v_0 \cdot t - \frac{1}{2} g\,t^2 \tag{39,2b}$$

Der Körper erreicht den Gipfelpunkt, wenn $v = 0$ ist. Damit folgt aus Gl. (39,1 b) die

$$\textit{Steigzeit: } t_{\mathrm{St}} = \frac{v_0}{g} \tag{39,5}$$

Setzt man diesen Wert für t_{St} in Gl. (39,2 b) ein, so erhält man die Wurfhöhe bis zum Gipfelpunkt:

$$h_{\mathrm{St}} = v_0 \cdot t_{\mathrm{St}} - \frac{1}{2} g \cdot t_{\mathrm{St}}^2 = \frac{v_0^2}{g} - \frac{g}{2} \cdot \frac{v_0^2}{g^2} = \frac{v_0^2}{2\,g}$$

$$\textit{Wurfhöhe: } h_{\mathrm{St}} = \frac{v_0^2}{2\,g} \tag{39,6}$$

Fällt der Körper aus dieser Höhe h_{St} wieder frei herab, so braucht er nach dem Fallgesetz Gl. (39,2) die

$$\textit{Fallzeit: } t_{\mathrm{F}} = \sqrt{\frac{2\,h_{\mathrm{St}}}{g}}$$

nach Gl. (39,3) für h_{St} ergibt sich dann die

$$\textit{Fallzeit: } t_{\mathrm{F}} = \sqrt{\frac{2\,v^2}{g \cdot 2 \cdot g}} = \sqrt{\frac{v^2}{g^2}} = \frac{v}{g}$$

entsprechend Gl. (39,5).

Daraus folgt: Fällt ein Körper widerstandsfrei die gleiche Höhe frei herab, die er bis zum Gipfelpunkt lotrecht aufwärts geworfen wurde, so ist die Fallzeit t_{F} gleich der Steigzeit t_{St} und seine Endgeschwindigkeit v ist gleich der Abwurfgeschwindigkeit v_0.

Beispiel: Nach welcher Zeit kehrt ein Körper zum Ausgangspunkt zurück, der mit $v_0 = 10$ m/s lotrecht aufwärts geworfen wird?

Lösung: Nach vorstehenden Überlegungen kehrt der Körper nach der doppelten Steigzeit zurück.

$$t = 2\,t_{\mathrm{St}} = \frac{2\,v_0}{g} \approx \frac{2 \cdot 10\,\mathrm{m/s}}{10\,\mathrm{m/s^2}} = 2\,\mathrm{s}$$

Beispiel: Bei einem mit $v_0 = 10$ m/s aufwärtsfahrenden Förderkorb tritt ein Seilbruch ein. Wo befindet sich der Korb, wenn die Fangvorrichtung erst nach 2 Sekunden wirksam wird?

Lösung: Der Korb hat nach dem Seilbruch noch eine

$$\text{Steighöhe } h_{St} = \frac{v_0^2}{2\,g} = \frac{(10 \text{ m/s})^2}{2 \cdot 10 \text{ m/s}^2} = 5 \text{ m}$$

und die

$$\text{Steigzeit } t_{St} = \frac{v_0}{g} = \frac{10 \text{ m/s}}{10 \text{ m/s}^2} = 1 \text{ s}$$

Da die Zeit bis zum Eingreifen der Fangvorrichtung 2 Sekunden beträgt, und die Steigzeit gleich der Fallzeit ist, ist auch die Fallhöhe gleich der Steighöhe. Der Korb befindet sich beim Eingreifen der Fangvorrichtungen demnach gerade an der Stelle, an der die Lösung vom Seil erfolgte.

Beispiel: Bei einem mit $v_0 = 10$ m/s abwärtsfahrenden Förderkorb tritt ein Seilbruch ein. Wo befindet sich der abstürzende Korb, wenn die Fangvorrichtung erst nach 2 Sekunden eingreift?

Lösung: Nach 2 Sekunden hat der Korb eine Fallgeschwindigkeit

$$v = v_0 + g \cdot t \approx 10 \text{ m/s} + 10 \text{ m/s}^2 \cdot 2 \text{ s} = 30 \text{ m/s}$$

Der Fallweg ist dann

$$h = \frac{v^2 - v_0^2}{2\,g} = \left(\frac{30^2 - 10^2}{2 \cdot 10}\right) \text{ m} = 40 \text{ m}$$

Der Korb befindet sich also 40 m unterhalb der Unfallstelle, seine Fallgeschwindigkeit ist mit 30 m/s so groß, daß ein wirksames Fangen ausgeschlossen erscheint.

Beispiel: Ein Körper fällt aus der Ruhelage frei herab. a) Wie groß sind die Geschwindigkeiten nach 1, 2, 3, 4 Sekunden, und in welchem Verhältnis stehen sie zueinander? b) Wie groß sind die durchfallenen Höhen nach 1, 2, 3 und 4 Sekunden und in welchem Verhältnis stehen sie zueinander?

Lösung:

a) Nach der 1. Sekunde $v_1 = g \cdot t = (9{,}81 \cdot 1) \text{ m/s} = 9{,}81$ m/s
   ,,   ,, 2.   ,, $v_2 = (9{,}81 \cdot 2) \text{ m/s} = 19{,}62$ m/s
   ,,   ,, 3.   ,, $v_3 = (9{,}81 \cdot 3) \text{ m/s} = 29{,}43$ m/s
   ,,   ,, 4.   ,, $v_4 = (9{,}81 \cdot 4) \text{ m/s} = 39{,}24$ m/s

$$v_1 : v_2 : v_3 : v_4 = 1 : 2 : 3 : 4$$

Beim freien Fall wächst die Geschwindigkeit in jeder Sekunde um den Betrag der Fallbeschleunigung.

a) Nach der 1. Sekunde $h_1 = \frac{1}{2}\, g \cdot t^2 = \frac{1}{2}\,(9{,}81 \cdot 1^2) \text{ m} = 4{,}905$ m

   ,,   ,, 2.   ,, $h_2 = \frac{1}{2}\,(9{,}81 \cdot 2^2) \text{ m} = 19{,}62$ m

   ,,   ,, 3.   ,, $h_3 = \frac{1}{2}\,(9{,}81 \cdot 3^2) \text{ m} = 44{,}145$ m

   ,,   ,, 4.   ,, $h_4 = \frac{1}{2}\,(9{,}81 \cdot 4^2) \text{ m} = 78{,}48$ m

$$h_1 : h_2 : h_3 : h_4 = 1^2 : 2^2 : 3^2 : 4^2 = 1 : 4 : 9 : 16$$

Beim freien Fall wächst die durchfallene Höhe mit dem Quadrat der Zeit.

40.

a) Zusammengesetzte Bewegung

Geschwindigkeit und Beschleunigung benötigen zu ihrer genauen Kennzeichnung außer der Angabe ihrer Größe (Zahlenwert mal Einheit) noch der Festlegung ihrer Richtung. Im Gegensatz dazu ist eine Zeitspanne bereits durch die Angabe ihrer Größe vollständig gekennzeichnet. Geschwindigkeit und Beschleunigung sind, ebenso wie Kräfte, gerichtete Größen. Man nennt sie allgemein Vektoren und stellt sie zeichnerisch durch Strecken mit Pfeil dar. Die Länge der Strecke gibt in einem bestimmten Maßstab die Größe und der Pfeil den Richtungssinn an (Abb. 40,1).

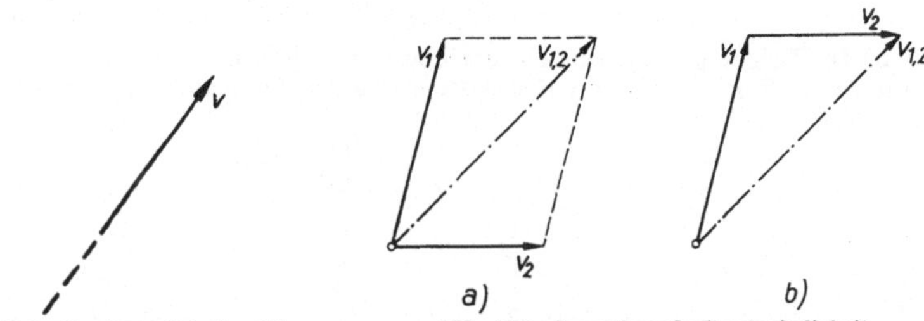

Abb. 40,1. Geschwindigkeitsvektor   Abb. 40,2. Resultierende Geschwindigkeit a) aus dem Geschw.-Parallelogramm,   b) aus dem Geschwindigkeitseck

Nach DIN 1303 werden Vektoren allgemein mit deutschen Buchstaben bezeichnet, um dadurch die gerichtete Größe zu kennzeichnen. Im Gegensatz dazu bedeuten lateinische Buchstaben lediglich ihren Wert (Betrag). Da hier im wesentlichen nur mit dem Größenwert gerechnet wird, so daß Mißverständnisse nicht aufkommen, soll die Vektorschreibweise mit deutschen Buchstaben nicht verwendet werden.

Führt ein Körper zwei Bewegungen aus, so ist der erreichte Ort unabhängig davon, ob die Einzelbewegungen nacheinander und in welcher Reihenfolge sie durchgeführt werden, oder ob sie gleichzeitig stattfinden. Die Teilwege (Wegkomponenten), die Teilgeschwindigkeiten (Geschwindigkeitskomponenten) und die Teilbeschleunigungen (Beschleunigungskomponenten) lassen sich *geometrisch addieren* durch das aus den Komponenten konstruierte *Parallelogramm* oder *Dreieck* (Abb. 40,2). Die Diagonale des Parallelogramms bzw. die Schlußseite des Dreiecks, gebildet aus den Komponenten, ist die *Resultierende* aus den Komponenten. Diese Resultierende ersetzt die Teilwege, Teilgeschwindigkeiten oder Teilbeschleunigungen, mit denen das gleiche Ziel erreicht worden wäre.

Beispiel: Ein Motorboot wird mit einer Geschwindigkeit von 2 m/s senkrecht zur Uferkante eines 80 m breiten Flusses gesteuert und wird dabei durch das Wasser bei einer Strömungsgeschwindigkeit von 1 m/s abgetrieben. a) Bestimme die tatsächliche Fahrtrichtung und die in diese Richtung fallende wirkliche Geschwindigkeit. b) Welche Zeit braucht das Boot für die Überfahrt? c) Um welche Strecke wird das Boot bis zum Erreichen des gegenüberliegenden Ufers abgetrieben?

12*

Lösung: Siehe Abb. 40,3.

Für den Beobachter am Ufer fließt das Wasser mit der Geschwindigkeit $v_f = 1$ m/s, auch bezeichnet als *Führungsgeschwindigkeit*. Demgegenüber bezeichnet man die aus der Motorkraft herrührende Bewegung als *relative* oder *scheinbare* Geschwindigkeit $v_r = 2$ m/s, weil sie bezogen ist auf die sich bewegende Wasserströmung, denn nur einem mit dem Boot schwimmenden Beobachter würde die Bootbewegung als wirkliche Geschwindigkeit erscheinen. Aus beiden läßt sich nach Abb. 40,3 durch das Parallelogramm der Geschwindigkeiten die *wahre* oder *absolute* Geschwindigkeit v_a des Bootes ermitteln, die wir wie die Wassergeschwindigkeit v_f vom Ufer aus beobachten können.

Damit ergibt sich nach Abb. 40,3.

a) der Winkel der wirklichen Bewegung zur Strömung

$$\tan \alpha = \frac{v_r}{v_f} = \frac{2 \text{ m/s}}{1 \text{ m/s}} = 2; \quad \alpha = 63° 30'$$

$$v_a = \sqrt{v_{r_i}^2 + v_f^2} = (\sqrt{2^2 + 1^2}) \text{ m/s} = (\sqrt{5}) \text{ m/s} = 2{,}24 \text{ m/s}$$

b) In Richtung senkrecht zur Strömung hat das Boot die relative Geschwindigkeit $v_r = 2$ m/s und legt in dieser Richtung $s = 80$ m zurück. Damit berechnet sich die Fahrzeit:

$$v_r = \frac{s}{t}; \quad t = \frac{s}{v_r} = \frac{80 \text{ m}}{2 \text{ m/s}} = 40 \text{ s}$$

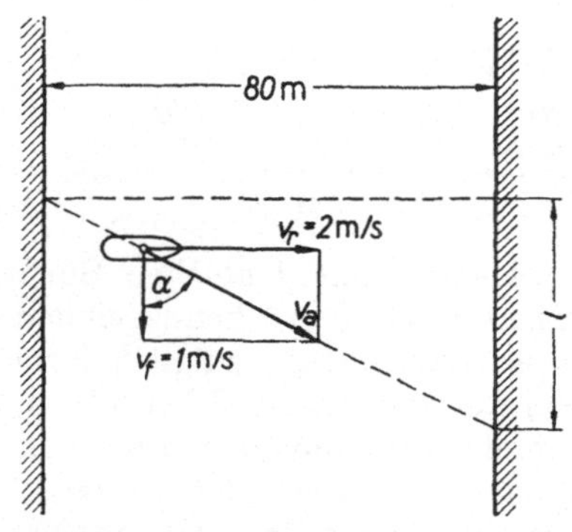

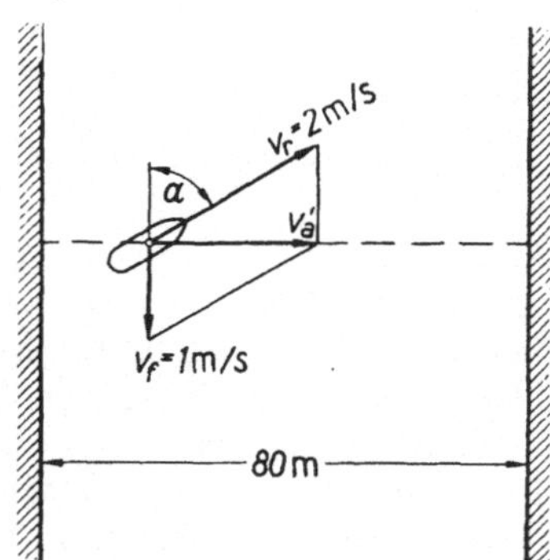

Abb. 40,3. Boot im Fluß. Zwei gleichförmige Bewegungen in verschiedenen Richtungen   Abb. 40,4. Boot **fährt** senkrecht zur Flußrichtung

c) Nach Abb. 40,3 ergibt sich mit $s = 80$ m Flußbreite die Proportion

$$\frac{v_r}{v_f} = \frac{s}{l}$$

$$l = s \frac{v_f}{v_r} = 80 \text{ m} \frac{1}{2} = 40 \text{ m}$$

Beispiel: Unter welchem Winkel zur Uferkante müßte das vorstehende Boot gesteuert werden, um senkrecht zur Strömung gegenüber der Abfahrtsstelle zu landen? Wie groß sind die wirkliche (absolute) Geschwindigkeit und die Zeit für die Überfahrt?

Lösung: Abb. 40,4 zeigt, daß die wirkliche Geschwindigkeit v_a' jetzt senkrecht zur Strömung gerichtet sein muß. Sie ist die Diagonale des Parallelogramms aus den Geschwindigkeiten v_r und v_f, die die gleiche Größe haben wie im vorigen Beispiel.

Dann ist $\cos \alpha = \dfrac{v_f}{v_r} = \dfrac{1 \text{ m/s}}{2 \text{ m/s}} = 0{,}5;$

$$\alpha = 60°$$

die wirkliche Geschwindigkeit ist

$$v'_a = \sqrt{v_r^2 - v_f^2} = (\sqrt{2^2 - 1^2})\,\text{m/s} = (\sqrt{3})\,\text{m/s} = 1,73\,\text{m/s}$$

die Fahrzeit beträgt jetzt

$$t = \frac{s}{v'_a} = \frac{80\,\text{m}}{1,73\,\text{m/s}} = 46\,\text{s}$$

Beispiel: In einem beschleunigt fließenden Wasser tauche eine Kugel beschleunigt hoch (Abb. 40,5). Die Beschleunigung der Kugel betrage $a_1 = 1,0$ m/s², die Beschleunigung des Wassers $a_2 = 2,0$ m/s². Beide Bewegungen sollen gleichzeitig aus dem Ruhezustand erfolgen. Berechne den tatsächlichen Weg der Kugel aus den Wegkomponenten in vertikaler und horizontaler Richtung.

Lösung: Die Wegkomponenten in vertikaler Richtung s_1 wie auch in horizontaler Richtung s_2 berechnen sich nach Gl. (38,3) $s = \dfrac{1}{2}\,at^2$ wie folgt:

	nach 1 sek	nach 2 sek	nach 3 sek	nach 4 sek
Vertikalweg $s_1 =$	$\frac{1}{2}\cdot 1\cdot 1^2 = 0,5\,\text{m}$	$\frac{1}{2}\cdot 1\cdot 2^2 = 2,0\,\text{m}$	$\frac{1}{2}\cdot 1\cdot 3^2 = 4,5\,\text{m}$	$\frac{1}{2}\cdot 1\cdot 4^2 = 8,0\,\text{m}$
Horizontalweg $s_2 =$	$\frac{1}{2}\cdot 2\cdot 1^2 = 1,0\,\text{m}$	$\frac{1}{2}\cdot 2\cdot 2^2 = 4,0\,\text{m}$	$\frac{1}{2}\cdot 2\cdot 3^2 = 9,0\,\text{m}$	$\frac{1}{2}\cdot 2\cdot 4^2 = 16,0\,\text{m}$

Im rechtwinkligen Koordinatensystem geben die Schnittpunkte *I*, *II*, *III* und *IV* der Vertikal- und Horizontalweglinien den jeweiligen Standort der schwimmenden Kugel (Abb. 40,5). Die Verbindungslinie dieser Standortpunkte ist eine gerade Linie, diese stellt den resultierenden Weg dar. Er wird durch die Diagonale eines aus den beiden Seitenwegen konstruierten Parallelogramms dargestellt. Aus den beiden *geradlinigen Seitenbewegungen* ergibt sich also wieder eine *geradlinige resultierende Bewegung*.

Der tatsächliche Weg s der Kugel ergibt sich nach Abb. 40,5 als Hypotenuse zu den Katheten s_1 und s_2. Für den Standort *IV* ergibt sich

$$s = \sqrt{s_1^2 + s_2^2} = (\sqrt{8^2 + 16^2})\,\text{m} \approx 18\,\text{m}$$

Denselben Weg würde die Kugel auch zurücklegen, wenn sie nur *eine* Beschleunigung erführe, die *resultierende Beschleunigung*. Sie berechnet sich wie folgt:

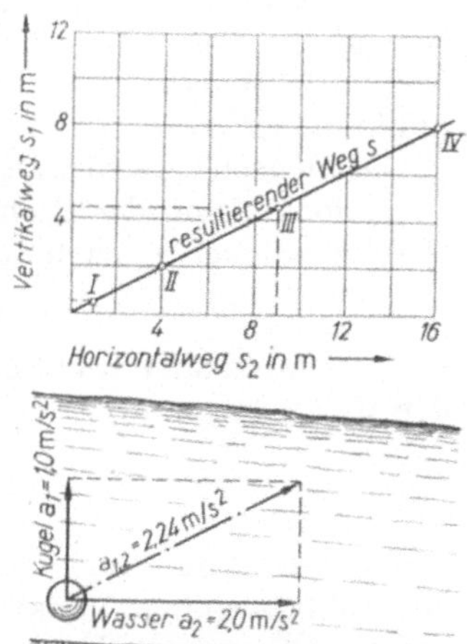

Abb. 40,5. Zwei gleichmäßig beschleunigte Bewegungen in verschiedenen Richtungen

Nach t Sekunden ist der Vertikalweg $s_1 = \dfrac{1}{2}\,a_1 \cdot t^2$ und der Horizontalweg $s_2 = \dfrac{1}{2}\,a_2 \cdot t^2$, also ist

$$\frac{s_1}{s_2} = \frac{\dfrac{1}{2}\,a_1 \cdot t^2}{\dfrac{1}{2}\,a_2 \cdot t^2} = \frac{a_1}{a_2}$$

d. h. die zurückgelegten Wegestrecken verhalten sich wie die zugehörigen Beschleunigungen, und deshalb wird die resultierende Beschleunigung $a_{1\,2}$ ebenso wie die resultierende Wegestrecke als Diagonale eines Parallelogramms gefunden, dessen Seiten durch die beiden Einzelbeschleunigungen a_1 und a_2 gegeben sind.

Da in unserem Beispiel das Parallelogramm der Beschleunigungen ein Rechteck ist, findet man

$$a_{1,2} = \sqrt{a_1^2 + a_2^2} = (\sqrt{1^2 + 2^2})\ \text{m/s}^2 = 2{,}24\ \text{m/s}^2$$

Nach 4 Sekunden erreicht die Kugel den Standort IV. Mit der resultierenden Beschleunigung $a_{1,2} = 2{,}24\ \text{m/s}^2$ ergibt sich wieder wie bei der Berechnung aus den Wegkomponenten der resultierende Weg

$$s = \frac{1}{2}\, a_{1,2} \cdot t^2 = \frac{1}{2}\, (2{,}24 \cdot 4^2)\ \text{m} \approx 18\ \text{m}$$

Satz 40: *Zwei gleichartige Bewegungen (z. B. zwei gleichförmige oder zwei gleichmäßig beschleunigte Bewegungen), welche in verschiedenen Richtungen geradlinig erfolgen, ergeben auch eine geradlinige resultierende Bewegung. Sie ergibt sich als Diagonale im Parallelogramm oder als Schlußseite im Dreieck, gebildet aus den Einzel-Wegen, -Geschwindigkeiten oder -Beschleunigungen.*

b) Horizontaler Wurf

Ein Körper wird mit der Geschwindigkeit v_0 in horizontaler Richtung abgeworfen. Unter der Voraussetzung widerstandsfreier Bewegung sollen die Wurfbahn und die Geschwindigkeiten in einzelnen Bahnpunkten ermittelt werden.

Der Körper macht zwei Teilbewegungen

1. in horizontaler Richtung eine gleichförmige Bewegung mit der Geschwindigkeit v_0 nach den Gesetzen:

$$s_x = v_0 \cdot t \quad \text{und} \quad v_x = v_0$$

2. in vertikaler Richtung, da er der Erdanziehung unterliegt, nach den Fallgesetzen:

$$s_y = \frac{1}{2}\, g\, t^2 \quad \text{und} \quad v_y = g \cdot t$$

s_x und s_y sind die Wegkomponenten der senkrecht aufeinander stehenden Teilbewegungen. Löst man die Weggleichung für die beiden Bewegungsrichtungen nach t^2 auf, so ergibt sich

$$t^2 = \frac{s_x^2}{v_0^2}\,;\ \ t^2 = \frac{2\, s_y}{g}$$

Setzt man diese Werte für t^2 einander gleich:

$$\frac{2\, s_y}{g} = \frac{s_x^2}{v_0^2}$$

so erhält man die *Gleichung der Bahnkurve*

$$s_y = \frac{g}{2\, v_0^2}\, s_x^2 \tag{40,1}$$

Die Bahn beim horizontalen Wurf ergibt nach dieser Gleichung eine Parabel, die man als *Wurfparabel* bezeichnet (Abb. 40,6).

Die resultierende Geschwindigkeit in einem beliebigen Bahnpunkt beträgt

$$v = \sqrt{v_x^2 + v_y^2}$$

Diese Geschwindigkeit fällt immer in die Bahntangente, ihre Neigung gegen die Horizontale berechnet sich aus

$$\tan \alpha = \frac{v_y}{v_x}$$

Die Wurfbewegung stellt eine wichtige Anwendung für das Zusammenwirken einer gleichförmigen mit einer gleichmäßig beschleunigten Bewegung dar. Allgemein gilt für das Zusammenwirken von zwei geradlinigen Bewegungen verschiedener Art:

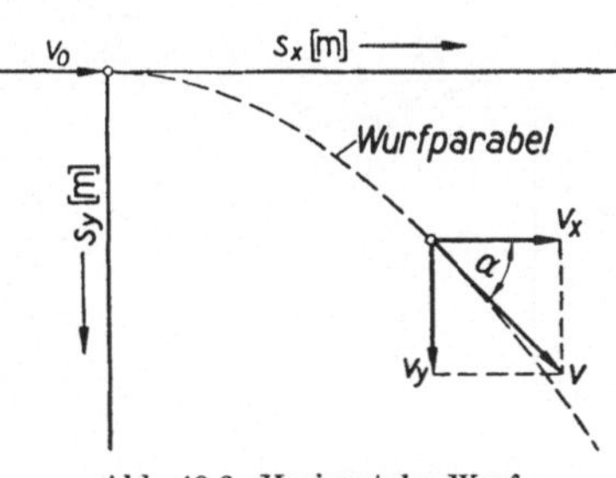

Abb. 40,6. Horizontaler Wurf

Satz 41: Die aus zwei geradlinigen Bewegungen verschiedener Art (z. B. eine gleichförmige und eine gleichmäßig beschleunigte Bewegung) sich ergebende Bewegung ist nicht mehr geradlinig.

Die Bahnkurve läßt sich punktweise ermitteln, und zwar ergibt sich der jeweilige Standpunkt des bewegten Körpers aus dem Eckpunkt des Parallelogramms der Wegkomponenten, der dem Ausgangspunkt gegenüber liegt.

Beispiel: Berechne die Wurfparabel für den horizontalen Wurf bei einer Anfangsgeschwindigkeit von 30 m/s für die ersten 4 Sekunden und die Geschwindigkeit in den einzelnen Bahnpunkten nach Größe und Richtung.

Die Berechnung nach den obigen Gleichungen ergibt die nachstehende Zahlentafel

Zeitpunkt sek	s_x m	s_y m	v_x m/s	v_y m/s	v m/s	α
0	0	0	30	0	30	0°
1	30	4,91	30	9,81	31,56	18° 7′
2	60	19,62	30	19,62	35,85	33° 11′
3	90	44,15	30	29,43	42,03	44° 27′
4	120	78,48	30	39,24	49,40	52° 36′

Die zeichnerische Darstellung ergibt als Bahn die Wurfparabel (Abb. 40,7). In den einzelnen Zeitabschnitten, die in Zeitmarken seit Beginn der Bewegung gekennzeichnet sind, ist jeweils das Parallelogramm der Geschwindigkeiten gezeichnet.

Beispiel: In einem Schacht hat ein heruntergestürzter Förderwagen die von der Absturzstelle in waagerechter Richtung um 4,50 m entfernte Spurlatte 20 m unterhalb der Absturzstelle getroffen (Abb. 40,8). Mit welcher Geschwindigkeit wurde der Wagen in den Schacht gestoßen?

Lösung: Die Fallzeit des Förderwagens ist nach Gl. (39,2)

$$h = \frac{1}{2} g \, t^2$$

$$t = \sqrt{\frac{2\,h}{g}} = \sqrt{\frac{2 \cdot 20 \text{ m}}{9,81 \text{ m/s}^2}} = 2{,}02 \text{ s}$$

In dieser Zeit hat der Wagen gleichförmig den Horizontalweg

$$s = v \cdot t$$

zurückgelegt, also war seine Fahrgeschwindigkeit

$$v = \frac{s}{t} = \frac{4{,}5 \text{ m}}{2{,}02 \text{ s}} = 2{,}22 \text{ m/s}$$

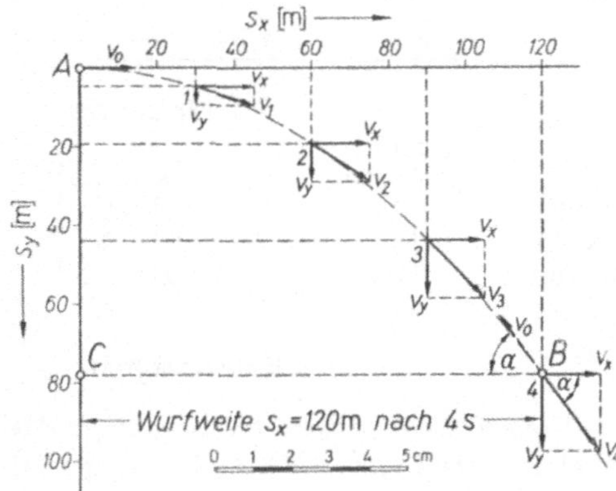

Abb. 40,7. Wurfparabel mit Geschwindigkeitsvektoren beim
horizontalen Wurf mit $v_0 = 30$ m/s
Maßstäbe: Wege 1:1000, Geschwindigkeiten 1 cm ≙ 20 m/s

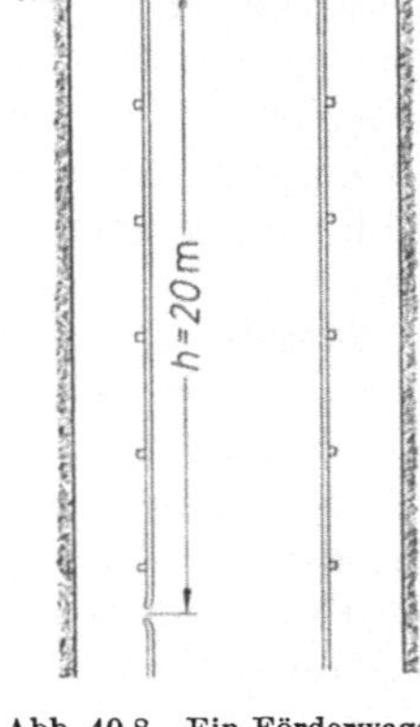

Abb. 40,8. Ein Förderwagen
wird in den Schacht gestoßen
(Beispiel)

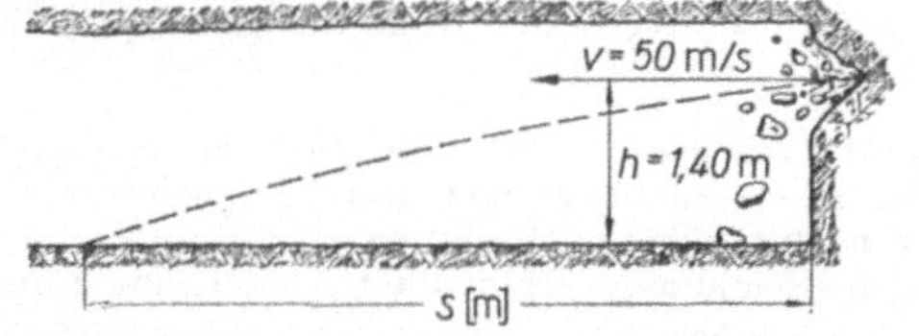

Abb. 40,9. Die Flugweite der Sprengstücke (Beispiel)

Beispiel: Aus einem Sprengloch, das 1,4 m über der Sohle liegt, wird ein Stein waagerecht herausgeschleudert (Abb. 40,9). Wie weit fliegt der Stein, wenn die Sprenggase ihm eine Fluggeschwindigkeit von 50 m/s erteilen?

Lösung: Der Stein hat eine Höhe $h = 1{,}4$ m zu durchfallen. Hierzu benötigt er die Zeit

$$t = \sqrt{\frac{2\,h}{g}} = \sqrt{\frac{2 \cdot 1{,}4 \text{ m}}{9{,}81 \text{ m/s}^2}} = 0{,}535 \text{ s}$$

In dieser Zeit fliegt der Stein in waagerechter Richtung

$$s = v \cdot t = 50 \text{ m/s} \cdot 0{,}535 \text{ s} = 27 \text{ m}$$

d. h. der Stein fliegt 27 m weit.

Fliegt der Stein aber 60 m weit, so berechnen wir die Geschwindigkeit, die ihm durch die Sprenggase erteilt wird: Die Fallzeit bleibt wieder 0,535 s damit ist

$$v = \frac{s}{t} = \frac{60 \text{ m}}{0{,}535 \text{ s}} = 112 \text{ m/s}$$

c) Schräger Wurf

Der schräge Wurf aufwärts ist die Umkehrung der in Abb. 40,7 dargestellten Wurfbewegung. Dabei ist B der Ausgangspunkt der Bewegung, bei der der Körper unter $\alpha = 52°\,36'$ mit der Anfangsgeschwindigkeit $v_0 = v_4 = 49{,}4$ m/s abgeschleudert wird. Der Körper erreicht im Punkte A seine *größte Steighöhe*, und es ist $\overline{BC}$ die *halbe Wurfweite*. Diese beiden Größen können rechnerisch leicht ermittelt werden. Man zerlegt die Wurfgeschwindigkeit v_0 in die Vertikalkomponente v_y und in die Horizontalkomponente v_x, und zwar ist

$$v_y = v_0 \cdot \sin \alpha \quad \text{und} \quad v_x = v_0 \cdot \cos \alpha$$

Die Vertikalbewegung wird, da die Fallbeschleunigung g nunmehr verzögernd wirkt, eine gleichmäßig verzögerte. Die Horizontalbewegung bleibt dagegen gleichförmig. Für unser Beispiel würde sein

$$v_y = 49{,}4\ \text{m/s} \cdot \sin 52°\,36' = 39{,}24\ \text{m/s}$$

$$v_x = 49{,}4\ \text{m/s} \cdot \cos 52°\,36' = 30\ \text{m/s}$$

Die größte Steighöhe h errechnet sich mit der vertikalen Anfangsgeschwindigkeit v_y nach Gl. (39,6)

$$h = \frac{v_y^2}{2\,g} = \frac{(39{,}24\ \text{m/s})^2}{2 \cdot 9{,}81\ \text{m/s}^2} = 78{,}48\ \text{m}$$

Die Steigzeit t errechnet sich ebenfalls für v_y nach Gl. (39,5)

$$t = \frac{v_y}{g} = \frac{39{,}24\ \text{m/s}}{9{,}81\ \text{m/s}^2} = 4\ \text{s}$$

In dieser Zeit ist der zurückgelegte Horizontalweg

$$s_x = v_x \cdot t = 30\ \text{m/s} \cdot 4\ \text{s} = 120\ \text{m}$$

Dieser Horizontalweg stellt nur die halbe Wurfweite dar, da der Körper nach der Abstiegseite den gleichen Gesetzen des horizontalen Wurfes mit $v_0 = v_x = 30$ m/s unterliegt. Also ist die gesamte Wurfweite

$$l = 2 s_x = 2 \cdot 120\ \text{m} = 240\ \text{m}$$

Es bleibt zu untersuchen, welche *größte Wurfweite* beim schrägen Wurf *bei gleicher* Abwurfgeschwindigkeit erreichbar ist, und *unter welchem Winkel* sie erfolgen müßte. Allgemein lautet das Gesetz für die Wurfweite bei widerstandsfreier Bewegung

$$l = 2\,v_x \cdot t = 2\,v_x\,\frac{v_y}{g}$$

Mit den obigen Gesetzen $v_y = v_0 \cdot \sin \alpha$ und $v_x = v_0 \cdot \cos \alpha$ ist

$$l = \frac{2\,v_0^2 \cdot \sin \alpha \cdot \cos \alpha}{g}$$

Da nach der Trigonometrie $2 \sin \alpha \cdot \cos \alpha = \sin 2\,\alpha$ ist, ergibt sich die gesamte Wurfweite:

$$l = \frac{v_0^2}{g} \sin 2\,\alpha$$

Der Wert $\sin 2\alpha$ kann höchstens gleich 1 werden, und zwar für $2\alpha = 90°$ oder für $\alpha = 45°$. Bei Vernachlässigung des Luftwiderstandes erreicht man die *größte Wurfweite*, wenn ein Körper mit der Abwurfgeschwindigkeit v_0 *unter dem Winkel* $\alpha = 45°$ gegen die Horizontale abgeschleudert wird. Die größte Wurfweite ist dann

$$l_{max} = \frac{v_0^2}{g}$$

Für unser Beispiel ergibt sich dann mit $v_0 = 49{,}4$ m/s

$$l_{max} = \frac{(49{,}4 \text{ m/s})^2}{9{,}81 \text{ m/s}^2} = 249 \text{ m}$$

II. Drehbewegung

41.

a) Gleichförmige Drehbewegung

Die kreisförmige Scheibe vom Durchmesser $d = 2r$ dreht sich um die ortsfeste Achse O (Abb. 41,1). Ein Maß für die Schnelligkeit der Drehbewegung ist die *Drehzahl* n. Darunter versteht man die Anzahl der Umdrehungen je Zeiteinheit. In der Praxis bezieht man im allgemeinen die Drehzahl auf die Minute. Da die Anzahl der Umdrehungen eine unbenannte Zahl ist, ist die übliche *Drehzahleinheit* 1/min oder min^{-1}. Bei der gleichförmigen Drehbewegung ist die Drehzahl konstant.

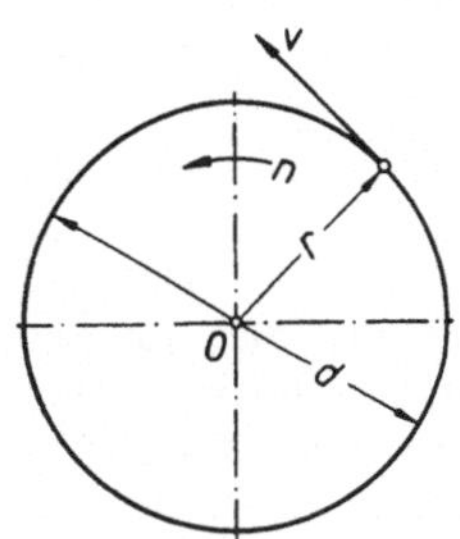

Abb. 41,1. Drehbewegung einer Scheibe

Ein Punkt auf dem Umfang der Scheibe beschreibt bei der Drehung eine Kreisbewegung. Man nennt seine Geschwindigkeit die *Umfangsgeschwindigkeit* v. Sie ist gleich dem Weg des Umfangspunktes je Zeiteinheit. Da der Umfang $\pi \cdot d$ in einer Minute n mal durchlaufen wird, folgt die allgemeine Größengleichung

$$\boxed{v = \pi \cdot d \cdot n} \qquad (41{,}1)$$

In der Praxis wird die Umfangsgeschwindigkeit meist in m/s angegeben und man rechnet hier auch wohl mit der *Zahlenwertgleichung*, da die Drehzahl n praktisch immer in min^{-1} angegeben wird:

$$v = \frac{\pi \cdot d \cdot n}{60} \qquad \begin{array}{l} v \text{ in m/s} \\ d \text{ in m} \\ n \text{ in min}^{-1} \end{array} \qquad (41{,}1\text{ a})$$

Ein weiteres Maß für die Schnelligkeit der Drehbewegung ist die *Winkelgeschwindigkeit* ω. Bei der gleichförmigen Kreisbewegung werden in gleichen Zeiten von einem Umfangspunkt gleiche Bogenwege und vom zugehörigen Fahrstrahl *gleiche Winkel* durchlaufen. Der *Drehwinkel* wird dabei im *Bogenmaß* gemessen. Für den Vollwinkel von 360° beträgt das Bogenmaß 2π. Bezeichnet man den Winkel mit φ, so ergibt sich damit

$$\widehat{\varphi} = \frac{2\,\pi}{360}\,\varphi° \quad \text{oder} \quad \widehat{\varphi} = \frac{\pi}{180}\,\varphi°$$

wobei $\hat{\varphi}$ im Bogenmaß, φ° in Winkelgraden gemessen wird. Da in der Zeiteinheit n Vollwinkel von je 2π überstrichen werden, besteht zwischen der Winkelgeschwindigkeit und der Drehzahl die Beziehung:

$$\boxed{\omega = 2\pi \cdot n} \tag{41,2}$$

Zwischen den Zahlenwerten von ω und n gilt die in der Praxis auch wohl benutzte *Zahlenwertgleichung:*

$$\omega = \frac{2\pi \cdot n}{60} = \frac{\pi \cdot n}{30} \qquad \begin{array}{l} \omega \text{ in } \mathrm{s}^{-1} \\ n \text{ in } \mathrm{min}^{-1} \end{array} \tag{41,2a}$$

Mit der Winkelgeschwindigkeit ergibt sich die Umfangsgeschwindigkeit v am beliebigen Radius r zu

$$v = r \cdot \omega \tag{41,3}$$

Satz 42: *Die Umfangsgeschwindigkeit ist dem Durchmesser, also auch dem Radius direkt proportional.*

Bei der gleichförmigen Drehbewegung ist die Winkelgeschwindigkeit konstant. In der Zeit t überstreicht ein Fahrstrahl den Drehwinkel φ (gemessen im Bogenmaß). Daraus folgt das *Drehwinkel-Zeit-Gesetz*

$$\omega = \frac{\varphi}{t} \tag{41,4}$$

das dem *Weg-Zeit-Gesetz* $v = \dfrac{s}{t}$ der gleichförmigen, geradlinigen Bewegung entspricht und den gleichen Aufbau hat.

Ein Punkt des Umfanges legt den *Umfangsweg*

$$s = r \cdot \varphi \tag{41,5}$$

zurück.

b) Mittlere Kolbengeschwindigkeit; Bewegungsverhältnisse beim Kurbeltrieb

Die Kreisbewegung der Maschinenwellen von Hubkolbenmaschinen wird vermöge eines Kurbeltriebes von der geradlinigen Bewegung eines hin- und hergehenden Kolbens abgeleitet. Abb. 41,2 zeigt den Kurbel-

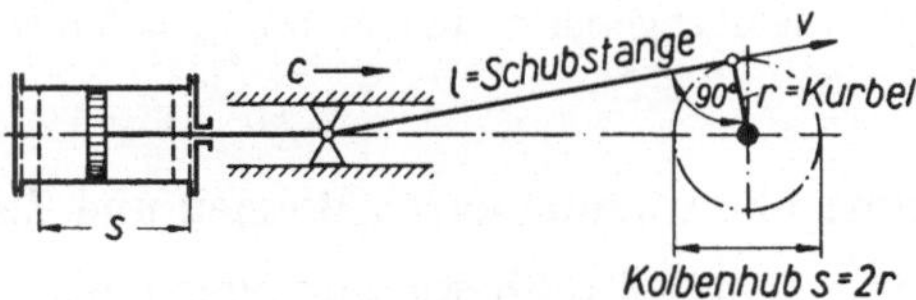

Abb. 41,2. Der Kurbeltrieb

trieb. Ist r die Kurbellänge, so ist der Kolbenhub $s = 2r$. Der Kolben kommt in den Totpunktlagen der Kurbel zur Ruhe und erreicht etwa in der Mitte der Kolbenbahn seine höchste Geschwindigkeit. Die Kolbengeschwindigkeit ist daher eine veränderliche Größe.

Man führt die Bewegungsverhältnisse beim Kurbeltrieb auf die gleichförmige Bewegung zurück, indem man mit der *mittleren Kolbengeschwindigkeit* rechnet, die mit c_m bezeichnet wird.

Kolbenweg nach 1 Umdrehung $= 2\,s$
Kolbenweg nach n Umdrehungen $= 2\,s \cdot n$.
Dieser entspricht der mittleren Geschwindigkeit des Kolbens c_m.

$$c_m = 2\,s \cdot n \tag{41,6}$$

Beispiel: Ein Druckluft-Kolbenhaspel hat einen Hub von 0,50 m. Wie groß ist seine mittlere Kolbengeschwindigkeit bei 180 minutlichen Umdrehungen?

Lösung: $c_m = 2\,s \cdot n = \dfrac{2 \cdot 0,50 \text{ m} \cdot 180 \text{ min}^{-1}}{60 \text{ s/min}} = 3,0 \text{ m/s}$

Beispiel: Wie groß darf der Hub einer Hubkolbenmaschine sein, wenn sie 300 Umdrehungen in der Minute machen und dabei die mittlere Kolbengeschwindigkeit 4 m/s nicht überschreiten soll?

Lösung: $c_m = 2\,s \cdot n; \quad s = \dfrac{c_m}{2\,n} = \dfrac{3,0 \text{ m/s} \cdot 60 \text{ s/min}}{2 \cdot 300 \text{ min}^{-1}} = 0,40 \text{ m} = 400 \text{ mm}$

Beispiel: Welche Drehzahl darf ein Förderhaspel machen, wenn bei einem Kolbenhub von 0,40 m die mittlere Kolbengeschwindigkeit von 3 m/s nicht überschritten werden soll?

Lösung: $c_m = 2\,s \cdot n; \quad n = \dfrac{c_m}{2\,s} = \dfrac{3 \text{ m/s} \cdot 60 \text{ s/min}}{2 \cdot 0,40 \text{ m}} = 225 \text{ min}^{-1}$

In Abb. 41,2 ist gerade die Kurbelstellung gezeichnet, bei welcher die Schubstange den Kurbelkreis als Tangente berührt. Kurbelradius r und Schubstange l bilden zusammen einen Winkel von 90°. Bei dieser Kurbelstellung hat der Kolben seine größte Geschwindigkeit, und diese ist dann ebenso groß wie die Umfangsgeschwindigkeit v der Kurbel. Also ist die *größte Kolbengeschwindigkeit*

$$c_{\max} = v = \pi \cdot s \cdot n$$

da

$$c_m = 2\,s\,n$$

ist, so wird

$$c_{\max} = \frac{\pi \cdot c_m}{2}$$

$$c_{\max} = 1,57\,c_m \tag{41,7}$$

Bei einer mittleren Kolbengeschwindigkeit von $c_m = 3$ m/s wäre also $c_{\max} = 1,57 \cdot 3$ m/s $= 4,71$ m/s.

c) Bewegungsübertragung durch Riemen und Zahnräder

Zur Übertragung einer Drehbewegung von einer auf eine zweite Welle benutzt man den Riemen-, Reibrad- oder Zahntrieb[1]. Abb. 41,3 zeigt den Riementrieb, bei dem auf der treibenden Welle eine kleine, auf der getriebenen Welle eine größere Scheibe befestigt ist. Legt man um die beiden Scheiben einen endlosen Riemen, so muß die Umfangs-

---

[1] Siehe Statik Abschn. 34c und 36.

geschwindigkeit der beiden Scheiben gleich sein, nämlich gleich der Riemengeschwindigkeit (Riemenschlupf vernachlässigt). Daraus folgt nach Gl. (41,1)

$$v = \pi\, d_1 \cdot n_1 = \pi\, d_2 \cdot n_2$$

$$d_1 \cdot n_1 = d_2 \cdot n_2$$

$$\frac{n_1}{n_2} = \frac{d_2}{d_1} \qquad (41,8)$$

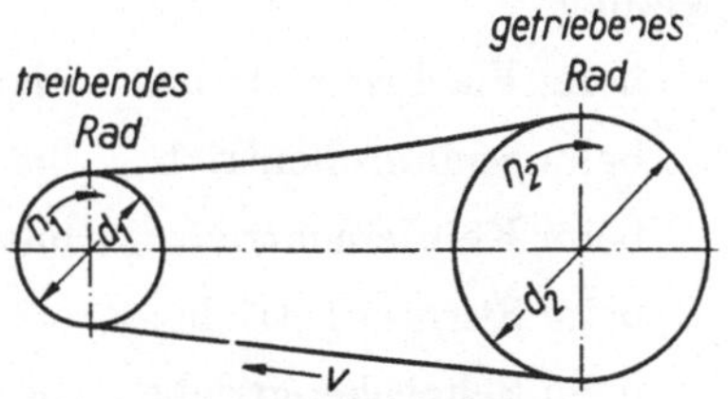

treibendes Rad · getriebenes Rad

Abb. 41,3. Der Riementrieb

Satz 43: *Die Drehzahlen beim Riementrieb verhalten sich umgekehrt wie die zugehörigen Scheibendurchmesser.*

Beim Zahntrieb Abb. 36,2 (Statik Abschn. 36) berühren sich die miteinander kämmenden Zahnräder auf ihren Wälzkreisen, die als *Teilkreise* für die Herstellung benutzt werden. Der Abstand von Mitte zu Mitte Zahn, gemessen auf dem Teilkreis wird als *Teilung t* bezeichnet. In der Statik ist bereits gezeigt, daß die Zahnteilung als Vielfaches von π ausgeführt wird, wobei dies Vielfache als Modul m in mm bezeichnet wird, so daß sich nach Gl. (36,2) ergibt

$$t = m \cdot \pi \quad \text{in mm}$$

Damit ergibt sich für ein Zahnrad der Teilkreisdurchmesser nach Gl. (36,3)

$$\underline{d = m \cdot z}$$

Daraus folgt für zwei miteinander kämmende Zahnräder

$$\frac{d_1}{d_2} = \frac{m \cdot z_1}{m \cdot z_2} = \frac{z_1}{z_2}$$

Aus Gl. (41,8) für den Riementrieb folgt damit das Gesetz für den Zahntrieb

$$\underline{\frac{n_1}{n_2} = \frac{z_2}{z_1}} \qquad\qquad (41,9)$$

Satz 44: *Die Drehzahlen beim Zahntrieb verhalten sich umgekehrt wie die zugehörigen Zähnezahlen.*

Man nennt das Verhältnis der Drehzahlen n_1/n_2 oder der Durchmesser d_2/d_1 oder der Zähnezahlen z_2/z_1 das *Übersetzungsverhältnis i* oder kürzer die *Übersetzung*. Das Übersetzungsverhältnis i wird nach DIN 868 in Richtung des Kraftflusses, und zwar bei der Übersetzung ins *Langsame* mit dem *Nenner* 1, ins *Schnelle* mit dem *Zähler* 1 angegeben.

$$\textit{Übersetzungsverhältnis} \quad \boxed{i = \frac{n_1}{n_2} = \frac{d_2}{d_1} = \frac{z_2}{z_1}} \qquad (41,10)$$

Das Übersetzungsverhältnis kann nicht beliebig groß ausgeführt werden. Von Sonderausführungen abgesehen, geht man mit der Übersetzung:

beim Flachriementrieb   bis 5:1 bzw. 1:5

beim Spannrollentrieb   bis 10:1 bzw. 1:10

beim Keilriementrieb   bis 8:1 bzw. 1:8

beim Stirnradgetriebe   bis 8:1 bzw. 1:8

beim Schneckengtriebe   von 25:1 bis 60:1

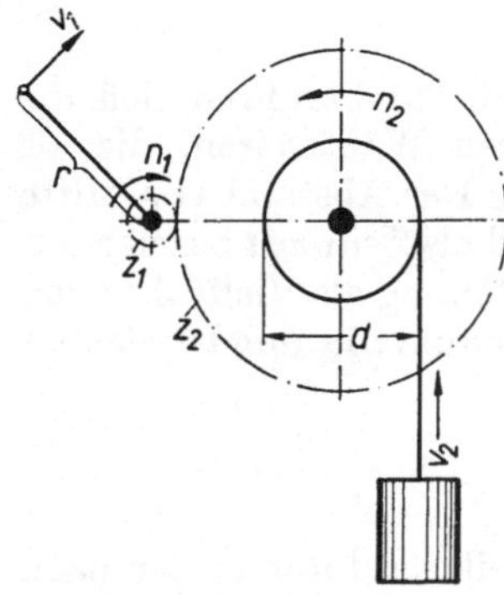

Abb. 41,4. Übersetzung einer Bauwinde

Beim Schneckengetriebe ist das treibende Zahnrad ersetzt durch eine Schnecke und es tritt an die Stelle der Zähnezahl z_1 die *Gangzahl der Schnecke* g (1 bis 4). Für das *Schneckengetriebe* gilt die in der Statik abgeleitete Gl. (36,6)

$$i = \frac{n_1}{n_2} = \frac{z_2}{g}$$

Beispiel: Eine Bauwinde (Abb. 41,4) soll an einer Trommel von 320 mm Durchmesser eine Last mit 0,05 m/s Geschwindigkeit heben. Der Antrieb erfolge durch eine Handkurbel vom Kurbelradius 350 mm. a) Wie groß muß die Übersetzung sein, wenn die Handkurbel mit 0,77 m/s Umfangsgeschwindigkeit gedreht wird ? b) Welche Zähnezahl muß das große Zahnrad haben, wenn das Ritzel 12 Zähne hat ?

Lösung: a) Nach (Gl. 41,1 a) $v = \dfrac{\pi \cdot d \cdot n}{60}$; $n = \dfrac{60\,v}{\pi \cdot d}$

Daraus ergeben sich nach Abb. 41,4 die Drehzahlen

$$\text{der Trommelwelle } n_2 = \frac{60\,v_2}{\pi \cdot d} = \frac{60 \cdot 0,05}{\pi \cdot 0,32} = 3 \text{ in min}^{-1}$$

$$\text{der Kurbelwelle } n_1 = \frac{60\,v_1}{\pi \cdot 2\,r} = \frac{60 \cdot 0,77}{\pi \cdot 2 \cdot 0,35} = 21 \text{ in min}^{-1}$$

$$i = \frac{n_1}{n_2} = \frac{21}{3} = \frac{7}{1}$$

b) $i = \dfrac{z_2}{z_1}$;

$$z_2 = i \cdot z_1 = 7 \cdot 12 = 84 \text{ Zähnen}$$

Beispiel: Ein Aufzug nach Abb. 41,5 wird von einem Elektromotor mit einer Drehzahl von 955 min^{-1} angetrieben. Der Fahrkorb hängt an einer Trommel von 400 mm Durchmesser und soll eine Fahrgeschwindigkeit von 0,80 m/s haben. Bestimme a) das Übersetzungsverhältnis des Schneckengetriebes, b) die Zähnezahl des Schneckenrades bei einer 2-gängigen Schnecke.

Lösung: Mit den Buchstaben der Abb. 41,5 wird

a) Nach Gl. (41,1) $v_2 = \pi \cdot d_2 \cdot n_2$;

$$n_2 = \frac{v_2}{\pi \cdot d_2} = \frac{0,8 \,\text{m/s} \cdot 60 \,\text{s/min}}{\pi \cdot 0,4 \,\text{m}} = 38,2 \,\text{min}^{-1}$$

$$n_1 = 955 \,\text{min}^{-1}$$

$$i = \frac{n_1}{n_2} = \frac{955}{38,2} = \frac{25}{1}$$

b) $i = \frac{z_2}{g}$; $z_2 = i \cdot g = 25 \cdot 2 = 50 \,\text{Zähne}$

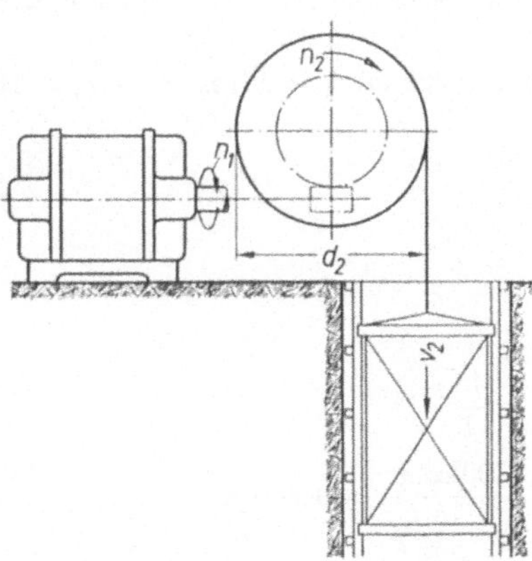

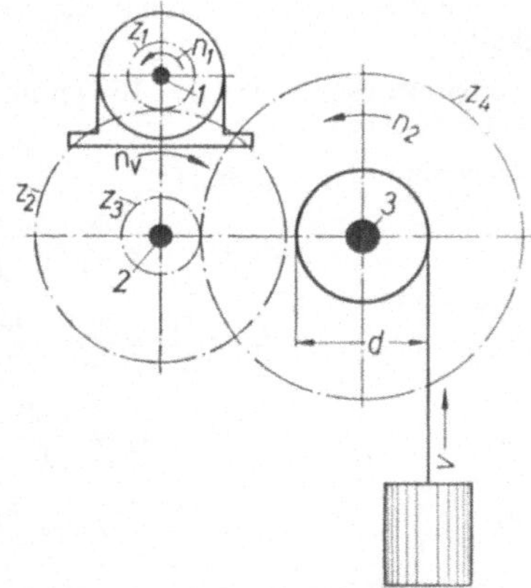

Abb. 41,5. Aufzug mit Schneckengetriebe   Abb. 41,6. Hubwerk mit Mehrfachübersetzung.
1 Motorwelle, *2* Vorgelegewelle, *3* Trommelwelle

Abb. 41,6 zeigt ein Hubwerk mit doppelter Zahnradübersetzung. Das wird erforderlich, wenn die gewünschte Herabsetzung der Triebwerksdrehzahl zur Abtriebsdrehzahl durch *eine* Übersetzung nicht erreicht werden kann, weil das zulässige Übersetzungsverhältnis für den Zahntrieb nach obigen Angaben begrenzt ist. Man schaltet zwischen Motorwelle *1* und Trommelwelle *3* eine Vorgelegewelle *2*, auf der zwei Zahnräder befestigt sind. Das große Zahnrad steht mit dem Ritzel der Motorwelle, das Ritzel mit dem Zahnrad der Trommelwelle im Eingriff.

Mit den Bezeichnungen der Abb. 41,6 ergibt sich die Übersetzung von der Motor- zur Vorgelegewelle

$$i_1 = \frac{n_1}{n_v}$$

Die Übersetzung von der Vorgelegewelle- zur Trommelwelle

$$i_2 = \frac{n_v}{n_2}$$

Multipliziert man die Übersetzungsverhältnisse miteinander

$$i_1 \cdot i_2 = \frac{n_1}{n_v} \cdot \frac{n_v}{n_2} = \frac{n_1}{n_2} = i_g$$

so erhält man die gesamte Übersetzung zwischen Motor- und Trommelwelle. Es gilt demnach der in der Statik Abschn. 36 bereits abgeleitete

Satz 35: *Die Gesamtübersetzung ist das Produkt der einzelnen hintereinander geschalteten Übersetzungen.*
und Gl. (36,5)

$$\underline{i_g = i_1 \cdot i_2 \cdot i_3 \cdots}$$

Beispiel: Der Motor einer Elektrowinde macht 1500 Umdrehungen je Minute. Das Lastseil wird auf eine Trommel von 325 mm Durchmesser aufgewickelt. Das Ritzel der Motorwelle besitzt 14 Zähne und greift in das Zahnrad der Vorgelegewelle mit 60 Zähnen. Das Ritzel auf der Vorgelegewelle hat 16 Zähne und kämmt mit dem Trommelzahnrad mit 56 Zähnen (Abb. 41,6). Bestimme a) das Übersetzungsverhältnis zwischen Motor- und Vorgelegewelle, b) das Übersetzungsverhältnis zwischen Vorgelegewelle und Trommelwelle, c) die Gesamtübersetzung zwischen Motor- und Trommelwelle, d) die Trommeldrehzahl, e) die Hubgeschwindigkeit.

Lösung: Gegeben: $n_1 = 1500\ \text{min}^{-1}$; $d = 0{,}325\ \text{m}$; $z_1 = 14$, $z_2 = 60$, $z_3 = 16$, $z_4 = 56$ Zähne.

Gesucht: i_1; i_2; i_g; n_2; v:

a)
$$i_1 = \frac{z_2}{z_1} = \frac{60}{34} = \frac{4{,}29}{1}$$

b)
$$i_2 = \frac{z_4}{z_3} = \frac{56}{16} = \frac{3{,}5}{1}$$

c)
$$i_g = i_1 \cdot i_2 = \frac{4{,}29}{1} \cdot \frac{3{,}5}{1} = \frac{15}{1}$$

d)
$$i_g = \frac{n_1}{n_2}\ ;\quad n_2 = \frac{n_1}{i_g} = \frac{1500\ \text{min}^{-1}}{15} = 100\ \text{min}^{-1}$$

e) Nach Gl. (41,1)

$$v = \pi \cdot d \cdot n_2 = \frac{\pi \cdot 0{,}325\ \text{m} \cdot 100\ \text{min}^{-1}}{60\ \text{s/min}} = 1{,}7\ \text{m/s}$$

42. Gleichmäßig beschleunigte Drehbewegung

Ändert sich die Winkelgeschwindigkeit im Laufe der Zeit, so ist die Drehbewegung ungleichförmig. Sie ist beschleunigt oder verzögert, je nachdem ob die Winkelgeschwindigkeit zu- oder abnimmt. Bei gleichmäßig beschleunigter bzw. gleichmäßig verzögerter Drehbewegung nimmt die Winkelgeschwindigkeit in gleichen Zeitspannen um denselben Betrag zu bzw. ab. Das Maß für die Zunahme der Winkelgeschwindigkeit ist die *Winkelbeschleunigung* ε.

Satz 45: *Die Winkelbeschleunigung ist der Quotient aus der Winkelgeschwindigkeitszunahme und der zugehörigen Zeit.*

Ist die Winkelgeschwindigkeit zu Beginn der Beobachtung ω_0 und wächst sie in der Zeit t gleichmäßig auf den Wert ω, so gilt

$$\varepsilon = \frac{\omega - \omega_0}{t}$$

Die *Einheit der Winkelbeschleunigung* ist $1/\text{s}^2$ oder s^{-2}. Durch Umformen erhält man

$$\boxed{\omega = \omega_0 + \varepsilon \cdot t} \tag{42,1}$$

Bei gleichmäßig *verzögerter Drehbewegung* ist ε negativ, also gilt

$$\omega = \omega_0 - \varepsilon \cdot t \tag{42,1a}$$

In der Gl. (42,1a) für die verzögerte Drehbewegung ist die Winkelverzögerung mit ihrem absoluten Zahlenwert, nicht außerdem noch als negativer Zahlenwert einzusetzen.

Ein Punkt auf dem Scheibenumfang einer sich beschleunigt drehenden Scheibe hat die *Umfangs- oder Tangentialbeschleunigung* a_t. Sie ist gleich der Zunahme der Umfangsgeschwindigkeit in der Zeiteinheit und ergibt sich zu

$$a_t = \frac{v - v_0}{t}$$

Nach Gl. (41,3) ergibt sich

$$a_t = \frac{r \cdot \omega - r \cdot \omega_0}{t} = r \frac{\omega - \omega_0}{t}$$

$$a_t = r \cdot \varepsilon \tag{42,2}$$

Die *mittlere Winkelgeschwindigkeit* ω_m ist das arithmetische Mittel aus Anfangs- und Endwinkelgeschwindigkeit

$$\omega_m = \frac{\omega_0 + \omega}{2} \tag{42,3}$$

Der in der Zeit t von einem Fahrstrahl überstrichene Drehwinkel $\widehat{\varphi}$ (im Bogenmaß gemessen) beträgt in Anlehnung an Gl. (41,4)

$$\widehat{\varphi} = \omega_m \cdot t = \frac{\omega_0 + \omega}{2} \cdot t \tag{42,4}$$

Setzt man hierin für ω den Wert aus Gl. (42,1) ein, so folgt das *Drehwinkel-Zeit-Gesetz*:

$$\boxed{\widehat{\varphi} = \omega_0 \cdot t + \frac{1}{2} \varepsilon \cdot t^2} \tag{42,5}$$

und entsprechend bei gleichmäßig verzögerter Drehbewegung

$$\widehat{\varphi} = \omega_0 \cdot t - \frac{1}{2} \varepsilon \cdot t^2 \tag{42,5a}$$

Diese Gesetze entsprechen den Weg-Zeit-Gesetzen der gleichmäßig beschleunigten bzw. verzögerten geradlinigen Bewegung Gl. (38,8) bzw. Gl. (38,8a) und ähneln ihnen im Aufbau.

Beispiel: Eine Treibscheibe von 7,0 m Durchmesser (gemessen auf der Mitte des Förderseiles) wird in 15 Sekunden gleichmäßig beschleunigt auf eine Seilgeschwindigkeit von 18 m/s. Bestimme a) die Winkelbeschleunigung, b) die Umfangsbeschleunigung, c) den Weg eines Umfangspunktes während der Anlaufbewegung, d) die Anzahl der Umdrehungen während der Anlaufbewegung.

Lösung:

a) Nach Gl. (41,1) $v = \pi \cdot d \cdot n$

$$n = \frac{v}{\pi \cdot d} = \frac{18 \text{ m/s} \cdot 60 \text{ s/min}}{\pi \cdot 7,0 \text{ m}} = 49 \text{ min}^{-1}$$

$$\text{Nach Gl.(41,2)} \quad \omega = 2\,\pi \cdot n = \frac{2\,\pi \cdot 49\ \text{min}^{-1}}{60\ \text{s/min}} = 5{,}12\ \text{s}^{-1}$$

$$\varepsilon = \frac{\omega}{t} = \frac{5{,}12\ \text{s}^{-1}}{15\ \text{s}} = 0{,}342\ \text{s}^{-2}$$

b) $\quad a_t = r \cdot \varepsilon = \dfrac{7}{2}\ \text{m} \cdot 0{,}342\ \text{s}^{-2} = 1{,}2\ \text{m/s}^2$

Die Umfangsbeschleunigung entspricht der Seilbeschleunigung, die als geradlinige Beschleunigung betrachtet werden kann.

$$a = \frac{v}{t} = \frac{18\ \text{m/s}}{15\ \text{s}} = 1{,}2\ \text{m/s}^2.$$

c) Nach Gl. (42,5) Drehwinkel $\quad \overline{\varphi} = \dfrac{1}{2}\,\varepsilon \cdot t^2 = \dfrac{1}{2}\,0{,}342\ \text{s}^{-2} \cdot (15\ \text{s})^2 = 38{,}4$

oder einfacher nach Gl. (42,4) $\quad \overline{\varphi} = \omega_m \cdot t = \dfrac{\omega}{2} \cdot t = \dfrac{5{,}12\ \text{s}^{-1}}{2}\,15\ \text{s} = 38{,}4$

Umfangsweg nach Gl. (41,5) $\quad s = r \cdot \widehat{\varphi} = \dfrac{7}{2}\ \text{m} \cdot 38{,}4 = 134{,}5\ \text{m}$

d) Anzahl der Umdrehungen $\quad z = \dfrac{\widehat{\varphi}}{2\,\pi} = \dfrac{38{,}4}{2\,\pi} = 6{,}1$

III. Ungleichmäßig beschleunigte geradlinige Bewegung

43. Allgemeine Erläuterungen

Die gleichförmige und gleichmäßig beschleunigte Bewegung sind einfache Sonderfälle der geradlinigen Bewegung. Wir führen oft ungleichmäßig beschleunigte Bewegungen auf diese einfachen Fälle zurück, damit wir mit den einfacheren Gesetzen rechnen können. Tatsächlich ändert sich bei der allgemeinen geradlinigen Bewegung die Beschleunigung im Laufe der Zeit. Die Bewegung ist ungleichmäßig beschleunigt. Die Weg-Zeit-Linie im (s, t)-Schaubild ist dann eine allgemeine Kurve. Wir bezeichnen diese allgemeine Abhängigkeit des Weges von der Zeit mathematisch: $s = f(t)$ (lies: s gleich Funktion von t). Mit dieser Weg-Zeit-Funktion kann man zu jedem Zeitpunkt den Abstand des Körpers vom Nullpunkt aus dem zugehörigen Weg-Zeit-Schaubild ablesen.

Das gleiche gilt von der Geschwindigkeit, die sich bei der allgemeinen geradlinigen Bewegung im Laufe der Zeit ungleichmäßig verändert. Aus der Abhängigkeit $v = f(t)$ läßt sich zu jedem Zeitpunkt die Geschwindigkeit aus dem zugehörigen Geschwindigkeits-Zeit-Schaubild ablesen.

44.

a) Ableitung der Geschwindigkeit aus der Weg-Zeit-Funktion

Das (s, t)-Schaubild Abb. 44,1 gibt eine Bewegung wieder, bei der zwei beliebige Zeitpunkte t_1 und t_2 herausgegriffen sind. Der zwischen diesen Zeitpunkten zurückgelegte Weg ist in dem Schaubild durch die Punkte P_1 und P_2 gekennzeichnet.

Die *durchschnittliche* oder *mittlere Geschwindigkeit* v_m während der Zeitspanne von t_1 bis t_2 ergibt sich aus dem Verhältnis der zurückgelegten Wegstrecke $s_2 - s_1 = \varDelta s$ zur Zeitdifferenz $t_2 - t_1 = \varDelta t$

$$v_m = \frac{s_2 - s_1}{t_2 - t_1} = \frac{\varDelta s}{\varDelta t}$$

Man bezeichnet das vorstehende Verhältnis als *Differenzenquotienten*, der geometrisch das Steigungsmaß der Sekante $\overline{P_1 P_2}$ angibt; diese bildet mit der Zeitachse den Winkel α_1. Sein Tangens ist ein Maß der mittleren Geschwindigkeit.

Wir haben in dieser Darstellung die ungleichmäßig beschleunigte Bewegung zwischen den Zeitpunkten t_1 und t_2 einfach durch eine gleichförmige Bewegung mit der durchschnittlichen Geschwindigkeit v_m ersetzt. Die Sekante durch die Punkte P_1 und P_2 ersetzt die zwischen den Punkten durch das Kurvenstück dargestellte tatsächliche Bewegung.

Wollen wir im Punkte P_1 die dort herrschende *augenblickliche Geschwindigkeit* v zur Zeit t_1 haben, so müssen wir in unserer Betrachtung den Punkt P_2 möglichst nahe an den

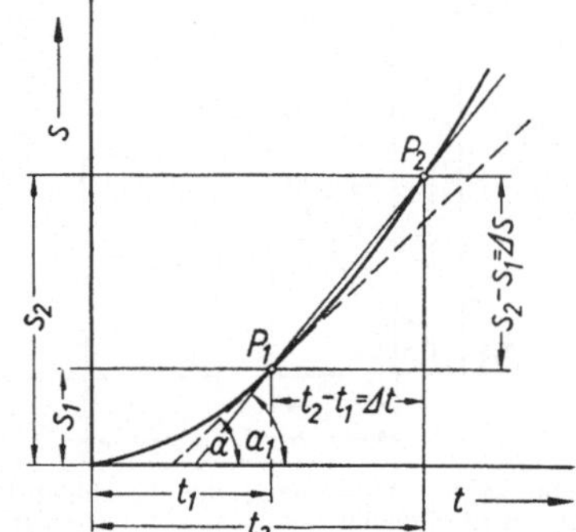

Abb. 44,1. Bestimmung der Geschwindigkeit bei der ungleichmäßig beschleunigten geradlinigen Bewegung

Punkt P_1 heranrücken. Das heißt aber, daß die betrachtete Zeitspanne $\varDelta t = t_2 - t_1$ unendlich klein werden muß. Damit wird aus der Sekante im Grenzfalle die *Tangente*, die mit der Zeitachse den Winkel α einschließt. Ersetzt man die Weg-Zeit-Kurven von P_1 ab durch ihre Tangente, so heißt das, von t_1 ab bewegt sich der Körper gleichförmig. Die unendlich kleine Zeitspanne bezeichnen wir mit dt, für die sich aber auch ein unendlich kleiner Wegabschnitt ds ergibt. Die Geschwindigkeit der Ersatzbewegung ist dann gleich dem Steigungsmaß der Kurventangente im Punkte P_1 und man schreibt allgemein, wie bereits früher angegeben, Gl. (38,5):

$$v = \frac{ds}{dt}$$

Man nennt in der höheren Mathematik dieses Verhältnis der unendlich kleinen Weg- zur Zeitspanne den *Differentialquotienten* oder *die erste Ableitung* des Weges nach der Zeit und es gilt:

Satz 46: Die Geschwindigkeit ist gleich der ersten Ableitung des Weges nach der Zeit, dargestellt durch die Tangente an die Weg-Zeit-Linie.

b) Ableitung der Beschleunigung aus der Geschwindigkeits-Zeit-Funktion

Hierzu betrachten wir im (v, t)-Schaubild Abb. 44,2 die Geschwindigkeitszunahme von den Zeitpunkten t_1 bis t_2, zu denen die Geschwindigkeiten v_1 und v_2 gehören. Diesen Werten entsprechen die Punkte P_1 und

P_2 der (v, t)-Linie. Das zwischen diesen Punkten verlaufende Kurvenstück der ungleichmäßig beschleunigten Bewegung wird durch die Sekante $\overline{P_1 P_2}$, also durch eine gleichmäßig beschleunigte Bewegung ersetzt. Die *durchschnittliche* oder *mittlere Beschleunigung* a_m der Ersatzbewegung beträgt

$$a_m = \frac{v_2 - v_1}{t_2 - t_1} = \frac{\Delta v}{\Delta t}$$

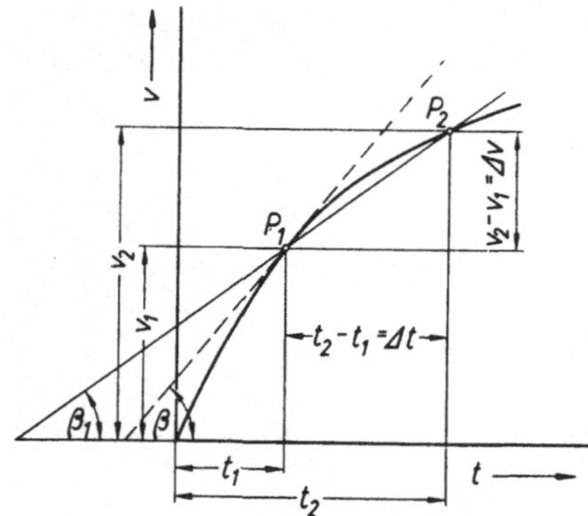

Abb. 44,2. Bestimmung der Beschleunigung bei der ungleichmäßig beschleunigten geradlinigen Bewegung

Die augenblickliche Beschleunigung a im Zeitpunkt t_1, also im Punkt P_1, erhalten wir wieder, wenn wir den Punkt P_2 sehr nahe an den Punkt P_1 heranrücken und somit die betrachtete Zeitspanne unendlich klein machen. Dann wird die Sekante zur Tangente im Punkt P_1 und die augenblickliche Beschleunigung erhält die mathematische Form

$$\boxed{a = \frac{dv}{dt}} \qquad (44,1)$$

Daraus ergibt sich:

Satz 47: *Die Beschleunigung ist gleich der ersten Ableitung der Geschwindigkeit nach der Zeit, dargestellt durch die Tangente an die Geschwindigkeits-Zeit-Linie.*

Da aber nach der Gl. (38,5) und Satz 46 die Geschwindigkeit die erste Ableitung des Weges nach der Zeit ist, können wir weiter folgern:

Satz 48: *Die Beschleunigung ist die zweite Ableitung des Weges nach der Zeit.*

Man schreibt hierfür auch in der höheren Mathematik

$$a = \frac{d^2 s}{dt^2} \qquad (44,2)$$

c) Zeichnerisches Differenzieren

Bei vielen praktischen Aufgaben ist das Weg-Zeit-Gesetz nicht unmittelbar in Form einer mathematischen Gleichung bekannt. Das ist besonders dann der Fall, wenn man durch Versuche nur über eine gewisse Anzahl Meßpunkte einer fortschreitenden Bewegung verfügt. Oft läßt man durch den sich bewegenden Körper eine Trommel drehen, auf die der zurückgelegte Weg in Abhängigkeit von der Zeit aufgeschrieben wird. Die so aufgezeichnete (s, t)-Linie gestattet meist nicht unter Anwendung der rechnerischen Verfahren auf den Verlauf der Geschwindigkeit und Beschleunigung zu schließen. Hier helfen dann zeichnerische Verfahren, mit denen man aus der Weg-Zeit-Linie den Geschwindigkeitsverlauf und aus der Geschwindigkeits-Zeit-Linie den Verlauf der Beschleunigung ableiten kann. Man spricht dann vom *zeichnerischen Differenzieren*.

In Abb. 44,3 ist die Weg-Zeit-Kurve $s = f(t)$ gegeben. Die Maßstäbe der Koordinatenachsen sind zu bestimmen. Sie mögen betragen

t-Achse: 1 cm $\triangleq x_t$ (in Zeiteinheiten),

s-Achse: 1 cm $\triangleq y_s$ (in Wegeinheiten),

x_t und y_s heißen *Maßstabsgrößen*.

Gesucht wird im Zeitpunkt t_1 die Geschwindigkeit v_1.

Lösung: Unter Anwendung der Gl. (38,5) wird durch den zur Zeit t_1 gehörigen Punkt P_1 durch sorgfältiges Probieren mit einem Lineal nach Augenmaß oder unter Zuhilfenahme eines Spiegellineals die Tangente gezogen. Geht man von P_1 waagerecht um eine Zeiteinheit nach rechts und von dort senkrecht bis zur Tangente, so entsteht das Steigungsdreieck, in dem die dem Steigungswinkel α gegenüberliegende Kathete den Weg s_1 darstellt, den der Körper in einer Zeiteinheit zurückgelegt hätte, wenn er sich vom Zeit-

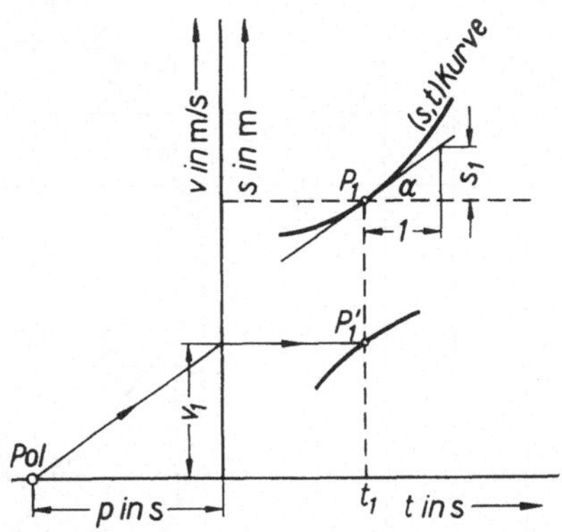

Abb. 44,3. Zeichnerische Bestimmung der Geschwindigkeit aus der Weg-Zeit-Kurve

punkt t_1 ab gleichförmig weiterbewegt hätte. Diese Kathete entspricht also der augenblicklichen Geschwindigkeit v_1 im Punkte P_1.

Wir wählen nun auf der negativen t-Achse einen Pol im Abstand der Polweite p (in Zeiteinheiten gemessen). Die Parallele zur Tangente durch den Pol erzeugt zusammen mit der Ordinatenachse das Steigungsdreieck in p-facher Vergrößerung.

Zeichnet man das (v, t)-Schaubild in das (s, t)-Schaubild ein, dann wird auf der Ordinatenachse v_1 in p-facher Vergrößerung dargestellt. Macht man aber die Maßstabsgröße für die v-Achse nur den p-ten Teil so groß, so wird v_1 in richtiger Größe gegeben. Damit ergibt sich die Maßstabsgröße der v-Achse:

$$y_v = \frac{y_s}{p}$$

Wird v_1 auf der Ordinate in t_1 aufgetragen, so erhält man den Punkt P_1' der Geschwindigkeits-Zeit-Linie. Weitere Punkte der Geschwindigkeits-Zeit-Linie lassen sich durch die gleiche Konstruktion der Tangente in anderen Punkten der Weg-Zeit-Linie finden.

Die Ermittlung der Beschleunigungs-Zeit-Linie aus der Geschwindigkeits-Zeit-Linie erfolgt durch das gleiche Verfahren der zeichnerischen Differentiation.

Beispiel: Ein Weg-Zeit-Schreiber besteht aus einer Spindel, die mit geeigneter Übersetzung von der Steuerwelle einer Fördermaschine gedreht wird. Sie bewegt eine Wandermutter mit Schreibstift. Dieser zeichnet auf eine Trommel, die durch ein Uhrwerk gleichförmig gedreht wird, die Bewegung der Wandermutter auf. Ein Zeitschreiber gibt gleichzeitig Zeitmarkierungen auf die Trommel. So entsteht auf einem auf die Trommel aufgespannten Diagrammbogen die in Abb. 44,4 dargestellte Weg-Zeit-Linie eines Fördertreibens.

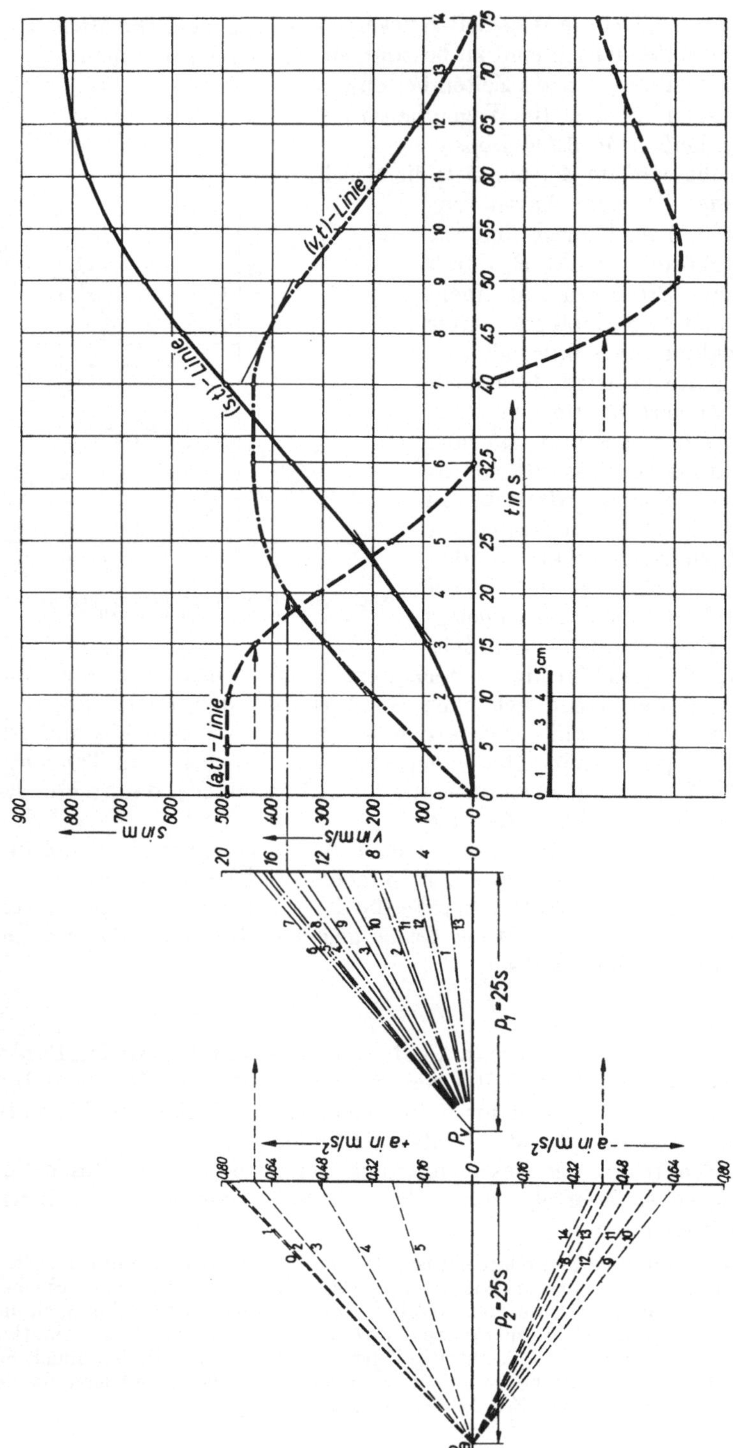

Abb. 44,4. Zeichnerisches Differenzieren einer (s, t)-Kurve des Treibens einer Schachtförderung zur Ermittlung der (v, t)-Kurve und der (a, t)-Kurve. t-Achse 1 cm $\cong$ 2,5 s s-Achse 1 cm $\cong$ 50 m v-Achse 1 cm $\cong$ 2 m/s a-Achse 1 cm $\cong$ 0,08 m/s²

Es sollen aus der ermittelten Weg-Zeit-Linie des Treibens der Schachtförderung die Geschwindigkeits-Zeit-Kurve und die Beschleunigungs-Zeit-Kurve zeichnerisch bestimmt werden.

Lösung: Nach der vorhergehenden Erläuterung des zeichnerischen Differenzierens werden zu beliebigen Zeitpunkten 0, 1, 2, 3, ... die Tangenten an die (s, t)-Kurve gelegt. Die Polweite p_1 wird so gewählt, daß die gesuchte Geschwindigkeits-Zeit-Kurve in den verfügbaren Platz des Schaubildes hineinpaßt. Hierbei ist zu beachten, daß die größte Geschwindigkeit durch die steilste Tangente der (s, t)-Kurve bestimmt wird.

Gegebene Maßstäbe t-Achse: $1 \text{ cm} \triangleq 2{,}5 \text{ s}$; $x_t = 2{,}5 \text{ s/cm}$

s-Achse: $1 \text{ cm} \triangleq 50 \text{ m}$; $y_s = 50 \text{ m/cm}$

gewählte Polweite $p_1 = 25 \text{ s}$, damit

$$\text{Maßstab der } v\text{-Achse: } y_v = \frac{y_s}{p_1} = \frac{50 \text{ m/cm}}{25 \text{ s}} = 2 \frac{\text{m/s}}{\text{cm}}; \quad 1 \text{ cm} \triangleq 2 \text{ m/s}.$$

Man wird sich bemühen, die Tangenten möglichst gut an die (s, t)-Kurve anzulegen; trotzdem streuen infolge von Zeichenfehlern die erhaltenen Punkte etwas. Legt man dann gefühlsmäßig eine möglichst stetige Kurve durch die erhaltenen Punkte, so werden die dem Verfahren anhaftenden Fehler nahezu ausgeglichen und man erhält die (v, t)-Kurve.

Allgemein ist dabei zu beachten:

Kleinstwert: In einem Zeitpunkt, in dem die Ursprungskurve waagerecht verläuft, ist auch die Tangente waagerecht. Der Steigungswinkel α wird Null. In diesem Zeitpunkt ist der Wert der ersten Ableitung gleich Null.

Höchstwert: In einem Zeitpunkt, in dem die Ursprungskurve am steilsten verläuft, wird auch der Steigungswinkel α der Tangente am größten. In diesem Zeitpunkt ist der Wert der ersten Ableitung am größten.

Wendepunkt: Verfolgt man den Verlauf einer zu differenzierenden Kurve, so sieht man, daß zu einem Zeitpunkt oder in einem Zeitabschnitt der Steigungswinkel der Tangente, der bisher größer wurde, wieder abnimmt. Dann ist für die erste Ableitung der Zeitpunkt erreicht, in dem er seinen Höchstwert überschreitet. Das gleiche gilt für den Zeitpunkt, in dem der Tangentenwinkel nach einer Abnahme wieder ansteigt, d. h. in dem die erste Ableitung ihren Kleinstwert überschreitet. Man spricht dann von dem Wendepunkt der Ursprungskurve.

In unserem Beispiel sind Kleinstwerte der (v, t)-Kurve für $t = 0 \text{ s}$ und 75 s, Höchstwerte für $t = 32{,}5 \text{ s}$ bis 40 s und Wendepunkte ebenfalls für $t = 32{,}5 \text{ s}$ bis 40 s zu erkennen.

Die Beschleunigungs-Zeit-Kurve wird durch weiteres zeichnerisches Differenzieren der (v, t)-Kurve gefunden.

gewählte Polweite $p_2 = 25 \text{ s}$

$$\text{Maßstab der } a\text{-Achse } y_a = \frac{y_v}{p_2} = \frac{2 \text{ m/s} \cdot \text{cm}}{25 \text{ s}} = 0{,}08 \frac{\text{m/s}^2}{\text{cm}}; \quad 1 \text{ cm} \triangleq 0{,}08 \text{ m/s}^2$$

Es ergeben sich die Kleinstwerte ($a = 0$) für $t = 32{,}5 \text{ s}$ bis 40 s, Höchstwerte für $t = 0$ bis 5 s und $t = 50 \text{ s}$ bis 55 s; Wendepunkte ebenfalls für $t = 5 \text{ s}$ und $t = 50 \text{ s}$ bis 55 s.

Die Ergebnisse für die einzelnen Zeitpunkte sind in Zahlentafel 6 zusammengefaßt.

Zahlentafel 6: *Ergebnisse des zeichnerischen Differenzierens der (s, t)-Kurve für das Treiben einer Schachtförderung*

Meß-punkt	Zeitpunkt t s	Geschw. v m/s	Beschlg. a m/s²	Meß-punkt	Zeitpunkt t s	Geschw. v m/s	Beschlg. a m/s²
0	0	0	0,79	8	45	16,4	−0,42
1	5	4,0	0,79	9	60	13,8	−0,65
2	10	8,0	0,78	10	55	10,6	−0,65
3	15	11,6	0,69	11	60	7,4	−0,58
4	20	14,8	0,60	12	65	4,7	−0,51
5	25	16,7	0,26	13	70	2,1	−0,45
6	32,5	17,5	0	14	75	0	−0,39
7	40	17,5	0				

45.

a) Ermittlung des Weges aus der Geschwindigkeits-Zeit-Funktion

Sowohl bei der gleichförmigen wie bei der gleichmäßig beschleunigten Bewegung konnten wir feststellen, daß die Fläche unter der Geschwindigkeits-Zeit-Linie den zurückgelegten Weg für einen betrachteten Zeitabschnitt darstellt. Löst man Gl. (38,5) nach ds auf, so ergibt sich

$$ds = v \cdot dt$$

Abb. 45,1 zeigt, daß diese Gleichung im (v, t)-Schaubild einen Flächenstreifen für eine herausgegriffene Zeitspanne dt bedeutet. Wir müssen aber erkennen, daß bei der ungleichmäßig beschleunigten Bewegung für die Berechnung des Flächeninhaltes eine Geschwindigkeitsänderung vorhanden ist, solange die Untersuchung für eine endliche Zeitspanne $\Delta t = t_2 - t_1$ erfolgt.

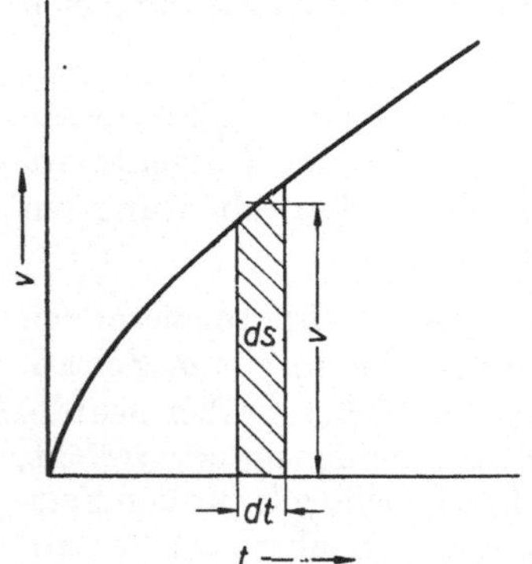

Abb. 45,1. Wegzunahme als Fläche im Geschwindigkeits-Zeit-Schaubild

Rechnen wir aber mit einer nach dem Auge bestimmten mittleren Geschwindigkeit v_m während der Zeitspanne $t_2 - t_1$, so erhalten wir den Wegzuwachs in diesem Zeitabschnitt

$$s_2 - s_1 = (t_2 - t_1)\, v_m$$

Der gesamte zurückgelegte Weg über einen längeren Zeitabschnitt ergibt sich aus der Summierung solcher Flächenstreifen

$$s_2 - s_1 = \Sigma\, (t_2 - t_1)\, v_m$$

$$(\Sigma = \text{Summe aller})$$

Eine genauere Ermittlung des Weges aus der Geschwindigkeits-Zeit-Funktion erhalten wir, wenn wir die Zeitspanne sehr klein (unendlich klein) machen, so daß innerhalb dieser Zeitspanne auch die

Ordinate v einen praktisch eindeutigen Wert hat. Für diese unendlich kleinen Werte schreiben wir wieder ds bzw. dt und an Stelle des Summenzeichens Σ das Zeichen $\int$ (Integral, gleichbedeutend mit Summe aller). Dann ergibt sich

$$\int_{s_1}^{s_2} ds = \int_{t_1}^{t_2} v \cdot dt$$

Wird die Betrachtung vom Nullpunkt ausgeführt, so können wir schreiben

$$s - s_0 = \int_0^t v \cdot dt \tag{45,1}$$

(lies: Integral $v \cdot dt$ von 0 bis t Sekunden). Wir sprechen in der höheren Mathematik vom *Integrieren* der Geschwindigkeits-Zeit-Funktion $v = f(t)$ und verstehen darunter die Summenbildung unendlich schmaler Flächenstreifen unter der (v, t)-Kurve.

In der gleichen Weise läßt sich durch Integration der Beschleunigungs-Zeit-Funktion $a = f(t)$ der Geschwindigkeitszuwachs als Summenbildung unendlich schmaler Flächenstreifen unter der (a, t)-Kurve bestimmen.

Aus Gl. (44,1) ergibt sich

$$dv = a \cdot dt$$

$$\int_{v_1}^{v_2} dv = \int_{t_1}^{t_2} a \cdot dt$$

und für die Betrachtungen vom Nullpunkt aus

$$v - v_0 = \int_0^t a \cdot dt \tag{45,2}$$

b) Zeichnerisches Integrieren

Beispiel: Aus der Geschwindigkeits-Zeit-Kurve Abb. 45,2 ist die Weg-Zeit-Kurve für einen Anfangsweg $s_0 = 160$ m zeichnerisch zu bestimmen.

Lösung: Wir teilen die Fläche unter der Geschwindigkeits-Zeit-Kurve in möglichst schmale, gleich breite Streifen durch Ordinaten. Den Flächeninhalt jedes Streifens ermittelt man am besten, indem man den einzelnen Streifen in ein inhaltsgleiches Rechteck verwandelt. Hierzu ersetzt man die obere Kurvenbegrenzung des Streifens durch eine waagerechte Gerade, die nach Augenmaß rechts und links gleich große dreieckförmige Teilflächen erzeugt. Jede Streifenfläche stellt den in der zugehörigen Zeitspanne eingetretenen Wegzuwachs Δs dar. Wird der Flächeninhalt A_s in cm² ermittelt, so ergibt sich aus den Maßstabsgrößen der Koordinaten in Abb. 45,2 $x_t = 1 \dfrac{\text{s}}{\text{cm}}$ und $y_v = 2 \dfrac{\text{m/s}}{\text{cm}}$ die Flächenmaßstabsgröße $A_s = x_t \cdot y_v$ in Abb. 45,2

$$A_s = 1 \frac{\text{s}}{\text{cm}} \cdot 2 \frac{\text{m/s}}{\text{cm}} = 2 \text{ m/cm}^2$$

also

$$1 \text{ cm}^2 \mathrel{\widehat{=}} 2 \text{ m}$$

Zeichnet man die gesuchte (s, t)-Kurve in die gegebene (v, t)-Kurve hinein, so ist zunächst der Weg-Maßstab zu wählen: in Abb. 45,2

$$1 \text{ cm} \triangleq 20 \text{ m}, \quad y_s = 20 \text{ m/cm}$$

Die (s, t)-Kurve wird nunmehr punktweise bestimmt, indem man von der Ordinate 160 m aus waagerecht auf die erste Trennordinate geht. Hier wird senkrecht der gefundene Wegzuwachs Δs_1 maßstabsgerecht hinzugefügt und von dort die Waagerechte zur nächsten Trennordinate gezogen. Wenn man auch hier den Wegzuwachs Δs_2 hinzufügt und so fortfährt, erhält man nacheinander die Punkte der (s, t)-Linie, die man durch eine Kurve verbindet. Die Ergebnisse werden zweckmäßig wie in untenstehender Zahlentafel zusammengetragen.

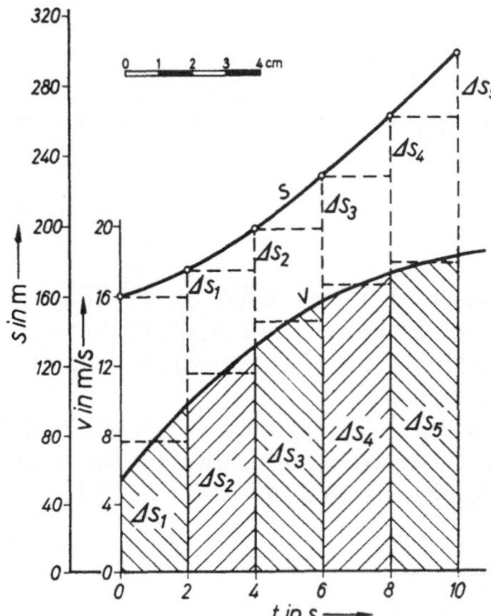

Abb. 45,2. Zeichnerisches Integrieren einer (v, t)-Kurve zur Ermittlung der (s, t)-Kurve
t-Achse 1 cm $\triangleq$ 1 s v-Achse 1 cm $\triangleq$ 2 m/s s-Achse 1 cm $\triangleq$ 20 m

Zeit	Weg-zuwachs	Gesamt-weg
t	Δs	s
s	m	m
0	—	160
2	15,4	175,4
4	23,6	199,0
6	29,5	228,5
8	33,6	262,1
10	36,0	298,1

B. Dynamik
der fortschreitenden (Translations-)Bewegung

46. Trägheitsgesetz

In der bisher behandelten reinen Bewegungslehre (Kinematik) waren die kennzeichnenden Begriffe Zeit, Weg, Geschwindigkeit und Beschleunigung. Wir haben bisher nicht nach den Ursachen für das Zustandekommen einer Bewegung gefragt. Das führt uns aber in das eigentliche Gebiet der Dynamik.

In der Dynamik untersucht man die Wechselbeziehung zwischen Bewegungen und Kräften. Die geltenden Gesetze folgen aus der Erfahrung, die man durch zahlreiche Versuche gewinnt. Wir wissen, daß ein ruhender Körper sich nicht selbst in Bewegung setzt. Hierzu bedarf es der Wirkung einer Kraft. Umgekehrt kommt ein bewegter Körper, z. B. eine Kugel auf glatter, ebener Bahn zur Ruhe. Bewegungshemmende Kräfte wie Bodenreibung und Luftwiderstand sind die Ursache hierfür. Auf einer besonders glatten Bahn, z. B. einer Eisfläche, rollt die Kugel viel weiter. Dabei ist die Bahn grundsätzlich geradlinig, wenn nicht äußere Kräfte die Kugel aus der geradlinigen herauszwingen.

Diese Überlegungen führten GALILEI[1] im Jahre 1638 zu dem von ihm aufgestellten *Trägheits-* oder *Beharrungsgesetz*:

Satz 49: *Jeder Körper beharrt im Zustand der Ruhe oder der gleichförmig geradlinigen Bewegung, solange keine Kraft auf ihn einwirkt.*

Dieses Gesetz ist nicht zu beweisen, aber alle aus diesem Gesetz gezogenen Schlußfolgerungen haben bisher keinen Widerspruch mit den praktischen Erfahrungen ergeben.

47. Dynamisches Grundgesetz

Nach dem Trägheitsgesetz müssen wir für jede Bewegungsänderung, d. h. für jede Beschleunigung, Verzögerung oder Richtungsänderung eines frei beweglichen Körpers eine bestimmte Kraft F aufbringen, gleichgültig ob der Körper vorher ruhte oder schon in Bewegung war. Durch Versuche läßt sich nachweisen, daß sich diese Kraft für denselben frei beweglichen Körper verhältnisgleich mit der Beschleunigung a ändert. Außerdem wissen wir aus der Erfahrung, daß mit der gleichen Kraft die erreichbare Beschleunigung kleiner wird, wenn die Stoffmenge des zu beschleunigenden Körpers größer, er also dadurch „träger" geworden ist. Jeder Körper besitzt einen Trägheitswiderstand, mit dem er sich gegen Bewegungsänderungen „sträubt", und verschiedene Körper unterscheiden sich durch ihre Eigenschaft der Trägheit. Als Maß für die Trägheit dient der Quotient $\frac{F}{a}$. Man nennt ihn die „träge Masse" m und mißt sie in Kilogramm (kg):

$$m = \frac{F}{a} \tag{47,1a}$$

Die Masse eines Körpers kann auch dadurch bestimmt werden, daß man ihn frei fallen läßt. Dann wirkt als beschleunigende Kraft die Gewichtskraft G, und die zugehörige Beschleunigung ist die Fallbeschleunigung g:

$$m = \frac{G}{g} \tag{47,2a}$$

Man spricht hierbei von der „Schwere der Masse". Bei allen Versuchen hat sich ergeben, daß die „träge Masse" zahlenmäßig gleich der „schweren Masse" ist, so daß wir sie einander gleichsetzen können.

Durch Umformung der Gl. (47,1a) kommt man zu dem von NEWTON[2] im Jahre 1687 aufgestellten *dynamischen Grundgesetz*:

$$\boxed{F = m \cdot a} \tag{47,1}$$

Satz 50: *Kraft gleich Masse mal Beschleunigung.*

---

[1] GALLILEO GALILEI, 1564···1642, italienischer Physiker, Astronom und Philosoph, Begründer der neuzeitlichen Physik.
[2] ISAAC NEWTON, 1642···1726, englischer Physiker, Mathematiker und Astronom, Begründer der klassischen Mechanik.

48. Einheit der Masse und der Kraft

Als Maß für die Stoffmenge, den Trägheitswiderstand und die Schwere eines Körpers haben wir die Masse m kennengelernt. Sie kann durch Vergleich mit Körpern bekannter Masse, z. B. auf einer Hebelwaage, bestimmt werden. Als gesetzliche Maßeinheit wurde das Kilogramm (kg) eingeführt, dessen internationaler Kilogrammprototyp, ein Platin-Iridium-Zylinder, im internationalen Büro für Maße und Gewichte in Sèvres bei Paris aufbewahrt wird.

Da die Masse m eine kennzeichnende, unveränderliche Eigenschaft eines Körpers ist, hat man sie neben der Länge und der Zeit als weitere sogenannte *Grundgröße* gewählt. Damit wird auch die Einheit der Masse, das kg, eine *Grundeinheit*. Ihre Vielfache sind

$$1 \text{ Gramm (g)} = 10^{-3} \text{ kg}; \ 1 \text{ kg} = 1000 \text{ g}$$

$$1 \text{ Tonne (t)} = 10^{3} \text{ kg}; \ 1000 \text{ kg} = 1 \text{ t}$$

Für die Masse $m = 1$ kg und die Beschleunigung $a = 1$ m/s² errechnet sich die kohärente Einheit[1] der Kraft nach Gl. (47,1)

$$m \cdot a = F$$

$$1 \text{ kg} \cdot 1 \text{ m/s}^2 = 1 \text{ kg m/s}^2 = 1 \text{ N}$$

Die Kraft F erhält demnach die Einheit kg m/s². Man nennt die Einheit N (Newton).

Erklärung: *1 N (Newton) ist nach dem dynamischen Grundgesetz die Kraft, welche der Masse 1 kg die Beschleunigung 1 m/s² erteilt.*

Das *internationale Einheitensystem*[2] (m-kg-s-*System*) läßt für die Kraft keine weitere Einheit zu und schreibt auch für weitere mit der Kraft verbundene Beziehungen die Benutzung kohärenter Einheiten vor. Aus Gl. (47,2a) ergibt sich die Gewichtskraft zu:

$$G = m \cdot g \tag{48,1}$$

DIN 1305 setzt sich mit der Doppeldeutigkeit des Wortes „Gewicht" auseinander, weil es sowohl zur Angabe von Mengen im Sinne eines Wägeergebnisses, das in Masseneinheiten gewonnen und angegeben ist, benutzt wird, dann also eine *Masse* ist z. B. in kg, als auch als *Kraft* z. B. in N oder kp aufgefaßt und benutzt wird. DIN 1305 empfiehlt in letzterem Falle an Stelle des Wortes Gewicht das Wort „*Gewichtskraft*" zu verwenden, im anderen Falle das tatsächlich gemeinte Wort *Masse* zu benutzen. Die Gewichtskraft tritt z. B. im Seil einer Schachtförderung auf, hervorgerufen durch den frei aufgehängten

---

[1] Kohärente Einheiten sind nach DIN 1301 derart aufeinander abgestimmte Einheiten, daß sich bei Einheitenrechnungen keine von Eins verschiedene Zahlenfaktoren ergeben.

[2] Kurzbezeichnung: SI-Grundeinheiten. Ihre Grundgrößen sind außer der Länge in Meter (m), der Zeit in Sekunden (s) und der Masse in Kilogramm (kg) noch die elektrische Stromstärke in Ampere (A), die Temperatur in Grad Kelvin (°K) und die Lichtstärke in Candela (cd). In diesem Buch interessieren hiervon im allgemeinen nur die drei ersten m-kg-s-Einheiten.

Förderkorb (Schwerkraft). Die Gewichtskraft können wir wie jede Kraft durch eine Federwaage messen.

Während jedoch ein 1 kg Wägestück überall auf der Erde und außerhalb der Erde, z. B. auf einem anderen Planeten seine Masse, d. h. seine Stoffmenge oder Trägheit unverändert behält, ändert sich die Gewichtskraft G nach Gl. (48,1) infolge der veränderlichen Fallbeschleunigung mit dem Ortswechsel. Zur Vorbereitung eines Überganges zum internationalen Einheitensystem, in dem die Gewichtskraft in N bzw. kg m/s^2 gemessen wird, ist eine *Einheitenzusammenstellung* vorgeschlagen, bei der als Einheit der Kraft, also auch der Gewichtskraft, das Kilopond (kp) zugelassen ist, daher m-kg-s-(kp)-System genannt. Die Vielfachen des kp sind:

$$1 \text{ Pond (p)} = 10^{-3} \text{ kp}; \quad 1 \text{ kp} = 1\,000 \text{ p}$$

$$1 \text{ Megapond (Mp)} = 10^3 \text{ kp}; \quad 1\,000 \text{ kp} = 1 \text{ Mp}$$

Mit der *Normfallbeschleunigung* $g_n = 9{,}806\,65$ m/s^2 ergibt sich nach Gl. (48,1) die *Normgewichtskraft* G_n

$$m \cdot g_n = G_n \ (= \text{Normgewichtskraft})$$

$$1 \text{ kg} \cdot 9{,}806\,65 \text{ m/s}^2 = 9{,}806\,65 \text{ kg m/s}^2 = 1 \text{ kp}$$

Erklärung: *Die Masse 1 kg hat an einem Ort mit der Normfallbeschleunigung $g_n = 9{,}806\,65$ m/s^2 die Gewichtskraft 1 kp.*

Praktisch können wir in technischen Rechnungen im Bereich der Erdfallbeschleunigung $g = 9{,}81$ m/s^2 setzen. Für diesen Bereich haben für den gleichen Körper die Masse m in kg und die Gewichtskraft G in kp gleiche Zahlenwerte. Das bedeutet allerdings nicht, daß wir 1 kg mit 1 kp gleichsetzen dürfen. Wir brauchen jedoch nicht (wie beim Rechnen im technischen Maßsystem) die Masse aus der Gewichtskraft und der Fallbeschleunigung nach Gl. (47,2a) zu berechnen. Es gilt vielmehr *im Bereich der Erdfallbeschleunigung*:

$$\boxed{\begin{array}{l} \textit{Die Masse eines Körpers } m \textit{ in kg hat den gleichen} \\ \textit{Zahlenwert wie seine Gewichtskraft in kp} \end{array}} \qquad (48{,}2)$$

Allerdings ergibt sich bei der Berechnung von Massenkräften mit der Masse in kg und der Beschleunigung in m/s^2 die Kraft in kg m/s^2 d. h. in N. Es muß danach eine *Umrechnung* in kp nach der allgemeinen Beziehung erfolgen:

$$1 \text{ kp} = 9{,}81 \text{ kg m/s}^2 = 9{,}81 \text{ N} \qquad (48{,}3)$$

bzw. mit dem *Umrechnungsfaktor*:

$$9{,}81 \ \frac{\text{N}}{\text{kp}} = 9{,}81 \ \frac{\text{kg m}}{\text{s}^2 \cdot \text{kp}} \qquad (48{,}3\,\text{a})$$

Zusammenfassend müssen wir feststellen, daß sich mit der Masseneinheit kg die kohärente Krafteinheit kg m/s^2 = N ergibt. Während aber das technische Einheitensystem (m-kp-s-System) die Masse aus der Einheit kp für die Kraft, also auch die Gewichtskraft ableitete, wird in der gewählten m-kg-s-(kp)-Einheitenzusammenstellung die Masse als Grundeinheit in kg gemessen und die Kraft hieraus abgeleitet. Da man jedoch zur Überleitung auf ein später allgemein zu verwendendes internationales m-kg-s-Einheitensystem zunächst als Krafteinheit das Kilopond (kp) zuläßt, ergeben sich eine Reihe von Schwierigkeiten, zu denen auch die Notwendigkeit gehört, in allen Rechnungen mit der Masse oder mit massenabhängigen Größen mit $9{,}81\,\dfrac{\text{kg m}}{\text{s}^2 \cdot \text{kp}}$ umzurechnen. Es muß darauf hingewiesen werden, daß dieser Umrechnungsfaktor zwar den gleichen Zahlenwert hat wie die Erdfallbeschleunigung, jedoch mit dieser nicht identisch ist.

Man beachte, daß alle „Mengenangaben" als Masse in kg oder t anzugeben sind. Alles was man fördert, wägt, in Behälter oder Fördergefäße füllt, was eingebaut wird (z. B. Stahlträger) wird als „Menge" in kg oder t angegeben.

Betrachtet man allerdings die in Fördermitteln auftretenden Kräfte, so interessiert die auf die Stoffmenge wirkende Anziehungskraft der Erde. Mit der Angabe der Masse in kg bzw. in t ist jedoch nach (48,2) die „Gewichtskraft" in kp bzw. in Mp gegeben. Eine Umrechnung erübrigt sich. Allgemein kann man sagen[1]:

In Masseneinheiten ist anzugeben: Fördermenge (auch Förderstrom), Ladegewicht, Ladevermögen, Tragfähigkeit, Tragvermögen usw.

In Krafteinheiten ist anzugeben: Tragkraft, Last (Nutzlast), Belastung usw.

Wir benutzen in technischen Rechnungen eine Vielzahl *spezifischer Größen*, die auf die Einheit der Stoffmenge bezogen sind. Beim Rechnen im technischen Maßsystem waren diese auf die Gewichtskraft in kp bezogen. Mit der m-kg-s-(kp)-Einheitenzusammenstellung werden solche Größen wie im internationalen Einheitensystem *auf die Stoffmenge in kg bezogen*. Im Bereich der Erdfallbeschleunigung haben aber beide gleiche Zahlenwerte. Man beachte jedoch den Unterschied der Maßeinheiten.

Werden die Masse m und die Gewichtskraft G eines Körpers auf sein Volumen V bezogen, so erhalten wir folgende Größen:

Als spezifische Masse die

$$\textit{Dichte}\quad \varrho = \frac{m}{V}\ \text{in kg/m}^3\ \text{oder auch kg/dm}^3\ \text{usw.}\qquad(48{,}4)$$

Als spezifisches Gewicht die

$$\textit{Wichte}\quad \gamma = \frac{G}{V}\ \text{in kp/m}^3\ \text{oder auch kp/dm}^3\ \text{usw.}\qquad(48{,}5)$$

Wir können hierzu allgemein feststellen, daß wir beim Rechnen mit der m-kg-s-(kp)-Einheitenzusammenstellung

aus dem Volumen auf die Masse mit der Dichte, aber

aus dem Volumen auf die Gewichtskraft mit der Wichte

---

[1] HAEDER, Dr. cam. W.: Kilogramm und Kilopond im Bergbau, Glückauf 1964, S. 636/640. Siehe auch RIEDIGER, Dr. techn. Dr. jur. B.: Zur Frage der Maßeinheiten für Kraft und Wärme, DIN-Mitteilungen, 1965, S. 140/141.

schließen. Es gilt aber *im Bereich der Erdfallbeschleunigung*:

> *Die Dichte eines Körpers ϱ in kg/m^3 (bzw. kg/dm^3)*
> *hat den gleichen Zahlenwert wie seine Wichte γ*
> *in kp/m^3 (bzw. kp/dm^3)*

(48,6)

Nach (48,6) ist also mit der Angabe der Dichte in kg/m^3 auch die Wichte in kp/m^3 bekannt. Eine Umrechnung ist entbehrlich. Soll dagegen in einer Gleichung die Dichte durch die Wichte ausgedrückt werden, so erfolgt diese Umrechnung mit Gl. (48,1):

$$\gamma = \frac{G}{V} = \frac{m \cdot g}{V}$$

$$\gamma = \varrho \cdot g \tag{48,7}$$

Einige Beispiele sollen die in diesem Abschnitt angegebenen Zusammenhänge erläutern:

Beispiel 1: Der Inhalt eines Förderwagens beträgt 3,2 t Kohle. Welches ist die Gewichtskraft der Kohle in kp und in N?
Lösung: Nach Gl. (48,2)

$$G = 3,2 \text{ Mp} = 3200 \text{ kp}$$

Nach Gl. (48,3a)

$$G = 3200 \text{ kp} \cdot 9,81 \text{ N/kp} = 31\,400 \text{ N}$$

Beispiel 2: Die Nutzlast (größte überhängende Last) einer Schachtförderung beträgt 10 Mp. Sie soll mit einer Beschleunigung von $0,5 \text{ m/s}^2$ gehoben werden. Welche zusätzliche Beschleunigungskraft in kp ist im Seil aufzubringen?
Lösung 1: Gegeben: $G_{\ddot{u}} = 10 \text{ Mp} = 10\,000 \text{ kp}; m_{\ddot{u}} = 10\,000 \text{ kg}; a = 0,5 \text{ m/s}^2$. Gesucht $F = ?$
Nach Gl. (47,1)

$$F = m_{\ddot{u}} \cdot a = 10\,000 \text{ kg} \cdot 0,5 \text{ m/s}^2 = 5000 \text{ kg m/s}^2 = 5000 \text{ N}$$

Nach Gl. (48,3a)

$$F = \frac{5000 \text{ N}}{9,81 \text{ N/kp}} = 510 \text{ kp}$$

Lösung 2: Man hätte die Größengleichung (47,1) auch sofort wie folgt lösen können:

$$F = m_{\ddot{u}} \cdot a = \frac{10\,000 \text{ kg} \cdot 0,5 \text{ m/s}^2}{9,81 \frac{\text{kg m}}{\text{s}^2 \cdot \text{kp}}} = 510 \text{ kp}$$

Beispiel 3: 30 Förderwagen mit je 2500 kg Gesamtmasse sollen von einer Lokomotive auf söhliger Fahrbahn beschleunigt angefahren werden. Nach Abzug der Widerstandskräfte verbleibt zur Beschleunigung am Zughaken eine Kraft von 918 kp. Zu berechnen ist die Beschleunigung.
Lösung 1: Gegeben: $m = 30 \cdot 2500 \text{ kg} = 75\,000 \text{ kg}; F = 918 \text{ kp};$ die Kraft rechnen wir um: $F = 918 \text{ kp} \cdot 9,81 \frac{\text{kg m}}{\text{s}^2 \cdot \text{kp}} = 9000 \text{ kg m/s}^2$. Gesucht $a = ?$
Nach Gl. (47,1) $\quad F = m \cdot a$

$$a = \frac{F}{m} = \frac{9000 \text{ kg m/s}^2}{75\,000 \text{ kg}} = 0,12 \text{ m/s}^2$$

Lösung 2: Ohne vorherige Umrechnung der Kraft F:

$$a = \frac{F}{m} = \frac{918 \text{ kp} \cdot 9,81 \text{ kg m}}{75\,000 \text{ kg} \cdot \text{s}^2 \cdot \text{kp}} = 0,12 \text{ m/s}^2$$

Lösung 3: In der Größengleichung (37,1) $F = m \cdot a$ läßt sich nach Gl. (47,2 a) auch schreiben:

$$m = \frac{G}{g}$$

Diese Gleichung ist nach vorstehenden Ausführungen *keine Definitionsgleichung der Masse*. Sie dient also auch nicht zur Berechnung einer Masse in der m-kg-s-(kp)-Einheitenzusammenstellung. Setzen wir aber in Größengleichungen diesen Wert für die Masse ein, so erhalten wir mit G in kp auch die Kraft in kp:

$$F = m \cdot a = \frac{G}{g} \, a$$

Damit ergibt sich

$$a = \frac{F \cdot g}{G} = \frac{918 \,\text{kp} \cdot 9{,}81 \,\text{m/s}^2}{75\,000 \,\text{kp}} = 0{,}12 \,\text{m/s}^2$$

Die Beispiele 2 und 3 zeigen verschiedene Wege zur Lösung. Nach einiger Übung wird man meist die Lösungen 2 der beiden Beispiele bevorzugen. Lösung 3 des Beispieles 3 führt ohne Umrechnung zur Größengleichung mit einem sinnvollen Ergebnis, wenn man beachtet, daß die Gewichtskraft G in der Einheit einzusetzen ist, in der auch die Kraft F gegeben ist oder gewünscht wird.

Beispiel 4: Ein Förderwagen von der Gesamtmasse 2,4 t soll aus dem Stillstand auf einem Wege von 40 m gleichmäßig auf 2 m/s beschleunigt werden. Welche Beschleunigungskraft ist bei Vernachlässigung der Widerstandskräfte aufzubringen?

Lösung 1: Gegeben: $m = 2{,}4 \,\text{t} = 2400 \,\text{kg}$; $G = 2400 \,\text{kp}$; $s = 40 \,\text{m}$; $v = 2 \,\text{m/s}$. Gesucht $F = ?$

Nach Gl. (38,4)

$$a = \frac{v^2}{2\,s} = \frac{(2 \,\text{m/s})^2}{2 \cdot 40 \,\text{m}} = 0{,}05 \,\text{m/s}^2$$

Nach Gl. (47,1)

$$F = m \cdot a = \frac{2400 \,\text{kg} \cdot 0{,}05 \,\text{m/s}^2}{9{,}81 \,\dfrac{\text{kg}\,\text{m}}{\text{s}^2 \cdot \text{kp}}} = 12{,}2 \,\text{kp}$$

Lösung 2: $\quad F = \dfrac{G}{g}\, a = \dfrac{2400 \,\text{kp} \cdot 0{,}05 \,\text{m/s}^2}{9{,}81 \,\text{m/s}^2} = 12{,}2 \,\text{kp}$

Beispiel 5: Ein Holzbalken von $l = 6 \,\text{m}$ Länge und 150 cm² Querschnitt liegt symmetrisch auf zwei Stützen in $l_1 = 4 \,\text{m}$ Abstand. Zu berechnen sind die Stützkräfte, die durch die Eigengewichtskraft bei einer Dichte von 0,7 kg/dm³ hervorgerufen werden.

Lösung: Gegeben: $l = 6 \,\text{m} = 60 \,\text{dm}$; $A = 150 \,\text{cm}^2 = 1{,}5 \,\text{dm}^2$; $l_1 = 4 \,\text{m}$; $\varrho = 0{,}7 \,\text{kg/dm}^3$; $\gamma = 0{,}7 \,\text{kp/dm}^3$. Gesucht F_1 und $F_2 = ?$

$$G = \gamma \cdot V = \gamma \cdot l \cdot A = 0{,}7 \,\text{kp/dm}^3 \cdot 60 \,\text{dm} \cdot 1{,}5 \,\text{dm}^2 = 63 \,\text{kp}$$

$$F_1 = F_2 = \frac{G}{2} = \frac{63 \,\text{kp}}{2} = 31{,}5 \,\text{kp}$$

49. Von der Wirkung der Kraft auf geradliniger Bahn

a) Prinzip von d'Alembert[1]

Wir betrachten einen Förderwagen auf söhliger Fahrbahn (Abb. 49,1a), der den Widerstand F_R hat. Zunächst soll er gleichförmig bewegt werden. Hierzu muß die Lokomotive an der Kupplung mit einer

---

[1] JEAN LE ROND D'ALEMBERT 1717···1783, französischer Physiker, Mathematiker und Philosoph.

Zugkraft F_1 ziehen. Dabei wirkt der Wagen mit der Widerstandskraft F_R an der Kupplung, die nach dem Gesetz der Wechselwirkung gleich F_1 ist. Also $F_1 = F_R$.

Der Förderwagen soll nun mit der Beschleunigung a bewegt werden. Nach dem dynamischen Grundgesetz ist hierfür eine Zugkraft $F_2 = m \cdot a$ erforderlich. Insgesamt muß jetzt die Lokomotive eine größere Kraft $F = F_1 + F_2$ ausüben. Die Gegenkraft, mit der der Wagen auf die Kupplung wirkt, ist also größer geworden. Der Zuwachs ist die Kraft $m \cdot a$, die ihre Ursache in der dem Förderwagen innewohnenden Trägheit hat. Wir nennen die durch die Trägheit bedingte Gegenwirkung *Trägheits-* oder *Massenkraft.* Sie ist eine *innere Kraft* und *der Beschleunigung entgegengerichtet.*

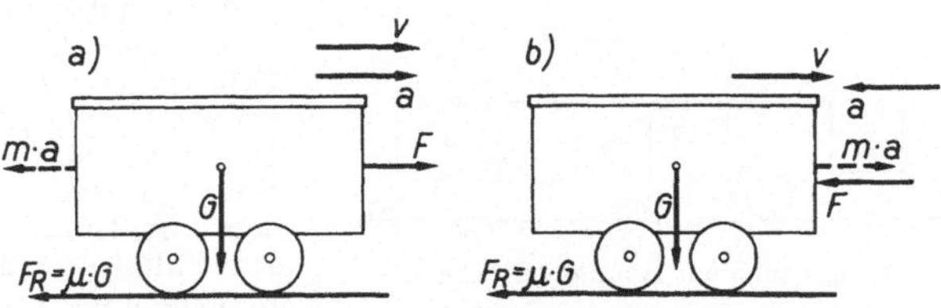

Abb. 49,1. Bewegung eines Förderwagens auf söhliger Bahn
a) Kräfte bei der Beschleunigung, b) Kräfte bei der Verzögerung

Ohne Berücksichtigung des Eigenwiderstandes des Wagens haben wir demnach zwischen der am Haken wirkenden Beschleunigungskraft F_2 und der Massenkraft $m \cdot a$ Gleichgewicht. Zum Unterschied vom *statischen Gleichgewicht*, das bei Ruhe bzw. bei gleichförmiger Bewegung vorliegt, und bei dem nur äußere Kräfte sich das Gleichgewicht halten, nennen wir die Beziehung

$$F_2 = m \cdot a$$

oder

$$F_2 - m \cdot a = 0$$

das dynamische Gleichgewicht. Es können auch äußere Kräfte einen in Bewegung befindlichen Körper verzögern. Ohne Berücksichtigung der Reibung müßte dann die Verzögerungskraft F_2 und die Massenkraft $m \cdot a$ im dynamischen Gleichgewicht sein (Abb. 49,1b). Schließlich können auch mehrere Beschleunigungs- oder Verzögerungskräfte an einem Körper gleichzeitig wirksam sein. Allgemein gilt das

Prinzip von D'ALEMBERT:

Satz 51: Bei einem beschleunigt (oder verzögert) bewegten Körper besteht zwischen den beschleunigenden (oder verzögernden) Kräften und den Massenkräften dynamisches Gleichgewicht.

Wenden wir jetzt diesen Satz auf obige Beispiele der Abb. 49,1a und b an, so ergibt sich für die beschleunigte Bewegung Abb. 49,1a

$$F - F_R - m \cdot a = 0$$

bzw. für die verzögerte Bewegung Abb. 49,1b

$$-F - F_R + m \cdot a = 0$$

Man erkennt, daß das Prinzip von D'ALEMBERT gestattet, eine Aufgabe der Dynamik wie eine Statikaufgabe zu behandeln. Wir fügen zu den äußeren Kräften nur noch die Massenkräfte als sogenannte D'ALEMBERT*sche Hilfskräfte* entgegen der Richtung der Beschleunigung bzw. Verzögerung an. Dann können wir die Aufgabe nach den Gleichgewichtsbedingungen der Statik lösen. Wir müssen aber immer beachten

die Massenkraft (D'ALEMBERTsche Hilfskraft) ist immer *entgegen der Beschleunigung oder Verzögerung,*

die *Reibungskraft* ist immer *entgegen der Bewegungsrichtung* anzubringen.

Beispiel: Eine Lokomotive zieht auf söhliger Fahrbahn zwei Förderwagen, deren erster, mit Bergen beladen, eine Gesamtmasse von 3 t, deren zweiter, mit Kohle beladen, eine Gesamtmasse von 2,2 t hat. Der Fahrwiderstand der Wagen beträgt 15 kp/Mp (Abb. 49,2). Der Förderzug erreicht auf einer Strecke von 12 m aus dem Stillstand eine Geschwindigkeit von 15,8 km/h. Bestimme die in den Kupplungen übertragenen Zugkräfte a) während des Anfahrens, b) bei gleichförmiger Fahrt.

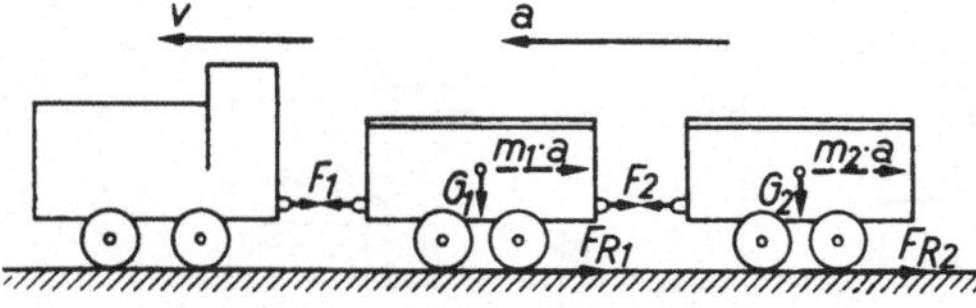

Abb. 49,2. Grubenbahn mit zwei Förderwagen

Lösung: Gegeben: $m_1 = 3\,\text{t} = 3\,000\,\text{kg}$; $m_2 = 2,2\,\text{t} = 2\,200\,\text{kg}$;
$G_1 = 3\,\text{Mp} = 3\,000\,\text{kp}$; $G_2 = 2,2\,\text{Mp} = 2\,200\,\text{kp}$; $s = 12\,\text{m}$; $w = 15\,\text{kp/Mp}$;

$$v = 15,8\,\text{km/h} = \frac{15,8\,\text{km/h}}{3,6\,\dfrac{\text{km/h}}{\text{m/s}}} = 4,39\,\text{m/s}$$

$$F_{R_1} = 15\,\text{kp/Mp} \cdot 3\,\text{Mp} = 45\,\text{kp}$$

$$F_{R_2} = 15\,\text{kp/Mp} \cdot 2,2\,\text{Mp} = 33\,\text{kp}$$

a) Nach Gl. (38,4)

$$a = \frac{v^2}{2s} = \frac{(4,39\,\text{m/s})^2}{2 \cdot 12\,\text{m}} = 0,8\,\text{m/s}^2$$

Für den zweiten Zughaken ergibt sich

$$F_2 = F_{R_2} + m_2 \cdot a = F_{R_2} + \frac{G_2}{g}\,a = 33\,\text{kp} + \frac{2\,200\,\text{kp}}{9,81\,\text{m/s}^2}\,0,8\,\text{m/s}^2 = 213\,\text{kp}$$

Für den Lokomotiv-Zughaken ergibt sich

$$F_1 = F_{R_1} + m_1 \cdot a + F_2 = F_{R_1} + \frac{G_1}{g}\,a + F_2$$

$$= 45\,\text{kp} + \frac{3\,000\,\text{kp}}{9,81\,\text{m/s}^2}\,0,8\,\text{m/s}^2 + 213\,\text{kp} = 503\,\text{kp}$$

b) Massenkräfte sind nicht vorhanden

$$F_2' = F_{R_2} = 33\,\text{kp}$$

$$F_1' = F_{R_1} + F_2' = (45 + 33)\,\text{kp} = 78\,\text{kp}$$

Beispiel: Ein Auto mit der Masse 1260 kg soll aus der Fahrgeschwindigkeit 90 km/h auf 90 m Bremsstrecke zum Stehen gebracht werden. Zur Vereinfachung wird vom Fahrwiderstand abgesehen. Bestimme a) die erforderliche Bremskraft und b) die Bremszeit.

Lösung: Gegeben: $m = 1260$ kg; $v_0 = 90$ km/h $= 25$ m/s; $s = 90$ m

a) Nach Gl. (38,9 b) ist

$$s = \frac{v_0^2}{2\,a}\;;\quad a = \frac{v_0^2}{2\,s} = \frac{(25\ \text{m/s})^2}{2\cdot 90\ \text{m}} = 3,47\ \text{m/s}^2$$

erforderliche Bremskraft

$$F_0 = m\cdot a = \frac{1200\ \text{kg}\cdot 3,47\ \text{m/s}^2}{9,81\ \dfrac{\text{kg m}}{\text{s}^2\ \text{kp}}} = 445\ \text{kp}$$

b) Nach Gl. (38,6 b) ist

$$v_0 = a\cdot t;\quad t = \frac{v_0}{a} = \frac{25\ \text{m/s}}{3,47\ \text{m/s}^2} = 7,2\ \text{s}$$

Beispiel: Bei einer Gefäßförderung hat das beladene Gefäß eine Gesamtmasse von 14,5 t. Es wird von der Fördermaschine beim Heben in 15 s auf eine Geschwindigkeit von 17,6 m/s gleichmäßig beschleunigt. Bestimme a) die Seilzugkraft während der Beschleunigungsperiode. b) Um wieviel Prozent wächst die Seilzugkraft durch die Massenkräfte gegenüber der Seilzugkraft bei ruhender Last. c) Wie groß ist die Seilzugkraft wenn das Fördergefäß mit derselben Beschleunigung gesenkt wird ? (Abb. 49,3.)

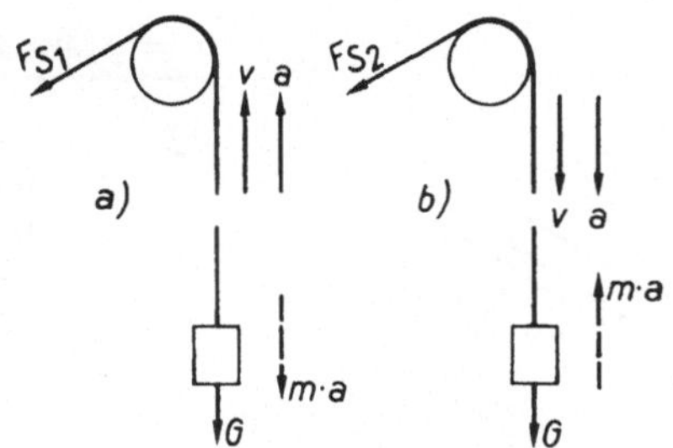

Abb. 49,3. Gefäßförderung
a) Heben, b) Einhängen

Lösung: Gegeben: $m = 14,5\ \text{t} = 14500$ kg; $G = 14500$ kp; $t = 15$ s;

$$v = 17,6\ \text{m/s}$$

a)
$$v = a\cdot t;\quad a = \frac{v}{t} = \frac{17,6\ \text{m/s}}{15\ \text{s}} = 1,175\ \text{m/s}^2$$

Gemäß Abb. 49,3 a gilt für die Gleichgewichtsbedingungen $\sum F_y = 0$

$$F_{s_1} - G - m\cdot a = 0$$

$$F_{s_1} = G + m\cdot a = G + \frac{G}{g}\,a = G\left(1 + \frac{a}{g}\right)$$

$$= G\left(1 + \frac{1,175\ \text{m/s}^2}{9,81\ \text{m/s}^2}\right) = 1,12\,G = 1,12\cdot 14500\ \text{kp} = 16240\ \text{kp}$$

b) Die Seilzugkraft wächst von $F_s = G$ in Ruhe auf $F_{s_1} = 1,12\,G$ bei der Anfahrbeschleunigung, also Zunahme der Seilzugkraft $= 12\%$.

c) Gemäß Abb. 49,3 b gilt für $\sum F_y = 0$

$$F_{s_2} - G + m\cdot a = 0$$

$$F_{s_2} = G - m\cdot a = G - \frac{G}{g}\,a = G\left(1 - \frac{a}{g}\right)$$

$$= G\left(1 - \frac{1,175\ \text{m/s}^2}{9,81\ \text{m/s}^2}\right) = 0,88\,G = 0,88\cdot 14500\ \text{kp} = 12760\ \text{kp}$$

Anmerkung: Der beschleunigt gehobene Körper ruft eine größere Gewichtskraft, der beschleunigt gesenkte eine kleinere Gewichtskraft hervor.

14*

b) Geneigte Ebene

In der Statik wurden bereits im Abschn. 26a die Kraftverhältnisse bei gleichförmiger Bewegung eines Körpers auf geneigter Ebene
mit dem Neigungswinkel α untersucht. Für den Fall, daß ohne äußere
Kräfte, allein durch die Hangabtriebskraft $G \cdot \sin \alpha$ eine beschleunigte
Bewegung hervorgerufen wird, zeigt Abb. 49,4 die Kräfteuntersuchung.
Außer der bekannten Kräftezerlegung müssen wir noch *entgegen der
Richtung der Beschleunigung* nach dem Prinzip von D'ALEMBERT die
Massenkraft $m \cdot a$ hinzufügen. Dann ergibt sich

$$-G \cdot \sin \alpha + \mu \cdot G \cdot \cos \alpha + m \cdot a = 0$$

$$m \cdot a = m \cdot g (\sin \alpha - \mu \cdot \cos \alpha)$$

$$a = g (\sin \alpha - \mu \cdot \cos \alpha) \tag{49,1}$$

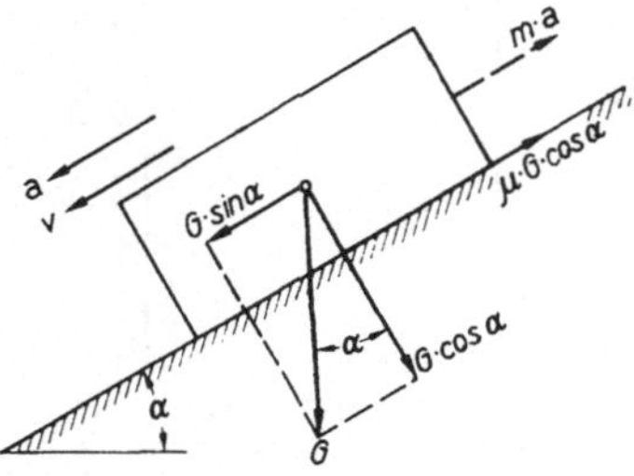

Abb. 49,4. Kräfte am freibeweglichen
Körper mit Reibung auf geneigter Ebene

Bei der Berechnung der Beschleunigung fällt die Masse heraus. Bleiben μ und α unverändert, so erhalten
schwere Körper dieselbe Beschleunigung wie leichte Körper.

Bei Grubenbahnen, Eisenbahnen
und Straßen wird die Neigung durch
das *Steigungsmaß* p z. B. in % angegeben.

Es ist dann

$$\tan \alpha = \frac{p}{100}$$

Bei kleinen Neigungen $\alpha \leqq 5°$ entsprechend $p \leqq 9\%$ kann man
näherungsweise $\sin \alpha \approx \tan \alpha$ und $\cos \alpha \approx 1$ setzen.
Damit wird

$$a = g (\tan \alpha - \mu) = g \left(\frac{p}{100} - \mu \right) \tag{49,2}$$

Beispiel: Auf einer Grubenbahn mit 8% Gefälle läuft ein Grubenwagen mit
2,8 Mp Gewichtskraft frei ab. Fahrwiderstand $\mu_f = 0,005$. Berechne a) die Geschwindigkeit, mit der der Wagen am Ende der 64 m langen Gefällestrecke ankommt, b) die Zeit, die zum Durchlaufen der Strecke benötigt wird.

Lösung: Gegeben: $\tan \alpha = \dfrac{p}{100} = \dfrac{8}{100} = 0,08$; $\mu_f = 0,005$; $s = 64$ m

a) Nach Gl. (49,2)

$$a = g (\tan \alpha - \mu_f) = 9,81 \text{ m/s}^2 \, (0,08 - 0,005) = 0,736 \text{ m/s}^2$$

Nach Gl. (38,4)

$$s = \frac{v^2}{2\,a} \; ; \; v = \sqrt{2a \cdot s} = \left(\sqrt{2 \cdot 0,736 \cdot 64} \right) \text{ m/s} = 9.7 \text{ m/s}$$

b) Nach Gl. (38,1)

$$v = a \cdot t; \; t = \frac{v}{a} = \frac{9,7 \text{ m/s}}{0,736 \text{ m/s}^2} = 13,2 \text{ s}$$

Bei beschleunigten oder verzögerten Bewegungen auf geneigter Ebene ergeben sich unter Berücksichtigung der Reibungswiderstände *drei Sonderfälle*, die in den Abb. 49,5a, b und c dargestellt sind. Bei der Kräfteuntersuchung unter Anwendung der Gleichgewichtsbedingungen nach dem Prinzip von D'ALEMBERT ist folgendes zu beachten:

1. Die *Hangabtriebskraft* $G \cdot \sin \alpha$ ist *stets abwärts gerichtet*.

2. Die *Reibungskraft* $\mu \cdot G \cdot \cos \alpha$ ist stets der *Bewegung* (in den Abbildungen durch v gekennzeichnet) *entgegengerichtet*.

3. Die D'ALEMBERT*sche Hilfskraft* (Massenkraft) $m \cdot a$ ist *stets der Beschleunigung oder Verzögerung* (in den Abbildungen durch a gekennzeichnet) *entgegengerichtet*.

1. Sonderfall (Abb. 49,5a): Ein Körper soll auf geneigter Ebene beschleunigt aufwärts bewegt werden.

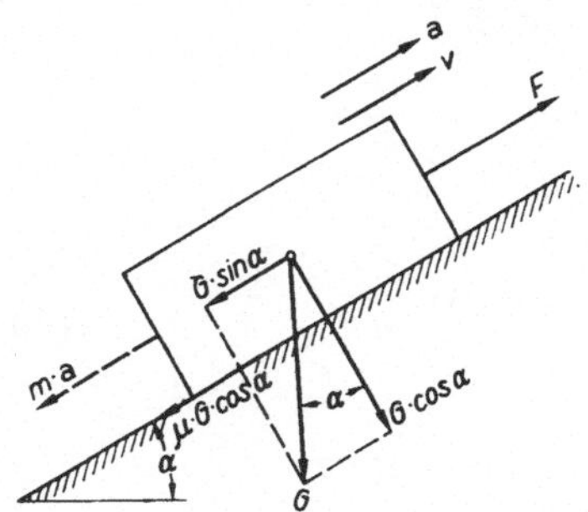

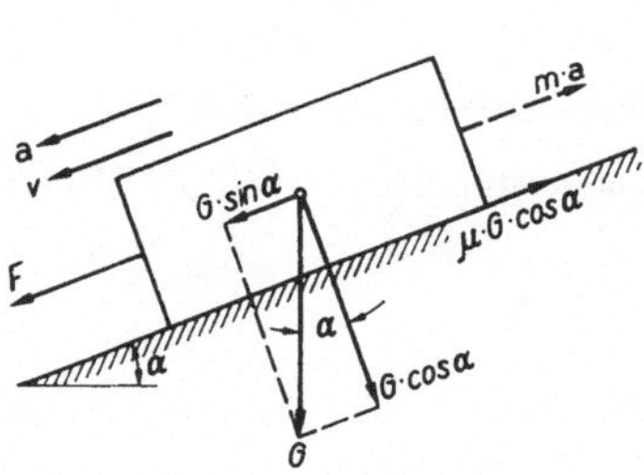

Abb. 49,5a. Beschleunigte Bewegung aufwärts auf geneigter Ebene

Abb. 49,5b. Beschleunigte Bewegung abwärts auf schwach geneigter Ebene

Hierzu müssen wir eine Kraft F anbringen, wie es in Abb. 49,5a dargestellt ist. Die Kräftezerlegung der Gewichtskraft und die Anbringung der Reibungskraft $\mu \cdot G \cdot \cos \alpha$ sowie die Massenkraft $m \cdot a$ erfolgt in bekannter Weise. Wenden wir jetzt die Gleichgewichtsbedingung $\Sigma F_X = 0$, an so ergibt sich

$$F - G \cdot \sin \alpha - \mu \cdot G \cdot \cos \alpha - m \cdot a = 0$$

Daraus lassen sich die erforderliche Beschleunigungskraft F oder die Beschleunigung a berechnen. Zum Beispiel wird die

Beschleunigung aufwärts $\quad a = \dfrac{F - G\,(\sin \alpha + \mu \cdot \cos \alpha)}{G} \cdot g \qquad (49,3)$

2. Sonderfall: (Abb. 49,5b): Ein Körper soll auf schwach geneigter Ebene beschleunigt abwärts bewegt werden:

Wir bringen wieder gemäß Abb. 49,5b eine abwärts gerichtete Kraft F und unter Beachtung obiger Regeln die übrigen äußeren Kräfte und die Massenkraft an. Dann ergibt sich für $\Sigma F_X = 0$:

$$-F - G \cdot \sin \alpha + \mu \cdot G \cdot \cos \alpha + \frac{G}{g} a = 0$$

Wir können wieder die Beschleunigung ermitteln

Beschleunigung abwärts $\quad a = \dfrac{F + G\,(\sin \alpha + \mu \cdot \cos \alpha)}{G} \cdot g \qquad (49,4)$

3. Sonderfall (Abb. 49,5c): Ein auf stark geneigter Ebene abwärts gleitender Körper soll verzögert werden.

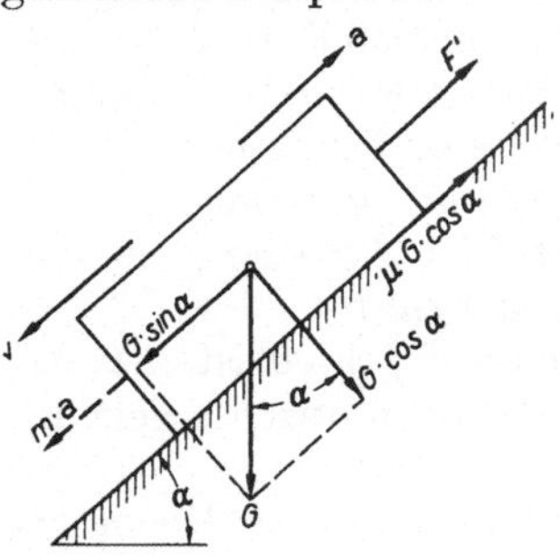

Abb. 49,5c. Verzögerte Bewegung eines auf stark geneigter Ebene abwärts gleitenden Körpers

Für die Verzögerung brauchen wir eine Haltekraft (Bremskraft) F', die der Bewegungsrichtung (v) entgegengerichtet ist. Die Verzögerung ist nach oben gerichtet, darum muß die D'ALEMBERTsche Hilfskraft $m \cdot a$ nach unten gerichtet eingezeichnet werden. Da aber die Bewegung (v) weiter nach unten gerichtet ist, muß die Reibungskraft $\mu \cdot G \cdot \cos \alpha$ nach oben gerichtet eingezeichnet werden, d. h. sie unterstützt die Verzögerung. Damit ergibt sich für $\Sigma\, F_X = 0$:

$$F' - G \cdot \sin \alpha + \mu \cdot G \cdot \cos \alpha - \frac{G}{g} a = 0$$

Daraus errechnen wir die

Verzögerung bei abwärts gleitendem Körper

$$a = \frac{F' + G\,(\mu \cdot \cos \alpha - \sin \alpha)}{G} \cdot g \tag{49,5}$$

50. Gleichförmige Kreisbewegung

Ein Körper (Kugel) mit der Masse m (Abb. 50,1) bewegt sich auf einem Kreise vom Radius r um den Punkt O. Ist die Winkelgeschwindigkeit ω dieser Kreisbewegung konstant, so ist auch die Umlaufgeschwindigkeit der Kugel $v = r \cdot \omega$ an allen Stellen der Kreisbahn gleich. Sie ändert dagegen ständig ihre Richtung, und zwar liegt sie stets in der Kreistangente. Da nach dem Trägheitsgesetz jeder Körper bestrebt ist, seine Geschwindigkeit nach Größe und Richtung beizubehalten, muß dauernd an ihm eine auf den Mittelpunkt zu gerichtete Kraft wirken, die ihn auf die Kreisbahn zwingt. Man nennt sie die *Zentripetalkraft* F_{C_p}. Praktisch wird sie durch eine Führung hervorgebracht, die in einem Seil oder bei der Kurvenförderung in Schienen bestehen kann. Hört die Führung plötzlich auf, indem man z. B. das Seil durchschneidet, so bewegt sich der Körper auf der Kreistangente weiter.

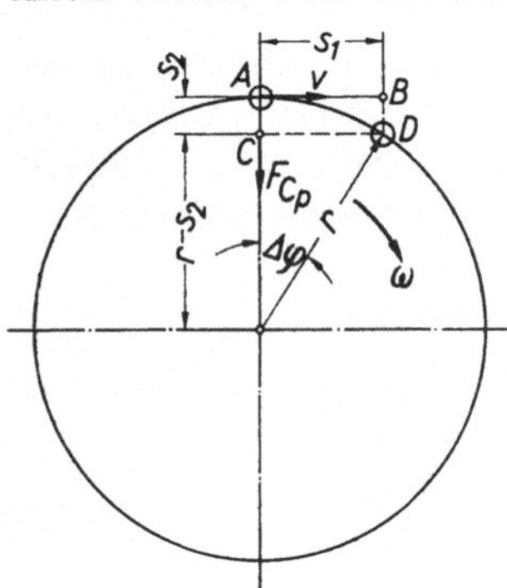

Abb. 50,1. Gleichförmige Kreisbewegung

Die Zentripetalkraft ruft nach dem dynamischen Grundgesetz eine auf den Mittelpunkt O zu gerichtete Beschleunigung hervor, die sogenannte *Zentripetalbeschleunigung a*. Ihre Berechnung ergibt sich wie folgt (Abb. 50,1).

Betrachten wir die Bewegung der Kugel innerhalb eines sehr kleinen Zeitabschnittes Δt, in dem sie sich von Punkt A nach Punkt D auf dem Kreisbogen bewegt, so überstreicht der Radius hierbei nach Gl. (41,4) den Winkel

$$\Delta\varphi = \omega \cdot \Delta t$$

und legt den Weg zurück

$$\overset{\frown}{AD} = s = r\,\Delta\varphi = r \cdot \omega \cdot \Delta t \tag{a}$$

Wir zerlegen jetzt diese Bewegung in zwei Teilbewegungen.

1. Wirkt die Zentripetalkraft nicht, so bewegt sich die Kugel gleichförmig auf der Kreistangente und legt den Weg zurück

$$\overline{AB} = s_1 = v \cdot \Delta t$$

2. Wirkt nur die Zentripetalbeschleunigung a, so macht die Kugel auf dem Radius von A zum Mittelpunkt O eine gleichmäßig beschleunigte Bewegung und legt den Weg zurück nach Gl. (38,3)

$$\overline{AC} = s_2 = \frac{1}{2}\,a \cdot \Delta t^2 \tag{b}$$

Aus dem rechtwinkligen Dreieck OCD folgt nach dem Satz des Pythagoras

$$(r - s_2)^2 + s_1^2 = r^2$$
$$r^2 - 2rs_2 + s_2^2 + s_1^2 = r^2$$
$$2rs_2 = s_1^2 + s_2^2$$

Aus dem rechtwinkligen Dreieck ACD mit der Sehne AD folgt nach dem Satz des Pythagoras

$$s_1^2 + s_2^2 = (\overline{AD})^2$$

Da Δt sehr klein gewählt wurde, kann die Sehne $\overline{AD}$ näherungsweise gleich dem Bogen $\overset{\frown}{AD} = s$ gesetzt werden. Es gilt demnach

$$2rs_2 = s^2$$

Setzt man für s_2 und s die in den Gln. (a) und (b) gefundenen Werte ein

$$2r\,\frac{1}{2}\,a \cdot \Delta t^2 = r^2 \cdot \omega^2 \cdot \Delta t^2$$

Daraus folgt die

$$\textit{Zentripetalbeschleunigung}\qquad \boxed{a = r \cdot \omega^2 = \frac{v^2}{r}} \tag{50,1}$$

Dann beträgt die Zentripetalkraft

$$\underline{F_{Cp} = m \cdot r \cdot \omega^2 = m\,\frac{v^2}{r}} \tag{50,2}$$

Die Massenkraft, mit welcher der Körper auf die Führung (Seil oder Schienen) wirkt, heißt *Zentrifugalkraft* oder *Fliehkraft* F_{Cf}. Sie ist stets radial nach außen, der Zentripetalkraft entgegengesetzt gerichtet und hat die gleiche Größe wie diese:

$$\underline{F_{Cf} = F_{Cp} = F_C} \tag{50,3}$$

Sie beansprucht im Falle eines Führungsseiles dieses zusammen mit der im Mittelpunkt wirkenden Haltekraft F auf Zug.

Durchfährt ein Förderwagen eine Kurve, so macht sich der Einfluß der Zentrifugalkraft geltend. Sollen die Spurkränze der Räder keinen Seitendruck gegen die Schienen ausüben, muß man die Schwellen gegen die Horizontale geneigt verlegen. Gemäß Abb. 50,2 ist die Neigung so zu wählen, daß die Resultierende aus F_C und G senkrecht zum geneigten Bahnkörper liegt. Damit wird nach dem Kräfteparallelogramm

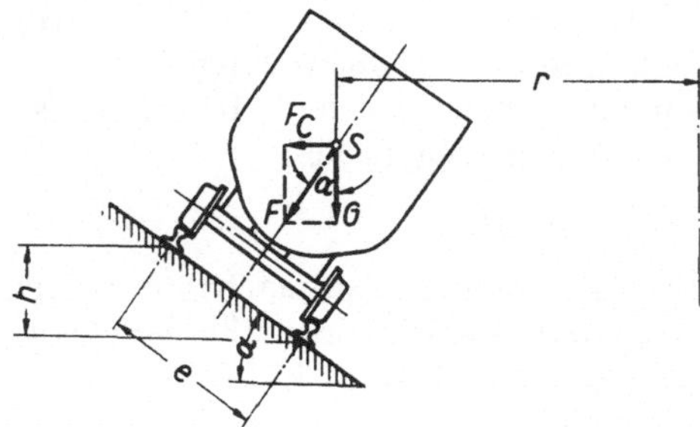

Abb. 50,2. Schienenüberhöhung bei der Wagenförderung in der Kurve

$$\tan \alpha = \frac{F_c}{G} = \frac{m\,\dfrac{v^2}{r}}{m \cdot g}$$

$$\tan \alpha = \frac{v^2}{g \cdot r}$$

Da α im allgemeinen klein ist und damit $\tan \alpha \approx \sin \alpha$, findet man die

$$\text{Überhöhung}: \quad h = e \cdot \sin \alpha \approx e \cdot \tan \alpha$$

Man erkennt, daß der erforderliche Bahnneigungswinkel α und die Überhöhung h unabhängig von der Wagenmasse sind, sich aber mit dem Quadrat der Fahrgeschwindigkeit vergrößern.

Beispiel: Welche Überhöhung müßte man einer Grubenbahn in einer Kurve von 8 m Radius geben, wenn sie von Förderwagen mit 15 km/h Geschwindigkeit durchfahren werden soll und die Spurweite 600 mm beträgt? (Abb. 50,2.)

$$v = 15 \text{ km/h} = \frac{15 \text{ km/h}}{3,6 \dfrac{\text{km/h}}{\text{m/s}}} = 4,17 \text{ m/s}$$

$$\tan \alpha = \frac{v^2}{g \cdot r} = \frac{(4,17 \text{ m/s})^2}{9,81 \text{ m/s}^2 \cdot 8 \text{ m}} = 0,2216; \quad \alpha = 12° \, 30'$$

$$h \approx e \cdot \tan \alpha = 600 \text{ mm} \cdot 0,2216 = 133 \text{ mm}$$

Bei einem *Fliehkraftregler* (Abb. 50,3) schlagen die an den Pendelstangen angebrachten Schwungkugeln infolge der Fliehkräfte um so weiter aus, je größer ihre Winkelgeschwindigkeit um die Drehachse ist. Sie heben dabei über Lenkerstangen eine Muffe. Ihre Verschiebung wird auf ein Einlaßventil übertragen, das den Dampfzutritt zum Dampfzylinder regelt, so daß sich unabhängig von der Belastung der Maschine immer die gleiche Drehzahl ergibt.

Die Schwungkugeln werden sich immer so einstellen, daß die Resultierende aus F_C und G durch den Aufhängepunkt O geht. Ist h der senkrechte Abstand des Kugelschwerpunktes vom Aufhängepunkt, die „Pendelhöhe", und r der Abstand von der Drehachse, so ergibt sich aus $\Sigma M_0 = 0$

$$G \cdot r - F_C \cdot h = 0$$

mit $F_C = m \cdot r \cdot \omega^2$ und $G = m \cdot g$ ergibt sich

$$m \cdot g \cdot r - m \cdot r \cdot \omega^2 \cdot h = 0$$

Pendelhöhe:

$$h = \frac{g}{\omega^2} \qquad (50,4)$$

Die Pendelstange stellt sich in Richtung der Resultierenden unter dem Winkel α ein, der sich nach dem Krafteck berechnet:

$$\tan \alpha = \frac{F_C}{G} = \frac{m \cdot r \cdot \omega^2}{m \cdot g} = \frac{r \cdot \omega^2}{g} \qquad (50,5)$$

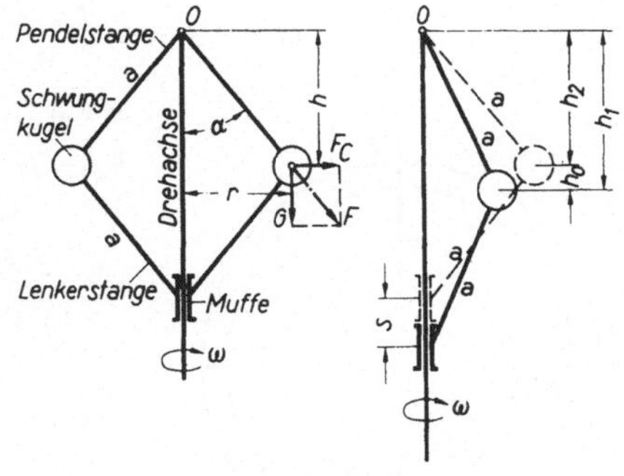

Abb. 50,3. Fliehkraftregler

Beispiel: Ein Fliehkraftregler nach Abb. 50,3 kommt von 120 min^{-1} auf 150 min^{-1}. Die Pendelstangen und Lenkerstangen haben die gleiche Länge a. a) Wie groß ist der senkrechte Kugelweg und b) die Hubhöhe s der Muffe beim Übergang auf die höhere Drehzahl?

Lösung: Nach der Zahlenwertgl. (41,2 a) ist

$$\omega_1 = \frac{\pi \cdot n_1}{30} = \frac{\pi \cdot 120}{30} = 4 \cdot \pi \quad \text{in s}^{-1}$$

$$\omega_2 = \frac{\pi \cdot n_2}{30} = \frac{\pi \cdot 150}{30} = 5 \cdot \pi \quad \text{in s}^{-1}$$

a) Nach Gl. (50,4) ist die Pendelhöhe bei 120 min^{-1}:

$$h_1 = \frac{g}{\omega_1^2} = \frac{9{,}81 \text{ m/s}^2}{(4\,\pi \text{ s}^{-1})^2} \approx \frac{1}{16} \text{ m} = 62{,}5 \text{ mm}$$

Pendelhöhe bei 150 min^{-1}:

$$h_2 = \frac{g}{\omega_2^2} = \frac{9{,}81 \text{ m/s}^2}{(5\,\pi \text{ s}^{-1})^2} \approx \frac{1}{25} \text{ m} = 40 \text{ mm}$$

Senkrechter Kugelweg:

$$h_0 = h_1 - h_2 = (62{,}5 - 40) \text{ mm} = 22{,}5 \text{ mm}$$

b) Das aus den Gelenkstäben a und der Drehachse gebildete Dreieck ist gleichschenklig, mithin

Hubhöhe der Muffe: $s = 2\,h_0 = 2 \cdot 22{,}5 \text{ mm} = 45 \text{ mm}$

Beispiel: Eine zweiteilige Seilscheibe (Abb. 50,4) mit 9500 kp Kranzgewichtskraft und 5600 mm mittlerem Durchmesser läuft mit einer Drehzahl von 60 min^{-1} bei höchster Seilgeschwindigkeit um. Die beiden Seilscheibenhälften werden durch insgesamt 8 Schrauben zusammengehalten. Berechne a) die Fliehkraft einer Scheibenhälfte und b) die Beanspruchung jeder der 8 Schrauben.

Lösung: a) Man denkt sich die Masse einer Seilscheibenhälfte im Schwerpunkt S im Abstand y_0 vom Mittelpunkt angreifend. Da die Wandstärke im Verhältnis zum Seilscheiben-Durchmesser sehr gering ist, kann man praktisch den Schwerpunkt des Halbkreisbogens mit dem mittleren Durchmesser $d_m = 5600$ mm als Angriffspunkt annehmen.

Nach Statik Gl. (19,1 b)

$$y_0 = \frac{d_m}{\pi} = \frac{5\,600\ \text{mm}}{\pi} = 1\,783\ \text{mm} = 1{,}783\ \text{m}$$

$$\omega = 2\,\pi \cdot n = \frac{2\,\pi \cdot 60\ \text{min}^{-1}}{60\ \text{s/min}} = 2\,\pi\ \text{s}^{-1}$$

Nach Gl. (50,2)

$$F_c = m \cdot r \cdot \omega^2 = \frac{G/2}{g} \cdot y_0 \cdot \omega^2$$

$$= \frac{9\,500\ \text{kp}}{2 \cdot 9{,}81\ \text{m/s}^2} \cdot 1{,}783\ \text{m}\ (2\,\pi\ \text{s}^{-1})^2 = 34\,050\ \text{kp}$$

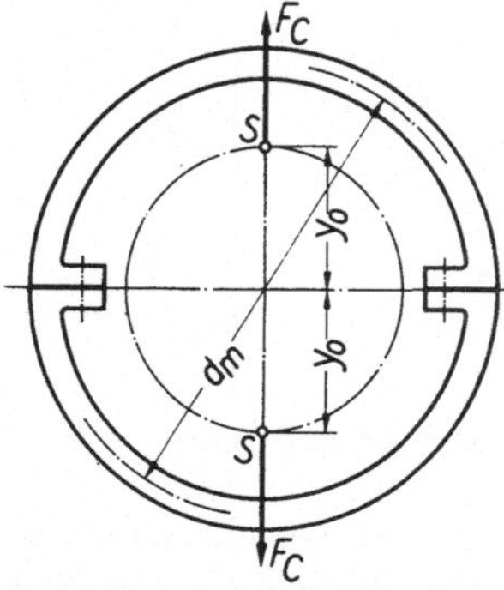

Abb. 50,4. Zweiteilige Seilscheibe

b) Die Fliehkraft wird in der gezeichneten Stellung der Abb. 50,4 um die Gewichtskraft einer Seilscheibenhälfte vergrößert, das ständig nach unten gerichtet ist. Diese Kraft verteilt sich auf 8 Schrauben. Dann ist

$$F = \frac{1}{8}\left(F_c + \frac{G}{2}\right)$$

$$= \frac{1}{8}\left(34\,050 + \frac{9\,500}{2}\right)\text{kp} = 4\,850\ \text{kp}$$

C. Arbeit, Energie, Leistung, Antrieb

51. Mechanische Arbeit

a) Grundgesetze

Ein niedergehendes Gewichtstück G bewegt über ein Seil einen Wagen um die Wegstrecke s (Abb. 51,1). Wir sagen, daß durch die von der Gewichtskraft G hervorgerufene Zugkraft auf dem Weg s eine Arbeit verrichtet wurde. Die Kraft wirkt in der Bewegungsrichtung. Wird die Wegstrecke verdoppelt, so wird auch die Arbeit doppelt so groß. Er-

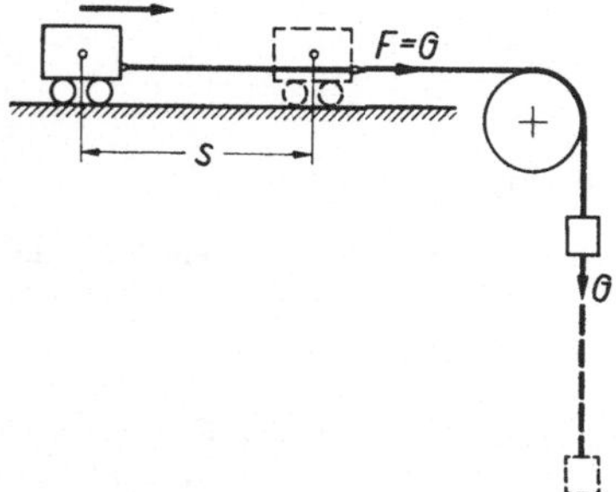

Abb. 51,1. Mechanische Arbeit

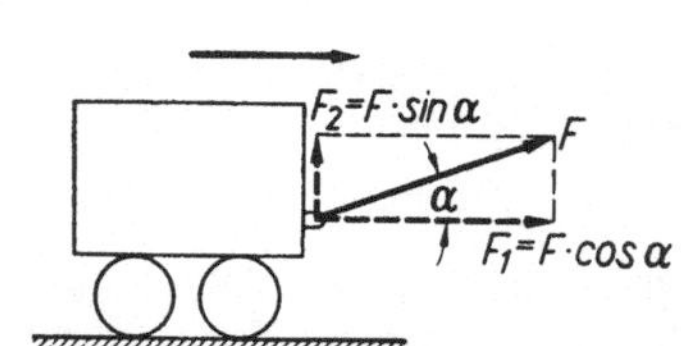

Abb. 51,2. Arbeitskomponente und arbeitslose Komponente

fahrungsgemäß kann die doppelte Gewichtskraft auch die doppelte Wagenzahl ziehen; auch hier würde die Arbeit doppelt so groß. Die Arbeit W wächst ganz allgemein proportional mit der wirkenden Kraft F und der zurückgelegten Wegstrecke s.

Man hat festgelegt:

$$Arbeit = Kraft\ mal\ Weg$$
$$W = F \cdot s$$

Die *Einheit der Arbeit* ist kp · m (Kilopondmeter).

Bei der Arbeitsberechnung ist wesentlich, daß die *Wirklinie der arbeitverrichtenden Kraft in der Weglinie* liegt. Bildet nach Abb. 51,2 die Wirklinie der Kraft F mit der Wegrichtung den Winkel α, so verrichtet nur die in Wegrichtung liegende Komponente $F_1 = F \cdot \cos\alpha$ Arbeit; sie heißt *Arbeitskomponente*. Die senkrecht zur Wegrichtung liegende Kraftkomponente $F_2 = F \cdot \sin\alpha$ verrichtet keine Arbeit, da in dieser Richtung kein Weg zurückgelegt wird, sie wird *arbeitslose Komponente* genannt.

Wird ein Gewicht auf einer geneigten Ebene hochgehoben, so ist als Weg zur Berechnung der Arbeit allein der Höhenunterschied maßgebend, da die Gewichtskraft stets in Richtung der Senkrechten wirkt. Dann ist die verrichtete Arbeit bei dem Höhenunterschied h

$$W = G \cdot h \tag{51,1}$$

Allgemein gilt:

Satz 52: *Die mechanische Arbeit ist das Produkt aus der Kraft und dem in der Kraftrichtung zurückgelegten Weg.*

$$\boxed{W = F \cdot s = F(s_2 - s_1)} \tag{51,2}$$

Stellt man in einem *Kraft-Weg-Schaubild* die Abhängigkeit der in Wegrichtung wirkenden Kraft vom Weg dar, so erhält man bei gleichbleibender Kraft nach Abb. 51,3 eine Gerade, parallel zur Weg-Achse. Die Arbeit ist dann gleich der Fläche unter der Kraft-Weg-Linie zwischen den Ordinaten s_1 und s_2.

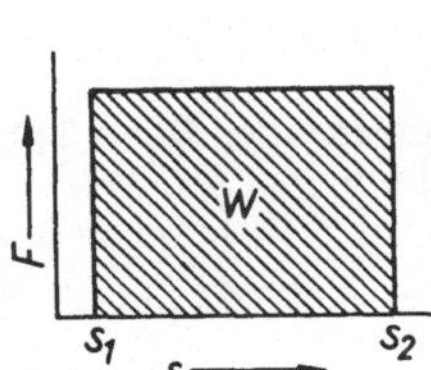

Abb. 51,3. Kraft-Weg-Schaubild
bei konstanter Kraft

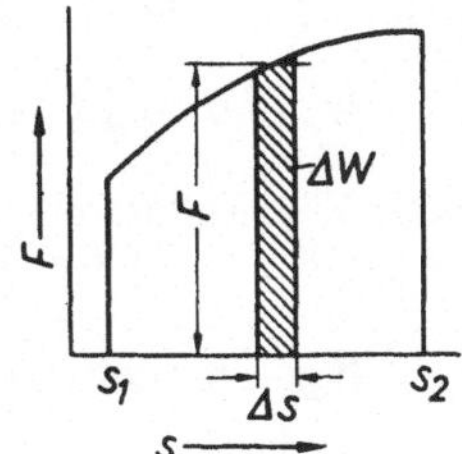

Abb. 51,4. Kraft-Weg-Schaubild
bei veränderlicher Kraft

Ändert sich während der Bewegung die Größe der arbeitverrichtenden Kraft F, so ist die Kraft-Weg-Linie eine Kurve. Sie stellt die Kraft-Weg-Funktion $F = f(s)$ dar. Die Arbeit finden wir dann durch Integration der Flächenstreifen $\Delta W = F \cdot \Delta s$ nach Abb. 51,4 zwischen den Wegen s_1 und s_2. Ist der Flächenstreifen sehr klein, so schreiben wir $dW = F \cdot ds$ und es ergibt sich die gesamte Arbeit

$$W = \int_{s=s_1}^{s=s_2} F \cdot ds \tag{51,3}$$

Man kann, wie in der Bewegungslehre gezeigt wurde, die „Arbeitsfläche" im (F, s)-Schaubild auch mit zeichnerischen Näherungsmethoden finden.

Beispiel: Ein Kolben von 500 mm Durchmesser und 500 mm Hub wird durch Druckluft mit gleichbleibendem Druck von 4 atü vorwärts getrieben. Berechne die Arbeit für einen Kolbenhub.

Lösung: $p = 4 \text{ atü} = 4 \text{ kp/cm}^2;\ A = \dfrac{\pi \cdot d^2}{4}$ in cm² mit $d = 50$ cm;

$$s = 500 \text{ mm} = 0{,}5 \text{ m}$$

$$F = A \cdot p = \frac{\pi \cdot d^2}{4} \cdot p = \frac{\pi \cdot (50 \text{ cm})^2}{4} \cdot 4 \text{ kp/cm}^2 = 7850 \text{ kp}$$

$$W = F \cdot s = 7850 \text{ kg} \cdot 0{,}5 \text{ m} = 3925 \text{ kpm}$$

Beispiel: Ein Förderwagen von 1100 kp Gewichtskraft wird von einem Schlepper auf 300 m söhliger Strecke fortgedrückt; welche Arbeit verrichtet der Schlepper, wenn der Fahrwiderstand 15 kp/Mp beträgt?

Lösung:

$$W = F_R \cdot s = w_f \cdot G \cdot s = 15 \text{ kp/Mp} \cdot 1{,}1 \text{ Mp} \cdot 300 \text{ m} = 4950 \text{ kpm}$$

Beispiel: Wie groß ist die Schlepperarbeit, wenn die Bahn ein Gefälle 1:100 hat?

Lösung: Auf 100 m Bahn ist der Senkweg (in Richtung der Wagengewichtskraft) 1 m, auf 300 m also 3 m. Der Wagen verrichtet demnach auf der Strecke von 300 m eine Arbeit

$$W_s = G \cdot h = 1100 \text{ kp} \cdot 3 \text{ m} = 3300 \text{ kpm}$$

Diese Senkarbeit unterstützt die Schlepperarbeit, braucht also vom Schlepper nicht aufgebracht zu werden.

$$W = F_R \cdot s - W_s = 4950 \text{ kpm} - 3300 \text{ kpm} = 1650 \text{ kpm}$$

Man hätte auch mit der Hangabtriebskraft $G \cdot \sin \alpha$ rechnen können und setzt für kleine Winkel $\sin \alpha \approx \tan \alpha$. Damit wird die Senkarbeit mit der in Bahnrichtung liegenden Hangabtriebskraft

$$W_s = G \cdot \tan \alpha \cdot s = 1100 \text{ kp} \cdot \frac{1}{100} \cdot 300 \text{ m} = 3300 \text{ kpm}$$

Beispiel: Wie groß ist die Schlepperarbeit bei ansteigender Bahn 1:100?
Hubarbeit $W_H = G \cdot h = 1100 \text{ kp} \cdot 3 \text{ m} = 3300 \text{ kpm}$
oder

$$W_H = G \cdot \tan \alpha \cdot s = 1100 \text{ kp} \cdot \frac{1}{100} \cdot 300 \text{ m} = 3300 \text{ kpm}$$

In diesem Falle ist die Hubarbeit vom Schlepper zusätzlich zu verrichten

$$W = F_R \cdot s + W_H = 4950 \text{ kpm} + 3300 \text{ kpm} = 8250 \text{ kpm}$$

b) Federspannarbeit

Eine zylindrische Schraubenfeder, die zunächst entspannt sein möge (Abb. 51,5), wird um die Länge f gedehnt. Der belastenden Kraft entgegengesetzt gerichtet ist immer die gleich große Rückstellkraft $F_{Rü}$ der Feder, die im elastischen Bereich proportional der Verlängerung f ist. Daraus folgt das

$$\textit{Federgesetz } F = c \cdot f \tag{51,4}$$

Hierin bedeuten c die *Federkonstante*, die bei der Berechnung der Kraft F in kp und der Verlängerung f in cm die *Einheit* kp/cm hat.

Das Kraft-Weg-Schaubild, die sogenannte *Federkennlinie* oder *Federcharakteristik* ist eine schräg verlaufende Gerade und die verrichtete Federspannarbeit ist gemäß Gl. (51,3) gleich dem Flächeninhalt des schraffierten Dreiecks, dessen Koordinaten f und $F_{max} = c \cdot f$ sind. Also

$$\text{\textit{Federspannarbeit}} \quad W = \frac{1}{2} F_{max} \cdot f = \frac{1}{2} c \cdot f^2 \tag{51,5}$$

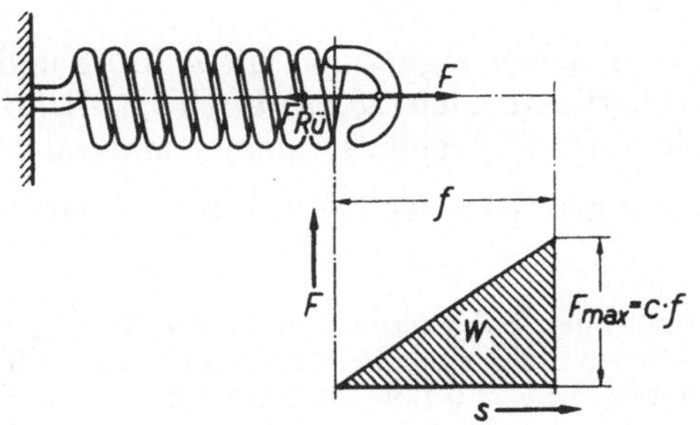

Abb. 51,5. Federspannarbeit

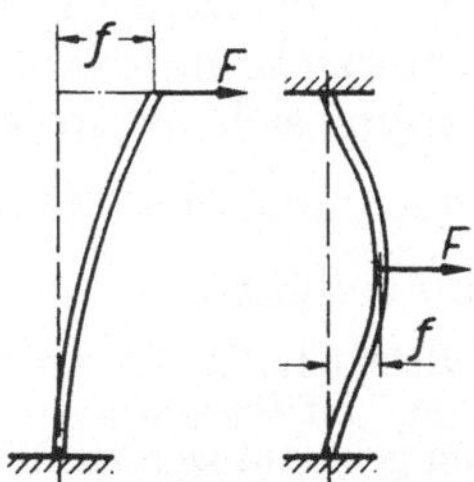

Abb. 51,6. Blattfeder einseitig und zweiseitig eingespannt

Auch für die Blattfeder (Abb. 51,6) gilt die Gleichung für die Federspannarbeit, nur bedeutet jetzt f eine seitliche Auslenkung des Belastungspunktes.

c) Beschleunigungsarbeit

Bei der bisher berechneten Arbeit bewegte sich der Körper gleichförmig. Man kann daher diese Arbeit als *statische Arbeit* bezeichnen. Greift am Körper aber eine Beschleunigungskraft an, so verrichtet diese Kraft eine *Beschleunigungsarbeit* (dynamische Arbeit). Ist F konstant, dann macht der Körper eine gleichmäßig beschleunigte Bewegung mit der konstanten Beschleunigung a, und die auf dem Wege s verrichtete Beschleunigungsarbeit ist $W = F \cdot s = m \cdot a \cdot s$.

Betrachten wir die verrichtete Arbeit zwischen zwei Punkten, in denen die Geschwindigkeit v_1 auf v_2 gestiegen ist, so ist die Beschleunigung $a = \dfrac{v_2 - v_1}{t}$ und der Weg $s = \dfrac{v_1 + v_2}{2} \cdot t$; dann ergibt sich die verrichtete Arbeit

$$W = m \cdot a \cdot s = m \frac{v_2 - v_1}{t} \frac{v_1 + v_2}{2} t = \frac{1}{2} m (v_2 - v_1)(v_2 + v_1)$$

$$W = \frac{1}{2} m \cdot v_2^2 - \frac{1}{2} m \cdot v_1^2 \tag{51,6}$$

Man bezeichnet diese Arbeit als *Beschleunigungsarbeit* oder auch, weil es sich um die Speicherung oder Abgabe von Bewegungsarbeit handelt, als *Arbeitsvermögen*[1]. Die Gleichung gilt unabhängig davon, ob die Bewegung mit konstanter oder veränderlicher Kraft erfolgt. Die Beschleunigungsarbeit ist nur von Anfangs- und Endgeschwindigkeit abhängig. Wie der Bewegungsvorgang im einzelnen längs des Weges verläuft, ist für das Ergebnis völlig belanglos.

Findet die Beschleunigung aus dem Ruhezustand heraus statt (d. h. $v_1 = 0$, $v_2 = v$), so ist die Beschleunigungsarbeit

$$\boxed{W = \frac{1}{2}\, m \cdot v^2} \qquad \text{(gilt für } v_1 = 0) \qquad\qquad (51,7)$$

Die *Einheit* der Beschleunigungsarbeit ergibt sich mit m in kg und v in m/s zu kg m²/s² $= \mathrm{N\,m}$. Dividiert man nach (48,3a) durch 9,81 N/kp, so ergibt sich W in kp m. Zu diesem Ergebnis kommt man ohne Umrechnung mit 9,81 N/kp, wenn man nach Gl. (47,2a) $m = \dfrac{G}{g}$ mit G in kp einführt.

Beispiel: Ein Förderwagenzug mit einer Lokomotive von 7 t und 30 Wagen mit je 2,5 t Gesamtmasse soll aus einer Geschwindigkeit von 3 m/s zum Stillstand gebracht werden. Welche Bremsbarkeit muß zum Anhalten verrichtet werden?

Lösung: Gegeben: $m = 7\,\mathrm{t} + 30 \cdot 2{,}5\,\mathrm{t} = 82\,\mathrm{t} = 82\,000\,\mathrm{kg}$; $G = 82\,000\,\mathrm{kp}$; $v = 3\,\mathrm{m/s}$.
Nach Gl. (51,7)

$$W = \frac{1}{2}\, m \cdot v^2 = \frac{1}{2}\,\frac{G}{g}\, v^2 = \frac{1}{2}\,\frac{82\,000\,\mathrm{kp}}{9{,}81\,\mathrm{m/s^2}}\,(3\,\mathrm{m/s})^2 = 37\,600\,\mathrm{kpm}$$

Beispiel: Wie groß wird der Bremsweg dieses Förderzuges mindestens, wenn die Lokomotive infolge ihrer Haftreibung nicht mehr als 1750 kp Bremskraft ausüben kann.

$$W = F \cdot s; \quad s = \frac{W}{F} = \frac{37\,600\,\mathrm{kpm}}{1\,750\,\mathrm{kp}} = 21{,}5\,\mathrm{m}$$

52. Energiesatz

Energie heißt Arbeitsfähigkeit. Ein Körper besitzt Energie, wenn er fähig ist, Arbeit zu verrichten. Eine gespannte Feder hat diese Fähigkeit, wenn ihr dazu die Möglichkeit gegeben wird. Man braucht nur ein Federende loszulassen. Steht die sich entspannende Feder in Verbindung mit einem frei beweglichen Körper, so verrichtet sie an ihm Beschleunigungsarbeit.

Wir sahen, daß in der Feder durch die Vorspannkraft Arbeit gespeichert wurde. Ein gehobener Körper besitzt vermöge seiner höheren Lage ebenfalls Energie. Die Arbeitsfähigkeit, die ein Körper durch Lageänderung infolge Hubarbeit oder durch elastische Verformung infolge Spannarbeit erhält, nennt man *Energie der Lage* oder *potentielle Energie*.

---

[1] Die Bezeichnung „Wucht" soll hier nicht verwendet werden. Die vielfach noch gebrauchte Bezeichnung „lebendige Kraft" ist irreführend.

Ein um h gehobener Körper mit der Gewichtskraft G besitzt demnach die potentielle Energie

$$E_P = G \cdot h \qquad \text{(52,1), siehe Gl. (51,1)}$$

Eine Schraubenfeder hat für eine Dehnung f bei einer Federkonstanten c die potentielle Energie

$$E_P = \frac{1}{2} c \cdot f^2 \qquad \text{(52,2), siehe Gl. (51,5)}$$

Die *Einheit der Energie* ist kpm.

Ein Körper, der sich bewegt, besitzt ebenfalls Energie. Die an ihm verrichtete Beschleunigungsarbeit ist in ihm aufgespeichert. Die Arbeitsfähigkeit, die ein Körper durch seinen Geschwindigkeitszustand hat, heißt *Bewegungsenergie* oder *kinetische Energie*. Da sie der Beschleunigungsarbeit gleichwertig ist, beträgt sie mit der Masse m und der Geschwindigkeit v des Körpers

$$E_K = \frac{1}{2} m \cdot v^2 \qquad \text{(52,3), siehe Gl. (51,7)}$$

Potentielle und kinetische Energie sind mechanische Energieformen im Gegensatz zu anderen Formen, wie elektrische, magnetische, chemische oder Wärme-Energie. Wird an einem Körper Reibungsarbeit verrichtet, so tritt eine Erwärmung ein. Reibungsarbeit erzeugt Wärmeenergie.

Nach Gln. (51,2) und (51,6) errechnet sich die Beschleunigungsarbeit, die eine Kraft F an einem frei beweglichen Körper verrichtet, zu

$$F(s_2 - s_1) = \frac{1}{2} m \cdot v_2^2 - \frac{1}{2} m \cdot v_1^2$$

Links steht hier die verrichtete mechanische Arbeit der Kraft F auf der Wegstrecke $s_2 - s_1$ und rechts die Änderung der kinetischen Energie. Wirkt F in Bewegungsrichtung, so ist die Bewegung beschleunigt; die kinetische Energie nimmt zu. Wirkt F entgegen der Bewegungsrichtung, so macht der Körper eine verzögerte Bewegung; die kinetische Energie nimmt ab. Nach obiger Gleichung kann die potentielle Energie bei Vernachlässigung der Reibung vollständig in kinetische Energie umgewandelt werden. Aber auch umgekehrt läßt sich kinetische in potentielle Energie überführen.

Ist jedoch Reibung vorhanden, so wird ein Teil der Energie in Reibungsarbeit und damit in Wärme umgewandelt, die durch Abstrahlung dem Körper verloren geht. Bei einem frei auslaufenden Wagen auf söhliger Bahn wird die kinetische Energie restlos durch Reibungsarbeit aufgezehrt, so daß er schließlich zum Stillstand kommt. Allgemein gilt der *Energiesatz*:

Satz 53: In einem reibungsfrei bewegten mechanischen System ist in jedem Augenblick die Summe aus potentieller und kinetischer Energie konstant. Bei Vorhandensein von Reibung wird dem System Energie in Form von Wärme entzogen und die Summe an mechanischer Energie nimmt um diesen Arbeitsbetrag ab.

Man kann den Energiesatz in eine allgemeine mathematische Form kleiden, wenn die Widerstandskräfte mit F_R bezeichnet werden.

Für die beschleunigte Bewegung von der Geschwindigkeit v_1 auf v_2 mit der Kraft F und der Reibungskraft F_R gilt

$$(F - F_R)\,(s_2 - s_1) = \frac{1}{2}\,m \cdot v_2^2 - \frac{1}{2}\,m \cdot v_1^2 \qquad (52{,}4)$$

Beispiel: Welche Hakenzugkraft muß eine Grubenlokomotive aufbringen, wenn sie einen Förderzug von 45 Wagen mit je 3 t Masse auf söhliger Bahn bei einem Fahrwiderstand von 6 kp/Mp auf einem Weg von 30 m von 4 km/h auf 14 km/h beschleunigen soll?

Lösung: Gegeben: m = 45 · 3 t = 135 t = 135 000 kg; G = 135 000 kp; F_R = 6 kp/Mp · 135 Mp = 810 kp; s = 30 m; v_1 = 4 km/h = 1,11 m/s; v_2 = 14 km/h = 3,89 m/s. Nach Gl. (52,4)

$$(F - F_R)\,s = \frac{1}{2}\,m \cdot v_2^2 - \frac{1}{2}\,m \cdot v_1^2$$

$$F = \frac{m\,(v_2^2 - v_1^2)}{2\,s} + F_R = \frac{G\,(v_2^2 - v_1^2)}{2\,g \cdot s} + F_R$$

$$= \frac{135\,000\ \text{kp}\,[(3{,}89\ \text{m/s})^2 - (1{,}11\ \text{m/s})^2]}{2 \cdot 9{,}81\ \text{m/s}^2 \cdot 30\ \text{m}} + 810\ \text{kp} = 3190\ \text{kp} + 810\ \text{kp} = 4000\ \text{kp}$$

Man hätte auch mit dem dynamischen Grundgesetz rechnen können

$$s = \frac{v_2^2 - v_1^2}{2\,a}\ ;\quad a = \frac{v_2^2 - v_1^2}{2\,s} = \frac{(3{,}89\ \text{m/s})^2 - (1{,}11\ \text{m/s})^2}{2 \cdot 30\ \text{m}} = 0{,}232\ \text{m/s}^2$$

$$F = m \cdot a + F_R = \frac{G}{g}\,a + F_R = \frac{135\,000\ \text{kp}}{9{,}81\ \text{m/s}^2}\,0{,}232\ \text{m/s}^2 + 810\ \text{kp} = 4000\ \text{kp}$$

Beispiel: Ein Förderwagen wird auf söhliger Fahrbahn mit einer Geschwindigkeit 20 km/h abgestoßen und kommt auf einer Rollstrecke von 200 m zum Stillstand. Bestimme den Reibwert des Fahrwiderstandes μ_f des Wagens.

Lösung: v = 20 km/h = 5,55 m/s

Die Bewegungsenergie $\frac{1}{2}\,m \cdot v^2$ wird durch die Reibungsarbeit $F_R \cdot s$ vollständig aufgezehrt.

Arbeitsgleichung
$$\frac{1}{2}\,m \cdot v^2 - F_R \cdot s = 0$$

$$F_R = \mu_f \cdot G = \mu_f \cdot m \cdot g$$

$$\frac{1}{2}\,m \cdot v^2 - \mu_f \cdot m \cdot g \cdot s = 0;\ \mu_f = \frac{v^2}{2\,g \cdot s} = \frac{(5{,}55\ \text{m/s})^2}{2 \cdot 9{,}81\ \text{m/s}^2 \cdot 200\ \text{m}} = 0{,}00785$$

Anmerkung: Die Masse fällt aus der Rechnung heraus. Schwere und leichte Wagen rollen bei gleichem Fahrwiderstand gleich weit.

Beispiel: Ein Förderwagen läuft mit der Anfangsgeschwindigkeit 15 km/h eine mit 2% ansteigende Fahrbahn bis zum Stillstand hinauf und rollt dann wieder herunter. Reibwert des Fahrwiderstandes μ_f = 0,006. Berechne a) die zurückgelegte Wegstrecke bis zum Stillstand, b) die Zeit, die hierzu benötigt wird, c) die Geschwindigkeit, mit der der Förderwagen unten wieder ankommt, d) die Zeit zum Herabrollen bis zum Ausgangspunkt.

Lösung: Gegeben: v_1 = 15 km/h = 4.17 m/s; $\tan \alpha = \frac{2}{100} = 0{,}02$;

$$\mu_f = 0{,}006$$

a) Die Bewegungsenergie $\frac{1}{2} m \cdot v_1^2$ wird durch die Reibungskraft $F_R \cdot s_1 =$ $\mu_f \cdot m \cdot g \cdot s_1$ und die Hubarbeit $G \cdot h_1 = G \cdot \tan \alpha \cdot s_1 = m \cdot g \cdot \tan \alpha \cdot s_1$ aufgezehrt. Arbeitsgleichung

$$\frac{1}{2} m \cdot v_1^2 - \mu_f \cdot m \cdot g \cdot s_1 - m \cdot g \cdot \tan \alpha \cdot s_1 = 0$$

Die Masse fällt aus der Rechnung heraus. Die Wegstrecke ist also von der Masse des Wagens unabhängig.

$$s_1 = \frac{v^2}{2\,g\,(\mu_f + \tan \alpha)} = \frac{(4{,}17 \text{ m/s})^2}{2 \cdot 9{,}81 \text{ m/s}^2\,(0{,}006 + 0{,}02)} = 34 \text{ m}$$

b) Nach Gl. (38,2)

$$s_1 = \frac{v_1}{2} \cdot t_1; \quad t_1 = \frac{2\,s_1}{v_1} = \frac{2 \cdot 34 \text{ m}}{4{,}17 \text{ m/s}} = 16{,}3 \text{ s}$$

c) $s_2 = s_1$. Die potentielle Energie $G \cdot h_1 = G \cdot \tan \alpha \cdot s_2 = m \cdot g \cdot \tan \alpha \cdot s_2$ wird in die Reibungsarbeit $F_R \cdot s_2 = \mu_f \cdot m \cdot g \cdot s_2$ und in die Bewegungsenergie $\frac{1}{2} m \cdot v_2^2$ umgewandelt.

Arbeitsgleichung
$$m \cdot g \cdot \tan \alpha \cdot s_2 = \mu_f \cdot m \cdot g \cdot s_2 + \frac{1}{2} m \cdot v_2^2$$

$$g \cdot \tan \alpha \cdot s_2 = \mu_f \cdot g \cdot s_2 + \frac{1}{2} \cdot v_2^2$$

Daraus Endgeschwindigkeit

$$v_2 = \sqrt{2\,g \cdot s_2\,(\tan \alpha - \mu_f)} = \sqrt{2 \cdot 9{,}81 \text{ m/s}^2 \cdot 34 \text{ m}\,(0{,}02 - 0{,}006)} = 3{,}06 \text{ m/s}$$

d) Entsprechend wie b)

Zeit zum Herabrollen
$$t_2 = \frac{2\,s_2}{v_2} = \frac{2 \cdot 34 \text{ m}}{3{,}06 \text{ m/s}} = 22{,}2 \text{ s}$$

Beispiel: Am freien Ende einer Schraubenfeder mit der Federkonstanten 5 kp/cm wirkt eine Gewichtskraft von 20 kp. Berechne a) die größte Federverlängerung, wenn die Belastung langsam durch Wegnehmen der Unterstützung erfolgt bis der Körper frei hängt (statische Belastung), b) Die größte Federverlängerung, wenn die Belastung schnell erfolgt, d. h. wenn das Gewicht aus der Nullage plötzlich losgelassen wird (dynamische Belastung), c) den dynamischen Faktor, d. i. das Verhältnis der Beanspruchungen aus dynamischer und statischer Belastung.

Lösung: a) Bei statischer Belastung gilt das Federgesetz Gl. (51,4)

$$G = c \cdot f_1$$

Federverlängerung
$$f_1 = \frac{G}{c} = \frac{20 \text{ kp}}{5 \text{ kp/cm}} = 4 \text{ cm} = 40 \text{ mm}$$

b) Bei dynamischer Belastung wird die Feder durch die potentielle Energie $G \cdot f_2$ verlängert, die dann die kinetische Energie $\frac{1}{2} c \cdot f_2^2$ [Gl. (52,2)] hat.

Arbeitsgleichung:
$$G \cdot f_2 = \frac{1}{2} c \cdot f_2^2$$

daraus

$$G = \frac{1}{2} c \cdot f_2$$

Federverlängerung: $\qquad f_2 = \dfrac{2\,G}{c} = \dfrac{2 \cdot 20\,\text{kp}}{5\,\text{kp/cm}} = 8\,\text{cm} = 80\,\text{mm}$

c) Der dynamische Faktor entspricht dem Verhältnis der Verlängerungen bei dynamischer und statischer Belastung

$$n = \frac{f_2}{f_1} = \frac{80}{40} = 2$$

53. Leistung

a) Grundgesetze

Zur Beurteilung eines Bewegungsvorganges ist nicht nur die verrichtete Arbeit ein Vergleichsmaßstab, sondern es spielt auch die Zeit eine Rolle, in der sie geleistet wird. Zum Beispiel trägt ein Bauarbeiter 300 Steine von je 4 kp Gewichtskraft auf eine Höhe von 20 m.

Die von ihm verrichtete Arbeit ist dann

$$W = G \cdot h = 300 \cdot 4\,\text{kp} \cdot 20\,\text{m} = 24\,000\,\text{kpm}$$

Ein Bauaufzug, der 300 Steine auf 20 m Höhe hebt, hat dieselbe Arbeit verrichtet. Er wird aber diese Arbeit in sehr viel kürzerer Zeit fertigbringen. Zum Vergleich dient der Begriff der *Leistung*, die um so größer ist, je größer die wirkende Kraft F und je höher die erzielte Geschwindigkeit v ist. Daher hat man festgelegt:

Satz 54: *Die Leistung P ist das Produkt aus der wirkenden Kraft F und der in Kraftrichtung gemessenen Geschwindigkeit v.*

$$\boxed{P = F \cdot v} \qquad\qquad (53,1)$$

Die *Einheit der Leistung* ist kpm/s.

Im allgemeinen ändert sich die Leistung während eines Bewegungsvorganges. Ihr Verlauf wird in einem *Leistungs-Zeit-Schaubild* dargestellt (siehe nachfolgendes Beispiel).

Ein Sonderfall liegt vor, wenn F und v beide konstant sind, d. h. wenn die Bewegung gleichförmig verläuft. In diesem Falle ist die

$$\text{konstante Leistung} \quad P = \frac{W}{t} \qquad\qquad (53,2)$$

Satz 55: *Bei gleichförmiger Bewegung ist die Leistung die verrichtete Arbeit je Zeiteinheit.*

Hat zum Beispiel ein Bauarbeiter für seine Arbeit 55 min gebraucht, so wissen wir, daß darin Pausen einbegriffen sind. Wir kommen dann zu der

$$\text{durchschnittlichen Leistung} \quad P = \frac{W}{t} = \frac{24\,000\,\text{kpm}}{55\,\text{min} \cdot 60\,\text{s/min}} = 7{,}3\,\text{kpm/s.}$$

Der Bauaufzug soll für diese Arbeit nur 1 min gebraucht haben; dann ist seine durchschnittliche Leistung

$$P = \frac{W}{t} = \frac{24\,000\,\text{kpm}}{60\,\text{s}} = 400\,\text{kpm/s}$$

Der zur Zeit der Drucklegung vorliegende Entwurf eines Gesetzes über die Maßeinheiten (Einheitengesetz) geht vom internationalen Einheitensystem (kurz: SI-Grundeinheiten) aus. In diesem ist die *Einheit der Arbeit, Energie und Wärmemenge das Joule (J)*. 1 J ist die „Arbeit einer Kraft von 1 N, wenn der Angriffspunkt um 1 m verschoben wird".

$$1 \text{ Joule (J)} = 1 \text{ N} \cdot \text{m}$$

Die Einheit der Leistung ist das Watt (W), die Leistung von 1 Joule je Sekunde (J/s)

$$1 \text{ J/s} = 1 \frac{\text{N} \cdot \text{m}}{\text{s}} = 1 \text{ W}$$

$$1000 \text{ W} = 1 \text{ kW}$$

Da 1 kp = 9,81 N, ist auch 1 kp · m = 9,81 N · m = 9,81 J

und
$$1 \frac{\text{kp} \cdot \text{m}}{\text{s}} = 9,81 \frac{\text{N} \cdot \text{m}}{\text{s}} = 9,81 \text{ W}$$

bzw.
$$1 \text{ W} = \frac{1}{9,81} \frac{\text{kp} \cdot \text{m}}{\text{s}} = 0,102 \frac{\text{kp} \cdot \text{m}}{\text{s}}$$

also $\quad 1 \text{ kW} = 102 \dfrac{\text{kp} \cdot \text{m}}{\text{s}}; \quad$ *Umrechnungsfaktor:* $102 \dfrac{\text{kp} \cdot \text{m/s}}{\text{kW}}$

Der Gesetzentwurf sieht ferner vor, daß für die Dauer von 10 Jahren nach Inkrafttreten des Gesetzes als Einheit der Leistung auch noch die Pferdestärke (PS) verwendet werden darf:

$$1 \text{ PS} = 75 \frac{\text{kp} \cdot \text{m}}{\text{s}}; \quad \textit{Umrechnungsfaktor: } 75 \frac{\text{kp} \cdot \text{m/s}}{\text{PS}}$$

Ferner ergibt sich:

$$1 \text{ PS} = 0,736 \text{ kW} \approx 3/4 \text{ kW}; \quad \textit{Umrechnungsfaktor: } 0,736 \frac{\text{kW}}{\text{PS}}$$

$$1 \text{ kW} = 1,36 \text{ PS} \approx 1 \ 1/3 \text{ PS}; \quad \textit{Umrechnungsfaktor: } 1,36 \frac{\text{PS}}{\text{kW}}$$

Bei sehr großen Leistungen, wie sie in Kraftwerken gebräuchlich sind, rechnet man mit Megawatt (MW) und es ist

$$1 \text{ MW} = 10^6 \text{ W} = 10^3 \text{ kW}$$

Damit ergeben sich die oft gebrauchten *Zahlenwertgleichungen:*

$$P = \frac{F \cdot v}{102} \quad \text{in kW} \ \Big| \ F \text{ in kp} \tag{53,1a}$$

$$P = \frac{F \cdot v}{75} \quad \text{in PS} \ \Big| \ v \text{ in m/s} \tag{53,1b}$$

b) Wirkungsgrad

Die Umwandlung einer Energieform in eine andere wird technisch durch Maschinen erreicht. Bei jeder Umformung treten Verluste auf, und zwar sind es bei der Umformung mechanischer Energie meist

15*

Reibungsverluste. Da die Reibung Wärme erzeugt, wird sie nutzlos abgestrahlt. Die zugeführte Arbeit W_{zu} wird demnach in abgegebene Nutzarbeit W_{ab} und Verlustarbeit W_v verwandelt, d. h.

$$W_{zu} = W_{ab} + W_v$$

Das gleiche gilt für die Leistung

$$P_{zu} = P_{ab} + P_v$$

Das *Güteverhältnis* der mechanischen Energieübertragung einer Maschine wird durch den *mechanischen Wirkungsgrad* η angegeben, worunter man das Verhältnis der abgegebenen Nutzarbeit oder Nutzleistung zur aufgewandten, zugeführten Arbeit oder Leistung versteht.

$$\boxed{\eta = \frac{W_{ab}}{W_{zu}}} \quad \text{bzw.} \quad \boxed{\eta = \frac{P_{ab}}{P_{zu}}} \tag{53,3}$$

Der Wirkungsgrad η ist eine Verhältniszahl, die stets kleiner ist als 1. Es ist üblich, ihn in Prozenten anzugeben, d. h. $\eta = 1$ entspricht 100%. Dadurch wird ausgedrückt, wieviel Prozent der aufgewandten Energie bei der Umwandlung nutzbar gemacht worden ist. Die Ergänzung des Wirkungsgrades zu 100% ergibt in Prozenten die Verluste bei der Energieumwandlung.

Besteht eine Maschinenanlage aus mehreren hintereinander geschalteten Maschinen mit den Einzelwirkungsgraden η_1, η_2, η_3, ..., so ist der Gesamtwirkungsgrad der ganzen Anlage

$$\boxed{\eta_{ges} = \eta_1 \cdot \eta_2 \cdot \eta_3 \cdots} \tag{53,4}$$

Satz 56: *Der Gesamtwirkungsgrad einer Maschinenanlage ist gleich dem Produkt der Einzelwirkungsgrade der hintereinandergeschalteten Maschinen.*

Anmerkung: Bei den Druckluft- und Elektromotoren ist es üblich, ihre Leistung als abgegebene, sogenannte *Kupplungsleistung*, für die normale Drehzahl, die sogenannte *Nenndrehzahl*, anzugeben. Dabei bleibt die Leistungsangabe in der Einheit kW ebensowenig auf Elektromotoren wie die Einheit PS auf Druckluftmotoren beschränkt.

Beispiel: Ein Förderhaspel soll die Nutzlast $G = 1100$ kp mit der Seilgeschwindigkeit $v = 3$ m/s heben. Welche Kolbenleistung muß der Haspel haben, wenn durch den Kurbeltrieb 25%, durch das Getriebe 10% und durch die Seilsteifigkeit 5% der Leistung verlorengehen (Abb. 53,1).

Lösung: Wirkungsgrade 1. Kurbeltrieb $\eta_1 = 0{,}75$
                     2. Getriebe $\eta_2 = 0{,}90$
                     3. Seilübertragung $\eta_3 = 0{,}95$
Gesamtwirkungsgrad nach Gl. (53,4)

$$\eta_{ges} = \eta_1 \cdot \eta_2 \cdot \eta_3 = 0{,}75 \cdot 0{,}90 \cdot 0{,}95 = 0{,}64$$

Nach Gl. (53,3)
$$\eta = \frac{P_{ab}}{P_{zu}} = \frac{P_{ab}}{P_i}$$

Nach Gl. (53,1b)
$$P_i = \frac{P_{ab}}{\eta} = \frac{G \cdot v}{75 \cdot \eta} = \frac{1100 \cdot 3}{75 \cdot 0{,}64} = 69 \text{ in PS}$$

Beispiel: Im Beispiel zu Abb. 41,6 war das Übersetzungsverhältnis einer Elektrowinde berechnet, deren Motor 1500 min^{-1} macht bei einer Hubgeschwindigkeit an der Trommel von $1,7$ m/s und einem Trommeldurchmesser von 325 mm. Es ergab sich eine doppelte Stirnradübersetzung mit $i_1 = 4,29{:}1$ und $i_2 = 3,5{:}1$. Berechne a) die abgegebene Trommelleistung in kW, wenn eine Last von $1,25$ Mp zu heben ist, b) die Leistung des Motors, wenn der Wirkungsgrad jeder Zahnradübersetzung $0,96$ beträgt, c) die Leistung, die dem Motor bei einem Motorwirkungsgrad von $0,85$ zuzuführen ist.

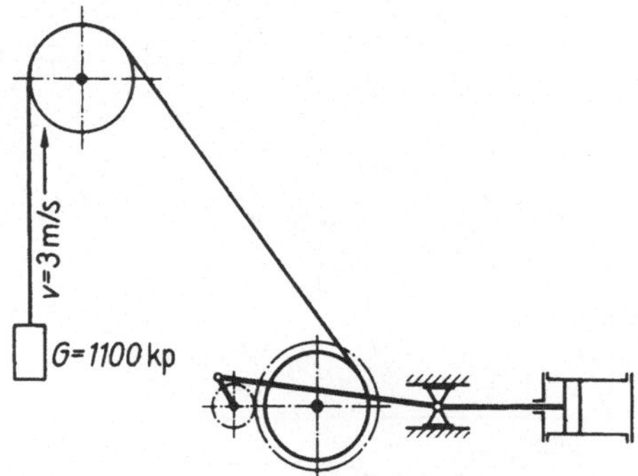

Abb. 53.1. Schematische Darstellung einer Haspelförderung

Lösung: Gegeben: $\quad G = 1,25$ Mp $= 1250$ kp; $\quad v = 1,7$ m/s;

$$\eta_1 = 0,96; \quad \eta_2 = 0,96; \quad \eta_M = 0,85$$

a) Nach Gl. (53,1) $\qquad P_T = G \cdot v = \dfrac{1250 \text{ kp} \cdot 1,7 \text{ m/s}}{102 \dfrac{\text{kpm/s}}{\text{kW}}} = 20,8 \text{ kW}$

b) $\qquad\qquad\qquad \eta = \eta_1 \cdot \eta_2 = 0,96 \cdot 0,96 = 0,922$

$$P_K = \frac{P_T}{\eta} = \frac{20,8 \text{ kW}}{0,922} = 22,6 \text{ kW}$$

c) $\qquad\qquad\qquad P_{zu} = \dfrac{P_K}{\eta_M} = \dfrac{22,6 \text{ kW}}{0,85} = 26,6 \text{ kW}$

Beispiel: Im Beispiel mit Abb. 38,8 wurden die Bewegungsverhältnisse einer Hauptschachtförderung berechnet, bei der in der Anfahrt gleichmäßig beschleunigte, beim Stillsetzen gleichmäßig verzögerte Bewegung angenommen ist. Die Ergebnisse sind in Bewegungsschaubildern Abb. 38,8 dargestellt. Es sollen für diese Bewegungsverhältnisse der Verlauf der Seilkraft und der Schachtleistung unter folgenden Verhältnissen berechnet werden:

Die überhängende Nutzlast betrage $8,4$ Mp. Die auf Seilmitte bezogenen Gewichtskräfte ohne die Nutzlast einschließlich Seil, Förderkörbe mit Zwischengeschirr, Seilscheiben, Treibscheibe und bewegte Teile der Maschine betragen $32,5$ Mp. Bestimme a) die Antriebskraft während des Anfahrens, b) Die Antriebskraft während der gleichförmigen Fahrt, c) die Bremskraft während des Stillsetzens, d) die Antriebsleistung während der Anfahrt, e) die Antriebsleistung während der gleichförmigen Fahrt, f) die Bremsleistung während des Stillsetzens, g) Zeichne das Geschwindigkeits-Zeit-, Beschleunigungs-Zeit-, Kraft-Zeit- und Leistungs-Zeit-Schaubild.

Lösung: Gegeben: $\qquad G_ü = 8,4$ Mp $= 8400$ kp; $\quad m_ü = 8400$ kg;

$$G_{ges} = (32,5 + 8,4) \text{ Mp} = 40,9 \text{ Mp} = 40900 \text{ kp}$$

1. Periode: $\qquad a_1 = 1,2$ m/s^2; $\quad v_1 = 12$ m/s
2. Periode: $\qquad a_2 = 0,8$ m/s^2; $\quad v_2 = 18$ m/s
3. Periode: $\qquad a_3 = 0$ m/s^2; $\qquad v_2 = v_3 = 18$ m/s $=$ konstant
4. Periode: $\qquad a_4 = 1,35$ m/s^2; $\quad v_3 = 18$ m/s

a) 1. Periode: $F_1 = G_{ü} + m \cdot a_1 = G_{ü} + \dfrac{G_{ges}}{g} a_1$

$$= 8400 \text{ kp} + \dfrac{40\,900 \text{ kp}}{9{,}81 \text{ m/s}^2} 1{,}2 \text{ m/s}^2 = 13\,400 \text{ kp}$$

2. Periode: $\quad F_2 = G_{ü} + m \cdot a_2 = G_{ü} + \dfrac{G_{ges}}{g} a_2$

$$= 8400 \text{ kp} + \dfrac{40\,900 \text{ kp}}{9{,}81 \text{ m/s}^2} 0{,}8 \text{ m/s}^2 = 11\,740 \text{ kp}$$

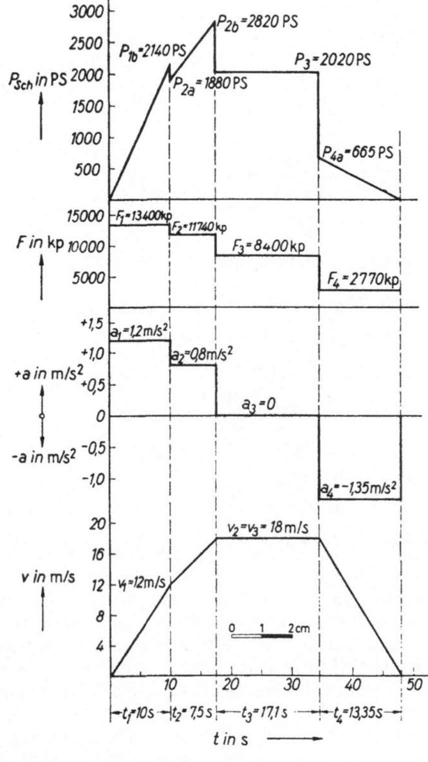

Abb. 53,2. Geschwindigkeits-, Beschleunigungs-, Zugkraft- und Leistungsverlauf in Abhängigkeit von der Zeit einer Schachtförderung bei gleichmäßig beschleunigten und verzögerten Bewegungen

b) 3. Periode: $F_3 = G_{ü} = 8400 \text{ kp}$

c) 4. Periode: $F_4 = G_{ü} - m \cdot a_4 = G_{ü} - \dfrac{G_{ges}}{g} a_4$

$$= 8400 \text{ kp} - \dfrac{40\,900 \text{ kp}}{9{,}81 \text{ m/s}^2} 1{,}35 \text{ m/s}^2 = + 2770 \text{ kp}$$

Nach Gl. (53,1b) ergibt sich

d) 1. Periode: für $t_0 = 0$ s: $\quad P_{1a} = \dfrac{F_1 \cdot v_0}{75} = \dfrac{13\,400 \cdot 0}{75} = 0$

für $t_1 = 10$ s: $\quad P_{1b} = \dfrac{F_1 \cdot v_1}{75} = \dfrac{13\,400 \cdot 12}{75} = 2140 \quad$ in PS

2. Periode: für $t_1 = 10$ s: $\qquad P_{2a} = \dfrac{F_2 \cdot v_1}{75} = \dfrac{11\,740 \cdot 12}{75} = 1880 \quad$ in PS

$\qquad$ für $t_2 = 17{,}5$ s: $\qquad P_{2b} = \dfrac{F_2 \cdot v_2}{75} = \dfrac{11\,740 \cdot 18}{75} = 2820 \quad$ in PS

e) 3. Periode: für $t_2 = 17{,}5$ s bis $t_3 = 34{,}6$ s

$$P_3 = \frac{F_3 \cdot v_3}{75} = \frac{8400 \cdot 18}{75} = 2020 \quad \text{in PS}$$

f) 4. Periode: für $t_3 = 34{,}6$ s: $\qquad P_{4a} = \dfrac{F_4 \cdot v_3}{75} = \dfrac{2770 \cdot 18}{75} = 665 \quad$ in PS

$\qquad$ für $t_4 = 47{,}95$ s: $\qquad P_{4b} = \dfrac{F_4 \cdot v_4}{75} = \dfrac{2770 \cdot 0}{75} = 0$

g) Abb. 53,2: Beim Anfahren ist die Antriebskraft konstant, wird aber wegen des Rückganges der Beschleunigung im zweiten Teil der Anfahrperiode geringer. Da während des Anfahrens die Geschwindigkeit linear ansteigt, wächst auch die Antriebsleistung linear. Beim Übergang auf die kleinere Beschleunigung sowie auf die gleichförmige Fahrt macht die Leistung einen Sprung. Während der gleichförmigen Fahrt sind Antriebskraft und Geschwindigkeit konstant, also auch die Antriebsleistung. Während des Bremsens ist die Bremskraft konstant aber positiv, da die überhängende Last zahlenmäßig die Verzögerungskraft überwiegt. Die Geschwindigkeit nimmt linear ab, deshalb fällt auch die Bremsleistung bis zum Ende der Fahrt linear auf Null. Zu Beginn der Bremsperiode macht die Leistung ebenfalls einen Sprung.

c) Leistung bei der Wasserhaltung

Der Förderstrom bei einer Wasserhaltung wird im allgemeinen in Menge je Zeiteinheit m³/s, m³/min oder m³/h angegeben. Man sollte in solchen Fällen immer vom *Mengenstrom* sprechen. Man bezeichnet den Mengenstrom mit $\dot{V}$ in m³/s. Zur Berechnung der abgegebenen Nutzleistung ist zwecks Umrechnung des Mengenstromes in seine Gewichtskraft die Wichte γ kp/m³ einzuführen. Für Wasser rechnen wir $\gamma = 1000$ kp/m³. Bei der Förderung von salzigen oder sauren Grubenwassern ist die Wichte größer als 1000 kp/m³.

Die Verwendung der Gl. (53,1) $P = F \cdot v$ ist ohne weiteres nicht möglich, wir verwandeln dazu die Leistungseinheit $\dfrac{\text{kpm}}{\text{s}}$ in $\dfrac{\text{kp}}{\text{s}} \cdot \text{m}$, d. h. Gewichtskraft des Mengenstromes $\dot{V} \cdot \gamma$ in kp/s mal Druckhöhe H in m. Damit erhalten wir die allgemeine *Gleichung für die Nutzleistung bei der Flüssigkeitsförderung*:

$$\underline{P = \dot{V} \cdot \gamma \cdot H} \tag{53,5}$$

und als Zahlenwertgleichungen:

$$P = \frac{\dot{V} \cdot \gamma \cdot H}{102} \text{ in kW oder } P = \frac{\dot{V} \cdot \gamma \cdot H}{75} \text{ in PS} \tag{53,5a}$$

für $\dot{V}$ in m³/s, γ in kp/m³ und H in m.

Hat die Pumpe einen Wirkungsgrad η_P, so erhalten wir die Kupplungsleistung der Pumpe P_K aus:

$$\eta_P = \frac{P}{P_K} \qquad (53,6)$$

Beispiel: Eine Wasserhaltungspumpe soll minutlich 2,2 m³ Grubenwasser mit einer Wichte $\gamma = 1040$ kp/m³ auf eine Druckhöhe von 650 m fördern. Bestimme a) die Nutzleistung, b) die Antriebsleistung in kW bei einem Pumpenwirkungsgrad von 74%.

Lösung: Gegeben: $\dot{V} = 2{,}2\,\text{m}^3/\text{min} = \dfrac{2{,}2\ \text{m}^3/\text{min}}{60\ \text{s/min}} = 0{,}0367\,\text{m}^3/\text{s}$;

$$\gamma = 1040\ \text{kp/m}^3;\quad H = 650\ \text{m};\quad \eta_P = 0{,}74$$

a)
$$P = \dot{V} \cdot \gamma \cdot H = \frac{0{,}0367\ \text{m}^3/\text{s} \cdot 1040\ \text{kp/m}^3 \cdot 650\ \text{m}}{102\ \dfrac{\text{kpm/s}}{\text{kW}}} = 243\ \text{kW}$$

b)
$$P_K = \frac{P}{\eta_P} = \frac{243\ \text{kW}}{0{,}74} = 328\ \text{kW}$$

Beispiel: Eine motorisierte Feuerspritze wirft minutlich 1500 Liter Wasser auf 24 m Höhe. Welche Antriebsleistung ist bei einem Wirkungsgrad von 92% der Feuerspritze erforderlich?

Lösung: Gegeben: $\dot{V} = 1500\ \text{l/min} = \dfrac{1500\ \text{dm}^3/\text{min}}{60\ \text{s/min}} = 25\ \text{dm}^3/\text{s}$;

$$\dot{V} \cdot \gamma = 25\ \text{dm}^3/\text{s} \cdot 1\ \text{kp/dm}^3 = 25\ \text{kp/s};$$

$$H = 24\ \text{m};\ \eta_P = 0{,}92$$

$$P = \dot{V} \cdot \gamma \cdot H = \frac{25\ \text{kp/s} \cdot 24\ \text{m}}{75\ \dfrac{\text{kpm/s}}{\text{PS}}} = 8\ \text{PS}$$

$$P_K = \frac{P}{\eta_P} = \frac{8\ \text{PS}}{0{,}92} = 8{,}7\ \text{PS}$$

d) Kolbenarbeit und Kolbenleistung beim Kurbeltrieb

Bei den Hubkolbenmotoren ist z. B. beim Antrieb mit Druckluft die in jedem Augenblick ausgeübte Kolbenkraft $F = A \cdot p$, wenn die wirksame Kolbenfläche A in cm² und der Luftdruck p in kp/cm² bedeuten. Die Änderung des Druckes p mit dem Kolbenweg s erhält man mit Hilfe des Indikators. Der durch den Indikator aufgezeichnete sogenannte indizierte Luftdruck p_i in Abhängigkeit von s wird als *Indikatordiagramm* (Abb. 53,3) bezeichnet. Der obere Teil der geschlossenen Kurve gilt für den Hingang und der untere Teil für den Rückgang des Kolbens.

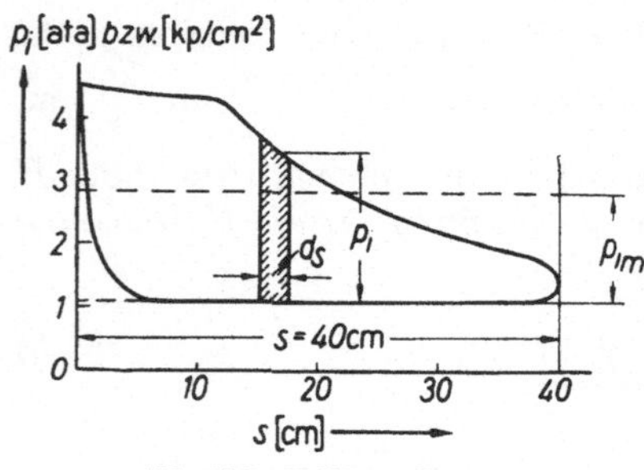

Abb. 53,3. Indikatordiagramm

Der in das Indikatordiagramm eingezeichnete Flächenstreifen hat den Inhalt $p_i \cdot ds$. Summiert man die Flächenstreifen, so erhält man die

Kolbenarbeit eines Kolbenspieles für unendlich schmale Streifen von der Breite ds nach Gl. (51,3)

$$W = \int_0^s F \cdot ds = A \cdot \int_0^s p_i \cdot ds$$

Verwandelt man die Indikatorfläche in eine inhaltsgleiche Rechteckfläche, deren eine Seite gleich dem Hub s ist, so stellt die Höhe den *mittleren indizierten Druck* p_{i_m} dar. Damit ergibt sich für jedes Kolbenspiel die

Kolbenarbeit $W = A \cdot p_{i_m} \cdot s$

Macht die Kurbel n Umdrehungen je Minute, so ergibt sich die *Leistung* einer Kolbenseite, bezeichnet als *indizierte Leistung* aus der Zahlenwertgleichung:

$$\boxed{P_i = \frac{p_{i_m} \cdot A \cdot s \cdot n}{60 \cdot 75}} \text{ in PS} \qquad (53,7)$$

In Gl. (53,7) bedeuten:

$$p_{i_m} \text{ in kp/cm}^2 = \text{mittlerer indizierter Druck}$$

$$A \text{ in cm}^2 = \text{wirksame Kolbenfläche}$$

$$s \text{ in m} = \text{Kolbenhub}$$

$$n \text{ in min}^{-1} = \text{Drehzahl je Minute}$$

Ein Teil der Kolbenarbeit wird zur Überwindung der Reibungswiderstände, ein anderer zur Beschleunigung der Getriebemassen aufgebraucht. Die abgegebene Nutzleistung bezeichnet man mit P_{ab}, die an der Kurbelwelle abgenommen wird. Der mechanische Wirkungsgrad wird dann

$$\eta_m = \frac{P_{ab}}{P_i} \qquad (53,8)$$

Beispiel: Die Zylinder eines Zwillingskolbenhaspels haben 300 mm Durchmesser, die Kolbenstangen 50 mm Durchmesser. Der Hub beträgt 400 mm, die Drehzahl 160 min^{-2}. Der mittlere indizierte Druck ergab sich aus den Indikatordiagrammen:

für den rechten Zylinder deckelseitig $p_{i_m} = 2{,}36$ at

„ „ „ „ kurbelseitig $p_{i_m} = 2{,}42$ at

„ „ linken „ deckelseitig $p_{i_m} = 2{,}34$ at

„ „ „ „ kurbelseitig $p_{i_m} = 2{,}44$ at

Bestimme a) die indizierte Leistung der einzelnen Zylinderseiten und für den gesamten Haspel, b) die abgegebene effektive Leistung bei einem mechanischen Wirkungsgrad von 88%.

Lösung: a) Zylinder deckelseitig $A_D = \dfrac{\pi\, d^2}{4} = \dfrac{\pi \cdot 30^2}{4} \text{ cm}^2 = 706{,}9 \text{ cm}^2$

Zylinder kurbelseitig $A_K = 706{,}9 \text{ cm}^2 - \dfrac{\pi\,(5 \text{ cm})^2}{4}$

$$= (706{,}9 - 19{,}6) \text{ cm}^2 = 687{,}3 \text{ cm}^2$$

Mit Zahlenwertgl. (53,7) ergeben sich die

indizierten Leistungen der Zylinder deckelseitig

$$P_i = \frac{p_{i_m} \cdot A_D \cdot s \cdot n}{60 \cdot 75} = \frac{706,9 \cdot 0,4 \cdot 160}{60 \cdot 75} \cdot p_{i_m} = 10,05 \cdot p_{i_m}$$

rechter Zylinder $P_{i_{Dr}} = 10,05 \cdot 2,36 = 23,72$ in PS

linker Zylinder $P_{i_{Dl}} = 10,05 \cdot 2,34 = 23,52$ in PS

indizierten Leistungen der Zylinder kurbelseitig

$$P_i = \frac{p_{i_m} \cdot A_K \cdot s \cdot n}{60 \cdot 75} = \frac{687,3 \cdot 0,4 \cdot 160}{60 \cdot 75} p_{i_m} = 9,77 \cdot p_{i_m}$$

rechter Zylinder $P_{i_{Kr}} = 9,77 \cdot 2,42 = 23,64$ in PS

linker Zylinder $P_{i_{Kl}} = 9,77 \cdot 2,44 = 23,84$ in PS

Gesamte indizierte Leistung

$$P_i = P_{i_{Dr}} + P_{i_{Dl}} + P_{i_{Kr}} + P_{i_{Kl}} = (23,72 + 23,52 + 23,64 + 23,84)\ \text{PS}$$
$$= 94,72\ \text{PS}$$

b) $\eta_m = \dfrac{P_{ab}}{P_i}$; $P_{\text{ab}} = P_i \cdot \eta_m = 94,72\ \text{PS} \cdot 0,88 = 83,4\ \text{PS}$

54. Energie-Einheiten

a) Mechanische Energie

Hat eine Maschine während einer Zeit t die Leistung P erzeugt (oder verbraucht), so entspricht dies einer erzeugten (oder verbrauchten) Energie

$$E = P \cdot t \tag{54,1}$$

Wird die Leistung P in PS und die Zeit t in h gemessen, so erhält man als Energiegröße E bzw. Arbeitsgröße W die Einheit PSh (lies PS-Stunden). Wird die Leistung P in kW und die Zeit t in h gemessen, so erhält man als Energie- bzw. Arbeitsgröße die Einheit kWh (lies kW-Stunden).

Ihre Umrechnung auf die Grundeinheit kpm ergibt

$$1\ \text{PS} \cdot \text{h} = 75\ \frac{\text{kpm}}{\text{s}} \cdot 3\,600\ \text{s} = 270\,000\ \text{kpm}$$

$$\underline{Umrechnungsfaktor\ 270\,000\ \frac{\text{kpm}}{\text{PSh}}}$$

$$1\ \text{kW} \cdot \text{h} = 102\ \frac{\text{kpm}}{\text{s}} \cdot 3\,600\ \text{s} = 367\,200\ \text{kpm}$$

$$\underline{Umrechnungsfaktor\ 367\,200\ \frac{\text{kpm}}{\text{kWh}}}$$

Als kleinere Arbeitsgröße ist gebräuchlich die Ws (lies Watt-Sekunde)

$$1 \text{ kpm} = 9,81 \text{ Ws}$$

$$1 \text{ Ws} = 0,102 \text{ kpm}$$

Umrechnungsfaktor $9,81 \dfrac{\text{Ws}}{\text{kpm}}$ oder $0,102 \dfrac{\text{kpm}}{\text{Ws}}$

Trägt man die Leistung P in Abhängigkeit von der Zeit t im Schaubild auf, so erkennt man in Abb. 54,1, daß nach Gl. (54,1) die Arbeit dargestellt ist durch die schraffierte Fläche unter der Leistungslinie.

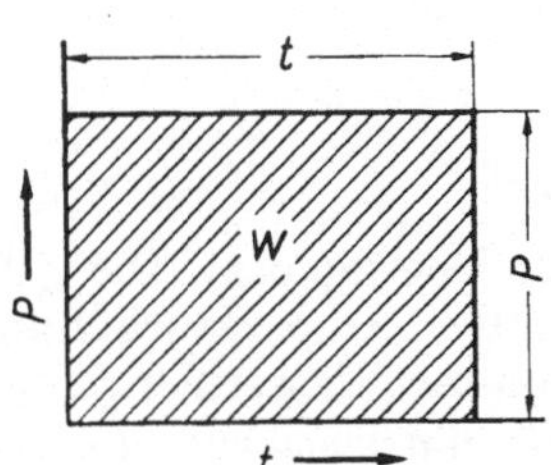

Abb. 54,1. Die Arbeit bei gleichbleibender Leistung

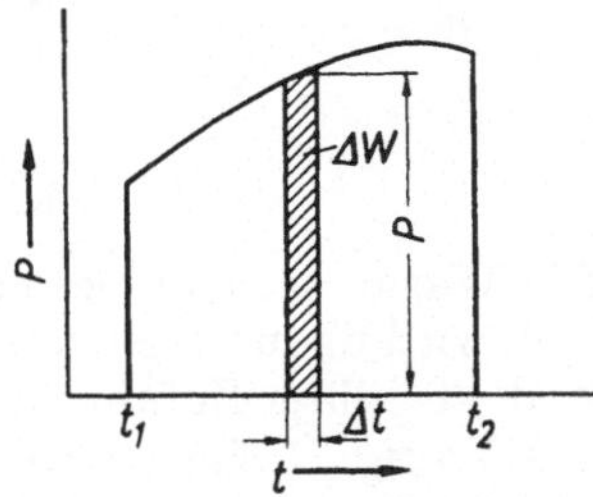

Abb. 54,2. Die Arbeit bei veränderlicher Leistung

Tatsächlich ändert sich bei unseren Maschinen die erzeugte (oder verbrauchte) Leistung mehr oder weniger. Abb. 54,2 zeigt im (P, t)-Schaubild die Funktion $P = f(t)$ für veränderliche Leistung. Man findet die Arbeit durch Summierung der kleinen Flächenstreifen $\Delta W = P \cdot \Delta t$ (Integration), die für genauere Ermittlung wieder sehr schmal gewählt, und deren Breiten dann mit dt bezeichnet werden. Dann ergibt sich die Arbeit im Zeitabschnitt t_1 bis t_2

$$W = \int_{t_1}^{t_2} P \cdot dt \tag{54,2}$$

Dieses Integral kann in vielen Fällen vereinfacht gelöst werden, indem man die mittlere Leistung P_m bestimmt, dann ist

$$W = P_m(t_2 - t_1) \tag{54,3}$$

Beispiel: Ein Turbogenerator erzeugt in der Zeit von 8.00 h bis 11.30 h durchschnittlich 3140 kW, anschließend bis 14.30 h durchschnittlich 2500 kW, bis 18.00 h im Mittel 3000 kW, bis 22.00 h im Mittel 3750 kW und bis 8.00 h im Mittel 2200 kW. Welche Energie liefert der Turbogenerator in 24 Stunden?
Nach Gl. (54,3) $W = P_m(t_2 - t_1)$ ergibt sich

$$W = 3\,140 \text{ kW} \left(11\tfrac{1}{2} - 8\right) \text{h} + 2\,500 \text{ kW} \left(14\tfrac{1}{2} - 11\tfrac{1}{2}\right) \text{h} + 3\,000 \text{ kW}$$

$$\times \left(18 - 14\tfrac{1}{2}\right) \text{h} + 3\,750 \text{ kW} (22 - 18) \text{h} + 2\,200 \text{ kW} (24 - 22 + 8) \text{h}$$

$$= (11\,000 + 7\,500 + 10\,500 + 15\,000 + 22\,000) \text{ kWh} = 66\,000 \text{ kWh}$$

Beispiel: Ein Hochbehälter als Wasserspeicher hat ein Fassungsvermögen von 1\,000\,000 m³, der bis zu den Wasserkraftmaschinen eine mittlere Druckhöhe von 7,5 m besitzt. Welche Energie kann nutzbar gemacht werden, wenn die Umwandlung in elektrische Energie mit einem Wirkungsgrad von 75% erfolgt ? Mit

$$V = 10^6 \text{ m}^3, \quad \gamma = 10^3 \text{ kp/m}^3, \quad H = 7{,}5 \text{ m}, \quad \eta = 0{,}75$$

und dem Umrechnungsfaktor $367\,200\ \dfrac{\text{kpm}}{\text{kWh}}$ folgt

$$W = V \cdot \gamma \cdot H \cdot \eta = \frac{10^6\text{ m}^3 \cdot 10^3\text{ kp/m}^3 \cdot 7{,}5\text{ m} \cdot 0{,}75}{367\,200\ \dfrac{\text{kpm}}{\text{kWh}}} = 15\,300 \text{ kWh}$$

Beispiel: Welche mittlere Erzeugungsleistung müssen die Turbinen im vorigen Beispiel gehabt haben, wenn der Speichervorrat in $4^1/_4$ Stunden verbraucht wurde ?

$$W = P_m \cdot t; \quad P_m = \frac{W}{t} = \frac{15\,300 \text{ kWh}}{4{,}25 \text{ h}} = 3\,600 \text{ kW} = 3{,}6 \text{ MW}$$

b) Wärmeenergie

Die Wärme ist eine besondere Art der Energieform. Die „Wärmemenge" wird dadurch gemessen, daß man die Temperaturhöhung feststellt, die bei ihrer Zufuhr zu einer bestimmten Wassermenge entsteht.

Erklärung: 1 Kilokalorie (kcal) ist die Wärmemenge, die bei ihrer Zufuhr die Temperatur von 1 kg Wasser von 14,5° auf 15,5° erhöht.

Die Angabe „von 14,5° auf 15,5 °C" in der Begriffsbestimmung ist erforderlich, da die Wärmemenge zur Steigerung der Temperatur von 1 kg Wasser um 1 °C bei niedrigeren Temperaturen etwas größer, bei größeren Temperaturen etwas kleiner ist. Für technische Messungen genügt meist die Annahme, daß 1 kcal die Wärmemenge bedeutet, die 1 kg Wasser um 1 °C erhöht.

Daß sich Arbeit in Wärme umsetzt, haben wir z. B. in der Reibungslehre kennengelernt. Der schwäbische Arzt ROBERT MAYER hat 1842 zuerst klar ausgesprochen, was heute in der Physik als *mechanisches Wärmeäquivalent* bezeichnet wird:

$$1 \text{ kcal} = 427 \text{ kpm}$$

Umrechnungsfaktor: $427\ \dfrac{\text{kpm}}{\text{kcal}}$

Im internationalen Einheitensystem gibt es die kcal als besondere Einheit der Wärmemenge nicht mehr (s. Abschn. 53). Vielmehr ist die Einheit der Arbeit, Energie und Wärmenge das Joule (J) und es ist

$$1 \text{ J} = 1 \text{ N} \cdot \text{m} = 1 \text{ W} \cdot \text{s}$$

$$1 \text{ J/s} = 1\ \frac{\text{N m}}{\text{s}} = 1 \text{ W}$$

$$1 \text{ kcal} = 4\,186{,}8 \text{ J}$$

In der m-kg-s-(kp)-Einheitenzusammenstellung ergeben sich folgende Umrechnungen der Wärmeenergie in mechanische Energie und umgekehrt

$$1 \text{ PSh} = 270\,000 \text{ kpm} = \frac{270\,000 \text{ kpm}}{427\ \dfrac{\text{kpm}}{\text{kcal}}} = 632 \text{ kcal}$$

Umrechnungsfaktor: $632\ \dfrac{\text{kcal}}{\text{PSh}}$

$$1\ \text{kWh} = 367\,200\ \text{kpm} = \frac{367\,200\ \text{kpm}}{427\ \dfrac{\text{kpm}}{\text{kcal}}} = 860\ \text{kcal}$$

Umrechnungsfaktor: $860\ \dfrac{\text{kcal}}{\text{kWh}}$

Die verschiedenen Energieeinheiten ergeben sich aus folgender Übersicht:

	kpm	PSh	kWh	kcal	J = Nm
1 kpm =	1	$3{,}7 \cdot 10^{-6}$	$2{,}72 \cdot 10^{-6}$	$\dfrac{1}{427}$	9,81
1 PSh =	270 000	1	0,736	632	
1 kWh =	367 200	1,36	1	860	
1 kcal =	427	$1{,}58 \cdot 10^{-3}$	$1{,}16 \cdot 10^{-3}$	1	4186,8

c) Massentransportgröße, Tonnenkilometer

In der Fördertechnik ist es vielfach üblich, einen Fördervorgang nach dem Produkt Fördermenge in t mal Förderweg in km zu beurteilen. Es ist klar ersichtlich, daß es sich hierbei nur bei seigerer Förderung um eine der Arbeit entsprechende Größe handelt. Bei jeder geneigten oder söhligen Förderung handelt es sich um eine der verrichteten Arbeit äquivalente Größe, solange nämlich in allen Fällen der Widerstandsanteil w in kp/Mp gleich ist. Söhlige und geneigte Förderung und diese wieder mit seigerer Förderung lassen sich durch die Größe Tonnenkilometer (tkm) nicht vergleichen.

Bei der Suche nach einer *Bezugsgröße für den Vergleich des Massentransportstromes der Förderkosten und der Lebensdauer* verschiedener Fördermittel ist man jedoch zu dem Tonnenkilometer gekommen, da die Länge in km wie auch die Fördermenge in t allein nicht genügend kennzeichnend sind. Bei der Wagenförderung sind bedeutende Massen der Wagen als Fördergefäße mit zu bewegen im Gegensatz zu manchen Stetigförderern, bei denen der Anteil der Masse des Tragmittels, das hier nur umläuft, geringer ist. Auch läßt sich bei Stetigförderern die Masse des Tragmittels als Anteil der bewegten Massen nicht getrennt ermitteln. Bei der Wagenförderung hat sich eingebürgert zu unterscheiden zwischen Brutto-Tonnenkilometer (Btkm), bei dem die bewegten Massen von Fördergefäß und Nutzinhalt einbezogen sind, und Nutz-Tonnenkilometer (Ntkm), bei dem nur die geförderte Nutzmasse eingerechnet ist.

Man hat für die Wagenförderung den *Massentransportstrom* in Ntkm je Schicht für verschiedene Antriebsmittel bestimmt und folgende Zahlen gefunden:

Schlepper . . . . 4 ⋯ 5 Ntkm/Schicht
Grubenpferd . . . . 35 ⋯ 45   „
Schlepperhaspel 100   „
Abbaulokomotive 200   „

Es ist ohne weiteres einzusehen, daß diese Massentransportströme nur bedingte Gültigkeit haben, da sie durch Betriebsbedingungen, wie markscheiderischer Zuschnitt der Auffahrung, Zustand der Strecke und des Gerecks und auch die Betriebsweise, d. h. die Art der Ausnutzung, stark beeinflußt werden.

Bei Stetigförderern, die heute in zunehmendem Maße im Vordringen auch in der Abbaustrecken-Förderung sind, lassen sich ähnliche Vergleichszahlen noch weniger angeben. Wenn hier der Betriebszuschnitt z. B. zu verhältnismäßig kurzen Fördererlängen führt, so ergeben diese bei gleichem Förderstrom in t/h wesentlich ungünstigere Leistungszahlen in tkm/Schicht als bei längeren Förderern. Jeder Stetigförderer hat betrieblich und wirtschaftlich günstigste Werte für Nutzlänge und Förderstrom.

Will man die *Kosten der Förderung* ermitteln und sie mit verschiedenen Fördermitteln vergleichen, kann man sie beziehen auf die Fördererlänge (DM/m), die Fördermenge (DM/t) oder die Massentransportgröße (DM/tkm). Hier treten für einen Vergleich die gleichen Schwierigkeiten auf, wie sie bezüglich der Beurteilung des Massentransportstromes genannt sind. Man könnte daran denken, die Ergebnisse einer Kostenermittlung umzurechnen. Das führt jedoch ebenfalls zu Schwierigkeiten, da Verschleiß und Reparaturkosten, die wirklichen Energie- und Wartungskosten, die Lebensdauer und vieles andere mehr nicht linear mit Länge und Förderstrom anwachsen.

Schließlich wird die *Lebensdauer* der Elemente der Fördermittel wie die Gurte beim Gummiband- oder die Matten beim Trogbandförderer oder die Seile bei der Schachtförderung auf die Massentransportgröße (tkm) bezogen. Da aber z. B. bei den Gummigurten die Biegungen an den Trommeln ebenso wie beim Förderseil die Biegungen an Trommel, Treibscheibe und Seilscheiben die Lebensdauer stark beeinflussen, müssen die Ergebnisse bei geringen Nutzlängen bzw. Teufen ungünstiger werden als bei größeren Längen. Diese Tatsache ist auch schon durch eine große Zahl statistischer Erhebungen bestätigt worden.

Hierher gehört auch die Ermittlung der Schacht-PSh bei der Schachtförderung, auf die man bei Dampffördermaschinen vielfach den Dampfverbrauch bezieht. Untersuchungen an Förderanlagen zeigen, daß der Einfluß der Stillstandszeiten auf den spezifischen Dampfverbrauch in kg/Schacht-PSh sehr groß sein kann. Jedenfalls müssen auch derartige Ergebnisse sehr mit Vorbehalt beurteilt werden.

Zusammenfassend ist festzustellen:

In der Fördertechnik ist es vielfach noch üblich, als Kennwert von Fördermitteln mit der Massentransportgröße tkm bzw. Btkm, Ntkm und bei der Schachtförderung außerdem mit Schacht-PSh zu rechnen. Die Benutzung dieser Kennwerte für den Vergleich verschiedener Fördermittel nach ihrem Massentransportstrom bzw. als Bezugsgröße für die Lebensdauer bzw. die Kosten führt nur zu sehr unzuverlässigen Ergebnissen.

55. Satz vom Antrieb (Impulssatz)

Wirkt auf einen freibeweglichen Körper eine konstante Kraft F während einer Zeitspanne t, so versteht man unter dem *Antrieb oder Impuls der Kraft* das Produkt aus Kraft und Zeit t

$$\boxed{\text{Impuls } J = F \cdot t} \tag{55,1}$$

Die *Einheit des Antriebs* ist kp $\cdot$ s (Kilopondsekunde).

In Richtung der wirkenden Kraft ergibt sich während der Zeitspanne t eine Erhöhung der Geschwindigkeit auf den Wert v. Nach dem dynamischen Grundgesetz ist $F = m \cdot a$. Also

$$a = \frac{F}{m}$$

Nach Gl. (38,1) ist

$$v = a \cdot t$$

Daraus folgt

$$\frac{F}{m} = \frac{v}{t}$$

$$\boxed{J = F \cdot t = m \cdot v} \tag{55,2}$$

Man nennt das Produkt $m \cdot v$ aus der Masse und der Geschwindigkeit die *Bewegungsgröße des Körpers*. Die Gleichung läßt sich ausdrücken durch den *Satz vom Antrieb (Impulssatz)*:

Satz 57: *Der Antrieb (Impuls) einer beschleunigenden Kraft innerhalb einer Zeit ist gleich der Änderung der Bewegungsgröße in der gleichen Zeit.*

Wächst die Geschwindigkeit durch eine konstante Kraft in der Zeitspanne $t_2 - t_1$ von der Geschwindigkeit v_1 auf die Geschwindigkeit v_2, so ergibt sich die allgemeinere Gleichung

$$F(t_2 - t_1) = m(v_2 - v_1) \tag{55,3}$$

Der Satz vom Antrieb besagt: Je kleiner die Zeitspanne wird, desto größer muß die beschleunigende Kraft werden, um eine bestimmte Bewegungsgröße zu erreichen.

Beispiel: Welche Antriebskraft ist erforderlich, um ein Lastauto von 8 t Masse aus dem Stillstand heraus gleichförmig beschleunigt in einer Minute 600 m weit fortzubewegen?

Lösung: Gegeben: $m = 8\,\text{t} = 8\,000\,\text{kg}$; $s = 600\,\text{m}$; $t = 1\,\text{min} = 60\,\text{s}$

$$s = \frac{v}{2}\,t; \quad v = \frac{2\,s}{t} = \frac{2 \cdot 600\,\text{m}}{60\,\text{s}} = 20\,\text{m/s}$$

$$F \cdot t = m \cdot v$$

$$F = \frac{m \cdot v}{t} = \frac{8000\,\text{kg} \cdot 20\,\text{m/s}}{9{,}81\,\dfrac{\text{kgm}}{\text{s}^2 \cdot \text{kp}}\,60\,\text{s}} = 272\,\text{kp}$$

Beispiel: Der Fahrer eines mit 72 km/h fahrenden Lastwagens von der Gesamtmasse 9810 kg übt 5 Sekunden lang eine Bremskraft von 800 kp auf den Wagen aus. Berechne a) die Verzögerung, b) die Verringerung der Geschwindigkeit, c) die Bremsstrecke.

Lösung: Gegeben: $v_0 = 72$ km/h $= 20$ m/s; $m = 9810$ kg; $t_v = 5$ s;

$$F_v = 800 \text{ kp}$$

a)
$$F_v = m \cdot a_v$$

$$a_v = \frac{F_v}{m} = \frac{800 \text{ kp} \cdot 9,81 \dfrac{\text{kgm}}{\text{s}^2 \cdot \text{kp}}}{9\,810 \text{ kg}} = 0,8 \text{ m/s}^2$$

b) Der Impuls der Bremskraft F_v während der Zeit t_v vermindert die Bewegungsgröße um $m \cdot \Delta v$

$$F_v \cdot t_v = m \cdot \Delta v$$

$$\Delta v = \frac{F_v \cdot t_v}{m} = \frac{800 \text{ kp} \cdot 5 \text{ s} \cdot 9,81 \dfrac{\text{kgm}}{\text{s}^2 \cdot \text{kp}}}{9\,810 \text{ kg}} = 4 \text{ m/s}$$

Damit ergibt sich die Geschwindigkeit nach Beendigung des Bremsvorganges

$$v_2 = v_1 - \Delta v = (20 - 4) \text{ m/s} = 16 \text{ m/s} = 57,6 \text{ km/h}$$

c) Nach Gl. (38,8a)

$$s_v = v_0 \cdot t_v - \frac{1}{2} a_v \cdot t_v^2 = \left(20 \cdot 5 - \frac{1}{2} \cdot 0,8 \cdot 5^2\right) \text{m} = \left(100 - 10\right) \text{m} = 90 \text{ m}$$

Beispiel: Ein Wasserstrahl verläßt die Mündung eines Rohres von 20 mm Durchmesser mit einer Geschwindigkeit von 20 m/s und trifft mit dieser Geschwindigkeit auf eine rechtwinklig zum Strahl feststehende Wand. Berechne die vom Strahl auf die Wand ausgeübte Kraft.

Lösung: Der Wasserstrahl hat den Durchmesser $d = 20$ mm $= 2 \cdot 10^{-2}$ m und damit den Querschnitt $A = \dfrac{\pi \cdot d^2}{4} = \dfrac{\pi \cdot 2^2 \cdot 10^{-4} \text{ m}^2}{4} = 3,14 \cdot 10^{-4} \text{ m}^2$; seine Dichte $\varrho = 10^3$ kg/m³.

Trifft der Wasserstrahl mit der Geschwindigkeit c_1 gegen die feststehende Wand, wird er senkrecht zur Strahlrichtung mit c_2 abgelenkt. Diese Geschwindigkeit c_2 hat jedoch keine Komponente in Richtung c_1, so daß die Auftreffgeschwindigkeit c_1 mit der Wassermasse m multipliziert ihren Impuls ergibt. Nach Gl. (55,2) berechnen wir

$$F \cdot t = m \cdot c_1; \quad F = \frac{m}{t} \cdot c_1$$

Hierin ist $\dfrac{m}{t}$ die sekundlich auftreffende Wassermasse:

$$\frac{m}{t} = A \cdot c_1 \cdot \varrho$$

$$F = \frac{m}{t} \cdot c_1 = A \cdot \varrho \cdot c_1^2 = 3,14 \cdot 10^{-4} \text{m}^2 \cdot 10^3 \text{kg/m}^3 \, (20 \text{ m/s})^2 = 125,6 \text{ kgm/s}^2$$

$$= \frac{125,6 \text{ N}}{9,81 \text{ N/kp}} = 12,8 \text{ kp}$$

D. Dynamik der Drehbewegung
(Rotationsbewegung)

56. Dynamisches Grundgesetz der Drehbewegung

Ist ein Körper um eine Achse O drehbar gelagert (Abb. 56,1), so ist ein Drehmoment M_d erforderlich, um ihn in Drehung zu versetzen. Dieses Drehmoment kann z. B. dadurch eingeleitet werden, daß an einer auf der Lagerwelle aufgekeilten Handkurbel eine konstante Kraft wirkt.

Nehmen wir zur Vereinfachung an, daß außer dem eingeleiteten Drehmoment M_d kein anderes vorhanden ist, so erhält der Körper eine Winkelbeschleunigung ε. Zwischen M_d und ε besteht ein gesetzmäßiger Zusammenhang.

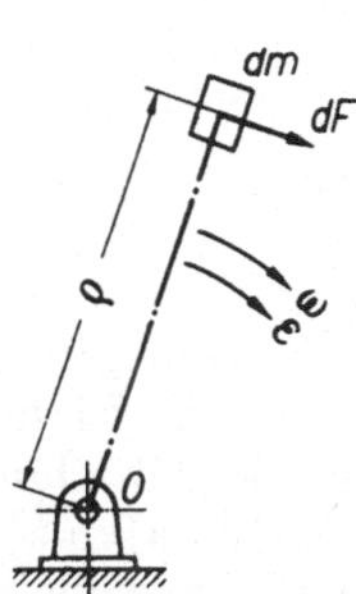

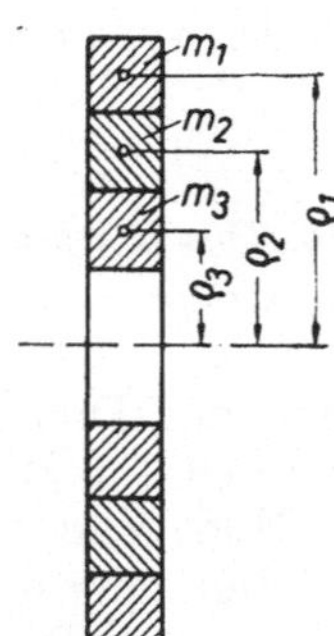

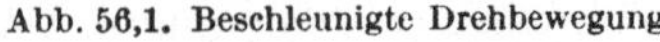

Abb. 56,1. Beschleunigte Drehbewegung   Abb. 56,2. Beschleunigt umlaufende Scheibe

Um ihn zu ermitteln, zerlegt man den gesamten Körper in viele kleine Massenteilchen und greift davon ein beliebiges von der Masse dm im Abstand ϱ heraus. Es macht eine beschleunigte Kreisbewegung mit der Winkelbeschleunigung ε (Abb. 56,1).

Zur Beschleunigung auf der Kreisbahn ist die Tangentialkraft

$$dF = dm \cdot \varrho \cdot \varepsilon$$

am Hebelarm ϱ, also das Teildrehmoment

$$dM = dF \cdot \varrho = dm \cdot \varrho^2 \cdot \varepsilon \qquad \text{(a)}$$

erforderlich.

Ist nach Abb. 56,2 eine Scheibe in möglichst viele sehr dünne Ringe von den Massen m_1, m_2, m_3, ... geteilt, deren Schwerpunktabstand von der Drehachse ϱ_1, ϱ_2, ϱ_3, ... beträgt, so ergibt sich nach Gl. (a) das zur Beschleunigung dieser Scheibe erforderliche Drehmoment.

$$M_d = m_1 \cdot \varrho_1^2 \cdot \varepsilon + m_2 \cdot \varrho_2^2 \cdot \varepsilon + m_3 \cdot \varrho_3^2 \cdot \varepsilon + \cdots$$
$$M_d = \varepsilon (m_1 \cdot \varrho_1^2 + m_2 \cdot \varrho_2^2 + m_3 \cdot \varrho_3^2 + \cdots)$$

Das erforderliche Drehmoment erhält man demnach, wenn man eine Summierung (Integration) des Produktes aller möglichst kleinen

Massenteilchen dm mit dem Quadrat ihres Abstandes von der Drehachse ϱ vornimmt und schreibt

$$M_d = \varepsilon \int dm \cdot \varrho^2$$

Das Integral $\int dm \cdot \varrho^2$ kennzeichnet nur die Massenverteilung des Körpers und ihre Lage zur Drehachse. Hat z. B. der größte Teil der Masse eines Körpers einen großen Abstand von der Drehachse, so ergibt das Integral einen großen Wert; im Gegensatz dazu ergibt sich ein kleiner Wert, wenn der größere Anteil der Massenteilchen dicht um die Drehachse verteilt ist. Für einen bestimmten Körper erhält man jedoch immer einen ganz bestimmten Wert. Man spricht dann vom

Massenträgheitsmoment oder *dynamischen Trägheitsmoment*

$$I_d = \int dm \cdot \varrho^2 \tag{56,1}$$

Als Einheit für das Massenträgheitsmoment ergibt sich kgm². Damit ergibt sich das *dynamische Grundgesetz der Drehbewegung*

$$\boxed{M_d = I_d \cdot \varepsilon} \tag{56,2}$$

Satz 58: *Das beschleunigende Drehmoment ist gleich dem Produkt aus dem Massenträgheitsmoment eines Körpers und der Winkelbeschleunigung.*

Während das Drehmoment üblicherweise in kpm gemessen wird, ergibt sich in Gl. (56,2) mit I_d in kgm² und ε in s⁻² die Einheit $I_d \cdot \varepsilon$ in kgm²/s² = N m. Man kommt auf beiden Seiten der Gleichung zu gleichen Einheiten kpm durch Umrechnung nach (48,3a) mit 9,81 N/kp.

Bei konstantem Drehmoment ist die Winkelbeschleunigung ε konstant. Der Körper führt dann eine gleichmäßig beschleunigte Drehbewegung aus. Wirkt dem eingeleiteten Drehmoment ein Reibungsmoment M_W entgegen, so ergibt sich als beschleunigendes Moment $M_d - M_W$. Allgemein gilt für den Fall, daß *mehrere Dreh*momente auf den Körper wirken: *Die Einzelmomente sind zu einem resultierenden Drehmoment zusammenzufassen, dabei ist die Drehrichtung der Einzelmomente für die algebraische Addition zu beachten.* Dann ergibt sich für das *resultierende Drehmoment*

$$M_R = \Sigma M = I_d \cdot \varepsilon \tag{56,3}$$

Das dynamische Grundgesetz der Drehbewegung ähnelt im Aufbau dem der geradlinigen Bewegung. An Stelle der beschleunigenden Kraft F tritt jetzt das beschleunigende Moment M, an Stelle der Masse m das Massenträgheitsmoment I_d und an Stelle der Beschleunigung a die Winkelbeschleunigung ε.

57. Massenträgheitsmoment

Zur Berechnung beschleunigter Drehbewegung muß das Massenträgheitsmoment $I_d = \int dm \cdot \varrho^2$ des Drehkörpers bekannt sein. Es ist ein Maß für die Trägheit, mit der sich der Körper Drehbewegungsänderungen widersetzt.

Bei geometrisch einfachen Körpern mit gleichförmiger Massenverteilung lassen sich allgemein gültige Formeln für das Massenträgheitsmoment aufstellen. Bei Körpern, die sich aus geometrisch einfachen Körpern zusammensetzen, läßt sich das Trägheitsmoment aus den genannten Formeln berechnen. Bei unregelmäßig gestalteten Körpern wird es versuchsmäßig z. B. durch Auspendelung bestimmt.

a) Berechnung bei einfachen Körpern

In Taschenbüchern sind die Formeln für die Massenträgheitsmomente geometrisch einfacher Körper angegeben[1].

1. Kreiszylinder, Abb. 57,1

$$I_d = \frac{1}{8}\, m \cdot d^2 = \frac{1}{2}\, m \cdot r^2 = \frac{1}{32}\, \pi\, d^4 \cdot h \cdot \varrho = \frac{1}{2}\, \pi\, r^4 \cdot h \cdot \varrho \qquad (57,1)$$

2. Hohlzylinder, Abb. 57,2

$$I_d = \frac{1}{8}\, m\,(D^2 + d^2) = \frac{1}{2}\, m\,(R^2 + r^2)$$

$$= \frac{1}{32}\, \pi\, h\,(D^4 - d^4)\, \varrho = \frac{1}{2}\, \pi\, h\,(R^4 - r^4)\, \varrho \qquad (57,2)$$

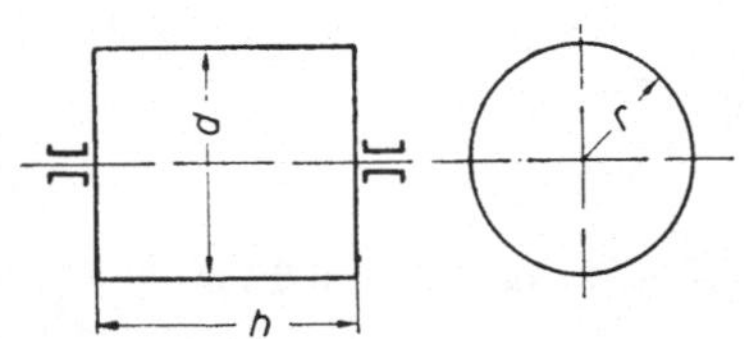
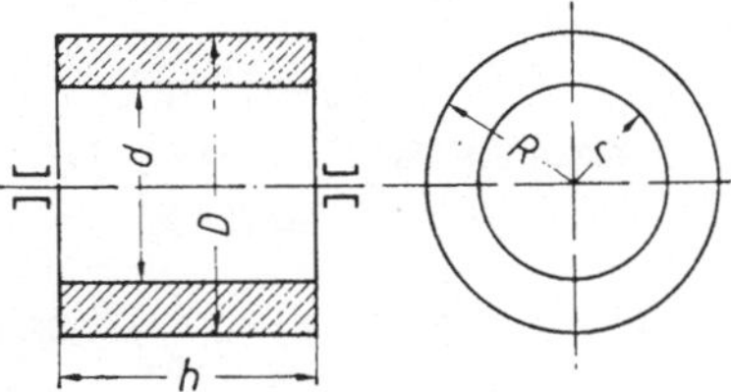

Abb. 57,1. Kreiszylinder   Abb. 57,2. Hohlzylinder

3. Kugel vom Durchmesser $d = 2r$

$$I_d = \frac{1}{10}\, m \cdot d^2 = \frac{2}{5}\, m\, r^2 = \frac{1}{60}\, \pi\, d^5 \cdot \varrho = \frac{8}{15}\, \pi\, r^5 \cdot \varrho \qquad (57,3)$$

4. Ringkörper, Abb. 57,3

$$I_d = \frac{1}{4}\, m \left(D^2 + \frac{3}{4}\, d^2\right) \qquad (57,4)$$

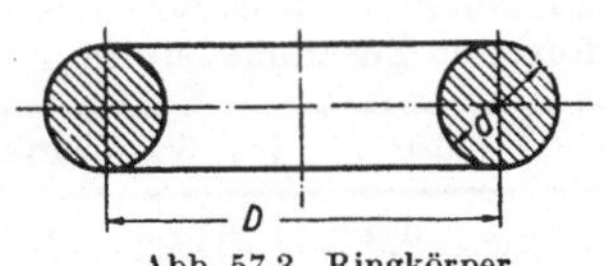
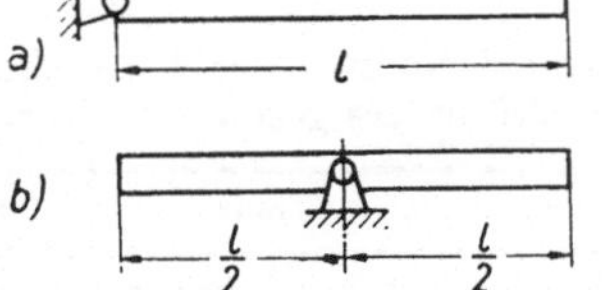

Abb. 57,3. Ringkörper

Abb. 57,4. Dünner Stab
a) am Ende gelagert, b) in der Mitte gelagert

5. Dünner Stab, Abb. 57,4
a) Stab am Ende gelagert

$$I_d = m\, \frac{l^2}{3} \qquad (57,5)$$

---

[1] Siehe Dubbels Taschenbuch für den Maschinenbau, 12. Auflage, Springer 1966, I. Bd., S. 256.

16*

b) Stab in der Mitte gelagert

$$I_d = m\, \frac{l^2}{12} \tag{57,6}$$

Beispiel: Das Schwungrad einer Stoßmaschine nach Abb. 57,5 besteht aus Kranz und Nabe, die durch eine vollwandige, durchgehende Stegscheibe von 50 mm Stärke verbunden sind. Die Wichte für Gußeisen beträgt $\gamma = 7{,}2$ kp/dm³. Berechne a) die Gewichtskraft und die Masse des Kranzes, der Stegscheibe, der Nabe und des ganzen Rades; b) die Massenträgheitsmomente der einzelnen Teile und des ganzen Rades für die Drehachse.

Lösung:

a) $\qquad$ Kranz $G_1 = \dfrac{\pi}{4}\,(12^2 - 8^2)\ \mathrm{dm^2} \cdot 1{,}2\ \mathrm{dm} \cdot 7{,}2\ \mathrm{kp/dm^3} = 543\ \mathrm{kp}$

$$m_1 = 543\ \mathrm{kg}$$

Stegscheibe $G_2 = \dfrac{\pi}{4}\,(8^2 - 1{,}6^2)\ \mathrm{dm^2} \cdot 0{,}5\ \mathrm{dm} \cdot 7{,}2\ \mathrm{kp/dm^3} = 174\ \mathrm{kp}$

$$m_2 = 174\ \mathrm{kg}$$

Nabe $G_3 = \dfrac{\pi}{4}\,(1{,}6^2 - 0{,}8^2)\ \mathrm{dm^2} \cdot 1{,}6\ \mathrm{dm} \cdot 7{,}2\ \mathrm{kp/dm^3} = 17\ \mathrm{kp}$

$$m_3 = 17\ \mathrm{kg}$$

gesamtes Rad $G = (543 + 174 + 17)\ \mathrm{kp} = 734\ \mathrm{kp}$

$$m = 734\ \mathrm{kg}$$

b) $\qquad$ Kranz $I_{d_1} = \dfrac{1}{8}\, m\, (D^2 + d^2) = \dfrac{1}{8} \cdot 543\ \mathrm{kg}\,(1{,}2^2 + 0{,}8^2)\ \mathrm{m^2}$

$$= 141{,}2\ \mathrm{kgm^2}$$

Stegscheibe $I_{d_2} = \dfrac{1}{8}\, m\, (D^2 + d^2) = \dfrac{1}{8} \cdot 174\ \mathrm{kg}\,(0{,}8^2 + 0{,}16^2)\ \mathrm{m^2}$

$$= 14{,}48\ \mathrm{kgm^2}$$

Nabe $I_{d_3} = \dfrac{1}{8}\, m\, (D^2 + d^2) = \dfrac{1}{8} \cdot 17\ \mathrm{kg}\,(0{.}16^2 + 0{,}08^2)\ \mathrm{m^2}$

$$= 0{,}068\ \mathrm{kgm^2}$$

Gesamt $I_d = (141{,}2 + 14{,}48 + 0{,}068)\ \mathrm{kgm^2} = 155{,}748\ \mathrm{kgm^2}$

Die Verteilung der Masse und des Massenträgheitsmomentes der einzelnen Teile auf die des gesamten Schwungrades zeigt folgende Zusammenstellung:

	Kranz	Stegscheibe	Nabe	Schwungrad
Masse	543 kg ≙ 74,0 %	174 kg ≙ 23,7 %	17 kg ≙ 2,3 %	734 kg ≙ 100 %
Massenträgheitsmoment	141,2 kgm² ≙ 90,66 %	14,48 kgm² ≙ 9,30 %	0,068 kgm² ≙ 0,04 %	155,784 kgm² ≙ 100 %

Der Kranz trägt zum gesamten Massenträgheitsmoment wesentlich mehr bei als zur Gesamtmasse, da die Abstände der Massenteilchen von der Drehachse beim Massenträgheitsmoment quadratisch eingehen. Die achsennahe Nabe, die immerhin noch mit 2,3% einen beachtlichen Masseanteil liefert, trägt praktisch nichts zum Massenträgheitsmoment bei.

b) Reduzierte Masse, reduzierte Gewichtskraft

Bei der Berechnung beschleunigter Drehbewegung kann man sich auch die Masse des Körpers auf einen beliebigen Punkt im Abstand r vereinigt denken (Abb. 57,6a), wobei die Massenwirkung, die durch das Massenträgheitsmoment I_d angegeben wird, unverändert bleiben muß.

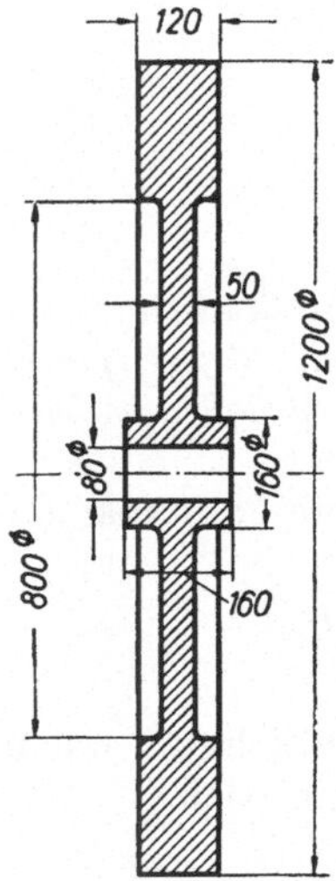

Abb. 57,5. Schwungrad

Man nennt die punktförmige Ersatzmasse *die auf den Abstand r von der Drehachse reduzierte Masse* m_{red} des Körpers. Da sie die Bedingung $I_d = m_{red} \cdot r^2$ erfüllen muß, errechnet sie sich

$$m_{red} = \frac{I_d}{r^2} \qquad (57,7)$$

Abb. 57,6. Reduzierte Masse
a) als Massenpunkt, b) als Massenring

Man kann sich die reduzierte Masse m_{red} auch als gleichmäßig verteilte Masse eines dünnwandigen Ringes vom Radius r vorstellen (Abb. 57,6b). Aus der reduzierten Masse ergibt sich auch die auf den Radius r vereinigt gedachte reduzierte Gewichtskraft G_{red}, die die gleiche Massenwirkung hervorruft und im Bereich der Erdfallbeschleunigung den gleichen Zahlenwert in kp hat wie die reduzierte Masse des gleichen Körpers in kg.

Beispiel: Bestimme die reduzierte Masse und die reduzierte Gewichtskraft des Schwungrades im vorigen Beispiel Abb. 57,5 bezogen auf den Umfang.

Lösung: Gegeben: $I_d = 155{,}748 \text{ kgm}^2$; $r = \dfrac{1{,}2 \text{ m}}{2} = 0{,}6 \text{ m}$

$$m_{red} = \frac{I_d}{r^2} = \frac{155{,}748 \text{ kgm}^2}{(0{,}6 \text{ m})^2} = 432{,}6 \text{ kg}$$

Die tatsächliche Masse beträgt 734 kg

$$G_{red} = 432{,}6 \text{ kp}$$

Das heißt also $\dfrac{432{,}6 \text{ kg}}{734 \text{ kg}} \cdot 100 = 58{,}9\%$ der tatsächlichen Masse als dünnen Zylindermantel auf den Umfang des Schwungrades vereinigt, hat dasselbe Massenträgheitsmoment wie das Schwungrad.

c) Trägheitsradius, Schwungmoment

Würde die gesamte tatsächliche Masse auf einen Punkt konzentriert, mit dessen Abstand ebenfalls die gleiche Massenwirkung, d. h. das gleiche Massenträgheitsmoment erzielt wird, so nennt man diesen Abstand den *Trägheitsradius i.*

Es ergibt sich aus den Bedingungen $I_d = m \cdot i^2$ (57,8 a)

$$\boxed{i = \sqrt{\frac{I_d}{m}}} \tag{57,8}$$

Erklärung: Der Trägheitsradius i ist der Abstand von der Drehachse, in dem man sich die gesamte Körpermasse als Massenpunkt vereinigt denken kann, damit dieser das gleiche Massenträgheitsmoment wie der Körper hat. Die Einheit ist m.

Der *Trägheitsdurchmesser ist* $D_i = 2i$. Damit kann man das Massenträgheitsmoment auch in der Form schreiben

$$I_d = m \left(\frac{D_i}{2}\right)^2 = \frac{m \cdot D_i^2}{4}$$

Der entstandene Ausdruck $m \cdot D_i{}^2$ ist eigentlich das, was unter dem *Schwungmoment* verstanden wird. Hierfür ergibt sich

$$m \cdot D_i^2 = 4 I_d \tag{57,9}$$

Das Schwungmoment nach Gl. (57,9) wird gemessen in der Einheit des Massenträgheitsmomentes, also in kgm². Im allgemeinen wird aber heute noch das Schwungmoment[1] mit $G D_i^2$ bezeichnet und in kpm² gemessen. Hierfür ergibt sich

$$I_d = \frac{m \cdot D_i^2}{4} = \frac{G D_i^2}{4 g}$$

Allerdings müßte in vorstehender Gleichung die Gewichtskraft G in kgm/s² = N gemessen werden, um kohärent zu sein. Zur Umrechnung des Schwungmomentes in kpm² führen wir gemäß (48,3a) den Umrechnungsfaktor 9,81 N/kp ein:

$$I_d = \frac{9,81\, G D_i^2}{4 g}$$

$$G D_i^2 = \frac{4\,g \cdot I_d}{9,81} \quad \left|\begin{array}{l} G D_i^2 \text{ in kpm}^2 \\ I_d \text{ in kgm}^2 \\ g \text{ in m/s}^2 \end{array}\right. \tag{57,10}$$

---

[1] Der Trägheitsdurchmesser wird hier mit D_i bezeichnet, weil er insbesondere beim Schwungmoment GD_i^2 erfahrungsgemäß zu leicht mit dem äußeren Durchmesser D verwechselt wird. Ist in Firmenangaben das Schwungmoment mit GD^2 bezeichnet, wie dies auch meist in der Literatur geschieht, so bedeutet entweder G die auf den jeweils angenommenen Durchmesser D reduzierte Gewichtskraft G_{red} oder es bedeutet das Produkt der wirklichen Gewichtskraft G mit dem Quadrat des Trägheitsdurchmessers D_i.

Zum gleichen Ergebnis führt die Überlegung, daß nach (48,2) die Masse eines Körpers in kg im Bereich der Erdfallbeschleunigung den gleichen Zahlenwert wie seine Gewichtskraft G in kp hat. Damit folgt aus Gl. (57,9):

Der Zahlenwert des Schwungmomentes $G\,D_i^2$ in kpm² ist gleich dem 4fachen Zahlenwert des Trägheitsmomentes I_d dieses Körpers in kgm².

$$(57,10\,\mathrm{a})$$

Mit dem Schwungmoment wird in der Praxis oft an Stelle des Massenträgheitsmomentes gerechnet, besonders in der Elektrotechnik und bei Turbomaschinen. Listen der elektrischen Motoren enthalten meist auch die Angaben über das $G\,D_i^2$ des Ankers.

Beispiel: Bestimme für das Schwungrad im vorigen Beispiel (Abb. 57,5) a) den Trägheitsradius, b) das Schwungmoment.

Lösung: Gegeben: $m = 734\ \mathrm{kg}$; $I_d = 155{,}748\ \mathrm{kgm}^2$

a) Nach Gl. (57,8)

$$i = \sqrt{\frac{I_d}{m}} = \sqrt{\frac{155{,}748\ \mathrm{kgm}^2}{734\ \mathrm{kg}}} = 0{,}461\ \mathrm{m}$$

b) Nach Gl. (57,10)

$$G\,D_i^2 = \frac{4\,g\,I_d}{9,81} = \frac{4 \cdot 9{,}81 \cdot 155{,}748}{9{,}81} = 623\ \text{in kpm}^2$$

oder nach (57,10a)

$$G\,D_i^2 = 4 \cdot 155{,}748 = 623\ \text{in kpm}^2$$

d) Berechnung der auf Seilmitte bezogenen reduzierten Massen und Gewichtskräfte bei der Schachtförderung

Für die beschleunigte Anfahrt muß die Fördermaschine nicht nur die Nutzlast heben, sondern auch die Massenkräfte der Fördergefäße mit ihrem Inhalt, des Oberseiles und Unterseiles, der Seilscheiben, der Treibscheiben und schließlich der umlaufenden Teile der Maschine überwinden. Berechnet man die Massen der umlaufenden Teile der Schachtförderung reduziert auf Mitte Seil, so kann man diese reduzierten Massen mit den übrigen Massen (Fördergefäße mit Inhalt und Seile) zusammenfassen. Damit sind alle bewegten Massen auf Seilmitte bezogen, so daß man mit diesen die am Seil zur Beschleunigung bzw. Verzögerung erforderlichen Kräfte nach dem dynamischen Grundgesetz der fortschreitenden Bewegung $F = m_{\mathrm{red}} \cdot a$ berechnen kann.

Zur Berechnung der Nutzleistung der Fördermaschine mit der augenblicklichen Geschwindigkeit v während der Beschleunigung oder Verzögerung muß nach Gl. (53,1) als Seilkraft außer der überhängenden Nutzlast G_U die Beschleunigungs- bzw. Verzögerungskraft $m_{\mathrm{red}} \cdot a$ eingesetzt werden. Damit ergibt sich die Nutzleistung der Fördermaschine zu einem beliebigen Zeitpunkt während der Anfahrt oder der Verzögerung, in dem die Geschwindigkeit v und die Beschleunigung a bzw. Verzögerung a herrscht

$$P = (G_U \pm m_{\mathrm{red}} \cdot a)\,v = \left(G_U \pm \frac{G_{\mathrm{red}}}{g}\,a\right)v \qquad (57,11)$$

Zur Berechnung der reduzierten Massen umlaufender Teile einer Schachtförderung gibt es zwei Möglichkeiten:

α) *Berechnung der reduzierten Masse aus dem Verhältnis $i:r$*

Aus Gl. (57,7)

$$m_{\text{red}} = \frac{I_d}{r^2} \text{ folgt } I_d = m_{\text{red}} \cdot r^2$$

Ferner ist nach Gl. (57,8a)

$$I_d = m \cdot i^2$$

Werden die Werte für I_d einander gleichgesetzt, so folgt

$$m_{\text{red}} \cdot r^2 = m \cdot i^2$$

$$m_{\text{red}} = m \left(\frac{i}{r}\right)^2 \tag{57,12}$$

Entsprechend gilt

$$G_{\text{red}} = G \left(\frac{i}{r}\right)^2 \tag{57,12a}$$

Hierin bedeuten

m = Masse der sich drehenden Scheibe in kg,
G = Gewichtskraft der sich drehenden Scheibe in kp,
i = Trägheitshalbmesser in m,
r = Seillaufhalbmesser der Scheibe in m,
m_{red} = auf Seilmitte reduzierte Masse der Scheibe in kg,
G_{red} = auf Seilmitte reduzierte Gewichtskraft der Scheibe in kp.

Beispiel: Nach Gl. (57,1) hat der Vollzylinder (eine gleichdicke Scheibe) das Massenträgheitsmoment

$$I_d = \frac{1}{2} m \cdot r^2$$

Aus Gl. (57,8a) folgt

$$I_d = m \cdot i^2$$

Für den Vollzylinder ergibt sich demnach, wenn man wieder die Werte für I_d gleichsetzt

$$m \cdot i^2 = \frac{1}{2} m \cdot r^2$$

$$i^2 = \frac{r^2}{2}$$

$$i = \frac{r}{\sqrt{2}} = 0,71\, r$$

Diese Beziehung des Trägheitshalbmessers i zum Seillaufhalbmesser bzw. Umfangshalbmesser r hat WEIH für verschiedene Scheiben ermittelt. Sie sind in Zahlentafel 7 zusammengestellt.

Die angegebenen Trägheitshalbmesser dienen nur als Anhaltswerte. Sie werden bei den heute viel verwendeten geschweißten Scheiben nicht mehr genau stimmen.

Zahlentafel 7. *Trägheitshalbmesser (nach* WEIH*), r = Seillaufhalbmesser bzw. Umfangshalbmesser, für umlaufende Teile der Schachtförderung*

Art der Scheibe	Trägh.-Halbm. i	$\dfrac{i}{r}$
Gleichdicke Scheiben (z. B. Schleifsteine) . .	$0{,}71 \cdot r$	$0{,}71$
Schwungringe mit sehr leichten Armen[1] . . .	$0{,}71 \sqrt{r^2 + r_1^2}$	—
ILLGENER-Schwungscheiben (elektr. Förderung	$0{,}77 \cdot r$	$0{,}77$
Dampfmaschinen-Schwungräder		
(Schwere Arme)	$0{,}75 \cdot r$	$0{,}75$
Seilscheiben	$0{,}71 \cdot r$	$0{,}71$
Zylindrische Fördertrommeln.	$0{,}66 \cdot r$	$0{,}66$
Spiraltrommeln.	$0{,}80 \cdot r$	$0{,}80$
Gewöhnliche Treibscheiben.	$0{,}71 \cdots 0{,}73 \cdot r$	$0{,}71 \cdots 0{,}73$
Treibscheiben mit breitem Kranz	$0{,}75 \cdots 0{,}77 \cdot r$	$0{,}75 \cdots 0{,}77$

Beispiel: Welche Kraft muß am Seil wirken, um eine Seilscheibe von 6000 kg Masse mit der Beschleunigung $a = 2$ m/s² in Bewegung zu setzen?

Lösung: Nach Gl. (57,12) $m_{\text{red}} = m \left(\dfrac{i}{r}\right)^2$

Nach Zahlentafel 7 gilt für die Seilscheiben $\dfrac{i}{r} = 0{,}71$

$$m_{\text{red}} = 6000 \text{ kg} \cdot 0{,}71^2 \approx 6000 \text{ kg} \cdot 0{,}5 = 3000 \text{ kg}$$

Nach dem dynamischen Grundgesetz ist

$$F = m_{\text{red}} \cdot a = \frac{3000 \text{ kg} \cdot 2 \text{ m/s}^2}{9{,}81 \dfrac{\text{kgm}}{\text{s}^2 \cdot \text{kp}}} = 612 \text{ kp}$$

Beispiel: Welche Verzögerungskraft muß am Seil einer Seilscheibe von 7000 kg Masse und 6 m Seillaufdurchmesser wirken, die aus einer Drehzahl $n = 56$ min⁻¹ in 20 s zur Ruhe kommen soll?

Lösung: Nach Zahlentafel 7 ist $\dfrac{i}{r} = 0{,}71$

Nach Gl. (57,12) $m_{\text{red}} = m \left(\dfrac{i}{r}\right)^2 = 7000 \text{ kg} \cdot 0{,}71^2 = 3500 \text{ kg}$

$$G_{\text{red}} = 3500 \text{ kp}$$

Seilgeschwindigkeit $v = \pi \cdot d \cdot n = \dfrac{\pi \cdot 6 \text{ m} \cdot 56 \text{ min}^{-1}}{60 \text{ s/min}} = 17{,}6 \text{ m/s}$

Verzögerung $a = \dfrac{v}{t} = \dfrac{17{,}6 \text{ m/s}}{20 \text{ s}} = 0{,}88 \text{ m/s}^2$

Verzögerungskraft $F = m \cdot a = \dfrac{3000 \text{ kg}}{9{,}81 \dfrac{\text{kgm}}{\text{s}^2 \cdot \text{kp}}} \cdot 0{,}88 \text{ m/s}^2 = 314 \text{ kp}$

Beispiel: Eine Treibscheibe mit breitem Kranz von 6 m Seillaufdurchmesser hat eine Masse von 45 t. Welche Beschleunigungskraft ist allein zum Anfahren der Treibscheibe bei Vernachlässigung der Lagerreibung am Kurbelradius $r_K = 0{,}90$ m aufzubringen, wenn die Seilgeschwindigkeit $v = 20$ m/s in 16 s erreicht wird?

---

[1] $r_1 = $ Innenradius des Ringes.

Lösung: Nach Zahlentafel 7 ist für Treibscheiben $\dfrac{i}{r} = 0{,}77$

Nach Gl. (57,12) $m_{\text{red}} = m \left(\dfrac{i}{r} \right)^2 = 45\,000 \text{ kg} \cdot 0{,}77^2 = 26\,700 \text{ kg}$

Beschleunigung $a = \dfrac{v}{t} = \dfrac{20 \text{ m/s}}{16 \text{ s}} = 1{,}25 \text{ m/s}^2$

Beschleunigungkraft am Seil $F_s = m_{\text{red}} \cdot a = \dfrac{26\,700 \text{ kg} \cdot 1{,}25 \text{ m/s}^2}{9{,}81 \dfrac{\text{kgm}}{\text{s}^2 \cdot \text{kp}}} = 3\,400 \text{ kp}$

Beschleunigungskraft an der Kurbel $F_K = F_s \dfrac{d/2}{r_K}$

$$= 3\,400 \text{ kp} \dfrac{6/2 \text{ m}}{0{,}90 \text{ m}} = 11\,300 \text{ kp}$$

Die Kräfte zur Beschleunigung der Massen sind im Verhältnis zu den zu hebenden Gewichtskräften bei der Schachtförderung ganz erheblich.

β) *Berechnung der reduzierten Massen und Gewichtskräften aus dem Schwungmoment*

Da in der Praxis heute mehr mit dem Schwungmoment gerechnet wird, ist auch in den Berechnungen für Seilfahrtanlagen nach der Bergverordnung die Berechnung der reduzierten Masse bzw. der reduzierten Gewichtskraft bezogen auf Seillaufdurchmesser aus dem Schwungmoment vorgesehen.

Aus der Erläuterung des Schwungmomentes Abschnitt c), insbesondere nach Fußnote 1 S. 246 folgt

$$G D_i^2 = G_{\text{red}} D^2$$

also

$$G_{\text{red}} = \dfrac{G D_i^2}{D^2} \tag{57,13}$$

m_{red} in kg ist nach (48,2) mit G_{red} in kp gegeben.
Hierin bedeuten:
$G D_i^2$ = Schwungmoment der sich drehenden Scheibe in kpm²,
D = Seillaufdurchmesser in m,
G_{red} = Reduzierte Gewichtskraft bezogen auf Seilmitte in kp.
m_{red} = Reduzierte Masse bezogen auf Seilmitte in kg

Beispiel: Es soll das Schwungmoment der Treibscheibe mit breitem Kranz des letzten Beispieles mit 6 m Seillaufdurchmesser und 45 t Masse berechnet werden.

Lösung: Gegeben: $m = 45 \text{ t} = 45\,000 \text{ kg}$; $G = 45\,000 \text{ kp}$; $D = 6 \text{ m} \oslash$; $G_{\text{red}} = 26\,700 \text{ kp}$.

Nach Gl. (57,13)

$$G_{\text{red}} = \dfrac{G D_i^2}{D^2} \; ; \; G D_i^2 = G_{\text{red}} \cdot D^2 = 26\,700 \text{ kp} \cdot (6 \text{ m})^2 = 961\,200 \text{ kpm}^2$$

Beispiel: In Abschn. 44c ist für eine Schachtförderung aus dem Weg-Zeit-Schaubild durch zeichnerisches Differenzieren (Abb. 44,3) der Geschwindigkeits-Zeit- und der Beschleunigungs-Zeit-Verlauf ermittelt. Die Ergebnisse sind für die einzelnen Zeitabschnitte in Zahlentafel 6 zusammengestellt.

Der Verlauf der Seilkraft und der Nutzleistung eines Treibens soll für die Bewegungsverhältnisse des Betriebes unter folgenden Betriebsbedingungen berechnet werden:

Treibscheibe: Seillaufdurchmesser 7,0 m; $G\,D_i^2 = 2\,450\,000$ kpm²
Seilscheiben: Seillaufdurchmesser 7,0 m; jede Seilscheibe hat $GD_i^2 = 475\,000$ kpm²
Umlaufende Teile der Fördermaschine (Kurbeltrieb) $G\,D_i^2 = 185\,000$ kpm²
Förderseil 68 mm $\varnothing$; 18,5 kg/m; gesamte Länge 1135 m
Unterseil, Flachseil 185×30 mm, 18,5 kg/m; gesamte Länge 1000 m
Fördergefäße, Gewichtskraft jedes Gefäßes einschl. Zwischengeschirr 16 650 kp
Überhängende Nutzlast 7 500 kp

Lösung: a) Berechnung der reduzierten Massen und Gewichtskräfte:

Treibscheibe
$$G_{T\text{red}} = \frac{G\,D_i^2}{D_T^2} = \frac{2\,450\,000 \text{ kpm}^2}{(7,0 \text{ m})^2} = \qquad 50\,000 \text{ kp}$$

2 Seilscheiben
$$G_{S\text{red}} = 2 \cdot \frac{G\,D_i^2}{D^2} = 2 \cdot \frac{475\,000 \text{ kpm}^2}{(7,0 \text{ m})^2} = \qquad 19\,390 \text{ kp}$$

Umlaufende Maschinenteile
$$G_{V\text{red}} = \frac{G\,D_i^2}{D_T^2} = \frac{185\,000 \text{ kpm}^2}{(7,0 \text{ m})^2} = \qquad 3\,780 \text{ kp}$$

Förderseil $m = 1135$ m $\cdot$ 18,5 kg/m $= 21\,000$ kg; $G = \qquad$ 21 000 kp

Unterseil $m = 1000$ m $\cdot$ 18,5 kg/m $= 18\,500$ kg; $G = \qquad$ 18 500 kp

2 Fördergefäße $2 \cdot 16\,650$ kp $= \qquad$ 33 300 kp

Überhängende Nutzlast $G_U = \qquad$ 7 500 kp

Gesamte auf Seilmitte reduzierte Gewichtskraft $G_{\text{red}} = \qquad$ 153 470 kp

b) Berechnung der Nutzleistung nach Gl. (57,11):

Die Ergebnisse der Berechnung sind in Zahlentafel 8 zusammengestellt. Der Rechnungsgang wird für folgende drei Punkte wiedergegeben:

Meßpunkt 3:

$$P_{\text{ab}} = \left(G_U + \frac{G_{\text{red}}}{g}\,a\right)v = \frac{\left(7\,500 \text{ kp} + \dfrac{153\,470 \text{ kp}}{9,81 \text{ m/s}^2}\,0,69 \text{ m/s}^2\right)11,6 \text{ m/s}}{75\,\dfrac{\text{kpm/s}}{\text{PS}}} = 2\,830 \text{ PS}$$

Meßpunkt 6:
$$P_{\text{ab}} = \frac{\left(7\,500 \text{ kp} + \dfrac{153\,470 \text{ kp}}{9,81 \text{ m/s}^2} \cdot 0 \text{ m/s}^2\right)17,5 \text{ m/s}}{75\,\dfrac{\text{kpm/s}}{\text{PS}}} = 1\,750 \text{ PS}$$

Meßpunkt 10:
$$P_{\text{ab}} = \frac{\left[7\,500 \text{ kp} + \dfrac{153\,470 \text{ kp}}{9,81 \text{ m/s}^2}\,(-\,0,65) \text{ m/s}^2\right]10,6 \text{ m/s}}{75\,\dfrac{\text{kpm/s}}{\text{PS}}}$$

$$= \frac{(7\,500 - 10\,170) \text{ kp} \cdot 10,6 \text{ m/s}}{75\,\dfrac{\text{kpm/s}}{\text{PS}}} = -\,377 \text{ PS}$$

Der Verlauf der Seilkräfte und der Nutzleistung ist im Schaubild Abb. 57,7 dargestellt. Vergleicht man das Leistungsdiagramm mit dem der Abb. 53,2, das für gleichförmig beschleunigte und verzögerte Bewegung berechnet wurde, so zeigt sich, daß sich hier nicht mehr die Sprünge ergeben, die sich in Abb. 53,2 gezeigt hatten. Tatsächlich nimmt bei allen Schachtförderungen die Beschleunigung während der Anfahrt laufend ab. Um die Leistungsspitze am Ende der Beschleunigungszeit bei hoher Geschwindigkeit zu vermeiden, wird bei der Be-

Zahlentafel 8. *Ergebnisse der Berechnung der Kräfte und Nutzleistung einer Schacht-förderung (Beispiel)*

Meß-punkt	Zeit-punkt t sek	Geschw. v m/s	Beschl. a m/s²	Beschl-Kraft $m_{red} \cdot a$ kp	Seilkraft $F + m_{red} \cdot a$ kp	Nutzleistung P_{ab} PS
0	0	0	0,79	12360	19860	0
1	5	4,0	0,79	12360	19860	1060
2	10	8,0	0,78	12200	19700	2101
3	15	11,6	0,69	10800	18300	2830
4	20	14,8	0,50	7820	15320	3023
5	25	16,7	0,26	4070	11570	2576
6	32,5	17,5	0	0	7500	1750
7	40	17,5	0	0	7500	1750
8	45	16,4	—0,42	— 6570	930	203
9	50	13,8	—0,65	—10170	—2670	— 491
10	55	10,6	—0,65	—10170	—2670	— 377
11	60	7,4	—0,58	— 9080	—1580	— 156
12	65	4,7	—0,51	— 7980	— 480	— 30
13	70	2,1	—0,45	— 7040	460	13
14	75	0	—0 39	— 6100	1400	0

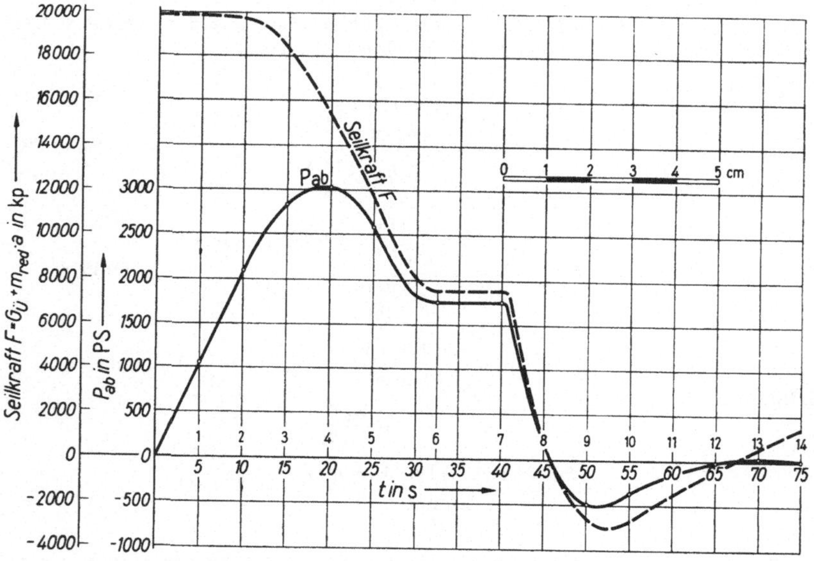

Abb. 57,7. Verlauf der Seilkräfte und der Nutzleistung in Abhängigkeit von der Zeit für ein Treiben einer Schachtförderung nach dem Bewegungsdiagramm Abb. 44,4
t-Achse 1 cm ≙ 5 s F-Achse 1 cm ≙ 2000 kp P-Achse 1 cm ≙ 500 PS

rechnung von großen Fördermaschinen mit Antrieb durch Elektromotore angenommen, daß die Beschleunigung, wie in Abb. 44,3 dargestellt, gegen Ende der Beschleunigungszeit zurückgenommen wird. Dadurch wird der Anteil der Beschleunigungskräfte $m_{\text{red}} \cdot a$ an der Leistung verringert (siehe Abschn. 63 b).

58. Arbeit der Drehbewegung

a) Allgemeine Gleichung der Arbeit

Wird ein Körper um den Winkel φ gedreht, so verrichtet das wirkende Drehmoment M_d mechanische Arbeit. Zu seiner Berechnung denkt man sich das Moment durch eine Kraft F, die an einer Kurbel mit dem Radius r angreift, erzeugt (Abb. 58,1). Das Drehmoment beträgt dann, unter der Voraussetzung gleichbleibender **Kraft $M_d = F \cdot r$.**

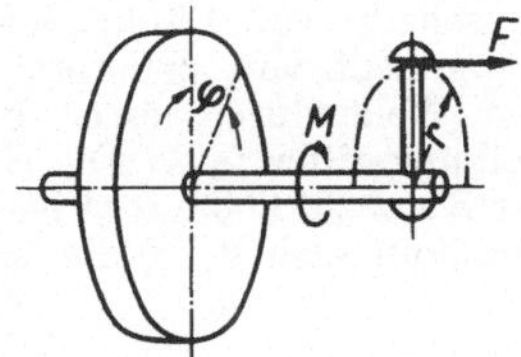

Abb. 58,1. Zur Bestimmung der Arbeit der Drehbewegung

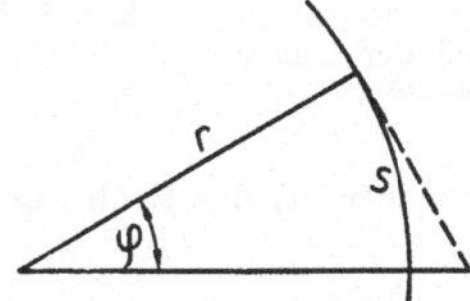

Abb. 58,2. Beziehung zwischen Kreisbogen und Zentriwinkel

Während der Drehung hat die Kraft F immer eine zum Kurbelkreis tangentiale, also zum Radius senkrechte Richtung. Nach Abb. 58,2 ist

$$\tan \varphi = \frac{s}{r} \quad \text{demnach} \quad s = r \cdot \tan \varphi$$

Für kleine Winkel gilt $\tan \varphi \approx \widehat{\varphi}$ (φ im Bogenmaß), damit

$$s = r \cdot \widehat{\varphi}$$

Damit ergibt sich

$$W = F \cdot s = F \cdot r \cdot \widehat{\varphi}$$

$$\underline{W = M_d \cdot \widehat{\varphi}} \tag{58,1}$$

Satz 59: Bei unveränderlichem Drehmoment ist die mechanische Arbeit der Drehbewegung gleich dem Produkt aus dem Drehmoment und dem überstrichenen Drehwinkel.

b) Beschleunigungsarbeit

Steht dem wirkenden Drehmoment kein Moment (z. B. kein **Rei**bungsmoment) entgegen, so verrichtet es *Beschleunigungsarbeit*. Hat der Körper zu Beginn der Beobachtung die Winkelgeschwindigkeit ω_1, so erhöht sie sich in der Zeit, in der das Drehmoment wirkt, auf den Wert ω_2. Die auf den Abstand des Trägheitshalbmessers i reduzierte

Masse m erhöht nach Abb. 58,3 ihre Geschwindigkeit von $v_1 = i \cdot \omega_1$ auf $v_2 = i \cdot \omega_2$. Damit ergibt sich die Beschleunigungsarbeit

$$W = \frac{1}{2}\,m \cdot v_2^2 - \frac{1}{2}\,m \cdot v_1^2 = \frac{1}{2}\,m \cdot i^2 \cdot \omega_2^2 - \frac{1}{2}\,m \cdot i^2 \cdot \omega_1^2$$

Da nach Gl. (57,8 a) $m \cdot i^2 = I_d$, ist die

$$\textit{Beschleunigungsarbeit}\quad W = \frac{1}{2}\,I_d \cdot \omega_2^2 - \frac{1}{2}\,I_d \cdot \omega_1^2 \qquad (58,2)$$

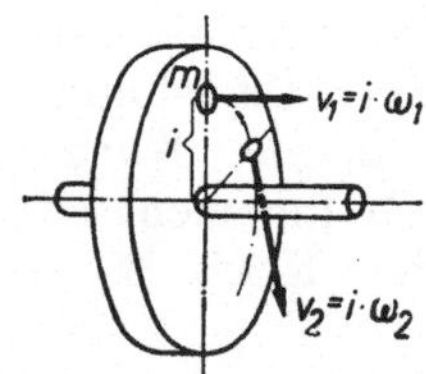

Abb. 58,3. Zur Bestimmung der Beschleunigungsarbeit der Drehbewegung

Findet die Beschleunigung aus dem Ruhezustand heraus statt (d. h. $\omega_1 = 0$, $\omega_2 = \omega$), so ist die Beschleunigungsarbeit

$$\boxed{W = \frac{1}{2}\,I_d \cdot \omega^2} \qquad (58,3)$$

Beispiel: Eine Riemenscheibe von 130 kp Gewichtskraft und einem Schwungmoment von 280 kpm² ist in Gleitlagern gelagert, der Wellendurchmesser beträgt 70 mm und die Zapfenreibungsziffer 0,04. Die Scheibe wird in 6 Sekunden aus der Ruhe auf 200 min⁻¹ beschleunigt. Berechne a) die Reibungsart, b) die Beschleunigungsarbeit, c) die Gesamtarbeit.

Lösung: a) Nach Gl. (58,1) ist mit dem Reibungsmoment M_R

$$W_R = M_R \cdot \varphi$$

$$M_R = \mu \cdot G \cdot \frac{d}{2} = 0{,}04 \cdot 130\ \text{kp} \cdot \frac{0{,}07\ \text{m}}{2} = 0{,}182\ \text{kpm}$$

Nach Gl. (41,2)

$$\omega = 2\,\pi \cdot n = \frac{2\,\pi \cdot 200\ \text{min}^{-1}}{60\ \text{s/min}} = 20{,}9\ \text{s}^{-1}$$

Nach Gl. (42,4)

$$\varphi = \frac{\omega}{2}\,t = \frac{20{,}9\ \text{s}^{-1}}{2}\,6\,\text{s} = 62{,}7\ \text{(Bogenmaß)}$$

$$W_R = M_R \cdot \varphi = 0{,}182\ \text{kpm} \cdot 62{,}7 = 11{,}4\ \text{kpm}$$

b) Nach Gl. (58,3)

$$W = \frac{1}{2}\,I_d \cdot \omega^2$$

Nach Gl. (57,10)

$$G D_i^2 = \frac{4\,g \cdot I_d}{9{,}81}$$

$$I_d = \frac{9{,}81 \cdot G D_i^2}{4\,g} = \frac{9{,}81 \cdot 280}{4 \cdot 9{,}81} = 70\ \text{in kgm}^2$$

$$W = \frac{1}{2}\,I_d \cdot \omega^2 = \frac{1}{2}\,\frac{70\ \text{kgm}^2\,(20{,}9\ \text{s}^{-1})^2}{9{,}81\ \dfrac{\text{kgm/s}^2}{\text{kp}}} = 1560\ \text{kpm}$$

c) Gesamtarbeit $W_\text{ges} = W_R + W = (11{,}4 + 1560)\ \text{kpm} = 1571\ \text{kpm}$

59. Leistung der Drehbewegung

Ist $M_d = F \cdot r$ das wirkende Drehmoment und $v = r \cdot \omega$ die augenblickliche Geschwindigkeit des Angriffspunktes der Kraft F, so berechnet sich die Leistung nach den Gln. (53,1) und (41,3)

$$P = F \cdot v = F \cdot r \cdot \omega$$

Da

$$F \cdot r = M_d$$

ergibt sich

$$\boxed{P = M_d \cdot \omega = M_d \, 2\pi \cdot n} \tag{59,1}$$

Mit den Umrechnungsfaktoren $60\ \text{s/min}$ und $102\ \dfrac{\text{kpm/s}}{\text{kW}}$ bzw. $75\ \dfrac{\text{kpm/s}}{\text{PS}}$ ergeben sich die *Zahlenwertgleichungen*:

$$P = \frac{M_d \cdot \omega}{102} = \frac{M_d \cdot n}{973} \quad \begin{array}{ll} P & \text{in kW} \\ M_d & \text{in kpm} \\ \omega & \text{in s}^{-1} \\ n & \text{in min}^{-1} \end{array} \tag{59,1a}$$

und

$$P = \frac{M_d \cdot \omega}{75} = \frac{M_d \cdot n}{716} \quad \begin{array}{ll} P & \text{in PS} \\ M_d & \text{in kpm} \\ \omega & \text{in s}^{-1} \\ n & \text{in min}^{-1} \end{array} \tag{59,1b}$$

Für das Drehmoment ergeben sich daraus die oft gebrauchten *Zahlenwertgleichungen*:

$$M_d = 973\ \frac{P}{n} \quad \begin{array}{ll} M_d & \text{in kpm} \\ P & \text{in kW} \\ n & \text{in min}^{-1} \end{array} \tag{59,2a}$$

$$M_d = 716\ \frac{P}{n} \quad \begin{array}{ll} M_d & \text{in kpm} \\ P & \text{in PS} \\ n & \text{in min}^{-1} \end{array} \tag{59,2b}$$

Beispiel: Ein Zweiketten-Kratzerförderer wird angetrieben von drei Antriebsstationen mit je einem 40 kW Elektromotor. Die Kettengeschwindigkeit des Förderers beträgt zunächst 0,63 m/s, der Kettenstern-Teilkreisdurchmesser ist 328 mm.

a) Zu berechnen sind das eingeleitete Drehmoment an den Kettensternen insgesamt bei einem Getriebewirkungsgrad (einschließlich Strömungskupplung) von 88%, sowie die eingeleitete Kettenkraft insgesamt bei einem Wirkungsgrad der Kettensterne von 90%;

b) Wie groß werden bei gleichen Motorleistungen und Wirkungsgraden Drehmoment und Kettenkraft, wenn durch Änderung der Getriebeübersetzung die Kettengeschwindigkeit auf 0,9 m/s und

c) auf 1,2 m/s heraufgesetzt wird?

Lösung: Gegeben: $P_M = 3 \cdot 40 \text{ kW}$; $d_{St} = 328 \text{ mm} = 0,328 \text{ m}$; $\eta_{Getr.} = 0,88$; $\eta_{St} = 0,90$; a) $v = 0,63 \text{ m/s}$; b) $v = 0,90 \text{ m/s}$; c) $v = 1,2 \text{ m/s}$. Gesucht: $M_{dSt} = ?$ $F_K = ?$

a) $\quad v = \pi \cdot d_{St} \cdot n_{St}$; $\quad n_{St} = \dfrac{v}{\pi \cdot d_{St}} = \dfrac{0,63 \text{ m/s} \cdot 60 \text{ s/min}}{\pi \cdot 0,328 \text{ m}} = 36.7 \text{ min}^{-1}$

$$\eta_{Getr} = \frac{P_{St}}{P_M}; \quad P_{St} = P_M \cdot \eta_{St} = 3 \cdot 40 \text{ kW} \cdot 0,88 = 105,6 \text{ kW}$$

Nach Gl. (59,2 a)

$$M_{dSt} = 973 \frac{P_{St}}{n_{St}} = 973 \frac{105,6}{36,7} = 2800 \text{ in kpm}$$

$$M_{dSt} = \frac{F_k \cdot d_{St}/2}{\eta_{St}}; \quad F_K = \frac{2 M_{dSt} \cdot \eta_{St}}{d_{St}} = \frac{2 \cdot 2800 \text{ kpm} \cdot 0,90}{0.328 \text{ m}}$$

$$= 15360 \text{ kp} \approx 15,4 \text{ Mp}$$

b) $\quad \dfrac{n_a}{n_b} = \dfrac{v_a}{v_b}$; $\quad n_b = \dfrac{v_b \cdot v_a}{v_a} = \dfrac{0,90 \text{ m/s} \cdot 36,7 \text{ min}^{-1}}{0,63 \text{ m/s}} = 52,5 \text{ min}^{-1}$

$$M_{dSt} = 973 \frac{P_{St}}{n_{St}} = 973 \frac{105,6}{52,5} = 1960 \text{ in kpm}$$

$$F_K = \frac{2 M_{dSt} \cdot \eta_{St}}{d_{St}} = \frac{2 \cdot 1960 \text{ kpm} \cdot 0,90}{0,328 \text{ m}} = 10760 \text{ kp} \approx 10,8 \text{ Mp}$$

c) $\quad \dfrac{n_a}{n_c} = \dfrac{v_a}{v_c}$; $\quad n_c = \dfrac{v_c \cdot n_a}{v_a} = \dfrac{1,2 \text{ m/s} \cdot 36,7 \text{ min}^{-1}}{0,63 \text{ m/s}} = 70 \text{ min}^{-1}$

$$M_{dSt} = 973 \frac{P_{St}}{n_{St}} = 973 \frac{105,6}{70} = 1360 \text{ in kp m}$$

$$F_K = \frac{2 M_{dSt} \cdot \eta_{St}}{d_{St}} = \frac{2 \cdot 1360 \text{ kpm} \cdot 0,90}{0,328 \text{ m}} = 7460 \text{ kp} \approx 7,5 \text{ Mp}$$

Mit der Erhöhung der Fördergeschwindigkeit werden bei gleicher Antriebsleistung die Drehmomente am Kettenstern sowie die Kettenkräfte zur Überwindung des Fahrwiderstandes im Förderer herabgesetzt.

60. Drehenergie und Energiesatz

Wir haben bereits bei der fortschreitenden Bewegung gesehen, daß neben der potentiellen Energie ein bewegter Körper ein Arbeitsvermögen hat, das als Bewegungsenergie oder kinetische Energie betrachtet werden muß. Die Beschleunigungsarbeit speichert in einem sich drehenden Körper ebenfalls ein Arbeitsvermögen, das als *Drehenergie* zu bezeichnen ist. Die *kinetische Energie*, welche ein Drehmoment an einem Körper verrichtet, wenn es aus der Ruhe in den Geschwindigkeitszustand versetzt wird, ergibt sich nach Gl. (58,3)

$$E_K = \frac{1}{2} I_d \cdot \omega^2 \tag{60,1}$$

Ein Vergleich mit der kinetischen Energie eines fortschreitend bewegten Körpers [Gl. (52,3)] zeigt den gleichen formelmäßigen Aufbau wie bei der Drehbewegung. An Stelle der Masse m steht jetzt das Massenträgheitsmoment I_d und an Stelle der Geschwindigkeit v die Winkelgeschwindigkeit ω. Der in einem rotierenden Körper in Form von Drehenergie aufgespeicherte Arbeitsbetrag kann jederzeit zur Verrichtung einer anderen mechanischen Arbeit herangezogen werden.

Auch für mechanische Körpersysteme, die aus mehreren Körpern zusammengesetzt sind, gilt sinngemäß der früher aufgestellte Energiesatz. Im allgemeinen werden dabei fortschreitende Bewegung und Drehbewegung nebeneinander vorkommen. Damit gilt der *erweiterte Energiesatz*:

Satz 60: Die während der Bewegung von allen äußeren Kräften und Momenten an einem Körpersystem verrichtete Arbeit ist gleich der Änderung der gesamten kinetischen Energie des Systems.

Befindet sich ein Körpersystem in allgemeiner ebener Bewegung, so setzt sich seine kinetische Energie aus der Bewegungsenergie der fortschreitenden Bewegung mit der Geschwindigkeit v_S seines Schwerpunktes und der Drehenergie mit der Winkelgeschwindigkeit ω der sich drehenden Teile zusammen. Das ergibt in die allgemeine mathematische Form gebracht

$$E_K = \frac{1}{2}\, m \cdot v_S^2 + \frac{1}{2}\, I_d \cdot \omega^2 \tag{60,2}$$

Beispiel: Das ILGNER-Schwungrad einer Gleichstrom-Fördermaschine mit LEONARD-Schaltung hat 4,40 m Durchmesser und hat eine Masse von 20 t. Es läuft im Dauerbetrieb mit 600 min⁻¹ Drehzahl. Bei der Anfahrt der Fördermaschine geht die Drehzahl in 20 s um 15% zurück.

Berechne a) das Massenträgheitsmoment, b) das Schwungmoment des Schwungrades, c) die Energie in kWh, die das Schwungrad während der Anfahrt an den Fördermaschinenmotor abgibt, d) die Leistung in kW, die dem Antriebsmotor zur Verfügung steht, e) die Leistung in kW, mit der der Antriebsmotor des Umformers während einer Förderpause von 45 Sekunden an dem Schwungrad arbeiten muß, um es wieder auf die ursprüngliche Drehzahl zu bringen.

Lösung: a) Nach Zahlentafel 7 ist für ILGNER-Schwungräder

$$i = 0{,}77\,r = 0{,}77 \cdot \frac{4{,}40\ \text{m}}{2} = 1{,}694\ \text{m}$$

Nach Gl. (57,8)

$$I_d = m \cdot i^2 = 20\,000\ \text{kg}\,(1{,}694\ \text{m})^2 = 57\,500\ \text{kgm}^2$$

b) Nach (57,10a) ergibt sich:

$$G\,D_i^2 = 4 \cdot 57\,500 = 230\,000\ \text{in kpm}^2$$

c)
$$n_1 = 600\ \text{min}^{-1}; \quad n_2 = 0{,}85 \cdot 600 = 510\ \text{min}^{-1}$$

$$\omega_1 = 2\,\pi\,n_1 = \frac{2\,\pi \cdot 600\ \text{min}^{-1}}{60\ \text{s/min}} = 62{,}8\ \text{s}^{-1}$$

$$\omega_2 = 2\,\pi\,n_2 = \frac{2\,\pi \cdot 510\ \text{min}^{-1}}{60\ \text{s/min}} = 53{,}4\ \text{s}^{-1}$$

$$W = \frac{1}{2}\,I_d \cdot \omega_1^2 - \frac{1}{2}\,I_d\,\omega_2^2 = \frac{1}{2}\,I_d\,(\omega_1^2 - \omega_2^2)$$

$$= \frac{1}{2}\,\frac{57\,500\ \text{kgm}^2\,(62{,}8^2 - 53{,}4^2)\ \text{s}^{-2}}{9{,}81\ \dfrac{\text{kgm}}{\text{s}^2\,\text{kp}}} = 3\,200\,000\ \text{kpm}$$

$$W = \frac{3\,200\,000\ \text{kpm}}{367\,200\ \dfrac{\text{kpm}}{\text{kWh}}} = 8{,}7\ \text{kWh}$$

d) Da diese Energie in der kurzen Zeit von 20 s frei wird, entspricht sie einer mittleren Leistung, die der Fördermaschine zur Verfügung steht

$$P_m = \frac{W}{t} = \frac{3\,200\,000\ \text{kpm}}{20\ \text{s} \cdot 102\ \dfrac{\text{kpm/s}}{\text{kW}}} = 1570\ \text{kW}$$

Das Schwungrad bewirkt demnach mit der gespeicherten Drehenergie, daß der Antriebsmotor des Umformers um die Leistung von rund 1500 kW kleiner gehalten werden kann, und dieser aus dem Netz einen um den Leistungsbetrag geringeren Strom entnimmt. Die Drehenergie steht aber für die Arbeit eines nächsten Treibens nur zur Verfügung, wenn der Antriebsmotor in der anschließenden Förderpause die Drehenergie wieder in dem Schwungrad speichern kann. Die hierfür von ihm geforderte Leistung ergibt sich für eine Förderpause von 45 Sekunden nach Frage e).

e)
$$W = 3\,200\,000\ \text{kpm},$$

$$P_m = \frac{W}{t} = \frac{3\,200\,000\ \text{kpm}}{45\ \text{s} \cdot 102\ \dfrac{\text{kpm/s}}{\text{kW}}} \approx 700\ \text{kW}$$

Der Leistungsbedarf in der Förderpause mit 700 kW ist geringer als er als Drehenergie vom ILGNER-Schwungrad bei der Anfahrt mit 1500 kW von der Fördermaschine entnommen wurde. Daraus erkennt man, daß das ILGNER-Schwungrad zu einem Ausgleich der Stromentnahme aus dem Netz beiträgt.

Beispiel: Welche Auslaufzeit hat das Schwungrad im vorigem Beispiel im Leerlauf, wenn es durch die Reibungsmomente von insgesamt 200 kpm aus 600 min⁻¹ zum Stillstand kommt?

Lösung: Gegeben: $I_d = 57\,500\ \text{kgm}^2$; $\omega = 62{,}8\ \text{s}^{-1}$; $M_R = 200\ \text{kpm}$. Die Reibungsarbeit $W_R = M_R \cdot \widehat{\varphi}$ [Gl. (58,1)] verzehrt die kinetische Energie $W = \frac{1}{2} I_d \cdot \omega^2$.

Arbeitsgleichung
$$\frac{1}{2} I_d \cdot \omega^2 - M_R \cdot \widehat{\varphi} = 0$$

Nach Gl. (42,4)

$$\widehat{\varphi} = \frac{\omega}{2} \cdot t$$

$$M_R \cdot \frac{\omega}{2} \cdot t = \frac{1}{2} I_d \cdot \omega^2$$

$$M_R \cdot t = I_d \cdot \omega$$

$$t = \frac{I_d \cdot \omega}{M_R} = \frac{57\,500\ \text{kgm}^2 \cdot 62{,}8\ \text{s}^{-1}}{200\ \text{kpm} \cdot 9{,}81\ \dfrac{\text{kgm}}{\text{s}^2 \cdot \text{kp}}} = 1840\ \text{s} = 30{,}7\ \text{min}$$

Beispiel: Welchen prozentualen Anteil an der kinetischen Energie eines Förderwagens hat die Drehenergie der Räder, wenn ihre Masse 10% der Gesamtmasse des beladenen Wagens und der Trägheitshalbmesser der Räder $i = 0{,}71\ \dfrac{d}{2}$ bei

$d = $ Laufraddurchmesser angenommen wird?

Lösung: Masse des beladenen Förderwagens m_W

Masse der vier Räder $\qquad\qquad m_R = 0{,}10\ m_W$

Fahrgeschwindigkeit = Geschwindigkeit des Schwerpunktes des Wagens = Umfangsgeschwindigkeit der Räder v_S.

Winkelgeschwindigkeit der Räder $\quad \omega = \dfrac{v_S}{d/2}$

Trägheitshalbmesser $\qquad i = 0{,}71\,d/2$

Massenträgheitsmoment der Räder $\quad I_d = m_R \cdot i^2 = 0{,}10\,m_W \cdot 0{,}71^2 \left(\dfrac{d}{2}\right)^2$

Nach Gl. (60,1) ist die Drehenergie der Räder:

$$E_{K_R} = \frac{1}{2}\,I_d\,\omega^2 = \frac{1}{2}\,0{,}10\,m_W \cdot 0{,}71^2 \left(\frac{d}{2}\right)^2 \frac{v_s^2}{\left(\dfrac{d}{2}\right)^2} = \frac{1}{2}\,m_W \cdot v_s^2 \cdot 0{,}10 \cdot 0{,}71^2$$

Die gesamte kinetische Energie des Förderwagens ist nach Gl. (60,2)

$$E_K = E_{K_W} + E_{K_R} = \frac{1}{2}\,m_W \cdot v_s^2 + \frac{1}{2}\,m_W \cdot v_s^2 \cdot 0{,}10 \cdot 0{,}71^2$$

Damit ergibt sich der prozentuale Anteil der kinetischen Energie der Wagenräder an der gesamten Bewegungsenergie des Förderwagens

$$p = \frac{E_{K_R}}{E_{K_W} + E_{K_R}} \cdot 100 = \frac{\dfrac{1}{2}\,m_W \cdot v_s \cdot 0{,}10 \cdot 0{,}71^2}{\dfrac{1}{2}\,m_W \cdot v_s^2 + \dfrac{1}{2}\,m_W \cdot v_s^2 \cdot 0{,}10 \cdot 0{,}71^2} \cdot 100$$

$$= \frac{\dfrac{1}{2}\,m_W \cdot v_s^2\,(0{,}10 \cdot 0{,}71^2)}{\dfrac{1}{2}\,m_W \cdot v_s^2\,(1 + 0{,}10 \cdot 0{,}71^2)} \cdot 100 = \frac{0{,}0505}{1 + 0{,}0505} \cdot 100 = 4{,}8\%$$

(Siehe hierzu Abschn. 64: Lokomotivförderung.)

61. Impuls der Drehbewegung

Wir haben als dynamisches Grundgesetz der Drehbewegung die Gl. (56,2) kennengelernt:

$$M_d = I_d \cdot \varepsilon$$

Für den Fall gleichförmiger Winkelbeschleunigung ergab sich Gl. (42,1)
$\omega = \omega_0 + \varepsilon \cdot t$.

Für die Bewegung aus der Ruhe, d. h . $\omega_0 = 0$, ergibt sich die

$$\text{Winkelbeschleunigung } \varepsilon = \frac{\omega}{t}$$

Setzt man diesen Wert in Gl. (56,2) ein

$$M_d = I_d\,\frac{\omega}{t}$$

finden wir den

Impulssatz der Drehbewegung $\qquad \boxed{M_d \cdot t = I_d \cdot \omega} \qquad\qquad$ (61,1)

Diese Gleichung entspricht in ihrem Aufbau dem Impulssatz der fortschreitenden Bewegung Gl. (55,2) $F \cdot t = m \cdot v$. An die Stelle der Kraft F ist für die Drehbewegung das Drehmoment M_d und an die Stelle der Masse m das dynamische Trägheitsmoment I_d getreten.

17*

Satz 61: *(Impulssatz der Drehbewegung):* *Der Antrieb (Impuls) eines beschleunigenden Drehmomentes innerhalb einer Zeit ist gleich der Änderung des Drehimpulses (auch als Drall bezeichnet), dem Produkt aus Trägheitsmoment und Winkelbeschleunigung in der gleichen Zeit.*

Wächst die Winkelgeschwindigkeit durch ein konstantes Drehmoment in der Zeitspanne $t_2 - t_1$ von ω_1 auf ω_2, so ergibt sich die allgemeine Gleichung

$$M_d(t_2 - t_1) = I_d\,(\omega_2 - \omega_1) \tag{61,2}$$

Der Impuls der Drehbewegung besagt: Je kleiner die Zeitspanne wird, desto größer muß das beschleunigende Drehmoment werden, um einen bestimmten Impulszuwachs zu erreichen.

In den Gln. (61,1) und (61,2) ergibt sich der Antrieb mit M_d in kpm und t in s dann in kpm · s. Der Drehimpuls (Drall) wird dagegen mit I_d in kgm² und ω in s⁻¹ in kgm²/s also in Nm · s gemessen. Dividieren wir die rechte Seite der Gl. (61,1) durch den Umrechnungsfaktor 9,81 N/kp, so erhalten wir den Drehimpuls auch in kpm · s.

Beispiel: Das Schwungmoment eines Motorankers beträgt 0,785 kpm². Welches Drehmoment ist wirksam, wenn der unbelastet anlaufende Motor in 1,5 Sekunden auf 1500 min⁻¹ Umdrehungen kommt?

Lösung: Gegeben: $G\,D_i^2 = 0{,}785$ kpm²; Nach (57,10a) $I_d = \dfrac{0{,}785}{4} = 0{,}196$ kgm²

$$n = 1500\ \text{min}^{-1}; \quad \omega = 2\,\pi \cdot n = \frac{2\,\pi \cdot 1500\ \text{min}^{-2}}{60\ \text{s/min}} = 157\ \text{s}^{-1}$$

Nach Gl. (61,1)

$$M_d = \frac{I_d \cdot \omega}{t} = \frac{0{,}196\ \text{kgm}^2 \cdot 157\ \text{s}^{-1}}{9{,}81\ \dfrac{\text{kgm}}{\text{s}^2 \cdot \text{kp}} \cdot 1{,}5\ \text{s}} \approx 2{,}1\ \text{kpm}$$

62. Reduktion des Massenträgheitsmomentes, des Schwungmomentes und des Drehmomentes auf eine andere Welle

Sind zwei Wellen durch ein Übersetzungsgetriebe (z. B. Zahnradübersetzung) miteinander verbunden (Abb. 62,1), so besteht nach Gl. (41,10) zwischen Zähnezahl und Drehzahl die Beziehung

$$\text{Übersetzungsverhältnis } i = \frac{n_1}{n_2} = \frac{z_2}{z_1}$$

Haben die Massen auf beiden Wellen (1) und (2) die Massenträgheitsmomente I_{d_1} und I_{d_2}, so ergibt sich die Energie des gesamten Systems nach Gl. (60,1)

$$E_K = \frac{1}{2}\,I_{d_1} \cdot \omega_1^2 + \frac{1}{2}\,I_{d_2} \cdot \omega_2^2$$

Klammert man $\dfrac{1}{2}\,\omega_2^2$ aus, so wird

$$E_K = \frac{1}{2}\,\omega_2^2 \left[I_{d_1} \left(\frac{\omega_1}{\omega_2}\right)^2 + I_{d_2} \right]$$

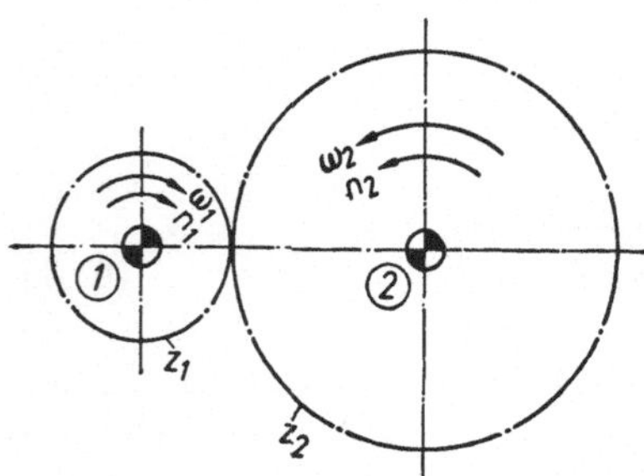

Abb. 62,1. Zur Reduktion des Massenträgheitsmomentes

und, da sich die Winkelgeschwindigkeiten wie die Drehzahlen verhalten,

$$E_K = \frac{1}{2}\, \omega_2^2 \left[I_{d_1} \left(\frac{n_1}{n_2}\right)^2 + I_{d_2} \right] = \frac{1}{2}\, \omega_2^2 \left(I_{d_1} \cdot i^2 + I_{d_2}\right)$$

Bringt man also auf der Welle (2) eine Masse mit dem Massenträgheitsmoment

$$I_{d_{2\text{ges}}} = I_{d_1} \cdot i^2 + I_{d_2} \tag{62,1}$$

an, so hat dies die gleiche kinetische Energie wie das gesamte System und ist somit diesem gleichwertig. Allgemein wird ein Massenträgheitsmoment I_{d_1} von der Welle (1) auf eine Welle (2) bei einem Übersetzungsverhältnis i reduziert nach der Gleichung:

$$\boxed{I_{d_2} = I_{d_1} \cdot i^2} \tag{62,2}$$

***Satz 62:** Man reduziert das Massenträgheitsmoment auf eine andere Welle, indem man es mit dem Quadrat des Übersetzungsverhältnisses (und zwar Ausgangswelle zu Bezugswelle) multipliziert.*

An Stelle der Massenträgheitsmomente kann die Reduktion auch mit den *Schwungmomenten* durchgeführt werden. Nach Gl. (57,10) verhalten sich die Schwungmomente wie die Massenträgheitsmomente. Man kann für Gl. (62,1) und (62,2) deshalb auch schreiben

$$(G\,D_i^2)_{2\text{ges}} = (G\,D_i^2)_1 \cdot i^2 + (G\,D_i^2)_2 \tag{62,3}$$

und

$$\boxed{(G\,D_i^2)_2 = (G\,D_i^2)_1 \cdot i^2} \tag{62,4}$$

***Satz 63:** Man reduziert das Schwungmoment auf eine andere Welle, indem man es mit dem Quadrat des Übersetzungsverhältnisses (und zwar Ausgangswelle zu Bezugswelle) multipliziert.*

Mit dem für Welle (2) gültigen beschleunigenden *Drehmoment* M_{d_2} ergibt sich die Winkelbeschleunigung ε nach dem dynamischen Grundgesetz der Drehbewegung

$$M_{d_2} = I_{d_2} \cdot \varepsilon$$

Das auf die Welle (1) eingeleitete Drehmoment M_{d_1} verrichtet nach Gl. (58,1) die Arbeit der Drehbewegung

$$W_1 = M_{d_1} \widehat{\varphi}_1$$

die auf Welle (2) übertragene Arbeit ist um die Reibungsarbeit des Getriebes geringer, was durch den Wirkungsgrad η berücksichtigt eine Arbeit auf Welle (2) ergibt

$$W_2 = W_1 \cdot \eta = M_{d_1} \cdot \widehat{\varphi}_1 \cdot \eta$$

Die Arbeit der Drehbewegung auf Welle (2) ist aber

$$W_2 = M_{d_2} \cdot \widehat{\varphi}_2$$

Daraus folgt

$$M_{d_2}\,\varphi_2 = M_{d_1}\,\varphi_1\,\eta\,,$$

$$M_{d_2} = M_{d_1}\,\eta\,\frac{\widehat{\varphi_1}}{\varphi_2}$$

und, da nach Gl. (42,4) die Drehwinkel den Winkelgeschwindigkeiten und damit auch den Drehzahlen verhältnisgleich sind

$$\boxed{M_{d_2} = M_{d_1}\,\frac{n_1}{n_2}\,\eta = M_{d_1}\,i\cdot\eta}\qquad\qquad (62,5)$$

Man nennt $M_{d_1}\cdot i\cdot\eta$ das auf Welle (2) *reduzierte Drehmoment der Welle (1)*.

Satz 64: *Man reduziert das Drehmoment auf eine andere Welle, indem man es mit dem Wirkungsgrad des Getriebes und dem Übersetzungsverhältnis (und zwar Ausgangswelle zu Bezugswelle) multipliziert.*

Wird auf Welle (2) ein besonderes Drehmoment M_{d_2} eingeleitet, so ist das gesamte Drehmoment der Welle (2)

$$M_{d_2\text{ges}} = M_{d_1}\cdot i\cdot\eta + M_{d_2}\qquad\qquad (62,6)$$

Beispiel: Ein Motor besitzt bei $1500\ \text{min}^{-1}$ ein Schwungmoment $(G\,D_i^2)_1 = 1{,}5\ \text{kpm}^2$ und treibt einen Trogbandförderer über ein Getriebe, dessen Kettenrad $50\ \text{min}^{-1}$ macht. Berechne das auf die Kettenradwelle reduzierte Schwungmoment des Motors.

Lösung: Gegeben: $(G\,D_i^2)_1 = 1{,}5\ \text{kpm}^2$; $n_1 = 1500\ \text{min}^{-1}$; $n_2 = 50\ \text{min}^{-1}$;

$$i = \frac{n_1}{n_2} = \frac{1500\ \text{min}^{-1}}{50\ \text{min}^{-1}} = 30$$

$$(G\,D_i^2)_2 = (G\,D_i^2)_1\cdot i^2 = 1{,}5\ \text{kpm}^2\cdot 30^2 = 1350\ \text{kpm}^2$$

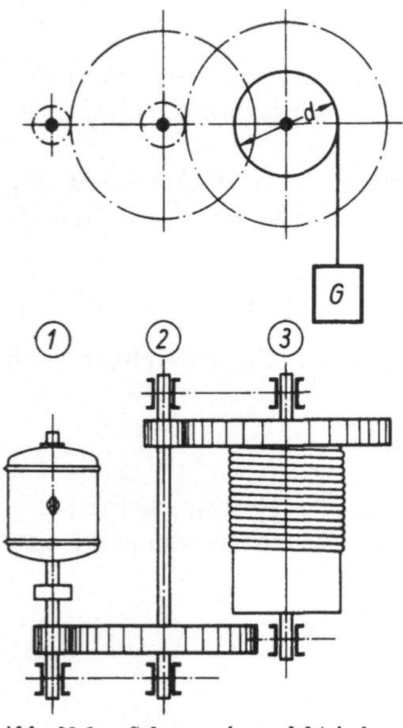

Abb. 62,2. Schema einer elektrischen Trommelwinde

Da das reduzierte Schwungmoment sich bei der Übersetzung ins Langsame mit dem Quadrat des Übersetzungsverhältnisses vergrößert, kommt dem Schwungmoment des Motors mit der hohen Drehzahl auf die langsam umlaufende Kettensternwelle eine sehr große Bedeutung zu.

Beispiel: Bei einer elektrischen Winde wird die Seiltrommel von 290 mm Durchmesser über ein zweifaches Rädervorgelege mit je einem Übersetzungsverhältnis 5:1 von einem Elektromotor angetrieben (Abb. 62,2), der bei $1440\ \text{min}^{-1}$ die Leistung 5,5 kW abgibt. Das Schwungmoment des Motorläufers einschl. Kupplung und Ritzel beträgt $0{,}35\ \text{kpm}^2$, das der Massen der Vorgelegewelle 15 kpm² und das der Massen der Trommelwelle 35 kpm². Das Getriebe besitzt einen Wirkungsgrad von 78%. Die Last hat 400 kp Gewichtskraft. Berechne a) die Beschleunigung, mit der die Last angehoben wird, wenn das Anfahren mit dem 1,8fachen Nennmoment des Motors erfolgt, b) die Anfahrzeit,

c) den Lastweg für die beschleunigte Anfahrt, d) die Beschleunigung, mit der die gehobene Last wieder absinkt, wenn sie die ungebremsten Massen einschließlich des stromlosen Motorläufers durchzieht.

Lösung: Gegeben: $d = 0,29$ m;

$$i_1 = \frac{5}{1} \; ; \; i_2 = \frac{5}{1} \; ; \; n_1 = 1440 \; \text{min}^{-1};$$

$$i_{ges} = i_1 \cdot i_2 = \frac{5}{1} \cdot \frac{5}{1} = \frac{25}{1} \; ; \; n_3 = \frac{n_1}{25} = \frac{1440 \; \text{min}^{-1}}{25} = 57,6 \; \text{min}^{-1}$$

Gleichförmige Hubgeschwindigkeit

$$v = \pi \, d \cdot n_3 = \frac{\pi \cdot 0,29 \; \text{m} \cdot 57,6 \; \text{min}^{-1}}{60 \; \text{s/min}} = 0,87 \; \text{m/s}$$

$P \doteq 5,5 \, \text{kW}; \; (G\,D_i^2)_1 = 0,35 \, \text{kpm}^2; \; (G\,D_i^2)_2 = 15 \, \text{kpm}^2; \; (G\,D_i^2)_3 = 35 \, \text{kpm}^2;$

$G = 400 \, \text{kp}; \; \eta_{ges} = 0,78; \; M_{d_{A_1}} = 1,8 \cdot M_{d_n}$

a) Die Reduktion der Schwungmomente wird auf die Trommelwelle (3) durchgeführt. Die geradlinig bewegte Last kann als Gesamtgewichtskraft am Trommelumfang vom Durchmesser d angebracht werden. Dann entspricht das Schwungmoment der Last G auf der Welle (3)

$$(G\,D_i^2)_G = G \cdot d^2$$

Damit ergibt sich das gesamte auf die Trommelwelle (3) reduzierte Schwungmoment

$$(G\,D_i^2)_{3ges} = (G\,D_i^2)_1 \cdot i_{ges}^2 + (G\,D_i^2)_2 \cdot i_2^2 + (G\,D_i^2)_3 + G \cdot d^2$$

$$= 0,35 \; \text{kgm}^2 \cdot 25^2 + 15 \; \text{kpm}^2 \cdot 5^2 + 35 \; \text{kpm}^2 + 400 \; \text{kp} \cdot (0,29 \; \text{m})^2$$

$$= (218,8 + 375 + 35 + 33,6) \; \text{kpm}^2 = 662,4 \; \text{kpm}^2$$

Nach (57,10a) ergibt sich das auf die Welle 3 reduzierte Gesamt-Trägheitsmoment:

$$I_{d3ges} = \frac{662,4}{4} = 165,6 \; \text{in kgm}^2$$

Nach Gl. (59,2a) ist das Nennmoment des Motors:

$$M_{d_n} = 973 \, \frac{P}{n} = 973 \cdot \frac{5,5}{1440} = 3,72 \; \text{in kpm}$$

Anfahrmoment: $M_{d_{A_1}} = 1,8 \cdot M_{d_n} = 1,8 \cdot 3,72 \; \text{kpm} = 6,7 \; \text{kpm}$

Nach Gl. (62,6) ist das auf die Trommelwelle (3) reduzierte Anfahrmoment

$$M_{d_{A_3}} = M_{d_{A_1}} \cdot i_{ges} \cdot \eta = 6,7 \; \text{kpm} \cdot 25 \cdot 0,78 = 130,7 \; \text{kpm}$$

Dieses Moment wirkt an der Trommel beschleunigend.

Verzögernd wirkt das Lastmoment

$$M_{d_3} = G \, \frac{d}{2} = 400 \; \text{kp} \, \frac{0,29 \; \text{m}}{2} = 58 \; \text{kpm}$$

Nach Gln. (56,2) und (56,3)

$$M_{d_{A_3}} - M_{d_3} = I_d \cdot \varepsilon$$

$$\varepsilon = \frac{M_{d_{A_3}} - M_{d_3}}{I_{d_{g3es}}} = \frac{(130,7 - 58) \; \text{kpm} \cdot 9,81 \, \frac{\text{kgm}}{\text{s}^2 \cdot \text{kp}}}{165,6 \; \text{kgm}^2} = 4,30 \; \text{s}^{-2}$$

Gegenüberstellung der wichtigen Gleichungen der Dynamik

Fortschreitende (Translations)-Bewegung	bevorzugte Einheit	Drehbewegung (Rotationsbewegung)	bevorzugte Einheit
1. Bewegungslehre (Kinematik)			
Weg $\quad s$	m	Winkelweg (Bogenmaß) $\widehat{\varphi}$	—
Geschwindigkeit $v = \dfrac{ds}{dt}$	m/s	Winkelgeschwindigkeit $\omega = \dfrac{d\varphi}{dt}$	s^{-1}
Beschleunigung $a = \dfrac{dv}{dt}$	m/s²	Winkelbeschleunigung $\varepsilon = \dfrac{d\omega}{dt}$	s^{-2}
a) Gleichförmige Bewegung			
$v = \dfrac{s}{t}$	m/s	$\omega = \dfrac{\widehat{\varphi}}{t} = 2\,\pi \cdot n$	s^{-1}
b) Gleichmäßig beschleunigte Bewegung			
$v = v_0 \pm a \cdot t$	m/s	$\omega = \omega_0 \pm \varepsilon \cdot t$	s^{-1}
$s = \dfrac{v + v_0}{2}\, t$	m	$\widehat{\varphi} = \dfrac{\omega + \omega_0}{2}\, t$	—
$s = v_0 \cdot t \pm \dfrac{1}{2}\, a \cdot t^2$	m	$\widehat{\varphi} = \omega_0\, t \pm \dfrac{1}{2}\, \varepsilon \cdot t^2$	—
$s = \dfrac{v^2 - v_0^2}{2\,a}$	m	$\widehat{\varphi} = \dfrac{\omega^2 - \omega_0^2}{2\,\varepsilon}$	—
2. Dynamik			
Kraft F	kp (N)	Drehmoment $M_d = F \cdot r$	kpm
Masse m	kg	Trägheitsmoment	
Gewichtskraft $G = m \cdot g$	kp (N) [1]	$I_d = \int dm \cdot \varrho^2 = m \cdot i^2$	kgm²
Dynamisches Grundgesetz:		Dynamisches Grundgesetz:	
$F = m \cdot a$	kp (N) [1]	$M_d = I_d \cdot \varepsilon$	kpm (Nm) [1]
Arbeit der Kraft:		Arbeit des Drehmomentes	
$W = F \cdot s = \int F \cdot ds$	kpm	$W = M_d \cdot \widehat{\varphi} = \int M_d \cdot d\varphi$	kpm
Beschleunigungsarbeit		Beschleunigungsarbeit	
$W = \dfrac{1}{2}\, m \cdot v^2$	kpm (Nm) [1]	$W = \dfrac{1}{2}\, I_d \cdot \omega^2$	kpm (Nm) [1]
Leistung der Kraft		Leistung des Drehmomentes	
$P = F \cdot v$	kpm/s	$P = M_d \cdot \omega = M_d \cdot 2\,\pi \cdot n$	kpm/s
Energiesatz		Energiesatz	
$F(s_2 - s_1)$ $= \dfrac{1}{2}\, m\, v_2^2 - \dfrac{1}{2}\, m \cdot v_1^2$	kpm Nm () [1]	$M_d(\varphi_2 - \varphi_1)$ $= \dfrac{1}{2}\, I_d \cdot \omega_2^2 - \dfrac{1}{2}\, I_d \cdot \omega_1^2$	kpm (Nm) [1]
Satz vom Antrieb (Impulssatz)		Satz vom Antrieb (Impulssatz)	
$F \cdot t = m \cdot v$	kp · s (N · s) [1]	$M_d \cdot t = I_d \cdot \omega$	kpm · s (Nm · s)

[1] Siehe S. 265 unten.

Beschleunigung der Last bei der Anfahrt

$$a = \varepsilon \frac{d}{2} = 4,30 \; \text{s}^{-2} \, \frac{0,29}{2} \, \text{m} = 0,624 \; \text{m/s}^2$$

b) Anfahrtszeit:

$$v = a \cdot t; \quad t = \frac{v}{a} = \frac{0,87 \; \text{m/s}}{0,624 \; \text{m/s}^2} = 1,4 \; \text{s}$$

c) Anfahrstrecke:

$$s = \frac{v}{2} t = \frac{0,87 \; \text{m/s}}{2} \cdot 1,4 \; \text{s} = 0,61 \; \text{m}$$

d) Beschleunigend beim ungebremsten Absenken der Last wirkt nicht das volle Lastmoment M_{d_3}, sondern entsprechend dem Wirkungsgrad des Getriebes der um das Reibungsmoment kleinere Teil $\eta \cdot M_{d_3}$. Damit folgt nach Gl. (56,2)

$$\eta \cdot M_{d_3} = I_{d3\text{ges}} \cdot \varepsilon$$

$$\varepsilon = \frac{\eta \cdot M_{d_3}}{I_{d3\text{ges}}} = \frac{0,78 \cdot 58 \; \text{kpm} \cdot 9,81 \, \dfrac{\text{kgm}}{\text{s}^2 \cdot \text{kp}}}{165,6 \; \text{kgm}^2} = 2,68 \; \text{s}^{-2}$$

Damit Beschleunigung der absinkenden Last bei ungebremsten Massen:

$$a = \varepsilon \cdot \frac{d}{2} = 2,68 \; \text{s}^{-2} \, \frac{0,29 \; \text{m}}{2} = 0,39 \; \text{m/s}^2$$

Die umstehende Gegenüberstellung der wichtigsten Gesetze der fortschreitenden und Drehbewegung gibt einen Einblick in den gleichartigen Aufbau der Gleichungen dieser Teilgebiete der Dynamik.

E. Anwendungen der Gesetze der Mechanik bei der Förderung im Bergbau

63. Schachtförderung

Ebenso wie in der Hauptschachtförderung der Dampfantrieb ist auch in der Blindschachtfördernung der Druckluftantrieb neu ausgelegter, kleiner und mittlerer Seilfahrtanlagen praktisch ganz durch den elektrischen Antrieb verdrängt worden. Die nachfolgenden Betrachtungen zur Auslegung von Schachtförderanlagen sollen sich deshalb auf elektrische Antriebe beschränken.

Ferner sind Fördermaschinen und Häspel vor allem im deutschen Steinkohlenbergbau vornehmlich mit Treibscheiben und seltener mit Trommeln ausgerüstet. Da in der Seigerförderung die Massenkräfte einen wesentlichen Anteil der Antriebsleistungen ausmachen, und bei

---

Zu S. 264.

[1] In dieser Zusammenstellung der wichtigen Größen und Größengleichungen sind nicht ihre Dimensionen, sondern die bevorzugten Einheiten angegeben. Die in Klammern gesetzten Einheiten sollen darauf hinweisen, daß sie sich bei Verwendung der vorher genannten Einheiten auf der rechten Seite der Gleichung ergeben, und gegebenenfalls mit 9,81 N/kp umgerechnet werden müssen.

begrenzter Fördergeschwindigkeit die zulässigen Beschleunigungen und Verzögerungen für die Förderzeit eine maßgebliche Rolle spielen, muß bei der Treibscheibenförderung die dynamische Sicherheit gegen Seilrutsch eine besondere Beachtung finden. Die Gesetze hierfür sollen darum zunächst behandelt werden.

a) Dynamische Sicherheit gegen Seilrutsch bei der Treibscheibenförderung

In Abschn. 34d sind die Verhältnisse für die statische Sicherheit gegen Seilrutsch bei der Treibscheibenförderung untersucht worden, wie sie z. B. für die gleichförmige Fahrt Gültigkeit haben. Tatsächlich schwankt aber die von der Treibscheibe an das Seil übertragene Umfangskraft wegen der hohen Massenkräfte bei Anfahrt und Verzögerung in weiten Grenzen. Die für die statische Sicherheit gegen Rutschen entwickelten Gesetze (34,18), (34,19) und (34,20) sollen nunmehr auch für die beschleunigte Anfahrt sowie das verzögerte Stillsetzen der Treibscheibenförderung dargestellt werden. Dabei haben die verwendeten Größen folgende Bedeutung:

G_{tot} in kp = Gewichtskraft der Totlast jeder der beiden Förderseiten, bestehend aus den Gewichtskräften des Förderkorbes (Gefäßes oder Gegengewichtes), der leeren Förderwagen und des Seiles einer Förderseite,

$G_{\ddot{u}}$ in kp = größte Übergewichtskraft einer Förderseite, bei ausgeglichener Seilgewichtskraft gleich der Nutzlast G_N je Korb oder Gefäß. Falls die Seilgewichtskräfte nicht ausgeglichen sind, ergibt sich $G_{S\ddot{u}} = G_{S1} - G_{S2}$ und es ist $G_{\ddot{u}} = G_N + G_{S\ddot{u}}$,

$(G\,D_i^2)_S$ in kpm² = Schwungmoment der Seilscheibe einer Förderseite,

$G_{S\text{red}} = \dfrac{(G\,D_i^2)_S}{D_S^2}$ in kp = reduzierte Gewichtskraft der Seilscheiben einer Förderseite, D_S in m = Durchmesser der Seilscheibe,

F_{S_1} in kp = Seilkraft im Volltrumm beim Heben wie beim Einhängen der Nutzlast,

F_{S_2} in kp = Seilkraft im Leertrumm beim Einhängen wie beim Heben der Nutzlast,

μ = 0,25 nach BV für Haupt-, sowie mittlere und kleine Seilfahrtanlagen § 17, Fußnote: Reibungszahl zwischen Seil und Treibscheibe,

α = tatsächlicher (geometrischer) Umschlingungsbogen um die Treibscheibe.

Die Untersuchungen seien zunächst durchgeführt für die *Turmförderanlage mit Ablenkseilscheibe im Leertrumm* gemäß Abb. 63,1. Hier sind die Kraftverhältnisse beim Heben und Einhängen von Lasten sowie für das Anfahren wie das Verzögern dargestellt. Bei näherer Betrachtung erkennt man, daß gleiche Kraftverhältnisse herrschen:

1. Für das Anfahren beim Heben und die Verzögerung beim Einhängen von Lasten, sowie

2. für das Verzögern beim Heben und das Anfahren beim Einhängen von Lasten,

die deshalb jeweils gemeinsam behandelt werden können.

Rutschsicherheit bei Turmförderanlagen

Zu 1. nach Abb. 63,1, und zwar a, 1) und b, 2). Mit den allgemeinen Bezeichnungen des Abschn. 34 ergibt sich:

$$F_{S_{1w}} = G_{tot} + G_{\ddot{u}} + (G_{tot} + G_{\ddot{u}}) \frac{a}{g} = \frac{G_{tot} + G_{\ddot{u}}}{g} (g + a)$$

$$F_{S_2} = G_{tot} - (G_{tot} + G_{Sred}) \frac{a}{g} = \frac{G_{tot}}{g} (g - a) - \frac{G_{Sred}}{g} a$$

$$F_{U_w} = F_{S_{1w}} - F_{S_2} = \frac{2 G_{tot}}{g} a + \frac{G_{\ddot{u}}}{g} (g + a) + \frac{G_{Sred} \cdot a}{g}$$

$$F_{U_g} = F_{S_2} (e^{\mu\alpha} - 1) = \left[\frac{G_{tot}}{g} (g - a) - \frac{G_{Sred}}{g} a \right] (e^{\mu\alpha} - 1)$$

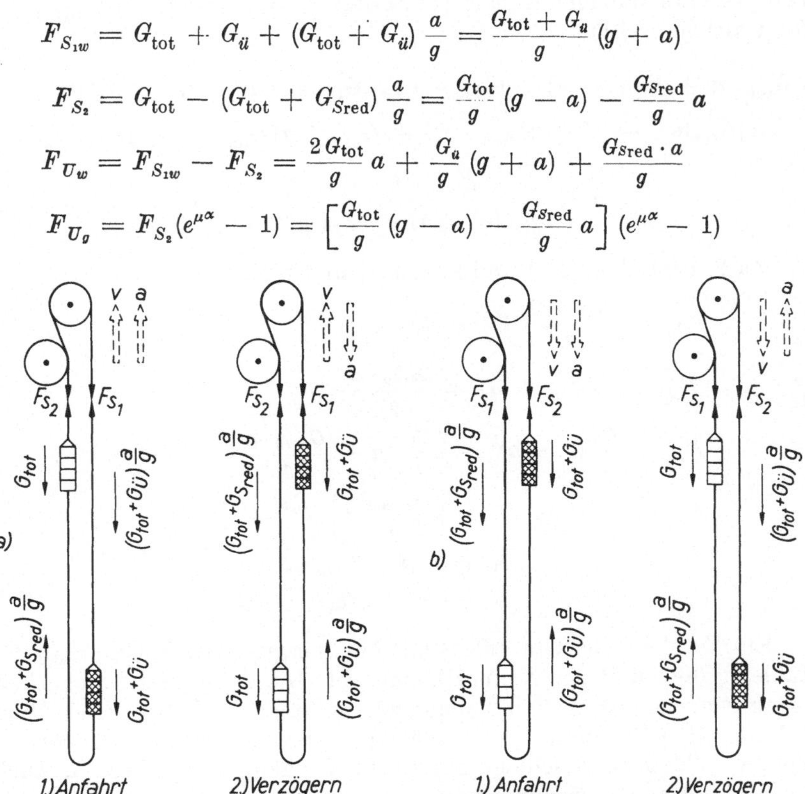

a) beim Heben,   b) beim Einhängen von Lasten
Abb. 63,1. Kraftverhältnisse bei der Treibscheibenförderung einer Turmförderanlage
(Ablenkscheibe im Leertrumm)

Damit ergibt sich mit Gl. (34,5) die Sicherheit gegen Seilrutsch für dynamische Verhältnisse

$$\nu_{Rdyn} = \frac{F_{U_g}}{F_{U_w}}$$

Multipliziert man die Gleichungen für F_{U_w} und F_{U_g} mit g so erhält man

$$v_{Rdyn} = \frac{[G_{tot}(g-a) - G_{Sred} \cdot a](e^{\mu\alpha} - 1)}{2\,G_{tot} \cdot a + G_{\ddot{u}}(g+a) + G_{Sred} \cdot a} \tag{63,1}$$

Ein Vergleich dieser Gl. (63,1) mit Gl. (34,20) für die statische Rutschsicherheit zeigt, daß die Massenkräfte die dynamische Rutschsicherheit gegenüber der statischen bedeutend vermindern. Setzt man in Gl. (63,1) $v_{Rdyn} = 1$, so läßt sich für den labilen Grenzzustand des Seilrutsches die maximal zulässige Verzögerung beim Einhängen von Lasten (bzw. die maximal zulässige Beschleunigung beim Heben von Lasten) berechnen. Die Ermittlung der zulässigen Verzögerung beim Einhängen von Lasten ist für die Berechnung der Sicherheitsbremse nach der BV für Hauptseilfahrtanlagen Anlage 13a, Ziffer II, B gefordert. Mit $v_{Rdyn} = 1$ folgt aus Gl. (63,1):

$$2\,G_{tot} \cdot a + G_{\ddot{u}}(g+a) + G_{Sred} \cdot a \leqq [G_{tot}(g-a) - G_{Sred} \cdot a](e^{\mu\alpha} - 1)$$

$$a\,[G_{tot}(e^{\mu\alpha} + 1) + G_{Sred} \cdot e^{\mu\alpha} + G_{\ddot{u}}] \leqq g\,[G_{tot}(e^{\mu\alpha} - 1) - G_{\ddot{u}}]$$

$$a \leqq \frac{G_{tot}(e^{\mu\alpha} - 1) - G_{\ddot{u}}}{G_{tot}(e^{\mu\alpha} + 1) + G_{Sred} \cdot e^{\mu\alpha} + G_{\ddot{u}}}\; g \tag{63,2}$$

Zu 2. nach Abb. 63,1 und zwar a,2) und b,1):

$$F_{S_{1w}} = \frac{G_{tot} + G_{\ddot{u}}}{g}\,(g-a)$$

$$F_{S_2} = \frac{G_{tot}}{g}\,(g+a) + \frac{G_{Sred} \cdot a}{g}$$

$$F_{U_w} = \frac{G_{\ddot{u}}}{g}\,(g-a) - \frac{2\,G_{tot}}{g}\,a - \frac{G_{Sred} \cdot a}{g}$$

$$F_{U_g} = \left[\frac{G_{tot}}{g}\,(g+a) + \frac{G_{Sred}}{g}\,a\right](e^{\mu\alpha} - 1)$$

$$v_{Rdyn} = \frac{[G_{tot}(g+a) + G_{Sred} \cdot a](e^{\mu\alpha} - 1)}{G_{\ddot{u}}(g-a) - 2\,G_{tot} \cdot a - G_{\ddot{u}} \cdot a} \tag{63,3}$$

Ein Vergleich der Gln. (63,1) mit (63,3) ergibt, daß in Gl. (63,3) der Zähler größer und der Nenner kleiner ist. Die dynamische Sicherheit gegen Rutschen ist im Fall 2. demnach größer als im Fall 1. Es erübrigt sich also eine Berechnung der zulässigen Verzögerung beim Heben sowie der zulässigen Beschleunigung beim Einhängen von Lasten. Auch die BV für Hauptseilfahrtanlagen verlangt lediglich die Berechnung für den Fall 1. der zulässigen Verzögerung beim Einhängen von Lasten.

Ebenso genügt die Berechnung der Seilrutschsicherheit sowie der zulässigen Verzögerung für den Fall der Turmförderanlage mit der Ablenkscheibe im Leertrumm, da auch dies für den Seilrutsch der ungünstigere Fall ist.

Für die Untersuchung der Rutschsicherheit für *Flurförderanlagen und die Aufstellung des Haspels nach* BERGHOFF ist nach Abb. 63,2 in die Gewichtskraft der Totlast G_{tot} die Gewichtskraft des Seiles jeder

Förderseite lediglich unterhalb der Niveaulinie der Treibscheibe gerechnet. Es bedeuten dann:

G_{Sk} in kp die Gewichtskraft des Seilabschnittes einer Förderseite, der
von der Treibscheibe über die Seilscheibe bis zum Treib-
scheibenniveau reicht.

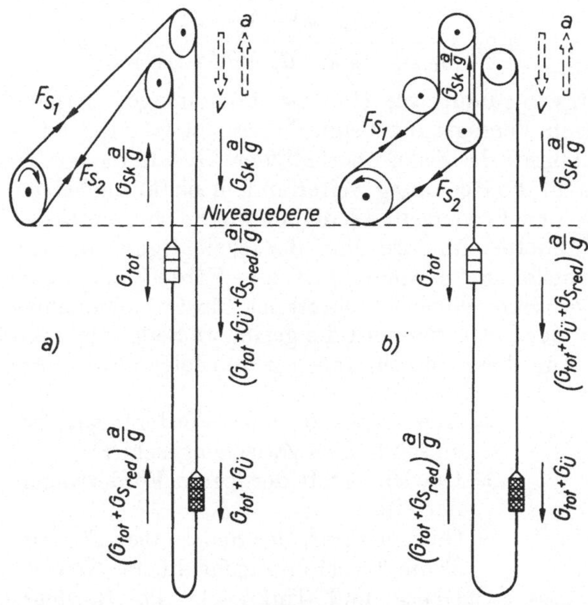

Abb. 63,2. Kraftverhältnisse bei der Treibscheibenförderung, Verzögerung beim Einhängen von Lasten
a) Flurförderanlage, b) Aufstellung des Haspels nach BERGHOFF

Damit gelten nach Abb. 63,2a) und b) für die Verzögerung beim
Einhängen von Lasten folgende Überlegungen:

$$F_{S_{1w}} = G_{\text{tot}} + G_{\ddot{u}} + (G_{\text{tot}} + G_{\ddot{u}} + G_{S\text{red}} + G_{Sk}) \frac{a}{g}$$

$$= \frac{G_{\text{tot}} + G_{\ddot{u}}}{g} (g + a) + \frac{G_{S\text{red}} + G_{Sk}}{g} a$$

$$F_{S_2} = G_{\text{tot}} - (G_{\text{tot}} + G_{S\text{red}} + G_{Sk}) \frac{a}{g}$$

$$F_{U_w} = F_{S_{1w}} - F_{S_2} = (2 G_{\text{tot}} + 2 G_{S\text{red}} + 2 G_{Sk} + G_{\ddot{u}}) \frac{a}{g} + G_{\ddot{u}}$$

$$F_{U_g} = \left[G_{\text{tot}} - (G_{\text{tot}} + G_{S\text{red}} + G_{Sk}) \frac{a}{g} \right] (e^{\mu\alpha} - 1)$$

$$v_{R\text{dyn}} = \frac{\left[G_{\text{tot}} - (G_{\text{tot}} + G_{S\text{red}} + G_{Sk}) \frac{a}{g} \right] (e^{\mu\alpha} - 1)}{(2 G_{\text{tot}} + 2 G_{S\text{red}} + 2 G_{Sk} + G_{\ddot{u}}) \frac{a}{g} + G_{\ddot{u}}} \tag{63,4}$$

Zur Berechnung der zulässigen Verzögerung beim Einhängen von Lasten setzen wir wieder in Gl. (63,4) $v_{Rdyn} = 1$:

$$G_{tot} - (G_{tot} + G_{Sred} + G_{Sk}) \frac{a}{g} (e^{\mu\alpha} - 1)$$

$$\leqq (2\,G_{tot} + 2\,G_{Sred} + 2\,G_{Sk} + G_{\ddot{u}}) \frac{a}{g} + G_{\ddot{u}}$$

$$a \lneqq \frac{G_{tot}\,(e^{\mu\alpha} - 1) - G_{\ddot{u}}}{(G_{tot} + G_{Sred} + G_{Sk})\,(e^{\mu\alpha} + 1) + G_{\ddot{u}}}\,g \tag{63,5}$$

Die Bergverordnung für Hauptseilfahrtanlagen vernachlässigt bei der zulässigen Verzögerung beim Einhängen von Lasten den Einfluß der Gewichtskraft des Seiles oberhalb der Niveaulinie der Treibscheibe. Sie vereinfacht die Rechnung weiter, indem sie für die Seilgewichtskraft jeder der beiden Förderseiten lediglich die Seilgewichtskraft der Teufe annimmt. Andererseits wird eine Berücksichtigung des Einflusses bei unterschiedlicher Seilgewichtskraft des Förder- und Unterseiles verlangt. Die größere Seilgewichtskraft ist für G_{S_1} anzunehmen. Bei der Berechnung der Totlasten wird die geringere Seilgewichtskraft G_{S_2} eingerechnet. Für diese Berechnungen gelten folgende weiteren Bezeichnungen:

G_K in kp $=$ Gewichtskraft eines Förderkorbes oder Gefäßes einschließlich Zwischengeschirre,

G_W in kp $=$ Gewichtskraft der leeren Förderwagen einer Förderseite,

G_{S_1} in kp $=$ Gewichtskraft des Seiles einer Förderseite für die Teufe T (bei unterschiedlicher Gewichtskraft von Ober- und Unterseil die Gewichtskraft des schwereren Seiles),

G_{S_2} in kp $=$ Gewichtskraft des Seiles der anderen Förderseite für die Teufe T (bei unterschiedlicher Gewichtskraft von Ober- und Unterseil die Gewichtskraft des leichteren Seiles),

$G_{S_{\ddot{u}}} = G_{S_1} - G_{S_2}$ $=$ Übergewicht des nicht ausgeglichenen Seiles,

G_N in kp $=$ Nutzlast je Korb oder Gefäß,

$G_{\ddot{u}} = G_N + G_{S_{\ddot{u}}}$ $=$ größte Übergewichtskraft einer Förderseite über die andere.

Mit diesen Bezeichnungen und bei Vernachlässigung von G_{Sk}, d. h. $G_{Sk} = 0$, ergibt sich aus Gl. (63,5) die in der Bergverordnung für Hauptseilfahrtanlagen vom 1. 8. 1957, S. 144 angegebene Formel:

$$a_S' = \frac{(G_K + G_W + G_{S_2})\,(e^{\mu\alpha} - 1) - G_{\ddot{u}}}{(G_K + G_W + G_{S_2} + G_{Sred})\,(e^{\mu\alpha} + 1) + G_{\ddot{u}}}\,g \tag{63,6}$$

Beispiel: Die Treibscheibe einer Flurfördermaschine liegt im Niveau der oberen Hängebank. Länge des Oberseiles über Niveau der Treibscheibe über Seilscheibe bis zur Treibscheibe $l_k = 55$ m; Teufe $T = 640$ m; Länge des Unterseiles von tiefster Korbstellung bis Unterseilbucht $l_u = 15$ m; Gewichtskraft von Ober- und Unterseil 8,39 kp/m; $G_N = G_{\ddot{u}} = 6000$ kp; $G_K = 5800$ kp; $G_W = 3200$ kp; Schwungmoment der Seilscheibe $(G\,D_i^2)_S = 230\,000$ kp m²; $D_S = 7,0$ m; $\mu = 0,25$; $\alpha = 186°$.

Zu berechnen ist die zulässige Verzögerung beim Einhängen der Nutzlast
a) bei Berücksichtigung der tatsächlichen Seilgewichtskräfte, d. h. nach Gl. (63,5),
b) nach der für die Sicherheitsbremse geltenden Gleichung der BV für Hauptseilfahrtanlagen, d. h. nach Gl. (63,6).

Lösung: Nach Gl. (33,2)

$$\lg e^{\mu\alpha} = \frac{\mu \cdot \alpha^0}{132} = \frac{0,25 \cdot 186}{132} = 0,3522$$

$$e^{\mu\alpha} = 2,25$$

a) $\quad G_{S_1} = G_{S_2} = (T + l_u)\, 8,39\,\text{kp/m} = (640 + 15)\,\text{m} \cdot 8,39\,\text{kp/m} = 5\,500\,\text{kp}$

$$G_{\text{tot}} = G_K + G_W + G_{S_1} = (5\,800 + 3\,200 + 5\,500)\,\text{kp} = 14\,500\,\text{kp}$$

$$G_{S\text{red}} = \frac{(G\,D_i^2)_S}{D_S^2} = \frac{230\,000\,\text{kpm}^2}{(7,0\,\text{m})^2} = 4\,700\,\text{kp}$$

$$G_{SK} = l_K \cdot 8,39\,\text{kp/m} = 55\,\text{m} \cdot 8,39\,\text{kp/m} = 461\,\text{kp}$$

$$G_{\ddot{u}} = 6\,000\,\text{kp}$$

Nach Gl. (63,5)

$$a \leq \frac{G_{\text{tot}}\,(e^{\mu\alpha} - 1) - G_{\ddot{u}}}{(G_{\text{tot}} + G_{S\text{red}} + G_{SK})\,(e^{\mu\alpha} + 1) + G_{\ddot{u}}}\, g$$

$$= \frac{14\,500\,\text{kp}\,(2,25 - 1) - 6\,000\,\text{kp}}{(14\,500 + 4\,700 + 461)\,\text{kp}\,(2,25 + 1) + 6\,000\,\text{kp}}\; 9,81\,\text{m/s}^2 \leq 1,70\,\text{m/s}^2$$

b) $\quad G_{S_1} = G_{S_2} = T \cdot 8,39\,\text{kp/m} = 640\,\text{m} \cdot 8,39\,\text{kp/m} = 5\,370\,\text{kp}$

Nach Gl. (63,6)

$$a_s' \leq \frac{(G_K + G_W + G_{S_2})\,(e^{\mu\alpha} - 1) - G_{\ddot{u}}}{(G_K + G_W + G_{S_2} + G_{S\text{red}})\,(e^{\mu\alpha} + 1) + G_{\ddot{u}}}\, g$$

$$= \frac{(5\,800 + 3\,200 + 5\,370)\,\text{kp}\,(2,25 - 1) - 6\,000\,\text{kp}}{(5\,800 + 3\,200 + 5\,370 + 4\,700)\,\text{kp}\,(2,25 + 1) + 6\,000\,\text{kp}}\; 9,81\,\text{m/s}^2$$

$$= 1,726\,\text{m/s}^2 \approx 1,73\,\text{m/s}^2$$

Das Ergebnis der Berechnung der zulässigen Verzögerung nach der
in der Bergverordnung für Hauptseilfahrtanlagen angegebenen Gl. (63,6)
zu b) unterscheidet sich in diesem Beispiel nur unwesentlich von der
genaueren Berechnung mit Gl. (63,5) zu a). Ähnliche Ergebnisse sind
auch bei der Aufstellung von Häspeln nach BERGHOFF (Abb. 63,2b) zu
erwarten, sofern der Haspel auf der oberen Sohle steht. Anders ist es
dagegen, wenn der Haspel auf einer unteren, entsprechend tiefer gelegenen Sohle aufgestellt ist, wie es in einem Beispiel gezeigt werden soll.

Beispiel: Ein Haspel dient zur Förderung zwischen zwei Füllörtern mit
einem Sohlenabstand $T = 100$ m und wird auf dem unteren Füllort nach BERG-
HOFF (Abb. 63,2b) aufgestellt. Weitere Angaben: $l_K = 57\,\text{m} + 2\,T = 57\,\text{m} +
2 \cdot 100\,\text{m} = 257\,\text{m}$; $l_u = 15$ m Gewichtskraft von Oberseil = Unterseil 3,68 kp/m;
$G_N = G_{\ddot{u}} = 2\,200$ kp; $G_K = 3\,200$ kp; $G_W = 1\,400$ kp; auf jeder Förderseite
2 Seilscheiben mit je $(GD_i^2)_S = 1\,800\,\text{kpm}^2$; $D_S = 2,0$ m; $\mu = 0,25$; $\alpha = 180°$.
Zu berechnen ist die zulässige Verzögerung beim Einhängen der Nutzlast
a) nach Gl. (63,5), b) nach Gl. (63,6) entsprechend der Bergverordnung für Hauptseilfahrtanlagen.

Lösung: Nach Anhang Tabelle 6 ist für $\mu = 0{,}25$ und $\alpha = 180°$

$$e^{\mu\alpha} = 2{,}20$$

a) $\qquad G_{S_1} = G_{S_2} = l_u \cdot 3{,}68\,\text{kp/m} = 15\,\text{m} \cdot 3{,}68\,\text{kp/m} = 55\,\text{kp}$

$$G_{\text{tot}} = G_K + G_W + G_{S_1} = (3\,200 + 1\,400 + 55)\,\text{kp} = 4\,655\,\text{kp}$$

$$G_{S\text{red}} = 2\,\frac{(G\,D_i^2)_S}{D_S^2} = 2\,\frac{1\,800\,\text{kp\,m}^2}{(2\,\text{m})^2} = 900\,\text{kp}$$

$$G_{SK} = l_K \cdot 3{,}68\,\text{kp/m} = 257\,\text{m} \cdot 3{,}68\,\text{kp/m} = 946\,\text{kp}$$

$$G_{ü} = 2\,200\,\text{kp}$$

Nach Gl. (63,5)

$$a \leq \frac{G_{\text{tot}}\,(e^{\mu\alpha} - 1) - G_{ü}}{(G_{\text{tot}} + G_{S\text{red}} + G_{SK})\,(e^{\mu\alpha} + 1) + G_{ü}}\,g$$

$$= \frac{4\,655\,\text{kp}\,(2{,}2 - 1) - 2\,200\,\text{kp}}{(4\,655 + 900 + 946)\,\text{kp}\,(2{,}2 + 1) + 2\,200\,\text{kp}}\,9{,}81\,\text{m/s}^2 = 1{,}45\,\text{m/s}^2$$

b) $\qquad G_{S_1} = G_{S_2} = T \cdot 3{,}68\,\text{kp/m} = 100\,\text{m} \cdot 3{,}68\,\text{kp/m} = 368\,\text{kp}$

Nach Gl. (63,6)

$$a_S' \leq \frac{(G_K + G_W + G_{S_2})\,(e^{\mu\alpha} - 1) - G_{ü}}{(G_K + G_W + G_{S_2} + G_{S\text{red}})\,(e^{\mu\alpha} + 1) + G_{ü}}\,g$$

$$= \frac{(3\,200 + 1\,400 + 368)\,\text{kp}\,(2{,}2 - 1) - 2\,200\,\text{kp}}{(3\,200 + 1\,400 + 368 + 900)\,\text{kp}\,(2{,}2 + 1) + 2\,200\,\text{kp}}\,9{,}81\,\text{m/s}^2 = 1{,}76\,\text{m/s}^2$$

Der Unterschied der zulässigen Verzögerungen mit $1{,}45\,\text{m/s}^2$ bei Berücksichtigung der tatsächlichen Kraftverhältnisse gegenüber $1{,}76\,\text{m/s}^2$ nach der vereinfachten Gleichung der Bergverordnung für Hauptseilfahrtanlagen ist beträchtlich. Allerdings wird die Aufstellung von Häspeln nach BERGHOFF nur in Blindschächten vorgenommen und die Bergverordnung für mittlere und kleine Seilfahrtanlagen verlangt nicht den Nachweis der zulässigen Verzögerung. Hier wird in § 17, Absatz 3 lediglich verlangt, daß das Verhältnis der Seilzugkräfte an der Treibscheibe den Wert von $0{,}8\,e^{\mu\alpha}$ bei größtem vorkommenden Übergewicht nicht überschreiten soll. Die Berechnung läßt aber erkennen, daß Treibscheibenhäspel mit Aufstellung nach BERGHOFF besondere Schwierigkeiten in bezug auf Seilrutsch erwarten lassen.

Für die *Berechnung von Bremsen bei der Treibscheibenförderung* werden *in bezug auf die Verzögerung beim Einhängen von Lasten* in der Bergverordnung für Hauptseilfahrtanlagen Forderungen gestellt, die neben der Forderung einer wenigstens 3fachen statischen Sicherheit von Fahr- und Sicherheitsbremse erfüllt sein müssen (siehe Statik Abschn. 25).

Nach § 17 Absatz 1 und 3 sollen sowohl Fahr- wie Sicherheitsbremse das gewöhnliche Übergewicht bei der Güterförderung und das größte Übergewicht bei der Seilfahrt mit wenigstens 3facher statischer Sicherheit halten können.

Nach § 17 Absatz 2 muß die Fahrbremse unter gleichen Belastungsverhältnissen eine Verzögerung von wenigstens $2\,\text{m/s}^2$ gewährleisten. Da sie nämlich nach § 16 Absatz 2 regelbar sein soll, liegt es in der Hand des Fördermaschinisten, die Verzögerung mit der Fahrbremse so zu beeinflussen, daß kein Seilrutsch eintritt.

Bei der Sicherheitsbremse hat der Fördermaschinist dagegen nur die Möglichkeit, die volle Bremskraft zur Wirkung zu bringen. Deshalb fordert § 17 Absatz 5, daß unter den oben angegebenen Belastungsverhältnissen die durch die Sicherheitsbremse bewirkte *Verzögerung nicht größer und höchstens 10%* geringer sein darf, als sie sich rechnerisch für den Seilrutsch ergibt. Die statische Sicherheit muß jedoch mindestens 2fach sein und es soll nach § 17 Absatz 4 eine Verzögerung von wenigstens 1,2 m/s² gewährleistet sein.

Während für die Backenbremse ein Reibwert $\mu = 0,4$ in der BV angegeben ist, soll für die Reibung zwischen Treibscheibe und Seil mit einem Reibwert $\mu = 0,25$ gerechnet werden.

Beispiel: In der Berechnung einer vereinigten Fahr- und Sicherheitsbremse (Statik Abschn. 25) nach Abb. 25,6, waren für eine Nutzlast von 6 Förderwagen mit einem Inhalt von je 1000 kg
  für die Fahrbremse eine 3,47fache statische Sicherheit,
  für die Sicherheitsbremse eine 3,18fache statische Sicherheit
ermittelt. Dabei ergaben sich die auf Seilmitte bezogenen Bremskräfte
  für die Fahrbremse $F_{B_F} = 20\,840$ kp,
  für die Sicherheitsbremse $F_{B_S} = 19\,100$ kp
bei einer Bremsgewichtskraft der Sicherheitsbremse $F_A = 3000$ kp. Entsprechend dem früheren Beispiel ergeben sich für die Seilfahrtanlage folgende Verhältnisse $T = 640$ m; $G_K = 5800$ kp; $G_W = 3200$ kp; $G_N = G_\ddot{u} = 6000$ kp; $G_{S_1} = G_{S_2} = 5370$ kp; $\mu = 0,25$; $\alpha = 186°$; $e^{\mu\alpha} = 2,25$; $(G\,D_i^2)_S = 230\,000$ kpm²; $G_{S\mathrm{red}} = 4700$ kp

Außerdem benötigen wir zur Nachprüfung der Bremsen nach den Forderungen der BV folgende Werte, die sich wie folgt ergeben
für die Treibscheibe: $(G\,D_i^2)_T = 620\,000$ kpm²; $D_T = 7,0$ m,
damit

$$G_{T\mathrm{red}} = \frac{(G\,D_i^2)_T}{D_T^2} = \frac{620\,000 \text{ kpm}^2}{(7,0 \text{ m})^2} = 12\,600 \text{ kp}$$

$(G\,D_i^2)_F = 165\,000$ kpm² (Schwungmoment der bewegten Teile der Fördermaschine), damit

$$G_{F\mathrm{red}} = \frac{(G\,D_i^2)_F}{D_T^2} = \frac{165\,000 \text{ kpm}^2}{(7,0 \text{ m})^2} = 3400 \text{ kp}$$

Es sollen die Fahr- und Sicherheitsbremse nach den Forderungen der BV für Hauptseilfahrtanlagen nachgerechnet werden.

Lösung: a) *Fahrbremse.* Die gesamte zu verzögernde Gewichtskraft ergibt sich zu

$$
\begin{aligned}
2\,G_K &= 2 \cdot 5800 \text{ kp} &&= 11\,600 \text{ kp} \\
G_{S_1} & &&= 5370 \text{ kp} \\
G_{S_2} & &&= 5370 \text{ kp} \\
2\,G_W &= 2 \cdot 3200 \text{ kp} &&= 6400 \text{ kp} \\
2 \cdot G_{S\mathrm{red}} &= 2 \cdot 4700 \text{ kp} &&= 9400 \text{ kp} \\
G_{T\mathrm{red}} & &&= 12\,600 \text{ kp} \\
G_{F\mathrm{red}} & &&= 3400 \text{ kp} \\
G_N &= G_\ddot{u} &&= 6000 \text{ kp}
\end{aligned}
$$

Gesamte zu verzögernde Gewichtskraft $G_{\mathrm{ges}} = 60\,140$ kp

18 Maercks/Ostermann, Bergbaumechanik, 7. Aufl.

Aus $F_{BF} - G_{\ddot{u}} = m \cdot a_F$ folgt

$$a_F = \frac{F_{BF} - G_{\ddot{u}}}{m} = \frac{F_{BF} - G_{\ddot{u}}}{G_{\text{ges}}}\, g = \frac{(20\,840 - 6\,000)\ \text{kp}}{60\,140\ \text{kp}}\, 9{,}81\ \text{m/s}^2 = 2{,}42\ \text{m/s}^2$$

$$(\text{gefordert wird } a_F \geqq 2{,}0\ \text{m/s}^2)$$

b) *Sicherheitsbremse.* Nach vorigem Beispiel ergibt sich für das Einhängen der Nutzlast die Verzögerung zur Vermeidung des Seilrutsches nach Gl. (63,6)

$$a'_S = \frac{(G_K + G_W + G_{S_2})\,(e^{\mu\alpha} - 1) - G_{\ddot{u}}}{(G_K + G_W + G_{S_2} + G_{S\text{red}})\,(e^{\mu\alpha} + 1) + G_{\ddot{u}}}\, g$$

$$a'_S = \frac{(5\,800 + 3\,200 + 5\,370)\ \text{kp}\,(2{,}25 - 1) + 6\,000\ \text{kp}}{(5\,800 + 3\,200 + 5\,370 + 4\,700)\ \text{kp}\,(2{,}25 + 1) + 6\,000\ \text{kp}}\, 9{,}81\ \text{m/s}^2 = 1{,}72\ \text{m/s}^2$$

Die durch die Sicherheitsbremse tatsächlich bewirkte Verzögerung ergibt sich aus

$$F_{BS} - G_{\ddot{u}} = m \cdot a_S$$

$$a_S = \frac{F_{BS} - G_{\ddot{u}}}{m} = \frac{F_{BS} - G_{\ddot{u}}}{G_{\text{ges}}}\, g = \frac{(19\,100 - 6\,000)\ \text{kp}}{60\,140\ \text{kp}}\, 9{,}81\ \text{m/s}^2 = 2{,}14\ \text{m/s}^2$$

gefordert wird $a_S < a'_S$, es ist aber $a_S > a'_S$ nach vorstehender Rechnung. Nach BV § 17 Absatz 5 soll sein:

$$a_S \leqq a'_S = 1{,}72\ \text{m/s}^2 \geqq 0{,}90\ a'_S = 0{,}9 \cdot 1{,}72\ \text{m/s}^2 = 1{,}55\ \text{m/s}^2$$

Gewählt wird $a_S = 1{,}65\ \text{m/s}^2$. Damit ergibt sich die auf Seilmitte berechnete höchste Bremskraft:

$$F'_{BS} = m \cdot a_S + G_{\ddot{u}} = \frac{G_{\text{ges}}}{g}\, a_S + G_{\ddot{u}} = \frac{60\,140\ \text{kp}}{9{,}81\ \text{m/s}^2}\, 1{,}65\ \text{m/s}^2 + 6\,000\ \text{kp} = 16\,100\ \text{kp}$$

Die Bremsgewichtskraft der Sicherheitsbremse war mit $F_A = 3\,000$ kp angenommen. Sie ist der Verringerung der Bremskraft entsprechend kleiner zu wählen:

$$F'_A = F_A\, \frac{F'_{BS}}{F_{BS}} = 3\,000\ \text{kp}\, \frac{16\,100}{19\,100} = 2\,530\ \text{kp}$$

Mit dieser Bremsgewichtskraft berechnet sich jetzt die tatsächliche statische Sicherheit

$$\nu_S = \frac{F'_{BS}}{G_{\ddot{u}}} = \frac{16\,100\ \text{kp}}{6\,000\ \text{kp}} = 2{,}68\ \text{fach}$$

(Gefordert wird $\nu_S \geqq 2$fach).

b) Planung elektrisch angetriebener Treibscheibenhäspel

Die folgenden Betrachtungen beschränken sich auf Treibscheibenhäspel, die in DIN 22\,300 genormt sind. Fördermaschinen mit größeren Antriebsleistungen pflegen allgemein von den liefernden Elektrofirmen berechnet zu werden und können mit einem Geschwindigkeitsverlauf gesteuert werden, der bei der Anfahrt übermäßig große Leistungsspitzen vermeidet[1].

Während nämlich bei Häspeln allgemein mit gleichbleibender Anfahrbeschleunigung a_a bis zum Erreichen der gleichförmigen Geschwindigkeit (Gleichlaufgeschwindigkeit) v_m gerechnet wird, ist es bei der Berechnung von Fördermaschinen üblich, nach Erreichen einer Ge-

---

[1] LOEBNER, FRIEDRICH: Herabsetzen der Leistungsspitze beim Anfahren einer Fördermaschine. Glückauf 1964, S. 501···507.

schwindigkeit $v_1 = \alpha \cdot v_m$ mit der Beschleunigung a_0 diese von da ab zeitproportional zurück zu nehmen. Im $v(t)$-Diagramm Abb. 63,3 erhalten wir dann einen geradlinig ansteigenden Geschwindigkeitsverlauf bis v_1, an den sich eine Parabel bis v_m anschließt. Die Elektroindustrie spricht deshalb auch wohl von der Berechnung „mit aufgesetzter Parabel". Wie man aus dem Bewegungsdiagramm Abb. 63,3 erkennt, führt diese Fahrweise zu einer Verlängerung der Anfahrzeit, die jedoch bei entsprechender Wahl von $\varkappa$ keine entscheidende Rolle spielt, wenigstens nicht bei größeren Teufen und im Hinblick auf die notwendigen Pausenzeiten für Be- und Entladung.

Den Leistungsverlauf beim Anfahren mit konstantem a_a im Vergleich zur zeitproportionalen Rücknahme von a zeigt Abb. 63,4. Nach LOEBNER ergeben sich Leistungsspitzen im Vergleich zu der Leistung bei Gleichlaufgeschwindigkeit P_0, die für $\alpha = 0,7$ das 1,27fache betragen, während unter gleichen Verhältnissen bei gleichbleibender Beschleunigung mit dem 1,7- bis 2,0-fachen der Leistung P_0 zu rechnen ist.

Diese Möglichkeit der Verminderung der Leistungsspitze beim Anfahren wird sich bei Fördermaschinen mit größeren Antriebsleistungen über 1000 kW

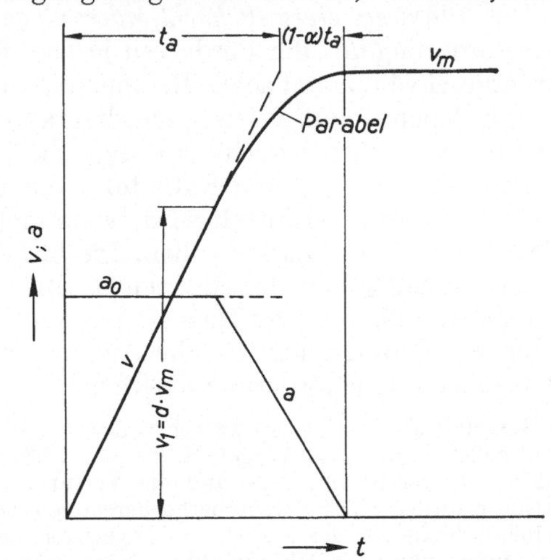

Abb. 63,3. Geschwindigkeitsdiagramm für die Anfahrt mit zeitproportional verminderter Beschleunigung (gestrichelt bei gleichbleibender Beschleunigung)

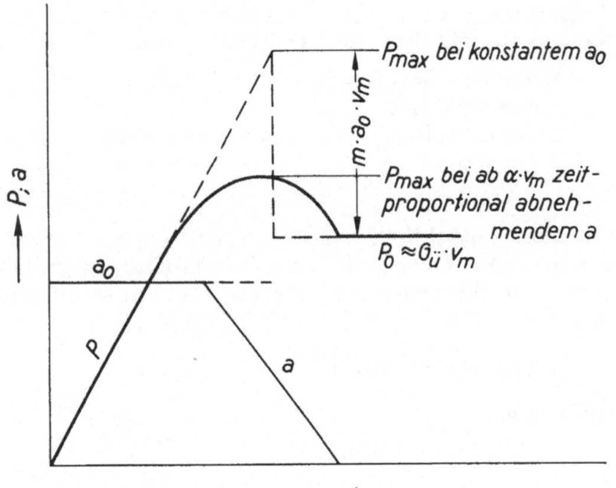

Abb. 63,4. Leistungsdiagramm für die Anfahrt mit Geschwindigkeit und Beschleunigung gemäß Abb. 63,3

immer wirtschaftlich auswirken. Sie ergibt sich aber auch nur bei Antrieben, die eine Fahrweise mit abnehmender Anfahrbeschleunigung ermöglichen, wie beim Antrieb mit Gleichstrommotoren.

Bei Blindschachthäspeln mittlerer und kleiner Leistung und Antrieb mit Drehstrommotoren hat man aber nicht die Möglichkeit, einen

18*

Verlauf der Geschwindigkeit mit zeitproportionaler Abnahme der Anfahrbeschleunigung einzuhalten. Da außerdem, wie noch gezeigt wird, die Leistung des Drehstrommotors nach der Stromwärme bemessen wird, hat die kurzzeitige Leistungsspitze bei den Häspeln nur einen geringen Einfluß auf die Motorgröße, der dann auch noch innerhalb des Sprunges der genormten Motorgrößen liegt.

Die *Planung einer Schachtförderanlage* hat auszugehen von der Tagesförderung und der Förderzeit je Tag. Bei gegebener Teufe sind die Fördergeschwindigkeit sowie Beschleunigung und Verzögerung zu wählen, mit denen sich das Bewegungsdiagramm und damit die reine Fahrzeit für ein Treiben berechnen lassen. Zu dieser Fahrzeit kommt noch die Pausenzeit für Be- und Entladung, die meist nach den Erfahrungen im eigenen Betrieb ermittelt wird, wenn nicht besondere Beschickungsanlagen eingeführt werden sollen. Die bisher genannten Angaben werden zweckmäßig von den Betrieben selbst zusammengestellt. Darauf baut sich die Planung des Haspels auf. An einem Beispiel lassen sich am besten die Bedingungen für die Ausführung und Bemessung des Antriebs einer Haspelförderung darlegen[1].

Beispiel: In den Flözen zwischen der 3. und 5. Sohle mit 120 m Sohlenabstand sollen täglich 750 Wagen Kohle von 1 080 l Inhalt gewonnen werden. Es sind hierfür eine Gewinnungs- und eine Versatzschicht vorgesehen. Die für diesen Betrieb erforderlichen Versatzberge berechnen sich auf 460 rm³/Tag und sollen in einer Schicht von der 5. zur 3. Sohle gezogen werden. Als Förderhaspel kommt eine Ausführung nach DIN 22300 in Frage. Für die Bergeförderung stellen Vorratsbunker und Meßtasche die Beladung und ein größerer Aufnahmebunker die Entladung sicher. Während der Beladungsbunker jeweils einen Wagenzug mit 100 rm³ Berge fassen soll, ist der Aufnahmebunker oberhalb der 3. Sohle zur Aufnahme des gesamten Bergebedarfes eines Tages bemessen. Damit ergeben sich nach Abb. 63,5 für eine gewählte Gefäßförderung mit Gegengewicht:

Höhe des Gefäßes über der 3. Sohle	35 m
Sohlenabstand	120 m
Tiefste Stellung des Gefäßes unter der 5. Sohle	25 m
Gesamter Fahrweg $s = 180$ m	

Man entschließt sich zu einer eintrümmigen Gefäßförderung mit Gegengewicht und Unterseil. Die Gleichlaufgeschwindigkeit soll 4 m/s, die Beschleunigung und Verzögerung sollen mit 0,5 m/s² angenommen werden. (Man rechnet mit Werten zwischen 0,4 und 1,0 m/s².)

1. Bewegungsschaubild

Anfahrzeit
$$t_a = \frac{v_m}{a_a} = \frac{4\ \text{m/s}}{0,5\ \text{m/s}^2} = 8\ \text{s}$$

Anfahrweg
$$s_a = \frac{v_m^2}{2\,a_a} = \frac{(4\ \text{m/s})^2}{2 \cdot 0,5\,\text{m/s}^2} = 16\ \text{m}$$

Verzögerungszeit
$$t_v = \frac{v_m}{a_v} = \frac{4\ \text{m/s}}{0,5\ \text{m/s}^2} = 8\ \text{s}$$

Verzögerungsweg
$$s_v = s_a = 16\ \text{m}$$

---

[1] Siehe auch SCHRIEVER, K., u. OSTERMANN, W.: Auslegung, Sicherheit und wirtschaftliche Vorteile elektrohydraulischer Antriebe für mittlere und kleine Seilfahrtanlagen. Glückauf 1965, S. 473···481.

Weg des Gleichlaufes $\qquad s_m = s - (s_a + s_v) = 180\,\text{m} - (16 + 16)\,\text{m} = 148\,\text{m}$

Zeit des Gleichlaufes $\qquad t_m = \dfrac{s_m}{v_m} = \dfrac{148\,\text{m}}{4\,\text{m/s}} = 37\,\text{s}$

Reine Fahrzeit für ein Treiben

$$t = t_a + t_m + t_v = (8 + 37 + 8)\,\text{s} = 53\,\text{s}$$

Gesamtzeit eines Förderspieles

Füllen eines Gefäßes	8 s
Fahrzeit aufwärts	53 s
Entladen des Gefäßes	7 s
Fahrzeit leer abwärts	53 s
Gesamtzeit $\qquad t_{\text{ges}} =$	121 s

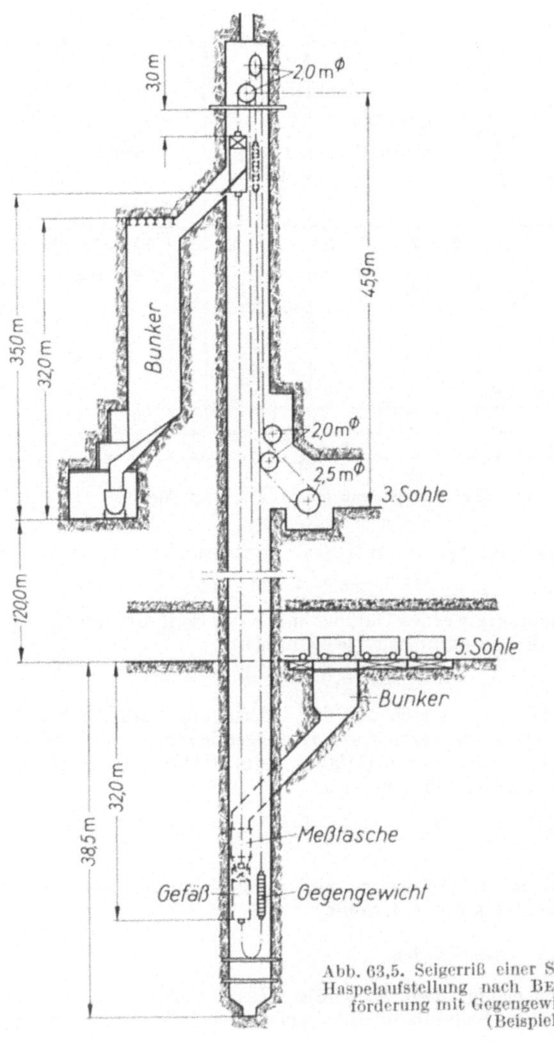

Abb. 63,5. Seigerriß einer Schachtförderung mit Haspelaufstellung nach BERGHOFF und Gefäßförderung mit Gegengewicht und Unterseil (Beispiel)

Hierfür ist das Bewegungsschaubild Abb. 63,6 gezeichnet.

2. Gefäß und Gegengewicht

Nunmehr läßt sich der erforderliche Inhalt des Gefäßes berechnen. Die Berge-förderung soll in einer Schicht erfolgen. Mit $t_{\text{avo}} = 6{,}5\,\text{h}$ Arbeitszeit vor Ort in der Schicht und 30% dieser Zeit für Zwischenseilfahrten und kleinere Störungen er-gibt sich die Anzahl der Förderspiele je Schicht

$$z = \frac{0{,}70 \cdot t_{\text{avo}}}{t_{\text{ges}}} = \frac{0{,}70 \cdot 6{,}5\,\text{h} \cdot 3\,600\,\text{s/h}}{121\,\text{s}} = 135/\text{S}$$

Aus der zu fördernden Bergemenge von $460\,\text{rm}^3/\text{S}$ läßt sich der Nutzinhalt des Gefäßes bestimmen

$$V_G = \frac{460\,\text{rm}^3/\text{S}}{135/\text{S}} = 3{,}4\,\text{rm}^3$$

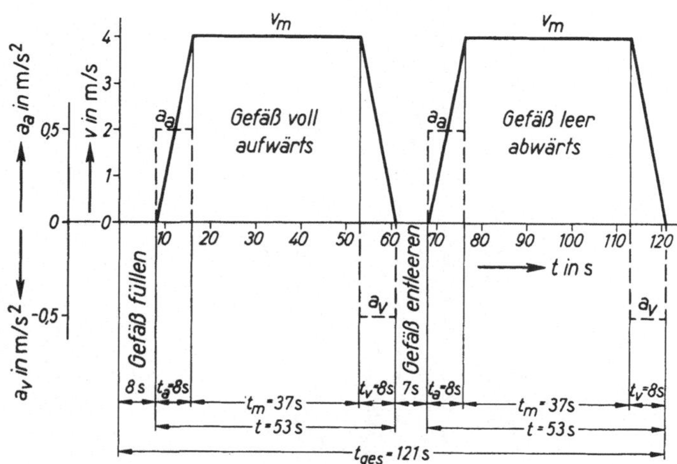

Abb. 63,6. Bewegungsdiagramm $v, b = f(t)$ (Beispiel)

Mit der Schüttwichte $\gamma_{HB} = 1{,}8\,\text{Mp/rm}^3$ ergibt sich die Nutzlast

$$G_N = V_G \cdot \gamma_{HB} = 3{,}4\,\text{rm}^3 \cdot 1{,}8\,\text{Mp/rm}^3 = 6{,}12\,\text{Mp}$$

Die Eigengewichtskraft eines Gefäßes mit einer Seilfahrtbühne, die auch der Materialförderung dienen kann, wird geschätzt auf

$$G = 6{,}0\,\text{Mp}$$

Das Gegengewicht ergibt sich aus der Überlegung, daß die halbe Nutzlast beim Heben durch die Gegengewichtskraft ausgeglichen werden soll, so daß mit der Eigengewichtskraft des leeren Gefäßes beim Einhängen ebenfalls die halbe Nutzlast im Gegengewicht gehoben wird.

$$G_G = G + \frac{G_N}{2} = \left(6{,}0 + \frac{6{,}12}{2}\right)\text{Mp} = 9{,}06\,\text{Mp}$$

Abb. 63,5 zeigt die Schachtförderung mit Aufstellung des Förderhaspels nach Berghoff am Anschlag auf der 3. Sohle.

3. Berechnung des Förderseiles

Die Berechnung erfolgt nach Abschnitt 83 a) für einen Fahrweg $s = 180\,\text{m}$, 5 m Abstand zwischen Seileinband bei höchster Gefäßstellung und Seilscheibe und 6 m Unterseillänge zwischen Seileinband bei tiefster Gefäßstellung und Unterseilbucht:

$$T' = 180 \text{ m} + 5 \text{ m} + 6 \text{ m} = 191 \text{ m}$$

Die vorgeschriebene Sicherheit bei Güterförderung beträgt nach Gl. (83,1)

$$v \geq 7,2 - 0,005 \, T = 7,2 - 0,005 \cdot 185 = 7,11 \text{fach}$$

Zu den Gewichtskräften von Gefäß und Gegengewicht kommen noch die der Zwischengeschirre, die zusammen für jedes der beiden $G_{\text{Zw}} = 390$ kp beträgt.

Die Nennfestigkeit für das verzinkte Seil soll

$$\sigma_B = 160 \text{ kp/mm}^2$$

betragen. Die Wichte des Förderseiles ist nach der Tabelle Abschnitt 83a) $\gamma_S = 9,5 \cdot 10^{-6}$ kp/mm³. Damit ergibt sich der erforderliche metallische Seilquerschnitt nach Gl. (83,3)

$$A_S \geq \frac{G + G_{\text{Zw}} + G_N}{\dfrac{\sigma_B}{v} - 10^3 \cdot T' \cdot \gamma_S} = \frac{6\,000 + 390 + 6\,120}{\dfrac{160}{7,11} - 10^3 \cdot 191 \cdot 9,5 \cdot 10^{-6}} = 605 \text{ in mm}^2$$

Wir wählen nach Anhang Tabelle 15

Verzinktes Förderseil $6 \times 35 - 42 \times 160 \; z/Z$ DIN 21255

mit einem Seilnenndurchmesser $d = 42$ mm, einem metallischen Querschnitt $A_S = 672$ mm², einer Gewichtskraft 6,38 kp/m und einer rechnerischen Bruchlast von $F_{\text{Br}} = 107\,500$ kp.

Als Unterseil wählen wir nach Anhang Tabelle 18

Flachseil einfach genäht $6 \times 4 \times 7 - 95 \times 23 \times 140$ DIN 21256

mit einer rechnerischen Bruchlast von $F_{\text{Br}} = 89\,300$ kp und einer Gewichtskraft des geschmierten Seiles von 6,4 kp/m. Der geringe Gewichtsunterschied zum Förderseil ist ohne besondere Bedeutung.

4. Dehnung des Förderseiles

Die bei unterschiedlichen Belastungen auftretende Längenänderung des Förderseiles muß geprüft werden, damit Veränderungen der Gefäßstellung durch Belastungsänderungen bei der Planung der Schachtbeschickungen berücksichtigt werden können. Die Berechnung erfolgt nach Abschnitt 83c) und genügt für die größten Laständerungen durch die Nutzlast G_N an den Gefäßbetriebsstellungen an der 3. und 5. Sohle.

Elastizitätsmodul nach Abschn. 83c) $\qquad\qquad E = 1,4 \cdot 10^6$ kp/cm²
Metallischer Querschnitt des Förderseiles $\qquad A_S = 6,72$ cm²
Gefäß in Füllstellung unter der 5. Sohle:
Länge des Förderseiles bis zur Treibscheibe $\qquad l_1 = 237,5$ m
Nutzlast $\qquad\qquad\qquad\qquad\qquad\qquad\qquad\quad G_N = 6\,120$ kp

Nach Gl. (78,2) mit $\Delta F = G_N$ ergibt sich die Verlängerung

$$\triangle l_1 = \frac{G_N \cdot l_1}{E \cdot A_S} = \frac{6\,120 \text{ kp} \cdot 237,5 \text{ m}}{1,4 \cdot 10^6 \text{ kp/cm}^2 \cdot 6,72 \text{ cm}^2} = 0,154 \text{ m} = 154 \text{ mm}$$

Gefäß in Entladestellung über der 3. Sohle:

Länge des Förderseiles über der 3. Sohle $\qquad l_2 = 57$ m

$$\triangle l_2 = \frac{G_N \cdot l_2}{E \cdot A_S} = \frac{6\,120 \text{ kp} \cdot 57 \text{ m}}{1,4 \cdot 10^6 \text{ kp/cm}^2 \cdot 6,72 \text{ cm}^2} = 0,037 \text{ m} = 37 \text{ mm}$$

5. Seil- und Ablenkscheiben sowie Treibscheibe

Nach der Bergverordnung für mittlere und kleine Seilfahrtanlagen § 11 Absatz 7 muß der Durchmesser der Seil- und Ablenkscheiben wenigstens das 40fache des Seildurchmessers betragen

$$D_S \geqq 40\,d = 40 \cdot 42\ \text{mm} = 1680\ \text{mm}\ \varnothing$$

gewählt $D_S = 2000$ mm $\varnothing$.

Der Treibscheibendurchmesser wird nach DIN 22300 für den Haspel 230 kW mit $D_T = 2500$ mm $\varnothing$ angenommen.

Zur Nachrechnung der Flächenpressung sind die Seilkräfte für die größten auftretenden Belastungen zu berechnen (Güterförderung mit Gefäß in Entladestellung oberhalb der 3. Sohle).

	Gefäßtrumm F_{S_1}		Gegengewichtstrumm F_{S_2}	
Förderseil 5 m · 6,38 kp/m =	32 kp	185 m · 6,38 kp/m =	1180 kp
Gefäß	6000 kp		—
Gegengewichtskraft	—		9060 kp
Zwischengeschirre	390 kp		390 kp
Nutzlast	6120 kp		—
Unterseil 186 m · 6,40 kp/m =	1190 kp	6 m · 6,40 kp/m =	38 kp
Statische Belastung der Förderseile	13732 kp		10668 kp

Flächenpressung

$$p = \frac{F_{S_1} + F_{S_2}}{D_T \cdot d} = \frac{(13732 + 10668)\,\text{kp}}{250\ \text{cm} \cdot 4,2\ \text{cm}} = 22,2\ \text{kp/cm}^2$$

Zugelassen ist für Becorit-Leichtmetallfutter $p = 20$ bis 25 kp/cm².

6. Berechnung des Antriebsmotors

Der Drehstrommotor hat nach DIN 22300 die Nenndrehzahl

$$n_M = 735\ \text{min}^{-1}$$

Mit $D_T = 2,5$ m $\varnothing$ ergibt sich die Drehzahl der Treibscheibe im Gleichlauf

$$n_T = \frac{v_m}{D_T \cdot \pi} = \frac{4\ \text{m/s} \cdot 60\ \text{s/min}}{2,5\ \text{m} \cdot 3,14} = 30,6\ \text{min}^{-1}$$

Getriebeübersetzung

$$i = \frac{n_M}{n_T} = \frac{735}{30,6} = 24 : 1$$

Angenommener Wirkungsgrad des zweistufigen Getriebes

$$\eta_V = 0,92$$

Der *Schachtwirkungsgrad* η_S ergibt sich als Verhältnis der Leistung am Seil ohne Widerstände im Schacht zur Leistung mit Widerstandskräften F_R:

$$\eta_S = \frac{G_u \cdot v_m}{(G_u + F_R)\,v_m}$$

Daraus berechnet sich die *Widerstandskraft im Schacht*

$$F_R = \frac{G_u}{\eta_S} - G_u \tag{63,7}$$

Der Schachtwirkungsgrad kann bei sehr gutem Zustand der Schächte und Rollenführung 94% betragen. Bei schlechterem Zustand rechnet man mit etwa 85%.

Schwungmomente und auf Seilmitte reduzierte Gewichtskräfte:

α) Für den Haspel (GD^2 bezogen auf Treibscheibenwelle)

Treibscheibe 2,5 m ⌀	$GD^2 =$	11 800 kpm²
elastische Kupplung auf Treibscheibenwelle	$GD^2 =$	800 kpm²
zweistufiges Getriebe $i = 24 : 1$	$GD^2 =$	10 800 kpm²

Periflx-Kupplung auf Motorwelle $(G\,D_i^2)_M = 49$ kpm²

$$G\,D^2 = (G\,D_i^2)_M \cdot i^2 = 49 \text{ kpm}^2 \cdot 24^2 \qquad = 28\,200 \text{ kpm}^2$$

Motoranker $(G\,D_i^2)_A = 140$ kpm² (angenommen Motor 230 kW)

$$G\,D^2 = 140 \text{ kpm}^2 \cdot 24^2 \qquad = 80\,700 \text{ kpm}^2$$

Schwungmoment des Haspels $\qquad (GD^2)_H = 132\,300$ kpm²

Auf Seilmitte reduzierte Gewichtskräfte des Haspels

$$G_{\text{red}_H} = \frac{(GD^2)_H}{D_T^2} = \frac{132\,300 \text{ kpm}^2}{(2,5 \text{ m})^2} = 21\,200 \text{ kp}$$

β) Für je 2 Seil- und Umlenkscheiben $D_S = 2,0$ m ⌀. Schwungmoment jeder Scheibe $(GD^2)_S = 1\,750$ kpm².

Auf Seilmitte reduzierte Gewichtskräfte von je 2 Seil- und Umlenkscheiben

$$G_{\text{red}_S} = 4\,\frac{(GD^2)_S}{D_S^2} = \frac{4 \cdot 1\,750 \text{ kpm}^2}{(2,0 \text{ m})^2} = 1\,750 \text{ kp}$$

Eine *Zusammenfassung der Totlasten* einschließlich der Nutzlast, die beim Anfahren zu beschleunigen sind, läßt sich damit aufstellen:

Förderhaspel $G_{\text{red}_H} =$	21 200 kp
4 Seilscheiben $G_{\text{red}_S} =$	1 750 kp
Gefäß $G =$	6 000 kp
Gegengewicht $G_G =$	9 060 kp
Zwischengeschirre 2 $G_{Zw} = 2 \cdot 390$ kp $=$	780 kp
Förderseil 350 m · 6,38 kp/m $=$	1 946 kp
Unterseil 192 m · 6,40 kp/m $=$	1 229 kp
Nutzlast $G_N =$	6 120 kp
Gesamte Totlast + Nutzlast	$G_{\text{tot}} = 48\,085$ kp

Die *größte Überlast* beim Heben der Nutzlast beträgt

$$G_{\ddot{u}} = G + G_N - G_G = (6\,000 + 6\,120 - 9\,060) \text{ kp} = 3\,060 \text{ kp}$$

Die Widerstandskraft im Schacht folgt aus Gl. (63,7) mit $\eta_S = 0,85$

$$F_R = \frac{G_{\ddot{u}}}{\eta_S} - G_{\ddot{u}} = \frac{3\,060 \text{ kp}}{0,85} - 3\,060 \text{ kp} = 540 \text{ kp}$$

Die *Drehmomente* in den drei Förderabschnitten setzen sich zusammen aus dem Beschleunigungsmoment M_a, bzw. Verzögerungsmoment M_v (beide gleich, da $a_a = a_v = 0,5$ m/s²) und dem statischen Moment der überhängenden Last M_{St}:

$$M_a = M_v = \frac{G_{\text{tot}}}{g}\,a\,\frac{D_T}{2} = \frac{48\,085 \text{ kp} \cdot 0,5 \text{ m/s}^2}{9,81 \text{ m/s}^2}\,\frac{2,5 \text{ m}}{2} = 3\,060 \text{ kpm}$$

$$M_{St} = (G_{\ddot{u}} + F_R)\,\frac{D_T}{2} = (3\,060 + 540) \text{ kp}\,\frac{2,5 \text{ m}}{2} = 4\,500 \text{ kpm}$$

		bezogen auf die	
Drehmomente	Treibscheibenwelle M_T	Motorwelle $M_M = \dfrac{M_T}{i \cdot \eta_V} = \dfrac{M_T}{24 \cdot 0,92}$	
$M_1 = M_a + M_{St} =$	7 560 kpm	342,5 kpm	
$M_2 = M_{St} =$	4 500 kpm	203.8 kpm	
$M_3 = M_{St} - M_v =$	1 440 kpm	65,2 kpm	

Die schaubildliche Darstellung der Motordrehmomente über der Zeit zeigt Abb. 63,7.

Mit diesen Drehmomenten läßt sich in den drei Förderabschnitten die Antriebsleistung nach der Zahlenwertgleichung (59,1 a) berechnen:

Am Ende von t_a:
$$P_1 = \frac{M_{M1} \cdot n_M}{973} = \frac{342{,}5 \cdot 735}{973} = 258{,}5 \text{ in kW}$$

Während t_m:
$$P_2 = \frac{M_{M2} \cdot n_M}{973} = \frac{203{,}8 \cdot 735}{973} = 154{,}0 \text{ in kW}$$

Am Anfang von t_v:
$$P_3 = \frac{M_{M3} \cdot n_M}{973} = \frac{65{,}2 \cdot 735}{973} = 49{,}2 \text{ in kW}$$

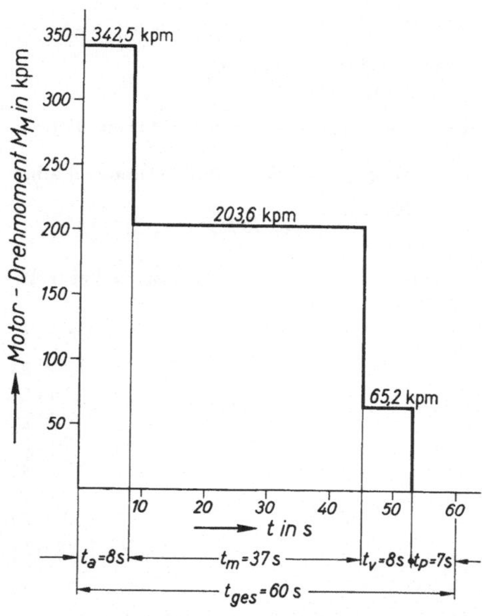

Eine schaubildliche Darstellung der Motorleistung über der Zeit zeigt Abb. 63,8. Die Fläche unter dem Leistungsdiagramm stellt eine Arbeit dar. Sie kann ausgedrückt werden in kWs und muß der Schachtarbeit für die gleiche Stelle der Energie-

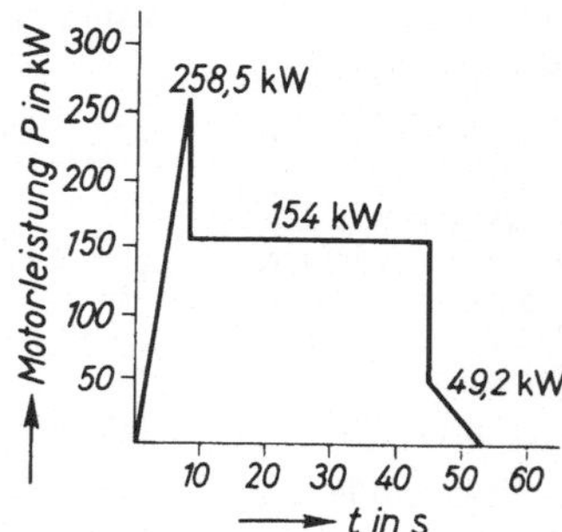

Abb. 63,7. Diagramm des Motordrehmomentes beim Heben des beladenen Gefäßes $M_M = f(t)$ (Beispiel)

Abb. 63,8. Diagramm der Motorleistung $P_M = f(t)$ (Beispiel)

zufuhr, hier die Motorwelle, entsprechen:

$$W_1 = \frac{P_1 \cdot t_a}{2} = \frac{258{,}5 \text{ kW} \cdot 8 \text{ s}}{2} = 1034 \text{ kWs}$$

$$W_2 = P_2 \cdot t_m = 154 \text{ kW} \cdot 37 \text{ s} = 5700 \text{ kWs}$$

$$W_3 = \frac{P_3 \cdot t_v}{2} = \frac{49{,}2 \text{ kW} \cdot 8 \text{ s}}{2} = 197 \text{ kWs}$$

Die gesamte Arbeit aus der Diagrammfläche

$$W_{ges} = W_1 + W_2 + W_3 = \qquad 6931 \text{ kWs}$$

Die Schachtarbeit ergibt sich zu

$$W_{Sch} = \frac{G_u \cdot s}{\eta_{,v} \cdot \eta_S} = \frac{3060 \text{ kp} \cdot 180 \text{ m}}{0{,}92 \cdot 0{,}85 \cdot 102 \text{ kpm/kWs}} = 6920 \text{ kWs}$$

Der geringe Unterschied von W_{ges} und W_{Sch} beruht auf einer Rechenungenauigkeit.

Die Bemessung der *Nennleistung des Elektromotors* berücksichtigt die Stromwärme, die dem Quadrat des Effektivstromes proportional ist. Die nach Abb. 63,8 auftretende kurzzeitige Leistungsspitze wird dann aus der Überlastbarkeit des Motors gedeckt. Da die Erfassung des Stromes während des Förderspieles sehr schwierig ist, rechnet man mit dem Effektivwert des Momentes. Das Drehmoment ist nämlich bei Drehstrommotoren im Arbeitsbereich dem Effektivstrom verhältnisgleich. So ergibt sich die *Gleichung des Effektivmomentes*:

$$M_{\text{eff}} = \sqrt{\frac{\int\limits_0^t M^2 \cdot dt}{t_{\text{ges}}}} = \sqrt{\frac{M_1^2 \cdot t_a + M_2^2 \cdot t_m + M_3^2 \cdot t_v}{t_a + t_m + t_v}} \tag{63,8}$$

Mit diesem Effektivmoment berechnet sich die Effektivleistung nach der Zahlenwertgleichung (59,1 a)

$$P_{\text{eff}} = \frac{M_{\text{eff}} \cdot n_M}{973} \quad \begin{array}{l} M_{\text{eff}} \text{ in kpm} \\ n_M \text{ in min}^{-1} \\ P_{\text{eff}} \text{ in kW} \end{array} \tag{63,9}$$

Da bei dieser Berechnung die Abkühlungsverhältnisse des Motors zu günstig angenommen sind, denn der Motor wird bei Eigenbelüftung nur im Bereich des Gleichlaufes voll belüftet, multipliziert man die Effektivleistung noch mit einem nach folgender Gleichung berechneten *Belüftungsfaktor*:

$$f = \sqrt{\frac{t_a + t_m + t_v + t_P}{(t_a + t_v)\,0,75 + t_m + t_P\,0,25}} \tag{63,10}$$

so daß sich die Nennleistung ergibt zu

$$P_N = f \cdot P_{\text{eff}} \tag{63,11}$$

Mit den Zahlenwerten des Beispieles ergibt sich

$$M_1^2 \cdot t_a = 342{,}5^2 \cdot\ \ 8 =\ \ 93{,}844 \cdot 10^4$$

$$M_2^2 \cdot t_m = 203{,}8^2 \cdot 37 = 153{,}580 \cdot 10^4$$

$$M_3^2 \cdot t_v =\ \ 65{,}2^2 \cdot\ \ 8 =\ \ \ \ 3{,}401 \cdot 10^4$$

$$\int\limits_0^t M^2 \cdot dt = 250{,}825 \cdot 10^4$$

Nach Gl. (63,8)
$$M_{\text{eff}} = \sqrt{\frac{250{,}825 \cdot 10^4}{8 + 37 + 8}} = 217{,}5 \text{ in kpm}$$

Nach Gl. (63,9)
$$P_{\text{eff}} = \frac{M_{\text{eff}} \cdot n_M}{973} = \frac{217{,}5 \cdot 735}{973} = 164{,}4 \text{ in kW}$$

Nach Gl. (63,10)

$$f = \sqrt{\frac{t_a + t_m + t_v + t_P}{(t_a + t_v)\,0,75 + t_m + t_P\,0,25}} = \sqrt{\frac{8 + 37 + 8 + 7}{(8 + 8)\,0,75 + 37 + 7 \cdot 0,25}} = 1{,}088$$

Damit ergibt sich die erforderliche Leistung des Fördermotors nach Gl. (63,11)

$$P_N = f \cdot P_{\text{eff}} = 1{,}088 \cdot 164{,}4 \text{ kW} = 178{,}8 \text{ kW}$$

Der gewählte Förderhaspelmotor 230 kW ist also reichlich bemessen. Die nächst kleinere Größe mit 165 kW ist aber nicht ausreichend.

64. Lokomotivförderung

1. Grundlagen

Die Mechanik der Förderung eines geschlossenen Wagenverbandes auf schienengebundenem Weg hat sich drei Problemen zuzuwenden:

a) Dem *Zugkraftbedarf* F_{Ha} des Wagenverbandes, gegeben durch

a_1) Die Fahrwiderstandskräfte F_F,

a_2) die Hubkräfte in Steigungen F_S,

a_3) die Massenkräfte beim Beschleunigen bzw. Bremsen F_m,

a_4) die Luftwiderstandskräfte F_c.

Die Summe der zu a_1) bis a_4) genannten Kräfte macht den Zugkraftbedarf des Wagenverbandes F_{Ha} aus. Dieser Zugkraftbedarf muß von der antreibenden Einheit, der Lokomotive, an deren Zughaken zur Verfügung gestellt werden.

b) Der *Radumfangskraft* F_{Ra}, die die Lokomotive von ihrer Antriebsmaschine her meist über mechanische, hydrostatische oder hydrodynamische Wandler zur Verfügung stellt und die sich aus zwei Anteilen zusammensetzt: der Zughakenkraft der Lokomotive F_{Ha}, sowie dem Eigenbedarf der Lokomotive F_L, den sie für ihre eigene Fortbewegung benötigt. Es ergibt sich damit:

$$F_{Ra} = F_{Ha} + F_L \tag{64,1}$$

Der Eigenbedarf der Lokomotive setzt sich ebenfalls aus Fahrwiderstandskräften, Hubkräften in Steigungen, Massenkräften beim Beschleunigen bzw. Bremsen und Luftwiderstandskräften zusammen. Er ist damit dem unter a) genannten Zugkraftbedarf F_{Ha} des Wagenverbandes eng verwandt und wird daher im folgenden mit ihm gemeinsam behandelt.

c) Der *Grenz-Radumfangskraft* F_{Rag}, die höchstens am Radumfang zur Verfügung gestellt werden kann, ohne daß „Schleudern", d. h. Rutschen zwischen Rad und Schiene, eintritt.

Soll kein „Schleudern", d. h. Rutschen zwischen Rad und Schiene auftreten, muß die Bedingung erfüllt sein:

$$F_{Ra} \leqq F_{Rag}$$

Auf die Schwierigkeiten, die beim Festlegen der Grenz-Radumfangskraft F_{Rag} auftreten, sei hier schon hingewiesen. Sie wird in erster Linie vom Zustand der Schiene und des Rades bestimmt und unterliegt dem Einfluß von Größen, die im einzelnen schwer faßbar sind.

2. Der Zugkraftbedarf F_{Ha} des Wagenverbandes und der Eigenbedarf der Lokomotive F_L

a) Die *Fahrwiderstandskräfte* F_F; diese können nach Abschn. 32 aufgeteilt werden in:

a_1) Reibkräfte zwischen Rad und Schiene,

a_2) Reibkräfte in den Lagern der Radsätze,

a_3) Reibkräfte an den Spurkränzen beim Kurvenfahren,

a_4) Reibkräfte an den Spurkränzen beim „Schlingern".

Zu a_1) und a_2): Die Reibkräfte zwischen Rad und Schiene sowie die Reibkräfte in den Lagern der Radsätze sind nach Gl. (32,1c) rechnerisch festzulegen, wenn sinnvolle Annahmen getroffen werden. Da viele Einflußgrößen jedoch nicht oder nur schwer faßbar sind, ist die Genauigkeit einer solchen Rechnung unbefriedigend. Experimentelle Untersuchungen führen eher zum Ziel, doch ist bei ihnen in der Regel eine Trennung der beiden Anteile nicht möglich. Es gilt auf geneigter Bahn

für die Lokomotive
$$F_{RL} = \mu_{RL} \cdot G_L \cdot \cos \alpha \qquad (64,2a)$$

für den Wagenverband
$$F_R = \mu_R \cdot z \cdot G_W \cdot \cos \alpha \qquad (64,2b)$$

wobei μ_{RL} bzw. μ_R den Gesamtreibwert der rollenden Reibung, also sowohl für das Rad als auch für die Lager, darstellt. Der Cosinus des Steigungswinkels α kann für die im praktischen Betrieb vorkommenden kleinen Steigungen mit guter Genauigkeit gleich 1 gesetzt werden.

Über neuere Untersuchungen des Gesamtreibwertes μ_R der rollenden Reibung an Förderwagen berichtet FAUSER[1]. Danach steigt der Reibwert mit der Fahrgeschwindigkeit wenig an und ist außerdem abhängig von der Wagengröße, der Beladung der Wagen und von der Art der Lager. Bei Lokomotiven ist er grundsätzlich etwas kleiner als bei Förderwagen. Obwohl FAUSER die Versuchsbedingungen sehr sorgfältig gewählt hat, streuen die Meßwerte stark. Abb. 64,1 zeigt charakteristische Mittelwerte.

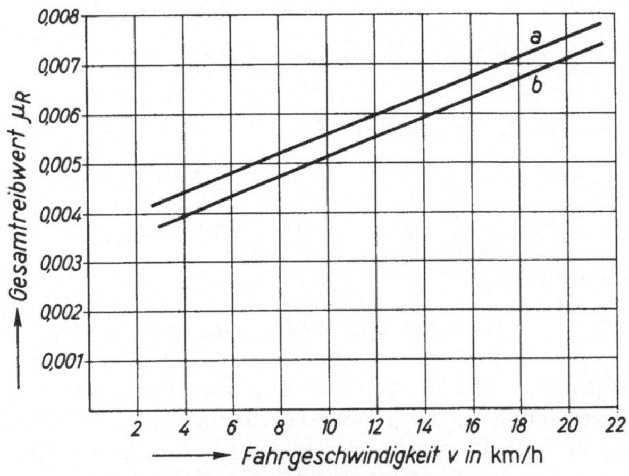

Abb. 64,1. Mittlerer Reibwert μ_R
a) für Förderwagen 1200 l Inhalt, beladen, mit Kegelrollenlagern, b) für Lokomotiven

Zu a_3) Für die Reibkräfte an den Spurkränzen beim Kurvenfahren gilt:

für die Lokomotive
$$F_{KL} = \mu_{SpL} \cdot G_L \cdot \cos \alpha \qquad (64,3a)$$

für den Wagenverband
$$F_K = \mu_{Sp} \cdot z \cdot G_W \cdot \cos \alpha \qquad (64,3b)$$

---

[1] FAUSER: Der Fahrwiderstand von Förderwagen im Zugverband unter Tage. Glückauf 1957, S. 1014.

Der Reibwert μ_{Sp} nimmt, wie Röckl[1] angibt, mit kleiner werdendem Krümmungshalbmesser stark zu, mit kleiner werdender Spurweite jedoch stark ab. Für den Untertagebetrieb dürfte er etwa zwischen $\mu_{Sp} = 0{,}003$ und $\mu_{Sp} = 0{,}008$ liegen, also in der gleichen Größenordnung wie der Gesamtreibwert der rollenden Reibung. Da eingehende Untersuchungen nicht bekannt geworden sind, wird man den Reibwert μ_{Sp} vereinfachend für Lokomotive und Wagenverband gleich annehmen können.

Zu a_4) Reibkräfte an den Spurkränzen beim „Schlingern".

Dieser Anteil ist einer experimentellen Untersuchung nicht zugänglich und kann auch rechnerisch schwer erfaßt werden. Unter Umständen besteht die Möglichkeit, derartige Reibkräfte durch einen Zuschlag zum Reibwert μ_{Sp} der Kurvenfahrt zu berücksichtigen, doch ist es schon schwierig, nur die Größenordnung dieses Zuschlages mit einiger Sicherheit abzuschätzen.

Für die Fahrwiderstandskräfte F_F findet man damit

für die Lokomotive
$$F_{FL} = \mu_{fL} \cdot G_L \cdot \cos \alpha \qquad (64{,}4\mathrm{a})$$

für den Wagenverband
$$F_F = \mu_f \cdot z \cdot G_W \cdot \cos \alpha \qquad (64{,}4\mathrm{b})$$

wobei μ_{fL} bzw. μ_f den Reibwert der gesamten Fahrwiderstandskräfte F_F darstellt. Dieser ergibt sich zu

für die Lokomotive
$$\mu_{fL} = \mu_{RL} + \mu_{SpL} \qquad (64{,}5\mathrm{a})$$

für den Wagenverband
$$\mu_f = \mu_R + \mu_{Sp} \qquad (64{,}5\mathrm{b})$$

b) Die Hubkräfte in Steigungen F_S

Für die Lokomotive

$$F_{SL} = G_L \cdot \sin \alpha \approx G_L \cdot \tan \alpha \approx G_L \cdot \widehat{\alpha} \qquad (64{,}6\mathrm{a})$$

für den Wagenverband

$$F_S = z \cdot G_W \cdot \sin \alpha \approx z \cdot G_W \cdot \tan \alpha \approx z \cdot G_W \cdot \widehat{\alpha} \qquad (64{,}6\mathrm{b})$$

Die Hubkräfte können spürbar sein. Bei den unter Tage üblichen Steigungen erreichen sie die gleiche Größenordnung wie die Summe der Reibkräfte zwischen Rad und Schiene und in den Lagern der Radsätze.

Die obengenannten Beziehungen für die Hubkräfte haben den grundsätzlich gleichen Aufbau wie die unter a) aufgeführten Gleichungen für die Fahrwiderstandskräfte. Sie werden auch hinsichtlich der verwendeten Symbole identisch, wenn man den Sinus des Steigungswinkels bzw. näherungsweise auch seinen Tangens bzw. das Argument selbst als „Steigungsbeiwert μ_S" bezeichnet und dementsprechend in die Rechnung einführt:

$$\mu_S = \sin \alpha \approx \tan \alpha \approx \widehat{\alpha} \qquad (64{,}7)$$

---

[1] Röckl: Henschel-Lokomotiv-Taschenbuch, Ausgabe 1952.

c) Die Massenkräfte beim Beschleunigen F_m

Diese setzen sich aus zwei Anteilen zusammen. Einmal ist die gesamte Masse des Wagenverbandes bzw. der Lokomotive translatorisch, zum anderen sind die Radsätze rotatorisch zu beschleunigen. Mit der auf den Radumfang reduzierten Masse der Radsätze erhält man:

$$F_m = m \cdot a + m_{Rred} \cdot a = m \cdot a \left(1 + \frac{m_{Rred}}{m}\right)$$

Das Verhältnis der reduzierten Masse des Radsatzes zur Gesamtmasse des Förderwagens bzw. der Lokomotive m_{Rred}/m ist für Lokomotiven etwa 8%, für beladene Förderwagen üblicher Bauart etwa 5% (siehe Beispiel S. 258), wie eine einfache Abschätzung zeigt. Es kann daher in vielen Fällen vernachlässigt werden. Nach einer einfachen Umformung findet man

für die Lokomotive
$$F_{mL} = G_L \frac{a}{g} \left(1 + \frac{m_{Rred}}{m_L}\right) \tag{64,8a}$$

für den Wagenverband
$$F_m = z \cdot G_W \frac{a}{g} \left(1 + \frac{m_{Rred}}{m_L}\right) \tag{64,8b}$$

Auch diese für die Massenkräfte geltenden Beziehungen haben grundsätzlich den gleichen Aufbau wie die unter a) aufgeführten Gleichungen für die Fahrwiderstandskräfte. Sie werden hinsichtlich der verwendeten Symbole identisch, wenn man einen „Beschleunigungsbeiwert μ_m" einführt und setzt

$$\mu_m = \frac{a}{g} \left(1 + \frac{m_{Rred}}{m}\right) \tag{64,9}$$

d) Die *Luftwiderstandskräfte F_c*

Sie hängen ab insbesondere von der Form und der Länge des Zuges sowie vom Quadrat der Relativgeschwindigkeit zwischen Zug und Wetter. Da diese Relativgeschwindigkeit in der Regel klein ist, sind die Luftwiderstandskräfte meistens unbedeutend und können vernachlässigt werden.

Für den Zugkraftbedarf F_{Ha} des Wagenverbandes entsprechend der Zughakenkraft der Lokomotive erhält man damit insgesamt beim Anfahren in der Steigung

$$F_{Ha} = z \cdot G_W \left(\mu_m + \mu_S + \mu_f\right) \tag{64,10a}$$

Für den Eigenbedarf der Lokomotive

$$F_L = G_L \left(\mu_m + \mu_S + \mu_{fL}\right) \tag{64,10b}$$

Der Cosinus des Steigungswinkels α ist gleich 1 gesetzt, was bei dem üblicherweise vorkommenden kleinen Steigungswinkeln, wie bereits oben gesagt, mit guter Genauigkeit möglich ist.

Lediglich die Summe der Reibkräfte zwischen Rad und Schiene und der Reibkräfte in den Lagern der Radsätze ist mit der Fahrgeschwindigkeit, wenn auch wenig, veränderlich. Dies geht aus Abb. 64,1 hervor, in der der Gesamtreibwert μ_R der rollenden Reibung in Abhängigkeit von der Fahrgeschwindigkeit aufgetragen ist. Hub- und Massenkräfte sind dagegen von der Fahrgeschwindigkeit unabhängig, was man auch von den Reibkräften an den Spurkränzen annimmt. Das hat zur Folge, daß sowohl der Zugkraftbedarf des Wagenverbandes als auch der Eigenbedarf der Lokomotive mit steigender Fahrgeschwindigkeit nur *wenig* ansteigen. Dies ist bei allen langsam fahrenden, d. h. solchen Fahrzeugen der Fall, bei denen die Luftwiderstandskräfte vernachlässigbar klein sind.

3. Die Radumfangskraft F_{Ra}

Die Radumfangskraft ist einmal, wie bereits oben gesagt, gleich der Summe aus dem Zugkraftbedarf des Wagenverbandes und dem Eigenbedarf der Lokomotive. Man erhält:

$$F_{Ra} = z \cdot G_W \left(\mu_m + \mu_S + \mu_f \right) + G_L \left(\mu_{mL} + \mu_S + \mu_{fL} \right) \quad (64{,}11)$$

Diese Gleichung, auch *allgemeine Zugkraftgleichung* genannt, gilt in der dargestellten Form für beschleunigtes Anfahren in der Steigung.

Die Radumfangskraft F_{Ra} ist zum anderen gleich dem an den Radsätzen angreifenden Moment dividiert durch den Radradius. Das an den Radsätzen angreifende Moment ist durch das Drehmoment der Antriebsmaschine bestimmt, diesem jedoch in den seltensten Fällen gleich, da die Antriebsmaschine meist zur Erreichung einer angemessenen Zugkraft das benötigte hohe Moment nicht direkt an die Radsätze abgeben kann. Zwischen Antriebsmaschine und Radsatz ist vielmehr ein „Drehmomententransformator", ein mechanisches, hydrostatisches oder hydrodynamisches Getriebe mit festem mechanischen Vorgelege geschaltet, der das von der Antriebsmaschine abgegebene kleinere Moment in ein ausreichend hohes Drehmoment an den Radsätzen wandelt. Aus diesem Grunde hat sich in der Verkehrstechnik für Getriebe dieser Art der Ausdruck „Kennungswandler", kurz „Wandler", eingebürgert. Es ist das an den Radsätzen angreifende Moment

$$M_{Ra} = M_A \cdot i_{\text{ges}} \cdot \eta_{\text{ges}} \quad\quad (64{,}12)$$

die Radumfangskraft

$$F_{Ra} = M_{Ra} \frac{2}{D_R} \quad\quad (64{,}13)$$

In diesen Gleichungen bedeuten:

M_{Ra} das an den Radsätzen angreifende Moment,

M_A das Drehmoment der Antriebsmaschine, das meist von ihrer Drehzahl abhängt,

D_R Raddurchmesser der Lokomotive,

i_{ges} das Übersetzungsverhältnis des mechanischen, hydrostatischen oder hydrodynamischen Wandlers und des festen mechanischen Vorgeleges,

η_{ges} den Wirkungsgrad der Kraftübertragung von der Ausgangswelle der Antriebsmaschine bis zum Radumfang.

In Abb. 64,2 ist zunächst das Drehmomenten-Drehzahlverhalten eines Dieselmotors, wie er z. B. als Antriebsmaschine in Lokomotiven des Untertagebetriebes eingesetzt wird, für verschiedene Drosselstellungen dargestellt. Der Dieselmotor erreicht bei einer Drehzahl von $n = 1200$ min^{-1} eine Nennleistung $P_N = 90$ PS, was gleichzeitig seiner Maximalleistung entspricht. In diesem Betriebspunkt gibt er ein Drehmoment von $M_A = 53,7$ kpm ab.

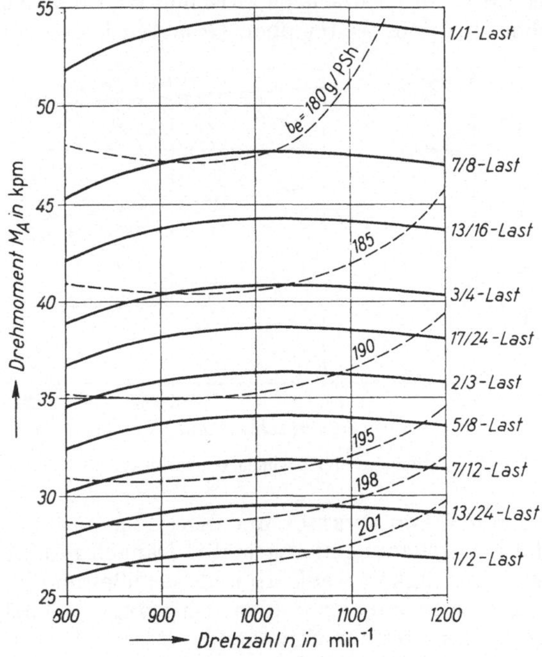

Abb. 64,2. Kennfeld eines Dieselmotors

In Abb. 64,2 sind außerdem Linien konstanten spezifischem Brennstoffverbrauch angegeben, was sich als besonders vorteilhaft erweist, wenn an Hand eines solchen Kennfeldes auch die Wirtschaftlichkeit des Motors beurteilt werden soll.

Mit Hilfe eines solchen vollständigen Kennfeldes der Antriebsmaschine ist es nun in einfacher Weise möglich, gemäß den oben angegebenen Beziehungen das an den Radsätzen angreifende Moment M_{Ra} und damit auch die Radumfangskraft F_{Ra} in Abhängigkeit von der Drosselstellung der Antriebsmaschine und ihrer Drehzahl und damit auch von der Fahrgeschwindigkeit zu berechnen, wenn Übersetzungsverhältnis i_{ges} und Wirkungsgrad η_{ges} des Wandlers und des festen mechanischen Vorgeleges bekannt sind. Auf weitere Einzelheiten wird in Abschn. 64,5 noch besonders eingegangen.

4. Die Grenz-Radumfangskraft F_{Rag}

Hierfür gilt unter der Voraussetzung, daß alle Achsen der Lokomotive angetrieben sind, was im Untertagebetrieb fast immer zutrifft:

$$F_{Rag} = \mu_0 \cdot G_L \tag{64,14}$$

Der Faktor μ_0 stellt dabei den Haftreibwert der Reibung zwischen Rad und Schiene dar und ist so definiert, daß er den Beginn des „Schleuderns", d. h. des Rutschens zwischen Rad und Schiene erfaßt, was auch schon aus dem weiter oben Gesagten hervorgeht. Über ihn

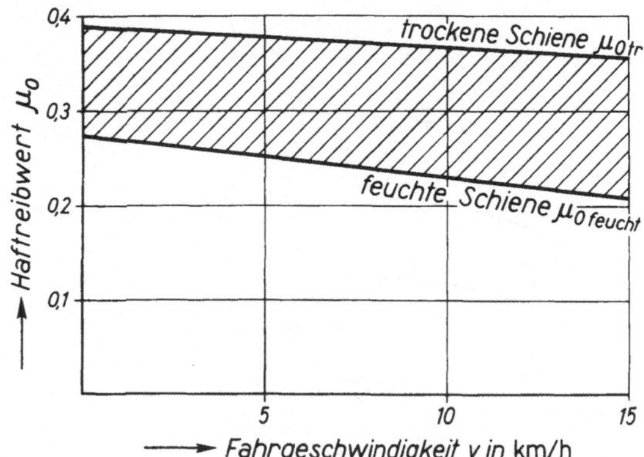

Abb. 64,3. Haftreibwerte für Lokomotiven nach Curtius-Kniffler

wurden insbesondere von Curtius und Kniffler[1] sehr umfangreiche experimentelle Untersuchungen angestellt. Danach nimmt er mit steigender Fahrgeschwindigkeit wenig ab und ist außerdem in erheblichem Umfang von dem Zustand der Schienen abhängig. Gemäß Abb. 64,3 ergibt sich ein relativ breites Streuband, dessen oberem Bereich die trockene, dem unteren Bereich die nasse Schiene zugeordnet ist. Vor allem bei schlüpfrigem Gestänge kann der Haftreibwert durch Sandstreuen wesentlich verbessert werden; bei trockenem Gestänge ist eine solche Verbesserung fast nicht möglich.

Die große Bedeutung der Grenz-Randumfangskraft sei schon hier an einem einfachen Beispiel erläutert. Für das Anfahren in der Steigung muß gemäß der allgemeinen Zugkraftgleichung (64,11) gelten, wenn „Schleudern" vermieden werden soll:

$$F_{Rag} = z \cdot G_W (\mu_m + \mu_S + \mu_f) + G_L (\mu_{mL} + \mu_S + \mu_{fL}) = \mu_0 \cdot G_L \tag{64,15}$$

Setzt man in Vereinfachung von Gl. (64,9)

$$\mu_m = \frac{a}{g} = \mu_{mL}$$

---

[1] Curtius und Kniffler: Neuere Erkenntnisse über die Haftung zwischen Treibrad und Schiene. Elektrische Bahnen 1944, S. 25$\cdots$29 und 51$\cdots$57.

d. h. vernachlässigt man bei den Massenkräften den rotatorischen Anteil, was, wie bereits gesagt, Fehler zwischen 5% und 8% bedeutet, so läßt sich daraus in einfacher Weise die maximal mögliche Beschleunigung errechnen, die dem Wagenverband einschließlich der Lokomotive erteilt werden kann, ohne daß „Schleudern" eintritt:

$$a \leq \left[\frac{G_L}{z \cdot G_W + G_L} \left(\mu_0 - \mu_{fL} - \frac{z \cdot G_W}{G_L} \mu_f\right) - \mu_S\right] g \qquad (64,16)$$

Wie man erkennt, läßt sich die maximal mögliche Beschleunigung praktisch nur durch das Verhältnis der Lokomotivgewichtskraft G_L zur gesamten Anhängelast $z \cdot G_W$ beeinflussen, und zwar derart, daß mit steigendem Lokomotivgewicht bei konstanter Anhängelast auch die maximal mögliche Beschleunigung steigt, vorausgesetzt, daß die Antriebsmaschine diese Beschleunigung auch aufbringen kann. Alle anderen in der Gleichung genannten Größen liegen durch die Aufgabenstellung fest oder sind nur wenig beeinflußbar, wie z. B. der Haftreibwert μ_0 durch Sandstreuen bei schlüpfrigem Gestänge.

Größere Bedeutung hat das Abschätzen der größtmöglichen Verzögerung während des Bremsens bei einfallender Förderung, da dort beim Schleudern, d. h. Gleiten, die Bremswege länger werden. Darauf wird in Abschn. 64,6 noch besonders eingegangen.

5. Fahrleistungsdiagramm

Die in Abschn. 64,2, 64,3 und 64,4 dargelegten Zusammenhänge können im sogenannten Fahrleistungsdiagramm anschaulich zusammengestellt werden. Dort sind in Abhängigkeit von der Fahrgeschwindigkeit aufgetragen:

a) die auf den Radumfang bezogene Kennlinie der Antriebsmaschine, d. h. die Radumfangskraft, wie sie von der Antriebsmaschine der Lokomotive meist über einen Wandler und ein festes mechanisches Vorgelege am Radumfang zur Verfügung gestellt werden kann,

b) die Kennlinie des gesamten Zugkraftbedarfes, d. h. die Radumfangskraft, wie sie dem Zugkraftbedarf des Wagenverbandes und dem Eigenbedarf der Lokomotive entspricht,

c) das Streuband der Grenz-Radumfangskraft nach CURTIUS-KNIFFLER mit der oberen bzw. unteren Grenzkurve für trockene bzw feuchte Schiene.

Die Radumfangskraft, die vom Wagenverband einschließlich der Lokomotive gefordert wird, muß in jedem Augenblick der von der Antriebsmaschine der Lokomotive zur Verfügung gestellten Radumfangskraft entsprechen. Daher ist ein Betrieb nur in den Schnittpunkten der oben zu a) und b) genannten Kurven möglich. Die Kennlinie der Antriebsmaschine für die Drosselstellung „Vollgas" bestimmt dabei die maximal mögliche Radumfangskraft für den Fall, daß „Schleudern" sicher vermieden wird. Bei kleineren erforderlichen Radumfangskräften wird die Antriebsmaschine im Teillastbereich betrieben.

19*

Eine weitere obere Grenze für die Radumfangskraft ist nicht durch die Antriebsmaschine, sondern durch die Haftung zwischen Rad und Schiene gegeben. Sichere Betriebspunkte liegen dabei unterhalb der oberen Grenzlinie nach CURTIUS-KNIFFLER, Abb. 64,3. Innerhalb des Streubandes ist zum Teil ein Betrieb ohne weiteres, zum Teil jedoch nur durch besondere Vorkehrungen, z. B. Sandstreuen, möglich. Oberhalb der oberen Grenzkurve nach CURTIUS-KNIFFLER ist kein Betrieb denkbar.

Abb. 64,4 zeigt das Fahrleistungsdiagramm einer Diesellokomotive mit einer Dienstgewichtskraft $G_L = 14$ Mp und einer Leistung der Antriebsmaschine $P_M = 90$ PS. Sie ist ausgerüstet mit einem 4stufigen

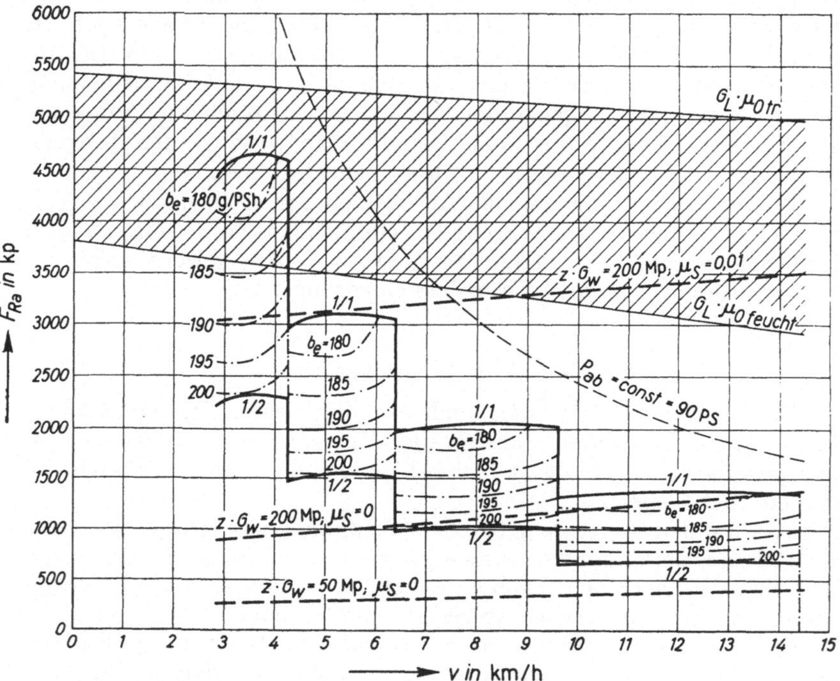

Abb. 64,4. Fahrleistungsdiagramm einer Diesellokomotive mit mechanischem Getriebe

mechanischen Getriebe, dessen Übersetzungsverhältnis zwischen $i = 1,18$ und $i = 4$ geometrisch gestuft ist, und einem festen mechanischen Vorgelege mit einem Übersetzungsverhältnis $i = 8$. Der als Antrieb dienende Dieselmotor hat ein Kennfeld gemäß Abb. 64,2, doch sind der Übersichtlichkeit wegen im Fahrleistungsdiagramm nur die Drehmomente für die Drosselstellungen „Vollgas 1/1" und „Halbgas 1/2", sowie einige Brennstoffverbrauchswerte angegeben. Die Radumfangskraft, die vom Wagenverband einschließlich der Lokomotive gefordert wird, ist für Anhängelasten von $G_A = 50$ Mp und $G_A = 200$ Mp sowie für Steigungen von $\tan \alpha = 0$ und von $10^0/_{00}$ gleich $\tan \alpha = 0,01$ eingetragen. Weiterhin findet sich für die auf den Radumfang bezogene

Abtriebsleistung von $P_{ab} = 90\,\text{PS}$ eine entsprechende Kurve, die auch als „Idealhyperbel" bezeichnet werden kann, da sie für konstante Motorleistung und verlustlose Wandlung den Grenzfall der Übertragung darstellt.

Wie man aus dem Fahrleistungsdiagramm erkennt, kann bei einer Anhängelast $G_A = 200\,\text{Mp}$ der Wagenverband auf söhliger Bahn bei Drosselstellung 1/1 der Antriebsmaschine eine höchstzulässige Ge-

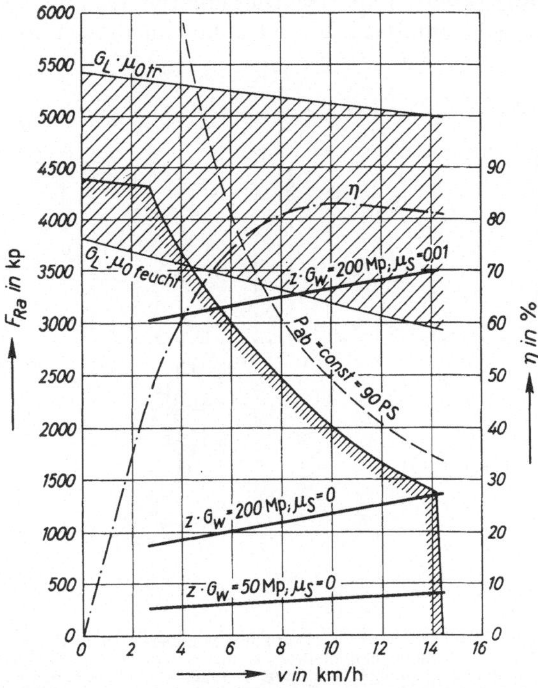

Abb. 64,5. Fahrleistungsdiagramm einer Diesellokomotive mit leistungsbegrenztem hydrostatischen Wandler

schwindigkeit von $14,4\,\text{km/h}$ erreichen. Das mechanische Getriebe ist dabei in den 4. Gang geschaltet. Kommt der gleiche Wagenverband in eine geringe Steigung, so verschiebt sich die Kennlinie des gesamten Zugkraftbedarfes nach oben, was zur Folge hat, daß für den Bereich des 4. Ganges kein Schnittpunkt mit der auf den Radumfang bezogenen Kennlinie der Antriebsmaschine möglich ist. Es muß in den 3. Gang zurückgeschaltet werden; die Antriebsmaschine kann dann dort im Teillastbereich arbeiten.

Bei einer Anhängelast von $G_A = 200\,\text{Mp}$ kann der Wagenverband in einer Steigung von $10^0/_{00}$ entsprechend $\tan\alpha = 0,01$ im Bereich des 2. Ganges überhaupt nicht, im Bereich des 1. Ganges mit Teillast betrieben werden. Dort ist ein sicherer Betrieb ohne „Schleudern" möglich, da die Kennlinie des gesamten Zugkraftbedarfes außerhalb des Streubandes liegt.

Abb. 64,5 zeigt das Fahrleistungsdiagramm der gleichen Lokomotive, die an Stelle des mechanischen Schaltgetriebes mit einem *leistungsbegrenzten hydrostatischen Wandler* ausgerüstet ist. Ein Schaltschema dieses Getriebes, das mit einer im Hub veränderlichen Axialkolbenpumpe und einem Hydromotor mit konstantem Verdrängervolumen ausgerüstet ist, zeigt Abb. 64,6. Das Fahrleistungsdiagramm, das ebenfalls wieder die „Idealhyperbel" für eine auf den Radumfang bezogene Abtriebsleistung von $P_{ab} = 90$ PS enthält, ist unter der Voraussetzung aufgestellt, daß der Dieselmotor ständig mit der Nennleistung, d. h. bei Nenndrehzahl und damit im Bereich günstigen spezi-

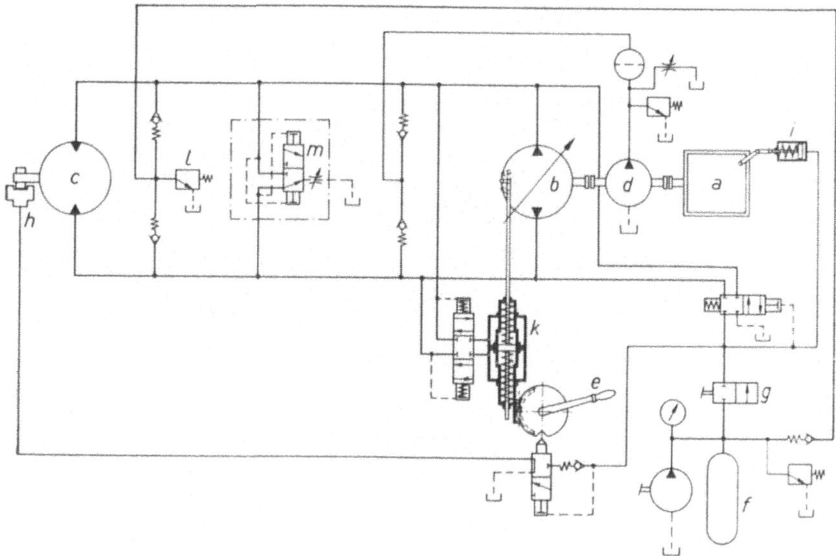

Abb. 64,6. Schaltschema eines hydrostatischen Wandlers für eine Diesellokomotive
a) Dieselmotor, b) Axialkolbenpumpe, c) Hydromotor, d) Speisepumpe, e) Fahrhebel, f) Energiespeicher für Anlasser, g) Starter, h) Bremse, betätigt beim Anlassen des Dieselmotors, i) Dekompressionsventil, k) Leistungsbegrenzer, l) Druckbegrenzungsventil, m) Spülventil

fischen Brennstoffverbrauches betrieben wird. Um vor allem bei hohen erforderlichen Zugkräften und kleinen Fahrgeschwindigkeiten „Schleudern" mit Sicherheit zu vermeiden, kann der Dieselmotor auch mit Teillast, d. h. mit einer Leistung kleiner als seine Nennleistung, betrieben werden, was zu einer Verschiebung der Kennlinie der Arbeitsmaschine, hier auch „Zugkrafthyperbel" genannt, nach links unten führt. Dies ist im Fahrleistungsdiagramm nicht dargestellt. Soll für Teillast auch die maximale Fahrgeschwindigkeit erreicht werden, muß der Dieselmotor dann mit voller Drehzahl, aber verringertem Moment laufen, was hinsichtlich des spezifischen Brennstoffverbrauches und der Lebensdauer ungünstig ist. Dann kann es vorteilhaft sein, das Hydrogetriebe auch mit Sekundärregelung auszurüsten.

Abb. 64,7 zeigt das Fahrleistungsdiagramm der gleichen Lokomotive, die an Stelle des mechanischen Getriebes mit einem *hydrodynamischen Wandler* ausgerüstet ist. Auch dieses Fahrleistungsdiagramm, in

das wiederum die „Idealhyperbel" für $P_{ab} = 90$ PS eingetragen wurde,
ist für den Fall aufgestellt, daß der Dieselmotor mit Nenndrehzahl
und Nennleistung betrieben wird. Das hydrodynamische Getriebe besteht aus zwei Wandlern, die wechselseitig gefüllt bzw. entleert werden.

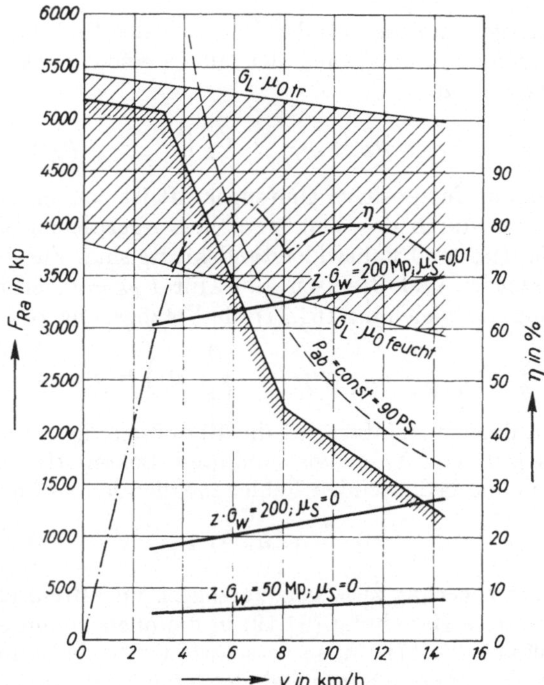

Abb. 64,7. Fahrleistungsdiagramm einer Diesellokomotive mit hydrodynamischem Wandler

Ein Wandler ist ständig im Eingriff. Im Dauerbetrieb und bei Vollast ist
die Mindestfahrgeschwindigkeit durch den Wirkungsgrad gegeben, bei
dem die Temperatur des Betriebsmittels einen bestimmten Wert nicht
überschreitet. Damit man mit einer verhältnismäßig kleinen Kühlan-
lage auskommt, liegt die Betriebstemperatur für gebräuchliche Wand-
lerbauarten bei 100 °C.

6. Bremsen

Der Begriff des Bremsens wird hier so definiert, daß dabei die Radumfangskraft F_{Ra} negativ wird. Die Bremskraft F_B ist also umgekehrt
gerichtet wie die Radumfangskraft F_{Ra}, ist ihr dem Betrage nach jedoch gleich:

$$F_{Ra} = -\,F_B$$

Eindringlich sei hier darauf hingewiesen, daß der Begriff des Bremsens nicht identisch ist mit dem des Verzögerns. So kann durchaus ein
in der Steigung verzögert fahrender Wagenverband einer positiven Rad-

umfangskraft bedürfen, wie sich auch ein im Einfallen fahrender Wagenverband gebremst gleichförmig bewegen kann. Im folgenden sollen nun einige bemerkenswerte Fälle untersucht werden.

a) Verzögern im Ansteigen

Vernachlässigt man die von der Rotation der Radsätze herrührenden Massenkräfte, so folgt aus der allgemeinen Zugkraftgleichung (64,11) für diesen Fall

$$F_{Ra} = z \cdot G_W \left(- \frac{a}{g} + \mu_S + \mu_f \right) + G_L \left(- \frac{a}{g} + \mu_S + \mu_{fL} \right) \quad (64,17)$$

Die Bedingung für positive Umfangskraft ist danach offensichtlich erfüllt, wenn die durch das Verzögern hervorgerufenen Massenkräfte kleiner als die Hub- und Fahrwiderstandskräfte sind. Für den Grenzfall zwischen Verzögern und Bremsen, d. h. für $F_{Ra} = 0$, erhält man aus der obigen Zugkraftgleichung (64,17) die Verzögerung zu

$$\frac{a}{g} = \frac{G_L}{z \cdot G_W + G_L} \left(\mu_{fL} + \frac{z \cdot G_W}{G_L} \mu_f \right) + \mu_S \quad (64,18)$$

Setzt man darin vereinfachend die Reibwerte der gesamten Fahrwiderstandskräfte von Wagenverband und Lokomotive gleich, d. h. $\mu_f = \mu_{fL}$, was ohne bedeutenden Fehler möglich ist, so findet man

$$\frac{a}{g} \approx \mu_S + \mu_f \quad (64,19)$$

für die Grenzverzögerung zwischen Verzögern und Bremsen.

Setzt man diese Beziehung (64,19) in die obengenannte allgemeine Zugkraftgleichung (64,17) ein, so verschwinden beide Summanden der rechten Seite. Da der erste Summand gleich der Kraft am Zughaken der Lokomotive ist, findet man eine weitere Bedingung für die Grenze zwischen Verzögern und Bremsen im Ansteigen:

Im Ansteigen wird für die Grenze zwischen Verzögern und Bremsen
die Zughakenkraft der Lokomotive mit guter Näherung gleich Null.

b) Mäßiges Bremsen im Ansteigen

Hierfür muß gemäß Gl. (64,19) gelten:

$$\frac{a}{g} > \mu_S + \mu_f \quad (64,19a)$$

und damit

$$F_{Ra} < 0 = - F_B$$

das heißt

$$F_B > 0$$

Es ist also eine zusätzliche Bremskraft notwendig, die bei der Klotzbremse am Radumfang der Lokomotivräder angreift.

c) Bremsen im Ansteigen bis zur Schleudergrenze

Mit wachsender Bremskraft, d. h. größer werdender Verzögerung, ist die Gefahr des Schleuderns gegeben. Die Bedingung lautet, wenn man wiederum die von der Rotation herrührenden Massenkräfte vernachlässigt:

$$F_B = - z \cdot G_W \left(- \frac{a}{g} + \mu_S + \mu_f\right) - G_L \left(- \frac{a}{g} + \mu_S + \mu_{fL}\right)$$

$$\leq \mu_0 \cdot G_L \tag{64,20}$$

In dieser Beziehung ist die Bremskraft entsprechend einer negativen Radumfangskraft stets positiv. Man findet daraus nach einer einfachen Umformung für die größtmögliche Verzögerung, bei der noch kein „Schleudern" eintritt:

$$\frac{a}{g} \leq \frac{G_L}{z \cdot G_W + G_L} \left(\mu_0 + \mu_{fL} + \frac{z \cdot G_W}{G_L} \mu_f\right) + \mu_S \tag{64,21}$$

d) Bremsen im Einfallen

Bremsen bei einfallender Förderung bedeutet erhöhte Schleudergefahr. Ähnlich wie unter c) findet man für die höchstzulässige Verzögerung, bei der kein Rutschen zwischen Rad und Schiene eintritt:

$$\frac{a}{g} \leq \frac{G_L}{z \cdot G_W + G_L} \left(\mu_0 + \mu_{fL} + \frac{z \cdot G_W}{G_L} \mu_f\right) - \mu_S \tag{64,22}$$

Die beiden Gln. (64,21) und (64,22) sollen im folgenden diskutiert werden. Um einen möglichst kurzen Bremsweg zu bekommen, ist es das Bestreben, die Verzögerung möglichst hoch zu wählen. Bei einer gegebenen Förderaufgabe, die verlangt, eine vorgegebene Anhängelast über einen vorgegebenen Förderweg zu transportieren, ist die maximal erreichbare Verzögerung im wesentlichen durch das Lokomotivgewicht bestimmt, und zwar nimmt sie mit steigendem Lokomotivgewicht ebenfalls zu. In geringem Maße ist auch noch der Haftreibwert μ_0 zwischen Rad und Schiene von Einfluß, der jedoch wie bereits früher ausgeführt, nur wenig beeinflußt werden kann.

Die erreichbaren Verzögerungen liegen in der Regel wesentlich unter $a = 1 \text{ m/s}^2$, oft auch unter $a = 0,1 \text{ m/s}^2$. Die erforderlichen Bremswege sind dementsprechend hoch. So läßt sich z. B. bei einem Zug, der aus 40 Wagen mit einer Gewichtskraft von $G_W = 5$ Mp und einer Lokomotive mit einer Dienstgewichtskraft von $G_L = 14$ Mp besteht, mit den üblichen Reibwerten für Wagen und Lokomotive von $\mu_f = 0,005$ und einem Haftreibwert zwischen Lokomotivrad und Schiene von $\mu_0 = 0,16$ in einem Gefälle von $\tan \alpha = 1:200$ nur eine Verzögerung von etwa $a = 0,1 \text{ m/s}^2$ erreichen, wenn mit Sicherheit kein Rutschen zwischen Rad und Schiene auftreten soll. Bei einer Fahrgeschwindigkeit von $v = 14,4 \text{ km/h} = 4 \text{ m/s}$ wird dann der Bremsweg $s_B = 80$ m.

In der Praxis des Grubenbetriebes wird die Bremsung eines Wagenverbandes auf eine andere Art berechnet. Sie läuft auf die Bestimmung des Bremsweges für gegebene Anhängelast bzw. der zulässigen Anhängelast für einen vorgeschriebenen Bremsweg hinaus. Dabei folgt sie der bergbehördlichen Bestimmung für Höchstgeschwindigkeit v und maximalem Bremsweg s_B. Diese betragen:

für Hauptstreckenlokomotiven: $v_{max} = 4$ m/s; $s_B \leqq 80$ m,
für Zubringerlokomotiven: $v_{max} = 3$ m/s; $s_B \leqq 60$ m,
für Abbaulokomotiven: $v_{max} = 2$ bzw. $1{,}5$ m/s; $s_B \leqq 40$ m.

BÜTTNER[1] geht dabei aus von der kinetischen Energie des Wagenzuges, die unter Vernachlässigung der Energie der umlaufenden Massen beträgt

$$E_k = \frac{m}{2}\, v^2 = \frac{z \cdot G_W + G_L}{2\,g}\, v^2 \tag{a}$$

Zum Abbremsen dieser Energie wird eine Bremsarbeit aufgewendet, die sich aus der Bremsklotzreibung am Radumfang der Lokomotive mit der Anpreßkraft F_K und dem Reibwert μ_K berechnet. Diese wird unterstützt durch die Fahrwiderstandskräfte des gesamten Wagenzuges:

$$W_B = (z \cdot G_W + G_L)\,(\mu_f \pm \mu_S)\,s_B + F_K \cdot \mu_K \cdot s_B \tag{b}$$

Hier ist angenommen, daß der Fahrwiderstandswert μ_f für Förderwagen und Lokomotive gleich groß ist. Ferner gilt das positive Vorzeichen von μ_S für ansteigende, das negative Vorzeichen für einfallende Bahn.

Die Bremsklotzreibung $F_K \cdot \mu_K$ darf nicht größer werden als die Haftreibung der Lokomotive $G_L \cdot \mu_0$, da die Reibzahl der Gleitreibung kleiner ist als die der Haftreibung und der Bremsweg somit größer wird. Da beide Reibungskräfte am Radumfang angreifen, ist demnach zu fordern:

$$F_K \cdot \mu_K \leqq G_L \cdot \mu_0 \tag{c}$$

Werden nun die Gleichungen (a) und (b) gleichgesetzt und Gl. (c) eingesetzt, so folgt

$$\frac{z \cdot G_W + G_L}{2\,g}\, v^2 = s_B\,(z \cdot G_G + G_L)\,(\mu_f \pm \mu_S) + G_L \cdot \mu_0 \cdot s_B \tag{64,23}$$

Zum Haftreibwert μ_0 siehe Abb. 64,3. BÜTTNER schlägt vor, mit Rücksicht auf Schienenverschmutzung für Bremsberechnungen mit $\mu_0 = 0{,}17$ zu rechnen. Die Reibzahl zwischen Bremsklotz und Radreifen ist bei Graugußklötzen von Gleitgeschwindigkeit und Anpreßdruck abhängig. Hier schlägt BÜTTNER vor, im Mittel mit $\mu_K = 0{,}20$ zu rechnen.

Man bezeichnet das Verhältnis der Bremskraft F_K zur Achslast, wenn alle Räder angetrieben sind das Verhältnis der Bremskraft F_K zur Dienstgewichtskraft der Lokomotive G_L als „Abbremsung" b. Für diese folgt aus Gl. (c)

$$b = \frac{F_K}{G_L} \leqq \frac{\mu_0}{\mu_K} \tag{64,24}$$

---

[1] BÜTTNER, SIEGFRIED: Ein Nomogramm zum Bestimmen der zulässigen Anhängelast und des Bremsweges im Grubenbetrieb. Glückauf 1962, S. 502···505.

Nach obigen Angaben für die Reibwerte ergibt sich

$$b \leq \frac{\mu_0}{\mu_K} = \frac{0{,}17}{0{,}20} = 0{,}85$$

Zur weiteren Erhöhung der Sicherheit schlägt aber BÜTTNER vor, mit folgenden Werten für die Abbremsung b zu rechnen:

		bei Graugußklötzen	bei Kunststoffklötzen
im Übertagebetrieb	$b =$	0,6	0,4
im Untertagebetrieb	$b =$	0,5	0,35

Schließlich wird noch zum Bremsweg der Weg während einer Reaktionszeit des Lokomotivführers t_1 und während der Ansprechzeit t_2 des Bremsvorganges zugerechnet, wobei die Gesamtzeit $t = t_1 + t_2$ mit 3 Sekunden angenommen wird. Damit ergibt sich aus Gl. (64,23) der *Bremsweg* s_B

$$s_B = v \cdot t + \frac{\dfrac{z \cdot G_W + G_L}{2\,g}\,v^2}{G_L \cdot \mu_0 + (z \cdot G_W + G_L)\,(\mu_f \pm \mu_s)}$$

$$s_B = v \cdot t + \frac{v^2}{2\,g\left[\dfrac{G_L}{z \cdot G_W + G_L}\,\mu_K \cdot b + (\mu_f \pm \mu_s)\right]} \tag{64,25}$$

Gl. (64,25) gilt für *Diesel- und Druckluft*lokomotiven. Mit dem Wert $b = 0{,}5$ für die Abbremsung bei Graugußklötzen im Untertagebetrieb folgt:

$$s_B = v \cdot t + \frac{v^2}{2\,g\left[\dfrac{G_L}{z \cdot G_W + G_L}\,\dfrac{\mu_K}{2} + (\mu_f \pm \mu_s)\right]} \tag{64,26}$$

EPPING[1] kommt zu ähnlichen Überlegungen, allerdings ohne den Begriff der „Abbremsung" einzuführen. Auch er stellt fest, daß, wie aus Gl. (c) hervorgeht, die mögliche Bremskraft $F_K \cdot \mu_K$ begrenzt ist durch die Haftreibkraft $G_L \cdot \mu_0$, mit der er weiter rechnet. Damit ergibt sich eine Gleichung entsprechend (64,25), jedoch tritt an Stelle von $\mu_K \cdot b$ die Haftreibzahl μ_0. Er betrachtet dann den Bremsvorgang und macht folgende Feststellungen:

a) Wegen der mit abnehmender Gleitgeschwindigkeit zunehmenden Gleitreibung zwischen Klotz und Rad wäre eine fortlaufende Verminderung der Anpreßkraft F_K notwendig, was aber schwer möglich ist.

b) Mit Rücksicht auf eine Gefahr der Entgleisung vor allem von leeren Förderwagen unmittelbar hinter der Lokomotive beginnt der Führer anfänglich mit leichter Bremsung und bringt erst später die Anpreßkraft voll zur Wirkung.

Danach ist bei Ermittlung des Bremsweges davon auszugehen, daß im Mittel nur ein Teil der größtmöglichen Bremskraft ausgenutzt wird. Er schlägt deshalb vor, nur mit der Hälfte der Bremskraft $1/2\,F_K \cdot \mu_K$,

---

[1] EPPING, GÜNTER: Die Zugbremsung unter Tage und die Ausführung der Bremsen von Grubenlokomotiven. Glückauf 1954, S. 1323···1334.

dann also auch mit $1/2\,G_L \cdot \mu_0$ zu rechnen. Danach ergibt sich aus Gl. (64,25) mit $G_L \cdot \mu_0$ an Stelle von $G_L \cdot \mu_K \cdot b$

$$s_B = v \cdot t + \cfrac{v^2}{2\,g \left[\cfrac{G_L}{z \cdot G_W + G_L}\cfrac{\mu_0}{2} + (\mu_f \pm \mu_s)\right]} \qquad (64,26\mathrm{a})$$

Diese Gleichung ist Grundlage der Bergverordnung $33-111.12/$ $5\,201/65$ des Oberbergamtes Dortmund vom 3. 8. 1965 zur Berechnung des Bremsweges bzw. der Anhängelast bei der Lokomotivförderung. Hierzu zeigt die Bergverordnung ein Nomogramm. Es soll danach mit folgenden Reibwerten gerechnet werden:

Für durchschnittliche Verhältnisse: $\qquad \mu_0 = 0,17;\ \mu_f = 0,005$
Für nasse oder verschlammte Schienen: $\mu_0 = 0,10$
Für überdurchschnittlich geringen Fahrwiderstand bei Großraumwagen: $\mu_f = 0,003$

Damit ergeben sich nach Gl. (64,26a) mit $\mu_0 = 0,17$ bzw. $\mu_0 = 0,10$ größere rechnerische Bremswege als nach Gl. (64,26) mit $\mu_K = 0,20$.

Für einen vorgeschriebenen Bremsweg läßt sich aus Gl. (64,26a) die Gleichung der *zulässigen Anhängelast* $z \cdot G_W$ ableiten:

$$z \cdot G_W = \cfrac{g \cdot G_L \cdot \mu_0}{\cfrac{v^2}{s_B - v \cdot t} - 2\,g\,(\mu_f \pm \mu_s)} - G_L \qquad (64,27)$$

Im vorigen Beispiel sollte ein Wagenzug von 40 Wagen mit je 5 Mp Gewichtskraft durch eine Lokomotive von 14 Mp Dienstgewichtskraft aus einer Geschwindigkeit von $14,4$ km/h $= 4$ m/s unter durchschnittlichen Verhältnissen, d. h. $\mu_0 = 0,17$ und $\mu_f = 0,005$, auf einer Bahn mit Gefälle $1{:}200$ gebremst werden. Damit ergibt sich nach der bergbehördlich vorgeschriebenen Formel der Bremsweg unter Berücksichtigung einer Ansprechzeit von $t = 3$ s wie folgt: Nach Gl. (64,26a)

$$s_B = v \cdot t + \cfrac{v^2}{2\,g \left[\cfrac{G_L}{z \cdot G_W + G_L}\cfrac{\mu_0}{2} + (\mu_f - \mu_s)\right]}$$

$$= 4 \text{ m/s} \cdot 3 \text{ s} + \cfrac{(4 \text{ m/s})^2}{2 \cdot 9,81 \text{ m/s}^2 \left[\cfrac{14 \text{ Mp}}{(200 + 14)\text{ Mp}}\cfrac{0,17}{2} + (0,005 - 0,005)\right]}$$

$$= 12 \text{ m} + 147 \text{ m} = 159 \text{ m}$$

Beispiel: Welche zulässige Anhängelast $z \cdot G_W$ ergibt sich bei durchschnittlichen Verhältnissen auf einer Bahn mit Gefälle $1{:}333$ mit einer Hauptstreckenlokomotive von 12 t Masse, und wieviel Wagen von je 3 t Gesamtmasse können angehängt werden?

Lösung: Gegeben: $\quad m_L = 12$ t; $\quad G_L = 12$ Mp; $\quad m_W = 3$ t; $\quad G_W = 3$ Mp; $t = 3$ s; $\mu_0 = 0,17$; $\mu_f = 0,005$; $\mu_s = \dfrac{1}{333} = 0,003$; $v = 4$ m/s; $s_B = 80$ m.

Nach Gl. (64,27)

$$z \cdot G_W = \cfrac{g \cdot G_L \cdot \mu_0}{\cfrac{v^2}{s_B - v \cdot t} - 2\,g\,(\mu_f - \mu_s)} - G_L$$

$$= \cfrac{9,81 \text{ m/s}^2 \cdot 12 \text{ Mp} \cdot 0,17}{\cfrac{(4 \text{ m/s})^2}{80 \text{ m} - 4 \text{ m/s} \cdot 3 \text{ s}} - 2 \cdot 9,81 \text{ m/s}^2\,(0,005 - 0,003)} - 12 \text{ Mp}$$

$$= 102 \text{ Mp} - 12 \text{ Mp} = 90 \text{ Mp}$$

Mit $G_W = 3$ Mp ergibt sich

$$z = \frac{90 \text{ Mp}}{3 \text{ Mp}} = 30 \text{ Wagen}$$

65. Planung kettenangetriebener Stetigförderer für Streb- und Streckenförderung

1. Allgemeine Grundgleichungen

Die Gleichungen für die Berechnung von Kräften und Antriebsleistungen bei allen Stetigförderern mit Kettenantrieb haben den gleichen Aufbau und lassen sich deshalb gemeinsam behandeln. Es handelt sich in den nachfolgenden Ausführungen um

Kratzerförderer für die Strebförderung, vornehmlich in der Bauart als Zweiketten-Kratzerförderer, aber auch als Einketten- und Dreiketten-Kratzerförderer und

Trogbandförderer[1] (Stahlgliederbänder) für die Streckenförderung.

Der Förderstrom kann entweder als Volumenstrom $\dot{V}$, z. B. in rm³/h oder als Massenstrom $\dot{m}$, z. B. in t/h, angegeben werden. Die Kettengeschwindigkeit v_F entspricht nur beim Trogbandförderer auch der Geschwindigkeit der Beladung v_{Bel}. Beim Kratzerförderer ist $v_{\text{Bel}} = c \cdot v_F$, wobei $c \lesseqgtr 1$ sein kann. Die Größe von c hängt im wesentlichen vom Einfallen ab. Aber auch bei manchem, vor allem bei klebrigem Fördergut und bei höherer Belastung kann $c < 1$ werden. Ebenso wird meist bei söhliger und ansteigender Förderung $c < 1$ sein, während bei größerem Einfallen vielfach $c > 1$ ist. Im folgenden soll mit $c = 1$ gerechnet werden.

Mit dem *Füllquerschnitt* $A_{F\ddot{u}}$ des Förderers ergibt sich bei seiner vollen Ausnutzung der maximale Förderstrom

$$\dot{V}_{\max} = A_{F\ddot{u}} \cdot v_F \tag{65,1}$$

bzw. als Massenstrom:

$$\dot{m}_{\max} = A_{F\ddot{u}} \cdot v_F \cdot \varrho_H \tag{65,2}$$

Mit dem *tatsächlichen (mittleren) Beladungsquerschnitt* A_B ergibt sich der mittlere Förderstrom

$$\dot{V} = A_B \cdot v_F \tag{65,1a}$$

$$\dot{m} = A_B \cdot v_F \cdot \varrho_H \tag{65,2a}$$

Da es allgemein üblich ist, den Förderstrom auf die Stunde zu beziehen, während mit der Fördergeschwindigkeit in m/s gerechnet wird, ergeben sich die Zahlenwertgleichungen

$$\dot{V} = 3600\, A_B \cdot v_F \qquad \text{in rm³/h} \tag{65,1b}$$

$$\dot{m} = 3600\, A_B \cdot v_F \cdot \varrho_H \quad \text{in t/h} \tag{65,2b}$$

---

[1] Benennung nach DIN 15201.

Der Förderer ist nur selten auf seiner ganzen Länge gleichmäßig beladen. Das trifft auch für den Trogbandförderer als Streckenförderer zu, obwohl er bei gleichmäßiger Zuführung des Fördergutes am ehesten gleiche Beladung auf seiner ganzen Länge haben kann. Man führt gern die Gewichtskraft der Beladung je laufenden Meter q_B in kp/m in die Rechnungen ein. Ihr Maximalwert ist

$$q_{B\max} = \frac{\dot{V}_{\max} \cdot \gamma_H}{v_F} = A_{F\ddot{u}} \cdot \gamma_H \qquad (65,3)$$

Die Gewichtskraft der mittleren Beladung je lfd. m ist dann

$$q_B = \frac{\dot{V} \cdot \gamma_H}{v_F} = A_B \cdot \gamma_H \qquad (65,4)$$

Mit der Zahlenwertgleichung (65,1 b) ergibt sich dann

$$q_{B\max} = \frac{\dot{V}_{\max} \cdot \gamma_H}{3,6\, v_F} \qquad (65,3a)$$

und

$$q_B = \frac{\dot{V} \cdot \gamma_H}{3,6\, v_F} \qquad (65,4a)$$

In den Zahlenwertgleichungen (65,1 b), (65,2 b), (65,3 a) und (65,4 a) bedeuten:

$\dot{V}_{\max}$ oder $\dot{V}$ maximaler oder mittlerer Volumenstrom in rm³/h,
$\dot{m}$ mittlerer Massenstrom in t/h,
A_B mittlerer Beladungsquerschnitt in m²,
ϱ_H Schüttdichte in t/rm³,
γ_H Schüttwichte in Mp/rm³,
v_F Fördergeschwindigkeit in m/s,
$q_{B\max}$ oder q_B maximale oder mittlere Gewichtskraft der Beladung in kp/m.

Angaben über Dichte bzw. Wichte des anstehenden Minerals, über Schüttdichte bzw. Schüttwichte des geförderten Haufwerks und über Schüttungszahlen macht Zahlentafel 9.

Angaben über Füllquerschnitte bei Zweiketten-Kratzerförderern macht Zahlentafel 10, über Füllquerschnitte bei Trogbandförderern macht Zahlentafel 16.

Die Widerstandskräfte in den Kettenbändern der kettenangetriebenen Förderer werden nicht nur durch die Beladung, sondern auch durch die Gewichtskraft der Kettenbänder beim Kratzerförderer bzw. der Matten beim Trogbandförderer hervorgerufen. Bezeichnet q_K die Gewichtskraft des Kettenbandes bzw. der Matte je lfd. m in kp/m, so ergibt sich die Gewichtskraft für *eine* Fördererlänge l, d. h. des Ober- oder des Untertrumms

$$G_K = q_K \cdot l \qquad (65,5)$$

Angaben über die Massen des Kettenbandes beim Zweiketten-kratzerförderer macht Zahlentafel 11 sowie der Matte beim Trogband-förderer macht Zahlentafel 17.

Zahlentafel 9. *Dichte und Wichte, Schüttdichte und Schüttwichte sowie Schüttungszahl für Steinkohle und Berge* [1]

	Dichte ϱ in t/fm³, Wichte γ in Mp/fm³ des anstehenden Minerials	Schüttdichte ϱ_H in t/rm³, Schüttwichte γ_H in Mp/rm³	Schüttungszahl S in rm³/fm³
Steinkohle (Rohförderung) Index **K**			
durchschnittlich	1,5	1,0	1,5
aus schälender Gewinnung			(1,5...1,8) 1,65
aus schneidender Gewinnung			(1,3...2,0) 1,70
Berge Index B			
Schieferton	2,8	1,95	1,45
Sandschiefer	2,7	1,55	1,75
Leichter Sandstein.	2,4	1,15	2,10
Schwerer Sandstein oder Konglomerat	2,2	0,92	2,40
Querschlagsberge (gemischt)	2,6	1,45	1,8
Brechberge (gemischt) . . .	2,6	1,60	1,6
Leseberge.	2,6	1,45	1,8
Waschberge (trocken) . . .	2,4	1,50	1,6
Waschberge (naß)	—	1,90	—
Sand und Kies (trocken) . .	—	1,85	—
Sand und Kies (feucht) . . .	—	2,10	—
Kesselasche	—	0,90	—

Nach Abschn. 27 ergeben sich die Kettenbewegungskräfte nach Gl. (27,5a) im beladenen Obertrumm

$$F_O = \mu \, (G_B + G_K) \cos \alpha \left(1 \pm \frac{\tan \alpha}{\mu} \right)$$

nach Gl. (27,5b) im leeren Untertrumm

$$F_U = \mu \cdot G_K \cos \alpha \left(1 \pm \frac{\tan \alpha}{\mu} \right)$$

Die gesamte für die Förderung einzuleitende Bewegungskraft F ergibt sich zu

$$F = F_O + F_U \tag{65,6}$$

und bei söhliger Förderung, d. h. $\alpha = 0$, also $\cos \alpha \left(1 \pm \dfrac{\tan \alpha}{\mu} \right) = 1$

$$F = \mu \, (G_B + 2 \, G_K) \tag{65,6a}$$

In den vorstehenden Gln. (27,5a) und (27,5b) stellt

$$f(\alpha) = \cos \alpha \left(1 \pm \frac{\tan \alpha}{\mu} \right)$$

einen Faktor dar, der den Einfluß der Neigung des Kettentrumms auf die Bewegungskräfte berücksichtigt und für söhlige Förderung, d. h.

---

[1] Vergleiche Taschenkalender für Grubenbeamte, Karl Marklein-Verlag GmbH., Düsseldorf 1958, S. 87···90 und 1960, S. 257···260.

für $\alpha = 0°$, zu 1 wird. Hierbei bedeutet:
Das negative Vorzeichen einfallendes Kettentrumm,
das positive Vorzeichen ansteigendes Kettentrumm.

Zahlentafel 10. *Füllquerschnitte $A_{Fü}$ bei Zweiketten-Kratzerförderern, dargestellt an Panzerförderern der Gew. Eisenhütte Westfalia, Lünen* [1]

Kettenmittenabstand	in mm	350	400	500	600	700
Breite	b in mm	426	515	620	720	800
Ausführung 1	h in mm	135	165	180	180	180
	$A_{Fü}$ in m²	0,0377	0,0564	0,0766	0,0937	0,1121
Ausführung 2	h in mm	485	522	530	530	530
	$A_{Fü}$ in m²	0,0654	0,1181	0,1463	0,1813	0,2163
Ausführung 3 a)	h_1 in mm	340	352	360	360	360
	$A_{Fü}$ in m²	0,0775	0,1052	0,1345	0,1526	0,1707
b)	h_2 in mm		507	515	515	515
	$A_{Fü}$ in m²		0,1121	0,1512	0,1848	0,2184
Ausführung 4 a)	h_1 in mm	275	325	335	335	335
	$A_{Fü}$ in m²	0,0683	0,1049	0,1341	0,1501	0,1661
a)	h_2 in mm		575	585	585	585
	$A_{Fü}$ in m²		0,1306	0,1800	0,2145	0,2490

Ladepanzer

Kettenmittenabstand

400 mm: $A_{Fü} = 0,4242$ m²
500 mm: $A_{Fü} = 0,4757$ m²
600 mm: $A_{Fü} = 0,5328$ m²
700 mm: $A_{Fü} = 0,5940$ m²
800 mm: $A_{Fü} = 0,6573$ m²

[1] Die angegebenen Füllquerschnitte erhöhen sich auf den doppelten ausnutzbaren Wert, wenn bei stempelfreier Abbaufront der Förderer unmittelbar am Kohlenstoß liegt.

Zahlentafel 11. *Massen in kg/m des Doppelstranges beim Zweiketten-Kratzerförderer mit Ketten 18 × 64 DIN 22 252*

Kettenmittenabstand mm	Walzprofilkratzer kg/m	Kastenkratzer kg/m	T-Kratzer kg/m
400	18,5	—	20,5
500	19,2	22,0	21,4
600[1]	19,9	23,4	22,3
700[1]	20,6	24,8	23,2

Zahlentafel 12 und 13 gibt hierfür einige Werte für Kratzerförderer sowie Zahlentafel 18 und 19 einige Werte für Trogbandförderer.

Mit den nach den Gln. (27a) und (27b) berechneten Kettenbewegungskräften läßt sich die Antriebsleistung für Obertrumm bzw. Untertrumm berechnen

$$P_{MO} = \frac{F_O \cdot v_F}{\eta_m} \tag{65,7}$$

$$P_{MU} = \frac{F_U \cdot v_F}{\eta_m} \tag{65,8}$$

Mit den nach den Gln. (65,7) und (65,8) berechneten Antriebsleistungen ergibt sich die für Haupt- und Hilfsantrieb günstigste Aufteilung der Kettenzugkräfte. Eine theoretische Verteilung der Antriebsleistungen ist jedoch wegen der gestuften Normung der Elektromotoren selten zu erreichen (s. Festigkeitslehre, Abschn. 82). Ein Gesichtspunkt, der die mit der Kettenlängung auftretende Hängekette an den Antrieben berücksichtigt, spricht dafür, den Hauptantrieb zugunsten des Hilfsantriebs etwas stärker zu bestücken, da Hängekette am Hilfsantrieb sehr viel schwerer zu beherrschen ist als eine solche am Hauptantrieb. Für die Berechnung der Gesamtleistung ergibt sich:

$$P_{Mges} = P_{MO} + P_{MU} = \frac{F \cdot v_F}{\eta_m} \tag{65,9}$$

In den Gln. (65,7), (65,8) und (65,9) bedeuten:

$P_{MO},\ P_{MU}$ und P die Antriebsleistung für Obertrumm, Untertrumm und die Gesamtleistung in kW,

$F_O,\ F_U$ und F die Kettenbewegungskraft für Obertrumm, Untertrumm und insgesamt in kp,

v_F die Fördergeschwindigkeit in m/s,

η_m den gesamten Getriebewirkungsgrad einschließlich des Wirkungsgrades des Kettensternes und der Strömungskupplung.

Im folgenden werden diese Grundgleichungen auf die Streb- und Streckenförderung angewendet, wobei für die Strebförderung mit Kratzerförderern die Beziehungen zur Gewinnungsmaschine von entscheidender Bedeutung sind.

---

[1] Für Kratzerförderer mit Kettenmittenabstand über 500 mm wird die Verwendung der biegesteiferen Kasten- und *T*-Kratzer empfohlen.

Zahlentafel 12. $f(\alpha) = \cos\alpha\left(1 - \dfrac{\tan\alpha}{\mu}\right)$ *für einfallendes Förderertrumm*
bei Zweiketten-Kratzerförderern

Neigung α Altgrad	Reibzahl μ										
	0,23	0,25	0,28	0,30	0,35	0,40	0,45	0,50	0,55	0,60	(
0	1 0	1,0	1,0	1,0	1,0	1,0	1,0	1,0	1,0	1,0	1,(
2	0,813	0,860	0,875	0,883	0,900	0,912	0,922	0,930	0,936	0,941	0,!
4	0,625	0,719	0,749	0,765	0,798	0,823	0,843	0,858	0,871	0,881	0,ɛ
5	0,530	0,648	0,685	0,706	0,747	0,778	0,803	0,822	0,838	0,851	0,ɛ
7	0,341	0,505	0,557	0,586	0,644	0,688	0,722	0,749	0,771	0,789	0,ɛ
9	0,1510	0,3619	0,4290	0,4662	0,541	0,597	0,640	0,675	0,703	0,727	0,'
10	0,0563	0,2903	0,3648	0,4060	0,4888	0,551	0,599	0,638	0,669	0,696	0,'
12	−0,1337	0,1463	0,2354	0,2849	0,3840	0,4583	0,5161	0,5622	0,6001	0,6316	0,(
14	−0,3233	0,0027	0,1063	0,1640	0,2792	0,3655	0,4328	0,4865	0,5305	0,5671	0,ɛ
15	−0,4181	−0,0692	0,0417	0,1034	0,2266	0,3190	0,3909	0,4484	0,4953	0,5345	0,ɛ
18	−0,7014	−0,2849	−0,1526	−0,0789	0,0682	0,1785	0,2644	0,3331	0,3893	0,4361	0,ɛ
20	−0,8895	−0,4285	−0,2819	−0,2004	−0,0376	0,0846	0,1796	0,2556	0,3178	0,2851	0,ɛ
23	−1,1691	−0,6425	−0,4751	−0,3820	−0,1960	−0,0564	0,0522	0,1390	0,2101	0,2692	0,ɛ
25	−2,2600	−0,784	−0,603	−0,5024	−0,3012	−0,1503	−0,0328	0,0611	0,1379	0,2020	0,ɛ
28	−2,5106	−0,995	−0,794	−0,682	−0,4583	−0,2907	−0,1603	−0,0560	0,2940	0,1006	0,1
30	−2,6739	−1,134	−0,920	−0,801	−0,5626	−0,3841	−0,2452	−0,1341	−0,0430	0,0327	0,(

Zahlentafel 13. $f(\alpha) = \cos\alpha\left(1 + \dfrac{\tan\alpha}{\mu}\right)$ *für ansteigendes Förderertrumm*
bei Zweiketten-Kratzerförderern

Neigung α Altgrad	Reibzahl μ										
	0,23	0,25	0,28	0,30	0,35	0,40	0,45	0,50	0,55	0,60	0
0	1,0	1,0	1,0	1,0	1,0	1,0	1,0	1,0	1,0	1,0	1,
2	1,186	1,139	1,124	1,116	1,099	1,087	1,077	1,069	1,063	1,058	1,
4	1,371	1,276	1,247	1,230	1,197	1,172	1,152	1,137	1,124	1,114	1,
5	1,462	1,345	1,307	1,287	1,245	1,214	1,190	1,171	1,155	1,141	1,
7	1,644	1,480	1,428	1,399	1,341	1,297	1,263	1,236	1,214	1,196	1,
9	1,824	1,613	1,546	1,509	1,435	1,379	1,335	1,301	1,272	1,249	1,
10	1,913	1,679	1,605	1,564	1,481	1,419	1,371	1,332	1,300	1,274	1,
12	2,090	1,810	1,721	1,671	1,572	1,498	1,440	1,394	1,356	1,325	1,
14	2,264	1,938	1,834	1,777	1,661	1,575	1,508	1,454	1,410	1,376	1,
15	2,350	2,001	1,890	1,829	1,705	1,613	1,541	1,483	1,437	1,397	1,
18	2,604	2,187	2,055	1,981	1,834	1,724	1,638	1,569	1,513	1,466	1,
20	2,769	2,308	2,161	2,080	1,917	1,795	1,700	1,624	1,562	1,510	1,
23	3,010	2,484	2,316	2,223	2,037	1,897	1,789	1,702	1,631	1,572	1,
25	3,166	2,597	2,416	2,315	2,114	1,963	1,845	1,752	1,675	1,611	1,
28	3,394	2,761	2,559	2,448	2,224	2,057	1,926	1,822	1,737	1,665	1,(
30	3,540	2,866	2,652	2,533	2,295	2,116	1,977	1,866	1,775	1,699	1,(

2. Kratzerförderer in Verbindung mit schälender Kohlengewinnung

a) Allgemeine Gleichungen

Mit der Hobellänge l (hier gleich Streblänge gesetzt) und den Hobelgeschwindigkeiten bei Berg- und Talfahrt v_{HB} und v_{HT} ergeben sich die Laufzeiten

$$\text{für die Bergfahrt } t_B = \frac{l}{v_{HB}} \quad \text{und die Talfahrt } t_T = \frac{l}{v_{HT}}$$

Betrachten wir im folgenden *immer ein Hobelspiel* von Berg- und Talfahrt, so ist die *Zahl z der Doppelschnitte je Schicht* mit t_{avo}, der Arbeitszeit vor Ort je Schicht, und η_t dem Zeitausnutzungsgrad

$$z = \frac{t_{\mathrm{avo}} \cdot \eta_t}{t_B + t_T} = \frac{t_{\mathrm{avo}} \cdot \eta_t}{\dfrac{l}{v_{HB}} + \dfrac{l}{v_{HT}}} = \frac{t_{\mathrm{avo}} \cdot \eta_t}{l} \, \frac{v_{HB} \cdot v_{HT}}{v_{HB} + v_{HT}} \qquad (65,10\mathrm{a})$$

Damit ergibt sich ein Flächenverhieb je Schicht

$$\dot{A}_{Br} = (\varDelta b_B + \varDelta b_T)\, l \cdot z = (\varDelta b_B + \varDelta b_T)\, t_{\mathrm{avo}} \cdot \eta_t \, \frac{v_{HB} \cdot v_{HT}}{v_{HB} + v_{HT}} \qquad (65,10\,\mathrm{b})$$

Es stellt $\dot{A}_{Br}$ den *Bruttoflächenverhieb* für die Zeiteinheit, hier in $\mathrm{m^2/S}$ dar, wenn t_{avo} die Arbeitszeit vor Ort je Schicht, d. h. in $\mathrm{min/S}$ bedeutet.

Die Leistungsfähigkeit einer Hobelanlage unter bestimmten Flözverhältnissen, unabhängig vom jeweiligen zeitlichen Ausnutzungsgrad, kennzeichnet am besten der *Nettoflächenverhieb* $\dot{A}_N$, der die vom Hobel *während seiner reinen Laufzeit* freigelegte Hangendfläche angibt. Er ergibt sich aus Gl. (65,10b), indem die freigelegte Fläche auf die reine Hobellaufzeit in Minuten bezogen wird.

$$\dot{A}_N = (\varDelta b_B + \varDelta b_T)\, \frac{v_{HB} \cdot v_{HT}}{v_{HB} + v_{HT}} \qquad (65,10)$$

Die Gewinnungsmenge je Schicht, das ist die vom Hobel gelöste Kohlenmenge ohne Rücksicht auf die Art und Form der Abförderung, berechnet sich dann zu

$$\dot{V}_{HS} = h_{Fl} \cdot t_{\mathrm{avo}} \cdot \eta_t \,(\varDelta b_B + \varDelta b_T)\, \frac{v_{HB} \cdot v_{HT}}{v_{HB} + v_{HT}} \qquad (65,11\,\mathrm{a})$$

$$\dot{V}_{HS} = h_{Fl} \cdot t_{\mathrm{avo}} \cdot \eta_t \cdot \dot{A}_N \qquad (65,11\,\mathrm{b})$$

In den Gleichungen (65,10), (65,10a und b) sowie (65,11a und b) bedeuten:

v_{HB} Hobelgeschwindigkeit bei Bergfahrt in m/s,
v_{HT} Hobelgeschwindigkeit bei Talfahrt in m/s,
$\varDelta b_B$ Schnittbreite bei Bergfahrt in m,
$\varDelta b_T$ Schnittbreite bei Talfahrt in m,
t_{avo} Arbeitszeit vor Ort in einer Schicht in min/S,
η_t Zeitausnutzungsgrad gleich Verhältnis der reinen Laufzeit t_L zur Arbeitszeit vor Ort je Schicht t_{avo}: $\eta_t = t_L/t_{\mathrm{avo}}$,
h_{Fl} Flözmächtigkeit in m,
$\dot{A}_N$ Netto-Flächenverhieb in $\mathrm{m^2/min}$,
$\dot{V}_{HS}$ Gewinnungsmenge je Schicht in $\mathrm{fm^3/S}$.

Mit $\dot{V}_{HS}$ der Gewinnungsmenge je Schicht, der Schüttungszahl S_{Fl} in $\mathrm{rm^3/fm^3}$, der Arbeitszeit vor Ort t_{avo} und der Fördergeschwindigkeit des Strebförderers v_F in m/s läßt sich der mittlere Beladungsquerschnitt des Förderers über die ganze Schicht A_B in $\mathrm{m^2}$ berechnen.

$$A_B = \frac{\dot{V}_{HS} \cdot S_{Fl}}{t_{\mathrm{avo}} \cdot \eta_t \cdot v_F} \qquad (65,12)$$

20*

und der *mittlere Förderstrom* wird

$$\dot{V} = A_B \cdot v_F = \frac{\dot{V}_{HS} \cdot S_{Fl}}{t_{avo} \cdot \eta_t} \tag{65,13}$$

Die Gln. (5,12) und (65,13) dienen zur Vermittlung einer allgemeinen Übersicht über eine schälende Gewinnungsanlage.

Der *Gewinnungsstrom* beträgt

$$\text{bei der Bergfahrt} \quad \dot{V}_{HB} = h_{Fl} \cdot S_{Fl} \cdot \Delta b_B \cdot v_{HB} \tag{65,14a}$$

$$\text{bei der Talfahrt} \quad \dot{V}_{HT} = h_{Fl} \cdot S_{Fl} \cdot \Delta b_T \cdot v_{HT} \tag{65,14b}$$

Während die vorstehenden Gln. (65,10) bis (65,14b) allgemeine Gültigkeit für die schälende Gewinnung (und mit entsprechender Änderung der Bezeichnungen auch für die schneidende Gewinnung) besitzen, soll im folgenden untersucht werden, welchen Einfluß Hobel- und Fördergeschwindigkeit auf die Beladung der Streb- und Streckenfördermittel haben.

Wegen der im Gegensatz zur schneidenden Gewinnung relativ hohen Geschwindigkeit des Hobels sind die Einflüsse der Relativgeschwindigkeit zwischen Hobel und Förderer bei Berg- und Talfahrt von ausschlaggebender Bedeutung. Bei falscher Wahl der Geschwindigkeitspaarungen von v_{HB}, v_{HT} und v_F können außerordentlich große Beladungsunterschiede des Förderers zwischen Hobelberg- und -talfahrt auftreten. Diese führen nicht nur zu einer schlechten Ausnutzung der Fördermittel, sondern auch zu betrieblichen Schwierigkeiten durch Überladung.

Wir müssen für diese Betrachtungen unterscheiden zwischen zwei Hobelverfahren b) dem Verfahren mit einer Hobeltalfahrtgeschwindigkeit, die kleiner als die Fördergeschwindigkeit ist: $v_F > v_{HT}$, im folgenden mit „herkömmlichem Verfahren" bezeichnet, und c) dem Verfahren mit einer Hobeltalfahrtgeschwindigkeit, die größer ist als die Fördergeschwindigkeit: $v_F < v_{HT}$, im folgenden mit „Hobeln mit Überholgeschwindigkeit" bezeichnet.

b) Herkömmliches Verfahren der schälenden Gewinnung $v_F > v_{HT}$

Der nach Gln. (65,14a) und (65,14b) berechnete *Gewinnungsstrom* $\dot{V}_{HB}$ bzw. $\dot{V}_{HT}$ ist die vom Hobel in der Zeiteinheit gelöste Kohlenmenge. Sie wird mit der Relativgeschwindigkeit zwischen Hobel und Förderer auf diesen geladen. Damit ergibt sich die in der Zeiteinheit *aufgegebene Beladungsmenge*

$$\text{bei der Bergfahrt:} \quad \dot{V}_{BB} = A_{BB}(v_F + v_{HB})$$

$$\text{bei der Talfahrt:} \quad \dot{V}_{BT} = A_{BT}(v_F - v_{HT})$$

Da die Gewinnungsmenge je Zeiteinheit $\dot{V}_{HB} = \dot{V}_{BB}$ und $\dot{V}_{HT} = \dot{V}_{BT}$ sein muß, wenn vorausgesetzt wird, daß die gesamte gelöste Kohle auch sofort geladen wird, so ergibt sich mit den Gln. (65,14a) und (65,14b)

für die Hobelbergfahrt $h_{Fl} \cdot S_{Fl} \cdot \Delta b_B \cdot v_{HB} = A_{BB}(v_F + v_{HB})$

für die Hobeltalfahrt $\quad h_{Fl} \cdot S_{Fl} \cdot \Delta b_T \cdot v_{HT} = A_{BT}(v_F - v_{HT})$

Damit lassen sich die Beladungsquerschnitte des Förderers bestimmen

$$\text{bei Hobelbergfahrt}\quad A_{BB} = h_{Fl} \cdot S_{Fl} \cdot \Delta b_B \, \frac{v_{HB}}{v_F + v_{HB}} \quad (65,15\,a)$$

$$\text{bei Hobeltalfahrt}\quad A_{BT} = h_{Fl} \cdot S_{Fl} \cdot \Delta b_T \, \frac{v_{HT}}{v_F - v_{HT}} \quad (65,15\,b)$$

Die Beladungen des Förderers beim herkömmlichen Verfahren zeigt Abb. 65,1: Während der Hobelbergfahrt trägt der Förderer nur Berg-

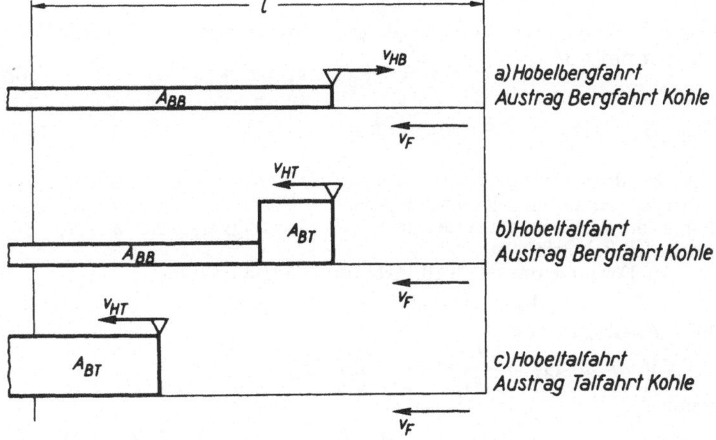

Abb. 65,1. Beladung eines Förderers beim Hobeln nach dem herkömmlichen Verfahren: $v_F > v_{HT}$

fahrtkohle aus. Hat der Hobel die Kopfstrecke erreicht, soll er unmittelbar, also ohne Zeitverlust, zur Talfahrt ansetzen. Dabei trägt der Förderer zunächst noch Bergfahrtkohle und später die gelöste und geladene Talfahrtkohle aus. Wegen der unterschiedlichen Relativgeschwindigkeiten können die Beladungen und damit auch der Austrag verschieden sein. Dies ist bei gleichbleibenden Fördergeschwindigkeiten immer dann der Fall, wenn auch die Geschwindigkeiten des Hobels bei Berg- und Talfahrt gleich sind. Diese Betriebsweise wurde bei allen Löbbe-Schnellhobelanlagen angewendet und ist auch heute noch sehr verbreitet. Die übliche Hobelgeschwindigkeit beträgt hier $v_{HB} = v_{HT} = 0,38$ m/s. Die dabei üblichen Fördergeschwindigkeiten betragen $v_F = 0,63$ m/s und $0,72$ m/s, neuerdings auch $0,90$ m/s.

Der Förderstrom beim herkömmlichen Verfahren mit $v_{HB} = v_{HT}$ ergibt sich dann mit Gln. (65,15a) und (65,15b)

mit Bergfahrtkohle $\quad \dot{V}_B = A'_{BB} \cdot v_F = h_{Fl} \cdot S_{Fl} \cdot \varDelta b_B \dfrac{v_{HB}}{v_F + v_{HB}}\, v_F$

$$(65,16\,\mathrm{a})$$

mit Talfahrtkohle $\quad \dot{V}_T = A_{BT} \cdot v_F^{\tau} = h_{Fl} \cdot S_{Fl} \cdot \varDelta b_T \dfrac{v_{HT}}{v_F - v_{HT}}\, v_F$

$$(65,16\,\mathrm{b})$$

Erhöht man aber die Hobelbergfahrtgeschwindigkeit im Verhältnis zur Talfahrtgeschwindigkeit $v_{HB} > v_{HT}$, so werden die Beladungen und damit der Austrag ausgeglichen.

Gleichbleibenden Austrag errechnen wir im Falle gleichbleibender Fördergeschwindigkeit $v_{FB} = v_{FT} = v_F$, wenn wir die *Beladungsquerschnitte* in den Gln. (65,15a) und (65,15b) *bei Berg- und Talfahrt gleichsetzen*:

$$A_{BB} = A_{BT}$$

$$h_{Fl} \cdot S_{Fl} \cdot \varDelta b_B \frac{v_{HB}}{v_F + v_{HB}} = h_{Fl} \cdot S_{Fl} \cdot \varDelta b_T \frac{v_{HT}}{v_F - v_{HT}} \qquad (65,17)$$

Wir erhalten einen *gleichmäßigen Förderstrom des Strebförderers*, der sich berechnet zu

$$\dot{V} = A_{BB} \cdot v_F = A_{BT} \cdot v_F \qquad (65,18\,\mathrm{a})$$

$$h_{Fl} \cdot S_{Fl} \cdot \varDelta b_B \frac{v_{HB}}{v_F + v_{HB}}\, v_F = h_{Fl} \cdot S_{Fl} \cdot \varDelta b_T \frac{v_{HT}}{v_F - v_{HT}}\, v_F \qquad (68,18\overline{\mathrm{b}})^{1}$$

---

[1] Zur Kennzeichnung der mit einer gegebenen oder gewählten Geschwindigkeitspaarung erreichten Gleichmäßigkeit des Förderstromes der Tal- und Bergfahrtkohle definiert SCHRIEVER einen Gleichmäßigkeitsgrad φ_h für das herkömmliche Hobelverfahren:

Mit dem Förderstrom der Talfahrt- und Bergfahrtkohle

$$\dot{V}_T = A_{BT} \cdot v_F \quad \text{und} \quad \dot{V}_B = A_{BB} \cdot v_F$$

und ihren Austragszeiten

$$t_{AT} = \frac{l}{v_{HT}} - \frac{l}{v_F} \quad \text{und} \quad t_{AB} = \frac{l}{v_{HB}} + \frac{l}{v_F}$$

ergibt sich

$$\varphi_h = \frac{\dot{V}_T \cdot t_{AT} + \dot{V}_B \cdot t_{AB}}{\dot{V}_T\,(t_{AT} + t_{AB})} = \frac{A_{BT}\left(\dfrac{v_F}{v_{HT}} - 1\right) + A_{BB}\left(\dfrac{v_F}{v_{HB}} + 1\right)}{A_{BT}\left(\dfrac{v_F}{v_{HT}} + \dfrac{v_F}{v_{HB}}\right)}$$

und mit den Gln. (65,15a) und (65,15b)

$$\varphi_h = \frac{\left(1 - \dfrac{v_{HT}}{v_F}\right)\left(1 + \dfrac{\varDelta b_B}{\varDelta b_T}\right)}{1 + \dfrac{v_{HT}}{v_{HB}}}$$

Für gleichmäßigen Förderstrom wird $\varphi_h = 1$, während er im anderen Falle < 1 wird. So ergibt sich z. B. für die heute vielfach noch gebräuchlichen Geschwindigkeiten $v_{HT} = v_{HB} = 0,38$ m/s und $v_F = 0,63$ m/s, sovie $\varDelta b_T = \varDelta b_B$:

$$\varphi_h = \frac{\left(1 - \dfrac{0,38}{0.63}\right)(1 + 1)}{1 + \dfrac{0,38}{0,38}} = 0,397$$

Da der gleichmäßige Förderstrom bei der schälenden Gewinnung die günstigste Ausnutzung des Strebförderers und vor allem auch der nachgeschalteten Streckenfördermittel liefert, soll im folgenden die Berechnung hierfür durchgeführt werden.

1. Annahme $\dfrac{\Delta b_B}{\Delta b_T} = 1$, die Schnittbreiten der Berg- und Talfahrt sind gleich. Hierfür folgt aus Gl. (65,17)

$$\frac{v_{HB}}{v_F + v_{HB}} = \frac{v_{HT}}{v_F - v_{HT}}$$

Damit ergibt sich für vorgegebene Hobelgeschwindigkeiten die erforderliche *Fördergeschwindigkeit für gleichmäßigen Förderstrom*:

$$v_F = \frac{2\,v_{HB} \cdot v_{HT}}{v_{HB} - v_{HT}} \tag{65,19}$$

Da man beim herkömmlichen Hobelverfahren eine Steigerung des Flächenverhiebs bzw. der Gewinnungsmenge nur mit einer Geschwindigkeitserhöhung bei Bergfahrt gegenüber der Talfahrt erreicht, geht man vom Verhältnis dieser Geschwindigkeiten aus.

$$\frac{v_{HB}}{v_{HT}} = f \tag{65,20a}$$

Dann ergibt sich nach Gl. (65,19)

$$\frac{v_F}{v_{HB}} = \frac{2}{f - 1} \tag{65,20b}$$

Beispiel:

$$v_{HB} = 0,6\ \text{m/s}; \quad v_{HT} = 0,3\ \text{m/s}.$$

Nach Gl. (65,20a)

$$\frac{v_{HB}}{v_{HT}} = f = \frac{0,6\ \text{m/s}}{0,4\ \text{m/s}} = 2$$

Nach Gl. (65,20b)

$$\frac{v_F}{v_{HB}} = \frac{2}{f - 1} = \frac{2}{2 - 1} = 2$$

$$v_F = 2\,v_{HB} = 2 \cdot 0,6\ \text{m/s} = 1,2\ \text{m/s}$$

2. Annahme: $\dfrac{\Delta b_B}{\Delta b_T} = 1,5$; die Schnittbreite bei Bergfahrt sei das 1,5fache der Schnittbreite bei Talfahrt. Sofern die betrieblichen Verhältnisse es gestatten, die Vorgabe bei Bergfahrt gegenüber der bei Talfahrt zu erhöhen, ergeben sich schon überlegungsmäßig günstigere Geschwindigkeitspaarungen. Nach den Gln. (65,15a) und (65,15b) ergibt sich für $v_{FB} = v_{FT} = v_F$ und $A_{BB} = A_{BT}$

$$\Delta b_B \frac{v_{HB}}{v_F + v_{HB}} = \Delta b_T \frac{v_{HT}}{v_F - v_{HT}}$$

und mit $\Delta b_B = 1,5\ \Delta b_T$

$$\frac{1,5\,v_{HB}}{v_F + v_{HB}} = \frac{v_{HT}}{v_F - v_{HT}}$$

Damit ist die *Fördergeschwindigkeit für gleichmäßigen Förderstrom*

$$v_F = \frac{2,5\,v_{HB} \cdot v_{HT}}{1,5\,v_{HB} - v_{HT}} \tag{65,21}$$

Entsprechend Gl. (65,20a) $\dfrac{v_{HB}}{v_{HT}} = f$ läßt sich mit Gl. (65,21) auch angeben für $\Delta b_B = 1{,}5\,\Delta b_T$

$$\frac{v_F}{v_{HB}} = \frac{2{,}5}{1{,}5\,f - 1} \tag{65,20 c}$$

Beispiel:

$$v_{HB} = 0{,}6\ \text{m/s};\quad v_{HT} = 0{,}3\ \text{m/s};\quad \Delta b_B = 1{,}5\,\Delta b_T$$

Nach Gl. (65,20a)

$$\frac{v_{HB}}{v_{HT}} = f = \frac{0{,}6\ \text{m/s}}{0{,}3\ \text{m/s}} = 2$$

nach Gl. (65,20c)

$$\frac{v_F}{v_{HB}} = \frac{2{,}5}{1{,}5\,f - 1} = \frac{2{,}5}{1{,}5 \cdot 2 - 1} = 1{,}25$$

$$v_F = 1{,}25\,v_{HB} = 1{,}25 \cdot 0{,}6\ \text{m/s} = 0{,}75\ \text{m/s}$$

Die Abhängigkeiten nach den Gln. (65,20a), (65,20b) und (65,20c) sind im Diagramm Abb. 65,2 dargestellt. Daraus läßt sich schon die

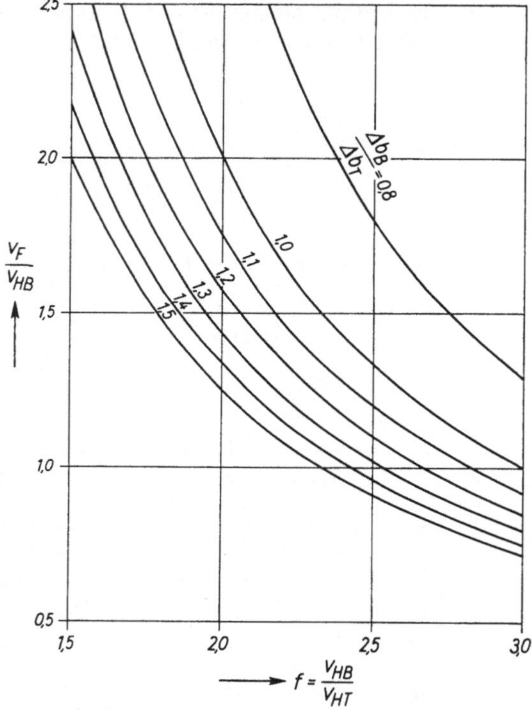

Abb. 65.2. Kurven zur Berechnung von Geschwindigkeitspaarungen v_F, v_{HB} und v_{HT} beim Hobeln nach dem herkömmlichen Verfahren: $v_F > v_{HT}$

Erkenntnis ablesen, daß man zum Erreichen eines gleichmäßigen Förderstromes mit dem Verhältnis $\dfrac{\Delta b_B}{\Delta b_T} = 1{,}5$ zu geringeren Fördergeschwindigkeiten kommt als mit gleichen Schnittbreiten bei Berg- und Talfahrt.

Einen Überblick für Geschwindigkeitspaarungen geben die Abbn. 65,3 und 65,4, die mit vorstehenden Beziehungen entwickelt sind[1]. Sie zeigen im Diagramm $v_{HB} = f(v_{HT})$ Linien $v_F = $ const für gleichmäßigen Förderstrom, also Gleichmäßigkeitsgrad $\varphi = 1$. Außerdem sind Linien für $f = \dfrac{v_{HB}}{v_{HT}} = $ const angegeben. Schließlich ist die mittlere Hobelgeschwindigkeit $v_{Hm} = \dfrac{v_{HB} \cdot v_{HT}}{v_{HB} + v_{HT}} = $ const eingezeichnet, mit der sich der

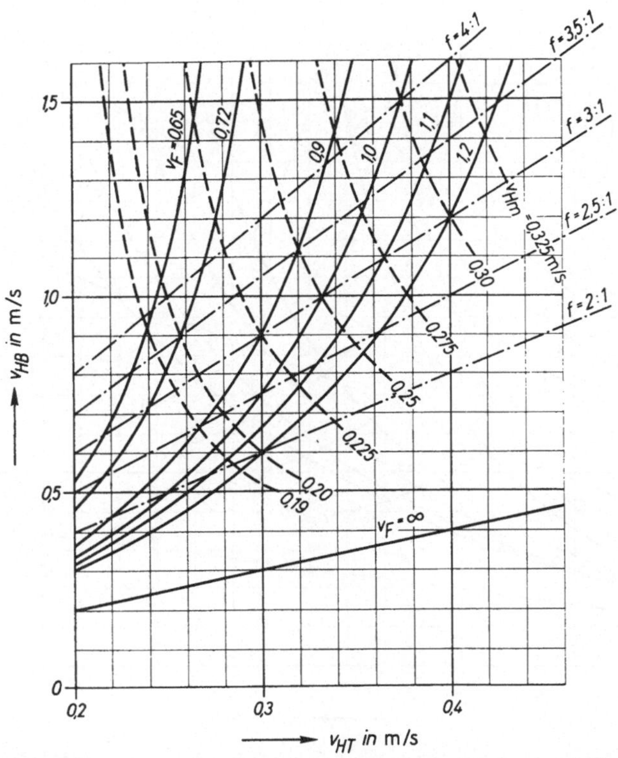

Abb. 65,3. Diagramm zur Ermittlung von Geschwindigkeitspaarungen v_F, v_{HB} und v_{HT} beim Hobeln nach dem herkömmlichen Verfahren: $v_F > v_{HT}$, für $\Delta b_B = \Delta b_T$; $v_{Hm} = \dfrac{v_{HB} \cdot v_{HT}}{v_{HB} + v_{HT}}$; $f = \dfrac{v_{HB}}{v_{HT}}$

Nettoflächenverhieb $\dot{A}_N$ berechnen läßt, wenn mit ihm nach Gl. (65,10) die Summe der Schnittbreiten $\Delta b_B + \Delta b_T$ multipliziert wird. Geschwindigkeitspaarungen, die im Bereich höherer v_{Hm} liegen, ergeben also auch größeren Flächenverhieb.

---

[1] Nach HARTLIEB VON WALLTHOR, RUDOLF: Untersuchungen zur Überwindung bestehender Grenzen in der Abbaustreckenförderung mit Stetigförderern bei vollmechanischer Kohlengewinnung. Von der Montanistischen Hochschule Leoben genehmigte Dissertation 1962. Gegenüber dem entsprechenden Diagramm in dieser Arbeit ist in den Abb. 65,3 und 65,4 die mittlere Hobelgeschwindigkeit v_{Hm} nur halb so groß, da hier alle Betrachtungen für ein Hobelspiel von Hobelberg- und talfahrt gelten. Zum Beispiel ergibt sich mit der angegebenen Gleichung und $v_{HB} = v_{HT} = 0{,}4$ m/s hier $v_{Hm} = 0{,}2$ m/s.

Während Abb. 65,3 die Verhältnisse für gleiche Schnittbreiten bei Berg- und Talfahrt $\frac{\Delta b_B}{\Delta b_T} = 1$ zeigt, ist Abb. 65,4 für $\frac{\Delta b_B}{\Delta b_T} = 1{,}5$ entwickelt.

Wenn man auch zweckmäßig die Geschwindigkeitspaarungen nach den Gln. (65,19) und (65,21) bzw. (65,20a, b und c) berechnet, so bieten die Abb. 65,3 und 65,4 doch die Möglichkeit der Klärung für die zweck-

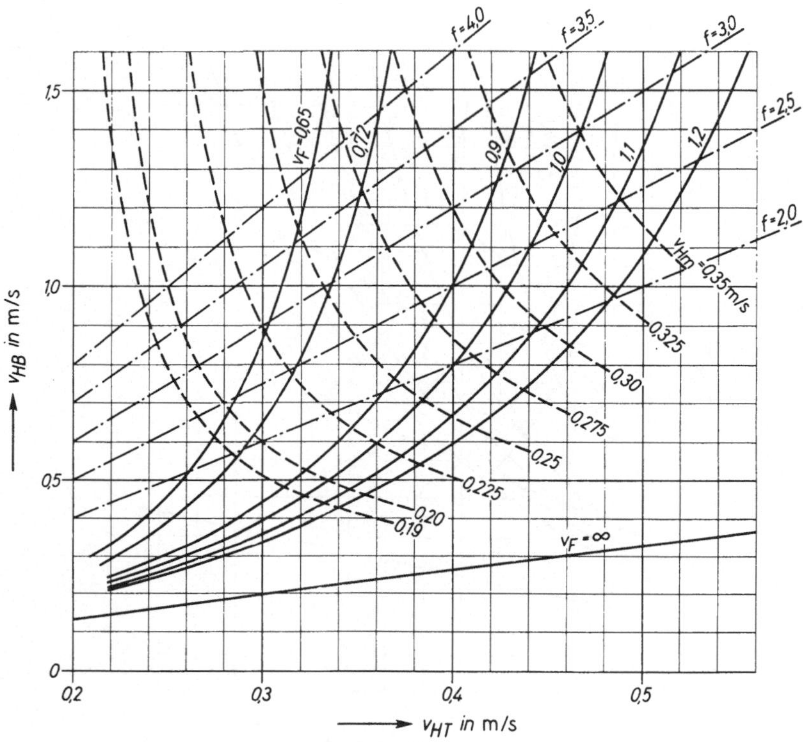

Abb. 65,4. Diagramm wie Abb. 65,3, jedoch für $\Delta b_B = 1{,}5\,\Delta b_T$; $\quad v_{Hm} = \dfrac{v_{HB}\cdot v_{HT}}{v_{HB}+v_{HT}}$; $f = \dfrac{v_{HB}}{v_{HT}}$

mäßige Wahl der Geschwindigkeiten v_{HB}, v_{HT} und v_F. In beiden Diagrammen ist ein Feld der heute gebräuchlichen Höchstgeschwindigkeiten angegeben;

$$\text{für den Hobel } v_{H\max} = 1{,}5\ \text{m/s}$$

$$\text{für den Förderer } v_{F\max} = 1{,}2\ \text{m/s}$$

Man sieht in Abb. 65,3 für $\Delta b_B = \Delta b_T$, daß für $f = \dfrac{v_{HB}}{v_{HT}} = 3{,}0$ mit $v_{HB} = 1{,}2$ m/s und $v_{HT} = 0{,}4$ m/s die Fördergeschwindigkeit $v_F = 1{,}2$ m/s betragen muß und sich hierfür $v_{Hm} = 0{,}30$ m/s ergibt.

Mit $v_{HB} = 0{,}90$ m/s und $v_{HT} = 0{,}30$ m/s (ebenfalls $f = 3{,}0$) braucht die Fördergeschwindigkeit nur $v_F = 0{,}9$ m/s zu betragen. Allerdings geht der Flächenverhieb (bei gleichen Schnittbreiten) zurück, da hierfür $v_{Hm} = 0{,}225\ \text{m/s}$ beträgt. Damit ist der Flächenverhieb um $\frac{0{,}30 - 0{,}225}{0{,}30} \cdot 100 = 25\%$ geringer.

Können wir bei Bergfahrt eine Schnittbreite von $\varDelta b_B = 1{,}5\ \varDelta b_T$ erreichen, so ergeben sich nach Abb. 65,4 ebenfalls für $f = 3{,}0$ folgende Verhältnisse:

Bei einer Fördergeschwindigkeit von $1{,}0\ \text{m/s}$ müßte $v_{HB} = 1{,}4\ \text{m/s}$ und $v_{HT} = \frac{v_{HB}}{3} = \frac{1{,}4\ \text{m/s}}{3} = 0{,}466\ \text{m/s}$ betragen. Hierfür ergibt sich $v_{Hm} = 0{,}35\ \text{m/s}$, d. h. für gleiche Summe der Schnittbreite $\varDelta b_B + \varDelta b_T$ ergäbe sich gegenüber dem Beispiel Abb. 65,3 eine Erhöhung des Flächenverhiebs um $\frac{0{,}35 - 0{,}30}{0{,}30} \cdot 100 = 16{,}7\%$. Dabei ist die Fördergeschwindigkeit kleiner, die Hobelgeschwindigkeiten sind allerdings etwas größer.

Den gleichen Wert für $v_{Hm} = 0{,}35\ \text{m/s}$ erhalten wir aber auch mit $v_F = 1{,}1\ \text{m/s}$, $v_{HB} = 1{,}24\ \text{m/s}$ und $v_{HT} = 0{,}487\ \text{m/s}$, wofür sich

$$f = \frac{v_{HB}}{v_{HT}} = \frac{1{,}24\ \text{m/s}}{0{,}487\ \text{m/s}} = 2{,}55$$

ergibt.

Will man sich also schnell einen Überblick verschaffen, welche Hobel- und Fördergeschwindigkeiten, sowie welche Schnittbreiten gewählt werden sollen, mit denen ein möglichst großer Flächenverhieb bei gleichmäßigem Austrag des Strebförderers zu erreichen ist, empfiehlt sich in folgender Reihenfolge vorzugehen:

1. $\varDelta b$: Annahme der möglichen Schnittbreite bei Berg- und Talfahrt unter Berücksichtigung der Flözverhältnisse.

2. v_{HB}, v_{HT}, v_F: Nach den Diagrammen Abb. 65,3 für $\frac{\varDelta b_B}{\varDelta b_T} = 1$ bzw. Abb. 65,4 für $\frac{\varDelta b_B}{\varDelta b_T} = 1{,}5$ kann nach Vorgabe von zwei Geschwindigkeiten die dritte Geschwindigkeit bestimmt werden. Eine tabellarische Zusammenstellung der verschiedenen Paarungsmöglichkeiten gestattet die Klärung der Frage nach der geeigneten Antriebsart: Schaltgetriebe oder polumschaltbarer Elektromotor gestatten die Verwirklichung fester Geschwindigkeitsverhältnisse $f = \frac{v_{HB}}{v_{HT}} = \text{const}$, während für elektro-hydraulische Antriebe f beliebig geändert werden kann[1].

3. $\dot{A}$: Man kann jetzt den möglichen Flächenverhieb nach Gl. (65,10) mit $v_{Hm} = \frac{v_{HB} \cdot v_{HT}}{v_{HB} + v_{HT}}$ nach Abb. 65,3 bzw. 65,4 und den gewählten Schnittbreiten berechnen.

---

[1] Da sich die Schnittbreiten nicht immer genau vorausbestimmen lassen und sich erst später im Betriebe einstellen, sind in Abb. 65,2 Kurven für weitere Schnittbreitenverhältnisse $\varDelta b_B/\varDelta b_T$ eingezeichnet. Damit lassen sich gegebenenfalls mit diesen nach Abb. 65,2 Geschwindigkeitspaarungen für gleichbleibenden Fördereraustrag berechnen.

4. A_{BB}, A_{BT}: Nach den Gln. (65,15a) und (65,15b) werden die Beladungsquerschnitte des Strebförderers berechnet und

a) mit dem Füllquerschnitt $A_{Fü}$ des Strebförderers (Zahlentafel 10) verglichen;

b) mit dem Füllquerschnitt des nachgeschalteten Streckenförderers verglichen. Hierfür gilt:

$$A_B \cdot v_F = A_{BS} \cdot v_S \qquad (65,22)$$

wenn A_{BS} in m² der Beladungsquerschnitt des Streckenförderers und v_S seine Fördergeschwindigkeit bedeuten. Auch hier muß A_{BS} mit dem tatsächlichen Füllquerschnitt des Streckenförderers $A_{FüS}$ verglichen werden.

Sollte aus betrieblichen Gründen der günstigste Fall gleichmäßigen Austrags $A_{BB} = A_{BT}$ nach Gl. (65,17) nicht verwirklicht werden können, z. B. weil Schaltgetriebe verwendet werden sollen, für die sich die Fördergeschwindigkeiten, die den Gln. (65,19) oder (65,21) genügen, nicht verwirklichen lassen, so kann man mit den Gln. (65,15a) und (65,15b) die Beladungsquerschnitte berechnen und miteinander vergleichen und durch Veränderung der Größen v_F, Δb_B und Δb_T die Beladungsquerschnitte einander weitmöglichst angleichen.

c) Schälende Gewinnung mit Überholgeschwindigkeit: $v_F < v_{HT}$

Eine weitere Steigerung der Betriebspunktförderung bei schälender Kohlengewinnung ist für bestimmte Flözverhältnisse mit einer Talfahrtgeschwindigkeit zu erreichen, die größer als die Fördergeschwindigkeit ist $v_F < v_{HT}$[1]. Für diesen Fall erhält man auf dem Förderer mehrfache Überdeckungen, wobei gemäß Abb. 65,5 die während der Hobelbergfahrt gelöste Kohle auf die bei vorhergehenden Fahrten gelöste und noch im Förderer befindliche Kohle aufgegeben wird. Wenn auch infolge dieser mehrfachen Überdeckungen Förderer mit möglichst großem Füllquerschnitt verlangt werden, wird man bei geringeren Flözmächtigkeiten oder kleineren Schnittbreiten allermeist einen größeren Flächenverhieb als beim herkömmlichen Hobelverfahren erwarten dürfen.

Eingehende Untersuchungen hierzu haben SANN und KNISSEL[2] durchgeführt und dabei festgestellt, daß für den Fall gleichbleibenden Austrags je nach den Geschwindigkeitsverhältnissen v_F/v_{HB} und v_F/v_{HT} immer nur eine 3-, 5- oder 7fache Überdeckung auftreten kann, bzw. es können 3-, 5- oder 7fache Überdeckung mit 1facher Überdeckung bei nicht gleichmäßigem Austrag wechseln. Letzterer Fall soll hier jedoch nicht in die Betrachtungen einbezogen werden.

Man kommt zu den günstigsten Verhältnissen, vor allem zu kleineren Beladungsquerschnitten bei 3facher Überdeckung. Es wird die

---

[1] Erstmalig dargestellt von KARL SCHRIEVER: Möglichkeiten für die Leistungssteigerungen in Hobelbetrieben, Bergbau 1961, S. 436···441.

[2] SANN, B., u. KNISSEL, W.: Ein Beitrag zur Frage der Streb- und Streckenfördererdimensionierung bei Erhöhung der Marschgeschwindigkeit von Kohlenhobeln. Berichte der Gewerkschaft Eisenhütte Westfalia, Lünen, Dezember 1963.

Bedingung angegeben:

$$2 \frac{v_F}{v_{HT}} + \frac{v_F}{v_{HB}} \geqq 1 > \frac{v_F}{v_{HT}} \qquad (65{,}23)$$

Wird in Gl. (65,23) die linke Seite < 1, so bedeutet dies, daß eine mehr als 3fache Überdeckung vorliegt. Gleichmäßigen Austrag erreichen wir jetzt, wenn nach Abb. 65,5 die Beladungsfront F das Ende E der vorhergehenden Beladung am Strebfördereraustrag einholt. Hierfür gilt nach der Bedingungsgleichung (65,23)

$$2 \frac{v_F}{v_{HT}} + \frac{v_F}{v_{HB}} = 1 \qquad (65{,}23\,\mathrm{a})$$

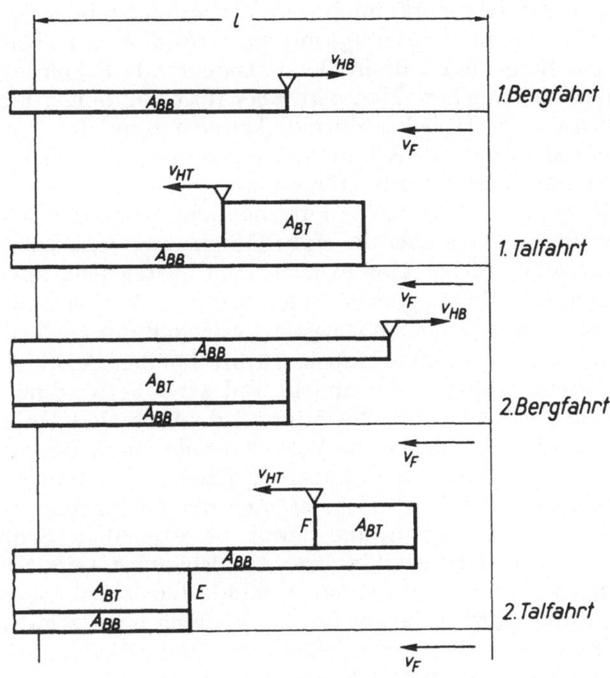

Abb. 65,5. Beladung des Förderers beim Hobeln mit Überholgeschwindigkeit: $v_F < v_{HT}$

In diesem Falle befindet sich auf dem Förderer die Kohlenmenge von zwei Hobelbergfahrten und einer Hobeltalfahrt. Damit ergibt sich der *Beladungsquerschnitt*

$$A_{B_s} = 2 A_{BB} + A_{BT}$$

$$A_{B_s} = h_{Fl} \cdot S_{Fl} \left(\Delta b_B \frac{2 v_{HB}}{v_{HB} + v_F} + \Delta b_T \frac{v_{HT}}{v_{HT} - v_F} \right) \qquad (65{,}24)$$

Mit Gl. (65,24) beträgt der *gleichmäßige Förderstrom* [1]

$$\dot V = A_{B_s} \cdot v_F = h_{Fl} \cdot S_{Fl} \cdot v_F \left(\Delta b_B \frac{2\,v_{HB}}{v_{HB} + v_F} + \Delta b_T \frac{v_{HT}}{v_{HT} - v_F} \right) \qquad (65,25)$$

Für ungleichmäßigen Austrag ergeben sich schwerer zu übersehende Verhältnisse. Hierzu sei auf die angegebene Arbeit von SANN und KNISSEL verwiesen. Man wird aber zur besseren Ausnutzung des Strebförderers und vor allem der nachgeschalteten Streckenfördermittel immer gleichmäßigen Austrag anstreben. Hierfür folgt aus Gl. (65,23a)

$$v_F = \frac{v_{HB} \cdot v_{HT}}{2\,v_{HB} + v_{HT}} \qquad (65,26)$$

Diese Gleichung gilt nur für $\Delta b_B = \Delta b_T$ und $v_{FB} = v_{FT} = v_F$.

Im Gegensatz zum herkömmlichen Verfahren ist beim Hobeln mit Überholgeschwindigkeit $v_F < v_{HT}$ mit *unterschiedlichen* Hobelgeschwindigkeiten bei Berg- und Talfahrt keine bedeutende Erhöhung des Flächenverhiebs zu erreichen. Man wird aber für einen hohen Flächenverhieb *möglichst große* Hobelgeschwindigkeiten fahren. Da der Flächenverhieb außerdem von der Schnittbreite abhängt, muß noch die Frage der erreichbaren Schnittbreite erörtert werden:

Es sind mancherlei Versuche unternommen worden, mit dem Ziel, eine allgemeine Aussage über die Hobelfähigkeit verschiedener Kohlenarten zu erhalten. Bisher gibt es noch kein ausreichend zuverlässiges Verfahren, durch Messungen zu einer sicheren Voraussage über die Hobelfähigkeit zu kommen. Wir wissen zwar, daß nur ein Teil der über die Hobelkette eingeleiteten Hobelzugkraft für den Schälvorgang zur Verfügung steht, während der andere Teil zur Überwindung der Reibung und für die Ladearbeit benötigt wird. Auch sind Hobelanlagen entwickelt worden, bei denen die Verlustanteile durch Reibung (Gleithobel) oder die Anteile für die Ladearbeit (Reißhaken- und Megahobel) vermindert worden sind. Aber soviel auch die Ausführung der Hobelanlage auf den Schälvorgang und damit die erreichbare Schnittbreite Einfluß hat, die Art der Ausbildung des Kohlenstoßes, seine Schlechtenbildung und vieles andere mehr haben mindestens einen ebenso bedeutenden Einfluß. Es wird darum für die Planung einer schälenden Gewinnungsanlage in jedem Einzelfalle darauf hinauslaufen, aus den Erfahrungen bei einem ähnlichen Flöz und unter ähnlichen Verhältnissen auf die zweckmäßige Vorgabe zu schließen und diese erforderlichenfalls im Betrieb später zu korrigieren.

---

[1] Auch für dieses Überholverfahren definiert SCHRIEVER einen Gleichmäßigkeitsgrad $\varphi_{\ddot u}$. Er ergibt sich ähnlich wie in Fußnote 1 S. 310 angegeben, diesmal aber zu:

$$\varphi_{\ddot u} = \frac{\dfrac{\Delta b_B}{\Delta b_T} + 1}{2 \dfrac{\Delta b_B}{\Delta b_T} \dfrac{2}{\dfrac{v_H}{v_F} + 1} + \dfrac{2}{\dfrac{v_H}{v_F} - 1}}$$

Da aber die erreichbare Schnittbreite mit der verfügbaren Hobelzugkraft und wahrscheinlich auch mit der Hobelgeschwindigkeit irgendwie zu- oder abnimmt, ist zu bedenken, daß sich für gleiche Antriebsleistungen die verfügbare Zugkraft mit höherer Hobelgeschwindigkeit verringert. Man nimmt heute an, daß man die Antriebsleistung etwa proportional mit der Hobelgeschwindigkeit steigern muß, um die bei niedriger Geschwindigkeit erreichte Schnittbreite beibehalten zu können.

d) Beispiele zur Planung schälender Gewinnungsanlagen

An einigen Beispielen sollen Überlegungen zur Planung von schälenden Gewinnungsmaschinen angestellt werden. Dabei soll zunächst an einem Beispiel das Hobeln mit gleichen Berg- und Talfahrtgeschwindigkeiten dargestellt werden. Anschließend werden Gewinnungsmaschinen nach dem herkömmlichen Verfahren $v_F > v_{HT}$, aber $v_{HB} > v_{HT}$ und solche mit Überholgeschwindigkeit $v_F < v_{HT}$ dargestellt und miteinander verglichen.

Beispiel I: Es sollen Abbaubetriebe für Flöze mit 0,6 m bis 2,0 m Mächtigkeit für die schälende Gewinnung nach den technischen Möglichkeiten untersucht werden. Dabei soll das herkömmliche Verfahren $v_F > v_{HT}$ mit gleichen Geschwindigkeiten $v_H = 0{,}38$ m/s bei Berg- und Talfahrt und gleichbleibenden Schnittbreiten $\Delta b_B = \Delta b_T = 0{,}08$ m zur Anwendung kommen. Der verwendete Strebförderer hat einen Füllquerschnitt $A_{F\ddot{u}} = 0{,}2$ m². Die Fördergeschwindigkeit sei a) $v_F = 0{,}63$ m/s und b) $v_F = 0{,}90$ m/s. Schüttungszahl $S_{Fl} = 1{,}65$ rm³/fm³; Arbeitszeit vor Ort je Schicht $t_{\text{avo}} = 360$ min/S; Zeitausnutzungsgrad $\eta_t = 0{,}60$.

Lösung: Der Nettoflächenverhieb ergibt sich nach Gl. (65,10)

$$\dot{A}_N = (\Delta b_B + \Delta b_T)\,\frac{v_{HB} \cdot v_{HT}}{v_{HB} + v_{HT}} = (0{,}08 + 0{,}08)\ \text{m}\ \frac{0{,}38\ \text{m/s} \cdot 0{,}38\ \text{m/s}}{(0{,}38 + 0{,}38)\ \text{m/s}}\ 60\ \text{s/min}$$

$$= 1{,}824\ \text{m}^2/\text{min}$$

Die Gewinnungsmenge je Schicht ist nach Gl. (65,11 b)

$$\dot{V}_{HS} = h_{Fl} \cdot t_{\text{avo}} \cdot \eta_t \cdot \dot{A}_N = h_{Fl} \cdot 360\ \text{min/S} \cdot 0{,}60 \cdot 1{,}824\ \text{m}^2/\text{min} = h_{Fl} \cdot 394\ \text{in fm}^3/\text{S}$$

Zu a): Die Beladungsquerschnitte sind nach den Gln. (65,15a) und (65,15b) mit Bergfahrtkohle:

$$A_{BB} = h_{Fl} \cdot S_{Fl} \cdot \Delta b_B\ \frac{v_{HB}}{v_F + v_{HB}}$$

$$= h_{Fl} \cdot 1{,}65\ \text{rm}^3/\text{fm}^3 \cdot 0{,}08\ \text{m}\ \frac{0{,}38\ \text{m/s}}{(0{,}63 + 0{,}38)\ \text{m/s}} = h_{Fl} \cdot 0{,}0497\ \text{in m}^2$$

mit Talfahrtkohle:

$$A_{BT} = h_{Fl} \cdot S_{Fl} \cdot \Delta b_T\ \frac{v_{HT}}{v_F - v_{HT}}$$

$$= h_{Fl} \cdot 1{,}65\ \text{rm}^3/\text{fm}^3 \cdot 0{,}08\ \text{m}\ \frac{0{,}38\ \text{m/s}}{(0{,}63 - 0{,}38)\ \text{m/s}} = h_{Fl} \cdot 0{,}201\ \text{in m}^2$$

Damit ergibt sich der Förderstrom nach den Gln. (65,16a) und (65,16b) für die Bergfahrtkohle:

$$\dot{V}_B = A_{BB} \cdot v_F = (h_{Fl} \cdot 0{,}0497)\ \text{m}^2 \cdot 0{,}63\ \text{m/s} \cdot 3\,600\ \text{s/h} = h_{Fl} \cdot 112{,}7\ \text{in rm}^3/\text{h}$$

für die Talfahrtkohle:

$$\dot{V}_T = A_{BT} \cdot v_F = (h_{Fl} \cdot 0{,}201)\ \text{m}^2 \cdot 0{,}63\ \text{m/s} \cdot 3\,600\ \text{s/h} = h_{Fl} \cdot 455\ \text{in rm}^3/\text{h}$$

Die Ergebnisse dieser nur von der Flözmächtigkeit abhängigen Gleichungen sind in Zahlentafel I a zusammengefaßt.

Zu b): Der Nettoflächenverhieb $\dot{A}_N$ und die Gewinnungsmenge je Schicht $\dot{V}_{HS}$ ergeben sich wie zu a)

Beladungsquerschnitte:

mit Bergfahrtkohle:

$$A_{BB} = h_{Fl} \cdot 1{,}65 \text{ rm}^3/\text{fm}^3 \cdot 0{,}08 \text{ m} \, \frac{0{,}38 \text{ m/s}}{(0{,}9 + 0{,}38) \text{ m/s}} = h_{Fl} \cdot 0{,}0392 \text{ in m}^2$$

mit Talfahrtkohle:

$$A_{BT} = h_{Fl} \cdot 1{,}65 \text{ rm}^3/\text{fm}^3 \cdot 0{,}08 \text{ m} \, \frac{0{,}38 \text{ m/s}}{(0{,}9 - 0{,}38) \text{ m/s}} = h_{Fl} \cdot 0{,}0964 \text{ in m}^2$$

Der Förderstrom für die Bergfahrtkohle:

$$\dot{V}_B = A_{BB} \cdot v_F = (h_{Fl} \cdot 0{,}0392) \text{ m}^2 \cdot 0{,}9 \text{ m/s} \cdot 3\,600 \text{ s/h} = h_{Fl} \cdot 127 \text{ in rm}^3/\text{h}$$

für die Talfahrtkohle:

$$\dot{V}_T = A_{BT} \cdot v_F = (h_{Fl} \cdot 0{,}0964) \text{ m}^2 \cdot 0{,}9 \text{ m/s} \cdot 3\,600 \text{ s/h} = h_{Fl} \cdot 312 \text{ in rm}^3/\text{h}$$

Die Ergebnisse dieser zu b) nur von der Flözmächtigkeit abhängigen Gleichungen sind in Zahlentafel I b) zusammengefaßt.

Die Aufstellung der Ergebnisse in den Zahlentafeln I a) und I b) zeigt, daß der maximale Nettoflächenverhieb bei der gewählten Schnittbreite von 0,08 m in beiden Fällen, d. h. unabhängig von der Fördergeschwindigkeit theoretisch $\dot{A}_N = 1{,}824 \text{ m}^2/\text{min}$ beträgt. Vor allem wird deutlich, wie außerordentlich ungleichförmig die Beladung der Fördermittel ist. Für Beispiel I a) liegt das Verhältnis von Talfahrt- zu Bergfahrtkohle bei etwa 4, für das Beispiel I b bei etwa 2,5. Diese große Ungleichförmigkeit kommt darin zum Ausdruck, daß im Beispiel I a bereits bei 1,0 m Flözmächtigkeit der Füllquerschnitt des Strebförderers bei Hobeltalfahrt nicht ausreicht, während er bei Hobelbergfahrt selbst bei 2,0 m Mächtigkeit nur zu 50% ausgenutzt ist. In der Praxis hilft man sich zur Vermeidung von Überladungen dann dadurch, daß der Hobel auf der Talfahrt zeitweise stillgesetzt wird. Der theoretisch mögliche Flächenverhieb $\dot{A}_N = 1{,}824 \text{ m}^2/\text{min}$ wird dadurch erheblich verringert.

Im Beispiel I b) mit $v_F = 0{,}9 \text{ m/s}$ reicht der Füllquerschnitt von $A_{Fü} = 0{,}2 \text{ m}^2$ zwar bis zu 2,0 m Flözmächtigkeit aus. Die stark schwankenden Beladungen mit Bergfahrt- und Talfahrtkohle und damit die unterschiedlichen Förderströme ergeben jedoch auf der Talfahrt sehr große Beladungen und Förderströme. Diese erreichen im Beispiel I b) für 2,0 m Mächtigkeit 624 rm³/h, das ergibt bei einer Schüttdichte $\varrho_H = 1{,}0 \text{ t/rm}^3$ ein Massenstrom von 624 t/h. Man kann leicht nachrechnen, daß Antriebsleistungen für derartige Förderströme kaum noch zu installieren sind, und man wird selbst mit den theoretisch erforderlichen Antriebsleistungen große Anfahrschwierigkeiten mit beladenem Förderer bekommen.

Da für die Größe der Antriebsleistung unter anderem die Neigung des Förderers sowie die Reibungsverhältnisse eine Rolle spielen, soll hier zunächst willkürlich eine obere Grenze des Förderstromes bei

Zahlentafel I a). *Ergebnisse zum Beispiel I a):*
$$v_{HB} = v_{HT} = 0,38 \text{ m/s}; \quad v_F = 0,63 \text{ m/s}; \quad \Delta b_B = \Delta b_T = 0,08 \text{ m}$$

Flözmächtigkeit h_{Fl} in m		0,6	0,8	1,0	1,2	1,4	1,6	1,8	2,0
Beladungsquerschnitt in m² mit	Bergfahrtkohle A_{BB}	0,0298	0,0397	0,0497	0,0596	0,0696	0,0795	0,0894	0,0994
	Talfahrtkohle A_{BT}	0,1205	0,1607	0,201	0,241	0,281	0,322	0,362	0,402
Förderstrom in rm³/h der	Bergfahrtkohle $\dot{V}_B$	65,5	90	113	135	158	180	203	225
	Talfahrtkohle $\dot{V}_T$	273	364	455	546	637	728	820	912
Gewinnungsmenge e Schicht $\dot{V}_{HS}$ in f m³/S		236	316	394	472	552	630	709	788

Zahlentafel I b). *Ergebnisse zum Beispiel I b)*[1]:
$$v_{HB} = v_{HT} = 0,38 \text{ m/s}; \quad v_F = 0,9 \text{ m/s}; \quad \Delta b_B = \Delta b_T \leq 0,08 \text{ m}$$

Flözmächtigkeit h_{Fl} in m		0,6	0,8	1,0	1,2	1,4	1,6	1,8	2,0
Beladungsquerschnitt in m² mit	Bergfahrtkohle A_{BB}	0,0235	0,0314	0,0392	0,047	0,0548 (0,0502)	0,0627 (0,0502)	0,0706 (0,0502)	0,0784 (0,0502)
	Talfahrtkohle A_{BT}	0,0578	0,0772	0,0964	0,1157	0,135 (0,1235)	0,1543 (0,1235)	0,1735 (0,1235)	0,1928 (0,1235)
Förderstrom in rm³/h der	Bergfahrtkohle $\dot{V}_B$	76	102	127	152,5	178 (162,5)	203 (162,5)	229 (162,5)	254 (162,5)
	Talfahrtkohle $\dot{V}_T$	187,5	250	312	375	437 (400)	500 (400)	562 (400)	624 (400)
Verringerte Schnittbreite Δb in m bei max. 400 rm³/h Förderstrom						(0,0732)	(0,0640)	(0,0569)	(0,0512)
Nettoflächenverhieb $\dot{A}_N$ in m²/min		1,824	1,824	1,824	1,824	1,824 (1,67)	1,824 (1,46)	1,824 (1,30)	1,824 (1,17)
Gewinnungsmenge ie Schicht $\dot{V}_{HS}$ in fm³/S		236	316	394	473	552 (504)	631 (504)	710 (504)	788 (504)

[1] Die eingeklammerten Werte gelten für eine Begrenzung des Förderstromes auf maximal 400 rm³/h durch verringerte Schnittbreite, Berg- und Talfahrt des Hobels gleichbleibend.

400 rm³/h angenommen werden. Für größeren Förderstrom ist in Zahlentafel I b) eine verringerte Schnittbreite $\Delta b'$ (gleichbleibend bei Berg- und Talfahrt) berechnet. Mit dieser verringerten Schnittbreite sind die verringerten Beladungsquerschnitte, Förderströme, Flächenverhieb und Gewinnungsmenge je Schicht berechnet und in Zahlentafel I b) in Klammern angegeben.

Einen höheren Flächenverhieb und damit größere Gewinnungsmenge sowie einen Ausgleich dieser Beladungsunterschiede erreichen wir nun beim herkömmlichen Hobelverfahren $v_F > v_{HT}$ nur mit Erhöhung der Bergfahrtgeschwindigkeit des Hobels $v_{HB} > v_{HT}$ oder beim Hobeln mit Überholgeschwindigkeit $v_F < v_{HT}$, wie es in einem weiteren Beispiel gezeigt werden soll.

Beispiel II: Es sollen Abbaubetriebe wie im Beispiel I für Flöze mit 0,6 m bis 2,0 m Mächtigkeit für die schälende Gewinnung unter folgenden Annahmen geplant werden:

1. Für das herkömmliche Verfahren: $v_F > v_{HT}$ soll das Verhältltnis der Hobelgeschwindigkeit bei Berg- und Talfahrt mit $f = v_{HB} : v_{HT} = 2,5$ angenommen werden. Hierfür sei a) $\Delta b_B = \Delta b_T = 0,08$ m, b) $\Delta b_B = 1,5 \Delta b_T = 0,08$ m, c) $\Delta b_B = 1,5 \Delta b_T = 0,105$ m.

2. Für die schälende Gewinnung mit Überholgeschwindigkeit: $v_F < v_{HT}$ sollen die Hobelgeschwindigkeiten bei Berg- und Talfahrt mit $v_{HB} = v_{HT} = 1,5$ m/s und die Schnittbreite mit $\Delta b_B = \Delta b_T = 0,04$ m angenommen werden.

Der verwendete Strebförderer habe einen Füllquerschnitt $A_{Fü} = 0,2$ m². Auch in diesem Beispiel soll ein Förderstrom $\dot{V}$ von 400 rm³/h als obere Grenze angenommen werden. Schüttungszahl $S_{Fl} = 1,65$ rm³/fm³.

Lösung: Zu 1a): Gegeben $\Delta b_B = \Delta b_T = 0,08$ m; $f = \dfrac{v_{HB}}{v_{HT}} = 2,5$. Gewählt nach Abb. 65,3

$$v_{HB} = 0,9 \text{ m/s}$$

Dann ist

$$v_{HT} = \frac{v_{HB}}{f} = \frac{0,9 \text{ m/s}}{2,5} = 0,36 \text{ m/s}$$

Nach Gl. (65,19) ist die Fördergeschwindigkeit für gleichmäßigen Austrag

$$v_F = \frac{2\,v_{HB} \cdot v_{HT}}{v_{HB} - v_{HT}} = \frac{2 \cdot 0,9 \text{ m/s} \cdot 0,36 \text{ m/s}}{(0,9 - 0,36) \text{ m/s}} = 1,2 \text{ m/s}$$

Das entspricht auch Abb. 65,3. Ferner Kontrolle nach Gl. (65,20 b)

$$\frac{v_F}{v_{HB}} = \frac{2}{f - 1} = \frac{2}{2,5 - 1} = 1,33$$

$$v_F = 1,33 \cdot v_{HB} = 1,33 \cdot 0,9 \text{ m/s} = 1,2 \text{ m/s}$$

Der Beladungsquerschnitt ergibt sich nach Gl. (65,17)

$$A_{BB} = A_{BT}$$

$$h_{Fl} \cdot S_{Fl} \cdot \Delta b_B \frac{v_{HB}}{v_F + v_{HB}} = h_{Fl} \cdot S_{Fl} \cdot \Delta b_T \frac{v_{HT}}{v_F - v_{HT}}$$

$$h_{Fl} \cdot 1,65 \frac{\text{rm}^3}{\text{fm}^3}\, 0,08 \text{ m} \frac{0,9 \text{ m/s}}{(1,2 + 0,9) \text{ m/s}} = h_{Fl} \cdot 1,65 \frac{\text{rm}^3}{\text{fm}^3}\, 0,08 \text{ m} \frac{0,36 \text{ m/s}}{(1,2 - 0,36) \text{ m/s}}$$

$$h_{Fl} \cdot 0,05656 \text{ in m}^2 = h_{Fl} \cdot 0,05656 \text{ in m}^2$$

Der Nettoflächenverhieb beträgt nach Gl. (65,10)

$$\dot{A}_N = (\varDelta b_B + \varDelta b_T) \frac{v_{HB} \cdot v_{HT}}{v_{HB} + v_{HT}}$$

$$= (0{,}08 + 0{,}08) \text{ m } \frac{0{,}9 \text{ m/s} \cdot 0{,}36 \text{ m/s}}{(0{,}9 + 0{,}36) \text{ m/s}} 60 \text{ s/min} = 2{,}47 \text{ m}^2\text{/min}$$

Der Förderstrom ergibt sich nach Gl. (65,18a)

$$\dot{V} = A_{BB} \cdot v_F = (h_{Fl} \cdot 0{,}05656) \text{ m}^2 \cdot 1{,}2 \text{ m/s} \cdot 3600 \text{ s/h} = h_{Fl} \cdot 244 \text{ in rm}^3\text{/h}.$$

Die Ergebnisse dieser nur noch von der Flözmächtigkeit abhängigen Gleichungen sind in Zahlentafel II, 1a zusammengefaßt.

Soll nun der Förderstrom wie schon im Beispiel I 400 rm³/h nicht überschreiten, muß beim Erreichen eines höheren Förderstromes die Schnittbreite proportional vermindert werden. Hierfür berechnet sich dann die zulässige Schnittbreite $\varDelta b'$ zu:

$$\frac{\varDelta b'}{\varDelta b} = \frac{400 \text{ rm}^3\text{/h}}{(h_{Fl} \cdot 244) \text{ rm}^3\text{/h}}$$

$$\varDelta b' = \frac{400 \text{ rm}^3\text{/h}}{(h_{Fl} \cdot 244) \text{ rm}^3\text{/h}} \varDelta b = \frac{400 \text{ rm}^3\text{/h} \cdot 0{,}08 \text{ m}}{(h_{Fl} \cdot 244) \text{ rm}^3\text{/h}} \quad \text{in m}$$

Auch der Nettoflächenverhieb verringert sich mit kleinerer Schnittbreite $\varDelta b'$ für gleiche Schnittbreite bei Berg- und Talfahrt zu

$$\dot{A}'_N = \frac{\dot{A}_N \cdot \varDelta b'}{\varDelta b} = \frac{2{,}47 \text{ m}^2\text{/min}}{0{,}08 \text{ m}} \varDelta b' \quad \text{in m}^2\text{/min}$$

Und schließlich verringert sich der Beladungsquerschnitt A_B zu

$$A'_B = \frac{(h_{Fl} \cdot 0{,}05656) \text{ m}^2}{0{,}08 \text{ m}} \cdot \varDelta b' \quad \text{in m}^2$$

Die Ergebnisse für den auf 400 rm³/h begrenzten Förderstrom sind in Zahlentafel II, 1a) in Klammern angegeben.

Zahlentafel II, 1a). *Ergebnisse zum Beispiel II. 1a)*[1]
$$v_F > v_{HT}, \varDelta b_B = \varDelta b_T = 0{,}08 \text{ m}$$

Flözmächtigkeit h_{Fl} in m	0,6	0,8	1,0	1,2	1,4	1,6	1,8	2,0
Beladungsquerschnitt $A_{BB} = A_{BT}$ in m²	0,0339	0,0453	0,0566	0,0679	0,0792	0,0905	0,1018 (0,0925)	0,113 (0,0925)
Förderstrom $\dot{V}$ in rm³/h	146,5	196	244	293	342	392	440 (400)	488 (400)
zulässige Schnittbreite $\varDelta b$ bzw. $\varDelta b'$ in m	0,08	0,08	0,08	0,08	0,08	0,08	0,08 (0,0728)	0,08 (0,0655)
Nettoflächenverhieb $\dot{A}_N$ bzw. $\dot{A}'_N$ in m²/min	2,47	2,47	2,47	2,47	2,47	2,47	2,47 (2,248)	2,47 (2,02)

[1] Eingeklammerte Werte gelten für maximal 400 rm³/h begrenzten Förderstrom.

Lösung zu 1b): Gegeben $\Delta b_B = 1,5\,\Delta b_T = 0,08$ m; dann ist

$$\Delta b_T = \frac{\Delta b_B}{1,5} = \frac{0,08\text{ m}}{1,5} = 0,0533\text{ m}$$

Wir wählen nach Abb. 65,4 für $f = \dfrac{v_{HB}}{v_{HT}} = 2,5$

$$v_F = 1,1\text{ m/s und damit } v_{HB} = 1,21\text{ m/s}$$

Damit wird $v_{HT} = \dfrac{v_{HB}}{f} = \dfrac{1,21\text{ m/s}}{2,5} = 0,484$ m/s

Prüft man die Fördergeschwindigkeit v_F mit Gl. (65,21) nach, so ergibt sich

$$v_F = \frac{2,5 \cdot v_{HB} \cdot v_{HT}}{1,5 \cdot v_{HB} - v_{HT}} = \frac{2,5 \cdot 1,21\text{ m/s} \cdot 0,484\text{ m/s}}{1,5 \cdot 1,21\text{ m/s} - 0,484\text{ m/s}} = 1,1\text{ m/s}$$

bzw. nach Gl. (65,20c)

$$\frac{v_F}{v_{HB}} = \frac{2,5}{1,5f - 1} = \frac{2,5}{1,5 \cdot 2,5 - 1} = 0,909$$

$$v_F = 0,909 \cdot v_{HB} = 0,909 \cdot 1,21\text{ m/s} = 1,1\text{ m/s}$$

Beladungsquerschnitt nach Gl. (65,17)

$$A_{BB} = h_{Fl} \cdot S_{Fl} \cdot \Delta b_B \frac{v_{HB}}{v_F + v_{HB}} = h_{Fl} \cdot 1,65\,\frac{\text{rm}^3}{\text{fm}^3} \cdot 0,08\text{ m}\,\frac{1,21\text{ m/s}}{1,1\text{ m/s} + 1,21\text{ m/s}}$$

$$= h_{Fl} \cdot 0,0691\text{ in m}^2$$

Förderstrom nach Gl. (65,18a)

$$\dot{V} = A_{BB} \cdot v_F = (h_{Fl} \cdot 0,0691)\text{ m}^2 \cdot 1,1\text{ m/s} = h_{Fl} \cdot 0,076\text{ in rm}^3/\text{s}$$

$$= (h_{Fl} \cdot 0,076)\text{ rm}^3/\text{s} \cdot 3\,600\text{ s/h} = h_{Fl} \cdot 273,6\text{ in rm}^3/\text{h}$$

Soll der Förderstrom 400 rm³/h nicht überschreiten, muß bei Erreichen eines höheren Förderstromes die Summe der Schnittbreiten $\Delta b_B + \Delta b_T$ proportional vermindert werden. Diese verringerte Schnittbreitensumme ergibt sich zu

$$(\Delta b_B + \Delta b_T)' = \frac{400\text{ rm}^3/\text{h}\,(0,08 + 0,0533)\text{ m}}{(h_{Fl} \cdot 273,6)\text{ rm}^3/\text{h}} = \frac{0,195}{h_{Fl}}\text{ in m}$$

Zahlentafel II, 1b). *Ergebnisse zum Beispiel II, 1b)*
$$v_F > v_{HT};\quad \Delta b_B = 1,5\,\Delta b_T = 0,08\text{ m}$$

Flözmächtigkeit h_{Fl} in m	0,6	0,8	1,0	1,2	1,4	1,6	1,8	2,0
Beladungsquerschnitt $A_{BB} = A_{BT}$ in m²	0,0415	0,0553	0,0691	0,083	0,0967	0,1106 (0,101)	0,1245 (0,101)	0,1382 (0,101)
Förderstrom $\dot{V}$ in rm³/h	164	219	273,6	328	383	438 (400)	492 (400)	547 (400)
Zulässige Schnittbreitensumme $\Delta b_B + \Delta b_T$ in m	0,1333	0,1333	0,1333	0,1333	0,1333	0,1333 (0,1219)	0,1333 (0,1082)	0,1333 (0,0975)
Nettoflächenverhieb $\dot{A}_N$ bzw. $\dot{A}'_N$ in m²/min	2,765	2,765	2,765	2,765	2,765	2,765 (2,53)	2,765 (2,242)	2,765 (2,02)

Der Nettoflächenverhieb ergibt sich nach Gl. (65,10)

$$\dot{A}_N = (\Delta b_B + \Delta b_T)\,\frac{v_{HB}\cdot v_{HT}}{v_{HB}+v_{HT}} = (0{,}08 + 0{,}0533)\ \text{m}\cdot\frac{1{,}21\ \text{m/s}\cdot 0{,}484\ \text{m/s}}{(1{,}21+0{,}484)\ \text{m/s}}\,60\ \text{s/min}$$

$$= 2{,}765\ \text{m}^2/\text{min}$$

Der Flächenverhieb verringert sich mit der kleineren Schnittbreitensumme:

$$\dot{A}_N' = \dot{A}_N\,\frac{(\Delta b_B + \Delta b_T)'}{\Delta b_B + \Delta b_T} = \frac{2{,}765\ \text{m}^2/\text{min}}{(0{,}08 + 0{,}0533)\ \text{m}}\,(\Delta b_B + \Delta b_T)'$$

Die Ergebnisse dieser nur noch von der Flözmächtigkeit abhängigen Gleichungen sind in Zahlentafel II, 1b) zusammengefaßt.

Lösung zu 1 c): Gegeben $\Delta b_B = 1{,}5\ \Delta b_T = 0{,}105$ m. Dann ist

$$\Delta b_T = \frac{\Delta b_B}{1{,}5} = \frac{0{,}105\ \text{m}}{1{,}5} = 0{,}07\ \text{m}$$

Die Geschwindigkeitspaarungen sollen bleiben wie zu 1b):

$$v_{HB} = 1{,}21\ \text{m/s}; \quad v_{HT} = 0{,}484\ \text{m/s}; \quad v_F = 1{,}1\ \text{m/s}$$

Beladungsquerschnitt nach Gl. (65,17)

$$A_{BB} = h_{Fl}\cdot S_{Fl}\cdot \Delta b_B\,\frac{v_{HB}}{v_F+v_{HB}} = h_{Fl}\cdot 1{,}65\ \text{rm}^3/\text{fm}^3\cdot 0{,}105\ \text{m}\,\frac{1{,}21\ \text{m/s}}{(1{,}1+1{,}21)\ \text{m/s}}$$

$$= h_{Fl}\cdot 0{,}0907\ \text{in m}^2$$

Förderstrom nach Gl. (65,18a)

$$\dot{V} = A_{BB}\cdot v_F = (h_{Fl}\cdot 0{,}0907)\ \text{m}^2\cdot 1{,}1\ \text{m/s} = h_{Fl}\cdot 0{,}09977\ \text{in rm}^3/\text{s}$$

$$= (h_{Fl}\cdot 0{,}09977)\ \text{rm}^3/\text{s}\cdot 3\,600\ \text{s/h} = h_{Fl}\cdot 359\ \text{in rm}^3/\text{h}$$

Soll hier wieder der Förderstrom 400 rm³/h nicht überschreiten, muß bei Erreichen eines höheren Förderstromes die Summe der Schnittbreiten $\Delta b_B + \Delta b_T$ proportional vermindert werden.

$$(\Delta b_B + \Delta b_T)' = \frac{400\ \text{rm}^3/\text{h}\,(0{,}105+0{,}07)\ \text{m}}{(h_{Fl}\cdot 359)\ \text{rm}^3/\text{h}} = \frac{0{,}195}{h_{Fl}}\ \text{in m}$$

Zahlentafel II, 1 c). *Ergebnisse zum Beispiel II, 1 c)*
$v_F > v_{HT}; \quad \Delta b_B = 1{,}5\ \Delta b_T = 0{,}105\ \text{m}$

Flözmächtigkeit h_{Fl} in m	0,6	0,8	1,0	1,2	1,4	1,6	1,8	2.0
Beladungsquerschnitt $A_{BB} = A_{BT}$ in m²	0,0544	0,0726	0,0907	0,109 (0,101)	0,127 (0,101)	0,145 (0,101)	0,1635 (0,101)	0,1815 (0,101)
Förderstrom $\dot{V}$ in rm³/h	215,5	287	359	432 (400)	503 (400)	574 (400)	647 (400)	718 (400)
Zulässige Schnittbreitensumme $\Delta b_B + \Delta b_T$ in m	0,175	0,175	0,175	0,175 (0,1625)	0,175 (0,1392)	0,175 (0,1219)	0,175 (0,1082)	0,175 (0,0975)
Nettoflächenverhieb $\dot{A}_N$ bzw. $\dot{A}_N'$ in m²/min	3,63	3,63	3,63	3,63 (3,37)	3,63 (2,89)	3,53 (2,53)	3,63 (2,242)	3,63 (2,02)

Der Nettoflächenverhieb ergibt sich nach Gl. (65,10)

$$\dot{A}_N = (\Delta b_B + \Delta b_T)\frac{v_{HB}\cdot v_{HT}}{v_{HB}+v_{HT}} = (0{,}105 + 0{,}07)\,\text{m}\,\frac{1{,}21\,\text{m/s}\cdot 0{,}484\,\text{m/s}}{(1{,}21+0{,}484)\,\text{m/s}}\,60\text{s/min}$$

$$= 3{,}63\,\text{m}^2/\text{min}$$

Auch der Nettoflächenverhieb verringert sich mit der kleineren Schnittbreitensumme:

$$\dot{A}'_N = \dot{A}_N\frac{(\Delta b_B + \Delta b_T)'}{\Delta b_B + \Delta b_T} = \frac{3{,}63\,\text{m}^2/\text{min}}{(0{,}105+0{,}07)\,\text{m}}(\Delta b_B + \Delta b_T)'$$

Die Ergebnisse dieser nur noch von der Flözmächtigkeit abhängigen Gleichungen sind in Zahlentafel II, 1c) zusammengefaßt.

Lösung zu 2): $v_F < v_{HT}$

Gegeben: $\Delta b_B = \Delta b_T = 0{,}04\,\text{m};\quad v_{HB} = v_{HT} = 1{,}5\,\text{m/s}$

Nach Gl. (65,26)

$$v_F = \frac{v_{HB}\cdot v_{HT}}{2\,v_{HB}+v_{HT}} = \frac{1{,}5\,\text{m/s}\cdot 1{,}5\,\text{m/s}}{(2\cdot 1{,}5+1{,}5)\,\text{m/s}} = 0{,}5\,\text{m/s}$$

Nach Gl. (65,24)

$$A_{B3} = h_{Fl}\cdot S_{Fl}\left(\Delta b_B\,\frac{2\,v_{HB}}{v_{HB}+v_F} + \Delta b_T\,\frac{v_{HT}}{v_{HT}-v_F}\right)$$

$$= h_{Fl}\cdot 1{,}65\,\frac{\text{rm}^3}{\text{fm}^3}\left(0{,}04\,\text{m}\,\frac{2\cdot 1{,}5\,\text{m/s}}{(1{,}5+0{,}5)\,\text{m/s}} + 0{,}04\,\text{m}\,\frac{1{,}5\,\text{m/s}}{(1{,}5-0{,}5)\,\text{m/s}}\right)$$

$$= h_{Fl}\cdot 0{,}198\,\text{in}\,\text{m}^2 = h_{Fl}\cdot \Delta b\cdot 4{,}95\,\text{in}\,\text{m}^2$$

Da der Füllquerschnitt $A_{Fü} = 0{,}2\,\text{m}^2$ beträgt, muß bei Überschreiten der Beladungsquerschnitt dadurch vermindert werden, daß die Schnittbreite bei Berg- und Talfahrt entsprechend verringert wird:

$$A_{Fü} = h_{Fl}\cdot \Delta b'\cdot 4{,}95$$

$$\Delta b' = \frac{A_{Fü}}{h_{Fl}\cdot 4{,}95} = \frac{0{,}2}{h_{Fl}\cdot 4{,}95} = \frac{0{,}0404}{h_{Fl}}\,\text{in}\,\text{m}$$

Der Förderstrom beträgt nach Gl. (65,25)

$$\dot{V} = A_{B3}\cdot v_F = (h_{Fl}\cdot 0{,}198)\,\text{m}^2\cdot 0{,}5\,\text{m/s}\cdot 3\,600\,\text{s/h}$$

$$= h_{Fl}\cdot 356{,}4\,\text{in}\,\text{rm}^3/\text{h}$$

bzw. für die verringerte Schnittbreite

$$\dot{V}' = A_{Fü}\cdot v_F = 0{,}2\,\text{m}^2\cdot 0{,}5\,\text{m/s}\cdot 3\,600\,\text{s/h} = 360\,\text{rm}^3/\text{h}$$

Der Nettoflächenverhieb ergibt sich nach Gl. (65,10)

$$\dot{A}_N = (\Delta b_B + \Delta b_T)\frac{v_{HB}\cdot v_{HT}}{v_{HB}+v_{HT}} = (0{,}04 + 0{,}04)\,\text{m}\,\frac{1{,}5\,\text{m/s}\cdot 1{,}5\,\text{m/s}}{(1{,}5+1{,}5)\,\text{m/s}}\,60\,\text{s/min}$$

$$= 3{,}60\,\text{m}^2/\text{min}$$

bzw. für verringerte Schnittbreite

$$\dot{A}'_N = \dot{A}_N\frac{\Delta b'}{\Delta b} = \frac{3{,}60\,\text{m}^2/\text{min}}{0{,}04\,\text{m}}\,\Delta b' = 90\,\Delta b'\,\text{in}\,\text{m}^2/\text{min}$$

Die Ergebnisse dieser nur noch von der Flözmächtigkeit abhängigen Gleichungen sind in Zahlentafel II, 2 zusammengfeaßt.

Zahlentafel II, 2. *Ergebnisse zum Beispiel II, 2*
$$v_F < v_{HT}; \quad \varDelta b_B = \varDelta b_T \leq 0{,}04 \text{ m}$$

Flözmächtigkeit h_{Fl} in m	0,6	0,8	1,0	1,2	1,4	1,6	1,8	2,0
Beladungsquerschnitt A_{B3} bzw. $A_{Fü}$ in m²	0,1188	0,1585	0,198	0,20	0,20	0,20	0,20	0,20
zulässige Schnittbreite $\varDelta b_B = \varDelta b_T$ in m	0,04	0,04	0,04	0,03388	0,0289	0,02525	0,02245	0,0202
Förderstrom $\dot V$ bzw. $\dot V'$ in rm³/h	214	285	356,4	360	360	360	360	360
Nettoflächenverhieb $\dot A_N$ bzw. $\dot A'_N$ in m²/min	3,60	3,60	3,60	3,03	2,60	2,27	2,02	1,82

Die Ergebnisse des Beispiels II sind in Abb. 65,6: Flächenverhieb in Abhängigkeit von der Flözmächtigkeit und Abb. 65,7: Förderstrom in Abhängigkeit von der Flözmächtigkeit dargestellt. Die Abbildungen lassen eine Beurteilung der Möglichkeiten für die beiden Hobelverfahren $v_F > v_{HT}$ und $v_F < v_{HT}$ zu und zeigen, welchen Einfluß Änderungen der Hauptgrößen v_{HB}, v_{HT}, v_F und $\varDelta b$ haben und wo die Grenzen beider Verfahren liegen. Diese Erkenntnisse seien im folgenden zusammengestellt.

1. Beim herkömmlichen Verfahren ist eine Steigerung des Flächenverhiebs möglich durch Erhöhung der Hobelge-

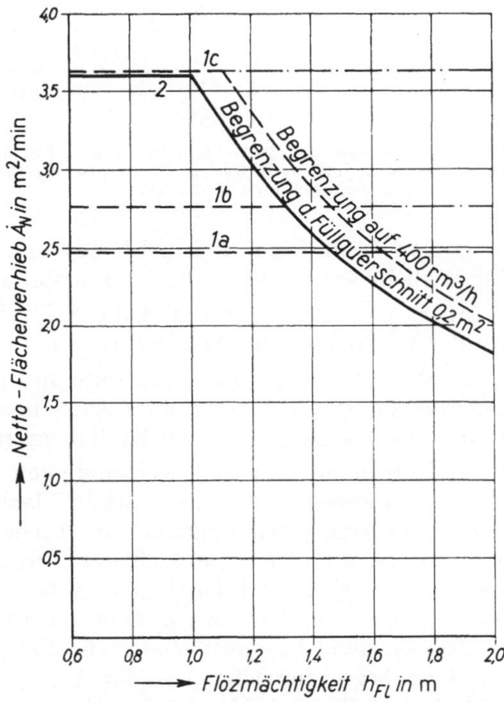

Abb. 65,6. Ergebnisse zum Beispiel II: Flächenverhieb bei schälender Gewinnung und verschiedener Flözmächtigkeit 1. $v_F > v_{HT}$. 1a. $\varDelta b_B = \varDelta b_T = 0{,}08$ m; $v_F = 1{,}2$ m/s; $v_{HB} = 0{,}9$ m/s; $v_{HT} = 0{,}3$ m/s. 1b. $\varDelta b_B = 1{,}5 \varDelta b_T = 0{,}08$ m; 1c. $\varDelta b_B = 1{,}5 \varDelta b_T = 0{,}105$ m; 1b und 1c. $v_F = 1{,}1$ m/s; $v_{HB} = 1{,}21$ m/s; $v_{HT} = 0{,}484$ m/s. 2. $v_F < v_{HT}$; $\varDelta b_B = \varDelta b_T = 0{,}04$ m; $v_F = 0{,}5$ m/s; $v_{HB} = v_{HT} = 1{,}5$ m/s

schwindigkeiten sowie der Schnittbreiten. Allerdings werden dann sehr hohe Fördergeschwindigkeiten erforderlich, was gegebenenfalls bei gleichbleibender installierter Antriebsleistung Anfahrschwierigkeiten beim Förderer hervorrufen könnte. Der Übergang von $\Delta b_B/\Delta b_T = 1$ auf $\Delta b_B/\Delta b_T = 1{,}5$ gestattet bei gleichem Flächenverhieb eine Senkung der notwendigen Fördergeschwindigkeit.

2. Ob die erforderlichen hohen Fördergeschwindigkeiten verwirklicht werden können, hängt davon ab, ob die dafür notwendigen Antriebsleistungen installiert werden können (s. Abschn. e) und ob insbesondere die Anfahrzugkräfte (Anfahrdrehmomente) beim beladenen Förderer ausreichen. Von Bedeutung ist hier die Feuchtigkeit der Kohle sowie die Gestaltung der Übergabe zur Vermeidung von Feinkohle im Untertrumm.

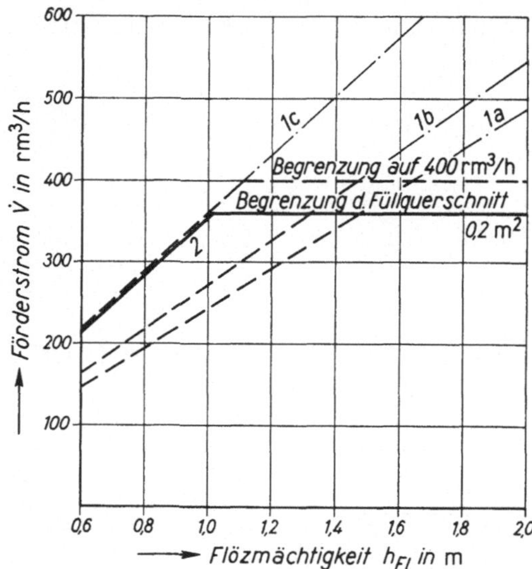

Abb. 65,7. Ergebnisse zum Beispiel II: Förderstrom bei schälender Gewinnung und verschiedener Flözmächtigkeit. Bezeichnungen wie in Abb. 65,6

3. Inwieweit der im Beispiel II 1c) errechnete hohe Flächenverhieb verwirklicht werden kann, hängt in erster Linie davon ab,

a) ob die Kohlenhärte und die Schlechtenbildung Schnittbreiten auf der Bergfahrt von 10,5 cm zulassen,

b) ob die für 10,5 cm Schnittbreite und 1,21 m/s Hobelgeschwindigkeit notwendige Hobelantriebsleistung installiert werden kann, d. h. ob die Drehmomente bzw. die Kettenzugkräfte ausreichen.

4. Hobeln mit Überholgeschwindigkeit bei Flözmächtigkeiten bis etwa 1,0 m gestattet für gleich hohen Flächenverhieb die Anwendung kleiner Fördergeschwindigkeiten bei Hobelzugkräften, die in vertretbaren Grenzen bleiben. Bei kleineren Fördergeschwindigkeiten stehen aber für gleiche Antriebsleistungen größere Drehmomente bzw. Bewegungskräfte in den Ketten vor allem für die Anfahrt zur Verfügung.

Entscheidend ist dabei jedoch die Frage, ob sich die *Schnittbreite* auf 4 cm begrenzen läßt, was für gut gängige Kohle bei günstiger Schlechtenstellung u. U. auf Schwierigkeiten stößt. Die Frage der höchst zulässigen Schnittbreite wird besonders kritisch, je größer die Flözmächtigkeit wird. Schon bei 1,4 m Mächtigkeit darf zur Vermeidung von Überladungen nach Zahlentafel II, 2 die Schnittbreite 2,9 cm nicht überschreiten.

Der in den Beispielen II errechnete hohe Flächenverhieb wirft jedoch noch einige andere Fragen auf, die kurz behandelt werden sollen:

1. Das nachgeschaltete Fördermittel muß dem Förderstrom des Strebfördermittels angepaßt sein. Der angenommene maximale Förderstrom von 400 rm³/h verlangt ein Streckenfördermittel, das sich nach Gl. (65,22) berechnen läßt.

$$\dot{V} = A_B \cdot v_F = A_{BS} \cdot v_S$$

Ein Gurtförderer von 800 mm Breite mit 30° Muldenrollenneigung hat einen Füllquerschnitt von $A_{Fü} = 0{,}0675$ m². Damit ergibt sich nach Gl. (65,22) eine Fördergeschwindigkeit des Gurtförderers

$$v_S = \frac{\dot{V}}{A_{Fü}} = \frac{400 \text{ rm}^3/\text{h}}{3\,600 \text{ s/h} \cdot 0{,}0675 \text{ m}^2} = 1{,}65 \text{ m/s}$$

Eine Erhöhung von v_S auf etwa 1,8 m/s wird sich zur Schaffung von Reserven empfehlen. Inwieweit z. B. beim Anfallen dicker Brocken trotzdem ein Überlaufen des Förderers möglich ist, das zu weiterer Steigerung der Gurtgeschwindigkeit zwingt, ist nur nach den örtlichen Gegebenheiten zu beurteilen. Sicher haben wir heute bei dem noch vielfach üblichen Verfahren mit konstanter Hobelgeschwindigkeit bei Berg- und Talfahrt und dem extrem hohen Talfahrtsförderstrom weit größere und dabei schlechter ausgenutzte Reserven in unseren Streckenfördermitteln installiert.

Im Zusammenhang mit der Frage der Beladung der Streckenfördermittel wird eine weitere Schwierigkeit deutlich, die bei einer nach dem herkömmlichen Verfahren für hohen Flächenverhieb ausgelegten Anlage für bestimmte Flözverhältnisse eintreten kann:

Wie die Zahlentafeln II 1a) bis 1c) zeigen, wird in allen Fällen der gegebene Füllquerschnitt des Strebförderers von $A_{Fü} = 0{,}2$ m² nicht ausgenutzt. Sollte jetzt infolge nachrutschender Kohlelagen oder ausbrechenden Stoßes dieser Füllquerschnitt örtlich voll ausgenutzt werden, so führt das zwar nicht zu einer Überladung des Strebförderers, wohl aber u. U. zu gefährlichen Überladungen der nachgeschalteten Streckenfördermittel. Für größere Mächtigkeiten, in denen der Kohlenstoß zum Abböschen neigt, ist diese Gefahr besonders groß.

2. Ein Nettoflächenverhieb von 3,6 m²/min kann erreicht werden. Er ermöglicht eine ausgezeichnete Betriebskonzentration, wie es nachfolgende Rechnung zeigen soll:

Angenommen: $t_{avo} = 360$ min/S; $\eta_t = 0{,}60$; $\varrho_H = 1{,}0$ t/rm³

Hobellänge = Streblänge $l = 200$ m; 3 Gewinnungsschichten/Tag

Flächenverhieb je Schicht $\dot{A} = t_{avo} \cdot \eta_t \cdot \dot{A}_N = 360 \cdot 0{,}6 \cdot A_N = 216 \cdot \dot{A}_N$ in m²/S

Flächenverhieb je Tag $\dot{A}_d = 3 \cdot \dot{A}$ in m²/d

Abbaugeschwindigkeit je Tag $v_A = \dfrac{\dot{A}_d}{l}$ in m/d

Gesamte Betriebspunktförderung

$$\dot{m}_{ges} = \dot{A}_d \cdot h_{Fl} \cdot S_{Fl} \cdot \varrho_H = 1{,}65 \text{ rm}^3/\text{fm}^3 \cdot 1{,}0 \text{ t/rm}^3 \cdot \dot{A}_d \cdot h_{Fl} \text{ in } t/d$$

Die Ergebnisse sind in Zahlentafel III zum Beispiel II, 2 zusammengefaßt.

Zahlentafel III. *Ergebnisse mit den Daten von Beispiel II, 2*

Flözmächtigkeit h_{Fl} in m	0,6	0,8	1,0	1,2	1,4	1,6	1,8	2,0
Nettoflächenverhieb $\dot{A}_N$ bzw. $\dot{A}'_N$ in m²/min	3,60	3,60	3,60	3,03	2,60	2,27	2,02	1,82
Bruttoflächenverhieb je Schicht $\dot{A}_{Br}$ in m²/S	777	777	777	654	561	490	436	393
Bruttoflächenverhieb je Tag $\dot{A}_d$ in m²/d	2330	2330	2330	1960	1680	1470	1310	1180
Abbaugeschwindigkeit je Tag v_A in m/d	11,65	11,65	11,65	9,85	8,40	7,35	6,55	5,90
Betriebspunktförderung $\dot{m}$ in t/d	1400	1865	2330	2360	2360	2360	2360	2360

Die Ergebnisse sind in Abb. 65,8 dargestellt. Mit dem ausdrücklichen Hinweis, daß es sich bei dieser Darstellung um Ergebnisse einer theoretischen Berechnung handelt, deren Durchführbarkeit im gege-

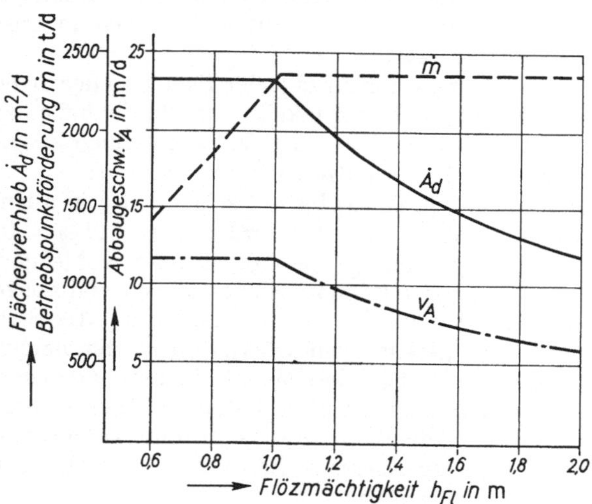

Abb. 65,8. Ergebnisse zum Beispiel II, 2: Brutto-Flächenverhieb je Tag $\dot{A}_d$, Abbaugeschwindigkeit je Tag v_A und Betriebspunktförderung $\dot{V}$ beim Hobeln mit Überholgeschwindigkeit: $\Delta b \leq 0,04$ m; $v_F = 0,5$ m/s; $v_{HB} = v_{HT} = 1,5$ m/s

benen Einzelfall immer erst untersucht werden muß, wird bereits ersichtlich, wo die Grenzen der Anwendbarkeit liegen:

Abbaugeschwindigkeiten von mehr als 11 m/d in einem mit drei Gewinnungsschichten, d. h. praktisch auf $^4/_3$ belegtem Betrieb, lassen sich mit Sicherheit nur im Rückbau verwirklichen. Das ist nicht nur erforderlich, weil eine Vortriebsgeschwindigkeit der Abbaubegleitstrecken von 11,65 m/d insbesondere in den geringen Mächtigkeiten des Flözes nur schwer zu verwirklichen sein wird, sondern weil auch die Abförderung des Haufwerks aus dem Streckenvortrieb in Anbetracht der durch die Gewinnung so hoch belasteten Streb- und Streckenfördermittel kaum möglich sein wird.

Auch im Rückbau werden an die Organisation des Betriebspunktes „Strebein- und -ausgang" erhebliche Anforderungen gestellt. Ob die Arbeiten

> Vorkohlen der Maschinenställe,
>
> Nachführen der Dämme zur Streckensicherung,
>
> Sichern des Strebein- und -ausganges

für derartige Abbaufortschritte durchführbar sind, wird im Einzelfall untersucht werden müssen.

Nicht zuletzt wird zu entscheiden sein, ob nicht die Ausbauarbeit im Streb eine Grenze bei niedrigeren Abbaugeschwindigkeiten setzt. Selbst unter idealen Nebengesteinsverhältnissen wirft die Organisation dieser Arbeiten erhebliche Probleme auf. Hier ergeben sich große Möglichkeiten für den wirtschaftlichen Einsatz selbstschreitenden Ausbaus.

e) Beladung, Kettenkraft und Antriebsleistungen von Kratzerförderern in Kohlenhobelbetrieben

Die bisherigen Betrachtungen zu Abbaubetrieben der schälenden Kohlengewinnung verfolgten den Zweck, die Gesetzmäßigkeiten für die Planung dieser Betriebe zu erfassen. Dabei wurde zunächst ausgegangen vom herkömmlichen Hobelverfahren $v_F > v_{HT}$, aber mit gleichen Hobelgeschwindigkeiten bei Berg- und Talfahrt, wie es von Anfang an üblich war und vielfach auch heute noch in Anwendung ist. Dann verfolgten die Untersuchungen die Aufstellung von Gesetzen für Geschwindigkeitspaarungen von v_{HB}, v_{HT} und v_F, mit denen gleichmäßige Beladungsquerschnitte des Förderers und damit gleichmäßiger Förderstrom bei der Hobelbergfahrt und Talfahrt erreicht wird. Dabei wurde vorausgesetzt, daß der Hobel jeweils gerade diejenige Kohlenmenge lädt, die er auch löst.

Für die Berechnung der Kettenbewegungskräfte und damit der Antriebsleistungen gelten die Gln. (27,5a) und (27,5b), in denen die Reibungszahl und der Neigungswinkel von den technischen Bedingungen sowie der Art der Verlegung des Förderers abhängen. Daneben müssen aber auch die Gewichtskräfte des Kettenbandes und der Beladung bekannt sein. Die Gewichtskraft der bewegten Ketten G_K kann nach einer vorher gewählten Kettenart der Zahlentafel 11 entnommen und mit der Fördererlänge l nach Gl. (65,5) berechnet werden.

$$G_K = l \cdot q_K$$

Die Gewichtskraft der Beladung des Förderers mit V_B, der Beladungsmenge in rm³ und der Schüttwichte γ_H in Mp/rm³

$$G_B = V_B \cdot \gamma_H \tag{65,27}$$

wird jedoch ausschließlich durch die Art des Hobelverfahrens bestimmt.

Beladung des Förderers beim herkömmlichen Verfahren $v_F > v_{HT}$

Während der Hobelbergfahrt erreicht der Förderer zunächst seine größte Beladung am Ende der Bergfahrt. Sie ergibt sich mit Gl. (61,15a) zu

$$V_{BB} = A_{BB} \cdot l = h_{Fl} \cdot S_{Fl} \cdot \Delta b_B \cdot l \, \frac{v_{HB}}{v_F + v_{HB}} \tag{65,28}$$

Schließt sich die Talfahrt unmittelbar, d. h. ohne Zeitverluste, an, so können, wie in Abb. 65,9 dargestellt, folgende Fälle unterschieden werden. Dabei soll wieder gleichbleibende Fördergeschwindigkeit bei Hobelberg- und -talfahrt $v_{FB} = v_{FT} = v_F$ angenommen werden. Da nach Gl. (65,28) die Beladung bei gleicher Flözmächtigkeit und gleicher Schnittbreite ausschließlich eine Funktion des Geschwindigkeitsverhältnisses ist, ist in Abb. 65,10 die Beladung als unbenannte Verhältnisgröße $\dfrac{V_B}{h_{Fl} \cdot S_{Fl} \cdot \Delta b \cdot l}$ über der Fördererlänge für Berg- und Talfahrt dargestellt.

a) Die Beladung steigt während der Talfahrt weiter an, wenn $v_{HB} = v_{HT}$, d. h. die Hobelgeschwindigkeiten gleich sind. Sie erreicht nach Lürig[1] nach einem Hobelweg

$$s_T = \frac{v_{HT}}{v_F} \, l \tag{65,29a}$$

den Betrag

$$V_{BT} = h_{Fl} \cdot S_{Fl} \cdot \Delta b_T \cdot l \, \frac{v_{HT}}{v_F} \tag{65,29b}$$

und setzt sich bei der Hobelfahrt für $v_{HB} = v_{HT}$ und $\Delta b_B = \Delta b_T$ mit gleicher Neigung wie bei der Bergfahrt fort (Linienzug 1a) bis 1c) in Abb. 65,9). Für $v_F = 2\,v_{HT}$ ergibt sich nach einer halben Streblänge $1/2\,l$ auf der Talfahrt nach Gl. (65,29b)

$$V_{BT} = V_{Bmax} = \frac{1}{2}\,h_{Fl} \cdot S_{Fl} \cdot \Delta b \cdot l$$

(Linienzug 1a) in Abb. 65,9).

Ist dagegen für $v_{HB} = v_{HT}$ die Schnittbreite $\Delta b_B > \Delta b_T$, so steigt die Beladung während der Bergfahrt steiler an, knickt dann aber während der Talfahrt ab und steigt oder sinkt je nach dem Verhältnis der Schnittbreiten $\Delta b_B : \Delta b_T$ auf den Betrag nach Gl. (65,29b) ab (Linienzug 2 in Abb. 65,9). In allen Fällen schließt sich daran eine proportionale Verringerung der Beladung bis auf Null am Ende der Hobeltalfahrt.

b) Ist $v_{HB} > v_{HT}$, d. h. *die Hobelbergfahrtgeschwindigkeit größer als auf Talfahrt*, so haben wir für den Fall eines größeren Förderstromes bei der Talfahrt, d. h. $A_{BT} > A_{BB}$, während der Talfahrt eine verringerte Zunahme oder gar eine Abnahme der Beladung. Diese erreicht nach einem Talfahrtweg nach Gl. (65,29a) $s_T = \dfrac{v_{HT}}{v_F}\,l$ den Betrag nach Gl. (65,29b) (Linienzug 3 in Abb. 65,9).

---

[1] Lürig, H.-J.: Beladung, Kettenkräfte und Antriebsleistungen von Kettenförderern in Hobelbetrieben. Technische Mitteilungen 1964, Heft 9, S. 418···423.

Liegt dagegen eine Geschwindigkeitspaarung vor, für die $A_{BB} = A_{BT}$, d. h. gleichmäßiger Förderstrom bei Hobelberg- und -talfahrt besteht, so trägt während der Hobeltalfahrt der Förderer die gleiche Menge aus,

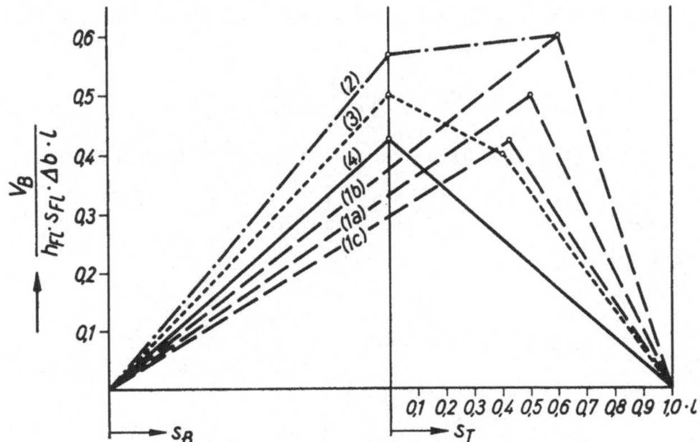

Abb. 65,9. Beladung des Förderers in Abhängigkeit vom Hobelweg beim herkömmlichen Verfahren:
$$v_F > v_{HT}$$
1a bis 1c. $v_{HB} = v_{HT}$. 1a. $v_F = 2v_H$; 1b. $v_F < 2v_H$; 1c. $v_F > 2v_H$. 2. $v_{HB} = v_{HT}$; $\Delta b_B > \Delta b_T$.
3. $v_{HB} > v_{HT}$; $\Delta b_B = \Delta b_T$; $A_{BT} > A_{BB}$. 4. $v_{HB} > v_{HT}$; $A_{BT} = A_{BB}$

die der mit v_{HT} vorrückende Hobel auflädt. Die Beladung geht demnach von beginnender Talfahrt an gleichmäßig zurück, bis sie am Ende der Hobeltalfahrt gleich Null wird (Linienzug 4 in Abb. 65,9).

Am besten ausgenutzt ist immer der Strebförderer mit der geringsten Beladungsspitze, da er für diese hinsichtlich seiner Antriebsleistung ausgelegt werden muß. Eine geringere Beladungsspitze (für größeren Flächenverhieb, wie wir vorher gesehen haben) erreichen wir mit unterschiedlichen Hobelberg- und -talfahrtgeschwindigkeiten $v_{HB} > v_{HT}$ und hierbei vor allem mit Geschwindigkeitspaarungen, die zu gleichmäßigem Förderstrom d. h. zu $A_{BB} = A_{BT}$ führen.

Beladung des Förderers beim Hobelverfahren mit Überholgeschwindigkeit

$$v_F < v_{HT}$$

Um die hierbei auftretenden Beladungen erfassen zu können, müssen zwei Hobelspiele betrachtet werden, da erst nach der zweiten Talfahrt die Beladungsmenge in gleichem Maße periodisch wechselt. Die davorliegenden Hobelfahrten sind gewissermaßen als Einlaufvorgang zu werten.

Wir wollen die Überlegungen auf die Annahme beschränken, daß die Hobelbergfahrt gleich der Talfahrtgeschwindigkeit ist: $v_{HB} = v_{HT}$ und die Schnittbreiten ebenfalls gleich sind: $\Delta b_B = \Delta b_T = \Delta b$. Von diesen Annahmen gingen die früheren Untersuchungen zur Ermittlung von Geschwindigkeitspaarungen aus, die zu gleichmäßigem Austrag führen.

Nach den bereits angeführten Untersuchungen von Lürig[1] ergibt sich die größte Beladung bei dreifacher Überdeckung am Ende jeder

---

[1] Siehe Fußnote 1, S. 332.

Talfahrt. Hierfür gilt die Beziehung:

$$V_{B3} = h_{Fl} \cdot S_{Fl} \cdot \Delta b \cdot l \left(\frac{v_{HB}}{v_{HB} + v_F} \frac{v_{HT} - v_F}{v_{HT}} + 1 \right) \qquad (65,30)$$

Für gleichmäßigen Austrag bei dreifacher Überdeckung ergibt sich nach Gl. (65,26)

$$v_F = \frac{v_{HB} \cdot v_{HT}}{2\, v_{HB} + v_{HT}}$$

Unter der Voraussetzung $v_{HB} = v_{HT} = v_H$ ergibt sich dann

$$v_F = \frac{1}{3}\, v_H \qquad (65,26\,\text{a})$$

und nach Gl. (65,30)

$$V_{B3} = h_{Fl} \cdot S_{Fl} \cdot \Delta b \cdot l \left(\frac{v_H}{\frac{4}{3}\, v_H} \frac{\frac{2}{3}\, v_H}{v_H} + 1 \right)$$

$$V_{B3} = 1{,}5\, h_{Fl} \cdot S_{Fl} \cdot \Delta b \cdot l \qquad (65,30\,\text{a})$$

Der Verlauf der Beladung in Abhängigkeit vom Hobelweg ist in Abb. 65,10 wiedergegeben. Ein Vergleich mit Abb. 65,9 zeigt, daß die

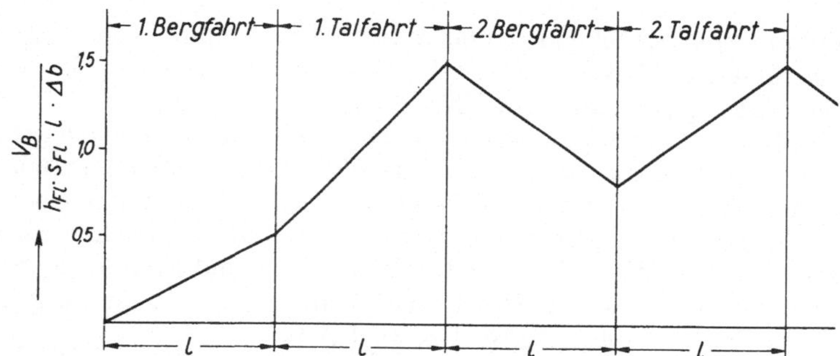

Abb. 65,10. Beladung des Förderers in Abhängigkeit vom Hobelweg beim Hobeln mit Überholgeschwindigkeit: $v_F < v_{HT}$

Schwankungen der Beladung beim Hobeln mit Überholgeschwindigkeit nicht so groß sind wie beim herkömmlichen Verfahren. Das ist auch verständlich, da beim Verfahren mit Überholgeschwindigkeit der Förderer mit mehreren Überdeckungen beladen ist und erst beim Stillstand des Hobels leergefahren wird. Damit ist allerdings noch nichts über die absolute Höhe der Beladungen bei den verschiedenen Verfahren gesagt. Das soll an einigen Beispielen geklärt werden.

In den nachfolgenden Beispielen soll einheitlich mit $h_{Fl} = 1{,}0$ m Flözmächtigkeit gerechnet werden. Da die mit diesen Beladungen errechneten Kettenbewegungskräfte sowie die Antriebsleistungen interessieren, werden einheitlich folgende Annahmen gemacht:

Strebförderer schwerer Bauart mit 500 mm Kettenabstand und $l = 200$ m Länge; söhlige Verlagerung: $\alpha = 0°$; Kettenband mit Kette 18×64 und Gewichtskraft $q_K = 19{,}2$ kp/m; damit Gewichtskraft einer Fördererlänge $G_K =$

$l \cdot q_K = 200 \text{ m} \cdot 19{,}2 \text{ kp/m} = 3840 \text{ kp}$; Reibzahl für Kohle und Kette $\mu = 0{,}30$; Schüttwichte der Kohle $\gamma_H = 1{,}0 \text{ Mp/rm}^3$; mechanischer Wirkungsgrad des Antriebes $\eta_m = 0{,}75$.

Zum Beispiel I b): Gegeben: $v_{HB} = v_{HT} = v_H = 0{,}38 \text{ m/s}$; $v_F = 0{,}9 \text{ m/s}$; $\Delta b_B = \Delta b_T = \Delta b = 0{,}08 \text{ m}$. Hierfür ergab sich nach Abschnitt d) der Nettoflächenverhieb

$$\dot{A}_N = 1{,}824 \text{ m}^2/\text{min}$$

und die Gewinnungsmenge je Schicht

$$\dot{V}_{HS} = 394 \text{ fm}^3/\text{S}$$

Der Förderer erreicht seine maximale Beladung nach einem Hobeltalfahrtweg gemäß Gl. (65,29 a)

$$s_T = \frac{v_{HT}}{v_F} l = \frac{0{,}38 \text{ m/s}}{0{,}9 \text{ m/s}} 200 \text{ m} = 84{,}4 \text{ m}$$

Diese beträgt nach Gl. (65,29 b)

$$V_{B\max} = V_{BT} = h_{Fl} \cdot S_{Fl} \cdot \Delta b \cdot l \frac{v_{HT}}{v_F} = 1{,}0 \text{ m} \cdot 1{,}65 \frac{\text{rm}^3}{\text{fm}^3} 0{,}08 \text{ m} \cdot 200 \text{ m} \frac{0{,}38 \text{ m/s}}{0{,}9 \text{ m/s}}$$
$$= 11{,}15 \text{ rm}^3$$

Gewichtskraft der Beladung:

$$G_{B\max} = V_{B\max} \cdot \gamma_H = 11{,}15 \text{ rm}^3 \cdot 1{,}0 \text{ Mp/rm}^3 = 11{,}15 \text{ Mp} = 11150 \text{ kp}$$

Die Kettenbewegungskraft ergibt sich nach Gl. (27,5 a) und (27,5 b) als Gesamtkraft $F = F_O + F_U$ für $\alpha = 0°$ also

$$\cos \alpha \left(1 \pm \frac{\tan \alpha}{\mu}\right) = 1$$

$$F = F_O + F_U = \mu(G_B + G_K) + \mu \cdot G_K$$
$$F = F_B + F_K = \mu \cdot G_B + \mu \cdot 2 G_K = 0{,}30 \cdot 11150 \text{ kp} + 0{,}30 \cdot 2 \cdot 3840 \text{ kp}$$
$$= 3345 \text{ kp} + 2300 \text{ kp} = 5645 \text{ kp}$$

Die erforderliche gesamte Antriebsleistung errechnet sich nach Gl. (65,8)

$$P = P_B + P_K = \frac{F_B \cdot v_F}{102 \cdot \eta_m} + \frac{F_K \cdot v_F}{102 \cdot \eta_m} = \frac{3345 \cdot 0{,}9}{102 \cdot 0{,}75} + \frac{2300 \cdot 0{,}9}{102 \cdot 0{,}75}$$
$$= 39{,}4 + 27{,}1 = 66{,}5 \text{ in kW}$$

Den Verlauf der Beladung, der Kettenkräfte und der Antriebsleistung in Abhängigkeit vom Hobelweg zeigt Abb. 65,11.

Aus dem Beispiel II des vorigen Abschnittes d) sollen die Fälle 1 c und 2 betrachtet werden, da sie mit dem erreichten Flächenverhieb vergleichbar sind.

Beispiel II, 1 c):

Gegeben: $v_{HB} = 1{,}21 \text{ m/s}$; $v_{HT} = 0{,}484 \text{ m/s}$; $v_F = 1{,}1 \text{ m/s}$
$$\Delta b_B = 0{,}105 \text{ m}; \quad \Delta b_T = 0{,}07 \text{ m}$$

Hierfür ergab sich der Nettoflächenverhieb

$$\dot{A}_N = 3{,}63 \text{ m}^2/\text{min}$$

bzw. die Gewinnungsmenge je Schicht

$$\dot{V}_{HS} = h_{Fl} \cdot t_{\text{avo}} \cdot \eta_t \cdot \dot{A}_N = 1{,}0 \text{ m} \cdot 360 \text{ min/S} \cdot 0{,}60 \cdot 3{,}63 \text{ m}^2/\text{min} = 784 \text{ fm}^3/\text{S}$$

Die maximale Beladung am Ende der Hobelbergfahrt nach Gl. (65,28)

$$V_{B\max} = V_{BB} = h_{Fl} \cdot S_{Fl} \cdot \Delta b_B \cdot l \, \frac{v_{HB}}{v_F + v_{HB}}$$

$$= 1{,}0\,\text{m} \cdot 1{,}65\,\frac{\text{rm}^3}{\text{fm}^3} \cdot 0{,}105\,\text{m} \cdot 200\,\text{m}\,\frac{1{,}21\,\text{m/s}}{(1{,}1 + 1{,}21)\,\text{m/s}} = 18{,}15\,\text{rm}^3$$

$$G_{B\max} = V_{B\max} \cdot \gamma_H = 18{,}15\,\text{rm}^3 \cdot 1{,}0\,\text{Mp/rm}^3 = 18{,}15\,\text{Mp} = 18\,150\,\text{kp}$$

Die Kettenbewegungskraft ergibt sich zu

$$F_{_} = F_B + F_K = \mu \cdot G_{B\max} + \mu \cdot 2\,G_K = 0{,}30 \cdot 18\,150\,\text{kp} + 0{,}30 \cdot 2 \cdot 3\,840\,\text{kp}$$

$$= 5\,445\,\text{kp} + 2\,300\,\text{kp} = 7\,745\,\text{kp}$$

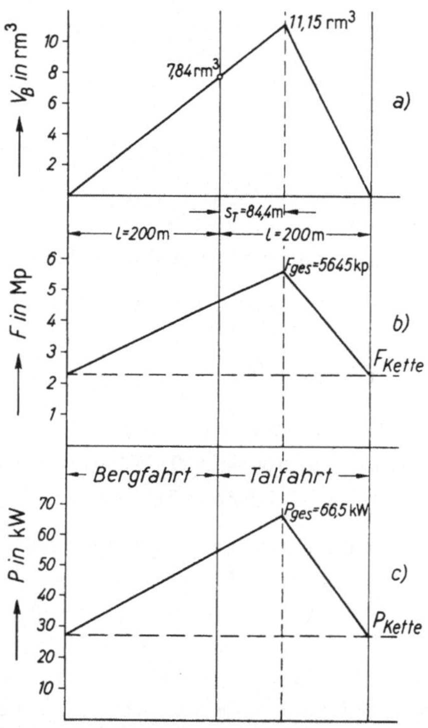

Abb. 65,11. Beladung (a), Kettenzugkräfte (b) und Antriebsleistung (c) des Förderers beim Hobeln nach dem herkömmlichen Verfahren: $v_F > v_{HT}$

Die erforderliche gesamte Antriebsleistung errechnet sich:

$$P = P_B + P_K = \frac{F_B \; v_F}{102 \cdot \eta_m} + \frac{F_K \cdot v_F}{102 \cdot \eta_m} = \frac{5\,445 \cdot 1{,}1}{102 \cdot 0{,}75} + \frac{2\,300 \cdot 1{,}1}{102 \cdot 0{,}75}$$

$$= 78{,}34 + 33{,}1 = 111{,}4 \text{ in kW}$$

Beispiel II, 2):

Gegeben: $v_{HB} = v_{HT} = v_H = 1{,}5\,\text{m/s}$; $v_F = 0{,}5\,\text{m/s}$; $\Delta b_B = \Delta b_T = \Delta b = 0{,}04\,\text{m}$

Hierfür ergab sich der Nettoflächenverhieb

$$\dot{A}_N = 3{,}60 \text{ m}^2/\text{min}$$

bzw. die Gewinnungsmenge je Schicht

$$\dot{V}_{HS} = h_{Fl} \cdot t_{avo} \cdot \eta_t \cdot \dot{A}_N = 1{,}0 \text{ m} \cdot 360 \text{ min/S} \cdot 0{,}60 \cdot 3{,}60 \text{ m}^2/\text{min} = 778 \text{ fm}^3/\text{S}$$

Die maximale Beladung des Förderers am Ende der 2. Hobeltalfahrt ergibt sich nach Gl. (65,30a)

$$V_{B\text{max}} = V_{B3} = 1{,}5 \, h_{Fl} \cdot S_{Fl} \cdot \Delta b \cdot l = 1{,}5 \cdot 1{,}0 \text{ m} \cdot 1{,}65 \frac{\text{rm}^3}{\text{fm}^3} \, 0{,}04 \text{ m} \cdot 200 \text{ m}$$

$$= 19{,}8 \text{ rm}^3$$

$$G_{B\text{max}} = V_{B\text{max}} \cdot \gamma_H = 19{,}8 \text{ rm}^3 \cdot 1{,}0 \text{ Mp/rm}^3 = 19{,}8 \text{ Mp} = 19\,800 \text{ kp}$$

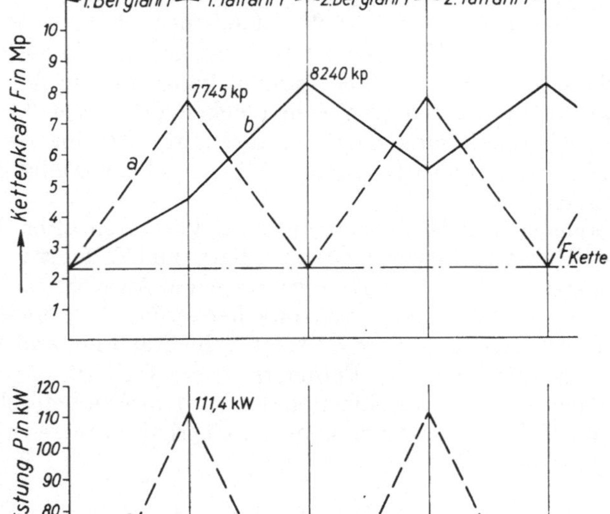

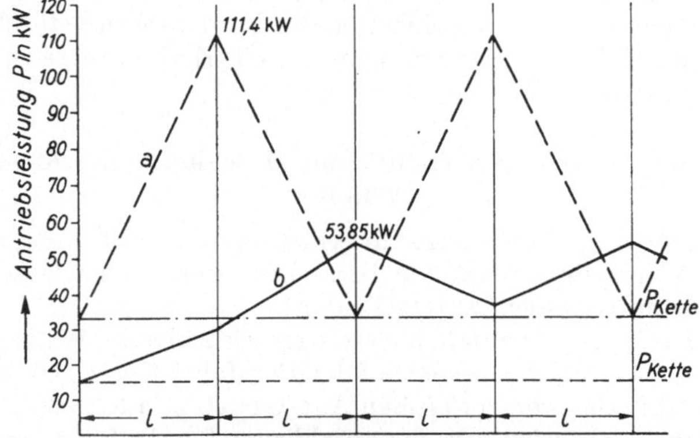

Abb. 65,12. Kettenzugkraftverlauf und Antriebsleistungen des Förderers beim herkömmlichen Verfahren (a) im Vergleich zum Hobeln mit Überholgeschwindigkeit (b)

Die Kettenbewegungskraft ergibt sich zu

$$F = F_B + F_K = \mu \cdot G_{B\text{max}} + \mu \cdot 2 \, G_K = 0{,}30 \cdot 19\,800 \text{ kp} + 0{,}30 \cdot 2 \cdot 3\,840 \text{ kp}$$

$$= 5\,940 \text{ kp} + 2\,300 \text{ kp} = 8\,240 \text{ kp}$$

Die erforderliche gesamte Antriebsleistung errechnet sich zu

$$P = P_B + P_K = \frac{F_B \cdot v_F}{102 \cdot \eta_m} + \frac{F_K \cdot v_F}{102 \cdot \eta_m} = \frac{5\,940 \cdot 0{,}5}{102 \cdot 0{,}75} + \frac{2\,300 \cdot 0{,}5}{102 \cdot 0{,}75}$$

$$= 38{,}82 + 15{,}03 = 53{,}85 \text{ in kW}$$

Der Verlauf der Kettenbewegungskräfte und der Antriebsleistungen des Förderers in Abhängigkeit vom Hobelweg für zwei Hobelspiele zeigt Abb. 65,12 für Beispiel II, 1c), das herkömmliche Verfahren, neben dem Beispiel II, 2), dem Hobeln mit Überholgeschwindigkeit.

Der Vergleich dieser Beispiele für die beiden Verfahren unter Annahme von Geschwindigkeitspaarungen mit gleichmäßigem Förderstrom zeigt, daß sich bei annähernd gleichem Flächenverhieb die maximalen Kettenkräfte praktisch nicht unterscheiden. Da aber beim herkömmlichen Hobelverfahren $v_F > v_{HT}$ sehr hohe Fördergeschwindigkeiten gefordert werden, ergeben sich auch höhere Antriebsleistungen für den Förderer. Hierbei sind mit Sicherheit Anfahrschwierigkeiten z. B. nach vorübergehenden Stillständen zu befürchten. Allerdings verlangt das Hobeln mit Überholgeschwindigkeit $v_F < v_{HT}$ hohe Hobelgeschwindigkeiten und damit auch entsprechend höhere Antriebsleistungen für den Hobel. Es ist jedoch zu bedenken, daß in vorliegendem Beispiel die Schnittbreite bei Berg- und Talfahrt mit nur 0,04 m angenommen wurde, für die sich der gleiche Flächenverhieb von 3,60 m²/min ergibt wie beim herkömmlichen Verfahren, für das im Beispiel die Schnittbreite bei Bergfahrt $\varDelta b_B = 0{,}105$ m und die Talfahrt $\varDelta b_T = 0{,}07$ m erforderlich war.

Ein Vergleich mit dem herkömmlichen Verfahren alter Art, d. h. mit gleichen Hobelgeschwindigkeiten bei Berg- und Talfahrt $v_{HB} = v_{HT}$, zeigt zwar geringere Kettenbewegungskräfte und Antriebsleistungen als bei den letzten Beispielen. Der Nettoflächenverhieb beträgt aber auch nur noch 1,824 m²/min. Außerdem zeigt Zahlentafel I b, daß bei Flözmächtigkeiten über 1,0 m der Förderstrom bei Talfahrt so groß wird, daß u. U. auch Anfahrschwierigkeiten des Förderers zu befürchten sind bzw. daß der Hobel zur Vermeidung von Überladungen zeitweise stillgesetzt werden muß.

3. Kratzerförderer in Verbindung mit Maschinen der schneidenden Gewinnung[1]

Vor Aufstellung der Gesetze für Abbaubetriebe mit Walzenschrämlader sollen zunächst Merkmale betrachtet werden, nach denen sich diese von Hobelbetrieben unterscheiden:

1. Bisher sind vornehmlich einseitig schneidende Walzenschrämlader im Einsatz, mit denen nur auf der Bergfahrt Kohle gelöst und nur zu einem mehr oder weniger großen Anteil auch geladen wird. Der Rest der gelösten Kohle wird auf der anschließenden Talfahrt, der Räumfahrt, geladen.

2. Bei dieser Arbeitsweise des Walzenladers lassen sich die Anteile der geladenen und geförderten Kohle der Berg- und Talfahrt nicht zuverlässig getrennt erfassen.

3. Die maximale Marschgeschwindigkeit der Walzenlader betragen

bei der WSE IV $v_{G\max} = 300$ m/h $= 5$ m/min $= 0{,}083$ m/s

bei der EW 100 und EW 130 — L $v_{G\max} = 700$ m/h $= 11{,}65$ m/min
$$= 0{,}194 \text{ m/s}$$

---

[1] Die folgenden Betrachtungen beschränken sich auf vollmechanische schneidende Gewinnung und hierfür auf den Walzenschrämlader, während Bohrschrämlader, Trepanner u. a. wegen der rechnerisch schwer erfaßbaren Betriebsweise ausgeklammert werden.

Damit ist *die Relativgeschwindigkeit*, maßgebend für die Größe des Ladestromes in den Förderer,

bei der Bergfahrt $v_{\mathrm{rel}B} = v_F + v_G$

bei der Talfahrt $v_{\mathrm{rel}T} = v_F - v_G$

bei der Talfahrt *immer größer als bei vergleichbaren Hobelanlagen*.

4. Wegen der größeren Schnittbreite und der damit verbundenen großen Lademenge beim Walzenlader ist die hohe Relativgeschwindigkeit erwünscht.

Die Schnittbreiten der heute gebräuchlichen Walzen betragen $\Delta b = (0{,}375\ \mathrm{m})$, 0,50 m, 0,625 m, 0,75 m und 0,90 m. Hiervon ist im westdeutschen Steinkohlenbergbau die Walze mit der Schnittbreite von 0,625 m am meisten in Anwendung. Die wahre Walzenbreite b ist immer größer als die Schnittbreite Δb. Man rechnet heute in Walzenschrämbetrieben mit einem Abstand des Förderers vom Kohlenstoß von 25 bis 30 cm und es beträgt der Abstand der Fördererkante von der Walzeninnenkante etwa 7 cm.

5. Während es mit dem Kohlenhobel praktisch möglich ist, ohne Zeitverluste die Hobelrichtung an Kopf- und Ladestrecke umzukehren, ist eine ähnliche Betriebsweise beim Walzenschrämen schwerer zu erreichen. In jedem Falle muß der Walzenlader nach der Bergfahrt für die Talfahrt hergerichtet werden. Ein unterschiedlich großer Zeitverlust ist bei jeder Umkehre zu erwarten; während dieses Stillstandes trägt der Förderer seine Beladung ganz oder teilweise aus, sofern er nicht vorübergehend stillgesetzt wird. Damit gibt es auch nur einen kurzen Augenblick, an dem die Beladung ihren Höchstwert erreicht. Das ist unmittelbar nach Beendigung einer ununterbrochenen Schrämfahrt; der Förderer ist dann auf der ganzen Länge mit Bergfahrtkohle beladen.

6. Dieser Unterschied der Betriebsweise gegenüber der beim Hobeln bedingt auch einen schlechteren Zeitausnutzungsgrad beim Walzen. Allerdings muß man diesen Zeitausnutzungsgrad entsprechend definieren: Betrachtet man wieder ein Spiel von Berg- und Talfahrt und setzt die wirkliche Zeit, in der die Maschine geschnitten *und* geladen hat, ins Verhältnis zur Gesamtzeit vor Ort je Schicht, so erhält man einen Zeitausnutzungsgrad, der mit dem beim Hobeln verglichen werden kann. Während man beim Hobeln einen Zeitausnutzungsgrad von 0,60 und mehr erreichen kann, liegt er bei einseitig schneidenden Schrämmaschinen im allgemeinen unter 0,50.

7. Dieser schlechte Zeitausnutzungsgrad einseitig schneidender Walzenschrämlader kann wesentlich verbessert werden durch zweiseitig schneidende Walzenschrämmaschinen. Ihre Arbeitsweise setzt voraus, daß die von der Maschine während der Schrämfahrten (Berg- und Talfahrt) gelöste Kohle auch restlos geladen wird, wobei ein statisches oder aktiviertes Räumgerät am Förderer die Beladung vor oder während des Rückens unterstützen kann. Nur so kann der Förderer im Anschluß an jede Schrämfahrt gerückt und die Anlage zur nächsten Schrämfahrt hergerichtet werden.

22*

Wegen der geringeren Marschgeschwindigkeiten bei schneidender Gewinnung werden diese heute vielfach in m/min angegeben. Entsprechend den früheren Ausführungen werden bei Aufstellung der Gesetze für Abbaubetriebe mit schneidender Gewinnung ein- und zweiseitig arbeitende Walzenschrämlader unterschieden. Betrachten wir wieder ein Spiel mit Berg- und Talfahrt, so wird bei einseitig schneidenden Schrämbetrieben nur eine Schnittbreite Δb gelöst und geladen, womit sich aus Gl. (65,10) für den Nettoflächenverhieb die Gl. (65,31) in nachfolgender Formeltabelle ergibt.

Für zweiseitig schneidende Walzenschrämlader ist in Gl. (65,31) auch mit zweifacher Schnittbreite, also mit $2\,\Delta b$ zu rechnen. Mit t_{avo}, der Arbeitszeit vor Ort in min/S, und dem Zeitausnutzungsgrad η_t ergibt sich dann nach den Gln. (65,31a) und (65,31b) der Formeltabelle der Bruttoflächenverhieb je Schicht, mit der Flözmächtigkeit h_{Fl} nach den Gln. (65,32a) und (65,32b) die Gewinnungsmenge je Schicht.

Mit der Schüttungszahl S_{Fl}, die nach HARTLIEB VON WALTHOR[1] in Schrämbetrieben im Mittel 1,7 rm³/fm³ beträgt, läßt sich auch der Beladungsquerschnitt des Förderers berechnen, wenn man bei einseitig schneidenden Schrämbetrieben von dem jeweiligen Anteil der gelösten Kohle y ausgeht, der bei der Berg- und Talfahrt geladen wird. Dieser Anteil ist abhängig von der Flözmächtigkeit, der Lagerstätte und anderem mehr. Er kann z. B. bei der Bergfahrt $y_B = 0,60$ und dann auf der Talfahrt $y_T = 0,40$ betragen.

Bei zweiseitig schneidendem Schrämbetrieb entfällt der Faktor y, da die der vollen Schnittbreite Δb entsprechende Kohlenmenge geladen wird. Damit ergeben sich die in der Formeltabelle angegebenen Gln. (65,33a) und (65,33b). [Bei dieser Betrachtung für zweiseitig arbeitende Walzenlader wird für die Rechnung die vereinfachende Annahme gemacht, daß nach Beendigung der jeweiligen Schrämfahrt gleichzeitig auch die gesamte gelöste Kohlenmenge geladen ist. Nur für diesen Fall treffen die Gln. (65,33a) und (65,33b) zu. In der Praxis ist die Räumarbeit des statischen oder aktivierten Räumgerätes meist erst eine bestimmte Zeit später beendet, so daß die genannten Gleichungen die maximalen Beladungsquerschnitte angeben, solange Walzenlader und Räumgerät gleichzeitig laden.]

Die maximale Beladung ergibt sich in beiden Fällen am Ende einer ununterbrochenen Bergfahrt nach den Gln. (65,34a) und (65,34b).

Schließlich berechnet sich der Förderstrom der Bergfahrt- und der Talfahrtkohle aus dem Produkt von Beladungsquerschnitt und Fördergeschwindigkeit nach den Gln. (65,35a) und (65,35b).

Beispiel: Ein Abbaubetrieb mit 1,2 m Flözmächtigkeit und 200 m Länge werde 1. einseitig schneidend mit Walzenschrämlader und 0,625 m Schnittbreite

---

[1] Untersuchungen über die Schüttungszahl in mechanischen Gewinnungsbetrieben und über den Anteil der geladenen Kohle in Schrämbetrieben hat HARTLIEB VON WALTHOR in seiner Dissertation, genehmigt von der Montanistischen Hochschule Leoben 1962, angestellt: Untersuchungen zur Überwindung bestehender Grenzen in der Abbaustreckenförderung mit Stetigförderern bei vollmechanischer Kohlengewinnung (siehe auch Zahlentafel 9).

Formeltabelle. *Gesetze für die schneidende Gewinnung mit Walzenschrämladern*

	Gleichung	einseitig schneidende Walzenschrämbetriebe	zweiseitig schneidende Walzenschrämbetriebe
Nettoflächenverhieb	(65,31)	$\dot{A}_N = \Delta b \dfrac{v_{GB} \cdot v_{GT}}{v_{GB} + v_{GT}}$	$\dot{A}_N = 2\,\Delta b \dfrac{v_{GB} \cdot v_{GT}}{v_{GB} + v_{GT}}$
Bruttoflächenverhieb je Schicht	(65,31 a)	$\dot{A}_{Br} = \Delta b \cdot t_{\mathrm{avo}} \cdot \eta_t \dfrac{v_{GB} \cdot v_{GT}}{v_{GB} + v_{GT}}$	$\dot{A}_{Br} = 2\,\Delta b \cdot t_{\mathrm{avo}} \cdot \eta_t \dfrac{v_{GB} \cdot v_{GT}}{v_{GB} + v_{GT}}$
	(65,31 b)	$\dot{A}_{Br} = \dot{A}_N\, t_{\mathrm{avo}} \cdot \eta_t$	$\dot{A}_{Br} = \dot{A}_N\, t_{\mathrm{avo}} \cdot \eta_t$
Gewinnungsmenge je Schicht	(65,32 a)	$\dot{V}_{GS} = h_{Fl} \cdot \Delta b \cdot t_{\mathrm{avo}}\, \eta_t \dfrac{v_{GB} \cdot v_{GT}}{v_{GB} + v_{GT}}$	$\dot{V}_{CS} = h_{Fl} \cdot 2\,\Delta b \cdot t_{\mathrm{avo}} \cdot \eta_t \dfrac{v_{GB} \cdot v_{GT}}{v_{GB} + v_{GT}}$
	(65,32 b)	$\dot{V}_{GS} = h_{Fl} \cdot t_{\mathrm{avo}} \cdot \eta_t \cdot \dot{A}_N = h_{Fl} \cdot \dot{A}_{Br}$	$\dot{V}_{GS} = h_{Fl} \cdot t_{\mathrm{avo}} \cdot \eta_t \cdot \dot{A}_N = h_{Fl} \cdot \dot{A}_{Br}$
Beladungsquerschnitt — mit Bergfahrtkohle	(65,33 a)	$A_{BB} = h_{Fl} \cdot S_{Fl} \cdot \Delta b \cdot y_B \dfrac{v_{GB}}{v_F + v_{GB}}$	$A_{BB} = h_{Fl} \cdot S_{Fl} \cdot \Delta b \dfrac{v_{GB}}{v_F + v_{GB}}$
Beladungsquerschnitt — mit Talfahrtkohle	(65,33 b)	$A_{BT} = h_{Fl} \cdot S_{Fl} \cdot \Delta b \cdot y_T \dfrac{v_{GT}}{v_F - v_{GT}}$	$A_{BT} = h_{Fl} \cdot S_{Fl} \cdot \Delta b \dfrac{v_{GT}}{v_F - v_{GT}}$
Maximale Beladung des Förderers	(65,34 a)	$V_{B\mathrm{max}} = A_{BB} \cdot l$	$V_{B\mathrm{max}} = A_{BB} \cdot l$
	(65,34 b)	$V_{B\mathrm{max}} = h_{Fl} \cdot S_{Fl} \cdot \Delta b \cdot y_B \dfrac{v_{GB}}{v_F + v_{GB}}\, l$	$V_{B\mathrm{max}} = h_{Fl}\, S_{Fl} \cdot \Delta b \dfrac{v_{GB}}{v_F + v_{GB}}\, l$
Förderstrom — der Bergfahrtkohle	(65,35 a)	$\dot{V}_B = A_{BB} \cdot v_F$	$\dot{V}_B = A_{BB} \cdot v_F$
Förderstrom — der Talfahrtkohle	(65,35 b)	$\dot{V}_T = A_{BT} \cdot v_F$	$\dot{V}_T = A_{BT} \cdot v_F$

und Marschgeschwindigkeiten von 4 m/min bei Bergfahrt und 5 m/min bei Talfahrt abgebaut. $y_B = 0{,}60$; $y_T = 0{,}40$; 2. zweiseitig schneidend ebenfalls mit 0,625 m Schnittbreite, jedoch mit 4 m/min bei Berg- und Talfahrt abgebaut. Die Fördergeschwindigkeit in beiden Fällen betragen a) 0,63 m/s und b) 0,90 m/s. Die Schüttungszahl beträgt $S_{Fl} = 1{,}7$ rm³/fm³, die Arbeitszeit vor Ort $t_{\text{avo}} =$ 360 min/S und der Zeitausnutzungsgrad zu 1. $\eta_t = 0{,}40$, zu 2. $\eta_t = 0{,}50$.

Lösung: Zu 1. *Für einseitig schneidende Gewinnung* Nettoflächenverhieb nach Gl. (65,31)

$$\dot{A}_N = \Delta b\, \frac{v_{GB}\cdot v_{GT}}{v_{GB} + v_{GT}} = 0{,}625 \text{ m} \frac{4 \text{ m/min} \cdot 5 \text{ m/min}}{(4+5)\text{ m/min}} = 1{,}39 \text{ m}^2/\text{min}$$

Bruttoflächenverhieb nach Gl. (65,31 b)

$$\dot{A}_{Br} = \dot{A}_N\, t_{\text{avo}} \cdot \eta = 1{,}39 \text{ m}^2/\text{min} \cdot 360 \text{ min/S} \cdot 0{,}40 = 200 \text{ m}^2/\text{S}$$

Gewinnungsmenge je Schicht nach Gl. (65,32 b)

$$\dot{V}_{GS} = h_{Fl} \cdot \dot{A}_{Br} = 1{,}2 \text{ m} \cdot 200 \text{ m}^2/\text{S} = 240 \text{ fm}^3/\text{S}$$

Zu a) $v_F = 0{,}63$ m/s $\cdot$ 60 s/min $= 37{,}8$ m/min

Beladungsquerschnitt nach Gl. (65,33a) und (65,33b)

$$A_{BB} = h_{Fl} \cdot S_{Fl}\, \Delta b \cdot y_B\, \frac{v_{GB}}{v_F + v_{GB}} = 1{,}2 \text{ m} \cdot 1{,}7 \frac{\text{rm}^3}{\text{fm}^3} 0{,}625 \text{ m} \cdot 0{,}60 \frac{4 \text{ m/min}}{(37{,}8 + 4)\text{ m/min}}$$

$$= 0{,}0732 \text{ m}^2$$

$$A_{BT} = h_{Fl} \cdot S_{Fl} \cdot \Delta b \cdot y_T\, \frac{v_{GT}}{v_F - v_{GT}} = 1{,}2 \text{ m} \cdot 1{,}7 \frac{\text{rm}^3}{\text{fm}^3} 0{,}625 \text{ m} \cdot 0{,}40 \frac{5 \text{ m/min}}{(37{,}8 - 5)\text{ m/min}}$$

$$= 0{,}1166 \text{ m}^2$$

Maximale Beladung nach Gl. (65,34a)

$$V_{B\max} = A_{BB} \cdot l = 0{,}0732 \text{ m}^2 \cdot 200 \text{ m} = 14{,}64 \text{ rm}^3$$

Förderstrom der Bergfahrtkohle nach Gl. (65,35a)

$$\dot{V}_B = A_{BB} \cdot v_F = 0{,}0732 \text{ m}^2 \cdot 0{,}63 \text{ m/s} \cdot 3600 \text{ s/h} = 166{,}5 \text{ rm}^3/\text{h}$$

der Talfahrtkohle nach Gl. (65,35b)

$$\dot{V}_T = A_{BT} \cdot v_F = 0{,}1166 \text{ m}^2 \cdot 0{,}63 \text{ m/s} \cdot 3600 \text{ s/h} = 264{,}5 \text{ rm}^3/\text{h}$$

Zu b) $v_F = 0{,}90$ m/s $\cdot$ 60 s/min $= 54$ m/min

$$A_{BB} = 1{,}2 \text{ m} \cdot 1{,}7 \text{ rm}^3/\text{fm}^3 \cdot 0{,}625 \text{ m} \cdot 0{,}60 \frac{4 \text{ m/min}}{(54 + 4)\text{ m/min}} = 0{,}0528 \text{ m}^2$$

$$A_{BT} = 1{,}2 \text{ m} \cdot 1{,}7 \text{ rm}^3/\text{fm}^3 \cdot 0{,}625 \text{ m} \cdot 0{,}40 \frac{5 \text{ m/min}}{(54 - 5)\text{ m/min}} = 0{,}0781 \text{ m}^2$$

$$V_{B\max} = A_{BB} \cdot l = 0{,}0528 \text{ m}^2 \cdot 200 \text{ m} = 10{,}56 \text{ rm}^3$$

$$\dot{V}_B = A_{BB} \cdot v_F = 0{,}0528 \text{ m}^2 \cdot 0{,}90 \text{ m/s} \cdot 3600 \text{ s/h} = 171 \text{ rm}^3/\text{h}$$

$$\dot{V}_T = A_{BT} \cdot v_F = 0{,}0781 \text{ m}^2 \cdot 0{,}90 \text{ m/s} \cdot 3600 \text{ s/h} = 253 \text{ rm}^3/\text{h}$$

Zu 2. *Für zweiseitig schneidende Gewinnung:*

nach Gl. (65,31)

$$\dot{A}_N = 2\,\Delta b\, \frac{v_{GB}\cdot v_{GT}}{v_{GB} + v_{GT}} = 2 \cdot 0{,}625 \text{ m} \frac{4 \text{m/min} \cdot 4 \text{ m/min}}{(4+4)\text{ m/min}} = 2{,}50 \text{ m}^2/\text{min}$$

nach Gl. (65,31 b)

$$\dot{A}_{Br} = \dot{A}_N \cdot t_{\text{avo}} \cdot \eta_t = 2{,}50 \text{ m}^2/\text{min} \cdot 360 \text{ min/S} \cdot 0{,}50 = 450 \text{ m}^2/\text{S}$$

nach Gl. (65,32b)

$$\dot{V}_{GS} = h_{Fl} \cdot \dot{A}_{Br} = 1{,}2\ \text{m} \cdot 450\ \text{m}^2/\text{S} = 540\ \text{fm}^3/\text{S}$$

Zu a) $v_F = 0{,}63\ \text{m/s} = 37{,}8\ \text{m/min}$

Nach Gln. (65,33a) und (65,33b)

$$A_{BB} = h_{Fl} \cdot S_{Fl} \cdot \Delta b\, \frac{v_{GB}}{v_F + v_{GB}} = 1{,}2\text{m} \cdot 1{,}7\ \frac{\text{rm}^3}{\text{fm}^3} \cdot 0{,}625\ \text{m}\ \frac{4\ \text{m/min}}{(37{,}8 + 4)\ \text{m/min}}$$
$$= 0{,}122\ \text{m}^2$$

$$A_{BT} = h_{Fl} \cdot S_{Fl} \cdot \Delta b\, \frac{v_{GT}}{v_F - v_{GT}} = 1{,}2\ \text{m} \cdot 1{,}7\ \frac{\text{rm}^3}{\text{fm}^3} \cdot 0{,}625\ \text{m}\ \frac{4\ \text{m/min}}{(37{,}8 - 4)\ \text{m/min}}$$
$$= 0{,}151\ \text{m}^2$$

Nach Gl. (65,34a) $V_{B\max} = A_{BB} \cdot l = 0{,}122\ \text{m}^2 \cdot 200\ \text{m} = 24{,}4\ \text{rm}^3$ und nach den Gl. (65,35a) und (65,35b)

$$\dot{V}_B = A_{BB} \cdot v_F = 0{,}122\ \text{m}^2 \cdot 0{,}63\ \text{m/s} \cdot 3600\ \text{s/h} = 277\ \text{rm}^3/\text{h}$$

$$\dot{V}_T = A_{BT} \cdot v_F = 0{,}151\ \text{m}^2 \cdot 0{,}63\ \text{m/s} \cdot 3600\ \text{s/h} = 340\ \text{rm}^3/\text{h}$$

Zu b) $v_F = 0{,}90\ \text{m/s} = 54\ \text{m/min}$

$$A_{BB} = 1{,}2\ \text{m} \cdot 1{,}7\ \frac{\text{rm}^3}{\text{fm}^3} \cdot 0{,}625\ \text{m}\ \frac{4\ \text{m/min}}{(54 + 4)\ \text{m/min}} = 0{,}088\ \text{m}^2$$

$$A_{BT} = 1{,}2\ \text{m} \cdot 1{,}7\ \frac{\text{rm}^3}{\text{fm}^3} \cdot 0{,}625\ \text{m}\ \frac{4\ \text{m/min}}{(54 - 4)\ \text{m/min}} = 0{,}1044\ \text{m}^2$$

$$V_{B\max} = 0{,}088\ \text{m}^2 \cdot 200\ \text{m} = 17{,}6\ \text{rm}^3$$

$$\dot{V}_B = A_{BB} \cdot v_F = 0{,}088 \cdot \text{m}^2 \cdot 0{,}90\ \text{m/s} \cdot 3600\ \text{s/h} = 285\ \text{rm}^3/\text{h}$$

$$\dot{V}_T = A_{BT} \cdot v_F = 0{,}1044\ \text{m}^2 \cdot 0{,}90\ \text{m/s} \cdot 3600\ \text{s/h} = 338\ \text{rm}^3/\text{h}$$

4. Antriebsleistung und Drehmoment beim Kratzerförderer

Die Berechnung der Antriebsleistung von Kratzerförderern nach den Gln. (65,7), (65,8) und (65,9) setzt voraus, daß sich die Kettenbewegungskräfte ausreichend genau bestimmen lassen. Außerdem muß der Gesamtwirkungsgrad der Energieübertragung η_m bekannt sein, der die Wirkungsgrade der Strömungskupplung und des Getriebes einschließlich des Kettensterns umfaßt. Hierbei ist der Wirkungsgrad von Kupplung und mechanischem Zahnradgetriebe einigermaßen zuverlässig anzugeben. Der Wirkungsgrad des Kettensternes ist dagegen nach Messungen des Verfassers[1] schwankend und vor allem abhängig von dem durchgeleiteten Drehmoment. Während er bei hohem Drehmoment über 90% (bis zu 95%) betragen kann, liegt er bei sehr kleinen Belastungen oft unter 70%. Man kann aber bei Nennlast mit einem Gesamtwirkungsgrad η_m von 0,75 bis 0,80 rechnen.

Zur Ermittlung der Kettenbewegungskräfte sind in Abschn. 27 eingehende Betrachtungen angestellt. Nach den Gln. (27,5a) und (27,5b) müssen die geometrischen Verhältnisse des Förderers, d. h. seine Länge und Neigung, ferner die Gewichtskräfte von Kettenband und Beladung

---

[1] OSTERMANN, WALTER: Messungen am Zweikettenkratzerförderer. Glückauf 1962, S. 1025···1041, hier S. 1038.

sowie die Reibzahl von Kette und Beladung in der Rinne von Ober- und Untertrumm bekannt sein. Über die Ermittlung der Beladung sind in den vorhergehenden Kapiteln Angaben gemacht. Die Massen des Kettenbandes für verschiedene Zweiketten-Kratzerförderer gibt Zahlentafel 11 wieder. Größere Schwierigkeiten bereitet die Abschätzung der Reibzahlen. Diese schließen nicht nur die durch Reibung hervorgerufenen Widerstände, sondern auch Einflüsse ein, wie Verklemmungen von Bergeteilen in der Kette, backende Kohle u. a. m. So können die Widerstände, wenn Feinkohle an der Übergabe oder beim Rücken des Förderers in das Untertrumm gezogen wird, unkontrollierbar anwachsen.

Nach diesen Überlegungen wird es gerade beim Kratzerförderer immer schwierig sein, die Antriebsleistungen einigermaßen zuverlässig zu bestimmen. Demnach müssen wir bemüht bleiben, nicht nur die Antriebsleistungen, sondern vor allem die übertragenen Drehmomente und damit die Kettenkräfte in den Grenzen zu halten, die eine ausreichende Lebensdauer der Ketten gewährleisten. Zu große Antriebsleistungen können bei Blockierungen Schädigungen oder den Bruch der Ketten hervorrufen. Ein Beispiel am Schluß des Abschn. 82 der Festigkeitslehre geht darum für die Bemessung der maximalen Leistung davon aus, daß bei Inanspruchnahme des Kippmomentes der Elektromotoren im Höchstfalle die Prüfkraft der verwendeten Ketten auftreten darf.

Die Kapitel 65,2 und 65,3 haben gezeigt, daß Gewinnungsbetriebe mit möglichst hoher Betriebspunktförderung größere Fördergeschwindigkeiten oder in Hobelbetrieben mit Überholgeschwindigkeit große Hobelgeschwindigkeiten verlangen. Da die Antriebsleistungen bei gleichen Kettenkräften proportional mit der Geschwindigkeit zunehmen, kommt man u. U. zu Leistungen, die sich nicht ohne weiteres verwirklichen lassen. Die größten Leistungen betragen zur Zeit

beim Zweiketten-Kratzerförderer $P_{max} = 4 \cdot 63\ \text{kW} = 252\ \text{kW}$

beim Hobel $\qquad\qquad\qquad P_{max} = 2 \cdot 100\ \text{kW} = 200\ \text{kW}$

Die Antriebe haben lediglich die Aufgabe, die Bewegungswiderstände beim Förderer bzw. beim Hobeln zu überwinden. Wenn bisher auch keine zuverlässigen Angaben über die Veränderung der Kettenkräfte mit der Geschwindigkeit gemacht werden können, kann doch in erster Annäherung angenommen werden, daß sie sowohl beim Kratzerförderer wie beim Hobel unabhängig von der Geschwindigkeit gleich bleiben.

Beim Förderer muß der Antrieb also ausreichende Kettenbewegungskräfte und damit entsprechende Drehmomente zur Verfügung stellen. *Steigert man aber bei gleicher Antriebsleistung* durch Änderung der Getriebeübersetzung *die Fördergeschwindigkeit, so verringert sich im gleichen Maße das verfügbare Drehmoment*, wie es für Kratzerförderer in Zahlentafel 15 dargestellt ist. Hierbei wurde für eine Nennleistung von 50 kW bei verschiedenen Fördergeschwindigkeiten das Nenndrehmoment am Kettenstern mit einem Wirkungsgrad von Getriebe und Strömungskupplung von 89% gerechnet. Die Kettenbewegungskraft wurde daraus mit einem Durchmesser des Kettensternes von 328 mm und einem Wirkungsgrad der Kettensternübertragung von 90% berechnet. Man erkennt, daß der 50 kW-Motor bei $v_F = 0{,}63$ m/s ohne Überlastung des Motors noch ein Nenndrehmoment von $Md_N = 1180$ kpm und eine Kettenbewegungskraft $F = 6{,}48$ Mp zur Verfügung stellt. Wird die Fördergeschwindigkeit auf 1,2 m/s erhöht, steht jedoch nur ein Nenndrehmoment von 619 kpm und eine Kettenzugkraft von 3,4 Mp zur Verfügung. Daraus erklären sich die Schwierigkeiten beim

Zahlentafel 14. *Drehmomente und Kettenzugkräfte für verschiedene Hobelgeschwindigkeiten bei einer Nennleistung des Antriebs von 63 kW*

Hobelgeschwindigkeit v_H in m/s	0,38	0,50	0,8	1,0	1,2	1,5
Kettensterndrehzahl n_{St} in min⁻¹	21,62	28,45	45,5	56,9	68,25	85,33
Nenndrehmoment der Kettensternwelle Md_N in kpm	2 524	1 918	1 200	959	799	639
Kettenzugkraft aus Nennmoment F in Mp	13,52	10,27	6,42	5,14	4,28	3,43

Zahlentafel 15. *Drehmomente und Kettenbewegungskräfte für verschiedene Fördergeschwindigkeiten beim Zweiketten-Kratzerförderer für eine Nennleistung des Antriebs von 50 kW*

Fördergeschwindigkeit v_F in m/s	0,50	0,63	0,72	0,90	1,0	1,1	1,2
Kettenstern-Drehzahl n_{St} in min⁻¹	29,14	36,7	41,95	52,43	58,27	64,1	69,9
Nenndrehmoment der Kettensternwelle Md_N in kpm	1 486	1 180	1 032	826	743	676	619
Kettenbewegungskraft aus Nennmoment F in Mp	8,16	6,48	5,67	4,53	4,08	3,71	3,40

Anfahren beladener Förderer bei großen Fördergeschwindigkeiten, auch wenn hierfür die Überlastbarkeit des Asynchron-Drehstrommotors bis zum Kippmoment in Anspruch genommen wird.

Für den Hobel sind mit entsprechenden Wirkungsgraden und einem Kettensterndurchmesser von 336 mm bei einer Nennleistung von 63 kW die Angaben für Nenndrehmoment und Kettenzugkraft in Zahlentafel 14 gemacht.

Diese Verhältnisse sollen in einem Beispiel für einen Zweiketten-Kratzerförderer erklärt werden.

Beispiel: Ein Zweiketten-Kratzerförderer hat drei Antriebe mit je 50 kW Motorleistung. Bei einer Fördergeschwindigkeit von 0,63 m/s konnte aus der Stromaufnahme im Dauerlauf auf eine 75% Belastung der Elektromotoren geschlossen werden. Durch Änderung der Getriebeübersetzung von 40:1 auf 28:1

bei gleichbleibender Motorleistung wird eine Fördergeschwindigkeit von 0,90 m/s erreicht. Es ergibt sich, daß die Motorleistung im Dauerlauf auch bei erhöhter Geschwindigkeit ausreicht. Jedoch treten beim Anfahren des beladenen Förderers Schwierigkeiten auf. Es sollen die Drehmomente sowie die Kettenzugkräfte nachgeprüft werden.

Lösung: a) für $v_F = 0,63$ m/s

Nach Zahlentafel 15 ist das Nenndrehmoment

$$M_{d_N} = 3 \cdot 1\,180 \text{ kpm} = 3\,540 \text{ kpm}$$

Da die Motoren nur zu 75% belastet sind, ergibt sich das erforderliche Drehmoment im Dauerlauf

$$M_{d_\text{Dauer}} = 0,75 \cdot 3\,540 \text{ kpm} = 2\,655 \text{ kpm}$$

Entsprechend ergibt sich nach Zahlentafel 15 die erforderliche Kettenzugkraft

$$F_\text{Dauer} = 3 \cdot 0,75 \cdot 6,48 \text{ Mp} = 14,58 \text{ Mp}$$

Das verfügbare Anfahrmoment, wenn das Kippmoment dem zweifachen Nennmoment entspricht, ist dann

$$M_{d_\text{Anf}} = 2 \cdot M_{d_N} = 2 \cdot 3\,540 \text{ kpm} = 7\,080 \text{ kpm}$$

bzw. die Kettenzugkraft beim Anfahren

$$F_\text{Anf} = 3 \cdot 2 \cdot 6,48 \text{ Mp} = 38,9 \text{ Mp}$$

b) für $v_F = 0,90$ m/s ist nach Zahlentafel 15

$$M_{d_\text{Dauer}} = 3\,M_{d_N} = 3 \cdot 826 \text{ kpm} = 2\,478 \text{ kpm}$$

entsprechend die Kettenzugkraft

$$F_\text{Dauer} = 3 \cdot 4,53 \text{ Mp} = 13,59 \text{ Mp}$$

Das verfügbare Anfahrmoment

$$M_{d_\text{Anf}} = 2 \cdot 2\,478 \text{ kpm} = 4\,956 \text{ kpm}$$

entsprechend die Anfahrkettenzugkraft

$$F_\text{Anf} = 2 \cdot 13,59 \text{ Mp} = 27,18 \text{ Mp}$$

Dieses Rechnungsbeispiel zeigt folgendes:

Die Berechnung unter Berücksichtigung einer Belastung von 75% der Nennleistung bei 0,63 m/s Geschwindigkeit ergibt bei 0,90 m/s und Nennleistung für den Dauerlauf annähernd gleiche Drehmomente (2 655 kpm und 2 478 kpm), bzw. fast gleiche Kettenzugkräfte (14,58 Mp und 13,59 Mp). Dagegen ist das verfügbare Anfahrmoment bei Inanspruchnahme des Kippmomentes der Motoren bei 0,90 m/s mit 4 956 kpm erheblich niedriger als bei 0,63 m/s Geschwindigkeit mit 7 080 kpm. Da der Förderer offenbar unter den gegebenen Verhältnissen und mit der geförderten Kohle große Anfahrschwierigkeiten hat, reicht es zum Anfahren mit der Getriebeübersetzung für 0,90 m/s Fördergeschwindigkeit jedenfalls nicht aus.

Es bestehen Möglichkeiten, diese Anfahrschwierigkeiten zu überwinden. Für die Fördergeschwindigkeit von 0,90 m/s kann z. B. mit einem Lastschaltgetriebe 2:1 zum Anfahren ein Drehmoment $M_{d_\text{Anf}} = 2 \cdot 4\,956$ kpm $= 9\,912$ kpm eingeleitet werden, womit der Förderer zunächst auf die Hälfte von 0,90 m/s $= 0,45$ m/s hochgefahren wird. Die Umschaltung des Schaltgetriebes auf 1:1 gestattet dann, mit dem kleineren Drehmoment die Fördergeschwindigkeit auf 0,90 m/s zu steigern. Erfahrungsgemäß reicht dafür das kleinere Drehmoment aus.

Das hohe Anfahrmoment beim Vorschalten eines Lastschaltgetriebes steht allerdings nur bei Ausnutzung des Kippmomentes des Drehstrommotors, d. h. bei Überlastung mit hoher Stromaufnahme zur Verfügung. Demgegenüber bietet ein hydrostatisches Getriebe mit Leistungsregler (besser „leistungsbegrenzender Regelung") die Möglichkeit, ohne Überlastung des Elektromotors ein hohes Drehmoment bei kleiner Fördergeschwindigkeit bereit zu stellen.

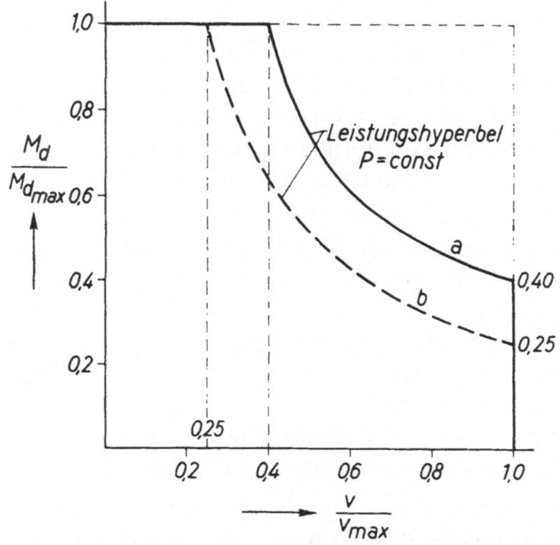

Abb. 65,13. Drehmomente in Abhängigkeit von der Fördergeschwindigkeit beim Kratzerförderer mit leistungsbegrenztem hydrostatischen Getriebe

Abb. 65,13 zeigt die durch das leistungsbegrenzend geregelte Hydrogetriebe mögliche Leistungshyperbel. Kurve a zeigt die Verhältnisse für ein Hydrogetriebe, dessen „Wandlungsverhältnis" $\frac{1}{0,4} = 2,5$ beträgt. Das bedeutet, daß bei einer Geschwindigkeit vom 0,4fachen der Höchstgeschwindigkeit das 2,5fache des bei größter Geschwindigkeit verfügbaren Momentes übertragen werden kann. Kurve b zeigt eine Leistungshyperbel mit einem Wandlungsverhältnis von $\frac{1}{0,25} = 4$. Die Leistung für Kurve b ist kleiner als für Kurve a. Für die Auslegung eines Hydrogetriebes kommt es aber darauf an, daß das Drehmoment im Dauerlauf gleich oder kleiner ist als das Drehmoment, das vom Hydrogetriebe bei höchster Geschwindigkeit übertragen werden kann, da der Antrieb sonst nicht in der Lage wäre, den Förderer auf die gewünschte Nenngeschwindigkeit zu bringen. Bei Rückgang des vom Förderer angeforderten Drehmomentes im Dauerlauf, geht auch der Druck zurück. Damit schwenkt die Pumpe, gesteuert durch den Regler, automatisch auf höheren Förderstrom und erhöht damit entsprechend die Fördergeschwindigkeit.

5. Trogbandförderer

In der Streckenförderung stehen Trogbandförderer in Wettbewerb mit Gurtförderern, wie sie im Abschn. 66 behandelt werden. Trotz seines kleineren Füllquerschnittes ist der gemuldete Gurtförderer bei entsprechender Bandbreite wegen der höheren Bandgeschwindigkeit im erreichbaren Förderstrom meist überlegen. Dagegen ist er gegen Durchfahren schwacher Mulden empfindlicher als der Trogbandförderer.

Ein besonderer Vorteil des Trogbandförderers liegt in der Kurvengängigkeit einiger Bauarten. Es wird damit möglich, Strecken mit mehreren Kurven mit nur einem Fördermittel auszurüsten, während bei Verwendung von Gurtförderern eine entsprechende Anzahl von Übergaben nötig ist. Wenn auch heute die automatische Übergabe mit Verriegelung der Bandantriebe weite Verbreitung gefunden hat, so wird es immer Fälle geben, wo Übergaben wegen ihrer Kornzerkleinerung oder Staubentwicklung vermieden werden müssen.

Füllquerschnitte einiger Trogbandförderer zeigt Zahlentafel 16. Die zulässigen Bandgeschwindigkeiten betragen für Trogbänder mit Doppellaschenketten $v_F = 0,8$ m/s, während Trogbänder mit Rundstahlketten bis zu $v_F = 1,2$ m/s oder gar 1,3 m/s Fördergeschwindigkeit eingesetzt werden. Im Verfolg der Erhöhung der Betriebspunktförderung ist man zur Steigerung des Förderstromes bei Trogbandförderern von der bisher genormten Bordhöhe von 130 mm in vielen Fällen auf 160 mm, vereinzelt sogar auf 180 mm übergegangen. Dabei ist nicht zu vermeiden, daß die Kehrstationen entsprechend höher bauen.

Trogbandförderer haben auch noch andere Vorteile vor Gurtförderern. So lassen letztere Neigungen im Einfallen oder Ansteigen bis 14°, höchstens 17° zu, während Trogbandförderer in gleichen Fällen 30° und mehr überwinden. Die größte Länge ist bei Gurtförderern durch die zulässige Gurtspannkraft begrenzt, die zwar bei Stahlseilgurten heute schon große Werte erreicht. Bei Trogbandförderern mit Zwischenantrieben ist die Länge dagegen praktisch unbegrenzt. Bei ansteigender Förderung sind die Bandzugkräfte nach den Gln. (27,5a und b) eine direkte Funktion des Neigungswinkels. Mit diesen verkürzt sich bei Gurtförderern die zulässige Länge, während sich bei Trogbandförderern lediglich der Abstand der Zwischenantriebe verringert.

Der Förderstrom berechnet sich nach den Gln. (65,1) und (65,2) aus Füllquerschnitt und Geschwindigkeit. Wegen des wechselnden Austrages der vorgeschalteten Förderer, insbesondere aus Hobelbetrieben, kann man beim Streckenförderer von einer „wandernden Beladung" sprechen, die nur die Feststellung des maximalen, mittleren oder erreichbaren Förderstromes gestattet.

Für die Ermittlung der Bandzugkräfte führt man in die Gln. (27,5a) und (27,5b) zweckmäßig die Gewichtskraft der Beladung je Meter q_B ein. Da es bei Bändern mit wechselndem Neigungswinkel im Ansteigen oder Einfallen notwendig ist, die Bandzugkräfte abschnittsweise zu berechnen, kann man immer nur von einem Beladungsfall ausgehen. Dieser richtet sich grundsätzlich nach der Aufgabenstellung, ob die

Zahlentafel 16. *Füllquerschnitte einiger Trogbandförderer für Bandneigung*
$\alpha \geq 0° \cdots 15°$[1] *in m²*

Maschinenfabrik Hauhinco, Essen					
Größe in mm rechteckiger Querschnitt	540 × 130	540 × 160	640 × 130	640 × 160	800 × 130	800 × 160

lquer- mitt $F\ddot{u}$ m²	gestrichen voll	0,0716	0,0865	0,0834	0,1020	0,1040	0,1310
	mit 15° Böschung	0,0910	0,1060	0,1108	0,1294	0,1468	0,1738

Becker-Prünte G.m.b.H., Datteln					
Größe in mm trapezförm. Querschnitt	560/510 × 120	600/510 × 120	670/570 × 120	720/625 × 130	755/630 × 170

lquer- mitt $F\ddot{u}$ m²	gestrichen voll	0,0556	0,0618	0,0676	0,0814	0,1095
	mit 15° Böschung	0,0766	0,0859	0,0977	0,1161	0,1477

größtmöglichen, durchschnittlichen oder gar kleinsten Kräfte gesucht werden. Die Beladung errechnet sich dabei nach den Gln. (65,4), (65,5) oder (65,4a).

Mit der Gewichtskraft der Bandmatten q_K, für die Zahlentafel 17 einige Beispiele zeigt, ergeben sich die Bandzugkräfte aus Gl. (27,5a) für das Obertrumm zu

$$F_O = l\,(q_B + q_K)\,\mu\,\cos\alpha\left(1 \pm \frac{\tan\alpha}{\mu}\right) \qquad (65{,}36)$$

und aus Gl. (27,5 b) für das Untertrumm zu

$$F_U = l \cdot q_K \cdot \mu\,\cos\alpha\left(1 \pm \frac{\tan\alpha}{\mu}\right) \qquad (65{.}37)$$

Das *positive Vorzeichen* gilt *für ansteigendes*, das *negative für einfallendes Förderertrumm.*

Für einige Beispiele des Neigungswinkels α sowie der Reibungszahl μ geben die Zahlentafeln 18 und 19 Werte von $f(\alpha) = \cos\alpha\left(1 \pm \frac{\tan\alpha}{\mu}\right)$ wieder.

Die Reibungszahl ist auch bei Trogbandförderern noch nicht einwandfrei gemessen worden. Man kann aber verhältnismäßig zuverlässig bei elektro-mechanischem Antrieb einen Wirkungsgrad für Getriebe einschließlich Strömungskupplung von 80 bis 85% annehmen, und dann unter normalen oder ungünstigen Bedingungen mit $\mu = 0,03$, unter günstigen Verhältnissen mit $\mu = 0,015$ rechnen. Es ist heute vielfach üblich, für das ansteigende Fördertrumm mit dem ungünstigsten Wert $\mu = 0,03$, für das einfallende Fördertrumm mit $\mu = 0,015$ zu rechnen, um dadurch weitgehend auf der sicheren Seite zu liegen.

---

[1] Füllquerschnitt für Bandneigung $\alpha = 16° \cdots 40°$: $A'_{F\ddot{u}} = A_{F\ddot{u}}\dfrac{130 - 2\alpha}{100}$

Zahlentafel 17. *Massen in kg/m der Matten einiger Trogbandförderer*

Maschinenfabrik Hauhinco, Essen

Doppellaschenkette in mm nach DIN 81 75	50×8		65×9			
Mittel-Rundstahlkette nach DIN 2 22 52 in mm					18×64	
Laufrollenabstand in m	1,60	1,92	1,60	1,92	1,60	1,92
Trogband Größe	Masse des Trogbandes in kg/m					
540×130	69,0	66,5	84,0	81,0	65,0	63,0
540×160	69,4	66,9	84,4	81,4	—	—
540×180	—	—	—	—	69,3	67,3
640×130	73,8	71,2	89,0	86,0	69,1	67,0
640×160	74,2	71,6	89,4	86,4	—	—
640×180	—	—	—	—	73,4	71,3
800×130	81,0	77,5	95,5	92,6	75,6	73,1
800×160	81,4	77,9	95,9	93,1	—	—
800×180	—	—	—	—	80,0	—

Becker-Prünte G.m.b.H., Datteln (Trogband trapezförmiger Querschnitt)

Doppel-Rundstahlkette nach DIN 2 22 52 in mm	16×64	18×64	20×80	22×86		
Mittel-Rundstahlkette nach DIN 2 22 52 in mm					20×80	22×86
Trogband Größe	Masse des Trogbandes in kg/m					
$560/510 \times 120$	54,5	58,0	61,5	—	—	—
$670/570 \times 120$	60,0	64,0	67,5	—	—	—
$720/625 \times 130$	—	—	—	77,0	—	73,0
$755/630 \times 170$	—	—	—	79,0	—	75,0
$600/510 \times 120$	—	—	—	—	55,0	—

Die gesamte erforderliche Antriebsleistung berechnet sich dann zu

$$P_{\text{ges}} = \frac{(F_o + F_u)\, v_F}{\eta} \qquad (65,38)$$

Die richtige Anordnung der Antriebe ist die eigentliche Aufgabe der Planung von Trogbandförderern. Heute werden seltener Kopfantriebe, vielmehr meist Zwischenantriebe in Ober- oder Untertrumm eingesetzt. Zwischenantriebe, die gleichzeitig in Ober- und Untertrumm eingreifen, sind abzulehnen, da sie unkontrollierbare Kraftspitzen in die Kette leiten.

Verfolgt man die erforderlichen Kettenzugkräfte der einzelnen aufeinanderfolgenden Abschnitte des Förderers in Ober- und Untertrumm in Bewegungsrichtung des Bandes nach den Gln. (65,36) und (65,37) und trägt diese über der Länge auf, so läßt sich damit die zweckmäßige Anordnung der Antriebe und ihre Bemessung finden. Dabei wird an-

Zahlentafel 18

$$f(\alpha) = \cos \alpha \left(1 - \frac{\operatorname{tg} \alpha}{\mu}\right) \text{ für einfallendes Förderertrumm bei Trogbandförderern.}$$

Neigung %	Neigung α	Reibzahl μ								
	Altgrad	0,010	0,015	0,018	0,020	0,023	0,025	0,030	0,035	0,040
0,5	17′	0,5	0,667	0,722	0,750	0,783	0,800	0,833	0,857	0,875
1	34′	±0	0,333	0,444	0,500	0,565	0,600	0,667	0,714	0,750
2	1° 9′	−1,000	−0,333	−0,111	0	0,130	0,200	0,333	0,429	0,500
4	2° 17′	−2,998	−1,666	−1,221	−0,999	−0,739	−0,600	−0,333	−0,143	0
5	2° 52′	−3,995	−2,330	−1,776	−1,498	−1,172	−0,999	−0,666	−0,428	−0,250
8,75	5	−7,720	−4,815	−3,846	−3,362	−2,794	−2,490	−1,909	−1,494	−1,183
12,28	7	−11,196	−7,133	−5,779	−5,102	−4,307	−3,883	−3,0703	−2,490	−2,055
14,05	8	−12,923	−8,285	−6,739	−5,966	−5,059	−4,575	−3,647	−2,985	−2,488
17,63	10	−16,377	−10,590	−8,661	−7,696	−6,564	−5,960	−4,803	−3,976	−3,356
21,26	12	−19,817	−12,885	−10,575	−9,420	−8,063	−7,340	−5,954	−5,954	−4,221
26,79	15	−24,911	−16,286	−13,410	−11,973	−10,285	−9,385	−7,660	−6,428	−5,503
30,57	17	−28,278	−18,533	−15,285	−13,661	−11,754	−10,737	−8,788	−7,396	−6,352
36,40	20	−33,265	−21,864	−18,063	−16,163	−13,932	−12,742	−10,462	−8,833	−7,612
40,40	22	−36,532	−24,045	−19,883	−17,802	−15,359	−14,056	−11,559	−9,775	−8,438
46,63	25	−41,354	−27,268	−22,572	−20,224	−17,468	−15,998	−13,180	−11,168	−9,659
57,74	30	−49,137	−32,469	−26,914	−24,135	−20,874	−19,135	−15,802	−13,420	−11,635

Zahlentafel 19

$$f(\alpha) = \cos \alpha \left(1 + \frac{\operatorname{tg} \alpha}{\mu}\right) \text{ für ansteigendes Förderertrumm bei Trogbandförderern}$$

Neig. %	Neig. α Altgrad	Reibzahl μ								
		0,01	0,015	0,018	0,020	0,023	0,025	0,030	0,035	0,040
0,5	17′	1,500	1,333	1,278	1,250	1,217	1,200	1,167	1,143	1,125
1	34′	2,000	1,667	1,556	1,500	1,435	1,400	1,333	1,286	1,250
2	1° 9′	2,999	2,333	2,111	2,000	1,869	1,800	1,666	1,571	1,500
4	2° 17′	4,996	3,664	3,220	2,998	2,737	2,598	2,331	2,141	1,998
5	2° 52′	5,993	4,328	3,773	3,494	3,170	2,996	2,663	2,426	2,247
8,75	5	9,713	6,807	5,839	5,355	4,786	4,483	3,902	3,487	3,175
12,28	7	13,181	9,118	7,764	7,087	6,292	5,868	5,055	4,475	4,040
14,05	8	14,904	10,236	8,720	7,947	7,040	6,556	5,628	4,966	4,469
17,63	10	18,347	12,559	10,630	9,666	8,534	7,930	6,772	5,945	5,325
21,26	12	21,774	14,841	12,531	11,376	10,020	9,296	7,910	6,920	6,177
26,79	15	26,843	18,217	15,342	13,905	12,217	11,317	9,592	8,359	7,435
30,57	17	30,190	20,446	17,197	15,573	13,666	12,650	10,701	9,309	8,265
36,40	20	35,145	23,743	19,942	18,04	15,811	14,622	12,341	10,713	9,491
40,40	22	38,386	25,899	21,737	19,657	17,213	15,911	13,414	11,630	10,292
46,63	25	43,167	29,080	24,385	22,037	19,281	17,811	14,993	12,981	11,472
57,74	30	50,869	34,201	28,646	25,867	22,606	20,867	17,534	15,152	13,367

genommen, daß jeder Antrieb normal höchstens ein Drehmoment entsprechend der Nennleistung des gewählten Motors unter Berücksichtigung des Getriebewirkungsgrades übertragen kann. Die Untersuchung soll darum immer von den höchsten Kettenzugkräften ausgehen, die bei unterschiedlicher Beladung vorkommen können. Das ist im allgemeinen bei ansteigender Förderung die größte Beladung, bei einfallender Förderung die kleinste Beladung, u. U. das leere Band.

Werden in einem Förderband mehrere Antriebe erforderlich, so übertragen diese bei geringer werdenden Kettenzugkräften, z. B. infolge „wandernder Beladung", gleichmäßig kleinere Drehmomente bei geringer Erhöhung der Geschwindigkeit entsprechend der Drehmomentenkennlinie des Drehstrom-Asynchronmotors. Solange die Motoren in dieser Kennlinie sich nicht wesentlich unterscheiden, ist nicht zu erwarten, daß die einzelnen Antriebe unterschiedliche Drehmomente übertragen.

Die Antriebe bauen entsprechend dem übertragenen Drehmoment eine bestimmte Kettenzugkraft ab. Die Wahl des Aufstellungsortes hat sich dann danach zu richten,

a) daß an keiner Stelle des Kettenbandes die Zugkraft die zulässige Kettenkraft F_{zul} überschreitet,

b) daß die Kettenzugkraft an keiner Stelle kleiner als Null wird, d. h. daß vom Antrieb keine Druckkräfte abgegeben werden, die Hängekette hervorrufen.

Zu a) kann gesagt werden: Die früher gebräuchliche 6fache Sicherheit gegen Bruchkraft der Ketten reicht aus vielerlei Gründen nicht immer aus. Die Firma Hauhinco, Essen, rechnet:

bei Doppellaschenketten 65×9 mm bei einer Bruchkraft von $35\,000$ kp je Kette mit $F_{zul} = 11\,500$ kp, das entspricht

$$v = \frac{2 \cdot 35\,000 \text{ kp}}{11\,500 \text{ kp}} = 6,1,$$

bei Doppellaschenketten 50×8 mm bei einer Bruchkraft von $22\,000$ kp je Kette mit $F_{zul} = 6\,800$ kp, das entspricht

$$v = \frac{2 \cdot 22\,000 \text{ kp}}{6\,800 \text{ kp}} = 6,45,$$

bei der Mittel-Rundstahlkette 18×64 Güteklasse C bei einer Bruchkraft von $41\,000$ kp mit $F_{zul} = 5\,500$ kp, das entspricht

$$v = \frac{41\,000 \text{ kp}}{5\,500 \text{ kp}} = 7,45,$$

Die Firma Hemscheidt, Wuppertal, rechnet für ihren kurvengängigen Förderer mit $v = $ 10facher Sicherheit gegen Bruchkraft.

Zu b) ist zu bemerken: Trogbandförderer mit sog. „drucksteifer Kette", wie z. B. der kurvengängige Förderer Hemscheidt-Grebe, lassen geringe Druckkräfte im Antrieb zu. In allen anderen Fällen müssen die Antriebe so angeordnet werden, daß sie mit ihrem normalen Drehmoment die aufgelaufene Kettenzugkraft nicht vollständig abbauen. Vielmehr ist ein gewisser Sicherheitsabstand von der Hängekette als Restzugkraft zu empfehlen, der 500 bis 1000 kp betragen kann.

Bei stärker einfallender Förderung kann ein „Bremstrieb" notwendig werden, bei dem der Drehstrom-Asynchronmotor bei übersynchroner Drehzahl zum Bremsmotor wird. Wegen des von der Belastung verschiedenen Drehzahlunterschiedes von treibenden und bremsenden

Antrieben ist es aber nicht möglich, in den Kettenlauf des gleichen Förderers treibende und bremsende Antriebe gleichzeitig eingreifen zu lassen.

Das führt zu den *Grenzen der Anwendbarkeit von Trogbandförderern*, mit denen sich RICHTER[1] für kurvengängige Förderer auseinandersetzt. Söhlige oder im wesentlichen ansteigende bzw. einfallende Förderung läßt sich im allgemeinen mit Trogbandförderern bewältigen. Nach dem heutigen Stande der Technik ist es jedoch nicht möglich, einen durchgehenden Trogbandförderer in wechselnd ansteigenden und einfallenden Strecken sowie in langen söhligen Strecken mit anschließendem Einfallen einzusetzen. In diesen Fällen ist es stets notwendig, den Förderer in mehrere hintereinandergeschaltete Förderer mit Übergaben zu unterteilen.

Bei kurvengängigen Förderern kann man vereinfachend für je $10°$ Abwinkelung etwa 5 m Bandlänge der wahren Länge hinzu rechnen und im übrigen die Kettenkräfte nach den Gln. (65,36) und (65,37) abschnittsweise berechnen. Wird dann der Kettenkraftverlauf über der Länge in Bewegungsrichtung für Ober- und Untertrumm aufgetragen, so läßt sich die Lage und Bemessung der Antriebe ermitteln, wie es an Beispielen gezeigt wird.

Beispiel I: In einer Abbaustrecke soll ein geradaus fördernder Trogbandförderer 800×130 mit Doppellaschenkette 65×9 mm und 1,60 m Tragrollenabstand nach dem in Abb. 65,14 dargestellten Profil zur Abförderung von Kohle mit einer Schüttdichte $\varrho_H = 1,05$ t/rm³ eingesetzt werden. Die Länge und die Neigungswinkel sind für die einzelnen Abschnitte in Zahlentafel I angegeben. Die Fördergeschwindigkeit betrage 0,8 m/s. Zur Berechnung der Kettenzugkräfte wird für ansteigendes Fördertrumm mit $\mu = 0,03$, für einfallendes Fördertrumm mit $\mu = 0,015$ gerechnet. Zu berechnen sind a) der maximale Förderstrom, b) die Anzahl der Zwischenantriebe, ihre Leistung und Lage im Förderband für die größten Kettenzugkräfte, c) die Beanspruchung der Antriebe beim Trogbandförderer ohne Beladung (für die geringsten Kettenzugkräfte).

Lösung: Zu a) Nach Zahlentafel 16 ist für die größte Bandneigung $\alpha = 25,5°$

$$A'_{F\ddot{u}} = A_{F\ddot{u}} \frac{130 - 2\alpha}{100} = 0,1468 \text{ m}^2 \frac{130 - 2 \cdot 25,5°}{100}$$

$$= 0.1160 \text{ m}^2$$

$$\dot{V}_{\max} = A'_{F\ddot{u}} \cdot v_F = 0,1160 \text{ m}^2 \cdot 0,8 \text{ m/s} \cdot 3600 \text{ s/h}$$

$$= 334 \text{ rm}^3/\text{h}$$

$$\dot{m}_{\max} = \dot{V}_{\max} \cdot \varrho_H = 334 \text{ rm}^3/\text{h} \cdot 1,05 \text{ t/rm}^3 = 350 \text{ t/h}$$

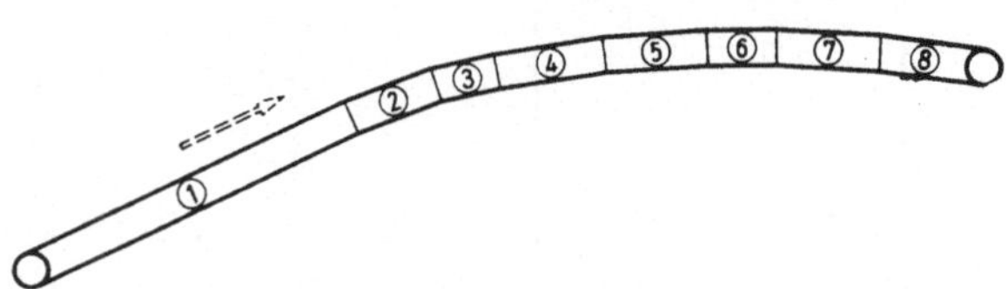

Abb. 65,14. Schema des Profils eines steil fördernden Trogbandförderers (Beispiel I)
Abschnitte 1 bis 6 ansteigend, 7 und 8 einfallend

---

[1] RICHTER, FELIX: Anwendungsbereich kurvengängiger Stahlgliederbänder, 10 Jahre Deutsche Hebe- und Fördertechnik, Jubiläumsausgabe 1964.

Zahlentafel I. *Ergebnisse zu Beispiel I*

Ab-schnitt	Länge l m	Neigung α Altgrad	$\mu \cdot \cos\alpha\left(1 + \dfrac{\tan\alpha}{\mu}\right)$ für $\mu = 0,03$	$\mu \cdot \cos\alpha\left(1 - \dfrac{\tan\alpha}{\mu}\right)$ für $\mu = 0,015$	Untertrumm F_U kp	Summe F_U kp	Obertrumm vollbeladen F_O kp	Summe F_O kp	Obertrumm teilbeladen F_O kp	Summe F_O kp	Obertrumm leer F_O kp	Summe F_O kp
1	168	25,5	0,4576	− 0,4448	− 6707	− 6707	16721	16721	16721	16721	7342	7342
2	39	22,5	0 4105	− 0,3934	− 1465	− 8172	3482	20203	3482	20203	1529	8871
3	27	15,0	0,2877	− 0,2443	− 630	− 8802	1690	21893	1690	21893	742	9613
4	48	7,5	0,1603	− 0,1157	− 530	− 9332	1674	23567	1674	23567	734	10347
5	48	4,0	0,09967	− 0,05478	− 251	− 9583	1041	24608	1041	24608	457	10804
6	27	1,0	0,00471	− 0,0021	− 5	− 9588	277	24885	277	24885	121	10925
7	51	− 4,0	0,09967	− 0,05478	+ 485	− 9103	− 608	24277	− 287	24598	− 287	10638
8	50	− 6,5	0,1431	− 0,09836	+ 683	− 8505	− 1070	23207	− 470	24128	− 470	10168

		vollbeladen	teilbeladen	leer
$F_{ges} = F_O + F_U$		14702 kp	15623 kp	1663 kp
P_{ges} erforderlich		144 kW	153,2 kW	16,3 kW

Zu b) Nach Gl. (65,3)

$$q_{B\max} = A'_{Fü} \cdot \gamma_H$$

$$= 0{,}1160 \text{ m}^2 \cdot 1{,}05 \text{ Mp/rm}^3$$

$$\cdot\, 1000 \text{ kp/Mp} = 122 \text{ kp/m}$$

Nach Zahlentafel 17 ist für Trogband 800×130, Doppellaschenkette 65×9 mm und 1,60 m Rollenabstand die Masse 95,5 kg/m. Also ist

$$q_K = 95{,}5 \text{ kp/m}$$

Mit diesen Gewichtskräften für die größte Beladung und die Bandmatte sind nach den Gln. (65,36) und (65,37) die Kettenzugkräfte in Obertrumm und Untertrumm berechnet und in Zahlentafel I wiedergegeben. Dabei sind für die Kräfte im Obertrumm drei Fälle unterschieden:

1. Maximale Beladung auf der ganzen Länge des Obertrumms,

2. maximale Beladung in den ansteigenden Abschnitten 1 bis 6 und leeres Band in den einfallenden Abschnitten 7 und 8 des Obertrumms (teilbeladen),

3. leeres Band.

Die Auftragung der Kettenzugkräfte in Bewegungsrichtung des Bandes in Ober- und Untertrumm zeigt Abb. 65,15a für die Ergebnisse der Fälle 1 und 2. Dabei ergibt sich, daß die größten Kettenzugkräfte im Falle 2 auftreten (hier mit „teilbeladen" bezeichnet). Für diesen Fall 2 ergibt sich die gesamte durch die Antriebe zu überwindende Kettenzugkraft zu

$$F_{ges} = F_O + F_U$$

$$= 24128 \text{ kp} - 8505 \text{ kp}$$

$$= 15623 \text{ kp}$$

Hierfür ergibt sich mit einem Wirkungsgrad des Getriebes einschließlich Strömungskupplung von 80% die erforderliche gesamte Antriebsleistung

$$P_{ges} = \frac{F_{ges} \cdot v_F}{\eta} = \frac{15\,623\,\text{kp} \cdot 0.8\,\text{m/s}}{0.80 \cdot 102\,\dfrac{\text{kpm/s}}{\text{kW}}} = 153.2\,\text{kW}$$

Gewählt werden 4 Antriebe mit je 40 kW. Dann übernimmt im Beladungsfall **2** jeder Antrieb:

$$F_1 = \frac{F_{ges}}{4} = \frac{15\,623\,\text{kp}}{4} = 3\,906\,\text{kp}$$

Nehmen wir an, daß bei jedem Antrieb eine Restzugkraft von etwa 1000 kp bleiben soll, so ergibt sich die Lage des 1. Antriebes im Obertrumm des 1. Abschnittes nach Gl. (65,36)

$$F_O = l_1\,(q_B + q_K)\,\mu \cdot \cos\alpha\left(1 + \frac{\tan\alpha}{\mu}\right)$$

$$l_1 = \frac{F_O}{(q_B + q_K)\,\mu \cdot \cos\alpha\left(1 + \dfrac{\tan\alpha}{\mu}\right)}$$

$$= \frac{3\,906\,\text{kp} + 1\,000\,\text{kp}}{(122 + 95.5)\,\text{kp/m} \cdot 0.4576} = 50.4\,\text{m} \approx 50\,\text{m}$$

Für den 2. Antrieb ergibt sich entsprechend

$$l_2 = \frac{2 \cdot 3\,096\,\text{kp} + 1\,000\,\text{kp}}{(122 + 95.5)\,\text{kp/m} \cdot 0.4576} = 90.6\,\text{m} \approx 90\,\text{m}$$

ferner ergibt sich $l_3 = 130$ m; $l_4 = 170$ m

Damit ergibt sich das Sägediagramm des Kraftverlaufes gemäß Abb. 65,15a mit den größten Kräften im Obertrumm von 9262 kp und im Untertrumm von -9588 kp. Sie sind kleiner als $F_{zul} = 11\,500$ kp.

Zu c) Zahlentafel I gibt auch die Kettenzugkräfte im Obertrumm für den leeren Förderer wieder. Danach ergibt sich die gesamte Kettenkraft

$$F_{ges} = F_O + F_U = 10\,168\,\text{kp} - 8\,505\,\text{kp} = 1\,663\,\text{kp}$$

und eine erforderliche gesamte Antriebsleistung von

$$P_{ges} = \frac{F_{ges} \cdot v_F}{\eta} = \frac{1\,663\,\text{kp} \cdot 0.8\,\text{m/s}}{0.80 \cdot 102\,\dfrac{\text{kpm/s}}{\text{kW}}} = 16.3\,\text{kW}$$

In diesem Falle übernimmt jeder Antrieb die Kettenkraft

$$F_1 = \frac{F_{ges}}{4} = \frac{1\,663\,\text{kp}}{4} = 416\,\text{kp}$$

Den Verlauf der Kettenkräfte mit den vier Antrieben 40 kW für das leere Band zeigt Abb. 65,15b.

Beispiel II: Welche Länge kann ein Trogbandförderer 540×130 mit Mittelkette 18×64. Güteklasse C und 1,92 m Laufrollenabstand bei gestrichen voller Beladung mit nassen Waschbergen ($\varrho_H = 1.9$ t/rm³) und Förderung in 1% ansteigender Strecke erreichen, wenn mit $\mu = 0.03$ gerechnet wird und am Austrag ein Antrieb mit 33 kW mit 80% Getriebewirkungsgrad eingebaut ist? Wie groß ist sein maximaler Förderstrom?

23*

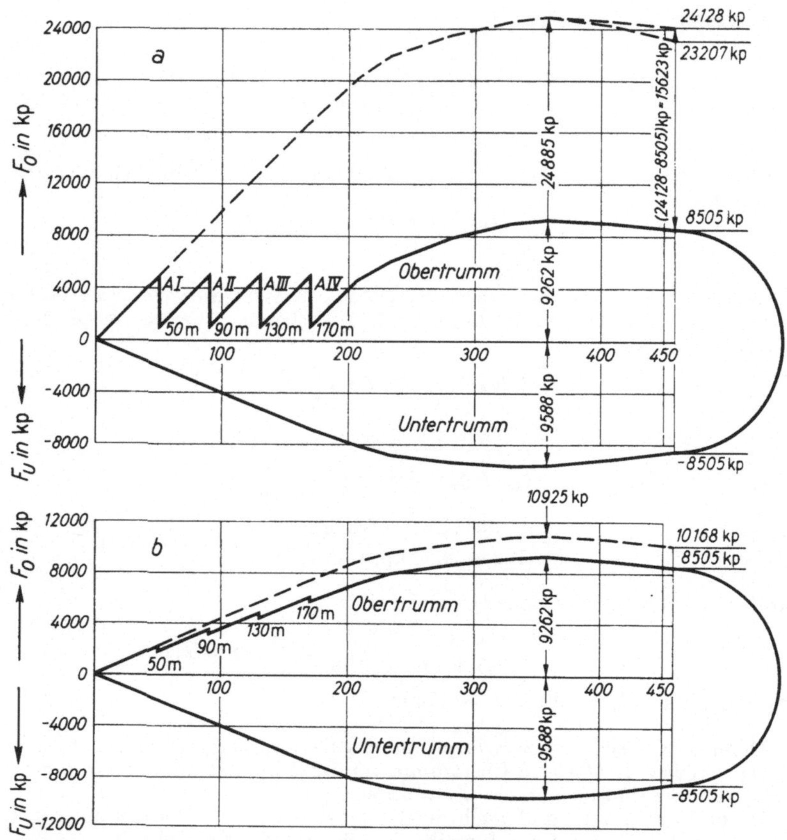

Abb. 65,15. Kettenzugkräfte in Ober- und Untertrumm des Trogbandförderers nach Abb. 65,14
(Beispiel I)   a) bei beladenem und teilbeladenem Förderer, b) bei leerem Förderer

Lösung: $q_B = A_{F\ddot{u}} \cdot \gamma_H = 0{,}0865 \text{ m}^2 \cdot 1{,}9 \text{ Mp/rm}^3 \cdot 1000 \text{ kp/Mp} = 164{,}4 \text{ kp/m}$

Nach Zahlentafel 17: $q_K = 66{,}9 \text{ kp/m}$

$$P = \frac{F_{\text{ges}} \cdot v_F}{\eta}$$

$$F_{\text{ges}} = \frac{P \cdot \eta}{v_F} = \frac{33 \text{ kW} \cdot 0{,}80 \cdot 102 \dfrac{\text{kp m/s}}{\text{kW}}}{0{,}8 \text{ m/s}} = 3366 \text{ kp}$$

$$F_{\text{ges}} = F_0 + F_U$$

$$= l\,(q_B + q_K)\,\mu \cdot \cos\alpha \left(1 + \frac{\tan\alpha}{\mu}\right) + q_K \cdot \mu \cdot \cos\alpha \left(1 - \frac{\tan\alpha}{\mu}\right)$$

$$l = \frac{F_{\text{ges}}}{(q_B + q_K)\,\mu \cdot \cos\alpha \left(1 + \dfrac{\tan\alpha}{\mu}\right) + q_K \cdot \mu \cdot \cos\alpha \left(1 - \dfrac{\tan\alpha}{\mu}\right)}$$

$$= \frac{3366 \text{ kp}}{(164{,}4 + 66{,}9)\dfrac{\text{kp}}{\text{m}} \cdot 0{,}03 \cdot 1{,}333 + 66{,}9 \dfrac{\text{kp}}{\text{m}} \cdot 0{,}03 \cdot 0{,}667} = 318 \text{ m}$$

$$\dot{m} = A_{F\ddot{u}} \cdot v_F \cdot \varrho_H = 0{,}0865 \text{ m}^2 \cdot 0{,}8 \text{ m/s} \cdot 3600 \text{ s/h} \cdot 1{,}9 \text{ t/rm}^3 = 473 \text{ t/h}$$

Beispiel III: Wie müßte der Trogbandförderer nach Beispiel II angetrieben werden, wenn die 1% ansteigende Strecke 900 m lang ist?

Lösung:

$$F_O = l\,(q_B + q_K)\,\mu \cdot f(\alpha) = 900\,\text{m}\,(164{,}4 + 66{,}9)\,\text{kp/m} \cdot 0{,}03 \cdot 1{,}333 = 8\,327\,\text{kp}$$

$$F_U = l \cdot q_K \cdot \mu \cdot f(\alpha) = 900\,\text{m} \cdot 66{,}9\,\text{kp/m} \cdot 0{,}03 \cdot 0{,}667 = 1\,204\,\text{kp}$$

$$F_{ges} = F_O + F_U = (8\,327 + 1\,204)\,\text{kp} = 9\,531\,\text{kp}$$

$$P_{ges} = \frac{F_{ges} \cdot v_F}{\eta} = \frac{9\,531\,\text{kp} \cdot 0{,}8\,\text{m/s}}{0{,}80 \cdot 102\,\dfrac{\text{kpm/s}}{\text{kW}}} = 93{,}4\,\text{kW}$$

Gewählt werden 3 Antriebe mit je 33 kW.

Jeder Antrieb baut dann die Kettenzugkraft ab:

$$F_1 = \frac{F_{ges}}{3} = \frac{9\,531\,\text{kp}}{3} = 3\,177\,\text{kp}$$

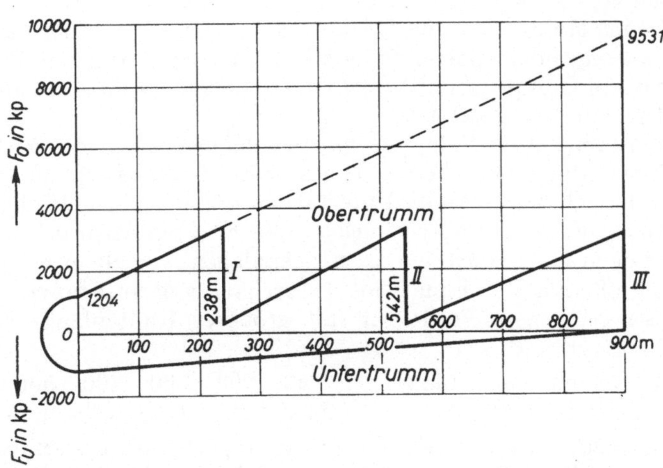

Abb. 65,16. Kettenzugkräfte in Ober- und Untertrumm eines Berge-Trogbandförderers (Beispiel III)

Diese Antriebe sollen als zwei Zwischenantriebe in das Obertrumm eingreifen, während der dritte Antrieb in die Kehre am Austrag eingebaut wird. Abb. 65,16 zeigt den Verlauf der Kettenzugkräfte. Danach ergibt sich die Lage der Zwischenantriebe bei einer Restzugkraft von 225 kp an jedem Zwischenantrieb wie folgt:

für den Antrieb I: $F_O = (3\,177 - 1\,204 + 225)\,\text{kp} = 2\,198\,\text{kp}$

$$l_1 = \frac{F_O}{(q_B + q_K)\,\mu \cdot f(\alpha)} = \frac{2\,198\,\text{kp}}{(164{,}4 + 66{,}9)\,\text{kp/m} \cdot 0{,}03 \cdot 1{,}333} = 238\,\text{m}$$

für den Antrieb II: $F_O = (2\,198 + 3\,177)\,\text{kp} = 5\,375\,\text{kp}$

$$l_2 = \frac{5\,375\,\text{kp}}{(164{,}4 + 66{,}9)\,\text{kp/m} \cdot 0{,}03 \cdot 1{,}333} = 542\,\text{m}$$

66. Planung gemuldeter Bandförderer

Für Bandförderer gelten ebenfalls die Grundgleichungen des Abschn. 65,1. Der maximale Förderstrom ergibt sich für vollständige Ausnutzung des Füllquerschnittes $A_{Fü}$

als Volumenstrom:

$$\dot{V}_{\max} = A_{Fü} \cdot v_F \tag{66,1}$$

und als Massenstrom

$$\dot{m}_{\max} = A_{Fü} \cdot v_F \cdot \varrho_H \tag{66,2}$$

Der Volumenstrom wird meist in rm³/h, der Massenstrom in t/h angegeben.

Der *Füllquerschnitt*, berechnet nach DIN 22101 und Abb. 66,1, wächst sowohl mit der Bandbreite B als auch mit dem Muldungswinkel λ, wie es Zahlentafel 20 zu entnehmen ist. Allerdings sind schmale Gewebegurte mit größerer Einlagenzahl und höherer Gewebefestigkeit im Schuß zu steif und mulden sich nur schlecht. Die in Zahlentafel 20 angegebenen Muldungen sind für die angegebenen Gurtbreiten zulässig.

Bei ansteigender oder einfallender Förderung verkleinern sich die ausnutzbaren Füllquerschnitte bei einem Neigungswinkel δ nach Zahlentafel 21 mit dem Faktor k.

Die so ermittelten Füllquerschnitte schließen zwar eine Sicherheit gegen Überladung ein, da der angesetzte Böschungswinkel nur 15° beträgt. Jedoch wird man im Untertagebetrieb den theoretischen Füllquerschnitt nur zu einem Teil (meist 70 bis 80%) in Anspruch nehmen, während er in gut gewarteten Übertageanlagen, vor allem bei Fördergut mit größerem Böschungswinkel durchaus voll ausgenutzt werden kann. Bei stückigem Fördergut mit größerer Kantenlänge schreibt DIN 22101 vor:

für Stückgut mit Kantenlänge	150	200	300	400	500 mm
Mindest Gurtbreite B	0,50	0,65	0,80	1,00	1,20 m

Die *Bandgeschwindigkeit* v_F kann im allgemeinen Untertage nicht so groß gewählt werden wie Übertage, wo der Bandförderer meist sauberer verlegt und besser gewartet werden kann. In Abbaustrecken Untertage soll v_F nicht über 1,5 m/s betragen, während die stationären Bänder in Hauptförderstrecken eine Bandgeschwindigkeit von über 3 m/s haben können. Großbandanlagen im Braunkohlentagebau laufen durchschnittlich mit 4 bis 6 m/s.

Zur Berechnung der *Bewegungswiderstände* sowie der *Antriebsleistung* von Bandförderern hat VIERLING[1] die Ergebnisse mehrerer Forschungsarbeiten veröffentlicht. Neben dem Laufwiderstand der Förderbandtragrollen treten Bewegungswiderstände des Fördergurtes auf, die mit Walkwiderstand bezeichnet werden. Darunter versteht man Widerstände aus dem Eindrücken des Gurtes an der Bandrolle, aus Schwingbiegungen des Gurtes beim Laufen über die Rollen und der walkenden Wirkung des Fördergutes, das auf dem Band liegt. Er stellt

---

[1] VIERLING, A.: Untersuchungen über die Bewegungswiderstände von Bandförderanlagen, Fördern und Heben 1956, S. 130/142.

Zahlentafel 20. *Füllquerschnitte gemuldeter Förderbänder* $A_{Fü}$

Muldungswinkel λ	20°			25°				30°						
Bandbreite B in m	0,50	0,65	0,80	0,65	0,80	1,0	1,2	0,80	1,0	1,2	1,4	1,6	1,8	2,0
Füllquerschnitt $A_{Fü}$ in m²	0,020	0,0320	0,0575	0,0400	0,0629	0,100	0,1500	0,0675	0,1090	0,1610	0,2240	0,2960	0,3800	0,4710

fest, daß der Walkwiderstand im Obertrumm allein 55,3%, in Ober- und Untertrumm zusammen über 60% des Energieverbrauches zur Überwindung der Bewegungswiderstände beim Bandförderer ausmacht. Die sich auf diese Forschungsarbeiten stützenden Berechnungen sind wegen der vielen Einzelwerte jedoch so umfangreich, daß es vorläufig angebracht erscheint, den Berechnungen nach DIN 22101 zu folgen.

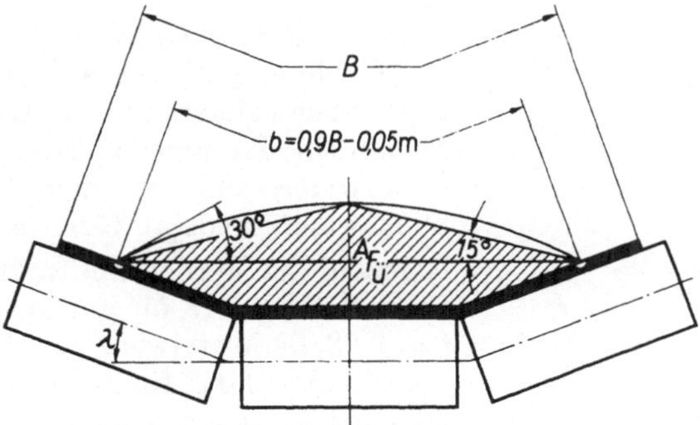

Abb. 66,1. Füllquerschnitt des gemuldeten Fördergurtes nach DIN 22101

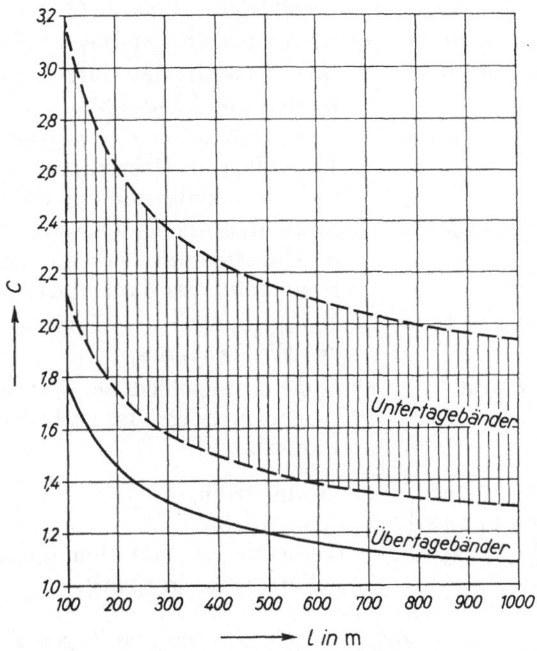

Abb. 66,2. Beiwert C für die Nebenwiderstände bei Gurtförderern

Zahlentafel 21. *Faktor k zur Berechnung des Füllquerschnittes von Bändern mit größerer Neigung δ: $A'_{Fü} = k \cdot A_{Fü}$*

Bandneigung δ in Grad	2	4	6	8	10	12	14	16	18	20	21	22	23	24	25
Faktor k	1,0	0,99	0,98	0,97	0,95	0,93	0,91	0,89	0,85	0,81	0,78	0,76	0,73	0,71	0,68

In den folgenden Gleichungen (bei Verwendung der internationalen Formelzeichen), die nach DIN 22101 z. T. als Zahlenwertgleichungen angegeben sind, haben die verwendeten Größen folgende Bedeutung:

C = Beiwert, dessen Größe sich gemäß Abb. 66,2[1] nach der Fördererlänge der Anlage richtet. Er berücksichtigt Nebenwiderstände wie Umlenkwiderstand an den Trommeln, Trommellagerreibung, Trägheits- und Reibungswiderstände an den Aufgabestellen und Reibungswiderstände an Gurt- und Trommelreinigern,

f = Reibzahl der Förderbandtragrollen:
$f = 0{,}016 \cdots 0{,}018$ für gut ausgerichtete Anlagen
$f = 0{,}02$ als Mittelwert
$f = 0{,}023 \cdots 0{,}027$ für schlecht ausgerichtete Anlagen,

l in m = Förderlänge der Anlage,

F_{voll} in kp = Widerstandskraft (Bewegungskraft) im Volltrumm (Obertrumm),

F_{leer} in kp = Widerstandskraft im Leertrumm (Untertrumm),

q_B in kp/m = Gewichtskraft der Beladung je m Band,

q_G in kp/m = Gewichtskraft des Gurtes berechnet für 1 m Gurt aus Zahlentafel 22 und 23,

q_{Ro} in kp/m = Gewichtskraft der bewegten Teile der dreiteiligen Tragrollen im Obertrumm, berechnet für 1 m Band je nach Rollenabstand aus Zahlentafel 24,

q_{Ru} in kp/m = Gewichtskraft der bewegten Teile der Flachtragrollen im Untertrumm, berechnet für 1 m Band je nach Rollenabstand aus Zahlentafel 24,

q_{Nm} in kp/m = $2q_G + q_{Ro} + q_{Ru}$ = Summe der bewegten Totlasten des Förderbandes,

H in m = Höhenunterschied der Förderbandenden = Hubhöhe $(+)$ bei ansteigender und Fallhöhe $(-)$ bei einfallender Förderung,

$\dot{V}$ in rm³/h = Förderstrom,

ϱ_H in t/rm³ = Schüttdichte,

γ_H in Mp/rm³ = Schüttwichte (hat den gleichen Zahlenwert wie die Schüttdichte in t/rm³).

---

[1] Nach DIN 22101 mit Ergänzung für längere Förderbänder nach VIERLING, Braunkohle, Wärme und Energie, 1959, S. 255, Abb. 3.

Zahlentafel 22. *Massen von Gewebegurt-Förderbändern in kg/m²*
(nach Phoenix: Fördergurte)

Zahl der Einlagen z	Gummidecke Trag-: Lauf-seite in mm	Baumwoll-Zellwoll-Gurte				Chemiefaser-Gurte				
		Z 70 / BZ 50	Z 90 / BZ 60	BZ 80	Z 125 / R 125	RP 160	RP 200	RP 250	EP 300	EP 400
3	3 : 2	9,9	10,5			9,5	10,5			
4	3 : 2	11,2	12,0	13,5		11,5	12,5	13,0	13,5	14,5
	4 : 2	12,3	13,1	14,6		12,5	13,5	14,0	14,5	15,5
	5 : 2	13,4	14,2	15,7		13,5	14,5	15,0	15,5	16,5
5	3 : 2	12,6	13,6	15,5	17,6	13,0	14,0	15,0	16,0	17,0
	4 : 2	13,7	14,7	16,6	18,6	14,0	15,0	16,0	17,0	18,0
	5 : 2	14,8	15,7	17,7	19,7	15,0	16,0	17,0	18,0	19,0
	6 : 2	15,9	16,8	18,8	20,8	16,0	17,0	18,0	19,0	20,0
6	3 : 2		15,2	17,5	19,9		17,0	18,0	19,0	20,0
	4 : 2		16,3	18,5	21,0		18,0	19,0	20,0	21,0
	5 : 2		17,4	19,6	22,0		19,0	20,0	21,0	22,0
	6 : 2		18,5	20,7	23,1		21,0	22,0	23,0	24,0

Zahlentafel 23. *Massen von Stahlseilgurt-Förderbändern in kg/m²*
(nach Eickhoff-Mitteilungen 1960, Heft 1/2)

Typ	St 1000	St 1250	St 1500	St 2000	St 3000
Gurtdicke in mm	14	16	18	20	23
Seildurchm. in mm	3,8	4,2	5,0	5,8	7,2
Masse in kg/m²	20,5	24,0	28,6	31,8	37,0

Zahlentafel 24. *Massen in kg der bewegten Tragrollenteile*
a = dreiteilige Muldenrollen, b = Flachrolle (im Untertrumm)
(Richtwerte nach Phoenix: Fördergurte)

Bandbreite B in m	Rollen-Außendurchmesser in mm										
	70		90		108		133		159		191	
	a	b	a	b	a	b	a	b	a	b	a	b
0,50	5,1	3,7										
0,65	5,8	4,4	9,1	6,5								
0,80	6,8	5,4	10,4	7,8	16,0	11,4						
1,00			11,7	9,1	17,9	13,3	23,5	17,5				
1,20					20,3	15,7	26,7	20,7	36,9	28,3		
1,40							29,2	23,2	40,3	31,7		
1,60							31,8	25,8	43,8	35,2		
1,80									47,2	38,7	70,5	55,9
2,00									50,8	42,2	75,3	60,3

Die Gewichtskraft der mittleren Beladung berechnet sich nach der Zahlenwertgleichung (65,4 a)

$$q_B = \frac{\dot{V} \cdot \gamma_H}{3,6 \cdot v_F}$$

damit ist

$$\dot{V} \cdot \gamma_H = 3,6 \cdot q_B \cdot v_F \tag{66,3}$$

mit

$\dot{V} \cdot \gamma_H$ der Gewichtskraft des Förderstromes in Mp/h,
q_B der Gewichtskraft der mittleren Beladung in kp/m,
v_F der Fördergeschwindigkeit in m/s.

Anmerkung: Der Förderstrom als Massenstrom $\dot{m}$ in t/h hat den gleichen Zahlenwert wie die Gewichtskraft des Förderstromes $\dot{V} \cdot \gamma_H$ in Mp/h.

Die Bewegungskraft im Volltrumm (Obertrumm) berechnet sich für beliebig geneigte Förderung:

$$F_{\text{voll}} = C \cdot f \cdot l\,(q_B + q_G + q_{Ro}) \pm H\,(q_B + q_G) \tag{66,4 a}$$

und im Leertrumm (Untertrumm)

$$F_{\text{leer}} = C \cdot f \cdot l\,(q_G + q_{Ru}) \mp H \cdot q_G \tag{66,4 b}$$

Damit ergibt sich die erforderliche Umfangskraft nach Gl. (34,6)

$$F_{Uw} = F_{\text{voll}} + F_{\text{leer}}$$

$$F_{Uw} = C \cdot f \cdot l\,(q_B + 2q_G + q_{Ro} + q_{Ru}) \pm H \cdot q_B \tag{66,5 a}$$

$$F_{Uw} = C \cdot f \cdot l\,(q_B + q_{Nm}) \pm H \cdot q_B \tag{66,5}$$

Mit der Zahlenwertgleichung (53,1a)

$$P_a = \frac{F_{Uw} \cdot v_F}{102} \qquad \begin{array}{l} P_a \text{ in kW} \\ F_{Uw} \text{ in kp} \\ v_F \text{ in m/s} \end{array}$$

ergibt sich die in DIN 22101 angegebene Gleichung für die Antriebsleistung an der Trommel (allerdings in kW, nicht in PS):

$$P_a = \frac{C \cdot f \cdot l}{102 \cdot 3,6}\,(3,6 \cdot q_{Nm} \cdot v_F + 3,6 \cdot q_B \cdot v_F) \pm \frac{H \cdot 3,6 \cdot q_B \cdot v_F}{102 \cdot 3,6}$$

$$P_a = \frac{C \cdot f \cdot l}{367,2}\,(3,6 \cdot q_{Nm} \cdot v_F + \dot{V} \cdot \gamma_H) \pm \frac{H \cdot \dot{V} \cdot \gamma_H}{367,2} \tag{66,6}$$

mit P_a, der Antriebsleistung an der Trommel in kW. Bedeutungen und Einheiten in dieser Zahlenwertgleichung siehe S. 360.

Dieser Leistung ist nach DIN 22101 eine Leistung P_a' hinzuzuschlagen. Sie soll betragen:
für jeden in Eingriff befindlichen Abstreicher oder Abwurfwagen

für Bänder bis   500 mm Gurtbreite: 0,75 kW
            bis 1000 mm Gurtbreite: 1,5 kW
            über 1000 mm Gurtbreite: 2 bis 3 kW

Diese Werte gelten für $v_F = 1$ m/s. Bei anderen Geschwindigkeiten sind sie mit v_F in m/s zu multiplizieren.

Außerdem ist bei Anwendung von Führungsleisten ein weiterer Zuschlag von 0,1 kW je m Leiste zu machen.

Somit ist

$$P_{ag} = P_a + P'_a \qquad\qquad (66,6\,\text{a})$$

Die Motorleistung berechnet sich mit einem Wirkungsgrad η des Getriebes zu

$$P_m = \frac{P_{ag}}{\eta} \qquad\qquad (66,7)$$

Die wirkliche Umfangskraft ergibt sich aus

$$F_{Uw} = \frac{102 \cdot P_{ag}}{v_F} \quad \begin{array}{l} P_{ag} \text{ in kW} \\ v_F \text{ in m/s} \\ F_{Uw} \text{ in kp} \end{array} \qquad\qquad (66,8)$$

Hieraus ergibt sich die mindest erforderliche Vorspannkraft beim Eintrommelantrieb:

$$F_{S_{2\mathrm{mind}}} = F_{Uw}\,\frac{1}{e^{u\alpha} - 1} \qquad\qquad (66,9\,\text{a})$$

beim Zweitrommelantrieb:

$$F_{S_{2\mathrm{mind}}} = F_{Uw}\,\frac{1}{m_g - 1} \qquad\qquad (66,9\,\text{b})$$

$$\text{mit } m_g = e^{u_1 \cdot \alpha_{1g} + \mu_2 \cdot \alpha_{2g}}$$

und für die kleinstmögliche Gurtzugkraft $F_{S_{1\mathrm{mind}}}$, die für die Festigkeitsberechnung der Bandkonfektion nach Abschn. 84 von Bedeutung ist:

beim Eintrommelantrieb:

$$F_{S_{1\mathrm{mind}}} = F_{Uw}\left(1 + \frac{1}{e^{\mu\alpha_g} - 1}\right) \qquad\qquad (66,10\,\text{a})$$

beim Zweitrommelantrieb:

$$F_{S_{1\mathrm{mind}}} = F_{Uw}\left(1 + \frac{1}{m_g - 1}\right) \qquad\qquad (66,10\,\text{b})$$

$$\text{mit } m_g = e^{u_1 \cdot \alpha_{1g} + \mu_2 \cdot \alpha_{2g}}$$

Beispiel: Ein mit $\lambda = 20°$ gemuldeter Bandförderer mit flammwidrigem Baumwoll-Zellwollgurt 650 mm breit soll söhlig in einer Abbaustrecke Kohle mit einer Schüttdichte 0,9 t/rm³ mit 1,3 m/s Geschwindigkeit fördern. Förderlänge 350 m. Die Berechnung schließt eine 80%ige Ausnutzung des Füllquerschnittes ein. Die Förderbandtragrollen 90 mm ⌀ haben im Obertrumm 1,5 m, im Untertrumm 3,0 m Abstand. Für den Eintrommelantrieb wird mit $\mu = 0,2$ und einen Umschlingungswinkel von $\alpha = 240°$ gerechnet. Der Getriebewirkungsgrad einschließlich Kupplung beträgt 85%. Ein Abstreicher und eine Umkehrrolle sind im Eingriff.

Lösung: Nach Zahlentafel 20 ist für $B = 0,65$ m und $\lambda = 20°$

$$A_{F\ddot{u}} = 0,032 \text{ m}^2$$

Nach Gl. (66,1)

$$\dot{V} = 0{,}80 \cdot A_{F\ddot{u}} \cdot v_F = 0{,}80 \cdot 0{,}032 \ \text{m}^2 \cdot 1{,}3 \ \text{m/s} \cdot 3600 \ \text{s/h} = 120 \ \text{rm}^3/\text{h}$$

$$\dot{m} = \dot{V} \cdot \varrho_H = 120 \ \text{rm}^3/\text{h} \cdot 0{,}9 \ \text{t/rm}^3 = 108 \ \text{t/h}$$

Gewichtskraft des Förderstromes

$$\dot{V} \cdot \gamma_H = 108 \ \text{Mp/h}$$

Mit der Annahme eines Gurtes BZ 80 ist nach Zahlentafel 22 die Masse des Gurtes bei 4 Einlagen 3:2 13,5 kg/m²

$$q_G = 13{,}5 \ \text{kp/m}^2 \cdot 0{,}65 \ \text{m} = 8{,}77 \ \text{kp/m}$$

Nach Zahlentafel 24 ist für einen Tragrollendurchmesser 90 mm

$$q_{Ro} = \frac{9{,}1 \ \text{kp}}{1{,}5 \ \text{m}} = 6{,}07 \ \text{kp/m}$$

$$q_{Ru} = \frac{6{,}5 \ \text{kp}}{3{,}0 \ \text{m}} = 2{,}17 \ \text{kp/m}$$

Damit ergibt sich die Gewichtskraft der Totlasten

$$q_{Nm} = 2q_G + q_{Ro} + q_{Ru} = (2 \cdot 8{,}77 + 6{,}07 + 2{,}17) \ \text{kp/m} = 25{,}78 \ \text{kp/m}$$

Mit $l = 350$ m ist für Untertagebänder nach Abb. 66,2

$$C = 1{,}53 \ \text{bis} \ 2{,}3$$

angenommen $C = 2{,}0$.

Ferner wird angenommen $f = 0{,}023$

Damit ist nach Gl. (66,6)

$$P_a = \frac{C \cdot f \cdot l}{367{,}2} \left(3{,}6 \cdot q_{Nm} \cdot v_F + \dot{V} \cdot \gamma_H\right) \pm \frac{H \cdot \dot{V} \cdot \gamma_H}{367{,}2}$$

$$= \frac{2{,}0 \cdot 0{,}023 \cdot 350}{367{,}2} \left(3{,}6 \cdot 25{,}78 \cdot 1{,}3 + 108\right) + 0$$

$$= 10{,}3 \ \text{in kW}$$

$$P_a' = 2 \cdot 0{,}75 \cdot 1{,}3 \approx 2{,}0 \ \text{in kW}$$

$$P_{ag} = P_a + P_a' = (10{,}3 + 2{,}0) \ \text{kW} = 12{,}3 \ \text{kW}$$

$$P_m = \frac{P_{ag}}{\eta} = \frac{12{,}3 \ \text{kW}}{0{,}85} = 14{,}5 \ \text{kW}$$

Nach Gl. (66,8)

$$F_{U_w} = \frac{102 \cdot P_{ag}}{v_F} = \frac{102 \cdot 12{,}3}{1{,}3} = 965 \ \text{in kp}$$

Für einen Eintrommelantrieb gilt nach Gl. (66,9a)

$$F_{S2mind} = F_{U_w} \frac{1}{e^{\mu \alpha_g} - 1}$$

und mit $\mu = 0{,}2$ und $\alpha_g = 240°$ nach Tab. 9 im Anhang:

$$F_{S2mind} = 965 \ \text{kp} \cdot 0{,}76 = 735 \ \text{kp}$$

Nach Gl. (66,10a)

$$F_{S1mind} = F_{U_w} \left(1 + \frac{1}{e^{\mu \alpha_g} - 1}\right) = 965 \ \text{kp} \cdot 1{,}76 = 1\,700 \ \text{kp}$$

Nach Abschn. 84 läßt sich damit die Bandkonfektion berechnen. Nach Gl. (84,7) ergibt sich für den gewählten Gurt BZ 80, nach Tab. 25 im Anhang mit

$80 \text{ kp/cm} \cdot$ Einlage und $\nu_B = 11$fach

$$z = \frac{\nu_B \cdot F_{s_1\text{mind}}}{B \cdot k_z} = \frac{11 \cdot 1\,700 \text{ kp}}{65 \text{ cm} \cdot 80 \text{ kp/cm} \cdot \text{Einl.}} = 3,6$$

erforderlich also 4 Einlagen.

Bei ansteigenden Förderbandanlagen kann in Gl. (66,6) die Hubleistung $\dfrac{H \cdot \dot{V} \cdot \gamma_H}{367,2}$ größere Bedeutung haben als die Leistung einer söhligen Anlage. Das trifft auch zu für geringe Hubhöhen H bei größerem Förderstrom oder bei flachem Ansteigen und längeren Anlagen. Ein Beispiel soll das erläutern.

Beispiel: Das Förderband in vorigem Beispiel soll unter sonst gleichen Verhältnissen 8° ansteigend fördern.

Lösung: Der Füllquerschnitt ist nach Zahlentafel 21 um den Faktor k kleiner. Dieser beträgt für 8° Neigung $k = 0,98$, d. h. der ausnutzbare Füllquerschnitt ist um 2% kleiner. Das ist so wenig vor allem wegen der Annahme einer nur 80%igen Ausnutzung, daß man mit dem gleichen Förderstrom von 108 t/h rechnen kann.

Auch die Leistung $P_a = 10,3$ kW für söhlige Förderung bleibt unverändert.

Mit $\sin \delta = \dfrac{H}{l}$

also $\qquad\qquad H = l \cdot \sin \delta = 350 \text{ m} \cdot \sin 8° = 46,1 \text{ m}$

ist nach Gl. (66,6)

$$P_a = 10,3 \text{ kW} + \frac{H \cdot \dot{V} \cdot \gamma_H}{367,2} = 10,3 + \frac{46,1 \cdot 108}{367,2} = 10,3 + 13,6 = 23,9 \text{ in kW}$$

$$P'_a = 2,0 \text{ kW}$$

$$P_{ag} = P_a + P'_a = (23,9 + 2,0) \text{ kW} = 25,9 \text{ kW}$$

$$P_m = \frac{P_{ag}}{\eta} = \frac{25,9 \text{ kW}}{0,85} = 30,5 \text{ kW}$$

$$F_{vw} = \frac{102 \cdot P_{ag}}{v_F} = \frac{102 \cdot 25,9}{1,3} = 2\,033 \text{ in kp}$$

$$F_{s_2\text{mind}} = F_{vw} \frac{1}{e^{\mu\alpha_g} - 1} = 2\,033 \text{ kp} \cdot 0,76 = 1\,546 \text{ kp}$$

$$F_{s_1\text{mind}} = F_{vw} \left(1 + \frac{1}{e^{\mu\alpha_g} - 1}\right) = 2\,033 \text{ kp} \cdot 1,76 = 3\,579 \text{ kp}$$

Für diese höhere Gurtzugkraft muß eine Konfektion mit höherer Festigkeit gewählt werden. Gewählt wird nach Tab. 25 im Anhang Z 125 mit $k_z = 125$ kp/cm und Einlage. Damit folgt nach Gl. (84,7)

$$z = \frac{\nu_B \cdot F_{s_1\text{mind}}}{B \cdot k_z} = \frac{11 \cdot 3\,579 \text{ kp}}{65 \text{ cm} \cdot 125 \text{ kp/cm} \cdot \text{Einl.}} = 4,74$$

Es sind also 5 Einlagen erforderlich. Damit ist der Gurt nach Zahlentafel 22 schwerer als er zur Berechnung von q_G angenommen war. Eine Nachprüfung der Antriebsleistung kann erforderlich sein, auf die hier verzichtet wird.

Beispiel: Ein Bergeband soll gemäß Abb. 66,3 mit 2 m/s Geschwindigkeit 600 t/h aufwärts in eine Bergbrechanlage fördern. Durch Erhöhung der Geschwindigkeit auf 3 m/s soll der Förderstrom auf 900 t/h vorübergehend gesteigert werden können. Mit Rücksicht auf die große Kantenlänge der Berge soll der Gurt 1,0 m

Breite haben. Die Förderbandtragrollen mit 133 mm $\varnothing$ sollen im Obertrumm als dreiteilige Muldenrollen mit 30° Muldungswinkel 1,25 m Abstand, im Untertrumm als Flachrollen 3,75 m Abstand haben. — Der Zweitrommelantrieb soll mit $\mu = \mu_1 = \mu_2 = 0{,}20$ und den Umschlingungswinkeln $\alpha_1 = 220°$ sowie $\alpha_2 = 230°$ berechnet werden. Schüttdichte der Berge $\varrho_H = 1{,}8$ t/rm³. Je ein Abstreicher und eine Abwurftrommel sind im Eingriff.

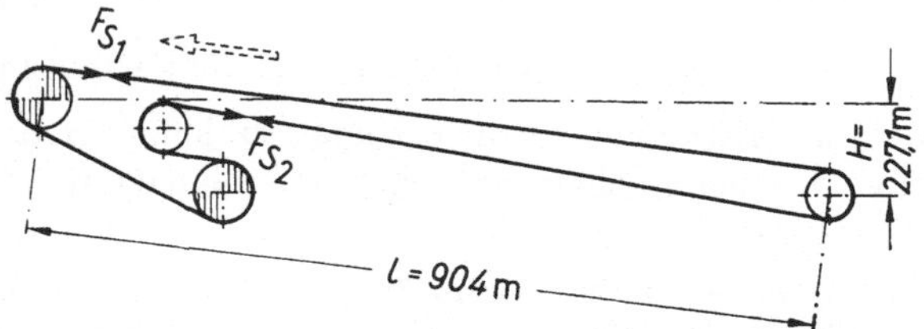

Abb. 66,3. Aufwärts fördernder Berge-Gurtförderer (Beispiel)

Lösung: Mit $l = 904$ m und $H = 227{,}1$ m ergibt sich der mittlere Neigungswinkel des Bandes:

$$\sin \delta = \frac{H}{l} = \frac{227{,}1 \text{ m}}{904 \text{ m}} = 0{,}2512; \quad \delta = 14° 33'$$

(zulässig sind Steigungswinkel bis etwa 17°).

a) *Nachprüfung der Beladungsquerschnitte*

$$\dot V_{\mathrm{I}} = \frac{\dot m_{\mathrm{I}}}{\varrho_H} = \frac{600 \text{ t/h}}{1{,}8 \text{ t/rm}^3} = 333 \text{ rm}^3/\text{h}$$

$$\dot V_{\mathrm{II}} = \frac{\dot m_{\mathrm{II}}}{\varrho_H} = \frac{900 \text{ t/h}}{1{,}8 \text{ t/rm}^3} = 500 \text{ rm}^3/\text{h}$$

$$A_{B\mathrm{I}} = \frac{\dot V_{\mathrm{I}}}{v_F} = \frac{333 \text{ rm}^3/\text{h}}{2 \text{ m/s} \cdot 3600 \text{ s/h}} = 0{,}0463 \text{ m}^2$$

$$A_{B\mathrm{II}} = \frac{\dot V_{\mathrm{II}}}{v_F} = \frac{500 \text{ rm}^3/\text{h}}{3 \text{ m/s} \cdot 3600 \text{ s/h}} = 0{,}0465 \text{ m}^2$$

Nach Zahlentafel 20 und 21 ist der ausnutzbare Füllquerschnitt

$$A'_{F\ddot u} = A_{F\ddot u} \cdot k = 0{,}1090 \text{ m}^2 \cdot 0{,}91 = 0{,}099 \text{ m}^2.$$

b) *Berechnung der Antriebsleistungen*

Wir wählen Stahlseilgurt St 3000. Damit ist nach Zahlentafel 23

$$2q_G = 2 \cdot 37{,}0 \text{ kp/m}^2 \cdot 1{,}0 \text{ m} = 74{,}0 \text{ kp/m}$$

Nach Zahlentafel 24 ist

$$q_{Ro} = \frac{23{,}5 \text{ kp}}{1{,}25 \text{ m}} \qquad = 18{,}8 \text{ kp/m}$$

$$q_{Ru} = \frac{17{,}5 \text{ kp}}{3{,}75 \text{ m}} \qquad = 4{,}7 \text{ kp/m}$$

$$q_{Nm} = 2q_G + q_{Ro} + q_{Ru} \qquad = 97{,}5 \text{ kp/m}$$

Zu I mit $\dot m = 600$ t/h; $\dot V \cdot \gamma_H = 600$ Mp/h; $v_F = 2$ m/s.

Den Beiwert C wählen wir nach Abb. 66,2, weil es sich hier um ein stationäres Band handelt, wie für Übertagebänder mit $C = 1{,}09$ für $l = 904$ m; wir wählen ferner den Reibwert für die Tragrollen mit $f = 0{,}020$. Damit ergibt sich nach Gl. (66,6)

$$P_a = \frac{C \cdot f \cdot l}{367{,}2}\,(3{,}6 \cdot q_{Nm} \cdot v_F + \dot V \cdot \gamma_H) + \frac{H \cdot \dot V \cdot \gamma_H}{367{,}2}$$

$$= \frac{1{,}09 \cdot 0{,}02 \cdot 904}{367{,}2}\,(3{,}6 \cdot 97{,}5 \cdot 2{,}0 + 600) + \frac{227{,}1 \cdot 600}{367{,}2}$$

$$= 69{,}9 + 371{,}1 = 441 \text{ in kW}$$

$$P_a' = 2 \cdot 2 \cdot 1{,}5 \text{ kW} = 6 \text{ kW}$$

$$P_{ag} = P_a + P_a' = (441 + 6)\ \text{kW} = 447\ \text{kW}$$

$$P_m = \frac{P_{ag}}{\eta} = \frac{447\ \text{kW}}{0{,}90} = 497\ \text{kW}$$

Gewählt werden 3 Motoren 185 kW, insgesamt 555 kW.

Zu II mit $\dot m = 900$ t/h; $\dot V \cdot \gamma_H = 900$ Mp/h; $v_F = 3$ m/s

$$P_a = \frac{1{,}09 \cdot 0{,}02 \cdot 904}{367{,}2}\,(3{,}6 \cdot 97{,}5 \cdot 3{,}0 + 900) + \frac{227{,}1 \cdot 900}{367{,}2}$$

$$= 104{,}8 + 556{,}6 = 661{,}4 \text{ in kW}$$

$$P_a' = 3 \cdot 2 \cdot 1{,}5 \text{ kW} = 9 \text{ kW}$$

$$P_{ag} = P_a + P_a' = (661{,}4 + 9)\ \text{kW} = 670{,}4\ \text{kW}$$

$$P_m = \frac{P_{ag}}{\eta} = \frac{670{,}4\ \text{kW}}{0{,}90} = 745\ \text{kW}$$

Gewählt werden 4 Motoren 185 kW, insgesamt 740 kW.

c) *Berechnung der Umfangskraft und der Gurtzugkräfte*

Nach Gl. (66,8)

zu I:
$$F_{Uw} = \frac{102 \cdot P_{ag}}{v_F} = \frac{102 \cdot 447}{2} = 22\,800 \text{ in kp}$$

zu II:
$$F_{Uw} = \frac{102 \cdot P_{ag}}{v_F} = \frac{102 \cdot 670{,}4}{3} = 22\,800 \text{ in kp}$$

Nach Gl. (66,9 b)

$$F_{S2mind} = F_{Uw}\,\frac{1}{m_g - 1}\quad \text{mit } m_g = e^{\mu(\alpha_1 + \alpha_2)}$$

Mit $\mu = 0{,}2$ und $\alpha_g = \alpha_1 + \alpha_2 = 220° + 230° = 450°$ ist nach Tab. 9 im Anhang $\dfrac{1}{m_g - 1} = 0{,}263$

$$F_{S2mind} = 22\,800\ \text{kp} \cdot 0{,}263 = 599{,}5\ \text{kp}$$

Die ziehende Eigengewichtskraft des leeren Untertrumms

$$H \cdot q_G = 227{,}1\ \text{m} \cdot 37\ \text{kp/m} = 8\,400\ \text{kp}$$

ist jedoch größer als die für die Umfangskraft mindestens erforderliche Vorspannkraft F_{S2mind}. Danach ergibt sich nach Abschn. 84 der Festigkeitslehre nach Gl. (84,8)

$$F_{S_1} = H \cdot q_G + F_{Uw} = 8\,400\ \text{kp} + 22\,800\ \text{kp} = 31\,200\ \text{kp}$$

Für die Festigkeitsberechnung des gewählten Stahlseilgurtes ist gemäß Abschn. 84 eine 7fache Sicherheit gegen Bruch bei 1,4fachem Anfahrmoment vorgeschrieben. Damit folgt nach Gl. (84,8a)

$$F_{S1Anf} = H \cdot q_G + 1{,}4 \cdot F_{Uw} = 8\,400\ \text{kp} + 1{,}4 \cdot 22\,800\ \text{kp} = 40\,320\ \text{kp}$$

Nach Gl. (84,7b)

$$k_z = \frac{F_{s1Anf} \cdot v_B}{B} = \frac{40\,320\,\text{kp} \cdot 7}{100\,\text{cm}} = 2\,822\,\text{kp/cm}$$

Der gewählte Stahlseilgurt St 3000 mit $k_z = 3000\,\text{kp/cm}$ ist demnach ausreichend.

F. Stoß

67. Grundbegriffe

-Treffen zwei sich bewegende Körper aufeinander, so findet ein Stoß statt. In der Mehrzahl der Fälle beobachten wir in der Praxis den unerwünschten Stoß, der zu Formänderungen oder gar Zerstörungen der gestoßenen Körper führen kann. Wir kennen aber auch den Stoß, den wir zur Energieübertragung benutzen. Beispiele dieser Anwendung des Stoßes finden wir

beim Schmieden, bei dem wir die Bewegungsenergie des Hammers benutzen, um am Schmiedestück eine Formänderungsarbeit zu verrichten,

beim Rammen von Pfählen oder *beim Einschlagen* von Nägeln oder Keilen, bei dem wir die Bewegungsenergie des Schlagwerkzeuges möglichst vollständig in Bewegungsenergie des Pfahles, des Nagels bzw. des Keiles umwandeln,

bei Druckluftschlagwerkzeugen, also Abbauhämmern oder Bohrhämmern, bei denen ebenfalls die Bewegungsenergie des Schlagkolbens möglichst vollständig in Bewegungsenergie des Spitzeisens oder Bohrers umgewandelt werden soll.

Alle diese drei im Rahmen des vorliegenden Buches interessierenden Anwendungsfälle des Stoßes haben gemeinsam, daß die Anfangsgeschwindigkeit des gestoßenen Körpers gleich Null ist. Zunächst sollen jedoch die allgemeinen Gleichungen abgeleitet werden, bei denen angenommen wird, daß auch der gestoßene Körper beim Zusammenstoß eine Anfangsgeschwindigkeit haben möge. Bei den Größen des stoßenden Körpers verwenden wir den Zeiger *1*, bei denen des gestoßenen Körpers den Zeiger *2*.

Der Stoßvorgang beginnt in dem Augenblick, in dem die Körperoberflächen miteinander in Berührung kommen. Da sich die Körper gegenseitig zu verdrängen suchen, treten an der Berührungsstelle Formänderungen (Abplattungen) auf. Hierdurch werden gegenseitige Druckkräfte, sog. Stoßkräfte F_N (Abb. 67,1) hervorgerufen. Nach dem Wechselwirkungsgesetz sind sie für beide Körper gleich groß und entgegengesetzt gerichtet. Sie bewirken Änderungen in den Bewegungszuständen der Körper. Die im Berührungspunkt auf der gemeinsamen *Berührungsebene* errichtete Senkrechte heißt *Stoßnormale* (Abb. 67,1).

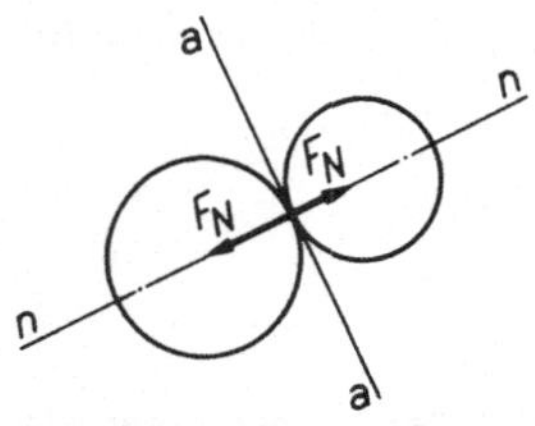

Abb. 67,1. Stoß zweier Körper. F_N gegenseitige Stoßkräfte, $a-a$ Berührungsebene, $n-n$ Stoßnormale

Bewegen sich beide Körper vor dem Stoß fortschreitend in Richtung der Stoßnormalen, so liegt ein *gerader Stoß* vor. Andernfalls spricht man von einem *schiefen Stoß*. Man unterscheidet weiterhin einen *zentralen Stoß*, bei dem die Stoßnormale durch die beiden Körperschwerpunkte geht, und andernfalls den *exzentrischen Stoß*.

Gehen die eingetretenen Formänderungen wieder vollständig zurück, so liegt der *1. Grenzfall* des *vollkommen elastischen Stoßes* vor. Ein solcher Stoßvorgang zerfällt in zwei Stoßabschnitte. Der erste Stoßabschnitt ist durch das Eintreten der Formänderung (Zusammendrücken), der zweite durch das Zurückgehen der Formänderung (Ausdehnung) gekennzeichnet.

Bei einem *vollkommen unelastischen, plastischen Stoß*, dem *2. Grenzfall*, bleiben die eingetretenen Formänderungen (z. B. Stoß zweier feuchter Tonkörper) vollständig erhalten und der zweite Stoßabschnitt entfällt.

Da es weder vollkommen elastische noch vollkommen plastische Körper gibt, sind beide Stoßarten ideale Grenzfälle, zwischen denen der *wirkliche Stoß* liegt. Da die Gesetze für diesen aber sehr wenig eindeutig sind, geht man von den Grenzfällen aus. Wir wollen uns beschränken auf den *geraden zentralen Stoß*.

68. Vollkommen unelastischer Stoß, plastischer Stoß

Wir betrachten zwei aufeinanderstoßende Kugeln *I* und *II* (Abb. 68,1). Ihre Massen sind m_1 und m_2. Zu Beginn des Stoßes haben sie die Geschwindigkeiten v_1 bzw. v_2. Es soll v_1 größer als v_2 sein. Beide Kugeln platten sich an der Berührungsstelle während des Stoßes mehr und mehr ab; dadurch wächst die gegenseitige Stoßkraft F_N von Null beginnend allmählich an. Sie wirkt auf die Kugel *I* verzögernd, auf die Kugel *II* beschleunigend. Der Geschwindigkeitsunterschied verringert

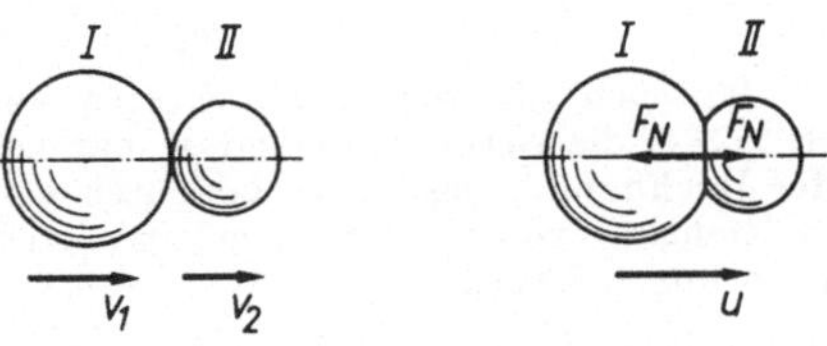

Abb. 68,1. Gerader zentraler vollkommen plastischer Stoß

sich immer mehr. Solange er noch besteht, werden die Formänderungen und die Stoßkraft größer. In dem Augenblick, in dem der Geschwindigkeitsunterschied Null wird, hört die Zusammendrückung auf, die Stoßkraft F_N hat ihren größten Wert erreicht. Beide Kugeln haben die *gemeinsame Geschwindigkeit u* und der erste Stoßabschnitt ist beendet. Beim vollkommen unelastischen, plastischen Stoß bewegen sich beide Körper mit dieser Geschwindigkeit weiter und bilden gewissermaßen einen Körper. Die Stoßkraft sinkt plötzlich auf Null ab.

a) Geschwindigkeitsänderungen

Zur Berechnung der gemeinsamen Geschwindigkeit u wird der Satz vom Antrieb Gl. (55,2) herangezogen. Ist t die Zeitdauer des 1. Stoßabschnittes, so gilt für die Kugel *I*, da ihre Geschwindigkeit von v_1 auf u

abnimmt

$$F_N \cdot t = m_1 \cdot v_1 - m_1 \cdot u$$

und für die Kugel *II*, deren Geschwindigkeit von v_2 auf u zunimmt

$$F_N \cdot t = m_2 \cdot u - m_2 \cdot v_2$$

Werden beide Gleichungen subtrahiert

$$m_1 \cdot v_1 - m_1 \cdot u - m_2 \cdot u + m_2 v_2 = 0$$

$$u = \frac{m_1 \cdot v_1 + m_2 \cdot v_2}{m_1 + m_2} \qquad (68,1)$$

Satz 65: *Beim vollkommen plastischen Stoß ist die gemeinsame Geschwindigkeit gleich der Summe der Bewegungsgrößen der Körper vor dem Stoß, dividiert durch die Summe der Massen.*

Hat die Kugel *II* keine Geschwindigkeit, ist sie in Ruhe, so ist

$$\underline{\text{für } v_2 = 0} \qquad \boxed{u = \frac{m_1 \cdot v_1}{m_1 + m_2}} \qquad (68,2)$$

Beispiel: Eine Kugel aus Weichblei von $m_1 = 20$ kg bewegt sich mit der Geschwindigkeit $v_1 = 6$ m/s gegen eine Kugel aus Weichblei von der Masse $m_2 = 12$ kg, die sich in Ruhe befindet. Wie groß ist die gemeinsame Geschwindigkeit u nach dem Stoß unter Annahme vollkommen plastischen Stoßes?

Lösung: Gegeben: $m_1 = 20$ kg; $m_2 = 12$ kg; $v_1 = 6$ m/s; $v_2 = 0$. Nach Gl. (68,2):

$$u = \frac{m_1 v_1}{m_1 + m_2} = \frac{20 \text{ kg} \cdot 6 \text{ m/s}}{(20 + 12) \text{ kg}} = 3{,}75 \text{ m/s}$$

Bewegen sich die beiden Körper vor dem Stoß aufeinander zu, so wird in Gl. (68,1) die Geschwindigkeit v_2 mit negativen Vorzeichen eingesetzt. Wird in der Rechnung u positiv, so bedeutet das, daß sich beide Körper nach dem Stoß in Richtung von v_1, wird u negativ, so bedeutet das, daß sich beide Körper in Richtung v_2 bewegen.

b) Arbeitsumwandlung

Für die Formänderung der Körper wird Arbeit benötigt. Sie ist gleich dem Verlust an kinetischer Energie, die während des Stoßes auftritt. Die kinetische Energie *vor dem Stoß* ist

$$W_{\text{vor}} = \frac{1}{2} m_1 \cdot v_1^2 + \frac{1}{2} m_2 \cdot v_2^2$$

Nach dem Stoß ist noch eine Arbeit W_{nach} vorhanden, die man erhält, wenn man für die gemeinsame Geschwindigkeit den Wert nach Gl. (68,1) einsetzt:

$$W_{\text{nach}} = \frac{1}{2} (m_1 + m_2) u^2 = \frac{1}{2} (m_1 + m_2) \frac{(m_1 \cdot v_1 + m_2 \cdot v_2)^2}{(m_1 + m_2)^2}$$

$$W_{\text{nach}} = \frac{1}{2} \frac{(m_1 \cdot v_1 + m_2 \cdot v_2)^2}{m_1 + m_2} \qquad (68,3)$$

Für den Fall, daß der Körper *II* sich vor dem Stoß in Ruhe befindet, also

$$\textit{für } v_2 = 0: \qquad \boxed{W_{\text{nach}} = \frac{1}{2}\,\frac{m_1^2 \cdot v_1^2}{m_1 + m_2}} \qquad (68,4)$$

Die *Formänderungsarbeit* ergibt sich aus der Differenz der kinetischen Energie der beiden Körper vor und nach dem Stoß

$$W_v = W_{\text{vor}} - W_{\text{nach}} = \frac{1}{2}\,m_1 \cdot v_1^2 + \frac{1}{2}\,m_2 \cdot v_2^2 - \frac{1}{2}\,\frac{(m_1 \cdot v_1 + m_2 \cdot v_2)^2}{m_1 + m_2}$$

Mathematisch aufgelöst ergibt sich die Verlustarbeit oder die *Formänderungsarbeit beim vollkommen unelastischen Stoß*

$$W_v = \frac{1}{2}\,\frac{m_1 \cdot m_2}{m_1 + m_2}\,(v_1 - v_2)^2 \qquad (68,5)$$

Diese Arbeit wird restlos in Wärme umgewandelt.

Hat der Körper *II* vor dem Stoß keine Geschwindigkeit, ist er in Ruhe, so ist

$$\textit{für } v_2 = 0: W_v = \frac{1}{2}\,\frac{m_1 \cdot m_2}{m_1 + m_2}\,v_1^2 = \frac{1}{2}\,m_1 \cdot v_1^2\,\frac{m_2}{m_1 + m_2}$$

$$\boxed{W_v = W_{\text{vor}}\,\frac{1}{1 + m_1/m_2}} \qquad (68,6)$$

Beispiel: Der Verlust an Arbeitsvermögen ist für den im letzten Beispiel angegebenen Stoßvorgang der Weichbleikugeln zu berechnen.

Lösung: Das Arbeitsvermögen der Weichbleikugel *I* vor dem Stoß

$$W_{\text{vor}} = \frac{1}{2}\,m_1\,v_1^2 = \frac{1}{2}\,\frac{G_1}{g}\,v_1^2 = \frac{1}{2}\,\frac{20\,\text{kp}}{9,81\,\text{m/s}^2}\,(6\,\text{m/s})^2 = 36,7\,\text{kpm}$$

Das Arbeitsvermögen beider Kugeln nach dem **Stoß**:
Im vorigen Beispiel ergab sich $u = 3{,}75$ m/s. Damit ist das Arbeitsvermögen der Kugeln mit den Massen m_1 und m_2 bzw. den Gewichtskräften G_1 und G_2 und der gemeinsamen Geschwindigkeit u nach dem Stoß:

$$W_{\text{nach}} = \frac{1}{2}\,(m_1 + m_2)\,u^2 = \frac{1}{2}\,\frac{G_1 + G_2}{g}\,u^2$$

$$= \frac{1}{2}\,\frac{(20 + 12)\,\text{kp}}{9,81\,\text{m/s}^2}\,(3,75\,\text{m/s})^2 = 22,9\,\text{kpm}$$

Die Verlustarbeit = Formänderungsarbeit ist nach Gl. (68,6)

$$W_v = W_{\text{vor}}\,\frac{1}{1 + \dfrac{m_1}{m_2}} = 36{,}7\,\text{kpm}\,\frac{1}{1 + \dfrac{20}{12}} = \frac{36{,}7\,\text{kpm}}{2{,}667} = 13{,}8\,\text{kpm}$$

Probe: $W_{\text{vor}} = W_{\text{nach}} + W_v = (22{,}9 + 13{,}8)\,\text{kpm} = 36{,}7\,\text{kpm}$

Praktische Anwendung findet der vollkommen unelastische Stoß 1. beim Schmieden, 2. beim Rammen von Pfählen oder Einschlagen von Nägeln oder Keilen.

Beim *Schmieden* soll die kinetische Energie möglichst vollkommen in Formänderungsarbeit umgewandelt werden. Nach Gl. (68,6) bedeutet

24*

das, daß der Faktor $\dfrac{1}{1 + m_1/m_2}$ sehr groß, das Verhältnis m_1/m_2 demnach sehr klein sein muß. Die gestoßene Masse m_2 muß also sehr viel größer sein als die stoßende Masse m_1. Das Schmiedestück wird deshalb mit einem schweren Amboß verbunden.

Beim *Rammen* von Pfählen oder *Einschlagen* von Nägeln oder Keilen ist es gerade umgekehrt. Hier soll die nach dem Stoß verbleibende kinetische Energie möglichst groß sein, damit der einzutreibende Körper recht tief einsinkt. Der Faktor $\dfrac{1}{1 + m_1/m_2}$ in Gl. (68,6) muß deshalb sehr klein, das Verhältnis m_1/m_2 sehr groß sein. Die stoßende Masse m_1 des Hammers oder Rammbären muß also viel größer sein als die gestoßene Masse m_2.

Wir berechnen darum auch den *Wirkungsgrad des Stoßes* unterschiedlich je nach der geforderten Nutzenergie. Beim Schmieden wird eine hohe Formänderungsarbeit gefordert, darum ist der Wirkungsgrad

$$\textit{beim Schmieden} \qquad \eta_{\text{Sch}} = \frac{W_v}{W_{\text{vor}}} = \frac{W_{\text{vor}}\,\dfrac{1}{1 + m_1/m_2}}{W_{\text{vor}}}$$

$$\underline{\eta_{\text{Sch}} = \frac{1}{1 + m_1/m_2}} \tag{68,7}$$

beim *Rammen* und *Einschlagen* ist

$$\eta_{\text{Ra}} = \frac{W_{\text{nach}}}{W_{\text{vor}}} = \frac{\dfrac{1}{2}\,\dfrac{m_1^2 \cdot v_1^2}{m_1 + m_2}}{\dfrac{1}{2}\,m_1 \cdot v_1^2} = \frac{m_1}{m_1 + m_2}$$

$$\underline{\eta_{\text{Ra}} = \frac{1}{1 + m_2/m_1}} \tag{68,8}$$

Die Wirkungsgrade nach den Gln. (68,7) und (68,8) zeigen deutlich, daß beim Schmieden ein möglichst kleines Verhältnis m_1/m_2, beim Rammen und Einschlagen ein möglichst kleines reziprokes Verhältnis m_2/m_1 gefordert wird.

Beispiel: Bei einem Dampfhammer von 750 mm Hub hat der Hammerbär einschließlich Kolben und Kolbenstange eine Gewichtskraft von 800 kp. Der Kolben hat einen Durchmesser von 220 mm. Während des ganzen Falles wird der Hammer mit Oberdampf von 8 atü Dampfdruck betrieben. Die gesamte Widerstandskraft durch Kolben, Stopfbüchse und Führungsreibung beträgt 60 kp. Die Gewichtskraft des Ambosses einschließlich Schmiedestück betrage 10 Mp. Bestimme a) die Auftreffgeschwindigkeit des Hammers auf das Schmiedestück, b) die kinetische Hammerenergie vor dem Stoß, c) den Wirkungsgrad beim Schmieden, d) die Nutzarbeit, e) die Verlustarbeit.

Lösung: Kolbenkraft $\quad F_K = \dfrac{\pi}{4}\,d^2 \cdot p = \dfrac{\pi}{4} \cdot (22\ \text{cm})^2\,8\ \text{kp/cm}^2 = 3040\ \text{kp}$

Hammer: $G_1 = 800\ \text{kp};$ $\quad$ Amboß + Schmiedestück: $G_2 = 10\ \text{Mp} = 10\,000\ \text{kp}$

$\quad$ Widerstandskraft $\quad F_R = 60\ \text{kp};$ $\quad$ Hub $\quad h = 750\ \text{mm} = 0,75\ \text{m}$

a) $$F_K + G_1 - F_R = m_1 \cdot a = G_1 \frac{a}{g}$$

$$a = \frac{F_K + G_1 - F_R}{G_1}\, g = \frac{(3040 + 800 - 60)\,\text{kp}}{800\,\text{kp}}\,9{,}81\ \text{m/s}^2 = 46{,}3\ \text{m/s}^2$$

$$v_1 = \sqrt{2\,a_1 \cdot h} = \left(\sqrt{2 \cdot 46{,}3 \cdot 0{,}75}\right)\text{m/s} = 8{,}33\ \text{m/s}$$

b) $$W_{\text{vor}} = \frac{1}{2}\,m_1 \cdot v_1^2 = \frac{1}{2}\frac{G_1}{g} \cdot v_1^2 = \frac{1}{2}\frac{800\ \text{kp}}{9{,}81\ \text{m/s}^2}(8{,}33\ \text{m/s})^2 = 2830\ \text{kpm}$$

c) nach Gl. (68,7)

$$\eta_{\text{Sch}} = \frac{1}{1 + m_1/m_2} = \frac{1}{1 + 800/10\,000} = 0{,}926 = 92{,}6\%$$

d) Nutzarbeit (= Formänderungsarbeit) W_v

$$\eta_{\text{Sch}} = \frac{W_v}{W_{\text{vor}}}\ ;\quad W_v = W_{\text{vor}} \cdot \eta = 2830\ \text{kpm} \cdot 0{,}926 = 2620\ \text{kpm}$$

e) Verlustarbeit (= kinetische Energie nach dem Stoß) W_{nach}

$$W_{\text{nach}} = W_{\text{vor}} - W_v = (2830 - 2620)\ \text{kpm} = 210\ \text{kpm}$$

Beispiel: Der Bär einer Fallramme der 2,5 m frei herabfällt, hat eine Masse von 500 kg. Der einzurammende Pfahl hat die Masse 100 kg und dringt bei den letzten 5 Schlägen insgesamt 6 cm in das Erdreich ein.

Bestimme a) die kinetische Energie des Rammbären vor dem Stoß, b) die Nutzarbeit, c) die Verlustarbeit, d) den Wirkungsgrad beim Rammen, e) die Widerstandskraft des Pfahles beim Eintreiben.

Lösung: a) $W_{\text{vor}} = G_1 \cdot h = 500\ \text{kp} \cdot 2{,}5\ \text{m} = 1250\ \text{kpm}$.

b) gemeinsame Geschwindigkeit von Bär und Pfahl nach Gl. (68,2)

$$u = \frac{m_1 \cdot v_1}{m_1 + m_2}$$

$$v_1 = \sqrt{2\,g \cdot h} = \left(\sqrt{2 \cdot 9{,}81 \cdot 2{,}5}\right)\text{m/s} \approx 7\ \text{m/s}$$

$$u = \frac{500\ \text{kg} \cdot 7\ \text{m/s}}{(500 + 100)\ \text{kg}} = 5{,}83\ \text{m/s}$$

Die Nutzarbeit (= Bewegungsenergie nach dem Stoß) W_{nach} ist die Bewegungsenergie der beiden Massen mit der gemeinsamen Geschwindigkeit u:

$$W_{\text{nach}} = \frac{1}{2}\,(m_1 + m_2)\,u^2 = \frac{1}{2}\frac{(500 + 100)\ \text{kg}}{9{,}81\ \dfrac{\text{kgm}}{\text{s}^2 \cdot \text{kp}}}(5{,}83\ \text{m/s})^2 = 1040\ \text{kpm}$$

c) Verlustarbeit (= Formänderungsarbeit) W_v

$$W_v = W_{\text{vor}} - W_{\text{nach}} = (1250 - 1040)\ \text{kpm} = 210\ \text{kpm}$$

Diese Arbeit zerstört den Pfahlkopf

d) $$\eta = \frac{W_{\text{nach}}}{W_{\text{vor}}} = \frac{1040\ \text{kpm}}{1250\ \text{kpm}} = 0{,}83 = 83\%$$

oder nach Gl. (68,8)

$$\eta_{\text{Ra}} = \frac{1}{1 + m_2/m_1} = \frac{1}{1 + 100/500} = 0{,}83 = 83\%$$

e) Widerstandskraft F_R des Pfahles beim Eintreiben in das Erdreich bei einem Weg

$$s_1 = \frac{6\ \text{cm}}{5} = 1{,}2\ \text{cm} = 0{,}012\ \text{m je Schlag}$$

$$F_R = \frac{W_{\text{nach}}}{s_1} = \frac{1040\ \text{kpm}}{0{,}012\ \text{m}} = 86\,700\ \text{kp}$$

69. Vollkommen elastischer Stoß

Sind die stoßenden Körper vollkommen elastisch, so hat sich die Formänderungsarbeit des ersten Stoßabschnittes vollständig in potentielle Energie umgewandelt. In dem anschließenden zweiten Stoßabschnitt wird sie wieder restlos in kinetische Energie umgewandelt. Nach Abb. 69,1 gelten für die vorübergehende gemeinsame Geschwindigkeit u im Augenblick größter Formänderung die Gln. (68,1) bzw. (68,2). Werden die Endgeschwindigkeiten mit c_1 und c_2 bezeichnet, so gilt

$$\text{für Körper } I: u - c_1 = v_1 - u$$
$$\text{für Körper } II: c_2 - u = u - v_2$$

daraus folgt

$$\underline{c_1 = 2u - v_1}$$

$$\underline{c_2 = 2u - v_2} \qquad (69,1)$$

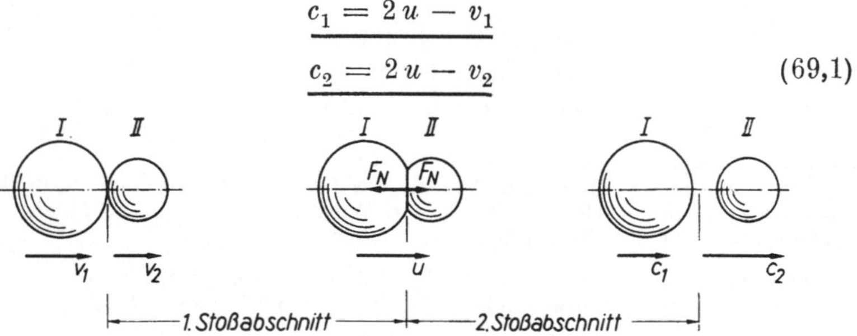

Abb. 69,1. Gerader zentraler vollkommen elastischer Stoß

Da kein Energieverlust eingetreten ist, muß die kinetische Energie nach dem Stoß gleich der vor dem Stoß sein

$$W_{\text{nach}} = \frac{1}{2} m_1 \cdot v_1^2 + \frac{1}{2} m_2 \cdot v_2^2$$

Sonderfälle: 1. Beide Körper haben gleiche Masse $m_1 = m_2$ (z. B. zwei Billardkugeln) dann ist nach Gl. (68,1)

$$u = \frac{m_1 \cdot v_1 + m_2 \cdot v_2}{m_1 + m_2} = \frac{m(v_1 + v_2)}{2m}$$

$$u = \frac{v_1 + v_2}{2}$$

Nach Gl. (69,1)

$$c_1 = 2u - v_1 = 2\frac{v_1 + v_2}{2} - v_1 = v_2$$

$$c_2 = 2u - v_2 = 2\frac{v_1 + v_2}{2} - v_2 = v_1$$

Die Körper tauschen ihre Geschwindigkeiten gegenseitig aus.

2. Der zweite Körper ist eine Wand, hat also unendlich große Masse $m_2 = \infty$, $v_2 = 0$. Dann ist $u = 0$ und nach Gl. (69,1)

$$c_1 = -v_1$$

Der zweite Körper prallt von der Wand mit der gleichen Geschwindigkeit zurück, mit der er ankommt.

Beispiel: Ein mit Bergen beladener Förderwagen von $3200\,l$ Inhalt und $5400\,kg$ Gesamtmasse fähit mit der Geschwindigkeit von $3\,m/s$ auf einen gleich großen stillstehenden, mit Kohle beladenen Förderwagen von $4150\,kg$ Gesamtmasse auf. Jeder Wagen besitzt einen Federpuffer, dessen Federkonstante $c' = 1700\,kp/cm$ beträgt. Bestimme a) die Wagengeschwindigkeit im Augenblick höchster Zusammendrückung der Pufferfedern, b) die Wagengeschwindigkeit nach dem Stoß, c) die maximale Verkürzung der Pufferfedern.

Lösung: Gegeben: $m_1 = 5400\,kg$; $m_2 = 4150\,kg$;

$$v_1 = 3\,m/s; \quad v_2 = 0; \quad c' = 1700\,kp/cm = 170000\,kp/m$$

a) Gemeinsame Geschwindigkeit im Augenblick größter Zusammendrückung der Pufferfedern nach Gl. (68,2)

$$u = \frac{m_1 \cdot v_1}{m_1 + m_2} = \frac{5400\,kg \cdot 3\,m/s}{(5400 + 4150)\,kg} \approx 1{,}7\,m/s$$

b) Nach Gl. (69,1) errechnet sich die Geschwindigkeit des 1. Wagens

$$c_1 = 2\,u - v_1 = (2 \cdot 1{,}7 - 3)\,m/s = 0{,}4\,m/s$$

die Geschwindigkeit des 2. Wagens

$$c_2 = 2\,u - v_2 = (2 \cdot 1{,}7 - 0)\,m/s = 3{,}4\,m/s$$

c) Die Formänderungsarbeit errechnet sich nach Gl. (68,5) für $v_2 = 0$

$$W_v = \frac{1}{2}\,\frac{m_1 \cdot m_2}{m_1 + m_2} \cdot v_1^2 = \frac{1}{2}\,\frac{550\,kg \cdot 423\,kg \cdot (3\,m/s)^2}{(550 + 423)\,kg \cdot 9{,}81\,\dfrac{kgm}{s^2 \cdot kp}} = 1076\,kpm$$

Diese Formänderungsarbeit ist gleich der Federspannarbeit nach Gl. (51,5) unter Beachtung, daß beide Federn der aufeinanderstoßenden Puffer zusammengedrückt werden.

$$W_v = 2 \cdot \frac{1}{2}\,c' \cdot f^2$$

$$f = \sqrt{\frac{W_v}{c'}} = \sqrt{\frac{1076\,kpm}{170000\,kp/m}} = 0{,}080\,m = 80\,mm$$

70. Wirklicher Stoß

Der vollkommen plastische Stoß liegt praktisch ebenso selten vor, wie der vollkommen elastische Stoß. Die rechnerische Beurteilung der Verhältnisse beim wirklichen Stoß sind aber so wenig sicher, daß man in den Fällen, die in den vorhergehenden Beispielen behandelt sind, gern die Ungenauigkeit in Kauf nimmt. Das ist immer dann berechtigt, wenn die Kenngröße zur Berechnung des wirklichen Stoßes auch nicht zuverlässig erfaßt werden kann.

Beim wirklichen Stoß gehen die im ersten Stoßabschnitt eingetretenen Formänderungen im zweiten Stoßabschnitt nicht vollständig zurück. Das ist also das Kennzeichen, und bei jedem der Körper ist die Geschwindigkeitsänderung im zweiten Stoßabschnitt kleiner als die Geschwindigkeitsänderung im ersten Abschnitt. Den Anteil berücksichtigt man durch einen Faktor k, der sog. *Stoßziffer*. Es gilt dann

für den 1. Körper $u - c_1 = k(v_1 - u)$

und

für den 2. Körper $c_2 - u = k(u - v_2)$

Dadurch ergeben sich die Geschwindigkeiten nach dem Stoß

$$c_1 = u(1 + k) - k \cdot v_1$$

$$c_2 = u(1 + k) - k \cdot v_2 \qquad\qquad (70,1)$$

Die Stoßziffer k liegt zwischen 0 und 1. Sie ist ein Maß für die Elastizität. Bei vollkommen unelastischen Körpern ist $k = 0$ und es werden, wie in Abschn. 68 gezeigt, nach Gl. (70,1) $c_1 = c_2 = u$. Bei vollkommen elastischen Körpern ist $k = 1$ und es geht die Gl. (70,1) in Gl. (69,1) über.

Die Stoßziffer läßt sich experimentell bestimmen.

Beispiel: Eine Stahlkugel fällt aus 81 cm Höhe auf eine Stahlplatte frei herab und prallt von dieser zurück. Die Steighöhe ergibt sich zu 25 cm. Bestimme die Stoßziffer.

Lösung: Auftreffgeschwindigkeit $v_1 = \sqrt{2g \cdot h_1}$; $v_1^2 = 2g \cdot h_1$. Die Platte wirkt wie eine feste Wand mit $m_2 = \infty$, und es ist $v_2 = 0$. Damit ist $u = 0$ und nach Gl. (70,1)

$$c_1 = - k \cdot v_1$$

Das Minuszeichen deutet an, daß die Kugel die Anfangsrichtung v_1 umkehrt. Die Steighöhe h_2 mit der Anfangsgeschwindigkeit c_1 ergibt sich nach Gl. (39,6)

$$h_2 = \frac{c_1^2}{2g} = \frac{k^2 \cdot v_1^2}{2g} = \frac{k^2 \cdot 2g \cdot h_1}{2g}$$

daraus folgt

$$k = \sqrt{\frac{h_2}{h_1}} \qquad\qquad (70,2)$$

Im vorliegendem Beispiel ist

$$k = \sqrt{\frac{25}{81}} = \frac{5}{9}$$

In der Literatur wird angegeben

für Glas $k = \dfrac{15}{19}$,   für Elfenbein $k = \dfrac{8}{9}$

für Stahl $k = \dfrac{5}{9}$,   für Holz $\quad k = \dfrac{1}{2}$

Tatsächlich sind die vorgenannten Stoßziffern nur ein erster Anhalt, sie können in weiten Grenzen schwanken. Sie werden beeinflußt von der Art des Werkstoffes, von der Form der Stoßkörper und der Beschaffenheit der Schlagfläche und schließlich auch von der Geschwindigkeit der

Stoßkörper. Wenn ferner hinzukommt, daß für die Berechnung ein gerader zentraler Stoß vorausgesetzt wird, d. h. daß die Stoßnormale durch die Schwerpunkte der Körper geht, und die Körper in Richtung der Stoßnormalen vollkommen frei beweglich sind, so läßt sich die Unsicherheit der Berechnung für praktische Fälle ermessen.

Ein solcher Fall liegt beim Abbauhammer und noch mehr beim Bohrhammer vor. Die freie axiale Beweglichkeit kann höchstens beim Kolben des Abbauhammers aber nicht beim Spitzeisen und beim Bohrhammer auch nicht einmal beim Kolben wegen seiner Drallführung angenommen werden.

Theoretisch ergibt sich beim Abbauhammer die an das Spitzeisen abgegebene Energie im Verhältnis zur Schlagenergie des Kolbens wie folgt:

Bezeichnen wir mit

$W_k = \dfrac{1}{2}\, m_1 v_1^2$ die Schlagarbeit des Kolbens,

m_2 die Masse des Spitzeisens, die vor dem Schlag die Geschwindigkeit $v_2 = 0$ hat,

u die gemeinsame Geschwindigkeit beim Stoß,

c_2 die Geschwindigkeit des Spitzeisens nach dem Stoß,

$n = m_2/m_1$ das Verhältnis von Spitzeisenmasse zur Kolbenmasse,

k die Stoßziffer,

W_{Sp} die Energie des Spitzeisens nach dem Stoß,

W_k die Energie des Kolbens vor dem Stoß,

so ist nach Gl. (68,2)

$$u = \frac{m_1}{m_1 + m_2}\, v_1 = \frac{1}{1 + m_2/m_1}\, v_1 = \frac{1}{1 + n}\, v_1$$

nach Gl. (70,1)

$$c_2 = u\,(1 + k) - k \cdot v_2 = \frac{1}{1 + n}\, v_1\,(1 + k) - 0$$

Dann wird die Energie des Spitzeisens nach dem Stoß

$$W_{Sp} = \frac{1}{2}\, m_2 \cdot c_2^2 = \frac{1}{2}\, m_2\, \frac{1}{(1 + n)^2}\, v_1^2\,(1 + k)^2$$

Der Anteil an der Schlagarbeit des Kolbens ist damit

$$\frac{W_{Sp}}{W_k} = \frac{\dfrac{1}{2}\, m_2\, \dfrac{1}{(1+n)^2}\, v_1^2\,(1+k)^2}{\dfrac{1}{2}\, m_1 \cdot v_1^2}$$

$$\frac{W_{Sp}}{W_k} = \frac{n}{(1+n)^2}\,(1 + k)^2 \tag{70,3}$$

Auch der Kolben behält eine Energie W'_k, deren Anteil an der Schlagarbeit des Kolbens sich in gleicher Weise ableiten läßt

$$\frac{W'_k}{W_k} = \frac{1}{(1+n)^2}(1 - n \cdot k)^2 \tag{70,4}$$

Daß diese Gleichungen zwar die Einflußgrößen für die Energieausnutzung erkennen lassen, eine Berechnung darauf aber nicht aufgebaut werden kann, hat HOFFMANN für die Arbeitsweise der Abbauhämmer nachgewiesen[1]. Er gibt die versuchsmäßige Ermittlung des Wirkungsgrades der Stoßenergieübertragung beim Abbauhammer bekannt. Der Wirkungsgrad wird günstiger, wie es auch aus Gln. (70,3) und (70,4) hervorgeht, mit abnehmendem Verhältnis m_2/m_1, ist aber auch von der Schlagarbeit des Kolbens abhängig. Und zwar nimmt der Wirkungsgrad mit der Schlagarbeit zu.

---

[1] HOFFMANN: Die Stoßenergieübertragung bei Abbauhämmern. Glückauf 74. Jg. 1938, S. 213—223.

Dritter Abschnitt

Festigkeitslehre

A. Grundbegriffe

71. Allgemeine Erläuterungen

Von Bauteilen oder Maschinenteilen verlangt man *Festigkeit*. Durch die gleichbleibenden oder wechselnden Belastungen, denen sie unterworfen sind, dürfen sie *weder zerstört* werden, *noch dürfen bleibende Formänderungen auftreten*, die sie für ihren Zweck unbrauchbar machen. Die Festigkeitslehre hat die Aufgabe, die durch äußere Belastungen im Innern des Körpers hervorgerufenen Kräfte, die wir als *Spannungen* bezeichnen, zu berechnen. Durch Vergleich dieser Spannungen mit den beim Bruch auftretenden Spannungen bestimmen wir den Grad der Sicherheit einer Konstruktion. Anderseits können wir mit Hilfe der Bruchspannung bei gegebenem Sicherheitsgrad die Abmessungen des Werkstückes festlegen, um eine möglichst vollkommene Ausnutzung des Werkstoffes zu erzielen.

Alle Körper erfahren auch bei kleineren äußeren Belastungen eine Formänderung, die bei Entlastung mehr oder weniger verschwindet. Gehen die Formänderungen nach der Entlastung wieder vollständig zurück, wie z. B. bei einer Stahlfeder, so nennt man den Körper *elastisch*. Bleibt jedoch die Verformung, wie beim Pressen von Lehm, erhalten, so heißt der Werkstoff *plastisch oder bildsam*.

In der Statik und Dynamik haben wir den Körper oder ein Körpersystem als absolut starr und nicht verformbar angenommen. Da die Formänderungen unter den allgemein untersuchten Belastungen so gering sind, daß sie auf die Weiterleitung der Kräfte und in der Dynamik auf die Bewegungen keinen Einfluß haben, ergeben sich vereinfachte Rechnungen. Berechnen wir aber die Gesamtformänderung eines Körpers und die Verzerrung seiner Elemente im Innern als Folge der äußeren Belastungen bzw. der inneren Spannung, so ist das eine Aufgabe der *Elastizitätslehre*.

72. Arten der Beanspruchung

Wir unterscheiden folgende Arten der Beanspruchung:

a) *Zug*: Der freigemachte Stab, Abb. 72,1, wird beansprucht durch die Kraft F und ihre Gegenkraft, die in Richtung der Stabachse, d. h.

senkrecht zum tragenden Querschnitt wirken. Der Stab wird gezogen und erfährt eine *Verlängerung*.

b) *Druck*: Der freigemachte Stab, Abb. 72,2, wird ebenfalls durch Kraft und Gegenkraft F beansprucht, die in Richtung der Achse, d. h. senkrecht zum widerstehenden Querschnitt wirken. Der Stab wird gedrückt und erfährt eine *Verkürzung*.

c) *Knickung*: Im Grunde handelt es sich hierbei ebenfalls um Druck und nicht um einen besonderen Belastungsfall. Ist jedoch der gedrückte Stab im Verhältnis zum widerstehenden Querschnitt sehr lang (Abb. 72,3), so wird er meist unter dem Einfluß der Kräfte F ausknicken, da die Kräfte selten absolut zentrisch angreifen.

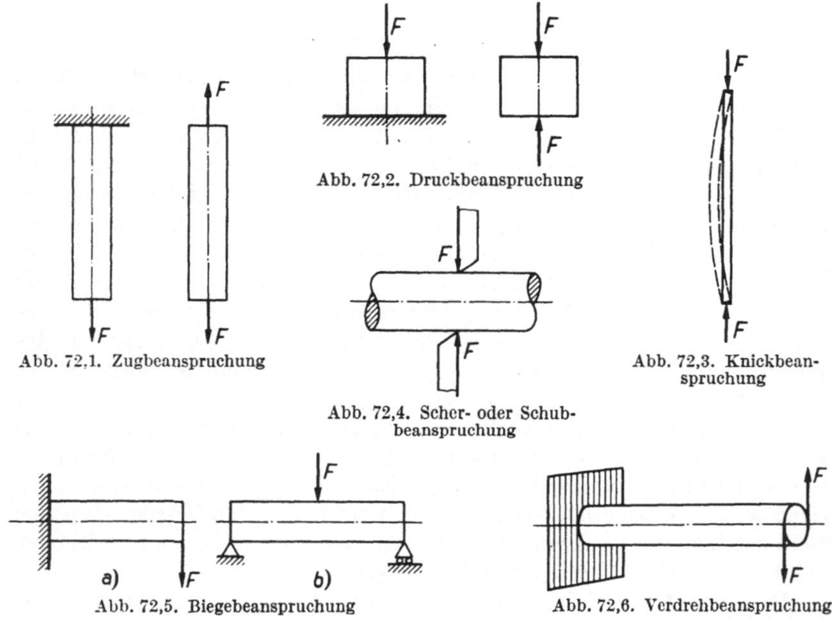

Abb. 72,2. Druckbeanspruchung

Abb. 72,1. Zugbeanspruchung

Abb. 72,3. Knickbean-
spruchung

Abb. 72,4. Scher- oder Schubbeanspruchung

Abb. 72,5. Biegebeanspruchung

Abb. 72,6. Verdrehbeanspruchung

d) *Schub*: Auf den Stab wirken nach Abb. 72,4 zwei gleich große entgegengesetzt gerichtete Kräfte F senkrecht zur Stabachse, und haben das Bestreben, die Teile des Stabes in dem beanspruchten Querschnitt gegeneinander zu verschieben.

e) *Biegung*: Ein Stab wird auf Biegung beansprucht, wenn nach Abb. 72,5a oder b eine Kraft F senkrecht zur Stabachse wirkt und eine Krümmung dieser Achse hervorruft: Tatsächlich findet bei der Biegebeanspruchung auch Schubbeanspruchung statt, die aber nur bei kurzen dicken Stäben nicht vernachlässigbar klein ist.

f) *Drehung*: Auf einen Stab wirkt nach Abb. 72,6 ein Kräftepaar bzw. ein Drehmoment in einer Ebene senkrecht zur Stabachse und versucht, die einzelnen Querschnitte des Stabes gegeneinander zu verdrehen.

g) Tritt mehr als eine der vorgespannten Beanspruchungen auf, so ist der Stab auf *zusammengesetzte Beanspruchung* zu berechnen.

73. Spannung und Dehnung bei Zug- und Druckbeanspruchung

Bei der Zug- und Druckbeanspruchung müssen wir die äußeren Kräfte kennen, die uns die Gesetze der Statik und der Dynamik liefern. Da hierfür allein die in Richtung der Achse wirkenden Kräfte maßgebend sind, werden innere Kräfte, die in dem Querschnitt senkrecht zur Achse wirksam sind, den äußeren Kräften das Gleichgewicht halten. Für eine vorgegebene Belastung sind die inneren Kräfte im kleinsten Querschnitt des Stabes am größten. Man bezieht darum diese *inneren Kräfte* auf den Querschnitt, bezeichnet sie als *Spannung* σ (Sigma), und da sie senkrecht zum Querschnitt stehen, als *Normalspannung*. Die Spannung σ wird gemessen in kp/cm² oder kp/mm²:

$$1 \text{ kp/mm}^2 = 100 \text{ kp/cm}^2$$

Zwischen Zug- und Druckspannungen können wir durch ein Vorzeichen (Zug $+$, Druck $-$) oder durch einen Index: $\sigma_z =$ Zugspannung, $\sigma_d =$ Druckspannung unterscheiden.

Sind als Zug- oder Druckbeanspruchung die Kraft F und der *schwächste Querschnitt* des Stabes A gegeben, so errechnet sich die *höchste Zug- oder Druckspannung*

$$\boxed{\sigma = \frac{F}{A}} \qquad\qquad (73,1)$$

Die Spannung kann gleichmäßig auf den tragenden (oder widerstehenden) Querschnitt verteilt sein. Es gibt aber auch Fälle, bei denen die Spannung keineswegs gleichmäßig über den Querschnitt verteilt ist. Dann werden wir im allgemeinen den Größtwert der Spannung suchen müssen, da dieser die Zerstörungsgefahr darstellt.

Unter dem Einfluß der äußeren Kräfte finden immer Formänderungen, also bei Zug Verlängerungen, bei Druck Verkürzungen, der ursprünglichen Länge statt, auch wenn sie mit dem bloßen Auge nicht wahrnehmbar sind. Solange der Körper nach der Entlastung in seine ursprüngliche Lage zurückkehrt, ist er *ideal elastisch*. Haben wir jedoch nach der Entlastung eine *bleibende Formänderung*, so ist bereits eine innere Gefügeänderung eingetreten. Unsere Bemühungen gehen also dahin, mit unseren Belastungen im Bereich elastischer Formänderungen zu bleiben. Wir liegen aber auch dann noch im Bereich elastischer Formänderung, wenn diese mit dem Auge wahrnehmbar ist, wie z. B. bei Gummi oder bei entsprechender Formgebung auch beim Stahl, z. B. bei Stahlfedern. Sie muß nur nach der Entlastung wieder zurückgehen. Die Formänderung kann unerwünscht sein, wie z. B. bei Brücken mit großen Spannweiten, oder erwünscht sein wie bei Federn. Vermeidbar ist sie jedoch mit keinem Mittel und auf keinen Fall. Sie ist vielmehr eine unvermeidliche Folge der Spannung. Nur die Verringerung der Spannung, d. h. die Vergrößerung des Querschnittes und damit leider auch des Gewichtes eines Bauteiles und seiner Kosten, kann eine Verminderung der Formänderung herbeiführen. Ganz beseitigen kann man sie dadurch auch nicht.

Im elastischen Bereich ist die Formänderung der Spannung proportional. In Abb. 73,1 ergibt sich für einen Stab mit gleichbleibendem Querschnitt von 1 cm² bei der Belastung von $F_1 = 1000$ kp die Spannung $\sigma = 1000$ kp/cm². Findet unter dieser Belastung eine Verlängerung $\Delta l = 1$ cm statt, so wird im elastischen Bereich bei $F_2 = 2000$ kp, entsprechend

$$\sigma = 2000 \ \text{kp/cm}^2$$

eine Verlängerung $\Delta l = 2$ cm eintreten usw. Tragen wir die Spannung σ in Abhängigkeit von der Verlängerung Δl auf, so erhalten wir eine Gerade und wir können schreiben

$$\sigma = \text{const} \cdot \Delta l$$

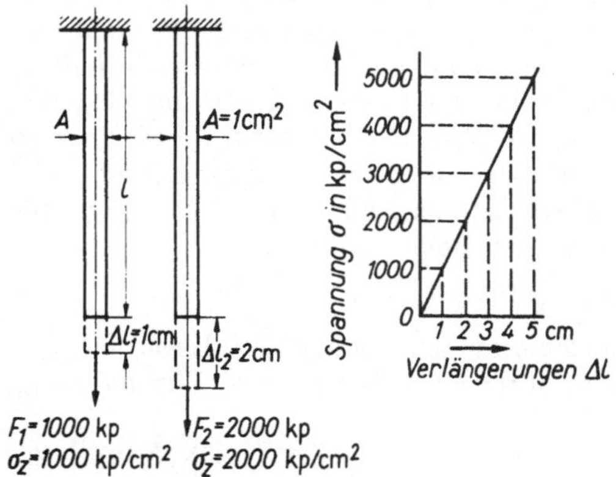

Abb. 73,1. Stabverlängerung durch Zugkräfte

In vorliegendem Falle ist

$$\sigma = 1000 \ \frac{\text{kp/cm}^2}{\text{cm}} \ \Delta l$$

Die Verlängerung Δl des Stabes wird um so größer ausfallen, je größer die ursprüngliche Länge l des Stabes ist, denn die Verlängerung verteilt sich gleichmäßig über die ganze Stablänge. Will man die Streckung des Materials beurteilen, muß man die Verlängerung bezogen auf 1 cm Stablänge angeben. Das gleiche gilt für die Druckbeanspruchung, bei der unter σ_d eine Verkürzung Δl für einen Stab eintritt. Auch hier bezieht man die Verkürzung auf 1 cm Stablänge. Dann erhält man die Verlängerung oder Kürzung je cm Ursprungslänge ε, die

$$Dehnung \ (Stauchung)\colon \quad \varepsilon = \frac{\Delta l}{l} \tag{73,2}$$

Sie wird auch in Prozent der Ursprungslänge angegeben:

$$\varepsilon = \frac{\Delta l}{l} \ 100 \ \text{in} \ \% \tag{73,2a}$$

Die Dehnung ist nur noch abhängig von der Spannung und man schreibt jetzt

Spannung $\sigma = $ Konstante $E \cdot$ Dehnung ε

Die Konstante E *ist nur vom Werkstoff abhängig* und völlig unabhängig von den Abmessungen des Werkstückes. Man nennt

E den Elastizitätsmodul

Seine *Maßeinheit* ergibt sich nach obiger Gleichung gleich der der Spannung z. B. kp/cm². Er stellt *die* Spannung dar, unter der sich ein Stab theoretisch um seine eigene Länge verlängern würde. Für die meisten

Werkstoffe würde es aber zu dieser Verlängerung gar nicht kommen, da der Stab, bevor er diese Streckung erreicht, schon reißen würde.

Für Stahl ergibt sich z. B. $E = 2\,100\,000 \text{ kp/cm}^2 = 2,1 \cdot 10^6 \text{ kp/cm}^2$, für Gußeisen $E = 750\,000 \text{ kp/cm}^2 = 0,75 \cdot 10^6 \text{ kp/cm}^2$, also nur $^1/_3$ des Stahles. Für alle technisch wichtigen Werkstoffe, vor allem die Metalle, sind die Werte des Elastizitätsmoduls in Tabellen angegeben (s. Anhang Tabelle 10 u. 11). Große E-Werte deuten auf große Widerstandsfähigkeit gegen elastische Formänderung. Das Gesetz

$$\boxed{\sigma = E \cdot \varepsilon} = E\,\frac{\Delta l}{l} \tag{73,3}$$

wird nach dem Engländer HOOKE[1] als HOOKEsches Gesetz bezeichnet, weil er als erster 1660 diesen Zusammenhang versuchsmäßig nachgewiesen hat.

Durch Verbindung der Gln. (73,1), (73,2) und (73,3) erhalten wir die für die Festigkeitslehre besonders wichtige Beziehung

$$\boxed{\frac{F}{A} = \frac{\Delta l}{l}\,E} \tag{73,4}$$

Ebenso wie ein Gummifaden beim Dehnen dünner wird, nimmt auch der Querschnitt eines auf Zug beanspruchten Metallstabes ab, d. h. mit der Dehnung ist eine

$$\text{Querkürzung} = \frac{\text{Dickenänderung}}{\text{ursprüngliche Dicke}}$$

$$\varepsilon_q = \frac{\Delta d}{d_0} = \frac{d_0 - d}{d_0} \tag{73,5}$$

verbunden. Das Verhältnis beider Formänderungen ist ein versuchsmäßig bestimmbarer, nahezu fester Wert, die

$$\text{POISSONsche Zahl}[2]\ m = \frac{\text{Längenänderung}}{\text{Querkürzung}}$$

$$m = \frac{\varepsilon}{\varepsilon_q} \tag{73,6}$$

Für Werkstoffe, deren Festigkeit nach allen Richtungen hin gleich groß ist, wie z. B. Metalle, liegt m zwischen 3 und 4 und kann näherungsweise mit $m = 10/3$ angesetzt werden. Für vollkommen elastische Stoffe ist $m = 2$.

Hat ein Stab eine Länge $l = 1 \text{ m} = 100 \text{ cm}$ und beträgt seine Spannung $\sigma = \dfrac{F}{A} = 1000 \text{ kp/cm}^2$, so läßt sich seine Verlängerung bei einem Elastizitätsmodul $E = 2,1 \cdot 10^6 \text{ kp/cm}^2$ berechnen nach Gl. (73,4)

$$\sigma = \frac{F}{A} = \frac{\Delta l}{l}\,E$$

$$\Delta l = \frac{F}{A}\,\frac{l}{E} = 1000 \text{ kp/cm}^2\,\frac{100 \text{ cm}}{2,1 \cdot 10^6 \text{ kp/cm}^2} = 4,76 \cdot 10^{-2} \text{ cm} = 0,476 \text{ mm}$$

---

[1] HOOKE, ROBERT: englischer Naturforscher und Physiker, geb. 1635, gest. 1703 in London.

[2] POISSON, SIMEON DENIS, französischer Mathematiker und Physiker, geb. 1781, gest. 1840 in Paris.

74. Spannungs-Dehnungsschaubild

Der Zusammenhang zwischen Spannungen und Verformungen, also zwischen Festigkeitslehre und Elastizitätslehre, läßt sich für die einzelnen Werkstoffe nur versuchsmäßig bestimmen. Für den einfachen Fall der *statischen Belastung* benutzen wir dazu den Zerreißversuch. Ein Prüfstab mit genormten Abmessungen (Abb. 74,1) wird an beiden Enden in eine Zerreißmaschine gespannt und in seiner Stabachse gezogen.

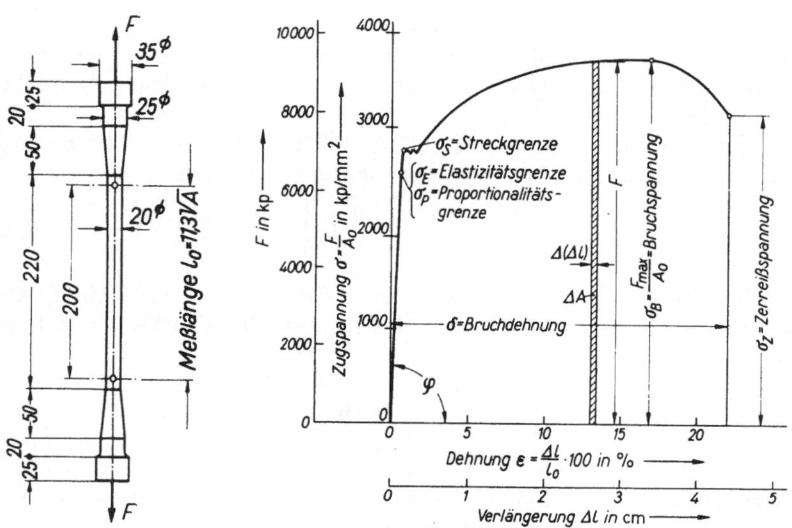

Abb. 74,1. Normstab für Zerreiß-versuche

Abb. 74,2. Kraft-Verlängerungs- und Spannungs-Dehnungs-Schaubild

Bei den heutigen Zerreißmaschinen werden die Zugkräfte (oder Druckkräfte) hydraulisch mittels Pumpen erzeugt, bei denen der Öldruck der Pumpe auf einen Zylinder gegeben wird. Dann ist der Öldruck ein Maß der Zugkraft, der an einem Manometer, geeicht in kp oder Mp abgelesen werden kann. Überträgt man den Ausschlag des Manometers auf einen Schreibstift, so kann man die Zugkräfte auf eine Trommel aufzeichnen, die im Maße der Verlängerung des eingespannten Versuchsstabes gedreht wird. Das so aufgezeichnete Diagramm ist in Abb. 74,2 für einen unvergüteten Stahl dargestellt.

Die äußeren Achsen der Abb. 74,2, die F-Achse und die Δl-Achse, gelten für das Zugkraft-Verlängerungsdiagramm, das unmittelbar von der Zerreißmaschine auf die Schreibtrommel aufgeschrieben wird. Um aber möglichst gleichmäßige Zugspannungen über jeden Querschnitt zu erhalten, verwenden wir als Meßlänge nur einen Teil des Stabes, nämlich beim genormten Stab 200 mm, und gehen an den Stabenden nur allmählich zu größeren Querschnitten über (Abb. 74,1).

Bezeichnet man den ursprünglichen Querschnitt mit A_0 in cm² und die ursprüngliche Länge mit l_0, so berechnen sich aus den gemessenen Zugkräften F in kp die

$$\text{Zugspannung } \sigma = \frac{F}{A_0} \text{ in kp/cm}^2 \tag{74,1}$$

und aus den gemessenen Verlängerungen Δl die

$$\text{Dehnungen } \varepsilon = \frac{\Delta l}{l_0}$$

bzw.

$$\varepsilon = \frac{\Delta l}{l_0}\, 100 \text{ in } \% \tag{74,2}$$

Sowohl die Spannung wie die Dehnung sind also auf den ursprünglichen Querschnitt A_0 bzw. die ursprüngliche Länge l_0 bezogen. Abb. 74,2 zeigt das *Spannungs-Dehnungs-Diagramm*, das durch Umrechnung der Achsen des Zugkraft-Verlängerungs-Diagrammes entstanden ist.

Wir erkennen, daß das Diagramm in einen elastischen und einen plastischen Bereich zerfällt.

Im *elastischen Bereich* steigt die Spannungs-Dehnungslinie steil an. Zu geringen Dehnungen ε (mit dem Auge noch nicht wahrnehmbaren Stabverlängerungen Δl) gehören bereits große Spannungen σ (große Längskräfte F). Dieser Anstieg ist praktisch geradlinig. Es besteht also eine lineare Abhängigkeit zwischen der Spannung als Ursache und der Dehnung als Folge.

Wir haben im vorigen Abschnitt gesehen, daß dieser Zusammenhang als HOOKEsches Gesetz bezeichnet wird. Der Proportionalitätsfaktor heißt E = Elastizitätsmodul.

Die Steigung der Spannungs-Dehnungslinie im elastischen Bereich (Abb. 74,2) ergibt also nach Gl. (73,3) den Elastizitätsmodul:

$$\text{tg } \varphi = \frac{\sigma}{\varepsilon} = E$$

Wir müssen jetzt erkennen, daß der *Elastizitätsmodul die Steigung der Spannungs-Dehnungslinie im elastischen Bereich bedeutet*.

Kupfer mit $E = 1{,}3 \cdot 10^6$ kp/cm² hat z. B. ein bedeutend flachere Spannungs-Dehnungslinie als Stahl, und bei Duraluminium mit $E = 0{,}72 \cdot 10^6$ kp/cm² verläuft die Spannungs-Dehnungslinie noch flacher. (Gleiche Achsenmaßstäbe vorausgesetzt!).

Wird der Stab im Bereich der Belastungen, in dem die Zunahme der Verlängerung nur gering ist, entlastet, so verschwinden auch die Dehnungen vollkommen. Vergrößert man die Längskraft und damit die Spannung, so nehmen die Dehnungen zu. Zunächst bleibt die Proportionalität bestehen. Der Punkt, bei dessen Überschreitung die Proportionalität nicht mehr vorhanden ist, heißt Proportionalitätsgrenze. Für die meisten Stähle fallen praktisch *Elastizitätsgrenze* σ_E und *Proportionalitätsgrenze* σ_P zusammen.

Kurz oberhalb der Proportionalitätsgrenze liegt ein Punkt, bei dem plötzlich ohne Spannungsänderung eine bedeutende Verlängerung eintritt, die *Streck- oder Fließgrenze* σ_S[1]. Gingen anfangs nach der Entlastung die Dehnungen vollkommen zurück, so ist dies jetzt nicht mehr der Fall. Es bleibt nach der Entlastung eine Formänderung bestehen. Allerdings behält der Stab nach Überschreiten der Streckgrenze nicht die erreichte Verlängerung, vielmehr verläuft die Entlastungs- und die anschließende Belastungslinie annähernd parallel zur Spannungs-Dehnungslinie im elastischen Bereich, d. h. im Maße der dem Elastizitätsmodul entsprechenden Steigung.

Den Bereich der Spannungs-Dehnungslinie, oberhalb der Streckgrenze nennen wir den *plastischen oder bildsamen Bereich*. Nach einer sich über den ganzen Stab erstreckenden Längenänderung, einem Fließen ohne Spannungsanstieg, die bei Stahl etwa 10- bis 15mal der elastischen Dehnung beträgt, fängt sich der Stab wieder. Der Werkstoff hat sich verfestigt und zu weiteren Dehnungen sind wieder höhere Spannungen erforderlich. Allerdings wachsen die Dehnungen jetzt schneller als die Spannungen. Der Spannungsanstieg im Verhältnis zu den Dehnungen, d. h. die Steilheit der dem Fließen folgenden Linie bezeichnet man als *Formänderungswiderstand*. Dieser ist bei Stählen höherer Festigkeit wie auch bei vergüteten Stählen größer als bei Stählen geringerer Festigkeit (siehe hierzu Abb. 74,3 und 74,4).

Nach Erreichen eines Höchstwertes, der Bruchfestigkeit $\sigma_B = \dfrac{F_{\max}}{A_0}$ fällt die Zugkraft F und damit die Nennspannung bei wachsender Dehnung, wobei jetzt eine Einschnürung mit erheblicher Dehnung an einer Stabstelle deutlich sichtbar wird, bis an dieser Stelle schließlich der Bruch eintritt.

Die tatsächliche Spannung auf den Einschnürungsquerschnitt bezogen steigt allerdings an. In Abb. 74,2 ist die Spannung auf den Ausgangsquerschnitt A_0 bezogen, für den die Nennspannung absinkt.

Wir beurteilen den Bruch nach dem Aussehen sowie nach der *Brucheinschnürung*:

$$\psi = \frac{A_0 - A_B}{A_0} \tag{74.3}$$

wobei A_0 den Ausgangsquerschnitt und A_B den Einschnürungsquerschnitt beim Bruch bedeuten. Außerdem berechnen wir die *Dehnung beim Bruch*, d. h. bei der Zerreißfestigkeit σ_Z (nicht der Bruchfestigkeit σ_B):

$$\delta = \frac{l_B - l_0}{l_0}\, 100 \text{ in } \% \tag{74,4}$$

wobei l_B Länge des gebrochenen, l_0 ursprüngliche Länge des Stabes bedeuten. Die Bruchdehnung δ gibt man stets in Prozent der ursprünglichen Länge an.

Einen genauen Punkt für die Elastizitätsgrenze, d. h. eine scharfe Trennung zwischen dem elastischen und dem plastischen Bereich, also eine Spannung mit beginnender bleibender Formänderung kann man

---

[1] In der Fachliteratur ist die Bezeichnung nicht einheitlich. Man findet auch σ_F (Fließgrenze). Hier soll die Bezeichnung σ_S verwendet werden.

meist nur schwer angeben. Als Elastizitätsgrenze σ_E wird *die* Spannung definiert, bei der die bleibende Dehnung 0,01% nicht überschreitet.

Ebenso ist die Grenze der Proportionalität, d. h. des Bereiches des HOOKEschen Gesetzes nicht genau anzugeben. Bei Werkstoffen mit nicht klar ausgeprägter Fließ- oder Streckgrenze wird dafür *die* Spannung bestimmt, bei der die bleibende Dehnung höchstens 0,2% beträgt.

Beim *Drücken* eines Stahlkörpers, der im Verhältnis zum Querschnitt hinreichend kurz sein muß, um ein seitliches Ausknicken zu vermeiden, erhalten wir entsprechend ein *Spannungs-Stauchungsdiagramm*. Die Spannungen sind hier *Druckspannungen* und deshalb als negativ zu

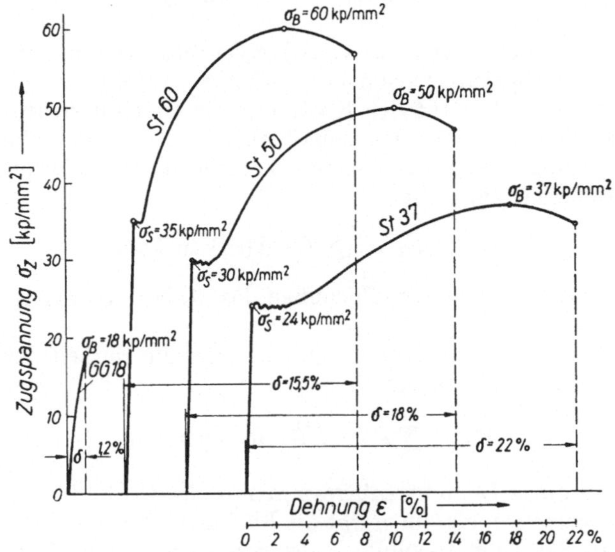

Abb. 74,3. Spannungs-Dehnungs-Schaubilder verschiedener genormter Werkstoffe

bezeichnen. An die Stelle der Verlängerungen treten *Verkürzungen*, an die Stelle der Dehnungen *Stauchungen*. Auch hier werden die Spannungen auf den Ursprungsquerschnitt bezogen.

Beim Stahl haben wir auch beim Druckversuch einen linearen Verlauf der Spannungs-Stauchungslinie bis zur Proportionalitätsgrenze. Die Streckgrenze, hier als *Quetschgrenze* bezeichnet, ist nicht stark ausgeprägt und der Bruch tritt nicht als plötzliches Trennen in zwei Teile ein, sondern äußert sich im Auftreten radialer Risse.

Abb. 74,3 zeigt das Spannungs-Dehnungsdiagramm von Gußeisen GG 18 und einigen genormten unlegierten Stählen.

Beim *Gußeisen* zeigt sich die allen spröden Werkstoffen eigentümliche Spannungs-Dehnungslinie. Sie ist von Anfang an leicht gekrümmt. Das HOOKEsche Gesetz gilt nur angenähert, weder eine Proportionalitäts- noch eine Fließgrenze ist vorhanden. Die Bruchfestigkeit liegt bedeutend unter der des Stahles. Einem Bruch nach vorher eingetretener *Einschnürung, der die Schmeidigkeit des Werkstoffes kennzeichnet,*

25*

haben wir beim Gußeisen nicht. Der Bruch tritt vielmehr plötzlich ein:
wir sprechen vom *verformungslosen Sprödbruch.* Nach der Druckseite
verläuft die Spannungs-Stauchungslinie wie die Dehnungslinie beim
Zug, doch ist die Druckfestigkeit des Gußeisens wesentlich größer als
die Zugfestigkeit.

Bei den Stählen zeigt sich in Abb. 74,3 eine mit zunehmender Bruchfestigkeit allgemein abnehmende Bruchdehnung δ. Andererseits haben
wir bei Stählen höherer Festigkeit nach Überschreiten der Streckgrenze
einen steileren Anstieg der Spannungs-Dehnungslinie, d. h. einen größeren Formänderungswiderstand.

Die *Fläche unter dem Spannungs-Dehnungs-Schaubild* stellt die
Formänderungsarbeit dar.

Gehen wir zurück auf die von der Zerreißmaschine unmittelbar
aufgezeichnete Zugkraft-Verlängerungs-Linie, so stellt die Fläche unter
dieser Kurve das Produkt der Kraft mit der in Kraftrichtung eingetretenen Verlängerung dar. Ist gemäß Abb. 74.2 die Kraft F in kp und
die Verlängerung Δl in cm gemessen, so ergibt die Summierung der eingezeichneten Flächenteilchen

$$W = \sum \Delta A = \sum F \cdot \Delta (\Delta l) \text{ in kpcm} \qquad (74,5\,\text{a})$$

die aufgewendete Arbeit zum Zerreißen des Stabes von der jeweils eingespannten Länge.

Vielfach wird die Formänderungsarbeit auf die Einheit der Länge l_0
des Stabes bezogen. Dann ist

$$W = \sum F \cdot \Delta \left(\frac{\Delta l}{l_0}\right) \text{ in kpcm/cm} \qquad (74,5\,\text{b})$$

Im Spannungs-Dehnungsdiagramm mit der Ordinate σ in kp/cm^2
und der Abszisse ε in cm/cm ergibt die Fläche die Formänderungsarbeit
bezogen auf das Einheitsvolumen des Stabes nach der Maßeinheiten-
betrachtung

$$\frac{\text{kp}}{\text{cm}^2} \cdot \frac{\text{cm}}{\text{cm}} = \frac{\text{kpcm}}{\text{cm}^3}$$

also die Beziehung

Spezifische Formänderungsarbeit

$$W = \sum \sigma \cdot \Delta \varepsilon \text{ in } \frac{\text{kpcm}}{\text{cm}^3} \qquad (74,5)$$

Abb. 74,3 läßt erkennen, daß die Formänderungsarbeit bei Gußeisen
sehr gering, bei den normalen Stählen sehr viel größer und bei Stählen
höherer Festigkeit trotz der Verringerung der Bruchdehnung nicht kleiner werden muß. Diese Formänderungsarbeit hat eine Bedeutung bei
dynamisch beanspruchten Werkstoffen, wie neuere Forschungen gezeigt
haben. Man spricht deshalb auch vom *Arbeitsvermögen des Werkstoffes,*
und versteht darunter die Formänderungsarbeit.

Abb. 74,4 zeigt vom Stahl St 60 für unterschiedlichen Vergütungszustand das Kraft-Verlängerungs-Schaubild. Man erkennt sehr deutlich,
daß durch die Vergütung der Formänderungswiderstand beeinflußt

wird. Es zeigt sich aber auch sehr anschaulich, daß mit härter werdender Vergütung, d. h. mit Erhöhung der Bruchfestigkeit und gleichzeitig zunehmendem Formänderungswiderstand, das Arbeitsvermögen zunächst erhalten bleibt, schließlich aber stark abnimmt, bis der Werkstoff zum verformungslosen Sprödbruch neigt (Abb. 74,4, Werkstoff 4).

Für die Verwendbarkeit eines Werkstoffes ist das Spannungs-Dehnungs-Schaubild darum kennzeichnend. *Man bezeichnet die Spannungs-Dehnungslinie als Charakteristik des Werkstoffes*, die zusammenfassend *folgende wichtige Kennwerte* zeigt:

a) Der Zerreißversuch liefert auch ohne Aufzeichnung des Spannungs-Dehnungs-Schaubildes die Bruchspannung σ_B. Alle Stähle wer-

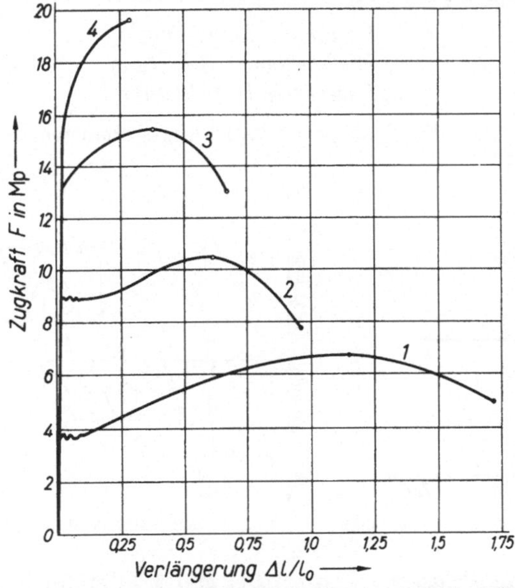

Abb. 74.4. Kraft-Verlängerungs-Schaubild für St 60 mit unterschiedlichem Vergütungszustand *1* normalisiert, $W = 910$ kpcm/cm, *2* weich vergütet 500 °C, $W = 880$ kpcm/cm, *3* zähhart vergütet 300 °C, $W = 910$ kpcm/cm, *4* hart vergütet 200 °C, $W = 260$ kpcm/cm

den darum nach ihrer Bruchfestigkeit gekennzeichnet. Wir können aber unsere Bau- und Maschinenteile nicht bis zur Bruchfestigkeit beanspruchen, da wir bleibende Formänderungen vermeiden wollen, durch die die Verwendbarkeit der Werkstoffe herabgesetzt wird. Bei fast allen Werkstoffen besteht zwischen der Bruchspannung und der Elastizitätsgrenze eine feste Beziehung. So ist beim Stahl $\sigma_E = 0{,}7\,\sigma_B$. Wir haben bei statischer Belastung nur dafür zu sorgen, daß wir ausreichend weit unterhalb der Spannung σ_E bleiben.

b) Der Anstieg der Spannung von der Streckgrenze σ_S auf die Bruchspannung gibt ein Bild der Verfestigungsfähigkeit des Werkstoffes im plastischen Bereich, die als Formänderungswiderstand bezeichnet wird.

c) Der Abfall der Bruchspannung σ_B auf die Zerreißspannung σ_Z (beide bezogen auf den Ursprungsquerschnitt) kennzeichnet die Schmeidigkeit eines Werkstoffes.

d) Die Fläche unter der Spannungs-Dehnungs-Linie kennzeichnet das Arbeitsvermögen des Werkstoffes, das für seine Widerstandsfähigkeit bei dynamischer Beanspruchung nach neueren Forschungen offenbar von besonderer Bedeutung ist.

75. Die drei Belastungsfälle

Wir haben bisher lediglich das Verhalten der Werkstoffe bei Zug oder Druck unter statischer Belastung betrachtet. Die Festigkeit eines Werkstoffes wird aber wesentlich durch den zeitlichen Verlauf der Belastung beeinflußt.

Klar ausgeprägt sind die drei Belastungsfälle:

I ruhende Belastung,
II schwellende Belastung,
III wechselnde Belastung,

für die in Tabellen die Festigkeitswerte angegeben werden. (Siehe Anhang Tabelle 14.)

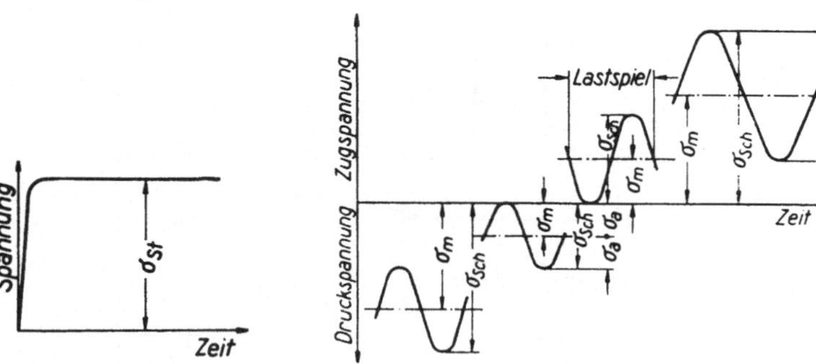

Abb. 75,1. Ruhende Belastung, Fall I   Abb. 75,2. Schwellende Belastung, Fall II

Die *ruhende Belastung* (Abb. 75,1) steigt allmählich von Null auf ihren Endwert und behält diesen unabhängig von der Zeit bei. Unsere Bauwerke werden vorwiegend ruhend belastet. Die Spannung, die ein Werkstoff bei ruhender Belastung dauernd ertragen kann, ohne zu versagen, nennt man statische oder Dauerstandfestigkeit σ_{St}. In der Regel ist hierfür die Elastizitätsgrenze σ_E bzw. die Proportionalitätsgrenze σ_P maßgebend.

Förderseile und Förderketten werden in kürzeren Zeitabschnitten belastet und wieder entlastet, und zwar auf eine Restlast oder auf Null. Abb. 75,2 zeigt verschiedene Belastungsbilder *schwellender Belastung*, wobei die Spannungen sich um eine mittlere Spannung σ_m mit unterschiedlicher Amplitude σ_a zeitlich ändern können. Seile und Ketten können nur durch schwellende Zugspannungen beansprucht werden, während z. B. Fundamente nur schwellende Druckbelastungen erfahren. Gegenüber der ruhenden Belastung zeigt sich, daß der Werkstoff eine kleinere Höchstspannung, die *Schwellfestigkeit* $\sigma_{Sch} < \sigma_{St}$ auszuhalten vermag.

Geht die Entlastung in eine Belastung nach der anderen Seite über (Abb. 75,3), so haben wir die *wechselnde Belastung*, deren ertragbare Höchstspannung noch geringer als die Schwellfestigkeit ist und als *Wechselfestigkeit* σ_W bezeichnet wird.

Bei der dynamischen Beanspruchung eines Werkstoffes folgen die Lastwechsel in mehr oder weniger großen Zeitabständen aufeinander.

Man versteht unter einem *Lastspiel L* eine volle Schwingung der Beanspruchung um die Mittelspannung σ_m (Abb. 75,2 und 75,3). Die Lastspielzahl einer Probe bis zu ihrem Bruch heißt Bruch-Lastspielzahl N und wird meist als Vielfaches einer Zehnerpotenz angegeben.

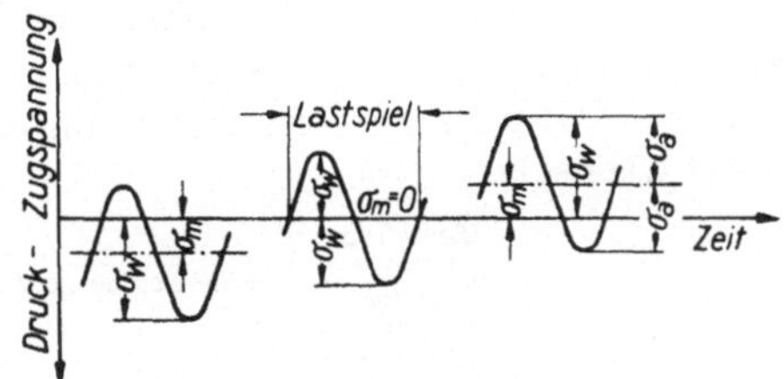

Abb. 75,3. Wechselnde Belastung, Fall III

Dauerschwingfestigkeit, kürzer *Dauerfestigkeit* σ_D ist der um eine gegebene Mittelspannung schwingende größte Spannungsausschlag, den eine Probe „unendlich oft" ohne Bruch und ohne unzulässige Verformung aushält.

Trägt man die obere Grenzspannung einer schwellenden oder wechselnden Belastung abhängig von der Lastspielzahl, die mit dieser Beanspruchung im Einstufenversuch jeweils bis zum Bruch erreicht worden ist, auf, wobei die Lastspielzahl im logarithmischen Maßstab dargestellt wird, so erhalten wir die WÖHLER-Linie[1] (Abb. 75,4).

In Anlehnung an die Methoden der Werkstoffprüfung, z. B. zur Ermittlung des Spannungs-Dehnungs-Schaubildes, werden Werkstoffproben bestimmten Lastwechseln von einem unteren bis zu einem oberen Lastwert mit etwa 500 bis zu einigen 1000 Lastspielen je Minute unterworfen. Dabei wird festgestellt, wieviel Lastspiele die einzelne Werkstoffprobe bis zum Bruch erträgt. Bleibt man mit der Grenzspannung nur wenig unter der Bruchspannung, so zeigt sich, daß ein Werkstoff eine größere Lastspielzahl bis zum Bruch aushält. Diesen Bereich der Lastspiele bei Belastungen wenig unter der Bruchspannung kann man zum Bereich der *statischen Festigkeit* rechnen (Abb. 75,4). Zu größeren Lastspielzahlen bis zum Bruch kommt man erst bei weiterer Senkung der Grenzspannung, die mit *Zeitfestigkeit* bezeichnet wird, bis eine Lastspielzahl (bei Stahl $\approx 2 \cdot 10^6$) mit einer Spannung erreicht wird, die von da an praktisch unendlich oft ertragen wird, ohne daß ein Bruch eintritt. Diese Spannung ist die *Dauerfestigkeit* σ_D. Wie Abb. 75,4 zeigt, geht die WÖHLER-Linie asymptotisch in die Dauerfestigkeit über.

Während es bei der Prüfung des Werkstoffes in der Zerreißmaschine zu einer Verformung bis zum Eintreten eines *Gewaltbruches* kommt, liefert der Dauerschwingversuch bei dynamischer Belastung oberhalb der Dauerfestigkeit sogenannte *Dauerbrüche* oder *Ermüdungsbrüche* ohne

---

[1] AUGUST WÖHLER, 1819···1914 Hannover, führte im Auftrage der Eisenbahn Werkstoffprüfungen durch.

vorausgegangene sichtbare Verformung. Das Aussehen der glatten
Dauerbruchfläche unterscheidet sich deutlich von der körnigen Gewalt-
bruchfläche.

Tatsächlich hat die Praxis gezeigt, daß die größte Zahl der vorkommenden Brüche als Dauerbrüche und nur eine kleinere Zahl als Gewalt-
brüche anzusehen ist. Während aber die Elastizitätsgrenze σ_E bei statischer Beanspruchung zur Bruchspannung σ_B in einem festen Verhältnis
steht, ändert sich die Dauerschwingfestigkeit σ_D mit der Größe der
oberen bzw. unteren Grenzspannung und der Mittelspannung, um die
diese wechselt.

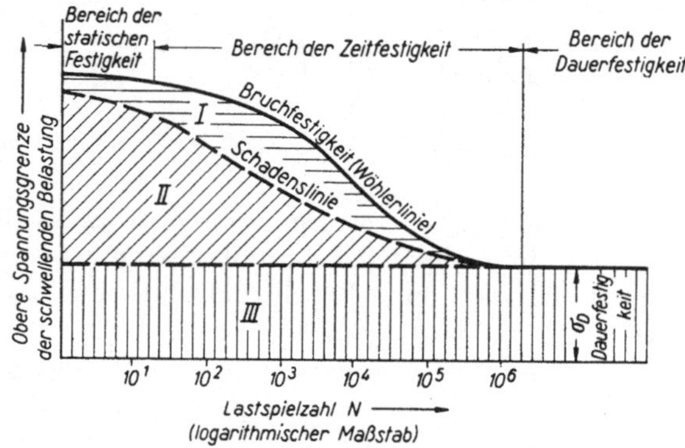

Abb. 75,4. Erweitertes Wöhler-Schaubild mit Schadenslinie
I Bereich der Überbeanspruchung mit Werkstoffschädigung, II Bereich der Überbeanspruchung ohne
Werkstoffschädigung, III Bereich der Beanspruchung unterhalb der Dauerfestigkeit

Für jede Belastungsart wie Druck-, Zug-, Biege- und Drehbeanspruchung erhalten wir entsprechende Dauerfestigkeitswerte, die für
schwellende Belastung (Belastungsfall II) mit σ_{Sch} und für wechselnde
Belastung (Belastungsfall III) mit σ_W bezeichnet werden. Sie werden
gewöhnlich an glatten, polierten oder geschliffenen Probestäben mit
einem Durchmesser von rund 10 mm ermittelt. Hierbei zeigt sich, daß
die Biegewechselfestigkeit größer ist als die Zug- oder Druck-Wechsel-
festigkeit. Das beruht auf einer bei Biegung nicht geradlinigen Spannungsverteilung über den Querschnitt. *Erfahrungswerte der Dauerfestigkeit* für glatte Rundquerschnitte von 10 mm ⌀ sind in Zahlentafel 25
nach Niemann[1] wiedergegeben.

Zahlentafel 25. *Mittlere Dauerfestigkeit für Stähle mit glattem (poliertem) Rund-
querschnitt von 10 mm ⌀*

Werkstoff	Zug[2]		Biegung		Drehung	
	σ_{Sch}	σ_W	σ_{bSch}	σ_{bW}	τ_{tSch}	τ_{tW}
C-Stahl	$0{,}57\,\sigma_B$	$0{,}315\,\sigma_B$	$0{,}81\,\sigma_B$	$0{,}45\,\sigma_B$	$0{,}5\,\sigma_B$	$0{,}26\,\sigma_B$
Stahlguß . . .	$0{,}47\,\sigma_B$	$0{,}26\,\sigma_B$	$0{,}72\,\sigma_B$	$0{,}4\,\sigma_B$	$0{,}44\,\sigma_B$	$0{,}23\,\sigma_B$

[1] Niemann: Maschinenelemente, 1. Bd., Springer 1950, S. 54.
[2] Für Druck ist σ_{Sch} größer, z. B. bei Federstahl $\approx 1{,}3$fach.

Für größere Durchmesser müssen nach Niemann die Werte σ_{bW} und τ_{tW} mit einem Faktor b_0 gemäß Zahlentafel 26 multipliziert werden, z. B. $\sigma_{bW} = \sigma_{bW10} \cdot b_0$.

Zahlentafel 26. *Umrechnungsfaktor b_0 für Biege- und Dreh-Wechselfestigkeit bei Rundquerschnitten vom Durchmesser d*

d in mm	10	20	30	50	100	200	300
b_0	1	0,9	0,8	0,7	0,6	0,57	0,56

In sehr vielen Fällen ist es allerdings gar nicht möglich, die Verteilung und Größe der Belastungen dynamisch beanspruchter Maschinenteile im voraus zu berechnen, geschweige denn die größtmögliche Spannung innerhalb der Dauerfestigkeit zu halten. Ein bemerkenswertes Beispiel sind die Rundstahlketten in den Zweiketten-Kratzerförderern. Sie werden schwellend auf Zug beansprucht und die Größe der Grenzbelastungen im normalen Betrieb lassen sich noch einigermaßen zuverlässig berechnen. Tatsächlich kommen aber z. B. durch unvorhergesehene Betriebsstörungen oder Blockierungen am Förderer einzelne Stoßbeanspruchungen vor, die notwendig über die Dauerfestigkeit hinausgehen. Wir kommen dann zu der *Forderung nach einer wirtschaftlichen Lebensdauer.*

Abb. 75,4 zeigt das erweiterte Wöhler-Schaubild, in das die *Schadenslinie* eingezeichnet ist. Sie gibt an, bis zu welcher Lastspielzahl eine Dauerbeanspruchung im Gebiet der Zeitfestigkeit ertragen werden kann. ohne daß eine Schädigung des Werkstoffes eintritt. Nach dem Verfahren von Frensch werden zu ihrer Ermittlung mehrere Probestücke bei gleicher Belastung oberhalb σ_D mit von Probe zu Probe verschieden gestaffelten Lastspielzahlen im Dauerversuch beansprucht. Anschließend werden die so vorbelasteten Proben mit einer Belastung entsprechend σ_D weiter geprüft. Die Proben werden dann als nicht geschädigt angesehen, wenn sie bei Belastungen in Höhe der Dauerfestigkeit ohne Bruch die Grenz-Lastspielzahl (für Stahl $N \approx 2 \cdot 10^6$) erreichen. Die Versuche mit verschieden hohen Überbelastungen ergeben eine Reihe von Versuchspunkten, deren Verbindung dann die Schadenslinie ergibt.

Die Schadenslinie trennt die Bereiche der Überbeanspruchung mit bzw. ohne Werkstoffschädigung. Die Schadenslinie ist zwar praktisch nur mit großem Aufwand eindeutig zu ermitteln. Man erkennt aber aus dem Wöhler-Schaubild mit der Schadenslinie, daß es bei vereinzelter Überschreitung der Dauerfestigkeit dynamisch beanspruchter Maschinenteile durchaus nicht zu einer Werkstoffschädigung zu kommen braucht, wenn die Größe der Überbeanspruchungen und ihre Häufigkeit im Bereich II des Wöhler-Schaubildes bleibt. Je weniger zuverlässig die Vorausbestimmung dieser Überbeanspruchung ist, um so weiter wird man bei dynamisch beanspruchten Werkstoffen für den normalen Betrieb unterhalb der Dauerfestigkeit bleiben müssen.

Ist es schon oftmals nicht möglich, für dynamisch belastete Maschinenteile die Größe der Stoßbeanspruchung und ihre Häufigkeit vorauszubestimmen, so werden wir aber auch nach Werkstoffen suchen müssen, die bezüglich Grenzspannung und Lastspielzahl eine günstige, d. h. ausgedehnte Schadenslinie besitzen. Wir wissen heute, daß bei dynamischer Beanspruchung im Bereich der Zeitfestigkeit neben einer vorübergehenden Zerrüttung des Gefüges eine Kaltverfestigung eintritt, die nach dem Normblatt DIN 50100 mit „Trainierfähigkeit" eines Werkstoffes bezeichnet wird.

Für die Auswahl der Werkstoffe haben die Engländer den Ausdruck gewählt, daß sie die Fähigkeit besitzen sollen, „wechselnde Lastspitzen zu absorbieren". Sehen wir uns die Charakterististik der vergüteten Stähle St 60 in Abb. 74,4 daraufhin an, so leuchtet ohne weiteres ein, daß der hart vergütete Stahl 4 mit seinem kleinen Arbeitsvermögen diese Absorptionsfähigkeit nur in sehr geringem Maße besitzt, obwohl er eine sehr hohe Bruchfestigkeit hat. Wenn auch noch keine eindeutige Beziehung zwischen Arbeitsvermögen und Dauerfestigkeit gefunden ist, können wir doch schon feststellen, daß eine hohe *Bruchfestigkeit bei dynamisch beanspruchten Werkstoffen allein keine Gewähr für die Haltbarkeit* gibt. Eine sichere Beurteilung wird man jedoch nur durch den Dauerschwingversuch erhalten, der unter den Belastungen, d. h. mit den oberen und unteren Lastwerten, die im Betrieb annähernd zu erwarten sind, durchgeführt werden muß. Wir werden bei den Förderketten noch auf die hierzu festgelegten Vorschriften eingehen.

76. Gestaltfestigkeit

Die beim Zugversuch ermittelten Festigkeitswerte lassen sich bei Zug- und Druckbeanpruchungen auch auf Körper mit anderen Querschnittsformen und -größen übertragen, solange eine gleichmäßige Spannungsverteilung über den Querschnitt vorliegt. Werkstücke mit plötzlichen Querschnittsänderungen, z. B. Nuten, Kerben, Bohrungen usw., haben an diesen Stellen nach Forschungen einen erheblich gestörten Spannungsverlauf. Es können örtliche Spannungsspitzen vom 4- bis 6fachen Betrag der auf den geschwächten Querschnitt bezogenen Nennspannung σ_n auftreten.

Wir bekommen ein anschauliches Bild von diesen Einwirkungen, wenn wir uns den Zugstab in der Längsachse in einzelne Fasern aufgelöst denken, von denen jede die gleiche Zugkraft überträgt. Diese „Spannungsfäden" (Kraftlinien) verlaufen im glatten, auf Zug beanspruchten Stab parallel zur Stabachse (Abb. 76,1a). Bei einer plötzlichen Querschnittsänderung, z. B. durch eine Kerbe (Abb. 76,1b), müssen sie sich der neuen Oberflächenform anpassen. Die Spannungsfäden werden an der Störungsstelle zusammengedrängt, während der Einfluß der Störung mit wachsender Entfernung abklingt. Ein Zusammendrängen der Spannungsfäden bedeutet aber, daß mehr Spannungsfäden je cm² Querschnittsfläche hindurchgehen, die Spannung also größer geworden ist. Abb. 76,2a zeigt die Spannungsverteilung bei einem durch Rundnut, Abb. 76,2b bei einem durch Bohrung geschwächten Querschnitt.

Zur Berechnung der an einer plötzlichen Querschnittsänderung entstehenden Spannungsspitze σ_{max} führt man die sogenannte Formziffer α_K ein. Ist die Nennspannung $\sigma_n = \dfrac{F}{A_1}$, wobei A_1 den geschwächten Querschnitt bedeutet, so errechnet sich

$$\sigma_{max} = \alpha_K \cdot \sigma_n \qquad\qquad (76,1)$$

Die *Formziffer* α_K ist eine unbenannte Zahl und hat den unteren Grenzwert 1, wenn keine Spannungserhöhung auftritt. Sie erhöht sich unterschiedlich, und zwar ist sie *abhängig von der Form* der Kerbe, z. B. Rund-, Rechteck- oder Spitzkerbe, von der *Krümmung* am Kerbengrund und von der *Tiefe der Kerbe*.

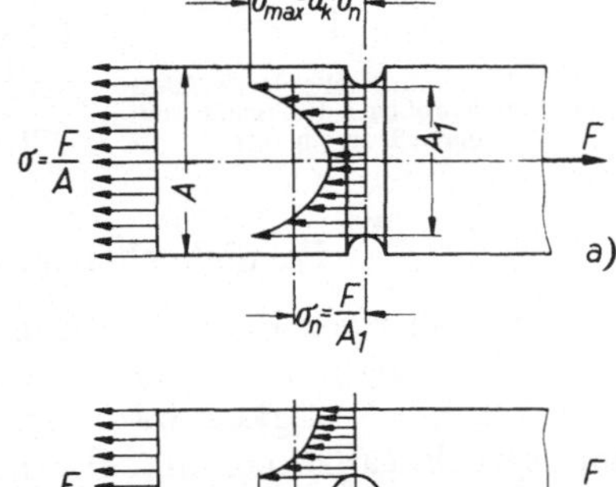

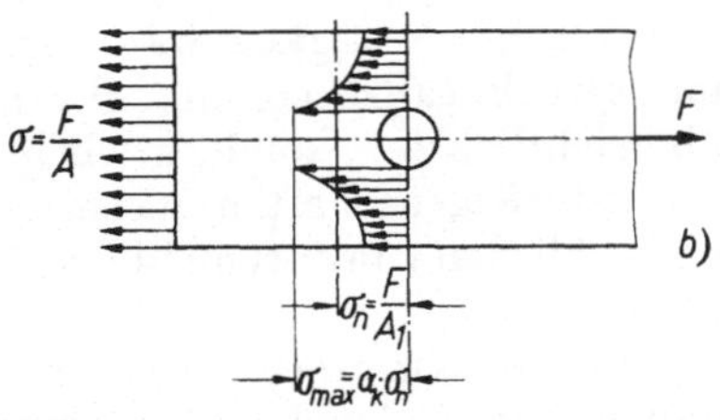

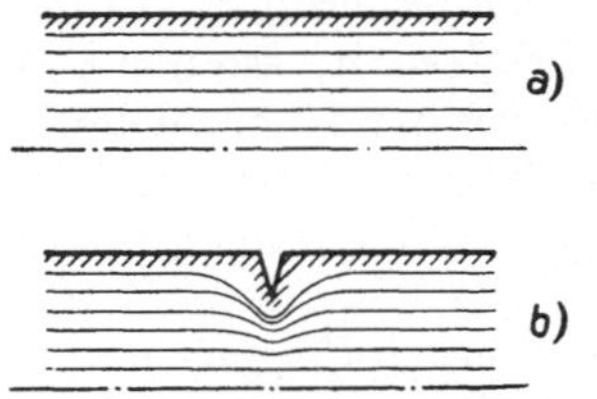

Abb. 76,1. Spannungsfäden (Kraftlinien) im glatten (a) und gekerbten (b) Stab

Abb. 76,2. Spannungsverteilung bei einem durch Rundnut (a) und Bohrung (b) geschwächten Querschnitt

Der Einfluß der Gestaltung auf die Spannungsverteilung bzw. die Formziffer α_K ist nur versuchsmäßig zu ermitteln. Man ist allgemein bemüht, insbesondere bei dynamisch (stoßartig) beanspruchten Maschinen- oder Bauteilen, plötzliche Übergänge soweit als möglich zu vermeiden. Kerbstellen verringern die Dauerfestigkeit um so mehr, je „kerbempfindlicher", d. h. im allgemeinen spröder der Werkstoff ist, je weniger er nämlich die Spannungsspitzen auszugleichen vermag. Bei zähen Werkstoffen gleichen sich die Spannungen beim Überschreiten der Elastizitätsgrenze wieder aus, so daß die statische Bruchfestigkeit von der Kerbwirkung nicht beeinträchtigt wird. Sehr beachtlich ist, daß bei Druckspannung die Dauerfestigkeit durch Kerben nicht vermindert wird. Die rechnerische Erfassung der Dauerfestigkeitsminderung für verschiedene Kerben, Abmessungen und Werkstoffe ist noch nicht abgeschlossen.

Als Beispiel seien genannt Achsen oder Wellen, bei denen sich Übergänge mit Hohlkehlen aus Viertelkreisen als ungünstig erwiesen haben, während sich Übergänge mit zum kleineren Durchmesser zunehmendem Rundungshalbmesser als vorteilhafter für die Festigkeit gezeigt haben. So zeigt z. B. Abb. 76,3 die abgesetzte Radsatzwelle der Bundesbahn mit Korbbogen, deren günstigste Halbmesser r_1 und r_2

durch Versuche auf Dauerfestigkeit σ_D ermittelt wurden[1]. Hierbei tritt
an die Stelle der die Spitzenspannung kennzeichnenden *Formziffer* α_K
vielfach die

$$\text{Kerbempfindlichkeitsziffer } \beta_K = \frac{\sigma_D}{\sigma_n} \tag{76,2}$$

Wird diese bei entsprechender Formgebung zu 1, so bedeutet das, daß dann der
Übergang den gleichen Spannungsverlauf hat, wie er beim glatten Werkstück
vorliegt.

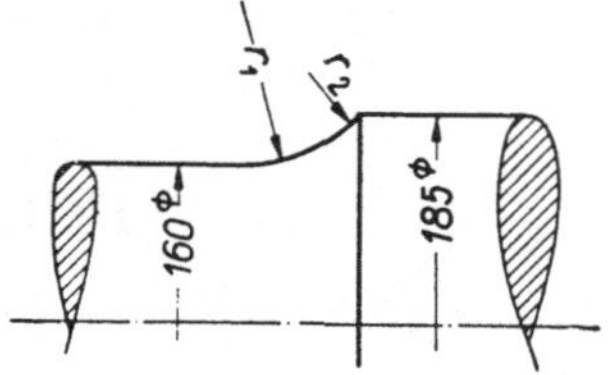

Abb.76,3. Radsatzwelle der Bundesbahn mit Korbbogen-Übergang zum
kleineren Durchmesser

77. Sicherheit und zulässige Spannung

Die bisherigen Betrachtungen der Festigkeit und Formänderung bei
statischer oder dynamischer Beanspruchung, sowie der Einfluß der Gestalt auf die Festigkeit waren im allgemeinen beschränkt auf die Zug-
und Druckbeanspruchung. Hierbei sind die Verhältnisse nicht nur am
übersichtlichsten, sondern wir gehen auch bei der Kennzeichnung der
Werkstoffeigenschaften meist von der Zug- und Druckfestigkeit aus,
und schließen von dort auf die Festigkeit unter anderen Beanspruchungsarten.

Wir müssen aber beachten, daß die Werkstoffeigenschaften fast
immer nur mit mehr oder weniger großer Streuung anzugeben sind.
Außerdem müssen für die äußeren Belastungen nicht selten Annahmen
getroffen werden, die mit einer gewissen Unsicherheit verbunden sind.
Schließlich bereitet es oft erhebliche Schwierigkeiten, die wirklich auftretenden Höchstspannungen in den Bau- und Maschinenteilen zu ermitteln. Alle diese Umstände erfordern die Wahl einer größeren „Sicherheit" gegen Überschreiten eines Grenzzustandes.

Man rechnet in der Festigkeitslehre meist mit der *Sicherheit gegen
Bruch* ν und versteht darunter das Verhältnis der Bruchfestigkeit σ_B
zur Höchstspannung σ:

$$\boxed{\nu = \frac{\sigma_B}{\sigma}} \tag{77,1}$$

Diese „Sicherheit" bei Festigkeitsrechnungen enthält also gewisse
„Unsicherheiten", die sich auf folgende Weise berücksichtigen lassen:

α) Durch die Wahl einer erforderlichen Sicherheit ν_{erf} und die Forderung, daß die rechnungsmäßig vorhandene Sicherheit ν_{vorh} gleich
oder größer als diese ist:

$$\nu_{vorh} \geqq \nu_{erf} \tag{77,2a}$$

β) Durch die Wahl einer zulässigen Spannung σ_{zul} und die Forderung,
daß die rechnungsmäßige Höchstspannung σ stets gleich oder kleiner

---

[1] Sperling, E.: Festigkeitsversuche an Eisenbahn-Achsen. Z. VDI 1949,
S. 134/136.

als diese ist:

$$\sigma \leq \sigma_{zul} \tag{77,2b}$$

Dem Bestreben nach einer möglichst großen Haltbarkeit der Bauteile durch Wahl möglichst großer erforderlicher Sicherheit ν_{crf} bzw. sehr kleiner zulässiger Spannung σ_{zul} steht die Forderung nach einer möglichst vollkommenen Ausnutzung des Werkstoffes entgegen. Sie muß bei allen Festigkeitsrechnungen beachtet werden, um möglichst geringe Gewichte und Preise der Bauteile und eine gute Beweglichkeit und bessere Handhabung der Maschinenteile zu erzielen. Erst längere Erfahrungen ermöglichen es, durch Festigkeitsrechnungen nicht nur die ausreichend gesicherte Haltbarkeit, sondern auch die wirtschaftlich und betrieblich günstigste Bemessung der Bau- und Maschinenteile zu finden.

Für die Wahl der Sicherheit oder der zulässigen Spannung sind den Handbüchern Anhaltswerte zu entnehmen, wenn sie nicht wie z. B. bei behördlich vorgeschriebenen Berechnungen für Genehmigungsanträge vorgeschrieben sind. Wir haben aber in den voraufgegangenen Abschn. 75 und 76 gesehen, daß bei dynamischen Beanspruchungen und zur Berücksichtigung der Gestalt des Werkstückes besondere Berechnungsverfahren erforderlich sind. Die Forschung hat hierfür bisher nur vereinzelt allgemeingültige Erfahrungswerte erbracht, und ihre Anwendung stellt für die Festigkeitsrechnung nicht geringe Anforderungen.

Im allgemeinen wird man jedoch mit den in der Literatur angegebenen erforderlichen Sicherheiten oder den zulässigen Spannungen, z. B. denen nach C. BACH (Anhang Tabelle 14) für die drei hervorgehobenen Belastungsfälle I = ruhend, II = schwellend, III = wechselnd, auskommen. Sie liefern für den Anfänger übersichtliche Rechnungen und Ergebnisse, die den Anforderungen des normalen Betriebes genügen. In besonderen Fällen wird in der vorliegenden Festigkeitslehre auf die Berücksichtigung der Dauerschwingfestigkeit bei dynamischer Beanspruchung hingewiesen. Allgemein werden für die Wahl der erforderlichen Sicherheit oder der zulässigen Spannung folgende Gesichtspunkte zusammengestellt:

a) Es dürfen durch die Belastungen keine bleibenden Formänderungen eintreten. Das bedeutet, daß bei statischer Beanspruchung die höchsten auftretenden Spannungen mit Sicherheit unterhalb der Elastizitätsgrenze σ_E liegen müssen. Beim Stahl ergibt sich z. B. $\sigma_E \approx 0,7\,\sigma_B$, und da die Höchstspannung $\sigma < \sigma_E$ sein soll, auch $\sigma < 0,7\,\sigma_B$. Entsprechend gilt für die *Sicherheit beim Stahl*:

$$\nu > \frac{\sigma_B}{\sigma_E} = \frac{\sigma_B}{0,7\,\sigma_B} \quad \text{also} \quad \nu > 1,4$$

b) Bei dynamischer Beanspruchung ist gegenüber statischer Beanspruchung die erforderliche Sicherheit heraufzusetzen bzw. die zulässige Spannung zu verringern, wie es in der Taballe 14, Anhang, für die Belastungsfälle II und III zu sehen ist.

c) Bei plötzlichen Querschnittsänderungen sind für die zugelassene Höchstspannung die Spannungsspitzen an dem geschwächten Querschnitt zu berücksichtigen (siehe Abschn. 76); das führt u. U. ebenfalls zu einer Erhöhung der erforderlichen Sicherheit oder der Herabsetzung der zugelassenen Nennspannung.

d) Gestattet das Berechnungsverfahren keine genauere Angabe der äußeren Kräfte, so wird man diese Unzuverlässigkeit durch weitere Erhöhung der Sicherheit oder Herabsetzung der zugelassenen Spannung berücksichtigen.

e) Treffen mehrere ungünstige Belastungsarten zusammen, so wird man die Rechnungen für den ungünstigsten Fall durchführen müssen.

f) Bei betrieblicher Abnutzung des Werkstückes, bei Metallen durch Korrosion oder Verschleiß, bei Holz durch Schrumpfen, ist diese Minderung der Festigkeit im Betrieb von vornherein durch eine entsprechende Heraufsetzung der erforderlichen Sicherheit oder eine Herabsetzung der zulässigen Spannung zu berücksichtigen.

Für die beiden Berechnungsarten nach der erforderlichen Sicherheit oder der zulässigen Spannung gelten folgende Überlegungen:

α) *Größe der Sicherheit.* Es ist im allgemeinen üblich, die Sicherheit gegen Bruch nach Gl. (77,1) zu berechnen. Für die im Maschinenbau gebräuchlichen zulässigen Spannungen nach C. BACH[1], Anhang Tabelle 14, ergeben sich für St 37 und St 50 unter Zugrundelegung der in den Normen für diese Stähle vorgeschriebenen Mindest-Bruchfestigkeiten $\sigma_B = 37$ kp/mm² bzw. $\sigma_B = 50$ kp/mm² die erforderlichen Sicherheiten nach Zahlentafel 27.

Zahlentafel 27. *Erforderliche Sicherheit v_{erf} berechnet nach der zulässigen Spannung σ_{zul} (Anhang Tabelle 14)*

	Belastungs-fall	Werkstoff	
		St 37	St 60
Zug oder	I	2,5 · · · 3,4	2,4 · · · 3,6
Druck	II	3,9 · · · 5,7	3,7 · · · 5,6
	III	5,3 · · · 8,2	5,3 · · · 7,7

Die Sicherheiten anderer Werkstoffe wie z. B. Holz oder Mauerwerk müssen sehr viel größer gewählt werden. In der Bergverordnung für Hauptseilfahrtanlagen sind für die einzelnen Teile bestimmte Sicherheiten vorgeschrieben. Im übrigen muß verwiesen werden auf die Handbücher, denen sowohl die Kennwerte der Werkstoffe als auch die erforderlichen Sicherheiten entnommen werden können.

Es ist bei Festigkeitsberechnungen allerdings auch üblich, an Stelle der Sicherheit gegen Bruch diese auf die Spannung an der Proportionalitätsgrenze σ_P zu beziehen. Da wir bei den Berechnungen vom HOOKEschen Gesetz ausgehen, hat es durchaus eine Berechtigung die Proportionalitätsgrenze als Grenzspannung anzusehen, bis zu der das HOOKEsche Gesetz gilt. Damit tritt an die Stelle von Gl. (77,1)

$$v' = \frac{\sigma_P}{\sigma} \tag{77,3}$$

Es ist sehr wichtig, den Unterschied der „Sicherheiten" nach den Gln. (77,1) und (77,3) zu beachten, und zwar ergibt v' nach Gl. (77,3)

[1] BACH, CARL, 1847···1931 in Stuttgart, Professor für Maschinenelemente und Festigkeitslehre.

immer kleinere Werte als v nach Gl. (77,1). Im allgemeinen rechnet man jedoch mit der Sicherheit gegen Bruch v, zumal die Proportionalitätsgrenze nur mit noch größerer Unsicherheit angegeben werden kann als die Bruchfestigkeit.

β) *Zulässige Spannung.* Zwischen der zulässigen Spannung σ_{zul} und der erforderlichen Sicherheit v_{erf} besteht die Beziehung

$$\sigma_{zul} = \frac{\sigma_B}{v_{erf}} \tag{77,4}$$

Im Hoch- und Brückenbau wird grundsätzlich beim Entwurf wie bei behördlichen Genehmigungsanträgen mit der zulässigen Spannung gerechnet, deren Wahl durch bindende Vorschriften dem Statiker abgenommen wird (Anhang Tabelle 13). Im Maschinenbau haben wir eine viel größere Mannigfaltigkeit an Werkstoffen und Festigkeitsfragen, deshalb gelten hier nur für einige Fälle, z. B. beim Dampfkessel- und Druckbehälterbau bindende Vorschriften. Man verwendet aber oft die schon angeführte Tabelle 14 Anhang nach C. BACH mit den drei Belastungsfällen I = ruhend, II = schwellend und III = wechselnd. Demnach sind unter den vorstehend angegebenen Gesichtspunkten a)$\cdots$f) die untere Grenze des zugelassenen Spiels oder noch weiter herabgesetzte Spannungen σ_{zul} zu wählen.

Eine Festigkeitsberechnung soll aber in jedem Falle mit dem *Nachweis der tatsächlichen Spannung* im gefährdeten Querschnitt enden, *nachdem* z. B. für den Entwurf bestimmte *Abmessungen gewählt* sind.

Man kann aber auch durch die Festigkeitsrechnung für ein gegebenes Bauteil, ausgehend von der zugelassenen Spannung σ_{zul} im gefährdeten Querschnitt, auf die *höchstzulässige Belastbarkeit* schließen.

B. Einfache Beanspruchungen

I. Zugfestigkeit

78. Grundgleichungen

Bei der Beanspruchung auf Zug verteilen sich die Spannungen nahezu gleichmäßig über den gesamten Querschnitt, wenn die Längskraft in der Schwerpunktsachse wirkt und keine oder nur allmähliche Querschnittsänderungen vorhanden sind. Die Berechnung erfolgt meist nur für den kleinsten Querschnitt. Bohrungen und Nietlöcher in den auf Zug beanspruchten Teilen übertragen keine Kräfte, sind also von der tragenden Fläche abzuziehen.

Bei gleichzeitigem Auftreten von *Normalspannungen* verschiedener Art (Zug, Druck oder Biegung) ist es üblich, die Zugspannungen mit dem Zeiger z zu kennzeichnen. Dann gilt entsprechend Gl. (73,1)

$$\boxed{\sigma_z = \frac{F}{A}} \tag{78,1}$$

Die Stabverlängerung Δl ergibt sich nach Gl. (73,4) unter der *Voraussetzung gleichmäßiger Spannung auf die ganze Stablänge l_0.*

$$\Delta l = \frac{F \cdot l_0}{E \cdot A}$$ (78,2)

mit

F z. B. in kp	= Zugkraft
A z. B. in cm^2	= tragender Querschnitt
E dann in kp/cm^2	= Elastizitätsmodul
l_0 in cm	= ursprüngliche Länge

ergibt sich

$$\Delta l = \text{Verlängerung in cm}$$

Für die Berechnung gibt es folgende Möglichkeiten:

a) Bei gegebener Zugkraft F und dem kleinsten tragenden Querschnitt A kann man die Zugspannung σ und mit der Bruchfestigkeit des Werkstoffes σ_B die Sicherheit ν berechnen. (Beispiel: Nachrechnung bei behördlichen Genehmigungsanträgen).

b) Sind Zugkraft F, Querschnitt A, die Stablänge l_0 und der Werkstoff bekannt, so läßt sich die Verlängerung Δl berechnen.

c) Sind Zugkraft F und die zulässige Zugspannung σ_{zul} bekannt, so lassen sich der erforderliche Querschnitt, bzw. die Abmessungen des schwächsten Querschnittes berechnen. (Beispiel: Berechnungen für Entwurfsaufgaben).

d) Sind Zugkraft F, Stablänge l_0 und der Werkstoff bekannt, so läßt sich für eine höchstzulässige Verlängerung (Dehnung) der erforderliche Querschnitt berechnen.

e) Sind Querschnitt A und zulässige Spannung σ_{zul} (bzw. Bruchfestigkeit σ_B und Sicherheit ν) bekannt, so kann die höchste Zugbelastung berechnet werden.

Beispiel: Die 3,20 m lange Zugstange einer **Hängebrücke** ist mit 22 Mp belastet. Der Stangendurchmesser beträgt 50 mm. Werkstoff St 50. Wie groß sind a) die Zugspannung, b) die Sicherheit, c) die Verlängerung unter Last?

Lösung: Gegeben: $F = 22$ Mp $= 22\,000$ kp; $d = 50$ mm $\varnothing = 5$ cm $\subset$

$$F = \frac{\pi}{4}\, d^2 = \frac{\pi}{4}\, (5\ \text{cm})^2 = 19,63\ \text{cm}^2 ; \quad l_0 = 3,2\ \text{m} = 320\ \text{cm}$$

Für St 50 ist $\sigma_B = 50$ kp/mm^2 $= 5000$ kp/cm^2 und $E = 2\,100\,000$ kp/cm^2 = $2,1 \cdot 10^6$ kp/cm^2

a) Nach Gl. (78,1)

$$\sigma = \frac{F}{A} = \frac{22\,000\ \text{kp}}{19,63\ \text{cm}^2} = 1120\ \text{kp/cm}^2$$

b) Nach Gl. (77,1)

$$\nu = \frac{\sigma_B}{\sigma} = \frac{5000}{1120} = 4,46\,\text{fach}$$

c) Nach Gl. (78,2)

$$\Delta l = \frac{F \cdot l_0}{E \cdot A} = \frac{22\,000\ \text{kp} \cdot 320\ \text{cm}}{2,1 \cdot 10^6\ \text{kp/cm}^2 \cdot 19,63\ \text{cm}^2} = 0,17\ \text{cm} = 1,7\ \text{mm}$$

Beispiel: Ein Rundeisen von 3 m Länge soll sich unter einer Längskraft von 1200 kp höchstens um 0,5 mm verlängern. a) Welcher Durchmesser ist zu wählen? b) Welche Zugspannung tritt bei dem gewählten Durchmesser auf? Elastizitätsmodul $E = 2{,}1 \cdot 10^6$ kp/cm².

Lösung: Gegeben: $l_0 = 3$ m $= 300$ cm; $F = 1200$ kp; $\varDelta l = 0{,}5$ mm $= 0{,}05$ cm; $E = 2{,}1 \cdot 10^6$ kp/cm².

a) Nach Gl. (78,2)

$$\varDelta l = \frac{F \cdot l_0}{E \cdot A}; \quad A = \frac{F \cdot l_0}{\varDelta l \cdot E} = \frac{1200 \text{ kp} \cdot 300 \text{ cm}}{0{,}05 \text{ cm} \cdot 2{,}1 \cdot 10^6 \text{ kp/cm}^2} = 3{,}43 \text{ cm}^2$$

$$A = \frac{\pi}{4}\, d^2; \quad d = 2{,}09 \text{ cm, gewählt } d = 21 \text{ mm}, \quad A = 3{,}46 \text{ cm}^2$$

b) Nach Gl. (78,1)

$$\sigma = \frac{F}{A} = \frac{1200 \text{ kp}}{3{,}46 \text{ cm}^2} = 347 \text{ kp/cm}^2$$

Beispiel: Ein Kübel ist nach Abb. 78,1 an zwei Ketten 16 DIN 763 (Anhang, Tabelle 19) Normalgüte, zugelassene Nutzlast eines Kettenstranges 1650 kp, aufgehängt. Der Neigungswinkel α der Ketten gegen die Vertikale betrage 40°. Nach der Bergverordnung für Hauptseilfahrtanlagen (Anlage 20, S. 209) soll angenommen werden, daß die Last sich nicht gleichmäßig auf beide Ketten verteilt und bei der Festigkeitsrechnung der 1,2fache Betrag des rechnungsmäßigen Lastanteiles für einen Kettenstrang einzusetzen ist. Welche Gesamtgewichtskraft darf der Kübel haben, wenn unter diesen Voraussetzungen die in den Normen vorgeschriebene Nutzlast für obige Kette nicht überschritten werden soll?

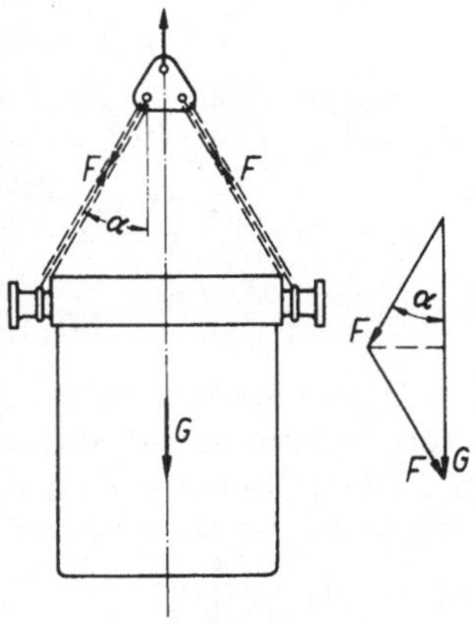

Lösung: Nach Abb. 78,1 ergibt sich aus dem Kräfteplan mit dem rechnungsmäßigen Lastanteil F je Kette

Abb. 78,1. Aufhängung eines Kübel an zwei Ketten

$$\cos \alpha = \frac{G/2}{F}; \quad G = 2\,F \cdot \cos \alpha$$

Nach der Bergverordnung ist ein Lastanteil $F_1 = 1{,}2\,F$ einzusetzen, der die nach den Normen vorgeschriebene Nutzlast von 1650 kp nicht überschreiten soll:

$$G = \frac{2\,F_1 \cdot \cos \alpha}{1{,}2} = \frac{2 \cdot 1650 \text{ kp} \cdot 0{,}766}{1{,}2} = 2110 \text{ kp}$$

79. Reißlänge l_B

Unter der Reißlänge l_B versteht man diejenige Länge eines Stabes mit gleichbleibendem Querschnitt A_0, bei der er allein durch seine Eigengewichtskraft abreißt.

Die Gewichtskraft des Stabes vom Querschnitt A_0, der Reißlänge l_B und der Wichte γ ist

$$G = A_0 \cdot l_B \cdot \gamma$$

Nach Gl. (78,1)

$$\sigma_B = \frac{F}{A} = \frac{G}{A_0} = \frac{A_0 \cdot l_B \cdot \gamma}{A_0} = l_B \cdot \gamma$$

Daraus folgt

$$\textit{Reißlänge } l_B = \frac{\sigma_B}{\gamma} \qquad (79,1)$$

Mit σ_B in kp/cm² = Bruchfestigkeit und
γ in kp/cm³ = Wichte

ergibt sich

$$l_B = \text{Reißlänge in cm}$$

Beispiel: Für *Stahl* St 50 mit $\sigma_B = 50$ kp/mm² $= 5000$ kp/cm² und der Wichte $\gamma = 7{,}85$ kp/dm³ $= 7{,}85 \cdot 10^{-3}$ kp/cm³ ist nach Gl. (79,1)

$$l_B = \frac{\sigma_B}{\gamma} = \frac{5000 \text{ kp/cm}^2}{7{,}85 \cdot 10^{-3} \text{ kp/cm}^3} = 640\,000 \text{ cm} = 6{,}4 \text{ km}$$

Beispiel: Für *Blei* mit $\sigma_B = 220$ kp/cm² und der Wichte $\gamma = 11{,}4$ kp/dm³ $= 11{,}4 \cdot 10^{-3}$ kp/cm³ ist nach Gl. (79,1)

$$l_B = \frac{\sigma_B}{\gamma} = \frac{220 \text{ kp/cm}^2}{11{,}4 \cdot 10^{-3} \text{ kp/cm}^3} = 19\,300 \text{ cm} = 193 \text{ m} = 0{,}193 \text{ km}$$

Beispiel: Für *Duraluminium* mit $\sigma_B = 4800$ kp/cm² und der Wichte $\gamma = 2{,}8$ kp/dm³ $= 2{,}8 \cdot 10^{-3}$ kp/cm³ ist nach Gl. (79,1)

$$l_B = \frac{\sigma_B}{\gamma} = \frac{4800 \text{ kp/cm}^2}{2{,}8 \cdot 10^{-3} \text{ kp/cm}^3} = 1\,720\,000 \text{ cm} = 17{,}2 \text{ km}$$

80. Schraubenverbindungen

Wird eine Schraube vom äußeren Gewindedurchmesser d und dem Kerndurchmesser d_1 durch eine Längskraft F ohne Vorspannung, wie z. B. beim Spannschloß, das nicht unter Spannung angezogen ist, auf Zug beansprucht, so berechnet sich die *Nennspannung* σ im *Kernquerschnitt* $A_1 = \frac{\pi}{4} d_1^2$

$$\sigma = \frac{F}{A_1} \qquad (80,1)$$

Die Deckelschrauben eines Zylinders oder Druckbehälters vom inneren Durchmesser D_i, in dem der Überdruck $p_{\ddot{u}}$ in kp/cm² herrscht, werden nicht nur durch den Druck auf den Deckel sondern darüber hinaus durch ihre Vorspannkraft, mit der die einwandfreie Dichtung erreicht wird, beansprucht. Mit dem Kernquerschnitt A_1 einer Schraube ergibt sich die Nennspannung bei z Schrauben mit der Kraft F auf den Deckel des Behälters

$$F = \frac{\pi}{4} D_i^2 \cdot p_{\ddot{u}}$$

$$\sigma = \frac{\frac{\pi}{4} D_i^2 \cdot p_{\ddot{u}}}{z \cdot A_1} \qquad (80,2)$$

Die *zulässige Spannung* σ_{zul} für Schrauben wird im allgemeinen bezogen auf die Streckgrenze σ_S, die in Zahlentafel 28 nach DIN 267 für die gebräuchlichen Schraubenqualitäten neben der Bruchfestigkeit angegeben ist. Man kann annehmen für

Schrauben ohne Vorspannung (z. B. Spannschloß vorher angezogen und dann belastet) $\sigma_{zul} = 0,6\,\sigma_S$:

Schrauben unter Last angezogen $\sigma_{zul} = 0,45\,\sigma_S$:

Flanschenschrauben z. B. bei Druckbehältern, mit Vorspannung $\sigma_{zul} = (0,15 \cdots 0,3)\,\sigma_S$.

Beispiel: Die Deckelschrauben eines Kolbenkompressors von 960 mm Zylinderdurchmesser haben die Werkstoffgüte 5 D (nach DIN 267). Der Luftdruck beträgt 6 atü. Bei einem Lochkreisdurchmesser von 1050 mm soll der Schraubenabstand zur einwandfreien Abdichtung höchstens 120 mm betragen (Abb. 80,1). Welche Schrauben sind zu wählen?

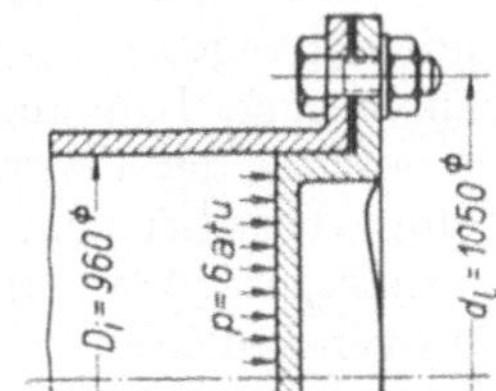

Abb. 80,1. Deckelschrauben eines Kolbenkompressors (Beispiel)

Lösung: Gegebene Schraubengüte 5 D nach Zahlentafel 28 mit $\sigma_B = 50$ kp/mm² und $\sigma_S = 28$ kp/mm²; $\sigma_{zul} = 0,15\,\sigma_S = 0,15 \cdot 28$ kp/mm² $= 4,2$ kp/mm² $= 420$ kp/cm²

$$p_{\ddot{u}} = 6\ \text{kp/cm}^2;\quad D_i = 960\ \text{mm} = 96\ \text{cm}\ \varnothing,\quad d_l = 1050\ \text{mm}\ \varnothing$$

$$\text{Anzahl der Schrauben } z = \frac{\pi \cdot d_l}{120\ \text{mm}} = \frac{\pi \cdot 1050\ \text{mm}}{120\ \text{mm}} = 27,7$$

gewählt $z = 28$ Schrauben.
Nach Gl. (80,2)

$$\sigma_{zul} = \frac{\frac{\pi}{4}\,D_i^2 \cdot p_{\ddot{u}}}{z \cdot A_1}$$

$$A_1 = \frac{\frac{\pi}{4}\,D_i^2 \cdot p_{\ddot{u}}}{z \cdot \sigma_{zul}} = \frac{\frac{\pi}{4}\,(96\ \text{cm})^2 \cdot 6\ \text{kp/cm}^2}{28 \cdot 420\ \text{kp/cm}^2} = 3,7\ \text{cm}^2$$

Nach der Schraubentabelle (Anhang Tabelle 26) wählen wir die Schraube M 27 mit dem Kernquerschnitt $A_1 = 4,19$ cm², dem Kerndurchmesser $d_1 = 23,10$ mm und dem äußeren Durchmesser $d = 27$ mm.

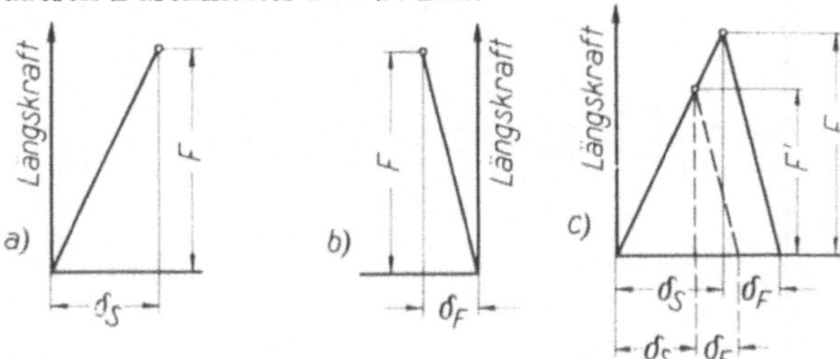

Abb. 80,2. Entstehung des Verspannungsbildes einer Flanschenverbindung
Längung an Schraube (a), Kürzung der Flansche und Dichtungseinlage (b)

In der Statik Abschn. 29b Gl. (29,9) bzw. Gl. (29,11a) haben wir das Drehmoment berechnet, das beim Anziehen einer Mutter in der Schraube eine Längskraft (Zugkraft) (dort mit G bezeichnet) hervorruft. Bei den *Flanschenverbindungen* unserer Rohrleitungen benutzen wir diese Längskräfte, um eine sichere Dichtung zu erreichen. Beim Anziehen der Muttern längen sich die Schrauben verhältnisgleich mit den Längskräften um den Betrag δ_S (Abb. 80,2a), während die Flanschen und die

26*

404 Festigkeitslehre

Dichtungseinlage unter der gleichen Kraft um δ_F zusammengedrückt werden (Abb. 80,2 b). Da die in den Abbildungen dargestellten Kennlinien als Höhe die gleiche Kraft F besitzen, können wir sie zusammenschieben und erhalten Abb. 80,2 c.

Würde eine benachbarte Flanschenschraube mit kleinerem Drehmoment angezogen, so ergäbe sich die kleinere Längskraft F' und damit eine geringe Längung der Schraube bzw. Kürzung der Flanschen. Die Elastizität der Flanschen reicht nicht mehr aus, diese ungleiche Längung auszugleichen. Die Schraube würde also kaum oder gar nicht „mittragen" bzw. an der Abdichtung teilnehmen. Das gleiche kann übrigens auch eintreten, wenn wir Schrauben verschiedener Materialgüte, d. h. verschiedener Dehnung verwenden. Aus dieser Überlegung

Zahlentafel 28: *Drehmomente in kpm zum Anziehen handelsüblicher und hochfester Schrauben bei 80% Ausnutzung der Mindest-Streckgrenze (für $\sigma_S \geq 50$ kp/mm² nur 70%)*

Kennzeichen[1] nach DIN 267		4 D	5 D	4 S	6 E	5 S	8 G	10 K	loser Flansch mit Vorschweißbund DIN 2673, ND 10		
Bruchfestigkeit mind. σ_B kp/mm²		37	50	37	60	50	80	100			
Streckgrenze mind. σ_S kp/mm²		21	28	32	36	40	64	90			
Schraubengröße	Schlüsselweite mm				Drehmomente kpm				für Rohr-ø NW	Anzahl der Schrauben	Lochkreis ø mm
M 10	17	1,65	(2,2)	2,5	(2,8)	3,2	4,5	(6,3)			
M 12	19	(2,8)	3,7	4,3	(4,8)	(5,4)	7,6	10,7	20	4	75
									25	4	85
									32	4	100
									40	4	110
M 16	24	(6,2)	8	9,5	(10)	(11,5)	16,8	23	50	4	125
									80	4	160
									100	8	180
									125	8	210
									150	8	240
M 20	30	(12)	16	18	(20)	(23)	32	45	200	8	295
									250	12	350
									300	12	400
									350	16	460
M 24	36	(21)	28	32	(36)	(40)	56	77	400	16	515
									500	20	620

[1] Das Kennzeichen der Festigkeitseigenschaften für Schrauben und Muttern setzt sich zusammen aus Kennzahl und Kennbuchstaben. z. B. 5 D. Die Kennzahl bezieht sich auf die Mindest-Zugfestigkeit, der Kennbuchstabe auf die jeweils zugehörige Streckgrenze. Schrauben und Muttern der Kennzahlen 4, 5, 6 und 8 sind meist aus unlegiertem, darüber meist aus legiertem Stahl hergestellt.

folgt, daß bei Flanschenverbindungen von Rohrleitungen

die Schrauben gleiche Werkstoffgüte haben müssen,

alle Schrauben mit gleichem Drehmoment angezogen werden müssen.

In Zahlentafel 28 sind für die Schrauben M 10 bis M 24 und die gebräuchlichen Werkstoffgüten die Drehmomente in kpm angegeben, mit denen sie angezogen werden sollen. Die Drehmomente sind berechnet für eine Vorspannung, die bei Schrauben mit $\sigma_S < 50$ kp/mm², $\sigma_{\mathrm{vor}} = 0,80\,\sigma_S$ und $\sigma_S \geqq 50$ kp/mm², $\sigma_{\mathrm{vor}} = 0,70\,\sigma_S$ betragen soll.

Die Einhaltung dieser Drehmomente kann nur erfolgen, durch Anziehen mit Drehmomenten-Schlüssel oder Schlagschrauber, wie es vielfach schon mit besten Erfolgen bei Druckluft-Versorgungsleitungen unter Tage durchgeführt wird. Nur auf diese Weise lassen sich die vielfach sehr hohen Undichtigkeitsverluste in unseren Druckluftnetzen unter Tage herabmindern.

81. Berechnung von Rohren und zylindrischen Behältern

Ein Rohr oder ein Behälter kann durch den inneren Überdruck $p_{ü}$ in kp/cm² im Kreisquerschnitt oder in den Längsquerschnitten aufgerissen werden. Beide Querschnitte werden durch Zugkräfte beansprucht. Die hierdurch hervorgerufenen Zugspannungen sollen für beide Fälle untersucht werden.

a) Zugspannung im Kreisquerschnitt:

Auf die Kreisringfläche mit dem Innendurchmesser D_i und der Blechstärke s: $A = \pi \cdot D_i \cdot s$ wirkt die Kraft $F = \dfrac{\pi}{4} D_i^2 \cdot p_{ü}$ und ruft die Spannung σ hervor.

$$\sigma = \frac{F}{A} = \frac{\dfrac{\pi}{4} D_i^2 \cdot p_{ü}}{\pi \cdot D_i \cdot s} = \frac{1}{4}\frac{D_i \cdot p_{ü}}{s}$$

Mit der zulässigen Spannung σ_{zul} errechnet sich daraus die erforderliche *Wandstärke im Kreisquerschnitt*

$$s = \frac{1}{4}\frac{D_i \cdot p_{ü}}{\sigma_{\mathrm{zul}}} \tag{81,1}$$

b) Zugspannung im Längsquerschnitt:

Als tragende Querschnitte stehen zwei Längsquerschnitte von der Länge l und der Wandstärke s also $A = 2\,l \cdot s$ zur Verfügung. Die Kraft ergibt sich aus der Projektionsfläche $D_i \cdot l$ des Behälters oder Rohres, auf die der innere Überdruck $p_{ü}$ wirkt. Diese ruft in den Längsquerschnitten eine Spannung hervor.

$$\sigma = \frac{F}{A} = \frac{D_i \cdot l \cdot p_{ü}}{2\,l \cdot s} = \frac{1}{2}\frac{D_i \cdot p_{ü}}{s}$$

Mit der zulässigen Spannung σ_{zul} errechnet sich jetzt die erforderliche *Wandstärke im Längsquerschnitt*

$$s = \frac{1}{2}\frac{D_i \cdot p_{ü}}{\sigma_{\mathrm{zul}}} \tag{81,2}$$

Ein Vergleich der Gln. (81,1) und (81,2) zeigt, daß für die Beanspruchung des Längsquerschnittes bei Rohren und zylindrischen Behältern die Wandstärke doppelt so groß werden muß als für den Kreisquerschnitt.

Die *Berechnung* erfolgt deshalb *immer für* den *Längsquerschnitt*. Da Rohre und Behälter im allgemeinen einer Abrostung unterliegen, wird von vornherein ein Zuschlag s_0 zur Wandstärke geschlagen. Damit heißt die Gleichung

$$\boxed{s = \frac{1}{2}\frac{D_i \cdot p_{ü}}{\sigma_{zul}} + s_0} \qquad (81,3)$$

Bei Drücken $p > 10$ at *oder* Innendurchmesser $D_i > 600$ mm und Stahl wählt man

$$s_0 = 1 \text{ mm}$$

Bei *geschweißten Rohren und Behältern* berechnet man die zulässige Spannung aus

$$\sigma_{zul} = c_1 \cdot \sigma \qquad (81,4)$$

wobei die statische Zugfestigkeit σ für verschiedene Werkstoffe Zahlentafel 29 entnommen werden kann.

Zahlentafel 29. *Statische Zugfestigkeit geschweißter Rohre und Behälter*

Schweißgüte	statische Zugfestigkeit σ in kp/cm²				
	St 33	St 37	St 42	St 50 u. 52	St 60
Normalschweißung. . . .	1250	1400	1500	—	—
Festschweißung	2700	3000	3300	4000	4400

Als Beiwert c_1 kann eingesetzt werden

bei Stumpfnähten $c_1 = 0{,}75$

bei Kehlnähten $\quad c_1 = 0{,}65$

Im Dampfkesselbau gelten besondere Bestimmungen[1].

Beispiel: Ein Druckbehälter für Druckluft von 7 atü wird aus St 37 in Normalschweißung und Kehlnaht bei einem Innendurchmesser von 1 200 mm ausgeführt. Welche Wandstärke ist erforderlich?

Lösung: Gegeben: $p_ü = 7$ kp/cm²; Werkstoff St 37
Nach Zahlentafel 29:

$$\sigma = 1400 \text{ kp/cm}^2; \quad c_1 = 0{,}65$$

Nach Gl. (81,4):

$$\sigma_{zul} = c_1 \cdot \sigma = 0{,}65 \cdot 1400 \text{ kp/cm}^2 = 910 \text{ kp/cm}^2; \quad D_i = 1200 \text{ mm } \varnothing; \quad s_0 = 1 \text{ mm}$$

Nach Gl. (81,3):

$$s = \frac{1}{2}\frac{D_i \cdot p_{ü}}{\sigma_{zul}} + s_0 = \frac{1}{2}\frac{1200 \text{ mm} \cdot 7 \text{ kp/cm}^2}{910 \text{ kp/cm}^2} + 1 \text{ mm} = 5{,}6 \text{ mm}$$

gewählt $s = 6$ mm.

---

[1] Min. Bl. R. Wi. Min. 29. Jg. v. 6. 11. 39, Werkstoff- und Bauvorschriften für Landdampfkessel.

Bei kleinen Werten für den Überdruck $p_{ü} < 10$ at oder dem Innendurchmesser $D_i < 600$ mm setzt man die Mindestwandstärke s_0 ein, die für den Druck $p_{ü} = 0$ erforderlich ist. Diese beträgt für

Gußeisen $\qquad\qquad\qquad s_0 = 8$ bis 9 mm
Stahl $\qquad\qquad\qquad\qquad s_0 = 3$ mm
Kupfer $\qquad\qquad\qquad\quad s_0 = 4$ mm
weiche Aluminiumlegierung $\quad s_0 = 5$ mm

Beispiel: Ein gußeisernes Rohr von 500 mm Durchmesser wird durch einen Innendruck von 10 atü beansprucht. Welche Wandstärke ist zu wählen, wenn $\sigma_{zul} = 300$ kp/cm² angenommen wird?

Lösung: Nach Gl. (81,3)

$$s = \frac{1}{2} \frac{D_i \cdot p_{ü}}{\sigma_{zul}} + s_0 = \frac{1}{2} \frac{500 \text{ mm} \cdot 10 \text{ kp/cm}^2}{300 \text{ kp/cm}^2} + 8 \text{ mm} = 16{,}35 \text{ mm}$$

Mit Rücksicht auf den hohen Zuschlag $s_0 = 8$ mm wählen wir

$$s = 16 \text{ mm}$$

Beispiel: Ein nahtlos gezogenes Stahlrohr von 300 mm lichter Weite und 7,5 mm Wandstärke wird einem Probedruck von 75 atü ausgesetzt. Wie groß ist die Spannung in den Längsquerschnitten und die Sicherheit bei einer Bruchfestigkeit $\sigma_B = 4\,700$ kp/cm²?

Lösung: Nach Gl. (81,2)

$$s = \frac{1}{2} \frac{D_i \cdot p_{ü}}{\sigma}$$

$$\sigma = \frac{1}{2} \frac{D_i \cdot p_{ü}}{s} = \frac{1}{2} \frac{300 \text{ mm} \cdot 75 \text{ kp/cm}^2}{7{,}5 \text{ mm}} = 1500 \text{ kp/cm}^2$$

Nach Gl. (77,1)

$$v = \frac{\sigma_B}{\sigma} = \frac{4700}{1500} = 3{,}1 \text{fach}$$

82. Rundstahlketten

Die zunehmende Verbreitung der Rundstahlketten im Bergbau verlangt eine besondere Behandlung ihrer Beurteilung vom Standpunkt der Festigkeit. Sie findet Anwendung bei fast allen Stetigförderern wie Zweikettenkratzer-, Trogband- und Bremsförderern, ferner bei Kettenbahnen und Becherwerken und schließlich als Anschlagketten (z. B. zum Aufhängen von Stetigförderern oder Rohren), Hakenketten, Ringketten, Spannketten und Kuppelketten.

Die Rundstahlketten sind genormt, wobei sich die hochfeste Rundstahlkette nach DIN 22252 (Anhang Tabelle 23) gegenüber den in Tabellen 19 bis 22 aufgeführten Ketten heraushebt und nachfolgend besonders behandelt wird.

Die in den Tabellen 19 bis 22 aufgeführten Rundstahlketten werden nicht nur nach DIN 685 aus dem Werkstoff St 35.13 in Normalgüte (Zeichen K), sondern auch verschleißfest gehärtet (Zeichen KE) sowie vergütet (Zeichen KH) gefertigt.

Gemäß Abb. 82,1 ist für den Durchmesser d des Ketteneisens der tragende Querschnitt $A = 2\,\dfrac{\pi}{4}\,d^2$. In den Normblättern ist im allge-

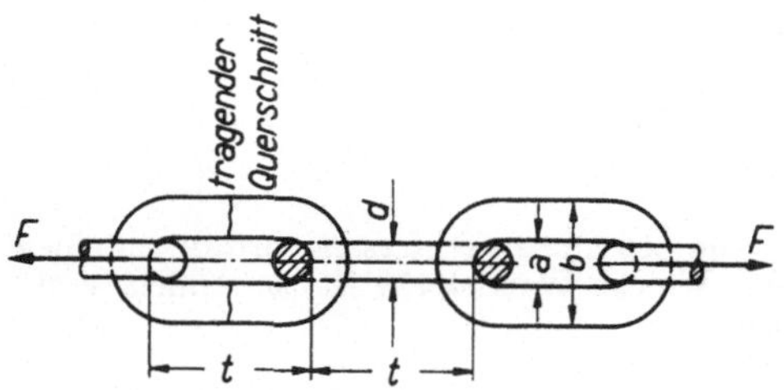

Abb. 82,1.　Abmessungen der Rundstahlkette; d Durchmesser des Ketteneisens, t Teilung, tragender Querschnitt A
$$= 2\,\frac{\pi}{4}\,d^2$$

meinen neben der zugelassenen Nutzlast die Prüflast und die Mindestbruchlast angegeben.

Beispiel: Eine Kette mit $d = 18$ mm und der Teilung $t = 63$ mm nach DIN 764 (Tabelle 21) ist in Normalgüte geliefert. Welche Spannung herrscht in der Kette bei der im Normblatt angegebenen Nutzlast 3150 kp und welche Sicherheit für $\sigma_B = 24$ kp/mm² ?

Lösung: Gegeben: $d = 18$ mm; $F = 3150$ kp; $\sigma_B = 24$ kp/mm².

$$A = 2\,\frac{\pi}{4}\,d^2 = 2\,\frac{\pi}{4}\,(18\ \text{mm})^2 = 509\ \text{mm}^2$$

$$\sigma = \frac{F}{A} = \frac{3150\ \text{kp}}{509\ \text{mm}^2} = 6{,}19\ \text{kp/mm}^2$$

$$v = \frac{\sigma_B}{\sigma} = \frac{24\ \text{kp/mm}^2}{6{,}19\ \text{kp/mm}^2} = 3{,}88\text{fach}$$

Die in den Normen angegebene Nutzlast gilt nur für Kettengeschwindigkeiten bis zu 1 m/s. Außerdem geben die Normblätter die zulässigen Abmaße für den Durchmesser des Ketteneisens und für lehrenhaltige Ketten, die über Kettensterne angetrieben werden, auch die zulässigen Abmaße für die Teilung t an.

Von den vorgenannten Ketten unterscheiden sich bemerkenswert die *hochfesten Rundstahlketten* nach DIN 22252, die nach neueren Erfahrungen in Stetigförderern und beim Kohlenhobel im Bergbau unter Tage für die Güteklassen A, B und C entwickelt worden sind[1].

Anhang Tabelle 23 gibt für diese Ketten zunächst in Tabelle 23a eine Übersicht der Kettengrößen mit den vorgeschriebenen Abmaßen und ihre Anwendung im Bergbau. Tabelle 23b gibt nach DIN 22252 die Güteklassen mit den Mindest-Bruch- und Prüflasten für die einzelnen Kettengrößen wieder. Außerdem ist die höchstzulässige Dehnung für die Prüflast angegeben, die bei den Güteklassen B und C bis zu 1,4 bzw. 2,0% betragen kann, da es sich hierbei immer um legierte Stähle handelt.

Eine besondere Bedeutung hat die Vorschrift, daß die Bruchdehnung mindestens 10% für die Güteklassen A und B und 8% für die Güteklasse C haben soll. Sie folgt aus der Erkenntnis, daß sowohl die Förderketten wie die Hobelketten hohen Schwellbelastungen ausgesetzt

---

[1] Siehe hierzu DOMMANN und FILZEK: „Unser Beitrag zur Entwicklung der Bergbau-Güteketten", Hauszeitschrift der Gew. Eisenhütte Westfalia, Lünen, Okt. 1955.

sind und für ihre Haltbarkeit und Lebensdauer in besonderem Maße das Arbeitsvermögen entscheidend ist. Es kennzeichnet einen beachtlichen Fortschritt, daß die geforderte Bruchdehnung auch bei den hochfesten Ketten aus legiertem Stahl der Güteklassen B und C erreicht wird.

Neben der Erhöhung der Werkstoffgüte mußte bei den Ketten auch die Schweißung der Kettenglieder verbessert werden. Die Handschweißung oder das Schmieden der Ketten im Gesenk wurde verdrängt durch die Maschinenschweißung. Außerdem wurde die Schweißstelle aus dem Kopf (der Rundung) in die Seiten (den geraden Steg) des Gliedes verlegt. Während die Ketten bisher in Widerstands-Preßstumpfschweißung mit anschließender Vergütung ausgeführt wurden, findet allgemein bei den Ketten aus legiertem Stahl die Widerstands-Abbrennstumpfschweißung mit anschließender Vergütung Anwendung. Für die Abnahme der Ketten wird nach DIN 22252 verlangt, daß im Prüfungszeugnis die Lage der Bruchstelle (Glied, Schenkel, Rundung oder Schweiße) angegeben wird.

In gleicher Weise sind auch die zur Verbindung der vorstehend beschriebenen Ketten in Ketten-Kratzerförderern verwendeten Kettenschlösser in DIN 22253 genormt (s. Anhang Tabelle 24).

Die Dehnung der Kette unter Belastung erfolgt nicht so sehr durch die Streckung des Ketteneisens als durch die Formänderung der einzelnen Kettenglieder. Daraus ergibt sich, daß das Spannungs-Dehnungs-Schaubild im elastischen Bereich einen wesentlich flacheren Anstieg aufweist, als er sich im Schaubild für einen Stab der gleichen Stahlqualität ergibt. Man bezeichnet die Steigung dieser Spannungs-Dehnungslinie als *„ideellen Elastizitätsmodul"*, der sich im Mittel *bei hochfesten Rundstahlketten* ergibt zu

$$E = 5 \cdot 10^5 \text{ bis } 7 \cdot 10^5 \text{ kp/cm}^2$$

Allerdings sind dabei die Ketten mit der vorgeschriebenen Prüflast vorgereckt.

An einem Rechenbeispiel sollen nicht nur die Grenzbelastungen der Schwellbeanspruchung der Ketten im Förderer im normalen Betrieb, sondern auch die auftretenden Verlängerungen und die zum Wegspannen der entstehenden Hängekette erforderlichen Vorspannkräfte gezeigt werden.

Beispiel: Ein Zweiketten-Kratzerförderer von 200 m Nutzlänge mit der Förderkette 18 × 64 mm (Glieddicke d mal Teilung t) und einer mittleren Beladung von

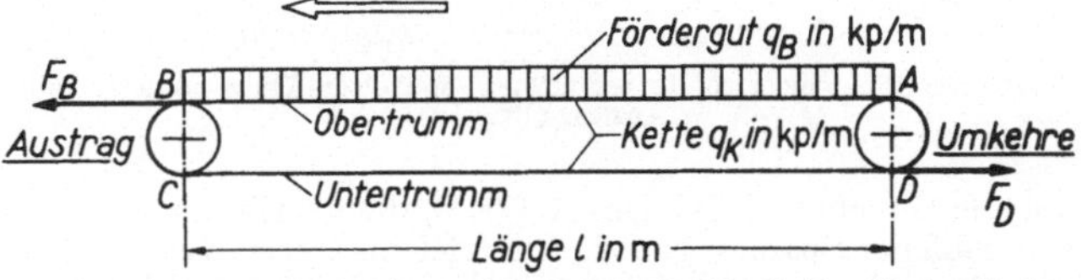

Abb. 82,2. Schematische Darstellung eines söhlig verlagerten Zweiketten-Kratzerförderers (Beispiel)

60 kg/m sei söhlig verlagert (Abb. 82,2) und werde a) ausschließlich am Austrag, b) am Austrag und an der Umkehre so angetrieben, daß die auftretenden Kettenkräfte gerade von den Antrieben überwunden werden, d. h. ohne daß vom Antrieb

über die gegenüberliegende Umkehre Kräfte gezogen werden. Füı beide Antriebsfälle sollen der Verlauf der Kräfte in der Kette, die Längung der Ketten sowie die erforderliche Vorspannkraft zum Wegspannen der Hängekette berechnet werden. Der Reibwert von Kohle und Kette sei einheitlich $\mu = 0{,}35$.

Lösung: Gegeben: $l = 200$ m, Beladung $= 60$ kg/m, also $q_B = 60$ kp/m, $\mu = 0{,}35$.

Nach Dynamik Abschn. 65,1 Zahlentafel 11 ist die Masse des Kettenbandes 18×64 mit 500 mm Ketten-Mittenabstand, 19,2 kg/m, also $q_K = 19{,}2$ kp/m.

Tragender Querschnitt für 2 Kettenstränge

$$A = 2 \cdot 2\,\frac{\pi}{4}\,d^2 = 4\,\frac{\pi}{4}\,(1{,}8\ \text{cm})^2 = 10{,}18\ \text{cm}^2$$

Kettenkraft aus der Reibung der Kettenkratzer in Ober- bzw. Untertrumm:

$$F_{Kr} = \mu \cdot q_K \cdot l = 0{,}35 \cdot 19{,}2\ \text{kp/m} \cdot 200\ \text{m} = 1350\ \text{kp}.$$

Kettenkraft aus der Reibung der Kohle im Obertrumm:

$$F_{Ko} = \mu \cdot q_B \cdot l = 0{,}35 \cdot 60\ \text{kp/m} \cdot 200\ \text{m} = 4200\ \text{kp}.$$

a) Untersuchung bei Antrieb am Austrag:

Mit den Bezeichnungen der Abb. 82,2 berechnet sich:

Kraft im Untertrumm: $F_D = F_{Kr} = 1350$ kp,

Kraft im Obertrumm: $F_B = F_D + F_{Kr} + F_{Ko} = (1350 + 1350 + 4200)\ \text{kp} = 6900$ kp.

Die Kette im Obertrumm muß im Falle a) über die Umkehre die Kettenkraft F'_D des Untertrumms herüberziehen.

Wickeln wir die Kette des Föıderers ab und tragen die berechneten Kräfte senkrecht zum Kettenstrang maßstäblich auf, so erhalten wir in Abb. 82,3 den Kraftverlauf. Da die Kette umläuft, erkennen wir, daß für das angenommene Rechnungsbeispiel im normalen, d. h. ungestörten Betrieb die Schwellbeanspruchung zwischen den Grenzkräften $+ 6{,}9$ Mp und Null wechselt.

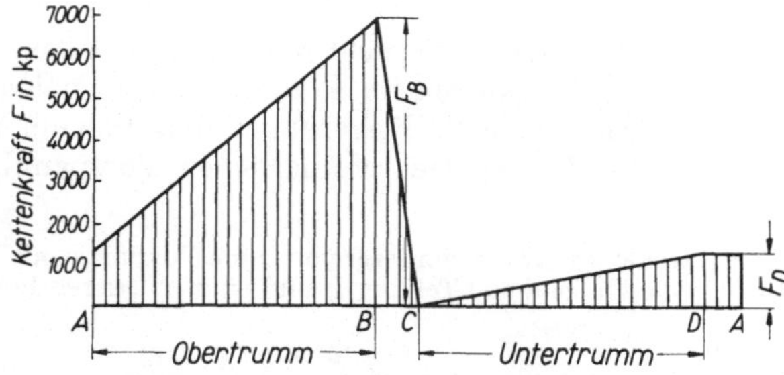

Abb. 82,3. Kraftverlauf in einem söhlig verlagerten Zweiketten-Kratzerförderer mit Antrieb am Austrag (Beispiel)

Die Längung berechnet sich nach Gl. (78,2), die jedoch nur unter der Voraussetzung gleichmäßiger Spannung, d. h. hier gleichmäßiger Kettenkräfte über die ganze Länge gilt, während in vorliegendem Beispiel die Kettenkraft sich mit der Länge verändert. Da im elastischen Bereich die Längung sich aber proportional der Kettenkraft ändert, ist die Fläche unter der Linie des Kraftverlaufs über der Länge (Abb. 82,3) auch ein Maß für die Längung. Im Untertrumm haben wir ein Dreieck von der Länge l, im Obertrumm ein Trapez von der Länge l. Wir können demnach in Abänderung der Gl. (78,2) schreiben:

Längung im Untertrumm:

$$\Delta l_u = \frac{1}{2}\frac{F_D \cdot l}{E \cdot A} = \frac{1}{2}\frac{1350\ \text{kp} \cdot 200\ \text{m}}{5 \cdot 10^5\ \text{kp/cm}^2 \cdot 10{,}18\ \text{cm}^2} \approx 0{,}027\ \text{m}$$

Längung im Obertrumm:

$$\Delta l_0 = \frac{1}{2}\frac{(F_D + F_B)\,l}{E \cdot A} = \frac{1}{2}\frac{(1350 + 6900)\ \text{kp} \cdot 200\ \text{m}}{5 \cdot 10^5\ \text{kp/cm}^2 \cdot 10{,}18\ \text{cm}^2} = 0{,}162\ \text{m}$$

Gesamtlängung

$$\Delta l = \Delta l_u + \Delta l_0 = (0{,}027 + 0{,}162)\ \text{m} = 0{,}189\ \text{m}$$

Die Kette längt sich also beim Antrieb am Austrag um fast $^1/_5$ m.

Um die Vorspannkraft zu berechnen, die zum Wegspannen der Hängekette von 0,189 m erforderlich ist, benutzen wir Gl. (78,2), müssen aber bedenken, daß die Kraft F, die wir hier mit F_{vor} bezeichnen wollen, sich auf die Ketten des Obertrumms und Untertrumms verteilt.

Daraus folgt

$$\Delta l = \frac{2\,F_{\text{vor}} \cdot l}{E \cdot A}$$

$$\text{Vorspannkraft}\ F_{\text{vor}} = \frac{1}{2}\frac{\Delta l \cdot E \cdot A}{l} = \frac{1}{2}\frac{0{,}189\ \text{m} \cdot 5 \cdot 10^5\ \text{kp/cm}^2 \cdot 10{,}18\ \text{cm}^2}{200\ \text{m}} = 2400\ \text{kp}$$

Diese Vorspannkraft ist nur im Stillstand in der Kette vorhanden und verteilt sich, soweit es die Kettenreibung in der Rinne zuläßt, gleichmäßig auf Ober- und Untertrumm. Bei der Inbetriebnahme wird die Vorspannkraft im Maße der eintretenden Kettenlängung abgebaut und es tritt die Kraftverteilung nach Abb. 82,3 ein.

b) Untersuchung bei Antrieben am Austrag und an der Umkehre

Kraft im Untertrumm: $F_D = F_{Kr} = 1350$ kp,

Kraft im Obertrumm: $F_B = F_{Kr} + F_{Ko} = (1350 + 4200)\ \text{kp} = 5550\ \text{kp}$.

Da nach der Aufgabe von dem Antrieb an der Umkehre die Kettenkräfte im Untertrumm gerade überwunden werden, zieht der Antrieb am Austrag auch nur die Kettenkräfte, die durch die Reibungsswiderstände im Obertrumm entstehen. Wir tragen wieder die Kettenkräfte über der abgewickelten Kette in Abb. 82,4 auf. Es zeigt sich, daß bei verteiltem Antrieb auf Austrag und Umkehre die Grenzkräfte der Schwellbeanspruchung der Kette nun noch zwischen $+5{,}55$ Mp und Null wechselt, mit einer kleineren Kraftspitze an der Umkehre von 1,35 Mp.

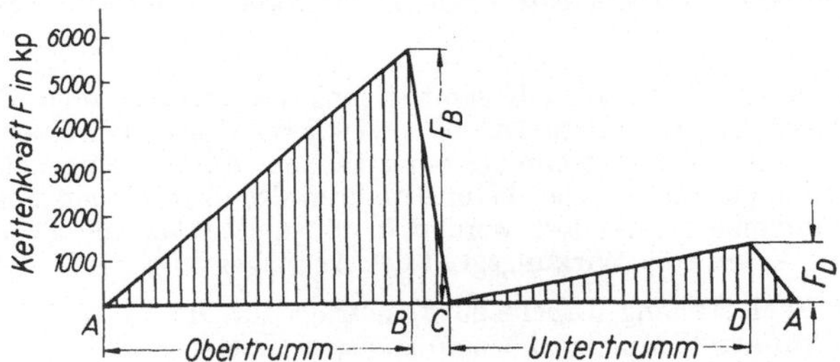

Abb. 82,4. Kraftverlauf in einem söhlig verlagerten Zweiketten-Kratzerförderer mit Antrieben am Austrag und an der Umkehre (Beispiel)

Die Kettenlängung entspricht wieder der Fläche unter der Linie des Kraftverlaufes in Abb. 82,4.

Längung im Untertrumm:

$$\Delta l_u = \frac{1}{2}\frac{F_D \cdot l}{E \cdot A} = \frac{1}{2}\frac{1350 \text{ kp} \cdot 200 \text{ m}}{5 \cdot 10^5 \text{ kp/cm}^2 \cdot 10,18 \text{ cm}^2} = 0,027 \text{ m}$$

Längung im Obertrumm:

$$\Delta l_0 = \frac{1}{2}\frac{F_B \cdot l}{E \cdot A} = \frac{1}{2}\frac{5550 \text{ kp} \cdot 200 \text{ m}}{5 \cdot 10^5 \text{ kp/cm}^2 \cdot 10,18 \text{ cm}^2} = 0,109 \text{ m}$$

Gesamtlängung

$$\Delta l = \Delta l_u + \Delta l_o = (0,027 + 0,109) \text{ m} = 0,136 \text{ m}$$

Die Längung der Kette bei verteiltem Antrieb ist also geringer, nämlich gegenüber Fall a)

$$(0,189 - 0,136) \text{ m} = 0,053 \text{ m}$$

oder

$$\frac{0,053}{0,189} \cdot 100 = 28\% \text{ geringer}$$

Die erforderliche Vorspannkraft wird jetzt

$$F_{\text{vor}} = \frac{1}{2}\frac{\Delta l \cdot E \cdot A}{l} = \frac{1}{2}\frac{0,136 \text{m} \cdot 5 \cdot 10^5 \text{ kp/cm}^2 \cdot 10,18 \text{ cm}^2}{200 \text{ m}} = 1730 \text{ kp}$$

Die erforderliche Vorspannkraft ist entsprechend der geringeren Längung ebenfalls kleiner.

Die Berechnung zeigt, daß abgesehen von Stoßbeanspruchungen infolge der Betriebsstörungen die *Schwellbeanspruchung der Kettenförderer am geringsten* ist, wenn an den Umkehren *die Antriebe so bemessen sind, daß sie gerade die auftretenden Kettenkräfte überwinden.* In diesem Falle ist auch die Kettenlängung und damit die erforderliche Kettenvorspannung am kleinsten. Wenn allerdings die Antriebe zu groß ausgelegt werden, so daß sie größere Kräfte auf die Kette ausüben können, als zur Überwindung der normalen Widerstände erforderlich ist, können bei erhöhten Widerständen durch krumm liegenden Förderer oder Blockierungen usw. in die Kette Stoßbeanspruchungen gebracht werden, die zwar noch keinen Bruch hervorzurufen brauchen, wohl aber Werkstoffschädigungen hervorrufen. (Siehe WÖHLER-Schaubild Abb. 75,4 Bereich I oberhalb der Schadenslinie). Man sollte deshalb nachprüfen, welche Kräfte durch den Antrieb ausgelöst werden können.

Man kann von der Überlegung ausgehen, daß die durch die Antriebe ausgelösten *Kettenkräfte nach Möglichkeit innerhalb der Prüflast* bleiben.

Beispiel: Wie groß dürfte die Gesamtleistung des Antriebes eines Zweiketten-Kratzerförderers mit der Kette 18×64 Güteklasse B sein bei einer Fördergeschwindigkeit von 0,65 m/s, wenn sie nur an einem Antrieb eingeleitet gedacht wird ? Es wird angenommen, daß beim Anfahren des überladenen Förderers das doppelte Nennmoment ausgelöst werden kann, und dabei die Prüflast nicht überschritten werden soll. Wirkungsgrad des Antriebes 80%.

Lösung: Nach Anhang Tabelle 23 b) beträgt für die Kette 18×64, Güteklasse B die Prüflast 25 Mp. Die höchste zulässige Kettenkraft beim Zweiketten-Kratzerförderer beträgt also $F_{\text{max}} = 2 \cdot 25 \text{ Mp} = 50 \text{ Mp} = 50\,000 \text{ kp}$. Da diese Kraft mit dem doppelten Nennmoment ausgeübt werden soll, beträgt die Kettenkraft für die Nennleistung

$$F_n = \frac{F_{\text{max}}}{2} = \frac{50\,000 \text{ kp}}{2} = 25\,000 \text{ kp}$$

Mit $v = 0,65$ m/s und $\eta = 0,80$ ist die höchstzulässige Nennleistung

$$P_{\max} = \frac{F_n \cdot v}{\eta} = \frac{25\,000\,\mathrm{kp} \cdot 0,65\,\mathrm{m/s}}{0,80 \cdot 102\,\frac{\mathrm{kp\,m/s}}{\mathrm{kW}}} = 199\,\mathrm{kW}$$

Die Leistung von rund 200 kW ist noch nicht die größte Leistung, die wir z. Z. an einem Zweiketten-Kratzerförderer anbauen. Die Rechnung gilt jedoch nicht für den Fall einer Blockierung während des Betriebes, insbesondere wenn die Blockierungsstelle weniger als 30 m vom Antrieb entfernt liegt. Bei einer derartigen Betriebsstörung würde, selbst bei stromlos gemachten Motor oder wenn die Flüssigkeitskupplung durchrutscht, das Schwungmoment der Massen mit hoher Drehzahl, im Quadrat des Übersetzungsverhältnisses auf den Kettenstern reduziert, größere Kräfte auf die Kette auslösen können, als sie durch die Antriebsmotoren selbst übertragen werden. In einem solchen Falle ist darum auch meist mit einem Gewaltbruch der Kette zu rechnen.

Trotzdem zeigt die Rechnung, daß die Haltbarkeit und Lebensdauer einer Kette wesentlich erhöht werden kann und Betriebsstörungen weitgehend zu vermeiden sind, wenn die Ausrüstung der Antriebe nur mit Leistungen erfolgt, die sich nach der Berechnung ergeben.

83. Förderseile

Für das Drahtmaterial ist nach der Bergverordnung für Hauptseilfahrtanlagen (in diesem Abschnitt kurz BV genannt) in § 19 vorgeschrieben, daß die mittlere Zugfestigkeit aller Drähte bei blanken Drähten gleichen Nenndurchmessers nicht mehr als 190 kp/mm² und bei verzinkten Drähten nicht mehr als 180 kp/mm² betragen soll; sie darf beim einzelnen Draht 200 kp/mm² bei blanken und 190 kp/mm² bei verzinkten Drähten nicht überschreiten. Ferner darf die Bruchbelastung des einzelnen Drahtes von dem Mittelwert sämtlicher Drähte gleichen Nenndurchmessers nicht mehr als $\pm 10\%$ abweichen. Die Zugfestigkeit von Formdrähten in Dreikant- oder Flachlitzenseilen darf nicht mehr als 100 kp/mm² betragen.

Nach BV § 19 bzw. Anlage 14 richtet sich die Ausführung der Seile nach den Bestimmungen des Oberbergamtes.

Die hohe Festigkeit der Drähte in den Förderseilen wird durch eine Kaltverfestigung beim mehrfachen Ziehen durch Zieheisen (Abb. 83,1) mit jedesmaliger Warmbehandlung nach einem Ziehprozeß (Zementieren und Patentieren) erreicht. Dabei bleibt trotzdem eine verhältnismäßig hohe Zähigkeit erhalten.

Diese Zähigkeit muß nach der BV § 19 Ziffer 7 und Anlage 15 (neben der Zugfestigkeit) durch einen Hin- und Herbiegeversuch (Abb. 83,2) nachgewiesen werden. Zahlentafel 30 gibt in einigen Beispielen die geforderten Mindest-Biegezahlen[1]

---

[1] Als Biegung gilt das Umlegen des senkrecht eingespannten Drahtes in die Waagerechte und das Zurückbiegen in die Senkrechte. Die Biegungen sind abwechselnd nach rechts und links auszuführen.

Zahlentafel 30. *Biegezahlen nach der Bergverordnung für Hauptseilfahrt (Beispiele)*
A für Prüfung vor dem Auflegen (Drähte aus neuem Seil)
B für die Prüfung während der Betriebszeit (Drähte aus gebrauchtem Seil)

Krümmungsdurchmesser mm	Drahtdurchmesser mm	Blanke Drähte mit Festigkeit kp/mm²				Verzinkte Drähte mit Festigkeit kp/mm²			
		< 160 kp/mm²		≧ 160 kp/mm²		< 160 kp/mm²		≧ 160 kp/mm²	
		A	B	A	B	A	B	A	B
5	1,0	11	9	10	8	9	7	8	6
10	1,0	36	30	32	28	26	23	24	22
10	1,2	26	23	24	21	20	18	18	16
10	1,5	18	15	17	14	14	12	12	10
10	2,0	11	8	10	7	8	6	8	6
15	2,5	13	11	12	10	11	10	10	8
15	3,0	9	7	9	6	7	6	6	5

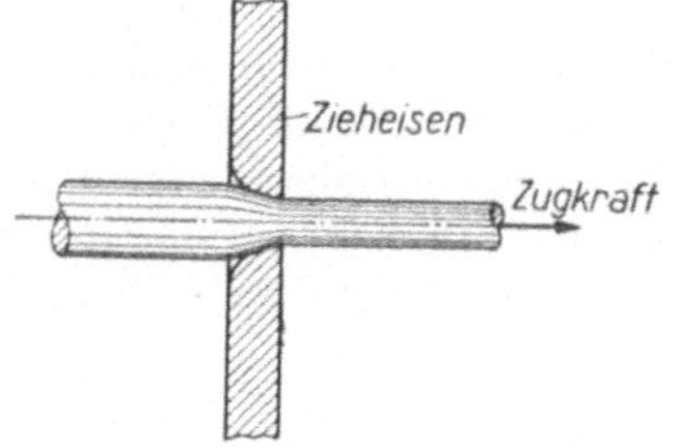

Abb. 83,1. Der Stahldraht im Zieheisen

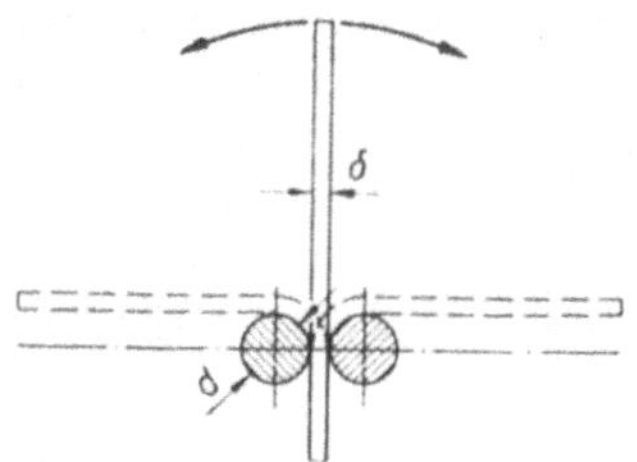

Abb. 83,2. Die Biegeprobe für Seildrähte

Die im Betrieb auftretende Seilbelastung setzt sich aus der statischen und der dynamischen Belastung zusammen. Die dynamische Belastung entsteht bei der Beschleunigung und Verzögerung und wird von Seilschwingungen überlagert. Sie kann rechnerisch nicht genau bestimmt werden. Man legt der Berechnung deshalb nur die statische Belastung zugrunde und wählt eine große Sicherheit.

Die Sicherheit ν beim Auflegen ist in der BV für Hauptseilfahrtanlagen § 20 abhängig von der Teufe vorgeschrieben, da die Seile bei größerer Teufe geringere Biegehäufigkeit beim Lauf über Seilscheibe und Treibscheibe oder Trommel erfahren. Die Sicherheit gegenüber der statischen Belastung soll

$$\text{bei Güterförderung } \nu \geqq 7{,}2 - 0{,}0005\, T \qquad (83{,}1)$$
$$\text{bei regelmäßiger Seilfahrt } \nu \geqq 9{,}5 - 0{,}001\, T \qquad (83{,}2)$$

betragen. Darin bedeutet T in m den Abstand zwischen Seilscheibenmitte und tiefster Stellung des Förderkorbes, Fördergefäßes oder Gegengewichtes.

Für die Berechnung der Seilsicherheit gelten folgende Begriffsbestimmungen:

a) *Die rechnerische Bruchbelastung* ist das Produkt aus dem metallischen Querschnitt und der Nennzugfestigkeit der Drähte. Dieser Wert ist die Grundlage für die Bestellung der Seile.

b) Die *ermittelte Bruchbelastung* ist die Summe der durch Zugversuche festgestellten Bruchbelastungen aller einzelnen Drähte.

c) *Die Tragfähigkeit* ist der Wert der Bruchbelastung nach b) nach Abzug der Bruchbelastung:

der Runddrähte, deren Bruchbelastung vom Mittelwert aller Drähte gleichen Nenndurchmessers mehr als $\pm$ 10% abweicht (bei gebrauchten Seilen $\pm$ 20%),
der Rundnähte, die keine ausreichende Biegezahlen ergeben haben,
der Formdrähte mit mehr als 100 kp/mm² Zugfestigkeit,
bei gebrauchten Seilen: der Drähte, die in dem Probestück als bereits im Betrieb gebrochen vorgefunden werden.

d) Zu diesen in der BV festgelegten Begriffsbestimmungen kommt noch die *wirkliche Bruchbelastung*. Sie ergibt sich aus der „ermittelten Bruchbelastung" vermindert um die „Verseilverluste", die bei Kreuzschlagseilen etwa 15% und bei Gleichschlagseilen 20 bis 25% betragen können. Die wirkliche Bruchbelastung wird *bestimmt durch* den *Zerreißversuch im ganzen Strang*. In Deutschland hat die wirkliche Bruchbelastung im allgemeinen keine Bedeutung. Vielmehr wird mit der ermittelten Bruchbelastung bzw. der Tragfähigkeit aber darum mit entsprechend größerer Sicherheit gerechnet. Demgegenüber rechnen die angelsächsischen Länder mit der wirklichen Bruchbelastung und lassen dann etwas geringere Sicherheiten zu.

Unter *statischer Belastung* versteht man die Seilgewichtskraft von Seilscheibenmitte bis zur Unterseilbucht (bei unterschiedlicher Metergewichtskraft von Ober- und Unterseil die Gewichtskraft des schwereren Seiles), den Förderkorb oder das Fördergefäß einschließlich Zwischengeschirr und bei der Güterförderung die am häufigsten vorkommende Belastung bzw. bei der regelmäßigen Seilfahrt die Höchstbelastung. Bei der Seilfahrt wird je Person mit 75 kp gerechnet.

Nach der BV für Hauptseilfahrtanlagen § 62 darf ein Seil im Betrieb nicht mehr zur Seilfahrt benutzt werden, wenn bei Trommelförderung an dem nach § 52 abgehauenen Seilende des gebrauchten Seiles festgestellt worden ist oder wenn bei Treibscheibenförderung Anzeichen bestehen, daß die nach Gl. (83,1) bzw. (83,2) berechneten Sicherheitszahlen um mehr als 15% unterschritten sind.

Berechnung von Förderseilen:

Es bedeuten:

G_K in kp	Gewichtskraft von Förderkorb oder Gefäß (Gegengewicht) einschließlich Zwischengeschirr,
G_W in kp	Gewichtskraft der leeren Wagen je Förderkorb,
G_N in kp	Nutzlast je Förderkorb oder Gefäß,
T in m	Abstand zwischen Seilscheibenmitte und tiefster Stellung des Förderkorbes oder Gefäßes,
T' in m	Abstand zwischen Seilscheibenmitte und Unterseilbucht bei vorhandenem Unterseil (ohne Unterseil ist $T' = T$ zu setzen),
γ_S in kp/mm³	Wichte des Förderseiles einschließlich Hanfseele,
A_S in mm²	metallischer Seilquerschnitt,

m_S in kg/m   Masse eines Meters Förderseil einschließlich Hanfseele [1],
G_S in kp   Seilgewichtskraft einer Förderseite von Seilscheibenmitte
      bis Unterseilbucht (Ober- und Unterseil).

Für die Berechnung von Förderseilen sind zwei Wege zu verfolgen:

a) Berechnung des erforderlichen metallischen Querschnittes eines Förderseiles

(Entwurf einer neuen Seilfahrtanlage)

Die zulässige Spannung berechnet sich nach Gl. (77,4)

$$\sigma_{zul} = \frac{\sigma_B}{v}$$

Die höchste Beanspruchung hat das Seil an der Stelle des Auflaufens auf die Seilscheibe, für die sich nach Gl. (78,1) ergibt

$$\sigma_{zul} = \frac{F}{A}$$

$$\frac{\sigma_B}{v} = \frac{(G_K + G_W + G_N) + G_S}{A_S}$$

Die Seilgewichtskraft ergibt sich aus dem Produkt von Querschnitt, Wichte und Länge des Seiles von Seilscheibenmitte bis Unterseilbucht. Dabei wird die Voraussetzung gemacht, daß die Unterseilmasse gleich der Oberseilmasse je Meter ist, was im allgemeinen zutrifft. Da die Wichte bezogen auf das Seilvolumen in mm³ und der Querschnitt in mm², dagegen die Länge T' in m angegeben werden, muß für die Berechnung der Seilgewichtskraft die Länge T' auch in mm eingesetzt werden, d. h. T' in m wird mit 10^3 mm/m multipliziert.

$$G_S = 10^3 \cdot T' \cdot A_S \cdot \gamma_S \text{ in kp}$$

Setzt man die Seilgewichtskraft in die vorherige Gleichung ein und löst nach A_S auf, so ergibt sich die Zahlenwertgleichung:

$$\frac{\sigma_B}{v} = \frac{(G_K + G_W + G_N) + 10^3 \cdot T' \cdot A_S \cdot \gamma_S}{A_S}$$

$$\boxed{A_S = \frac{G_K + G_W + G_N}{\dfrac{\sigma_B}{v} - 10^3 \cdot T' \cdot \gamma_S}} \qquad (83,3)$$

In Gl. (83,3) werden gemessen:

G_K, G_W und G_N in kp,
σ_B in kp/mm²,
T' in m,
γ_S in kp/mm³,
A_S in mm².

---

[1] In den Tabellen ist die Masse der Seile richtig in kg/m angegeben, da es sich um eine Mengen-, also um eine Massenangabe handelt. Hier in den Festigkeitsberechnungen wird aber die Gewichtskraft benötigt, die in kp den gleichen Zahlenwert wie die Masse in kg hat.

Bei der vorgeschriebenen Seilprüfung könnte sich ergeben, daß die „Tragfähigkeit" durch Ausfall einzelner Drähte, wie es oben angegeben ist, geringer ist als die „rechnerische Bruchbelastung". Unter anderem aus diesem Grunde führen die Seilereien die mittlere Drahtfestigkeit meist etwas höher aus als die bestellte, so daß die mittlere Bruchbelastung und auch die Tragfähigkeit meist größer ist als die rechnerische Bruchlast. Dadurch wird auch sichergestellt, daß die Schwächung des Seiles durch auftretende Drahtbrüche im Betriebe nicht zu vorzeitiger Unterschreitung der durch Bergverordnung vorgeschriebenen Sicherheit führt. Allerdings sollte man bei der Bestellung die verlangte mittlere Festigkeit genügend weit unter die höchstzulässige legen, damit die oben angegebenen vorgeschriebenen höchsten Zugfestigkeiten (BV § 19) nicht überschritten werden.

Für die Wichte der Förderseile ergeben sich folgende Anhaltswerte:

Seilart	γ_S in kp/mm³
Alle Rundseile mit Hanfseele	$9{,}5 \cdot 10^{-6}$
Patentverschlossene Seile	$8{,}7 \cdot 10^{-6}$

Beispiel: Für eine Treibscheibenförderung und Güterförderung mit einer Förderkorbgewichtskraft von 6000 kp, 6 leeren Wagen mit der Gesamtgewichtskraft von 3300 kp und einer Nutzlast von $6 \cdot 1000$ kp $= 6000$ kp soll ein Förderseil aus blanken Drähten mit einer Zugfestigkeit 170 kp/mm² berechnet werden. Die Teufe (Entfernung der höchsten von der tiefsten Korbstellung) beträgt 865 m. Die Seillänge von der höchsten Korbstellung zur Seilscheibenmitte beträgt 35 m, die Unterseillänge von tiefster Korbstellung zur Unterseilbucht 25 m.

Lösung: $G_K = 6000$ kp; $G_W = 3300$ kp; $G_N = 6000$ kp; $T = (865 + 35)$ m $= 900$ m; $T' = T + 25$ m $= (900 + 25)$ m $= 925$ m

Nach Gl. (83,1) Sicherheit

$$v = 7{,}2 - 0{,}0005\,T' = 7{,}2 - 0{,}0005 \cdot 900 = 7{,}2 - 0{,}45 = 6{,}75\text{fach};$$

$$\sigma_B = 170 \text{ kp/mm}^2$$

Gewählt Rundlitzenseil in Normalausführung $\gamma_s = 9{,}5 \cdot 10^{-6}$ kp/mm³
Nach Gl. (83,3)

$$A_S \geq \frac{G_K + G_W + G_N}{\dfrac{\sigma_B}{v} - 10^3 \cdot T' \cdot \gamma_s} = \frac{6000 + 3300 + 6000}{\dfrac{170}{6{,}75} - 10^3 \cdot 925 \cdot 9{,}5 \cdot 10^{-6}} = \frac{15\,300}{25{,}2 - 8{,}8} = 933 \text{ in mm}^2$$

Wir wählen nach Tabelle 15 im Anhang ein Förderseil $6 \times 35 - 50 \times 170$ z/Z DIN 21255, blank, für Treibscheibenförderung vom Nenndurchmesser 50 mm, dem metallischen Querschnitt $A_S = 956$ mm², der Masse je m $m_S = 9{,}08$ kg/m und der rechnerischen Bruchbelastung $F_{Br} = 162\,500$ kp bei der Zugfestigkeit des Einzeldrahtes $\sigma_B = 170$ kp/mm².

b) Nachrechnung der Sicherheit des Förderseiles für eine vorhandene Seilfahrtanlage

(z. B. in Genehmigungsanträgen nach der BV für Hauptseilfahrtanlagen)

Der Nachweis ausreichender Sicherheit des Förderseiles kann in Genehmigungsanträgen, solange das Seil noch nicht gefertigt und beschafft ist, nur für die rechnerische Bruchbelastung F_{Br} geführt werden.

Hierfür ist in den nachfolgenden Gln. (83,4) und (83,5) an die Stelle von F_{Tr} eben F_{Br} zu setzen. Der späteren Nachrechnung der Sicherheit des aufgelegten Förderseiles ist dann aber unbedingt die „Tragfähigkeit" zugrunde zu legen. Ist die Bruchbelastung ermittelt aus der Summe der durch Zugversuche festgestellten Bruchbelastungen der einzelnen Drähte, so sind die Bruchbelastungen derjenigen Drähte abzuziehen, die vom Mittelwert aller Drähte gleichen Nenndurchmessers mehr als $\pm 10\%$ abweichen oder deren Biegezahlen nicht ausreichten. Schließlich müssen die Bruchbelastungen der Formdrähte, die mehr als 100 kp/mm² Zugfestigkeit haben, abgezogen werden.

Mit der Tragfähigkeit F_{Tr} ergibt sich dann die *Sicherheit bei der Güterförderung*:

$$v = \frac{F_{Tr}}{(G_K + G_W + G_N) + m_s \cdot T'} \tag{83,4}$$

wobei nach Gl. (83,1) sein muß

$$v \geqq 7,2 - 0,0005 \cdot T$$

Die *Sicherheit bei der regelmäßigen Seilfahrt* ergibt sich für $n \cdot 75$ kp bei n Personen je Förderkorb

$$v = \frac{F_{Tr}}{(G_K + n \cdot 75) + m_s \cdot T'} \tag{83,5}$$

wobei nach Gl. (83,2) sein muß

$$v \geqq 9,5 - 0,001\, T$$

Beispiel: Eine Blindschachtförderung fördert aus einer Teufe (Entfernung die höchsten von der tiefsten Korbstellung) von 220 m und zieht bei einer Gewichtskraft des Förderkorbes einschließlich Zwischengeschirr von 3250 kp 4 Wagen mit einer Leergewichtskraft von je 475 kp und einer Beladung von je 850 kp. Die Seillänge von höchster Korbstellung bis Seilscheibenmitte beträgt 20 m, von der tiefsten Korbstellung bis Unterseilbucht 18 m. Ober- und Unterseil haben die gleiche Metergewichtskraft.

Die Seilfahrtanlage ist ausgerüstet mit einem verzinkten Förderseil $6 \times 33 - 32 \times 180$ z/Z DIN 21255 verzinkt (Anhang Tabelle 15) mit einem Nenndurchmesser 32 mm, der Zugfestigkeit der Drähte von 180 kp/mm² und einer Masse 3,68 kg/m. Die ermittelte Bruchkraft auf Grund der Zugversuche ergab 69600 kp. Die Bruchkraft folgender Drähte muß abgezogen werden:
wegen Überschreitung der 10% Grenze vom Mittelwert

1 Draht 1,5 mm ⌀ mit   363 kp

wegen unzureichender Biegezahl

1 Draht 1,5 mm ⌀ mit   308 kp
1 Draht 1,5 mm ⌀ mit   315 kp
1 Draht 1,1 mm ⌀ mit   175 kp
Insgesamt   1161 kp

Damit errechnet sich die Tragfähigkeit zu $F_{Tr} = (69600 - 1161)$ kp $\approx$ 68440 kp. Bei der regelmäßigen Seilfahrt fahren insgesamt 32 Personen.

Zu berechnen ist die Sicherheit bei Güterförderung und Seilfahrt, die mit der durch die Bergverordnung geforderten Sicherheit zu vergleichen ist.

Lösung: Gegeben: $G_K = 3250$ kp; $G_W = 4 \cdot 475$ kp $= 1900$ kp;
$G_N = 4 \cdot 850$ kp $= 3400$ kp; $T = (220 + 20)$ m $= 240$ m;
$T' = T + 18$ m $= (240 + 18)$ m $= 258$ m;
$m_s = 3,68$ kp/m; $F_{Tr} = 68440$ kp

Für die *Güterförderung*:
Nach Gl. (83,4)

$$ v = \frac{F_{Tr}}{(G_K + G_W + G_N) + m_S \cdot T'} = \frac{68\,440\ \text{kp}}{(3250 + 1900 + 3400)\ \text{kp} + 3,68\ \text{kp/m} \cdot 258\ \text{m}} $$
$$ = 7,20\text{fach} $$

Nach Gl. (83,1) geforderte Sicherheit:

$$ v \geqq 7,2 - 0,0005\ T = 7,2 - 0,0005 \cdot 240 = 7,08\text{fach} $$

Für die *Seilfahrt*:
Nach Gl. (83,5)

$$ v = \frac{F_{Tr}}{(G_K + n \cdot 75) + m_S \cdot T'} = \frac{68\,440\ \text{kp}}{(3250 + 32 \cdot 75)\ \text{kp} + 3,68\ \text{kp/m} \cdot 258\ \text{m}} = 10,38\text{fach} $$

Nach Gl. (83,2) geforderte Sicherheit

$$ v \geqq 9,5 - 0,001\ T = 9,5 - 0,001 \cdot 240 = 9,26\text{fach} $$

Beispiel: In dem Beispiel zu a) S. 417 ist ein Seil $6 \times 35-50 \times 170$ DIN 21255 gewählt worden. Für die rechnerische Bruchbelastung des gewählten Seiles soll die Sicherheit bei Güterförderung nachgerechnet werden.

Lösung: Gegeben: Es wurde gewählt Förderseil $6 \times 35-50 \times 170$ DIN 21255 mit $F_{Br} = 162\,500$ kp, $m_S = 9,08$ kp/m, $T' = 925$ m, $G_K = 6000$ kp; $G_N = 3300$ kp; $G_N = 6000$ kp
Nach Gl. (83,4)

$$ v = \frac{F_{Br}}{(G_K + G_W + G_N) + m_S \cdot T'} = \frac{162\,500\ \text{kp}}{(6000 + 3300 + 6000)\ \text{kp} + 9,08\ \text{kp/m} \cdot 925\ \text{m}} $$
$$ = 6,8\text{fach} $$

erforderlich $v \geqq 6,75$fach.

c) Förderseildehnung

Schon bei den Rundstahlketten hatten wir den „ideellen Elastizitätsmodul" kennengelernt, der geringer ist als der Elastizitätsmodul des Vollmaterials. Ähnlich wie bei den Ketten findet bei Förderseilen unter Belastung eine Verlängerung statt, die nur zum geringeren Teil aus der Streckung des Drahtmaterials, vor allem aber aus der Formänderung des verseilten Körpers herrührt. Versuche haben ergeben, daß ein *Förderseil vor dem Auflegen* einen ideellen Elastizitätsmodul von $E = 8 \cdot 10^5$ kp/cm² und *nach dem Einhängen und mehrtägiger Belastung* $E = 1,4 \cdot 10^6$ kp/cm² besitzt. Diese Steigerung des Elastizitätsmoduls nach dem Einhängen und nach den vorgeschriebenen Probefahrten unter Belastung führt zu einer Streckung des gesamten Seiles, aus der sich immer die Notwendigkeit der Kürzung des Seiles nach dem Auflegen ergibt.

Immerhin ist im Dauerbetrieb dieser ideelle Elastizitätsmodul (gegenüber dem bei Vollmaterial $E \approx 2,1 \cdot 10^6$ kp/cm²) so niedrig, daß wir während der Beladung der Förderkörbe mit bemerkenswerten Verlängerungen der Seile rechnen müssen. Wir suchen diesen Verlängerungen durch die Verwendung von Schwingbühnen zum Aufschieben der Wagen zu begegnen. Eine Nachrechnung der Seillängung und Seilverkürzung beim Be- und Entladen ist besonders bei Gefäßförderung zu empfehlen, damit gewährleistet ist, daß das Gefäß stets richtig vor der Belade- und Entladeschurre steht.

27*

Beispiel: Am Ende eines Treibens ist die Oberseillänge des Förderkorbes mit 8 beladenen Wagen mit je 1100 kg Nutzinhalt vom Einband bis zur Seilscheibenmitte 25 m, die des Förderkorbes mit 8 leeren Wagen vom Einband bis Seilscheibenmitte 900 m. Jeder Förderkorb hat 4 Tragböden für je 2 Wagen. Der Korbabstand beträgt vor dem Wagenwechsel 875 m (Abb. 83,3). Aufgelegt ist ein Seil $6 \times 35 - 56 \times 180$ DIN 21255 mit einem metallischen Querschnitt von 1202 mm². Wie groß ist a) die Kürzung des Seiles am Förderkorb an der Hängebank beim Aufschieben der leeren Wagen, b) die Verlängerung des Seiles am Korb am Füllort beim Aufschieben der beladenen Wagen.

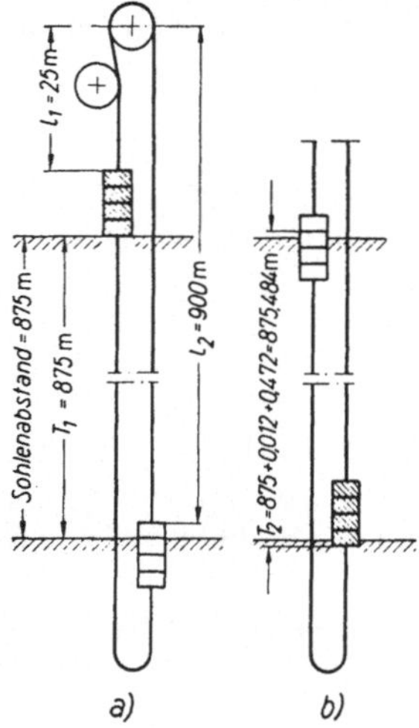

Abb. 83,3. Förderseilverlängerungen im Betrieb (Beispiel) a) vor dem Be- und Entladen der Körbe; b) nach dem Be- und Entladen der Körbe

Lösung: Gegeben: $l_1 = 25$ m; $l_2 = 900$ m; $T_1 = (900 - 25)$ m $= 875$ m; Nutzgewichtskraft von je 2 Wagen jedes Tragbodens $\Delta F = 2 \cdot 1100$ kp $= 2200$ kp; $A_S = 1202$ mm² $= 12{,}02$ cm²; $E = 1{,}4 \cdot 10^6$ kp/cm².

Ohne Berücksichtigung der relativen Änderung der Seillängen l_1 und l_2 durch das Versetzen der Körbe errechnet sich:

a) Kürzung des Seiles am Korb an der Hängebank: Nach Gl. (78,2):

$$\text{Wagenwechsel auf 1. Tragbogen}\quad \Delta l_1 = \frac{\Delta F \cdot l_1}{E \cdot A_S}$$

$$= \frac{2200 \text{ kp} \cdot 25 \text{ m}}{1{,}4 \cdot 10^6 \text{ kp/cm}^2 \cdot 12{,}02 \text{ cm}^2} \approx 0{,}003 \text{ m}$$

Wagenwechsel auf 2. Tragboden $\Delta l_2 = 2 \cdot \Delta l_1 = 2 \cdot 0{,}003$ m $= 0{,}006$ m
Wagenwechsel auf 3. Tragboden $\Delta l_3 = 3 \cdot \Delta l_1 = 3 \cdot 0{,}003$ m $= 0{,}009$ m
Wagenwechsel auf 4. Tragboden $\Delta l_4 = 4 \cdot \Delta l_1 = 4 \cdot 0{,}003$ m $= 0{,}012$ m
Die gesamte Kürzung nach beendetem Wagenwechsel ist also

$$\Delta l_4 = 0{,}012 \text{ m} = 1{,}2 \text{ cm}$$

b) Verlängerung des Seiles am Korb am Füllort:

$$\text{Wagenwechsel auf 1. Tragbogen } \Delta l_1 = \frac{\Delta F \cdot l_2}{E \cdot A_S} = \frac{2200 \text{ kp} \cdot 900 \text{ m}}{1{,}4 \cdot 10^6 \text{ kp/cm}^2 \cdot 12{,}02 \text{ cm}^2}$$
$$= 0{,}118 \text{ m}$$

Wagenwechsel auf 2. Tragboden $\Delta l_2 = 2 \cdot \Delta l_1 = 2 \cdot 0{,}118$ m $= 0{,}236$ m
Wagenwechsel auf 3. Tragboden $\Delta l_3 = 3 \cdot \Delta l_1 = 3 \cdot 0{,}118$ m $= 0{,}354$ m
Wagenwechsel auf 4. Tragboden $\Delta l_4 = 4 \cdot \Delta l_1 = 4 \cdot 0{,}118$ m $= 0{,}472$ m

Die gesamte Verlängerung nach beendetem Wagenwechsel ist also

$$\Delta l_4 = 0{,}472 \text{ m} = 47{,}2 \text{ cm}$$

Der Korbabstand erhöht sich aber sowohl um die Kürzung des Seiles am oberen Korb als auch um die Verlängerung des Seiles am unteren Korb. Der Korbabstand nach beendetem Wagenwechsel erhöht sich demnach um:

$$\Delta l_{\text{ges}} = (1{,}2 + 47{,}2) \text{ cm} = 48{,}4 \text{ cm}$$

Dieser Unterschied des Korbabstandes ist bezogen auf den Sohlenabstand nicht sehr groß. Da aber der Sohlenabstand festliegt. kann der Fördermaschinist die beiden Körbe nur für einen Beladungsfall genau vorfahren. Der gesamte Längenunterschied von 48,4 cm muß also durch die Schwingbühnen ausgeglichen werden. Zunächst wird der Unterschied meist halbiert, indem man das Seil soweit kürzt, daß der

1. Tragboden um die Hälfte des Längenunterschiedes zu hoch ankommt, so daß der 4. Tragbogen nur noch um die andere Hälfte zu niedrig steht. Außerdem legt man das Füllort, in das die Wagen beim Aufschieben hineingedrückt werden, etwas tiefer als das gegenseitige Füllort, damit die Wagen nicht in den Korb zurückrollen können.

d) Mehrseilförderung

Die Berechnung der Förderseile führt zu sehr großen Durchmessern bei hohen Nutzlasten und großen Teufen. Dadurch wird das Seil sehr steif, und der Unterschied zwischen den Zugspannungen in der gezerrten und den Druckspannungen in der gestauchten Zone erreicht beim Lauf über Treib- und Seilscheiben so hohe Werte, daß die Aufliegezeiten kurz werden.

Dieser Umstand war die Veranlassung, das Seil in mehrere, parallel wirksame Einzelseile entsprechend kleineren Durchmessers „aufzulösen". Auch praktisch ist diese Mehrseilförderung für Hauptschächte schon ausgeführt worden[1], nachdem sie bei Aufzügen und Blindschächten bereits bekannt war. Abgesehen von der erhöhten Schmiegsamkeit der Seile kleineren Durchmessers wird auch die Sicherheit des Betriebes wesentlich verbessert, da beim Reißen eines Seils der Förderkorb noch an den übrigen Seilen hängt. Außerdem kann für je 2 Seile entgegengesetzter Drall gegeben werden, so daß praktisch kein resultierendes Moment in der senkrecht zur Vertikalachse des Förderkorbes gelegenen Ebene auftritt. Dadurch werden die Spurlatten geschont.

Als besondere Aufgabe ergab sich dabei zunächst die Beantwortung der Frage, wie eine möglichst gleichmäßige Verteilung der Gesamtlast auf alle Seile, die sich im Betrieb verschieden stark längen, bewirkt werden soll. Dies führte zum Bau verhältnismäßig verwickelter Ausgleichsvorrichtungen mit mehrfachen Winkelhebeln oder einem Verbundsystem fester und loser Rollen. Durch Beobachtung des Verhaltens der Seile im Betrieb und durch Messung der Einzelseilkräfte mittels besonderer Dynamometer ergab sich aber, daß auf diese Vorrichtungen verzichtet werden kann. Durch die vorerwähnte Messung können die Einzelseilkräfte im Betrieb überwacht werden. Zeigen die — fest eingebauten — Meßgeräte, daß das eine oder andere Seil eine wesentlich geringere Belastung als die übrigen aufnimmt, kann man von Hand, also ohne selbsttätig wirkende mechanische Ausgleicher, eine gleichmäßige Verteilung der Gesamtlast wiederherstellen, indem die Seile durch fein einstellbare Schnellversteck-Zwischengeschirre etwas gekürzt oder gelängt werden, je nachdem ob man ihren Belastungsanteil vergrößern oder verkleinern muß. Belastungsunterschiede, die zusätzlich durch verschieden starke Abnutzung der Seillaufrillen auftreten, müssen durch regelmäßiges Nachdrehen der Rillen verhindert werden.

Die Berechnung der Seile einer Mehrseilförderung kann heute voraussetzen, daß die Belastung gleichmäßig auf alle Seile verteilt ist. (BV für Hauptseilfahrtanlagen § 20 Fußnote 1d.)

---

[1] LANGE, F.: Die Vierseilförderung, Essen: Glückauf 1952.

84. Gummigurte

Zwischen der wirklichen Umfangskraft (Mitnahmekraft) F_{U_w} bei der Bandförderung und der Antriebsleistung an der Treibtrommel P_a besteht die Beziehung

$$F_{U_w} = \frac{P_a}{v_F} \tag{84,1}$$

oder als Zahlenwertgleichung

$$F_{U_w} = \frac{102\,P_a}{v_F} \quad \begin{array}{l} F_{U_w} \text{ in kp} \\ P_a \text{ in kW} \\ v_F \text{ in m/s} \end{array} \qquad F_{U_w} = \frac{75\,P_a}{v_F} \quad \begin{array}{l} F_{U_w} \text{ in kp} \\ P_a \text{ in PS} \\ v_F \text{ in m/s} \end{array} \tag{84,2}$$

Die erforderliche Antriebsleistung läßt sich nach Gl. (66,6) berechnen, wozu allerdings die bewegten Totlasten und unter diesen die Gewichtskraft des Fördergurtes bekannt sein müßten. Da aber die Konfektion des Gurtes mit den Kräften im Band, also auch mit der Umfangskraft F_U berechnet werden muß, läßt sich die Antriebsleistung nur ermitteln, indem man zunächst eine Bandkonfektion vorwählt. Dabei wird man sich praktisch nach den im eigenen Betriebe eingeführten Bändern richten, für die dann die erforderliche Zahl von Einlagen berechnet wird. Weicht die Gewichtskraft des nach der Festigkeitsberechnung gefundenen Fördergurtes stärker ab, wird eine Nachprüfung der Antriebsleistung und Umfangskraft erforderlich.

Zur Ermittlung der Bandkonfektion eines Fördergurtes wird die Beziehung benutzt

$$v_B \cdot F_{S_{\max}} = z \cdot B \cdot k_z \tag{84,3a}$$

Hierin bedeuten:

v_B = Sicherheit des Fördergurtes gegen Bruch,
$F_{S_{\max}}$ = größte im Band auftretende Zugkraft z. B. in kp,
z = Anzahl der Einlagen,
B = Gurtbreite z. B. in cm,
k_z = Zugfestigkeit einer Einlage, dabei in $\dfrac{\text{kp}}{\text{cm} \cdot \text{Einlage}}$.

Bei der Festigkeitsberechnung von Gummigurten werden nur die Gewebeeinlagen oder die Stahlseileinlagen in Längsrichtung als tragend angenommen. Ihre Zugfestigkeit ist für verschiedene Bandkonfektionen Tabelle 25 im Anhang zu entnehmen.

Die maximale Zugkraft $F_{S_{\max}}$ wird in einem Band immer dann wirksam, wenn der geometrische Umschlingungswinkel α_g voll ausgenutzt wird (s. Abschn. 34b), d. h. wenn der labile Grenzzustand des Rutschens eintritt. Da die Antriebsmotoren ihr Drehmoment erhöhen, wenn sie gebremst werden, so ist beim Anfahren, bei möglicher Überladung oder gar bei Blockierung mindestens mit kurzzeitigem Rutschen zu rechnen, so daß man nach den Gln. (34,5a oder b) bzw. (34,16a) oder

(34,16b) für die maximale Zugkraft den Ansatz machen kann

$$F_{S_{\max}} = F_{S_{1g}} = v_R \cdot F_{S_{1\text{mind}}} \tag{84,4}$$

Aus Gl. (34,2b) und (34,1b) folgt *für Eintrommelantrieb*:

$$F_{S_{1\text{mind}}} = F_{S_{2\text{mind}}} \cdot e^{\mu \lambda g} = F_{U_w} \frac{e^{\mu \lambda g}}{e^{\mu \alpha g} - 1}$$

und mit Gl. (33,5)

$$F_{S_{1\text{mind}}} = F_{U_w} \left(1 + \frac{1}{e^{\mu \alpha g} - 1} \right) \tag{84,5}$$

Entsprechend ergibt sich *für Zweitrommelantrieb*:

$$F_{S_{1\text{mind}}} = F_{U_w} \left(1 + \frac{1}{m_g - 1} \right) \tag{84,6}$$

$$\text{mit} \quad m_g = e^{\mu_1 \cdot \alpha_{1g} + \mu_2 \cdot \alpha_{2g}}$$

Die Berechnung der erforderlichen Zahl z Einlagen verlangt eine Sicherheit gegen Bruch v_B, die sehr hoch angenommen wird, da sie alle Unwägbarkeiten infolge zusätzlicher Beanspruchungen berücksichtigen soll. Diese sind:

Erhöhtes Anfahrmoment, Dehnschlupf an der Antriebstrommel, Erhöhung der Abspannungskraft zur Vermeidung von Rutschen, Biegungen auf den Trommeln, ungleichmäßiges Tragen der einzelnen Einlagen, unkontrollierte Blockierung einzelner Tragrollen, Alterung des Gummibandes, zufällige Überladung des Bandes, Schläge an der Aufgabe und Übergabe, Schläge der Verbindungsstellen beim Überrollen an Trommeln und Tragrollen.

Erfolgt die Berechnung über die kleinstmöglichen Kräfte, wie es in Abschn. 34b) gezeigt wurde, so bleiben alle Kräfte auf den v_R-fachen Betrag begrenzt und die aus unvernünftig hoher Vorspannung resultierenden Unwägbarkeiten der Bandkräfte bleiben ausgeschaltet. Das ist bei Gewichtsvorspannung ohne weiteres gegeben. Für ein Band mit Spindelvorspannung ist nur zu fordern, daß eine Überwachung der berechneten oder (wie in Abschn. 34b beschrieben) durch Versuch ermittelten Mindest- und Höchstabspannkräfte durch Dynamometer erfolgt.

Sieht man für diesen Fall eine Sicherheit gegen Rutschen von v_R als ausreichend an, so kann mit dem $1/v_R$-fach kleineren Betrag der Sicherheit gegen Bruch v_B gerechnet werden.

$$\frac{v_B}{v_R} F_{S_{\max}} = z \cdot B \cdot k_z \tag{84,3b}$$

Damit folgt aus Gl. (84,4)

$$\frac{v_B}{v_R} F_{S_{\max}} = \frac{v_B}{v_R} v_R \cdot F_{S_{1\text{mind}}}$$

$$v_B \cdot F_{S_{1\text{mind}}} = z \cdot B \cdot k_z$$

$$z = \frac{v_B \cdot F_{S_{1\text{mind}}}}{B \cdot k_z} \tag{84,7}$$

Die Berechnung der Bandkonfektion mit der mindestens erforderlichen Zugkraft $F_{S_{1\mathrm{mind}}}$ nach Gl. (84,5) bzw. (84,6) ist nur bei horizontalen oder leicht geneigten Förderbändern richtig. Bei *stark ansteigenden Förderbändern* ist die Größe der Gurtvorspannkraft F_{S_2} durch die ziehende Eigengewichtskraft des leeren Untertrumms gegeben. Ist in solchen Fällen

$$F_{S_{2\mathrm{mind}}} = F_{U_w} \frac{1}{e^{\mu\alpha_g} - 1} < H \cdot q_G$$

so wird die in Gl. (84,7) einzusetzende Bandzugkraft

$$F_{S_1} = H \cdot q_G + F_{U_w} \tag{84,8}$$

und damit folgt *für stark ansteigende Förderbänder*:

$$z = \frac{v_B \cdot F_{S_1}}{B \cdot k_z} \tag{84,7a}$$

In den Gln. (84,7), (84,7a) und (84,8) bedeuten:

$F_{S_{1\mathrm{mind}}}$ in kp = kleinstmögliche Gurtkraft, berechnet aus $F_{S_{2\mathrm{mind}}}$, der mindest erforderlichen Vorspannnkraft, bzw. aus F_{U_w} mit den Gln. (84,5) u. (84,6),

F_{S_1} in kp　　　 = kleinstmögliche Gurtkraft, berechnet aus $H \cdot q_G$, die Eigengewichtskraft des Gurtes bei stark ansteigenden Bändern nach Gl. (84,8),

H in m　　　　 = Hubhöhe,

q_G in kp/m　　 = Gewichtskraft des Gurtes je m,

F_{U_w} in kp　　 = wirkliche Umfangskraft.

Für *Baumwoll-, Zellwollgurte* rechnet man nach DIN 22101 in den Gln. (84,7) und (84,7a) mit folgenden Sicherheiten gegen Bruch:

für Einlagenzahl $z = \ \ 3 \cdots \ \ 5$: Sicherheit $v_B = 11$,
　　Einlagenzahl $z = \ \ 6 \cdots \ \ 9$: Sicherheit $v_B = 12$ und
　　Einlagenzahl $z = 10 \cdots 14$: Sicherheit $v_B = 13$.

Für *Gurte mit Geweben aus Kunstspinnstoffen* (wie Reyon, Polyamid, Polyester oder Trevira) sowie für *Stahlseilgurte* hat sich eine andere Rechnungsweise durchgesetzt. Für diese Gurte wird die Bandzugkraft $F_{S_{1\mathrm{Anf}}}$ für ein 1,4faches Anfahrmoment berechnet, für die dann eine $v_B = 7$fache Sicherheit gegen Bruch verlangt wird. Mit den Gln. (84,5) und (84,6) ergibt sich die Bandzugkraft beim Anfahren:

$$F_{S_{1\mathrm{Anf}}} = 1,4 \, F_{S_{1\mathrm{mind}}} \tag{84,5a}$$

Dagegen ergibt sich bei stark ansteigenden Förderbändern beim Anfahren:

$$F_{S_{1\mathrm{Anf}}} = H \cdot q_G + 1,4 \, F_{U_w} \tag{84,8a}$$

Ferner wird bei *Gurten mit Geweben aus Kunstspinnstoffen* die Zahl der Einlagen nach der Bruchfestigkeit in der nahtlos vulkanisierten Verbindung bestimmt, wobei berücksichtigt werden muß, daß *eine*

Einlage als zugtragend ausfällt. Damit ergibt sich aus Gl. (84,7)

$$z = \frac{v_B \cdot F_{S1Anf}}{B \cdot k_z} + 1 \qquad (84,7\,\mathrm{b})$$

mit $v_B = 7$.

Bei *Stahlseilgurten* entfällt die Berechnung der Zahl der Einlagen. Vielmehr berechnet man die Bruchfestigkeit k_z je cm Gurtbreite, die wenigstens einen Wert für den gewählten Stahlseilgurt gemäß Tab. 25 im Anhang haben muß. Damit folgt aus Gl. (84,7):

$$k_z = \frac{v_B \cdot F_{S1Anf}}{B} \qquad (84,7\,\mathrm{c})$$

mit $v_B = 7$.

Beispiel: Im Abschn. 34b) ist ein Förderband mit Eintrommelantrieb berechnet, bei dem eine Umfangskraft $F_{Uw} = 1500$ kp mit $\mu = 0{,}20$, $\alpha_g = 240°$ und $v_R = 1{,}3$facher Rutschsicherheit übertragen werden soll. Die Berechnung ergab $F_{S1mind} = 2640$ kp. Zu berechnen ist die Bandkonfektion für ein 650 mm breites Gummiband mit Zellwolleinlagen.

Lösung: Zunächst soll F_{S1mind} mit Gl. (84,5) nachgeprüft werden. Dazu finden wir in Tab. 9 im Anhang für $\mu = 0{,}20$ und $\alpha_g = 240°$:

$$\frac{1}{e^{\mu\alpha} - 1} = 0{,}763$$

$$F_{S1mind} = F_{Uw}\left(1 + \frac{1}{e^{\mu\alpha_g} - 1}\right) = 1500\ \mathrm{kp}\,(1 + 0{,}763) = 2640\ \mathrm{kp}$$

Nach Tab. 25 im Anhang kommen als Gurte in Frage: Z 90/40 mit $k_z = 90$ kp/cm Einlage oder Z 125/50 mit $k_z = 125$ kp/cm Einlage. Mit $v_B = 11$fach ergibt sich nach Gl. (84,7)

$$\text{für } Z\ 90/40: \quad z = \frac{11 \cdot 2640\ \mathrm{kp}}{65\ \mathrm{cm} \cdot 90\ \mathrm{kp/cm\ Einlage}} = 4{,}97\ \text{Einlagen}$$

Wählt man $z = 5$ Einlagen, so ergibt sich die Sicherheit

$$v_B = \frac{z \cdot B \cdot k_z}{F_{S1mind}} = \frac{5 \cdot 65\ \mathrm{cm} \cdot 90\ \mathrm{kp/cm\ Einl.}}{2600\ \mathrm{kp}} = 11{,}1\text{fach}$$

$$\text{für } Z\ 125/50: \quad z = \frac{11 \cdot 2640\,\mathrm{kp}}{65\ \mathrm{cm} \cdot 125\ \mathrm{kp/cm\ Einl.}} = 3{,}57\ \text{Einlagen}$$

Wählt man $z = 4$ Einlagen, so ergibt sich die Sicherheit

$$v_B = \frac{z \cdot B \cdot k_z}{F_{S1mind}} = \frac{4 \cdot 65\ \mathrm{cm} \cdot 125\ \mathrm{kp/cm\ Einl.}}{2640\ \mathrm{kp}} = 12{,}3\text{fach}$$

Die Entscheidung für eine der beiden Bandkonfektionen richtet sich nach den Kosten.

Beispiel: Ein stationäres Förderband in einer 2° ansteigenden Hauptförderstrecke unter Tage ist zur Kohleförderung mit einer Gurtbreite von 800 mm, 25° Muldungswinkel und 1,8 m/s Geschwindigkeit bei 90% Ausnutzung des Füllquerschnittes für den Spitzenförderstrom zu planen. Schüttdichte 1,0 t/rm³. Die Förderbandtragrollen 108 mm ⌀ haben im Obertrumm 1,5 m, im Untertrumm 3,0 m Abstand. Der Zweitrommelantrieb soll mit $\mu = \mu_1 = \mu_2 = 0{,}2$ und den Umschlingungswinkeln $\alpha_g = \alpha_1 + \alpha_2 = 420°$ berechnet werden. Ein Abstreicher und eine Abwurftrommel sind im Eingriff. Der Wirkungsgrad des Getriebes einschließlich Kupplung beträgt 85%. Es soll ein Gurt mit Reyongewebe verwendet werden.

Lösung: Mit $l = 650$ m und dem Neigungswinkel $\delta = 2°$ ist

$$H = l \cdot \sin \delta = 650 \text{ m} \cdot \sin 2° = 22,7 \text{ m}$$

a) Berechnung des Spitzen-Förderstromes

Nach Gl. (66,1) und Zahlentafel 20 und 21 ist

$$\dot{V}_{max} = 0,90 \cdot A_{F\ddot{u}} \cdot v_F = 0,90 \cdot 0,0629 \text{ m}^2 \cdot 1,8 \text{ m/s} \cdot 3600 \text{ s/h} = 367 \text{ rm}^3/\text{h}$$

Nach Gl. (66,2)

$$\dot{m}_{max} = \dot{V}_{max} \cdot \varrho_H = 367 \text{ rm}^3/\text{h} \cdot 1,0 \text{ t/rm}^3 = 367 \text{ t/h}$$

Die Gewichtskraft des Förderstromes beträgt dann

$$\dot{V} \cdot \gamma_H = 367 \text{ Mp/h}$$

b) Berechnung der Antriebsleistung

Nach Abb. 66,2 soll für das stationäre Förderband mit einem Beiwert C für Übertagebänder gerechnet werden. Damit ist für $l = 650$ m, $C = 1,14$.
Ferner wählen wir $f = 0,02$
Schließlich wählen wir einen Gurt R 125 mit 125 kp/cm Einlage. Damit folgt nach Zahlentafel 22 und 24

$$2 \, q_G = 2 \cdot 13,0 \text{ kp/m}^2 \cdot 0,80 \text{ m} = 20,8 \text{ kp/m}$$

$$q_{Ro} = \frac{16 \text{ kp}}{1,5 \text{ m}} = \qquad\qquad 10,7 \text{ kp/m}$$

$$q_{Ru} = \frac{11,4 \text{ kp}}{3,0 \text{ m}} = \qquad\qquad 3,8 \text{ kp/m}$$

$$q_{Nm} = 2 \, q_G + q_{Ro} + q_{Ru} = \qquad 35,3 \text{ kp/m}$$

Nach Gl. (66,6)

$$P_a = \frac{C \cdot f \cdot l}{367,2} (3,6 \cdot q_{Nm} \cdot v_F + \dot{V} \cdot \gamma_H) + \frac{H \cdot \dot{V} \cdot \gamma_H}{367,2}$$

$$= \frac{1,14 \cdot 0,02 \cdot 650}{367,2} (3,6 \cdot 35,3 \cdot 1,8 + 367) + \frac{22,7 \cdot 367}{367,2}$$

$$= 24,1 + 22,7 = 46,8 \text{ in kW}$$

$$P_a' = 2 \cdot 1,5 \cdot 1,8 = 5,4 \text{ in kW}$$

$$P_{ag} = P_a + P_a' = 46,8 \text{ kW} + 5,4 \text{ kW} = 52,2 \text{ kW}$$

$$P_m = \frac{P_{ag}}{\eta} = \frac{52,2 \text{ kW}}{0,85} = 55,2 \text{ kW}$$

c) Berechnung der Gurtkräfte und der Bandkonfektion

Nach Gl. (84,2)

$$F_{Uw} = \frac{102 \cdot P_{ag}}{v_F} = \frac{102 \cdot 52,2}{1,8} = 2960 \text{ in kp}$$

Mit $\mu = 0,2$ und $\alpha_g = \alpha_1 + \alpha_2 = 420°$ ist nach Tab. 9 im Anhang $\dfrac{1}{e^{\mu \alpha_g} - 1}$
$= 0,30$

Nach Gl. (66,9a)

$$F_{S2min} = F_{Uw} \frac{1}{e^{\mu \alpha_g} - 1} = 2960 \text{ kp} \cdot 0,3 = 888 \text{ kp}$$

$$H \cdot q_G = 22,7 \text{ m} \cdot 13 \text{ kp/m}^2 \cdot 0,8 \text{ m} = 236 \text{ kp}$$

Die ziehende Eigengewichtskraft des leeren Untertrumms ist kleiner als die erforderliche Vorspannkraft F_{S2min}. Das Förderband benötigt demnach eine besondere Vorspannung und man rechnet mit der kleinstmöglichen Gurtkraft $F_{s_{1\,mind}}$ nach Gl. (84,5)

$$F_{s_{1mind}} = F_{Uw}\left(1 + \frac{1}{e^{\mu\alpha_g} - 1}\right) = 2960\ \text{kp}\ (1 + 0{,}3) = 3848\ \text{kp}$$

Für das 1,4fach Anfahrmoment ergibt sich nach Gl. (85,4a)

$$F_{s_{1Anf}} = 1{,}4 \cdot F_{s_{1mind}} = 1{,}4 \cdot 3848\ \text{kp} = 4827\ \text{kp}$$

Nach Gl. (84,7b) ergibt sich für Gurte mit Kunstspinngewebe:

$$z = \frac{v_B \cdot F_{s_{1Anf}}}{B \cdot k_z} + 1 = \frac{7 \cdot 4827\ \text{kp}}{80\ \text{cm} \cdot 125\ \text{kp/cm Einlage}} + 1 = 3{,}38 + 1 = 4{,}38$$

Es sind also $z = 5$ Einlagen erforderlich.

Ein Beispiel zur Berechnung eines Stahlseilgurtes für ein stark ansteigendes Förderband findet sich am Schluß des Abschn. 66.

II. Druckfestigkeit

85. Allgemeine Gleichungen

Die Druckbeanspruchung verhält sich ähnlich wie die Zugbeanspruchung. Die Spannungen verteilen sich nahezu gleichmäßig über den gesamten widerstehenden Querschnitt, wenn der Druckstab ausreichend kurz ist und die Längskraft in der Schwerpunktsachse wirkt. Bohrungen mit Bolzen oder Nieten leiten den Kraftfluß weiter, falls diese nicht aus weicherem Werkstoff als das durchbohrte Bauteil ausgeführt sind. In diesen Fällen braucht also der Lochquerschnitt von dem widerstehenden Querschnitt nicht abgezogen zu werden.

Sind jedoch gedrückte Stäbe im Verhältnis zu ihrem Querschnitt lang, so besteht die Gefahr des Ausknickens, ehe die Druckfestigkeit erreicht ist. Hierauf kommen wir im Abschn. VI Knickung zurück.

Für Druckbeanspruchung benutzt man beim Zusammentreffen mehrerer Normalspannungen den Zeiger „d". Es gelten aber dieselben Gleichungen wie bei Zugbeanspruchung. Δl bedeutet hier Verkürzung. Abb. 85,1 zeigt einen auf Druck beanspruchten, „freigemachten" Stab.

$$\boxed{\sigma_d = \frac{F}{A}} \qquad (85,1)$$

$$\boxed{\Delta l = \frac{F \cdot l}{E \cdot A}} \qquad (85,2)$$

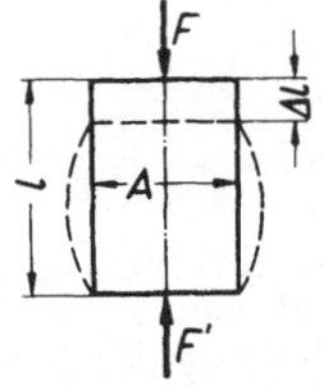

Abb. 85,1. Druckbeanspruchung an einem „freigemachten" Stab

Länge l und Querschnitt A gelten für den ursprünglichen, d. h. unbelasteten Zustand.

Beispiel: Eine Hohlsäule aus Grauguß GG 12 von 250 mm Außendurchmesser und 4,0 m Länge trägt eine Last von 45 Mp. a) Welcher Innendurchmesser ist erforderlich, wenn die zulässige Druckspannung 400 kp/cm² betragen darf? b) Wie groß ist die Verkürzung der Säule? Elastizitätsmodul für Grauguß $E = 0{,}75 \cdot 10^6$ kp/cm²

Lösung: Gegeben: $F = 45 \text{ Mp} = 45\,000 \text{ kp}$; $d_a = 250 \text{ mm} = 25 \text{ cm} \oslash$; $l = 4{,}0 \text{ m} = 400 \text{ cm}$; $\sigma_{zul} = 400 \text{ kp/cm}^2$; $E = 0{,}75 \cdot 10^6 \text{ kp/cm}^2$.

a) Nach Gl. (85,1)

$$\sigma_{d_{zul}} = \frac{F}{A} = \frac{F}{\frac{\pi}{4} d_a^2 - \frac{\pi}{4} d_i^2}$$

$$\frac{\pi}{4} d_i^2 = \frac{\pi}{4} d_a^2 - \frac{F}{\sigma_{d_{zul}}} = \frac{\pi}{4} (25 \text{ cm})^2 - \frac{45\,000 \text{ kp}}{400 \text{ kp/cm}^2} = 378{,}37 \text{ cm}^2,$$

gewählt $d_i = 22 \text{ cm} = 220 \text{ mm} \oslash$.

b) $A = \dfrac{\pi}{4} d_a^2 - \dfrac{\pi}{4} d_i^2 = \dfrac{\pi}{4} (25 \text{ cm})^2 - \dfrac{\pi}{4} (22 \text{ cm})^2$

$$= (490{,}87 - 380{,}13) \text{ cm}^2 = 110{,}74 \text{ cm}^2$$

Nach Gl. (85,2)

$$\Delta l = \frac{F \cdot l}{E \cdot A} = \frac{45\,000 \text{ kp} \cdot 400 \text{ cm}}{0{,}75 \cdot 10^6 \text{ kp/cm}^2 \cdot 110{,}74 \text{ cm}^2} = 0{,}217 \text{ cm} \approx 2{,}2 \text{ mm}$$

Beispiel: Ein 7 m hoher Mauerpfeiler wird mit 10 Mp belastet. Wie groß ist der quadratische Querschnitt ohne Rücksicht auf die Eigengewichtskraft zu wählen, wenn die Wichte des Mauerwerkes 2,4 kp/dm³ und die zulässige Druckspannung 7 kp/cm² beträgt? Um welchen Betrag erhöht sich das erforderliche Mauervolumen bei Berücksichtigung seiner Eigengewichtskraft?

Lösung: Gegeben: $h = 7 \text{ m} = 700 \text{ cm}$; $F = 10 \text{ Mp} = 10\,000 \text{ kp}$; $\gamma = 2{,}4 \text{ kp/dm}^3 = 2{,}4 \cdot 10^{-3} \text{ kp/cm}^3$; $\sigma_{d_{zul}} = 7 \text{ kp/cm}^2$

a) Ohne Berücksichtigung der Eigengewichtskraft:
Nach Gl. (85,1)

$$\sigma_{d_{zul}} = \frac{F}{A} \; ; \; A = \frac{F}{\sigma_{d_{zul}}} = \frac{10\,000 \text{ kp}}{7 \text{ kp/cm}^2} = 1430 \text{ cm}^2$$

gewählt Kantenlänge $a = 38 \text{ cm}$ mit $A = 1444 \text{ cm}^2$,
Mauervolumen $V_1 = a^2 \cdot h = (38 \text{ cm})^2 \cdot 700 \text{ cm} = 1\,011\,000 \text{ cm}^3 = 1{,}011 \text{ m}^3$.

b) Mit Berücksichtigung der Eigengewichtskraft:

Den erforderlichen Querschnitt unter Berücksichtigung der Eigengewichts•kraft, die ebenfalls vom Querschnitt abhängt, erhalten wir durch den Ansatz

$$\sigma_{zul} = \frac{F + G}{A}$$

$$F + A \cdot h \cdot \gamma = \sigma_{zul} \cdot A$$

$$A = \frac{F}{\sigma_{zul} - h \cdot \gamma} = \frac{10\,000 \text{ kp}}{7 \text{ kp/cm}^2 - 700 \text{ cm} \cdot 2{,}4 \cdot 10^{-3} \text{ kp/cm}^3} = 1880 \text{ cm}^2$$

gewählte Kantenlänge $a = 43{,}5 \text{ cm}$ mit $A = 1892 \text{ cm}^2$,
Mauervolumen $V_2 = a^2 \cdot h = (43{,}5 \text{ cm})^2 \cdot 700 \text{ cm} = 1\,325\,000 \text{ cm}^3 = 1{,}325 \text{ m}^3$.
Die Erhöhung des Mauervolumens beträgt

$$(1{,}325 - 1{,}011) = 0{,}314 \text{ m}^3$$

bzw.

$$\frac{0{,}314}{1{,}011} \cdot 100 = 31\%$$

Beispiel: Ein kurzer Holzstempel von 12 cm Durchmesser wurde bei 34 Mp Belastung zerdrückt. Wie groß war die Druckfestigkeit σ_{d_B} des Holzes?

Lösung: Nach Gl. (85,1)

$$\sigma_{d_B} = \frac{F}{A} = \frac{F}{\frac{\pi}{4}\,d^2} = \frac{34\,000\,\text{kp}}{\frac{\pi}{4}\,(12\,\text{cm})^2} = 300\,\text{kp/cm}^2$$

86. Flächenpressung

Liegen zwei Bauteile mit ihren Berührungsflächen plan aufeinander, so verteilt sich die Druckkraft des einen Teiles auf den anderen gleichmäßig über die gesamte Auflagefläche. Es ist

$$Flächenpressung = \frac{\text{Druckkraft}}{\text{Auflagefläche}} \qquad \underline{p = \frac{F}{A}} \qquad (86,1)$$

Die Flächenpressung hat die gleiche Maßeinheit wie eine Spannung und wird wie diese in kp/cm² oder kp/mm² (aber auch in kp/m²) gemessen. Sie steht senkrecht auf der Druckfläche, wie die Spannung senkrecht auf der Querschnittsfläche. Sie ist aber ein äußerer Druck, d. h. eine Oberflächenbeanspruchung zwischen zwei Körpern im Gegensatz zu den Druckspannungen, die innerhalb eines Körpers wirken.

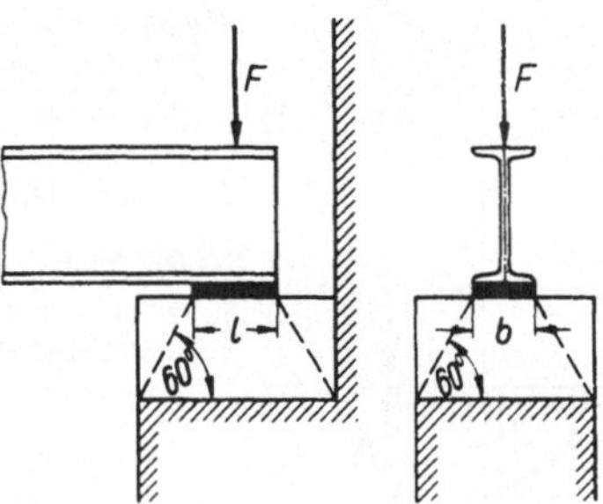

Abb. 86,1. Druckverteilung im Mauerwerk

Ist die Flächenpressung eines Stempels auf dem Liegenden oder eines Maschinenteiles auf dem Boden zu groß, so schaltet man einen Körper mit größerer zulässiger Flächenpressung oder größerer Auflagefläche, z. B. eine größere Unterlegplatte, ein Betonfundament usw. dazwischen. Innerhalb von Fundamenten oder gemauerten Unterlagen wird eine Verbreitung der wirksamen Druckfläche unter einem Winkel von etwa 60° angenommen (Abb. 86,1).

Beispiel: Auf welchen Querschnitt muß der Sockel des im vorigen Beispiel berechneten Mauerpfeilers vergrößert werden, wenn der Bodendruck 3 kp/cm² nicht überschreiten soll?

Lösung: Gesamtbelastung $F_{ges} = F + G = F + V_2 \cdot \gamma$

$$= 10\,000\,\text{kp} + 1\,325\,000\,\text{cm}^3 \cdot 2{,}4 \cdot 10^{-3}\,\text{kp/cm}^3$$

$$= 13\,180\,\text{kp}$$

Nach Gl. (86,1)

$$p = \frac{F_{ges}}{A}\,; \quad A = \frac{F_{ges}}{p} = \frac{13\,180\,\text{kp}}{3\,\text{kp/cm}^2} = 4390\,\text{cm}^2$$

Kantenlänge $a = 70$ cm mit $A = 4900$ cm².

Beispiel: Wie groß muß die Auflagefläche eines mit 550 kp belasteten I 14 Trägers sein, wenn die Flächenpressung auf dem Mauerwerk 6 kp/cm² nicht überschreiten soll? (Abb. 86,1).

Lösung: $p = \dfrac{F}{A}\,; \quad A = \dfrac{F}{p} = \dfrac{550\,\text{kp}}{6\,\text{kp/cm}^2} = 92\,\text{cm}^2$

Flanschbreite für I 14 nach Anhang Tab. 27: $b = 66\ \text{mm} = 6,6\ \text{cm}$

Länge der Unterlegeplatte: $l = \dfrac{A}{b} = \dfrac{92\ \text{cm}^2}{6,6\ \text{cm}} = 14\ \text{cm} = 140\ \text{mm}$

Die Flächenpressung des Zapfens in einem Lager, eines Bolzens oder Nietes in einer Bohrung bezeichnet man auch als *Lochleibung*. Dabei werden die radialen also senkrecht auf die Oberfläche wirkenden Kräfte nach Abb. 86,2a zur Vereinfachung und mit genügender Genauigkeit als gleichmäßig verteilt auf die Projektionsfläche: $A = $ Lagerlänge $l \times$ Zapfendurchmesser d gerechnet (Abb. 86,2b).

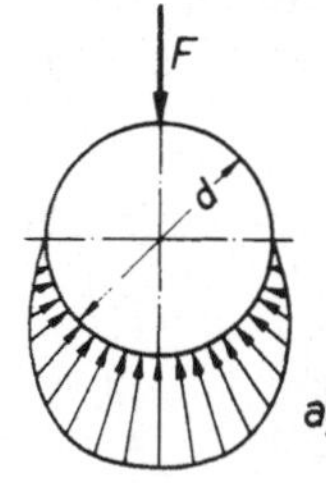

$$Lochleibung = \frac{\text{Aufliegekraft}}{\text{Projektionsfläche}}\ ;\quad \boxed{p_l = \frac{F}{l \cdot d}} \qquad (86,2)$$

Die Lochleibung ist ebenfalls eine Oberflächenbeanspruchung und wird in kp/cm² oder kp/mm² angegeben.

Beispiel: Wie groß ist die Lochleibung eines Kolbenbolzens vom Durchmesser 26 mm und einer Lagerlänge von 30 mm, wenn die Belastung 2200 kp beträgt?

Lösung: Die Lochleibung beträgt $p_l = \dfrac{F}{l \cdot d} = \dfrac{2200\ \text{kp}}{3\ \text{cm} \cdot 2,6\ \text{cm}}$

$= 282\ \text{kp/cm}^2$

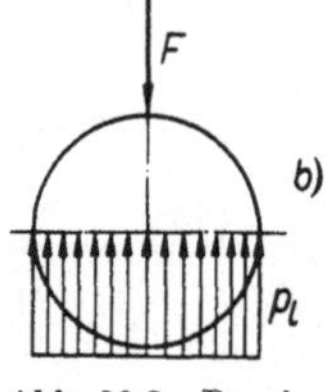

Abb. 86,2. Druckverteilung (a) und Lochleibung (b) an einem Lagerbolzen

Die zulässige Lochleibung kann bei ruhender Verbindung mit $p_l = 2,5 \cdot \sigma_{z_{zul}}$ angesetzt werden. Bei Lagerzapfen ist die zulässige Flächenpressung wesentlich geringer und hängt außer von der Zapfenumfangsgeschwindigkeit von der Werkstoffpaarung Zapfen/Lagerschale, sowie von der Art der Schmierung und Kühlung ab.

III. Scherfestigkeit

87. Grundgleichungen

Eine Zug- oder Druckspannung entsteht durch eine Kraft, die senkrecht zum beanspruchten Querschnitt wirkt. *Zug- und Druckspannung* hatten wir daher als *Normalspannung* bezeichnet. Wirkt eine *Kraft in der Querschnittsebene* (Abb. 87,1), so versucht diese den Querschnitt abzuscheren. Auch hier wird die *Scherspannung* gleichmäßig verteilt über den gefährdeten Querschnitt angenommen. Es ist

$$Schub\text{- oder } Scherspannung = \frac{\text{Scherkraft}}{\text{Querschnittsfläche}}\ \boxed{\tau_a = \frac{F}{A}} \qquad (87,1)$$

Bolzen und Niete werden ebenfalls nach dieser Gleichung auf „Schub" oder „Scherspannung" berechnet, obwohl im auf Schub beanspruchten Querschnitt noch eine Biegebeanspruchung auftritt. Ein gut sitzender warmgeschlagener Niet soll eigentlich gar keine Scherbeanspruchung erleiden, sondern warm eingezogen und verstemmt die Platten so stark aufeinanderpressen, daß der Kraftfluß durch die Reibung zwischen den sich berührenden Oberflächen von einem zum anderen Bauteil übergeht. Das gleiche ist von Schraubenverbindungen zu sagen.

Der Einfachheit wegen wird jedoch mit einer über den Bolzen- oder Nietquerschnitt gleichmäßig verteilten Schubspannung gerechnet und alle anderen Verhältnisse durch entsprechende Wahl der zulässigen Schubspannung berücksichtigt.

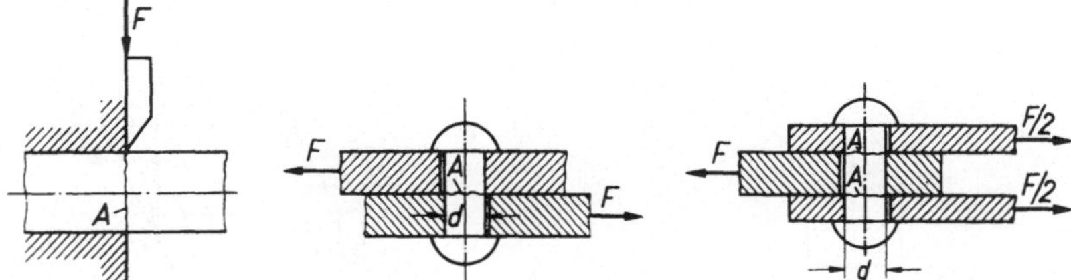

Abb. 87,1. Scherspannung   Abb. 87,2. Einschnittiges Niet   Abb. 87,3. Zweischnittiges Niet

Abb. 87,2 zeigt die Verbindung von Blechen durch eine sogenannte *einschnittige Nietverbindung*, deren Bezeichnung darauf hinweist, daß jedes Niet vom Durchmesser d in *einem* Querschnitt $A = \frac{\pi}{4}\, d^2$ auf Abscheren beansprucht wird. Bei der *zweischnittigen Nietverbindung* (Abb. 87,3) stehen gegen Scherbeanspruchung *zwei* Querschnitte, also $A_{\text{ges}} = 2\,\frac{\pi}{4}\, d^2$ zur Verfügung.

Beispiel: In einer Fachwerkkonstruktion ist ein Diagonalstab aus Winkeleisen $70 \cdot 70 \cdot 11$ mit einer Zugkraft von $8{,}85\,\text{Mp}$ belastet und durch 3 Niete von $20\,\text{mm}$ ⌀ an das $12\,\text{mm}$ starke Knotenblech angenietet. Es sind die Beanspruchungen für ein Niet zu berechnen.

Lösung: Belastung je Niet bei 3 Nieten:

$$F_1 = \frac{8{,}85\,\text{Mp}}{3} = 2{,}95\,\text{Mp} = 2\,950\,\text{kp}$$

Querschnitt je Niet:

$$A_1 = \frac{\pi}{4}\, d^2 = \frac{\pi}{4}\,(2\,\text{cm})^2 = 3{,}14\,\text{cm}^2$$

Nach Gl. (87,1) Scherspannung

$$\tau_a = \frac{F_1}{A_1} = \frac{2\,950\,\text{kp}}{3{,}14\,\text{cm}^2} = 940\,\text{kp/cm}^2$$

Nach Gl. (86,2) Lochleibung

$$p_l = \frac{F_1}{l \cdot d} = \frac{2\,950\,\text{kp}}{1{,}1\,\text{cm} \cdot 2\,\text{cm}} = 1\,340\,\text{kp/cm}^2$$

Beispiel: Aus einem Blech von $6\,\text{mm}$ Stärke sollen Löcher von $16\,\text{mm}$ Durchmesser ausgestanzt werden. Welche **Kraft muß der Lochstempel** ausüben, wenn die Abscherfestigkeit des Bleches $3\,400\,\text{kp/cm}^2$ beträgt? (Abb. 87,4).

Lösung: Die abzuscherende Fläche ist ein Zylindermantel

$$A = \pi \cdot d \cdot s$$

Nach Gl. (87,1) $\tau_{a_B} = \dfrac{F}{A}$ ist die Lochstempelkraft:

$$F = \tau_{a_B} \cdot A = \tau_{a_B} \cdot \pi \cdot d \cdot s = 3\,400\,\text{kp/cm}^2 \cdot \pi \cdot 1{,}6\,\text{cm} \cdot 0{,}6\,\text{cm}$$

$$= 10\,250\,\text{kp} = 10{,}25\,\text{Mp}$$

Wir haben bereits bei der Zug- und Druckbeanspruchung die *Form-änderung* unter Belastung als Dehnung $\varepsilon = \frac{\Delta l}{l}$ kennengelernt. Auch bei Scherbeanspruchung findet im elastischen Bereich eine Formänderung statt, die wir uns vorstellen können, wenn wir gemäß Abb. 87,5

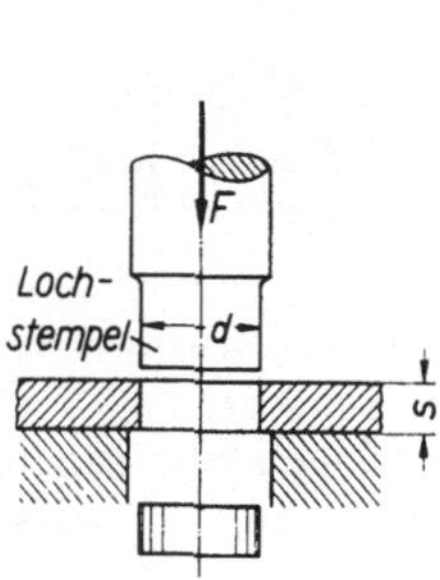

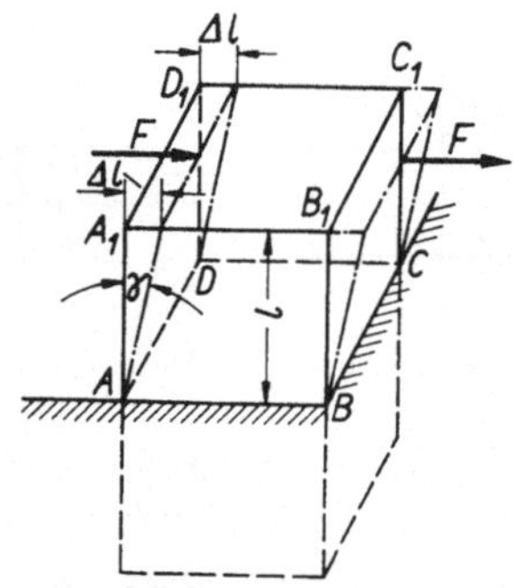

Abb. 87,4. Stanzen eines Loches (Beispiel)   Abb. 87,5. Formänderung bei Schubbeanspruchung

annehmen, daß auf einen eingespannten kurzen Stab die Scherkraft F nicht unmittelbar im abzuscherenden Querschnitt $ABCD$, sondern im Abstand l angreift, der in Abb. 87,5 übertrieben groß dargestellt ist. Es findet dann eine parallele Verschiebung oder *Gleitung* der einzelnen Querschnitte gegeneinander um einen Winkel γ statt. Im Abstand l von der Einspannstelle hat die Schiebung oder Gleitung den Betrag Δl. Da man für sehr kleine Winkel den Tangens des Winkels gleich dem Winkel im Bogenmaß setzen kann ($\tan \gamma \approx \widehat{\gamma}$), so ergibt sich nach Abb. 87,5

$$\widehat{\gamma} = \frac{\Delta l}{l} \tag{87,2}$$

$\widehat{\gamma} = $ Schiebung oder Gleitung im Bogenmaß.

Im elastischen Bereich war nach dem HOOKEschen Gesetz die Normalspannung σ der Dehnung ε proportional. Den Proportionalitätsfaktor haben wir als Elastizitätsmodul E kennengelernt, der den Werkstoff kennzeichnete. Entsprechend haben wir auch eine Proportionalität zwischen der Scherspannung τ und der Schiebung γ, deren Konstante mit

Gleitmodul G z. B. in kp/cm²

bezeichnet wird. Das HOOKEsche Gesetz für die Schub- oder Scherbeanspruchung lautet

$$\boxed{\tau = G \cdot \gamma} \tag{87,3}$$

Bei *Stählen* bestehen folgende allgemeine Beziehungen:

$$\tau_a \approx 0{,}75 \cdots 0{,}80 \cdot \sigma_z \tag{87,4}$$

$$G = 0{,}386 \cdot E \tag{87,5}$$

Für Stähle mit $E = 2{,}1 \cdot 10^6\,\text{kp/cm}^2$ ist

$$G = 0{,}386 \cdot 2{,}1 \cdot 10^6\,\text{kp/cm}^2 \approx 8 \cdot 10^5\,\text{kp/cm}^2$$

Beispiel: Die Abmessungen der Zugstangenverbindung in Abb. 87,6 sind für eine Stangenzugkraft von 10000 kp, $\sigma_{z\,\text{zul}} = 750\,\text{kp/cm}^2$ und $\tau_{a\,\text{zul}} = 0{,}8\,\sigma_{z\,\text{zul}}$ zu bestimmen.

a) Ermittlung des Stangendurchmessers d_1

$$\sigma_{z\,\text{zul}} = \frac{F}{A}\;;\; A = \frac{\pi}{4}\,d_1^2 = \frac{F}{\sigma_{z\,\text{zul}}}$$

$$= \frac{10000\,\text{kp}}{750\,\text{kp/cm}^2} = 13{,}35\,\text{cm}^2$$

gewählt $d_1 = 45\,\text{mm} \oslash$ mit $A = 15{,}9\,\text{cm}^2$; ferner $\delta = 50\,\text{mm}$ (s. Abb. 87,6).

b) Ermittlung der Stärke b des Gabelkopfes im Querschnitt $A \cdots B$

$$\sigma_{z\,\text{zul}} = \frac{F}{A} = \frac{F}{2\,b \cdot \delta}$$

$$b = \frac{F}{2\,\delta \cdot \sigma_{z\,\text{zul}}} = \frac{10000\,\text{kp}}{2 \cdot 5\,\text{cm} \cdot 750\,\text{kp/cm}^2}$$

$$= 1{,}335\,\text{cm},$$

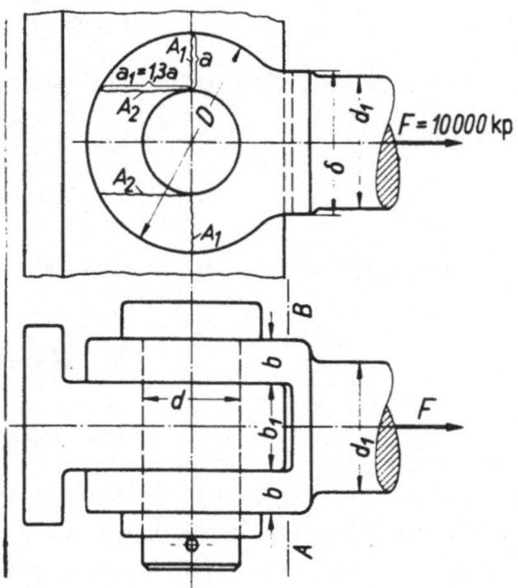

Abb. 87,6. Stangenverbindung (Beispiel)

gewählt $b = 15\,\text{mm}$ und $b_1 = 2b = 30\,\text{mm}$.

c) Ermittlung des Bolzendurchmessers d auf Scherfestigkeit

$$\tau_{a\,\text{zul}} = 0{,}8\,\sigma_{z\,\text{zul}} = \frac{F}{A} = \frac{F}{2\,\dfrac{\pi}{4}\,d^2}$$

$$\frac{\pi}{4}\,d^2 = \frac{F}{2 \cdot 0{,}8\,\sigma_{z\,\text{zul}}} = \frac{10000\,\text{kp}}{2 \cdot 0{,}8 \cdot 750\,\text{kp/cm}^2} = 8{,}33\,\text{cm}^2$$

gewählt $d = 35\,\text{mm} \oslash$ mit $A = 9{,}62\,\text{cm}^2$.

d) Nachrechnung des Bolzens auf Lochleibung

$$p_l = \frac{F}{A} = \frac{F}{2\,b \cdot d} = \frac{10000\,\text{kp}}{2 \cdot 1{,}5\,\text{cm} \cdot 3{,}5\,\text{cm}} = 950\,\text{kp/cm}^2$$

e) Ermittlung der erforderlichen Querschnitte A_1 auf Zugfestigkeit

$$\sigma_{z\,\text{zul}} = \frac{F}{A_1} = \frac{F}{2\,b\,(D - d)} = \frac{F}{2\,b \cdot D - 2\,b \cdot d}$$

$$2\,b \cdot D \cdot \sigma_{z\,\text{zul}} - 2\,b \cdot d \cdot \sigma_{z\,\text{zul}} = F$$

$$D = \frac{F + 2\,b \cdot d \cdot \sigma_{z\,\text{zul}}}{2\,b \cdot \sigma_{z\,\text{zul}}} = \frac{10000\,\text{kp} + 2 \cdot 1{,}5\,\text{cm} \cdot 3{,}5\,\text{cm} \cdot 750\,\text{kp/cm}^2}{2 \cdot 1{,}5\,\text{cm} \cdot 750\,\text{kp/cm}^2} = 7{,}95\,\text{cm}$$

gewählt $D = 80\,\text{mm} \oslash$.

f) Nachprüfung der Querschnitte A_2 auf Scherfestigkeit. Die auf Schub beanspruchten Querschnitte A_2 setzen sich zusammen aus den vier Querschnitten

$$A_{2\,\text{ges}} = 4\,a_1 \cdot b$$

Nach Abb. 87,6 ist gefordert $a_1 = 1{,}3\,a$ mit

$$a = \frac{D - d}{2} = \frac{(8 - 3{,}5)\,\text{cm}}{2} = 2{,}25\,\text{cm}$$

ist

$$a_1 = 1{,}3 \cdot a = 1{,}3 \cdot 2{,}25\,\text{cm} = 2{,}93\,\text{cm}$$

Tatsächlich ist

$$a_1 \approx \frac{D}{2} = \frac{8\,\text{cm}}{2} = 4\,\text{cm}$$

Damit wird die tatsächliche Nenn-Schubspannung in den Querschnitten A_2:

$$\tau_a = \frac{F}{4\,a_1 \cdot b} = \frac{10\,000\,\text{kp}}{4 \cdot 4\,\text{cm} \cdot 1{,}5\,\text{cm}} = 417\,\text{kp/cm}^2$$

$$\tau_{a_{\text{zul}}} = 0{,}8\,\sigma_{\text{zul}} = 0{,}8 \cdot 750\,\text{kp/cm}^2 = 600\,\text{kp/cm}^2$$

Die Querschnitte A_2 sind also auch auf Abscheren ausreichend bemessen.

IV. Biegefestigkeit

88. Biegegleichung

Wird ein Stab quer zu seiner Achse belastet, so erfährt er eine Biege-beanspruchung. Betrachten wir gemäß Abb. 88,1 einen eingespannten, einseitig belasteten Stab, so ergibt der freigemachte Stab an der Ein-spannstelle die Auflagerkraft F_A $= F$. Schneiden wir den Stab an der Stelle x durch, so können wir die inneren Kräfte zu äußeren machen. Zur Herbeiführung des Gleichge-wichtes bringen wir in der Schnitt-ebene die Querkraft F_Q und eine Normalkraft F_N an. Auf das abge-schnittene Balkenstück angewen-det lauten die drei Gleichgewichts-bedingungen

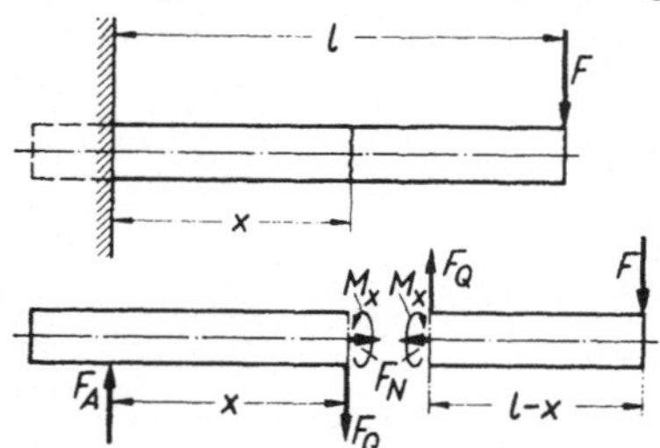

Abb. 88,1. Biegebeanspruchung eines einge-spannten einseitig belasteten Stabes. Kräfte an einer Schnittstelle

1. $\Sigma F_x = 0$:	$F_N = 0$	
2. $\Sigma F_y = 0$:	$-F_A + F_Q = 0;$	$F_Q = F_A$
3. $\Sigma M = 0$:	$+M_x - F_A \cdot x = 0;$	$M_x = F_A \cdot x$

Durch die *Querkraft* F_Q werden in der Schnittfläche A Schubspan-nungen hervorgerufen

$$\tau_a = \frac{F_Q}{A}$$

Das *Biegemoment* biegt den Balken durch. Die ehemals gerade Bal-kenachse wird eine gekrümmte Linie, die *Biegelinie*, auch *elastische Linie* genannt. Wir wollen annehmen, daß die Querschnitte, die vor der Belastung senkrecht auf der Stabachse standen, auch nach der Biegung normal zur gebogenen Achse bleiben (Abb. 88,2a). Wir schneiden ein gebogenes Stück $abcd$ heraus und stellen es in Abb. 88,2b in vergrößertem Maßstab dar. Der Verdrehungswinkel der Ebenen ist $\Delta\varphi$.

Zeichnen wir die Parallele $a'b'$ zu dc, so erkennen wir, daß die oberen Balkenfasern bei der Biegung verlängert, die unteren verkürzt werden. Der obere Teil des Querschnittes wird also auf Zug, der untere auf Druck beansprucht. Die Faser im Querschnitt, die keine Längenänderung und keine Zug- oder Druckbeanspruchung erfährt, heißt *neutrale Faser*.

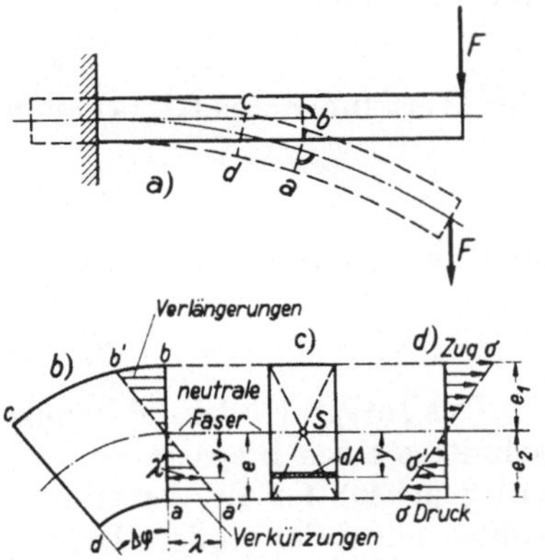

Abb. 88,2c zeigt den Querschnitt, Abb. 88,2d die Spannungsverteilung für den auf Biegung beanspruchten Balken. Wir betrachten zwei Faserschichten:

die äußere Faserschicht im Abstand e von der neutralen Faser mit der Verlängerung oder Verkürzung λ und der größten Spannung σ_{max},

eine Faserschicht im Abstand y von der neutralen Faser mit der Verlängerung oder Verkürzung λ' und der Spannung σ'.

Abb. 88,2. Biegung eines Stabes
a) Lageplan und Verformung, b) Verformung eines Balkenelementes, c) Querschnitt des Biegestabes, d) Spannungsverteilung

Entsprechend der Voraussetzung, daß die Querschnitte stets senkrecht zur Biegeachse bleiben, nehmen die Verlängerungen bzw. Verkürzungen linear mit dem Abstand von der neutralen Faser zu. Innerhalb der Elastizitäts- oder auch Proportionalitätsgrenze wachsen aber auch die Spannungen wie die Dehnungen bzw. Verlängerungen oder Verkürzungen. Damit ist

$$\frac{\lambda'}{\lambda} = \frac{y}{e} = \frac{\sigma'}{\sigma_{max}}$$

$$\sigma' = \sigma_{max}\frac{y}{e} \tag{a}$$

Greifen wir im Abstand y von der neutralen Faser ein unendlich kleines Flächenstück dA heraus, dessen Spannung σ' beträgt (Abb. 88,2c und d), so muß die Summe der Normalspannungen für den Querschnitt gleich Null sein, wenn Gleichgewicht herrschen soll. Das heißt die Summe der Zug- und Druckkräfte ist gleich Null:

$$\int \sigma' \cdot dA = 0$$

Setzen wir σ' nach Gl. (a) ein, so wird

$$\int \frac{\sigma_{max}}{e} dA \cdot y = \frac{\sigma_{max}}{e}\int dA \cdot y = 0$$

da σ_{max}/e gemäß Abb. 88,2d nicht gleich Null sein kann, folgt

$$\int dA \cdot y = 0. \tag{b}$$

Nach Statik Abschn. 18, Satz 27 ist die Summe der Momente aller Flächenteile einer Fläche bezogen auf ihre Schwerlinie gleich Null.

28*

Satz 66: *Die neutrale Faser eines auf Biegung beanspruchten Stabes geht durch den Schwerpunkt des Querschnittes.*

Es muß ferner das *statische Moment aus* den *inneren Spannungen* $\int \sigma' \cdot dA \cdot y$ *gleich* dem *äußeren Biegemoment* M_x an der Stelle x sein. Daraus folgt

$$M_x = \int \sigma' \cdot dA \cdot y \tag{c}$$

der Wert für σ' aus Gl. (a) eingesetzt

$$M_x = \int \sigma_{\mathrm{max}} \frac{y^2}{e}\, dA$$

und da σ_{max} und e konstante Größen sind

$$M_x = \frac{\sigma_{\mathrm{max}}}{e} \int dA \cdot y^2 \tag{d}$$

Das Integral $\int dA \cdot y^2$ kennzeichnet die Flächenverteilung des Querschnittes eines Biegestabes und ihre Lage zur neutralen Faserschicht (Biegeachse). Ist die Verteilung der Flächenteilchen nicht gleichmäßig, sondern liegt der größere Teil in großem Abstand von der Schwerpunktfaser, so ergibt das Integral auch einen großen Wert. Wenn der größere Anteil der Flächenteilchen dagegen dicht um die Schwerpunktfaser verteilt liegt, ergibt das Integral einen kleineren Wert. Für einen bestimmten Querschnitt erhält man aus dem Integral jedoch immer einen ganz bestimmten Wert. Man nennt das Integral das

$$\text{\textit{äquatoriale Trägheitsmoment}} \quad \underline{I = \int dA \cdot y^2} \tag{88,1}$$

Man erhält das Trägheitsmoment einer Fläche, indem man jedes Flächenelement mit dem Quadrat des Abstandes von der Bezugsachse multipliziert. Die *Maßeinheit des Trägheitsmomentes* I ergibt sich aus dem Produkt dA in cm² und y^2 in cm² zu cm⁴.

Setzen wir I in Gl. (d) ein und schreiben für das Biegemoment an der Stelle x das allgemeine Biegemoment M_b, so wird

$$M_b = \frac{\sigma_{\mathrm{max}}}{e}\, I$$

Die *größte Spannung* in der äußersten Faser mit dem Abstand e, die *Randfaserspannung*, ist dann

$$\sigma_{\mathrm{max}} = \frac{M_b}{I/e}$$

Den Ausdruck $\dfrac{I}{e}$ nennt man das Widerstandsmoment einer Querschnittsfläche für eine Bezugsachse und bezeichnet es mit W.

Die *Maßeinheit des Widerstandsmomentes* ergibt sich aus I in cm⁴ dividiert durch e in cm zu cm³.

$$\boxed{W = \frac{I}{e}} \tag{88,2}$$

Liegt der Querschnitt symmetrisch zur neutralen Faser, sind also beide Randfaserabstände e_1 und e_2 einander gleich (Abb. 88,2c), so erhalten wir nur *einen* Wert für das Widerstandsmoment $W = \dfrac{I}{e}$, und auch die beiden Randfaserspannungen in Zug- und Druckzone sind einander gleich. Mit dem Biegemoment M_b und der Randfaserspannung σ_b lautet die

$$\text{\textit{Biegegleichung}} \qquad \boxed{\sigma_b = \frac{M_b}{W}} \qquad\qquad (88,3)$$

$$\text{\textit{Randfaserspannung}} = \frac{\text{Biegemoment}}{\text{Widerstandsmoment}}$$

Ist der Querschnitt unsymmetrisch zur Biegeachse, d. h. sind die Randfaserabstände e_1 und e_2 verschieden groß (Abb. 88,3), so erhalten wir zwei Widerstandsmomente und damit in den Randfasern die

$$\text{größte Zugspannung } \sigma_{+b} = \frac{M_b}{I/e_1} = \frac{M_b}{W_1} \qquad\qquad (88,4\,\text{a})$$

$$\text{größte Druckspannung } \sigma_{-b} = \frac{M_b}{I/e_2} = \frac{M_b}{W_2} \qquad\qquad (88,4\,\text{b})$$

Wir haben gesehen, daß neben den Biege-Normalspannungen durch die Querkraft F_Q außerdem Schubspannungen auftreten können. Handelt es sich bei der Biegebeanspruchung um kleine Querschnitte im Verhältnis zu der Stablänge, so können bei der Querschnittsermittlung und dem Spannungsnachweis

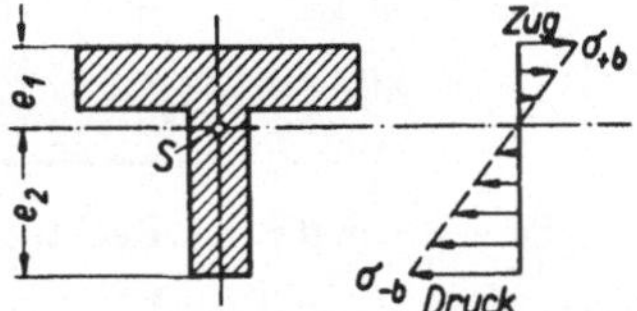

Abb. 88,3. Biegespannungsverteilung in einem unsymmetrischen Querschnitt

die Schubspannungen als klein gegenüber der Normalspannung vernachlässigt werden. Beachtenswert ist sie nur bei kurzen, dicken Stäben. Bei Nieten und Schraubenverbindungen haben wir schon gesehen, daß hier die Biege-Normalspannungen gegenüber der Schubspannung vernachlässigt werden.

89. Trägheitsmomente und Widerstandsmomente von Querschnittsflächen

Das Widerstandsmoment eines Querschnittes, das wir zur Berechnung der Biegespannung benötigen, ergibt sich aus dem Trägheitsmoment, das wir zunächst ermitteln müssen. Das Trägheitsmoment in der Form $I = \int dA \cdot y^2$ gilt für die Schwerpunktachse. Aber auch durch den Schwerpunkt lassen sich beliebig viele Achsen legen. Allgemein bezeichnet man *Trägheitsmomente*, die sich *auf eine Achse beziehen, als äquatoriale*. Meist gibt man sie für zwei aufeinander senkrechte Achsen an und legt die x- und y-Achse durch den Flächenschwerpunkt.

$$I_x = \int dA \cdot y^2 = \text{äquatoriales Trägheitsmoment für die } X\text{-Achse}$$

$$I_y = \int dA \cdot x^2 = \text{äquatoriales Trägheitsmoment für die } Y\text{-Achse}$$

Beispiel: Durch den Schwerpunkt des Rechtecks mit der Höhe h und der Breite b werden parallel zu den Seiten die X- und Y-Achse gelegt. Ermittle Trägheits- und Widerstandsmomente für beide Achsen (Abb. 89,1).

Lösung: Trägheitsmoment I_x für die x-Achse: Wir greifen ein unendlich kleines Flächenteil $dA = b \cdot dy$ heraus und finden nach Gl. (88,1)

$$I_x = \int dA \cdot y^2 = \int\limits_{y=-\frac{h}{2}}^{y=+\frac{h}{2}} b \cdot y^2 \cdot dy$$

Nach den Regeln der höheren Mathematik ergibt das Integral

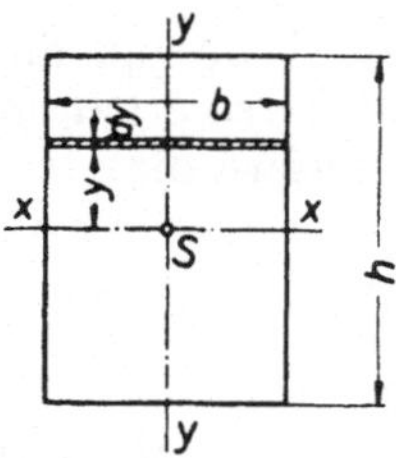

Abb. 89,1.　Trägheits- und Widerstandsmoment eines Rechteckes

$$I_x = \frac{1}{3}\, b \cdot y^3 \Big|_{y=-h/2}^{y=+h/2} = \frac{b \cdot h^3}{12}$$

$$\underline{I_x = \frac{b \cdot h^3}{12}}$$

$$W_x = \frac{I_x}{h/2} = \frac{b \cdot h^3/12}{h/2} ; \qquad \underline{W_x = \frac{b \cdot h^2}{6}}$$

Bezogen auf die y-Achse ergibt sich nach Abb. 89,1, daß nur die Seiten vertauscht werden:

$$\underline{I_y = \frac{h \cdot b^3}{12}} \qquad\qquad \underline{W_y = \frac{h \cdot b^2}{6}}$$

Setzen wir für das Rechteck z. B. $b = 2$ cm und $h = 6$ cm ein, so ist:

$$I_x = \frac{2\,\text{cm}\,(6\,\text{cm})^3}{12} = 36\,\text{cm}^4; \qquad W_x = \frac{2\,\text{cm}\,(6\,\text{cm})^2}{6} = 12\,\text{cm}^3$$

$$I_y = \frac{6\,\text{cm}\,(2\,\text{cm})^3}{12} = 4\,\text{cm}^4; \qquad W_y = \frac{6\,\text{cm}\,(2\,\text{cm})^2}{6} = 4\,\text{cm}^3$$

Das Widerstandsmoment einer Querschnittsfläche ist, wie Abb. 89,1 zeigt, nicht abhängig von ihrer Größe, sondern von der Lage der Flächenteilchen zur Bezugsachse. Die Rechteckfläche hochkant gestellt, ergibt für das Zahlenbeispiel einen dreimal so großen Wert als wenn es flach gelegt wird.

Wenn wir *für eine zur Schwerpunktachse parallele Achse das Trägheitsmoment* berechnen wollen, wenden wir den *Verschiebungssatz* an, der für das in Abb. 89,2 dargestellte Rechteck abgeleitet werden soll. Dabei sind parallel zu der x- und y-Achse durch die Seiten des Rechteckes die u- und v-Achse gezogen. Der Abstand der x- und u-Achse betrage a. Dann ergibt sich mit dem eingezeichneten Flächenteilchen dA nach Gl. (88,1)

Abb. 89,2.　Rechteck zur Ableitung des STEINERschen Verschiebungssatzes

$$I_u = \int dA \cdot v^2 = \int dA\,(y + a)^2 = \int dA\,(y^2 + 2\,a\,y + a^2)$$

$$I_u = \int dA \cdot y^2 + \int dA \cdot a^2 + 2\,a \cdot \int dA \cdot y$$

In dieser Gleichung ist

$\int dA \cdot y^2 = I_x$ nach Gl. (88,1)

$\int dA \cdot a^2 = A \cdot a^2$, da a konstant und $\int dA = A$ ist,

$\int dA \cdot y = 0$ als Summe der Momente der Flächenteilchen um die Schwerpunktsachse nach Statik Abschn. 18, Satz 27.

Damit ergibt sich

$$\boxed{I_u = I_x + A \cdot a^2}\qquad(89,1)$$

In Worten:

Steinerscher[1] *Verschiebungssatz, Satz 67: Das Trägheitsmoment bezogen auf eine beliebige Achse ist gleich dem Trägheitsmoment in bezug auf die parallele Schwerpunktachse, vermehrt um das Produkt aus Fläche und Quadrat des Achsenabstandes.*

Es muß beachtet werden, daß *dieser Satz* nicht für beliebige Achsen, sondern *nur in Verbindung mit den Schwerpunktachsen gilt.*

Beispiel: Für das Rechteck ist das Trägheitsmoment bezogen auf die u-Achse zu bestimmen (Abb. 89,2).

Lösung: $I_x = \dfrac{b \cdot h^3}{12}$; $A = b \cdot h$; $a = \dfrac{h}{2}$

Nach Gl. (89,1)

$$I_u = I_x + A \cdot a^2 = \frac{b \cdot h^3}{12} + b \cdot h \cdot \frac{h^2}{4} = \frac{b \cdot h^3}{12} + \frac{3\, b \cdot h^3}{12};\quad I_u = \frac{b \cdot h^3}{3}$$

Nachfolgende Tafel (S. 442/443) gibt Trägheits- und Widerstandsmomente einiger regelmäßiger Querschnittsflächen wieder. Außerdem enthalten die Tabellen der gebräuchlichen Profilstähle außer den Abmessungen Angaben der Querschnittsflächen, Maße für die Lage des Schwerpunktes der Fläche sowie die Trägheits- und Widerstandsmomente.

Setzen sich die Querschnitte von Maschinen- und Bauteilen, die auf Biegung berechnet werden sollen, aus regelmäßigen Querschnittsflächen oder Profilquerschnitten zusammen, deren Trägheitsmomente bekannt sind, so läßt sich das Trägheits- bzw. Widerstandsmoment ermitteln unter Beachtung folgender

Regeln für das Zusammensetzen von Trägheitsmomenten

1. Setzt sich ein Querschnitt, dessen Trägheits- und Widerstandsmoment ermittelt werden soll, aus mehreren Einzelquerschnitten zusammen, so ist die Lage des Schwerpunktes für den gesamten Querschnitt zunächst zu ermitteln (siehe Statik Abschn. 20).

2. Trägheitsmomente, die sich auf dieselbe Achse beziehen, lassen sich addieren oder voneinander subtrahieren.

---

[1] STEINER, JAKOB, 1796···1863, Schweizer Geometer, Professor an der Universität Berlin, Mitglied der Akademie der Wissenschaften.

3. Trägheitsmomente für verschiedene Achsen müssen zunächst mit Hilfe des Verschiebungssatzes auf eine gemeinsame Achse (die Gesamt-Schwerpunktsachse) bezogen werden, bevor man sie addieren oder subtrahieren kann.

4. Widerstandsmomente lassen sich, auch wenn sie sich auf dieselbe Achse beziehen, im allgemeinen nicht addieren oder subtrahieren. Es ist immer erst das Gesamt-Trägheitsmoment für die Gesamt-Schwerpunktachse zu berechnen und hieraus dann das Widerstandsmoment zu bestimmen.

Beispiel: (zu Regel 2): Es sind Trägheits- und Widerstandsmoment bezogen auf die x-Achse für den Querschnitt des liegenden T-Eisens nach Abb. 89,3 zu bestimmen (Maße in mm).

Lösung: Der T-Eisen-Querschnitt setzt sich zusammen aus den beiden Rechteckquerschnitten

$$A_1 = (20 \cdot 1,6)\,\text{cm}^2 = 32\,\text{cm}^2$$

$$A_2 = (1,6 \cdot 8,4)\,\text{cm}^2 = 13,4\,\text{cm}^2$$

Die Schwerpunkte der Rechtecke S_1 und S_2 liegen beide auf der x-Achse. Damit ergibt sich nach Regel 2:

$$I_x = I_1 + I_2 = \frac{1,6\,\text{cm}\,(20\,\text{cm})^3}{12} + \frac{8,4\,\text{cm}\,(1,6\,\text{cm})^3}{12}$$

$$= 1067\,\text{cm}^4 + 2,87\,\text{cm}^4 \approx 1070\,\text{cm}^4$$

Mit $e = \dfrac{20\,\text{cm}}{2} = 10\,\text{cm}$ ist

$$W_x = \frac{I_x}{e} = \frac{1070\,\text{cm}^4}{10\,\text{cm}} = 107\,\text{cm}^3$$

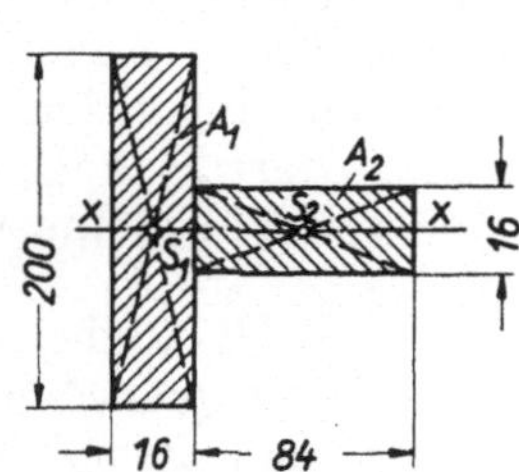

Abb. 89,3. Trägheits- und Widerstandsmoment eines liegenden T-Eisens

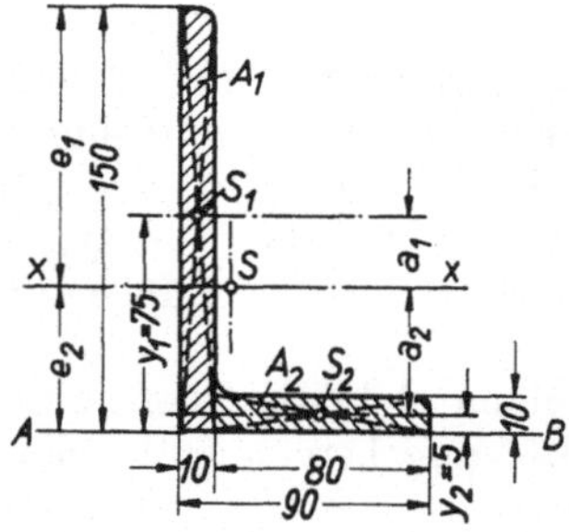

Abb. 89,4. Trägheits- und Widerstandsmoment eines ungleichschenkligen Winkeleisens

Anmerkung: Es wäre falsch, die Widerstandsmomente der beiden Rechteckflächen nach der Gleichung $W_x = \dfrac{b \cdot h^2}{6}$ zu berechnen und zu addieren! (s. Regel 4).

Beispiel: (zu Regel 3): Für den gegebenen Querschnitt eines ungleichschenkligen Winkeleisens (Abb. 89,4) sind das Trägheits- und die Widerstandsmomente für die Schwerpunktachse $x \cdots x$ zu berechnen.

Lösung: Das Winkeleisen setzt sich zusammen aus den beiden Rechteckquerschnitten

$$A_1 = (15 \cdot 1)\,\text{cm}^2 = 15\,\text{cm}^2$$

$$A_2 = (8 \cdot 1)\,\text{cm}^2 = 8\,\text{cm}^2$$

Ihr Schwerpunktabstand von der Kante $A \cdots B$ ergibt sich zu

$$y_1 = \frac{15 \text{ cm}}{2} = 7,5 \text{ cm}$$

$$y_2 = \frac{1 \text{ cm}}{2} = 0,5 \text{ cm}$$

Damit ergibt sich der Gesamt-Schwerpunkt, im Abstand e_2 von der Kante $A \cdots B$ nach Statik Abschn. 20:

$$- A_{ges} \cdot e_2 + A_1 \cdot y_1 + A_2 \cdot y_2 = 0$$

$$e_2 = \frac{A_1 \cdot y_1 + A_2 \cdot y_2}{A_{ges}} = \frac{(15 \cdot 7,5 + 8 \cdot 0,5) \text{ cm}^3}{(15 + 8) \text{ cm}^2} = 5,05 \text{ cm}$$

$$e_1 = 15 \text{ cm} - e_2 = (15 - 5,05) \text{ cm} = 9,95 \text{ cm}$$

Die Abstände der Schwerpunktachsen der Einzelflächen von der Gesamt-Schwerpunktachse berechnen sich nach Abb. 89,4 zu

$$a_1 = y_1 - e_2 = (7,5 - 5,05) \text{ cm} = 2,45 \text{ cm}$$

$$a_2 = e_2 - y_2 = (5,05 - 0,5) \text{ cm} = 4,55 \text{ cm}$$

Das Trägheitsmoment der Fläche A_1 für die Schwerpunktachse S_1 ist

$$I_1 = \frac{1 \text{ cm } (15 \text{ cm})^3}{12} = 281 \text{ cm}^4$$

das der Fläche A_2 für die Schwerpunktachse S_2

$$I_2 = \frac{8 \text{ cm } (1 \text{ cm})^3}{12} = 0,67 \text{ cm}^4$$

Damit ergibt sich das Trägheitsmoment für die x-Achse vom gesamten Querschnitt

$$I_x = (I_1 + A_1 \cdot a_1^2) + (I_2 + A_2 \cdot a_2^2)$$
$$= (281 + 15 \cdot 2,45^2) \text{ cm}^4 + (0,67 + 8 \cdot 4,55^2) \text{ cm}^4$$
$$I_x = (281 + 90 + 0,67 + 165,6) \text{ cm}^4 = 537 \text{ cm}^4$$

Die Widerstandsmomente sind

$$W_{x1} = \frac{I_x}{e_1} = \frac{537 \text{ cm}^4}{9,95 \text{ cm}} = 54 \text{ cm}^3$$

$$W_{x2} = \frac{I_x}{e_2} = \frac{537 \text{ cm}^4}{5,05 \text{ cm}} = 106,5 \text{ cm}^3$$

Beispiel: Die Trägheits- und Widerstandsmomente des Blechträger-Querschnittes nach Abb. 89,5 sind für die x- und y-Achse unter Vernachlässigung von Nietlöchern zu berechnen.

Lösung: a) für die x-Achse
Stegblech:

$$A_1 = 50 \text{ cm} \cdot 1,8 \text{ cm} = 90 \text{ cm}^2$$

$$I_{x1} = \frac{1,8 \text{ cm } (50 \text{ cm})^3}{12} = 18\,750 \text{ cm}^4$$

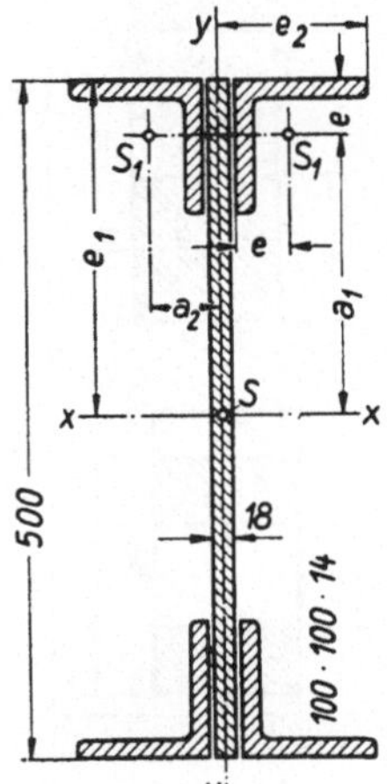

Abb. 89,5. Trägheits- und Widerstandsmoment eines Blechträger-Querschnittes

Winkelstahl nach Formstahltabelle Anhang Tabelle 29 ∟100 · 100 · 14

$$A_{\llcorner} = 26,2 \text{ cm}^2.$$

Schwerpunktabstand von der Winkelstahlkante $e = 2,98$ cm

$$a_1 = \frac{50\ \text{cm}}{2} - e = \left(\frac{50}{2} - 2,98\right)\text{cm} = 22,02\ \text{cm}$$

Trägheitsmoment bezogen auf die Schwerpunktachse des Winkelstahles

$$I_\mathsf{L} = 235\ \text{cm}^4$$

Damit ergibt sich das Trägheitsmoment bezogen auf die x-Achse

$$I_x = I_{x1} + 4\,(I_\mathsf{L} + A_\mathsf{L} \cdot a_1^2) = 18\,750\ \text{cm}^4 + 4\,(235 + 26,2 \cdot 22,02^2)\ \text{cm}^4$$

$$= (18\,750 + 51\,760)\ \text{cm}^4 = 70\,510\ \text{cm}^4$$

$$W_x = \frac{I_x}{e_1} = \frac{70\,510\ \text{cm}^4}{25\ \text{cm}} = 2\,820\ \text{cm}^3$$

b) für die y-Achse

$$a_2 = e + \frac{1,8\ \text{cm}}{2} = 2,98\ \text{cm} + \frac{1,8\ \text{cm}}{2} = 3,88\ \text{cm}$$

Stegblech $I_{y1} = \dfrac{50\ \text{cm}\ (1,8\ \text{cm})^3}{12} = 24,3\ \text{cm}^4$

Äquatoriale Trägheits- und Widerstandsmomente einiger Querschnittsflächen

Fläche	Randfaserabstand	Trägheitsmoment	Widerstandsmoment
	$e = \dfrac{h}{2}$	$I_x = \dfrac{b \cdot h^3}{12}$	$W_x = \dfrac{b \cdot h^2}{6}$
	$e = \dfrac{b}{2}$	$I_y = \dfrac{h \cdot b^3}{12}$	$W_y = \dfrac{h \cdot b^2}{6}$
		$I_{\overline{AB}} = \dfrac{b \cdot h^3}{3}$	
	$e = \dfrac{a}{2}$	$I_x = I_y = \dfrac{a^4}{12}$	$W_x = W_y = \dfrac{a^3}{6}$
	$e = \dfrac{H}{2}$	$I_x = b\,\dfrac{H^3 - h^3}{12}$	$W_x = b\,\dfrac{H^3 - h^3}{6 \cdot H}$
	$e_1 = \dfrac{2}{3} h$		$W_1 = \dfrac{b \cdot h^2}{24}$
	$e_2 = \dfrac{1}{3} h$	$I_x = \dfrac{b \cdot h^3}{36}$	$W_2 = \dfrac{b \cdot h^2}{12}$
		$I_{\overline{AB}} = \dfrac{b \cdot h^3}{12}$	

Äquatoriale Trägheits- und Widerstandsmomente einiger Querschnittsflächen

Fläche	Randfaserabstand	Trägheitsmoment	Widerstandsmoment
	$c = \dfrac{d}{2}$	$I_x = I_y = \dfrac{\pi}{64}\,d^4$ $\approx \dfrac{1}{20}\,d^4$	$W_x = W_y = \dfrac{\pi}{32}\,d^3$ $\approx 0{,}1\,d^3$
	$c = \dfrac{D}{2}$	$I_x = I_y = \dfrac{\pi}{64}\,(D^4 - d^4)$ $\approx \dfrac{1}{20}\,(D^4 - d^4)$	$W_x = W_y$ $= \dfrac{\pi}{32}\,\dfrac{D^4 - d^4}{D}$ $\approx 0{,}1\,\dfrac{D^4 - d^4}{D}$

für kleine Wandstärke

$$\delta = \frac{D - d}{2} \quad \text{und} \quad D_m = \frac{D + d}{2}$$

$$I_x = I_y = \frac{\pi}{8}\,D_m^3 \cdot \delta \qquad W_x = W_y = \frac{\pi}{4}\,D_m^2 \cdot \delta$$

Fläche	Randfaserabstand	Trägheitsmoment	Widerstandsmoment
	$e_1 = r - e_2$ $e_2 = \dfrac{4}{3}\,\dfrac{r}{\pi}$ $= 0{,}212\,d$	$I_x = 0{,}00686\,d^4$	$W_1 = \dfrac{I_y}{e_1}$ $W_2 = \dfrac{I_y}{e_2}$

Damit ergibt sich das Trägheitsmoment bezogen auf die y-Achse

$$I_y = I_{y1} + 4\,(I_L + A_L \cdot a_2^2)$$

$$= 24{,}3\ \text{cm}^4 + 4\,(235 + 26{,}2 \cdot 3{,}88^2)\ \text{cm}^4$$

$$= (24{,}3 + 2517{,}6)\ \text{cm}^4 = 2542\ \text{cm}^4$$

$$W_y = \frac{I_y}{e_2} = \frac{2542\ \text{cm}^4}{(0{,}9 + 10)\ \text{cm}} = 233\ \text{cm}^3$$

Beispiel: Für den aus zwei Profilstählen $\llcorner$20 zusammengesetzten Träger nach Abb. 89,6 sollen a) die Trägheits- und Widerstandsmomente für die x- und y-Achse bei einem Mittenabstand $b = 30$ mm berechnet werden. b) Wie groß ist der Abstand b zu wählen, wenn die Trägheitsmomente bezogen auf die x- und y-Achse gleich groß werden sollen?

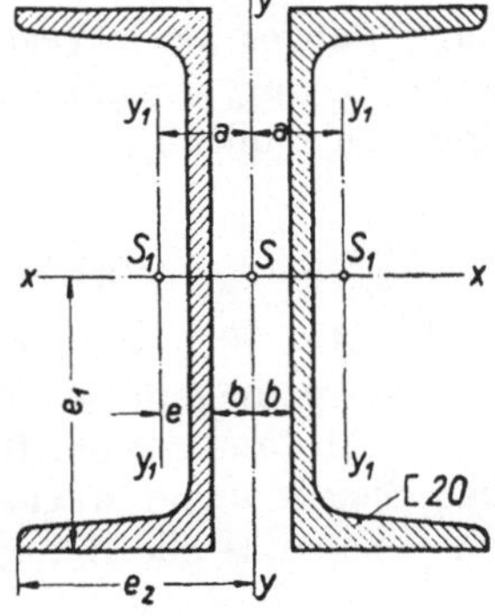

Abb. 89,6. Träger aus zwei U-Stahlprofilen zusammengesetzt

Lösung: a) Nach der Profiltabelle Anhang Tabelle *22* ist für E 20

$$I_{1x} = 1910 \text{ cm}^4; \qquad I_{1y} = 148 \text{ cm}^4$$

$$W_{1x} = 191 \text{ cm}^3; \qquad W_{1y} = 27 \text{ cm}^3$$

$$A = 32{,}2 \text{ cm}^2; \qquad\quad e = 2{,}01 \text{ cm}$$

$$a = e + b = (2{,}01 + 3) \text{ cm} = 5{,}01 \text{ cm}$$

$$I_x = 2\,I_{1x} = 2 \cdot 1910 \text{ cm}^4 = 3820 \text{ cm}^4$$

$$W_x = \frac{I_x}{e_1} = \frac{3820 \text{ cm}^4}{10 \text{ cm}} = 382 \text{ cm}^3$$

$$I_y = 2\,(I_{1y} + A \cdot a^2) = 2\,(148 + 32{,}2 \cdot 5{,}01^2)\, \text{cm}^4 = 2\,(148 + 808)\, \text{cm}^4 = 1912 \text{ cm}^4$$

$$W_y = \frac{I_x}{e_2} = \frac{1912 \text{ cm}^4}{(7{,}5 + 3) \text{ cm}} = 182 \text{ cm}^3$$

b) Gefordert wird der Abstand b für $I_x = I_y$:

$$2\,I_{1x} = 2\,(I_{1y} + A \cdot a^2)$$

$$A \cdot a^2 = I_{1x} - I_{1y}$$

$$a = \sqrt{\frac{I_{1x} - I_{1y}}{A}} = \sqrt{\frac{(1910 - 148)\, \text{cm}^4}{32{,}2 \text{ cm}^2}} = 7{,}4 \text{ cm}$$

$$b = a - e = (7{,}4 - 2{,}01) \text{ cm} = 5{,}39 \text{ cm} = 53{,}9 \text{ mm}$$

90. Belastungsfälle

Mit Hilfe der Biegegleichung Gl. (88,3) $\sigma_{\max} = \dfrac{M_b}{W}$ kann an einer beliebigen Stelle x eines Balkens die größte Spannung in der Randfaser des Querschnittes bestimmt werden. Diese Spannung in der Randfaser des Querschnittes ist aber längs des Balkens veränderlich. Ihr größter Wert tritt an der Stelle x auf, an der der Quotient M_b/W seinen Höchstwert erreicht. Besitzt der Balken überall gleichen Querschnitt (und diesen Fall wollen wir vorläufig nur untersuchen) also gleiches Widerstandsmoment W, so liegt der gefährdete Querschnitt an der Stelle des größten Biegemomentes. Es soll darum die Aufgabe dieses Abschnittes sein, für die in der Technik am häufigsten vorkommenden Belastungsfälle die *Lage des größten Biegemomentes* zu ermitteln. Dabei wird gezeigt, daß es zwei Wege gibt, die Lage des größten Biegemomentes, seinen Betrag, wie auch den Betrag der Biegemomente an jeder anderen Stelle zu ermitteln.

a) Freiträger mit einer Einzellast

In Abb. 90,1 ist ein eingespannter Balken im Abstand $l = 8$ m von der Einspannstelle A mit einer Einzellast $F = 500$ kp belastet. In einem Abstand x vom freien Ende ist das Biegemoment $M_x = F \cdot x$. Das Biegemoment wächst proportional mit x bis zum Höchstwert an der Einspannstelle A

$$\boxed{M_{\max} = F \cdot l} \tag{90,1}$$

α) *Ermittlung von M_b aus der Momentenfläche*

Wir zeichnen im Kräfteplan maßstäblich F und von einem Pol O im Abstand $a = 6$ cm die Polstrahlen s_0 und s_1 durch Anfang und Ende der Kraft F. Ziehen wir im Lageplan durch die Wirklinie von F die Seilstrahlen s'_0 und s'_1 parallel zu den entsprechenden Polstrahlen, so schneiden diese in Richtung der Stützkraft F_A an der Einspannstelle A die Strecke y heraus.

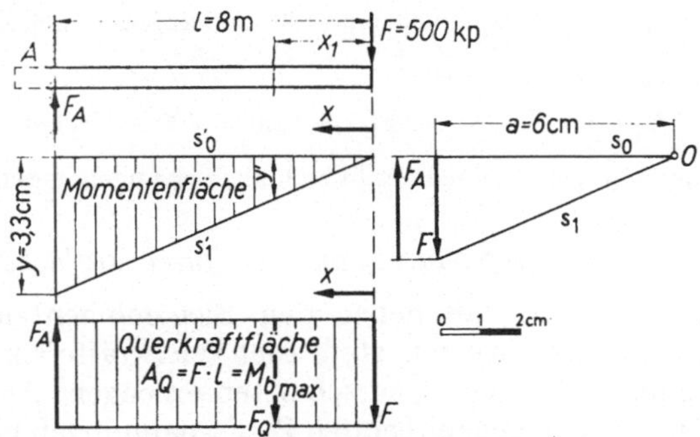

Abb. 90,1. Freiträger mit einer Einzellast
Lageplan, Maßstab 1:100; Kräfteplan, Kräftemaßstab 1 cm ≙ 200 kp

Poleck und Seileck schließen ähnliche Dreiecke ein. Da in ähnlichen Dreiecken die gleichgelegenen Stücke verhältnisgleich sind, gilt mit den Bezeichnungen der Abb. 90,1 die Proportion:

$$a : l = F : y$$

$$F \cdot l = a \cdot y = M_{\max}$$

Für eine beliebige Stelle des Balkens x ergibt sich die Proportion

$$a : x = F : y'$$

$$F \cdot x = a \cdot y' = M_x$$

Die vom Seileck eingeschlossene Fläche wird als *Momentenfläche* bezeichnet, da ihre Höhe an jeder Stelle das dort herrschende Biegemoment darstellt. Sie ermöglicht in übersichtlicher Weise die *Lage* und den Betrag *des Höchstwertes des Biegemomentes* zu finden. Sie ist stets *dort zu finden, wo die Momentenfläche ihre größte Höhe hat.* Daraus folgern wir:

Satz 68: Das Biegemoment eines senkrecht zu seiner Achse belasteten Balkens ist durch das Produkt aus der Höhe des Seilecks an dem untersuchten Balkenquerschnitt und dem Polabstand dargestellt. Das größte Biegemoment liegt an der Stelle der größten Höhe des Seilecks.

Es ist allerdings zur Ermittlung des Wertes des Biegemomentes für y der Längenmaßstab und für a der Kräftemaßstab zu berücksichtigen.

Man bezeichnet:
im Lageplan die Maßstabsgröße m (Verhältniszahl = unbenannte Zahl),
im Kräfteplan die Maßstabsgröße n in kp/cm,
und erhält die allgemeine Beziehung zur Berechnung des größten Biegemomentes aus der Momentenfläche:

$$\underline{M_{max} = a \cdot y \cdot m \cdot n} \tag{90,2}$$

Mit den Zahlenwerten des Beispiels ergibt sich *zeichnerisch*:

$$M_{max} = a \cdot y \cdot m \cdot n = 6\ cm \cdot 3{,}3\ cm \cdot 100 \cdot 200\ kp/cm = 396\,000\ kpcm$$

Rechnerisch ist nach Gl. (90,1)

$$M_{max} = F \cdot l = 500\ kp \cdot 800\ cm = 400\,000\ kpcm$$

Der zahlenmäßige Unterschied ergibt sich aus der ungenaueren Zeichnung.

β) *Ermittlung von M_b aus der Querkraftfläche*

Wir haben gesehen, daß neben den Biegemomenten, die Biege-Normalspannungen hervorrufen, stets auch Querkräfte vorhanden sind, die Schubspannungen in den Querschnitten erzeugen. Allerdings können diese meist als klein gegenüber den Biegespannungen vernachlässigt werden.

Wir wollen jetzt den Verlauf der Querkräfte betrachten, da dieser zum Verlauf der Biegemomente in einem Balken in mathematischer Beziehung steht. Trägt man, ausgehend von einem Ende des Balkens, die zur Stabachse senkrechten äußeren Kräfte nach Größe und Richtung auf, so schließt die Begrenzungslinie die sog. *Querkraftfläche* ein, wobei die Begrenzung der Funktion $F_Q = f(x)$ entspricht.

Die vorher betrachtete Momentenfläche wird, wie wir gesehen haben, von der Momentenlinie $M_b = f(x)$ begrenzt. Das größte Biegemoment liegt nach den Betrachtungen im vorigen Abschnitt dort, wo die Tangente an die Momentenlinie parallel zur X-Achse verläuft, d. h. vom positiven zum negativen Wert oder umgekehrt wechselt, also die 1. Ableitung Null ist. Der Differentialquotient der Funktion $M_b = f(x)$ gibt die Steigung an. Damit ergibt sich nach Abb. 90,1:

$$M_{bx} = F \cdot x_1$$

$$\frac{dM_b}{dx} = F = F_Q$$

und für $M_{b\,max}$:

$$\frac{dM_b}{dx} = 0 = F_Q \tag{90,3}$$

Die erste Ableitung des Biegemomentes ergibt allgemein den Wert der Querkraft F_Q an der Stelle x. Da das größte Biegemoment an der Stelle liegt, an der die erste Ableitung der Momentenlinie gleich Null ist, liegt *das größte Biegemoment* auch dort, *wo die Querkraft durch Null geht*. Im Beispiel Abb. 90,1 trifft dies dort zu, wo durch die Wirkung der Kraft F_A an der Einspannstelle die Querkraft F_Q zu Null wird.

Ferner muß nach vorstehenden Überlegungen das Integral der Funktion $F_Q = f(x)$ wieder das Moment ergeben.

$$M_x = \int_0^x F_Q \cdot dx \qquad (90,4)$$

Die Querkraftfläche ist demnach ein Maß des Biegemomentes im betrachteten Bereich der Angriffspunkte der äußeren Kräfte (jeweils ausgehend von einem Ende des Balkens). Nach Abb. 90,1 ergibt sich für den eingezeichneten Bereich x_1

$$M_x = F \cdot x_1$$

und für den gesamten Bereich bis zur Einspannstelle A ist das größte Biegemoment die gesamte Querkraftfläche

$$M_{b\max} = F \cdot l$$

Satz 69: Das Biegemoment eines senkrecht zu einer Achse belasteten Balkens ist dargestellt durch die Querkraftfläche im untersuchten Bereich der Angriffspunkte der äußeren Kräfte. Das größte Biegemoment liegt an der Stelle, an der die Querkraft durch Null geht.

Beispiel: Welche Abmessungen muß unter obigen Belastungsverhältnissen ein Eichenholzträger mit quadratischem Querschnitt haben, wenn die Biegefestigkeit $\sigma_{bB} = 600$ kp/cm² beträgt und eine 4fache Sicherheit verlangt wird?

Lösung:

$$\sigma_{zul} = \frac{\sigma_{bB}}{v} = \frac{M_b}{W}$$

$$W = \frac{M_b \cdot v}{\sigma_{bB}} = \frac{400\,000 \text{ kpcm} \cdot 4}{600 \text{ kp/cm}^2} = 2\,670 \text{ cm}^3$$

$$W = \frac{a^3}{6}$$

$$a = \sqrt[3]{6 \cdot W} = \sqrt[3]{6 \cdot 2\,670 \text{ cm}^3} = 25,2 \text{ cm}$$

gewählt 26 cm Kantenlänge.

b) Freiträger mit mehreren Einzellasten

Das größte Biegemoment liegt nach der Zeichnung der Momentenfläche sowie der Querkraftfläche an der Einspannstelle (Abb. 90,2). Es setzt sich zusammen aus den Momenten der einzelnen Kräfte

$$M_{\max} = F_1 \cdot l_1 + F_2 \cdot l_2 + F_3 \cdot l_3$$

Mit den Zahlenangaben der Abb. 90,2 ist rechnerisch

$$M_{\max} = (150 \cdot 1000 + 200 \cdot 650 + 100 \cdot 550) \text{ kpcm} = 335\,000 \text{ kpcm}$$

Zeichnerisch ergibt sich aus Momentenfläche und Krafteck

$$M_{\max} = a \cdot y \cdot m \cdot n = 5 \text{ cm} \cdot 6,7 \text{ cm} \cdot 100 \cdot 100 \text{ kp/cm} = 335\,000 \text{ kpcm}$$

Aus der Querkraftfläche folgt

$$M_{b\max} = 150 \text{ kp} \cdot 350 \text{ cm} + (1{,}50 + 200) \text{ kp} \cdot 100 \text{ cm}$$
$$+ (150 + 200 + 100) \text{ kp} \cdot 550 \text{ cm} = 335\,000 \text{ kpcm}$$

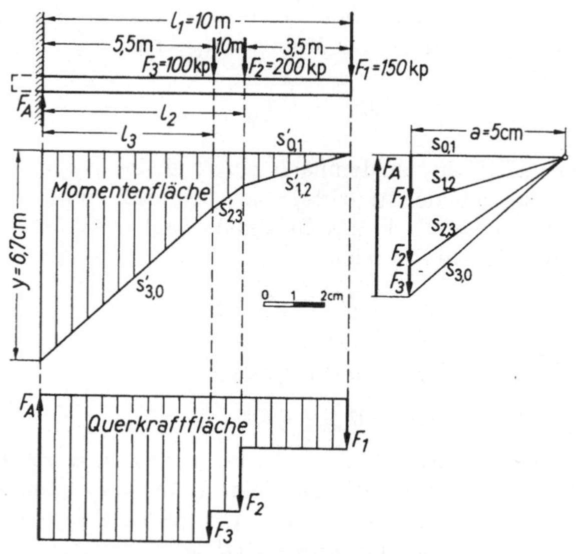

Abb. 90,2. Freiträger mit mehreren Einzellasten
Lageplan, Maßstab 1:100; Kräfteplan, Kräftemaßstab 1 cm ≙ 100 kp

c) Freiträger mit gleichmäßig verteilter Last

Bezeichnet q die Belastung je Balkenlängeneinheit, sogenannte „Streckenlast", z. B. in kp für 1 cm Länge, so ist die Gesamtlast $F = q \cdot l$. Diese kann in der Mitte des Trägers als Mittelkraft angreifend gedacht werden (Abb. 90,3). Sie erzeugt an der Einspannstelle das größte Biegemoment

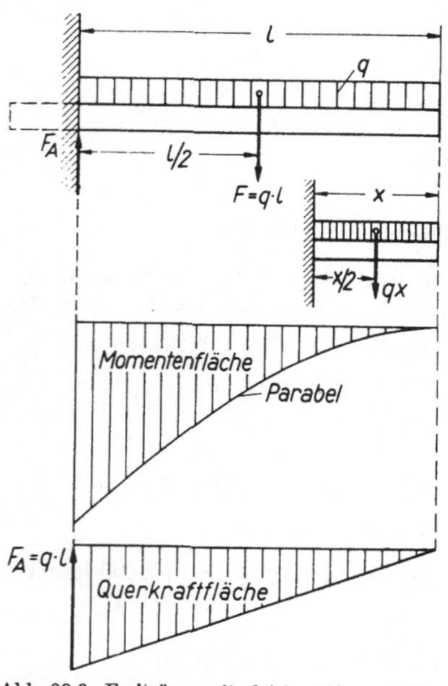

$$M_{\max} = \frac{F \cdot l}{2} = \frac{q \cdot l^2}{2} \qquad (90,5)$$

Betrachtet man einen beliebigen Querschnitt x (Abb. 90,3) und ermittelt in gleicher Weise für diesen das Biegemoment, so ist

$$M_x = q \cdot x \frac{x}{2} = \frac{q \cdot x^2}{2}$$

$$= \text{const} \cdot x^2$$

M_x wächst demnach proportional x^2. Die Begrenzungslinie der Momentenfläche ist daher eine Parabel, die in Abb. 90,3 dargestellt ist.

Schließlich kann das Biegemoment aus der Querkraftfläche ab-

Abb. 90,3. Freiträger mit gleichmäßig verteilter Last

geleitet werden, die eine Dreieckfläche ist, da die Querkraft vom Balkenende bis zur Einspannstelle gleichmäßig zunimmt. Das größte Biegemoment an der Einspannstelle ergibt sich aus der Querkraftfläche zu

$$M_{b\max} = \frac{F_A \, l}{2} = \frac{q \cdot l^2}{2}$$

Kommt zu der über der Länge l des Balkens gleichmäßig verteilten Last $q \cdot l$ noch im Abstand l von der Einspannstelle eine Einzellast F_1 hinzu, so ergibt sich überlegungsmäßig das größte Biegemoment

$$M_{\max} = \frac{q \cdot l^2}{2} + F_1 \cdot l \tag{90,6}$$

Beispiel: Ein frei tragender Balkon sei nach Abb. 90,4 durch drei I-Stahlprofile gebildet. Es sei eine gleichmäßige Belastung von 750 kp/cm² und für die Eigengewichtskraft jedes Trägers 20 kp/m angenommen. Welches Profil ist zu wählen, wenn $\sigma_{b\mathrm{zul}} = 750$ kp/cm² vorgeschrieben ist ?

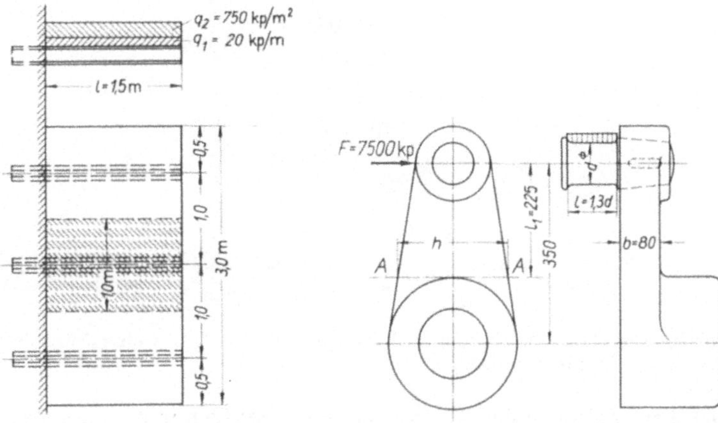

Abb. 90,4. Freitragender Balkon   Abb. 90,5. Kurbel

Lösung: Für die Berechnung der Belastung eines Trägers werde als Fläche die halbe Feldbreite beiderseits des Trägers gemäß der schraffierten Fläche in Abb. 90,4 angenommen. Dazu kommt noch die Eigengewichtskraft des Trägers. Damit ergibt sich die Gesamtlast eines Trägers

$$F = q_1 \cdot l + q_2 \cdot l \cdot 1{,}0 \text{ m} = 20 \text{ kp/m} \cdot 1{,}5 \text{ m} + 750 \text{ kp/m}^2 \cdot 1{,}5 \text{ m} \cdot 1{,}0 \text{ m} = 1155 \text{ kp}$$

Nach Gl. (90,5)

$$M_{\max} = \frac{F \cdot l}{2} = \frac{1155 \text{ kp} \cdot 150 \text{ cm}}{2} = 86\,600 \text{ kpcm}$$

$$\sigma_{b\mathrm{zul}} = \frac{M_{\max}}{W}$$

$$W = \frac{M_{\max}}{\sigma_{b\mathrm{zul}}} = \frac{86\,600 \text{ kpcm}}{750 \text{ kp/cm}^2} = 115{,}5 \text{ cm}^3$$

Nach der Stahlprofil-Tabelle Anhang Tabelle 27 wählen wir I 16 mit $W_x = 117$ cm³.

Beispiel: Die Stangenkraft auf die in Abb. 90,5 dargestellte Kurbel beträgt 7500 kp und wird als gleichmäßig verteilte Last auf den Kurbelzapfen übertragen.

Mit den angegebenen Abmessungen ist a) der Kurbelzapfen für eine zulässige Biegewechselspannung von 500 kp/cm² für St 70 und b) der gefährdete Querschnitt $A \cdots A$ für eine zulässige Biegespannung von 350 kp/cm² für St 50 zu berechnen.

Lösung: a) Kurbelzapfen.

Nach Gl. (88,3)

$$M_{max} = \frac{F \cdot l}{2} = \frac{F \cdot 1{,}3\, d}{2}$$

Nach Gl. (90,6)

$$\sigma_{bzul} = \frac{M_{max}}{W} = \frac{\dfrac{F \cdot 1{,}3\, d}{2}}{0{,}1\, d^3} = \frac{1{,}3\, F}{0{,}2\, d^2}$$

$$d = \sqrt{\frac{1{,}3\, F}{0{,}2\, \sigma_{bzul}}} = \sqrt{\frac{1{,}3 \cdot 7500 \text{ kp}}{0{,}2 \cdot 500 \text{ kp/cm}^2}} = \sqrt{97{,}5 \text{ cm}^2} = 9{,}88 \text{ cm}$$

gewählt $d = 100$ mm $\varnothing$; $l = 1{,}3\, d = 130$ mm

Die Lochleibung des Zapfens im Zapfenlager ist nach Gl. (86,2)

$$p_l = \frac{F}{l \cdot d} = \frac{7500 \text{ kp}}{(13 \cdot 10) \text{ cm}^2} = 58 \text{ kp/cm}^2$$

b) Gefährdeter Querschnitt $A \cdots A$ der Kurbel nach Gl. (90,1)

$$M_{max} = F \cdot l_1 = 7500 \text{ kp} \cdot 22{,}5 \text{ cm} = 169\,000 \text{ kpcm}$$

$$\sigma_{bzul} = \frac{M_{max}}{W} = \frac{M_{max}}{\dfrac{b \cdot h^2}{6}}$$

$$h = \sqrt{\frac{6\, M_{max}}{b \cdot \sigma_{bzul}}} = \sqrt{\frac{6 \cdot 169\,000 \text{ kpcm}}{8 \text{ cm} \cdot 350 \text{ kp/cm}^2}} = \sqrt{362{,}1 \text{ cm}^2} = 19{,}03 \text{ cm}$$

Die Konstruktion der Kurbel muß im Querschnitt $A \cdots A$ eine Höhe von wenigstens $h = 190$ mm ergeben[1].

d) Frei aufliegender Träger auf zwei Stützen mit einer Einzellast

Wir ermitteln zunächst die Auflagerkräfte F_A und F_B und können sie nach der Statik mit Kräfteplan, Pol- und Seileck zeichnerisch bestimmen (Abb. 90,6) oder mit Hilfe der Gleichgewichtsbedingungen berechnen:

Nach $\Sigma\, M_A = 0$: $F \cdot a - F_B \cdot l = 0$; $F_B = \dfrac{F \cdot a}{l}$

Nach $\Sigma\, M_B = 0$: $- F \cdot b + F_A \cdot l = 0$; $F_A = \dfrac{F \cdot b}{l}$

Nach der Momentenfläche Abb. 90,6 liegt das größte Biegemoment im Angriffspunkt von F. Hierfür ergibt sich, wenn wir den Träger freimachen:

$$M_{max} = F_B \cdot b$$

$$M_{max} = \frac{F \cdot a \cdot b}{l} \tag{90,7}$$

---

[1] Die Berechnung des Querschnittes $A \cdots A$ auf zusammengesetzte Beanspruchung siehe Abschn. 100, S. 488.

Mit den Zahlenangaben der Abb. 90,6 finden wir *rechnerisch* nach Gl. (90,7)

$$M_{b\max} = \frac{F \cdot a \cdot b}{l} = \frac{120\ \text{kp} \cdot 30\ \text{cm} \cdot 45\ \text{cm}}{75\ \text{cm}} = 2160\ \text{kpcm}$$

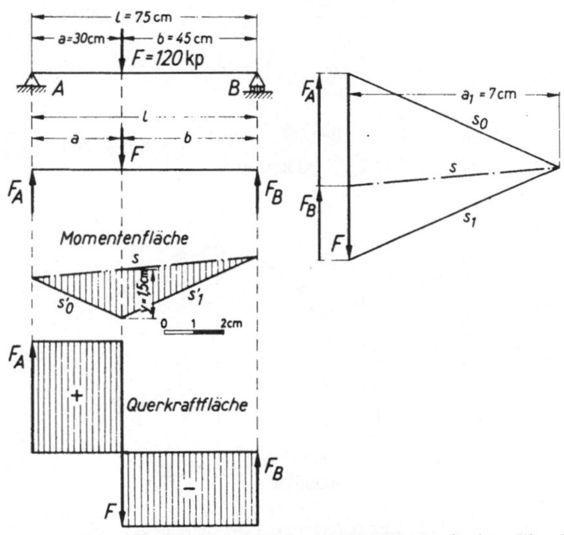

Abb. 90,6. Frei aufliegender Träger auf zwei Stützen mit einer Einzellast
Lageplan, Maßstab 1:10; Kräfteplan, Kräftemaßstab 1 cm ≙ 20 kp

Zeichnerisch aus der Momentenfläche:

$$M_{b\max} = a_1 \cdot y \cdot m \cdot n = 7\ \text{cm} \cdot 1{,}5\ \text{cm} \cdot 20\ \text{kp/cm} \cdot 10 = 2100\ \text{kpcm}$$

Die rechnerische Lösung ist die genauere.

Mit $F_A = \dfrac{F \cdot b}{l} = \dfrac{120\ \text{kp} \cdot 45\ \text{cm}}{75\ \text{cm}} = 72\ \text{kp}$ ergibt sich aus der Querkraftfläche:

$$M_{b\max} = F_A \cdot a = 72\ \text{kp} \cdot 30\ \text{cm} = 2160\ \text{kpcm}.$$

e) Frei aufliegender Träger auf zwei Stützen mit Einzellast in der Mitte

In diesem praktisch häufig vorkommenden Fall ist $a = b = \dfrac{l}{2}$. Damit ist nach Gl. (90,7)

$$M_{\max} = \frac{F \cdot l/2 \cdot l/2}{l}$$

$$\boxed{M_{\max} = \frac{F \cdot l}{4}} \qquad (90{,}8)$$

Beispiel: Die in Abb. 90,7 dargestellte Seilscheibenwelle soll für die angegebenen Belastungen auf Biegung berechnet werden. Werkstoff St 50, für den bei einer Biegefestigkeit von 50 kp/mm² eine 8fache Sicherheit verlangt wird.

Lösung: Die Resultierende der Seilkräfte greift über die Seilscheibe in der Mitte der Seilscheibenwelle an.

a) Resultierende F_M

Nach dem Kräfteplan Abb. 90,7 ergibt sich rechnerisch

$$\cos 30° = \frac{F_M/2}{F}\ ; F_M = 2F \cdot \cos 30° = 2 \cdot 6000\ \text{kp} \cdot 0{,}866 = 10\,400\ \text{kp}$$

29*

b) Wellendurchmesser d_1

Belastungsfall: Träger auf zwei Stützen mit Einzellast in der Mitte:

Nach Gl. (90,8):

$$M_{max} = \frac{F_M \cdot l}{4} = \frac{10\,400\,\text{kp} \cdot 80\,\text{cm}}{4} = 208\,000\,\text{kpcm}$$

$$\sigma_{bzul} = \frac{\sigma_B}{\nu} = \frac{M_{max}}{W} = \frac{M_{max}}{0,1\,d_1^3}$$

$$d_1 = \sqrt[3]{\frac{\nu \cdot M_{max}}{0,1\,\sigma_B}} = \sqrt[3]{\frac{8 \cdot 208\,000\,\text{kpcm}}{0,1 \cdot 5\,000\,\text{kp/cm}^2}} = \sqrt[3]{3\,330\,\text{cm}^3} = 14,95\,\text{cm}$$

gewählt $d_1 = 150$ mm $\varnothing$.

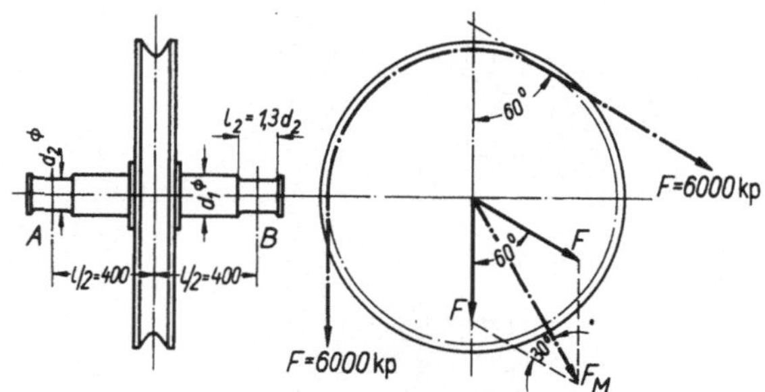

Abb. 90,7. Zur Berechnung einer Seilscheibenwelle

c) Lagerzapfen d_2 und l_2

Die Zapfen werden durch die Lagerkräfte $F_A = F_B = \dfrac{10\,400\,\text{kp}}{2} = 5\,200$ kp auf Biegung beansprucht. Mit der Annahme, daß die Lagerkraft in der Mitte des Zapfens angreift, kommt man, da der Zapfen als eingespannter Freiträger zu betrachten ist, zu dem gleichen größten Biegemoment wie mit der Annahme einer über die Zapfenlänge gleichmäßig verteilten Last:

Nach Gl. (90,5)

$$M_{max} = \frac{F_A \cdot l_2}{2}$$

$$\sigma_{bzul} = \frac{\sigma_B}{\nu} = \frac{M_{max}}{W} = \frac{F_A \cdot l_2}{2 \cdot 0,1\,d_2^3} = \frac{F_A\,1,3\,d_2}{0,2\,d_2^3} = \frac{1,3\,F_A}{0,2\,d_2^2}$$

$$d_2 = \sqrt{\frac{1,3\,\nu \cdot F_A}{0,2\,\sigma_B}} = \sqrt{\frac{1,3 \cdot 8 \cdot 5\,200\,\text{kp}}{0,2 \cdot 5\,000\,\text{kp/cm}^2}} = \sqrt{54\,\text{cm}^2} = 7,35\,\text{cm}$$

Mit Rücksicht auf den Wellendurchmesser $d_1 = 150$ mm² wird man

$$d_2 = 100\,\text{mm}\ \varnothing$$

wählen. Dann ist $l_2 = 1,3\,d_2 = 130$ mm.

f) Frei aufliegender Träger auf zwei Stützen mit mehreren beliebig angreifenden Einzellasten

Bei diesem Belastungsfall ist es immer zweckmäßig, durch Zeichnung der Momentenfläche bzw. der Querkraftfläche die Lage des größten Biegemomentes zu ermitteln. Abb. 90,8 stellt den Fall eines Trägers auf zwei Stützen mit überkragendem Ende dar. Dabei ergibt sich eindeutig das größte Biegemoment im Angriffspunkt der Stützkraft F_B, da hier die Momentenfläche ihre größte Höhe hat und die Querkraft durch Null geht.

Wir bestimmen zunächst rechnerisch die Stützkräfte F_A und F_B.

Nach $\Sigma\, M_A = 0$: $\quad F_1 \cdot 0,2\,\text{m} + F_2 \cdot 0,4\,\text{m} + F_3 \cdot 1,0\,\text{m} - F_B \cdot 1,2\,\text{m} + F_4 \cdot 1,6\,\text{m} = 0$

$$F_B = \frac{F_1 \cdot 0,2\,\text{m} + F_2 \cdot 0,4\,\text{m} + F_3 \cdot 1,0\,\text{m} + F_4 \cdot 1,6\,\text{m}}{1,2\,\text{m}}$$

$$= \frac{0,8\,\text{Mp} \cdot 0,2\,\text{m} + 0,6\,\text{Mp} \cdot 0,4\,\text{m} + 0,4\,\text{Mp} \cdot 1,0\,\text{m} + 1,2\,\text{Mp} \cdot 1,6\,\text{m}}{1,2\,\text{m}}$$

$$= 2,267\,\text{Mp} = 2267\,\text{kp}$$

Nach $\Sigma\, Fy = 0$: $\quad -F_A + F_1 + F_2 + F_3 - F_B + F_4 = 0$

$$F_A = F_1 + F_2 + F_3 - F_B + F_4$$

$$= (0,8 + 0,6 + 0,4 - 2,267 + 1,2)\,\text{Mp} = 0,733\,\text{Mp} = 733\,\text{kp}$$

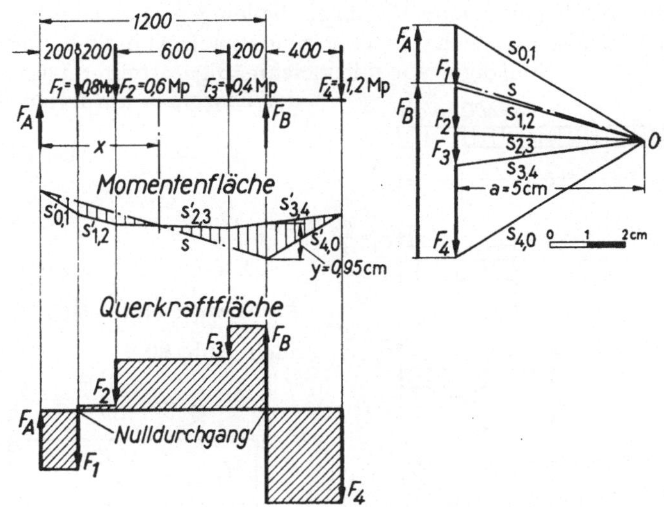

Abb. 90,8. Frei aufliegender Träger auf zwei Stützen mit mehreren beliebig angreifenden Einzellasten
Lageplan, Maßstab 1:20; Kräfteplan, Kräftemaßstab 1 cm $\,\widehat{=}\,$ 0,5 Mp

Der Träger ist im Abstand x vom Stützlager A ohne Biegemoment, d. h. spannungsfrei. Dieser Abstand x ergibt sich aus der Momentengleichung.

$$F_A \cdot x - F_1\,(x - 0,2\,\text{m}) - F_2\,(x - 0,4\,\text{m}) = 0$$

$$F_A \cdot x - F_1 \cdot x + F_1 \cdot 0,2\,\text{m} - F_2 \cdot x + F_2 \cdot 0,4\,\text{m} = 0$$

$$F_1 \cdot 0,2\,\text{m} + F_2 \cdot 0,2\,\text{m} = F_1 \cdot x + F_2 \cdot x - F_A \cdot x$$

$$x = \frac{F_1 \cdot 0,2\,\text{m} + F_2 \cdot 0,4\,\text{m}}{F_1 + F_2 - F_A} = \frac{0,8\,\text{Mp} \cdot 0,2\,\text{m} + 0,6\,\text{Mp} \cdot 0,4\,\text{m}}{0,8\,\text{Mp} + 0,6\,\text{Mp} - 0,733\,\text{Mp}}$$

$$= \frac{0,40\,\text{Mp m}}{0,667\,\text{Mp}} = 0,6\,\text{m} = 600\,\text{mm}$$

Das größte Biegemoment an der Lagerstelle B ergibt sich rechnerisch aus der Querkraftfläche

$$M_{\text{max}} = F_4 \cdot 40\,\text{cm} = 1200\,\text{kp} \cdot 40\,\text{cm} = 48000\,\text{kpcm}$$

zeichnerisch

$$M_{\text{max}} = a \cdot y \cdot m \cdot n = 5\,\text{cm} \cdot 0,95\,\text{cm} \cdot 20 \cdot 500\,\text{kp/cm} = 47500\,\text{kpcm}$$

Beispiel: Welcher I-Träger wäre für obiges Biegemoment erforderlich, wenn die zulässige Biegespannung 600 kp/cm² betragen soll?
Nach Gl. (88,3)

$$\sigma_{bzul} = \frac{M_{max}}{W}$$

$$W = \frac{M_{max}}{\sigma_{bzul}} = \frac{48\,000 \text{ kpcm}}{6\,00 \text{ kp/cm}^2} = 80 \text{ cm}^3$$

Nach der Stahlprofiltabelle Anhang Tabelle 27 wählen wir
I 14 mit $W_x = 81{,}9$ cm³.

g) Frei aufliegender Träger auf zwei Stützen mit gleichmäßig verteilter Last

Bezeichnet wieder q z. B. in kp/cm die gleichmäßig auf die Trägerlänge verteilte Last, die sog. „*Streckenlast*", so beträgt die Gesamtlast mit l in cm $F = q \cdot l$ in kp.

Um das Biegemoment für einen beliebigen Querschnitt x zu bestimmen, denkt man sich das Trägerende nach Abb. 90,9 eingespannt. Dann liegt ein Freiträger vor mit gleichmäßig verteilter Last $q \cdot x$ und der Einzellast am freien Ende

$$F_B = \frac{q \cdot l}{2}. \text{ Also ist}$$

$$M_x = \frac{q \cdot l}{2}\, x - q \cdot x\, \frac{x}{2}$$

Das größte Biegemoment in *Trägermitte* ergibt sich für $x = \dfrac{l}{2}$ nach Abb. 90,9:

$$M_{max} = \frac{q \cdot l}{2}\, \frac{l}{2} - \frac{q \cdot l}{2}\, \frac{l}{4}$$

$$\boxed{M_{max} = \frac{q \cdot l^2}{8} = \frac{F \cdot l}{8}} \qquad (90{,}9)$$

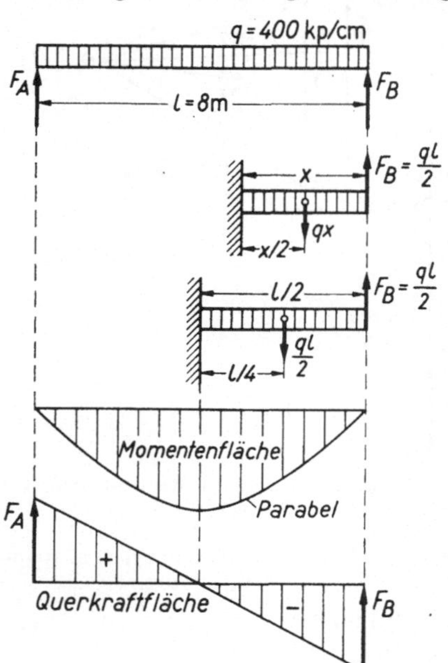

Abb. 90,9. Frei aufliegender Träger auf zwei Stützen mit gleichmäßig verteilter Last

M_x ist vorstehend durch eine quadratische Gleichung ausgedrückt. Das Biegemoment ändert sich demnach mit dem Quadrat der Trägerlänge x. Wir erkennen daraus, daß auch hier bei gleichmäßig verteilter Last die Momentenfläche durch eine Parabel begrenzt wird, deren Scheitel in der Trägermitte liegt. Zu dem gleichen Ergebnis kommt man nach der in Abb. 90,9 dargestellten Querkraftfläche.

Wir erkennen aber auch, daß beim Träger auf zwei Stützen das größte Biegemoment bei einer Einzellast in der Mitte nach Gl. (90,8) $M_{max} = \dfrac{F \cdot l}{4}$ beträgt, während es bei gleichmäßig verteilter Last nach Gl. (90,9) $M_{max} = \dfrac{F \cdot l}{8}$, also nur halb so groß ist. Ähnliche Verhältnisse liegen beim Freiträger vor. Während das größte Biegemoment beim Freiträger mit einer Einzellast nach Gl. (90,1) $M_{max} = F \cdot l$ ist, haben wir bei gleichmäßig über der Länge verteilter Last nur ein halb so großes maximales Biegemoment nach Gl. (90,5) $M_{max} = \dfrac{F \cdot l}{2}$.

Sowohl im Maschinenbau wie beim Grubenausbau stehen wir demnach vor der Frage, ob wir mit Einzellast oder gleichmäßig verteilter Last rechnen dürfen. *Bei gleichmäßig verteilter Last erhalten wir durchschnittlich die doppelte Tragfähigkeit gegenüber der Belastung durch Einzellast.*

Im *Streckenausbau* wie *im Strebausbau* werden die *Kappen* auf Biegung beansprucht. Dabei spielt die Hinterfüllung für die gleichmäßige Lastverteilung eine bedeutende Rolle. Im Streckenausbau wird sich der Bau erst unter bleibender Verformung an das Gebirge oder die Hinterfüllung fest anlegen, wodurch die Belastung sich gleichmäßig auf die Kappen verteilt, so daß sie dann ihre größte Tragfähigkeit erreichen.

Als Beispiel für die Lastannahmen im Maschinenbau sei die Berechnung des Bolzens eines Zwischengeschirres nach der BV für Hauptseilfahrtanlagen Anlage 20 III, 4 behandelt:

Beispiel: Abb. 90,10 zeigt das Zwischengeschirr mit der Belastungsannahme nach der BV für Hauptseilfahrtanlagen, Anlage 20, III, 4, Abb. 5.

Danach verteilt sich die Last F der Mittellasche gleichmäßig auf die Bolzenlänge b. Die Abstützungen des Bolzens werden dagegen als Einzellast $F/2$ in der Mitte der Seitenlaschen angenommen. Da das größte Biegemoment in der Bolzenmitte bei $l/2$ liegen muß, können wir im Abstand $b/4$ von der Mitte die Last $F/2$ ansetzen. Die linke Stützkraft $F/2$ hat von der Bolzenmitte den Abstand $l/2 = \dfrac{a}{2} + \dfrac{b}{2}$.

Damit wird

$$M_{max} = \frac{F}{2}\left(\frac{a}{2} + \frac{b}{2}\right) - \frac{F}{2}\,\frac{b}{4}$$

$$M_{max} = \frac{F}{2}\left(\frac{a}{2} + \frac{b}{4}\right)$$

Nach Gl. (88,3)

$$\sigma_b = \frac{M_{max}}{W} = \frac{\dfrac{F}{2}\left(\dfrac{a}{2} + \dfrac{b}{4}\right)}{0,1\,d^3}$$

Mit den Zahlenwerten der Abb. 90,10

$$\sigma_b = \frac{\dfrac{6000\ \text{kp}}{2}\left(\dfrac{2}{2} + \dfrac{4}{4}\right)\text{cm}}{0,1\cdot(5\ \text{cm})^3}$$

$$= \frac{6000\ \text{kpcm}}{12,5\ \text{cm}^3} = 480\ \text{kp/cm}^2$$

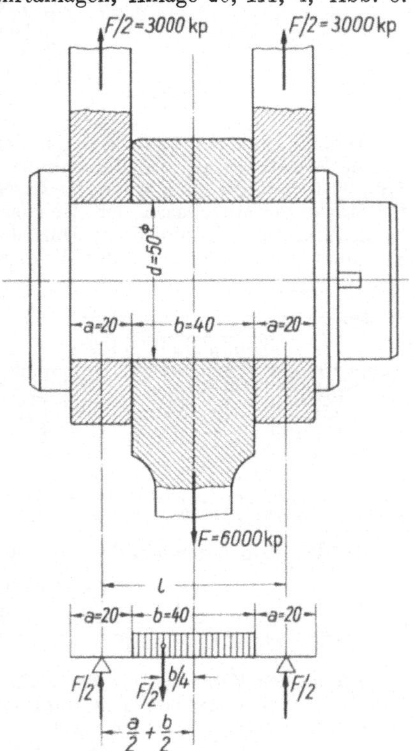

Abb. 90,10. Berechnung des Bolzens zum Zwischengeschirr eines Förderkorbes

Für einen Bolzenwerkstoff St 60 mit $\sigma_B = 6000$ kp/cm² (siehe BV Anlage 20 Zahlentafel 20) ist die Sicherheit

$$v = \frac{\sigma_B}{\sigma_b} = \frac{6000}{480} = 12{,}5\text{fach}$$

Nach der BV wird verlangt $v \geqq 10$fach.
Es soll die *Lochleibung* (Flächenpressung) des Bolzens berechnet werden.
Für die Mittelachse ist

$$p_l = \frac{F}{b \cdot d} = \frac{6000\ \text{kp}}{4\ \text{cm} \cdot 5\ \text{cm}} = 300\ \text{kp/cm}^2$$

Nach der BV Anlage 20, I ist die zulässige Flächenpressung

$$p_{l\text{zul}} \leqq \frac{\sigma_B}{10 - \dfrac{3}{40}F}\ \text{in kp/cm}^2$$

dabei wird F in Mp eingesetzt.
Für einen Laschenwerkstoff St 42 mit $\sigma_B = 4200$ kp/cm² ist

$$p_{l\text{zul}} = \frac{4200}{10 - \dfrac{3}{40}6} = 440\ \text{in kp/cm}^2$$

Schließlich soll der *Bolzen auf Abscheren* für $\tau_a = 0{,}75\,\sigma_B$ berechnet werden.

$$\tau_a = \frac{F}{2\,A} = \frac{6000\ \text{kp}}{2\,\dfrac{\pi}{4}\left(5\ \text{cm}\right)^2} = 153\ \text{kp/cm}^2$$

$$v = \frac{\tau_B}{\tau_a} = \frac{0{,}75\,\sigma_B}{\tau_a} = \frac{0{,}75 \cdot 6000}{153} = 29{,}4\text{fach}$$

Abb. 90,11 zeigt aber noch den in der BVAnlage 20, III, 4, Abb. 6 angenommenen Belastungsfall zur Berechnung des Bolzens des Zwischengeschirrs der Abb. 90,10 auf Biegung, wenn die Laschenstärke $a > {}^3/_4\,b$, d. h., größer als 3/4 der Stärke der Mittellasche ist. Hier ist angenommen, daß die Belastung durch die Stützkräfte $F/2$ infolge der Durchbiegung des Bolzens in den Seitenlaschen von innen nach außen abnimmt. In diesem Falle ergibt sich

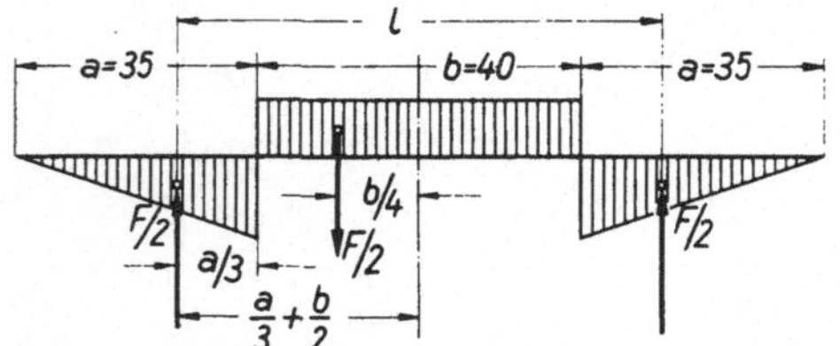

Abb. 90,11. Belastungsannahme für das Zwischengeschirr nach Abb. 90,10 jedoch $a > {}^3/_4\,b$

$$\frac{l}{2} = \frac{a}{3} + \frac{b}{2}$$

Damit ergibt sich das größte Biegemoment

$$M_{\max} = \frac{F}{2}\left(\frac{a}{3} + \frac{b}{2}\right) - \frac{F}{2}\,\frac{b}{4}$$

$$\underline{M_{\max} = \frac{F}{2}\left(\frac{a}{3} + \frac{b}{4}\right)}$$

Mit den Zahlenangaben der Abb. 90,11 und der Kraft $F = 6000$ kp ist

$$\sigma_b = \frac{M_{\max}}{W} = \frac{\dfrac{F}{2}\left(\dfrac{a}{3} + \dfrac{b}{4}\right)}{0{,}1\,d^3} = \frac{\dfrac{6000\ \text{kp}}{2}\left(\dfrac{3{,}5}{3} + \dfrac{4}{4}\right)\text{cm}}{0{,}1\,(5\ \text{cm})^3} = 521\ \text{kp/cm}^2$$

Infolge der Vergrößerung der Bolzenlänge gegenüber der Ausführung nach Abb. 90,10 haben wir eine Erhöhung der Biegespannung, trotz der günstigeren Belastungsannahme. Die Sicherheit ist jetzt

$$v = \frac{6000}{521} = 11{,}5\text{fach} > 10\text{fach}$$

h) Zweiseitig eingespannter Träger mit Einzellast in der Mitte

Bisher haben wir nur beim Träger auf zwei Stützen die Annahme gemacht, daß der Träger beiderseitig frei aufliegt. Ist er jedoch an beiden Enden fest eingespannt in Einspannstellen, die unnachgiebig im Sinne der Elastizitätslehre sind, so haben wir den in Abb. 90,12 dargestellten Fall für eine Beanspruchung durch eine Einzellast in der Mitte. Die Bestimmung des größten Biegemomentes in der Mitte, auf deren Ableitung hier verzichtet wird, führt zu der Gleichung

$$M_{max} = \frac{F \cdot l}{8} \qquad (90,10)$$

Das größte Biegemoment ist also halb so groß wie bei gleicher Belastung des frei auf zwei Stützen liegenden Trägers nach Gl. (90,8).

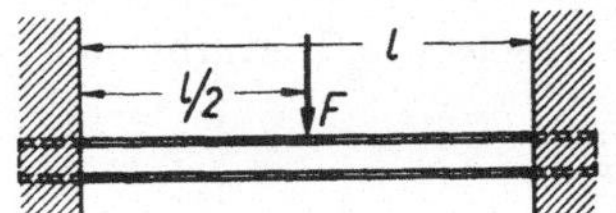

Abb. 90,12. Zweiseitg eingespannter Träger mit Einzellast in der Mitte

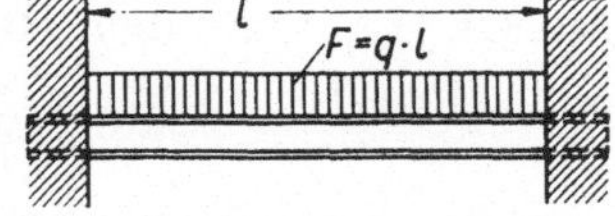

Abb. 90,13. Zweiseitg eingespannter Träger mit gleichförmig verteilter Last

i) Zweiseitig eingespannter Träger mit gleichmäßig verteilter Last

Mit q in kp/cm Streckenlast und der Spannweite l in cm ist die Gesamtbelastung $F = q \cdot l$ in kp (Abb. 90,13); damit ergeben sich die größten Biegemomente, da es sich hier um einen statisch unbestimmten Fall handelt, entweder in Trägermitte oder an den Einspannstellen zu

$$M_{max} = \frac{F \cdot l}{12} \text{ bis } \frac{F \cdot l}{24} \qquad (90,11)$$

91. Durchbiegung

a) Gleichung der elastischen Linie

Bei der Ableitung der Biegegleichung hatten wir einige Voraussetzungen gemacht: Die Querschnittsabmessungen sind klein gegenüber der Stablänge, d. h. die Schubbeanspruchungen sind unbedeutend gegenüber den Zug-Druckbeanspruchungen. Die Normalebenen zur Stabachse bleiben bei der Belastung senkrecht zur gebogenen Stabachse. Für den Werkstoff gilt das HOOKEsche Gesetz und die Spannungen bleiben innerhalb der Proportionalitätsgrenze. Der Elastizitätsmodul hat für Zug und Druck den gleichen Wert.

Unter diesen Bedingungen können wir die mathematische Form der

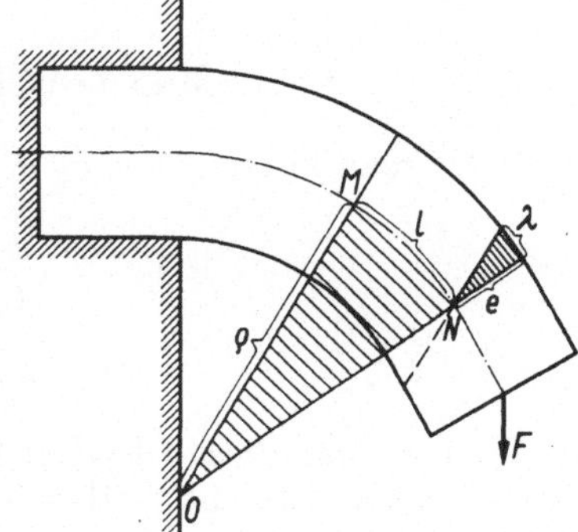

Abb. 91,1. Zur Ableitung der Gleichung der elastischen Linie

gekrümmten Linie (Abb. 91,1) in der neutralen Faserschicht ableiten. Man nennt sie die Biegelinie oder „*elastische Linie*".

Greifen wir ein unendlich kleines Balkenstück mit dem Bogenstück der neutralen Faser $\widehat{MN} = l$ heraus und legen durch N eine Parallele zu dem Querschnitt in M, so erhalten wir die Verlängerung λ im Abstande e von der neutralen Faser.

Das Bogenstück $\widehat{MN}$ kann als Kreisbogenlinie angesehen werden, deren Mittelpunkt in O liegt und deren Halbmesser $\varrho = OM$ ist. Aus der Ähnlichkeit der schraffierten Dreiecke folgt:

$$l:\varrho = \lambda:e$$

$$\frac{1}{\varrho} = \frac{\lambda}{l}\,\frac{1}{e} \tag{a}$$

Aus Gl. (73,2) und dem HOOKEschen Gesetz (73,3) ergibt sich

$$\frac{\lambda}{l} = \varepsilon = \frac{\sigma_b}{E}$$

und aus Gln. (88,2) und (88,3)

$$\sigma_b = \frac{M_b}{I/e}$$

Setzt man diese Gleichungen in Gl. (a) ein:

$$\frac{1}{\varrho} = \frac{\sigma_b}{E}\,\frac{1}{e} = \frac{M_b \cdot e}{I \cdot E \cdot e}$$

$$\boxed{\frac{1}{\varrho} = \frac{M_b}{I \cdot E}} \tag{91,1}$$

Diese Gleichung der elastischen Linie läßt erkennen, daß für die Belastung eines Trägers mit gleichbleibendem Querschnitt, d. h. gleichbleibendem Trägheitsmoment I und Elastizitätsmodul E der Krümmungshalbmesser umgekehrt proportional dem Biegemoment ist. An der Stelle des größten Biegemomentes ist der Krümmungshalbmesser der Biegelinie am kleinsten, d. h. die Krümmung am größten. Die Biegelinie ist jedenfalls bei gleichbleibendem I eine Kurve.

b) Die Biegebeanspruchung beim Förderseil

Setzt man in Gl. (91,1) $\sigma_b = \dfrac{M_b}{I/e}$ ein, so wird

$$\frac{1}{\varrho} = \frac{\sigma_b}{e \cdot E}$$

$$\sigma_b = \frac{e}{\varrho}\,E$$

Wendet man diese Gleichung der Biegelinie auf die Förderseile an, deren Drähte beim Lauf über Treibscheibe, Trommel und Seilscheibe Biegebeanspruchungen erfahren, so kann man $\varrho = \dfrac{D}{2}$ setzen, wenn D

den Treibscheiben-, Trommel- oder Seilscheibendurchmesser bedeutet,
und $e = \dfrac{\delta}{2}$ setzen, wenn δ den Drahtdurchmesser bedeutet. Dann ist

$$\sigma_b = \frac{\delta}{D}\, E \tag{91,2}$$

Die Biegespannung bei der Bewegung des Förderseiles über Treibscheibe, Trommel oder Seilscheibe ist um so größer,
1. je größer der Drahtdurchmesser δ,
2. je kleiner der Durchmesser D der Scheibe ist.

Der Elastizitätsmodul beim Drahtmaterial der Förderseile ist annähernd
gleichbleibend, 1,9 bis $2,0 \cdot 10^6$ kp/cm².

Es sind deshalb für die Seilförderung
große Trommel- und Seilscheibendurchmesser zu fordern, da sich in der Zugzone
die Zug- und Biegespannung addieren
(Abb. 91,2).

Bei Winden, Häspeln und Aufzügen
wird verlangt

$$\frac{D}{\delta} \geq 500$$

Damit würde nach Gl. (91,2):

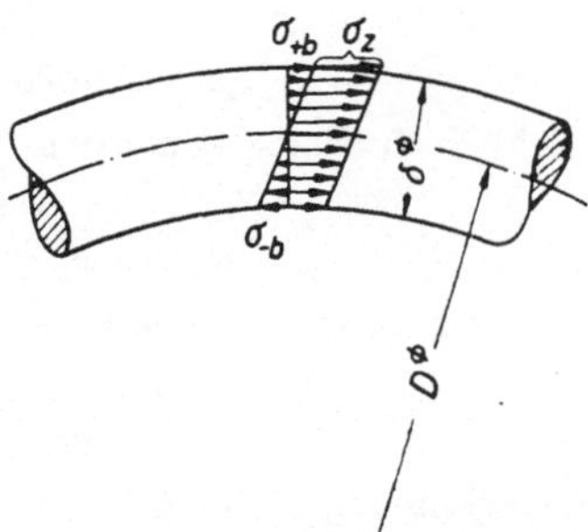

Abb. 91,2. Spannungsverteilung beim
Draht des Förderseiles während der
Biegung über Trommel, Treibscheibe
oder Seilscheibe

$$\sigma_b = \frac{1}{500} \cdot E = \frac{1}{500}\, 2 \cdot 10^6 = 4000 \text{ kp/cm}^2$$

Bei einem Drahtseil mit einer Bruchfestigkeit von 160 kp/mm²
entsprechend $\sigma_B = 16\,000$ kp/cm², welches bereits mit einer Zugnenn-
spannung von $\sigma_z = 2\,600$ kp/cm² belastet ist, ergäbe sich für die statischen Zugkräfte eine Sicherheit

$$v = \frac{\sigma_B}{\sigma_z} = \frac{16000}{2600} = 6{,}15\text{fach}$$

Beim Lauf des Seiles über die Seilscheibe kommt nach obigen Betrachtungen eine Biegespannung $\sigma_b = 4\,000$ kp/cm² hinzu, so daß sich
die wirkliche Sicherheit erniedrigt

$$v' = \frac{\sigma_B}{\sigma_b + \sigma_z} = \frac{16000}{4000 + 2600} = 2{,}42\text{fach}$$

Zwar werden nach diesen Betrachtungen die Biegespannungen der
Förderseile für gleiche Scheibendurchmesser mit kleineren Drahtdurch-
messern geringer, doch verdient der Einfluß der Verringerung der Seil-
festigkeit durch Korrosion und Verschleiß bei kleinerem Drahtdurchmesser größere Beachtung. Die BV Anlage 14, B, 1 gibt als Anhalt für
die Bemessung der Drahtstärke δ bei vorliegendem Seildurchmesser d
in mm die Beziehung

$$\delta = \frac{d}{30} + 1 \text{ in mm}$$

In Hauptschächten geht man mit Treibscheiben- und Seilscheiben-durchmessern weit über 500 δ.

Beispiel: In einer Hauptschachtförderung ist ein Förderseil $6 \times 35 - 56 \times 170$ DIN 21255 (Anhang Tabelle 15), mit einer rechnerischen Bruchlast 204300 kp und Drahtstärken in der Mehrzahl von 2,8 mm $\varnothing$ aufgelegt. Metallischer Querschnitt $A_s = 1202$ mm², Zugfestigkeit 170 kp/mm², $m_s = 11,42$ kg/m, Teufe $T = 800$ m, Masse des Korbes einschließlich Zwischengeschirr, Nutzlast und Wagen insgesamt 19700 kg. Treibscheiben- und Seilscheibendurchmesser 7,0 m. Zu berechnen ist a) die bergbehördlich vorgeschriebene Sicherheit, b) die statische Sicherheit nach der BV, c) die Sicherheit unter Einbeziehung der Biegespannung.

Lösung:
a) Nach Gl. (83,1)

$$v \geqq 7,2 - 0,0005\, T = 7,2 - 0,0005 \cdot 800 = 6,8\text{fach}$$

b) Nach Gl. (83,4) mit den Gewichtskräften der gegebenen Massen:

$$v = \frac{F_{\text{Br}}}{(G_K + G_W + G_N) + m_s \cdot T} = \frac{204300 \text{ kp}}{19700 \text{ kp} + 11,42 \text{ kp/m} \cdot 800 \text{ m}} = 7,09\text{fach}$$

c) Statische Zug-Nennspannung

$$\sigma_z = \frac{F}{A_s} = \frac{19700 \text{ kp} + 11,42 \text{ kp/m} \cdot 800 \text{ m}}{1202 \text{ mm}^2} = 24,0 \text{ kp/mm}^2 = 2400 \text{ kp/cm}^2$$

Biegespannung nach Gl. (91,2)

$$\sigma_b = \frac{\delta}{D} \cdot E = \frac{0,28}{700}\, 2 \cdot 10^6 \text{ kp/cm}^2 = 800 \text{ kp/cm}^2$$

Sicherheit bei Berücksichtigung der Biegespannung

$$v' = \frac{\sigma_B}{\sigma_z + \sigma_b} = \frac{17000}{2400 + 800} = 5,31\text{fach}$$

Der Nachweis der Biegespannung ist nach BV für Hauptseilfahrtanlagen *nicht* vorgeschrieben. Strenggenommen gilt Gl. (91,2) auch nur für Kreuzschlagseile, deren Drähte im wesentlichen in Achsrichtung des Seiles liegen. Bei Gleichschlagseilen haben die Drähte zur Seilachse einen Neigungswinkel, so daß die Biegespannungen der Drähte annähernd um den Kosinus dieses Winkels kleiner werden.

c) Durchbiegung bei einigen Belastungsfällen

Die Gleichung der Biegelinie, der elastischen Linie, ist eine Differentialgleichung, die durch zweimaliges Integrieren die Durchbiegung an beliebiger Stelle des Biegestabes ergibt. Allgemein führt diese Rechnung zu der Gleichung der Durchbiegung f bei der Länge l des Biegestabes

$$\boxed{f = c\, \frac{F \cdot l^3}{E \cdot I}} \qquad (91,3)$$

Für die einzelnen Belastungsfälle ändert sich die Konstante c.

So ergibt sich die Durchbiegung beim *Freiträger mit einer Einzellast* (Abb. 91,3)

$$f = \frac{1}{3} \frac{F \cdot l^3}{E \cdot I} \qquad (91,3\,\text{a})$$

Die Durchbiegung bei *frei aufliegendem Träger auf zwei Stützen mit Einzellast in der Mitte* (Abb. 91,4) ist:

$$f = \frac{1}{48}\,\frac{F \cdot l^3}{E \cdot I} \qquad (91,3\,\text{b})$$

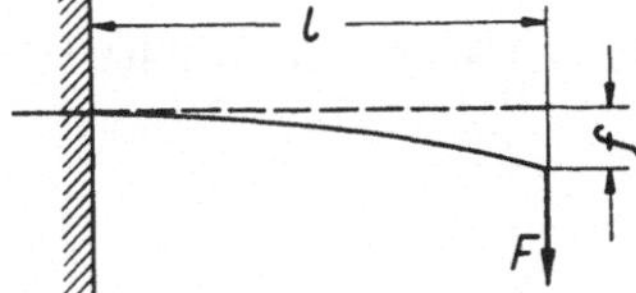

Abb. 91,3. Durchbiegung beim Freiträger mit einer Einzellast

Abb. 91,4. Durchbiegung beim frei aufliegenden Träger auf zwei Stützen mit Einzellast in der Mitte

Die Durchbiegung bei *frei aufliegendem Träger auf zwei Stützen mit gleichmäßig verteilter Last* $F = q \cdot l$ (Abb. 91,5) ist

$$f = \frac{5}{384}\,\frac{F \cdot l^3}{E \cdot I} = \frac{5}{384}\,\frac{q \cdot l^4}{E \cdot I} \qquad (91,3\,\text{c})$$

Weitere Gleichungen der Biegemomente und Durchbiegungen geben die Handbücher[1] für verschiedene Belastungsfälle.

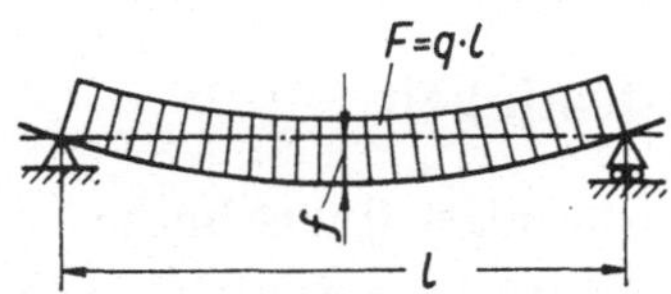

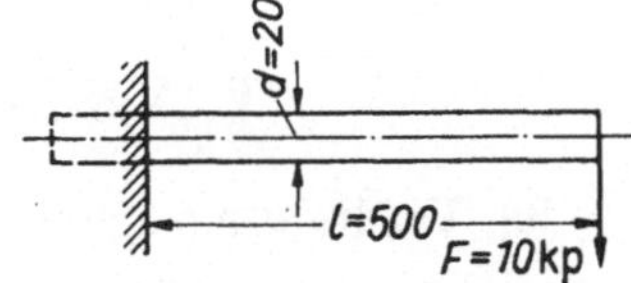

Abb. 91,5. Durchbiegung beim frei aufliegenden Träger auf zwei Stützen mit gleichmäßig verteilter Last

Abb. 91,6. Durchbiegung eines eingespannten Rundstabes mit Einzellast

Beispiel: Welche Durchbiegung erfährt ein eingespannter Rundstab von 20 mm Durchmesser (Abb. 91,6) am freien Ende von 500 mm Länge, an dem eine Last von 10 kp angreift, wenn der Werkstoff a) St 50 mit $E = 2,1 \cdot 10^6$ kp/cm², b) GG 28 mit $E = 10^6$ kp/cm² und c) Duraluminium mit $E = 0,5 \cdot 10^6$ kp/cm² ist?

Lösung: Gegeben: $l = 500$ mm $= 50$ cm; $F = 10$ kp; $d = 20$ mm $= 2$ cm $\varnothing$

$$I_x = \frac{\pi}{64}\,d^4 = \frac{\pi}{64}\,(2\ \text{cm})^4 = 0,785\ \text{cm}^4$$

a) St 50: Nach Gl. (91,3 a)

$$f = \frac{1}{3}\,\frac{F \cdot l^3}{E \cdot I} = \frac{1}{3}\,\frac{10\ \text{kp}\,(50\ \text{cm})^3}{0,785\ \text{cm}^4 \cdot 2,1 \cdot 10^6\ \text{kp/cm}^2} = 0,25\ \text{cm} = 2,5\ \text{mm}$$

b) GG 28:

$$f = \frac{1}{3}\,\frac{F \cdot l^3}{E \cdot I} = \frac{1}{3}\,\frac{10\ \text{kp}\,(50\ \text{cm})^3}{0,785\ \text{cm}^4 \cdot 10^6\ \text{kp/cm}^2} = 0,53\ \text{cm} = 5,3\ \text{mm}$$

c) Duraluminium:

$$f = \frac{1}{3}\,\frac{F \cdot l^3}{E \cdot I} = \frac{1}{3}\,\frac{10\ \text{kp}\,(50\ \text{cm})^3}{0,785\ \text{cm}^4 \cdot 0,5 \cdot 10^6\ \text{kp/cm}^2} = 1,06\ \text{cm} = 10,6\ \text{mm}$$

---

[1] Dubbels Taschenbuch für den Maschinenbau, 1. Bd., 12. Aufl., Springer S. 362 u. ff.

Beispiel: Eine Zimmerdecke von 4,20 m Spannweite und einer Gesamtbelastung von 650 kp/m² wird durch Unterzüge aus I-Stahl getragen, die in Abständen von 0,90 m verlegt sind. a) Welcher Profilstahl ist für die Unterzüge zu
wählen, wenn die Durchbiegung der Träger höchstens $\dfrac{1}{500}$ der Spannweite betragen darf? b) Wie groß ist die auftretende Biegespannung?

Lösung: Belastung eines Trägers $F = (4,20 \cdot 0,90 \cdot 650)\ \text{kp} = 2460\ \text{kp}$.
a) Nach Gl. (91,3 c)

$$f = \frac{5}{384}\,\frac{F \cdot l^3}{E \cdot I} = \frac{1}{500}\,l$$

$$I_{\text{ert}} = \frac{5}{384} \cdot \frac{F \cdot l^2 \cdot 500}{E} = \frac{5}{384}\,\frac{2460\ \text{kp}\,(420\ \text{cm})^2 \cdot 500}{2,1 \cdot 10^6\ \text{kp/cm}^2} = 1345\ \text{cm}^4$$

gewählt Stahlprofil I 18 mit $I_x = 1450\ \text{cm}^4$ und $W_x = 161\ \text{cm}^3$ nach Anhang
Tabelle 27.
b) Nach Gl. (90,9)

$$M_{\max} = \frac{F \cdot l}{8} = \frac{2460\ \text{kp} \cdot 420\ \text{cm}}{8} = 129\,200\ \text{kpcm}$$

$$\sigma_b = \frac{M_{\max}}{W_x} = \frac{129\,200\ \text{kpcm}}{161\ \text{cm}^3} \approx 800\ \text{kp/cm}^2$$

V. Verdrehungsfestigkeit

92. Verdrehungsgleichung kreisförmiger Querschnitte

Jede Welle wird bei Übertragung der Leistung P bei einer Drehzahl
n in min⁻¹ nach der Ableitung in der Dynamik durch das Drehmoment[1]

$$\text{Gl. (59,2 a):} \quad M_t = 973\,\frac{P}{n} \text{ in kpm, mit } P \text{ in kW} \qquad (92,1\,\text{a})$$

$$\text{Gl. (49,2 b):} \quad M_t = 716\,\frac{P}{n} \text{ in kpm, mit } P \text{ in PS} \qquad (92,1\,\text{b})$$

auf Verdrehen beansprucht. Wir wollen hier nur den einfacheren aber
auch häufigsten Fall eines Stabes mit kreisförmigem Querschnitt betrachten. Als Belastung sei nach Abb. 92,1 am Ende des Stabes in einer
senkrecht zur Stabachse stehenden Ebene ein Drehmoment $M_t = F \cdot a$
angenommen. In diesem Fall treten in dem Stab weder Querkräfte noch
Biegemomente auf. Das *Drehmoment* ist aber von der Stelle, wo es eingeleitet wird, *bis zur Einspannstelle gleichbleibend.*

Unter dem Einfluß dieses Momentes wird die Welle auf der Länge l
verdreht, d. h. die Mantellinie AB geht über in die neue Linie $A'B$, es
entsteht eine Schraubenlinie. Die Neigung dieser Schraubenlinie ist
die Schiebung oder Gleitung γ, für die nach Gl. (87,2) gilt

$$\widehat{\gamma} = \frac{AA'}{l}$$

---

[1] Das eine Torsion (Verdrehung) hervorrufende Drehmoment wird in der
Festigkeitslehre als Torsionsmoment M_t bezeichnet, ist aber mit dem Drehmoment
M_d identisch, soweit es die Verdrehung hervorruft.

Dem äußeren Drehmoment setzt der Stab eine in seinen Querschnitten wirksame Schubspannung entgegen. Abb. 92,2 zeigt die Schubspannungsverteilung in einem Querschnitt. Ein beliebig herausgegriffenes Flächenteilchen dA im Abstand r von der Achse O hat die Spannung τ. Sein Beitrag zur Aufnahme des Drehmomentes ist

$$dM_t = dA \cdot \tau \cdot r \tag{a}$$

Unter der Annahme, daß die Radien nach der Verdrehung gerade Linien bleiben, folgt, daß die Ausschläge BB' und AA' der Mantellinie linear mit dem Radius wachsen.

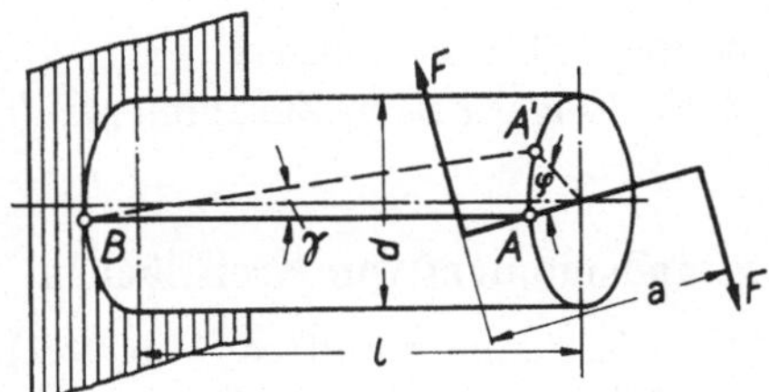

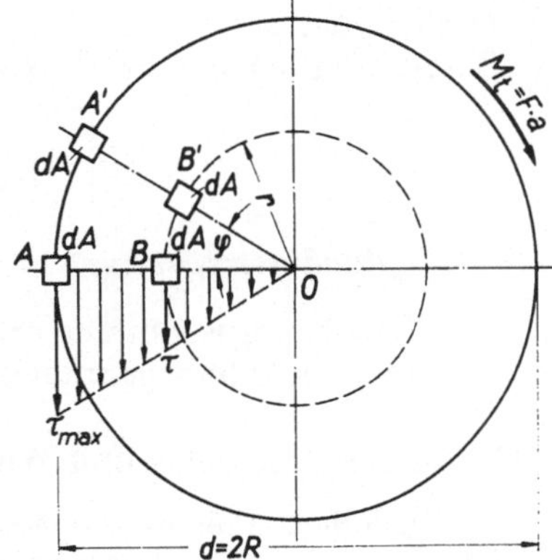

Abb. 92,1. Verdrehbeanspruchung einer Welle   Abb. 92,2. Schubspannungsverteilung im Querschnitt einer auf Verdrehung beanspruchten Welle

Gilt für den Werkstoff das HOOKEsche Gesetz Gl. (87,3) $\tau = G \cdot \gamma$, so wachsen, da die Schiebungen γ den Ausschlägen AA' bzw. BB' verhältnisgleich sind, auch die Schubspannungen τ linear mit dem Radius. In der Achse ist die Schubspannung $\tau = 0$, am Rand herrscht die größte Schubspannung τ_{max}. Allgemein ist also

$$\tau = \tau_{max} \frac{r}{R}$$

Damit wird aus Gl. (a)

$$dM_t = dA \cdot \tau_{max} \cdot r \frac{r}{R}$$

Die Integration ergibt

$$M_t = \frac{\tau_{max}}{R} \int dA \cdot r^2 \tag{b}$$

Das Integral $\int dA \cdot r^2$ kennzeichnet die Flächenverteilung eines auf Verdrehung beanspruchten Kreisquerschnittes und bedeutet wieder ein Trägheitsmoment. Da der Abstand r der Flächenteilchen dA vom Mittelpunkt des Kreises gemessen wird, nennt man diesen Punkt den Pol, und das Trägheitsmoment das

$$\textit{polare Trägheitsmoment} \quad \boxed{I_p = \int dA \cdot r^2} \tag{92,2}$$

Die größte Schubspannung einer auf Verdrehung beanspruchten Welle ist dann nach Gl. (b)

$$\tau_{max} = \frac{M_t}{I_p/R}$$

Den Ausdruck I_p/R nennt man das *polare Widerstandsmoment* eines Querschnittes bezogen auf seine Schwerpunktachse senkrecht zum Querschnitt

$$\boxed{W_p = \frac{I_p}{R}} \qquad (92,3)$$

Die *Maßeinheit* des *polaren Trägheitsmomentes* I_p ist cm⁴, die des *polaren Widerstandsmomentes* W_p ist cm³. Das *Drehmoment* M_t ist in kpcm einzusetzen.

Damit erhalten wir die *Verdrehungsgleichung*

$$\boxed{\tau_{t_{\mathrm{max}}} = \frac{M_t}{W_p}} \qquad (92,4)$$

$$Randfaserspannung = \frac{\text{Drehmoment (Torsionsmoment)}}{\text{polares Widerstandsmoment}}$$

Die Verdrehungsspannung erhält den Zeiger t beim Zusammentreffen mit anderen Schubspannungen.

93. Polares Trägheits- und Widerstandsmoment von Kreisflächen

Ein beliebiges Flächenteilchen dA des Kreisquerschnittes (Abb. 93,1) hat von der x-Achse durch den Schwerpunkt den Abstand y, von der y-Achse den Abstand x und vom Pol, der zugleich Schwerpunkt der Kreisfläche ist, den Abstand r.

Aus der Beziehung

$$r^2 = x^2 + y^2$$

folgt

$$\int dA \cdot r^2 = \int dA \cdot x^2 + \int dA \cdot y^2$$
$$I_p = I_x + I_y \qquad (93,1)$$

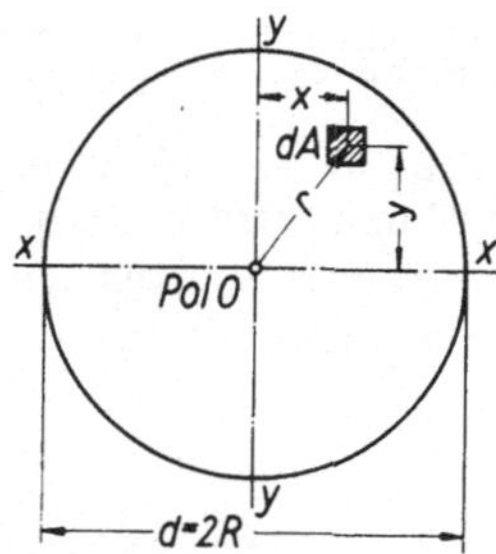

Abb. 93,1. Das polare Trägheitsmoment der Kreisfläche

Satz 70: Das polare Trägheitsmoment ist gleich der Summe aus den beiden äquatorialen Trägheitsmomenten, bezogen auf zwei zueinander senkrecht stehenden Achsen.

Nach der Tafel der äquatorialen Trägheitsmomente ist für die *Kreisfläche*:

$$I_x = I_y = \frac{\pi}{64} d^4$$

Daraus folgt

$$I_p = 2\,\frac{\pi}{64}\,d^4$$

$$I_p = \frac{\pi}{32}\,d^4 \approx 0{,}1\,d^4 \qquad (93,2)$$

Nach Gl. (92,3)

$$W_p = \frac{I_p}{R} = \frac{I_p}{d/2} = \frac{\pi}{32}\,\frac{d^4}{d/2}$$

$$W_p = \frac{\pi}{16}\,d^3 \approx 0{,}2\,d^3 \qquad (93,3)$$

Für die *Kreisringfläche* (Abb. 93,2) sind nach der Tafel die äquatorialen Trägheitsmomente

$$I_x = I_y = \frac{\pi}{64}(D^4 - d^4)$$

Damit ergibt sich nach Gl. (93,1)

$$I_p = 2\,\frac{\pi}{64}(D^4 - d^4)$$

$$I_p = \frac{\pi}{32}(D^4 - d^4) \approx 0{,}1\,(D^4 - d^4) \tag{93,4}$$

$$W_p = \frac{\pi}{16}\,\frac{D^4 - d^4}{D} \approx 0{,}2\,\frac{D^4 - d^4}{D} \tag{93,5}$$

Wie bei der Biegung, wo der Werkstoff in der Nähe der neutralen Faserschicht nicht voll ausgenutzt wird, haben wir auch bei der Verdrehung in der Nähe der neutralen Faserlinie, die mit der Stabachse zusammenfällt, nur geringe Aufnahme von Schubspannungen. Für den Leichtbau sind also dünn wandige Röhrenquerschnitte bei Drehbeanspruchung günstiger. Bei Wellen wird oft der Kern ausgebohrt, um eine Gewichtsminderung bei nur geringer Herabsetzung des Widerstandsmomentes zu erreichen.

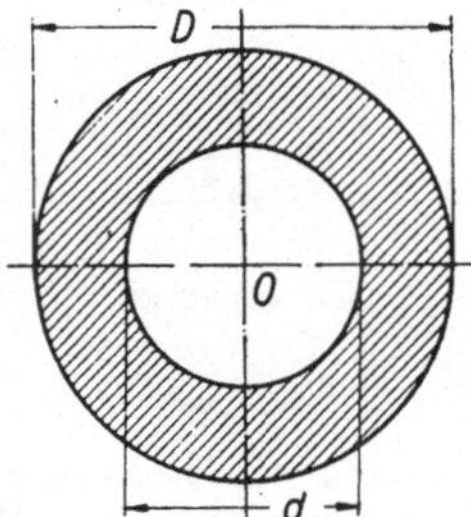

Abb. 93,2. Das polare Trägheitsmoment der Kreisringfläche

Beispiel: Eine Schiffswelle ist bei 600 mm äußerem Durchmesser auf einen inneren Durchmesser von 200 mm ausgebohrt. Zu berechnen ist a) das polare Widerstandsmoment der vollen Welle vor dem Ausbohren, b) das polare Widerstandsmoment der hohlen Welle, c) die prozentuale Verringerung des Widerstandsmomentes, d. h. der Verringerung der Verdrehungsfestigkeit durch das Ausbohren, d) die prozentuale Masseverringerung durch das Ausbohren.

Lösung: a) $W_p = 0{,}2\,d^3 = 0{,}2\,(60\ \text{cm})^3 = 43\,200\ \text{cm}^3$

b) $W_p = 0{,}2\,\dfrac{D^4 - d^4}{D} = 0{,}2\,\dfrac{(60\ \text{cm})^4 - (20\ \text{cm})^4}{60\ \text{cm}} = 42\,700\ \text{cm}^3$

c) Minderung des Widerstandsmomentes

$$p = \frac{43\,200 - 42\,700}{43\,200} \cdot 100 = 1{,}16\%$$

  b) Die Masseverringerung entspricht dem Querschnittsunterschied der vollen und hohlen Welle

$$p = \frac{\dfrac{\pi}{4}D^2 - \dfrac{\pi}{4}(D^2 - d^2)}{\dfrac{\pi}{4}D^2} \cdot 100 = \frac{D^2 - D^2 + d^2}{D^2} \cdot 100$$

$$= \frac{d^2}{D^2}\,100 = \frac{20^2}{60^2}\,100 = 11{,}1\%$$

Der Verringerung der Masse um 11,1% durch das Ausbohren der Schiffswelle steht eine Minderung des Widerstandsmomentes von nur 1,16% gegenüber.

Beispiel: Ein Schneckengetriebe nach Abb. 93,3 erhält an der Schneckenwelle I durch einen Elektromotor 25 kW mit 1470 min^{-1} zugeführt. Die Übersetzung des Getriebes ist 22:1, der Wirkungsgrad 72%. Zu berechnen ist a) das Drehmoment der Schneckenwelle, b) der erfoderliche Durchmesser der Schneckenwelle I bei einer zulässigen Drehspannung von 300 kp/cm^2, c) das Drehmoment der Welle II, d) der erforderliche Durchmesser der Schneckenradwelle II bei der gleichen zulässigen Drehspannung wie für Welle I.

Lösung: a) Nach Gl. (92,1a)

$$M_{t_I} = 973\,\frac{P}{n} = 973\,\frac{25}{1470} = 16{,}55 \text{ in kpm}; \quad M_{t_I} = 1655 \text{ kpcm}$$

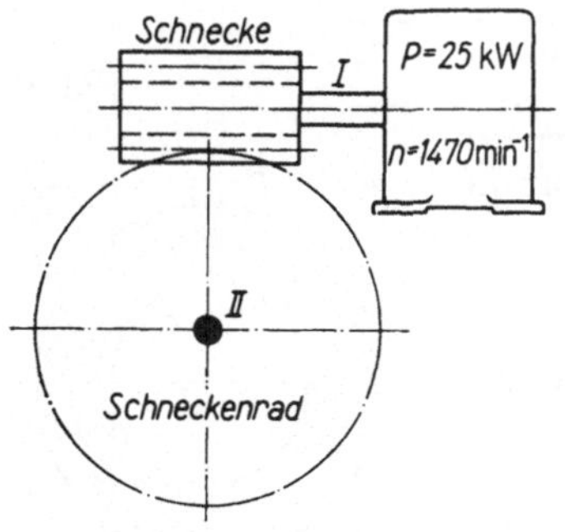

Abb. 93,3. Zur Berechnung der Wellen eines Schneckengetriebes

b) Nach Gl. (92,4)

$$\tau_{t\text{zul}} = \frac{M_{t_I}}{W_p} = \frac{M_{t_I}}{0{,}2\,d_I^{\,3}}$$

$$d_I = \sqrt[3]{\frac{M_{t_I}}{0{,}2\,\tau_{t\text{zul}}}} = \sqrt[3]{\frac{1655 \text{ kpcm}}{0{,}2 \cdot 300 \text{ kp/cm}^2}}$$

$$= 3{,}03 \text{ cm}$$

gewählt $d_I = 35$ mm $\varnothing$.

c) Nach Statik Gl. (36,4)

$$\eta = \frac{M_{t_{II}}}{i \cdot M_{t_I}}$$

$$M_{t_{II}} = i \cdot M_{t_I} \cdot \eta = 22 \cdot 1655 \text{ kpcm} \cdot 0{,}72 = 26\,200 \text{ kpcm}$$

d) $$\tau_{t\text{zul}} = \frac{M_{t_{II}}}{0{,}2\,d_{II}^{\,3}}\,; \quad d_{II} = \sqrt[3]{\frac{M_{t_{II}}}{0{,}2\,\tau_{t\text{zul}}}} = \sqrt[3]{\frac{26\,200 \text{ kpcm}}{0{,}2 \cdot 300 \text{ kp/cm}^2}} = 7{,}59 \text{ cm}$$

gewählt $d_{II} = 80$ mm $\varnothing$.

94. Verdrehungswinkel

Abb. 92,1 zeigt, daß bei Verdrehung einer Welle eine Schiebung oder Gleitung γ stattfindet, andererseits aber auch im Querschnitt eine Verdrehung unter einem Winkel φ erfolgt, der an der Stelle der Einleitung des Drehmomentes am größten ist. Beide lassen sich durch die Verschiebung in der Randzone AA' ausdrücken.

$$AA' = \varphi \cdot R = l \cdot \gamma \tag{a}$$

Mit dem HOOKEschen Gesetz Gl. (87,3) $\tau_{\max} = G \cdot \gamma$, und der Verdrehungsgleichung (92,4) $\tau_{\max} = \dfrac{M_t}{W_p}$ ist

$$\gamma = \frac{\tau_{\max}}{G} = \frac{M_t}{W_p \cdot G} \tag{b}$$

Aus Gl. (a) folgt

$$\varphi = \frac{l \cdot \gamma}{R} = \frac{M_t \cdot l}{R \cdot W_p \cdot G}$$

Aus $W_p = \dfrac{I_p}{R}$, also $I_p = R \cdot W_p$ ergibt sich

$$\boxed{\widehat{\varphi} = \frac{M_t \cdot l}{I_p \cdot G}} \qquad (94{,}1)$$

Der *Verdrehungswinkel* φ wird im *Bogenmaß* gemessen. Die Umrechnung in Winkelgrade erfolgt nach der bekannten Beziehung

$$\varphi^\circ = \frac{180}{\pi}\,\widehat{\varphi}$$

Der Verdrehungswinkel darf bei Wellen ein bestimmtes Maß, meist $^1/_4{}^\circ$ je Meter Länge, nicht überschreiten, unabhängig von der auftretenden Spannung. Diese Forderung findet insbesondere Anwendung bei längeren Triebwerkswellen. Aus Gl. (94,1) folgt mit $l = 1\ \mathrm{m} = 100\ \mathrm{cm}$ und $G = 800\,000\ \mathrm{kp/cm^2}$

$$\varphi^\circ = \frac{180}{\pi}\,\frac{M_t \cdot l}{G \cdot I_p} = \frac{180 \cdot 100\ \mathrm{cm} \cdot M_t}{\pi \cdot 800\,000\ \mathrm{kp/cm^2} \cdot \dfrac{\pi}{32}\,d^4}$$

und nach Gl. (92,1 b)

$$M_t = 71\,600\,\frac{P}{n}\ \text{in kpcm, wenn } P \text{ in PS}$$

$$\varphi^\circ = \frac{180 \cdot 100 \cdot 71\,600 \cdot 32}{\pi^2 \cdot 800\,000 \cdot d^4}\,\frac{P}{n}$$

$$d = \sqrt[4]{\frac{180 \cdot 100 \cdot 71\,600 \cdot 32}{\pi^2 \cdot 800\,000 \cdot {}^1/_4{}^\circ}\,\frac{P}{n}}$$

$$d = 12\,\sqrt[4]{\frac{P}{n}} \qquad \begin{array}{l} P \text{ in PS} \\ n \text{ in min}^{-1} \\ d \text{ in cm} \end{array} \qquad (94{,}2\ \mathrm{a})$$

Diese Berechnung auf *Formänderung* findet Anwendung, solange $\dfrac{P}{n} < 0{,}107$ ist. Für Werte $\dfrac{P}{n} > 0{,}107$ rechnet man mit einer *zulässigen Drehspannung*, die meist mit Rücksicht auf gleichzeitig auftretende Biegebeanspruchungen durch Scheiben- oder Radgewichtskräfte usw. besonders niedrig gewählt wird, nämlich $\tau_{tzul} = 120\ \mathrm{kp/cm^2}$. Damit wird nach Gl. (92,4)

$$\tau_{tzul} = \frac{M_t}{W_p} = \frac{M_t}{\dfrac{\pi}{16}\,d^3} = \frac{71\,600 \cdot P}{\dfrac{\pi}{16}\,d^3 \cdot n}$$

$$d = \sqrt[3]{\frac{16 \cdot 71\,600}{\pi \cdot \tau_{tzul}}}\,\sqrt[3]{\frac{P}{n}} = \sqrt[3]{\frac{16 \cdot 71\,600}{\pi \cdot 120}}\,\sqrt[3]{\frac{P}{n}}$$

$$d = 14{,}4\,\sqrt[3]{\frac{P}{n}} \qquad \begin{array}{l} P \text{ in PS} \\ n \text{ in min}^{-1} \\ d \text{ in cm} \end{array} \qquad (94{,}2\ \mathrm{b})$$

30*

Beispiel: Eine Triebwerkswelle soll bei $n = 250$ min^{-1} 20 PS übertragen. Welcher Wellendurchmesser ist zu wählen?

Lösung:

$$\frac{P}{n} = \frac{20}{250} = 0{,}08 < 0{,}107$$

Nach Gl. (94,2 a)

$$d = 12 \sqrt[4]{\frac{P}{n}} = 12 \sqrt[4]{,008} = 6{,}35 \text{ in cm}$$

gewählt. $d = 70$ mm $\varnothing$,

Beispiel: Welchen Durchmesser müßte man für obige Triebwerkswelle wählen, wenn bei $n = 250$ min^{-1} 50 PS übertragen werden.

Lösung:

$$\frac{P}{n} = \frac{50}{250} = 0{,}2 > 0{,}107$$

Nach Gl. (94,2 b)

$$d = 14{,}4 \sqrt[3]{\frac{P}{n}} = 14{,}4 \sqrt[3]{0{,}2} = 8{,}42 \text{ in cm}$$

gewählt $d = 90$ mm $\varnothing$.

VI. Knickung

95. Elastische Knickung, Euler-Bereich

Wirkt die Druckbelastung F genau in der Längsachse eines Stabes vom Querschnitt A, handelt es sich ferner um vollständig gleichmäßigen Werkstoff und ist die Stabachse genau gerade, so wird der Stab nur auf Druck beansprucht (Abb. 95,1):

$$\sigma_d = \frac{F}{A}$$

In diesem Falle ist die Formänderung nur eine Zusammendrückung und Querschnittsvergrößerung, die vor allem einsetzt, wenn die Fließ- oder Quetschgrenze überschritten wird. Diese Voraussetzungen sind aber um so weniger zu erfüllen, je länger der Stab im Verhältnis zu seinem Querschnitt ist, da dann durch geringes Abweichen zwischen Stabachse und Kraftrichtung die Druckkraft ein Biegemoment ausübt, und dadurch eine Durchbiegung des Stabes hervorgerufen wird. Bei Vergrößerung der Last erhöht sich die Durchbiegung, bis der Stab die Last nicht mehr trägt. Die *Stabilität des Gleichgewichtes ist überschritten. Dieser Vorgang wird Knicken genannt.* Nach Überschreiten der Stabilitätsgrenze kann der Stab brechen, aber es braucht nicht unbedingt zum Bruch zu kommen. Jedenfalls fällt durch das Ausknicken der Stab als tragendes Bauglied aus. Die Last, bei der Instabilität eintritt, heißt Knicklast F_K. Ihre Größe ist abhängig von der Form der Biegelinie des Stabes und diese wiederum von der Art der Lagerung der beiden Stabenden.

Nach EULER[1] unterscheiden wir 4 Hauptknickfälle, von denen der EULER-*Fall 2*, der *Grundfall*, annimmt, daß beide Stabenden gelenkig

---

[1] EULER, LEONHARD, geb. 1707 in Basel, gest. 1783 in Petersburg, Mathematiker und Physiker.

gelagert sind (Abb. 95,2). Dieser Fall liegt meist vor. In den anderen Fällen wird eine feste Einspannung an einem oder beiden Stabenden angenommen, wobei die Tragfähigkeit sich meist erhöht. Rechnen wir also mit dem Euler-Fall 2, so haben wir auch meist eine zusätzliche Sicherheit. Nach Euler beträgt im Grundfall die Knicklast, bei der Instabilität eintritt

$$F_K = \frac{\pi^2 \cdot E \cdot I}{l^2} \tag{95,1}$$

Die *Knicklast* ist also dem *Elastizitätsmodul und* dem *äquatorialen Trägheitsmoment* des Stabquerschnittes *direkt und* dem *Quadrat der freien Stablänge umgekehrt proportional.*

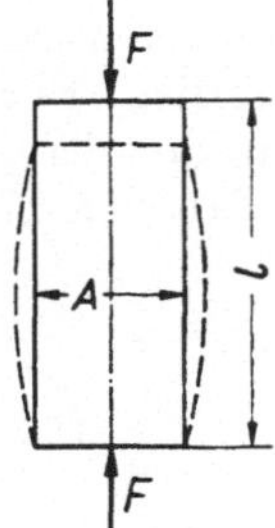

Abb. 95,1. Druckbeanspru chung bei kurzen gedrunge- nen Stäben

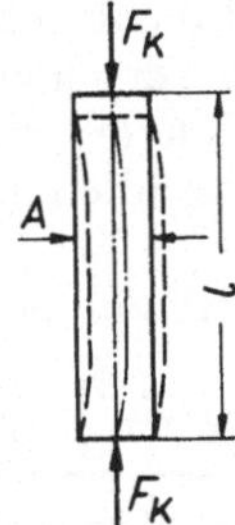

Abb. 95,2. Ausknicken eines lan- gen dünnen Stabes. Euler-Fall 2 (Grundfall), wenn beide Staben- den gelenkig gelagert sind

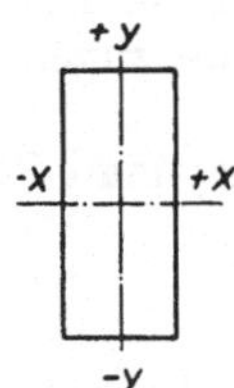

Abb. 95,3. Stabilität gegen Knicken beim rechteckigen Querschnitt

Ist der *Stab nach allen Seiten frei beweglich*, so ist das *kleinste Träg- heitsmoment* $I_{\min}$ einzusetzen. Ist er nach einer Richtung am Aus- knicken behindert, so kommt das Trägheitsmoment, dessen Achse senk- recht zu dieser Stützfläche steht, in Anrechnung.

Ein Stab mit Rechteck-Querschnitt (Abb. 95,3) würde, wenn er allseits unbehindert ausknicken könnte, in Richtung der x-Achse aus- knicken, so daß das kleinere Trägheitsmoment I_y in Rechnung zu setzen ist. Ist er aber am Ausknicken nach $+x$ und $-x$ behindert, kann er also nur in Richtung der y-Achse ausknicken, so kann mit dem größeren Trägheitsmoment I_x gerechnet werden.

Durch Division der Knicklast F_K durch den Stabquerschnitt A erhalten wir die

$$Knickspannung \; \sigma_K = \frac{F_K}{A}$$

Führen wir für die Knicklast den Wert nach Gl. (95,1) ein, so ist

$$\sigma_K = \frac{\pi^2 \cdot E}{l^2} \frac{I}{A} \tag{a}$$

Hierin ist der Begriff des Trägheitsradius i einzuführen, den wir bereits beim dynamischen Trägheitsmoment Gl. (56,3) $i = \sqrt{\frac{I_d}{m}}$ ken-

nengelernt hatten. Für das äquatoriale Trägheitsmoment gilt nach
Gl. (88,1)

$$I = \int dA \cdot y^2$$

Denken wir uns die ganze Fläche des Querschnittes im Abstand i
untergebracht, so erhalten wir das gleiche Trägheitsmoment nach der
Gleichung

$$I = A \cdot i^2.$$

Daraus folgt

$$\text{\textit{Trägheitsradius}} \quad \boxed{i = \sqrt{\frac{I}{A}}} \quad \text{z. B. in cm} \tag{95,2}$$

Bei unsymmetrischen Querschnitten, deren äquatoriale Trägheitsmomente bezogen auf zwei senkrecht aufeinander stehende Achsen verschieden sind, haben wir auch verschiedene Trägheitsradien. Für die
Stahlprofile finden wir neben den Trägheitsmomenten in den Tabellen
auch die zugehörigen Trägheitsradien (siehe Anhang Tabellen 27 bis
31).

Setzt man Gl. (95,2) in Gl. (a) ein, so ist

$$\sigma_K = \frac{\pi^2 \cdot E}{l^2/i^2} \tag{95,3 a}$$

Das Verhältnis der freien Stablängen zum Trägheitsradius bezeichnet man als

$$\text{\textit{Schlankheit}} \quad \boxed{\lambda = \frac{l}{i}} \quad \text{unbenannte Zahl} \tag{95,4}$$

Mit Gl. (95,4) wird Gl. (95,3a):

$$\boxed{\sigma_K = \frac{\pi^2 \cdot E}{\lambda^2}} \tag{95,3}$$

Gl. (95,3) läßt erkennen, daß Knicklast und Knickspannung nicht
wie bei den bisherigen Beanspruchungen z. B. Zug, Druck, Biegung
usw. von den Festigkeitseigenschaften des Werkstoffes abhängen, sondern von den elastischen Eigenschaften (E) und von der Konstruktion,
nämlich dem Verhältnis der Stablänge zum kleinsten Trägheitsradius.
Da *kleine Knickspannungen* geringe Stabilität gegen Knicken bedeuten,
sind schlanke Stäbe, d. h. sehr *große Schlankheiten λ, zu vermeiden.*

Aber die Knickspannung nach EULER hat auch eine obere Grenze.
Da die EULERsche Knicklastberechnung Gl. (95,1) die Gültigkeit des
HOOKEschen Gesetzes zur Voraussetzung hat, gelten die nach EULER
berechneten Knickspannungen auch nur bis zur Proportionalitätsgrenze σ_P, d. h. nur für den elastischen Spannungsbereich. Die untere
Grenze für die Schlankheit λ finden wir somit, wenn wir in Gl. (95,3)
σ_K durch σ_P ersetzen.

$$\lambda_{\text{min}} = \pi \sqrt{\frac{E}{\sigma_P}} \tag{95,5}$$

Je höher die Proportionalitätsgrenze σ_P ist, um so kleiner ist die Grenzschlankheit für den Euler-Bereich. Für einige Werkstoffe ist diese Kleinstschlankheit in Zahlentafel 31 angegeben.

Gl. (95,3) läßt ferner erkennen, daß die Knickspannung σ_K in Abhängigkeit von der Schlankheit λ des Stabes nach der mathematischen Hyperbel verläuft. Abb. 95,4 zeigt den Verlauf der sogenannten „Euler-Hyberbel" für die Stähle St 37 und St 52 mit $E = 2,1 \cdot 10^6$ kp/cm². Zeichnet man die Proportionalitätsgrenze: für St 37 $\sigma_P = 2400$ kp/cm² und für St 52 $\sigma_P = 3400$ kp/cm² ein, so ergeben sich die in Zahlentafel 31 für die Stähle angegebenen kleinsten Schlankheitsgrade für Knickberechnung nach Euler für St 37 $\lambda_{\min} = 93$, für St 52 $\lambda_{\min} = 78$.

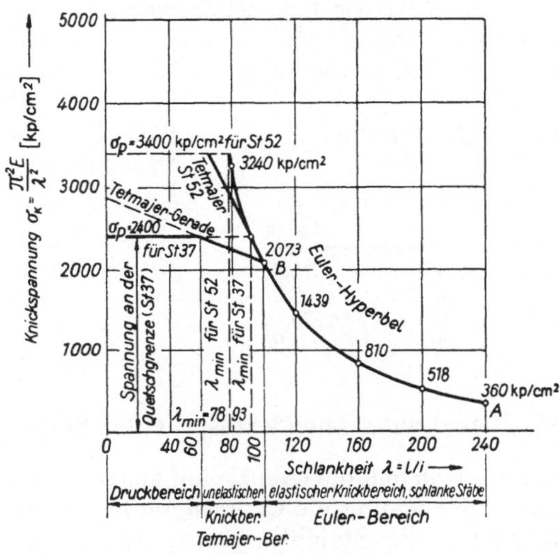

Abb. 95,4. Verlauf der Knickspannung in Abhängigkeit von dem Schlankheitsgrad für St 37 und St 52. (Die Bereiche für Druck bzw. Knickung gelten für St 37)

Zahlentafel 31. *Kleinstschlankheit für Eulersche Knickberechnung*

Werkstoff	Elastizitätsmodul E in kp/cm²	Proportionalitätsgrenze σ_P in kp/cm²	Kleinste Schlankheit für Eulersche Knickberechnung $\lambda_{\min} = \dfrac{l}{i_{\min}}$
St 37	$2,1 \cdot 10^6$	2400	93
St 52	$2,1 \cdot 10^6$	3400	78
Duraluminium . .	$7,2 \cdot 10^5$	2200/3300	57/46
Gußeisen GG 12 .	10^6	1500	80
Nadelholz	10^5	100	100

96. Unelastische Knickung, Tetmajer- und Druckbereich

Unterhalb der kleinsten Schlankheit für Knickberechnung nach Euler, d. h. für kurze, gedrungene Stäbe haben wir keine elastische Knickung mehr. Für sehr kurze, gedrungene Stäbe ist die Druckfestigkeit maßgebend, oder, wenn keine bleibenden Formänderungen auftreten sollen, die für Druck gültige Fließ- oder Quetschgrenze.

TETMAJER[1] fand in zahlreichen Versuchen den Übergang zwischen reiner Druck- und elastischer Knickspannung als Spannungsgerade, die sogenannte

$$\text{TETMAJER-}\textit{Gerade}\quad \sigma_K = a - b \cdot \lambda \qquad (96,1)$$

wobei a und b die Maßeinheiten einer Spannung haben und für verschiedene Werkstoffe in Zahlentafel 32 angegeben sind.

Berechnet man für die Stähle St 37 und St 52 die TETMAJER-Gerade mit obigen Koeffizienten und zeichnet sie in Abb. 95,4 ein, so zeigt sich, daß für beide Stähle der Bereich unelastischer Knickung nach TETMAJER bereits von der Schlankheit $\lambda = 100$ an abwärts beginnt. Die drei Bereiche können wir jetzt abgrenzen. Sie sind für St 37 in Abb. 95,4 dargestellt. Der Übergang vom TETMAJER- in den Druckbereich liegt bei $\lambda = 60$.

Im TETMAJER-Bereich gilt allgemein

$$\sigma_K = \frac{F_K}{A} \qquad (96,2)$$

Zahlentafel 32. *Koeffizienten der* TETMAJER-*Geraden*

Werkstoff	a kp/cm²	b kp/cm²
St 37	3100	11,4
St 52	3550	6,2
Gußeisen[2]	7760	120
Nadelholz	293	1,94

97. Berechnung knickbeanspruchter Stäbe

Bisher haben wir lediglich die Grenzspannungen kennengelernt, die für reine Druckbeanspruchung die Quetschgrenze, für elastische oder unelastische Knickung die Stabilitätsgrenze bedeuten. Gegen diese Grenzspannungen muß eine Sicherheit vorhanden sein, d. h. die zulässige Druckspannung bzw. die Druckkräfte sind

$$\sigma_{\text{zul}} = \frac{\sigma_K}{\nu} \quad \text{bzw.} \quad F_{\text{zul}} = \frac{F_K}{\nu} \qquad (97,1)$$

Die Sicherheit wählt man, wie früher angegeben (Abschn. 77) um so niedriger, je höher der Werkstoff ausgenutzt werden soll, oder je sicherer die Kräfte sowie die Art der Einspannverhältnisse des Knickstabes erfaßt werden können.

Bei *statischer Belastung* wählt man

$\nu = 5$fach für Stahl,
$\nu = 8$fach für Gußeisen,
$\nu = 10$fach für Holz (lufttrocken).

---

[1] VON TETMAJER, LUDWIG, geb. 1850 in Krumbach, gest. 1905 in Wien. Prof. an den Techn. Hochschulen Zürich u. Wien, Gründer der Eidgenöss ischen Materialprüfanstalt Zürich.

[2] Bei Gußeisen tritt noch das Glied $+ 0,53\,\lambda^2$ hinzu.

Bei *dynamischer Belastung* im Maschinenbau wählt man

$v = 8 \cdots 11$fach für Kolbenstangen, schwellend beansprucht,
$v = 15 \cdots 22$fach für Kurbeltriebwerksteile, wechselnd beansprucht,
$v = 3 \cdots 6$fach im Fahrzeugbau (Gewichtsersparnis).

Für den Hochbau, Kräne und Brücken ist eine besondere Rechenweise das ω-Verfahren, vorgeschrieben, das die Sicherheit bereits in sich trägt (siehe Abschn. 98).

Zur Berechnung der Abmessungen eines auf Druck beanspruchten Stabes liefert der Druckbereich wie auch der EULER-Bereich ohne weiteres eindeutige Ergebnisse:

Im Druckbereich ist der erforderliche Querschnitt nach Gl. (85,1)

$$A_{erf} = \frac{F}{\sigma_{dzul}} = \frac{v \cdot F}{\sigma_B} \tag{97,2}$$

Im EULER-*Bereich* ist das erforderliche Trägheitsmoment nach Gl. (97,3)

$$I_{erf} = \frac{F_k \cdot l^2}{\pi^2 \cdot E} = \frac{v \cdot F \cdot l^2}{\pi^2 \cdot E} \tag{97,3}$$

Im dazwischenliegenden TETMAJER-*Bereich* ist eine sofortige Ermittlung der Abmessungen, des Trägheitsmomentes oder des Querschnittes, nicht immer möglich. Es gilt hier nach Gln. (96,1) und (96,2)

$$F = \frac{F_K}{v} = \frac{A \cdot \sigma_K}{v} = \frac{A}{v}(a - b \cdot \lambda) \tag{97,4}$$

In dieser Gleichung kommen gleichzeitig A und λ als Unbekannte vor. Die Gl. (97,4) eignet sich nur zur Nachprüfung der Sicherheit bei gegebenen Abmessungen. Man wählt in diesem Falle am einfachsten die Abmesssungen des Querschnittes und berechnet zur Kontrolle die Knickspannung σ_K nach Gl. (96,1).

Dann muß sein

$$\sigma_{vorh} = \frac{F}{A} \quad \text{und} \quad v_{vorh} = \frac{\sigma_K}{\sigma_{vorh}} > v_{erf} \tag{97.5}$$

Durch mehrmaliges Probieren werden die erforderlichen Werte schnell gefunden.

Beispiel: Ein Druckluft-Kolbenhaspel hat 300 mm Kolbendurchmesser, 450 mm Kolbenhub, 4 atü Luftdruck. Die Länge der Kolbenstange ist 700 mm, Werkstoff St 52 mit $E = 2{,}1 \cdot 10^6$ kp/cm². Zu berechnen ist a) die Kolbenkraft, b) der erforderliche Durchmesser der Kolbenstange bei 16facher Sicherheit.

Lösung: Gegeben: $D = 300$ mm $\varnothing = 30$ cm $\varnothing$; $s = 450$ mm; $l = 700$ mm $= 70$ cm; $p_{\ddot{u}} = 4$ atü $= 4$ kp/cm²; St 52 mit $\lambda_{min} = 78$ für EULER-Bereich; $E = 2{,}1 \cdot 10^6$ kp/cm².

a) $F = \dfrac{\pi}{4} D^2 \cdot p = \dfrac{\pi}{4}(30 \text{ cm})^2 \, 4 \text{ kp/cm}^2 = 2\,827$ kp

b) Wir rechnen zunächst den Durchmesser für die elastische Knickung, d. h. für den EULER-Bereich, und prüfen anschließend die Schlankheit nach.

Nach Gl. (97,3)

$$I_{\text{erf}} = \frac{v \cdot F \cdot l^2}{\pi^2 \cdot E} = \frac{16 \cdot 2827 \text{ kp } (70 \text{ cm})^2}{\pi^2 \cdot 2,1 \cdot 10^6 \text{ kp/cm}^2} = 10,55 \text{ cm}^4$$

$$I_x = \frac{\pi}{64} d^4$$

$$d = \sqrt[4]{\frac{64\,I}{\pi}} = \sqrt[4]{\frac{64 \cdot 10,55 \text{ cm}^4}{\pi}} = 3,83 \text{ cm}$$

Wir wählen zunächst $d = 40$ mm $\varnothing$ und prüfen mit der Ermittlung der Schlankheit den Knickbereich nach.

Für Kreisquerschnitte ergibt sich allgemein:

$$i = \sqrt{\frac{I}{A}} = \sqrt{\frac{\dfrac{\pi}{64} d^4}{\dfrac{\pi}{4} d^2}} = \sqrt{\frac{d^2}{16}}$$

$$\textit{Trägheitshalbmesser des Kreisquerschnittes } i = \frac{d}{4} \qquad (97,6)$$

Für den vorstehend gewählten Durchmesser ergibt sich dann die Schlankheit

$$\lambda = \frac{l}{i} = \frac{l}{d/4} = \frac{4 \cdot 70 \text{ cm}}{4,0 \text{ cm}} = 70 < 78$$

Demnach ist der TETMAJER-Bereich für unelastische Knickung maßgebend. Nach Gl. (96,1) ergibt sich für St 52 mit den Koeffizienten der Zahlentafel 32:

$$\sigma_K = a - b \cdot \lambda = 3550 \text{ kp/cm}^2 - 6,2 \text{ kp/cm}^2 \cdot 70 = 3016 \text{ kp/cm}^2$$

Nach Gl. (97,5)

$$\sigma_{\text{vorh}} = \frac{F}{A} = \frac{2827 \text{ kp}}{\dfrac{\pi}{4} (4 \text{ cm})^2} = 225 \text{ kp/cm}^2 \qquad (97,5)$$

$$v_{\text{vorh}} = \frac{\sigma_K}{\sigma_{\text{vorh}}} = \frac{3016 \text{ kp/cm}^2}{225 \text{ kp/cm}^2} = 13,4 < 16\text{fach}$$

Mit dem gewählten Durchmesser $d = 40$ mm erhalten wir nicht die geforderte Sicherheit $v = 16$. Wir wählen $d = 45$ mm $\varnothing$ und rechnen hierfür:

$$\sigma_{\text{vorh}} = \frac{F}{A} = \frac{2827 \text{ kp}}{\dfrac{\pi}{4} (4,5 \text{ cm})^2} \approx 178 \text{ kp/cm}^2$$

$$v_{\text{vorh}} = \frac{\sigma_K}{\sigma_{\text{vorh}}} = \frac{3016 \text{ kp/cm}^2}{178 \text{ kp/cm}^2} = 16,9 > 16\text{fach}$$

Der gewählte Durchmesser der Kolbenstange mit $d = 45$ mm ist also ausreichend.

Beispiel: Eine Säule aus Grauguß GG 12 hat Kreisringquerschnitt mit 230 mm äußerem Durchmesser und 4,8 m Höhe. Sie ist auf Knicken für eine Belastung von 33 Mp und 8fache Sicherheit zu berechnen. $E = 10^6$ kp/cm².

Lösung: Nach EULER ist gemäß Gl. (97,3)

$$I_{\text{erf}} = \frac{v \cdot F \cdot l^2}{\pi^2 \cdot E} = \frac{8 \cdot 33000 \text{ kp } (480 \text{ cm})^2}{\pi^2 \cdot 10^6 \text{ kp/cm}^2} = 6163 \text{ cm}^4$$

Nach der Tafel der äquatorialen Trägheitsmomente ist für die Kreisringfläche

$$I_x = I_y = \frac{\pi}{64}\,(D^4 - d^4) \approx \frac{1}{20}\,D^4 - \frac{1}{20}\,d^4$$

$$d^4 = \left(\frac{1}{20}\,D^4 - I_x\right) 20 = D^4 - 20\,I_x$$

$$d = \sqrt[4]{D^4 - 20\,I_x} = \sqrt[4]{(23\text{ cm})^4 - 20 \cdot 6163\text{ cm}^4} = 19{,}88\text{ cm}$$

gewählt $d \doteq 190$ mm;

$$\text{Wandstärke } \delta = \frac{230 - 190}{2} = 20\text{ mm}$$

$$A = \frac{\pi}{4}\,(D^2 - d^2) = \frac{\pi}{4}\,(23^2 - 19^2)\text{ cm}^2 = 133\text{ cm}^2$$

$$I = \frac{\pi}{64}\,(D^4 - d^4) = \frac{\pi}{64}\,(23^4 - 19^4)\text{ cm}^4 = 7337\text{ cm}^4$$

$$\textit{Nachprüfung: } i = \sqrt{\frac{I}{A}} = \sqrt{\frac{7337\text{ cm}^4}{133\text{ cm}^2}} = 7{,}43\text{ cm}$$

$$\lambda = \frac{l}{i} = \frac{480}{7{,}43} = 64{,}6$$

Nach Zahlentafel 32 ist für GG 12 für den EULER-Bereich $\lambda_{\min} = 80$. Wir müssen also die Sicherheit für den TETMAJER-Bereich nachprüfen. Nach Gl. (96,1) und Zahlentafel 32 ist

$$\sigma_K = a - b \cdot \lambda + 0{,}53\,\lambda^2 = (7760 - 120 \cdot 64{,}6 + 0{,}53 \cdot 64{,}6^2)\text{ kp/cm}^2$$

$$= 2220\text{ kp/cm}^2$$

$$\sigma_{\text{vorh}} = \frac{F}{A} = \frac{33000\text{ kp}}{133\text{ cm}^2} = 250\text{ kp/cm}^2$$

$$\nu_{\text{vorh}} = \frac{\sigma_K}{\sigma_{\text{vorh}}} = \frac{2220}{250} = 8{,}9\text{fach} > \nu_{\text{erf}} = 8\text{fach}$$

Die Wandstärke $\delta = 20$ mm ist also ausreichend.

Beispiel: Der Stößel einer Presse von 80 mm $\varnothing$ und 450 mm Länge aus St 52 wird mit 60 Mp belastet. Zu berechnen sind die Grenzspannungen a) im EULER-Bereich, b) im TETMAJER-Bereich, c) im reinen Druckbereich. d) Welcher Bereich ist für den Stößel maßgebend ($\sigma_P = 3400$ kp/cm²)? e) Wie groß ist die Sicherheit?

Lösung: Gegeben: $l = 50$ cm; $F = 60$ Mp $= 60000$ kp; $d = 80$ mm $\varnothing = 8$ cm $\varnothing$
nach Gl. (97,6)

$$i = \frac{d}{4} = \frac{8\text{ cm}}{4} = 2\text{ cm}; \quad \lambda = \frac{l}{i} = \frac{45}{2} = 22{,}5$$

a) EULER-Bereich nach Gl. (95,3)

$$\sigma_K = \frac{\pi^2 \cdot E}{\lambda^2} = \frac{10 \cdot 2{,}1 \cdot 10^6\text{ kp/cm}^2}{22{,}5^2} = 41500\text{ kp/cm}^2$$

b) TETMAJER-Bereich: nach Gl. (96,1)

$$\sigma_K = a - b \cdot \lambda = (3550 - 6{,}2 \cdot 22{,}5)\text{ kp/cm}^2 = 3410\text{ kp/cm}^2$$

c) Druckbereich

$$\sigma_P = 3400\text{ kp/cm}^2$$

d) Da $\sigma_P < \sigma_K$ im TETMAJER-Bereich ist und $\lambda = 22{,}5 < 60$, ist die Druckbeanspruchung maßgebend.

e)
$$\sigma_{\text{vorh}} = \frac{F}{A} = \frac{60\,000\ \text{kp}}{\dfrac{\pi}{4}\,(8\,\text{cm})^2} = 1193\ \text{kp/cm}^2$$

Die *Sicherheit bezogen auf* die *Proportionalitätsgrenze* ist nach Gl. (77,3):

$$v' = \frac{\sigma_P}{\sigma_{\text{vorh}}} = \frac{3400}{1193} = 2{,}85\text{fach}$$

In der Druckfestigkeit haben wir die *Sicherheit auf die Bruchfestigkeit bezogen*:

$$v = \frac{\sigma_{d_B}}{\sigma_{\text{vorh}}} = \frac{5200}{1193} = 4{,}36\text{fach}$$

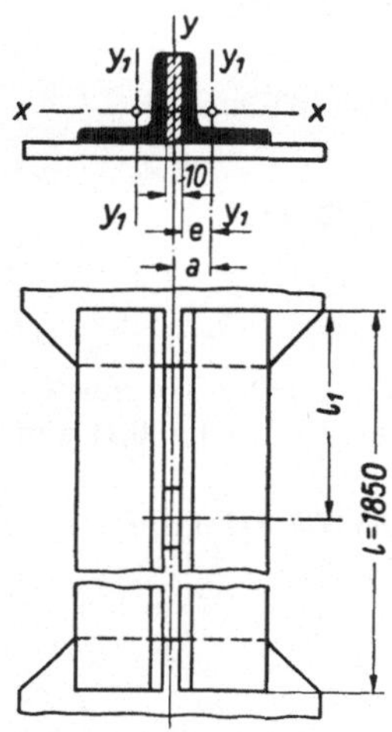

Abb. 97,1. Diagonalstab einer Transportbrücke (Beispiel)

Beispiel: Der Diagonalstab einer Transportbrücke erhält nach statischer Untersuchung (CREMONA-Plan) eine Druckbeanspruchung von 2,75 Mp. Die Stablänge zwischen den Knotenblechen beträgt 1850 mm (Abb. 97,1). a) Zu berechnen sind die Stahlprofile bei Ausführung der Diagonale aus 2 gleichschenkligen Winkelstählen, die durch Laschen von 10 mm Dicke in Abstand gehalten werden. Sicherheit $v = 5$fach. b) In welchem Abstand sind die Laschen (Abb. 97,1) zu setzen, damit die Winkelstähle nicht einzeln ausknicken können? c) Es ist nachzuprüfen, ob das Trägheitsmoment bezogen auf die senkrecht zu der in der Richtung zu a) angenommenen Achse ausreichend ist.

Lösung: a) Für die Knickbeanspruchung der beiden Winkelstähle zusammen ist die x-Achse am ungünstigsten.
Nach Gl. (97,1)

$$I_{x_{\text{erf}}} = \frac{v \cdot F \cdot l^2}{\pi^2 \cdot E}$$

Setzt man in obige Gleichung F in Mp und l in m ein, so vereinfacht sie sich mit $E = 2{,}1 \cdot 10^6$ kp/cm² *für Stahlkonstruktionen*:

$$I_{\text{erf}} = \frac{v \cdot F \cdot 1000\ \text{kp/Mp} \cdot l^2\,(100\ \text{cm/m})^2}{10 \cdot 2{,}1 \cdot 10^6\ \text{kp/cm}^2}$$

$$\underline{I_{\text{erf}} = 0{,}476\,v \cdot F \cdot l^2} \qquad \begin{array}{l} F \text{ in Mp} \\ l \text{ in m} \\ I_{\text{erf}} \text{ in cm}^4 \end{array} \qquad (97{,}3\,\text{a})$$

$$I_{x_{\text{erf}}} = 0{,}476 \cdot 5 \cdot 2{,}75 \cdot 1{,}85^2 = 22{,}4 \text{ in cm}^4$$

Da nach Regel 2 für das Zusammensetzen von Trägheitsmomenten (Abschnitt 89), sich die Trägheitsmomente bezogen auf die gleiche Achse addieren lassen, ist das erforderliche Trägheitsmoment für einen Winkelstahl

$$I_{x_1} = \frac{I_{x_{\text{erf}}}}{2} = \frac{22{,}4\ \text{cm}^4}{2} = 11{,}2\ \text{cm}^4$$

Wir wählen nach der Tabelle für Profilstähle Anhang, Tabelle 29 Winkelstahl $50 \cdot 50 \cdot 6$ mit $I_{x1} = 12{,}8$ cm⁴ und $A_1 = 5{,}69$ cm². Der Trägheitshalbmesser eines Winkelstahles für die x-Achse ist auch der gleiche für beide Winkelstähle zusammen: $i_x = 1{,}5$ cm (nach Tabelle 29)

$$\text{Schlankheit } \lambda = \frac{l}{i} = \frac{185}{1{,}5} = 123 > 100$$

Es gilt also der EULER-Bereich.

b) Damit die beiden Winkelstähle nicht einzeln ausknicken können, ist die Lasche im Abstand l_1 so zu setzen, daß die auf einen Winkelstahl entfallende Druckkraft den Winkelstahl nicht über die y_1-Achse knicken kann. Als *Lastanteil wählen wir zur Sicherheit* $^2/_3$ *der Gesamtlast*

$$F_1 = \frac{2}{3} F = \frac{2}{3} \cdot 2{,}75 \,\mathrm{Mp} = 1{,}835 \,\mathrm{Mp}$$

Nach Tabelle 29 ist für ∟ 50 · 50 · 6

$$I_{y1} = I_{x1} = 12{,}8 \,\mathrm{cm^4}$$

Nach Gl. (97,3 a)

$$I_{y_1} = 0{,}476 \, v \cdot F_1 \cdot l_1^2$$

$$l_1 = \sqrt{\frac{I_{y_1}}{0{,}476 \, v \cdot F_1}} = \sqrt{\frac{12{,}8}{0{,}476 \cdot 5 \cdot 1{,}835}} = 1{,}71 \text{ in m}$$

Da $l = 1{,}85$ m ist, wird man eine Lasche in der Mitte des Diagonalstabes zwischen die beiden Winkelstäbe setzen.

c) Das Trägheitsmoment des zusammengesetzten Querschnittes für die y-Achse berechnet sich nach dem STEINERschen Verschiebesatz, Satz 67. Mit den Bezeichnungen in Abb. 97,1 finden wir in Tabelle 29

$$e = 1{,}45 \,\mathrm{cm}$$

Damit

$$a = (1{,}45 + 0{,}5) \,\mathrm{cm} = 1{,}95 \,\mathrm{cm}$$

Nach Gl. (89,1)

$$I_y = 2(I_{y1} + A \cdot a^2) = 2(12{,}8 + 5{,}69 \cdot 1{,}95^2) \,\mathrm{cm^4}$$

$$= 68{,}9 \,\mathrm{cm^4} > 2 I_{x1} = 2 \cdot 12{,}8 \,\mathrm{cm^4} = 25{,}6 \,\mathrm{cm^4}$$

Abb. 95,4 läßt erkennen, daß der Druckbereich bei Stählen heraufreicht bis etwa zur Schlankheit $\lambda = 60$. Nach Gl. (97,6) ist für runden Querschnitt

$$i = \frac{d}{4}$$

Nach Gl. (95,4)

$$\lambda = \frac{l}{i} = \frac{l}{\dfrac{d}{4}} = \frac{4 \cdot l}{d}$$

Daraus folgt als *obere Grenze des Druckbereiches bei Rundstählen*

$$\frac{l}{d} \leqq \frac{\lambda}{4} = \frac{60}{4}$$

$$\frac{l}{d} \leqq 15 \qquad\qquad (97{,}7\,\mathrm{a})$$

Für Rundholz, z. B. *Grubenstempel*, gehen wir von der Quetschgrenze aus, die bei Fichtenholz etwa $\sigma_P = 200 \,\mathrm{kp/cm^2}$ beträgt. Mit dem Elastizitätsmodul $E = 10^5 \,\mathrm{kp/cm^2}$ ergibt sich nach Gl. (95,3)

$$\sigma_P \leqq \sigma_K = \frac{\pi^2 \cdot E}{\lambda^2}$$

$$\lambda \leqq \sqrt{\frac{\pi^2 \cdot E}{\sigma_P}} = \sqrt{\frac{10 \cdot 10^5 \,\mathrm{kp/cm^2}}{200 \,\mathrm{kp/cm^2}}} = 70{,}7$$

$$\frac{l}{d} \leqq \frac{\lambda}{4} = \frac{70{,}7}{4} = 17{,}7$$

Damit *obere Grenze des Druckbereiches bei Rundholz* (Fichtenholz)

$$\frac{l}{d} \leq 17 \qquad\qquad (97,7\,\mathrm{b})$$

Zahlentafel 33: *Höchstlängen von Fichtenholz-Grubenstempeln zur Vermeidung von Knickbeanspruchungen*

Durchmesser d . . . :	cm	9	10	11	12	13	14	15
Länge l	m	1,53	1,70	1,87	2,04	2,21	2,38	2,55

98. Omega-Verfahren

Im Hoch- und Brückenbau, sowie für Krananlagen und sonstige Stahlbauten ist amtlich das sogenannte ω-Verfahren für die Nachprüfung vorgeschrieben. Es faßt alle drei Bereiche, den reinen Druckbereich, den unelastischen und den elastischen Knickbereich in einer Gleichung zusammen. Entsprechend der einfachen Druckgleichung

$$F = A \cdot \sigma_{d_{zul}}$$

schreibt man jetzt

$$\omega F = A \cdot \sigma_{d_{zul}} \qquad\qquad (98,1)$$

Man läßt also nur einen Teil der Drucklast F als Knicklast zu. Die vorhandene Spannung ergibt sich dann

$$\sigma_{vorh} = \frac{F}{A} \leq \frac{\sigma_{d_{zul}}}{\omega} \qquad\qquad (98,2)$$

oder in einer anderen Form ergibt sich die ω-Spannung

$$\sigma_\omega = \omega \frac{F}{A} \leq \sigma_{d_{zul}} \qquad\qquad (98,3)$$

Die *Knickzahl* ω wird Tabellen entnommen, die im Anhang in Tabellen 35 und 36 für einige Werkstoffe wiedergegeben ist. Sie ändert sich mit λ, und es ist für $\lambda = 0$ bei allen Werkstoffen $\omega = 1$, da hier kein Knicken eintritt, sondern nur die zulässige Druckspannung maßgebend ist. Im EULER-Bereich wird eine konstante Sicherheit angenommen, z. B. für St 37: $\nu = 3,5$. Dazwischen ist, bezogen auf die Grenzspannung, eine mit der Schlankheit abnehmende Sicherheit eingeführt.

Das ω-Verfahren ist nur im Stahlbau zulässig, bei dem mit statischen Beanspruchungen gerechnet wird. Es gestattet nicht, die Abmessungen von druckbeanspruchten Stahlbauten vorauszuberechnen. Ist das erforderlich, so berechnet man das erforderliche Trägheitsmoment nach Gln. (97,3) bzw. (97,3a) mit $\nu = 4$fach und prüft anschließend mit dem ω-Verfahren nach.

Beispiel: Eine Stütze aus 2 [Stahlprofilen ist 5 m lang und soll eine Last von 80 Mp tragen. Werkstoff St 37. a) Zu berechnen ist der Profilstahl für den EULER-Bereich. b) Die Profile sind nach dem ω-Verfahren nachzuprüfen. c) Der Abstand der beiden [Stahlprofile ist für gleiche Knicksicherheit in beiden Achsrichtungen zu berechnen. d) Der Abstand der Knotenbleche (Schnallen) ist zu berechnen, damit die [-Stähle nicht einzeln ausknicken können (Abb. 98,1).

Lösung: a) Nach Gl. (97,3a)

$$I_{\mathrm{erf}} = 0{,}476\, v \cdot F \cdot l^2 = 0{,}476 \cdot 4 \cdot 80 \cdot 5^2 = 3808 \text{ in cm}^4$$

$$I_{x1} = \frac{3808 \text{ cm}^4}{2} = 1904 \text{ cm}^4$$

gewählt nach Tabelle 28: [20 mit

$$I_x = 2 \cdot 1910 \text{ cm}^4 = 3820 \text{ cm}^4;$$

$$A = 2 \cdot 32{,}2 \text{ cm}^2 = 64{,}4 \text{ cm}^2$$

b) Der Trägheitshalbmesser der beiden [20 Profilstähle entspricht dem eines [20 Stahles, da er auf die gleiche x-Achse bezogen ist.

Nach Tabelle 28: $i = 7{,}7$ cm

$$\lambda = \frac{l}{i} = \frac{500}{7{,}7} = 64{,}9$$

Für St 37 ist nach Anhang Tabelle 35: $\omega = 1{,}35$ und nach Anhang Tabelle 13, Belastungsfall H:

$$\sigma_{\mathrm{zul}} = 1400 \text{ kp/cm}^2$$

Nach Gl. (98,3)

$$\sigma_\omega = \omega \frac{F}{A} = 1{,}35 \frac{80000 \text{ kp}}{64{,}4 \text{ cm}^2}$$

$$= 1675 \text{ kp/cm}^2 > \sigma_{\mathrm{zul}} = 1400 \text{ kp/cm}^2$$

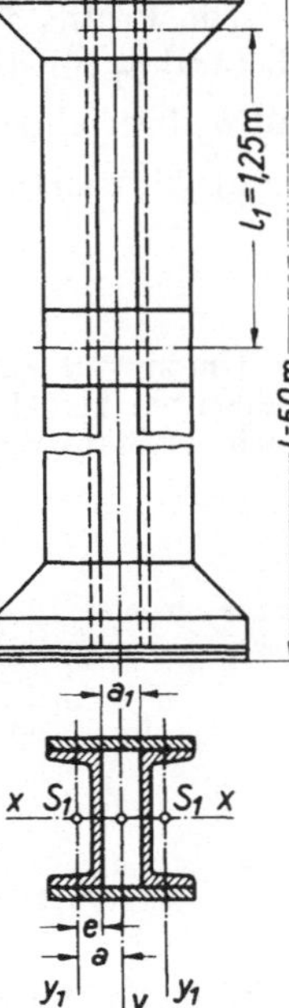

Abb. 98,1. Stütze aus [-Stahlprofilen (Beispiel)

Die ω-Spannung ist größer als σ_{zul}. Wir wählen deshalb das nächst größere Profil [22-Stahl. Hierfür ist nach Anhang Tabelle 28

$$I_x = 2 \cdot 2690 \text{ cm}^4 = 5380 \text{ cm}^4; \quad A = 2 \cdot 37{,}4 \text{ cm}^2 = 74{,}8 \text{ cm}^2$$

$$i_x = 8{,}48 \text{ cm}; \quad \lambda = \frac{l}{i} = \frac{500}{8{,}48} = 59$$

Damit ist nach Anhang Tabelle 35: $\omega = 1{,}29$.
Nach Gl. (98,3)

$$\sigma_\omega = \omega \frac{F}{A} = 1{,}29 \frac{80000 \text{ kp}}{74{,}8 \text{ cm}^2} = 1380 \text{ kp/cm}^2 < 1400 \text{ kp/cm}^2$$

Mit dem Stahlprofil [22 ist nach Prüfung mit dem ω-Verfahren die zulässige Spannung nicht mehr überschritten.

c) Mit den Bezeichnungen der Abb. 98,1 ist nach Tabelle 28:

$$e = 2{,}14 \text{ cm}$$

Ein Ausknicken wird verhindert, wenn

$$I_y = I_x$$

ist. Nach Tabelle 28 ist für ein [22

$$I_{y1} = 197 \text{ cm}^4; \quad A_1 = 37{,}4 \text{ cm}^2$$

Dann muß nach dem STEINERschen Verschiebungssatz sein

$$I_x = 2\,(I_{y1} + A_1 a^2) = 2\,I_{y1} + 2\,A_1 \cdot a^2$$

$$2\,A_1 a^2 = I_x - 2\,I_{y1}$$

$$a \geq \sqrt{\frac{I_x - 2\,I_{y1}}{2\,A_1}} = \sqrt{\frac{5380 \text{ cm}^4 - 2 \cdot 197 \text{ cm}^4}{2 \cdot 37{,}4 \text{ cm}^2}} = 8{,}165 \text{ cm}$$

gewählt $a = 8,39$ cm $= 83,9$ mm. Dann wird mit den Bezeichnungen der Abb. 98,1:

$$a_1 = 2(a - e) = 2(83,9 - 21,4) \text{ mm} = 125 \text{ mm}$$

Die Profilstahltabellen geben, wie im Anhang, meist den Mindestabstand a_1 für die Forderung $I_x = I_{y_{ges}}$ an. (In den Tabellen 27 und 28 mit a_2 bezeichnet.)

d) Wir nehmen an, daß ein Profilstab belastet wird mit

$$F_1 = \frac{1}{2} F = \frac{1}{2} \, 80\,000 \text{ kp} = 40\,000 \text{ kp}$$

Um zu verhindern, daß ein einzelner $[$ Profilstab über die y-Achse ausknickt, wählen wir als Abstand der Knotenbleche (Schnallen) $l_1 = 1,25$ m (Abb. 98,1). Nach der Stahlprofiltabelle ist $i_y = 2,30$ cm

$$\lambda = \frac{l_1}{i_y} = \frac{125 \text{ cm}}{2,3 \text{ cm}} = 54,3$$

Dafür ist $\omega = 1,24$ (nach Anhang Tabelle 35) und nach Gl. (98,3)

$$\sigma_\omega = \omega \, \frac{F_1}{A_1} = 1,24 \, \frac{40\,000 \text{ kp}}{37,4 \text{ cm}^2} = 1325 \text{ kp/cm}^2 < \sigma_{zul} = 1400 \text{ kp/cm}^2$$

C. Zusammengesetzte Beanspruchung

Sehr oft treten mehrere Beanspruchungsarten gleichzeitig auf. Insbesondere bei den Maschinen und Maschinenteilen finden wir zusammengesetzt beanspruchte Teile. Die wichtigsten Fälle sind Biegung mit Zug oder Druck und Biegung mit Verdrehung.

Es können natürlich auch weitere zusammengesetzte Beanspruchungen vorkommen, so z. B. Biegung mit Knickung oder Verdrehung mit Knickung. Die Berechnung derartiger Fälle ist nicht mehr einfach. Wir beschränken uns darum auf die erstgenannten einfacheren Fälle.

99. Biegung mit Zug- oder Druckbeanspruchung

Sowohl bei der Biegung als auch bei Zug oder Druck treten im wesentlichen nur Normalspannungen auf. Die bei Biegung gleichzeitig auftretenden Schubbeanspruchungen können wir meist als unbedeutend vernachlässigen, wie es schon bei der Ableitung der Biegegleichung festgestellt wurde. Da die Normalspannungen in einer Achse liegen, ist ihre Zusammensetzung auch verhältnismäßig einfach.

Abb. 99,1 zeigt die Beanspruchungen eines eingespannten Stabes durch eine Kraft, die nicht in Achsrichtung des Stabes liegt, sondern außermittig parallel zur Stabachse angreift. Werden im Punkt A der Stabachse zwei gleichgroße, aber entgegengesetzt gerichtete Kräfte $F' = F''$ angebracht, so wirkt F' auf Zug, während die übrigen Kräfte F mit ihrem Abstand a das Kräftepaar mit dem Biegemoment $M_b = F \cdot a$ bilden.

Abb. 99,1a zeigt die reine Zugspannung

$$\sigma_z = \frac{F}{A}$$

Abb. 99,1b zeigt den Verlauf der Biegespannung

$$\sigma_b = \frac{M_b}{W}$$

Werden die Einzelspannungen addiert, so ergeben sich die *Randspannungen* nach Abb. 99,1c

für die rechte Faser

$$\sigma_{+b} = \sigma_b + \sigma_z = \frac{M_b}{W} + \frac{F}{A}$$

für die linke Faser

$$\sigma_{-b} = \sigma_b - \sigma_d = \frac{M_b}{W} - \frac{F}{A} \qquad (99,1)$$

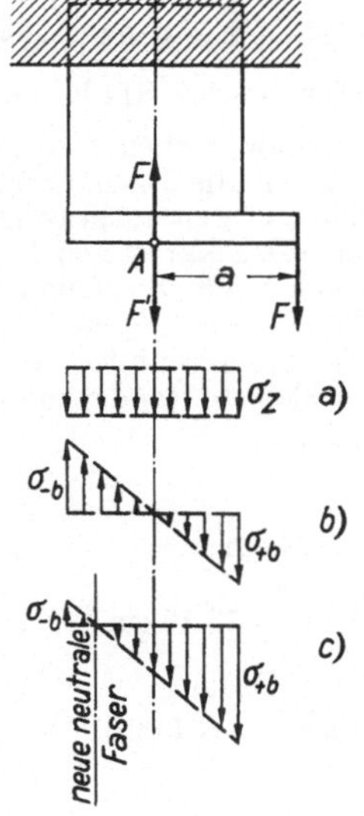

Abb. 99,1. Zusammensetzung von Zug- und Biegespannungen
a) reine Zugspannung, b) reine Biegespannung, c) zusammengesetzte Spannung

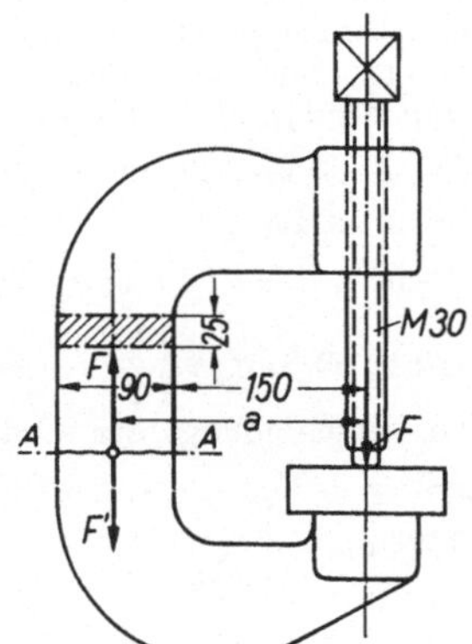

Abb. 99,2. Schraubzwinge (Beispiel)

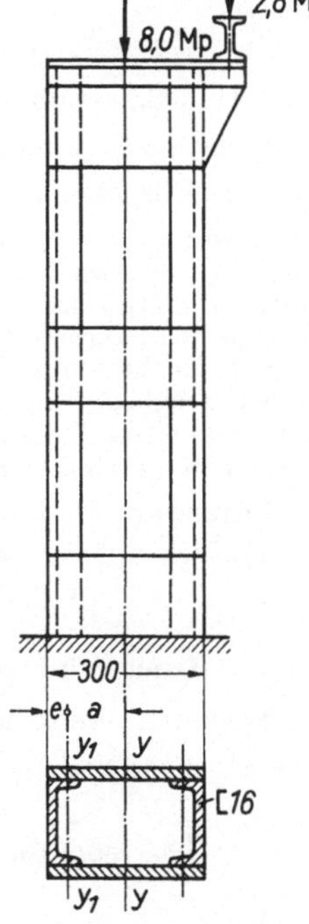

Abb. 99,3. Säule für eine Fabrikhalle (Beispiel)

Ist $\sigma_z \geqq \sigma_b$, so treten im ganzen Querschnitt nur Zugspannungen auf. In jedem Falle verschiebt sich die neutrale Faser, und zwar bei zusätzlicher Zugspannung zur Druckzone hin, bei zusätzlicher Druckspannung zur Zugzone hin.

Die Bedingung für die Randspannung ist

$$\sigma_{\max} \leqq \sigma_{z\,\mathrm{zul}} = \frac{\sigma_{zB}}{v} \qquad (99,2)$$

bzw.

$$\sigma_{\max} \leq \sigma_{d_{\mathrm{zul}}} = \frac{\sigma_{dB}}{v} \tag{99,3}$$

Beispiel: Bei einer Schraubzwinge aus St 50 (Abb. 99,2) soll die Schraube M 30 so angezogen werden, daß die Druckspannung in der Schraube 300 kp/cm² beträgt. Zu berechnen sind die größten Zug- und Druckspannungen im Bügelquerschnitt $A - A$.

Lösung: Nach Anhang Tabelle 26 ist die Schraubenkraft

$$F = \sigma_d \frac{\pi}{4} d_1^2 = 300 \text{ kp/cm}^2 \cdot 5,09 \text{ cm}^2 = 1527 \text{ kp}$$

$$M_b = F \cdot a = 1527 \text{ kp} (15 + 9/2) \text{ cm} = 29\,780 \text{ kpcm}$$

$$W = \frac{b \cdot h^2}{6} = \frac{2,5 \text{ cm} \cdot (9 \text{ cm})^2}{6} = 33,75 \text{ cm}^3$$

$$\sigma_b = \frac{M_b}{W} = \frac{29\,780 \text{ kpcm}}{33,75 \text{ cm}^3} = 882 \text{ kp/cm}^2$$

$$\sigma_z = \frac{F}{A} = \frac{1527 \text{ kp}}{(2,5 \cdot 9,0) \text{ cm}^2} = 68 \text{ kp/cm}^2$$

Nach Gl. (99,1) ergibt sich:

höchste Zugspannung: $\sigma_{+b} = \sigma_b + \sigma_z = (882 + 68) \text{ kp/cm}^2 = 950 \text{ kp/cm}^2$

höchste Druckspannung: $\sigma_{-b} = \sigma_b - \sigma_z = (882 - 68) \text{ kp/cm}^2 = 814 \text{ kp/cm}^2$

Beispiel: Die Säule einer Fabrikhalle ist aus zwei Stahlprofilen [16 nach Abb. 99,3 hergestellt und in ihrer senkrechten Achse durch die Dachgewichtskraft mit 8 Mp belastet. Außerdem trägt sie auf einer 200 mm weit auskragenden Konsole den Fahrbahnträger eines Laufkranes, auf den eine Druckkraft von 2,8 Mp kommt. Zu berechnen ist a) das von der Säule aufzunehmende Biegemoment, b) das Trägheits- und Widerstandsmoment I_y und W_y für die gegeneinander starr versteiften [-Stähle, c) die Biegespannung im Säulenquerschnitt, d) die gleichmäßig verteilte Druckspannung, e) die größte und kleinste Randspannung.

Lösung: a) $M_b = F \cdot l = 2800 \text{ kp} \cdot 20 \text{ cm} = 56\,000 \text{ kpcm}$

b) Nach Anhang Tabelle 28 ist für [16

$$I_{y1} = 85,3 \text{ cm}^4; \quad A_1 = 24,0 \text{ cm}^2; \quad e = 1,84 \text{ cm}$$

Damit wird nach Abb. 99,3: $a = \left(\frac{30}{2} - 1,84\right) \text{ cm} = 13,16 \text{ cm}$

Nach dem STEINERschen Verschiebungssatz wird

$$I_y = 2(I_{y1} + A_1 a^2) = 2(85,3 + 24 \cdot 13,16^2) \text{ cm}^4 = 8484 \text{ cm}^4$$

$$W_y = \frac{I_y}{30/2 \text{ cm}} = \frac{8484 \text{ cm}^4}{15 \text{ cm}} = 565,6 \text{ cm}^3$$

c)
$$\sigma_b = \frac{M_b}{W_y} = \frac{56\,000 \text{ kpcm}}{565,6 \text{ cm}^3} = 99 \text{ kp/cm}^2$$

d)
$$\sigma_d = \frac{F_{\text{ges}}}{2 \cdot A_1} = \frac{(8000 + 2800) \text{ kp}}{2 \cdot 24 \text{ cm}^2} = 225 \text{ kp/cm}^2$$

e) Höchste Spannung am Säulenrand zur Halle hin

$$\sigma_d + \sigma_b = (225 + 99) \text{ kp/cm}^2 = 324 \text{ kp/cm}^2 = \sigma_{d_{\max}}$$

Höchste Randspannung auf der entgegengesetzten Seite der Säule:

$$\sigma_d - \sigma_b = (225 - 99) \text{ kp/cm}^2 = 126 \text{ kp/cm}^2 = \sigma_{d_{\min}}$$

Im Querschnitt der Säule tritt also nur Druckspannung auf.

Allgemein ergibt sich, daß gleichartige Spannungen, z. B. zwei Normalspannungen oder zwei Schubspannungen, wenn sie in ihren Richtungen übereinstimmen, algebraisch addiert werden können. Es kann aber auch der Fall eintreten, daß zwei Normalspannungen verschiedene Richtungen haben. In diesem Falle findet man die größte Spannung σ_r als Resultierende im Parallelogramm der Einzelspannungen. Sie lassen sich also ebenso wie Kräfte geometrisch zusammensetzen.

100. Biegung mit Verdrehung

Treten Normal- und Schubspannung zusammen auf, so lassen sich diese nicht mehr einfach zusammensetzen. Hierfür gibt es verschiedene Gleichungen, je nachdem von welcher Spannungstheorie ausgegangen wird.

Für den Werkstoff Stahl ist nach neueren Untersuchungen die „Annahme der unveränderlichen Gestaltänderungsarbeit"[1] für die Zusammensetzung von Normal- und Schubspannung maßgebend. Hiernach erhält man die *ideelle Spannung* oder Vergleichsspannung

$$\sigma_i = \sqrt{\sigma_b^2 + 3\,(\alpha_0 \cdot \tau_t)^2} \tag{100,1}$$

In dieser Gleichung ist das

$$Anstrengungsverhältnis\ \alpha_0 = \frac{\sigma_{b_{zul}}}{1{,}73\,\tau_{t_{zul}}} \tag{100,2}$$

Da für den Kreisquerschnitt gilt

$$\sigma_b = \frac{M_b}{W} \tag{a}$$

und

$$\tau_t = \frac{M_t}{W_p} = \frac{M_t}{2\,W} \tag{b}$$

so ergibt sich durch Einsetzen der Gln. (a) und (b) in Gl. (100,1)

$$\sigma_i = \frac{M_i}{W} = \sqrt{\frac{M_b^2}{W^2} + \frac{3\,\alpha_0^2 \cdot M_t^2}{4\,W^2}} = \sqrt{\frac{M_b^2 + 0{,}75\,(\alpha_0 \cdot M_t)^2}{W^2}}$$

$$\mathbf{M}_i = \sqrt{M_b^2 + 0{,}75\,(\alpha_0 \cdot \mathbf{M}_t)^2} \tag{100,3}$$

M_i ist das *ideelle Biegemoment*, dessen Berechnung allerdings nur für den Kreisquerschnitt gilt. In der weiteren Rechnung wird es als Biegemoment behandelt, also ist nach Gl. (88,3)

$$\sigma_b = \frac{M_i}{W}$$

---

[1] Unter den verschiedenen Annahmen (Festigkeitshypothesen) ist bisher die von BACH und GRASHOF vertretene mit $\sigma_i = 0{,}35\,\sigma_b + 0{,}65\,\sqrt{\sigma_b^2 + 4(\alpha_0\lambda_d^2)}$ und $\alpha_0 = \dfrac{\sigma_{b_{zul}}}{1{,}3\,\tau_{t_{zul}}}$ heute noch am meisten im Gebrauch. Sie ist jedoch nicht mit den neueren Versuchen in Einklang zu bringen.

Wird also ein Maschinenteil, z. B. eine Welle durch äußere Kräfte gleichzeitig auf Biegung und Verdrehung beansprucht, so ist für die einzelnen zu untersuchenden Querschnitte das größte Biegemoment M_b und das größte Drehmoment M_t zu berechnen. Man wird diese dann jeweils für den gleichen Querschnitt nach Gl. (100,3) zusammensetzen.

Das dort einzusetzende Anstrengungsverhältnis α_0 ist nicht nur vom Werkstoff, sondern auch vom Belastungsfall abhängig. So kann z. B. die Beanspruchung auf Biegung ruhend sein, die auf Verdrehung dagegen schwellend oder wechselnd. Entsprechend ist die zulässige Spannung einzusetzen. (Anhang Tabelle 14.)

Bei wechselnder Kraftrichtung können für St 50 zugelassen werden:

$$\sigma_{b_{zul}} = 400 \cdots 600 \ \text{kp/cm}^2$$

$$\tau_{t_{zul}} = 300 \cdots 500 \ \text{kp/cm}^2$$

Beispiel: Die Welle eines Blindschacht-Treibscheibenhaspels nach Abb. 100,1 ist für den Fall der Anfahrt mit 0,9 m/s² Beschleunigung auf zusammengesetzte Beanspruchung zu berechnen unter Annahme einer 10fachen Sicherheit für die Biegespannung und $\tau_{t_{zul}} = 0{,}75 \ \sigma_{b_{zul}}$ für einen Wellenwerkstoff St 60. Der Berechnung sind folgende Belastungen zugrunde zu legen:

Gewichtskraft eines Korbes einschließlich Zwischenge-
schirr . . . . G_K = 1 800 kp
Gewichtskraft von 2 Förderwagen je Korb insgesamt . G_W = 1 400 kp
Teufe . . . . T = 180 m
Förderseil 28 mm $\varnothing$; Gewichtskraft entsprechend dem
des Unterseils . . . . m_s = 2,87 kp/m
Auf Seilmitte reduzierte Gewichtskraft einer Seilscheibe $G_{s_{red}}$ = 450 kp
Gewichtskraft der Treibscheibe . . . . G_T = 1 400 kp
Durchmesser der Treibscheibe . . . . D_T = 1 600 mm $\varnothing$
Reduzierte Gewichtskraft der Treibscheibe . . . . $G_{T_{red}}$ = 700 kp
Gewichtskraft des Zahnrades . . . . G_z = 800 kp
Teilkreisdurchmesser des Zahnrades . . . . d_t = 1 340 mm $\varnothing$
Reduzierte Zahnradgewichtskraft . . . . $G_{z_{red}}$ = 325 kp
Nutzlast . . . . G_N = 2 000 kp

Lösung: a) Berechnung der Seilzüge beim Anfahren mit $a = 0{,}9$ m/s².
Der Seilzug F_{s_1} unter einem Winkel von 50° gegen die Horizontale soll die Nutzlast heben (Abb. 100,1). Für die Berechnung der Gewichtskraft des Seiles sollen zur Teufe T 20% für die Seile zwischen Seilscheibe und Treibscheibe und die Unterseilbucht gerechnet werden.

Reduzierte Gewichtskraft für den Seilzug F_{s_1}

$$G_{red_1} = G_K + G_W + G_N + 1{,}2 \, m_s \cdot T + G_{s_{red}}$$

$$= (1\,800 + 1\,400 + 2\,000 + 1{,}2 \cdot 2{,}87 \cdot 180 + 450) \, \text{kp} = 6\,270 \ \text{kp}$$

$$m_{red_1} = 6\,270 \ \text{kg}$$

$$F_{s_1} = G_K + G_W + G_N + 1{,}2 \, m_s \cdot T + m_{red_1} \cdot a$$

$$= (1\,800 + 1\,400 + 2\,000 + 1{,}2 \cdot 2{,}87 \cdot 180) \, \text{kp} + \frac{6\,270 \ \text{kg} \cdot 0{,}9 \ \text{m/s}^2}{9{,}81 \, \dfrac{\text{kgm}}{\text{s}^2 \, \text{kp}}}$$

$$= 6\,395 \ \text{kp}$$

Der Seilzug F_{S_2} unter einem Winkel von 60° gegen die Horizontale soll den Förderkorb mit leeren Förderwagen einhängen (Abb. 100,1)

$$G_{\text{red}_2} = G_K + G_W + 1,2\,m_S \cdot T + G_{S\text{red}} = (1\,800 + 1\,400 + 620 + 450)\,\text{kp} = 4\,270\,\text{kp}$$

$$m_{\text{red}_2} = 4\,270\,\text{kg}$$

$$F_{S_2} = G_K + G_W + 1,2\,m_S \cdot T - m_{\text{red}} \cdot a$$

$$= (1\,800 + 1\,400 + 620)\,\text{kp} - \frac{4\,270\,\text{kg} \cdot 0,9\,\text{m/s}^2}{9,81\,\dfrac{\text{kgm/s}^2}{\text{kp}}} = 3\,245\,\text{kp}$$

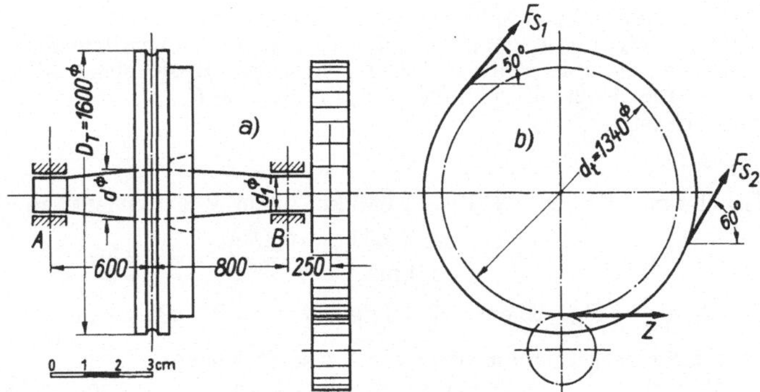

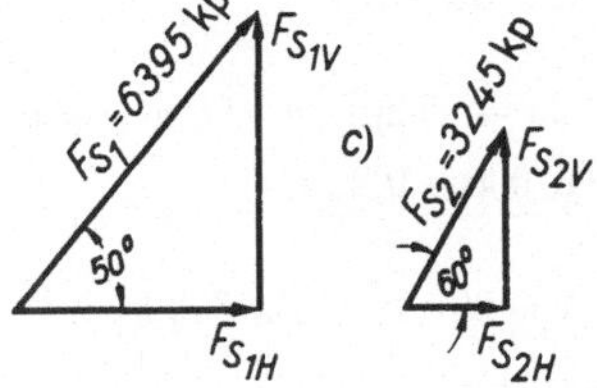

Abb. 100,1. Treibscheibenwelle einer Blindschachtförderanlage
a) Lageplan, M. 1:20; b) Seitenansicht, c) Kräfteplan der Seilkräfte, M. 1 cm $\,\widehat{=}\,$ 1000 kp

Wir zerlegen die Seilkräfte in die Vertikal- und Horizontalrichtung (Abb. 100,1c). Rechnerisch ergibt sich

$$F_{S_1V} = F_{S_1} \cdot \sin 50° = 6\,395\,\text{kp} \cdot 0,766 = 4\,900\,\text{kp}$$

$$F_{S_1H} = F_{S_1} \cdot \cos 50° = 6\,395\,\text{kp} \cdot 0,6428 = 4\,100\,\text{kp}$$

$$F_{S_2V} = F_{S_2} \cdot \sin 60° = 3\,245\,\text{kp} \cdot 0,866 = 2\,810\,\text{kp}$$

$$F_{S_2H} = F_{S_2} \cdot \cos 60° = 3\,245\,\text{kp} \cdot 0,5 = 1\,620\,\text{kp}$$

b) Berechnung des Drehmomentes und der Zahnkraft

Die reduzierte Gewichtskraft aller bewegten Teile einschließlich des der Treibscheibenwelle errechnet sich mit den angegebenen Gewichtskräften, wobei wieder zu der Teufenlänge des Seiles 20% für die Seile zwischen Seilscheibe und Treibscheibe und die Unterseilbucht gerechnet werden sollen.

$$G'_{\text{red}_{\text{ges}}} = 2\,(G_K + G_W + G_{S\text{red}}) + 2,4\,m_S \cdot T + G_{T\text{red}} + G_{z\text{red}} + G_N$$

$$= 2\,(1\,800 + 1\,400 + 450)\,\text{kp} + (2,4 \cdot 2,87 \cdot 180 + 700 + 325 + 2\,000)\,\text{kp}$$

$$= 11\,565\,\text{kp}$$

$$m'_{\text{red}_{\text{ges}}} = 11\,565\,\text{kg}$$

Damit errechnet sich das Drehmoment bei der Anfahrt mit $a = 0,9$ m/s²

$$M'_t = (G_N + m'_{red_{ges}} \cdot a)\ \frac{D_T}{2}$$

$$= \left(2000 + \frac{11\,565 \cdot 0,9}{9,81}\right) \text{kp}\ \frac{160\,\text{cm}}{2} = 245\,000\ \text{kpcm}$$

Die horizontal am Teilkreisumfang wirkende Zahnkraft ist

$$Z = \frac{M'_t}{d_t/2} = \frac{245\,000\ \text{kpcm}}{134\ \text{cm}/2} = 3\,670\ \text{kp}$$

c) Das maximale Biegemoment in der Vertikalebene:

Abb. 100,2a zeigt den Lageplan mit den Kräften in der Vertikalebene und die Momentenfläche, die mit Hilfe der Polstrahlen des Kräfteplans Abb. 100,2b gezeichnet ist. Das größte Biegemoment ergibt sich bei C.

Rechnerisch ist:

Aus $\sum M_B = 0$:

$$-F_{AV} \cdot 1,4\ \text{m} + (4900 + 2810 - 1400)\ \text{kp} \cdot 0,8\ \text{m} + 800\ \text{kp} \cdot 0,25\ \text{m} = 0$$

$$F_{AV} = \frac{6310\ \text{kp} \cdot 0,8\ \text{m} + 800\ \text{kp} \cdot 0,25\ \text{m}}{1,4\ \text{m}} = 3\,750\ \text{kp}$$

$$M_{b_V\,\text{max}} = F_{AV} \cdot 60\ \text{cm} = 3\,750\ \text{kp} \cdot 60\ \text{cm} = 225\,000\ \text{kpcm}$$

d) Das maximale Biegemoment in der Horizontalebene:

Abb. 100,2c zeigt den Lageplan mit den Kräften in der Horizontalebene und die Momentenfläche, die mit dem Kräfteplan Abb. 100,2d entwickelt ist. Das größte Biegemoment ergibt sich wieder bei C.

Rechnerisch ist

Aus $\sum M_B = 0$: $F_{AH} \cdot 1,4\ \text{m} - (4100 + 1620)\ \text{kp} \cdot 0,8\ \text{m} + 3670\ \text{kp} \cdot 0,25 = 0$

$$F_{AH} = \frac{5\,720\ \text{kp} \cdot 0,8\ \text{m} - 3\,670\ \text{kp} \cdot 0,25\ \text{m}}{1,4\ \text{m}} = 2610\ \text{kp}$$

$$M_{b_H\,\text{max}} = F_{AH} \cdot 60\ \text{cm} = 2\,610\ \text{kp} \cdot 60\ \text{cm} = 156\,600\ \text{kpcm}$$

e) Das resultierende Biegemoment

Da die größten Biegemomente beide in den aufeinander senkrechten Ebenen bei C liegen, lassen sie sich geometrisch zu einem resultierenden Biegemoment zusammenfassen

$$M_{b_r\,\text{max}} = \sqrt{M_{b_V}^2 + M_{b_H}^2} = (1\,000\ \sqrt{225^2 + 156{,}6^2})\ \text{kpcm} = 273\,500\ \text{kpcm}$$

f) Das Drehmoment, das die Welle beansprucht:

Die reduzierte Masse, die für die Wellenbeanspruchung bei der Anfahrt mit $a = 0,9$ m/s² einzusetzen ist, entspricht der unter b) berechneten abzüglich der reduzierten Masse des Zahnrades $m_{Z_{red}}$, die in die Berechnung nicht eingeht. Mit $G_{Z_{red}} = 325$ kp, also $m_{Z_{red}} = 325$ kg:

$$m_{red_{ges}} = m'_{red_{ges}} - m_{Z_{red}} = (11\,565 - 325)\ \text{kg} = 11\,240\ \text{kg}$$

$$M_t = (G_N + m_{red_{ges}} \cdot a)\ \frac{D_T}{2} = \left(2000 + \frac{11\,240 \cdot 0,9}{9,81}\right) \text{kp}\ \frac{160\,\text{cm}}{2}$$
$$= 242\,400\ \text{kpcm}$$

g) Das ideelle Biegemoment

Nach Abb. 100,2e reicht das Drehmoment bis zum Querschnitt C der Treibscheibenwelle, für den auch das resultierende Biegemoment berechnet wurde. Wir ermitteln deshalb für den Querschnitt C das ideelle Biegemoment nach Gl. (100,3)

$$M_i = \sqrt{M_b^2 + 0,75 \cdot (\alpha_0 \cdot M_t)^2}$$

Hierin ist mit

$$\sigma_{l\,\text{zul}} = \frac{\sigma_{bB}}{v} = \frac{6000\ \text{kp/cm}^2}{10} = 600\ \text{kp/cm}^2$$

und

$$\tau_{t\,\text{zul}} = 0,75 \cdot 600\ \text{kp/cm}^2 = 450\ \text{kp/cm}^2$$

das Anstrengungsverhältnis nach Gl. (100,2)

$$\alpha_0 = \frac{\sigma_{l\,\text{zul}}}{1,73\ \tau_{t\,\text{zul}}} = \frac{600}{1,73 \cdot 450} = 0,77$$

$$M_i = \sqrt{(273\,500\ \text{kpcm})^2 + 0,75\,(0,77 \cdot 242\,400\ \text{kpcm})^2} = 317\,700\ \text{kpcm}$$

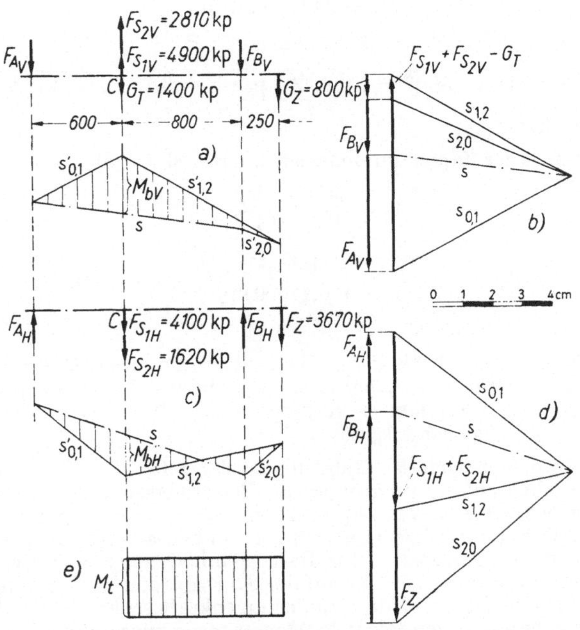

Abb. 100,2. Untersuchung der Momente der Treibscheibenwelle nach Abb. 100,1
a) Lageplan (M. 1:20) und Momentenfläche für die Vertikalebene, b) Kräfteplan zu a) M. 1 cm $\triangleq$ 1000 kp, c) Lageplan (M. 1:20) und Momentenfläche für die Horizontalebene, d) Kräfteplan zu c), M. 1 cm $\triangleq$ 1000 kp, e) Verlauf des Verdrehmomentes

h) Durchmesser der Treibscheibenwelle im Querschnitt C
Nach Gl. (88,3)

$$\sigma_{l\,\text{zul}} = \frac{M_i}{W} = \frac{M_i}{0,1\ d^3}$$

$$d = \sqrt[3]{\frac{M_i}{0,1\ \sigma_{l\,\text{zul}}}} = \sqrt[3]{\frac{317\,700\ \text{kpcm}}{0,1 \cdot 600\ \text{kp/cm}^2}} = 17,43\ \text{cm}$$

gewählt $d = 180$ mm $\varnothing$.

Betrachten wir in Abb. 100,2 den Verlauf der Biegemomente und des Drehmomentes über die Treibscheibenwelle, so erkennen wir, daß die höchste Gesamtbeanspruchung nur im Querschnitt C vorliegt. Die Biegebeanspruchung nimmt nach den Lagerstellen A und B hin ab. Entsprechend kann die Welle gemäß Abb. 100,1a nach den Lagerstellen hin auch geringer bemessen werden.

Der Zapfendurchmesser d_1 des Lagers B (Abb. 100,1a) ergibt sich aus folgender Berechnung

Biegemoment in B für die Vertikalebene

$$M_{b_V} = G_z \cdot 25 \text{ cm} = (800 \cdot 25) \text{ kpcm} = 20\,000 \text{ kpcm}$$

Biegemoment in B für die Horizontalebene

$$M_{b_H} = F_z \cdot 25 \text{ cm} = (3670 \cdot 25) \text{ kpcm} = 91\,750 \text{ kpcm}$$

Resultierendes Biegemoment in B

$$M_{b_r} = \sqrt{M_{b_V}^2 + M_{b_H}^2} = \left(1000 \cdot \sqrt{20^2 + 91{,}75^2}\right) \text{ kpcm} = 93\,900 \text{ kpcm}$$

Drehmoment in B

$$M_t = 242\,400 \text{ kpcm}$$

Mit $\alpha_0 = 0{,}77$ ist das ideelle Biegemoment in B

$$M_i = \sqrt{M_b^2 + 0{,}75\,(\alpha_0,\ M_d)^2} = \sqrt{(93\,900 \text{ kpcm})^2 + 0{,}75\,(0{,}77 \cdot 242\,400 \text{ kpcm})^2}$$

$$= 186\,500 \text{ kpcm}$$

Daraus ergibt sich der Zapfendurchmesser d_1 nach Gl. (88,3)

$$\sigma_b = \frac{M_i}{W} = \frac{M_i}{0{,}1\,d_1^3}$$

$$d_1 = \sqrt[3]{\frac{M_i}{0{,}1\,\sigma_b}} = \sqrt[3]{\frac{186\,500 \text{ kpcm}}{0{,}1 \cdot 600 \text{ kp/cm}^2}} = 14{,}6 \text{ cm}$$

gewählt wird $d_1 = 150 \text{ mm } \varnothing$.

Der Unterschied der erforderlichen Wellendurchmesser bei C: $d = 180$ mm $\varnothing$ und bei B: $d_1 = 150$ mm $\varnothing$ verlangt, daß die Welle zur Gewichtsersparnis zu den Lagern hin nach $d_1 = 150$ mm $\varnothing$ verjüngt wird. Allerdings werden dann die Lagerzapfen A und B gleich ausgeführt.

Beispiel: In dem Beispiel zu Abb. 90,5 ist der gefährdete Querschnitt $A-A$ der Kurbel lediglich auf Biegung unter der Belastungsannahme berechnet, daß die Schubstangenkraft $F = 7500$ kp senkrecht zur Kurbel angreift. Wir haben tatsächlich die Berechnung dieses Querschnittes auf zusammengesetzte Beanspruchung durchzuführen, und zwar a) für die Totpunktstellung des Kolbens, bei der die Schubstangenkraft $F = 7500$ kp auf den Kurbelzapfen in Richtung der Kurbel wirkt, b) für den Fall, daß die Schubstangenkraft senkrecht zur Kurbel angreift. Der Berechnung liegen folgende Abmessungen zugrunde:

Zapfendurchmesser $d = 100$ mm $\varnothing$, Länge $l = 130$ mm

Querschnitt $A-A$: $b = 80$ mm; $h = 200$ mm; $l_1 = 225$ mm

$$\text{Kurbelwerkstoff St 50}: \sigma_{b_{zul}} = \frac{\sigma_B}{\nu} = \frac{5000 \text{ kp/cm}^2}{10} = 500 \text{ kp/cm}^2$$

$$\tau_{t_{zul}} = 0{,}8 \cdot \sigma_{b_{zul}} = 0{,}8 \cdot 500 \text{ kp/cm}^2 = 400 \text{ kp/cm}^2$$

Lösung: a) $\sigma_z = \dfrac{F}{A} = \dfrac{F}{b \cdot h} = \dfrac{7500 \text{ kp}}{(8 \cdot 20) \text{ cm}^2} = 47 \text{ kpcm}^2$

$$\sigma_b = \frac{M_b}{W} = \frac{F\,(l/2 + b/2)}{\dfrac{h \cdot b^2}{6}} = \frac{7500 \text{ kp}\,(13/2 + 8/2) \text{ cm}}{\dfrac{20 \text{ cm}\,(8 \text{ cm})^2}{6}}$$

$$= 369 \text{ kp/cm}^2$$

$$\sigma_{max} = \sigma_z + \sigma_b = (47 + 369) \text{ kp/cm}^2 = 416 \text{ kp/cm}^2$$

$$< \sigma_{b_{zul}} = 500 \text{ kp/cm}^2$$

b) $M_b = F \cdot l_1 = (7500 \cdot 22{,}5)$ kpcm $= 169\,000$ kpcm

Hierzu tritt ein Drehmoment der Kraft F, das um die Mitte des Rechteckquerschnittes $A-A$ diesen zu verdrehen sucht. Das ideelle Biegemoment nach Gl. (100,3) gilt nur für Kreisquerschnitte, weil nur für diesen $W_p = 2\,W_x$ ist. Näherungsweise kann man das *polare Widerstandsmoment eines Rechteckquerschnittes* berechnen nach der Gleichung

$$W_p = \frac{2}{9}\, b^2 \cdot h$$

Das Drehmoment ist

$$M_t = F\,(l/2 + b/2) = 7500 \text{ kp } (13/2 + 8/2) \text{ cm} = 78\,800 \text{ kpcm}$$

Die einzelnen Spannungen errechnen sich

$$\sigma_b = \frac{M_b}{\dfrac{b \cdot h^2}{6}} = \frac{6 \cdot 169\,000 \text{ kpcm}}{(8 \cdot 20^2) \text{ cm}^3} = 317 \text{ kp/cm}^2$$

$$\tau_t = \frac{M_t}{W_p} = \frac{M_t}{\dfrac{2}{9}\, b^2 \cdot h} = \frac{9 \cdot 78\,800 \text{ kpcm}}{2 \cdot (8^2 \cdot 20) \text{ cm}^3} = 277 \text{ kp/cm}^2$$

Mit dem Anstrengungsverhältnis nach Gl. (100,2)

$$\alpha_0 = \frac{\sigma_{b\,\mathrm{zul}}}{1{,}73\,\tau_{t\,\mathrm{zul}}} = \frac{500 \text{ kp/cm}^2}{1{,}73 \cdot 400 \text{ kp/cm}^2} = 0{,}723$$

wird nach Gl. (100,1)

$$\sigma_i = \sqrt{\sigma_b^2 + 3(\alpha_0 \cdot \tau_t)^2} = \sqrt{(317 \text{ kp/cm}^2)^2 + 3\,(0{,}723 \cdot 277 \text{ kp/cm}^2)^2}$$

$$= 470 \text{ kp/cm}^2 < \sigma_{b\,\mathrm{zul}} = 500 \text{ kp/cm}^2$$

Strömungsmechanik

1. Teil. Statik der Flüssigkeiten (Hydrostatik)

101. Allgemeine Eigenschaften der Flüssigkeiten

Wegen des weitgehend gleichmäßigen Verhaltens von Flüssigkeiten und Gasen faßt man vielfach beide unter dem Namen „Flüssigkeiten" zusammen, wobei die ersteren besonders als „tropfbare Flüssigkeiten" bezeichnet werden. Zur klaren Kennzeichnung und Unterscheidung soll hier im ersten Fall stets von Flüssigkeiten (Wasser, Öl) und im zweiten Fall von Gasen (Gas, Dämpfe) gesprochen werden.

Im Gegensatz zu festen Körpern, deren Gesetze wir in den bisherigen Abschnitten der Mechanik kennengelernt haben, sind die Molekel der Flüssigkeiten gegenseitig leicht verschiebbar. Zwischen benachbarten Flüssigkeitsteilchen besteht aber eine Zusammenhangskraft, die *Kohäsion*. So gering sie auch sein mag, sie bewirkt, daß bei einer Formänderung das Volumen der Flüssigkeit erhalten bleibt.

Auch zwischen Flüssigkeitsteilchen und Teilchen eines festen Körpers wirkt eine Anziehungskraft, die *Adhäsion*. Sind die Adhäsionskräfte größer als die Kohäsionskräfte, so *benetzt* die Flüssigkeit den festen Körper (z. B. Wasser und Glas), überwiegt dagegen die Kohäsion die Adhäsion, so ist die Flüssigkeit *nicht benetzend* (z. B. Quecksilber und Glas).

Bei gegenseitiger Verschiebung von Flüssigkeitsteilchen tritt eine Reibungskraft, die *innere Reibung*, auf, die wesentlich von der Flüssigkeitsart abhängt. Nahezu bei allen Aufgaben der Strömungsmechanik spielt diese Flüssigkeitsreibung eine entscheidende Rolle.

Flüssigkeiten zeigen *Raumbeständigkeit*. Nur unter Aufwendung erheblicher Drücke lassen sie eine geringe Volumenänderung zu. Bei Wasser beträgt z. B. bei einem Druck von 1000 at die Volumenabnahme 5% vom Volumen bei 1 at.

Kennzeichnend für die Raumbeständigkeit ist die Tatsache, daß die Dichte bei Flüssigkeiten vom Druck weitgehend unabhängig ist und sich mit der Temperatur ebenfalls nur in geringen Grenzen ändert (Zahlentafel 34). Unter der Dichte versteht man die auf die Raumeinheit bezogene Masse. Mit der Masse m z. B. in kg und dem Raum V z. B. in m³ erhält man als spezifische Masse die *Dichte* nach Gl. (48,4) in kg/m³

$$\varrho = \frac{m}{V} \tag{101,1}$$

Der Kehrwert ist das spezifische Volumen:

$$v = \frac{V}{m} = \frac{1}{\varrho} \tag{101,2}$$

Neben der Dichte verwenden wir in der m-kg-s-(kp)-Einheitenzusammenstellung noch die *Wichte* als die auf den Raum V bezogene Gewichtskraft G z. B. in kp/m³:

$$\gamma = \frac{G}{V} \tag{101,3}$$

Im internationalen m-kg-s-Einheitensystem wird die Wichte als Größe nicht mehr verwendet. Es ist aber:

$$\gamma = \frac{G}{V} = \frac{m \cdot g}{V}$$

$$\gamma = \varrho \cdot g \tag{101,4}$$

wofür sich mit ϱ in kg/m³ und g in m/s² die Einheit $\dfrac{\mathrm{kg\,m}}{\mathrm{s^2\,m^3}} = \dfrac{\mathrm{N}}{\mathrm{m^3}}$ ergibt. Es wurde bereits im Abschn. 48 gesagt, daß wir beim Rechnen mit der m-kg-s-(kp)-Einheitenzusammenstellung:

aus dem Volumen auf die Masse mit der Dichte,
aber aus dem Volumen auf die Gewichtskraft mit der Wichte schließen. Das bereitet insofern keine Schwierigkeiten, als nach (48,6) gilt:

Die Dichte eines Körpers ϱ in kg/m³ hat im Bereich
der Erdfallbeschleunigung denselben Zahlenwert wie   (101,5)
seine Wichte γ in kp/m³

Zahlentafel 34. *Dichte von Wasser und Quecksilber (Die Wichte in kp/m³ hat denselben Zahlenwert wie die Dichte in kg/m³)*

Temp. °C	Wasser ϱ_w kg/m³	Quecksilber ϱ_{Hg} kg/m³	Temp. °C	Wasser ϱ_w kg/m³	Quecksilber ϱ_{Hg} kg/m³
0	999,87	13596	22	997,80	13541,2
2	999,97	13591	24	997,32	13536,4
4	1000,0	13586	26	996,81	13531,6
6	999,97	13581	28	996,26	13526,8
8	999,88	13576	30	995,67	13522
10	999,73	13571	34	994,40	13512
12	999,53	13566	38	992,99	13502
14	999,27	13561	40	992,20	13497
16	998,97	13556	60	983,2	
18	998,62	13551	80	871,8	
20	998,23	13546	100	958,4	

102. Ausbildung der Oberfläche bei Flüssigkeiten

Eine Flüssigkeit hat Begrenzungsflächen, die sie gegen feste Körper, gegen andere sich nicht mit ihr mischende Flüssigkeiten oder gegen Gase abgrenzt. Infolge der leichten Verschiebbarkeit paßt sich eine Flüssigkeit der Form des sie begrenzenden festen Körpers (Gefäßwände) vollständig an. Die Begrenzungsfläche gegenüber einem gasförmigen Körper, insbesondere der atmosphärischen Luft, nennt man die *freie Oberfläche*, sie wird in Abbildungen durch kleine aufgesetzte Dreiecke gekennzeichnet. Sie stellt sich in jedem ihrer Punkte stets senkrecht zur Resultierenden aller in diesem Punkte auf die Flüssigkeit wirkenden Kräfte ein.

Beispiel: Ein teilweise mit Wasser gefüllter Förderwagen wird auf gerader, horizontaler Bahn mit konstanter Beschleunigung a bewegt (Abb. 102,1). Unter welchem Winkel gegen die Horizontale ist die Wasseroberfläche geneigt?

Lösung: An jedem Flüssigkeitsteilchen der Oberfläche von der Masse m greift außer der Gewichtskraft $G = m \cdot g$ noch die Massenkraft $m \cdot a$ entgegengesetzt der Beschleunigung an (D'ALEMBERTsche Hilfskraft). Beide Teilkräfte werden zu einer Resultierenden F_M zusammengefaßt. Der Neigungswinkel α der freien Oberfläche entspricht auch dem Winkel zwischen F_M und G. Daraus folgt

$$\tan \alpha = \frac{m \cdot a}{m \cdot g}; \quad \tan \alpha = \frac{a}{g}$$

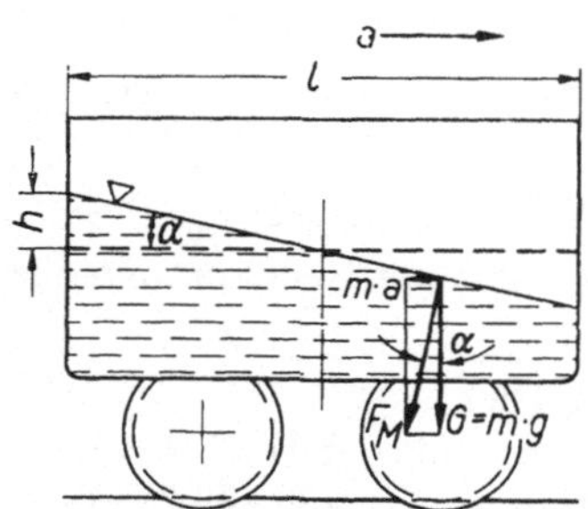

Abb. 102,1. Anfahrender, teilweise mit Wasser gefüllter Förderwagen

Beispiel: Ein zur Hälfte mit Wasser gefüllter Förderwagen wird in 5 Sekunden aus dem Stillstand auf eine Fahrgeschwindigkeit von 12 km/h beschleunigt. Bestimme a) den Neigungswinkel der freien Oberfläche, b) die Erhöhung der Wasseroberfläche an der hinteren Stirnwand gegenüber der Oberfläche des stillstehenden Wagens bei einer lichten Wagenlänge von 2200 mm (Abb. 102,1).

Lösung: $v = 12 \text{ km/h} = \dfrac{12 \text{ km/h}}{3,6 \dfrac{\text{km/h}}{\text{m/s}}} = 3,33 \text{ m/s}; \; t = 5 \text{ s}; \; l = 2200 \text{ mm}$

a) Nach Gl. (38,1) $v = a \cdot t$; $a = \dfrac{v}{t} = \dfrac{3,33 \text{ m/s}}{5 \text{ s}} = 0,667 \text{ m/s}^2$

$$\tan \alpha = \frac{a}{g} = \frac{0,667}{9,81} = 0,068; \; \alpha \approx 4°.$$

b) $\tan \alpha = \dfrac{h}{l/2}$; $h = l/2 \cdot \tan \alpha = \dfrac{2200 \text{ mm}}{2} \cdot 0,068 = 75 \text{ mm}$

Die Kohäsionskräfte sind Anziehungskräfte der Flüssigkeitsteilchen untereinander, die sich im Innern der Flüssigkeit wegen des Gleichgewichtes aufheben müssen. Auf ein Flüssigkeitsteilchen an der Oberfläche wirken jedoch nur von einer Seite her Anziehungskräfte; ihre Resultierende ist nach dem Flüssigkeitsinnern gerichtet. Infolgedessen ist eine Flüssigkeit bestrebt, eine möglichst kleine Oberfläche zu bilden.

Die hierbei wirksame Spannung heißt *Oberflächenspannung* und wird gemessen durch die übertragene Zugkraft je Längeneinheit. Für Wasser von 20 °C hat die an Luft grenzende Oberfläche eine Spannung von 0,074 p/cm.

Bei kleineren Flüssigkeitsmengen führt die Oberflächenspannung zur Tropfenbildung. Die Oberfläche ist ein Minimum, wenn die Flüssigkeit Kugelgestalt hat.

Grenzt eine Flüssigkeit an eine senkrechte Gefäßwand, so wirken auf die in Wandnähe befindlichen Flüssigkeitsteilchen noch zusätzliche Adhäsionskräfte. Bei benetzenden Flüssigkeiten, bei denen die Adhäsionskräfte größer sind als die Kohäsionskräfte (Wasser an Glas), wird die Oberfläche hohl abgekrümmt

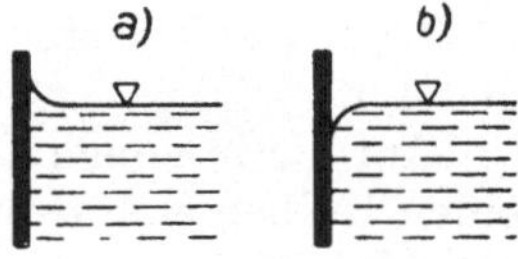

Abb. 102,2. Freie Oberfläche in Wandnähe. a) benetzende, b) nicht benetzende Flüssigkeit

(Abb. 102,2a). Demgegenüber stellt sich bei nicht benetzenden Flüssigkeiten, bei denen die Adhäsionskräfte kleiner sind als die Kohäsionskräfte (Quecksilber an Glas) die Oberfläche erhaben ein (Abb. 102,2b).

103. Der hydrostatische Druck

a) Begriff des hydrostatischen Druckes

Die ein zylindrisches Gefäß vollständig ausfüllende Flüssigkeit sei durch einen reibungsfrei verschiebbaren Kolben abgeschlossen, der nach Abb. 103,1 mit einer Kraft F belastet wird; alle äußeren Kräfte mögen im Gleichgewicht sein. Der eingeschlossene flüssige Körper ist in Ruhe. Kolbenkraft und die Kräfte der Gefäßwand als *äußere Kräfte* versetzen das Flüssigkeitsinnere in einen Preßzustand, bei dem zwischen den einzelnen benachbarten Flüssigkeitsteilchen *innere Kräfte* auftreten.

Auf eine beliebig gelegte Schnittebene wirken die inneren Kräfte paarweise; sie können nur senkrecht zur gedachten Ebene stehen, da die Flüssigkeitsteilchen leicht verschiebbar sind und da wegen des Gleichgewichtes keine Komponenten in Schnittrichtung bestehen können. Das Maß der inneren Kräfte ist der hydrostatische Druck.

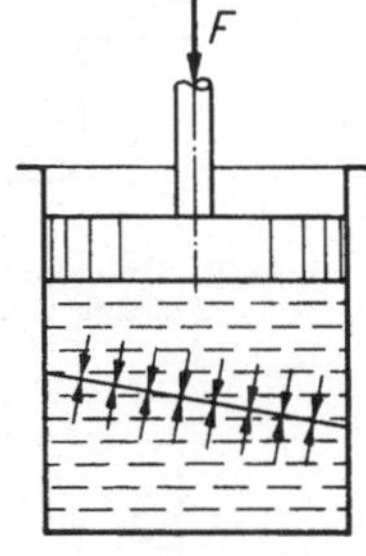

Abb. 103,1. Innere Kräfte in einer gepreßten Flüssigkeit

Satz 71: Der hydrostatische Druck p ist der Quotient aus der übertragenen Normalkraft F und der Übertragungsfläche A

$$p = \frac{F}{A}$$

(103,1)

Mißt man die Kraft in kp und die Fläche in cm², so ergibt sich die *Druckeinheit p* zu kp/cm². Hierfür sagt man auch

technische Atmosphäre = 1 kp/cm² = 1 at

Für sehr kleine Drücke eignet sich die *Druckeinheit* kp/m² und es besteht die Beziehung

$$1 \text{ at} = 1 \text{ kp/cm}^2 = 10^4 \text{ kp/m}^2$$

$$\textit{Umrechnungsfaktor } 10^4 \frac{\text{kp/m}^2}{\text{kp/cm}^2}$$

Der hydrostatische Druck kann zwei Ursachen haben:

Der Druck an einer Stelle rührt von der eigenen Gewichtskraft der über der Stelle lastenden Flüssigkeit her; er wird kurz *Schweredruck* genannt.

Auf die in einem Gefäß eingeschlossene Flüssigkeit wird z. B. über einen Kolben eine Preßkraft ausgeübt. Der entsprechende Druck heißt *Preßdruck*.

In den nachfolgenden Betrachtungen soll zunächst der Schweredruck als vernachlässigbar klein gegenüber dem Preßdruck angesehen werden und unberücksichtigt bleiben. Dann wird später der Einfluß des Schweredrucks eingeführt.

b) Druckfortpflanzung bei Vernachlässigung der Flüssigkeitsgewichtskraft

Die Flüssigkeit in einem allseitig geschlossenen und vollständig gefüllten Behälter wird mittels eines Kolbens von der Fläche A durch die Kolbenkraft F in einen Pressungszustand versetzt (Abb. 103,2). Auf die Flüssigkeitsteilchen wird der Druck $p = \dfrac{F}{A}$ ausgeübt.

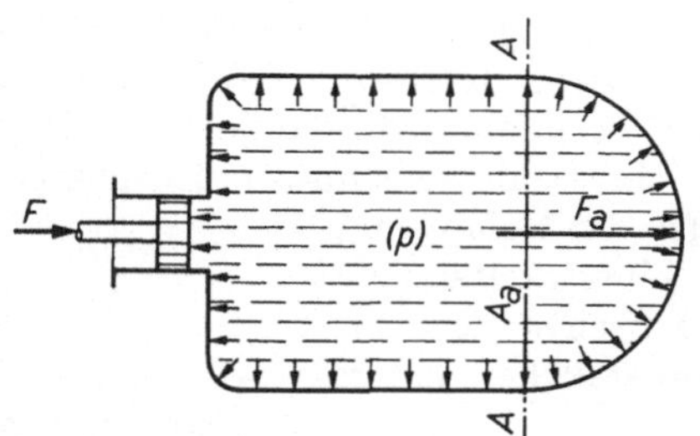

Abb. 103,2. Druckfortpflanzung im geschlossenen mit Flüssigkeit ausgefüllten Behälter

Wegen der leichten Verschiebbarkeit der Flüssigkeitsteilchen pflanzt sich der Druck gleichmäßig nach allen Richtungen hin durch die gesamte Flüssigkeit fort. Allgemein gilt das von PASCAL[1] aufgestellte *Druckfortpflanzungsgesetz*:

Satz 72: *Der Druck, der auf irgendeinen Teil der Oberfläche einer eingeschlossenen Flüssigkeit ausgeübt wird, pflanzt sich durch die gesamte Flüssigkeit nach allen Richtungen gleichmäßig fort, so daß an allen übrigen Stellen der Wandungen und überall im Innern der Flüssigkeit derselbe Druck herrscht.*

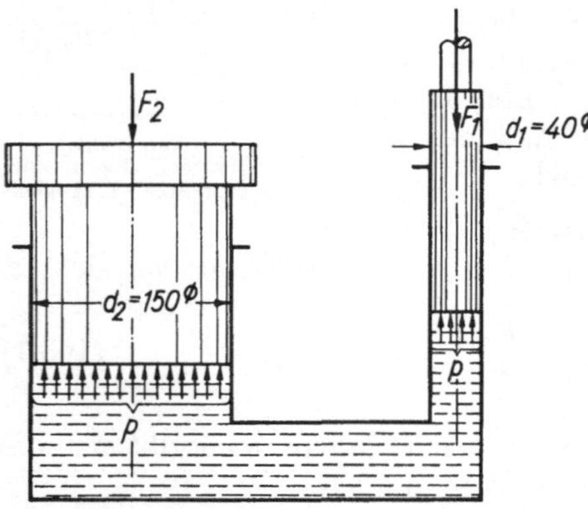

Abb. 103,3. Druckübertragung in der hydraulischen Presse

---

[1] BLAISE PASCAL, geb. 1632, gest. 1662, franz. Mathematiker und Philosoph.

Beispiel: In die Zylinder einer hydraulischen Presse taucht ein Pumpenkolben von 40 mm Durchmesser und ein Druckkolben von 150 mm Durchmesser (Abb. 103,3). Die Flüssigkeit steht im Gleichgewicht. Bei Annahme reibungsfreier Beweglichkeit der Kolben soll bei einer Kraft auf den Pumpenkolben von 150 kp a) der hydrostatische Druck, b) die Kraft auf den Druckkolben berechnet werden.

Lösung: Gegeben $d_1 = 4\ \text{cm}$; $A_1 = \dfrac{\pi}{4}\ (4\ \text{cm})^2 = 12{,}57\ \text{cm}^2$; $F_1 = 150\ \text{kp}$

$$d_2 = 15\ \text{cm};\quad A_2 = \frac{\pi}{4}\ (15\ \text{cm})^2 = 176{,}71\ \text{cm}^2$$

a) hydrostatischer Druck $p = \dfrac{F_1}{A_1} = \dfrac{150\ \text{kp}}{12{,}57\ \text{cm}^2} = 11{,}95\ \text{kp/cm}^2 \approx 12\ \text{at}$

b) Kolbenkraft $F_2 = p \cdot A_2 = 11{,}95\ \text{kp/cm}^2 \cdot 176{,}17\ \text{cm}^2 = 2110\ \text{kp}$

Die Druckkraft auf gewölbte Flächen ergibt sich nach Abb. 103,2, bei der die Kraft F senkrecht zur Schnittfläche $A-A$ gesucht wird. Hat die Schnittfläche die Größe A_a, so ergibt die Summe der in Richtung F liegenden Kraftkomponenten $p \cdot dA$ die gesamte Druckkraft

$$F_a = p \cdot A_a \tag{103,2}$$

Satz 73: Die gesamte Druckkraft auf eine gewölbte Fläche in einer bestimmten Richtung ist gleich dem Produkt aus Flüssigkeitsdruck und der Projektion der gewölbten Fläche in der gegebenen Richtung.

In der Festigkeitslehre wurde gezeigt, daß die höchste Beanspruchung bei zylindrischen Behältern und Rohren in den Längsquerschnitten liegt. Die gesamte Druckkraft, die diese Querschnitte beansprucht, ergibt sich für den Durchmesser d und die Länge l zu

$$F = p_{\ddot{u}} \cdot l \cdot d \tag{103,3}$$

Das Druckfortpflanzungsgesetz findet Anwendung bei hydraulischen Maschinen wie hydraulischen Pressen, Hebeböcken usw. sowie auch bei hydraulischen Grubenstempeln. Der Vorteil dieser Maschinen und Einrichtungen liegt in der Erzeugung sehr großer, ohne Stoß wirkender Kräfte mit Hilfe verhältnismäßig kleiner Drücke.

Die Arbeitsweise dieser Maschinen ist durchweg die gleiche und soll an der hydraulischen Presse Abb. 103,3 erläutert werden.

Durch den Kolben vom Durchmesser d_1 des *Pumpenzylinders* wird die Flüssigkeit (Wasser, Öl, Wasser-Öl-Emulsion oder schwer entflammbare Flüssigkeit) in den *Druckzylinder* mit dem Kolben vom Durchmesser d_2 gepreßt. Die Bewegung des Arbeitskolbens wird durch die Kolbenkraft F_1 erzeugt. Der Flüssigkeitsdruck erzeugt am Druckkolben die Preßkraft F_2.

Mit den Bezeichnungen der Abb. 103,3 ist bei Vernachlässigung der Reibung

$$F_1 = \frac{\pi}{4}\, d_1^2 \cdot p \quad \text{und} \quad F_2 = \frac{\pi}{4}\, d_2^2 \cdot p$$

also

$$\frac{F_2}{F_1} = \frac{d_2^2}{d_1^2} \tag{103,4a}$$

Satz 74: *Bei hydraulischen Maschinen verhalten sich die Kolben-kräfte wie die Quadrate der zugehörigen Durchmesser.*

Man nennt $\dfrac{d_2^2}{d_1^2}$ das *Übersetzungsverhältnis* der Presse.

Bei Abwärtsbewegung des Pumpenkolbens um den Weg s_1 hebt sich der Druckkolben um s_2. Da die Flüssigkeit nicht zusammengedrückt werden kann, sind die verdrängten Volumen gleich.

$$\frac{\pi}{4}\, d_1^2 \cdot s_1 = \frac{\pi}{4}\, d_2^2 \cdot s_2$$

also

$$\frac{s_2}{s_1} = \frac{d_1^2}{d_2^2} \tag{103,5}$$

Satz 75: *Bei hydraulischen Maschinen verhalten sich die Kolbenwege umgekehrt wie die Quadrate der zugehörigen Durchmesser.*

Tatsächlich treten *Reibungswiderstände*, und zwar an den Lederstulpendichtungen der Kolben (Plunger) auf. Diese Reibungskräfte sind dem Flüssigkeitsdruck proportional, der die Lederstulpen an die Kolben preßt. Man kann die Reibungswiderstände berücksichtigen durch den Wirkungsgrad der Presse η, mit dem sich aus Gl. (103,4 a) ergibt

$$\frac{F_2}{F_1} = \frac{d_2^2}{d_1^2}\, \eta \; . \tag{103,4}$$

Der Wirkungsgrad der Presse kann mit 80 bis 90% angenommen werden. An dem Verhältnis der Kolbenwege Gl. (103,5) ändert sich durch die Reibungswiderstände nichts.

Beispiel: Ein hydraulischer Hebebock, dessen Lastkolben 200 mm Durchmesser hat, soll eine Last von 20 Mp heben. Der Pumpenkolben von 15 mm Durchmesser hat 40 mm Hub. Der Wirkungsgrad beträgt 90%. Bestimme a) die erforderliche Hubkraft und b) die erforderliche Anzahl der Pumpenhübe, um die Last um 50 mm zu heben.

Lösung: Gegeben: $d_1 = 15$ mm; $d_2 = 200$ mm; $F_2 = 20$ Mp $= 20\,000$ kp; $\eta = 0{,}90$; $s_1 = 40$ mm; $s_{2\text{ges}} = 50$ mm

a) Nach Gl. (103,4) $\dfrac{F_2}{F_1} = \dfrac{d_2^2}{d_1^2}\, \eta$

$$F_1 = \frac{F_2}{\eta}\, \frac{d_1^2}{d_2^2} = \frac{20\,000 \text{ kp}}{0{,}90}\, \frac{(15 \text{ mm})^2}{(200 \text{ mm})^2} = 125 \text{ kp}$$

b) Nach Gl. (103,5) $\dfrac{s_2}{s_1} = \dfrac{d_1^2}{d_2^2}$; $s_2 = s_1 \cdot \dfrac{d_1^2}{d_2^2} = 40 \text{ mm}\, \dfrac{(15 \text{ mm})^2}{(200 \text{ mm})^2} = 0{,}225 \text{ mm}$

$$\text{Anzahl der Hübe} = \frac{s_{2\text{ges}}}{s_2} = \frac{50 \text{ mm}}{0{,}225 \text{ mm}} = 222$$

c) Hydrostatischer Druck bei Berücksichtigung der Flüssigkeitsgewichtskraft

In einem Gefäß befindet sich eine gleichmäßig beschaffene Flüssigkeit von der Wichte γ (Abb. 103,4). An einer beliebigen Stelle im Flüssigkeitsinneren herrscht infolge der darüber lastenden Flüssigkeitssäule der *Schweredruck*, der mit zunehmender Tiefe wächst. Denkt man sich aus der Flüssigkeit ein senkrecht stehendes Prisma vom Querschnitt A und der Höhe H herausgetrennt, so besteht Gleichgewicht zwischen der Gewichtskraft der Säule $G = A \cdot H \cdot \gamma$ und der von unten wirkenden Druckkraft $F = p \cdot A$; also

$$p \cdot A = A \cdot H \cdot \gamma$$

daraus

$$\boxed{p = H \cdot \gamma} \qquad (103,6)$$

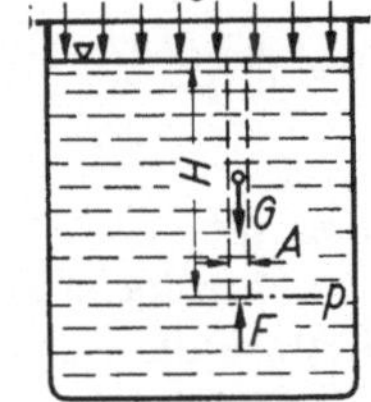

Abb. 103,4. Druck-verteilung mit der Tiefe

Satz 76: *Der Schweredruck wächst proportional mit der Flüssigkeitstiefe.*

In der Waagerechten ist der Schweredruck konstant und unabhängig von der Form des Gefäßes.

Ist das Gefäß nach oben offen, so lastet auf der freien Oberfläche der Flüssigkeit die Gewichtskraft der atmosphärischen Luftsäule, und übt einen Druck, den *Luftdruck* p_0, aus, der sich ebenfalls durch die gesamte Flüssigkeit gleichmäßig fortpflanzt.

Der Luftdruck schwankt infolge von Wettereinflüssen sehr stark und hängt wesentlich von der Ortshöhe ab. Den Jahresmittelwert in Meeresspiegelhöhe bezeichnet man als

$$physikalische\ Atmosphäre = 1\ \text{Atm} = 1{,}0332\ \text{kp/cm}^2$$

In der Technik wird ausschließlich gerechnet mit der

$$technischen\ Atmosphäre = 1\ \text{at} = 1{,}0\ \text{kp/cm}^2$$

Bei Druckangaben bezieht man den Flüssigkeitsdruck p auf den luftleeren Raum und bezeichnet ihn als *absoluten Druck* p_{abs} in ata (techn. Atmosphäre absolut) oder man gibt ihn als Unterschiedsdruck $p_\ddot{u}$ in atü gegenüber dem jeweiligen Luftdruck p_0 an[1].

Der in Gl. (103,6) angegebene Schweredruck ist der Unterschiedsdruck gegenüber der Atmosphäre, so daß sich der absolute Druck in der Tiefe H ergibt

$$p_{\text{abs}} = H \cdot \gamma + p_0 \qquad (103{,}7\,\text{a})^{[2]}$$

Steht ein Behälter unter zusätzlichem Preßdruck p_K, der durch die Kolbenkraft F bei einem Kolbenquerschnitt A_K erzeugt wird, so

---

[1] Es ist nicht allgemein üblich, die Druckangaben durch Zeiger zu kennzeichnen, um dadurch auszudrücken, ob es sich um den Unterschiedsdruck gegenüber dem atmosphärischen Druck, also Überdruck $p_{\ddot{u}}$ oder Unterdruck p_u handelt oder um den absoluten Druck p. Da für die Rechnung in der Mehrzahl der Fälle der absolute Druck eingesetzt werden muß, wird bei Druckangaben p dieser angenommen und in allen Fällen, wo der Unterschiedsdruck aus dem Zusammenhang nicht ohne weiteres ersichtlich ist, mit den Größen $p_{\ddot{u}}$ bzw. p_u gerechnet. — Obwohl nach den Normen die zusätzliche Kennzeichnung bei Maßeinheiten nicht zulässig ist, sollen bei der Maßeinheit at die noch viel verwendeten Einheitenbezeichnungen ata, atü und atu gebraucht werden.

[2] Wird H in m und die Wichte γ in kp/m³ gemessen, so ergibt sich $H \cdot \gamma$ in kp/m². Es ist aber $1\ \text{kp/m}^2 = \dfrac{1}{10^4}\ \text{kp/cm}^2 = 10^{-4}\ \text{kp/cm}^2$.

ergibt sich der Druckverlauf mit zunehmender Tiefe gemäß dem in Abb. 103,5 dargestellten Diagramm. Danach ergibt sich in der Tiefe H unterhalb des Kolbens der absolute Druck

$$p_{\mathrm{abs}} = H \cdot \gamma + p_K + p_0 \qquad (103,7\,\mathrm{b})$$

während der Überdruck an der gleichen Stelle

$$p_{\ddot{u}} = H \cdot \gamma + p_K \qquad (103\ 7\,\mathrm{c})$$

beträgt.

Man kann sich jeden Druck durch die Gewichtskraft einer Flüssigkeitssäule erzeugt denken. Die Art der gewählten Flüssigkeiten ist an

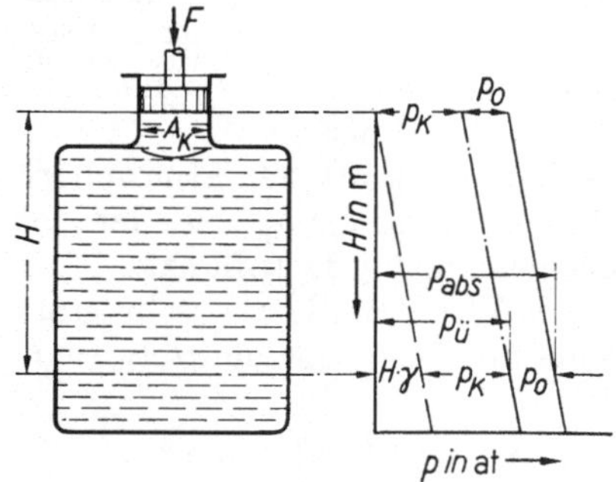

Abb. 103,5. Druckverteilung mit zusätzlichem Preßdruck

und für sich gleichgültig. Für Messungen von Drücken ist es jedoch üblich, im allgemeinen Wasser oder Quecksilber zu verwenden.

Satz 77: *Die Druckhöhe H ist die Höhe der Flüssigkeitssäule, die an ihrer Grundfläche den Druck p erzeugt.*

Aus Gl. (103,6) folgt:

$$\textit{Druckhöhe} \quad H = \frac{p}{\gamma} \qquad (103,8)$$

Bei einer Flüssigkeitswichte γ in kp/m^3 und dem Druck p in kp/m^2 ergibt sich die *Druckhöhe in m*.

Eigentlich ist die Druckhöhe H eine spezifische Arbeit, die sich mit der m-kg-s-(kp)-Einheitenzusammenstellung nach Gl. (103,8) ergibt zu:

$$\text{Druckhöhe } H \text{ in } \frac{\mathrm{kp/m^2}}{\mathrm{kp/m^3}} = \frac{\mathrm{kp\,m}}{\mathrm{kp}}$$

Die spezifische Arbeit bezogen auf die Masse ergibt sich dagegen mit:

$$\text{spezifische Arbeit} = \frac{p}{\varrho} \text{ in } \frac{\mathrm{kp/m^2}}{\mathrm{kg/m^3}} = \frac{\mathrm{kp\,m}}{\mathrm{kg}} \qquad (103,8\,\mathrm{a})$$

Die auf die Masse bezogene spezifische Arbeit ist demnach nicht identisch mit der Druckhöhe H. Allerdings hat im Bereich der Erdfallbeschleunigung die auf die Masse bezogene spezifische Arbeit in kpm/kg den gleichen Zahlenwert wie die Druckhöhe in m bzw. kpm/kp.

Für das internationale m-kg-s-Einheitensystem wurde bereits festgestellt, daß hier die Wichte nicht mehr verwendet wird. Ebenso entfällt auch als Größe die Druckhöhe. An ihre Stelle tritt nach DIN 5492[1] die

$$\textit{spezifische Strömungsarbeit} \quad Y = \frac{p}{\varrho} \qquad (103,9)$$

---

[1] DIN 5492 Formelzeichen der Strömungslehre, Entwurf April 1963, Ziffer 3.4.

Da hier der Druck in N/m^2 gemessen wird, ergibt sich mit ϱ in kg/m^3 nach Gl. (103,9) die

$$\text{spezifische Strömungsarbeit } Y \text{ in } \quad \frac{N \cdot m^3}{m^2 \cdot kg} = \underline{\frac{N\, m}{kg}}$$

$$\text{bzw. mit } 1\,N = 1\,kg\,m/s^2\colon \quad \frac{N\,m}{kg} = \frac{kg\,m \cdot m}{s^2 \cdot kg} = \underline{\frac{m^2}{s^2}}$$

Wir rechnen hier jedoch mit der Druckhöhe H, die mit $\varrho = \dfrac{\gamma}{g}$ verknüpft ist mit der spezifischen Strömungsarbeit durch die Beziehung:

$$Y = \frac{p}{\varrho} = \frac{p \cdot g}{\gamma}$$

$$Y = H \cdot g \tag{103,10}$$

Beispiel: Bestimme für den Druck einer technischen Atmosphäre die Druckhöhe a) einer Wassersäule von 4 °C und b) einer Quecksilbersäule von 0 °C.

Lösung: Gegeben: $p = 1\,kp/cm^2 = 10^4\,kp/m^2$

nach Zahlentafel 34: $\gamma_W = 1000\,kp/m^3$; $\gamma_{Hg}\,13\,596\,kp/m^3$

a) Höhe der Wassersäule $H_W = \dfrac{p}{\gamma_W} = \dfrac{10^4\,kp/m^2}{1\,000\,kp/m^2} = 10\,m = 10\,000\,mm$

b) Höhe der Quecksilbersäule

$$H_{Hg} = \frac{p}{\gamma_{Hg}} = \frac{10^4\,kp/m^2}{13\,596\,kp/m^3} = 0{,}7355\,m = 735{,}5\,mm$$

Beispiel: Bestimme für den Druck einer physikalischen Atmosphäre die Druckhöhe a) einer Wassersäule von 4 °C und b) einer Quecksilbersäule von 0 °C.

Lösung: Gegeben: $p = 10^4\,\dfrac{kp/m^2}{kp/cm^2} \cdot 1{,}0332\,kp/cm^2 = 10\,332\,kp/m^2$

a) Höhe der Wassersäule $H_W = \dfrac{p}{\gamma_W} = \dfrac{10\,332\,kp/m^2}{1\,000\,kp/m^3} = 10{,}332\,m = 10\,332\,mm$

b) Höhe der Quecksilbersäule

$$H_{Hg} = \frac{p}{\gamma_{Hg}} = \frac{10\,332\,kp/m^2}{13\,596\,kp/m^3} = 0{,}76\,m = 760\,mm$$

Man unterscheidet die Druckhöhen ebenso wie die Drücke. Zum absoluten Luftdruck p_{abs} gehört die absolute Druckhöhe H_{abs} bezogen auf den luftleeren Raum. Danach kann man Gl. (103,7b) auch schreiben

$$H_{abs} = H + H_K + H_0 \text{ z. B. in m oder mm}$$

Hierin ist

$$H_K = \frac{p_K}{\gamma}$$

Beim Messen eines Druckes als Höhe einer Flüssigkeitssäule ist die Wichte der Flüssigkeit entscheidend. Da sich diese bei Wasser und Quecksilber mit der Temperatur ändert (siehe Zahlentafel 34), muß man für eine Vergleichsmöglichkeit die gemessenen Druckhöhen auf

32*

eine einheitliche Wichte umrechnen. Es ist nach den Normen vorgeschrieben

Wassersäulen umzurechnen auf die Wichte bei 4 °C,

Quecksilbersäulen umzurechnen auf die Wichte bei 0 °C.

Beispiel: Ein Quecksilberbarometer zeigt bei 26 °C eine Druckhöhe von 764 mm QS. Die Wichte des Quecksilbers bei dieser Temperatur beträgt nach Zahlentafel 34: $\gamma_{Hg} = 13\,531{,}6$ kp/m³. Wie groß ist die auf 0 °C umgerechnete Druckhöhe?
Lösung: Gegeben: $H_{26°} = 764$ mm QS; $\gamma_{26°} = 13\,531{,}6$ kp/m³.
Nach Zahlentafel 34 ist bei 0 °C: $\gamma_{0°} = 13\,596$ kp/m³

Nach Gl. (103,8) verhalten sich für gleiche Drücke p die Druckhöhen umgekehrt wie die zugehörigen Wichte:

$$\frac{H_{0°}}{H_{26°}} = \frac{\gamma_{26°}}{\gamma_{0°}} \;;\; H_{0°} = H_{26°} \cdot \frac{\gamma_{26°}}{\gamma_{0°}} = 764 \text{ mm QS} \cdot \frac{13\,531{,}6}{13\,596} = 760 \text{ mm QS}$$

Die Druckhöhen in WS oder QS stellen exakt keine richtige Maßeinheit des Druckes (Kraft je Flächeneinheit) dar. Da 1 mm QS bei 0 °C dem Druck $\frac{1}{735{,}5}$ kp/cm² entspricht, hat man 1 Torr $= \frac{1}{735{,}5}$ kp/cm² definiert. Danach ist

$$1 \text{ at} = 1 \text{ kp/cm}^2 = 735{,}5 \text{ Torr}$$

bzw.

$$1 \text{ at} = 735{,}5 \text{ mm QS (bei 0 °C)} = 10 \text{ m WS (bei 4 °C)}$$

$$1 \text{ kp/m}^2 = 1 \text{ mm WS} = 10^{-4} \text{ kp/cm}^2$$

Die Druckhöhe eines Quecksilberbarometers hat die Größenbezeichnung b und wird, berechnet auf 0 °C, angegeben als b_0 in Torr. Die Umrechnung einer Quecksilbersäule bei t in °C, bezeichnet als b_t, erfolgt nach der vereinfachten Gleichung

$$b_0 \approx b_t - \frac{t}{8} \quad \text{in Torr mit } t \text{ in °C} \tag{103,11}$$

Umrechnungsfaktoren von Druckeinheiten

	kp/cm² oder ata	kp/m² oder mm WS	Torr oder mm QS	N/m²	bar	mbar
1 ata = 1 kp/cm² =	1	10^4	735,5	$9{,}81 \cdot 10^4$	0,981	$9{,}81 \cdot 10^2$
1 kp/m² = 1 mm WS	10^{-4}	1	$7{,}355 \cdot 10^{-2}$	9,81	$9{,}81 \cdot 10^{-5}$	$9{,}81 \cdot 10^{-2}$
1 Torr =	$1{,}3596 \; 10^{-3}$	13,596	1	133,32	$1{,}3332 \cdot 01^{-3}$	$1{,}3332 \cdot 10^{-6}$
1 N/m² =	$\frac{1}{9{,}81} 10^{-4}$	$\frac{1}{9{,}81}$	$7{,}5 \cdot 10^{-3}$	1	10^{-5}	10^{-2}
1 bar =	1,02	$1{,}02 \cdot 10^4$	750,1	10^5	1	10^3
1 mbar	$1{,}02 \cdot 10^{-3}$	10,2	0,75	10^2	10^{-3}	1

Sind zwei mit der gleichen Flüssigkeit gefüllte Gefäße untereinander, z. B. durch eine Rohrleitung, verbunden, die man dann als ,,kommunizierende Gefäße" bezeichnet, so gilt ebenfalls das Gesetz der Druckgleichheit in waagerechten Ebenen, denn man kann die gesamte Anlage als ein einziges Gefäß ansehen. Die Flüssigkeitsspiegel liegen also in derselben waagerechten Ebene.

Praktische Anwendung findet dieses Gesetz beim Wasserstandsglas an Kesseln, Wasserwaagen usw.

Befinden sich in kommunizierenden Gefäßen, z. B. in einem U-Rohr, nicht mischende Flüssigkeiten verschiedener Wichte γ_1 und γ_2 (z. B. Quecksilber und Wasser), so stehen die Flüssigkeitsspiegel verschieden hoch (Abb. 103,6). Die Weite der Rohrschenkel spielt keine Rolle. Sind H_1 und H_2 die Spiegelabstände über der Trennfläche $A \cdots A$, so gilt, wenn p der Druck in der Trennfläche ist

$$p = H_1 \cdot \gamma_1 = H_2 \cdot \gamma_2$$

daraus

$$\frac{H_1}{H_2} = \frac{\gamma_2}{\gamma_1} \qquad (103,12)$$

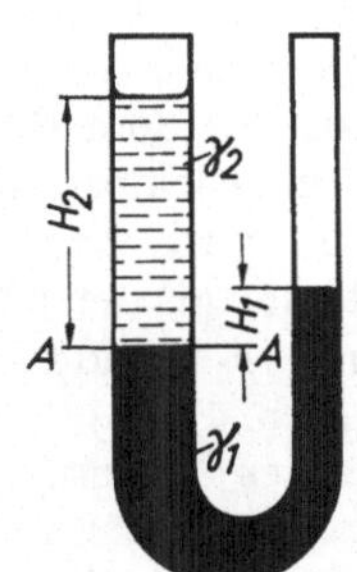

Abb. 103,6. Kommunizierende Gefäße mit verschiedenen Flüssigkeiten gefüllt

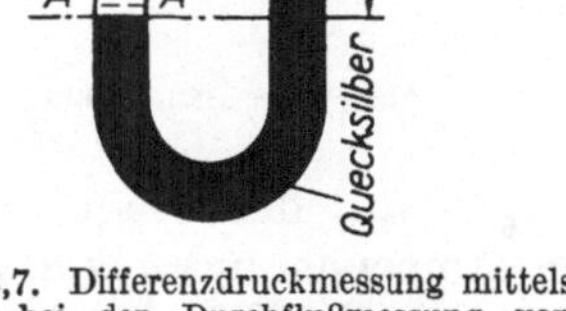

Abb. 103,7. Differenzdruckmessung mittels U-Rohr bei der Durchflußmessung von Wasser und Dampf

Satz 78: In kommunizierenden Gefäßen verhalten sich die Flüssigkeitshöhen über der Trennungsfläche umgekehrt wie die zugehörigen Flüssigkeitswichten.

Praktische Anwendung findet dieses Gesetz zur Bestimmung von Flüssigkeitswichten, wenn die Wichte einer der beiden sich nicht mischenden Flüssigkeiten bekannt ist.

Das U-Rohr als kommunizierende Röhre findet auch Anwendung bei der *Messung von Differenzdrücken* insbesondere für die Durchflußmessung nach DIN 1952[1]. Punkte verschiedenen Druckes $p_1 > p_2$ werden mit den Schenkeln eines U-Rohres verbunden, das mit einer Flüssigkeit, der sogenannten „Sperrflüssigkeit" zum Teil gefüllt ist. Dann ist der Differenzdruck $\Delta p = p_1 - p_2 = H \cdot \gamma$, wenn H der Höhenunterschied der beiden Spiegel und γ die Wichte der Sperrflüssigkeit ist. Bei der Differenzdruckmessung von Wasser- und Dampfströ-

---

[1] Siehe Abschn. 129.

men benutzt man als „Sperrflüssigkeit" zwischen den beiden Drücken p_1 und p_2 Quecksilber, über dem sich dann aber stets Wasser befindet. Der Differenzdruck errechnet sich, wenn man das Druckgleichgewicht in der Trennfläche $A \cdots A$ berechnet (Abb. 103,7):

$$\Delta p = p_1 - p_2 = H \cdot \gamma_{\mathrm{Hg}} - H \cdot \gamma_W$$

$$\Delta p = H \left(\gamma_{\mathrm{Hg}} - \gamma_W \right) \qquad (103,11)$$

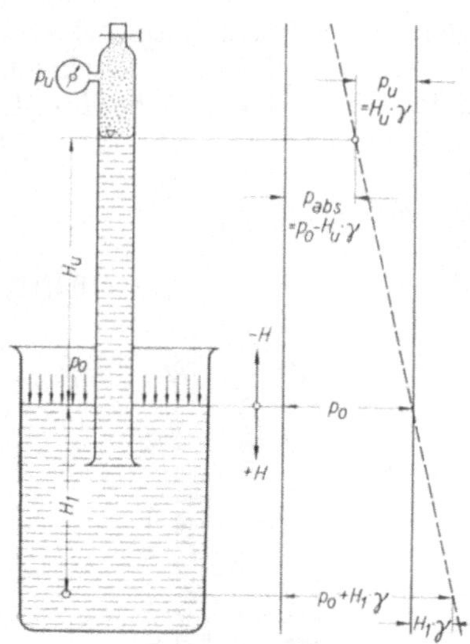

Abb. 103,8. Saugwirkung

In den Durchflußmeßregeln DIN 1952 ist darum für verschiedene Temperaturen die Wichtendifferenz $\gamma_{\mathrm{Hg}} - \gamma_W$ angegeben.

Taucht man ein Rohr vom Querschnitt A in m², das unten offen und oben mit einem verschließbaren Saugstutzen versehen ist, in eine Flüssigkeit von der Wichte γ in kp/m³, so wird beim Druckausgleich die Flüssigkeit im Rohr in die Ebene des äußeren Flüssigkeitsspiegels einfallen. Pumpt man aus dem Rohr einen Teil der eingeschlossenen Luft heraus, so wird der absolute Druck p kleiner als der atmosphärische Druck p_0 (beide gemessen in kp/m², Abb. 103,8).

Infolge des Unterdruckes $p_u = p_0 - p_{\mathrm{abs}}$, den wir mit einem Vakuummeter messen können, drückt der Atmosphärendruck die Flüssigkeit im Rohr hoch. Die Saughöhe H_u, bis zu der die Flüssigkeit steigt, wird aus der Gleichgewichtsbedingung für die Flüssigkeitssäule im Rohr berechnet:

Auf den Säulenquerschnitt in Höhe des äußeren Flüssigkeitsspiegels wirkt von unten her die Druckkraft $p_0 \cdot A$, von oben her die Säulengewichtskraft $A \cdot H_u \cdot \gamma$ und die Druckkraft auf den Säulenspiegel $p_{\mathrm{abs}} \cdot A$. Demnach ist

$$p_0 \cdot A = A \cdot H_u \cdot \gamma + p_{\mathrm{abs}} \cdot A$$

daraus

$$H_u = \frac{p_0 - p_{\mathrm{abs}}}{\gamma} = \frac{p_u}{\gamma} \qquad (103,13)$$

Die Druckverhältnisse in der gesamten Flüssigkeit überblickt man am besten an der in Abb. 103,8 gezeichneten Drucklinie, die sowohl die Druckverhältnisse in Höhe des äußeren Flüssigkeitsspiegels als unter- und oberhalb erkennen läßt.

Die Saughöhe würde ihren Höchstwert für $p_{\mathrm{abs}} = 0$ erreichen, d. h. wenn im Rohr ein vollständiges Vakuum vorhanden wäre. Für Wasser wäre bei normalem Luftdruck 1,033 ata = 10330 kp/m² die Höhe

$H_0 = H_{u\max} = 10{,}33$ m. Flüssigkeiten scheiden aber stets Dämpfe aus, die einen bestimmten von der Flüssigkeitstemperatur abhängigen Druck, *den Dampfdruck*, ausüben. Die zugehörige Druckhöhe H_t ist in jedem Fall in Abzug zu bringen. Die Druckhöhe des Dampfdruckes des Wassers ist in nachstehender Zahlentafel 35 in Abhängigkeit von der Wassertemperatur wiedergegeben.

Zahlentafel 35. *Sättigungsdruck des Wasserdampfes*

Wassertemperatur	°C	0	5	10	20	30	40	60	80	100
Druckhöhe H_t des Wasserdampfes..	m	0,06	0,09	0,12	0,24	0,43	0,75	2,02	4,82	10,33

Man kann das Rohr im Höchstfalle nur bis zum Dampfdruck leerpumpen. Ist der Dampfdruck erreicht, beginnt die Flüssigkeit zu sieden. Somit hat für Wasser die größte erreichbare Saughöhe bei normalem Luftdruck den Wert

$$H_{u\max} = 10{,}33 \text{ m} - H_t \text{ in m}$$

Wasser von 100 °C kann man demnach nicht ansaugen.

Praktisch hat die Gesetzmäßigkeit von der Saughöhe bei Flüssigkeiten für die Arbeitsweise unserer Pumpen Bedeutung.

104. Hydrostatische Druckkräfte gegen Wandungen

Es wurde bereits gezeigt, daß die Preßdruckkräfte sich gleichmäßig auf die Wände eines allseitig geschlossenen Flüssigkeitsgefäßes übertragen. Diesen Preßdruckkräften überlagern sich noch die Druckkräfte infolge des Schweredruckes. Bei offenen Gefäßen kommen nur die letzteren in Frage.

Ist ein beliebig gestaltetes Gefäß mit horizontalem Boden von der Größe A bis zur Höhe H

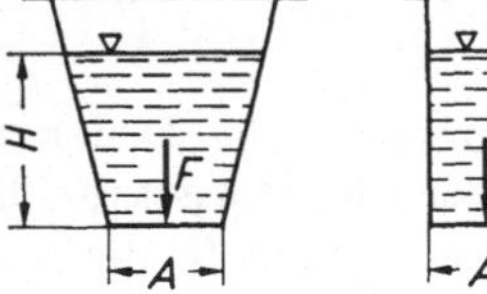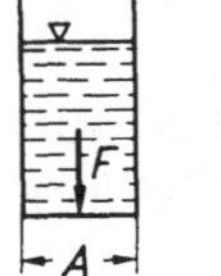

Abb. 104,1. Bodendruck

mit Flüssigkeit von der Wichte γ gefüllt (Abb. 104,1), so beträgt der hydrostatische Druck auf den Boden nach Gl. (103,6) $p = H \cdot \gamma$ und damit die

$$\textit{Bodendruckkraft } F = H \cdot \gamma \cdot A \qquad (104{,}1)$$

Satz 79: Die Bodendruckkraft ist proportional der Flüssigkeitswichte, der Flüssigkeitshöhe und der Größe der Bodenfläche. Sie ist unabhängig von der Form des Gefäßes.

Zur Berechnung von Größe und Lage einer Seitendruckkraft auf den Wandteil eines mit Flüssigkeit von der Wichte γ gefüllten Gefäßes betrachten wir gemäß Abb. 104,2 einen rechteckigen Wandteil von der Größe A, dessen Oberkante in der Tiefe t unterhalb des Flüssigkeitsspiegels liegt. Wir greifen ein Flächenstückchen dA heraus, das in der

Tiefe um y unterhalb des Flüssigkeitsspiegels liegt. Darauf wirkt die Flüssigkeitsdruckkraft

$$dF = \gamma \cdot y \cdot dA \tag{a}$$

Die gesamte Seitendruckkraft F ergibt sich aus dem Integral

$$F = \gamma \cdot \int_{y_1}^{y_2} y \cdot dA$$

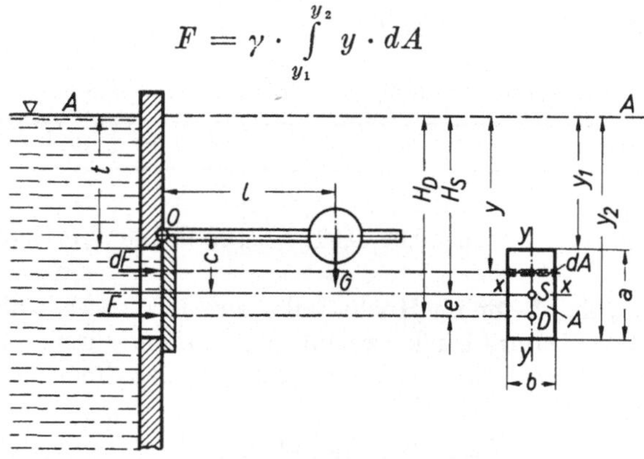

Abb. 104,2. Seitendruckkraft auf eine drehbare Verschlußklappe

Das Integral stellt die Summe der Produkte aller Flächenteilchen mit ihrem Abstand vom Flüssigkeitsspiegel dar. Es ist nach der Lehre vom Schwerpunkt gleich dem Produkt der Gesamtfläche A und dem Schwerpunktsabstand H_S vom Flüssigkeitsspiegel

$$\int_{y_1}^{y_2} y \cdot dA = H_S \cdot A$$

Also ist die *Seitendruckkraft*:

$$F = \gamma \cdot H_S \cdot A \tag{104,2}$$

Da der hydrostatische Druck mit der Tiefe zunimmt, also nicht gleichmäßig über die gedrückte Fläche verteilt ist, fällt der Angriffspunkt der Seitendruckkraft, der sogenannte *Druckmittelpunkt D*, nicht mit dem Flächenschwerpunkt zusammen. Aus Symmetriegründen liegt er auf der senkrechten Schwerpunktsachse $y-y$. Seinen Abstand H_D vom Flüssigkeitsspiegel erhält man nach dem Satz vom statischen Moment (Satz 13), der aussagt, daß in bezug auf eine beliebig gewählte Achse die Summe der Momente der Teilkräfte gleich dem Moment der Gesamtkraft ist. Wird als Bezugsachse der Flüssigkeitsspiegel gewählt, so hat die Teildruckkraft dF das Teilmoment

$$dM = y \cdot dF$$

und mit Gl. (a): $dF = \gamma \cdot y \cdot dA$

$$dM = \gamma \cdot dA \cdot y^2$$

Die Momentensumme der Teildruckkräfte hat den Wert

$$M_A = \gamma \cdot \int_{y_1}^{y_2} dA \cdot y^2$$

Das Integral $\int dA \cdot y^2$ stellt nach Gl. (88,1) das äquatoriale Trägheitsmoment dar, jedoch hier nicht bezogen auf die Schwerpunktsachse sondern, da y_1 und y_2 vom Flüssigkeitsspiegel aus gemessen werden, bezogen auf den Spiegel $A \cdots A$; d. h.

$$\int_{y_1}^{y_2} dA \cdot y^2 = I_A$$

Daraus folgt das Kraftmoment der Seitendruckkraft bezogen auf den Flüssigkeitsspiegel $A \cdots A$

$$M_A = \gamma \cdot I_A$$

Nun ergibt sich das Kraftmoment mit der Druckkraft F und dem Abstand H_D des Druckmittelpunktes D vom Spiegel $A \cdots A$ zu

$$F \cdot H_D = M_A$$

Daraus

$$H_D = \frac{M_A}{F} = \frac{\gamma \cdot I_A}{\gamma \cdot H_S \cdot A}$$

$$H_D = \frac{I_A}{H_S \cdot A} \tag{104,3}$$

Für das äquatoriale Trägheitsmoment I_x bezogen auf die Schwerpunktsachse $x-x$ ergibt sich nach dem Verschiebungssatz von STEINER

$$I_A = I_x + A \cdot H_S^2$$

In Gl. (104,3) eingesetzt

$$H_D = \frac{I_x + A \cdot H_S^2}{H_S \cdot A} = \frac{I_x}{H_S \cdot A} + H_S$$

Mit den Buchstaben der Abb. 104,2 ist

$$H_D = e + H_S \tag{104,4}$$

Dabei ist

$$e = \frac{I_x}{H_S \cdot A} \tag{104,5}$$

Um diesen Betrag e Gl. (104,5) liegt der Druckmittelpunkt demnach stets tiefer als der Flächenschwerpunkt.

Ist nach Abb. 104,2 die *gedrückte Fläche ein Rechteck*, dessen benetzte Wandhöhe a, die Wandbreite b und die Tiefe der Flächenoberkante unter dem Flüssigkeitsspiegel t ist, so ergibt sich

die Schwerpunktstiefe $\qquad H_S = t + \dfrac{a}{2}$

die Fläche $\qquad A = a \cdot b$

Die Seitendruckkraft ist nach Gl. (104,2)

$$F = \gamma \cdot H_S \cdot A = \gamma \cdot a \cdot b \left(t + \frac{a}{2}\right) \tag{104,2 a}$$

Das äquatoriale Trägheitsmoment für die x-Achse ist

$$I_x = \frac{b \cdot a^3}{12}$$

Demnach ist nach Gl. (104,5)

$$e = \frac{I_x}{H_S \cdot A} = \frac{\dfrac{b \cdot a^3}{12}}{\left(t + \dfrac{a}{2}\right) a \cdot b}$$

$$e = \frac{a^2}{12\,(t + a/2)} \tag{104,5 a}$$

und nach Gl. (104,4)

$$H_D = H_S + e$$

$$H_D = t + \frac{a}{2} + \frac{a^2}{12\,(t + a/2)} \tag{104,4 a}$$

Ist die *gedrückte Fläche eine Kreisfläche* vom Durchmesser d, der Tiefe des Mittelpunktes ($=$ Schwerpunkt) H_S, so ergibt sich entsprechend

$$A = \frac{\pi}{4}\,d^2$$

nach Gl. (104,2) die Seitendruckkraft auf die benetzte Kreisfläche

$$F = \gamma \cdot H_S \cdot A = \gamma \cdot H_S \cdot \frac{\pi}{4}\,d^2 \tag{104,2 b}$$

Das äquatoriale Trägheitsmoment bezogen auf die Schwerpunktsachse $x-x$ ist

$$I_x = \frac{\pi}{64}\,d^4$$

Nach Gl. (104,5)

$$e = \frac{I_x}{H_S \cdot A} = \frac{\dfrac{\pi}{64}\,d^4}{H_S \dfrac{\pi}{4}\,d^2}$$

$$e = \frac{1}{16}\,\frac{d^2}{H_S} \tag{104,5 b}$$

Nach Gl. (104,4)

$$H_D = e + H_S$$

$$H_D = \frac{1}{16}\,\frac{d^2}{H_S} + H_S \tag{104,4 b}$$

Beispiel: In der vertikalen Seitenwand eines Wasserbehälters befindet sich eine rechteckige Öffnung von 200 mm Breite und 400 mm Höhe, die mit einer drehbar gelagerten Klappe verschlossen wird (Abb. 104,2). Die waagerechte Drehachse liegt 240 mm über dem Mittelpunkt der Öffnung. An der Klappe ist ein waagerechter Hebel befestigt. Er trägt einen verschiebbaren Belastungskörper, dessen Gewichtskraft die Klappe andrückt. Die Klappe soll sich selbsttätig öffnen, sobald der Wasserstand die Höhe von 0,35 m über der Oberkante der Öffnung erreicht hat. Dabei soll der Belastungskörper in 500 mm Abstand von der Drehachse O stehen. — Bestimme hierfür a) die Druckkraft gegen die Klappe, b) die Lage des Druckmittelpunktes und c) die erforderliche Gewichtskraft des Belastungskörpers bei Vernachlässigung der Eigengewichtskraft des Hebels. — d) Um welche Strecke muß der Belastungskörper waagerecht nach außen gerückt werden, wenn sich die Klappe erst bei 0,5 m Wasserstand über der Oberkante der Öffnung öffnen soll?

Lösung: $b = 200$ mm $= 0,2$ m; $a = 400$ mm $= 0,4$ m; $c = 240$ mm $= 0,24$ m; $t = 0,35$ m; $t_1 = 0,50$ m; $l = 500$ mm $= 0,5$ m

a) Nach Gl. (104,2a)

$$F = \gamma \cdot a \cdot b \left(t + \frac{a}{2}\right) = [1\,000 \cdot 0,4 \cdot 0,2\,(0,35 + 0,4/2)]\,\text{kp} = 44\,\text{kp}$$

b) Nach Gl. (104,5a)

$$e = \frac{a^2}{12\left(t + \dfrac{a}{2}\right)} = \frac{(0,4\,\text{m})^2}{12\left(0,35 + \dfrac{0,4}{2}\right)\text{m}} = 0,024\,\text{m} = 24\,\text{mm}$$

Der Druckmittelpunkt liegt 24 mm unter dem Mittelpunkt der rechteckigen Öffnung.

c) $\qquad F\,(c + e) = G \cdot l; \quad G = F\,\dfrac{c + e}{l} = 44\,\text{kp}\,\dfrac{240 + 24}{500} = 23,2\,\text{kp}$

d) $\qquad F_1 = \gamma \cdot a \cdot b \left(t_1 + \dfrac{a}{2}\right) = [1\,000 \cdot 0,4 \cdot 0,2\,(0,5 + 0,4/2)]\,\text{kp} = 56\,\text{kp}$

$$e_1 = \frac{a^2}{12\,(t_1 + a/2)} = \frac{(0,4\,\text{m})^2}{12\,(0,5 + 0,4/2)\,\text{m}} = 0,019\,\text{m} = 19\,\text{mm}$$

$$F_1\,(c + e) = G \cdot l_1; \quad l_1 = \frac{F_1}{G}\,(c + e) = \frac{56}{23,2}\,(240 + 19)\,\text{mm} = 625\,\text{mm}$$

Das Gewichtstück muß um $(625 - 500)$ mm $= 125$ mm nach außen gerückt werden.

105. Auftrieb und Schwimmen

Taucht ein zylindrischer Körper von der Wichte γ_K in eine Flüssigkeit von der Wichte γ_F (Abb. 105,1), so übt die Flüssigkeit allseitig gegen die Körperoberfläche Druckkräfte aus. Die von der Flüssigkeit auf den Körper ausgeübten Seitendruckkräfte heben sich gegenseitig auf, da sich zu jeder Seitendruckkraft eine gleich große aber entgegengesetzt gerichtete angeben läßt. Auf den Querschnitt A des Körpers übt aber der hydrostatische Druck $p = H \cdot \gamma_F$, mit H gleich der Höhe des eingetauchten Teiles, eine Kraft aus, die mit Auftrieb F_A bezeichnet wird. Damit ist der Auftrieb $F_A = A \cdot H \cdot \gamma_F$. Hierin bedeutet $A \cdot H$, wie sich aus der Überlegung

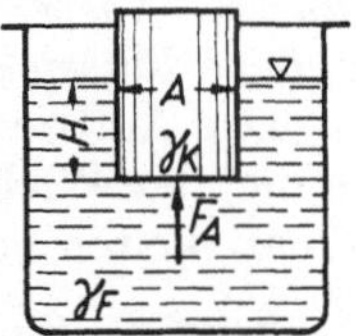

Abb. 105,1. Auftrieb eines schwimmenden Körpers

ohne weiteres ergibt, das *Volumen V des eingetauchten Teiles des Körpers*, also *auch das Volumen der vom Körper verdrängten Flüssigkeit.*

$$\boxed{F_A = V \cdot \gamma_F} \qquad\qquad (105,1)$$

Satz 80: *Der Auftrieb ist gleich der Gewichtskraft des verdrängten Flüssigkeitsvolumens.*

Dieser Satz gilt auch, wenn der Körper ganz untertaucht, also nicht
„schwimmt", und wenn der Auftrieb in erweitertem Sinne die Gesamt-

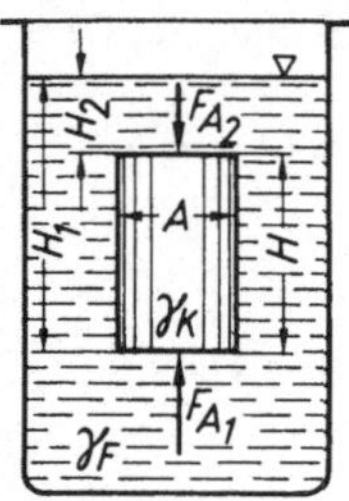
Abb. 105,2. Auftrieb
eines untergetauchten
Körpers

kraftwirkung der Flüssigkeit auf den Körper nach
oben bezeichnet. Aus Abb. 105,2 ergibt sich eine
Kraft F_{A_1} nach oben

$$F_{A_1} = A \cdot H_1 \cdot \gamma_F$$

aber außerdem eine entgegengesetzt wirkende Kraft
F_{A_2} nach unten

$$F_{A_2} = A \cdot H_2 \cdot \gamma_F$$

Da $H_1 > H_2$ ergibt sich auch, daß $F_{A_1} > F_{A_2}$ ist.
Es bleibt demnach eine Kraft nach oben, der eigentliche Auftrieb:

$$F_A = F_{A_1} - F_{A_2} = A \cdot H_1 \cdot \gamma_F - A \cdot H_2 \cdot \gamma_F = A \cdot \gamma_F (H_1 - H_2)$$

Nach Abb. 105,2 ist aber $H_1 - H_2 = H$ die Höhe des untergetauchten Körpers. $A \cdot H$ ist wieder das Volumen der vom Körper verdrängten
Flüssigkeit. Der Auftrieb eines vollständig untergetauchten Körpers
ist demnach gemäß Gl. (105,1) $F_A = V \cdot \gamma_F$, wenn V das Volumen des
ein- oder untergetauchten Körpers und γ_F die Wichte der Flüssigkeit
bedeutet.

Dem Auftrieb entgegen wirkt die Eigengewichtskraft G des Körpers. Infolge des Auftriebs erscheint jedoch der eingetauchte Körper
leichter. Die *scheinbare Gewichtskraft* beträgt

$$G' = G - F_A = G - V \cdot \gamma_F \qquad (105,2)$$

Entsprechend gilt:

$$m' = m - V \cdot \varrho_F \qquad (105,2\,\text{a})$$

Archimedisches Prinzip[1] **Satz 81:** *Ein in eine Flüssigkeit einge-
tauchter Körper verliert so viel an Gewichtskraft, wie die von ihm verdrängte Flüssigkeitsmenge wiegt.*

Der Auftrieb und das ARCHIMEDische Prinzip werden zur Bestimmung der Wichte, sowohl des eingetauchten Körpers als auch von
Flüssigkeiten benutzt.

Beispiel: Ein Granitbrocken übt in der Luft 0,732 kp und im Wasser
0,456 kp Gewichtskraft aus. Zur Feststellung der Gewichtskräfte verwendet man
zweckmäßig eine hydrostatische Waage (Abb. 105,3). Bestimme die Wichte des
Körpers.

Lösung: Gegeben: $G = 0,732$ kp; $G' = 0,456$ kp; $\gamma_F = 1000$ kp/m³.
Nach Gl. (105,2)

$$G' = G - V \cdot \gamma_F$$

$$V = \frac{G - G'}{\gamma_F}$$

---

[1] ARCHIMEDES 282···212 v. Chr., Mathematiker, Physiker und Techniker des
griechischen Altertums.

Damit ist die Wichte des Granitsteines

$$\gamma_K = \frac{G}{V} = \frac{G}{G - G'}\,\gamma_F = \frac{0{,}732\ \text{kp}}{(0{,}732 - 0{,}456)\ \text{kp}}\,1000\,\frac{\text{kp}}{\text{m}^3} = 2650\ \text{kp/m}^3$$

Beispiel: Ein zylindrisches Glasröhrchen, z. B. ein Reagenzglas, wird so mit einigen Glaskugeln gefüllt, daß es aufrecht schwimmt (Abb. 105,4a). Im Innern steckt eine Zentimeterskala (Millimeterpapier). In Wasser messen wir eine Eintauchtiefe $h_1 = 9{,}2$ cm und in Benzin $h_2 = 12{,}6$ cm. — Bestimme die Wichte des Benzins.

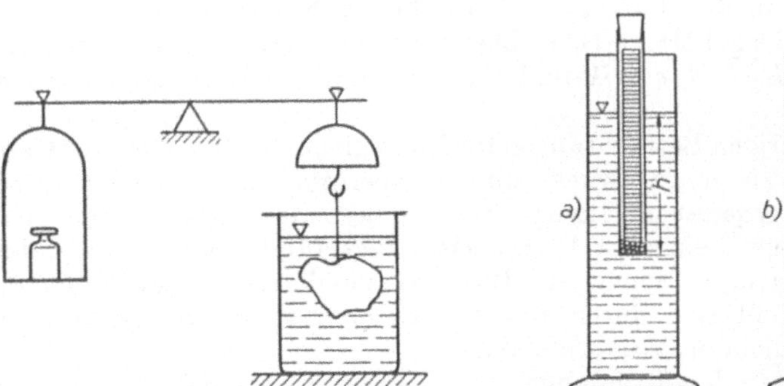

Abb. 105,3. Schema einer hydrostatischen Waage   Abb. 105,4. Senkwaage, Spindel oder Aräometer

Lösung: Gegeben: $h_1 = 9{,}2$ cm; $h_2 = 12{,}6$ cm; $\gamma_W = 1000$ kp/m³.

Ist G die Gewichtskraft des Röhrchens, V_1 das verdrängte Wasservolumen, so ist nach Gl. (105,1) $F_A = G = \gamma_W \cdot V_1$ und entsprechend mit V_2 dem verdrängten Benzinvolumen und γ_B der Benzinwichte $F_A = G = \gamma_B \cdot V_2$

$$\gamma_W \cdot V_1 = \gamma_B \cdot V_2 \quad \text{oder} \quad \gamma_B : \gamma_W = V_1 : V_2$$

und da sich die Volumina wie die Eintauchtiefen verhalten

$$h_1 : h_2 = V_1 : V_2$$

folgt

$$\gamma_B : \gamma_W = h_1 : h_2$$

Die Wichten verhalten sich also umgekehrt wie die zugehörigen Eintauchtiefen. Damit

$$\gamma_B = \gamma_W \frac{h_1}{h_2} = 1000\ \text{kp/m}^3\,\frac{9{,}2}{12{,}6} = 730\ \text{kp/m}^3$$

Zur Bestimmung der Wichte von Flüssigkeiten benutzt man diese Senkwaage, auch Spindel oder Aräometer genannt, die meistens die in Abb. 105,4b dargestellte Form hat. Ein Hohlkörper aus Glas ist, damit er aufrecht schwimmt, unten mit Quecksilber oder Schrotkugeln beschwert. Auf einer Skala in dem oberen zylindrischen Glasrohr sind bereits die Wichten aufgeschrieben, so daß man sofort in Höhe des Flüssigkeitsspiegels die Wichte der betreffenden Flüssigkeit ablesen kann.

2. Teil. Dynamik von Flüssigkeiten und Gasen

A. Physikalisch-technische Grundlagen

In der Hydrostatik haben wir die Flüssigkeit und ihre Wirkungen betrachtet, wenn sie ihre Lage gegenüber dem sie einschließenden Gefäß oder gegenüber einem Körper in der Flüssigkeit nicht verändert. Jetzt wollen wir die Gesetze kennenlernen, die für den Fall gelten, daß die Flüssigkeit ihre Lage gegenüber dem einschließenden Gefäß bzw. gegenüber einem in der Flüssigkeit befindlichen Körper dauernd ändert. Diese Aufgabe gehört in das Gebiet der *Strömungslehre*, die für Flüssigkeiten mit *Hydrodynamik* und für Gase mit *Ärodynamik* bezeichnet wird.

Die bisherigen Betrachtungen für Flüssigkeiten gelten auch für Gase, wenn nicht zu große Druck- und Temperaturänderungen eintreten. Gase haben gegenüber Flüssigkeiten die besondere Eigenschaft, einen zur Verfügung stehenden Raum ganz auszufüllen. Man kann daher durch Raumvergrößerung ein Gas auseinanderziehen: expandieren; umgekehrt läßt sich durch Raumverkleinerung ein Gas zusammenpressen, verdichten: komprimieren.

Die Gesetze der Strömungslehre haben grundsätzlich den gleichen Aufbau für Flüssigkeiten wie für Gase. Ihr Unterschied besteht lediglich darin, daß man bei Gasen die Fähigkeit der Zusammendrückbarkeit, Kompressibilität, beachten muß. Wir wollen darum im folgenden die Gesetze der Strömungslehre sowohl für Flüssigkeiten wie für Gase kennenlernen und sprechen zur Verdeutlichung von *kompressiblen Medien* bei den Gasen und *inkompressiblen Medien* bei den Flüssigkeiten.

Zunächst ist es also nötig, die allgemeinen Gasgesetze aufzustellen, um dann die physikalisch-technischen Grundlagen der inkompressiblen und kompressiblen Medien abzuleiten.

106. Gasgesetze

BOYLE fand 1662 und MARIOTTE 1676, daß bei Änderung des Druckes p z. B. in kp/m² eines auf konstanter Temperatur gehaltenen Gases sein spezifisches Volumen v z. B. in m³/kg sich umgekehrt proportional zum Druck ändert:

$$\text{für } t = const: \qquad \frac{p_1}{p_2} = \frac{v_2}{v_1} \text{ also } p_1 \cdot v_1 = p_2 \cdot v_2$$

$$\boxed{p \cdot v = const} \qquad (106,1)$$

GAY-LUSSAC fand 1802, daß sich alle Gase unter konstantem Druck bei Erwärmung um t in °C um $t/273$ des Volumens ausdehnen. Daraus ergab sich die Erkenntnis, daß bei konstantem Druck p das Volumen V der Mengeneinheit des Gases proportional $273 + t$ wächst. Es ist deshalb zweckmäßig eine neue Temperatur

$$T = 273 + t \qquad (106,2)$$

einzuführen, deren Nullpunkt bei $-273\,°C$ unter dem Eispunkt liegt. Als Maß ist $°K$ (KELVIN) eingeführt. Da bei konstantem Volumen V und Erwärmung eines Gases der Druck p proportional $T = 273 + t$ ansteigen muß, ergeben sich die Gesetze

für $p = const$: $\qquad\qquad \dfrac{V_1}{V_2} = \dfrac{T_1}{T_2} \qquad (106,3)$

für $V = const$: $\qquad\qquad \dfrac{p_1}{p_2} = \dfrac{T_1}{T_2} \qquad (106,4)$

Die Vereinigung der Gesetze von BOYLE-MARIOTTE und GAY-LUSSAC führt zu dem Gesetz

$$\boxed{p \cdot v = R \cdot T} \qquad (106,5)$$

das man als *Zustandsgleichung der vollkommenen Gase* bezeichnet. Hierin bedeutet R eine konstante, nur von der Art des Gases abhängige Größe, die man *Gaskonstante* nennt.

Rechnet man den Druck p in kp/m², das spez. Volumen v in m³/kg, so ergibt sich die Maßeinheit der Gaskonstanten nach Gl. (106,5)

$$R = \frac{p \cdot v}{T} \text{ in } \frac{\text{kp} \cdot \text{m}^3}{\text{m}^2 \cdot \text{kg} \cdot \text{grd}} = \frac{\text{kpm}}{\text{kg} \cdot \text{grd}}$$

Die *Gaskonstante stellt also die Ausdehnungsarbeit in kpm dar, die für die Erwärmung von 1 kg Gas um 1°* aufzubringen ist.

Bei der Strömung von Gasen und Dämpfen treten vielfach die Zustandsänderungen nur allmählich auf, wie z. B. bei der Rohrströmung. Infolgedessen kann mit einem Temperaturausgleich, d. h. mit *gleichbleibender Temperatur* gerechnet werden. Der Vorgang findet dann nach Gl. (106,1), dem Gesetz von BOYLE-MARIOTTE, statt und wir sprechen dann von einer *isothermischen Zustandsänderung*.

Treten bei Strömungsvorgängen schnell verlaufende Druckänderungen auf, wie z. B. bei der Verdichtung von Gasen oder beim Ausströmen von Gasen und Dämpfen aus unter Druck stehenden Behältern oder Rohrleitungen, so ergeben sich bei der Verdichtung Temperaturerhöhungen, bei der Entspannung Temperatursenkungen. Das rührt daher, daß ein Teil der Arbeit in Wärme übergeführt wird. Verläuft die Zustandsänderung so schnell, daß weder Wärme von außen zugeführt noch nach außen Wärme abgegeben wird, so bezeichnen wir diese als *adiabatische Zustandsänderung*. Mit einer solchen können wir bei Strömungsvorgängen dieser Art im allgemeinen rechnen. Hierfür gilt das POISSONsche *Gesetz*.

$$p \cdot v^k = \text{const} \qquad (106,6)$$

Wir nennen k^1 den *Adiabatenexponenten*, der sich aus dem Verhältnis

---

[1] Gebräuchlich für den Adiabatenexponenten ist der griechische Buchstabe $\varkappa$ (Kappa), der hier durch k ersetzt ist.

der spezifischen Wärmekapazität[1] bei konstantem Druck zu der bei konstantem Volumen berechnet, also

$$k = \frac{c_p}{c_v} \qquad (106,7)$$

Zur Berechnung der Temperaturänderung gelten die Gleichungen

$$\frac{T_1}{T_2} = \left(\frac{v_2}{v_1}\right)^{k-1} \quad \text{oder} \quad \frac{T_1}{T_2} = \left(\frac{p_1}{p_2}\right)^{\frac{k-1}{k}} \qquad (106,8)$$

Zahlentafel 36. *Adiabatenexponent einiger Gase und Dämpfe*

Gas		k	$\dfrac{k}{k-1}$	$\dfrac{k-1}{k}$
Sauerstoff	O_2	1,39	3,57	0,281
Stickstoff	N_2	1,40	3,50	0,286
Kohlenoxyd	CO	1,40	3,50	0,286
Kohlendioxyd	CO_2	1,30	4,34	0,231
Wasserstoff	H_2	1,407	3,46	0,290
Methan	CH_4	1,31	4,23	0,327
Luft		1,40	3,50	0,286
überhitzter Dampf		1,31	4,23	0,237
trocken gesättigter Dampf		1,135	8,41	0,119
Kokereigas		1,37	3,70	0,270

Der theoretische Wert von k für zweiatomige Gase ist 1,4. Wie Zahlentafel 36 zeigt, weichen die wirklichen Gase hiervon mehr oder weniger ab. Außerdem besteht eine geringe Abhängigkeit von Druck und Temperatur, die hier jedoch vernachlässigt werden kann.

107. Grundbegriffe zur Kennzeichnung eines Mediums

a) Dichte, Wichte, Gaskonstante

In der Hydrostatik haben wir gesehen, daß *Flüssigkeiten* raumbeständig sind und dies gekennzeichnet wird durch die Dichte ϱ, die nur in geringem Maße von Druck und Temperatur abhängig ist. Den Einfluß der Temperatur auf die Dichte von Wasser und Quecksilber zeigt Zahlentafel 34. In der bisherigen Form hatten wir die Dichte dargestellt durch die Gl. (101,1):

$$\varrho = \frac{m}{V} \text{ z. B. in kg/m}^3$$

Diese Schreibweise ist aber für die Anwendung auf Gase und Dämpfe, obwohl sie auch hier Gültigkeit besitzt, nicht anschaulich. Darum leiten

---

[1] Zur Erklärung der Wärmeeinheit siehe Abschn. 54b. Für die auf die Masseneinheit kg bezogene spezifische Wärmekapazität muß bei Gasen zwischen den Werten bei konstantem Druck bzw. bei konstantem Volumen unterschieden werden.

wir aus der allgemeinen Gasgleichung Gl. (106,5) ab:

$$p \cdot v = R \cdot T$$

$$p \frac{V}{m} = R \cdot T$$

$$\frac{m}{V} = \frac{p}{R \cdot T}$$

Es zeigt sich, daß für die *Dichte* die für Gase und Dämpfe wichtige Beziehung besteht

$$\varrho = \frac{p}{R \cdot T} \qquad (107,1)$$

und weiterhin der Zusammenhang mit dem spezifischen Volumen durch die Gleichung ausgedrückt wird

$$\varrho = \frac{1}{v} \qquad (107,2)$$

Hierin bedeutet

      p z. B. in kp/m^2 den absoluten Druck,
      R in kpm/kg grd die Gaskonstante,
      T in °K die absolute Temperatur ($= 273 + t$ in °C),
      ϱ z. B. in kg/m^3 die Dichte,
      v z. B. in m^3/kg spezifisches Volumen.

Gl. (107,1) stellt das Gasgesetz für vollkommene Gase dar. Diese Zustandsgleichung ist sowohl auf die in der Praxis vorkommenden Gase als auch auf Dämpfe anwendbar, sofern sich ihr Zustand nicht im Sättigungsgebiet oder in dessen Nähe befindet. Für Sattdampf müssen wir die Dichte aus Tabellen oder aus dem MOLLIER-Diagramm der Handbücher entnehmen. Für sehr hohe Drücke, die hier aber nicht berücksichtigt werden sollen, ist Gl. (107,1) nicht mehr gültig. Wir können aber in den uns interessierenden Bereichen mit der allgemeinen Zustandsgleichung für vollkommene Gase rechnen.

Die Gaskonstante R entnehmen wir Tabellen in den Handbüchern. Zahlentafel 37 gibt sie für einige Gase wieder.

Zahlentafel 37. *Normdichte und Gaskonstante einiger Gase und Dämpfe*

Gas	Normdichte ϱ_n kg/m^3_n	Gaskonstante R kpm/kg grd
Sauerstoff . . . . O_2	1,429	26,50
Stickstoff . . . . N_2	1,251	30,26
Kohlenoxyd . . . . . . CO	1,250	30,29
Kohlendioxyd . . . . . CO_2	1,979	19,27
Wasserstoff . . . . . . H_2	0,0899	420,6
Methan . . . . CH_4	0,717	52,90
trockene Luft	1,293	29,27
mittelfeuchte Luft	1,29	29,34
Wasserdampf	0,804	47,05

Soll die Dichte eines Gases von einem Zustand 1 auf einen anderen Zustand 2 umgerechnet werden, so ergibt sich aus Gl. (107,1)

$$\varrho_2 = \varrho_1 \frac{p_2}{p_1} \frac{T_1}{T_2} \tag{107,3}$$

und da die Wichte der Dichte proportional ist:

$$\gamma_2 = \gamma_1 \frac{p_2}{p_1} \frac{T_1}{T_2} \tag{107,3a}$$

In den Tabellen wird die Gasdichte und -wichte allgemein für den Zustand 0 °C und 760 Torr angegeben. Man bezeichnet ihn als *physikalischen Normzustand*. Alle auf diesen Zustand bezogenen Größen versieht man mit dem Zeiger n. Entsprechend bezeichnet man die Wichte mit *Normwichte* γ_n in kp/m_n^3. Sie ist für einige Gase in Zahlentafel 37 wiedergegeben. Zur Umrechnung vom Normzustand auf irgendeinen anderen Zustand dient die Beziehung entsprechend Gl. (107,3a)

$$\gamma = \gamma_n \frac{p \cdot T_n}{p_n \cdot T} \tag{107,3b}$$

Die auf den Normzustand berechnete Menge gibt man in *Normkubikmeter* (m_n^3) an.[1]

Bei genauen Strömungsberechnungen, insbesondere von Niederdruckluft, kann der Wasserdampfgehalt eine Bedeutung haben. Er verändert den Wert der Gaskonstanten, der sich berechnet mit der relativen Feuchte φ, dem Sättigungsdruck des Wasserdampfes p_D, den man der Dampftabelle oder auch Zahlentafel 35 entnehmen kann, und dem Gesamtdruck der Luft p_g, wenn die Gaskonstante der trockenen Luft $R = 29{,}27$ kpm/kg grd beträgt, nach der Gleichung

$$R_f = \frac{29{,}27}{1 - 0{,}377\,\varphi\,\dfrac{p_D}{p_g}} \tag{107,4}$$

In Gl. (107,4) bedeuten:

φ in % die relative Feuchtigkeit,
p_D in kp/m^2 den Sättigungsdruck des gelösten Wasserdampfes,
p_g in kp/m^2 den Gesamtdruck,
R_f in kpm/kg grd die Gaskonstante der feuchten Luft.

Beispiel: Berechne die Normwichte a) der trockenen Luft, b) von Luft, die bei 20 °C eine relative Feuchtigkeit von 60% hat.

Lösung: a) Nach Gl. (107,1)

$$\varrho_n = \frac{p_n}{R \cdot T_n} = \frac{10\,330\ kp/m^2}{29{,}27\ kpm/kg\ grd \cdot 273\ °K} = 1{,}293\ kg/m_n^3$$

also $\gamma_n = 1{,}293\ kp/m_n^3$

b) Gegeben: $\varphi = 0{,}60$. Nach Zahlentafel 35 ist $H_t = 0{,}24$ m WS, damit $p_D = 240\ kp/m^2$; $p_g = 10\,330\ kp/m^2$

---

[1] Siehe hierzu U. GRIGULL, Normvolumen und Normkubikmeter, Brennstoff-Wärme-Kraft 1967, S. 561.

Nach Gl. (107,4)

$$R_f = \frac{29{,}27}{1 - 0{,}377 \cdot 0{,}60 \cdot \dfrac{240}{10330}} = 29{,}43 \text{ in kpm/kg grd}$$

$$\gamma_n = 1{,}293 \text{ kp/m}_n^3 \frac{29{,}27}{29{,}43} = 1{,}286 \text{ kp/m}_n^3$$

Die Berechnung zeigt, daß der Einfluß der Luftfeuchte auf die Wichte nicht bedeutend ist. Er beträgt hier

$$\frac{1{,}293 - 1{,}286}{1{,}293} \cdot 100 = 0{,}54\%$$

Beispiel: Berechne die Gaskonstante, Dichte, Wichte und Normwichte feuchter Druckluft, die bei 5 ata und 30 °C eine relative Feuchtigkeit von 90% hat.

Lösung: Gegeben: $\varphi = 0{,}90$; $t = 30$ °C; $T = 303$ °K; nach Zahlentafel 35 ist $H_t = 0{,}43$ m WS, damit $p_D = 430$ kp/m²; $p = 5$ ata, damit $p_g = 50\,000$ kp/m²; $p_n = 10\,330$ kp/m²; $T_n = 273$ °K.

Nach Gl. (107,4)

$$R_f = \frac{29{,}27}{1 - 0{,}377 \cdot 0{,}90 \cdot \dfrac{430}{50\,000}} = 29{,}356 \text{ in kpm/kg grd}$$

Nach Gl. (107,1)

$$\varrho = \frac{p}{R_f \cdot T} = \frac{50\,000 \text{ kp/m}^2}{29{,}356 \text{ kpm/kg grd} \cdot 303 \text{ °K}} = 5{,}62 \text{ kg/m}^3$$

$$\varrho_n = \frac{p_n}{R_f \cdot T_n} = \frac{10\,330 \text{ kp/m}^2}{29{,}356 \text{ kpm/kg grd} \cdot 273 \text{ °K}} = 1{,}289 \frac{\text{kg}}{\text{m}_n^3}$$

$$\gamma_n = 1{,}289 \text{ kp/m}_n^3$$

Die *Normwichte* bzw. *Normdichte von Gasen* ist definiert als die Dichte oder Wichte *trockener* Gase für den physikalischen Normzustand (0 °C und 760 Torr). Das hat z. B. für Verbrennungsgase seine Berechtigung, da hier der Feuchtigkeitsgehalt kein Energieträger ist und darum bei allen Berechnungen mit Verbrennungsgasen nur der Anteil trockenen Gases interessiert.

Bei der *Druckluft* verrichtet aber auch der Anteil gelösten Wasserdampfes zusammen mit der trockenen Luft bei der Entspannung Arbeit. *Wir bezeichnen* darum sinnvoll auch die *Menge feuchter, auf* den physikalischen *Normzustand berechneter Druckluft* mit *Normkubikmeter* und deren Wichte bzw. Dichte mit *Normwichte* γ_n in kp/m$_n^3$ oder *Normdichte* ϱ_n in kg/m$_n^3$. Im Mittel (z. B. bei der Durchflußmessung) rechnen wir, wenn der Feuchtigkeitsgehalt nicht angegeben ist oder berechnet werden kann, mit *mittelfeuchter Luft*:

$$\underline{R_f = 29{,}34 \text{ kpm/kg grd}, \qquad \gamma_n = 1{,}29 \text{ kp/m}_n^3, \qquad \varrho_n = 1{,}29 \text{ kg/m}_n^3}$$

$$(107{,}5)$$

Unter Zugrundelegung von Gl. (107,4) sowie Gl. (107,1) ist Abb. 107,1 entwickelt. Die relative Feuchte von Luft finden wir durch Messen der Temperatur mit trockenem Thermometer t_{tr} in °C und mit feuchtem Thermometer t_f in °C. Benutzt wird hierzu zweckmäßig das Ass-

33*

MANNsche Aspirationspsychrometer. Die *trockene Temperatur* t_{tr} und die *psychrometrische Differenz*

$$\Delta t = t_{tr} - t_f \text{ in } °C$$

geben ein Maß der relativen Feuchte φ in %.

In Abb. 107,1 ergibt sich z. B. für $t_{tr} = 20\,°C$; $t_f = 14\,°C$, also $\Delta t = 20° - 14° = 6\,°C$:

$$\varphi = 51\%$$

Wir finden aber weiter vom Schnittpunkt t_{tr} mit Δt in waagerechter Richtung den Schnitt mit der Linie ,,Gaskonstante R_f'' und lesen auf der Abszisse ab

$$R_f = 29{,}41 \text{ kpm/kg grd}$$

Schließlich finden wir in waagerechter Richtung vom Schnitt t_{tr} mit Δt auf der linken Ordinate

$$\varrho_n \frac{273}{760} = 0{,}4624$$

Dann ergibt sich die Normdichte dieser feuchten Luft zu

$$\varrho_n = 0{,}4624 \frac{760}{273} = 1{,}287 \text{ in kg/m}^3$$

Eine Umrechnung der Dichte auf irgendeinen anderen Zustand erfolgt nach Gl. (107,3b). Die Ordinate ist bereits geteilt in

$$\varrho_n \frac{T_n}{p_n} = \varrho_n \frac{273\,°K}{760\,\text{Torr}}$$

Damit ergibt sich eine Dichte ϱ für den Druck p in Torr und die Temperatur $T = 273 + t$ in °K zu

$$\varrho = \left(\varrho_n \frac{273}{760} \right) \frac{p}{T} \tag{107,6}$$

Beispiel: Welche Wichte hat die Luft bei 20 °C und 745 Torr, wenn wie im vorigen Beispiel die psychrometrische Differenz $\Delta t = t_{tr} - t_f$ ebenfalls 6° beträgt ?

Lösung: Wir finden wie in obigem Beispiel

$$\varrho_n \frac{273}{760} = 0{,}4624$$

Damit wird

$$\varrho = 0{,}4624 \frac{p}{T} = 0{,}4624 \frac{745}{293} = 1{,}176 \text{ in kg/m}^3$$

$$\gamma = 1{,}176 \text{ kp/m}^3$$

Mit der Dichte ϱ ist das POISSONsche *Gesetz* Gl. (106,6) auch in der Form zu schreiben

$$\frac{p_1}{p_2} = \frac{\varrho_1^k}{\varrho_2^k} \tag{107,7}$$

Bei Berechnung von strömenden Gasmengen sind diese unmittelbar auf einen anderen Zustand umzurechnen, wenn in Gl. (106,5) das spez. Volumen ersetzt wird durch $v = \dfrac{V}{m}$. Dann ist

$$\frac{p \cdot V}{T} = m \cdot R \tag{107,8}$$

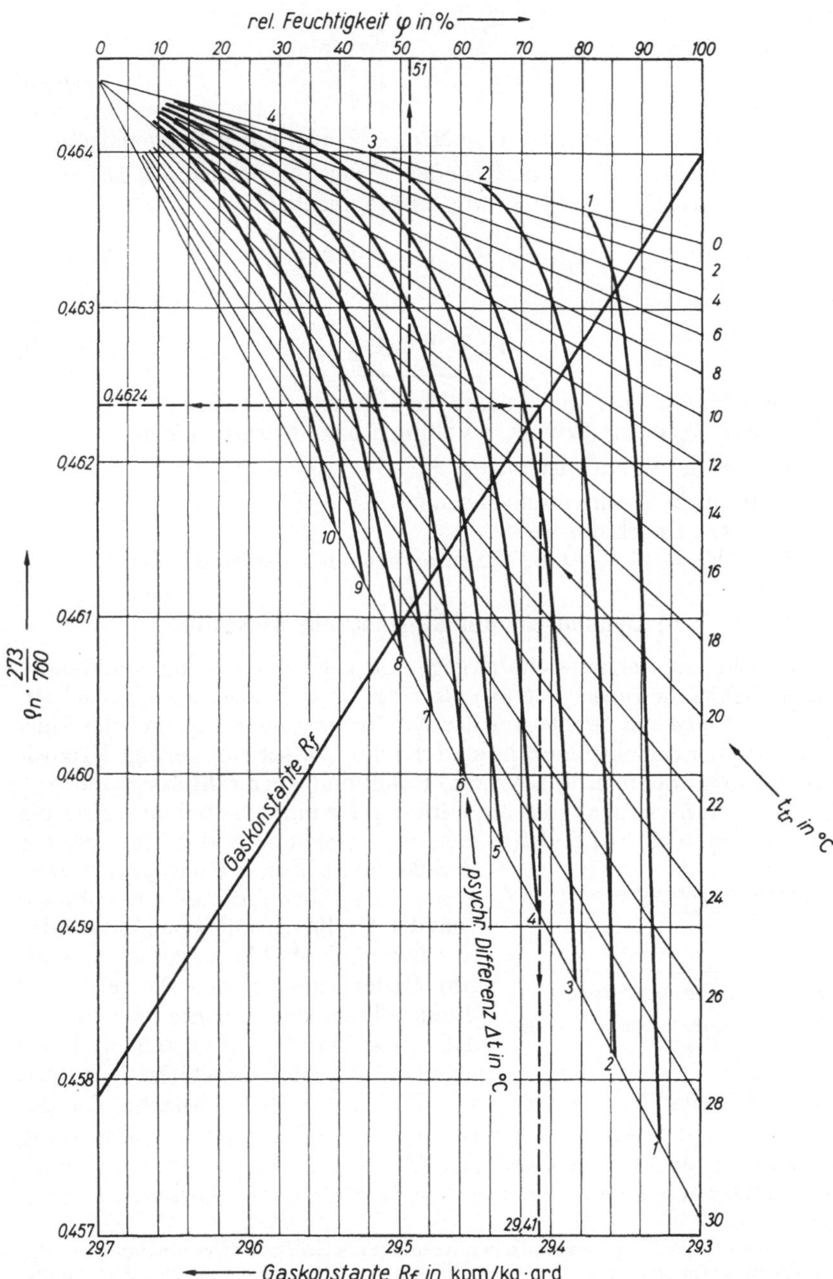

Abb. 107,1. Diagramm zur Ermittlung der relativen Feuchte, Gaskonstanten und Dichte in kg/m^z von Luft bei $b_0 \approx 760$ Torr

Daraus erhält man für die Umrechnung einer Menge vom Zustand 1 in den Zustand 2, da m und R konstant bleiben:

$$\frac{p_1 \cdot V_1}{T_1} = \frac{p_2 \cdot V_2}{T_2}$$

$$V_2 = V_1 \frac{p_1 \cdot T_2}{p_2 \cdot T_1} \qquad\qquad (107,9)$$

Oft kommt es darauf an, eine Menge V (oder einen Mengenstrom $\dot{V}$) umzurechnen in die Menge V_n (oder $\dot{V}_n$) im Normzustand. Dafür ergibt sich nach Gl. (107,9), wenn p in ata gegeben ist

$$V_n = V \frac{273}{1,033} \frac{p}{T} = V\,264\frac{p}{T} \qquad\qquad (107,9\,\text{a})$$

bzw.

$$\dot{V}_n = \dot{V}\,264\frac{p}{T} \qquad\qquad (107,9\,\text{b})$$

In den Gln. (107,9a) und (107,9b) bedeuten:

V bzw. V_n in m^3 bzw. m$_\text{n}^3$: Volumen bzw. Normvolumen,

$\dot{V}$ in m^3/h: Volumenstrom,

$\dot{V}_n$ in m$_\text{n}^3$/h: Normvolumenstrom,

p in ata: Druck des Gases,

T in °K: $= 273 + t$ in °C Temperatur des Gases oder der Luft.

b) Dynamische und kinematische Viskosität

In Flüssigkeiten entsteht bei gegenseitiger Verschiebung von Flüssigkeitsteilchen die *innere Reibung* als Folge einer Flüssigkeitseigenschaft, die man *Viskosität* nennt. Aus der Erfahrung wissen wir, daß die Flüssigkeitsarten verschieden zähe sind. So hat Wasser eine geringe Viskosität, während Schmieröl, Glyzerin, Rohöl und Teer zähflüssig sind.

Zur Veranschaulichung der Wirkung der inneren Reibung dient die Anordnung Abb. 107,2. Über dem waagerechten Boden eines weiten

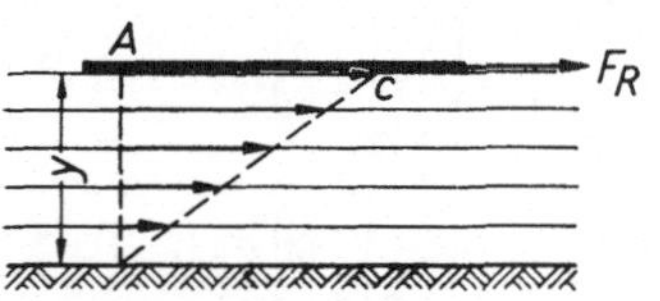

Abb. 107,2. Innere Reibung strömender Flüssigkeiten

Gefäßes steht bis zur Höhe y eine zähe Flüssigkeit, über die eine ebene Platte von der Größe A mit gleichbleibender Geschwindigkeit c[1] hinweggezogen wird. Am Boden und an der Platte haften dünne Flüssigkeitsschichten fest an, so daß zwischen der untersten und der obersten Flüssigkeitsschicht die Geschwindigkeitsdifferenz c zwischen Boden und Platte besteht. Die dazwischenliegenden Schichten werden durch Schubkräfte zur Bewegung gezwungen, und zwar so, daß ihre Geschwindigkeiten von unten nach oben linear zunehmen. Die zwischen je zwei benachbarten Schichten

---

[1] In der Strömungsmechanik benutzen wir als Größe für Geschwindigkeiten c, um Verwechslungen mit dem spez. Volumen v zu vermeiden. Bei Strömungsmaschinen bedeutet c die absolute Geschwindigkeit, während w die relative und u die Umfangsgeschwindigkeit bedeuten (siehe Abschn. 135).

übertragene Schubkraft wirkt auf die schnellere Schicht bremsend und auf die langsamere Schicht beschleunigend. Die gesamte zwischen Boden und Platte wirksame Reibungskraft F_R muß an der Platte zur Aufrechterhaltung der Bewegung aufgebracht werden und läßt sich messen.

Eingehende Versuche haben ergeben, daß die Kraft F_R unabhängig vom Druck direkt proportional der Plattengröße A und der Geschwindigkeitsdifferenz c und umgekehrt proportional dem Plattenabstand y ist. Damit besteht die als NEWTON*sches Gesetz* bezeichnete Beziehung

$$F_R = \eta \cdot A \frac{c}{y} \qquad (107,10)$$

Die auf die Flächeneinheit bezogene Reibungskraft F_R/A ist die Schubspannung τ (in der Dynamik gemessen in $\mathrm{kp/m^2}$)

$$\tau = \eta \frac{c}{y}$$

c/y ist das *Geschwindigkeitsgefälle* quer zur Strömungsrichtung.

Der Proportionalitätsfaktor η berücksichtigt die Viskositätseigenschaften der Flüssigkeiten und heißt *dynamische Viskosität*. Für

$$\eta = \tau \frac{y}{c} \qquad (107,11)$$

ergibt sich in der m-kg-s-(kp)-Einheitenzusammenstellung die *Einheit der dynamischen Viskosität*:

$$\frac{\mathrm{kp}}{\mathrm{m^2}} \frac{\mathrm{m}}{\mathrm{m/s}} = \mathrm{kp\ s/m^2}$$

Satz 82: *Die dynamische Viskosität ist die je Flächeneinheit aufzuwendende Kraft, um zwei Flüssigkeitsschichten im Abstand einer Längeneinheit mit der Geschwindigkeitseinheit zu verschieben.*

In der Strömungsmechanik ist vielfach auch das Verhältnis der dynamischen Viskosität η zur Dichte ϱ gebräuchlich, das man kinematische Viskosität ν nennt:

$$\nu = \frac{\eta}{\varrho} \qquad (107,12)$$

Rechnen wir in Gl. (107,12) im m-kg-s-(kp)-System und ersetzen $\varrho = \gamma/g$, so ergibt sich:

$$\nu = \frac{\eta \cdot g}{\gamma} \qquad (107,12\,\mathrm{a})$$

Mit η in $\mathrm{kp\ s/m^2}$ und γ in $\mathrm{kp/m^3}$ folgt für die *kinematische Viskosität* ν die Einheit:

$$\frac{\mathrm{kp\ s \cdot m^3 \cdot m}}{\mathrm{m^2 \cdot kp \cdot s^2}} = \frac{\mathrm{m^2}}{\mathrm{s}}$$

Im internationalen m-kg-s-Einheitensystem wird die Kraft in $\mathrm{N = kg\ m/s^2}$ gemessen. Damit ergibt sich nach Gl. (107,11) für die dynamische Viskosität η die Einheit $\mathrm{N\ s/m^2}$ (oder auch $\mathrm{kg/m\ s}$). Für das

physikalische Maß der dynamischen Viskosität P (Poise)[1] bzw. cP
(Zentipoise) gilt

$$1 \text{ N s/m}^2 = 10 \text{ P} = 10^3 \text{ cP} \qquad (107,13\text{a})$$

Ferner ist

$$1 \text{ kp s/m}^2 = 9{,}81 \text{ N s/m}^2 \qquad (107,13\text{b})$$

Damit ergeben sich die in Zahlentafel 38 angegebenen Umrechnungen.

Zahlentafel 38. *Umrechnungen für verschiedene Maßeinheiten der dynamischen Viskosität η*

	kp s/m²	N s/m²	P	cP
1 kp s/m² =	1	9,81	98,1	$9{,}81 \cdot 10^3$
1 N s/m² =	0,102	1	10	10^3
1 P (Poise) =	$1{,}02 \cdot 10^{-2}$	10^{-1}	1	10^2
1 cP (Zentipoise) =	$1{,}02 \cdot 10^{-4}$	10^{-3}	10^{-2}	1

Nach Gl. (107,12) ergibt sich im m-kg-s-Einheitensystem für die
kinematische Viskosität ν der gleiche Zahlenwert und die gleiche Einheit wie im m-kg-s-(kp)-System. Für das internationale Einheitensystem ist nach Gl. (107,12):

$$\frac{\text{N s/m}^2}{\text{kg/m}^3} = \frac{\text{kg m s} \cdot \text{m}^3}{\text{s}^2 \cdot \text{m}^2 \cdot \text{kg}} = \frac{\text{m}^2}{\text{s}}$$

Für das physikalische Maß der kinematischen Viskosität St (Stokes)[2] bzw. cSt (Zentistokes) gilt:

$$1 \frac{\text{m}^2}{\text{s}} = 10^4 \text{ St} = 10^6 \text{ cSt} \qquad (107,14)$$

Die bisherigen Betrachtungen gelten sinngemäß auch für Gase und
Dämpfe, denn auch hier wird die fortschreitende Bewegung durch die
innere Reibung beeinflußt. Das Verhalten der *dynamischen Viskosität*
ist allerdings bei Gasen grundsätzlich anders als bei Flüssigkeiten.
Während sie bei Flüssigkeiten mit wachsender Temperatur fällt, steigt
sie bei Gasen mit der Temperatur. Die Änderung der Viskosität mit
dem Druck ist bei Flüssigkeiten zu vernachlässigen und muß bei Gasen
auch nur bei großen Drucksteigerungen beachtet werden. So wächst
z. B. die Viskosität der Luft von 1 at bis 50 at um etwa 7% und bis
100 at um etwa 24%. Bei Wasserdampf ist die Druckabhängigkeit nach
neueren Feststellungen ebenfalls praktisch ohne Bedeutung (Abb. 107,5).
In der *kinematischen Viskosität* ν ist die Dichte enthalten, so daß
außer der Abhängigkeit von der Temperatur vor allem bei Gasen eine
Veränderung mit dem Druck vorhanden ist. Zur Erleichterung soll
in den Gesetzen der Strömungslehre vornehmlich mit der dynamischen
Viskosität η gerechnet werden; auch die Zahlentafeln werden nach
Möglichkeit nur diese angeben. Da es sich bei der dynamischen Visko-

---

[1] Ist nach POISEUILLE gebildet. Siehe Fußnote 1, S. 550.
[2] STOKES, GEORG GABRIEL 1819···1903 London, englischer Mathematiker
und Physiker.

sität meist um sehr kleine Werte handelt, geben die nachfolgenden Zahlentafeln[1] und Diagramme die 10^6fachen Werte an.

Zahlentafel 39 vermittelt einen Eindruck, wieviel zäher die Öle und vor allem die rohen Erdöle als z. B. Benzol sind. Bei Glyzerin fällt die starke Verringerung der Viskosität mit der Temperatur auf.

Zahlentafel 39. *Dynamische Viskosität von Flüssigkeiten bei verschiedenen Temperaturen*

Flüssigkeit	Dynamische Viskosität $10^6 \cdot \eta$ in kps/m²					
	10°	20°	30°	40°	50°	60 °C
Benzol	78	66	56	50	45	40
Glyzerin	402800	1528	636	—	—	—
Rohes Erdöl: Rumänien			36500	19600	9800	
Rohes Erdöl: Trinidad .	87500	38600	20200	11400	6600	4700
Rohes Erdöl: Persien .	57400	7200	2300	1340	1060	920
Rohes Erdöl: Texas . .	28100	13000	6500	3700	2500	1900

Zahlentafel 40. *Dynamische Viskosität von Wasser und Luft bei verschiedenen Temperaturen*

Stoff	Dynamische Viskosität $10^6 \cdot \eta$ in kps/m²							
	0°	10°	20°	40°	50°	60°	80°	100° C
Wasser . . .	182	133	102	66,5	57	47,9	36,3	28,8
Luft	1,75	1,79	1,85	1,95	2,0	2,04	2,13	2,22

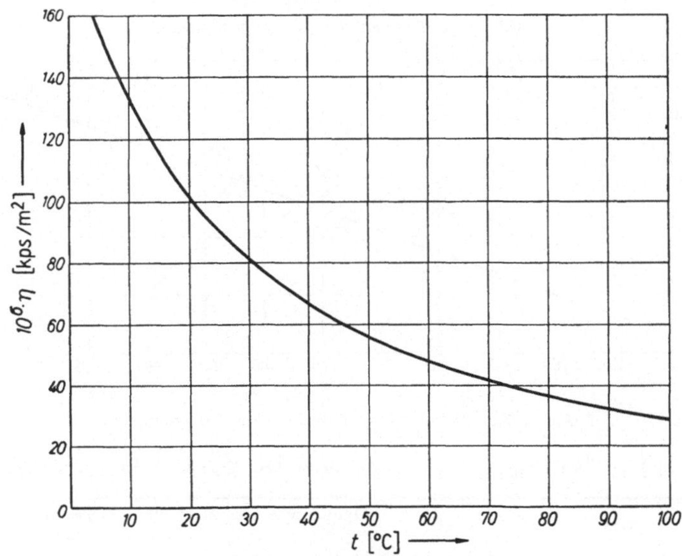

Abb. 107,3. Dynamische Viskosität η von Wasser

Die dynamische Viskosität von Wasser ist in Abb. 107,3, von Luft in Abb. 107,4 und von Wasserdampf in Abb. 107,5 schaubildlich darge-

---

[1] Die in den Zahlentafeln wiedergegebenen Viskositäten sind z. T. entnommen: HERNING, Stoffströme in Rohrleitungen, VDI-Verlag 1957.

stellt. Man beachte, daß die dynamische Viskosität für Wasser größer ist als für Luft, und zwar bei 20 °C etwa das 55fache.

Von einigen anderen Gasen gibt Zahlentafel 41 die dynamische Viskosität für verschiedene Temperaturen wieder.

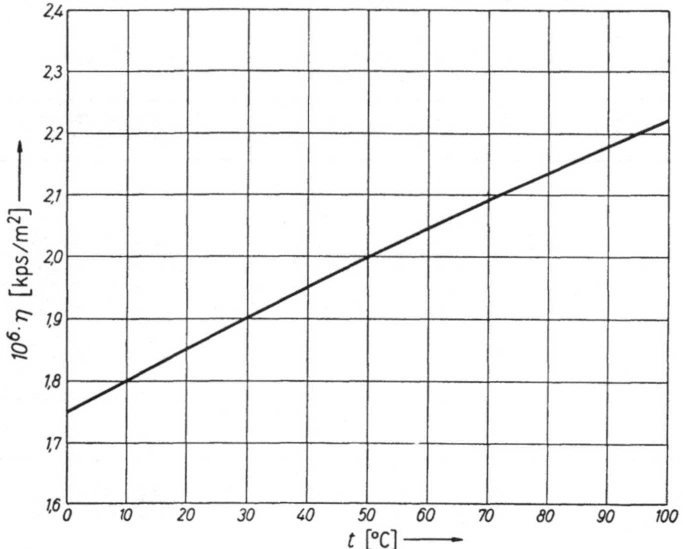

Abb. 107,4. Dynamische Viskosität η von Luft

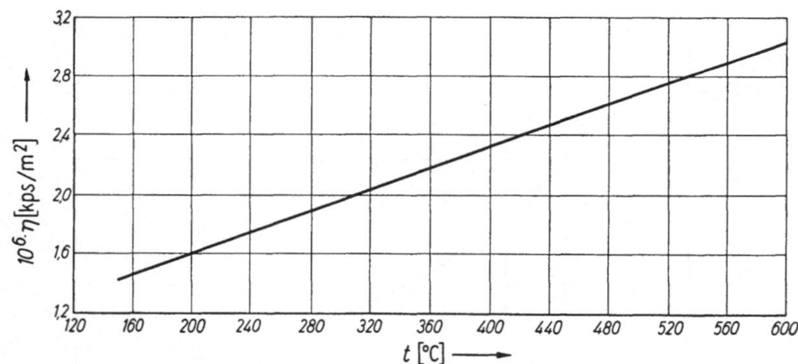

Abb. 107,5. Dynamische Viskosität η des Wasserdampfes

Zahlentafel 41. *Dynamische Viskosität einiger Gase bei verschiedenen Temperaturen*

Gas	Dynamische Viskosität $10^6 \cdot \eta$ in kps/m²					
	0°	20°	40°	60°	80°	100° C
Sauerstoff . · · . . O_2	1,95	2,07	2,18	2,29	2,39	2,49
Stickstoff . . . . . N_2	1,70	1,80	1,89	1,97	2,06	2,14
Kohlenoxyd . . . . CO	1,70	1,80	1,89	1,97	2,06	2,14
Kohlendioxyd . . . CO_2	1,42	1,52	1,62	1,72	1,82	1,92
Wasserstoff . . . . H_2	0,85	0,89	0,94	0,98	1,02	1,05
Methan . . . . . . CH_4	1,05	1,12	1,18	1,25	1,31	1,37
Kokereigas	1,27	1,34	1,41	1,48	1,55	1,61

108. Grundbegriffe zur Kennzeichnung von Strömungen

a) Stromlinie und Stromröhre

Um von einer Strömung ein anschauliches Bild zu bekommen, stellt man sie in einzelnen *Stromlinien* dar. Das sind Linien, deren Richtung in jedem Punkt der Strömung mit der Richtung der hier vorliegenden Strömungsgeschwindigkeit zusammenfällt. Würde man in eine strömende Flüssigkeit kleine Metallflitterchen einstreuen, so ergäbe eine photographische Zeitaufnahme auf dem Film für jedes Teilchen einen kurzen Strich, der die Geschwindigkeit an der betreffenden Stelle nach Größe und Richtung anzeigt. Die einzelnen Striche reihen sich zu Stromlinien aneinander.

Behält eine Strömung an irgendeiner Stelle des Flüssigkeitsraumes ihre Geschwindigkeit nach Größe und Richtung zeitlich, d. h. zu jeder Zeit bei, so spricht man von einer *stationären Strömung*. An verschiedenen Stellen des Flüssigkeitsraumes können sehr wohl verschiedene Geschwindigkeiten vorliegen. Eine stationäre Strömung liegt vor, wenn sich an ein und derselben Stelle der Strömungszustand im Laufe der Zeit nicht ändert. Bei einer stationären Strömung haben die einzelnen Stromlinien stets die gleiche Gestalt. Das gesamte Strömungsbild ist zeitlich unverändert.

Ändert sich dagegen mit der Zeit an den einzelnen Stellen die Strömungsgeschwindigkeit, wie z. B. bei Anlaufvorgängen oder bei pulsierenden Strömungen, so sprechen wir von nicht stationären oder *instationären Strömungen*; das Stromlinienbild wechselt ständig.

Alle Stromlinien, die durch eine geschlossene Kurve, z. B. durch einen Kreis gehen, bilden eine *Stromröhre* (Abb. 108,1). Bei einer stationären Strömung bleibt die Gestalt einer Stromröhre erhalten und durch die Seitenbegrenzung tritt weder Flüssigkeit ein noch aus.

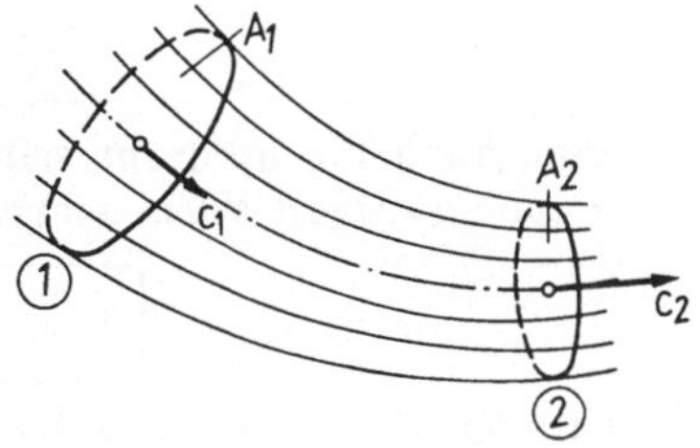

Abb. 108,1. Stromröhre

Die Strömungsgeschwindigkeit in einer Stromröhre ist die über den Querschnitt genommene mittlere Geschwindigkeit; ihre Richtung steht senkrecht zum Querschnitt.

Die Flüssigkeit, die durch ein festes Rohr strömt, wird aus Vereinfachungsgründen als ein einziger Stromfaden angesehen. Die Rohrwandungen bilden dann die Stromröhre.

b) Mengenstrom und Kontinuitätsgesetz

Wird die aus einer Rohrleitung ausfließende Flüssigkeit gemessen, so zeigt sich, daß das gemessene Volumen V mit der gleichzeitig gemessenen Zeit t proportional zunimmt. Bei stationärer Strömung finden wir, daß der Quotient V/t konstant ist. Wir nennen diesen Quotient die

Stromstärke oder den Mengenstrom und bezeichnen ihn als Volumenstrom mit $\dot{V}$

$$\dot{V} = \frac{V}{t} \tag{108,1}$$

Bei einer Wasserströmung mißt man das Volumen in m³, die Zeit
in s; als Maßeinheit des Volumenstromes ergibt sich dann m³/s. Den
Wetterstrom berechnet man meist in m³/min und bei der Untersuchung
von Rohrströmungen gibt man den Volumenstrom vielfach in m³/h an.
Es wird aber oft auch das Volumen in l gemessen, so daß sich der Volumenstrom in l/s, l/min oder l/h ergibt.

Die durch eine Stromröhre (Abb. 108,1) (Rohrleitung) mit verschiedenen Querschnitten strömende Flüssigkeit füllt das Rohr dauernd in
allen Teilen vollständig aus. Bei stationärer Strömung von Flüssigkeiten ist der durch einen Querschnitt hindurchtretende Volumenstrom,
wie leicht ersichtlich ist,

$$\dot{V} = A \cdot c$$

Dieses Gesetz hat *nur für inkompressible Medien* Gültigkeit, für die
auch gilt, daß der Volumenstrom im Querschnitt A_1 gleich dem im
Querschnitt A_2 ist. Mit den zugehörigen Geschwindigkeiten c_1 und c_2
ergibt sich dann die

Stetigkeits- oder Kontinuitätsgleichung

$$A_1 \cdot c_1 = A_2 \cdot c_2 \tag{108,2}$$

die man auch für inkompressible Medien in der allgemeinen, für jede
Rohrstelle gültigen Form schreiben kann

$$\boxed{\dot{V} = A \cdot c = \text{const}} \tag{108,3}$$

*Satz 83: Bei einer stationären Rohrströmung inkompressibler Medien
tritt in jedem Augenblick durch jeden Querschnitt der gleiche Volumenstrom.*

Bei der Strömung kompressibler Medien bleibt der in allen Querschnitten durchtretende Volumenstrom wegen der Veränderung des
Zustandes nicht gleich. Mit der Änderung von Druck bzw. Temperatur
verändert sich im gleichen Umfang die Dichte ϱ, nicht aber die Masse,
so daß die *Kontinuitätsgleichung für kompressible Medien* bei Einführung
des Massenstromes $\dot{m} = \dot{V} \cdot \varrho$ gilt. Sie lautet

$$\boxed{\dot{m} = A \cdot c \cdot \varrho = \text{const}} \tag{108,4}$$

und

$$A_1 \cdot c_1 \cdot \varrho_1 = A_2 \cdot c_2 \cdot \varrho_2 \tag{108,5}$$

*Satz 84: Bei einer stationären Rohrströmung kompressibler Medien
tritt in jedem Augenblick durch jeden Querschnitt der gleiche Massenstrom.*

Nimmt der Querschnitt längs der Rohrachse ab (zu), so erhöht (erniedrigt) sich die Strömungsgeschwindigkeit im gleichen Maße.

Den Massenstrom messen wir entsprechend in kg/s oder auch in kg/min bzw. kg/h. Bei Berechnung des Querschnittes A in m², der Strömungsgeschwindigkeit c in m/s und der Dichte in kg/m³ ergibt sich die Maßeinheit des Massenstromes nach Gl. (108,5) zu kg/s.

Beispiel: Mit welcher Geschwindigkeit strömt Wasser aus einem voll geöffneten Hahn von 1/2″ lichter Weite, wenn zum Füllen eines Eimers von 10 l Inhalt 44 Sekunden gemessen werden?

Lösung: Gegeben: $d = 1/2'' = \dfrac{25,4 \text{ mm}}{2} = 12,7 \text{ mm} \; \varnothing = 12,7 \cdot 10^{-3} \text{ m} \; \varnothing$

$$A = \frac{\pi}{4} d^2 = \frac{\pi}{4} (12,7 \cdot 10^{-3} \text{ m})^2 = 126,7 \cdot 10^{-6} \text{ m}^2$$

Nach Gl. (108,1)

$$\dot{V} = \frac{V}{t} = \frac{10 \text{ l}}{44 \text{ s}} = 0,227 \text{ l/s} = 0,227 \cdot 10^{-3} \text{ m}^3/\text{s}$$

Nach Gl. (108,3)

$$\dot{V} = A \cdot c; \quad c = \frac{\dot{V}}{A} = \frac{0,227 \cdot 10^{-3} \text{ m}^3/\text{s}}{126,7 \cdot 10^{-6} \text{ m}^2} \approx 1,8 \text{ m/s}$$

c) Laminare und turbulente Strömung, Reynoldssche Zahl [1], Ähnlichkeitsgesetz von Reynolds

Zur Kennzeichnung von Strömungen verwenden wir in der Strömungsmechanik einen Kennwert, den wir der Einfachheit halber an der Rohrströmung erklären wollen. Bei der Untersuchung von Flüssigkeitsbewegungen hat man zwei verschiedene Arten von Strömungszuständen beobachtet, die sich sowohl in ihrem Erscheinungsbild als auch in ihrer mechanischen Gesetzmäßigkeit grundsätzlich unterscheiden.

Bei der *laminaren Strömung*, oder *Schichtströmung*, bewegen sich die einzelnen Flüssigkeitsteilchen in wohlgeordneten, nebeneinander vorbeigleitenden Schichten, ohne sich zu mischen (Abb. 108,2a).

Dagegen zeigt die *turbulente Strömung* oder *Wirbelströmung* ein regelloses Bild; die Flüssigkeitsteilchen werden ständig durcheinandergewirbelt (Abb. 180,2b). Der eigentlichen vorwärts gerichteten Strömungsbewegung sind Querbewegungen (Mischbewegungen) überlagert. Die Strombahnen beeinflussen sich ge-

Abb. 108,2. Strömungsformen
a) laminare Strömung,
b) turbulente Strömung

genseitig, bilden kleine Wirbel, die durch die Reibung wieder aufgezehrt werden, und gleichen sich so in ihren Geschwindigkeiten einander an.

Versuchsmäßig lassen sich beide Strömungsformen sichtbar machen, wenn man einem in einem Glasrohr strömenden Wasser durch eine feine

---

[1] OSBORNE REYNOLDS, 1842···1912, engl. Physiker.

Düse einen Farbstrahl beimengt. Bei langsamer Bewegung zieht sich der Farbfaden durch das Rohr wie ein feiner Strich hindurch, die Strömung ist laminar. Steigert man allmählich die Strömungsgeschwindigkeit, so wird der Farbfaden bei Überschreiten einer ganz bestimmten Geschwindigkeit, der sogenannten *kritischen Geschwindigkeit* c_{krit}, unruhig und zerflattert, die Strömung ist turbulent geworden. Wiederholt man den gleichen Versuch mit einem Rohr größeren Durchmessers d, so findet der „Überschlag" von der laminaren in die turbulente Strömungsform bei einer anderen, jetzt kleineren Geschwindigkeit statt. Für den gleichen Stoff ist der Überschlag aber bei dem gleichen Produkt $c \cdot d$ festzustellen. Ändert man schließlich noch die Flüssigkeitsart und führt den Versuch z. B. mit Öl durch, dessen kinematische Viskosität v größer ist als Wasser, so tritt der Umschlag auch erst bei größerer Strömungsgeschwindigkeit c ein.

Nach dem Versuch ergibt sich, daß diese drei Größen c, d und v kennzeichnend für die Form der Strömung sind. Sie lassen sich zu einem dimensionslosen Kennwert zusammenfassen, der nach dem Entdecker REYNOLDSsche *Zahl* genannt und mit Re bezeichnet wird.

$$\underline{\mathrm{Re} = \frac{c \cdot d}{v}} \ \text{in} \ \frac{\mathrm{m/s} \cdot \mathrm{m}}{\mathrm{m^2/s}} = 1 \qquad (108,6)$$

Führt man die dynamische Viskosität nach Gl. (107,12a) $v = \dfrac{\eta \cdot g}{\gamma}$ ein, so ergibt sich *für die Rohrströmung*, bei der man die auf den Durchmesser d berechnete REYNOLDSsche Zahl mit Re_d bezeichnet

$$\boxed{\mathrm{Re}_d = \frac{c \cdot d \cdot \gamma}{\eta \cdot g}} \qquad (108,7)$$

Der Umschlag von der laminaren in die turbulente Strömung findet bei der sogenannten kritischen REYNOLDSschen Zahl Re_{krit} statt, die bei geraden, kreiszylindrischen Rohren ist

$$\mathrm{Re}_{krit} = \frac{c_{krit} \cdot d \cdot \gamma}{\eta \cdot g} = 2\,320$$

und damit bei der kritischen Geschwindigkeit

$$c_{krit} = \frac{2320 \, \eta \cdot g}{d \cdot \gamma} \ \text{in m/s} \qquad (108,8)$$

In den Gln. (108,7) und (108,8) bedeuten:

η in kps/m² die dynamische Zähigkeit des strömenden Stoffes (Flüssigkeit oder Gas),

g in m/s² die Fallbeschleunigung,

γ in kp/m³ die Wichte,

d in m der lichte Rohrdurchmesser,

c bzw. c_{krit} in m/s die Geschwindigkeit bzw. kritische Geschwindigkeit.

Unterhalb Re_{krit} ist eine Strömung stets laminar; selbst nach den stärksten Erschütterungen stellt sich immer wieder der laminare Zustand ein. Bei langsamer Steigerung der Geschwindigkeit unter Vermeidung von Störungen ist es möglich, die laminare Strömung noch weit oberhalb $\mathrm{Re}_{\mathrm{krit}}$ aufrechtzuerhalten. Bei der geringsten Erschütterung tritt aber Turbulenz auf. Unterhalb $\mathrm{Re}_{\mathrm{krit}}$ ist die laminare Strömung stabil, oberhalb dagegen labil.

Beispiel: Bestimme für eine Rohrleitung von 200 mm lichtem Durchmesser die kritische Geschwindigkeit a) für mittelfeuchte Druckluft von 5 ata und 20 °C, b) für Wasser von 20 °C und c) für Glyzerin von 20 °C.

Lösung:

a) *Druckluft:* $p = 5\ \mathrm{ata} = 50\,000\ \mathrm{kp/m^2};\ d = 0,2\ \mathrm{m}$

$$t = 20\,°\mathrm{C};\ T = 293\,°\mathrm{K};\ R_f = 29,34\ \mathrm{kpm/kg\ grd}$$

$$\varrho = \frac{p}{R_f \cdot T} = \frac{50\,000\ \mathrm{kp/m^2}}{29,34\ \mathrm{kpm/kg\ grd} \cdot 293\,°\mathrm{K}} = 5,82\ \mathrm{kg/m^3}$$

$$\gamma = 5,82\ \mathrm{kp/m^3}$$

$$\eta = 1,85 \cdot 10^{-6}\ \mathrm{kps/m^2}\ \text{(nach Zahlentafel 40)}$$

Nach Gl. (108,8)

$$c_{\mathrm{krit}} = \frac{2320\,\eta \cdot g}{d \cdot \gamma} = \frac{2320 \cdot 1,85 \cdot 9,81}{10^6 \cdot 0,2 \cdot 5,82}\ \mathrm{m/s} = 0,0362\ \mathrm{m/s}$$

b) *Wasser:* $\gamma \approx 1\,000\ \mathrm{kp/m^3};\ \eta = 102 \cdot 10^{-6}\ \mathrm{kps/m^2}$ (nach Zahlentafel 40),

$$c_{\mathrm{krit}} = \frac{2320 \cdot 102 \cdot 9,81}{10^6 \cdot 0,2 \cdot 1\,000}\ \mathrm{m/s} = 0,0116\ \mathrm{m/s}$$

c) *Glyzerin:* $\gamma = 1\,250\ \mathrm{kp/m^3}$ (Handbuch)

$$\eta = 1\,528 \cdot 10^{-6}\ \mathrm{kps/m^2}\ \text{(nach Zahlentafel 40)}$$

$$c_{\mathrm{krit}} = \frac{2320 \cdot 1\,528 \cdot 9,81}{10^6 \cdot 0,2 \cdot 1\,250}\ \mathrm{m/s} = 0,139\ \mathrm{m/s}$$

Die kritische Geschwindigkeit ist sehr gering, liegt aber bei zähen Stoffen höher, wie zu erwarten war, und nimmt mit der Wichte bzw. Dichte ab.

In Druckluft- und Wasserleitungen herrscht die turbulente Strömungsform vor, da die kritische Geschwindigkeit infolge der geringen Viskosität im Verhältnis zur Wichte bzw. Dichte und den verhältnismäßig großen Rohrdurchmessern tief liegt. Aber auch für diese Stoffe haben wir durchweg laminare Strömung in sehr dünnen Röhrchen (Kapillarröhrchen); in Kapillaren kann die kritische Geschwindigkeit sogar erhebliche Werte annehmen. Praktisch tritt Laminarströmung in Warmwasser-Heizungsanlagen (geringe Geschwindigkeit!), in Ölleitungen (hohe Viskosität!) und in der Schmiermittelschicht von Gleitlagern auf.

Wir werden auf die Strömungsformen bei den Betrachtungen zur Rohrreibungszahl noch näher einzugehen haben. Die REYNOLDSsche Zahl dient aber allgemein zur Beurteilung von Strömungsvorgängen. Man kann nämlich mit Hilfe der REYNOLDSschen Zahl auch zwei Strömungen miteinander vergleichen. Das ist für Versuche wichtig, bei denen man am Objekt selbst keine Untersuchungen machen kann, sondern zu einem Modell in verkleinerter Ausführung greifen muß. Hier kann man dann die gleichen Erkenntnisse gewinnen, wenn die Strömungsvorgänge beim Modellversuch denen der Großausführung mechanisch ähnlich sind.

Mechanische Ähnlichkeit ist gegeben, wenn nicht nur die beiden Versuchsobjekte geometrisch ähnlich sind, sondern auch die Strömungen das gleiche Strömungsbild aufweisen, oder anders ausgedrückt, wenn das *Verhältnis der Trägheitskräfte* (bestimmt durch die Dichte) *zu den Reibungskräften* (bestimmt durch die dynamische Viskosität) *gleich ist.*

Bei Rohrleitungen liegt geometrische Ähnlichkeit vor, wenn beide Rohre Kreisquerschnitt haben und die Innenwand der Rohre (die Rohrrauhigkeit) ähnlich ist.

Die Bedingungen der mechanischen Ähnlichkeit sind erfüllt, wenn das REYNOLDSsche *Ähnlichkeitsgesetz* gilt

$$\mathrm{Re}_1 = \mathrm{Re}_2,$$

$$\frac{c_1 \cdot d_1 \cdot \gamma_1}{\eta_1 \cdot g} = \frac{c_2 \cdot d_2 \cdot \gamma_2}{\eta_2 \cdot g}$$

Bei der Berechnung der REYNOLDSschen Zahl ist es zweckmäßig, die Gl. (108,7) zu benutzen, also die dynamische Viskosität η zu verwenden, da sie sich im Gegensatz zur kinematischen Viskosität ν in den niederen und mittleren Druckbereichen für Flüssigkeiten und Gase nur mit der Temperatur verändert. Es ist weiter vorteilhaft bei der Rohrströmung an Stelle der Geschwindigkeit den Volumenstrom einzuführen, der bei Flüssigkeiten und bei der Bewetterung der Gruben in m^3/min, bei Gasen meist in m^3/h berechnet wird. Bei der Druckluft tritt an die Stelle des Mengenstromes $\dot{V}$ in m^3/h von der Wichte γ in kp/m^3 der auf den physikalischen Normzustand (0 °C und 760 Torr) berechnete Volumenstrom $\dot{V}_n$ in m_n^3/h von der Wichte $\gamma_n = 1{,}29 \ kp/m_n^3$.

Rechnen wir zunächst mit $\dot{V}$ in m^3/min so ist nach dem Kontinuitätsgesetz Gl. (108,4)

$$\dot{m} = 60 c \cdot A \cdot \varrho = \dot{V} \cdot \varrho$$

$$c = \frac{\dot{V}}{60 \cdot A} = \frac{\dot{V}}{60 \frac{\pi}{4} d^2}$$

In Gl. (108,7) eingesetzt

$$\mathrm{Re}_d = \frac{c \cdot d \cdot \gamma}{\eta \cdot g} = \frac{\dot{V} \cdot d \cdot \gamma}{60 \frac{\pi}{4} d^2 \cdot \eta \cdot g}$$

$$\boxed{\mathrm{Re}_d = \frac{\dot{V} \cdot \gamma}{462 \, d \cdot \eta}} \quad \begin{array}{l} \dot{V} \text{ in } m^3/min \\ \gamma \text{ in } kp/m^3 \\ d \text{ in } m \end{array} \qquad (108{,}9\,\mathrm{a})$$

Rechnet man mit $\dot{V}$ in m³/h so ist

$$\boxed{\mathrm{Re}_d = \frac{\dot{V} \cdot \gamma}{27\,700\,d \cdot \eta}} \qquad \begin{array}{l} \dot{V} \text{ in m}^3/\text{h} \\ \gamma \text{ in kp/m}^3 \\ d \text{ in m} \end{array} \qquad (108{,}9\,\text{b})$$

In der Druckluftenergiewirtschaft rechnet man mit dem Mengenstrom $\dot{V}_n$ in $\text{m}_\text{n}^3/\text{h}$ und es ist

$$\dot{V}_n \cdot \gamma_n = \dot{V} \cdot \gamma$$

Damit ist

$$\boxed{\mathrm{Re}_d = \frac{\dot{V}_n \cdot \gamma_n}{27\,700\,d \cdot \eta}} \qquad \begin{array}{l} \dot{V}_n \text{ in } \text{m}_\text{n}^3/\text{h} \\ \gamma_n \text{ in } \text{kp/m}_\text{n}^2 \\ d \text{ in m} \end{array} \qquad (108{,}9\,\text{c})$$

Wird bei Wasserdampf oder auch bei Flüssigkeiten mit dem Massenstrom $\dot{m} = \dot{V} \cdot \varrho = \dfrac{9{,}81\,\frac{N}{\text{kp}} \cdot \dot{V} \cdot \gamma}{g}$ in kg/min bzw. kg/h gerechnet, so kann man auch schreiben

$$\mathrm{Re}_d = \frac{\dot{m}}{462\,d \cdot \eta} \qquad \begin{array}{l} \dot{m} \text{ in kg/min} \\ d \text{ in m} \\ \eta \text{ in kps/m}^2 \end{array} \qquad (108{,}10\,\text{a})$$

$$\mathrm{Re}_d = \frac{\dot{m}}{27\,700\,d \cdot \eta} \qquad \begin{array}{l} \dot{m} \text{ in kg/h} \\ d \text{ in m} \\ \eta \text{ in kps/m}^2 \end{array} \qquad (108{,}10\,\text{b})$$

Mit den Zahlenwertgleichungen (108,9) und (108,10) läßt sich die REYNOLDSsche Zahl für jeden Stoffstrom in einer Rohrleitung einfach und übersichtlich berechnen, soweit die dynamische Viskosität für die herrschende Temperatur bekannt ist. Hierzu dienen die Zahlentafeln 39, 40 und 41 bzw. die Abb. 107,3, 107,4 und 107,5.

Beispiel: Berechne die REYNOLDSsche Zahl für die Strömung in einer Druckluftleitung von 200 mm l. W., die einem Streb stündlich 2150 m_n^3 Druckluft von 5,5 ata und 20 °C zuführt.

Lösung: Da der Druckluftmengenstrom bereits im Normzustand $V_n = 2150\ \text{m}_\text{n}^3/\text{h}$ angegeben ist, ist ihr Druck 5,5 ata ohne Bedeutung. Die Normwichte mittelfeuchter Druckluft ist nach Gl. (107,5): $\gamma_n = 1{,}29\ \text{kp/m}_\text{n}^3$.

Die dynamische Viskosität für Luft bei 20 °C ist nach Zahlentafel 40 bzw. Abb. 107,4: $\eta = 1{,}85 \cdot 10^{-6}\ \text{kps/m}^2$.
Nach Gl. (108,9 c)

$$\mathrm{Re}_d = \frac{\dot{V}_n \cdot \gamma_n}{27\,700\,d \cdot \eta} = \frac{2150 \cdot 1{,}29 \cdot 10^6}{27\,700 \cdot 0{,}2 \cdot 1{,}85} = 2{,}7 \cdot 10^5$$

B. Grundgesetze der stationären Rohrströmung

Für die Rohrströmung gelten zwei grundlegende Beziehungen, die Kontinuitätsgleichung, die wir bereits kennengelernt haben, Gln. (108,2) bis (108,5), und die BERNOULLIsche Gleichung. Alle Rohrleitungsberechnungen bauen auf diesen beiden Gesetzen auf. Bei der Lösung der auftretenden Probleme bereitet die Flüssigkeitsreibung die größeren Schwierigkeiten. Wir entwickeln darum die grundlegenden Gesetze der Strömungslehre an der reibungsfreien (idealen) Flüssigkeit und passen diese dann später den wirklichen Verhältnissen an.

Die Gesetze der Strömung von inkompressiblen Medien (Flüssigkeiten) sind außerdem übersichtlicher als die der kompressiblen Medien (Gase und Dämpfe). Wir werden darum auch zunächst an inkompressiblen Medien die Grundgesetze der Strömungslehre kennenlernen.

I. Stationäre reibungsfreie Rohrströmung inkompressibler Medien

109. Bernoullische Gleichung

Betrachten wir die Strömung einer Flüssigkeit von der Dichte ϱ oder der Wichte γ in einem Rohr, das vollständig von ihr ausgefüllt ist, und greifen zwei Stellen (1) und (2) beliebig heraus (Abb. 109,1), so können wir darauf den Energiesatz der Mechanik anwenden. Er sagt aus, daß bei reibungsfreier Bewegung die gesamte mechanische Energie unverändert bleibt, sofern bei der Bewegung keine Energie von außen zugeführt oder nach außen abgegeben wird.

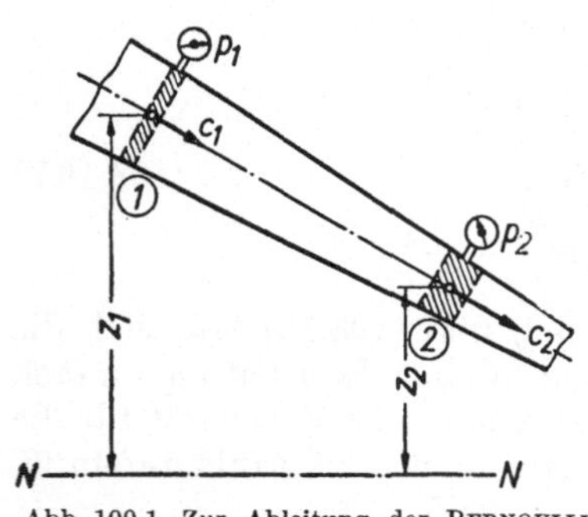

Abb. 109,1. Zur Ableitung der BERNOULLIschen Gleichung

Die Lage an den Stellen (1) und (2) werde auch durch die *Ortshöhen* z_1 und z_2 über einer willkürlich festgelegten *Bezugsebene* NN (Nullebene) angegeben. Die Flüssigkeit stehe unter den durch Manometer meßbaren Preßdrücken p_1 und p_2 und habe die Geschwindigkeiten c_1 und c_2.

Wir grenzen aus dem Stromfaden ein scheibenförmiges Teilchen von der Masse m ab, das auf dem Wege von (1) nach (2) verfolgt wird. Es hat die Gewichtskraft $G = m \cdot g$ und das Volumen $V = \dfrac{m}{\varrho}$. Für unsere Betrachtungen wollen wir zunächst das internationale m-kg-s-Einheitensystem, bei dem der Druck in N/m² gemessen wird, (also ohne Umrechnung nach (48,3a) mit 9,81 N/kp) zugrunde legen.

An der Stelle (*1*) besitzt das Masseteilchen eine ganz bestimmte mechanische Energie E_1. Sie setzt sich zusammen aus:

der Druckenergie $p_1 \cdot V$ in $\mathrm{N/m^2} \cdot \mathrm{m^3} = \mathrm{N\,m}$,

der kinetischen Energie $\dfrac{1}{2}\, m \cdot c_1^2$ in $\mathrm{N\,m}$ und

der potentiellen Energie (Lagenenergie) $G \cdot z_1 = m \cdot g \cdot z_1$ in $\mathrm{kgm/s^2} \cdot \mathrm{m}$ $= \mathrm{N\,m}$.

Damit ist

$$E_1 = p_1 \cdot V + \frac{1}{2}\, m \cdot c_1^2 + m \cdot g \cdot z_1 \quad \text{in } \mathrm{N\,m}$$

Bezieht man die Energie auf die Masseneinheit m der Flüssigkeit, so erhält man die spezifische Energie

$$e_1 = \frac{E_1}{m} = \frac{p_1 \cdot V}{m} + \frac{m \cdot c_1^2}{2\,m} + \frac{m \cdot g \cdot z_1}{m} = \frac{p_1}{\varrho} + \frac{c_1^2}{2} + g \cdot z_1 \quad \text{in } \frac{\mathrm{N\,m}}{\mathrm{kg}}$$

Entsprechend ist an der Stelle (*2*) die spezifische Energie

$$e_2 = \frac{p_2}{\varrho} + \frac{c_2^2}{2} + g \cdot z_2 \quad \text{in } \frac{\mathrm{N\,m}}{\mathrm{kg}}$$

Auf dem Wege von (*1*) nach (*2*) haben sich die Energieanteile untereinander geändert. Da aber der Rohrströmung keine Energie von außen zugeführt noch entzogen wird und die Flüssigkeitsreibung außer acht bleibt, ist $e_1 = e_2$, also:

$$\frac{p_1}{\varrho} + \frac{c_1^2}{2} + g \cdot z_1 = \frac{p_2}{\varrho} + \frac{c_2^2}{2} + g \cdot z_2 \quad \text{in } \frac{\mathrm{N\,m}}{\mathrm{kg}} \qquad (109,1)$$

Die Beziehung heißt *Gesetz von* BERNOULLI[1] in der Form einer Energiegleichung. Ganz allgemein gilt bei reibungsfreier Rohrströmung an jeder Stelle

$$\frac{p}{\varrho} + \frac{c^2}{2} + g \cdot z = \text{const} \quad \left(\text{mit } p \text{ in } \frac{\mathrm{N}}{\mathrm{m^2}} \text{ in } \frac{\mathrm{N\,m}}{\mathrm{kg}}\right) \qquad (109,2)$$

Druckenergie + kinetische Energie + potentielle Energie = const

Satz 85: *Bei einer stationären, reibungsfreien Rohrströmung hat die Summe der Druckenergie, der kinetischen Energie und der potentiellen Energie an jeder Stelle des Rohres und in jedem Augenblick denselben Wert.*

Erweitert man Gl. (109,1) mit ϱ, so erhält man

$$p_1 + \frac{\varrho}{2}\, c_1^2 + \varrho \cdot g \cdot z_1 = p_2 + \frac{\varrho}{2}\, c_2^2 + \varrho \cdot g \cdot z_2 \quad \text{in } \frac{\mathrm{N}}{\mathrm{m^2}} \quad (109,3\,\mathrm{a})$$

Die Gl. (109,3a) zeigt das Gesetz von BERNOULLI als Druckgleichung. Hier werden aber im m-kg-s-Einheitensystem die Drücke in $\mathrm{N/m^2}$ gemessen. Setzen wir nach Gl. (101,4) $\gamma = \varrho \cdot g$ und damit $\varrho = \dfrac{\gamma}{g}$,

---

[1] DANIEL BERNOULLI, 1700$\cdots$1782, schweiz. Mathematiker und Physiker.

34*

so erhalten wir nach Gl. (109,3a) in der m-kg-s-(kp)-Einheitenzusammenstellung

$$p_1 + \frac{c_1^2}{2\,g}\,\gamma + z_1 \cdot \gamma = p_2 + \frac{c_2^2}{2\,g}\,\gamma + z_2 \cdot \gamma \quad \text{in } \frac{\text{kp}}{\text{m}^2} \qquad (109,3)$$

eine Druckgleichung, in der sämtliche Glieder mit γ in kp/m³ Drücke in kp/m² ergeben. Wir können damit das Gesetz von BERNOULLI als *Druckgleichung* schreiben:

$$\boxed{\,p + \frac{c^2}{2\,g}\,\gamma + z \cdot \gamma = \text{const} = p_{\text{ges}}\,} \qquad (109,4)$$

Schließlich können wir Gl. (109,4) durch γ dividieren und erhalten gemäß Gl. (103,8) das Gesetz von BERNOULLI als *Höhengleichung*:

$$\boxed{\,\frac{p}{\gamma} + \frac{c^2}{2\,g} + z = \text{const} = \frac{p_{\text{ges}}}{\gamma} = H_{\text{ges}}\,} \qquad (109,5)$$

In dieser Fom des Gesetzes von BERNOULLI haben die Glieder die Bedeutung von *spezifischen Energien*, die aber entsprechend der Erläuterung zu Gl. (103,8) für die m-kg-s-(kp)-Einheitenzusammenstellung in $\frac{\text{kp m}}{\text{kp}}$ gemessen werden. Wir haben aber gesehen, daß sie als Höhen, gemessen in m, betrachtet werden. Dabei bedeuten die einzelnen Glieder:

$\dfrac{p}{\gamma}$ nach Gl. (103,8) die *Druckhöhe* in m

$\dfrac{c^2}{2\,g}$ die *Geschwindigkeitshöhe* in m

z die *Ortshöhe* in m

Wir können also auch sagen

$$\textit{Druckhöhe} + \textit{Geschwindigkeitshöhe} + \textit{Ortshöhe} = \textit{const}$$

Satz 86: *Bei einer stationären, reibungsfreien Rohrströmung hat die Summe aus der Druckhöhe, der Geschwindigkeitshöhe und der Ortshöhe an jeder Stelle und in jedem Augenblick denselben Wert.*

Die Konstante heißt deshalb auch *Gesamthöhe* H_{ges}.

Zur Veranschaulichung der BERNOULLIschen Gleichung betrachten wir ein beliebig geneigtes, sich verjüngendes Rohr nach Abb. 109,2.

Nach der Kontinuitätsgleichung (108,2) für inkompressible Medien gilt

$$A_1 \cdot c_1 = A_2 \cdot c_2 = A_3 \cdot c_3$$

Die Strömungsgeschwindigkeiten c nehmen demnach mit abnehmendem Rohrquerschnitt A zu.

Die Ortshöhen z von einer beliebig gewählten Nullebene sind in Abb. 109,2 eingezeichnet. Würde man an den einzelnen Rohrstellen vertikale Manometerröhrchen (genannt Piezometer) anbringen, so würde die Flüssigkeit infolge der herrschenden Drücke in diesen hochsteigen, und man könnte unmittelbar die Druckhöhe $\frac{p}{\gamma}$ ablesen (Überdruckhöhen!). Setzt man dann noch auf jeden Manometerspiegel die zugehörige Geschwindigkeitshöhe $\frac{c^2}{2\,g}$ auf, so entsteht in einfacher Weise

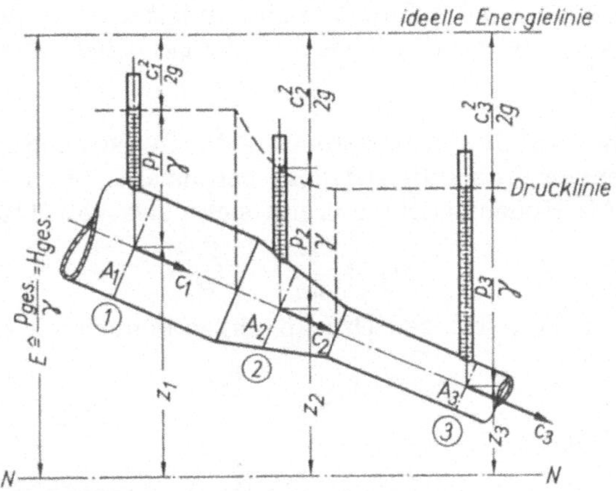

Abb. 109,2. Veranschaulichung der Bernoullischen Gleichung für reibungsfreie Strömung

an jeder Rohrstelle die Summe aus den drei Teilhöhen, die nach der Bernoullischen Gleichung immer die gleiche Gesamthöhe H_{ges} hat. Die Verbindungslinie der Endpunkte aller Summen nennt man die *ideelle Energielinie*. Sie fällt in eine waagerechte Ebene. Die Verbindungslinie aller Druckhöhen heißt *Drucklinie*. Sie gibt einen guten Überblick über die Druckverhältnisse im Rohr. Die Drucklinie liegt an jeder Rohrstelle um die Geschwindigkeitshöhe unter der ideellen Energielinie; und zwar nimmt der Abstand mit dem Quadrat der Strömungsgeschwindigkeit zu.

110. Staudruck oder dynamischer Druck

Wir betrachten ein waagerecht liegendes Rohr von gleichbleibendem Querschnitt, durch das Flüssigkeit von der Wichte γ mit der Geschwindigkeit c strömt, und in dem der Druck p_1 herrscht (Abb. 110,1). In einem vertikalen Manometerröhrchen, dessen untere Öffnung parallel zur Rohrwand und damit in Strömungsrichtung liegt, steigt die Flüssigkeit auf die Druckhöhe

$$H_1 = \frac{p_1}{\gamma}.$$

Wir bringen in die strömende Flüssigkeit ein Hindernis in Form eines rechtwinklig abgebogenen, beiderseits offenen Röhrchens, das mit einer Öffnung gegen die Strömungsrichtung zeigt. Dann beob-

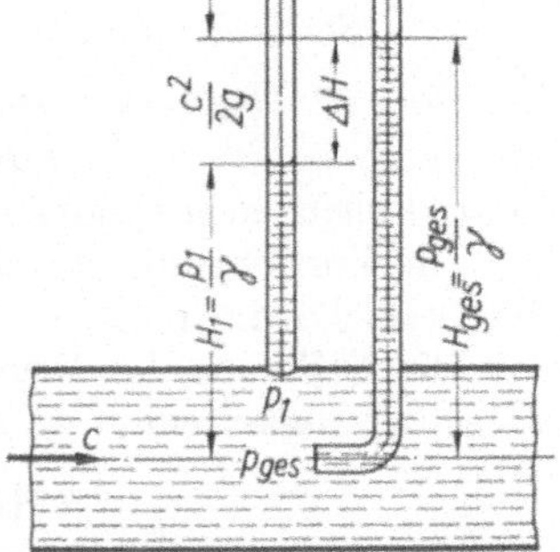

Abb. 110,1. Zur Ermittlung des Staudruckes

achten wir, daß die Flüssigkeit in diesem Röhrchen auf die Höhe H_{ges} steigt, die höher ist als H_1. Der Höhe H_{ges} entspricht eine Druckhöhe $\frac{p_{ges}}{\gamma}$, die dadurch zustande kommt, daß die Strömungsgeschwindigkeit am vorderen Punkt des Hindernisses, dem sogenannten *Staupunkt*, vollständig abgebremst und in Druck umgewandelt wird. Außer der Druckhöhe zeigt demnach das abgebogene Rohr *zusätzlich* die Geschwindigkeitshöhe $\frac{c^2}{2\,g}$ an.

Wir können auf diese Rohrströmung die BERNOULLIsche Gleichung (109,5) anwenden, wobei die Ortshöhe herausfällt, da das Rohr waagerecht liegt. Als Höhengleichung ergibt sich nach Abb. 110,1

$$H_1 + \frac{c^2}{2\,g} = H_{ges} \tag{110,1 a}$$

Führen wir die jeweiligen Drücke ein, so können wir schreiben

$$\frac{p_1}{\gamma} + \frac{c^2}{2\,g} = \frac{p_{ges}}{\gamma} \tag{110,1 b}$$

In diesen Gleichungen ist

$$H_1 = \frac{p_1}{\gamma} \qquad \text{die \textit{statische Druckhöhe} in m}$$

$$\frac{c^2}{2\,g} \qquad \text{die \textit{Geschwindigkeitshöhe} in m und}$$

$$H_{ges} = \frac{p_{ges}}{\gamma} \quad \text{die \textit{Gesamthöhe} in m}$$

Multiplizieren wir die Gl. (110,1 b) mit γ, so folgt

$$p_1 + \frac{c^2}{2\,g}\,\gamma = p_{ges} \quad \text{in kp/m}^2 \text{ bzw. mm WS} \tag{110,2 a}$$

Hierin ist p_1 der *statische Druck*, meist bezeichnet mit p_s, p_{ges} der *Gesamtdruck*, meist bezeichnet mit p_g. Dann stellt $\frac{c^2}{2\,g}\,\gamma$ den *dynamischen Druck* oder *Staudruck* dar, der mit p_d bezeichnet wird, so daß sich die Gl. (110,2 a) schreiben läßt

$$\boxed{p_s + p_d = p_g} \tag{110,2}$$

Statischer Druck + *dynamischer Druck* = *Gesamtdruck*

Satz 87: *Bei einer stationären, reibungsfreien, horizontalen Rohrströmung ist die Summe aus statischem und dynamischem Druck (Staudruck) gleich dem Gesamtdruck.*

Die Vorrichtung zum Messen der Gesamtdruckhöhe H_g (Abb. 110,1) heißt nach seinem Erfinder PITOT-Rohr[1].

Die Differenz der Druckhöhen H_1 und H_g nach Gl. (110,1 a) ist die Geschwindigkeitshöhe (Abb. 110,1) und es ist

$$\Delta H = H_g - H_1 = \frac{c^2}{2\,g}$$

---

[1] HENRI PITOT, 1695$\cdots$1771, franz. Physiker und Ingenieur.

Aus der gemessenen Druckhöhendifferenz erhält man die Strömungsgeschwindigkeit

$$c = \sqrt{2g \cdot \Delta H}$$ (110,3)

Zur Bestimmung der Fließgeschwindigkeit in einem offenen Gerinne genügt ein Pitot-Rohr, denn der Spiegel in einem Piezometer würde sowieso in die Höhe des Gerinnespiegels fallen. Die im Pitot-Rohr (Abb. 110,2) angezeigte Druckhöhe ist also gleich der Geschwindigkeitshöhe.

Beispiel: In einer Wasserseige mit senkrechten Begrenzungswänden und 300 mm lichter Breite wird die Wasserhöhe zu 180 mm gemessen. Ein Pitot-Rohr wird eingetaucht und so mit der Öffnung zur Strömungsrichtung gedreht, daß sich die höchste Druckhöhe einstellt. Die dann gemessene Druckhöhe von 65 mm ist die Geschwindigkeitshöhe. Bestimme a) die Fließgeschwindigkeit, b) den Wasserstrom in m³/min.

Lösung: Gegeben: $b = 300$ mm $= 0{,}3$ m; $h = 180$ mm $= 0{,}18$ m; $\Delta H = 65$ mm $= 0{,}065$ m

a) Nach Gl. (110,3)

$$c = \sqrt{2g \cdot \Delta H} = \sqrt{2 \cdot 9{,}81 \text{ m/s}^2 \cdot 0{,}065 \text{ m}} = 1{,}13 \text{ m/s}$$

b) Nach Gl. (108,3)

$$\dot V = A \cdot c = b \cdot h \cdot c = 0{,}3 \text{ m} \cdot 0{,}18 \text{ m} \cdot 1{,}13 \text{ m/s} \cdot 60 \text{ s/min} = 3{,}66 \text{ m}^3/\text{min}$$

Zur Messung der Strömungsgeschwindigkeit in geschlossenen Rohrleitungen dient das Prandtl-sche Staurohr[1], in dem Pitot-Rohr und Piezometer vereinigt sind (Abb. 110,3). Um das Pitot-Rohr ist ein zweites Rohr gelegt, das auf seinem Mantel mit kleinen Öffnungen versehen ist, durch die der statische

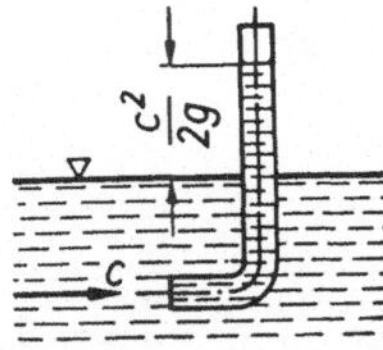

Abb. 110,2. Bestimmung der Fließgeschwindigkeit in einem offenen Gerinne

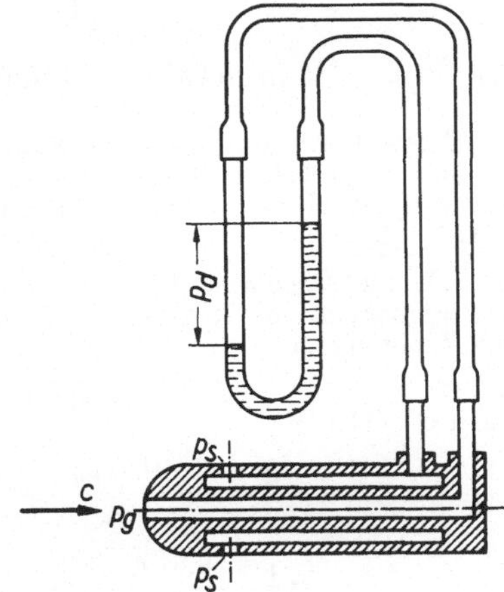

Abb. 110,3. Prandtlsches Staugerät

Druck gemessen wird. Setzt man auf die beiden vertikalen Schenkel senkrechte oben offene Glasröhrchen, so ergibt sich aus der abgelesenen Höhendifferenz ΔH nach Gl. (110,3) die Strömungsgeschwindigkeit.

Gebräuchlicher ist es jedoch, die beiden Schenkel des Staugerätes, wie in Abb. 110,3 dargestellt, mit den Schenkeln eines U-Rohres zu

---

[1] Ludwig Prandtl, geb. 1875, deutscher Physiker, langjähriger Direktor des Kaiser-Wilhelm-Institutes für Strömungsforschung in Göttingen.

verbinden. Zur Messung von Strömungsgeschwindigkeiten inkompressibler Medien ist in das U-Rohr eine mit dem Medium sich nicht mischende Sperrflüssigkeit (z. B. Quecksilber für Wasserströmung) einzusetzen.

Bei dieser Meßanordnung rechnen wir zweckmäßig mit Gl. (110,2a)

$$p_s + \frac{c^2}{2\,g}\,\gamma = p_g$$

$$\frac{c^2}{2\,g}\,\gamma = p_g - p_s = \Delta p$$

Hierbei ist γ in kp/m³ die Wichte des strömenden Mediums und Δp in kp/m² oder mm WS der Druckunterschied an der Meßstelle. Ist das strömende Medium Wasser von der Wichte γ_w und benutzen wir als Sperrflüssigkeit im U-Rohr nach Abb. 110,3 Quecksilber von der Wichte γ_{Hg}, so ergibt sich für den gemessenen Höhenunterschied ΔH in m QS nach Gl. (103,11), da im U-Rohr über dem Quecksilber Wasser steht

$$\Delta p = \Delta H\,(\gamma_{Hg} - \gamma_w)$$

Setzen wir diesen Wert für Δp oben ein und lösen nach der Strömungsgeschwindigkeit auf, so ist

$$c = \sqrt{\frac{2\,g \cdot \Delta H\,(\gamma_{Hg} - \gamma_w)}{\gamma_w}} \tag{110,4}$$

Hierin ist ΔH in m QS der Höhenunterschied der Quecksilbersäule.

Beispiel: Ein PRANDTLsches Staurohr, in eine Wasserleitung eingesetzt, zeigt in dem nach Abb. 110,3 angeschlossenen U-Rohr einen Höhenunterschied der Quecksilbersäule von 10 mm. Berechne die Strömungsgeschwindigkeit des Wassers.

Lösung: Gegeben: $\Delta H = 10$ mm QS $= 0,01$ m QS. Ferner nehmen wir eine Meßtemperatur von 20 °C an, wofür nach Zahlentafel 34 die abgerundeten Werte der Wichten sind:

$$\gamma_w \approx 1000 \text{ kp/m}^3; \qquad \gamma_{Hg} \approx 13550 \text{ kp/m}^3$$

Nach Gl. (110,4)

$$c = \sqrt{\frac{2\,g \cdot \Delta H\,(\gamma_{Hg} - \gamma_w)}{\gamma_w}}$$

$$= \sqrt{\frac{2 \cdot 9{,}81 \text{ m/s}^2 \cdot 0{,}01 \text{ m QS}\,(13550 - 1000)\text{ kp/m}^3}{1000 \text{ kp/m}^3}} = 1{,}57 \text{ m/s}$$

Die Strömungsgeschwindigkeit von Wasser in geschlossenen längeren Leitungen überschreitet selten 2 m/s, für die sich der Höhenunterschied der Quecksilbersäule zu 16,2 mm ergibt. Das PRANDTLsche Staugerät liefert also bei Wasserströmungen und Quecksilber als Sperrflüssigkeit im U-Rohr so kleine Differenzhöhen, daß es sich aus diesem Grunde zur Messung von Flüssigkeitsströmungen wenig eignet. Hierfür hat vielmehr das später behandelte Durchflußmeßverfahren größere praktische Bedeutung erlangt. Das PRANDTLsche Staurohr verwendet man in erster Linie für Geschwindigkeitsmessungen strömender Gase.

111. Reibungsfreie Ausströmung aus einer Düse

Eine Rohrleitung vom Querschnitt A_1 bzw. dem lichten Durchmesser d_1, in der ein Überdruck p_1 herrscht, schließt mit einer Düse ab, die sich auf einen Mündungsquerschnitt A_2 bzw. Durchmesser d_2 verengt (Abb. 111,1). Gesucht ist für reibungsfreie Strömung die Austrittsgeschwindigkeit.

An der Mündung ist der statische Druck gleich dem atmosphärischen Luftdruck

$$p_2 = p_0$$

und die Austrittsgeschwindigkeit gleich der Mündungsgeschwindigkeit

$$c_2 = c_a$$

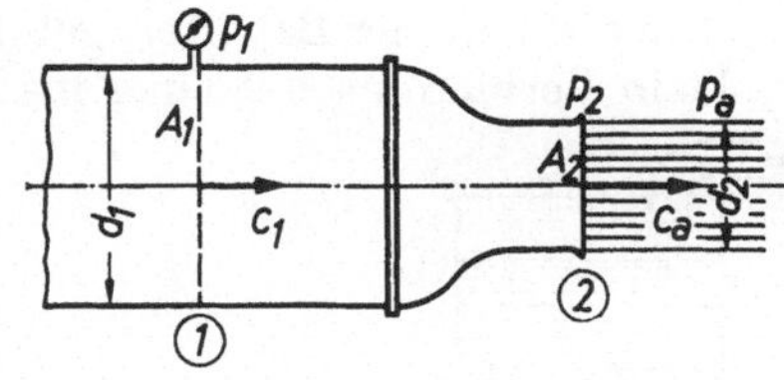

Abb. 111,1. Ausströmen aus einer Düse

Da die Leitung horizontal liegt, entfällt die Ortshöhe, und es ergibt die Anwendung der BERNOULLIschen Gleichung

$$\frac{p_1}{\gamma} + \frac{c_1^2}{2\,g} = \frac{c_a^2}{2\,g}$$

Nach der Kontinuitätsgleichung ist

$$c_1 = c_a \frac{A_2}{A_1} = c_a \left(\frac{d_2}{d_1}\right)^2 \tag{111,1}$$

Eingesetzt ergibt

$$\frac{p_1}{\gamma} + \frac{c_a^2}{2\,g}\left(\frac{d_2}{d_1}\right)^4 = \frac{c_a^2}{2\,g}$$

$$\frac{p_1}{\gamma} = \frac{c_a^2}{2\,g}\left[1 - \left(\frac{d_2}{d_1}\right)^4\right]$$

$$c_a = \sqrt{\frac{2\,g \cdot p_1}{\gamma\left[1 - \left(\frac{d_2}{d_1}\right)^4\right]}} \tag{111,2}$$

Beispiel: In einer horizontal verlegten Wasserleitung von 40 mm lichten Durchmesser herrscht ein Druck von 6 atü. Das Wasser tritt aus einer düsenförmig ausgebildeten Mündung von 20 mm Durchmesser frei aus. Bestimme für reibungsfreie Ausströmung a) die Austrittsgeschwindigkeit, b) die Strömungsgeschwindigkeit im Rohr, c) den Ausflußmengenstrom in l/min.

Lösung: Gegeben: $d_1 = 40$ mm $= 0,040$ m; $d_2 = 20$ mm $= 0,020$ m; $p_1 = 6 \cdot 10^4$ kp/m² $= 60\,000$ kp/m²; $\gamma = 1\,000$ kp/m³.

a) Nach Gl. (111,2)

$$c_a = \sqrt{\frac{2\,g \cdot p_1}{\gamma\left[1 - \left(\frac{d_2}{d_1}\right)^4\right]}} = \sqrt{\frac{2 \cdot 9,81 \text{ m/s}^2 \cdot 60\,000 \text{ kp/m}^2}{1\,000 \text{ kp/m}^3 \cdot \left[1 - \left(\frac{0,02}{0,04}\right)^4\right]}} = 35,5 \text{ m/s}$$

b) Nach Gl. (111,1)

$$c_1 = c_a \left(\frac{d_2}{d_1}\right)^2 = 35,5 \text{ m/s} \left(\frac{0,02}{0,04}\right)^2 = 8,88 \text{ m/s}$$

c) $\qquad \dot{V} = A_2 \cdot c_a = \dfrac{\pi}{4}\, d_2^2 \cdot c_a = \dfrac{\pi}{4}\, (0{,}02\ \text{m})^2 \cdot 35{,}5\ \text{m/s} = 0{,}0111\ \text{m}^3/\text{s}$

$\qquad\qquad \dot{V} = 0{,}0111\ \text{m}^3/\text{s} \cdot 1\,000\ \text{l/m}^3 \cdot 60\ \text{s/min} = 667\ \text{l/min}$

112. Reibungsfreie Ausströmung aus Rohrleitung, angeschlossen an Behälter. Wasserstrahlpumpe

Ein oben offener Behälter, gefüllt mit Flüssigkeit von der Wichte γ, steht in Verbindung mit einer ins Freie mündenden Rohrleitung belie-

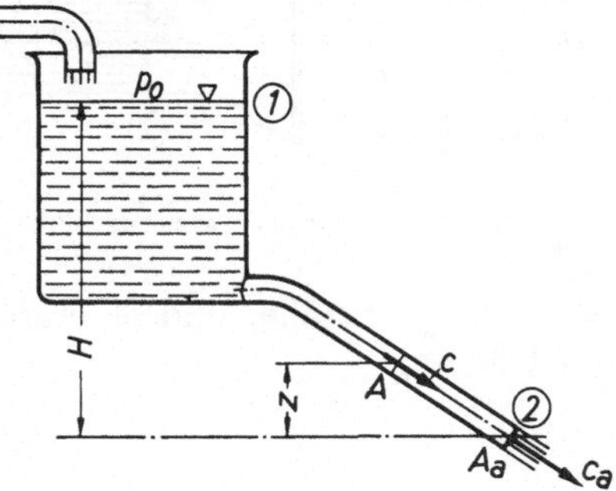

Abb. 112,1. Ausfluß aus einer Rohrleitung

bigen aber bekannten Querschnitts (Abb. 112,1). Der Ausflußquerschnitt hat die Größe A_a. Sein Mittelpunkt liegt in der Tiefe H unter dem Behälterspiegel, der gegenüber dem Ausflußquerschnitt sehr groß ist und durch Zufluß ständig auf derselben Höhe gehalten wird.

Wir betrachten die Druck- und Geschwindigkeitsverhältnisse, und zwar zunächst für die Ausflußgeschwindigkeit c_a. Dabei können wir den gesamten Behälter einschließlich Rohrleitung als eine Stromröhre ansehen.

Die Strömungsgeschwindigkeit durch den Behälterspiegel können wir wegen seiner Größe gleich Null ansehen und sowohl am Spiegel als auch am Ausfluß den gleichen Druck, nämlich den atmosphärischen Druck p_0, annehmen. Für die Bezugsebene durch Mitte Ausflußöffnung, für die eine Ortshöhe entfällt, ergibt die BERNOULLIsche Gleichung mit

$$z_1 = H;\ z_2 = 0;\ c_1 = 0;\ c_2 = c_a;\ p_1 = p_0 \text{ und } p_2 = p_0$$

$$H + \frac{p_0}{\gamma} + 0 = 0 + \frac{p_0}{\gamma} + \frac{c_a^2}{2\,g}$$

$$H = \frac{c_a^2}{2\,g}$$

Daraus erhält man die *theoretische Ausflußgeschwindigkeit* (ohne Berücksichtigung der Reibungsverhältnisse)

$$\boxed{c_a = \sqrt{2\,g\,H}} \qquad\qquad (112{,}1)$$

Diese Beziehung stimmt mit dem Fallgesetz eines frei herabfallenden Körpers überein, und zwar ist die theoretische *Ausflußgeschwindigkeit nur abhängig von der geodätischen Höhe in m und unabhängig von Art und Wichte der Flüssigkeit, sowie von Größe und Form des Austrittsquerschnittes.* Nach seinem Entdecker spricht man vom *Ausflußgesetz von* TORICELLI[1] und nennt die Höhe das *Gefälle*. Bei verlustfreiem Aus-

---

[1] EVANGELISTE TORICELLI, 1608⋯1647, ital. Philosoph und Mathematiker.

fluß wird das gesamte Gefälle H in m in Geschwindigkeitshöhe $\dfrac{c_a^2}{2\,g}$ in m umgesetzt.

Liegen allerdings keine Angaben über das Gefälle H vor, sondern wird in der Bezugsebene der Umsetzung vor Beginn der Ausströmung der herrschende Druck (Überdruck!) $p_{ü}$ gemessen, so erhalten wir daraus das Gefälle für diese Ebene nach Gl. (103,8) $H = \dfrac{p_{ü}}{\gamma}$ in m mit $p_{ü}$ in kp/m² und γ in kp/m³.

Durch die Ausflußöffnung vom Querschnitt A_a in m² fließt der *theoretische Ausflußmengenstrom*

$$\dot V = c_a \cdot A_a = A_a \cdot \sqrt{2\,g\,H} \qquad (112,2)$$

Ferner gilt für jede Rohrstelle vom Querschnitt A, mit der Geschwindigkeit $c = c_a \dfrac{A_a}{A}$ und der Ortshöhe z über der Ausflußöffnung nach der BERNOULLIschen Gleichung

$$\frac{p}{\gamma} + \frac{c^2}{2\,g} + z = H \qquad (112,3)$$

Damit läßt sich der statische Druck p in jedem Rohrquerschnitt errechnen.

Beispiel: Aus einem offenen Behälter mit verhältnismäßig großem Querschnitt in dem der Spiegel durch Zufluß dauernd 2 m über dem Boden steht, fließt Wasser durch ein vertikales Abfallrohr von 16 m Länge und 100 mm lichtem Durchmesser ins Freie aus. Am Auslauf verjüngt sich die Rohrmündung in einem Rohrstück von 0,2 m Länge auf 80 mm (Abb. 112,2). Bestimme a) die Ausflußgeschwindigkeit, b) die Strömungsgeschwindigkeiten im Rohr, c) die statischen Druckhöhen am Einlauf (Rohrstelle 1) und der Rohrstelle 3, d) die Rohrstelle 2, an der die

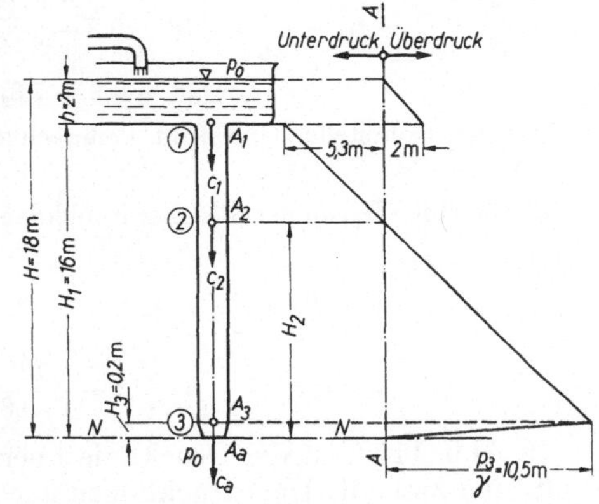

Abb. 112,2. Strömungsverhältnisse beim verlustlosen Ausfluß aus Behältern durch senkrechtes Abflußrohr

statische Überdruckhöhe gleich Null ist, e) Zeichne die Drucklinie.

Lösung: Gegeben: $h = 2$ m; $H_1 = 16$ m; $H_3 = 0,2$ m; $d_1 = d_2 = d_3 = 100$ mm Durchmesser; $d_a = 80$ mm Durchmesser.

a) Wir legen eine Bezugsebene NN durch die Ausflußöffnung, dann ergibt sich das Gefälle

$$H = h + H_1 = (2 + 16)\ \text{m} = 18\ \text{m}$$

Nach Gl. (112,1)

$$c_a = \sqrt{2\,g\,H} = \sqrt{2 \cdot 9{,}81\ \text{m/s}^2 \cdot 18\ \text{m}} = 18{,}8\ \text{m/s}$$

b) Nach dem Kontinuitätsgesetz Gl. (108,2) ist

$$c_1 \cdot A_1 = c_a \cdot A_a$$

$$c_1 = c_a \frac{A_a}{A_1} = c_a \frac{d_a^2}{d_1^2} = 18{,}8\ \text{m/s}\ \frac{80^2}{100^2} \approx 12\ \text{m/s}$$

Da der Rohrquerschnitt bis zur Rohrstelle 3 gleich bleibt, haben wir auch bis zu dieser Stelle die gleiche Strömungsgeschwindigkeit von 12 m/s.

c) Die statischen Druckhöhen finden wir nach der BERNOULLIschen Gleichung Gl. (109,5), in der hier $H_{ges} = H$ ist. Wir setzen voraus, daß der atmosphärische Druck p_0 am Wasserspiegel und an der Ausflußöffnung gleich ist. Ferner sollte der Behälterquerschnitt sehr groß sein, so daß die Geschwindigkeitshöhe am Spiegel $\frac{c_{sp}^2}{2g}$ gegenüber der Geschwindigkeitshöhe im engen Rohr vernachlässigt werden kann. Dann ergibt sich *für Rohrstelle 1* (der Einmündung des Wassers in das Rohr bei Vernachlässigung von Verlusten)

$$\frac{p_1}{\gamma} + H_1 + \frac{c_1^2}{2g} = H$$

$$\frac{p_1}{\gamma} = H - H_1 - \frac{c_1^2}{2g} = \left(18 - 16 - \frac{12^2}{2 \cdot 9,81}\right) \text{m}$$

$$= (18 - 16 - 7,3)\,\text{m} = -5,3\,\text{m}$$

Das negative Vorzeichen deutet darauf hin, daß *bei der Einmündung ein Unterdruck* von 5,3 m WS entsprechend 0,53 atu herrscht.

Für Rohrstelle 3

$$\frac{p_3}{\gamma} + H_3 + \frac{c_3^2}{2g} = H$$

$$\frac{p_3}{\gamma} = H - H_3 - \frac{c_3^2}{2g} = \left(18 - 0,2 - \frac{12^2}{2 \cdot 9,81}\right) \text{m}$$

$$= (18 - 0,2 - 7,3) = 10,5\,\text{m}$$

An der Rohrstelle 3 herrscht demnach ein Überdruck von 10,5 m WS $\triangleq$ 1,05 atü.

d) Die Höhe H_2, an der die Überdruckhöhe $\frac{p_2}{\gamma} = 0$ wird, folgt für die gesuchte Rohrstelle 2 aus:

$$0 + H_2 + \frac{c_2^2}{2g} = H$$

$$H_2 = H - \frac{c_2^2}{2g} = \left(18 - \frac{12^2}{2 \cdot 9,81}\right) \text{m} = (18 - 7,3)\,\text{m} = 10,7\,\text{m}$$

In Abb. 112,2 ist die Drucklinie über der Grundlinie $A \cdots A$ dargestellt, und zwar die Überdruckhöhen nach rechts, die Unterdruckhöhen nach links. Die statische Druckhöhe wächst vom Spiegel (0 m) bis zum Boden auf 2 m an, sinkt im Rohreinlauf plötzlich auf $-5,3$ m ab, steigt im Abfallrohr bis zum Beginn der Einschnürung wieder linear an, erreicht an der Rohrstelle 2 den Betrag 0 m und an der Rohrstelle 3: 10,5 m und fällt dann bis zur Ausflußöffnung auf 0 m ab.

Aus der Rechnung gewinnen wir folgende Erkenntnisse:

1. An der Einmündung in das Rohr entsteht ein Unterdruck, der im Höchstfalle den atmosphärischen Druck, vermindert um den Sättigungsdruck des Wasserdampfes, erreichen kann. Bei einem barometrischen Druck von 760 Torr entsprechend einer Druckhöhe von 10,33 m und einer Wassertemperatur von 20 °C entsprechend der Druckhöhe des Wasserdampfes nach Zahlentafel 35: $H_t = 0,24$ m ergibt sich

$$\frac{p_1}{\gamma} = (10,33 - 0,24)\,\text{m} = 10,09\,\text{m}$$

Die Austrittsgeschwindigkeit beträgt

$$c_a = \sqrt{2\,g\,(h + H_1)}$$

Ob diese Geschwindigkeit erreicht wird, hängt davon ab, ob an keiner Rohrstelle die Unterdruckhöhe $\frac{p_1}{\gamma} = 10{,}09$ m unterschritten wird. Diese Möglichkeit ist beim Einlauf in das Abfallrohr vorhanden. Für die Geschwindigkeitserzeugung an dieser Stelle steht neben der Überdruckhöhe h die Unterdruckhöhe $\frac{p_1}{\gamma}$ d. h. $h + \frac{p_1}{\gamma}$, zur Verfügung, wenn gerade Vakuum erreicht wird. Damit wird

$$c_{1\max} = \sqrt{2\,g\left(h + \frac{p_1}{\gamma}\right)}$$

Zwischen $c_{1\max}$ und c_a besteht die Beziehung

$$c_{1\max} = c_a\,\frac{A_a}{A_1} = c_a\,\frac{80^2}{100^2} = 0{,}64\,c_a$$

Setzen wir die Werte ein, so wird

$$\sqrt{2\,g\left(h + \frac{p_1}{\gamma}\right)} = 0{,}64\,\sqrt{2\,g\,(h + H_1)}$$

$$2\,g\left(h + \frac{p_1}{\gamma}\right) = 0{,}64^2\,[2\,g\,(h + H_1)]$$

$$h + \frac{p_1}{\gamma} = 0{,}41\,h + 0{,}41\,H_1$$

$$H_1 = \frac{0{,}59\,h + \frac{p_1}{\gamma}}{0{,}41} = \frac{(0{,}59 \cdot 2 + 10{,}09)\ \text{m}}{0{,}41} \approx 27{,}5\ \text{m}$$

Die senkrechte Rohrlänge darf demnach für die vorliegenden Verhältnisse $H_1 = 27{,}5$ m nicht überschreiten. Ist das Abfallrohr länger, so reißt die Strömung am Rohreinlauf ab, und es bildet sich ein Hohlraum.

2. Bei Vergrößerung der Ausflußöffnung steigt die Strömungsgeschwindigkeit im Rohr, und gegenüber den sonstigen Verhältnissen im Beispiel sinkt der Druck am Rohreinlauf weiter. Wird hierbei der Dampfdruck entsprechend $\frac{p_1}{\gamma} = -10{,}09$ m Unterdruckhöhe erreicht, so reißt ebenfalls die Strömung am Rohreinlauf ab.

Berechne den zum Rohrdurchmesser von 100 mm gehörigen Grenzdurchmesser der Ausflußöffnung!

Beispiel: An einen oben offenen Wasserbehälter ist ein waagerecht liegendes ins Freie mündendes Rohr angeschlossen, dessen Ausflußöffnung 50 mm lichten Durchmesser hat (Abb. 112,3). Die Rohrachse liegt 5 m unter dem Behälterspiegel, der durch Zufluß ständig auf derselben Höhe gehalten wird. Zu bestimmen sind die Strömungsgeschwindigkeiten und die statischen Drücke (in atü) a) an der Stelle (4) mit 50 mm l. Durchmesser, b) an der Stelle (1) mit 60 mm l. Durchmesser, c) an der Stelle (2) mit 80 mm l. Durchmesser, d) an der Stelle (3) mit 40 mm l. Durchmesser.

Lösung: Gegeben: $H = 5$ m; $d_1 = 60$ mm $= 0,06$ m; $d_2 = 80$ mm $= 0,08$ m; $d_3 = 40$ mm $= 0,04$ m $d_4 = 50$ mm $= 0,05$ m

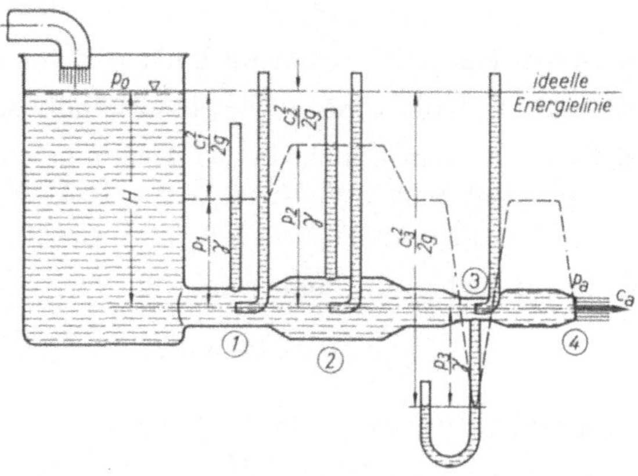

Abb. 112,3. Verlustfreie Strömung durch ein Rohr mit verschiedenen Querschnitten

a) Nach Gl. (112,1)

$$c_a = \sqrt{2\,g \cdot H} = \sqrt{2 \cdot 9,81 \text{ m/s}^2 \cdot 5 \text{ m}} = 9,9 \text{ m/s}$$

An der Ausflußmündung herrscht atmosphärischer Druck, der Überdruck ist also 0 atü.

b) $$c_1 = c_a \frac{A_4}{A_1} = c_a \left(\frac{d_4}{d_1}\right)^2 = 9,9 \text{ m/s} \left(\frac{0,05}{0,06}\right)^2 = 6,87 \text{ m/s}$$

Nach Gl. (112,3) berechnet sich der statische Druck im Querschnitt (1), wobei die Ortshöhe z entfällt, da Rohrmündung und Stelle (1) in gleicher Höhe liegen

$$\frac{p_1}{\gamma} + 0 + \frac{c_1^2}{2\,g} = H$$

$$\frac{p_1}{\gamma} = H - \frac{c_1^2}{2\,g} = \left(5 - \frac{6,87^2}{2 \cdot 9,81}\right) \text{m} = (5 - 2,4)\text{ m} = 2,6 \text{ m}$$

$$p_1 = 0,26 \text{ atü}$$

c) $$c_2 = c_a \left(\frac{d_4}{d_2}\right)^2 = 9,9 \text{ m/s} \left(\frac{0,05}{0,08}\right)^2 = 3,87 \text{ m/s}$$

$$\frac{p_2}{\gamma} = H - \frac{c_2^2}{2\,g} = \left(5 - \frac{3,87^2}{2 \cdot 9,81}\right) \text{m} = (5 - 0,76)\text{ m} = 4,24 \text{ m}$$

$$p_2 = 0,424 \text{ atü}$$

d) $$c_3 = c_a \left(\frac{d_4}{d_3}\right)^2 = 9,9 \text{ m/s} \left(\frac{0,05}{0,04}\right)^2 = 15,47 \text{ m/s}$$

$$\frac{p_3}{\gamma} = H - \frac{c_3^2}{2\,g} = \left(5 - \frac{15,47^2}{2 \cdot 9,81}\right) \text{m} = (5 - 12,2)\text{ m} = -7,2 \text{ m}$$

$$p_3 = -0,72 \text{ kp/cm}^2 = 0,72 \text{ atu}$$

Wir stellen fest, daß beim Eintritt in die Rohrerweiterung, Stelle (2), die Geschwindigkeit abnimmt (Verzögerung!), wobei ein Teil der Geschwindigkeitshöhe der Stelle (1) in Druckhöhe zurückverwandelt wird. Die Druckhöhe, angezeigt am Piezometer (Abb. 112,3), wird größer.

Die Rohrverengung Stelle (*3*) stellt eine *Düse* dar, deren Querschnitt kleiner ist als die Ausflußöffnung. In der Düse nimmt die Geschwindigkeit zu (Beschleunigung!), und zwar wird sie hier größer als die Ausflußgeschwindigkeit. Da hier weitere Druckhöhe in Geschwindigkeitshöhe umgewandelt wird, ist diese größer als die zur Verfügung stehende Gesamthöhe H. Der Mehrbedarf an Druckhöhe wird dem atmosphärischen Luftdruck entnommen. So kommt in der Düse ein Unterdruck zustande, zu dessen Anzeige ein Hebervakuummeter verwendet werden muß (Abb. 112,3).

Den Verlauf der Drucklinie, angezeigt durch die Piezometer, zeigt Abb. 112,3 gestrichelt. In den dargestellten PITOT-Rohren steigt die Flüssigkeit an allen Stellen bis zur ideellen Energielinie.

Durch die Verkleinerung des Düsenquerschnittes unter den Querschnitt der Ausflußöffnung erhalten wir einen Unterdruck, mit dem durch ein angebrachtes Saugrohr aus einem tiefer liegenden Behälter Wasser bis zu einer Tiefe von 7,20 m angesaugt werden kann. Dieses tritt dann in die Rohrleitung ein und wird mit der Rohrströmung weggeführt. Wird der Düsenquerschnitt weiter herabgesetzt und sinkt der absolute Druck in der Düse auf den Dampfdruck des Wassers bei der vorliegenden Temperatur, so reißt der Saugfaden ab.

Mit $H_0 = 10{,}33$ m atmosphärischer Druckhöhe und einer Druckhöhe des Wasserdampfes bei 20 °C nach Zahlentafel 35 von $H_t = 0{,}24$ m könnte in der Düse im Grenzfall eine Saugwirkung entsprechend der

$$\text{Unterdruckhöhe } H_{3\mathrm{min}} = \left(\frac{p_3}{\gamma}\right)_{\mathrm{min}} = (-\,10{,}33 + 0{,}24)\ \mathrm{m} = -10{,}09\ \mathrm{m}$$

erreicht werden.

Damit berechnet sich die Grenzgeschwindigkeit aus

$$\frac{c_{3\mathrm{max}}^2}{2\,g} = H - \left(\frac{p_3}{\gamma}\right)_{\mathrm{min}} = (5 + 10{,}09)\ \mathrm{m} = 15{,}09\ \mathrm{m}$$

$$c_{3\mathrm{max}} = \sqrt{2 \cdot 9{,}81\ \mathrm{m/s^2} \cdot 15{,}09\ \mathrm{m}} = 17{,}2\ \mathrm{m/s}$$

Der kleinste zulässige Durchmesser ergibt sich aus

$$c_{3\mathrm{max}} = c_a \left(\frac{d_4}{d_{3\mathrm{min}}}\right)^2$$

$$d_{3\mathrm{min}} = d_4 \sqrt{\frac{c_a}{c_{3\mathrm{max}}}} = 0{,}05\ \mathrm{m} \sqrt{\frac{9{,}9}{17{,}2}} = 0{,}0379\ \mathrm{m} \approx 38\ \mathrm{mm}$$

Wird der Düsendurchmesser noch mehr verkleinert, so reißt der Saugfaden ab und das Wasser fließt durch die Düsenöffnung in das Saugrohr.

Das Verfahren, eine Saugwirkung durch eine Rohreinschnürung zu erzeugen, heißt VENTURI-*Prinzip*[1]. Es findet Anwendung bei der *Wasserstrahlpumpe* (Abb. 112,4). Das Betriebswasser tritt mit hoher

---

[1] Nach dem Entdecker GIOVANNI BATTISTA VENTURI, 1746···1822, italienischer Physiker und Ingenieur.

Geschwindigkeit durch die Eintrittsdüse, mischt sich in der Vorkammer mit dem Förderwasser und das Gemisch tritt durch die zweite Düse aus.

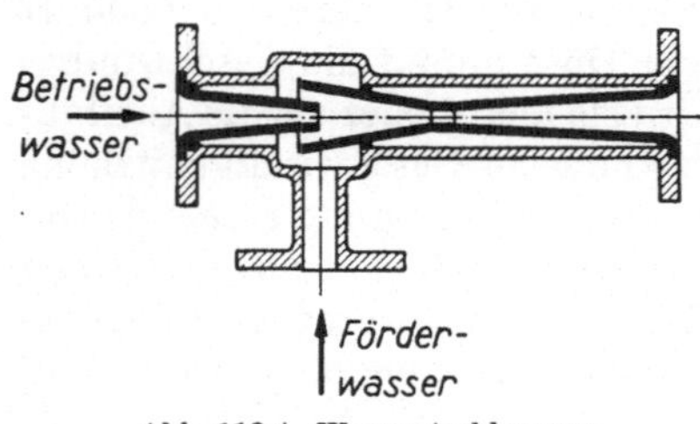

Abb. 112,4. Wasserstrahlpumpe

Wenn auch der Gesamtwirkungsgrad der Wasserstrahlpumpe schlecht ist, etwa 20 bis 40% der theoretisch verfügbaren Arbeit wird in Wasserhebearbeit umgesetzt, so hat sie doch große praktische Vorteile. Sie ist anspruchslos in der Handhabung, besitzt keine beweglichen Teile, ist sehr betriebssicher und eignet sich besonders zur Förderung von Schmutzwasser (Sümpfen kleinerer Wassereinbrüche in Strecken, Entwässern von Baugruben oder Kellern).

113. Reibungsfreie Überströmung zwischen zwei Behältern durch eine Rohrleitung

Wir betrachten die Strömung in einer Rohrleitung, die nach Abb. 113,1 Behälter mit verschieden hohen Spiegelständen verbindet, die durch Zu- bzw. Abfluß ständig in gleicher Höhe gehalten werden.

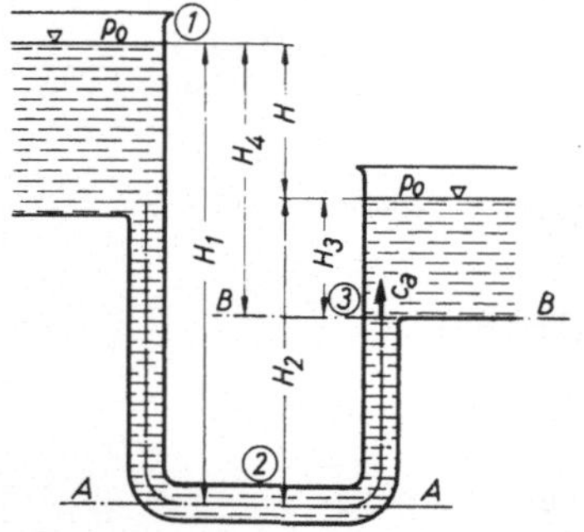

Abb. 113,1. Rohrleitung zwischen zwei Behältern

In bezug auf die am tiefsten gelegene Rohrachse $A \cdots A$ haben wir die Druckhöhe H_1, der eine Gegendruckhöhe des anderen Behälters H_2 entgegensteht. Die *Spiegeldifferenz* $H_1 - H_2$ *ist das Gefälle*.

Entsprechend gilt in bezug auf die Ebene durch den Rohreintritt in den unteren Behälter $B \cdots B$ die Druckhöhe H_4, der eine Gegendruckhöhe H_3 entgegensteht. Auch hierfür ist die Spiegeldifferenz $H_4 - H_3 = H$ das Gefälle.

Bezogen auf die Ebene $B \cdots B$ kann man z. B. die BERNOULLIsche Gleichung ansetzen, wenn man für die Stellen (*1*) und (*3*) die Werte einsetzt. Es ist hierbei $p_1 = p_0 = 0$ atü, d. h. $\frac{p_1}{\gamma} = 0$; $z_1 = H_4$; $c_1 = 0$; $\frac{p_3}{\gamma} = H_3$; $z_3 = 0$; $c_3 = c_a$; damit wird

$$\frac{p_1}{\gamma} + z_1 + \frac{c_1^2}{2g} = \frac{p_3}{\gamma} + z_3 + \frac{c_3^2}{2g}$$

$$0 + H_4 + 0 = H_3 + 0 + \frac{c_a^2}{2g}$$

Daraus folgt die Ausflußgeschwindigkeit

$$c_a = \sqrt{2g(H_4 - H_3)} = \sqrt{2gH}$$

Bei verlustfreier Strömung ist demnach die Ausflußgeschwindigkeit unabhängig von Behälterformen, der Gestalt der Rohrleitung und ihre Lage zu den Behältern und nur abhängig von dem Höhenunterschied der Flüssigkeitsspiegel der beiden Behälter.

II. Stationäre Rohrströmung inkompressibler Medien mit Reibung

114. Erweiterte Bernoullische Gleichung

Um die Strömung einer Flüssigkeit in einem Rohr aufrechtzuerhalten, müssen dauernd Widerstände überwunden werden, die durch die Flüssigkeitsreibung hervorgerufen werden. Die hierfür erforderliche mechanische Arbeit wird in Wärme umgesetzt, die im weiteren Verlauf der Strömung nicht wieder in mechanische Energie zurückverwandelt wird. Die Flüssigkeitsreibung stellt daher einen tatsächlichen Verlust an hydraulischer Energie dar.

In Erweiterung von Gl. (109,5) berücksichtigen wir, daß für zwei in Strömungsrichtung aufeinanderfolgende Stellen (*1*) und (*2*) die Gesamtenergie bis zur Stelle (*2*) einen Betrag verloren hat, den wir als *Verlusthöhe* oder *Widerstandshöhe* H_w in kpm/kp oder in m bezeichnen, so daß wir die erweiterte Bernoullische Gleichung schreiben können

$$\boxed{\frac{p_1}{\gamma} + \frac{c_1^2}{2g} + z_1 = \frac{p_2}{\gamma} + \frac{c_2^2}{2g} + z_2 + H_w} \tag{114,1}$$

Tritt in eine Rohrleitung eine Flüssigkeit mit dem Druck p und der Geschwindigkeit c ein, so ist bezogen auf eine beliebig gelegte Ebene die erweiterte Bernoullische Gleichung für jede Stelle der Rohrleitung anzuwenden

$$\frac{p}{\gamma} + \frac{c^2}{2g} + z + H_w = \text{const} = H_{\text{ges}} \tag{114,2}$$

Hier gibt H_w die Widerstandshöhe zwischen zwei betrachteten Rohrstellen an. Abb. 114,1 veranschaulicht den Verlauf der einzelnen Höhen. Beim Übergang vom größeren in einen kleineren Rohrquerschnitt erhöht sich die Geschwindigkeit, und es wird auf Kosten der Druckhöhe die Geschwindigkeitshöhe vergrößert. Beim Übergang in einen größeren Rohrquerschnitt verringert sich wieder die Strömungsgeschwindigkeit und damit die Geschwindigkeitshöhe, die sich in Druckhöhe umwandelt. Die Verbindungslinie der Summe $\frac{p}{\gamma} + \frac{c^2}{2g} + z$ nennt man die *wirkliche Energielinie*. Sie gewährt einen Überblick über die an jeder Rohrstelle noch vorhandene gesamte Strömungsenergie. Sie entfernt sich fortschreitend um die Widerstandshöhe H_w nach unten von der waagerecht verlaufenden *ideellen Energielinie*.

Das beim Eintritt in das Rohr zur Verfügung stehende Gefälle H_g wird nur zum Teil zur Fortleitung und zur Aufrechterhaltung der

Strömungsgeschwindigkeit, zum anderen Teil zur Überwindung der gesamten Rohrreibung verbraucht. Ist H_{wg} bekannt, so läßt sich die Geschwindigkeit am Ende des Rohres c_4 berechnen.

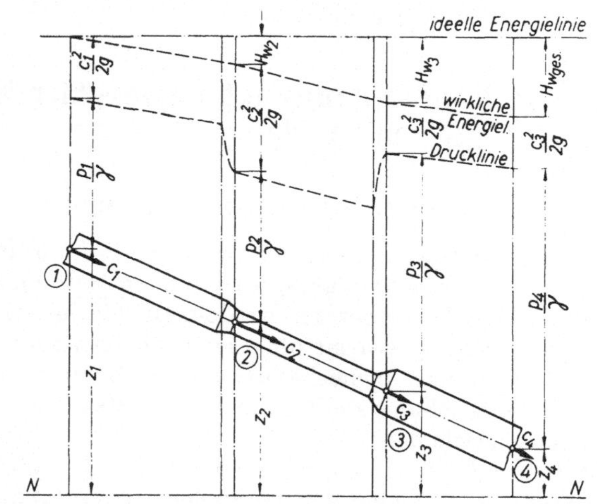

Abb. 114,1. Veranschaulichung der erweiterten BERNOULLIschen Gleichung

115. Laminare und turbulente Strömung

Bei der Erklärung der REYNOLDSschen Zahl hatten wir gesehen, daß alle Rohrströmungen nach zwei verschiedenen Strömungsformen erfolgen. Da die Strömungsformen auf den Reibungswiderstand entscheidenden Einfluß haben, müssen wir uns etwas eingehender mit ihnen befassen.

Wir hatten festgestellt, daß bei der *laminaren* oder *Schichtströmung* die Teilchen der strömenden Flüssigkeit sich in axialen zylindrischen Schichten bewegen. Die Geschwindigkeitsverteilung über den Rohrquerschnitt folgt den von Schicht zu Schicht übertragenen Reibungskräften. Daraus ergibt sich, daß die Geschwindigkeit an der Rohrwand gleich Null und in der Rohrachse am größten ist. Das sich *bei laminarer Rohrströmung ausbildende Geschwindigkeitsprofil hat, wie sich auch mathematisch nachweisen läßt, die Form einer Parabel* (Abb. 115,1).

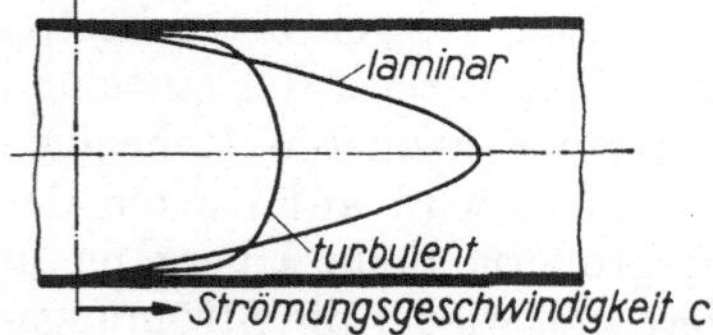

Abb. 115,1. Geschwindigkeitsverteilung bei laminarer und turbulenter Strömung

Die Laminarströmung, bei der ausschließlich Zähigkeitskräfte des Mediums wirksam sind, tritt nur in engen Rohren, bei kleinen Geschwindigkeiten oder bei Fortleitung sehr zäher Medien auf. Nach Gl. (108,7) ist dies also bei kleinen REYNOLDSschen Zahlen der Fall. Als kritische REYNOLDSsche Zahl hatten wir $\mathrm{Re}_{\mathrm{krit}} = 2320$ kennengelernt.

Im Gegensatz zur Laminarströmung bewegen sich bei *Turbulenz* die Stoffteilchen nicht nur in der allgemeinen Strömungsrichtung, sondern auch senkrecht zur Rohrachse, so daß die Strombahnen sich gegenseitig beeinflussen und kleine Wirbel bilden. Diese Wirbel werden zwar durch die innere Reibung des zähflüssigen Mediums aufgezehrt, sie entstehen aber stets erneut, so daß eine mittlere Anzahl über dem Rohrquerschnitt erhalten bleibt. Durch die Querbewegung der Flüssigkeitsteilchen werden langsam strömende Teilchen von der Rohrwand nach der Rohrachse und umgekehrt von dort mit größerer Geschwindigkeit behaftete Teilchen zur Rohrwand befördert. Das *Geschwindigkeitsprofil der turbulenten Strömung* ist daher gegenüber der Laminarströmung *stark abgeflacht* (Abb. 115,1). Vom Größtwert in der Rohrachse nimmt die Geschwindigkeit zur Rohrwand langsam ab und fällt in der Nähe der Wand schnell auf Null.

An der Rohrwand strömen nach der *Grenzschichttheorie von* PRANDTL die Stoffteilchen in einer sehr dünnen Schicht laminar. An der Wandoberfläche selbst bleiben Stoffteilchen haften, besitzen also die Geschwindigkeit Null. Die Vorstellung, daß sich auch bei turbulenter Strömung eine laminare Grenzschicht längs der Rohrwand bewegt und von der übrigen wirbeligen Bewegung unbeeinflußt bleibt, spielt bei der Beurteilung der Größe der Rohrreibungszahl eine bedeutende Rolle.

Je größer die REYNOLDSsche Zahl wird, um so flacher ist das Geschwindigkeitsprofil über dem Rohrquerschnitt. Ebenfalls sinkt die Stärke der laminaren Grenzschicht mit zunehmendem Re.

Damit man sich eine Vorstellung der Größe der Grenzschicht machen kann, sei angegeben, daß für ein technisch glattes Rohr von 200 mm lichten Durchmesser

für Re $= 10^5$ die Grenzschichtdicke rund 0,5 mm
für Re $= 5 \cdot 10^5$,,   ,,   ,, 0,14 mm
für Re $= 10^6$,,   ,,   ,, 0,08 mm

beträgt.

116. Reibung in geraden Rohren mit konstantem Querschnitt

Über die Art, wie die Reibung auf die Strömung in Rohren einwirkt, gibt Abschn. 114 bereits Aufschluß. Es kommt dabei zu einem Abfall des statischen Druckes:

Betrachten wir die erweiterte BERNOULLIsche Gleichung, Gl. (114,1)

$$\frac{p_1}{\gamma} + \frac{c_1^2}{2g} + z_1 = \frac{p_2}{\gamma} + \frac{c_2^2}{2g} + z_2 + H_w$$

für waagerechte Leitungen, dann gilt für die potentielle Energie:

$$z_1 = z_2$$

und für Leitungen mit gleichbleibendem Querschnitt, also $c_1 = c_2$ gilt für die kinetische Energie:

$$\frac{c_1^2}{2g} = \frac{c_2^2}{2g}$$

35*

Damit ergibt sich aus Gl. (114,1)

$$\frac{p_1}{\gamma} - \frac{p_2}{\gamma} = H_w = \frac{\Delta p}{\gamma}$$

Multiplizieren wir mit der Wichte γ, so erhalten wir für den Druckabfall durch Reibungswiderstände:

$$\Delta p = p_1 - p_2 = H_w \cdot \gamma$$

Zwischen zwei Stellen einer geraden waagerechten Leitung mit unverändertem Querschnitt muß der Unterschied des statischen Druckes den Reibungswiderstand sowie den Trägheitswiderstand überwinden. Bei inkompressiblen Medien ist der Trägheitswiderstand praktisch ohne Bedeutung.

Die rechnerische Erfassung des Strömungswiderstandes bereitet insbesondere für die technisch besonders wichtige turbulente Strömung Schwierigkeiten. Die Einführung eines Reibungskoeffizienten, wie es bei Reibung zwischen festen Körpern üblich ist, führt bei der Reibung von Flüssigkeiten nicht zum Erfolg. Hier haben Berührungsfläche, Druck und Geschwindigkeit einen anderen Einfluß. Man macht vielmehr nach der Erfahrung zweierlei Ansätze:

1. Denkt man sich, daß bei turbulenter Strömung der Strömungswiderstand vorwiegend durch eine Schubspannung hervorgerufen wird, die gleichmäßig über die Innenfläche des Rohres verteilt ist, bei der die Beschaffenheit der Rohrwand entscheidenden Einfluß hat;

2. nimmt man an, daß der Strömungswiderstand vom Quadrat der mittleren Strömungsgeschwindigkeit abhängt, weil die Massenwiderstände innerhalb der wirbelnd bewegten Flüssigkeitsmasse von überwiegendem Einfluß sind.

Daraus folgt, daß der Druckabfall infolge der Reibungswiderstände
1. mit der Rohrlänge l zunimmt,
2. nach dem 1. Ansatz mit dem Rohrdurchmesser d abnimmt,
3. nach dem 2. Ansatz mit dem Quadrat der mittleren Geschwindigkeit zunimmt.

Für das Geschwindigkeitsquadrat wird aus Gründen der Dimension der dynamische Druck (Staudruck) $\frac{c^2}{2\,g}\,\gamma$ eingeführt, und wir erhalten die heute allgemein verwendete Beziehung:

$$\boxed{\Delta p = p_1 - p_2 = \lambda\,\frac{l}{d}\,\frac{c^2}{2g}\,\gamma} \tag{116,1}$$

Satz 88: *Der Druckverlust einer raumbeständigen Rohrströmung, also bei der Strömung inkompressibler Medien, ist in erster Näherung proportional dem dynamischen Druck (Staudruck) und dem Verhältnis von Leitungslänge und Leitungsdurchmesser.*

Der Proportionalitätsfaktor λ in Gl. (116,1) wird Rohrreibungszahl genannt und ist eine unbenannte Zahl. Das Problem der rechnerischen Erfassung des Strömungswiderstandes ist damit auf die experimentelle Bestimmung von λ zurückgeführt. Es hat sich gezeigt, daß λ außer von der Wandbeschaffenheit des Rohres nur von der REYNOLDSschen Zahl abhängt. Gl. (116,1) wird allgemein als *Grundgleichung zur Berechnung der Rohrreibung* betrachtet.

Die nur für waagerechte Leitungen gültige Gl. (116,1) läßt sich für geneigte Leitungen erweitern, wenn der Höhenunterschied zwischen den Stellen (*1*) und (*2*) $\pm \Delta H = z_1 \pm z_2$ beträgt:

$$\Delta p = p_1 - p_2 = \lambda \, \frac{l}{d} \, \frac{c^2}{2g} \, \gamma \pm \Delta H \cdot \gamma \qquad (116,2)$$

Das positive Vorzeichen gilt für aufsteigende, das negative für absteigende Leitungen.

Die Gln. (116,1) und (116,2) gelten für Rohre mit Kreisquerschnitt vom Durchmesser d. Für Rohre mit beliebig begrenzten Querschnitten siehe Abschn. 130.

In der Praxis rechnet man vielfach nicht mit der Geschwindigkeit c sondern mit dem Mengenstrom $\dot{V}$, der sowohl in m³/s, in m³/min als auch in m³/h angegeben wird.

Nach dem Kontinuitätsgesetz Gl. (108,3) ergibt sich (für $\dot{V}$ in m³/s, wenn c in m/s und d in m gemessen wird):

$$\dot{V} = A \cdot c = \frac{\pi}{4} \, d^2 \cdot c$$

$$c = \frac{4\,\dot{V}}{\pi \cdot d^2}$$

Setzt man dies in Gl. (116,1) ein, so folgt:

$$\Delta p = \lambda \, \frac{l}{d} \, \frac{4^2 \cdot \dot{V}^2}{\pi^2 \cdot d^4 \cdot 2g} \, \gamma$$

$$\boxed{\Delta p = C \cdot \lambda \, \frac{l}{d^5} \, \dot{V}^2 \cdot \gamma} \qquad (116,3)$$

$$\text{mit} \quad C = \frac{4^2}{\pi^2 \cdot 2g} \qquad\qquad \text{für } \dot{V} \text{ in m}^3/\text{s}$$

$$\text{bzw. } C = \frac{4^2}{60^2 \cdot \pi^2 \cdot 2g} \qquad \text{für } \dot{V} \text{ in m}^3/\text{min}$$

$$\text{oder } C = \frac{4^2}{3600^2 \cdot \pi^2 \cdot 2g} \qquad \text{für } \dot{V} \text{ in m}^3/\text{h}$$

Außerdem läßt sich die Zahlenwertgleichung (116,3) sowohl für den Druckabfall in kp/m² = mm WS als auch in kp/cm² = at mit der Beziehung 1 kp/cm² = 10^4 kp/m² angeben.

In Gl. (116,3) bedeuten:

λ unbenannte Zahl, die Rohrreibungszahl,

l in m   die Länge der geraden Rohrleitung, für die der Druckverlust berechnet wird,

d in m   den lichten Durchmesser der Rohrleitung,

$\dot{V}$ in m³/s, m³/min oder m³/h den Förderstrom,

Δp in kp/m² = mm WS oder in kp/cm² = at den Druckverlust der untersuchten Leitung.

Hierfür ergibt sich die Konstante C:

für $\dot{V}$ in	m³/s		m³/min		m³/h	
für Δp in	kp/m²	kp/cm²	kp/m²	kp/cm²	kp/m²	kp/cm²
$C =$	$8{,}282 \cdot 10^{-2}$	$8{,}282 \cdot 10^{-6}$	$2{,}3 \cdot 10^{-5}$	$2{,}3 \cdot 10^{-9}$	$6{,}39 \cdot 10^{-9}$	$6{,}39 \cdot 10^{-13}$

117. Die Rohrreibungszahl λ

Um die bisher angegebenen Grundgleichungen über den Druckverlust strömender Flüssigkeiten gebrauchen zu können, müssen noch Angaben über den zahlenmäßigen Wert der Rohrreibungszahl λ gemacht werden. Man findet im technischen Schrifttum eine Vielzahl von Formeln, die verschiedenartige Beziehungen für die Rohrreibung mit empirischen Konstanten und Exponenten enthalten. Sie sind oft durch neuere Forschungsergebnisse überholt, oft gelten sie nur für eng begrenzte Bereiche von REYNOLDSschen Zahlen und sind meist schlecht oder gar nicht in Beziehung zu bringen zu den Grundgleichungen der Fortleitung strömender Medien. Damit ist aber auch der Überblick über die physikalischen Zusammenhänge und vor allem die verschiedenen Einflußgrößen verloren gegangen.

Wir folgen hier darum den neueren Forschungsergebnissen, die auf den Aufbau der Grundformeln, ohne sie zu verändern, Bezug nehmen. Sie gestatten folgende klare Gliederung in vier verschiedene Gebiete:

das Gebiet der laminaren Strömung,

turbulente Strömung bei hydraulisch glattem Rohr,

turbulente Strömung im Übergangsgebiet (zwischen hydraulisch glattem und hydraulisch rauhem Rohr),

turbulente Strömung bei hydraulisch rauhem Rohr.

a) Gebiet der laminaren Strömung

Im Gebiet der laminaren Strömung, d. h. unterhalb $\mathrm{Re}_{\mathrm{krit.}} = 2\,320$ wird der Druckabfall allein durch die Viskosität des strömenden Mediums hervorgerufen. Die Wandbeschaffenheit ist ohne Bedeutung. Das Gesetz der Laminarströmung wurde von dem Deutschen HAGEN und dem Franzosen POISEUILLE unabhängig voneinander entdeckt, und heißt heute auch HAGEN-POISEUILLEsches Gesetz[1]. Es ist jedoch allgemein üblich, auch im Bereich laminarer Strömung mit dem quadratischen Gesetz Gl. (116,1) zu rechnen, das eigentlich nur für turbulente Strömung gültig ist. Hierfür hat man durch Vergleich des HAGEN-POISEUILLEschen Gesetzes mit dieser Grundgleichung eine Rohrreibungszahl

$$\lambda = \frac{64}{\mathrm{Re}} \tag{117,1}$$

---

[1] GOTTHILF HAGEN, 1797···1884, deutscher Wasserbaumeister. JEAN LOUIS MARIE POISEUILLE, 1799···1869, franz. Mediziner. Untersuchung der Strömung des Blutes in Adern.

gefunden. Setzen wir diesen Wert für λ in Gl. (116,1) ein und ersetzen nach Gl. (108,7) $\mathrm{Re} = \dfrac{c \cdot d \cdot \gamma}{\eta \cdot g}$, so ergibt sich:

$$\Delta p = \lambda \frac{l}{d} \frac{c^2}{2g} \gamma = \frac{64}{\mathrm{Re}} \frac{l}{d} \frac{c^2}{2g} \gamma = \frac{64 \cdot \eta \cdot g}{c \cdot d \cdot \gamma} \frac{l}{d} \frac{c^2}{2g} \gamma$$

$$\Delta p = 32 \, \eta \, \frac{l}{d^2} \, c \tag{117,1a}$$

Man erkennt aus Gl. (117,1a):

Bei laminarer Strömung ist der Druckabfall der ersten Potenz der mittleren Geschwindigkeit c, der Rohrlänge l und der dynamischen Viskosität η und umgekehrt dem Quadrat des Rohrdurchmessers d (oder dem Rohrquerschnitt) proportional.

Die Dichte bzw. Wichte des strömenden Mediums ist ohne Einfluß auf den Druckabfall.

Folgen wir dem quadratischen Gesetz, Gl. (116,1), so ergibt sich, daß die Rohrreibungszahl im laminaren Gebiet der REYNOLDSschen Zahl umgekehrt proportional ist. Die Gl. (117,1) ist die Gleichung einer Hyperbel. Tragen wir gemäß Abb. 117,1 λ im logarithmischen Koordinatensystem über Re auf, so verläuft die Rohrreibungszahl nach einer mit zunehmender Re abfallenden Geraden [1]. Für die kritische REYNOLDSsche Zahl $\mathrm{Re}_{\mathrm{krit}} = 2320$ erhalten wir den niedrigsten Wert $\lambda = 0,276$.

b) Turbulente Strömung bei hydraulisch glattem Verhalten der Rohrwand

Ein technisch glattes Rohr, z. B. ein gezogenes Messingrohr verhält sich dann *hydraulisch glatt, wenn* die noch vorhandenen *Unebenheiten* der Wand *von der laminaren Grenzschicht eingehüllt* werden (s. Abschn. 115). In diesem Fall wird die Rohrreibungszahl nicht von der Rohrrauhigkeit beeinflußt. Sie liegt aber dennoch höher als bei laminarer Strömung, weil außer der inneren Reibung in der Strömung noch Wirbel auftreten, die zusätzliche Beschleunigungskräfte hervorrufen. Die Abhängigkeit für diesen Fall gibt das wichtige Gesetz von PRANDTL und von KÁRMÁN an:

$$\frac{1}{\sqrt{\lambda}} = 2 \lg (\mathrm{Re} \cdot \sqrt{\lambda}) - 0,8 \tag{117,2}$$

Die Gl. (117,2) ist in der Berechnung nicht einfach. Die Werte für die Rohrreibungszahl λ bei hydraulisch glattem Verhalten in Abhängigkeit von Re zeigt Abb. 117,1. Den größten Wert hat sie bei der kritischen REYNOLDSschen Zahl mit $\lambda = 0,0473$. Man sieht, daß beim Um-

---

[1] Man beachte, daß die Verwendung von logarithmisch geteilten Koordinaten in dem Diagramm Abb. 117,1, wie auch in vielen weiteren Diagrammen der Strömungsmechanik zwei Ziele verfolgt. Zunächst sollen quadratische Gesetze zur Vereinfachung als Geraden dargestellt werden, die im linear geteilten Koordinatensystem Parabeln oder Hyperbeln ergeben. Sodann ist es im logarithmisch geteilten Koordinatensystem möglich, einen größeren Bereich über mehrere Zehner-Potenzen zu übersehen.

schlag aus der laminaren in die turbulente Strömung die Rohrreibungszahl sprunghaft ansteigt, wenn man bei laminarer Strömung auch mit dem quadratischen Gesetz Gl. (116,1) rechnet.

Wenn auch in der Praxis turbulente Strömung mit hydraulisch glattem Verhalten der Rohrwand sehr selten ist, bezieht man die Rohr-

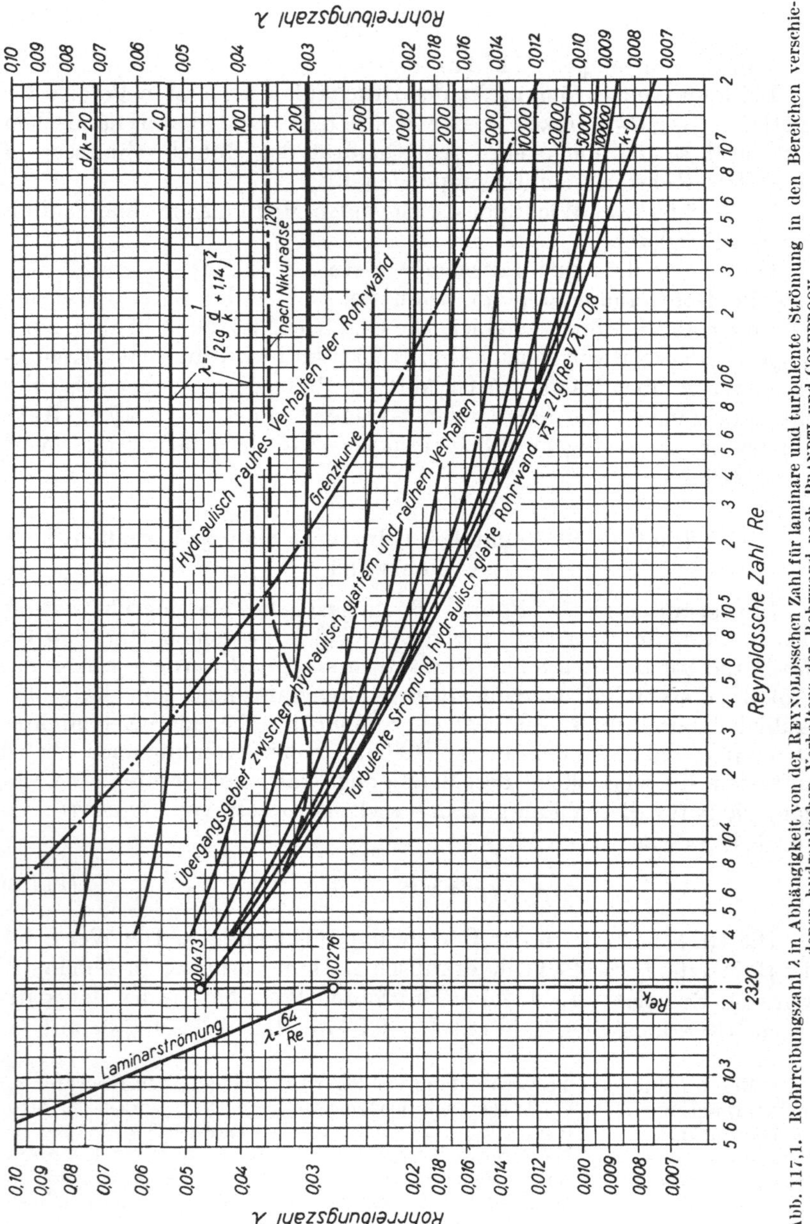

Abb. 117,1. Rohrreibungszahl λ in Abhängigkeit von der REYNOLDSschen Zahl für laminare und turbulente Strömung in den Bereichen verschiedenen hydraulischen Verhaltens der Rohrwand nach PRANDTL und COLEBROOK

reibungszahlen vielfach auf diesen Grenzfall, um Widerstandserhöhungen hiermit vergleichen zu können.

Tatsächlich nimmt die Dicke der laminaren Grenzschicht mit wachsendem Re schnell ab, so daß technische Unebenheiten von der Grenzschicht nicht mehr eingehüllt werden und dann an den Unebenheiten zusätzliche Strömungswiderstände überwunden werden müssen.

c) Turbulente Strömung bei hydraulisch rauhem Rohr

Jedes Rohr hat bereits im Neuzustand eine natürliche Wandrauhigkeit, die hinsichtlich Form, Größe und Verteilung sehr verschieden sein kann. Diese Unebenheiten der Rohrwand werden *bei Überschreitung einer bestimmten* REYNOLDS*schen Zahl* nicht mehr von der mit wachsender Re immer dünner werdenden laminaren Grenzschicht eingehüllt. Die herausragenden Höcker und Spitzen erhöhen den Strömungswiderstand. Man spricht dann vom *hydraulisch rauhen Rohr*.

Nach längerer Betriebszeit verändert sich die Oberflächenbeschaffenheit der Rohrwand nach einer zunehmenden Rauhigkeit hin. Entweder kommt es zu Rostbildungen oder zu Ablagerungen von im Medium mitgeführten festen Teilchen. In Steigeleitungen der Wasserhaltung kommt es dabei vielfach außerdem zu Anwachsungen, die den Querschnitt nicht unbedeutend verengen. Auch bei den Wasserleitungen, die chemisch angreifendes Wasser führen, erzeugen die Korrosionen Pusteln, die den Querschnitt verengen und die Rohrwand aufrauhen.

Nach Untersuchungen von PRANDTL, COLEBROOK und NIKURADSE hängt im Gebiet turbulenter Strömung bei hydraulisch rauhen Rohren die Rohrreibungszahl λ nicht mehr von der REYNOLDSschen Zahl, sondern allein von den auf den Rohrdurchmesser bezogenen Rauhigkeitserhebungen ab. Die aus diesen Untersuchungen abgeleitete Beziehung für die Reibungszahl rauher Rohre lautet

$$\lambda = \frac{1}{\left(2\lg\dfrac{d}{k} + 1{,}14\right)^2} \tag{117,3}$$

Ist hierin k in mm die absolute Größe der Erhebungen, so bedeutet k/d die *relative Rauhigkeit*. Die Auftragung der λ-Werte für verschiedene Werte d/k (dem reziproken Wert der relativen Rauhigkeit) ergibt Parallelen zur Abszisse, da die Rohrreibungszahl bei gleichem d/k in bezug auf Re konstant ist (Abb. 117,1).

Die Gl. (117,3) hat NIKURADSE an Rohren gefunden, die durch Aufkleben von Sandkörnern bekannter und gleicher Körnung künstlich rauh gemacht waren. Durch Vergleich der Ergebnisse von Rohren mit dieser künstlichen „Sandrauhigkeit" mit Betriebsrohren (sogenannten „technisch rauhen Rohren") kann bei Messungen im Bereich ausreichend hoher REYNOLDSscher Zahl, d. h. ausreichend hoher Geschwindigkeit, in dem die Reibungszahl konstant bleibt, ein *Rauhigkeitsmaß* k in mm ermittelt werden, das *der Sandrauhigkeit äquivalent* ist.

Derartige Messungen sind an Druckluftrohren mit verschiedener Betriebszeit bei der Maschinentechnischen Abteilung der Westfälischen

Berggewerkschaftskasse durchgeführt worden[1]. Die Abb. 117,2 bis 117,4 zeigen die Photographien der Rohrwand, die erkennen lassen, wie durch Anrostungen und Ablagerungen die Rauhigkeit mit der Betriebszeit zunimmt. Abb. 117,5 zeigt die Auftragung der Rauhigkeit k über

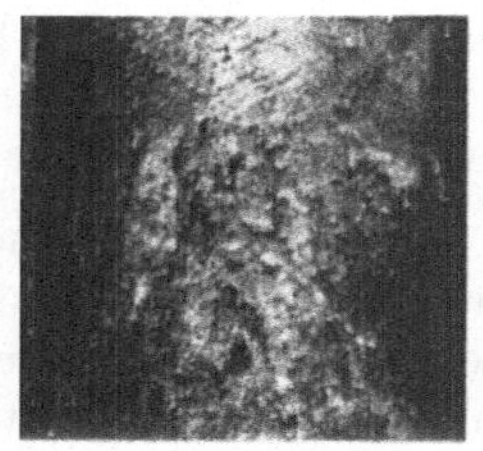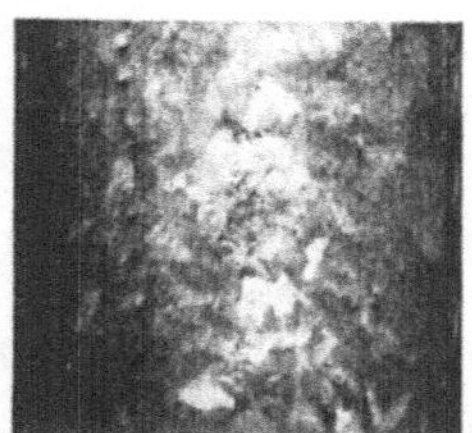

a) obere Hälfte   b) untere Hälfte

Abb. 117,2. Rohrwand eines neuen verzinkten Druckluftrohres $k = 0,014$ mm

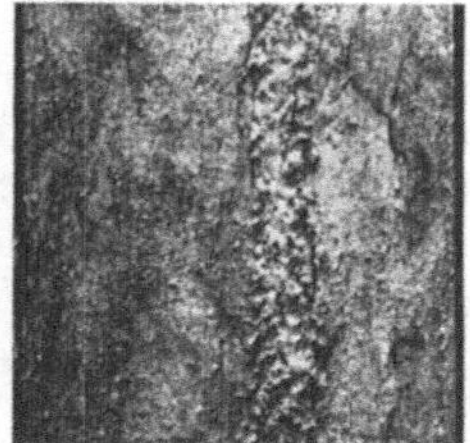

a) obere Hälfte, leicht angerostet,   b) untere Hälfte, am tiefsten liegender
   körnige Ablagerungen   Teil stärker gerostet

Abb. 117,3. Rohrwand eines 5 Jahre alten Druckluftrohres $k = 0,082$ mm

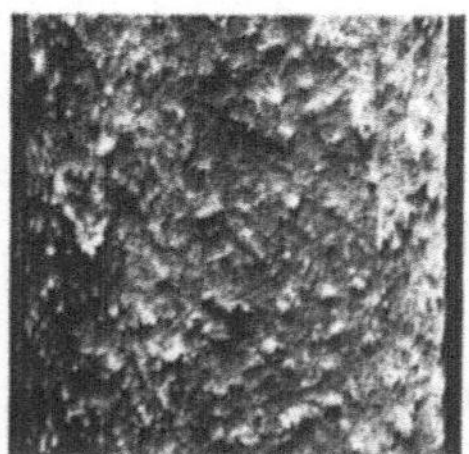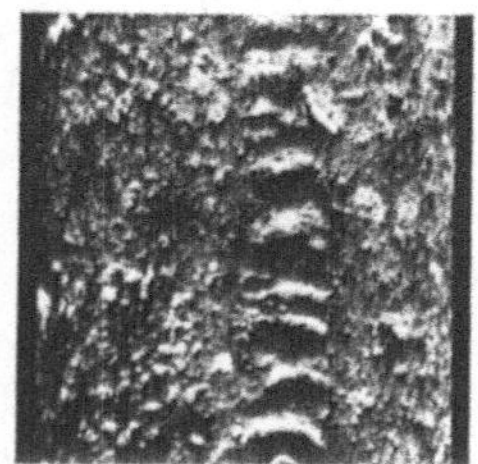

a) obere Hälfte, starke blättrige und   b) untere Hälfte, am tiefsten liegender
   körnige Ablagerungen   Teil weist eine starke Schicht von
                                                Ablagerungen auf

Abb. 117,4. Rohrwand eines 10 Jahre alten Druckluftrohres $k = 0,153$ mm

dem Alter der Rohre, die von zwei Schachtanlagen geliefert wurden. Danach erreichten nach rund 11 Jahren die untersuchten Druckluftrohre ihre größte Rauhigkeit mit rund $k = 0,16$ mm. Ergebnisse dieser Größenordnung sind auch bei anderen Druckluftrohren zu erwarten.

[1] Die Versuche wurden im Rahmen einer Diplomarbeit von Dipl.-Ing. W. OSTERMANN jun. im Auftrage von Prof. Dr. SCHLICHTING, Braunschweig, durchgeführt.

Rohre, die ein anderes Medium führen, haben oft beträchtlich höhere Rauhigkeiten. Das gilt z. B. ganz besonders für Wasserleitungen, bei denen zusätzlich mit einer merklichen Verringerung des Rohrdurchmessers durch Ablagerungen gerechnet werden muß. Da nach Gl. (116,3) der Durchmesser d mit der fünften Potenz den Druckverlust beeinflußt, haben wir bei diesen eine starke Erhöhung des Druckverlustes im Laufe der Liegezeit allein aus dem Zuwachsen des Rohres zu erwarten.

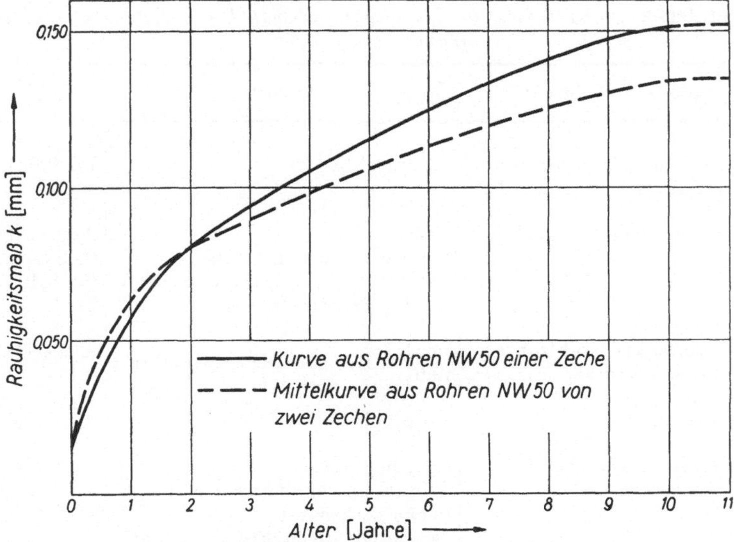

Abb. 117,5. Veränderung der Rauhigkeit k mit dem Alter von Druckluftrohren. Ergebnisse aus Untersuchungen an Rohren von zwei Schachtanlagen

Da aber zunächst die Kenntnis der Rauhigkeit für die Bestimmung der Rohrreibungszahl entscheidend ist, gibt Zahlentafel 42 Anhaltswerte für eine Reihe von Fällen.

Die Abschätzung des k-Wertes nach Zahlentafel 42 scheint die Berechnung von λ nach Gl. (117,3) unsicher zu machen. Ein Schätzungsfehler wirkt sich aber nicht so stark auf die Höhe der Reibungszahl λ aus, da nur der Logarithmus von d/k in die Rechnung eingeht.

d) Übergangsgebiet zwischen hydraulisch glattem und hydraulisch rauhem Rohr

Bei kleineren REYNOLDSschen Zahlen werden im Gebiet turbulenter Strömung alle Unebenheiten von der laminaren Grenzschicht eingehüllt. Da aber die Grenzschicht mit zunehmendem Re, d. h. mit größer werdender Strömungsgeschwindigkeit dünner wird, heben sich die kleinen Unebenheiten mit ihren Spitzen und Köpfen immer mehr aus der dünnen Grenzschicht heraus. Erst wenn auch die kleinsten Erhebungen in die turbulente Strömung hineinragen, wird die Rohrreibungszahl mit weiter zunehmender Re sich nicht mehr ändern. Sie ist dann nach Gl. (117,3) nur noch von der relativen Rauhigkeit k/d abhängig.

Bei niedrigerem Re ist aber außerdem ein gewisser Einfluß der Viksosität, gekennzeichnet durch die REYNOLDssche Zahl, feststellbar. Dieses Gebiet kleinerer REYNOLDsscher Zahl heißt „*Übergangsgebiet*", in dem die Rohrreibungszahl sich bei gleicher relativer Rauhigkeit mit der REYNOLDsschen Zahl ändert im Gegensatz zum Gebiet eines hydraulisch rauhen Rohres. Diese Zusammenhänge zeigt Abb. 117,1 nach PRANDTL und COLEBROOK.

Zahlentafel 42. *Anhaltswerte für das Rauhigkeitsmaß k von Rohren verschicdener Wandbeschaffenheit*

Werkstoff und Rohrart	Zustand	Rauhigkeitsmaß k in mm
Gezogene Rohre aus Messing, Kupfer, Aluminium, Glasrohre	technisch glatt	bis 0,0015
Nahtlos gezogene Stahlrohre	neu nach Gebrauch gereinigt, mäßig verrostet oder verkrustet starke Verkrustung	0,02 ··· 0,05 0,15 ··· 0,20 bis 0,40 bis 3
Sauber verzinkte Stahlrohre Gewöhnlich verzinkte Stahlrohre Druckluftrohre	neu ⎰ z. B. neue Druckluftrohre ⎰ neu ⎱ ⎱ gebraucht	0,07 ··· 0,1 0,1 ··· 0,15 0,15 ··· 0,2
Geschweißte Stahlrohre	neu, bitumiert gebraucht, leichtverrostet bis leicht verkrustet Wasserleitungen, Steigeleitungen der Wasserhaltung (außer evtl. Querschnittsverengung) mit starken Rostwarzen	0,02 ··· 0,05 0,15 ··· 0,5 1,0 ··· 3,0
Gußrohre	neu, bitumiert neu ohne Bitumen gebraucht, verrostet leicht bis stark verkrustet	0,1 ··· 0,15 0,25 ··· 0,5 1,0 ··· 1,5 1,5 ··· 3,0
Holzrohre Betonrohre	neu verschieden	0,2 ··· 1,0 0,2 ··· 0,8

Während aber nach dem Diagramm von PRANDTL und COLEBROOK, Abb. 117,1, die Rohrreibungszahl λ im Übergangsgebiet mit zunehmender REYNOLDsscher Zahl abnimmt, haben wir nach neueren Forschungen eine zunehmende Rohrreibungszahl λ zu erwarten. Abb. 117,1 zeigt diese Tendenz bereits für die definierte Sandrauhigkeit nach NIKORADSE.

MORRIS[1] untersucht die Rohrreibungszahl für eine große Zahl verschiedener definierter Rauhigkeitsoberflächen, die sich erstrecken von

---

[1] MORRIS, HENRY M., Professor und Direktor des Dept of Civ. Eng., Polytechnic Institut, Blacksburg, Virginia, Bemessungsverfahren für Strömungen in rauhen Rohrleitungen. Journal of the Hydraulics Division Proceeding of the American Society of Civil Engeners. Juli 1959.

dicht aneinanderhängender, punktförmiger Rauhigkeit, z. B. Sandkörnern (A) über scharfkantige herumlaufende Streifen verschiedener
Form (B) bis zu Vertiefungen, also welliger Oberfläche (C). Diese wissen-
schaftlichen Untersuchungen stützen sich auf eingehende Versuche und
kommen zu der Feststellung, daß im Übergangsgebiet bei turbulenter
Strömung die Rohrreibungszahl sowohl von der relativen Rauhigkeit k/d
als auch von der Form der Rauhigkeitselemente abhängt, und daß deshalb für jede Elementenform eigentlich eine besondere Gruppe von

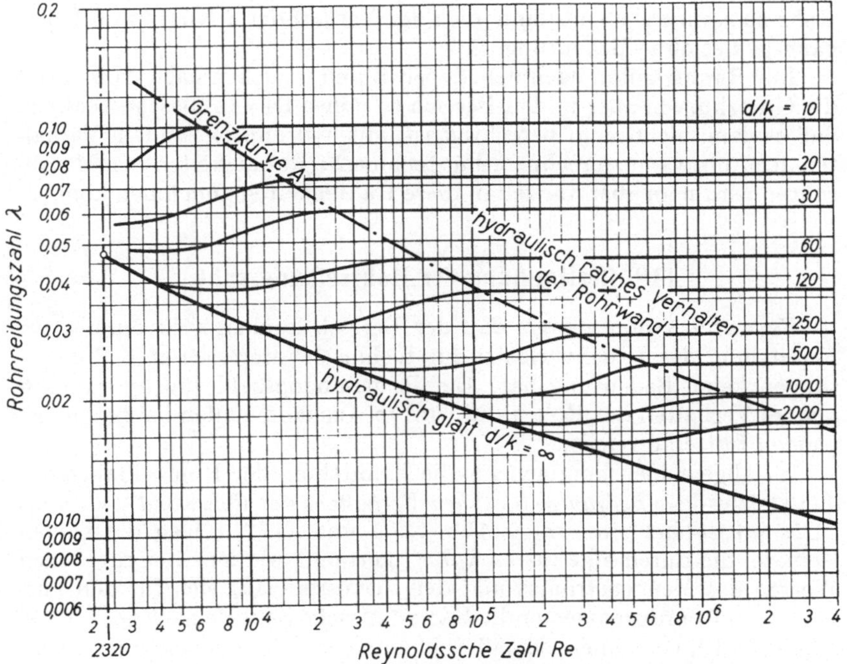

Abb. 117,6. Rohrreibungszahl λ in Abhängigkeit von der REYNOLDSschen Zahl für turbulente
Strömung nach MORRIS bei „zusammenhängender punktförmiger Rauhigkeit" der Rohrwand
(Grenzkurve A)

Kurven mit dem Parameter d/k erforderlich wäre. Dabei spielt nach
den Untersuchungen für einen vorgegebenen Elementtyp der Abstand
der Rauhigkeitselemente voneinander eine entscheidende Rolle.

Dennoch kommt MORRIS zu einer Zusammenfassung der Kurven
für die „meist gebräuchlichen Typen von Rauhigkeitsoberflächen", die
nachfolgend bezeichnet werden sollen, mit:

A: zusammenhängende punktförmige Rauhigkeit,
B: scharfkantige, herumlaufende Streifen,
C: wellige Oberfläche.

Für diese Rauhigkeitstypen findet MORRIS nicht nur besondere λ-
Kurven im Übergangsgebiet in Abhängigkeit von Re, sondern auch
unterschiedliche Grenzkurven. Die Grenzkurve A (Abb. 117,6 und
131,1) deckt sich praktisch mit der Grenzkurve nach PRANDTL und

Colebrook (Abb. 117,1). Allerdings unterscheiden sich die Kurven im Übergangsgebiet $\lambda = f(\mathrm{Re})$ nach Abb. 117,6.

Im Gebiet hydraulisch rauhen Verhaltens der Rohrwand stimmen die λ-Werte wieder überein. Falls bei der Vorausberechnung von Strömungswiderständen für eine Rohrleitung nicht zu erwarten ist, daß die Rauhigkeiten den vorgenannten Typen B und C entsprechen, wird man die Grenzkurve A nach den Abb. 117,6 bzw. 117,1 zugrunde legen können. Da es wegen der eingeschränkten Genauigkeit zweckmäßig ist, in diesem Falle mit der Rohrreibungszahl λ für hydraulisch rauhes Rohr zu rechnen, bleibt dann auch der Verlauf der λ-Kurven im Übergangsgebiet ohne Bedeutung.

Für Rauhigkeiten nach den Typen B und C rücken nach Abb. 131,1 die Grenzkurven aber in den Bereich so hoher Reynoldsscher Zahlen, daß es dann nicht mehr berechtigt ist, mit hydraulisch rauhem Verhalten der Rohrwand zu rechnen. Für technische Rauhigkeiten von Metallrohren wird man aber nur selten diese Rauhigkeiten annehmen können.

118. Bestimmung der Rohrreibungszahl

Es wurde schon gesagt, daß der Bereich laminarer Strömung zur Ermittlung des Druckverlustes für technisch interessierende Rohrleitungen keine Bedeutung hat. Die Rohrreibungszahl für hydraulisch glattes Verhalten der Rohrwand wird in Ausnahmefällen bei besonders glatten Lutten erreicht.

Im allgemeinen kommen für die Ermittlung der Rohrreibungszahl das Gebiet des *„hydraulisch rauhen Verhaltens der Rohrwand"* oder das *„Übergangsgebiet"* in Frage. Abb. 117,1 und 117,6 zeigen die beiden Gebiete, die durch eine *„Grenzkurve"* getrennt werden. Bei gegebenen Werten des Mengenstromes und der Viskosität läßt sich für den vorhandenen Rohrdurchmesser die Reynoldssche Zahl Re nach Gl. (108,9) oder (108,10) berechnen, so daß es in einfacher Weise möglich ist, nachzuprüfen, in welchem Gebiet für die Ermittlung von λ nach Abb. 117,1 bzw. 117,6 die Rohrströmung liegt.

Es liegt nun außerdem in der Druckverlust-Rechnung eine Unsicherheit, weil die Rauhigkeit geschätzt werden muß. Über den Einfluß dieser Unsicherheit auf die Genauigkeit der Rechnung wollen wir uns klar werden.

Folgen wir in unseren Berechnungen den physikalisch begründeten Grundgleichungen, so erkennen wir aus Gl. (116,3), daß der Druckverlust

mit der Rohrreibungszahl λ linear zunimmt,

mit dem Mengenstrom $\dot{V}$ quadratisch zunimmt und

mit dem Rohrdurchmesser d mit der fünften Potenz abnimmt.

Welchen Einfluß also z. B. eine Ungenauigkeit der Annahme beim Rohrdurchmesser ergibt, zeigt Zahlentafel 43, in welcher der Einfluß der Abweichungen von d_1 zum Durchmesser d_2 auf den Rohrwiderstand angegeben wird.

Zahlentafel 43. *Umrechnungsfaktor für den Rohrwiderstand bei Abweichung des angenommenen Rohrdurchmessers d_1 vom tatsächlichen Durchmesser d_2*

d_2/d_1	0,99	0,98	0,97	0,96	0,95	0,90	0,80	0,70
$(d_1/d_2)^5$	1,05	1,106	1,165	1,23	1,292	1,694	3,052	5,95

Rechnen wir z. B. mit der Nennweite der Rohre, so ist der tatsächliche Druckverlust immer kleiner, da der wirkliche Rohrdurchmesser im Mittel stets etwas größer ist. Es ergibt sich nach Zahlentafel 43, daß ein um 1% kleinerer Rohrdurchmesser einen um 5% größeren Rohrwiderstand hat. Bei Wasserleitungen wird sich durch Ablagerung der Rohrdurchmesser verengen. Haben sich z. B. auf der Wand eines Rohres von 100 mm l. W. Ablagerungen von durchschnittlich 2,5 mm Dicke gebildet, so daß der tatsächliche Rohrdurchmesser 95 mm beträgt, so ist $d_2/d_1 = 95/100 = 0,95$. Der Druckverlust steigt dann nach Zahlentafel 43 um 29,2%.

Die Betrachtungen dienen der Beurteilung der Einflußgrößen bei der Ermittlung des Druckverlustes bei der Rohrströmung. Wir können danach feststellen, daß es im allgemeinen genügen wird,

das Rauhigkeitsmaß k in mm so zuverlässig wie möglich zu schätzen,

die Rohrreibungszahl λ für die berechnete relative Rauhigkeit d/k im Gebiet hydraulisch rauhen Verhaltens der Rohrwand zugrunde zu legen, wenn man sich nicht im Turbulenzgebiet bei außergewöhnlich kleinen REYNOLDSschen Zahlen bewegt, oder wenn die Rauhigkeiten den im Abschn. 117 genannten Typen B oder C entspricht.

Abb. 118,1 zeigt die Rohrreibungszahl λ in Abhängigkeit der relativen Rauhigkeit d/k im hydraulisch rauhen Rohr. Die Grenzwerte der REYNOLDSschen Zahl für das Übergangsgebiet nach der Grenzkurve gemäß Abb. 117,1 bzw. 117,6 sind für einige Werte angegeben. Mit diesen λ-Werten wird man im allgemeinen mit ausreichender Genauigkeit den Druckverlust berechnen können, wenn der Mengenstrom $\dot{V}$ und vor allem der Rohrdurchmesser d genau genug bestimmt sind.

Beispiel: In einer Rohrleitung NW 200 und 100 m Länge strömen 1 m³/min Wasser von der Wichte $\gamma = 1000$ kp/m³. Unter Annahme eines Rauhigkeitsmaßes von $k = 1,0$ mm (gebrauchte Leitung) sind zu bestimmen. a) die REYNOLDSsche Zahl und das Gebiet der vorliegenden Strömung, b) der Druckverlust in kp/m² unter Zugrundelegung der Rohrreibungszahl für hydraulisch rauhes Rohr, c) der prozentuale Einfluß auf den Druckverlust, der sich bei Beachtung des Gebietes der vorliegenden Strömung ergibt, d) der prozentuale Einfluß auf den Druckverlust, der sich gegenüber der Berechnung mit der Nennweite für den nach den Normen größtmöglichen Innendurchmesser ergibt.

Lösung: Gegeben: $d = 200$ mm $\varnothing = 2 \cdot 10^{-1}$ m $\varnothing$; $l = 10^2$ m; $\gamma = 10^3$ kp/m³; $\dot{V} = 1$ m³/min.

a) $d/k = 200/1,0 = 200$. Unter Annahme einer Wassertemperatur von 20 °C ist nach Zahlentafel 40: $\eta = 102 \cdot 10^{-6}$ kps/m². Nach Gl. (108,9 a)

$$\mathrm{Re}_d = \frac{\dot{V} \cdot \gamma}{462 \cdot d \cdot \eta}$$

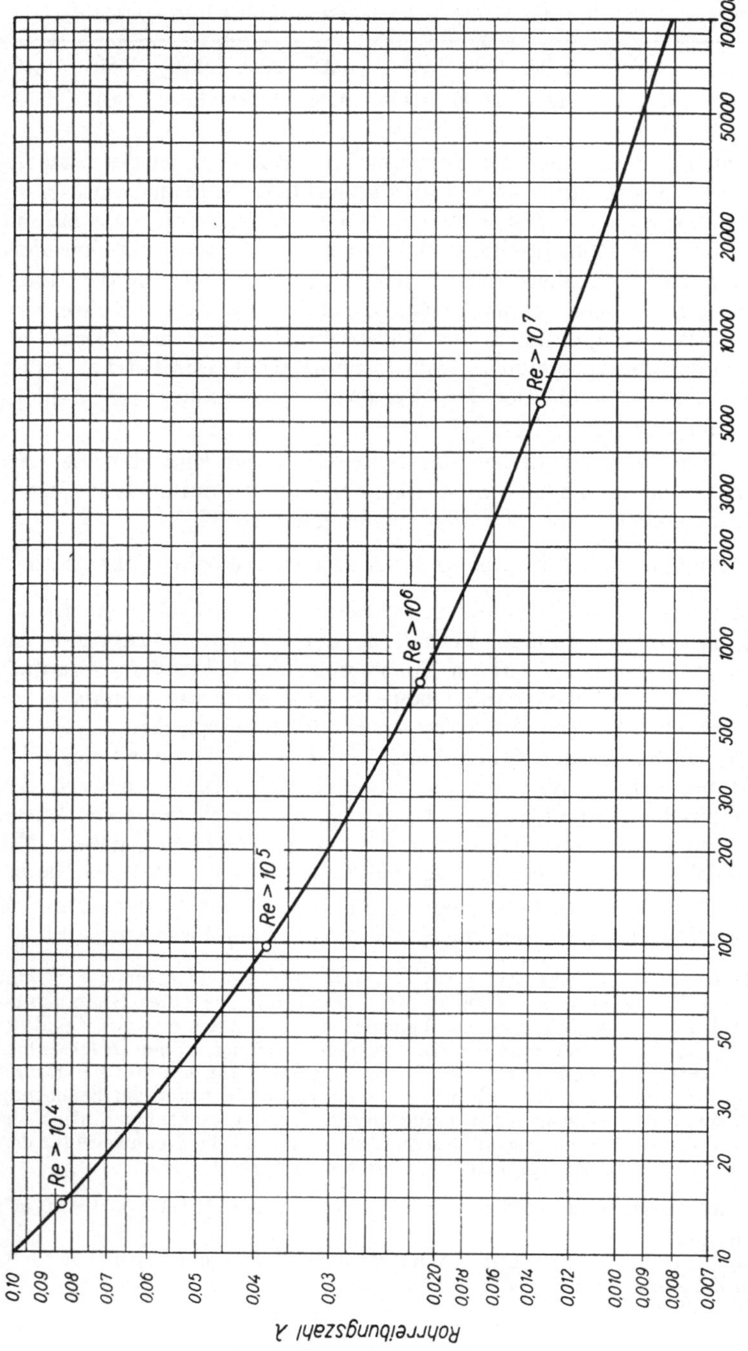

Abb. 118,1. Die Rohrreibungszahl λ für hydraulisch rauhes Rohr in Abhängigkeit von d/k. (Die ein getragenen REYNOLDSschen Zahlen geben ihren Kleinstwert für die Grenzkurve in Abb. 117,1 bzw. 117,6 an)

Die Gleichung gilt für $\dot V$ in m³/min

$$\mathrm{Re}_d = \frac{1 \cdot 10^3 \cdot 10^6}{462 \cdot 0,2 \cdot 102} = 1,06 \cdot 10^5$$

Im Diagramm Abb. 117,1 sehen wir, daß für $d/k = 200$ und $\mathrm{Re}_d = 1,06 \cdot 10^5$ die Wasserströmung im Übergangsgebiet liegt.

b) Für hydraulisch rauhes Rohr ergibt sich nach dem Diagramm Abb. 118,1

$$\lambda = 0,0303 = 3,03 \cdot 10^{-2}$$

Nach Gl. (116,3) für $\dot V$ in m³/min

$$\Delta p = \frac{2,3}{10^5}\, \lambda \frac{l}{d^5}\, \dot V^2 \cdot \gamma = \frac{2,3}{10^5}\, \frac{3,03}{10^2}\, \frac{10^2}{(2 \cdot 10^{-1})^5}\, 1^2 \cdot 10^3 = 218 \text{ in kp/m}^2$$

c) Für das Übergangsgebiet mit $\mathrm{Re}_d = 1,06 \cdot 10^5$ und $d/k = 200$ ergibt sich nach Prandtl-Colebrook Abb. 117,1

$$\lambda_1 = 0,031$$

Damit wird der Druckverlust

$$\Delta p_1 = \Delta p\, \frac{\lambda_1}{\lambda} = 218 \text{ kp/m}^2\, \frac{0,031}{0,0303} = 223 \text{ kp/m}^2$$

oder um 2,24% höher.

Nach Morris ergibt eine Schätzung aus Abb. 117,6:

$$\lambda_2 = 0,026$$

$$\Delta p_2 = \Delta p\, \frac{\lambda_2}{\lambda} = 218 \text{ kp/m}^2 \cdot \frac{0,026}{0,0303} = 187 \text{ kp/m}^2$$

oder um 14,2 % niedriger.

d) Nach DIN 2448 hat ein nahtlos gezogenes Rohr NW 200, ND 10: 216 mm Außendurchmesser und 6 mm Wandstärke. Damit ergibt sich das Nennmaß für den Innendurchmesser zu

$$(216 - 2 \cdot 6) \text{ mm} = 204 \text{ mm}$$

Das sind bereits 2% mehr als 200 mm.

Nach DIN 1629 sind aber außerdem sowohl der Außendurchmesser als auch die Wandstärke toleriert. Bei Berücksichtigung der zugelassenen Toleranzen ergeben sich im Grenzfalle für ein Rohr NW 200:

$$\text{Innendurchmesser von 199 mm bis 209 mm}$$

Mit $d = 209 \text{ mm} = 2,09 \cdot 10^{-1}$ m, $k = 1,0$ mm und $d/k = 209$ finden wir in Abb. 118,1

$$\lambda = 0,0301 = 3,01 \cdot 10^{-2}$$

Damit wird nach Gl. (116,3)

$$\Delta p = \frac{2,3 \cdot 3,01 \cdot 10^2 \cdot 1^2 \cdot 10^3}{10^5 \cdot 10^2 \cdot (2,09 \cdot 10^{-1})^5} = 174 \text{ in kp/m}^2$$

Für den beim Rohr NW 200 im äußersten Falle möglichen Innendurchmesser von 209 mm ergibt sich demnach ein um

$$\frac{218 - 174}{218}\, 100 = 20,2\%$$

geringerer Druckverlust.

Die Berechnungen zu c) und d) zeigen, daß es meist genügt, mit den λ-Werten für hydraulisch rauhes Rohr zu rechnen. Der Einfluß von Abweichungen des Durchmessers hat auf die Zuverlässigkeit des Druckverlustes meist einen größeren Einfluß.

Beispiel: Auf welchen Betrag und um wieviel Prozent steigt der Druckverlust der Wasserströmung im vorigen Beispiel, a) wenn mit dem Rauhigkeitsmaß $k_1 = 2.0$ mm gerechnet wird, b) wenn 10 mm starke Ablagerungen auf der Rohrwand das Rohr verengen und mit dem Rauhigkeitsmaß $k_1 = 2$ mm gerechnet wird.

Lösung: a) $d/k_1 = 200/2 = 100$
Nach Abb. 118,1 ist dann $\lambda_1 = 0,038 = 3,8 \cdot 10^{-2}$.

Da sich nur λ ändert und nach Gl. (116,3) der Druckverlust der Rohrreibungszahl proportional ist, folgt

$$\frac{\Delta p_1}{\Delta p} = \frac{\lambda_1}{\lambda}; \quad \Delta p_1 = \Delta p \cdot \frac{\lambda_1}{\lambda} = 218 \text{ kp/m}^2 \frac{0,038}{0,0303} = 273 \text{ kp/m}^2$$

Die Erhöhung des Rauhigkeitsmaßes k um 100% ergibt eine Vergrößerung des Druckverlustes von

$$\frac{273 - 218}{218} 100 = 25\%$$

b) $k_1 = 2,0$ mm, $d_2 = (200 - 2 \cdot 10)$ mm $= 180$ mm $= 1,8 \cdot 10^{-1}$ m, $d_2/k_1 = 180/2 = 90$.
Nach Abb. 118,1 ist dann $\lambda_2 = 0,039 = 3,9 \cdot 10^{-2}$.
Nach Gl. (116,3)

$$\Delta p_2 = \frac{2,3}{10^5} \lambda_2 \frac{l}{d^5} \dot{V}^2 \cdot \gamma$$

$$\Delta p_2 = \frac{2,3}{10^5} \frac{3,9}{10^2} \frac{10^2}{(1,8 \cdot 10^{-1})^5} 1^2 \cdot 10^3 = 475 \text{ in kp/m}^2$$

Die Verminderung des Rohrdurchmessers um 10% ergibt eine gesamte Vergrößerung des Druckverlustes von

$$\frac{475 - 218}{218} 100 = 118\%$$

Zur Vereinfachung der Berechnung ist nach Gl. (116,3) für $\dot{V}$ in m³/min und Δp in m WS $= 10^3$ kp/m² mit $k = 1$ mm das Diagramm Abb. 118,2 entwickelt, das den Druckverlust je 100 m gerader Rohrlänge abzulesen gestattet. Ist die Leitung nicht 100 m sondern l in m lang, so ergibt sich aus dem Druckverlust des Diagrammes Δp_D der tatsächliche Druckverlust zu

$$\Delta p = \Delta p_D \frac{l}{100 \text{ m}} \tag{118,1 a}$$

Das Diagramm ist entwickelt für Wasser mit $\gamma_D = 1000$ kp/m³. Bei Förderung von Flüssigkeiten von der Wichte γ in kp/m³ berechnet sich der tatsächliche Druckverlust zu

$$\Delta p = \Delta p_D \frac{l}{100 \text{ m}} \frac{\gamma}{1000 \frac{\text{kp}}{\text{m}^3}} \tag{118,1 b}$$

Beispiel: Durch eine 450 m lange Leitung von 150 mm Durchmesser wird 1 m³/min Sole von der Wichte $\gamma = 1060$ kp/m³ gefördert. Berechne den Druckverlust.

Lösung: Nach Diagramm Abb. 118,2 ergibt sich für $\dot{V} = 1$ m³/min und $d = 150$ mm für 100 m Leitung $\Delta p_D = 1$ m WS. Nach Gl. (118,1b)

$$\Delta p = \Delta p_D \frac{l}{100 \text{ m}} \frac{\gamma}{1000 \frac{\text{kp}}{\text{m}^3}} = 1 \text{ m WS} \frac{450}{100} \frac{1060}{1000} = 4,77 \text{ m WS}$$

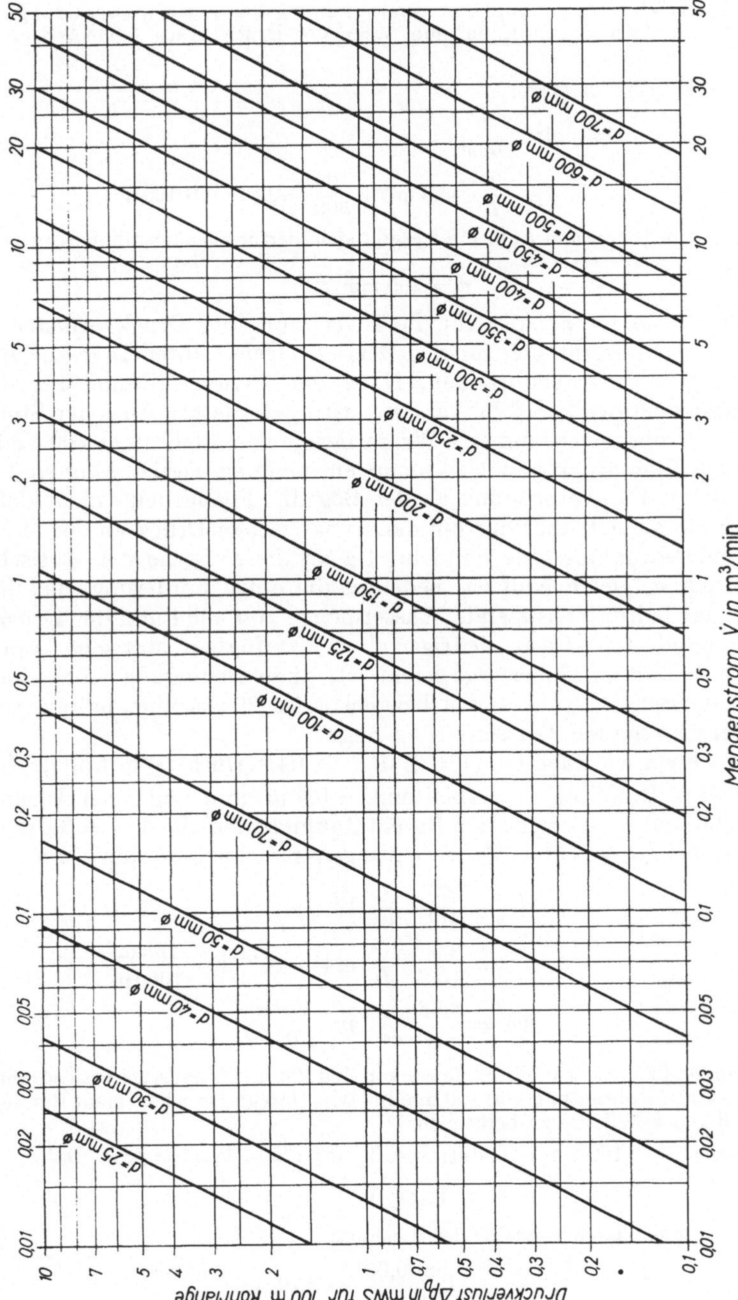

Abb. 118,2. Druckverlust Δp in mWS je 100 m Wasserleitung mit einem Rauhigkeitsmaß $k = 1{,}0$ mm und $\gamma = 1000$ kp/m³

Beispiel: Welchen Durchmesser benötigt eine 500 m lange Wasserleitung für eine Durchflußmenge von 1,5 m³/min, wenn der Druckverlust 4,0 m WS nicht überschreiten soll?

Lösung: Nach Gl. (118,1a)

$$\Delta p = \Delta p_D \frac{l}{100\,\text{m}}$$

$$\Delta p_D = \Delta p \frac{100\,\text{m}}{l} = 4\,\text{m WS} \frac{100}{500} = 0,8\,\text{m WS}/100\,\text{m}$$

Nach dem Diagramm Abb. 118,2 ergibt sich hierfür als nächst höherer Rohrdurchmesser

$$d = 200\,\text{mm}\ \varnothing$$

Ein besonderes Beispiel für die Berechnung des Druckverlustes in Rohrleitungen ergibt sich für das Wasserrohrnetz unter Tage zur Bekämpfung von Grubenbränden. Nach der Bergverordnung für die Steinkohlenbergwerke[1] § 75 Absatz 2 wird gefordert: „An jeder Stelle des Wasserrohrnetzes muß eine Wassermenge von mindestens 400 l/min bei einem Fließdruck von 1,5 kp/cm² entnommen werden können."

In dieser Bergverordnung ist der Begriff „Fließdruck" nicht definiert. Es kann sich aber nur um den dynamischen Druck an der Mündung der Entnahmestelle handeln. Da an dieser Stelle der statische Überdruck $p_{\ddot{u}}$ gleich Null ist, bedeutet die obige Forderung, daß für eine in der Leitung strömende Wassermenge von 400 l/min der Druckverlust mindestens 1,5 at niedriger als der verfügbare statische Druck sein muß. Daß es keineswegs leicht ist, diese Bedingung trotz eines hohen statischen Druckes von beispielsweise 20 atü einzuhalten, soll eine Berechnung der Wasserleitung zeigen.

Berechnen wir nach Gl. (116,3) den Druckverlust Δp in kp/cm² für $l = 1000$ m Rohr bei $\dot V = 400$ l/min $= 0,4$ m³/min und einer Wichte $\gamma = 1000$ kp/m³, so ergibt sich für ein Rauhigkeitsmaß von $k = 3,0$ mm, mit dem bei gebrauchten Wasserleitungen gerechnet werden kann:

$$\Delta p = \frac{2,3}{10^9}\,\lambda\,\frac{l}{d^5}\,\dot V^2 \cdot \gamma$$

$$= \frac{2,3}{10^9}\,\lambda\,\frac{10^3}{d^5}\,0,4^2 \cdot 10^3 \quad \text{in}\ \frac{\text{kp/cm}^2}{1000\,\text{m}}$$

$$\Delta p = \frac{3,68}{10^4}\,\frac{\lambda}{d^5} \quad \text{in}\ \frac{\text{kp/cm}^2}{1000\,\text{m}}$$

Beispiel: Für eine Durchflußmenge von 400 l/min ist der Druckverlust einer 1000 m langen Rohrleitung von 100 mm lichtem Durchmesser bei einem Rauhigkeitsmaß von $k = 3$ mm zu berechnen.

Lösung: $d = 100$ mm $= 0,1$ m; $k = 3$ mm; $d/k = 100/3 = 33,3$. Dafür ist nach Abb. 118,1

$$\lambda = 0,057$$

Damit ergibt sich nach vorstehender Gleichung

$$\Delta p = \frac{3,68}{10^4} \cdot \frac{\lambda}{d^5} = \frac{3,68 \cdot 0,057}{10^4 \cdot 0,1^5} = 2,10 \quad \text{in}\ \frac{\text{kp/cm}^2}{1000\,\text{m}}$$

---

[1] Bergverordnung für Steinkohlenbergwerke im Verwaltungsbezirk des Oberbergamtes in Dortmund vom 18. 12. 1964. Dortmund: Hermann Bellmann, Buchdruckerei und Verlag.

Dieser Druckverlust für 1000 m Rohrleitung scheint zunächst nicht übermäßig hoch. Nun wird aber der Rohrdurchmesser durch Verkrustungen, ganz besonders wenn die Wasserleitungen unter Tage mit Grubenwasser gespeist werden, nicht unbedeutend enger.

In Abb. 118,3 sind deshalb die Ergebnisse der Berechnung des Druckverlustes in Wasserleitungen von 50 bis 150 mm Durchmesser bei einem Mengenstrom von 400 l/min und einer Wandrauhigkeit $k = 3,0$ mm (sehr rauhe Rohre) schaubildlich aufgetragen.

Man erkennt, daß sich der Druckverlust bei einer Verengung der Rohrleitung infolge Verkrustung:
auf 90 mm l. W. ergibt zu

$$\Delta p = 3,72 \text{ at/1000 m}$$

Für andere genormte Rohrweiten, wenn man zunächst von einer Verengung durch Verkrustung absieht, wird der Druckverlust:

bei 80 mm l. W.:

$$\Delta p = 7,18 \text{ at/1000 m,}$$

bei 50 mm l. W.:

$$\Delta p = 91,2 \text{ at/1000 m.}$$

Der gesamte Druckverlust setzt sich zusammen aus dem Widerstand der einzelnen hintereinander geschalteten Leitungsstränge mit ihren Rohrweiten.

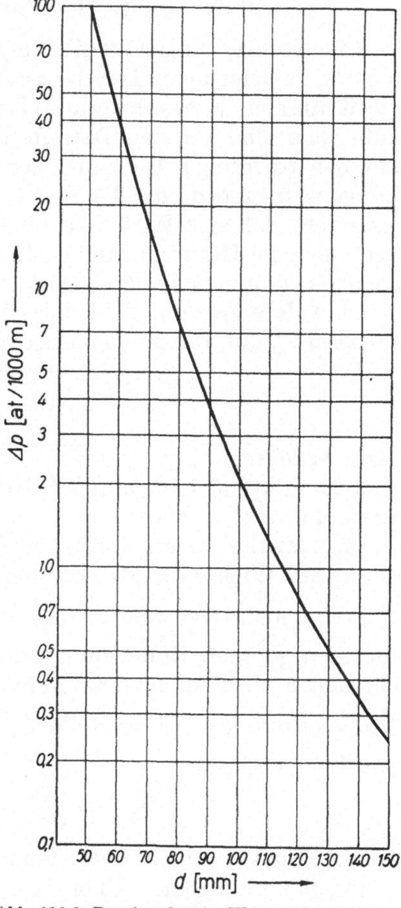

Abb. 118,3. Druckverlust im Wasserrohrnetz unter Tage bei Entnahme von 400 l/min für $k = 3,0$ mm

Liegt die Entnahmestelle für 400 l/min in einer Abbaustrecke und beträgt dieser Leitungsstrang bei 50 mm Rohrweite *nur* 200 m, so haben wir bereits in dieser allein einen Druckverlust von $\Delta p = 91,2 \text{ at} \frac{200 \text{ m}}{1000 \text{ m}}$ = rd 18,2 at. Durch Verkrustung kann aber der Druckverlust dieser Leitung außerdem erheblich ansteigen.

In Wasserleitungen mit 80 mm Rohrweite kann der Druckverlust von 7,18 at/1000 m bei Verkrustung auf 70 mm Rohrweite nach dem Schaubild Abb. 118,3 auf $\Delta p = 14,7$ at/1000 m, d. h. auf mehr als den doppelten Betrag ansteigen.

Diese Berechnungen zeigen deutlich, daß man der Bemessung der Wasserleitungen unter Tage sorgfältige Berechnungen nach den wirklichen Rohrlängen zugrunde legen sollte.

119. Widerstände in Formstücken und Absperrmitteln

Eine Rohrleitung setzt sich im allgemeinen aus geraden Rohrsträngen von verschiedenen Durchmessern zusammen, die durch Formstücke wie Krümmer, Kniestücke und T-Stücke miteinander verbunden sind. Außerdem sind für den Betrieb Ventile und Schieber vorhanden. In diesen wird infolge Änderung der Hauptströmungsrichtung das Strömungsprofil und damit die Druck- und Geschwindigkeitsverteilung so verändert, daß sich Wirbel ausbilden. Diese „*Sekundärströmung*" überlagert sich der Hauptströmung. Zu den hierdurch entstehenden Energieverlusten kommen Stoßverluste und die Verluste durch Wandreibung.

In Anlehnung an die Rohrreibung führt man hierfür die *Widerstandszahl* ζ ein, für die der Ausdruck definiert ist:

$$\boxed{\Delta p = \zeta \, \frac{c^2}{2\,g} \, \gamma}$$

$$(119,1)$$

Darin bedeuten
Δp z. B. in kp/m² bzw. mm WS Druckverlust in Formstücken oder anderen Rohreinbauteilen,
c in m/s mittlere Geschwindigkeit der Strömung,
γ in kp/m³ Wichte des strömenden Mediums.

Wenn man also zum Druckverlust $\lambda \dfrac{l}{d} \dfrac{c^2}{2\,g}\gamma$ nach Gl. (116,1) der einzelnen geraden Rohrstränge, den man abschnittsweise für die verschiedenen vorkommenden Rohrweiten berechnet, die Summe der Druckverluste der Einbauteile $\zeta \dfrac{c^2}{2\,g}\gamma$ addiert, so erhält man den Gesamtdruckverlust

$$\Delta p_{\text{ges}} = \left(\sum \lambda \, \frac{l}{d} + \sum \zeta \right) \frac{c^2}{2\,g} \, \gamma$$

$$(119,2)$$

Der Druckverlust in den Einbauteilen ist wie bei der geraden Rohrleitung der kinetischen Energie des strömenden Stoffes proportional. Aus Gln. (116,1) und (119,1) erhält man also die Beziehung zwischen Widerstandszahl und Rohrreibungszahl

$$\zeta = \lambda \, \frac{l}{d}$$

$$(119,3)$$

Hieraus läßt sich errechnen, wieviel m einer geraden Rohrleitung dem Druckverlust des eingebauten Formstückes oder Absperrorganes mit bekannter Widerstandszahl entsprechen. Aus vorstehender Gleichung folgt diese als *gleichwertige Widerstandslänge* l_w bezeichnete Größe

$$\boxed{l_w = \frac{\zeta}{\lambda} \, d}$$

$$(119,4)$$

In vielen Fällen wird die gleichwertige Widerstandslänge nur einen geringen'Bruchteil der gesamten zu berechnenden Rohrlänge ausmachen, so daß es auf ihre genaue Erfassung nicht so sehr ankommt. Man findet dann für überschlägliche Rechnungen für einzelne Formstücke und Ventile Durchschnittswerte der Widerstandslänge.

Für genauere Rechnungen können diese Werte aber nicht stimmen, da die Widerstandslänge nach Gl. (119,4) außer von der Widerstandszahl des Formstückes oder Absperrorganes noch von der Rohrreibungszahl abhängt. Sie muß also in jedem Einzelfalle für *die* Rohrreibungszahl bestimmt werden, mit der die gerade Rohrleitung berechnet wird, auf die der Verlust durch die Formstücke oder Absperrorgane jeweils umgerechnet werden soll. Diese hängt aber nach Gl. (117,3) bzw. Abb. 118,1 von dem vorhandenen oder angenommenen Rauhigkeitsmaß k der bezogenen Rohrleitung ab.

Um einen Überblick über die Höhe der in Betracht kommenden Widerstandszahlen zu erhalten, sind in Zahlentafel 44 Widerstandszahlen verschiedener Formstücke und in Zahlentafel 45 Widerstandszahlen von Absperrmitteln zusammengestellt. Etwas unbestimmt sind die bei der Zusammenstellung gemachten Angaben „glatt" und „rauh", da die Wandbeschaffenheit hier nicht näher definiert ist, wie es bei der Rohrreibungszahl der Fall war. Immerhin gestattet die Gegenüberstellung der Widerstandszahlen einen Einblick, in welchem Maße die einzelnen Formstücke im neuen und gebrauchten Zustand den Gesamtdruckverlust eines Rohrstranges beeinflussen können.

Beim Einbau von T-Stücken zur Rohrverzweigung wird der Druckverlust auf den dynamischen Druck des Gesamtstromes bezogen. Die Widerstandszahlen sind dann abhängig von dem Verhältnis der Teilströme. Wir erhalten deshalb bei T-Stücken zwei Widerstandszahlen, nämlich ζ_a für das Abzweigrohr und ζ_d für das Hauptrohr.

Zahlentafel 44. *Widerstandszahlen ζ von Rohr-Formstücken*

a) Gebogene Krümmer

$R =$		2 d	4 d	6 d	10 d
$\delta = 90°$	glatt	0,14	0,11	0,09	0,08
	rauh	0,30	0,23	0,18	0,15
$\delta = 45°$	glatt	0,09	0,08	0,075	0,07
	rauh	0,19	0,17	0,15	0,13

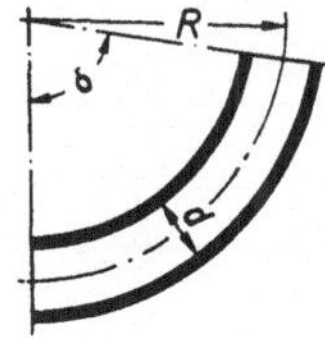

b) Kniestücke

δ	30°	45°	60°	90°
glatt	0,11	0,24	0,47	1,13
rauh	0,17	0,32	0,68	1,27

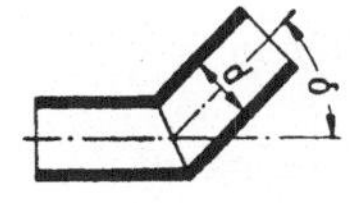

c) Faltenbogen 90°

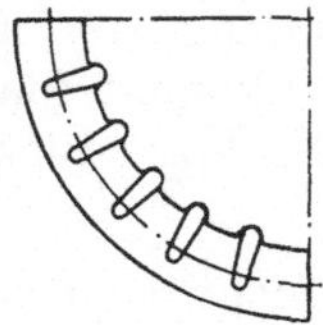

Rohrweite NW	200	300	400	500
ζ	1,8	2,1	2,2	2,2

d) Zusammengesetzte 90°-Krümmer

zwei 90°-Krümmer
ζ = 2fach eines 90°-Krümmers

zwei Krümmer = Raumkrümmer
ζ = 3fach eines 90°-Krümmers

zwei Krümmer = Wendekrümmer
ζ = 4fach eines 90°-Krümmers

e) Ausgleichsstücke

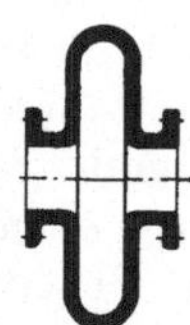

Wellrohrausgleicher
$\zeta = 2,0$

Glattrohr-Lyrabogen
$\zeta = 0,7$
Faltenrohr-Lyrabogen
$\zeta = 1,4$

f) Abzweigstücke. Hauptrohrdurchmesser d = Abzweigrohrdurchmesser d_a

Trennung

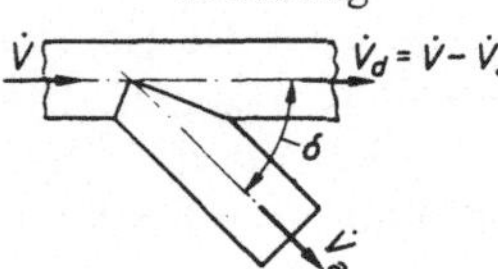

Vereinigung

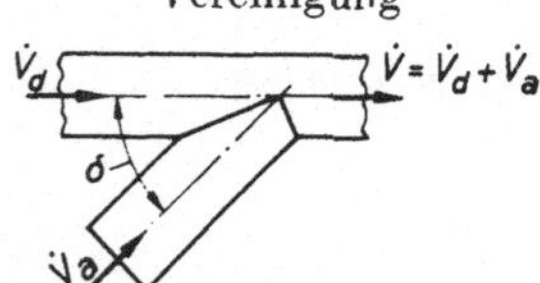

Gesamtstrom $\dot{V}$, ab- bzw. zufließender Strom $\dot{V}_a$,
Differenzstrom $\dot{V}_d$,
ζ_d = Widerstandsziffer im Hauptrohr,
ζ_a = Widerstandsziffer im Abzweigrohr,
Minuszeichen bedeutet Druckgewinn

	$\dfrac{\dot{V}_a}{\dot{V}}$	0	0,2	0,4	0,6	0,8	1,0	δ
Trennung	ζ_a	—	0,68	0,50	0,38	0,35	0,48	
	ζ_d	0,04	−0,06	−0,04	0,07	0,20	0,33	
Vereinigung	ζ_a	—	−0,38	0	0,22	0,37	0,37	45°
	ζ_d	0,04	0,17	0,19	0,09	−0,17	−0,54	
Trennung	ζ_a	—	0,88	0,89	0,95	1,10	1,28	
	ζ_d	0,04	−0,08	−0,05	0,07	0,21	0,35	
Vereinigung	ζ_a	—	−0,4	0,08	0,47	0,72	0,91	90°
	ζ_d	0,04	0,17	0,30	0,41	0,51	0,60	

Wir können jetzt für jedes Formstück oder Absperrorgan die gleichwertige Widerstandslänge ermitteln, wenn wir sie nach Gl. (119,4) auf die Rohrreibungszahl des jeweiligen Rohres beziehen. Diese entnehmen wir Abb. 118,1. Zur Vereinfachung der Rechnung sind für genormte Rohrweiten die λ-Werte für verschiedene Rohrrauhigkeiten k in Zahlentafel 46 angegeben.

Zahlentafel 45. *Widerstandszahl ζ von Absperrmitteln voll geöffnet*

	Nennweite in mm				
	50	100	200	300	400
Normales Durchgangsventil	5,0	5,4	6,3	7,0	7,7
Eckventil	3,3	4,1	5,3	6,2	6,6
Freiflußventil (Schrägspindel)	1,0	0,6	0,6	0,6	0,6
Schieber	0,3	0,3	0,3	0,3	0,3

Zahlentafel 46. *Rohrwiderstandszahl λ für verschiedene Nennweiten und Wandrauhigkeiten*

Rauhigkeitsmaß in mm	Nennweite in mm								
	25	50	80	100	150	200	300	400	500
$k = 0{,}2$	0,0355	0,0283	0,0246	0,0234	0,021	0,01965	0,0178	0,0168	0,0158
$k = 0{,}5$	0,0485	0,038	0,0325	0,0303	0,0266	0,0246	0,0222	0,0204	0,01965
$k = 1{,}0$	0,0645	0,0485	0,025	0,038	0,033	0,0304	0,0266	0,0246	0,0234
$k = 2{,}0$	0,09	0,0645	0,0529	0,0485	0,042	0,038	0,033	0,0304	0,0255
$k = 3{,}0$	0,1125	0,0775	0,064	0,057	0,0485	0,044	0,038	0,0348	0,0322

Beispiel: Berechne die gleichwertige Widerstandslänge für 200 mm Rohrweite bei einem Rauhigkeitsmaß von $k = 0{,}2$; 0,5; 1,0; 2,0 und 3,0 mm für verschiedene Formstücke der Zahlentafel 44 und Absperrmittel der Zahlentafel 45.

Lösung: Die Rohrwiderstandszahl für die Nennweite 200 mm = 0,2 m ist nach Zahlentafel 46 (bzw. Abb. 118,1)

$$\text{für } k = 0{,}2 \quad \lambda = 0{,}01965$$
$$\text{,, } k = 0{,}5 \quad \lambda = 0{,}0246$$
$$\text{,, } k = 1{,}0 \quad \lambda = 0{,}0304$$
$$\text{,, } k = 2{,}0 \quad \lambda = 0{,}038$$
$$\text{,, } k = 3{,}0 \quad \lambda = 0{,}044$$

Für einen gebogenen Krümmer 90° mit $R = 4d$ ist im Neuzustand (glatt) $\zeta = 0{,}11$, gebraucht (rauh) $\zeta = 0{,}23$; damit wird nach Gl. (119,4) beim *neuen Krümmer*

$$\text{für } k = 0{,}2 \text{ mm} \quad l_w = \frac{\zeta}{\lambda}\, d = \frac{0{,}11}{0{,}01965}\, 0{,}2 \text{ m} = 1{,}12 \text{ m}$$

$$k = 0{,}5 \text{ mm} \quad l_w = \frac{0{,}11}{0{,}0246}\, 0{,}2 \text{ m} = 0{,}9 \text{ m}$$

$$k = 1{,}0 \text{ mm} \quad l_w = \frac{0{,}11}{0{,}0304}\, 0{,}2 \text{ m} = 0{,}73 \text{ m}$$

$$k = 2{,}0 \text{ mm} \quad l_w = \frac{0{,}11}{0{,}038}\, 0{,}2 \text{ m} = 0{,}58 \text{ m}$$

$$k = 3{,}0 \text{ mm} \quad l_w = \frac{0{,}11}{0{,}044}\, 0{,}2 \text{ m} = 0{,}5 \text{ m}$$

beim *gebrauchten Krümmer*

$$\text{für } k = 0{,}2 \text{ mm} \qquad l_w = \frac{0{,}23}{0{,}01965}\, 0{,}2 \text{ m} = 2{,}34 \text{ m}$$

$$\text{für } k = 0{,}5 \text{ mm} \qquad l_w = \frac{0{,}23}{0{,}0246}\, 0{,}2 \text{ m} = 1{,}87 \text{ m}$$

$$\text{für } k = 1{,}0 \text{ mm} \qquad l_w = \frac{0{,}23}{0{,}0304}\, 0{,}2 \text{ m} = 1{,}51 \text{ m}$$

$$\text{für } k = 2{,}0 \text{ mm} \qquad l_w = \frac{0{,}23}{0{,}038}\, 0{,}2 \text{ m} = 1{,}21 \text{ m}$$

$$\text{für } k = 3{,}0 \text{ mm} \qquad l_w = \frac{0{,}23}{0{,}044}\, 0{,}2 \text{ m} = 1{,}05 \text{ m}$$

Die gleiche Berechnung der gleichwertigen Widerstandslängen in m für weitere Formstücke und Absperrmittel hat für die Rohrweite 200 mm die in Zahlentafel 47 zusammengestellten Ergebnisse:

Zahlentafel 47. *Gleichwertige Widerstandslängen in m von Rohrformstücken und Absperrmitteln bei verschiedener absoluter Rauhigkeit des Rohres NW 200*

			Rauhigkeitsmaß k				
			0,2 mm	0,5 mm	1,0 mm	2,0 mm	3,0 mm
90°-Krümmer	glatt		1,12	0,9	0,73	0,58	0,5
	rauh		2,34	1,87	1,51	1,21	1,05
Kniestück	45° glatt		2,45	1,95	1,58	1,26	1,09
	rauh		3,26	2,6	2,1	1,68	1,45
	90° glatt		11,5	9,2	7,43	5,94	5,13
	rauh		13,0	10,3	8,37	6,67	5,75
Faltenbogen 90°			18,32	14,63	11,85	9,47	8,18
Ausgleichstück	Wellrohr		20,4	16,3	13,0	10,5	9,1
	glatter Lyrabogen		7,1	5,7	4,6	3,68	3,17
T-Stück $\dfrac{\dot V_a}{\dot V} = 0{,}6$	Trennung	Hauptrohr	9,66	7,72	6,25	5,0	4,3
		Abzweigrohr	0,71	0,57	0,46	0,37	0,32
	Vereinigung	Hauptrohr	4,7	3,82	3,2	2,47	2,13
		Abzweigrohr	4,17	3,33	2,7	2,16	1,86
Durchgangsventil	voll geöffnet		64	51,2	41,5	33	28,6
Eckventil			54	43	35	28	24
Freiflußventil			6,1	4,88	3,96	3,15	2,72
Schieber			3,05	2,44	1,97	1,58	1,37

Das Beispiel zeigt, daß es verhältnismäßig einfach ist, zur Berechnung des Druckverlustes Formstücke und Absperrmittel auf gleichwertige Widerstandslängen umzurechnen, die man der geraden Rohrlänge zuschlägt.

Aus der Zusammenstellung ergeben sich aber noch folgende Erkenntnisse:

1. Es ist nicht gleichgültig, auf welche Rohrwiderstandszahl die gleichwertige Widerstandslänge berechnet wird. Es muß der Berech-

nung *der* λ-Wert zugrunde gelegt werden, mit dem auch der Druckverlust in der geraden Rohrleitung berechnet wird.

2. Die Widerstandslängen sind bei den einzelnen Formstücken und Absperrmitteln recht verschieden. Einbauteile mit großem Widerstand sollten in den Rohrleitungen soweit wie möglich vermieden werden.

3. Die Berechnung darf darüber nicht hinwegtäuschen, daß sie nicht sehr genau ist. Ist der Anteil der gleichwertigen Widerstandslängen an der gesamten Rohrleitung nur gering, wird man mit nach oben abgerundeten Werten für die Rohrlänge rechnen können, wenn man sie nicht überhaupt vernachlässigen kann. (Nachprüfen des prozentualen Fehlers.)

120. Verluste durch Querschnittsänderung

a) *Verengung*: Verengt sich im Zuge der Strömung der Rohrquerschnitt plötzlich von A_1 auf A_2, so entsteht eine Strahleinschnürung, die von einem verwirbelten Totwassergebiet umgeben ist (Abb. 120,1). Diesen Fall haben wir auch beim plötzlichen Übergang der Strömung aus einem Behälter in ein Rohr.

Beziehen wir den hierbei auftretenden Druckverlust auf die kinetische Energie im verengten Rohr A_2, so ergibt sich

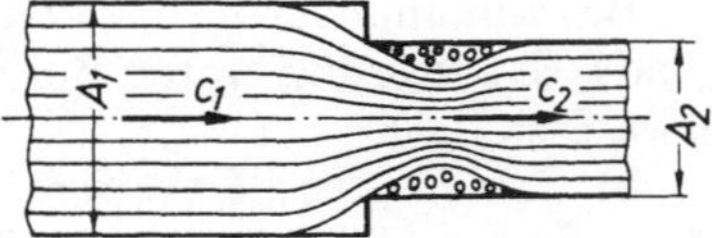

Abb. 120,1. Plötzliche Rohrverengung

$$\Delta p = \zeta \frac{c_2^2}{2g} \gamma \qquad (120,1)$$

Die Widerstandszahl ist vom Verengungsverhältnis $\dfrac{A_2}{A_1}$ abhängig, siehe Zahlentafel 48.

Zahlentafel 48. *Widerstandszahl ζ bei plötzlicher Rohrverengung*

$\dfrac{A_2}{A_1}$	0,1	0,2	0,3	0,4	0,6	0,8	1,0
ζ	0,46	0,42	0,37	0,33	0,23	0,13	0

Zur Berechnung der Druckänderung in einer Rohrverengung stellen wir die erweiterte BERNOULLIsche Gleichung Gl. (114,1) auf

$$\frac{p_1}{\gamma} + z_1 + \frac{c_1^2}{2g} = \frac{p_2}{\gamma} + z_2 + \frac{c_2^2}{2g} + H_w$$

In der betrachteten Rohrverengung ist $z_1 = z_2$.

Erweitern wir die Gleichung mit γ und setzen nach Gl. (120,1)

$$H_w \cdot \gamma = \Delta p = \zeta \frac{c_2^2}{2g} \gamma$$

so folgt:

$$p_1 + \frac{c_1^2}{2g} \gamma = p_2 + \frac{c_2^2}{2g} \gamma + \zeta \frac{c_2^2}{2g} \gamma$$

und

$$p_1 - p_2 = \frac{c_2^2 - c_1^2}{2g} \gamma + \zeta \frac{c_2^2}{2g} \gamma \qquad (120,2)$$

Da $c_2 > c_1$ ist, tritt an einer Verengungsstelle immer ein statischer Druckabfall ein.

Beim Übertritt aus einer größeren Behälterwand in ein Rohr haben wir eine Rohrverengung bei sehr kleinem A_2/A_1. Dabei ergeben sich für die in Abb. 120,2 dargestellten Einlaufstücke die angegebenen Widerstandszahlen. Bei gut abgerundetem Einlauf nach Abb. 120,2c kommt es kaum zu einer Strahleinschnürung, so daß die Widerstandszahl vernachlässigbar klein ist.

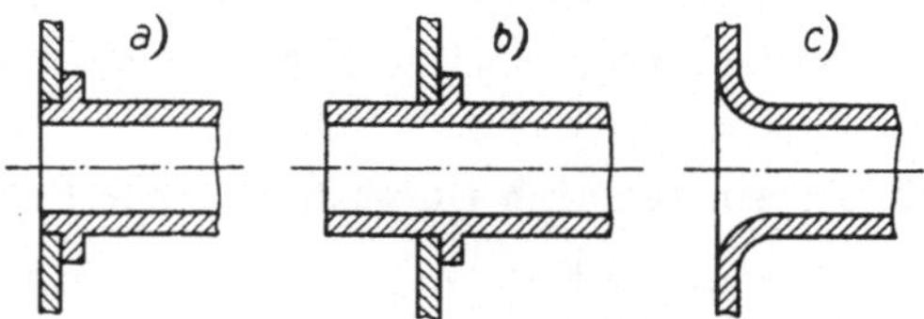

Abb. 120,2. Widerstandszahl von Einlaufstücken
a) kantig, scharf $\zeta = 0,5$, gebrochen $\zeta = 0,25$, b) kantig vorstehend, scharf $\zeta = 3,0$, gebrochen $\zeta = 0,55$, c) abgerundet, je nach Wandglätte $\zeta = 0,06 \cdots 0,005$

Bei allmählicher Rohrverengung (Düse Abb. 120,3) ohne darauf folgende Erweiterung treten nur sehr geringe Verluste auf. Im Mittel ist etwa $\zeta = 0,05$.

b) *Erweiterung*: Erweitert sich der Rohrquerschnitt plötzlich von A_1 auf A_2 (Abb. 120,4), so nimmt nach dem Kontinuitätsgesetz die Strömungsgeschwindigkeit c_1 auf $c_2 = c_1 \dfrac{A_1}{A_2}$ ab. Auch hier treten durch Verwirbelungen Energieverluste auf.

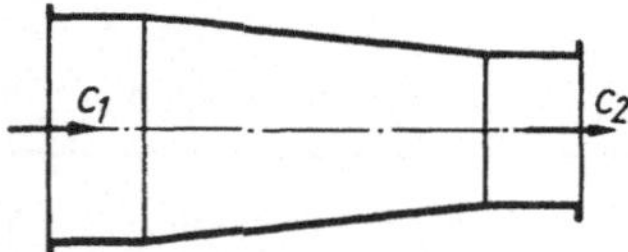

Abb. 120,3. Allmähliche Rohrverengung: Düse

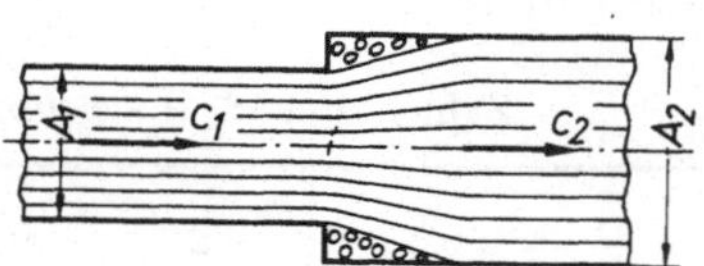

Abb. 120,4. Plötzliche Rohrerweiterung

Der Druckverlust berechnet sich bezogen auf die kinetische Energie im erweiterten Rohr (A_2):

$$\Delta p = \zeta \, \frac{c_2^2}{2g} \, \gamma \tag{120,3}$$

Die Widerstandszahl für eine Rohrerweiterung ist vom Erweiterungsverhältnis abhängig; es gilt

$$\zeta = \left(\frac{A_2}{A_1} - 1\right)^2 = \left[\left(\frac{d_2}{d_1}\right)^2 - 1\right]^2 \tag{120,4}$$

Nach der erweiterten Gleichung von BERNOULLI gilt für zwei Stellen unmittelbar vor und hinter der Erweiterungsstelle die Beziehung

$$p_2 - p_1 = \frac{c_1^2 - c_2^2}{2g} \, \gamma - \zeta \, \frac{c_2^2}{2g} \, \gamma \tag{120,5}$$

Der Druckunterschied setzt sich zusammen aus dem Druckgewinn infolge Abnahme der Geschwindigkeitsenergie und dem Druckverlust $\zeta \frac{c_2^2}{2\,g}\gamma$, d. h. mit anderen Worten: Der Druckverlust wird durch Umsetzung von dynamischen in statischen Druck wieder ausgeglichen, unter Umständen sogar übertroffen.

Bei einer *allmählichen Rohrerweiterung* (*Diffusor* Abb. 120,5) wird der Druckverlust geringer als bei plötzlicher Erweiterung. Bei zu großem Öffnungswinkel δ löst sich jedoch die Strömung von der Wand ab und es kommt ebenfalls zu Energieverlusten durch Wirbelbildung. Der günstigste Öffnungswinkel ist etwa $\delta = 8°$, d. h. beim halben Kegelwinkel $\delta/2 = 4°$, der allgemein als Diffusorwinkel bezeichnet wird. Die Widerstandszahl ζ bezogen auf den Querschnitt mit dem größeren Durchmesser d_2 ergibt sich für das Durchmesserverhältnis d_2/d_1 und verschiedene Öffnungswinkel nach Zahlentafel 49.

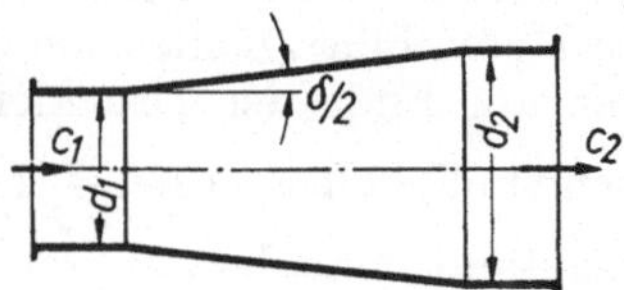

Abb. 120,5. Allmähliche Rohrerweiterung: Diffusor

Zahlentafel 49. *Widerstandszahl ζ für Diffusoren*

Diffusorwinkel $\delta/2$	d_2/d_1					
	1,5	1,6	1,7	1,8	1,9	2,0
4°	0,24	0,37	0,51	0,74	1,0	1,29
6°	0,34	0,55	0,79	1,14	1,54	2,0
8°	0,45	0,73	1,06	1,52	2,04	2,72
10°	0,63	1,0	1,45	2,04	2,75	3,63
12°	0,90	1,41	2,05	2,90	3,92	5,1

121. Die Förderhöhen bei der Flüssigkeitsförderung durch Pumpen

Die Pumpen saugen aus einem Behälter (Sumpf) durch eine *Saugleitung* und fördern durch die *Druckleitung* auf einen höher gelegenen Ausguß. Alle Pumpen nutzen den atmosphärischen Luftdruck aus und erzeugen *auf der Saugseite* einen *Unterdruck*, so daß der atmosphärische Druck die Flüssigkeit in den Pumpenraum hineindrückt. Hier wird der Flüssigkeit weitere Energie zugeführt. Sie *verläßt die Pumpe mit* einem *Überdruck*, durch den sie auf die gewünschte Höhe gehoben wird.

Man bezeichnet den Höhenunterschied zwischen Behälter- oder Sumpfspiegel und Ausguß der Druckleitung als *geodätische* oder *geometrische Förderhöhe* e[1] in m, den Höhenunterschied zwischen Sumpfspiegel und Pumpe als geodätische Saughöhe e_s in m und den Höhen-

---

[1] Die Größenbezeichnungen sind DIN 1944 „Abnahmeversuche an Kreiselpumpen" vom April 1952 angepaßt.

unterschied zwischen Pumpe und Austrittsöffnung als geodätische Druckhöhe e_d in m. Es ist $e = e_s + e_d$ (Abb. 121,1.)

Die *Statische Förderhöhe* H_{St} ist der meßbare Druck der ruhenden Fördersäule

$$H_{\mathrm{St}} = e \cdot \gamma \quad \text{z. B. in m WS}$$

oder mit e in m und γ in kp/m³ in kp/m².

Wir berechnen den Strömungswiderstand als Widerstandshöhe H_w in Meter Flüssigkeitssäule der Förderflüssigkeit (m Fl.-S.), in der auch die am Ende der Druckleitung noch vorhandene und verlorene Geschwindigkeitsenergie $\dfrac{c_a^2}{2\,g}$ enthalten ist. Auch hier trennen wir die Widerstandshöhe der Saugseite H_{w_s} von der Widerstandshöhe der Druckseite H_{w_d}, und es ist $H_w = H_{w_s} + H_{w_d}$ in m Fl.-S.

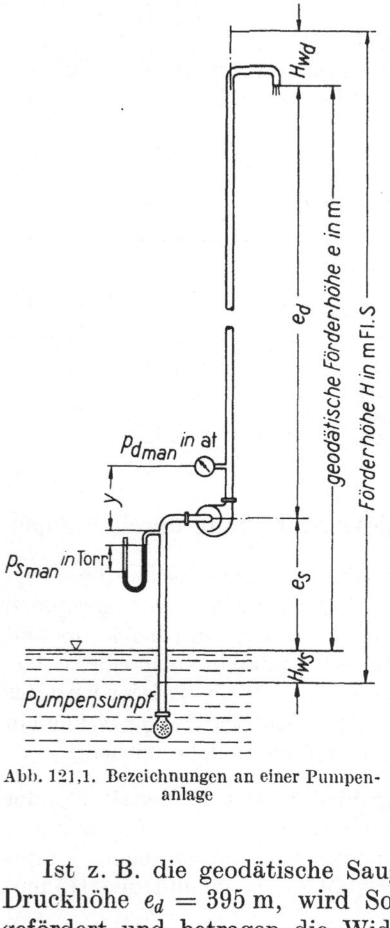

Nun erhalten wir die *Förderhöhe* (Abb. 121,1)

$$H = e + H_w \quad \text{in m Fl.-S.} \qquad (121,1)$$

Diese *Förderhöhe* ist der *Energiezuwachs* von 1 kp Förderflüssigkeit zwischen Ein- und Austritt der Pumpe und wird *auch gemessen in* kpm/kp.

Tatsächlich überwindet die Pumpe einen Druck, der auf der Saugseite mit einem Vakuummeter, auf der Druckseite mit einem Manometer *während des Betriebes* gemessen werden kann, und deshalb mit *manometrischer Förderhöhe* H_{man} bezeichnet wird.

$$H_{\mathrm{man}} = H \cdot \gamma \qquad (121,2)$$

z. B. in m WS bzw. mit H und H_w in m Fl.-S. sowie γ in kp/m³ in kp/m².

Auch hier trennt man die manometrische Förderhöhe der Saugseite $H_{s_{\mathrm{man}}}$ von der Druckseite $H_{d_{\mathrm{man}}}$ und es ist $H_{\mathrm{man}} = H_{s_{\mathrm{man}}} + H_{d_{\mathrm{man}}}$.

Abb. 121,1. Bezeichnungen an einer Pumpenanlage

Ist z. B. die geodätische Saughöhe $e_s = 5$ m und die geodätische Druckhöhe $e_d = 395$ m, wird Sole von der Wichte $\gamma = 1080$ kp/m³ gefördert und betragen die Widerstandshöhen der Saugseite $H_{w_s} = 2$ m Fl.-S., der Druckseite $H_{w_d} = 17$ m Fl.-S., so ergeben sich die verschiedenen Höhen wie folgt:

	Energiebeträge			Drücke		
	Geodätische Höhen e in m	Widerstandshöhen H_w in m Fl.-S.	Förderhöhen H in m Fl.-S.	Statische Förderhöhen H_{St} in m WS	Druckverluste H_v in m WS	Manometr. Förderhöhen H_{man} in m WS
Saughöhe . . .	5	2	7	5,4	2,15	7,55
Druckhöhe . .	395	17	412	426,6	18,35	444,95
Förderhöhe . .	400	19	419	432,0	20,5	452,5

Unter der *Nutzleistung einer Pumpe* versteht man die Leistung, die von der Pumpe beim Fördern eines Mengenstromes unter Überwindung der gesamten manometrischen Förderhöhe an die Flüssigkeit abgegeben wird.

Mit H z. B. in m Fl.-S., der Förderhöhe (Saug- und Druckseite),

γ z. B. in kp/m^3 der Wichte der Flüssigkeit,

$H_{man} = H \cdot \gamma$ z. B. in m WS bzw. kp/m^2 der manometrischen Förderhöhe,

$\dot{V}$ z. B. in m^3/s, dem Förderstrom

ergibt sich

$$P_P = \dot{V} \cdot \gamma \cdot H = \dot{V} \cdot H_{man} \tag{121,3}$$

Im Abschnitt 103 c wurde bereits festgestellt, daß die Druckhöhe in WS exakt keine richtige Maßangabe des Druckes (Kraft je Flächeneinheit) darstellt. Es besteht aber die Beziehung:

$$10 \text{ m WS} = 1 \text{ kp/cm}^2 = 10^4 \text{ kp/m}^2$$

also

$$Umrechnungsfaktor \quad 10^3 \frac{\text{kp/m}^2}{\text{m WS}} \text{ bzw. } 10^{-1} \frac{\text{kp/cm}^2}{\text{m WS}} \tag{121,4}$$

Die Wellen- oder Kupplungsleistung P_K ist um die in der Pumpe auftretenden Verluste, die sich in *innere* (d. h. hydraulische) und *äußere* (d. h. mechanische) Verluste trennen lassen, größer als die Nutzleistung. Sie ist stets gleich der von der Antriebsmaschine (Motor) an die Pumpenwelle abgegebenen Leistung.

Der Wirkungsgrad der Pumpe ist das Verhältnis der Nutzleistung zur Kupplungsleistung

$$\eta_P = \frac{P_P}{P_K} \tag{121,5}$$

Beispiel: Eine Pumpe fördert bei der vorstehend angegebenen Förderhöhe 5 m^3/min Sole von der Wichte 1080 kp/m^3. Berechne a) die Nutzleistung in kW, b) die Kupplungsleistung für einen Pumpen-Wirkungsgrad von 78% (Kreiselpumpe), c) die zugeführte Leistung des Motors bei einem elektrischen Wirkungsgrad von 92%.

Lösung: Gegeben: $H = 418$ m Fl.-S.; $\gamma = 1080$ kp/m^3, also $H_{man} = 452,5$ m WS; $\dot{V} = 5$ m^3/min; $\eta_P = 0,78$; $\eta_M = 0,92$.

a) Nach Gln. (121,3) und (121,4)

$$P_P = \dot{V} \cdot H_{\mathrm{man}} = \frac{5 \ \mathrm{m^3/min} \cdot 452{,}5 \ \mathrm{m \ WS} \cdot 10^3 \ \dfrac{\mathrm{kp/m^2}}{\mathrm{m \ WS}}}{60 \ \mathrm{s/min} \cdot 102 \ \dfrac{\mathrm{kpm/s}}{\mathrm{kW}}} = 370 \ \mathrm{kW}$$

b) Nach Gl. (121,5)

$$\eta_P = \frac{P_P}{P_K} \ ; \qquad\qquad P_K = \frac{P_P}{\eta_P} = \frac{370 \ \mathrm{kW}}{0{,}78} = 475 \ \mathrm{kW}$$

$$\eta_M = \frac{P_K}{P_{\mathrm{zu}}} \ ; \qquad\qquad P_{\mathrm{zu}} = \frac{P_K}{\eta_M} = \frac{475 \ \mathrm{kW}}{0{,}92} = 516 \ \mathrm{kW}$$

Abb. 121,1 zeigt, daß die manometrische Förderhöhe gemessen werden kann auf der Saugseite durch ein mit Quecksilber gefülltes U-Rohr als Vakuummeter p_s in Torr, auf der Druckseite durch Manometer p_d in at. Haben die Meßstellen einen senkrechten Abstand y in m, so ergibt sich die manometrische Förderhöhe in m WS zu

$$H_{\mathrm{man}} = 10 \ \frac{p_s}{735{,}5} + 10 \cdot p_d + y \ \frac{\gamma}{10^3} \ \text{in m WS} \qquad (121,6)$$

mit p_s in Torr, p_d in atü, y in m und γ in kp/m³.

In der Saugleitung der Pumpe darf der Druck nicht auf die zu der jeweiligen Temperatur gehörende Druckhöhe des Wasserdampfes H_t (Zahlentafel 35) absinken, sonst verdampft die Flüssigkeit und die Förderung reißt ab. Die Saughöhe ist daher begrenzt durch die höchste zulässige Saughöhe $e_{s_{\mathrm{zul}}}$ in m. Ist H_0 die Druckhöhe des Atmosphärendruckes, so gilt im Grenzfalle

$$e_{s_{\mathrm{zul}}} = H_0 - H_t - \frac{c^2}{2g} - H_{w_s} \qquad (121,7)$$

Bei der Berechnung der Widerstandshöhe H_{w_s} haben die Rohrformstücke und Armaturen vor der geraden Rohrlänge meist eine übergeordnete Bedeutung. Von größerem Einfluß ist dabei die *Widerstandszahl für* den *Saugkorb mit Fußventil*, die man mit $\zeta = 4{,}5$ ansetzen kann.

Beispiel: Eine Kesselspeisepumpe fördert 0,7 m³/min Wasser von 60 °C. Durch eine Saugleitung von 100 mm lichtem Durchmesser, die aus 11 m gerader Rohrlänge, einem 90°-Krümmer $R = 4d$, einem Raumkrümmer aus zwei 90°-Krümmern sowie dem Saugkorb mit Fußventil besteht. Berechne die höchste zulässige Saughöhe bei einem Barometerstand von 740 Torr.

Lösung: Aus

$$\dot{V} = A \cdot c = \frac{\pi}{4} d^2 \cdot c$$

folgt

$$c = \frac{\dot{V}}{\dfrac{\pi}{4} d^2} = \frac{0{,}7 \ \mathrm{m^3/min}}{\dfrac{\pi}{4} (0{,}1 \ \mathrm{m})^2 \cdot 60 \ \mathrm{s/min}} = 1{,}485 \ \mathrm{m/s}$$

Unter Annahme eines Rauhigkeitsmaßes $k = 1{,}0$ mm ergibt sich nach Zahlentafel 46 die Rohrwiderstandszahl

$$\lambda = 0{,}038$$

Die Widerstandszahlen ergeben sich nach Zahlentafel 44

für einen 90°-Krümmer (rauh) (4d) $\quad\quad\quad\quad\quad\quad\quad \zeta = 0{,}23$
für einen Raumkrümmer $\quad\quad\quad\quad\quad \zeta = 3 \cdot 0{,}23 = 0{,}69$
für einen Saugkorb mit Fußventil $\quad\quad\quad\quad\quad\quad \zeta = 4{,}5$
Widerstandszahlen gesamt $\quad\quad\quad\quad\quad\quad\quad\quad \zeta_g = 5{,}42$

Die gleichwertige Widerstandslänge ergibt sich nach Gl. (119,4)

$$l_w = \frac{\zeta_g}{\lambda}\, d = \frac{5{,}42}{0{,}038}\, 0{,}1 \text{ m} = 14{,}3 \text{ m}$$

Die gleichwertige Widerstandslänge ist in diesem Falle größer als die gerade Rohrlänge $l_1 = 11$ m. Berechnungslänge $l = l_1 + l_w = (11 + 14{,}3)$ m $= 25{,}3$ m. Die Druckhöhe des atmosphärischen Druckes bei 740 Torr beträgt

$$H_0 = \frac{740 \text{ Torr}}{735{,}5 \text{ Torr}} \cdot 10 \text{ m} = 10{,}06 \text{ m}$$

Nach Zahlentafel 35 ist die Druckhöhe des Wasserdampfes bei 60 °C

$$H_t = 2{,}02 \text{ m}$$

Damit ist nach Gl. (121,7)

$$e_{s_{zul}} = H_0 - H_t - \frac{c^2}{2g} - H_{ws} = H_0 - H_t - \frac{c^2}{2g} - \lambda \cdot \frac{l}{d}\, \frac{c^2}{2g}$$

$$= H_0 - H_t - \left(1 + \lambda \cdot \frac{l}{d}\right)\frac{c^2}{2g} = \left[10{,}06 - 2{,}02 - \left(1 + 0{,}038\,\frac{25{,}3}{0{,}1}\right)\frac{1{,}485^2}{2 \cdot 9{,}81}\right] \text{m}$$

$$= (10{,}06 - 2{,}02 - 1{,}19) \text{ m} = 6{,}85 \text{ m}$$

Da die Druckhöhe des Wasserdampfes die zulässige Saughöhe am stärksten vermindert und diese mit höherer Temperatur stark zunimmt, kann es zum Fördern von heißem Wasser erforderlich werden an Stelle einer Saughöhe der Pumpe das Wasser mit einer Druckhöhe zufließen zu lassen.

Nach Gl. (121,2) ist die Förderhöhe H in m Fl.-S. die Summe der geodätischen Höhe e und Widerstandshöhe H_w. Da letztere mit dem Quadrat der Flüssigkeits-Geschwindigkeit

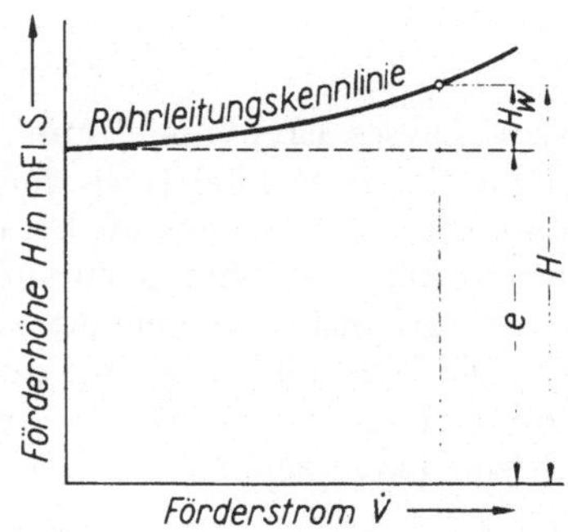

Abb. 121,2. Rohrleitungskennlinie

im Rohr und damit auch mit dem Quadrat des Förderstromes wächst, erhalten wir, wie in Abb. 121,2 dargestellt, in Abhängigkeit vom Förderstrom einen parabelförmigen Verlauf der Förderhöhe H, der mit *Rohrleitungskennlinie* bezeichnet wird. Für $\dot{V} = 0$ ist die Förderhöhe H gleich der geodätischen Höhe e.

Auf diese Kennlinien kommen wir noch bei der Drosselkurve der Strömungsmaschinen zurück (Abschn. 137 und 142).

122. Ausfluß aus Bodenöffnungen

Aus der Öffnung von der Größe A im waagerechten Boden eines beliebig geformten Gefäßes fließt eine Flüssigkeit von der Wichte γ. Der Flüssigkeitsspiegel wird durch Zufluß ständig auf der gleichen

Höhe H über der Öffnung gehalten. Gesucht wird die Ausflußgeschwindigkeit c_a und der Ausflußmengenstrom $\dot{V}$ (Abb. 122,1).

Nehmen wir an, daß der gleiche atmosphärische Druck auf dem Flüssigkeitsspiegel und an der Ausflußöffnung herrscht, so ergibt sich nach Gl. (122,1) die *theoretische Ausflußgeschwindigkeit*

$$c_a = \sqrt{2g \cdot H}$$

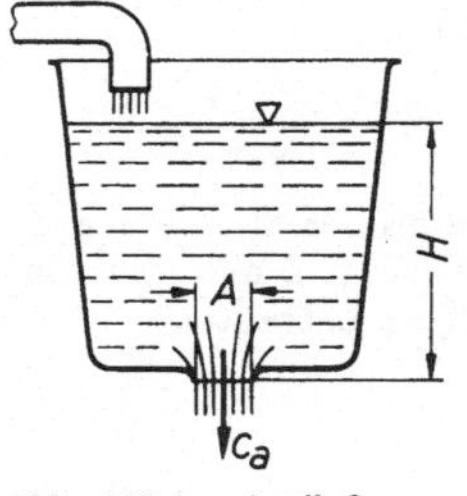

Abb. 122,1. Ausfluß aus einer Bodenöffnung bei konstanter Spiegelhöhe

Die *wirkliche Ausflußgeschwindigkeit* ist wegen der Reibungsverluste im Flüssigkeitsinnern, an den Gefäßwänden und besonders an der Öffnung kleiner und beträgt nur

$$\boxed{c_a = \varphi \sqrt{2g \cdot H}} \qquad (122,1)$$

Hierin bedeutet φ die sogenannte *Geschwindigkeitsziffer*. Sie wird versuchsmäßig bestimmt und hängt von der Viskosität der Flüssigkeit und der Gestaltung der Ausflußkanten ab. Für Wasser ist bei scharfkantigen Ausflußöffnungen in dünnen Wänden im Durchschnitt $\varphi = 0{,}97$ und kann bei gut gerundeten und glatten Kanten bis $\varphi = 0{,}99$ ansteigen.

Die Ausflußgeschwindigkeit ist unabhängig von der Gefäßform.

Der Ausflußmengenstrom müßte dann theoretisch

$$\dot{V} = c_a \cdot A = \varphi \cdot A \sqrt{2g \cdot H}$$

sein. Dieses Ergebnis stimmt aber nur dann, wenn alle ausfließenden Stromfäden parallel verlaufen. Bei scharfkantigen Öffnungen z. B. erhält aber der ausfließende Strahl eine *Einschnürung* (Abb. 122,2), da die radial auf die Öffnung zulaufenden Stromfäden nicht plötzlich in die Ausflußrichtung umgelenkt werden.

Die Einschnürung wird durch die *Einschnürungszahl* μ erfaßt, worunter man das Verhältnis des kleinsten Strahlquerschnittes A_2 zum Öffnungsquerschnitt A versteht.

$$\textit{Einschnürungszahl } \mu = \frac{A_2}{A} \qquad (122,2a)$$

Sie wird versuchsmäßig ermittelt und beträgt z. B. für Wasser bei scharfkantigen, kreisrunden Öffnungen $\mu = 0{,}64$. Der *wirkliche Ausflußmengenstrom* ist dann

$$\dot{V} = c_a \cdot A_2 = \varphi \cdot \mu \cdot A \sqrt{2g \cdot H}$$

Das Produkt $\varphi \cdot \mu$ faßt man zusammen zu der sogenannten

$$\textit{Ausflußziffer } \underline{\alpha = \varphi \cdot \mu} \qquad (122,2b)$$

Die Ausflußziffer ist wesentlich von der Gestaltung der Ausflußöffnung abhängig. Bei scharfkantigen, kreisrunden Öffnungen, sogenannten *Blenden* oder *Staurändern* (Abb. 122,2) beträgt sie durchschnittlich mit den oben angegebenen Werten $\alpha = \varphi \cdot \mu = 0{,}97 \cdot 0{,}64$

$= 0{,}62$ und bei gut gerundeten *Ausflußdüsen* (Abb. 122,3) mit $\mu \approx 1$ wird $\alpha = 0{,}97 \cdots 0{,}99$.

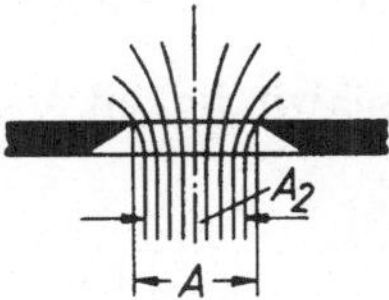

Abb. 122,2. Ausfluß aus scharfkantiger, kreisrunder Öffnung (Blende) $\mu = A_2/A = 0{,}64$

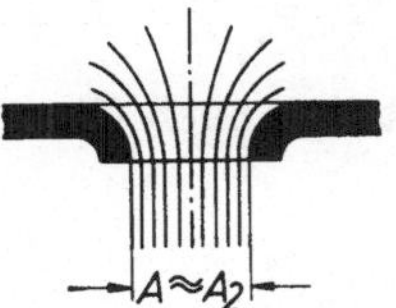

Abb. 122,3. Ausfluß aus Düse $\mu = A_2/A \approx 1$

Damit ergibt sich der *wirkliche Ausflußmengenstrom*

$$\dot{V} = \alpha \cdot A \sqrt{2g \cdot H} \qquad (122{,}3)$$

Hierin bedeuten

A z. B. in m², die Ausflußöffnung,

H in m Fl.-S., die Spiegelhöhe über der waagerechten Ausflußöffnung,

α unbenannte Zahl, die Ausflußzahl

bei scharfkantigen dünnen Blenden etwa 0,62,

bei gut gerundeten Düsen $0{,}97 \cdots 0{,}99$,

$\dot{V}$ dann in m³/s, den Ausflußmengenstrom.

Beispiel: Die Höhe des Wasserspiegels über einer Ausflußdüse von 35 mm Durchmesser wird an einem Wasserstandsglas mit 650 mm gemessen. Die Ausflußzahl ist durch Versuch zu $\alpha = 0{,}98$ ermittelt. Wie groß ist der Ausflußmengenstrom in m³/h?

Lösung: Gegeben: $H = 650$ mm $= 0{,}65$ m

$$d = 35\,\text{mm} \oslash = 3{,}5 \cdot 10^{-2}\,\text{m} \oslash\; ;\quad A = \frac{\pi}{4}\, d^2 = \frac{\pi}{4}\,(3{,}5\; \cdot 10^{-2}\,\text{m})^2 = 9{,}62 \cdot 10^{-4}\,\text{m}^2$$

$$\alpha = 0{,}98$$

Nach Gl. (122,3)

$$\dot{V} = \alpha \cdot A \sqrt{2g \cdot H} = 0{,}98 \cdot 9{,}62 \cdot 10^{-4}\,\text{m}^2 \sqrt{2 \cdot 9{,}81\,\text{m/s}^2 \cdot 0{,}65\,\text{m}}$$

$$= 3{,}365 \cdot 10^{-3}\,\text{m}^3/\text{s} = 3{,}365 \cdot 10^{-3}\,\text{m}^3/\text{s} \cdot 3600\,\text{s/h} = 12{,}12\,\text{m}^3/\text{h}$$

Eine Erhöhung der Ausflußzahl α und damit eine Vergrößerung des Ausflußmengenstromes erreicht man gegenüber scharfkantigen Öffnungen durch kurze zylindrische Ansatzrohre auch bei scharfkantigem Übergang. Durch Versuche ergibt sich bei einem Verhältnis der Rohrlänge l zum Durchmesser d: $l/d = 2 \cdots 3$ eine Ausflußziffer von etwa $\alpha = 0{,}82$.

Bei konischen Ansatzrohren mit einer Konizität von 45° wird die Ausflußzahl etwa $\alpha = 0{,}88$.

Fließt die Flüssigkeit von der Wichte γ aus einer zum Behälterquerschnitt kleinen Öffnung A aus einem geschlossenen Gefäß, das

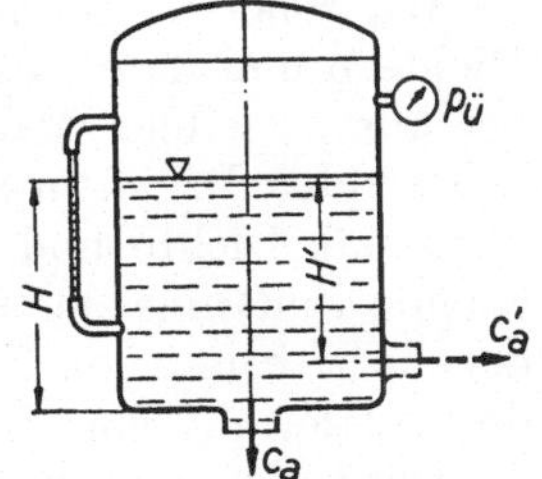

Abb. 122,4. Ausfluß aus einem geschlossenen Gefäß

unter einem statischen Überdruck $p_ü$ in atü steht (Abb. 122,4), steht die Flüssigkeit mit einer Spiegelhöhe H über der Öffnung und

37*

verwandeln wir den Überdruck in eine Druckhöhe nach Gl. (130,8)

$$H_{\ddot{u}} = \frac{p_{\ddot{u}}}{\gamma} \text{ z. B. in m mit } p_{\ddot{u}} \text{ in kp/m}^2 \text{ und } \gamma \text{ in kp/m}^3$$

so ergibt sich nach Gl. (122,1) die Ausflußgeschwindigkeit

$$c_a = \varphi \sqrt{2g\left(H + \frac{p_{\ddot{u}}}{\gamma}\right)} \tag{122,4}$$

und nach Gl. (122,3) der ausfließende Mengenstrom

$$\dot{V} = \alpha \cdot A \sqrt{2g\left(H + \frac{p_{\ddot{u}}}{\gamma}\right)} \tag{122,5}$$

Liegt die Ausflußöffnung nicht im Boden, sondern in der Seitenwand des Gefäßes, so ergibt sich die Ausflußgeschwindigkeit c_a', wenn man mit der Höhe H' des Flüssigkeitsspiegels über der Mitte der Öffnung rechnet.

III. Stationäre Rohrströmung kompressibler Medien mit Reibung

123. Allgemeine Gesetze bei gleichbleibendem Rohrquerschnitt

Bei der Ableitung der Stetigkeits- oder Kontinuitätsgleichung hatten wir gesehen, daß für kompressible Medien durch jeden Querschnitt bei stationärer Strömung in jedem Augenblick der gleiche Massenstrom $\dot{m} = \dot{V} \cdot \varrho$ hindurchtritt (Satz 84). Nach Gl. (108,4) ist

$$A \cdot c \cdot \varrho = \text{const}$$

Wir betrachten im allgemeinen die Reibungsverhältnisse in einzelnen Rohrlängen mit gleichbleibendem Querschnitt A, so daß man hierfür schreiben kann:

$$c \cdot \varrho = \text{const} \tag{123,1}$$

oder

$$c = c_1 \frac{\varrho_1}{\varrho} \tag{123,1a}$$

Während bei inkompressiblen Medien, also bei Flüssigkeiten die Dichte ϱ und damit auch die Geschwindigkeit gleichbleibt, haben wir bei kompressiblen Medien einen durch die Reibungswiderstände abnehmenden Druck in Strömungsrichtung, hierdurch auch eine kleiner werdende Dichte und damit eine der Volumenvergrößerung entsprechende Zunahme der Geschwindigkeit. Man spricht deshalb auch bei der Fortleitung von Flüssigkeiten von *raumbeständiger Strömung*, bei der Fortleitung von Gasen von *expandierender Strömung*.

Die Geschwindigkeitszunahme expandierender Strömung bedeutet allerdings auch eine Beschleunigung des Gases, weswegen neben dem Reibungswiderstand noch Trägheitswiderstände zu überwinden sind. Diese sind jedoch bei den in unseren Leitungen vorkommenden verhältnismäßig geringen Gasgeschwindigkeiten vernachlässigbar klein.

Die Zustandsänderung bei der Fortleitung von Gasen verläuft bis auf Sonderfälle so langsam, daß wir *praktisch mit* gleichbleibender Temperatur, d. h. mit *isothermischer Zustandsänderung* rechnen können. Sie folgt dem Gesetz von BOYLE-MARIOTTE, das wir unter Umstellung auf die Dichte mit $v = \dfrac{1}{\varrho}$ nach Gl. (106,1) auch schreiben können

$$\frac{p}{\varrho} = \frac{p_1}{\varrho_1} \tag{123,2}$$

oder

$$\varrho = \varrho_1 \frac{p}{p_1} \tag{123,2a}$$

Da nach der allgemeinen Zustandsgleichung Gl. (107,1)

$$\varrho = \frac{p}{R \cdot T}$$

ist, können wir für isothermische Zustandsänderung, d. h. wenn T und R konstant sind und damit ϱ proportional p ist, nach Gl. (123,1a) schreiben

$$c = c_1 \frac{p_1}{p} \tag{123,3}$$

124. Druckabfall bei expandierender Strömung in waagerechten Leitungen mit gleichbleibendem Querschnitt

Für raumbeständige Strömung in waagerechter Leitung ergibt sich als Druckabfall nach Gl. (116,1)

$$\Delta p = p_1 - p_2 = \lambda \frac{l}{d} \frac{c^2}{2g} \gamma$$

Setzen wir zur Berücksichtigung expandierender Strömung für c den Wert nach Gl. (123,3) ein, schreiben, da die Wichte γ der Dichte ϱ proportional ist, nach Gl. (123,2a)

$$\gamma = \gamma_1 \frac{p}{p_1}$$

und setzen diesen Wert für γ ebenfalls ein, so ist

$$p_1 - p_2 = \lambda \frac{l}{d} \frac{c_1^2}{2g} \frac{p_1^2}{p^2} \gamma_1 \frac{p}{p_1}$$

$$p_1 - p_2 = \lambda \frac{l}{d} \frac{c_1^2}{2g} \frac{p_1}{p} \gamma_1$$

Setzt man für p den mittleren Druck in der Leitung zwischen den Punkten 1 und 2 ein

$$p = \frac{p_1 + p_2}{2}$$

so ist

$$p_1 - p_2 = \lambda \, \frac{l}{d} \, \frac{c_1^2}{2g} \cdot \frac{2 p_1}{p_1 + p_2} \, \gamma_1$$

$$(p_1 - p_2)(p_1 + p_2) = \lambda \, \frac{l}{d} \, \frac{c_1^2}{2g} \, 2 p_1 \cdot \gamma_1$$

$$p_1^2 - p_2^2 = \lambda \, \frac{l}{d} \, \frac{c_1^2}{2g} \, 2 p_1 \cdot \gamma_1 \qquad (124,1)$$

Diese in der Literatur vielfach angegebene Gleichung zur Berechnung des Druckabfalles bei expandierender Strömung kompressibler Medien ist recht umständlich. Es läßt sich aber mathematisch nachweisen, daß Gl. (116,1) für raumbeständige Strömung auch für die Berechnung des Druckabfalles bei expandierender Strömung Gültigkeit hat, wenn man bei nicht zu langen Leitungen bzw. bei geringerem Druckabfall von wenigen Zehntel at als Wichte γ die mittlere Wichte γ_m längs der untersuchten Leitung einführt. Da wir mit isothermischer Zustandsänderung, also mit gleichbleibender Temperatur (außer gleichbleibender Gaskonstanten) rechnen, bedeutet das, daß wir mit dem mittleren Druck $p_m = \frac{p_1 + p_2}{2}$ rechnen müssen.

Schwierigkeiten können nur auftreten, wenn der Druckabfall nicht bekannt ist, und aus seiner Schätzung zunächst der mittlere Druck angenommen werden muß. Will man größere Genauigkeiten verlangen, so muß nach der ersten Rechnung mit einem neuen, dann sichereren mittleren Druck, die Rechnung wiederholt werden.

Die allgemeine Gleichung des Druckabfalles bei der Fortleitung von kompressiblen Medien (Gasen und Dämpfen) folgt aus Gl. (116,1)

$$\Delta p = p_1 - p_2 = \lambda \, \frac{l}{d} \, \frac{c^2}{2g} \, \gamma_m \qquad (124,2)$$

Bei der Berechnung von *Druckluftleitungen* rechnen wir gern statt mit der Geschwindigkeit c in m/s mit dem Druckluftmengenstrom im Normzustand $\dot{V}_n$ in m_n^3/h, der für mittelfeuchte Luft die Wichte $\gamma_n = 1{,}29$ kp/m_n^3 und die Gaskonstante $R_f = 29{,}34$ kpm/kg grd [Gl. (107,5) und Zahlentafel 37] hat. Es ist dann

$$\dot{V}_n = 3600 \, c \cdot A \, \frac{\gamma_m}{\gamma_n} = 3600 \, c \cdot \frac{\pi}{4} d^2 \frac{\gamma_m}{\gamma_n} \text{ in } m_n^3/h$$

$$c = \frac{4}{\pi \cdot 3600} \, \frac{\dot{V}_n}{d^2} \, \frac{\gamma_n}{\gamma_m} \text{ in m/s}$$

Setzen wir diesen Wert für c in Gl. (124,2) ein, berechnen ferner die Drücke p in at mit 1 at $= 1$ kp/cm² $= 10^4$ kp/m² und außerdem

$$\gamma_m = \frac{10^4 \cdot p_m}{R_f \cdot T}$$

so erhalten wir den *Druckabfall für waagerechte Rohrleitungen* mit der Zahlenwertgleichung

$$\boxed{\Delta p = \frac{3{,}1}{10^{15}} \, \lambda \, \frac{l}{d^5} \, \frac{T}{p_m} \, \dot{V}_n^2} \qquad (124,3)$$

In Gl. (124,3) bedeutet:

Δp in at = kp/cm^2 den Druckverlust längs der untersuchten Leitung,
l in m   die Länge der geraden Rohrleitung,
d in m   den lichten Durchmesser der Rohrleitung,
p_m in ata = kp/cm^2 den mittleren Druck
T in °K   die Temperatur der Druckluft,
$\dot{V}_n$ in m$_n^3$/h   den Mengenstrom im physikalischen Normzustand
                         (0 °C und 760 Torr),
λ unbenannte Zahl, die Rohrreibungszahl.

Zusammenfassend ist aus den aufgestellten Gleichungen zur Berechnung des Druckabfalles in waagerechten Leitungen mit gleichbleibendem Querschnitt durch die Rohrreibung abzulesen, daß der Druckverlust
mit der Leitungslänge linear zunimmt,

mit der Geschwindigkeit bzw. mit dem Mengenstrom quadratisch zunimmt, d. h. bei Verdoppelung des Mengenstromes sich vervierfacht,

mit dem Leitungsdurchmesser, und zwar mit der fünften Potenz abnimmt, d. h. bei Verdoppelung des Durchmessers auf den 32ten Teil abnimmt.

125. Rohrreibungszahl und Berechnung von waagerechten Druckluftleitungen mit gleichbleibendem Querschnitt

Über die Ermittlung der Rohrreibungszahl sind im Abschn. 117 und 118 eingehende Angaben gemacht. Es sei an dieser Stelle wiederholt, daß für die Ermittlung von λ die relative Rauhigkeit d/k und der Einfluß der Viskosität, d. h. die REYNOLDSsche Zahl Re$_d$ maßgebend sind. Man muß also das Rauhigkeitsmaß k für gegebenen oder zu berechnenden Rohrdurchmesser d kennen und außerdem überprüfen, in welchem Bereich nach Abb. 117,1 bzw. 117,6 die Rohrreibungszahl zu suchen ist. Die Schwierigkeiten hierbei dürfen nicht überschätzt werden, sie lassen sich vergleichen mit der Ermittlung des mechanischen Reibungswiderstandes. Es ist sogar im allgemeinen möglich, die hydraulische Reibung zuverlässiger zu erfassen, als es bei der Vorberechnung mechanischer Reibung möglich ist.

Wenn darum auch vielfach die Strömung im Übergangsgebiet zwischen hydraulisch glattem und hydraulisch rauhem Verhalten der Rohrwand liegt, dürfte der Fehler bei Zugrundelegen des λ-Wertes für hydraulisch rauhes Rohr unbedeutend sein, wie auch Schätzungsfehler des Rauhigkeitsmaßes k nicht allzu großen Einfluß auf die Zuverlässigkeit der Berechnung haben. Es wurde schon gesagt, daß der Genauigkeit des Rohrdurchmessers größere Bedeutung zukommt, da dieser mit der fünften Potenz in die Rechnung eingeht.

In Abschn. 117c wurde auf die Ergebnisse von Versuchen an Druckluftrohren verschiedenen Alters bei der Maschinentechnischen Abteilung der Westfälischen Berggewerkschaftskasse hingewiesen, nach denen sich gemäß Abb. 117,5 gezeigt hat, daß das Rauhigkeitsmaß k im Laufe der Betriebszeit auf rund $k = 0,16$ mm ansteigt. Mit gewissen Sicherheiten wird man darum in Druckluftrohren mit $k = 0,2$ mm rechnen. Für hydraulisch rauhes Verhalten der Rohrwand kann man nach Abb. 118,1 die Rohrreibungszahl in Abhängigkeit vom lichten Rohrdurchmesser berechnen und gemäß Abb. 125,1 auftragen. Damit lassen sich Druckluftrohrleitungen berechnen.

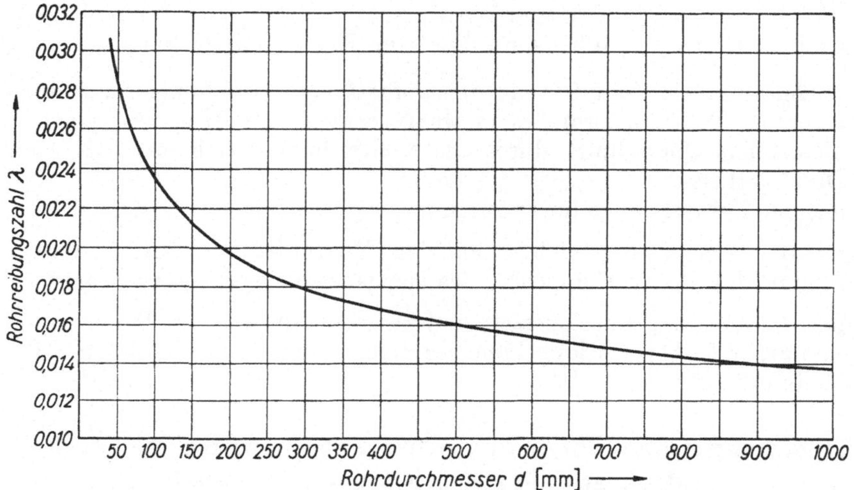

Abb. 125,1. Rohrreibungszahl λ für hydraulisch rauhes Verhalten der Rohrwand in Abhängigkeit vom Rohrdurchmesser bei einem Rauhigkeitsmaß $k = 0,2$ mm in Druckluftleitungen

Beispiel: Eine Druckluftleitung NW 300 führt 9000 $\mathrm{m_n^3/h}$ Druckluft mit einem Eintrittsdruck von 5,5 ata und 20 °C. Für die 850 m lange gerade Leitung mit einem Faltenrohrbogen 90°, einem Faltenrohr-Lyrabogen und einem Kniestück 60° (rauh) soll der Druckverlust berechnet werden.

Lösung: Gegeben: $d = 300$ mm $= 0,3$ m $= 3 \cdot 10^{-1}$ m; $\dot{V}_n = 9000$ $\mathrm{m_n^3/h}$; $p_1 = 5,5$ ata; $T = 20 + 273 = 293$ °K; $l_1 = 850$ m.

Nach Zahlentafel 44 ergeben sich für die Rohr-Formstücke folgende Widerstandszahlen

1 Faltenbogen 90°, 300 mm $\varnothing$	$\zeta = 2,1$
1 Faltenrohr-Lyrabogen	$\zeta = 1,4$
1 Kniestück rauh 60°	$\zeta = 0,68$
Widerstandszahl insgesamt	$\zeta = 4,18$

Nach Abb. 125,1 ergibt sich für das Rauhigkeitsmaß $k = 0,2$ mm der geraden Rohrleitung und $d = 300$ mm, $\lambda = 0,0178$. Die gleichwertige Widerstandslänge der Rohr-Formstücke ist dann nach Gl. (119,4)

$$l_w = \frac{\zeta}{\lambda}\, d = \frac{4,18}{0,0178}\, 0,3\,\mathrm{m} = 70,5\,\mathrm{m}$$

Berechnungslänge $l = l_1 + l_w = (850 + 70,5)\,\mathrm{m} = 920,5\,\mathrm{m}$.

Anmerkung: Die Widerstandslänge der Rohr-Formstücke beträgt in diesem Beispiel $\frac{70,5}{920,5} \cdot 100 \approx 7,7\%$ der Berechnungslänge. Eine Vernachlässigung der Widerstandslängen hätte also auch 7,7% zu kleine Druckverluste ergeben. Das wäre nicht zulässig.

a) Nach Gl. (124,3)

$$\Delta p = \frac{3,1}{10^{15}}\,\lambda\,\frac{l}{d^5}\,\frac{T}{p_m}\,\dot{V}_n^2$$

Zur Ermittlung von p_m schätzen wir einen Druckabfall von 0,1 at. Damit ist

$$p_m = \left(5,5 - \frac{0,1}{2}\right)\text{ata} = 5,45\text{ ata}$$

$$\Delta p = \frac{3,1}{10^{15}}\,0,0178\,\frac{920,5}{(3\cdot 10^{-1})^5}\,\frac{293}{5,45}\,9000^2 = 0,091 \text{ in at}$$

Beispiel: Eine Druckluftleitung NW 200 führt 5600 $\text{m}_\text{n}^3/\text{h}$ Druckluft mit einem Eintrittsdruck von 5,8 ata und 25 °C. Für die 2400 m lange gerade Leitung ohne Formstücke und Armaturen soll der Druckverlust ermittelt werden.

Lösung: Gegeben: $d = 200$ mm $= 0,2$ m $= 2 \cdot 10^{-1}$ m. $\dot{V}_n = 5600$ $\text{m}_\text{n}^3/\text{h}$; $p_1 = 5,8$ ata; $T = 25 + 273 = 298\,°\text{K}$; $l = 2400$ m.

Nach Abb. 125,1 ist mit $k = 0,2$ mm für $d = 200$ mm: $\lambda = 0,01965$.

a) Wir schätzen den Druckabfall zu $\Delta p = 0,4$ at. Damit ist

$$p_m = \left(5,8 - \frac{0,4}{2}\right)\text{ata} = 5,6\text{ ata}$$

Nach Gl. (124,3)

$$\Delta p = \frac{3,1}{10^{15}}\,\lambda\,\frac{l}{d^5}\,\frac{T}{p_m}\,\dot{V}_n^2 = \frac{3,1}{10^{15}}\,0,01965\,\frac{2400}{(2\cdot 10^{-1})^5}\,\frac{298}{5,6}\,5600^2 = 0,764 \text{ in at}$$

Die Nachprüfung des mittleren Druckes mit diesem Druckabfall Δp ergibt

$$p_m = \left(5,8 - \frac{0,764}{2}\right)\text{ata} = 5,418\text{ ata}$$

Es war $p_m = 5,6$ ata angenommen. Wir rechnen mit dem neuen, zuverlässigeren Druckabfall um und können schreiben

$$\Delta p = 0,764\,\text{at}\,\frac{5,6}{5,418} = 0,789\,\text{at} \approx 0,8\,\text{at}$$

Die Genauigkeit in Zehntel at wird meist genügen und ist in dieser Rechnung genügend gesichert bestimmt.

Zur Vereinfachung der Berechnung ist nach Gl. (124,3) mit $k = 0,2$ mm das Diagramm Abb. 125,2 entwickelt, das den Druckverlust Δp in at je 100 m gerader Rohrlänge bei einem mittleren Druck $p_m = 5,5$ ata und einer Temperatur von 20 °C abzulesen gestattet. Weicht die Länge der Leitung l von der Länge 100 m, der mittlere Druck p_m von 5,5 ata und die Temperatur $T = 273 + t$ von $273 + 20 = 293\,°\text{K}$ ab, so ergibt sich aus dem Druckverlust des Diagrammes Δp_D der tatsächliche Druckverlust zu

$$\Delta p = \Delta p_D\,\frac{l}{100\text{ m}}\,\frac{5,5\text{ ata}}{p_m}\,\frac{T}{293\,°\text{K}}\text{ in at} \qquad (125,1)$$

Die Umrechnung der Temperatur braucht meist nicht zu erfolgen, da der Fehler für 3° nur etwa 1% beträgt. Der Einfluß eines Druckunterschiedes ist größer und muß jedenfalls berücksichtigt werden. Man kann darum meist die Gl. (125,1) beschränken auf

$$\Delta p = \Delta p_D\,\frac{l}{100\text{ m}}\,\frac{5,5\text{ ata}}{p_m}\text{ in at} \qquad (125,2)$$

Beispiel: Es sollen $10\,000$ m³$_\text{n}$/h bei einem Eintrittsdruck von 5,8 ata durch eine Leitung von $1\,200$ m Länge (einschließlich Widerstandslängen der Armaturen) einer Betriebsabteilung zugeführt werden. Welcher Rohrdurchmesser ist zu wählen, wenn bei Eintritt in die Betriebsabteilung ein Druck von 5,2 ata herrschen soll?

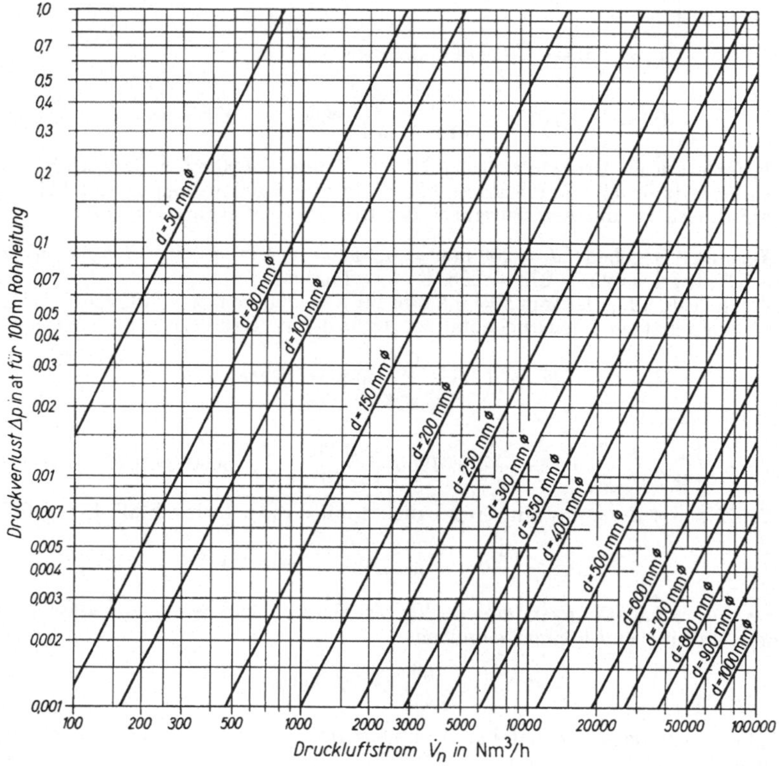

Abb. 125,2. Druckverlust Δp in at je 100 m Druckluftleitung mit einem Rauhigkeitsmaß $k = 0{,}2$ mm, bei mittlerem Druck von 5,5 ata und $20\,°$C in Abhängigkeit vom Mengenstrom $\dot V_n$ in Nm/³h(m³$_\text{n}$/h)

Lösung: Gegeben: $p_1 = 5{,}8$ ata; $p_2 = 5{,}2$ ata;

$$\Delta p = p_1 - p_2 = (5{,}8 - 5{,}2)\ \text{at} = 0{,}6\ \text{at};\qquad p_m = \frac{p_1 + p_2}{2} = \frac{(5{,}8 + 5{,}2)\ \text{ata}}{2}$$

$$= 5{,}5\ \text{ata};\quad \dot V_n = 10\,000\ \text{m}^3_\text{n}/\text{h};\quad l = 1\,200\ \text{m}$$

Nach Gl. (125,2)

$$\Delta p = \Delta p_D\,\frac{l}{100\ \text{m}}\,\frac{5{,}5\ \text{ata}}{p_m}$$

$$\Delta p_D = \Delta p\,\frac{100\ \text{m}}{l}\,\frac{p_m}{5{,}5\ \text{ata}} = 0{,}6\ \text{ata}\,\frac{100}{1200}\,\frac{5{,}5}{5{,}5} = 0{,}05\ \text{at}$$

Für $\Delta p_D = 0{,}05$ at und $\dot V_n = 10\,000$ m³$_\text{n}$/h ergibt sich nach dem Diagramm Abb. 125,2 als nächst höherer Durchmesser $d = 250$ mm.

Beispiel: Die 280 m lange Versorgungsleitung eines Strebes hat 150 mm Durchmesser. Welcher Druck herrscht vor den Antriebsmotoren bei einer Einspeisung mit 5,5 ata, wenn bei gleichzeitigem Betrieb aller Motoren $4\,650$ m³$_\text{n}$/h verbraucht werden?

Lösung: Gegeben: $p_1 = 5,5$ ata; $\dot{V}_n = 4650$ m^3_n/h; $d = 150$ mm $\varnothing$; $l = 280$ m. Für $d = 150$ mm $\varnothing$ und $\dot{V}_n = 4650$ m^3_n/h finden wir im Diagramm Abb. 125,2

$$\Delta p_D = 0,1 \text{ at je } 100 \text{ m Rohrlänge}$$

Wir schätzen für die 280 m lange Leitung einen Druckabfall von 0,3 at. Damit wird

$$p_m = p_1 - \frac{0,3 \text{ at}}{2} = \left(5,5 - \frac{0,3}{2}\right) \text{ata} = 5,35 \text{ ata}$$

Nach Gl. (125,2)

$$\Delta p = \Delta p_D \frac{l}{100 \text{ m}} \frac{5,5 \text{ ata}}{p_m} = 0,1 \text{ at} \frac{280}{100} \frac{5,5}{5,35} = 0,288 \approx 0,29 \text{ at}$$

$$p_2 = p_1 - \Delta p = (5,5 - 0,29) \text{ ata} = 5,21 \text{ ata}$$

Beispiel: Es soll die höchstzulässige Durchflußmenge für eine Druckluftleitung von 400 mm Durchmesser und 850 m gerader Rohrlänge mit einem einfachen Krümmer 90°, einem aus zwei 90°-Krümmern gebildeten Raumkrümmer (beide rauh), einem Kniestück 60° (rauh) und einem Schieber ermittelt werden, wenn bei einem Einspeisedruck von 6 ata der Druckverlust 0,05 at nicht überschreiten soll.

Lösung: Gegeben: $d = 400$ mm $= 4 \cdot 10^{-1}$ m $\varnothing$; $l_1 = 850$ m; $p_1 = 6$ ata; $\Delta p = 0,05$ at.
Bei dem kleinen Druckabfall kann gesetzt werden $p_m = p_1 = 6$ ata.

Für $k = 0,2$ mm ist nach Abb. 125,1 für $d = 400$ mm $\varnothing$: $\lambda = 0,0168$.
Nach Zahlentafel 44 und 45 ist

1 Krümmer, rauh, $R = 6d$, 90°	$\zeta = 0,18$
1 Raumkrümmer aus 2 Krümmern 90° $\zeta = 3 \cdot 0,18 = 0,54$	
1 Kniestück rauh, 60°	$\zeta = 0,68$
1 Schieber	$\zeta = 0,30$
Widerstandszahl insgesamt	$\zeta = 1,70$

Gleichwertige Widerstandslänge nach Gl. (119,4)

$$l_w = \frac{\zeta}{\lambda} d = \frac{1,70}{0,0168} 0,4 \text{ m} \approx 40 \text{ m}$$

Berechnungslänge $l = l_1 + l_w = (850 + 40) \text{ m} = 890 \text{ m}$
Nach Gl. (125,2)

$$\Delta p = \Delta p_D \frac{l}{100 \text{ m}} \frac{5,5 \text{ ata}}{p_m}$$

$$\Delta p_D = \Delta p \frac{100 \text{ m}}{l} \frac{p_m}{5,5 \text{ ata}} = 0,05 \text{ at} \frac{100}{890} \frac{6,0}{5,5} = 0,0061 \text{ at}$$

Dem Diagramm Abb. 125,2 entnehmen wir für

$$\Delta p_D = 0,0061 \text{ at und } d = 400 \text{ mm } \varnothing$$

$$\dot{V}_n = 15\,000 \text{ m}^3_n/\text{h}$$

Bei der *Berechnung von Druckluftleitungen* stehen die Größen $\dot{V}_n$, l, p_m, d und der Druckabfall Δp in einem rechnerischen Zusammenhang. Hierfür hat SCHRIEVER einen *Tafelschieber* entwickelt, der gestattet, diese fünf Größen mit einer einzigen Schieberstellung sofort abzulesen und so an Rechenarbeit zu sparen. Hierzu hat SCHRIEVER in einer Druckschrift[1] „Planung und Betrieb von Druckluftnetzen im

---

[1] SCHRIEVER, KARL: „Planung und Betrieb von Druckluftnetzen im Steinkohlenbergbau" mit Tafelschieber. Maschinentechnische Abteilung der Westf. Berggewerkschaftskasse Bochum. Nicht im öffentlichen Buchhandel erschienen.

Steinkohlenbergbau" alle Unterlagen für die Planung zusammengestellt, insbesondere auch Anhaltswerte für den Luftverbrauch der Bergwerksmaschinen und der Undichtigkeitsverluste.

126. Druckverlauf in geneigten Druckluftleitungen

Bisher haben wir die Rohrströmung kompressibler Medien mit Reibung nur in waagerechten Leitungen betrachtet. Für geneigte, also auch seigere Leitungen, ist nach der BERNOULLIschen Gleichung der Einfluß der Ortshöhe zu berücksichtigen.

Wir gehen auf die erweiterte BERNOULLIsche Gleichung Gl. (114,1) zurück:

$$\frac{p_1}{\gamma} + z_1 + \frac{c_1^2}{2\,g} = \frac{p_2}{\gamma} + z_2 + \frac{c_2^2}{2\,g} + H_w$$

Erweitern wir mit γ, so bedeutet das Glied $H_w \cdot \gamma$ den Druckverlust in kp/m² durch Rohrreibung nach Gl. (124,2)

$$H_w \cdot \gamma = p_1 - p_2 = \lambda \frac{l}{d} \frac{c^2}{2\,g} \gamma_m$$

Bilden wir ferner die Differenzen der zugeordneten Glieder, so ergibt sich

$$\lambda \frac{l}{d} \frac{c^2}{2\,g} \gamma_m = p_1 - p_2 + (z_1 - z_2)\, \gamma + \frac{c_1^2 - c_2^2}{2\,g}\, \gamma$$

Im allgemeinen berechnen wir die Strömungen in Leitungen abschnittsweise für gleichbleibenden Durchmesser, für den bei geringen Druckänderungen angenähert $c_1 = c_2 = c_m$ gesetzt werden kann, so daß $\frac{c_1^2 - c_2^2}{2\,g}\, \gamma = 0$ ist. Damit ergibt sich

$$p_1 - p_2 = \lambda \frac{l}{d} \frac{c^2}{2\,g} \gamma_m - (z_1 - z_2)\, \gamma \qquad (126,1)$$

Zu dem Glied für den Druckabfall durch Rohrreibung tritt auf der rechten Seite der Gl. (126,1) ein Glied, das den Einfluß der Höhenänderung auf den Druckunterschied $p_1 - p_2$ darstellt. Wir führen für den Höhenunterschied $\Delta H = z_1 - z_2$ ein. Außerdem ist zu beachten, daß in Gl. (126,1) das negative Vorzeichen für $\Delta H \cdot \gamma$ nur *bei abfallender Leitung* gilt, da dann *dem Druckabfall durch Rohrreibung eine Drucksteigerung durch Gewichtszunahme* entgegenwirkt. Bei ansteigender Leitung bewirkt der Gewichtseinfluß eine Druckminderung, vermehrt also den durch Reibung hervorgerufenen Druckabfall.

Die Drucksteigerung in abfallenden geneigten oder seigeren Leitungen wächst mit der Wichte des strömenden Mediums, die bei gleichbleibender Temperatur mit dem absoluten Druck zunimmt. Wir rechnen deshalb mit der mittleren Wichte längs der betrachteten geneigten oder seigeren Rohrleitung:

$$\boxed{p_1 - p_2 = \lambda \frac{l}{d} \frac{c^2}{2\,g} \gamma_m \pm \Delta H \cdot \gamma_m} \qquad (126,2)$$

Bei Druckluftleitungen rechnen wir meist mit abfallenden Leitungen, bei denen die Drucksteigerung durch den Gewichtseinfluß größer als der Druckverlust durch Reibung ist. Wir erhalten dann ein negatives Ergebnis, was nur bedeutet, daß $p_2 > p_1$ wird. Zur Vereinfachung berechnen wir darum die Druckänderung für den Höhenunterschied getrennt und schließen später die Berechnung des Druckverlustes durch Reibung an. Beide Berechnungen müssen für den mittleren Druck längs der geneigten oder seigeren Leitung

$$p_m = \frac{p_1 + p_2}{2} = p_1 + \frac{\Delta p_\mathrm{I} - \Delta p_\mathrm{II}}{2} \qquad (126,3)$$

durchgeführt werden, wobei p_1 und p_2 Anfangs- und Enddruck für die untersuchte Leitung, Δp_I die Druckerhöhung bei abfallender Leitung und Δp_II den Druckverlust durch Reibung bedeuten.

Zur Berechnung des *Druckverlustes durch Reibung* benutzen wir das Diagramm Abb. 125,2. Zur Berechnung der *Druckänderung in geneigter oder seigerer Leitung* bei einem Höhenunterschied von 1000 m ist das

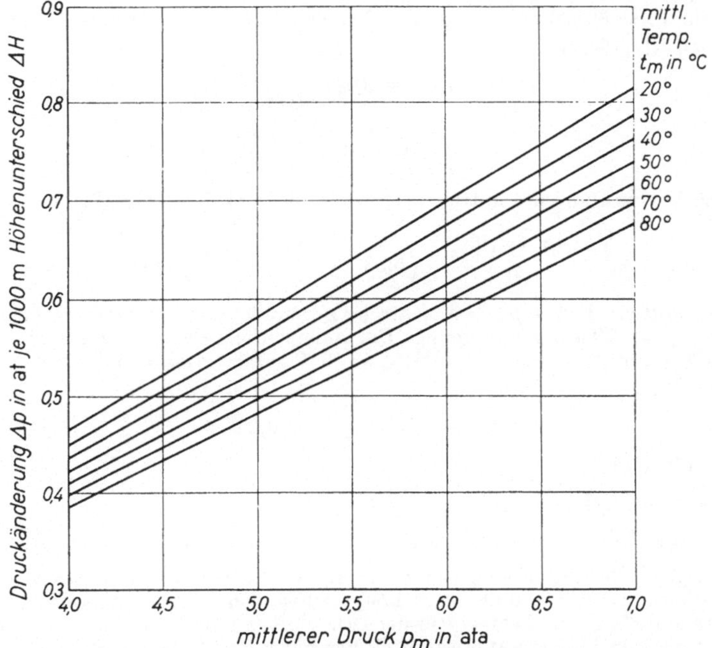

Abb. 126,1. Druckänderung in Druckluftleitungen in Abhängigkeit vom mittleren Druck für 1000 m Höhenunterschied

Diagramm Abb. 126,1 entwickelt. Für einen beliebigen Abstand ΔH in m ergibt sich der Druckunterschied

$$\Delta p = \Delta p_D \, \frac{\Delta H}{1000\,\mathrm{m}} \quad \text{in at} \qquad (126,4)$$

wenn Δp_D der Druckunterschied nach dem Diagramm Abb. 126,1 bedeutet.

Beispiel: In einer Schachtleitung von 600 mm Durchmesser und 830 m seigerer Länge werden 60000 m_n^3/h mit 4,3 atü entsprechend rund 5,33 ata und 20 °C eingespeist. Ermittle den Druck am Füllort.

Lösung: Gegeben: $p_1 = 4,3$ atü $\triangleq 5,33$ ata; $t_1 = 20\,°C$; $\overset{\bullet}{V}_n = 60000$ m_n^3/h; $d = 600$ mm; $\Delta H = l = 830$ m.

Wir schätzen zunächst den mittleren Druck p_m, indem wir für $p_1 = 5,33$ ata nach Abb. 126,1 die Drucksteigerung suchen: $\Delta p_{D_I} = 0,62$ at je 1000 m, nach Gl. (126,4)

$$\Delta p_I = \Delta p_{D_I} \frac{\Delta H}{1000\ \text{m}} = 0,62\ \text{at}\ \frac{830}{1000} = 0,515\ \text{at}$$

Der tatsächliche Druckgewinn wird größer sein, da der mittlere Druck etwa um $\dfrac{\Delta p_I}{2}$ größer angesetzt werden muß. Wir rechnen mit $\Delta p_I \approx 0,52$ at und schätzen:

$$p_m' = p_1 + \frac{\Delta p_I}{2} = \left(5,33 + \frac{0,52}{2}\right)\ \text{ata} = 5,59\ \text{ata}$$

Den Druckabfall durch Reibung finden wir jetzt nach dem Diagramm Abb. 125,2 für $\overset{\bullet}{V}_n = 60000\ m_n^3/n$ und $d = 600$ mm zu $\Delta p_{D_{II}} = 0,01$ at je 100 m. Nach Gl. (125,2)

$$\Delta p_{II} = \Delta p_{D_{II}} \frac{l}{100\ \text{m}} \frac{5,5\ \text{ata}}{p_m}$$

$$= 0,01\ \text{at} \frac{830}{100} \frac{5,5}{5,59} = 0,082\ \text{at}$$

Die Nachprüfung des mittleren Druckes ergibt nach Gl. (126,3)

$$p_m = p_1 + \frac{\Delta p_I - \Delta p_{II}}{2} = \left(5,33 + \frac{0,52 - 0,082}{2}\right)\ \text{ata} = 5,55\ \text{ata}$$

Der mittlere Druck $p_m = 5,55$ ata ist gegenüber dem geschätzten mittleren Druck $p_m = 5,59$ ata genau genug. Die Nachprüfung des Druckgewinnes nach Abb. 126,1 für $p_m = 5,55$ ata und $t_m = 20\,°C$ ergibt $\Delta p_{D_I} = 0,64$ at und nach Gl. (126,4)

$$\Delta p_I = 0,64\ \text{at}\ \frac{830}{1000} = 0,53\ \text{at}$$

Damit wird

$$p_2 = p_1 + \Delta p_I - \Delta p_{II}$$

$$= (5,33 + 0,53 - 0,082)\ \text{ata} = 5,778\ \text{ata} \approx 5,78\ \text{ata} \triangleq \approx 4,75\ \text{atü}$$

Beispiel: Die Einspeisung von 78000 m_n^3/h größtem Druckluftstrom in eine Schachtleitung NW 600 und 900 m Länge erfolgt bei 5,5 atü entsprechend rund 6,53 ata und 80 °C. Die Temperatur der Druckluft fällt in der Leitung im Einziehschacht bis zum Füllort auf etwa 40 °C. Berechne den Druck am Füllort.

Anmerkung: Der hohe Einspeisedruck läßt erkennen, daß offenbar ein großer Druckverlust in den Druckluftleitungen unter Tage zu überwinden ist. Dieser Druckverlust bedeutet selbst schon einen Energieverlust, ruft aber außerdem einen höheren Mengenverlust hervor.

Die hohe Einspeisetemperatur deutet darauf hin, daß die Druckluft unmittelbar nach Verlassen des Kompressors eingespeist wird. Die heute vielfach verwendeten Nachkühler für die Druckluft unmittelbar hinter dem Kompressor bewirken nicht nur eine bessere Wasserabscheidung, sondern auch einen Energiegewinn infolge des geringeren Druckabfalles bei Druckluft, die wegen der geringeren Temperatur und der Trocknung ein kleineres Volumen hat.

Lösung: Gegeben: $p_1 = 6{,}53$ ata; $t_1 = 80\,°C$; $t_2 = 40\,°C$; $t_m = \dfrac{80 + 40}{2} =$
$60\,°C$; $T_m = 273 + 60 = 333\,°K$; $\dot{V}_n = 78000\ \mathrm{m_n^3/h}$; $d = 600$ mm; $\Delta H = l = 900$ m

Für $p_1 = 6{,}53$ ata und $t_m = 60\,°C$ ist nach Abb. 126,1

$$\Delta p_{D_{\mathrm{I}}} = 0{,}67\ \mathrm{at}$$

Nach Gl. (126,4)

$$\Delta p_{\mathrm{I}}' = 0{,}67\ \mathrm{at}\ \frac{900}{1000} = 0{,}60\ \mathrm{at}$$

Damit ist

$$p_m' = p_1 + \frac{\Delta p_{\mathrm{I}}'}{2} = \left(6{,}53 + \frac{0{,}60}{2}\right)\ \mathrm{ata} = 6{,}83\ \mathrm{ata}$$

Hierfür ergibt sich nach dem Diagramm Abb. 126,1

$$\Delta p_{D_{\mathrm{I}}} = 0{,}71\ \mathrm{at}$$

und nach Gl. (126,4)

$$\Delta p_{\mathrm{I}} = 0{,}71\ \mathrm{at}\ \frac{900}{1000} = 0{,}64\ \mathrm{at}$$

Den Druckverlust finden wir aus dem Diagramm Abb. 125,2 für $\dot{V}_n = 78000\ \mathrm{m_n^3/h}$ und $d = 600$ mm

$$\Delta p_{D_{\mathrm{II}}} = 0{,}017\ \mathrm{at/100\ m}$$

Nach Gl. (125,1) ist

$$\Delta p_{\mathrm{II}} = \Delta p_{D_{\mathrm{II}}} \frac{l}{100\ \mathrm{m}}\ \frac{5{,}5\ \mathrm{ata}}{p_m'}\ \frac{T}{293\,°K} = 0{,}017\ \mathrm{at}\ \frac{900}{100}\ \frac{5{,}5}{6{,}83}\ \frac{333}{293} = 0{,}14\ \mathrm{at}$$

Die Nachprüfung des mittleren Druckes ergibt nach Gl. (126,3)

$$p_m = p_1 + \frac{\Delta p_{\mathrm{I}} - \Delta p_{\mathrm{II}}}{2} = \left(6{,}53 + \frac{0{,}64 - 0{,}14}{2}\right)\ \mathrm{ata} = 6{,}78\ \mathrm{ata}$$

Der Unterschied $p_m' = 6{,}83$ ata und $p_m = 6{,}78$ ata ist ohne größeren Einfluß auf die Genauigkeit. Damit ist

$$p_2 = p_1 + \Delta p_{\mathrm{I}} - \Delta p_{\mathrm{II}} = (6{,}53 + 0{,}64 - 0{,}14)\ \mathrm{ata}$$
$$= 7{,}03\ \mathrm{ata} \triangleq \approx 6{,}0\ \mathrm{at\ddot{u}}$$

127. Strömung kompressibler Medien durch Düsen und Mündungen

Strömt Gas oder Dampf aus einem Rohr oder Gefäß bei einem Zustand p_1 und ϱ_1 in eine verhältnismäßig große Rohrerweiterung oder ins Freie (Abb. 127,1), so entspannen sie sich im Querschnitt A der Mündung auf den Zustand p_0 und ϱ_0. Dabei wird die potentielle Energie umgewandelt in kinetische Energie und es steigt die Geschwindigkeit c_1 im Gefäß auf eine Austrittsgeschwindigkeit c_0.

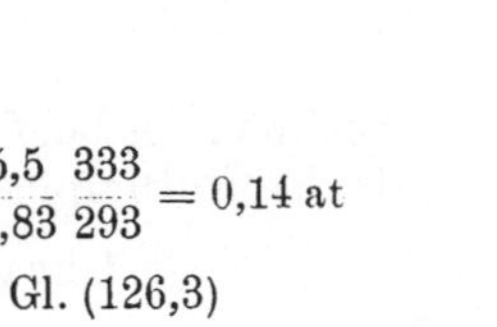

Bei größerem Druckgefälle p_1/p_0 können wir jetzt nicht mehr mit isothermischer Zustandsänderung rechnen, wie wir sie noch bei der Rohrströmung in einfacher Weise und mit ausreichender Genauigkeit angenommen haben. Wir nähern uns aber den wirklichen Verhältnissen, wenn wir bei der

Abb. 127,1. Zur Ableitung dre Ausflußgleichung

schnell verlaufenden Entspannung beim Ausströmen mit adiabatischer Zustandsänderung rechnen, d. h. voraussetzen, daß kein Wärmeaustausch stattfindet. Stellen wir zunächst Größengleichungen im internationalen m-kg-s-Einheitensystem auf, so ergibt sich die BERNOULLIsche Gleichung für adiabatische Druckänderung

$$\frac{k}{k-1}\frac{p_1}{\varrho_1} + \frac{c_1^2}{2} = \frac{k}{k-1}\frac{p_0}{\varrho_0} + \frac{c_0^2}{2}$$

Wir können die Vorgeschwindigkeit c_1 als nahezu Null vernachlässigen und erhalten mit der in Abschn. 122 besprochenen Geschwindigkeitsziffer φ aus obiger Gleichung

$$c_0 = \varphi \sqrt{2\,\frac{k}{k-1}\,\frac{p_1}{\varrho_1}\left[1 - \left(\frac{p_0}{p_1}\right)^{\frac{k-1}{k}}\right]} \qquad (127,1\mathrm{a})$$

Rechnen wir jetzt im m-kg-s-(kp)-System die Drücke p in kp/m² und mit dem Umrechnungsfaktor 9,81 N/kp, so ergibt sich mit ϱ in kg/m³ die Mündungsgeschwindigkeit in m/s:

$$c_0 = \varphi \sqrt{2 \cdot 9{,}81\,\frac{k}{k-1}\,\frac{p_1}{\varrho_1}\left[1 - \left(\frac{p_0}{p_1}\right)^{\frac{k-1}{k}}\right]} \qquad (127,1)$$

Rechnen wir bei Gasen und besonders bei Dämpfen mit dem Wärmeinhalt der Enthalpie i in kcal/kg und setzen nach Abschn. 54b

$$1\ \mathrm{kcal} = 4185{,}5\ \mathrm{Nm} = 4185{,}5\ \mathrm{kgm^2/s^2}$$

d. h.

$$4185{,}5 \cdot i\ \text{in}\ \frac{\mathrm{Nm}}{\mathrm{kg}} = \frac{\mathrm{kgm^2/s^2}}{\mathrm{kg}}$$

so erhalten wir beim Ausströmen aus Düsen und Mündungen und adiabatischer Druckänderung unter Vernachlässigung der Vorgeschwindigkeit c_1

$$\frac{c_0^2}{2} = 4185{,}5\,(i_1 - i_2)$$

$$c_0 = \sqrt{2 \cdot 4185{,}5\,(i_1 - i_2)}$$

und mit der Geschwindigkeitsziffer φ die *Mündungsgeschwindigkeit*:

$$c_0 = 91{,}5\,\varphi\,\sqrt{i_1 - i_2}\ \text{in m/s} \qquad (127,2)$$

Man nennt $i_1 - i_2$ in kcal/kg das *Wärmegefälle*, das man besonders für überhitzten Wasserdampf leicht dem is-Diagramm entnehmen kann. In den nachfolgenden Betrachtungen wollen wir aber nicht weiter mit der Enthalpie rechnen, zumal bei kleinerem Wärmegefälle für die Berechnung der Strömungsgeschwindigkeit keine ausreichend genauen Ergebnisse zu erreichen sind. (Siehe auch späteres Beispiel.)

Den mit der Geschwindigkeit c_0 in dem Querschnitt A ausströmenden Massenstrom von der Dichte ϱ_0 finden wir aus dem Kontinuitätsgesetz Gl. (108,4)

$$\dot{m} = A \cdot \varrho_0 \cdot c_0\ \text{in kg/s}$$

Führen wir nach dem POISSONschen Gesetz Gl. (107,7)

$$\frac{p_0}{p_1} = \left(\frac{\varrho_0}{\varrho_1}\right)^k \text{ oder } = \frac{\varrho_0}{\varrho_1} = \left(\frac{p_0}{p_1}\right)^{\frac{1}{k}}$$

und damit

$$\varrho_0 = \varrho_1 \left(\frac{p_0}{p_1}\right)^{\frac{1}{k}}$$

ein, so wird

$$\dot{m} = A \cdot \varrho_1 \left(\frac{p_0}{p_1}\right)^{\frac{1}{k}} c_0$$

Setzen wir für c_0 den Wert der Gl. (127,1a) und berücksichtigen die im Abschn. 122 besprochene Strahleinschnürung durch die Einschnürungszahl μ und erhalten damit die

$$\text{Ausflußziffer } \alpha = \varphi \cdot \mu$$

so ergibt sich

$$\dot{m} = \alpha \cdot A \cdot \varrho_1 \left(\frac{p_0}{p_1}\right)^{\frac{1}{k}} \sqrt{2 \, \frac{k}{k-1} \frac{p_1}{\varrho_1} \left[1 - \left(\frac{p_0}{p_1}\right)^{\frac{k-1}{k}}\right]}$$

oder

$$\dot{m} = \alpha \cdot A \sqrt{2\, p_1 \cdot \varrho_1} \left(\frac{p_0}{p_1}\right)^{\frac{1}{k}} \sqrt{\frac{k}{k-1}} \sqrt{1 - \left(\frac{p_0}{p_1}\right)^{\frac{k-1}{k}}}$$

Der Anteil

$$\psi_a = \left(\frac{p_0}{p_1}\right)^{\frac{1}{k}} \sqrt{\frac{k}{k-1}} \sqrt{1 - \left(\frac{p_0}{p_1}\right)^{\frac{k-1}{k}}} \qquad (127,3)$$

wird nach E. SCHMIDT[1] mit *Ausflußfunktion* bezeichnet. Die Gleichung für den Massenstrom in kg/s ergibt sich mit p_1 in kp/m² und mit Einführung des Umrechnungsfaktors 9,81 N/kp

$$\dot{m} = \alpha \cdot A \cdot \psi_a \sqrt{2 \cdot 9{,}81 \cdot p_1 \cdot \varrho_1} \qquad (127,4)$$

Bei *Dampf* rechnet man den Massenstrom meist in kg/h. Wenn man in Gl. (127,4) ferner für p_1 setzt 1 kp/cm² = 10^4 kp/m², so folgt die Zahlenwertgleichung

$$\boxed{\dot{m} = 1{,}6 \cdot 10^6 \, \alpha \cdot A \cdot \psi_a \sqrt{p_1 \cdot \varrho_1}} \qquad (127,5)$$

Bei *Druckluft* rechnet man mit dem Mengenstrom in $\mathrm{m_n^3}$/h, nach (107,5) mit der Normdichte mittelfeuchter Luft $\varrho_n = 1{,}29$ kg/$\mathrm{m_n^3}$ und der Gaskonstanten $R_f = 29{,}34$ kpm/kg grd. Setzt man in Gl. (127,4)

$$\dot{m} = \dot{V}_n \cdot \varrho_n$$

---

[1] SCHMIDT, ERNST: Thermodynamik, Springer, 9. Aufl. 1962, S. 273.

und

$$\varrho_1 = \frac{p_1}{R_f \cdot T_1}$$

und rechnet wieder für p_1 1 kp/cm² $= 10^4$ kp/m² so erhält man die Zahlenwertgleichung

$$\boxed{\dot{V}_n = 2{,}29 \cdot 10^7 \, \alpha \cdot A \cdot \psi_a \cdot p_1 \sqrt{\frac{1}{T_1}}} \qquad (127{,}6)$$

In den Zahlenwertgleichungen (127,4) bis (127,6) bedeuten

A in m²   den engsten Querschnitt der Ausströmöffnung,

p_1 in ata   den absoluten Druck im Druckraum,

T_1 in °K $= 273 + t_1$ die Temperatur im Druckraum,

α unbenannte Zahl,   die Ausflußziffer,

ϱ_1 in kg/m³   die Dichte im Druckraum,

$\dot{m}$ in kg/h   den Massenstrom des Dampfes,

$\dot{V}_n$ in m³ₙ/h den Volumenstrom der Druckluft im Normzustand.

Nach Abschn. 122 kann man annehmen:
bei scharfkantigen, kreisrunden Öffnungen, sogenannten *Blenden* (oder Staurändern) (Abb. 122,2)

$$\alpha = 0{,}62 \cdots 0{,}65$$

bei gut gerundeten *Ausflußdüsen*

$$\alpha = 0{,}97 \cdots 0{,}99$$

Die *Ausflußfunktion* ψ_a nach Gl. (127,3) müssen wir noch näher betrachten. Ermitteln wir sie für abnehmendes Druckverhältnis p_0/p_1 für die Adiabatenexponenten

für 2-atomige Gase und Luft $k = 1{,}4$,
für Heißdampf $k = 1{,}3$,
für trocken gesättigten Wasserdampf $k = 1{,}135$,

so erhalten wir die in Zahlentafel 50 aufgeführten Ergebnisse, die in Abb. 107,2 über dem Druckverhältnis p_0/p_1 aufgetragen sind. Wir erkennen aus der schaubildlichen Darstellung, daß ψ_a vom Wert Null bei $p_0/p_1 = 1$ mit abnehmendem Druckverhältnis nur so lange zunimmt, bis sie beim sogenannten *kritischen Druckverhältnis* ein Maximum erreicht. Da die ausströmende Menge bei weiterer Verringerung des Druckverhältnisses, d. h. bei weiterer Senkung des Druckes im Außenraum nicht wieder kleiner werden kann, folgt daraus die überraschende Erkenntnis:

Satz 89: Beim Ausströmen von Gasen und Dämpfen durch eine Öffnung, z. B. auch durch eine sich bis zum Austritt in Strömungsrichtung verengende Düse, kann der Druck im Austrittsquerschnitt nicht unter den kritischen Druck sinken, auch wenn man den Druck im Außenraum beliebig klein macht.

Bezeichnet p_0 den Druck im Austrittsquerschnitt, auf den das ausströmende Gas vom Druck p_1 expandiert, so nennt man den Druck, auf den das Gas beim kritischen Druckverhältnis expandiert, den kritischen Druck p_k.

Nur solange der Druck im Außenraum $p_2 \geqq p_k$ ist, kann man auch $p_2 = p_0$ setzen.

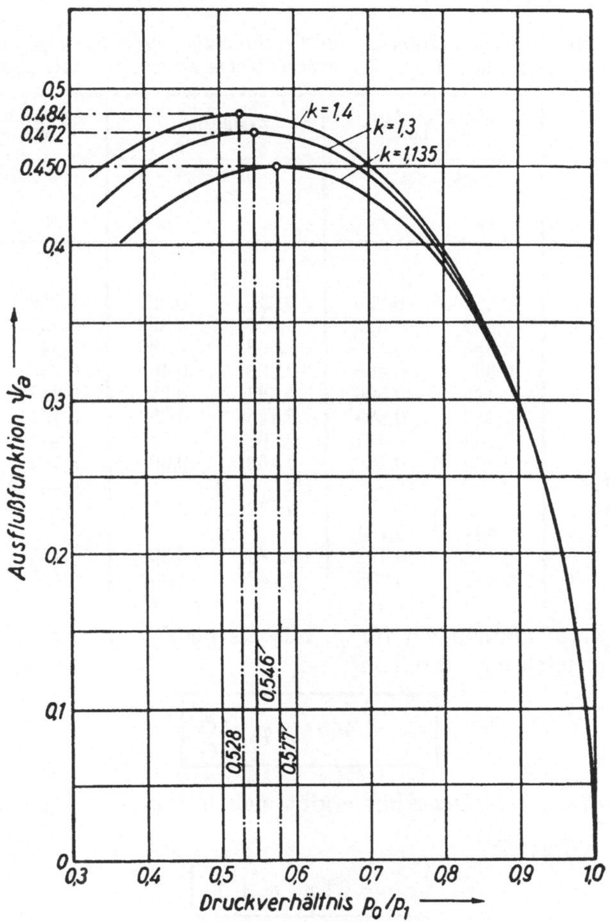

Abb. 127,2. Ausflußfunktion ψ_a in Abhängigkeit vom Druckverhältnis p_0/p_1

Damit kann in Gl. (127,1) die *Geschwindigkeit im Austrittsquerschnitt* c_0 berechnet werden.

Setzt man in Gl. (127,1)

$$\psi_c = \sqrt{\frac{k}{k-1}} \cdot \sqrt{1 - \left(\frac{p_0}{p_1}\right)^{\frac{k-1}{k}}} \qquad (127,7)$$

und bezeichnet ψ_c als *Geschwindigkeitsfunktion*, so erhalten wir bei der Berechnung von p_1 in kp/m² mit dem Umrechnungsfaktor 9,81 N/kp die Zahlenwertgleichung für die Austrittsgeschwindigkeit bei Gasen und

38*

Dämpfen
$$c_0 = \varphi \cdot \psi_c \sqrt{2 \cdot 9{,}81 \frac{p_1}{\varrho_1}} \qquad (127{,}8)$$

Zahlentafel 50 gibt die Geschwindigkeitsfunktion ψ_c für das Druckverhältnis p_0/p_1 von 1 bis zum kritischen Druckverhältnis wieder.

Zahlentafel 50. *Ausflußfunktion ψ_a und Geschwindigkeitsfunktion ψ_c für 2-atomige Gase, Luft und Dämpfe bei verschiedenem Druckverhältnis p_0/p_1*

Druckverhältnis	2-atomige Gase und Luft		Heißdampf		gesättigter Wasserdampf	
	$k = 1{,}4$		$k = 1{,}3$		$k = 1{,}135$	
p_0/p_1	ψ_a	ψ_c	ψ_a	ψ_c	ψ_a	ψ_c
1,0	0	0	0	0	0	0
0,95	0,218	0,226	0,218	0,227	0,218	0,228
0,90	0,299	0,323	0,297	0,323	0,296	0,324
0,85	0,355	0,399	0,353	0,399	0,347	0,401
0,80	0,397	0,465	0,393	0,466	0,386	0,469
0,75	0,428	0,526	0,424	0,528	0,413	0,532
0,70	0,452	0,583	0,445	0,586	0,431	0,591
0,65	0,469	0,637	0,460	0,640	0,444	0,648
0,60	0,479	0,689	0,469	0,694	0,449	0,704
0,577					0,450	0,730
0,546			0,472	0,752		
0,528	0,484	0,764				
0,50	0,483	0,792	0,470	0,802	0,443	0,816
0,40	0,467	0,898	0,449	0,908	0,415	0,930

Für *Dampf* können wir für p_1 mit $1 \text{ kp/cm}^2 = 10^4 \text{ kp/m}^2$ auch die Zahlenwertgleichung schreiben

$$\boxed{c_0 = 443\,\varphi \cdot \psi_c \sqrt{\frac{p_1}{\varrho_1}}} \qquad (127{,}9)$$

Für *mittelfeuchte Druckluft* ergibt sich mit $\varrho_1 = \dfrac{p_1}{R_f \cdot T_1}$ und p_1 in $\text{kp/cm}^2 = 10^4 \text{ kp/m}^2$

$$\boxed{c_0 = 24\,\varphi \cdot \psi_c \sqrt{T_1}} \qquad (127{,}10)$$

In den Zahlenwertgleichungen (127,8) bis (127,10) bedeuten:
p_1 in ata   den absoluten Druck im Druckraum,
ϱ_1 in kg/m³   die Dichte im Druckraum,
T_1 in °K $= 273 + t_1$ die Temperatur im Druckraum,
c_0 in m/s   die Mündungsgeschwindigkeit.

Die Geschwindigkeitsziffer φ beträgt
bei scharfkantigen Ausflußöffnungen in dünnen Wänden $\varphi = 0{,}97$,
bei gut gerundeten Düsen ansteigend bis $\varphi = 0{,}99$.

Zahlentafel 51 gibt für das kritische Druckverhältnis von 2-atomigen Gasen, Luft und Dämpfen die Höchstwerte der Ausflußfunktion $\psi_{a\,\mathrm{max}}$ und die Geschwindigkeitsfunktion ψ_c wieder.

Zahlentafel 51. *Kritische Druckverhältnisse und Höchstwerte der Ausflußfunktion ψ_a sowie die Geschwindigkeitsfunktion ψ_c bei 2-atomigen Gasen, Luft und Dämpfen*

	2-atomige Gase und Luft	Heißdampf	gesättigter Wasserdampf
	$k = 1.4$	$k = 1{,}3$	$k = 1{,}135$
p_k/p_1	0,528	0,546	0,577
ψ_a max	0,484	0,473	0,450
ψ_c	0,764	0,752	0,730

Man bezeichnet die Austrittsgeschwindigkeit c_0 beim kritischen Druckverhältnis als kritische Geschwindigkeit c_k. Sie ergibt sich für Dämpfe nach Gl. (127,9) zu

$$c_k = 333\,\varphi \; \sqrt{\frac{p_1}{\varrho_1}} \quad \text{in m/s \; für überhitzten Dampf} \qquad (127{,}11)$$

und

$$c_k = 323\,\varphi \; \sqrt{\frac{p_1}{\varrho_1}} \quad \text{in m/s \; für gesättigten Wasserdampf} \qquad (127{,}12)$$

ferner nach Gl. (127,10)

$$c_k = 18{,}35\,\varphi \; \sqrt{T_1} \quad \text{in m/s \; für Luft und 2-atomige Gase} \qquad (127{,}13)$$

Bei verlustloser Ausströmung, d. h. $\varphi = 1$, *stimmt die beim kritischen Druckverhältnis auftretende Geschwindigkeit mit der Schallgeschwindigkeit überein.* Bedeutungen und Maßeinheiten in Gln. (127,11) bis (127,13) siehe zu Gln. (127,8) bis (127,10).

Die Austrittsgeschwindigkeit von Druckluft durch eine Blende erreicht für $t_1 = 20\,°\text{C}$ und $\varphi = 0{,}97$ beim kritischen Druckverhältnis

$$c_k = 18{,}35\,\varphi \; \sqrt{T_1} = 18{,}35 \cdot 0{,}97 \; \sqrt{273 + 20} = 305 \;\text{in m/s}$$

Bei der adiabatischen Entspannung kühlt sich die Luft auf eine Temperatur ab, die wir gemäß Gl. (106,8) berechnen können

$$\left(\frac{p_k}{p_1}\right)^{\frac{k-1}{k}} = \frac{T_2}{T_1}$$

$$T_2 = T_1 \left(\frac{p_k}{p_1}\right)^{\frac{k-1}{k}}$$

mit $\dfrac{p_k}{p_1} = 0{,}528$ für Luft und $\dfrac{k-1}{k} = 0{,}286$ (Zahlentafel 36) ist

$$T_2 = 293 \cdot 0{,}528^{0{,}286} = 293 \cdot 0{,}833 = 244\,°\text{K}$$

$$t_2 = T_2 - 273 = 244 - 273 = -29\,°\text{C}$$

Eine *Anwendung* der Strömung durch Mündungen stellt die Verwendung von Blenden dar, die man *beim* Blasversatz in die Druckluft-Zuführungsleitung vor den Blastrog einbaut. Die treibende Kraft der pneumatischen Förderung ist dem dynamischen Druck

$$p_d = \gamma_L \frac{c^2}{2\,g}$$

proportional. Dieser Druck kommt nur voll zur Wirkung, wenn die Berge in der Blasleitung aus der Ruhe heraus beschleunigt werden müssen. Haben die Bergestücke bereits eine Geschwindigkeit v, so ist lediglich die Geschwindigkeitsdifferenz $c - v$ und damit der Staudruck

$$p_d = \gamma_L \frac{(c - v)^2}{2\,g}$$

wirksam.

Es kommt nun in der Blasmaschine darauf an, die Anblasgeschwindigkeit der Berge im Blastrog möglichst hoch zu treiben. Außerdem muß an jeder Stelle der Blasleitung die Luftgeschwindigkeit um einen ausreichenden Betrag größer als die Geschwindigkeit der Berge sein, um die Widerstände der Berge in der Leitung zu überwinden. Die Luft muß deshalb mit möglichst hoher Geschwindigkeit c_e in den Blastrog eintreten. Diese erhält sie aus der Entspannung, d. h. aus der Umwandlung von Druckenergie in Geschwindigkeitsenergie. Andererseits darf der zur Überwindung des Widerstandes in der Blasleitung erforderliche Überdruck nicht unterschritten werden, weshalb lange Blasleitungen einen höheren Überdruck brauchen als kurze.

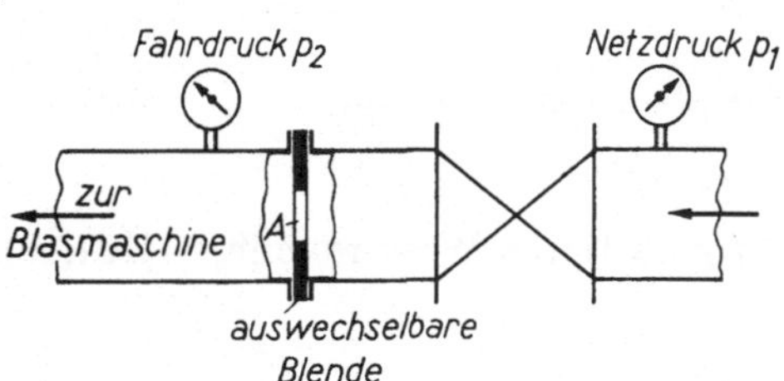

Abb. 127,3. Zur Wirkungsweise der Blende bei Blasmaschinen für den pneumatischen Bergeversatz

Zur Veranschaulichung dieser Vorgänge wollen wir für die praktische Ausführung der Zuführung der Druckluft zur Blasmaschine, die in Abb. 127,3 schematisch dargestellt ist, Berechnungen durchführen. Die dargestellte Blende hat Durchmesser von 50, 60 oder 70 mm. Wir verwenden folgende Bezeichnungen:

$p_1 = $ *Netzdruck* vor Eintritt in die Blende,

$p_0 = $ *Mündungsdruck* am Austritt aus der Blende,

$p_2 = $ *Fahrdruck*, der unmittelbar hinter der Blende gemessen werden kann. Meist wird der Fahrdruck beim Eintritt in den Blastrog gemessen. Der geringe Druckabfall zwischen Blende und Blastrog kann zunächst vernachlässigt werden.

p_L ist der *Leerlaufdruck*, den der Fahrdruck p_2 annimmt, wenn die Leitung von Bergen völlig entleert und der Rohrquerschnitt an der Blasmaschine voll geöffnet ist. Er beträgt meist 0,2 ··· 0,5 atü.

p_B ist der *Betriebsdruck*, den der Fahrdruck p_2 während der Bergeförderung, d. h. bei mehr oder minder mit Bergen gefüllter Blasleitung annimmt. Er kann bei Verstopfern bis auf den Netzdruck ansteigen.

Alle Drücke sind in ata zu messen.

Nach diesen Definitionen kann der Netzdruck p_1 in der Blende im günstigsten Falle auf den Fahrdruck p_2 expandieren, und zwar solange der Fahrdruck $p_2 \geqq 0,528\,p_1 = p_k$, also größer als der kritische Druck ist. Rechnet man mit dem Mündungsdruck p_0 am Blendenaustritt, so läßt sich für gegebenen Netzdruck p_1 aus dem Druckverhältnis p_0/p_1 nach Gl. (127,6) und Zahlentafel 50 der Druckluftstrom $\dot{V}_n$ in m_n^3/h berechnen. Zahlentafel 52 zeigt die Ergebnisse mit $p_1 = 4{,}0$ atü $\triangleq$ 5,1 ata, $t_1 = 20\,°C$, und Blendenöffnungen 50, 60 und 70 mm Durchmesser, bei einer Ausflußzahl $\alpha = 0{,}65$.

Da sich nach der Entspannung die Luft durch Verwirbelung annähernd auf die Temperatur im Netz wieder erwärmen wird, können wir — unter Vernachlässigung des Widerstandes bei plötzlicher Querschnittserweiterung (siehe Abschn. 120b) — die Geschwindigkeit im Blasrohr c_e gleich der Eintrittsgeschwindigkeit der Luft in die Blasmaschine berechnen:

$$c_e = \frac{\dot{V}_n\, 1{,}033 \cdot 293}{3600\,\dfrac{\pi}{4}\, d^2 \cdot p_2\, 273}\quad \text{in m/s}$$

Hierin ist d in m der Blasrohrdurchmesser und p_2 in ata der Fahrdruck, der für den obigen Bereich bis herunter zum kritischen Druck p_k dem Mündungsdruck p_0 in ata gleichgesetzt werden kann. Eine derartige Berechnung ist für die Blasrohre von 150 und 175 mm Durchmesser in Zahlentafel 52 wiedergegeben.

Zahlentafel 52. *Druckluftstrom und Lufteintrittsgeschwindigkeit bei verschiedenem Druckverhältnis und verschiedener Blendenöffnung in Blasversatzmaschinen*

	Druckverhältnis p_0/p_1		0,528	0,6	0,7	0,8	0,9	1,0
Blendendchm. mm	Mündungsdruck $p_0 \triangleq$ ≈ Fahrdruck p_2	ata	2,69	3,06	3,57	4,07	4,58	5,1
		≈ atü	1,6	2,0	2,5	3,0	3,5	4,0
50	Druckluftstrom $\dot{V}_n$ in m_n^3/h		4620	4570	4315	3790	2855	0
	Lufteintrittsgeschwindigkeit c_e in m/s	für d[1) $= 150$ mm	30,0	26,0	21,1	16,2	10,9	0
		für d[1) $= 175$ mm	22,0	19,1	15,0	11,9	8,6	0
60	Druckluftstrom $\dot{V}_n$ in m_n^3/h		6065	6000	5680	4975	3750	0
	Lufteintrittsgeschwindigkeit c_e in m/s	für d[1) $= 150$ mm	39,3	34,2	27,7	21,3	14,3	0
		für d[1) $= 175$ mm	28,9	25,1	20,4	15,6	11,6	0
70	Druckluftstrom $\dot{V}_n$ in m_n^3/h		8250	8170	7710	6770	5100	0
	Lufteintrittsgeschwindigkeit c_e in m/s	für d[1) $= 150$ mm	53,5	46,5	37,7	29,0	19,4	0
		für d[1) $= 175$ mm	39,3	34,2	27,6	21,3	15,3	0

Abb. 127,4 zeigt nach dieser Berechnung den Verlauf des Druckluftstromes sowie der Eintrittsgeschwindigkeiten der Luft in die Blasmaschine für die Blasrohre 150 und 175 mm Durchmesser beim Einsatz der Blenden mit 50, 60 und 70 mm Durchmesser. Diese schaubildliche Darstellung gestattet einige wertvolle Erkenntnisse für den Blasversatz:

___

[1] = Blasrohrdurchmesser.

1. Der Druckluftstrom nimmt mit abnehmendem Fahrdruck anfänglich stark zu. Die Zunahme verringert sich zum kritischen Druck hin. Unterhalb des kritischen Druckes (im Beispiel unterhalb $p_k \approx$ 1,6 atü) bleibt der Druckluftstrom konstant. Die Blende hat demnach in erster Linie die Aufgabe der Zuteilung des Druckluftstromes.

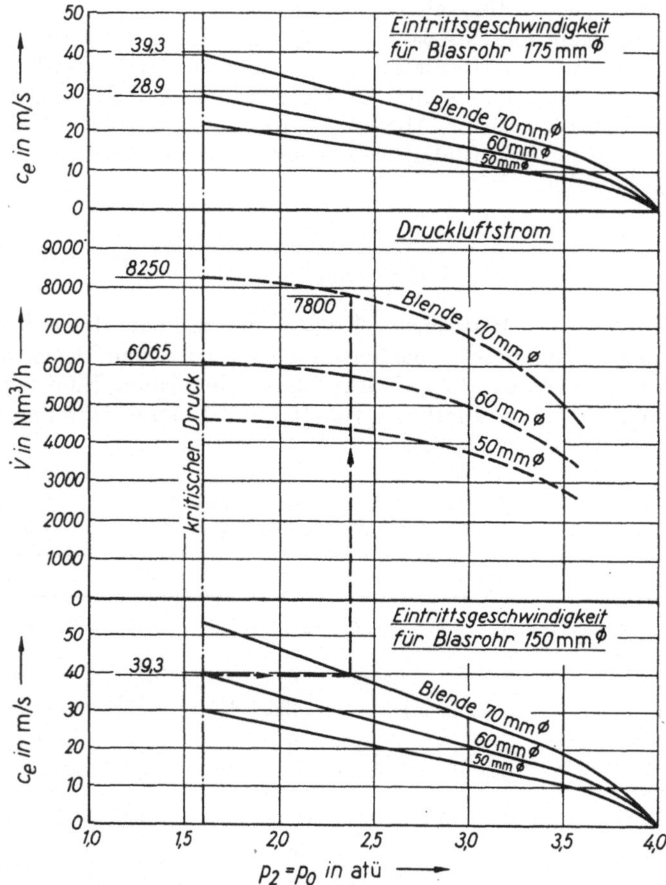

Abb. 127,4. Zusammenhang zwischen Fahrdruck p_2, Druckluftstrom $\dot{V}_n$ und Lufteintrittsgeschwindigkeit c_e bei Blasmaschinen

2. Allein der zugeteilte Druckluftstrom bestimmt die Lufteintrittsgeschwindigkeit in den Blastrog. Allerdings ist diese bei weitem Blasrohr kleiner als bei engem. Da der Blasrohrdurchmesser nach dem größten Bergestrom gewählt wird, folgern wir, daß wir für den Bergestrom mit dem geringst möglichen Blasrohrdurchmesser die beste Bergeförderung erzielen. Bei einem Blendendurchmesser von 60 mm erhalten wir für den kritischen Druck z. B. im Blasrohr 150 mm Durchmesser $c_e = 39{,}3$ m/s, während wir im Blasrohr 175 mm Durchmesser nur $c_e = 28{,}9$ m/s erreichen. Um im Blasrohr 175 mm Durchmesser beim

kritischen Druck auf $c_e = 39{,}3$ m/s zu kommen, müssen wir eine Blende mit 70 mm Öffnung einbauen. Damit steigt selbstverständlich der Druckluftverbrauch, und zwar von 6065 m_n^3/h auf 8250 m_n^3/h, also um 36%.

3. Es wurde bereits gesagt, daß wir bestrebt sind, die Berge mit möglichst hoher Geschwindigkeit anzublasen, und daß zur Unterhaltung der pneumatischen Förderung die Luftgeschwindigkeit immer um einen gewissen Betrag größer sein muß als die Geschwindigkeit der Berge. Im Blasrohr 150 mm Durchmesser können wir z. B. $c_e = 39{,}3$ m/s bei $p_2 = p_k \approx 1{,}6$ atü mit einem Druckluftstrom von 6065 m_n^3/h erreichen, wenn wir eine Blende mit 60 mm Öffnung einbauen. Beim Einbau einer Blende mit 70 mm Öffnung erhalten wir die gleiche Geschwindigkeit $c_e = 39{,}3$ m/s mit einem Fahrdruck $p_2 \approx 2{,}4$ atü, haben dann aber einen Druckluftverbrauch von rund 7800 m_n^3/h. Da es bisher nur möglich ist, die pneumatische Förderung nach der Erfahrung zu bedienen, folgt aus dieser Feststellung, daß man mit möglichst kleiner Blendenöffnung und einem Fahrdruck p_2 möglichst wenig über dem kritischen Druck (also etwa 1,6 atü) die Blasanlage betreiben soll. Ein nachgeschalteter Blasluftregler darf keinesfalls oberhalb des kritischen Druckes eingreifen und drosseln. Man sollte deshalb das Fahrdruck-Manometer mit zwei Markierungen versehen. Beträgt der Netzdruck etwa 4 atü, so sollte die untere Markierung bei 1,6 atü, die obere bei etwa 2,5 atü liegen. Zwischen diesen beiden Werten müßte, gegebenenfalls durch Drosselung mit dem Fahrventil, der Fahrdruck gehalten werden. Sind trotzdem Verstopfer nicht zu vermeiden, so müßte eine Blende mit größerer Öffnung eingebaut werden. Allerdings ist zu beachten, daß eine möglichst gleichmäßige Bergeaufgabe zunächst anzustreben ist, um Verstopfer zu vermeiden und mit möglichst geringem spezifischen Druckluftverbrauch m_n^3/m³ Berge zu fahren.

4. Kammermaschinen verwenden meist keine Blenden für die Druckluftzuteilung, sondern betreiben die Blasanlage mit einem Drosselventil. Dieses übernimmt praktisch die gleichen Funktionen wie die fest eingebaute Blende. Sinngemäß ergibt sich nach dem vorigen Absatz, daß der Blasmaschinist ebenfalls nach einem Fahrdruck-Manometer im Druckbereich 1,6 bis etwa 2,5 atü die Anlage betreiben sollte.

5. Ein höherer Fahrdruck p_2 an der Blasmaschine wird bei großen Reibungswiderständen in der Blasleitung, also bei langen oder ansteigenden Leitungen oder Leitungen mit Krümmern erforderlich. Abb. 127,4 zeigt deutlich, daß beim Arbeiten mit einem höheren Fahrdruck zur Einhaltung einer ausreichenden Eintrittsgeschwindigkeit c_e eine Blende mit größerer Öffnung (oder bei Kammermaschinen eine größere Öffnung des Drosselventils) erforderlich wird. Das führt aber zu erheblicher Steigerung des Druckluftverbrauches. Eine wirtschaftliche pneumatische Förderung verlangt möglichst kurze gerade und söhlig verlegte Blasleitungen. Betrieblich lassen sich Krümmer oder ansteigende Leitungen vielfach nicht vermeiden. Obige Erkenntnis zeigt aber, daß man sie auf ein möglichst geringes Maß beschränken sollte. Es gibt Zechen, die ihre Blasmaschinen vom Strebeingang mindestens 20 m

(um die Beschleunigung des Blasgutes nicht zu stören) und höchstens 80 m entfernt aufstellen und sie in diesem Bereich regelmäßig nachrücken.

Abschließend ist festzustellen, daß für diese Betrachtungen die Art der Blasmaschine, also Kammermaschine oder Zellenradmaschine, völlig belanglos ist. Es ist z. B. nicht einzusehen, wie es in der Literatur vielfach angegeben wird, daß der höchste Fahrdruck bei Zellenradmaschinen 2,5 atü, dagegen bei Kammermaschinen 3,5 atü betragen könnte. Allerdings ist das Nachrücken von Kammermaschinen wegen ihres Raumbedarfs schwieriger, so daß man bei diesen zwangsläufig zu längeren Blasleitungen kommt. Der größere Druckbedarf dieser langen Leitungen verlangt allerdings dann einen höheren Fahrdruck. Das führt nach Punkt 5 auch zwangsläufig zu einem höheren Druckluftverbrauch.

Schließlich sei darauf hingewiesen, daß bei vorstehenden Betrachtungen lediglich die Einströmungsverhältnisse der Druckluft in die Blasmaschine berücksichtigt sind. Die Vorgänge in der Blasleitung selbst sind recht verwickelt und gestatten nur recht unsichere Untersuchungen. Sicher ist aber, daß die Entspannung der Druckluft in der Blasleitung bis zu ihrer Mündung zu einer ständigen Erhöhung der Luftgeschwindigkeit führt. Diese Umwandlung von Druckenergie in kinetische Energie erfolgt vollständig bis auf den durch Rohrreibung und Verwirbelung verlorengehenden Energiebetrag. Wenn die Verlustenergie auch nur schwer erfaßt werden kann, läßt sich doch feststellen, daß die Luftgeschwindigkeit sehr hohe Werte von 50 bis 80 m/s erreichen kann.

128. Die erweiterte Düse nach De Laval

Nach den bisherigen Betrachtungen kann in einer sich in Strömungsrichtung verengenden Düse gemäß Abb. 128,1 nur eine Entspannung bis zum kritischen Druckverhältnis p_k/p_1 stattfinden. Dadurch wird nicht nur der Mengenstrom begrenzt, sondern auch die Austrittsgeschwindigkeit an der Mündung c_0. Diese entspricht bei p_k/p_1 und verlustloser Strömnug der Schallgeschwindigkeit und wird mit kritische Geschwindigkeit c_k bezeichnet.

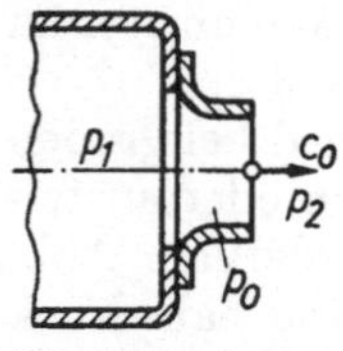

Abb. 128,1. In Strömungsrichtung sich verengende konvergente Düse

Im p-v-Diagramm Abb. 128,2 erkennen wir, daß nur die mit 1 bezeichnete Arbeitsfläche in kinetische Energie umgewandelt wird, während die Arbeitsfläche 2 nach dem Austritt aus der Düse in Schallenergie und Reibungswärme verwandelt wird und verlorengeht. Wie der Schwede De Laval 1887 zeigte, kann man das gesamte Druckgefälle bis herab zu einem Druck p_2 in kinetische Energie verwandeln, wenn man nach Abb. 128,3 an die verjüngte Düse eine schlanke Erweiterung anschließt, in der der Querschnitt von seinem kleinsten Wert A_{min} auf A_2 zunimmt. Eine solche Düse heißt Laval-*Düse*. Da im engsten Querschnitt schon die Schallgeschwindigkeit erreicht wird, muß im erweiterten Teil Überschallgeschwindigkeit auftreten.

Die Umwandlung der potentiellen Energie in der LAVAL-Düse in kinetische Energie über die Schallgeschwindigkeit hinaus hat allerdings die wichtige Voraussetzung, daß im engsten Teil der Düse die kritische Geschwindigkeit c_k tatsächlich erreicht wird. Zur Verdeutlichung wollen wir zwei besonders wichtige Möglichkeiten der Durchströmung einer erweiterten Düse betrachten.

In Abb. 128,4a ist angenommen, daß in der sich verjüngenden Düse die Eintrittsgeschwindigkeit c_1 auf die Geschwindigkeit c_0 im engsten Querschnitt steigt, die jedoch kleiner als die kritische Gechwindigkeit c_k ist, da der Druck von p_1 nur auf $p_0 > p_k$ fällt. Der anschließende

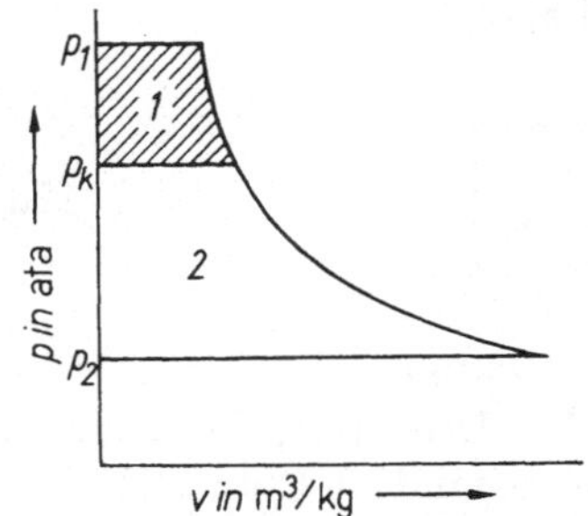

Abb. 128,2. Expansionsarbeit und kritischer Druck

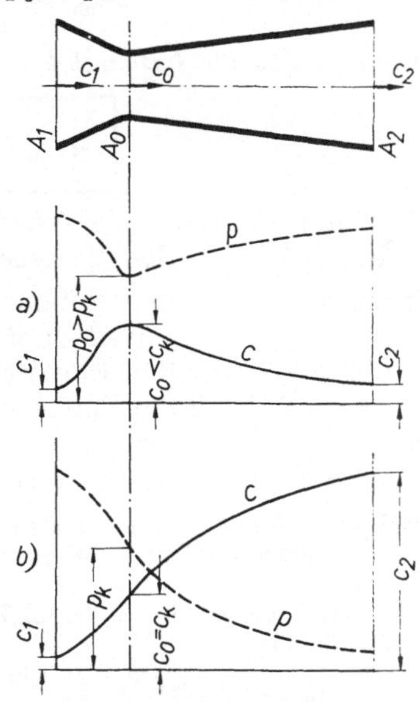

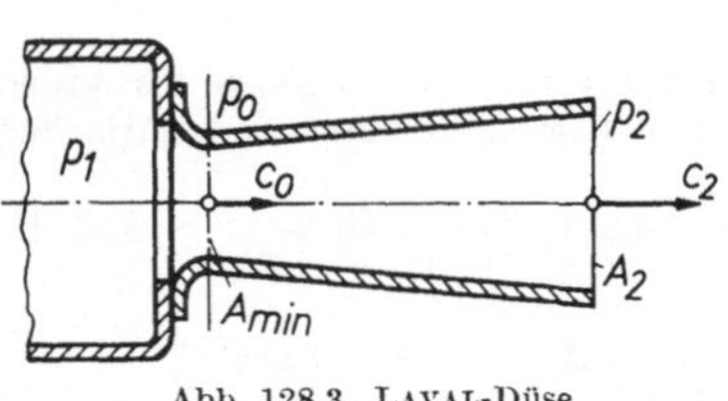

Abb. 128,3. LAVAL-Düse

Abb. 128,4. Druck- und Geschwindigkeitsverlauf in einer erweiterten Düse bei verschiedener Druckumsetzung bis zum engsten Querschnitt

Erweiterungsteil wirkt jetzt als Diffusor. In ihm verzögert sich die Strömung, wenn Ein- und Austrittsquerschnitt gleich sind, annähernd wieder auf die Anfangsgeschwindigkeit $c_2 \approx c_1$. Der Druck nimmt in der Verjüngung ab und steigt dann in der Erweiterung wieder an, wobei sich die Verluste durch Reibung und Strahlablösung als Druckabfall auswirken.

Wird dagegen gemäß Abb. 128,4b die Geschwindigkeit c_1 bis zum engsten Querschnitt auf die Schallgeschwindigkeit, d. i. die kritische Geschwindigkeit $c_0 = c_k$ gesteigert, so steigt im erweiterten Teil die Geschwindigkeit weiter und der Druck, der im engsten Teil den kritischen Druck erreicht hat, sinkt entsprechend. Wir haben eine reine Expansionsströmung, in der, von Verlusten durch Wandreibung abgesehen, das ganze Druckgefälle in Geschwindigkeit umgesetzt wird.

Für die Bemessung des engsten Querschnitts $A_{\min}$ bei einer Entspannung auf den kritischen Druck p_k können wir Gl. (127,5) für Dampf und Gl. (127,6) für Luft nach A_{min} unter Einsetzen der Ausflußfunktion ψ_{amax} gemäß Zahlentafel 51 auflösen. Wir erhalten dann bei verlustloser Ausströmung:

für *überhitzten Dampf* mit $k = 1,3$

$$A_{min} = \frac{\dot{m}}{7,52 \cdot 10^5 \sqrt{p_1 \cdot \varrho_1}} \qquad (128,1)$$

für *trocken gesättigten Dampf* mit $k = 1,135$

$$A_{min} = \frac{\dot{m}}{7,20 \cdot 10^5 \sqrt{p_1 \cdot \varrho_1}} \qquad (128,2)$$

für *mittelfeuchte Luft* mit $k = 1,4$

$$A_{min} = \frac{\dot{V}_n \sqrt{T_1}}{1,11 \cdot 10^7 \, p_1} \qquad (128,3)$$

In Gln. (128,1) bis (128,3) bedeuten

$\dot{m}$ in kg/h   den Massenstrom bei Dampf,

$\dot{V}_n$ in m_n^3/h   den Volumenstrom bei Druckluft, berechnet auf physikalischen Normzustand (0 °C und 760 Torr),

p_1 in ata   den Eintrittsdruck in der Düse,

T_1 in °K $= 273 + t$ die Eintrittstemperatur,

ϱ_1 in kg/m^3 die Eintrittsdichte in der Düse,

A_{min} in m^2 den engsten Querschnitt der LAVAL-Düse.

Beispiel: Berechne den engsten Querschnitt einer LAVAL-Düse für einen Druckluftstrom von $389 m_n^3$/h bei $p_1 = 6$ ata und $t_1 = 20$ °C sowie den kritischen Druck p_k.

Lösung: Gegeben: $\dot{V}_n = 389$ m_n^3/h; $p_1 = 6$ ata; $T_1 = 273 + 20 = 293$ °K. Nach Gl. (128,3)

$$A_{min} = \frac{\dot{V}_n \sqrt{T_1}}{1,11 \cdot 10^7 \, p_1} = \frac{389 \cdot \sqrt{293}}{1,11 \cdot 10^7 \cdot 6} = 1 \cdot 10^{-4} \text{ in } m^2 = 1 \, cm^2$$

$$p_k = 0,528 \cdot p_1 = 0,528 \cdot 6 \text{ ata} = 3,17 \text{ ata}$$

Zur Entspannung unterhalb des kritischen Druckes p_k bis zu einem Druck p_2 unter Umwandlung in Geschwindigkeit muß der Querschnitt A_{min} allmählich auf A_2 erweitert werden. Nach Gl. (127,4) ergibt sich für gegebenen Eintrittszustand p_1 und ϱ_1 das Kontinuitätsgesetz

$$\dot{m} \text{ proportional } A \cdot \psi_a$$

Aus der schaubildlichen Darstellung der Ausflußfunktion ψ_a über dem Druckverhältnis p_0/p_1, Abb. 127,2, haben wir gesehen, daß bei sich verengenden konvergenten Düsen ψ_a nur bis zu einem Maximum zunehmen konnte. Erweitern wir die Düse aber hinter dem engsten Querschnitt A_{min}, in dem gerade die Schallgeschwindigkeit erreicht ist, so nimmt A zu und damit muß ψ_a abnehmen, wie dies in Abb. 127,2 angedeutet ist, und wir kommen auf den linken Ast der ψ_a-Kurve, der nun den Vorgang im erweiterten Teil der LAVAL-Düse beschreibt. Da an jeder Stelle wieder

$$A \cdot \psi_a = A_{min} \cdot \psi_{a\,max} = \text{konst}$$

sein muß, ist nach Abb. 128,5, die den Verlauf der Ausflußfunktion ψ_a über dem gesamten Bereich des Druckverhältnisses p_2/p_1 von 1 bis 0 darstellt,

$$\frac{A_2}{A_{min}} = \frac{\psi_{a\,max}}{\psi_a}$$

Die ψ_a-Kurve liefert damit für gegebenes Druckverhältnis p_2/p_1 das *Erweiterungsverhältnis A_2/A_{min}* der LAVAL-Düse, das notwendig ist, um die Druckenergie bis herab zum unterkritischen Druck p_2 in kinetische Energie umzusetzen. Zahlentafel 53 gibt für den unterkritischen Bereich für Druckverhältnisse p_2/p_1 die Erweiterungsverhältnisse A_2/A_{min} wieder, nach denen der Austrittsquerschnitt A_2 dann berechnet werden kann.

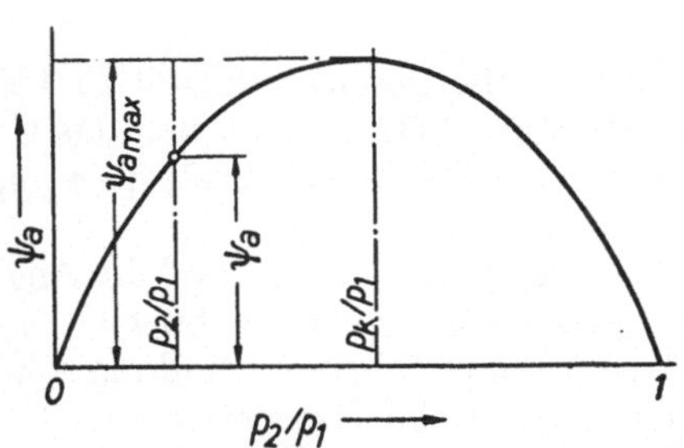

Abb. 128,5. Zur Ableitung des Erweiterungsverhältnisses von LAVAL-Düsen

Auch die Austrittsgeschwindigkeit c_2 aus der LAVAL-Düse können wir berechnen, die bei Unterschreiten des kritischen Druckes p_k und

Zahlentafel 53. *Ausfluß- und Geschwindigkeitsfunktion im unterkritischen Bereich sowie Erweiterungsverhältnis A_2/A_{min} und Geschwindigkeitsverhältnis c_2/c_k bei* LAVAL-*Düsen*

Druck-verhält-nis p_2/p_1	2-atomige Gase und Luft $k = 1,4$				Heißdampf $k = 1,3$				gesättigter Wasserdampf $k = 1,135$			
	ψ_a	$\dfrac{A_2}{A_{min}}$	ψ_c	$\dfrac{c_2}{c_k}$	ψ_a	$\dfrac{A_2}{A_{min}}$	ψ_c	$\dfrac{c_2}{c_k}$	ψ_a	$\dfrac{A_2}{A_{min}}$	ψ_c	$\dfrac{c_2}{c_k}$
0,577									0,450	1,0	0,730	1,0
0,546					0,472	1,0	0,752	1,0				
0,528	0,484	1,0	0,764	1,0								
0,50	0,483	1,002	0,792	1,037	0,470	1,004	0,802	1,062	0,443	1,016	0,816	1,118
0,40	0,467	1,036	0,898	1,176	0,449	1,052	0,908	1,208	0,415	1,085	0,930	1,274
0,35	0,450	1,076	0,953	1,247	0,431	1,095	0,966	1,285	0,394	1,143	0,994	1,362
0,30	0,427	1,133	1,009	1,321	0,406	1,163	1,025	1,364	0,367	1,227	1,059	1,50
0,25	0,398	1,216	1,070	1,40	0,375	1,260	1,089	1,448	0,333	1,350	1,131	1,550
0,20	0,360	1,345	1,136	1,487	0,336	1,405	1,160	1,542	0,293	1,537	1,210	1,657
0,15	0,312	1,552	1,210	1,584	0,288	1,640	1,239	1,648	0,245	1,838	1,303	1,785
0,10	0,251	1,930	1,299	1,70	0,227	2,080	1,337	1,777	0,187	2,408	1,419	1,945
0,05	0,167	2,90	1,419	1,858	0,147	3,210	1,471	1,956	0,113	4,0	1,587	2,175

weiterer Entspannung auf p_2 von c_k auf c_2 zunehmen muß. Die kritische Geschwindigkeit c_k können wir nach Gln. (127,11) bis (127,13) für den engsten Querschnitt A_{min} berechnen. Den Verlauf der Geschwindigkeit für den gesamten Bereich der LAVAL-Düse berechnen wir nach Gl. (127,8) und finden in Zahlentafel 53 die Geschwindigkeitsfunktion ψ_c im unterkritischen Bereich. Es zeigt sich, wie sich aus obiger Überlegung schon ergab, daß ψ_c ständig zunimmt. Gl. (127,8) ergibt, daß für gegebenen Eintrittszustand p_1 und ϱ_1 bzw. γ_1 die Geschwindigkeit c der Geschwindigkeitsfunktion ψ_c direkt proportional ist. Daraus folgt für den unterkritischen Bereich

$$\frac{c_2}{c_k} = \frac{\psi_c}{\psi_{c_k}}$$

wobei ψ_{c_k} die Geschwindigkeitsfunktion beim kritischen Druckverhältnis bedeutet. Damit läßt sich das Geschwindigkeitsverhältnis c_2/c_k für unterkritisches Druckverhältnis p_2/p_1, wie in Zahlentafel 53 angegeben, berechnen.

Es sei noch bemerkt, daß die Angaben für gesättigten Wasserdampf nur theoretischen Wert haben. Eine Entspannung von gesättigtem Wasserdampf führt zur Bildung von Naßdampf, der dann nicht mehr den allgemeinen Gasgesetzen folgt. Bei Heißdampf ist nach dem i-s-Diagramm festzustellen, ob die Entspannung zur Naßdampfbildung führt.

Eine besondere Frage bedeutet noch die Wahl des Erweiterungswinkels bei Laval-Düsen. Zu große Winkel führen zu Ablösungserscheinungen des Strahles und damit zu Energieverlusten. Man wählt den Erweiterungswinkel gleich dem halben Kegelwinkel $\delta/2$ jedoch höchstens 6° und man kann meist auf 4° heruntergehen, ohne die Expansionsverhältnisse zu verschlechtern.

Beispiel: Im vorigen Beispiel war eine Laval-Düse für 389 $\mathrm{m_n^3}$/h Druckluftstrom von 6 ata und 20 °C Eintrittszustand zu berechnen. Es ergab sich

$$A_{\min} = 10^{-4}\,\mathrm{m^2} = 1\,\mathrm{cm^2}$$

$$p_k = 3{,}17\,\mathrm{ata}$$

Es sollen der Austrittsquerschnitt A_2, die kritische Geschwindigkeit c_k und die Austrittsgeschwindigkeit c_2 für einen Gegendruck $p_2 = 1{,}2$ ata bei verlustloser Strömung berechnet werden.

Lösung:

$$\frac{p_2}{p_1} = \frac{1{,}2}{6{,}0} = 0{,}2$$

Nach Zahlentafel 53 ist hierfür

$$\frac{A_2}{A_{\min}} = 1{,}345$$

$$A_2 = 1{,}345\,A_{\min} = 1{,}345 \cdot 1\,\mathrm{cm^2} = 1{,}345\,\mathrm{cm^2}$$

Nach Gl. (127,13) für verlustlose Strömung, d. h. $\varphi = 1$, ist

$$c_k = 18{,}35\,\varphi\,\sqrt{T_1} = 18{,}35 \cdot 1 \cdot \sqrt{239} = 314\,\text{in m/s}$$

Nach Zahlentafel 53 ist für $p_2/p_1 = 0{,}2$

$$\frac{c_2}{c_k} = 1{,}487$$

$$c_2 = 1{,}487\,c_k = 1{,}487 \cdot 314\,\mathrm{m/s} = 467\,\mathrm{m/s}$$

Die wirkliche Austrittsgeschwindigkeit ist kleiner als die Berechnung zeigt. Die Einschnürungszahl μ kann zwar rund 1 gesetzt werden, dagegen ist die Geschwindigkeitsziffer bei LAVAL-Düsen nur $\varphi = 0{,}94$ und damit auch die Ausflußzahl $\alpha = 0{,}94$.

Beispiel: Die Abmessungen und die Austrittsgeschwindigkeit einer LAVAL-Düse sind zu berechnen, in der 250 kg/h Heißdampf von 10 ata und 250 °C auf 2,5 ata expandieren sollen.

Lösung: $k = 1{,}3$; $p_k = 0{,}546\,p_1 = 0{,}546 \cdot 10$ ata $= 5{,}46$ ata

Nach Gl. (128,1)

$$A_{\min} = \frac{\dot{m}}{7{,}52 \cdot 10^5 \cdot \sqrt{p_1 \cdot \varrho_1}}$$

Aus Dampftafeln[1] entnehmen wir das spezifische Volumen für $p_1 = 10$ ata und $t_1 = 250\,°C$: $v_1 = 0{,}238\ \mathrm{m^3/kg}$

$$\varrho_1 = \frac{1}{v_1} = \frac{1}{0{,}238\ \mathrm{m^3/kg}} = 4{,}2\ \mathrm{kg/m^3}$$

$$A_{\min} = \frac{250}{7{,}52 \cdot 10^5 \cdot \sqrt{10 \cdot 4{,}2}} = 51{,}3 \cdot 10^{-6}\ \text{in } \mathrm{m^2} = 51{,}3\ \mathrm{mm^2}$$

Nach Zahlentafel 53 ist für $p_2/p_1 = 2{,}5/10 = 0{,}25$

$$\frac{A_2}{A_{\min}} = 1{,}260;\ A_2 = 1{,}260\,A_{\min} = 1{,}260 \cdot 51{,}3\ \mathrm{mm^2} = 64{,}6\ \mathrm{mm^2}$$

Nach Gl. (127,11)

$$c_k = 333\,\varphi\ \sqrt{\frac{p_1}{\varrho_1}} = 333 \cdot 0{,}94\ \sqrt{\frac{10}{4{,}2}} = 483\ \text{in m/s}$$

Nach Zahlentafel 53 ist für $p_2/p_1 = 0{,}25$

$$\frac{c_2}{c_k} = 1{,}448;\ c_2 = 1{,}448\,c_k = 1{,}448 \cdot 483\ \mathrm{m/s} = 699\ \mathrm{m/s}$$

Die Austrittsgeschwindigkeit c_2 hätten wir auch mit der Enthalpie i in kcal/kg nach Gl. (127,2) berechnen können. Wir entnehmen diese für adiabatische Entspannung von 10 ata und 250 °C auf 2,5 ata dem i-s-Diagramm.

Danach ergibt sich für 10 ata und 250 °C $i_1 = 703$ kcal/kg, für adiabatische Entspannung auf 2,5 ata $i_2 = 637$ kcal/kg. Nach Gl. (127,2)

$$c_2 = 91{,}5 \cdot \varphi\ \sqrt{i_1 - i_2} = 91{,}5 \cdot 0{,}94\ \sqrt{703 - 637} = 699\ \text{in m/s}$$

Allerdings wird man nicht immer diese Übereinstimmung der Rechnungsergebnisse erhalten. Die Berechnung aus der Enthalpie ist wegen der geringeren Ablesegenauigkeit nach dem i-s-Diagramm nicht so zuverlässig wie nach dem voraufgegangenen Berechnungsverfahren.

129. Meßtechnische Anwendung der stationären Rohrströmung. Durchflußmessung

Bei stationärer Rohrströmung kommt man zur Messung des Mengenstromes durch Einbau einer Rohrverengung, die eine Drucksenkung hervorruft. Die Verengung kann durch *Düsen* mit abgerundetem Einlauf oder durch *Blenden* in Form ebener Scheiben mit scharfkantiger

---

[1] HOFFMANN: Lehrbuch der Bergwerksmaschinen. Springer 1956, 5. Aufl., S. 19, Zahlentafel 7 und Dubbels Taschenbuch für Maschinenbau, I. Band. Springer 1962, 12. Aufl.

Öffnung erfolgen. Zur Verminderung des bleibenden Druckverlustes kann man an die Düse eine konische Erweiterung anschließen, die kinetische Energie wieder in Druck umsetzt. Man spricht dann von einer VENTURI-*Düse*.

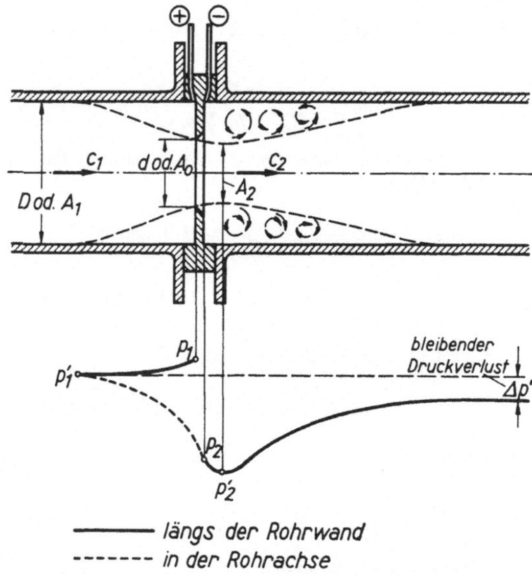

Abb. 129,1. Strömungsbild und Druckverlauf bei der Durchflußmessung mit Blende

Bezeichnet D den Rohrdurchmesser und d den engsten Durchmesser der Drosselstelle, so ergeben sich mit Abb. 129,1, die den Einbau einer Blende darstellt, folgende Überlegungen:

Fließt ein Strom mit dem Druck p_1 aus einem Querschnitt A_1 durch einen kleineren Querschnitt A_0, dann schnürt sich der Strahl auf einen engsten Querschnitt A_2 ein, in dem sich der Druck p_2 einstellt. Man nennt das Verhältnis des engsten Strahlquerschnittes zum Blendenquerschnitt

$$\text{Einschnürungszahl } \mu = \frac{A_2}{A_0}$$

Führt man das Öffnungsverhältnis $m = \dfrac{A_0}{A_1}$, oder bei Kreisquerschnitten das

$$\textit{Öffnungsverhältnis } m = \left(\frac{d}{D}\right)^2 \tag{129,1}$$

ein, so wird aus

$$A_1 \cdot c_1 = A_2 \cdot c_2,$$

$$\frac{A_0}{m} \cdot c_1 = \mu \cdot A_0 \cdot c_2$$

$$c_1 = \mu \cdot m \cdot c_2$$

und aus der BERNOULLIschen Gleichung Gl. (109,3a) für waagerechtes
Rohr

$$p_1' + \frac{\varrho}{2}\, c_1^2 = p_2' + \frac{\varrho}{2}\, c_2^2$$

$$(p_1' - p_2')\,\frac{2}{\varrho} = c_2^2 - \mu^2 \cdot m^2 \cdot c_2^2$$

$$c_2' = \frac{1}{\sqrt{1 - \mu^2 \cdot m^2}}\, \sqrt{\frac{2}{\varrho}\,(p_1' - p_2')}$$

Statt der Drücke p_1' und p_2' führt man die bequemer zugänglichen
Drücke p_1 und p_2, gemessen in einem ringförmigen Schlitz oder in Bohrungen der Rohrwand unmittelbar vor und hinter der Blende oder Düse
ein. Die dadurch hervorgerufenen Änderungen der wirklichen Strömung von der theoretischen Gleichung infolge der Viskosität des strömenden Mediums faßt man in einen empirischen Berichtigungsfaktor ζ
zusammen, so daß die wirkliche Geschwindigkeit c_2 im engsten Querschnitt sich ergibt aus

$$c_2 = \frac{\zeta}{\sqrt{1 - \mu^2 \cdot m^2}}\, \sqrt{\frac{2}{\varrho}\,(p_1 - p_2)}$$

Der austretende Volumenstrom wird damit

$$\dot{V} = A_2 \cdot c_2 = \mu \cdot A_0 \cdot c_2,$$

$$\dot{V} = \frac{\mu \cdot \zeta}{\sqrt{1 - \mu^2 \cdot m^2}}\, A_0 \sqrt{\frac{2}{\varrho}\,(p_1 - p_2)} \tag{a}$$

Die Ermittlung des Mengenstromes bei bekannten Querschnitten A_1
und A_0 ist demnach allein durch Messung der Druckabnahme $p_1 - p_2$
möglich. Man bezeichnet die Druckabnahme in einer Drosselstelle mit

$$Wirkdruck\ \Delta p = p_1 - p_2$$

Da sich ζ und μ schlecht getrennt messen lassen, führt man eine
Durchflußzahl α ein und setzt

$$Durchflußzahl\ \alpha = \frac{\mu \cdot \zeta}{\sqrt{1 - \mu^2 \cdot m^2}}$$

Damit ergibt sich aus Gl. (a) zur Berechnung des Volumenstromes
mit d, dem Durchmesser der Blende oder Düse, die allgemeine Größengleichung g:

$$\dot{V} = \alpha\,\frac{\pi}{4}\, d^2 \sqrt{\frac{2}{\varrho}\,\Delta p} \tag{129,2}$$

Zur Berechnung des Volumenstromes mit der m-kg-s-(kp)-Einhei-
tenzusammenstellung rechnen wir Δp in kp/m² = mm WS und mit
9,81 N/kp um. Da sich der Mengenstrom in m³/s ergibt, rechnen wir
ferner mit 3600 s/h in m³/h um. Damit ergibt sich aus

$$\dot{V} = 3600\,\alpha\,\frac{\pi}{4}\, d^2 \sqrt{\frac{2}{\varrho}\,9{,}81 \cdot \Delta p}$$

die Zahlenwertgleichung

$$\dot{V} = 12\,520\;\alpha \cdot d^2 \, \sqrt{\frac{\Delta p}{\varrho}} \qquad\qquad (129,3\mathrm{a})$$

Zur Berechnung des Massenstromes[1] ergibt sich mit $\dot{M} = \dot{V} \cdot \varrho$

$$\dot{M} = 12\,520\;\alpha \cdot d^2 \, \sqrt{\Delta p \cdot \varrho} \qquad\qquad (129,4\mathrm{a})$$

Wird ein Gas-, Luft- oder Dampfstrom unter sehr hohem Wirkdruck Δp gemessen, so macht sich die durch den erhöhten Druckabfall hervorgerufene Änderung der Dichte ϱ des strömenden Stoffes an der Meßstelle bemerkbar. Da in obigen Gln. (129,3a) und (129,4a) die Dichte ϱ als unveränderlich angenommen wurde, muß eine Berichtigung des gemessenen Mengenstromes erfolgen. Das geschieht durch Multiplikation mit der *Expansionszahl* ε. Sie wird in Abhängigkeit vom Öffnungsverhältnis m und vom Verhältnis der Drücke hinter und vor der Drossel p_2/p_1 angegeben (Zahlentafel 56 und 57). Der Einfluß der Expansion ist im allgemeinen nicht erheblich. Bei Wasser ist $\varepsilon = 1$.

Die endgültigen Grundgleichungen für den Mengenstrom im Meßzustand lauten somit als Zahlenwertgleichungen:
für Gase, Druckluft und Wasser ($\varepsilon = 1$)

$$\boxed{\dot{V} = 12\,520\;\alpha \cdot \varepsilon \cdot d^2 \, \sqrt{\frac{\Delta p}{\varrho}}} \qquad\qquad (129,3)$$

und für Dampf

$$\boxed{\dot{M} = 12\,520\;\alpha \cdot \varepsilon \cdot d^2 \, \sqrt{\Delta p \cdot \varrho}} \qquad\qquad (129,4)$$

In diesen beiden wichtigen Gebrauchsgleichungen (129,3) und (129,4) haben die enthaltenen Größen folgende Bedeutung:

Δp = Wirkdruck an der Blende oder Düse in kp/m² bzw. mm WS,

ϱ = Dichte des strömenden Stoffes in kg/m³ im Zustand an der Meßstelle,

d = Durchmesser der Blenden- oder Düsenöffnung in m,

α = Durchflußzahl der Blende oder Düse, abhängig vom Öffnungsverhältnis m, unbenannte Zahl,

ε = Expansionszahl, zu beachten bei Gas-, Druckluft- und Dampfmessung, unbenannte Zahl,

$\dot{V}$ = Volumenstrom in m³/h im Meßzustand,

$\dot{M}$ = Massenstrom in kg/h.

Die VDI-Durchflußmeßregeln[2] geben die *Durchflußzahl* α_0 für glattes Rohr und normgerechte Ausführung für Blenden nach Zahlentafel 54 und für Düsen nach Zahlentafel 55 an. Die Zahlentafeln lassen erkennen, daß die Durchflußzahl vornehmlich vom Öffnungsverhältnis $m = \left(\dfrac{d}{D}\right)^2$

---

[1] Die VDI-Durchflußmeßregeln DIN 1952, Entwurf Dez. 1963, benutzen als Formelzeichen für den Massenstrom $\dot{M}$ zur Unterscheidung vom Öffnungsverhältnis m.

[2] DIN 1952, Entwurf Dez. 1963, Berlin 15 und Köln: Beuth-Vertrieb GmbH.

abhängt. Sie beträgt für $m = 0{,}4$ und $\mathrm{Re}_D = 10^6$

$$\text{bei Blenden:} \quad \alpha_0 = 0{,}66,$$
$$\text{bei Düsen:} \quad \alpha_0 = 1{,}043,$$

liegt also bei Düsen bei rund 1, bei Blenden niedriger.

Die Durchflußzahl α ist aber nur oberhalb einer bestimmten REY-NOLDSschen Zahl Re_D[1] konstant. Da aber nach Gln. (129,3) und (129,4) nur mit einer konstanten Durchflußzahl α der Mengenstrom zuverlässig bestimmt werden kann, und nach Gln. (108,9) und (108,10) die REY-NOLDSsche Zahl dem Volumen- oder Massenstrom proportional ist, folgt, daß die Unterschreitung eines bestimmten Mengenstromes auch zu einer Veränderung der Durchflußzahl α führt. Die Auslegung einer Durchfluß-Meßstrecke hat also so zu erfolgen, daß der geforderte Meß-bereich des Mengenstromes nicht in den Bereich unterhalb einer größe-ren Veränderung der Durchflußzahl α führt[2].

Zahlentafel 54. *Durchflußzahlen α_0 für Normblenden, gültig für glattes Rohr vom Durchmesser $D = 50$ bis 1000 mm*

Re_D		10^4	$2 \cdot 10^4$	$3 \cdot 10^4$	$5 \cdot 10^4$	10^5	10^6	10^7
m	m^2				α_0			
0,05	0,0025	0,600	0,599	0,599	0,598	0,598	0,598	0,597
0,10	0,01	0,606	0,605	0,604	0,603	0,603	0,602	0,602
0,20	0,04	0,626	0,621	0,618	0,617	0,616	0,615	0,614
0,30	0,09	0,653	0,646	0,641	0,638	0,636	0,634	0,633
0,40	0,16	0,689	0,677	0,672	0,667	0,663	0,660	0,659
0,50	0,25	0,737	0,719	0,712	0,705	0,699	0,695	0,693
0,60	0,36	0,798	0,775	0,765	0,755	0,748	0,740	0,738

Zahlentafel 55. *Durchflußzahlen α_0 für Normdüsen, gültig für glattes Rohr vom Durchmesser $D = 50$ bis 1000 mm*

Re_D		$2 \cdot 10^4$	$3 \cdot 10^4$	$5 \cdot 10^4$	$7 \cdot 10^4$	10^5	10^6
m	m^2			α_0			
0,10	0,01				0,989	0,989	0,989
0,20	0,04	0,981	0,989	0,996	0 999	1,000	1,000
0,30	0,09	0,993	1,001	1,009	1,013	1,014	1,016
0,40	0,16	1,023	1,028	1,035	1,039	1,041	1,043
0,50	0,25	1,070	1,074	1,076	1,078	1,079	1,081
0,60	0,36	1,149	1,146	1,142	1,140	1,139	1,138

[1] Re_D soll darauf deuten, daß die REYNOLDSsche Zahl bezogen ist auf den Rohrdurchmesser D.

[2] Siehe hierzu: FRITZ HERNING: Grundlagen und Praxis der Mengenstrom-messung, Düsseldorf: Deutscher Ingenieur-Verlag, und WALTER OSTERMANN: Die Durchflußmessung mit Blenden und Viertelkreisdüsen von Druckluft, Was-ser und Dampf im Steinkohlenbergbau und ihre Meßgeräte. Ausgabe 1959, Ma-schinentechn. Abtlg. der Westf. Berggewerkschaftskasse Bochum. Nicht im öffentlichen Buchhandel erschienen. Geringe Änderungen der Durchflußzahl α und der Expansionszahl ε von DIN 1952, Entwurf Dez. 1963, sind hier noch nicht berücksichtigt.

DIN 1952 gibt für rauhe Rohre Berichtigungen der Durchflußzahl α in Abhängigkeit vom Öffnungsverhältnis m und dem Kehrwert D/k der relativen Rauhigkeit sowohl für Normblenden als auch für Normdüsen an [1]. Ferner gibt die Norm für beide Ausführungen der Drosseln Toleranzen für die Durchflußzahl α. Die normgerechte Ausführung der Drosselstelle mit Blenden bei Verwendung einer Ringkammer zur Druckentnahme zeigt Abb. 129,2 und mit Düsen Abb. 129,3.

Da der Einfluß der Rohrrauhigkeit und nicht normgerechter Ausführung der Drosselstelle auf die Erhöhung von α und die Meßtoleranz mit dem Öffnungsverhältnis zunimmt, wird man je nach der geforderten Meßgenauigkeit ein entsprechend geringes Öffnungsver-

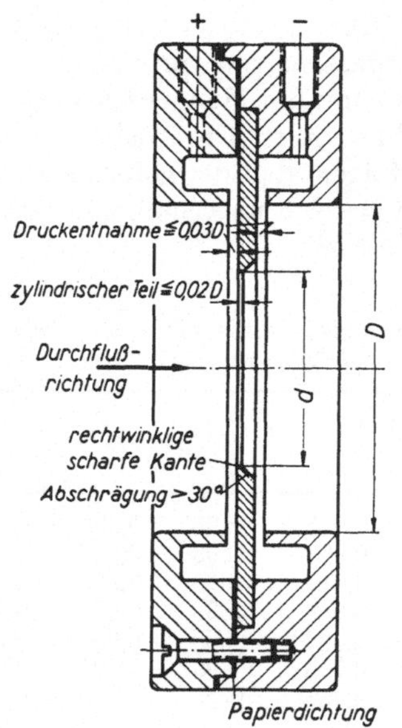

Abb. 129,2. Normblende mit Ringkammer zur Wirkdruckentnahme

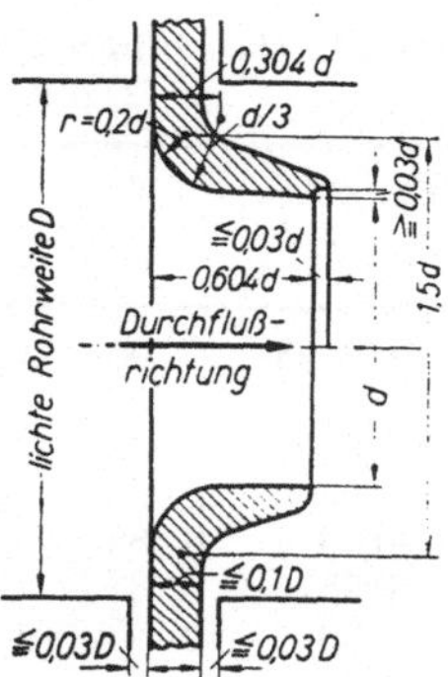

Abb. 129,3. Normdüse

hältnis wählen. Kleine Öffnungsverhältnisse, d. h. enge Blenden oder Düsen, erhöhen aber den bleibenden Druckverlust $\Delta p'$ (Abb. 129,1). Dieser läßt sich bei den sehr viel verwendeten Blenden mit dem Öffnungsverhältnis m und dem Wirkdruck Δp in mm WS errechnen aus

$$\Delta p' = \frac{1 - m}{10^4} \Delta p \text{ in at} \tag{129,5}$$

Hier ist allerdings nicht der höchste Wirkdruck $\Delta p_{\max}$, für den größten Mengenstrom des gewählten Meßbereichs, sondern der jeweils herrschende Wirkdruck Δp einzusetzen.

Für die Druckluft-Mengenstrommessung im Bergbau unter Tage kommt man zu günstigen Verhältnissen mit $m \approx 0,4$ und $\Delta p_{\max} = 1\,600$ mm WS. Nach Gl. (129,3) ist Δp proportional $\dot{V}^2$. Rechnen wir mit einer durchschnittlichen „Belastung" der Meßstelle von $^2/_3\, \dot{V}_{\max}$,

---

[1] Die Druckschriften Fußnote 2, S. 611, geben Diagramme für die Durchflußzahl α unter Berücksichtigung durchschnittlicher Verhältnisse betrieblich üblicher Meßstrecken.

wenn $\dot{V}_{max}$ die obere Grenze des Meßbereichs bedeutet, so erhalten wir bei einer derartigen Meßstrecke den bleibenden Druckverlust

$$\Delta p' = \frac{1-m}{10^4}\left(\frac{2}{3}\right)^2 \Delta p_{max} = \frac{1-0{,}4}{10^4}\frac{4}{9} 1600 = 0{,}043 \approx 0{,}05 \text{ in at}$$

Der bleibende Druckverlust ist bei einfachen verengten Düsen nur wenig, dagegen bei VENTURI-Düsen wesentlich geringer als bei Blenden, wie dies aus untenstehender Zahlentafel hervorgeht.

Bleibender Druckverlust $\Delta p'$ in Prozent des herrschenden Wirkdruckes bei Blenden, Düsen und VENTURI-Düsen

Öffnungs-verhältnis m	$\Delta p'$ in % von Δp		
	Blende	Düse	VENTURI-Düse
0,1	90	80	16
0,3	70	50	10
0,5	50	30	7

Der geringere Druckverlust gestattet mit VENTURI-Düsen einen höheren Wirkdruck zuzulassen. Man erreicht damit auch einen größeren Meßbereich im Verhältnis der Wurzelwerte der maximalen Wirkdrücke

$$\dot{V}_1 = \dot{V}\,\frac{\sqrt{\Delta p_{1max}}}{\sqrt{\Delta p_{max}}}$$

Verwenden wir bei einer VENTURI-Düse z. B. $\Delta p_{1max} = 6400$ mm WS, so erhöht sich bei gleichem Öffnungsverhältnis gegenüber einer Blendenmeßstrecke mit $\Delta p_{max} = 1600$ mm WS der Meßbereich auf

$$\dot{V}_1 = \dot{V}\sqrt{\frac{6400}{1600}} = \frac{80}{40}\dot{V} = 2\dot{V}$$

d. h. den doppelten Mengenstrom.

Bei einem Öffnungsverhältnis $m = 0{,}3$ ist dabei der bleibende Druckverlust obiger Zahlentafel und einer durchschnittlichen Belastung der Meßstelle von $^2/_3\,\dot{V}_{max}$

$$\Delta p = 0{,}1\left(\frac{2}{3}\right)^2 6400 \text{ kp/m}^2 = 285 \text{ kp/m}^2 \approx 0{,}03 \text{ at}$$

Hierin liegt der Vorteil von VENTURI-Düsen bei Durchfluß-Meßstrecken. Der Aufwand lohnt jedoch nur bei Betriebsmeßstellen, die dauernd eingeschaltet sind und einen möglichst geringen Druckverlust verlangen. Demgegenüber haben Blenden den Vorzug, daß sie ohne besondere Schwierigkeiten in eigener Werkstatt angefertigt werden können. Das hat besondere Bedeutung, wenn der Mengenstrom für die erste Auslegung der Drosselstrecke nur sehr unzuverlässig vorausgesagt werden kann. Zeigt sich nach dem Einbau einer Blende, daß sie mit ihrem Meßbereich für die tatsächliche Durchflußmenge zu ungünstig liegt, so gestattet diese Vormessung die Berechnung einer neuen Blende für den ermittelten Mengenstrom und ihren Austausch gegen die erste Blende, ohne daß dadurch allzu große Kosten entstehen.

Die VDI-Durchflußmeßregeln DIN 1952 Entwurf Dez. 1963 enthalten zur Ermittlung der *Expansionszahl* ε die auszugsweise wiedergegebenen Zahlentafeln 56 und 57. Beträgt der Wirkdruck bei der Messung von Druckluft z. B. $\Delta p = 2000$ mm WS und der statische Druck in der Leitung $p_1 = 5$ ata $= 50\,000$ mm WS, so ist $p_2 = (50\,000 - 2000)$ mm WS $= 48\,000$ mm WS also $\dfrac{p_2}{p_1} = \dfrac{48\,000}{50\,000} = 0,96$. Hierfür ergibt sich mit einem Öffnungsverhältnis $m = 0,4472$ nach Zahlentafel 56 für Blenden $\varepsilon = 0,9843$ nach Zahlentafel 57 für Düsen $\varepsilon = 0,9715$.

Dies Beispiel zeigt schon, daß die Expansionszahl ε bei Düsen kleiner ist als bei Blenden. Sie weicht aber um so mehr von 1 ab, je größer der Wirkdruck Δp und je kleiner der statische Druck p ist. Bei Druckluftmessungen mit $p = 5$ ata und Wirkdrücken unter 1000 mm WS nähert sich ε bei Blenden so sehr dem Werte 1, daß die Expansionszahl praktisch vernachlässigt werden kann. Bei Düsen wird man dagegen ε immer berücksichtigen müssen.

Zahlentafel 56. *Expansionszahlen ε für Normblenden für verschiedene Druckverhältnisse p_2/p_1 und Öffnungsverhältnisse m sowie für überhitzten Dampf (k = 1,3) und Luft (k = 1,4)*

p_2/p_1		0,98	0,96	0,94	0,92	0,90
m	m^2	\multicolumn{5}{c	}{ε für $k = 1,30$}
0,3162	0,10	0,9919	0,9844	0,9772	0,9700	0,9630
0,4472	0,20	0,9912	0,9832	0,9754	0,9677	0,9601
0,5472	0,30	0,9906	0,9819	0,9735	0,9653	0,9572
0,6325	0,40	0,9899	0,9807	0,9717	0,9629	0,9542
0,6403	0,41	0,9899	0,9806	0,9716	0,9627	0,9539
		\multicolumn{5}{c	}{ε für $k = 1,40$}
0,3162	0,10	0,9924	0,9854	0,9787	0,9720	0,9654
0,4472	0,20	0,9918	0,9843	0,9770	0,9698	0,9627
0,5477	0,30	0,9912	0,9831	0,9753	0,9676	0,9599
0,6325	0,40	0,9906	0,9820	0,9736	0,9653	0,9572
0,6403	0,41	0,9905	0,9819	0,9734	0,9651	0,9569

In obigem Beispiel haben wir einen bestimmten Wirkdruck angenommen. Nach Gln. (129,3) und (129,4) ändert sich der Wirkdruck Δp aber mit dem Quadrat der Durchflußmenge. Damit ändert sich auch p_2/p_1 und somit auch die Expansionszahl ε. Wir können aber nach vorgenannten Gleichungen den Mengenstrom nur für eine gleichbleibende Expansionszahl berechnen. Der Einfluß des veränderlichen Wirkdruckes mit dem Mengenstrom auf ε ist bei Blenden gering, bei Düsen ist er jedoch größer. Wir rechnen daher meist mit der *Expansionszahl für einen mittleren Wirkdruck*. Die Ungenauigkeit der Meßergebnisse ist dann bei Blenden geringer als bei Düsen.

Zahlentafel 57. *Expansionszahlen ε für Normdüsen für verschiedene Druckverhältnisse p_2/p_1 und Öffnungsverhältnisse m sowie für überhitzten Dampf (k = 1,30) und Luft (k = 1,40)*

p_2/p_1		0,98	0,96	0,94	0,92	0,90
m	m^2			ε für $k = 1,30$		
0,3162	0,10	0,9867	0,9734	0.9600	0,9466	0,9331
0,4472	0,20	0,9846	0,9693	0,9541	0,9389	0,9237
0,5477	0,30	0,9820	0,9642	0,9466	0,9292	0,9120
0,6325	0,40	0,9785	0,9575	0,9369	0,9168	0,8971
0,6403	0,41	0,9781	0,9567	0,9358	0,9154	0,8954
				ε für $k = 1,40$		
0,3162	0,10	0,9877	0,9753	0,9628	0,9503	0,9377
0,4472	0,20	0,9857	0,9715	0,9573	0,9430	0,9288
0,5477	0,30	0,9833	0,9667	0,9503	0,9340	0,9178
0,6325	0,40	0,9800	0,9604	0,9412	0,9223	0,9038
0,6403	0,41	0,9796	0,9596	0,9401	0,9209	0,9021

Wir haben gesehen, daß zur Durchflußmessung nach Gln. (129,3) und (129,4) bei gegebenen Abmessungen der Meßstrecke der Wirkdruck Δp in mm WS und die Dichte ϱ in kg/m³ an der Meßstelle bekannt sein müssen. Der Mengenstrom wird nach diesen Gleichungen im Meßzustand berechnet, wie er für Wasser und Dampfmessung auch gebraucht wird. Bei Gasen und Druckluft aber berechnen wir den Durchfluß im physikalischen Normzustand (760 Torr und 0 °C), und zwar in m_n^3/h. Führen wir die Dichte

$$\varrho = \frac{p}{R_f \cdot T}$$

ein, und rechnen vom Zustand p in ata $= 10^4$ kp/m² und T in °K auf 1,033 ata und 273 °K um, so ergibt sich nach Gl. (129,3)

$$\dot{V}_n = 12\,520\,\alpha \cdot \varepsilon \cdot d^2 \frac{p \cdot 273}{1,033 \cdot T} \sqrt{\frac{\Delta p \cdot R_f \cdot T}{10^4 \cdot p}}$$

$$\boxed{\dot{V}_n = 179\,200\,\alpha \cdot \varepsilon \cdot d^2 \sqrt{\frac{\Delta p \cdot p}{T}}} \qquad (129,6)$$

In der Zahlenwertgleichung (129,6) bedeuten:
Δp = Wirkdruck an der Blende oder Düse in mm WS,
p = statischer Druck in ata,
T = absolute Temperatur in °K,
d = Durchmesser der Blenden- oder Düsenöffnung in m,
α = Durchflußzahl, unbenannte Zahl,
ε = Expansionszahl, unbenannte Zahl,
$\dot{V}_n$ = Druckluftstrom im Normzustand in m_n^3/h.

Diese Gleichung eignet sich zur Auswertung der *Durchflußmessung bei Prüfständen* gemäß Abb. 129,4. Hier wird nach Einstellung des Prüflings der Wirkdruck Δp an einer Wassersäule, der statische Druck

p an der Plus-Entnahme des Wirkdruckes unter Berücksichtigung des barometrischen Druckes und die Temperatur t an einem Thermometer in einer Tauchhülse ermittelt. Für die Meßstrecke kann dann

$$C_n = 179\,200 \cdot \alpha \cdot \varepsilon \cdot d^2 \tag{129,6a}$$

als eine *Meßstreckenkonstante* berechnet werden, mit der sich gemäß Gl. (129,6) ergibt

$$\dot{V}_n = C_n \sqrt{\frac{\Delta p \cdot p}{T}} \tag{129,6b}$$

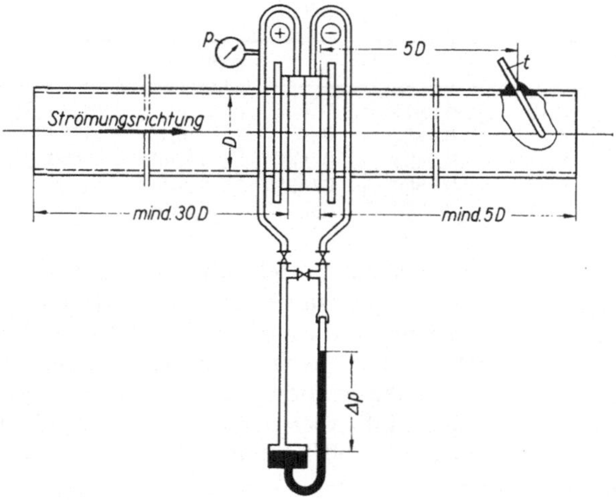

Abb. 129,4. Blendenmeßstrecke für Durchflußmessungen bei Prüfständen

Die stationäre Durchflußmessung im Betriebe dient der laufenden Überwachung. Hierbei ist es meist nicht möglich, Wirkdruck und Dichte [Gln. (129,3) und (129,4)] oder Wirkdruck, statischen Druck und Temperatur [Gl. (129,6)] gleichzeitig zu messen und gegebenenfalls zu registrieren. Man begnügt sich darum auch immer mit der Messung des Wirkdruckes und rechnet in die *Auswertungskonstante C* eine feste Dichte bzw. einen festen Druck und eine feste Temperatur ein. Dann ergibt sich nach den genannten Gleichungen

$$\dot{V}_n = C \sqrt{\Delta p}$$

bzw.

$$\dot{M} = C \sqrt{\Delta p}$$

Man sieht, daß bei gleichbleibend angenommenem Zustand der Mengenstrom der Wurzel des Wirkdruckes proportional ist. Deshalb besitzen die Wirkdruckmesser für die Betriebsüberwachung im allgemeinen eine Radiziereinrichtung, so daß der angezeigte Wert dem jeweiligen Mengenstrom proportional ist und die Skala abstandsgleich eingeteilt sein kann.

In neuerer Zeit verwendet man pneumatische Wirkdruckwandler (Transmitter), die den jeweiligen Wirkdruck im gesamten Meßbereich verhältnisgleich in statische Drücke von 0,2 bis 1 atü umwandeln. Abgesehen davon, daß die nachgeschalteten registrierenden Meßgeräte sehr stabil als einfache Druckschreiber ausgeführt werden können, sind sie in jeder Ausführungsart zu verwenden, da der Ausgangsdruck der Transmitter genormt ist. Die Transmitter selbst aber sind ebenfalls mechanischen Beanspruchungen gegenüber sehr widerstandsfähig.

Abschließend ist noch festzustellen, daß bei größeren Abweichungen des Zustandes im Betrieb von dem Zustand, der in die Auswertungskonstante eingerechnet ist, eine Umrechnung notfalls erforderlich wird[1].

IV. Strömung kompressibler Medien in geraden Rohren mit beliebigem Querschnitt

130. Allgemeine Gesetze

Bei der Betrachtung des Druckabfalles durch Strömungswiderstände in horizontalen geraden Kreisrohren mit gleichbleibendem Querschnitt in Abschn. 116 hatten wir gesehen, daß der Druckabfall nach der Grundgleichung (116,1)

$$\Delta p = \lambda \frac{l}{d} \frac{c^2}{2g} \gamma$$

berechnet wird. Rechnen wir mit dem Umfang, der beim Kreisrohr $U = \pi \cdot d$, und mit dem Querschnitt, der beim Kreisrohr $A = \frac{\pi}{4} d^2$ beträgt, so ergibt sich für Leitungen mit beliebiger Querschnittsbegrenzung durch Vergleich

$$d_h = \frac{4 \frac{\pi}{4} d^2}{\pi \cdot d} = \frac{4A}{U}$$

Man bezeichnet den Ausdruck

$$d_h = \frac{4A}{U} \tag{130,1}$$

als *hydraulischen Durchmesser*, mit dem wir die Grundgleichung (116,1) für beliebigen Querschnitt schreiben können

$$\Delta p = p_1 - p_2 = \lambda \cdot l \frac{U}{4A} \frac{c^2}{2g} \gamma \tag{130,2}$$

Setzen wir in diese Größengleichung an die Stelle der Geschwindigkeit c in m/s den Volumenstrom $\dot{V}$ in m³/s ein

$$\dot{V} = A \cdot c$$

$$c^2 = \frac{\dot{V}^2}{A^2}$$

so erhalten wir

$$\Delta p = p_1 - p_2 = \lambda \cdot \frac{l}{8g} \frac{U}{A^3} \dot{V}^2 \cdot \gamma \tag{130,3}$$

---

[1] Siehe Fußnote 2, S. 611.

Vielfach wird diese Gleichung zur Ermittlung des Druckabfalles im Wetterstrom benutzt, bei der $\dot{V}_1$ in m³/min angegeben ist. Hierfür ergibt sich die Zahlenwertgleichung

$$\Delta p = p_1 - p_2 = \frac{3{,}54}{10^6}\, \lambda \cdot l\, \frac{U}{A^3}\, \dot{V}_1^2 \cdot \gamma \qquad (130{,}3\text{a})$$

Auch bei Betrachtungen der Strömungsverhältnisse nach dem REYNOLDSschen Ähnlichkeitsgesetz können wir in Gl. (108,7) die REYNOLDSsche Zahl für den hydraulischen Durchmesser $d_h = \frac{4\,A}{U}$ berechnen und erhalten

$$\mathrm{Re} = \frac{4\,A \cdot c \cdot \gamma}{U \cdot \eta \cdot g} \qquad (130{,}4)$$

bzw. mit dem Volumenstrom $\dot{V} = A \cdot c$ in m³/s

$$\mathrm{Re} = \frac{4}{g}\, \frac{\dot{V} \cdot \gamma}{U \cdot \eta} \qquad (130{,}4\text{a})$$

In den Zahlenwertgleichungen (130,3a) und (130,4a) bedeuten:
Δp in kp/m²   Druckabfall längs einer betrachteten Leitung,
p_1, p_2 in kp/m² Drücke am Anfang und Ende der Leitung,
l in m   Länge der Leitung,
A in m²   Querschnitt der Leitung,
U in m   benetzter Umfang der Leitung,
c in m/s   mittlerer Strömungsgeschwindigkeit,
$\dot{V}$ in m³/s   Volumenstrom,
$\dot{V}_1$ in m³/min Volumenstrom,
γ in kp/m³   Wichte des strömenden Stoffes,
η in kp s/m²   dynamische Viskosität des strömenden Stoffes,
λ unbenannte Zahl, Reibungszahl.

131. Rechnungsgrößen bei der Planung und Überwachung der Grubenbewetterung

Die Frage, inwieweit die obigen Gleichungen für die Berechnung des Druckabfalles bei beliebigem Querschnitt Gültigkeit hat, ist in der Literatur vielfach erörtert worden. RICHTER[1] stellt fest, daß λ von der Geschwindigkeit abhängt, weil das quadratische Gesetz nur annähernd gilt und in besonderen Fällen, in flachen oder besonders krummlinig begrenzten Querschnitten, λ auch durch die Querschnittsform beeinflußt wird. RICHTER kommt jedoch für die von ihm betrachteten Querschnittsformen zu der Feststellung, daß bei turbulenter Strömung die Berechnung des Druckabfalles mit dem hydraulischen Durchmesser $\frac{4\,A}{U}$ mit großer Annäherung zutrifft.

---

[1] RICHTER, HUGO: Rohrhydraulik, 4. Aufl. Berlin/Göttingen/Heidelberg: Springer 1962.

Diese Feststellung trifft sicher mit den Einschränkungen zu, die in Abschn. 116 bei der Aufstellung des quadratischen Gesetzes Gl. (116,1) angegeben wurden. Für die rechnerische Erfassung des Strömungswiderstandes bei turbulenter Strömung ist mit dieser Grundgleichung das Problem lediglich auf die experimentelle Bestimmung der Reibungszahl λ zurückgeführt. Solange die Strömung im Bereich hydraulisch rauhen Verhaltens der Rohrwand liegt, wird man auch verhältnismäßig einfach und zuverlässig die Reibungszahl λ ermitteln. Anders liegen dagegen die Verhältnisse im Übergangsgebiet zwischen hydraulisch glattem und hydraulisch rauhem Verhalten der Rohrwand.

Ein besonderes Interesse hat für uns die *Berechnung* und Beurteilung *des Druckabfalles* durch Strömungswiderstände *in den Wetterwegen unter Tage* und in diesem Zusammenhang Ergebnisse der Forschung von MORRIS[1]. Die Ergebnisse seiner Forschungen hat MORRIS für die „meist gebräuchlichen Typen von Rauhigkeitsoberflächen" dargestellt. Abb. 131,1 zeigt für diese eine bemerkenswerte Ausdehnung des Übergangsgebietes zu höheren REYNOLDSschen Zahlen mit zunehmender Rauhigkeit. Für die Strömung in Metallrohren konnten wir annehmen, daß hier im allgemeinen die Grenzkurve A zugrunde gelegt werden darf, die sich mit der Grenzkurve nach PRANDTL und COLEBROOK einigermaßen deckt. Bei der Wetterströmung in Strecken und Schächten wird man aber sicher größere Rauhigkeiten annehmen müssen, wenn es sich nicht sogar um den Fall handelt, den MORRIS mit „welliger Oberfläche" beschreibt (Grenzkurve C in Abb. 131,1).

Eine Untersuchung der „Strömungswiderstände bei der Bewetterung von Grubenbauen" hat VOGEL[2] durchgeführt und es unternommen, die Reibungszahl λ zu bestimmen. Diese Ergebnisse sind in Abb. 131,1 ebenfalls dargestellt und können hier verglichen werden mit den Kurven $\lambda = f(\mathrm{Re})$ nach MORRIS und PRANDTL-COLEBROOK. Die Untersuchungen von VOGEL gehen dabei auf das quadratische Gesetz, die Grundgleichung (116,1) bzw. (130,2) zurück. Es lassen sich daher aus Abb. 131,1 einige Erkenntnisse für die Wetterströmung aufstellen.

Die Wetterströmung in den Grubenbauen ist fast durchweg turbulent und liegt im Übergangsgebiet zwischen hydraulisch glatter und hydraulisch rauher Rohrwand. Die Ergebnisse von VOGEL zeigen die gleiche Abhängigkeit λ von Re, wie sie MORRIS gefunden hat. Die Reibungszahl λ nimmt mit der REYNOLDSschen Zahl Re und damit mit der Wettergeschwindigkeit c bzw. dem Wetterstrom $\dot{V}$ zu. VOGEL erklärt diese Abhängigkeit bereits aus den Einflüssen der Wandbeschaffenheit, die er mit Welligkeit bis zu gleichmäßigen Rauhigkeitserhebungen beschreibt.

---

[1] Siehe auch Abschn. 117d, sowie Fußnote S. 556.

[2] Dissertation, Technische Hochschule Aachen 1932. C. W. HAARFELD, Essen. VOGEL rechnet mit dem hydraulischen Radius $r = A/U$ und erhält damit eine Reibungszahl λ'; für sie gilt $\lambda = 4\,\lambda'$. Mit dem hydraulischen Radius rechnet auch andere Literatur, z. B. die Hütte. Hier soll jedoch zur besseren Vergleichsmöglichkeit mit der Strömung in Kreisrohren nur der hydraulische Durchmesser $4A/U$ benutzt werden.

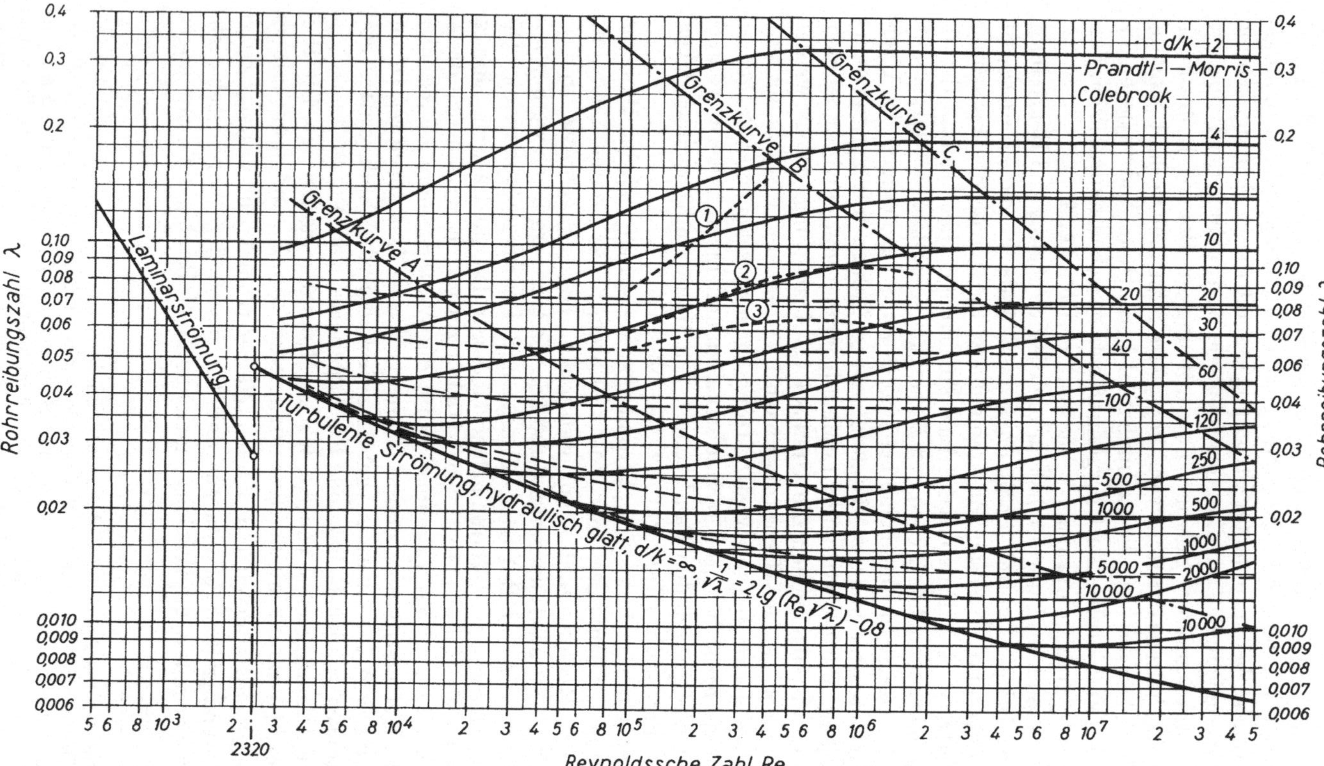

Abb. 131,1. Reibungszahl λ in Abhängigkeit von Re nach MORRIS mit Grenzkurven: A für zusammenhängende, punktförmige Rauhigkeit, B für scharfkantige, herumlaufende Streifen, C für wellige Oberfläche. Mit Vergleich der (lang gestrichelt dargestellten) Linien nach PRANDTL-COLEBROOK (Abb. 117,1). Ferner sind eingetragen die Ergebnisse von Reibungszahlen nach VOGEL: (1) Blindschacht ohne Ausbau, (2) Strecke im Türstockausbau, (3) Strecke ohne Ausbau

Der Kehrwert der relativen Rauhigkeit d/k als Parameter hat hier nur die Bedeutung einer allgemeinen Kennzeichnung für eine sonst schwer zu definierende Wandbeschaffenheit von Strecken und Schächten, insbesondere den Ausbau. Sie bietet dagegen kaum eine Möglichkeit, auf den absoluten Wert der Rauhigkeitserhebungen k zu schließen.

Bei der Bewetterung ist nur in Einzelfällen laminare Strömung zu erwarten. Sie kann auftreten in Schleichströmen durch den Versatz, in den gasführenden Spalten des Gebirges oder in der Wetterführung auf unkontrollierten Wetterwegen wie alten Bauen. Sie folgt dann dem Hagen-Poiseuilleschen Gesetz Gl. (117,1a).

Da wir bei der Bewetterung im allgemeinen turbulente Strömung haben und diese im Übergangsgebiet liegt, müssen wir auch mit einer Veränderung von λ mit Re, also auch mit der Geschwindigkeit c bzw. dem Wetterstrom $\dot{V}$ rechnen. Das erschwert natürlich eine Umrechnung des Druckabfalles, der bei kleiner Geschwindigkeit ermittelt wurde, auf einen Wetterstrom mit höherer Geschwindigkeit. Vor einer derartigen Aufgabe steht aber die Wetterplanung, die immer nur eine begrenzte Genauigkeit haben kann. Die Änderung von λ mit c wird man nur dann berücksichtigen können, wenn die Abhängigkeit $\lambda = f(\mathrm{Re})$ für die untersuchte Strecke bekannt ist.

Zunächst sollen aber Rechengrößen erörtert werden, die bei wettertechnischen Berechnungen verwendet werden:

In der älteren deutschen Literatur findet sich noch ein Faktor k^1, der einige Größen der Gleichungen für die Berechnung des Druckabfalles, Gl. (130,2), zusammenfaßt.

$$k = \frac{\lambda}{4} \frac{\gamma}{2g}$$

Damit erhalten wir nach Gl. (130,2)

$$\Delta p = k \cdot l \frac{U}{A} c^2$$

Da mit diesem Faktor k heute kaum noch gearbeitet wird — nach Kenntnis des Verfassers rechnet der sowjetische Bergbau noch mit diesem Faktor — soll hier nicht weiter darauf eingegangen werden.

Heute wird allgemein in der Wettertechnik im Bergbau mit dem *Widerstandswert R* gearbeitet, der definiert ist:

$$R = \frac{\Delta p}{\dot{V}^2} \quad \left| \begin{array}{l} \Delta p \ \text{in} \ \mathrm{kp/m^2} \\ \dot{V} \ \ \text{in} \ \mathrm{m^3/s} \\ R \ \ \text{in} \ \dfrac{\mathrm{kp/m^2}}{(\mathrm{m^3/s})^2} \end{array} \right. \tag{131,1}$$

---

[1] Nicht zu verwechseln mit der äquivalenten Rauhigkeit k.

Im deutschen Schrifttum wird die Einheit des Widerstandswertes $R:1\ \dfrac{\mathrm{kp/m^2}}{(\mathrm{m^3/s})^2}$ mit Wb (Weisbach[1]) bezeichnet, und wegen des etwas unhandlichen Wertes meist mit mWb (Milliweisbach) gerechnet.

$$1\ \frac{\mathrm{kp/m^2}}{(\mathrm{m^3/s})^2} = 1\ \mathrm{Wb} = 10^3\ \mathrm{mWb}$$

Rechnet man den ermittelten Widerstandswert R einer Streckenlänge l in m auf die Länge 100 m um, so erhält man:

$$R_{100} = \frac{100}{l}\frac{\Delta p}{\dot V^2}\ \left|\ \begin{array}{ll} \Delta p & \text{in kp/m}^2 \\ \dot V & \text{in m}^3/\text{s} \\ l & \text{in m} \\ R_{100} & \text{in Wb je 100 m} \end{array}\right. \tag{131,2}$$

Aus Gl. (130,3) ergibt sich der in Gl. (131,1) definierte Widerstandswert

$$R = \lambda\,\frac{l}{8\,g}\,\frac{U}{A^3}\,\gamma \tag{131,3}$$

und aus Gl. (116,1) mit dem Durchmesser d eines Kreisrohres

$$R = \lambda\,\frac{16}{2\,g\cdot\pi^2}\,\frac{l}{d^5}\,\gamma \tag{131,4}$$

Gl. (131,4) läßt sich z. B. bei Schächten mit Kreisquerschnitt oder bei Lutten verwenden.

In den Gln. (131,3) und (131,4) bedeuten:
l in m　　die Länge des Wetterweges,
U in m　　den Umfang,
A in m²　　den Querschnitt,
d in m　　den Durchmesser bei Kreisquerschnitt,
γ in kp/m³ die Wichte der Wetter,
λ unbenannte Zahl, Reibungszahl.
R in Wb Widerstandswert des Wetterweges.

Eine andere Rechengröße stellt die *gleichwertige (äquivalente) Grubenweite* $A_w{}^2$ dar, die insbesondere zur Beurteilung des Widerstandes bei der Bewetterung ganzer Wetterfelder oder des ganzen Grubengebäudes benutzt wird. Sie ist aus den Beziehungen für den Durchfluß durch Blenden abgeleitet, nach denen beim Durchgang eines Wetterstromes $\dot V$ in m³/s durch eine Öffnung A_w in m² der Druckabfall Δp in kp/m² entsteht. Für die Durchflußmessung gilt mit diesen Größen nach Gl. (129,2)

$$\dot V = \alpha\cdot A_w\sqrt{\frac{2}{\varrho}\,\Delta p}$$

<hr>

[1] WEISBACH, JULIUS LUDWIG: 1806···1871, Professor für angewandte Mathematik, Bergwerksmaschinenlehre und Markscheidekunde an der Bergakademie Freiberg/Sachsen. Unter anderem bekannt durch Forschungen auf dem Gebiet praktischer Hydraulik.

[2] Zur Vermeidung von Verwechslungen mit dem Formelzeichen für Fläche A wird hier die Grubenweite mit A_w bezeichnet.

Man setzt $\alpha = 0{,}65$ als mittlere Durchflußzahl für Blenden und eine mittlere Dichte $\varrho = 1{,}2\ \text{kg/m}^3$. Dann ergibt sich nach Umrechnung mit $9{,}81\ \text{N/kp}$

$$A_w = 0{,}38\,\frac{\dot{V}}{\sqrt{\varDelta p}} \qquad \begin{array}{l} \dot{V}\ \text{ in m}^3/\text{s} \\ \varDelta p\ \text{ in kp/m}^2 \\ A_w\ \text{ in m}^2 \end{array} \qquad (131{,}5)$$

Gl. (131,5) für die Grubenweite kennzeichnet die Durchlässigkeit des Grubengebäudes für den Wetterstrom. Sie ergibt im Diagramm $\varDelta p = f(\dot{V})$ eine quadratische Parabel und wird zur Feststellung des Arbeitspunktes des Hauptlüfters (HL) auf seiner Kennlinie (siehe Abschn. 142) herangezogen.

Allerdings ist zunächst zu beachten, daß $\varDelta p$ in Gl. (131,5) den Gesamtdruck bedeutet, der nur bei blasender Bewetterung die Summe aus statischem Druck $\varDelta p_S$ und dem dynamischen Druck $p_d = \dfrac{c^2}{2\,g}\gamma$ bedeutet. Da wir im allgemeinen in der Grubenbewetterung mit dem Hauptlüfter, aber auch meist in der Sonderbewetterung mit Luttenlüfter saugende Bewetterung haben, ergibt sich für den *Gesamtdruck am Lüfter* aus

$$-\varDelta p_S + p_d = -\varDelta p_{gL}$$
$$\varDelta p_S - p_d = \varDelta p_{gL} \qquad (131{,}6\text{a})$$

Außerdem müssen wir unterscheiden zwischen der Grubenweite des Hauptlüfters $A_{w_{HL}}$, die bei saugender Bewetterung mit der Druckerzeugung $\varDelta p_{gL} = \varDelta p_S - p_d$ berechnet wird, und der Grubenweite des Wetterfeldes A_{w_G}, bei der außer dem Gesamtverbrauch $\varDelta p_g = \varDelta p_S - p_d$ noch der auf natürliche Weise erzeugte Druck $\varDelta p_N$ zu berücksichtigen ist[1]. Damit ergibt sich für saugende Bewetterung der *Druck des Wetterfeldes*

$$\varDelta p_{gL} + \varDelta p_N = \varDelta p_S - p_d + \varDelta p_N \qquad (131{,}6\text{b})$$

Natürlicher Druck entsteht in allen Wetterwegen, in denen *Teufenunterschiede* bestehen und *Temperaturunterschiede* auftreten. Bei Druckmessungen in der Grube wird der natürliche Druck gewöhnlich als Unterschiedsbetrag zwischen den summierten, gemessenen Druckabfällen und der Druckerzeugung am Hauptlüfter bestimmt. Man kann bei einer derartigen Ermittlung allerdings keine große Genauigkeit erwarten, da alle Meßfehler der einzelnen Druckabfälle in die Rechnung eingehen.

Die natürliche Druckerzeugung kann im Gegensatz zu mechanischen Druckquellen der Lüfter meist örtlich nicht festgelegt werden, da sie längs des gesamten betrachteten Wetterweges mit Ausnahme der söhligen Strecken entsteht. Für die Ermittlung des natürlichen Druk-

---

[1] SCHMIDT, WILH.: Jahreszeitliche Wettermengenschwankungen und ihre Möglichkeit zu ihrem selbsttätigen Ausgleich, Techn. Mitt. 1955, H. 10.

kes genügt im allgemeinen die empirische Zahlenwertgleichung

$$\Delta p_N = 0,5 \frac{\Delta H}{100} (t_A - t_E) \qquad (131,7)$$

In Gl. (131,7) bedeuten:

0,5 den natürlichen Druck Δp_N je 100 m Teufenunterschied und je Grad Temperaturunterschied in kp/m²,

ΔH den Teufenunterschied in m,

t_A die Temperatur des ausziehenden Wetterstromes in °C,

t_E die Temperatur des einziehenden Wetterstromes in °C,

Δp_N den natürlichen Druck in kp/m².

Damit ergibt sich die Grubenweite des Hauptlüfters mit Gl. (131,6a)

$$A_{w_{HL}} = 0,38 \frac{\dot{V}}{\sqrt{\Delta p_{g_L}}} = 0,38 \frac{\dot{V}}{\sqrt{\Delta p_s - p_d}} \qquad (131,8a)$$

sowie die Grubenweite des Wetterfeldes mit Gl. (131,6b)

$$A_{w_G} = 0,38 \frac{\dot{V}}{\sqrt{\Delta p_{g_L} + \Delta p_N}} = 0,38 \frac{\dot{V}}{\sqrt{\Delta p_s - p_d + \Delta p_N}} \qquad (131,8b)$$

In den Zahlenwertgleichungen (131,8a) und (131,8b), die für saugende Bewetterung gelten, bedeuten:

$\dot{V}$ den Wetterstrom in m³/s,

Δp den Druckverbrauch eines Wetterfeldes bzw. die Druckerzeugung des Hauptlüfters in kp/m²,

Δp_{g_L} den am Hauptlüfter erzeugten Gesamtdruck in kp/m²,

Δp_S den Statischen Druck in kp/m²,

p_d den Staudruck, dynamischen Druck in kp/m²,

Δp_N den natürlichen Druck eines Wetterfeldes in kp/m²,

$A_{w_{HL}}$ die Grubenweite des Hauptlüfters in m²,

A_{w_G} die Grubenweite des Wetterfeldes in m².

Zwischen der Grubenweite A_w und dem Widerstandswert R besteht ein Zusammenhang, den man durch Quadrieren der Gl. (131,5) erhält

$$\frac{A_w^2}{0,144} = \frac{V^2}{p} = \frac{1}{R}$$

$$A_w = \frac{0,38}{\sqrt{R}} \qquad (131,9a)$$

$$R = \frac{0,144}{A_w^2} \qquad (131,9b)$$

Diese Beziehungen zwischen R und A_w gelten nur unter der Voraussetzung, daß die einzelnen Wetterwege hintereinandergeschaltet vom gleichen Wetterstrom durchströmt werden.

Ferner läßt sich nach Gl. (131,3) die Grubenweite auch durch die Größen der Grundgleichung für den Druckabfall ausdrücken:

$$A_w^2 = 11,3 \frac{A^3}{\lambda \cdot l \cdot U \cdot \gamma} \qquad (131,10)$$

Nachstehende Tabelle zeigt noch einmal die Beziehungen, die zwischen den Rechnungsgrößen der Grubenbewetterung bestehen.

Tabelle. *Beziehungen zwischen den Rechnungsgrößen zur Berechnung des Widerstandes bei der Grubenbewetterung.* $\left(\dot{V} \text{ in } \dfrac{\text{m}^3}{\text{s}} \right)$

	zur Reibungs-zahl λ	zum Wider-standswert R in $\dfrac{\text{kp/m}^2}{(\text{m}^3/\text{s})^2} = Wb$	zur gleichw. Grubenweite A_w in m²	zum Druck-abfall Δp in kp/m²
Druckabfall Δp in kp/m²	$\Delta p = \lambda \dfrac{l}{8g} \dfrac{U}{A^3} \dot{V}^2 \cdot \gamma$	$\Delta p = R \cdot \dot{V}^2$	$\Delta p = 0{,}144 \dfrac{\dot{V}^2}{A_w^2}$	
Widerstands-wert R in $\dfrac{\text{kp/m}^2}{(\text{m}^3/\text{s})^2} = Wb$	$R = \lambda \dfrac{l}{8g} \dfrac{U}{A^3} \gamma$ $R = \lambda \dfrac{16}{2g \cdot \pi^2} \dfrac{l}{d^5} \gamma$		$R = \dfrac{0{,}144}{A_w^2}$	$R = \dfrac{\Delta p}{\dot{V}^2}$
Gleichwertige Grubenweite A_w in m²	$A_w^2 = 11{,}3 \dfrac{A^3}{\lambda \cdot l \cdot \dot{V} \cdot \gamma}$	$A_w = \dfrac{0{,}38}{\sqrt{R}}$		$A_w = 0{,}38 \dfrac{\dot{V}}{\sqrt{\Delta p}}$

132. Beurteilung und Berechnung des Widerstandswertes R
Berechnung des Druckverlustes söhliger Strecken

In der Wetterwirtschaft des Bergbaus werden alle Betrachtungen und Berechnungen mit dem Widerstandswert R durchgeführt, der mit seiner einfachen Definition Gl. (131,1) außerordentlich anschaulich ist. Für die stark vermaschten Systeme von Wetterwegen in der Grube ergibt sich mit dem Widerstandswert außerdem die Möglichkeit, ähnlich zu rechnen, wie die Elektrotechnik mit dem Ohmschen und KIRCHHOFFschen Gesetz. Die drei Größen Wetterstrom $\dot{V}$, Widerstandswert R und Druckabfall Δp sind dabei wie folgt zu behandeln:

a) *bei hintereinandergeschalteten Wetterwegen:*

Wetterstrom $\dot{V} = \text{const}$ (Bedingung für Hinterein- anderschalten von Wetterwegen)   (132,1a)

Widerstandswert $R_{\text{ges}} = R_1 + R_2 + \cdots + R_n$ (132,1b)

Druckabfall $\Delta p_{\text{ges}} = \Delta p_1 + \Delta p_2 + \cdots + \Delta p_n$ (132,1c)

b) *bei nebeneinander- (parallel-) geschalteten Wetterwegen:*

Wetterstrom $\dot{V}_{\text{ges}} = \dot{V}_1 + \dot{V}_2 + \cdots + \dot{V}_n$ (132,2a)

Widerstandswert $\dfrac{1}{\sqrt{R_{\text{ges}}}} = \dfrac{1}{\sqrt{R_1}} + \dfrac{1}{\sqrt{R_2}} + \cdots + \dfrac{1}{\sqrt{R_n}}$ (132,2b) für zwei parallelgeschaltete Wetterwege:

$$R_{\text{ges}} = \frac{R_1 \cdot R_2}{(\sqrt{R_1} + \sqrt{R_2})^2} \qquad (132,2c)$$

Druckabfall (zwischen gleichen Knotenpunkten)

$$\Delta p_1 = \Delta p_2 = \Delta p_3 \qquad (132,2d)$$

Die Berechnung umfangreicher vermaschter Wetternetze läßt sich heute mit elektrischen Analogie-Rechenanlagen durchführen. Hierfür wird zur Zeit vorwiegend das *Wetternetzmodell* der Montan-Forschung G.m.b.H. benutzt. Allerdings verlangt der Unterschied des OHMschen Gesetzes $U = R \cdot I$ des elektrischen Netzes von dem Gesetz $\Delta p = R \cdot \dot{V}^2$ des Wetternetzes eine besondere Ausführung des für den Wetterweg einzusetzenden Widerstandes. In einer besonderen Widerstandszelle, die dem Widerstand der dargestellten Wetterstrecke zu entsprechen hat, wird eine motorische Anpassung des Widerstandes in Abhängigkeit vom Strom derart durchgeführt, daß die Funktion $U = f(I)$ dem quadratischen Gesetz des Wetterstromes folgt. Einen Fortschritt in der Entwicklung dieser Widerstandszelle stellt die Knickzelle von SANN[1] dar, die praktisch trägheitsfrei den Widerstand der quadratischen Abhängigkeit anpaßt.

Alle Rechnungen von Wetternetzen, auch die mit elektrischen Analogie-Rechenanlagen, gehen heute vom *quadratischen Gesetz bei konstantem Widerstandswert* R aus. Prüft man die Berechtigung dieser Annahme nach, so kommt man zu folgenden Überlegungen:

Gl. (131,3)

$$R = \lambda \frac{l}{8g} \frac{U}{A^3} \gamma$$

besagt, daß der Widerstandswert sich verändern kann:

a) proportional mit der Reibungszahl λ,

b) proportional mit der Wichte γ und

c) umgekehrt proportional mit der fünften Potenz des hydraulischen Durchmessers.

Zu a) Es wurde unter Hinweis auf Abb. 131,1 bereits festgestellt, daß sich die Reibungszahl λ bei der Wetterströmung im Übergangsgebiet befindet und mit Re zunimmt. Das bedeutet, daß λ und damit auch R nicht konstant sind, sondern sich mit der REYNOLDSschen Zahl erhöhen. λ und R nehmen deshalb mit der Wettergeschwindigkeit c bzw. dem Wetterstrom $\dot{V}$ zu.

Man könnte diese Tatsache berücksichtigen, indem man für die Wetterströmung das quadratische Gesetz verließe und allgemein schriebe

$$\Delta p = R \cdot \dot{V}^n \qquad (132,3)$$

---

[1] SANN, B., Prof. Dr.-Ing.: Ein neues Widerstandszellenprinzip zur Verwendung in Analogie-Rechenanlagen für den Bergbau. Bergbau-Archiv 1960, Heft 1, S. 27ff.

Schmidt und Batzel[1] haben diesen Vorschlag bereits gemacht. Sie schlagen vor, für Strebräume $n = 2,3$ und für Blindschächte $n = 2,2$ zu setzen. Allgemein kann man sagen, daß bei Annahme einer Abhängigkeit λ von Re im Übergangsgebiet nach Abb. 131,1 mit einer konstanten Reibungszahl λ und in dieser Beziehung dann auch mit einem konstanten Widerstandswert R gerechnet werden kann, wenn in Gl. (132,3) $n > 2$ eingesetzt wird.

Eine Zusammenstellung von Reibungszahlen λ für Wetterwege aus Veröffentlichungen der in- und ausländischen Literatur bringt Greuer[2], der die in Zahlentafel 58 wiedergegebenen Werte entnommen sind.

Zahlentafel 58. *Reibungszahlen λ von söhligen Wetterwegen nach Angaben der National Coal Board[3]*

Streckenausbau	λ
Bogenförmiger Querschnitt:	
Ohne Ausbau, unebene Oberfläche	0,105
Abbaustrecke mit Verzug hinter Stahlbögen	0,08
Hauptstrecke mit Verzug hinter Stahlbögen	0,068
Mauerung, Beton oder Stahlbögen mit Verzug bis zur Rundung	0,049
Mauerung oder Stahlbögen mit Verzug um den ganzen Umfang	0,037
Betonausbau um den ganzen Umfang	0,025
Rechteckiger Querschnitt:	
Türstockausbau, Holzstempel mit Stahlkappen	0,123
Wetterstrecke ohne Ausbau, unebene Oberfläche	0,105
Wetterstrecke ohne Ausbau, ziemlich glatte Oberfläche	0,08
Stahlkappen auf Betonscheibenmauer	0,062
Betonausbau am gesamten Umfang	0,025

Außer den λ-Werten der Zahlentafel 58 gibt Greuer eine Vielzahl von Reibungszahlen für Strecken mit und ohne Ausbau, sowie von Streben an. Er untersucht dabei auch den Einfluß der Stetig- und Wagenförderung auf den Wetterwiderstand und stellt Widerstandszahlen ζ für Richtungsänderungen von Strecken auf.

Allerdings fehlen Angaben über den Einfluß der Reynoldsschen Zahl Re auf die Reibungszahl. Auch wenn man berücksichtigt, daß die Reibungszahlen sicher stark streuen, wird es dennoch zu größeren Fehlern führen können, wenn man einen Widerstandswert R, der bei sehr kleinen Wettergeschwindigkeiten durch Messung ermittelt wurde, unverändert auf Verhältnisse mit größerer Geschwindigkeit übernimmt. In einem solchen Falle bietet sich an, mit einer Reibungszahl einer entsprechenden Strecke nach Zahlentafel 58 den Widerstandswert

---

[1] Batzel, S., u. W. Schmidt: Untersuchungen über die Wetterverzweigung unter Tage und ihre Vorausbestimmung mit Hilfe des Wetternetzmodelles. Glückauf 1962, S. 471.

[2] Greuer, R.: Einige Angaben über den Wetterwiderstand von Grubenbauen, Glückauf 1960, S. 165.

[3] Charts of estimating ventilating pressure losses in mine airways. Inform. Bull. National Coal Board 1953, Nr. 93.

40*

zu berechnen und ihn mit dem gefundenen Wert bei kleiner Geschwindigkeit zu vergleichen.

Beispiel: $A = 10,6\ \text{m}^2$; $U = 13,3\ \text{m}$; $\gamma = 1,25\ \text{kp/m}^3$; $l = 100\ \text{m}$; Abbaustrecke mit Stahlbögen und Verzug: $\lambda = 0,08$.

Lösung: Nach Gl. (131,3)

$$R = \lambda\, \frac{l}{8\,g}\, \frac{U}{A^3}\, \gamma = 0,08\, \frac{100 \cdot 13,3}{8 \cdot 9,81 \cdot 10,6^3}\, 1,25 = 0,00142 \text{ in Wb}$$

$$R = 1,42 \text{ mWb}$$

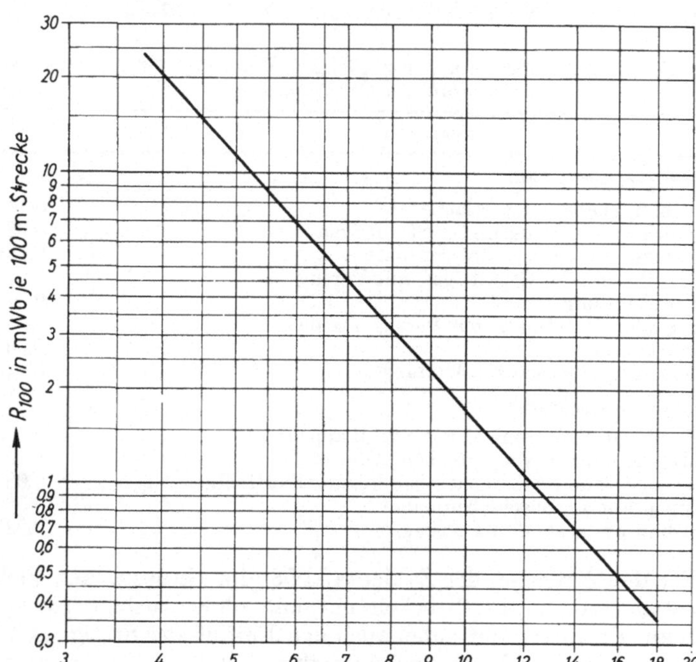

Abb. 132,1. Widerstandswert R_{100} von söhligen Strecken in Abhängigkeit vom freien Streckenquerschnitt

Aus einer großen Zahl von Messungen hat die Prüfstelle für Grubenbewetterung der Westfälischen Berggewerkschaftskasse die in Abb. 132,1 wiedergegebenen Mittelwerte von Widerstandswerten R_{100} in Strecken unter Tage gefunden, die hier lediglich in Abhängigkeit vom Streckenquerschnitt A angegeben sind. Für die Strecke in vorstehendem Beispiel mit 10,6 m² Querschnitt finden wir $R = 1,6$ mWb je 100 m.

Es bleibt dennoch der Wunsch nach weiteren Untersuchungen, wie sie VOGEL angestellt hat, um für Strecken und Schächte mit unterschiedlichem Ausbau die Funktion der Reibungszahl $\lambda = f(\text{Re})$ zu klären. Nach Abb. 131,1 scheint sich hierfür auch eine Möglichkeit der Definition der Wandbeschaffenheit zu ergeben:

In Abb. 131,1 deckt sich der Verlauf der von Vogel gemessenen Reibungszahlen λ für Strecken mit hölzernem Türstockausbau (2) einigermaßen mit dem Parameter $d/k = 10$. Danach scheint die Art und Wertigkeit der Rauhigkeiten mit dem Kehrwert der relativen Rauhigkeit d/k ausreichend beschrieben zu sein. Ergäbe eine Messung bei einer beliebigen Reynoldsschen Zahl eine Reibungszahl auf dem Parameter $d/k = 10$, so könnte man folgern, daß hinsichtlich der strömungstechnischen Wandbeschaffenheit die untersuchte Strecke der von Vogel in Türstockausbau entspricht. Also könnte man auch auf die Reibungszahl λ bei anderer Wettergeschwindigkeit mit entsprechend anderem Re schließen. Mit diesem λ-Wert würde man dann den Widerstandswert R_{100} nach Gl. (131,3) berechnen.

Zu b) Neben der Reibungszahl λ haben wir eine proportionale Veränderung des Widerstandswertes R mit der Dichte ϱ bzw. der Wichte γ zu erwarten. Die Umrechnung eines durch Messung ermittelten Widerstandswertes R ohne Berücksichtigung von Wichtenunterschieden ergibt beim Übergang von kleinem Wetterstrom $\dot{V}$ mit kleiner Wichte γ auf großes $\dot{V}$ mit großem γ erhebliche Fehler, die Schmidt[1] im Grenzfall mit 20% beziffert. Dagegen gleichen sich die Unterschiede bei der Umrechnung von kleinem $\dot{V}$ mit großem γ auf großen Wetterstrom $\dot{V}$ mit kleinem γ annähernd aus.

Zu c) Schließlich hat der hydraulische Durchmesser $4\,A/U$ mit der fünften Potenz im umgekehrten Verhältnis Einfluß auf den Widerstandswert R. Man wird aber nicht übersehen können, daß die bei der Messung bzw. der Planung vorliegenden Abmessungen des Streckenquerschnittes meist nicht erhalten bleiben, sondern unter dem Einfluß des Gebirgsdruckes schrumpfen. Verringert sich z. B. der hydraulische Durchmesser $4\,A/U$ dabei um 10%, so erhöht sich der Widerstandswert um $100\,(1 - 0{,}90^5) = 41\%$. Eine Vorausberechnung bei der Wetterplanung hat folglich nur dann Gültigkeit, wenn die angenommenen Querschnitte sich nicht verringern. Praktisch läuft die Planung vielfach nur auf die Festlegung des kleinsten Querschnittes hinaus, der in jedem Falle offenbleiben muß.

Schließlich soll noch darauf hingewiesen werden, daß der Druckabfall aus dem Druckunterschied von zwei im Abstand l liegenden Meßpunkten nur dann richtig angegeben ist, wenn die Querschnitte der beiden Meßpunkte gleich, d. h. auch die mittleren Wettergeschwindigkeiten gleich sind. Im anderen Falle ergibt sich bei söhligen Strecken nach Bernoulli:

$$p_1 + \frac{c_1^2}{2\,g}\,\gamma = p_2 + \frac{c_2^2}{2\,g}\,\gamma + \Delta p$$

$$\Delta p = p_1 - p_2 + \frac{c_1^2 - c_2^2}{2\,g}\,\gamma$$

Naturgemäß ist der Fehler bei Vernachlässigung des Unterschiedes des dynamischen Druckes beider Meßstellen um so größer, je größer die

---

[1] Schmidt, W.: Fehler bei der Planung und Überwachung der Grubenbewetterung und ihre Vermeidung, Glückauf 1955, S. 549.

Wettergeschwindigkeit überhaupt ist. Unterscheiden sich die Querschnitte z. B. um 30% und beträgt $c_1 = 5$ m/s, ist also $A_1 = 0,7\,A_2$ und damit $c_2 = 0,7\,c_1$, so ergibt sich der dynamische Druckunterschied mit $\gamma = 1,3$ kp/m^3

$$\frac{c_1^2 - c_2^2}{2\,g}\,\gamma = \frac{c_1^2 - 0,7^2\,c_1^2}{2\,g}\,\gamma = \frac{0,51\,c_1^2}{2\,g}\,\gamma$$

$$= \frac{0,51\,(5\,\text{m/s})^2}{2 \cdot 9,81\,\text{m/s}^2}\,1,3\ \text{kp/m}^3 = 0,85\ \text{kp/m}^2$$

Bei einem Unterschied der statischen Drücke $p_1 - p_2 = 10$ kp/m^2 ergibt sich der wahre Druckabfall

$$\varDelta p = p_1 - p_2 + \frac{c_1^2 - c_2^2}{2\,g}\,\gamma = (10 + 0,85)\ \text{kp/m}^2 = 10,85\ \text{kp/m}^2$$

Der Fehler bei Vernachlässigung des dynamischen Druckunterschiedes beträgt in diesem Falle 8,5%, würde allerdings bei höherem Druckverlust prozentual zurückgehen. In dem Beispiel war in Richtung des Druckabfalls eine Querschnittserweiterung angenommen. Haben wir dagegen in Strömungsrichtung eine Querschnittsabnahme, so ergibt die Vernachlässigung des dynamischen Druckunterschiedes die fehlerhafte Annahme eines zu großen Druckabfalls.

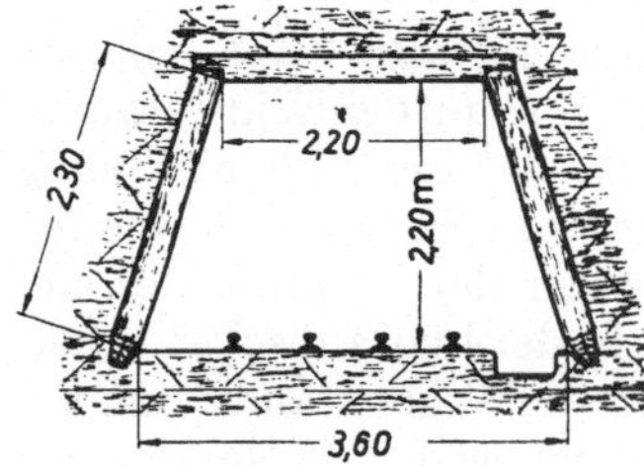

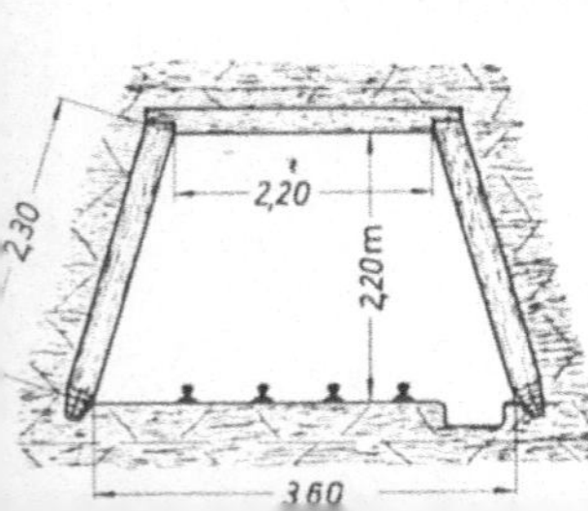

Abb. 132,2. Streckenquerschnitt (Beispiel)

Beispiel: In einer söhligen Strecke von gleichbleibendem freiem Querschnitt gemäß Abb. 132,2 wird bei einer Länge von 320 m ein Wetterstrom von 600 m^3/min ermittelt. Dabei wurde ein barometrischer Druck von 820 Torr, eine Temperatur des trockenen Thermometers von 20 °C und des feuchten Thermometers von 17 °C gemessen. Zu berechnen a) der Druckverlust bei Wetterströmung in der Strecke mit einem Widerstandswert nach Abb. 132,1, b) die REYNOLDSsche Zahl und die Reibungszahl λ, c) der Druckverlust in einer in ähnlichem Ausbau stehenden 270 m langen Abbaustrecke mit einem Wetterstrom von 1 800 m^3/min, wenn die Reibungszahl λ gleichbleibend, die Wettertemperatur mit 28 °C, die relative Feuchtigkeit mit 55% und gleicher barometrischer Druck von 820 Torr angenommen wird.

    Lösung: Nach Abb. 132,2 ist

$$A = \frac{(2,2 + 3,6)\ \text{m}}{2}\,2,2\ \text{m} = 6,38\ \text{m}^2$$

$$U = (3,6 + 2,2 + 2 \cdot 2,3)\ \text{m} = 10,4\ \text{m}$$

Nach Abb. 132,1 ergibt sich für 6,38 m^2

$$R_{100} = 6\ \text{mWb} = 0,006\ \text{Wb je 100 m}$$

Nach Gl. (131,2) mit $\dot V = 600$ m^3/min $= 10$ m^3/s

$$R_{100} = \frac{100}{l}\,\frac{\varDelta p}{\dot V^2}$$

$$\varDelta p = R_{100}\,\frac{l}{100}\,\dot V^2 = 0,006\,\frac{320}{100}\,10^2 = 1,92\ \text{in kp/m}^2$$

b) Nach Abb. 107,1 ergibt sich für

$$t_{tr} = 20\,°\text{C}; \quad t_f = 17\,°\text{C}; \quad \Delta t = 20\,° - 17\,° = 3\,°$$

$$\varphi = 74\%; \quad R_f = 29,47 \text{ kp m/kg grd}$$

$$\varrho = 0,4614\,\frac{820}{293} = 1,292 \text{ kg/m}^3; \quad \gamma = 1,292 \text{ kp/m}^3$$

Nach Zahlentafel 40 ist für $t = 20\,°\text{C}$: $\eta = 1,85 \cdot 10^{-6}$ kp s/m².
Nach Gl. (130,5a)

$$\text{Re} = \frac{4}{g}\,\frac{\dot{V} \cdot \gamma}{U \cdot \eta} = \frac{4 \cdot 10 \cdot 1,292 \cdot 10^6}{9,81 \cdot 10,4 \cdot 1,85} = 2,74 \cdot 10^5$$

Nach Gl. (131,3)

$$R = \lambda\,\frac{l}{8\,g}\,\frac{U}{A^3}\,\gamma$$

Mit R_{100} und damit $l = 100$ m ergibt sich

$$\lambda = \frac{8\,g}{100}\,R_{100}\,\frac{A^3}{U \cdot \gamma} = \frac{8 \cdot 9,81 \cdot 0,006 \cdot 6,38^3}{100 \cdot 10,4 \cdot 1,292} = 0,091$$

c) Nach Abb. 107,1 ergibt sich für

$$t_{tr} = 28\,°\text{C}: \quad \varphi = 55\%: \quad R_f = 29,51 \text{ kpm/kg grd}$$

$$\varrho_2 = 0,4608\,\frac{820}{273 + 28} = 1,255 \text{ kg/m}^3$$

$$\gamma_2 = 1,255 \text{ kp/m}^3$$

Da $\lambda = $ konstant angenommen wird, rechnen wir R_{100} auf die neue Wichte γ_2 um, mit der sich R proportional ändert:

$$\frac{R_{1_{100}}}{\gamma_1} = \frac{R_{2_{100}}}{\gamma_2}: \quad R_{2_{100}} = \frac{\gamma_2}{\gamma_1}\,R_{1_{100}} = \frac{1,255}{1,292}\,0,006$$

$$= 0,00583 \text{ in Wb} = 5,83 \text{ mWb je 100 m}$$

Nach Gl. (131,2) mit $\dot{V}_2 = 1800$ m³/min $= 30$ m³/s

$$R_{2_{100}} = \frac{100}{l_2}\,\frac{\Delta p_2}{\dot{V}_2^2}$$

$$\Delta p_2 = R_{2_{100}}\,\frac{l_2}{100}\,\dot{V}_2^2 = 0,00583\,\frac{270}{100}\,30^2 = 13,65 \text{ in kp/m}^2$$

133. Der Widerstandswert R und der Druckverlust geneigter Strecken und Schächte

Der Widerstandswert R kann für Schächte nicht in der gleichen einfachen und einheitlichen Weise angegeben werden wie für Strecken. Hier beeinflussen die Art und Form der Einbauten den Druckverbrauch in besonderem Maße. Zwar können für Schächte Mittelwerte angegeben werden, wie sie in Abb. 133,1 nach Messungen der Prüfstelle für Grubenbewetterung der Westfälischen Berggewerkschaftskasse Bochum in Abhängigkeit vom Schachtdurchmesser dargestellt sind. Sie beziehen sich aber nur auf den üblichen vollen Ausbau ohne besondere Maßnahmen zur Widerstandsverminderung und schließen die Umlenkwiderstände ein.

Eingehende Untersuchungen des Wetterwiderstandes in Schächten stellt GREUER[1] an. Er stellt dabei fest, daß neben einer gänzlichen Entfernung der Einbauten die Vergrößerung der Einstrichabstände, eine Änderung des Einstrichprofiles, sowie die Vertonnung des Fahrschachtes oder sein Ersatz durch eine Notfahrung sehr wesentlich zur Verringerung des Wetterwiderstandes in Schächten beitragen. Daneben beeinflußt das Treiben des Förderkorbes den Widerstand, der ebenfalls durch eine Verkleidung des Förderkorbes verringert werden kann.

Zur Berechnung des Wetterwiderstandes aus Messungen in Schächten oder geneigten Strecken benutzen wir die erweiterte BERNOULLIsche Gleichung:

$$p_1 + \frac{c_1^2}{2\,g}\,\gamma + z_1 \cdot \gamma$$

$$= p_2 + \frac{c_2^2}{2\,g}\,\gamma + z_2 \cdot \gamma + \varDelta p$$

Zur Berechnung des Druckverbrauches $\varDelta p$ ist zu beachten, daß *die Meßstelle (2) in Strömungsrichtung hinter der Meßstelle (1) liegt.*

Zunächst nehmen wir an beiden Meßstellen gleiche Querschnitte $A_1 = A_2$ an, so daß nach dem Kontinuitätsgesetz $c_1 = c_2$ und damit in obiger Gleichung die dynamischen Drücke vereinfachend als gleich angenommen werden können. Führen wir den

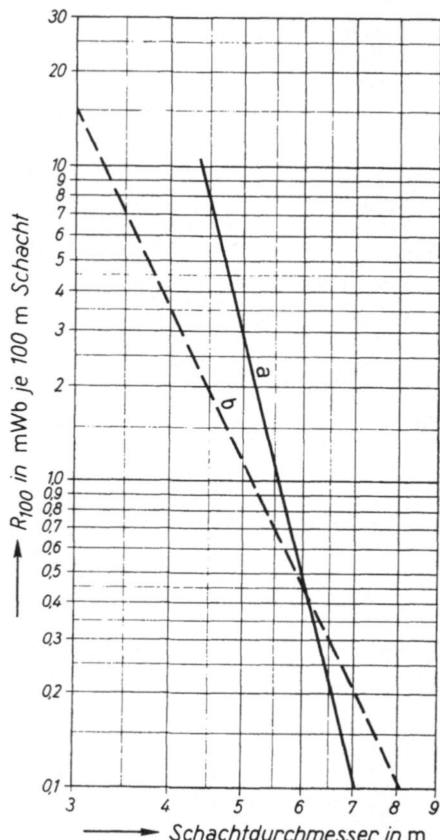

Abb. 133,1, Widerstandswert R_{100} in Abhängigkeit vom Schachtdurchmesser
a) von Einziehschächten, b) von Ausziehschächten

Teufenunterschied $\varDelta H = z_1 - z_2$ ein und setzen außerdem $\frac{\gamma_1 + \gamma_2}{2} = \gamma_m$ als mittlere Wichte der Wetter längs des Schachtes oder der Strecke, so erhalten wir

$$\varDelta p = p_1 - p_2 \pm \varDelta H \cdot \gamma_m \tag{133,1}$$

Dabei ist $\varDelta H \cdot \gamma_m$ der Druck aus der Gewichtskraft der in der geneigten Strecke oder im Schacht befindlichen Luftsäule. Da wir die

[1] GREUER, RUDOLF: Der Wetterwiderstand von Schächten, Bergbau-Archiv 1950. Heft 1, S. 1···26 und Der Einfluß von Änderungen an den Einbauten auf den Wetterwiderstand eines Schachtes, Glückauf 1965, S. 602···607.

gemessenen Drücke in Strömungsrichtung der Wetter angeben, ist zu beachten, daß wir mit

$+\Delta H \cdot \gamma_m$ bei ansteigender Wetterbewegung (Ausziehschacht),
$-\Delta H \cdot \gamma_m$ bei einfallender Wetterbewegung (Einziehschacht)

zu rechnen haben.

Da bei den üblichen Meßverfahren mit Barometern nicht die örtlichen Wetterdrücke p, z. B. in $kp/m^2 = mm\,WS$, sondern die absoluten Drücke b in Torr gemessen werden, rechnen wir diese um mit

$$\frac{10^4 \dfrac{kp/m^2}{at}}{735,5 \dfrac{Torr}{at}} = 13,6 \frac{kp/m^2}{Torr} \qquad (133,2)$$

Damit erhalten wir aus Gl. (133,1) die Zahlenwertgleichung:

$$\Delta p = (b_1 - b_2)\,13,6 \pm \Delta H \cdot \gamma_m \qquad (133,3)$$

mit b_1 und b_2 in Torr,

ΔH in m,

$\gamma_m = \dfrac{\gamma_1 + \gamma_2}{2}$ in kp/m^3,

Δp in $kp/m^2 = mm\,WS$ und
$+\Delta H \cdot \gamma_m$ für Ausziehschächte,
$-\Delta H \cdot \gamma_m$ für Einziehschächte.

Der Druckverlust nach Gl. (133,3) gilt strenggenommen unter der Voraussetzung einer ruhenden Luftsäule und muß deshalb fehlerhaft sein. Dieser Fehler ist jedoch um so kleiner, je kleiner der Teufenunterschied ΔH und der Druckverlust Δp ist. Erfahrungsgemäß ist bei $\Delta H \leq 200\,m$ der Fehler so klein, daß dann die hier dargestellte Berechnungsart gerechtfertigt ist. Auf die Berechnung des Druckverlustes bei größeren Teufenunterschieden soll hier nicht eingegangen werden[1].

Haben wir entgegen der früher gemachten Annahme an den Meßstellen nicht gleiche Querschnitte, so ist mit dem dynamischen Druck $\dfrac{c_1^2 - c_2^2}{2\,g}\,\gamma_m$ zu korrigieren. Hierbei rechnen wir mit

$+ \dfrac{c_1^2 - c_2^2}{2\,g}\,\gamma_m$ bei Geschwindigkeitszunahme (Querschnittsverringerung)

$- \dfrac{c_1^2 - c_2^2}{2\,g}\,\gamma_m$ bei Geschwindigkeitsabnahme (Querschnittsvergrößerung)

in Strömungsrichtung und wir erhalten:

$$\Delta p = (b_1 - b_2)\,13,6 \pm \Delta H \cdot \gamma_m \pm \frac{c_1^2 - c_2^2}{2\,g}\,\gamma_m \qquad (133,4)$$

---

[1] Siehe Glückauf 1955, S. 557···559.

Beträgt die Länge l in m der geneigten Strecke oder des Schachtes für den berechneten Druckverbrauch Δp in kp/m², so wird auch als Richtwert für die „Belastung" von Strecke oder Schacht der Druckverbrauch je 100 m Länge berechnet:

$$\Delta p \; \frac{100}{l} \quad \text{in kp/m}^2 \text{ je 100 m} \tag{133,5}$$

Ist schließlich für den berechneten Druckverbrauch der Wetterstrom $\dot V$ in m³/s bekannt, so ergibt sich der Widerstandswert R_{100} nach Gl. (131,2)

$$R_{100} = \frac{100}{l} \frac{\Delta p}{\dot V^2} \text{ in Wb je 100 m}$$

Beispiel: Auf der 6. Sohle eines Ausziehschachtes wird der barometrische Druck zu 827,0 Torr, auf der 5. Sohle zu 807,1 Torr und gleichzeitig auf beiden Sohlen die Temperatur zu 24 °C und die Luftfeuchte zu 75% gemessen. Der Teufenabstand beider Sohlen ist 194 m. Der Wetterstrom im Schacht ergibt sich zu 2 700 m³/min. Berechne a) den Druckverlust insgesamt und je 100 m Schacht, b) den Widerstandswert R_{100}.

Lösung: Aus Abb. 107,1 entnehmen wir für $t_1 = t_2 = 24\,°C$ und $\varphi = 75\%$

$$\varrho \, \frac{273}{760} = 0{,}4605$$

Damit berechnen wir

$$\varrho_1 = 0{,}4605 \, \frac{827}{297} = 1{,}282 \text{ in kg/m}^3; \quad \gamma_1 = 1{,}282 \text{ kp/m}^3$$

$$\varrho_2 = 0{,}4605 \, \frac{807{,}1}{297} = 1{,}25 \text{ in kg/m}^3; \quad \gamma_2 = 1{,}25 \text{ kp/m}^3$$

$$\gamma_m = \frac{\gamma_1 + \gamma_2}{2} = \frac{(1{,}282 + 1{,}25) \text{ kp/m}^3}{2} = 1{,}266 \text{ kp/m}^3$$

a) Nach Gl. (133,3)

$$\Delta p = (b_1 - b_2)\,13{,}6 - \Delta H \cdot \gamma_m = (827{,}0 - 807{,}1)\,13{,}6 - 194 \cdot 1{,}266$$
$$= 270{,}6 - 245{,}6 = 25{,}0 \text{ in kp/m}^2$$

$$\Delta p \, \frac{100}{l} = 25 \, \frac{100}{194} = 12{,}9 \text{ in kp/m}^2 \text{ je 100 m Schacht}$$

b) Nach Gl. (131,2) mit $l = \Delta H = 194$ m und $\dot V = 2\,700$ m³/min $= 45$ m³/s ist

$$R_{100} = \frac{100}{l} \frac{\Delta p}{\dot V^2} = \frac{100}{194} \frac{25}{45^2} = 0{,}00636 \text{ in Wb je 100 m}$$

$$R_{100} = 6{,}36 \text{ mWb je 100 m Schacht}$$

C. Strömungsmaschinen

134. Allgemeines

Eine besondere Anwendung der Gesetze der Strömungsmechanik finden wir bei den Strömungsmaschinen. Man ist heute bestrebt, die langsam laufenden Kolbenmaschinen mit ihren hin- und hergehenden Massen durch Strömungsmaschinen zu ersetzen, die unmittelbar Drehbewegungen liefern, einfacher im Aufbau und wegen der höheren Drehzahl bei gleicher Leistung auch leichter sind.

Anfänglich konnten die Strömungsmaschinen nicht die Wirkungsgrade der Kolbenmaschinen erreichen. Als erster gelang es der Dampfturbine, wenigstens für größere Leistungen, die Kolbenmaschine zu verdrängen. Dann kam die Turbopumpe in ihrer radialen Bauart als Kreiselpumpe oder Turbokompressor. Der Axialverdichter, im Bergbau zunächst als Sonderlüfter und heute auch als Hauptlüfter eingesetzt, verdankt seinen jetzigen Entwicklungsstand den von der Luftfahrt angeregten Fortschritten in der Strömungslehre.

Bei der *Turbine* wird die potentielle oder Wärmeenergie durch Düsen oder ruhende Schaufelkränze in gerichtete Strömung des Stoffes und damit in kinetische Energie umgewandelt. Dieser Strömung wird dann mit Hilfe von bewegten Schaufelkränzen Arbeit entnommen, wobei sich im allgemeinen sowohl die Größe wie die Richtung der Strömungsgeschwindigkeit ändern. Hat die Änderung der Strömungsgeschwindigkeit eine Komponente entgegen der Schaufelgeschwindigkeit, so wird der Strömung Energie entzogen und an das Laufrad abgegeben.

Im wesentlichen wollen wir bei den nachfolgenden Betrachtungen auf die Verhältnisse bei den *Turbopumpen*[1], Kreiselpumpen, Druckluft-Kompressoren oder Lüfter eingehen. Bei ihnen hat die Änderung der Strömungsgeschwindigkeit im Schaufelrad eine Komponente in Richtung der Schaufelgeschwindigkeit, so daß von dem angetriebenen Laufrad der Strömung Energie zugeführt wird.

Bei der Kreiselpumpe tritt das Wasser axial in das Laufrad ein, läuft im Schaufelkanal infolge der Fliehkraft etwa radial zum Umfang des Schaufelrades und wird dort abgeschleudert. Im Laufrad findet eine Umwandlung der an der Welle zugeführten mechanischen Energie zum Teil in Druckenergie, zum Teil in kinetische oder Geschwindigkeitsenergie statt. Im Leitrad oder einem als Diffusor ausgebildeten Spiralgehäuse wird das mit großer Geschwindigkeit abgeschleuderte Wasser verzögert. Nach dem Gesetz von BERNOULLI wird dabei Geschwindigkeits- in Druckenergie verwandelt. Ein gewisser Geschwindigkeitsanteil muß im Wasser verbleiben, um die Strömung durch Pumpe und Leitung aufrechtzuerhalten.

135. Geschwindigkeitsdiagramme

Wir wollen die Strömung durch ein radial von innen nach außen beaufschlagtes Rad mit unterschiedlich gekrümmten Schaufeln (Abb. 135,1) betrachten. Diese Strömung wird von einem Beobachter, der die Bewegung des Rades mitmacht, anders wahrgenommen als von einem in der ruhenden Umgebung befindlichen Beobachter. Man nennt die Geschwindigkeit, die ein strömendes Teilchen gegenüber dem in der ruhenden Umgebung befindlichen Beobachter hat, die *absolute c*, und

---

[1] Im folgenden wird von Turbo- oder Kreiselpumpen als Sammelbegriff gesprochen, wenn die Überlegungen für alle Stoffarten Gültigkeit haben.

die Geschwindigkeit, die der sich mit dem Rade bewegende Beobachter wahrnimmt, die *relative w*. Wir verwenden hierbei folgende Bezeichnungen

u Umfangsgeschwindigkeit (Führungsgeschwindigkeit),

c absolute Geschwindigkeit der Strömung, d. h. die Geschwindigkeit gegenüber der ruhenden Umgebung,

w relative Geschwindigkeit der Strömung, d. h. die Geschwindigkeit gegenüber dem betrachteten Schaufelpunkt,

α den Winkel zwischen u und c bzw. die Neigung der Ein- bzw. Austrittsrichtung des Stromfadens gegenüber der Tangente an den Umlaufkreis des betrachteten Punktes,

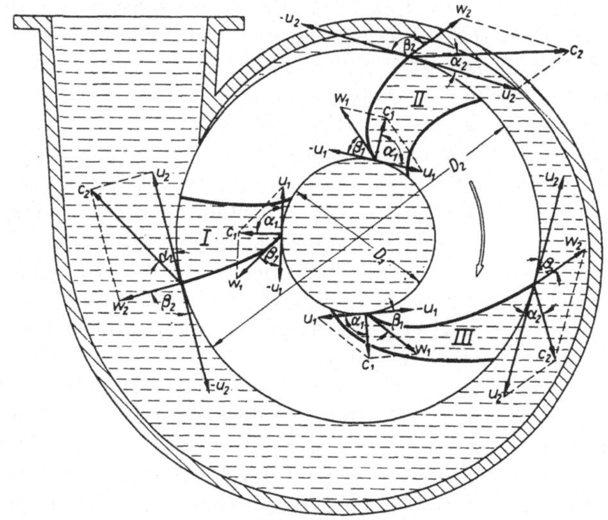

Abb. 135,1. Geschwindigkeitsdiagramme am Schema einer Kreiselpumpe

β den Winkel zwischen w und der negativen u-Richtung bzw. bei stoßfreier Strömung die Winkel der Schaufelenden zu der Tangente an den Umlaufkreis des betrachteten Punktes entgegen der Drehrichtung,

und unterscheiden durch den Zeiger (Index)

1 eine Stelle unmittelbar am Eintritt in die Laufkanäle,

2 eine Stelle unmittelbar am Austritt aus den Laufkanälen,

u die in Richtung der Umfangsgeschwindigkeit wirkende Geschwindigkeitskomponente,

m die sogenannte Meridiankomponente der Geschwindigkeit, d. i. die in die Senkrechte zum Laufkanalquerschnitt fallende Komponente.

Aus der relativen Geschwindigkeit w und der Führungs- oder Umfangsgeschwindigkeit u an jeder beliebigen Stelle des Schaufelkanals ergibt sich im *Parallelogramm der Geschwindigkeiten* die jeweilige absolute Geschwindigkeit c. In Abb. 135,1 sind die Geschwindigkeitsdiagramme am Ein- und Austritt verschieden geformter Schaufelkanäle dargestellt. Dabei ist

$u_2 > u_1$ entsprechend $D_2 > D_1$, dem Außen- und Innendurchmesser des Schaufelrades gezeichnet,

$w_1 = w_2$ angenommen, was nach dem Kontinuitätsgesetz nur dann gilt, wenn der Kanalquerschnitt am Eintritt und Austritt gleich ist.

Ferner sind folgende drei Ausführungsformen dargestellt

Schaufelform I   radialer Schaufelaustritt,   d. h. $\beta_2 = 90°$,
Schaufelform II   vorwärts gekrümmte Schaufel,   d. h. $\beta_2 > 90°$,
Schaufelform III rückwärts gekrümmte Schaufel, d. h. $\beta_2 < 90°$,

Diese für den Schaufelaustritt geltenden Unterschiede sind dargestellt für Schaufelkanäle mit gleichen Eintrittswinkeln β_1. Und zwar sind die Schaufeln am Eintritt so gekrümmt, daß $\alpha_1 = 90°$ ist, was bei freiem Zulauf angenommen werden kann, da das Wasser dem Laufrad radial zuströmt. Wegen des Schaufeleintrittswinkels $\beta_1 < 90°$ schneiden die Schaufeln für den gezeichneten Drehsinn in das zuströmende Wasser ein. Wird der Drehsinn umgekehrt, z. B. wenn das Rad verkehrt auf die Welle gesteckt wird, so schlagen die inneren Schaufelenden mit dem Rücken auf das Wasser, wodurch bei größerer Leistungsaufnahme die Pumpe weniger fördern wird und eine sehr kleine Förderhöhe erzeugt.

Vergleichen wir nun die Geschwindigkeitsdiagramme für die drei Ausführungsformen, so zeigt sich, daß bei gleichem u_2 und w_2 die absolute Austrittsgeschwindigkeit

c_2 bei vorwärts gekrümmtem Schaufelende am größten, bei rückwärts gekrümmtem Schaufelende am kleinsten

wird. Da c_2 im anschließenden Spiralgehäuse bzw. in den Leitkanälen eines Leitrades verzögert und dabei die Geschwindigkeitsenergie in Druckenergie umgewandelt wird, ergeben Laufräder mit vorwärts gekrümmten Schaufelenden größere Förderhöhen als solche mit rückwärts gekrümmten.

Diese Betrachtungen gelten bei Strömungsmaschinen für Flüssigkeiten wie für Gase und Luft. Bei Kreiselpumpen wie bei Turbokompressoren werden allgemein trotz dieser Tatsache rückwärts gekrümmte Schaufeln vorgezogen, da bei der Vorwärtskrümmung die Führung des strömenden Stoffes in den Kanälen schlecht ist, hohe Wirbelverluste auftreten und wegen der hohen Strömungsgeschwindigkeit große Reibungsverluste zu erwarten sind. Das führt zu schlechteren Wirkungsgraden. Die Verluste werden bei rückwärts gekrümmten Schaufeln geringer, weil bei diesen der Stoff durch die Fliehkraft eine geringere Beschleunigung erfährt, dafür erhalten wir eine um so größere Drucksteigerung im Schaufelkanal, die sich günstiger als die Umsetzung von Geschwindigkeits- in Druckenergie im Leitkanal auswirkt. Selbst bei den Schleuderventilatoren geht man neuerdings zu rückwärts gekrümmten Schaufeln über, obwohl man dort bisher vorwärts gekrümmte Schaufeln bevorzugte, um für gleiche Drucksteigerung mit kleineren Raddurchmessern bzw. geringeren Drehzahlen auszukommen. Man folgt dabei der Forderung, daß diese im Dauerbetrieb arbeitenden Strömungsmaschinen wirtschaftlicher arbeiten sollen.

Betrachten wir noch einmal die Geschwindigkeitsdiagramme an Ein- und Austritt des Laufkanals und zeichnen sie übersichtlicher als Geschwindigkeitsdreiecke (Abb. 135,2 bis 135,4), so können wir folgende Überlegungen anstellen, die uns für die folgenden Untersuchungen nützlich sein sollen:

In Abb. 135,2a ist das Eintrittsdreieck zunächst für den Winkel $\alpha_1 < 90°$ gezeichnet. Dann ergibt sich eine Geschwindigkeitskomponente in Umfangsrichtung c_{u_1}

$$c_{u_1} = c_1 \cdot \cos \alpha_1 \qquad (135,1)$$

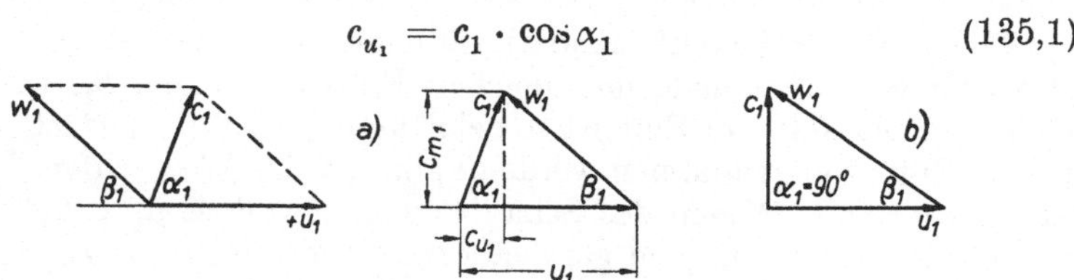

Abb. 135,2. Parallelogramm und Dreieck der Geschwindigkeiten am Laufradeintritt
a) für $\alpha_1 < 90°$; b) für $\alpha_1 = 90°$ bei Pumpen ohne Eintrittsleitrad

Die Meridiankomponente c_{m_1} steht senkrecht auf dem Eintrittsquerschnitt und läßt sich ausdrücken durch

$$c_{m_1} = w_1 \cdot \sin \beta_1 = c_1 \cdot \sin \alpha_1 \qquad (135,2)$$

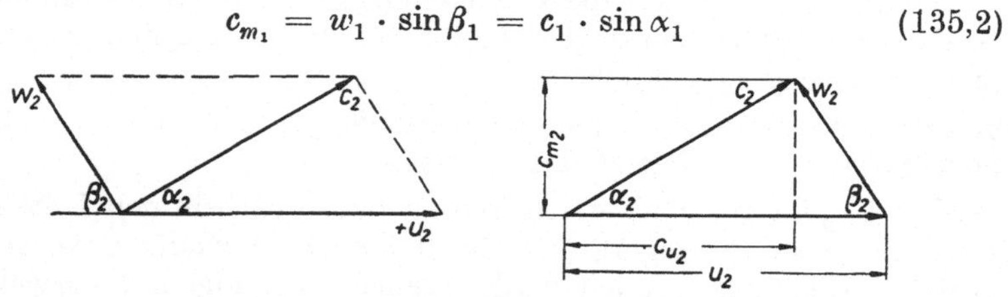

Abb. 135,3. Parallelogramm und Dreieck der Geschwindigkeiten am Laufradaustritt bei rückwärts gekrümmter Schaufel ($\beta_2 < 90°$)

Strömt die Flüssigkeit, wie z. B. bei einstufigen Kreiselpumpen ohne besondere Führungsschaufeln eines Leitrades dem Laufrad zu, so kann in der Regel eine radiale Zuströmung, also $\alpha_1 = 90°$, angenommen werden. Abb. 135,2b zeigt das entsprechende Geschwindigkeitsdreieck. c_1 hat keine Komponente mehr in Richtung von u_1 bzw. in Gl. (135,1) wird:

$$c_{u_1} = c_1 \cdot \cos \alpha_1 = c_1 \cdot \cos 90° = 0$$

Die gleichen Überlegungen können wir für das Austrittsdreieck bei rückwärts gekrümmter Schaufel (Abb. 135,3) anstellen:

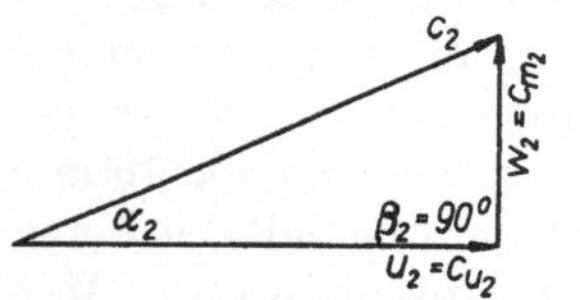

Abb. 135,4. Geschwindigkeitsdreieck am Laufradaustritt bei radial endender Schaufel ($\beta_2 = 90°$)

$$c_{u_2} = c_2 \cdot \cos \alpha_2 \qquad (135,3)$$

und

$$c_{m_2} = w_2 \cdot \sin \beta_2 = c_2 \cdot \sin \alpha_2 \qquad (135,4)$$

wobei die Meridiankomponente c_{m_2} senkrecht auf dem Austrittsquerschnitt des Laufkanals steht.

Abb. 135,4 zeigt das Geschwindigkeitsdreieck bei radial endenden Schaufeln, für das sich zeigt

$$c_{u_2} = u_2$$

und

$$c_{m_2} = w_2$$

136. Impulssatz und Hauptgleichung

Aus dem allgemeinen Impulssatz der Dynamik Gl. (55,2) folgt, daß die zeitliche Änderung des Impulses J gleich ist der an der Masse m angreifenden Kraft F. Aus

$$J = F \cdot t = m \cdot c$$

ergibt sich für konstante Geschwindigkeit c aber eine fortlaufende Änderung der Masse m

$$F = \frac{dJ}{dt} = \frac{dm}{dt} c \qquad (136,1)$$

Wendet man diese Gleichung auf die Strömung an, die wegen der konstanten Geschwindigkeit c *stationär* sein muß, so ist dm/dt die zu- und abströmende Masse $\dot{m}$. Allgemein kann man darum schreiben

$$\boxed{F = \dot{m} \cdot c = \varrho \cdot \dot{V} \cdot c} \qquad (136,2)$$

Dieser *Impulssatz der Strömungsmechanik gilt unabhängig von der Viskosität* des strömenden Mediums und auch die Reibung innerhalb der untersuchten Strömung ist auf die Impulskraft ohne Einfluß.

Wir wenden den Impulssatz jetzt auf die Strömung durch einen Schaufelkanal an. Hierzu betrachten wir zunächst einen radialen Schaufelkranz mit einfach gekrümmten Schaufeln (Abb. 136,1) und achsparallelen Schaufelkanten. Trotz der endlichen Zahl der Laufschaufeln können wir ausreichend genau stationäre Strömung annehmen.

Von den in den zylindrischen Flächen am Laufradeintritt I und Laufradaustritt II (Abb. 136,1) wirkenden Kräften erzeugen die Normalkräfte, d. h. die Flüssigkeitsdrücke, kein drehendes Moment und bleiben darum unberücksichtigt. Ein solches wird vielmehr hervorgerufen vom Impuls der in das Rad ein- und austretenden Flüssigkeit, also den Tangentialkräften. Mit den Bezeichnungen der Abb. 136,1 für die Pumpenströmung ergeben sich folgende Kräfte am inneren und äußeren Umfang des Laufrades:

In der Ringfläche des Laufradeintrittes I die Impulskraft $\dot{m} \cdot c_1$ *in Richtung* von c_1 mit dem Hebelarm $l_1 = r_1 \cdot \cos \alpha_1$. Daraus folgt das Moment

$$M_{d_1} = - \dot{m} \cdot c_1 \cdot l_1 = - \dot{m} \cdot c_1 \cdot r_1 \cdot \cos \alpha_1$$

(das negative Zeichen soll berücksichtigen, daß dieses Moment das übertragene Moment verkleinert.)

In der Ringfläche des Laufradaustrittes II die Impulskraft $\dot{m} \cdot c_2$ *entgegen der Richtung* von c_2 mit dem Hebelarm $l_2 = r_2 \cdot \cos \alpha_2$. Daraus folgt das Moment

$$M_{d_2} = \dot{m} \cdot c_2 \cdot l_2 = \dot{m} \cdot c_2 \cdot r_2 \cdot \cos\alpha_2$$

Andere Einflüsse auf das übertragene Moment sind entweder vernachlässigbar klein oder werden wie die Radreibung gesondert berechnet und bleiben darum hier außer Betracht.

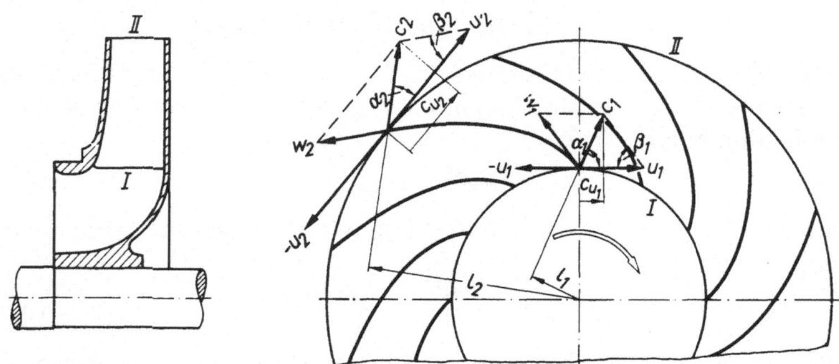

Abb. 136,1. Zur Ableitung der EULERschen Turbinenformel am Laufrad einer Turbopumpe

Das von den Schaufeln übertragene Moment beträgt also

$$M_d = M_{d_1} + M_{d_2} = \dot{m}\,(r_2 \cdot c_2 \cdot \cos\alpha_2 - r_1 \cdot c_1 \cdot \cos\alpha_1) \qquad (136{,}3)$$

Da nach Gl. (135,1) $c_1 \cdot \cos\alpha_1 = c_{u_1}$ und nach Gl. (135,3) $c_2 \cdot \cos\alpha_2 = c_{u_2}$ ist

$$\boxed{M_d = \dot{m}\,(r_2 \cdot c_{u_2} - r_1 \cdot c_{u_1})} \qquad (136{,}4)$$

Die Gl. (136,4) wird als *EULERsche Turbinenformel* bezeichnet. Sie gilt sowohl für Turbinen wie für Pumpen und besagt:

Satz 90: Das von den Schaufeln einer Turbine oder einer Turbopumpe übertragene Drehmoment ist gleich Massenstrom mal Dralländerung.

Die im internationalen m-kg-s-Einheitensystem verwendete spezifische Strömungsarbeit Y wird bei Strömungsmaschinen mit spezifischer Schaufelarbeit Y_{Sch} in $\dfrac{\mathrm{Nm}}{\mathrm{kg}}$ bzw. $\dfrac{\mathrm{m^2}}{\mathrm{s^2}}$ bezeichnet. Sie ergibt sich aus der sekundlichen Radarbeit, sofern ω die Winkelgeschwindigkeit des Rades ist

$$M_d \cdot \omega = \dot{m} \cdot Y_{\mathrm{Sch}}$$

zu

$$Y_{\mathrm{Sch}} = \frac{M_d \cdot \omega}{\dot{m}} \qquad (136{,}5)$$

oder mit Gl. (136,4)

$$Y_{\mathrm{Sch}} = \omega\,(r_2 \cdot c_{u_2} - r_1 \cdot c_{u_1}) \qquad (136{,}6)$$

Führt man die Umfangsgeschwindigkeiten $u_1 = r_1 \cdot \omega$ und $u_2 = r_2 \cdot \omega$ ein, so erhält man

$$Y_{\mathrm{Sch}} = u_2 \cdot c_{u_2} - u_1 \cdot c_{u_1} \qquad (136{,}7)$$

Wir wollen in der m-kg-s-(kp)-Einheitenzusammenstellung mit der Förderhöhe H rechnen, die nach Gl. (103,8 b) mit der spezifischen Strömungsarbeit Y verknüpft ist durch die Beziehung:

$$Y = H \cdot g$$

und erhalten, wenn wir die Schaufelarbeit Y_{Sch} umrechnen in die theoretische Förderhöhe der Turbopumpe nach Gl. (136,6) und (136,7)

$$H_{\mathrm{th}} = \frac{\omega}{g}\,(r_2 \cdot c_{u_2} - r_1 \cdot c_{u_1}) \qquad (136,8)$$

bzw.

$$\boxed{H_{\mathrm{th}} = \frac{1}{g}\,(u_2 \cdot c_{u_2} - u_1 \cdot c_{u_1})} \qquad (136,9)$$

Haben wir bei Turbopumpen freien Zulauf zu den Rädern, so ergibt sich *radialer Eintritt* und den Winkel $\alpha_1 = 90°$. Dabei ist $\cos \alpha_1 = \cos 90° = 0$ und damit $c_{u_1} = c_1 \cdot \cos \alpha_1 = 0$. Hierfür ergibt sich nach Gl. (136,9)

$$H_{\mathrm{th}} = \frac{1}{g}\,u_2 \cdot c_{u_2} \qquad (136,9a)$$

Die Gln. (136,6) und (136,7) bzw. (136,8) und (136,9) werden als *Hauptgleichung* der Kreiselpumpe bezeichnet. Die Hauptgleichung gilt für Flüssigkeiten und Gase, da das Volumen bzw. die Dichte oder die Wichte an keiner Stelle erscheint. Daraus folgt, daß die *Förderhöhe* einer Pumpe, also auch eines Verdichters, *ausgedrückt in Meter Flüssigkeitssäule* von der Art der Flüssigkeit unabhängig, beispielsweise für Wasser und Luft die gleiche ist. Ebenso wird auch das sekundliche Fördervolumen $\dot{V}$ in m³/s unabhängig von der Art der Flüssigkeit sein. Dagegen ist die Pumpenleistung nach Gl. (121,3)

$$P = \dot{V} \cdot \gamma \cdot H$$

und demnach auch die Wellenleistung der Wichte proportional.

Wie die Turbinen lassen sich auch Kreiselpumpen in zwei große Hauptgruppen einteilen. Ist der Druck an der Austrittsseite des Laufrades höher als an der Eintrittsseite, so spricht man von Pumpen mit *Überdruckwirkung*. Diese Wirkung wird durch eine Erweiterung des Laufkanals erreicht und es stellt die Druckenergie am Laufradaustritt einen wesentlichen Bestandteil der zugeführten Energie dar. Die Drucksteigerung in dem darauffolgenden Leitrad bzw. im Spiralgehäuse und damit auch die Geschwindigkeit c_2 am Laufradaustritt können also entsprechend kleiner sein.

Haben wir dagegen am Radaustritt den gleichen Druck wie am Radeintritt, so liegt *Gleichdruckwirkung* vor. Hierbei ist die ganze Radarbeit in der Geschwindigkeit c_2 enthalten und deshalb eine erhebliche Verlangsamung der Geschwindigkeit im Leitrad oder Spiralgehäuse notwendig. Da die Verzögerung der Bewegung im Leitrad, wie bereits bei der Frage der vorwärts oder rückwärts gekrümmten Schaufeln gesagt wurde, mit größeren Verlusten verknüpft ist als im umlaufenden erweiterten Laufkanal, werden Gleichdruckpumpen einen schlechteren Wirkungsgrad aufweisen als Überdruckpumpen, obwohl bei letzteren durch den Überdruck an den Spalten zwischen Lauf- und Leitrad Verluste — sogenannte Spaltverluste — auftreten. Sie sind offenbar nur dort am Platze, wo besonders günstig wirkende Leitvorrichtungen angeordnet werden können wie beim Schichtventilator (Abschn. 140).

Im allgemeinen arbeiten also Kreiselpumpen wie Turboverdichter stets mit Überdruckwirkung. Bei radialem Eintritt der Flüssigkeit ergibt sich aus Gl. (136,9a)

$$H_{\mathrm{th}} = \frac{1}{g}\, u_2 \cdot c_{u_2}$$

$$u_2 = \frac{g \cdot H_{\mathrm{th}}}{c_{u_2}}$$

so daß bei Überdruckpumpen mit ihrem verhältnismäßig kleinem c_2 die Umfangsgeschwindigkeit u_2, also auch die Drehzahl bzw. der Raddurchmesser größer sein müssen, als bei Gleichdruckpumpen.

137. Entstehung der Drosselkurve

Den bisherigen Betrachtungen ist stoßfreier Eintritt des Förderstromes in Lauf- und Leitrad zugrunde gelegt. Im Betrieb wird dieser aber im allgemeinen nicht vorliegen. Deshalb ist es für die Benutzung einer Kreiselpumpe oder eines Turboverdichters wichtig zu wissen, wie sie sich verhalten werden, wenn der Förderstrom vom normalen abweicht. Es ist nämlich zu erwarten, daß sich die Förderhöhe ändern wird, sobald sich Förderstrom oder Drehzahl ändern. — Im Gegensatz zu Strömungsmaschinen haben wir bei Kolbenpumpen diese Abhängigkeit nicht. — Man hat auch ein Interesse daran zu wissen, wie man Kreiselpumpe oder Turboverdichter einer gegebenen Rohr-Kennlinie anpassen kann bzw. wie eine bestimmte Pumpengröße für möglichst vielseitige Verhältnisse zu verwenden ist, da Schwankungen der drei Größen Förderstrom, Förderhöhe und Drehzahl in jedem Betrieb auftreten werden.

Wir führen die Untersuchung so durch, daß wir zunächst die Drehzahl konstant lassen und feststellen, wie sich hierbei die Förderhöhe mit dem Förderstrom ändert. Diese Abhängigkeit kann man bei einer ausgeführten Pumpe auf den Versuchsstand leicht ermitteln, wenn man bei konstanter Drehzahl den Förderstrom durch verschiedene Einstellung eines in die Druckleitung eingebauten Drosselschiebers ändert und die zusammengehörigen Werte von Förderstrom $\dot V$ und Förderhöhe H mißt. Wir bezeichnen deshalb die Kurve, welche bei gleicher Drehzahl die Abhängigkeit H von $\dot V$ darstellt, als *Drosselkurve*.

Beschränken wir uns zunächst auf den Fall radialen Eintritts der Strömung in den Laufkanal, so gilt die Hauptgleichung Gl. (136,9a)

$$H_{\mathrm{th}} = \frac{1}{g}\, u_2 \cdot c_{u_2}$$

Ändert sich der Durchfluß, so muß sich die auf dem Laufkanalquerschnitt A senkrecht stehende Meridiangeschwindigkeit c_{m_2} nach dem Kontinuitätsgesetz

$$\dot{V} = A \cdot c_{m_2}$$

in gleichem Maße ändern. Mit kleinerem $\dot{V}_x$ wird nach Abb. 137,1 c_{m_2} zum kleineren Wert $c_{m_{2x}}$, damit auch die relative Geschwindigkeit w_2 zum kleineren Wert w_{2x} absinken. Während β_2 sich nicht ändern kann, da er durch die Schaufelform bestimmt ist, wird α_2 kleiner zu α_{2x}. Die Geschwindigkeitskomponente c_{u_2} vergrößert sich jedoch, wie Abb. 137,1 zeigt, zum Wert $c_{u_{2x}}$.

Der gesamte Austrittsquerschnitt A beträgt bei einem Laufraddurchmesser D_2 und einer Breite b_2

$$A = \pi D_2 \cdot b_2$$

dann ist

$$\dot{V}_x = A \cdot c_{m_{2x}}$$

$$c_{m_{2x}} = \frac{\dot{V}_x}{A} = \frac{\dot{V}_x}{\pi D_2 \cdot b_2}$$

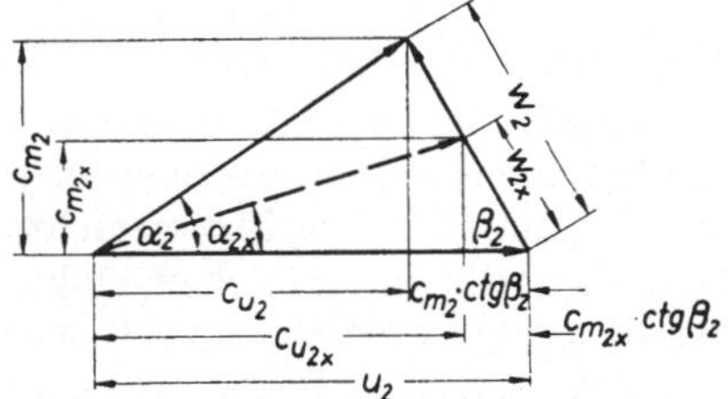

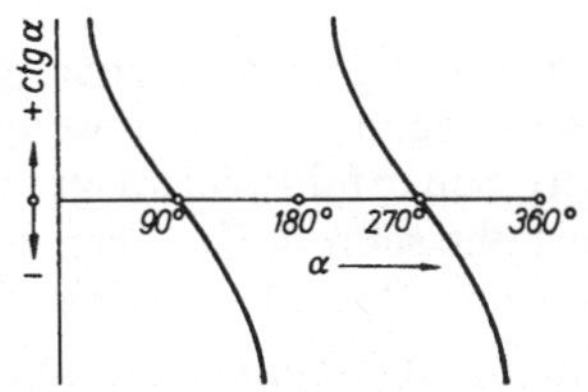

Abb. 137,1. Austrittsdreiecke bei veränderlichem Förderstrom

Abb. 137,2. Geometrischer Verlauf der Kotangens-Funktion

Nach Abb. 137,1 ist

$$c_{u_{2x}} = u_2 - c_{m_{2x}} \cdot \cot \beta_2 = u_2 - \frac{\dot{V}_x}{\pi D_2 \cdot b_2} \cot \beta_2$$

Eingesetzt in die Hauptgleichung Gl. (136,9a)

$$H_{\mathrm{th}} = \frac{u_2}{g} \left(u_2 - \frac{\dot{V}_x}{\pi D_2 \cdot b_2} \cot \beta_2 \right)$$

$$H_{\mathrm{th}} = - \frac{u_2}{g} \frac{\cot \beta_2}{\pi \cdot D_2 \cdot b_2} \dot{V}_x + \frac{u_2^2}{g} \qquad (137,1)$$

Damit ist die theoretische Förderhöhe für den Förderstrom $\dot{V}_x$ gefunden. Die Gl. (137,1) stellt die Gleichung der Geraden

$$y = m \cdot x + b$$

dar. Während das zweite Glied den Schnitt der Geraden mit der Ordinate kennzeichnet, gibt das erste Glied die Neigung der Geraden an. Werden verschiedene Winkel β_2 angenommen, so wird nach dem geometrischen Verlauf der Kotangens-Funktion (Abb. 137,2):

41*

für $\beta_2 = 90°$: $\cot \beta_2 = 0$, damit die Gerade eine Parallele zur Abszisse $\dot{V}_x$,

für $\beta_2 > 90°$, d. h. vorwärts gekrümmte Schaufeln, $\cot \beta_2$ negativ, damit ergibt sich eine ansteigende Gerade,

für $\beta_2 < 90°$, d. h. rückwärts gekrümmte Schaufeln, $\cot \beta_2$ positiv, damit ergibt sich eine abfallende Gerade.

Die Geraden sind in Abb. 137,3 dargestellt.

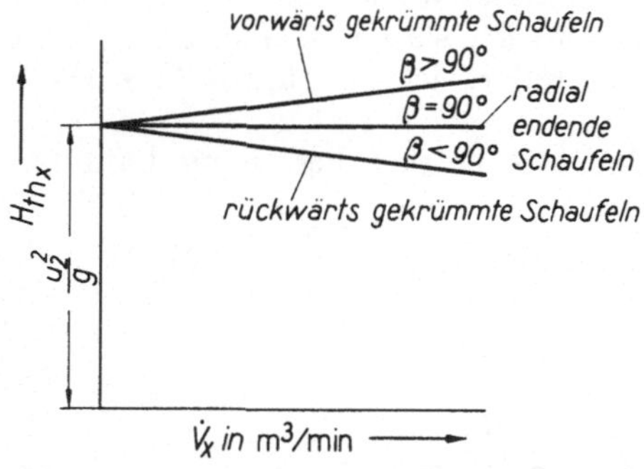

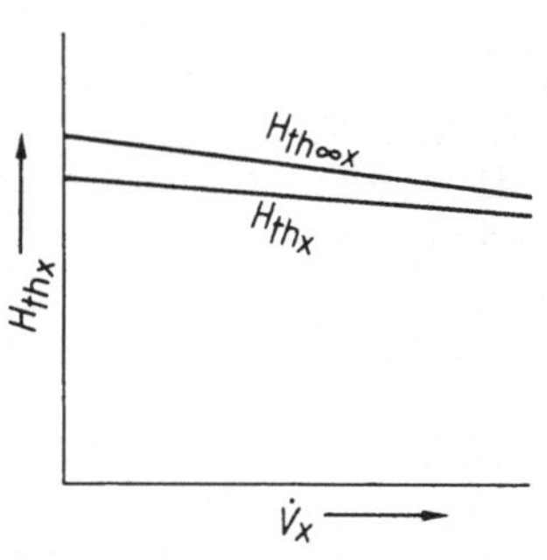

Abb. 137,3. Theoretische Förderhöhe H_{th} in Abhängigkeit vom Förderstrom $\dot{V}$ Abb. 137,4. Einfluß der endlichen Schaufelzahl auf die Förderhöhe

Die bisherigen Betrachtungen gelten streng nur unter der Annahme schaufelkongruenter Strömung, die nur bei unendlich vielen unendlich dünnen Schaufeln vorausgesetzt werden kann. Die hierfür erreichte Förderhöhe sei mit $H_{th\infty}$ bezeichnet. Dann liegt die theoretisch erreichte Förderhöhe H_{thx} für endliche Schaufelzahl wenig unter $H_{th\infty}$, und zwar nimmt im allgemeinen mit zunehmendem Förderstrom $\dot{V}_x$ der Abstand ab, weil dabei die Führung des Stromfadens besser wird, wie in Abb. 137,4 für rückwärts gekrümmte Schaufeln dargestellt.

Um die Linie der tatsächlichen Förderhöhe H_x zu erhalten, sind von den Werten der theoretischne Förderhöhe sämtliche Schaufelverluste in Abzug zu bringen.

a) Kanalreibung

Die Kanalreibung innerhalb der ganzen Pumpe einschließlich der Krümmungsverluste und der Verluste durch Umsetzung von Geschwindigkeitshöhe in Druckhöhe wächst annähernd quadratisch mit der Geschwindigkeit und damit auch quadratisch mit dem Förderstrom. Ist in Abb. 137,6 die Parabel der Verlusthöhe der Kanalreibung H_r über dem Förderstrom $\dot{V}$ gezeichnet, so können ihre Ordinaten von denen der H_{th}-Geraden in Abzug gebracht werden.

b) Stoßverluste

Verluste haben wir ferner, wenn die Laufschaufeln im Laufkanal und die Leitradschaufeln beim Übertritt des Förderstromes aus dem Laufrad in das Leitrad nicht tangential angeströmt werden.

Bei der Verringerung des Förderstromes von $\dot{V}$ auf $\dot{V}_x$ wird auch die absolute Eintrittsgeschwindigkeit von c_1 auf c_{1x} kleiner. Abb. 137,5a zeigt am Eintrittsdreieck, daß sich der Winkel β_1 auf β_{1x} verkleinert.

Das führt zu der in Abb. 137,5b schematisch dargestellten Stoßwirkung und Wirbelbildung, die eine Verlusthöhe H_s hervorruft.

Die entsprechende Wirkung haben wir am Übertritt des Förderstromes vom Laufrad in das Leitrad. Nach Abb. 137,1 verringert sich mit dem Förderstrom c_{m_2}, w_2 und damit α_2 auf α_{2x}. Die unter α_2 geneigten Leitradschaufeln werden nicht mehr tangential angeströmt, so daß hier auch Stoßverluste eintreten.

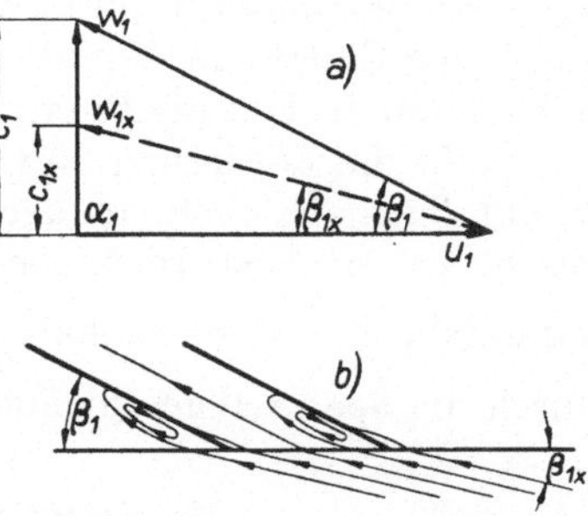

Abb. 137,5. Eintrittsdreieck a) und Wirkung des Eintrittsstoßes b) bei nicht stoßfreiem Laufradeintritt

Auch diese Stoßverluste wachsen mit dem Quadrat der Änderung des Förderstromes. Die Darstellung der Verlusthöhe H_s durch Stoß in

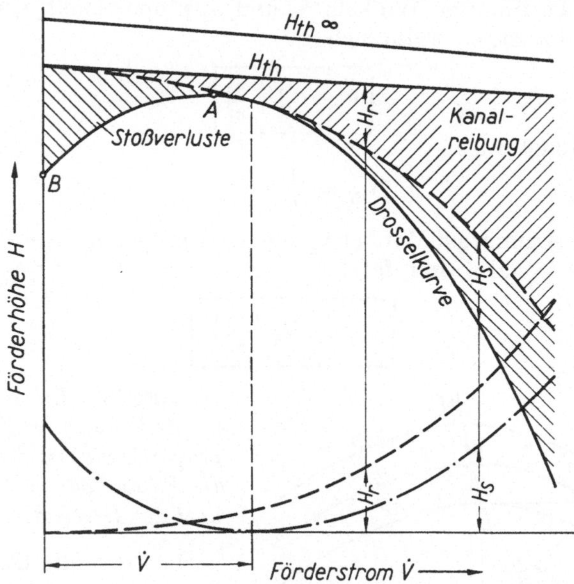

Abb. 137,6. Entstehung der Drosselkurve für eine Pumpe oder einen Verdichter bei konstanter Drehzahl

Abhängigkeit vom Förderstrom ergibt wieder eine Parabel. Für den Förderstrom $\dot{V}$, des stoßfreien Eintritts in Lauf- und Leitrad, hat die Parabel ihren Scheitel und berührt die Abszisse (Abb. 137,6). Ihre Hauptachse verläuft parallel zur Ordinatenachse. Werden ihre Ordinaten von denen der Kanalreibungsparabel in Abzug gebracht, so ist damit die Drosselkurve für die Pumpe gefunden.

Diesen charakteristischen Verlauf der Förderhöhe in Abhängigkeit vom Förderstrom haben alle Kreiselpumpen, Kreiselverdichter und Ventilatoren. Es handelt sich, wie aus der Ableitung hervorgeht, um eine Parabel, deren Scheitel wenig unterhalb des Förderstromes $\dot V$ für stoßfreien Eintritt im Punkte A, Abb. 137,6, die größtmögliche Förderhöhe darstellt. Hat die Pumpe gegen eine größere Förderhöhe zu arbeiten, reißt die Förderung ab und es stellt sich eine Höhe entsprechend Punkt B ein, die auch von der Pumpe erzeugt wird, wenn sie gegen den geschlossenen Absperrschieber wirkt. Dieser Druckhöhe im Punkte B entspricht die Förderhöhe $\dfrac{u_2^2}{g}$ vermindert um die Stoßverluste des durch die Spalte abgeschleuderten und wieder angesaugten Stoffes.

138. Kongruenz der Drosselkurven

Unsere bisherigen Betrachtungen zur Entwicklung der Drosselkurve setzten konstante Drehzahl voraus. Der Förderstrom ergibt sich aus

$$\dot V = A \cdot c_{m_2} = \pi \cdot D_2 \cdot b_2 \cdot c_{m_2}$$

Da c_{m_2} bei bestimmten Winkeln α_2 und β_2 proportional u_2 und damit proportional n ist, so ergibt sich

$$\boxed{\dot V_2 = \dot V_1 \frac{n_2}{n_1}} \tag{138,1}$$

Nach Gl. (136,9a) ist

$$H_{\text{th}} = \frac{1}{g}\, u_2 \cdot c_{u_2}$$

Da c_{u_2} bei bestimmtem Winkel α_2 ebenfalls proportional u_2 und damit beide proportional n sind, folgt

$$\boxed{H_2 = H_1 \left(\frac{n_2}{n_1}\right)^2} \tag{138,2}$$

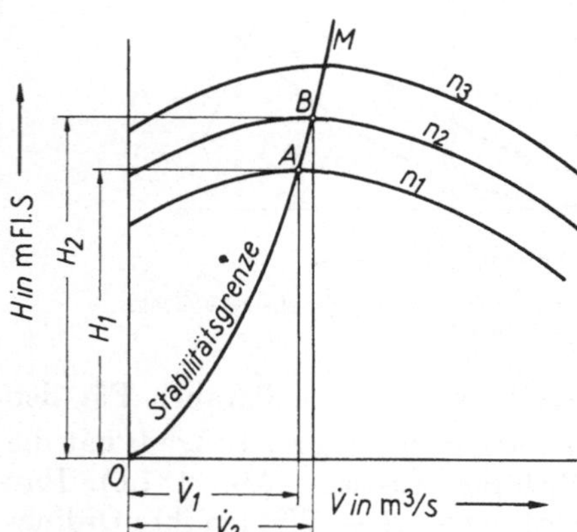

Abb. 138,1. Parallele Verschiebung der Drosselkurven für verschiedene Drehzahlen, deren Scheitel auf der Parabel OM liegen

Satz 91: *Bei Kreiselpumpen ändert sich der Förderstrom proportional mit der Drehzahl, die Förderhöhe mit dem Quadrat der Drehzahl.*

Ist also die Drosselkurve für die Drehzahl n_1 bekannt (Abb. 138,1) deren Scheitel im Punkt A liegt, so ergibt sich für eine Drehzahl n_2 nach Gln. (138,1) und (138,2) der Punkt B und durch diesen eine kongruente Parabel. Die Verbindung der Scheitelpunkte einer Schar kongruenter

Parabeln von Drosselkurven für verschiedene Drehzahlen liegen nach Abb. 138,1 auf der Parabel OM.

Ist also die Drosselkurve für eine beliebige Drehzahl n gegeben, so läßt sich nach den Gln. (138,1) und (138,2) die Drosselkurve für eine beliebige andere Drehzahl ermitteln. Damit ist es auf einfache Weise möglich, eine Pumpe über ihr ganzes Verwendungsgebiet zu beurteilen, wenn ihr Verhalten für eine Drehzahl bekannt ist. Diese Tatsache läßt sich durch Versuch an der Pumpe nachweisen, wobei sich gute Übereinstimmung mit der theoretischen Ableitung ergibt.

139. Modellgesetze der Strömungsmaschinen

Aus dem Bedürfnis der Praxis, die mit einer Strömungsmaschine gemachten Erfahrungen, auf eine größere oder kleinere Ausführung zu übertragen, hat man Modellgesetze aufgestellt. Deshalb wollen wir im folgenden geometrisch ähnliche Maschinen ins Auge fassen und dabei gleichen Stoßzustand annehmen und von einer Änderung des Wirkungsgrades absehen.

Für die *Förderhöhe* müssen wir Gl. (138,2) erweitern. Sie ändert sich mit dem Quadrat der Umfangsgeschwindigkeit. Da sich diese selbst nach der Gleichung $u = \pi \cdot n \cdot D$ verhältnisgleich mit dem Produkt $n \cdot D$ ändert, folgern wir

$$H_2 = H_1 \left(\frac{n_2}{n_1}\right)^2 \left(\frac{D_2}{D_1}\right)^2 \tag{139,1}$$

Der *Förderstrom* ist das Produkt aus Querschnitt und Geschwindigkeit. Während der Querschnitt sich mit dem Durchmesser und der Laufradbreite b und diese wieder mit dem Durchmesser, beide also mit D^2 und die Geschwindigkeit sich mit dem Produkt $n \cdot D$ ändern, ist

$$\dot{V}_2 = \dot{V}_1 \frac{n_2}{n_1} \left(\frac{D_2}{D_1}\right)^3 \tag{139,2}$$

Für die *Nutzleistung* einer Pumpe gilt nach Gl. (121,3)

$$P_P = \dot{V} \cdot \gamma \cdot H$$

Also ist

$$P_2 = P_1 \frac{\gamma_2}{\gamma_1} \frac{n_2}{n_1} \left(\frac{D_2}{D_1}\right)^3 \left(\frac{n_2}{n_1}\right)^2 \left(\frac{D_2}{D_1}\right)^2$$

$$\boxed{P_2 = P_1 \frac{\gamma_2}{\gamma_1} \left(\frac{n_2}{n_1}\right)^3 \left(\frac{D_2}{D_1}\right)^5} \tag{139,3}$$

Das *Drehmoment* ergibt sich nach der Dynamik fester Körper aus Gln. (59,2a) und (59,2b)

$$M_d = \text{const} \cdot \frac{P}{n}$$

Dann können wir nach Gl. (139,3) auch schreiben

$$\boxed{M_{d_2} = M_{d_1} \frac{\gamma_2}{\gamma_1} \left(\frac{n_2}{n_1}\right)^2 \left(\frac{D_2}{D_1}\right)^5} \tag{139,4}$$

Auf die vielfältige Verwendung dieser Modellgesetze kann im Rahmen dieses Buches nicht näher eingegangen werden. Es sei in diesem Zusammenhang aber auf die *Flüssigkeitskupplungen* und *Flüssigkeitsbremsen* hingewiesen. Beide beruhen auf dem Zusammenwirken von Kreiselpumpe und Turbine. Die vom Motor angetriebene Pumpe erzeugt einen Förderstrom und eine Förderhöhe, die den Antrieb der im gleichen Gehäuse untergebrachten Turbine bewirken.

Bei den Flüssigkeits- oder — wie sie berechtigerweise auch genannt werden — Strömungskupplungen wächst nach Gl. (139,4) das übertragene Drehmoment mit dem Quadrat der Drehzahl. Sie eignen sich deswegen als *Anfahrkupplung* in Verbindung mit Drehstrom-Kurzschlußläufermotoren. Die angeschlossene Arbeitsmaschine wird erst nach Erreichen einer höheren Drehzahl „mitgenommen". Aus Gl. (139,4) ersieht man aber auch, daß die Wichte für das übertragene Drehmoment eine Bedeutung hat, wenn das übertragene Drehmoment auch nur proportional mit der Wichte zunimmt. Sie würden also auch mit Luft arbeiten können, nur wäre das übertragene Drehmoment rund 1000fach kleiner als bei Verwendung von Wasser. Daß man Ölumlauf vorzieht, hat nicht zuletzt in der größeren Korrosionsbeständigkeit seinen Grund. Für den Steinkohlenbergbau unter Tage sind auch hier schwer entflammbare Flüssigkeiten gefordert.

Bei der Flüssigkeitsbremse haben wir im Gegensatz zur einfachen Kupplung keinen gleichbleibenden umlaufenden Flüssigkeitsstrom[1]. Vielmehr wird zur Änderung der zu vernichtenden Leistung bzw. des Drehmomentes bei gleichbleibendem Zulauf ein Teil des Flüssigkeitsstromes mit einem Schöpfrohr ständig abgeführt. Die Einstellung des Schöpfrohres erfolgt mit einem einfachen Handhebel.

Dann erhalten wir aus Gl. (121,3) mit dem Modellgesetz für die Förderhöhe nach Gl. (139,1)

$$P_2 = P_1 \frac{\gamma_2 \cdot \dot{V}_2}{\gamma_1 \cdot \dot{V}_1} \left(\frac{n_2}{n_1}\right)^2 \left(\frac{D_2}{D_1}\right)^2 \tag{139,5}$$

und

$$M_{d_2} = M_{d_1} \frac{\gamma_2 \cdot \dot{V}_2}{\gamma_1 \cdot \dot{V}_1} \cdot \frac{n_2}{n_1} \left(\frac{D_2}{D_1}\right)^2 \tag{139,6}$$

Für eine bestimmte Einstellung des Schöpfrohres, d. h. gleichbleibenden Mengenstrom gelten Gln. (139,3) und (139,4). Das Diagramm der Flüssigkeitsbremse $M_d = f(n)$ ergibt also wie bei der Flüssigkeitskupplung eine quadratische und $P = f(n)$ eine kubische Parabel. Diese steilen Parabeln, die mit flachen Drehmomentenkennlinien z. B. bei Druckluftmotoren einen nahezu senkrechten Schnitt ergeben, sind der

---

[1] Im Gegensatz zur einfachen Flüssigkeitskupplung arbeiten sogenannte Drehmomentenwandler mit veränderlichem Flüssigkeitsumlauf. Aber auch bei Flüssigkeitskupplungen in der Ausführung mit „Füllungsverzögerung" haben wir im Anlauf veränderlichen Flüssigkeitsumlauf. Dadurch sollen bei dieser die Anfahrverhältnisse verbessert werden.

Grund für ihre besondere Eignung zum Prüfen von solchen Motoren. Die Bremsen arbeiten stabil[1].

Allerdings sind wegen der Abhängigkeit des Drehmomentes vom Quadrat der Drehzahl die Flüssigkeitsbremsen bei kleineren Drehzahlen unwirksam. In der Ausführung Schenck-Häcker besitzen die Flüssigkeitsbremsen darum für den unteren Drehzahlbereich eine zusätzliche mechanische Reibungsbremse.

Auch hier könnte der Wirkungsbereich der Flüssigkeitsbremse durch Verwendung von Flüssigkeiten höherer Wichte vergrößert werden. Aus Gründen der Bequemlichkeit werden sie jedoch fast immer mit Leitungswasser betrieben.

Schließlich sei noch auf den Einfluß des Laufraddurchmessers bei Flüssigkeits-Kupplungen wie -Bremsen hingewiesen. Das übertragene bzw. gebremste Drehmoment wächst nach Gl. (139,4) mit der fünften Potenz des Durchmessers. Ihre Abmessungen bleiben demnach verhältnismäßig gering.

140. Axialverdichter

Axialverdichter verdienen eine besondere Beachtung, da sie sich in ihrer Wirkungsweise wie in ihrem betrieblichen Verhalten stark von den bisher besprochenen Radialverdichtern unterscheiden. Sie werden nicht nur in der Sonderbewetterung, sondern heute auch zunehmend als Hauptlüfter im Bergbau verwendet. Flügel- oder Schaufelräder in Schraubenform geben dabei den Wettern eine Hauptbewegungsrichtung parallel zur Achse.

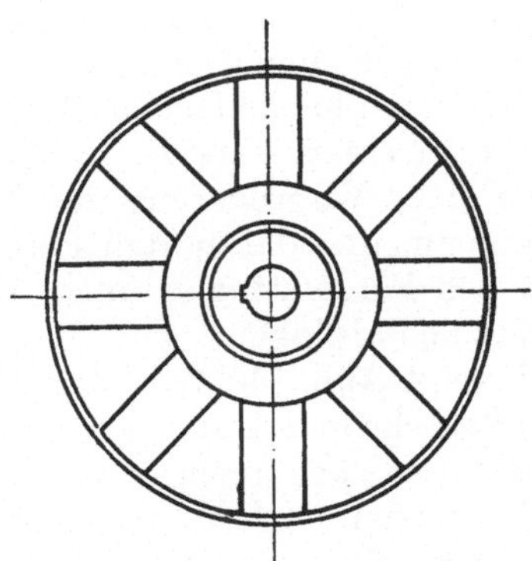

Abb. 140,1. Ventilator mit axialer Durchströmung

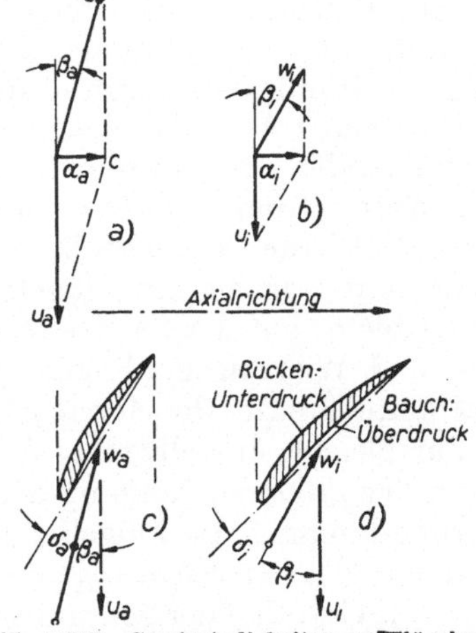

Abb. 140,2. Geschwindigkeiten an Flügelspitze und Flügelwurzel des Axiallüfters

Abb. 140,1 zeigt die Ansicht eines derartigen Ventilatorrades in Achsrichtung, Abb. 140,2a die an einer Flügelspitze auftretenden Geschwindigkeiten. Die Umfangsgeschwindigkeit u_a am Außendurchmesser D_a und die absolute Geschwindigkeit c, die beim Zuströmen

---

[1] Ostermann, W., u. K. Schriever: Prüfstände für Druckluftmotoren auf Bergwerksanlagen, Glückauf 1955, S. 969/980.

ohne Leitschaufeln axial, d. h. parallel zur Welle gerichtet ist, ergeben im Parallelogramm der Geschwindigkeiten die relative Geschwindigkeit w_a, die um β_a gegen die negative Richtung von u_a geneigt ist.

Abb. 140,2b zeigt dasselbe für die Flügelwurzel, also für das innere Flügelende, welches an der Radnabe gelegen ist. Ist entsprechend Abb. 140,1 der Nabendurchmesser D_i etwa halb so groß wie der Außendurchmesser D_a, so wird die „innere" Umfangsgeschwindigkeit u_i nur halb so groß wie u_a. Nimmt man die absolute Geschwindigkeit c über den ganzen Flügelquerschnitt als unverändert an, so ergibt das Parallelogramm der Geschwindigkeiten eine Relativgeschwindigkeit w_i, die kleiner als w_a ist. Außerdem ist w_i stärker gegen die Richtung der negativen Umfangsgeschwindigkeit geneigt: $\beta_i > \beta_a$.

Abb. 140,2c zeigt einen Schnitt durch den Flügel in der Nähe des äußeren Flügelrandes, Abb. 140,2d den gleichen Schnitt durch den Flügel in der Nähe der Nabe. Das Flügelprofil entspricht dem eines Tragflügels und wir wollen uns vorstellen, daß ein solcher Tragflügel im Stillstand mit der Relativgeschwindigkeit w angeblasen würde. Der Flügel stellt sich dann um einen „Anstellwinkel" δ stärker geneigt gegen die Richtung von w ein. Den gleichen Anstellwinkel δ haben wir auch beim umlaufenden Flügelrad, um den die Relativgeschwindigkeit gegen die Profilkante geneigt ist. Hierdurch stellt sich auf der oberen Seite des Flügels, dem Rücken, ein niedrigerer Druck ein als auf der Unterseite, dem Bauch. Die Wetter werden durch den Sog auf dem Flügelrücken herangeholt (in Abb. 140,2 von links nach rechts) und durch den Druck auf der Bauchseite weiterbefördert. Unterstützt wird diese Wirkung durch die stromlinienförmige, an Flugzeugtragflügel erinnernde Ausbildung des Profiles der Laufradflügel.

Die beiden Anstellwinkel δ_a und δ_i in Abb. 140,2c und d brauchen nicht einander gleich zu sein. Sie ändern sich mit c und w und damit mit dem Wetterstrom, und zwar nehmen sie mit abnehmendem Wetterstrom zu. Werden sie zu groß, so kommt es zu einem Abreißen der Strömung vom Rücken des Flügels infolge einer Vergrößerung des Totraumgebietes auf der Saugseite. Man erkennt dies daran, daß Förderhöhe und Wirkungsgrad beim Sinken des Förderstromes unter eine bestimmte Grenze, die *Abreißgrenze*, plötzlich absinken.

Für gleiche Anstellwinkel δ_a und δ_i zeigt Abb. 140,2c und d, daß wegen der größeren Neigung der Relativgeschwindigkeit w zur Axialrichtung hin auch die Flügelflächen von außen nach innen immer stärker in der gleichen Richtung geneigt sein müssen. Dadurch erhält jeder Flügel die Gestalt einer Schraubenfläche, weshalb man auch von *Schraubenventilatoren* spricht.

Die in größerer Zahl hintereinander auf der Laufradnabe angeordneten, gekrümmten Flügel bilden Laufkanäle, die beim Betrieb des Ventilators von den Wettern durchströmt werden. Die dann an Ein- und Austritt auftretenden Geschwindigkeiten sind in Abb. 140,3 am Beispiel eines *Gleichdruck*-Ventilators angedeutet. Nach seinem Erfinder heißt er *Schicht-Ventilator*. In Abb. 140,3a ist ein Schnitt in Achsrichtung gezeichnet. Auf einer starken Nabe sind die verhältnismäßig kurzen Flügel angeordnet. Die Flügel seien in einer beliebigen Entfernung von Wellenmitte geschnitten und das Schnittbild in die Zeichenebene abgewickelt, so entsteht Abb. 140,3b. Abb. 140,3c zeigt das Eintrittsdiagramm der Geschwindigkeiten. Die Wetter kommen mit der axialen absoluten Geschwindigkeit c_1 an, die mit der Führungs- oder Umfangsgeschwindigkeit u_1 die Relativgeschwindigkeit w_1 nach Größe und Richtung ergibt.

Abb. 140,3d zeigt das Austrittsdiagramm. Das Wesen des Gleichdruckventilators liegt nun darin, daß sich die Relativgeschwindigkeit w nicht ändern soll: Im Austrittsdiagramm ist $w_2 = w_1$ gezeichnet. Infolge der Schaufelkrümmung ändert sich aber ihre Richtung: $\beta_2 > \beta_1$. Eine weitere Folge der Krümmung besteht in der Vergrößerung der Kanalbreite: $b_2 > b_1$ (Abb. 140,3b). Der lichte Kanalquerschnitt muß aber nach dem Kontinuitätsgesetz $A \cdot w = $ const unverändert bleiben, da die Relativgeschwindigkeit w sich nicht ändern soll. Die Vergrößerung der Kanalbreite wird ausgeglichen durch eine Verkleinerung der Kanalhöhe. Nach Abb.140,3a ist die Kanalhöhe $l_2 < l_1$.

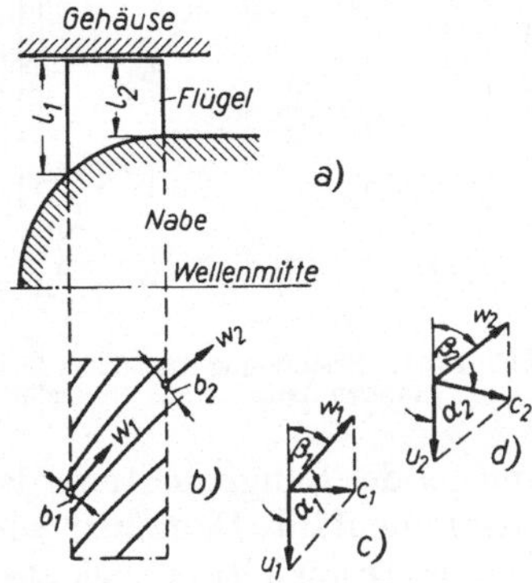

Abb. 140,3. Geschwindigkeiten an Ein- und Austritt der Flügelkanäle eines Axial-Gleichdruck-Lüfters $(u_1 = u_2,\ w_1 = w_2)$

Die Umfangsgeschwindigkeit u_2 am Austritt ist für die Untersuchung des Kanalquerschnittes im gleichbleibenden Abstand von der Wellenmitte gleich u_1 am Eintritt. Dann ergibt sich im Austrittsdiagramm c_2 nach Größe und Richtung. Man erkennt folgendes:

1. Die absolute Austrittsgeschwindigkeit c_2 ist größer als c_1. Die Wetter werden in einem Gleichdruckventilator beschleunigt. Die Energiezufuhr an die Wetter erfolgt im Laufkanal ohne Drucksteigerung, dagegen führt sie zu einer Geschwindigkeitserhöhung. Im Grenzfall bleibt der statische Druck vor und hinter dem Laufrad gleich. Aus dieser Tatsache leitet sich der Name Gleichdruckventilator her. In einem als Diffusor ausgebildeten konisch erweiterten Rohrstück wird die Geschwindigkeit verzögert und nach dem Gesetz von BERNOULLI die Geschwindigkeitshöhe in Druckhöhe umgesetzt.

2. Die absolute Austrittsgeschwindigkeit c_2 ist im betrachteten Falle nicht mehr axial gerichtet $(\alpha_2 < \alpha_1)$, sondern sie verläuft windschief zur Wellenachse. Die Wetter verlassen das Laufrad mit einem gewissen „Drall", d. h. sie werden nach Art einer Schrauben- oder Spiralbewegung herausgeschleudert.

141. Labiler Arbeitsbereich

Labile Erscheinungen können sich entweder in Form von Pendelungen oder sprunghaften Änderungen (Abreißen) der Förderung äußern.

a) Pendelungen infolge Mitwirkung eines Energiespeichers

Der Kurvenast AB (Abb. 141,1 linke Seite) zwischen dem höchsten Punkt A der Drosselkurve und der Ordinatenachse hat unter gewissen Betriebsbedingungen labilen Charakter, und zwar dann, wenn sich in der Druckleitung ein Energiespeicher befindet. Der übrige Teil der Kurve ist stets stabil. Dies möge an einer Wasserpumpe mit nur statischer Förderhöhe, d. h. mit kurzer und weiter Rohrleitung von vernachlässigbar kleinem Widerstand, an Hand von Abb. 141,1 erläutert werden. Diese fördert in den Sammelbehälter S, von wo das Wasser nach einer Verbrauchsstelle T abfließt. Die Drosselkurve ist so gezeichnet, daß ihre $\dot{V}$-Achse mit dem Wasserspiegel des Saugbehälters, der sich stets in gleicher Höhe befinden soll, zusammenfällt. Demnach wird die durch den jeweiligen Wasserspiegel in der Druckleitung gelegte Waagerechte die Drosselkurve im zugehörigen Betriebspunkt schneiden.

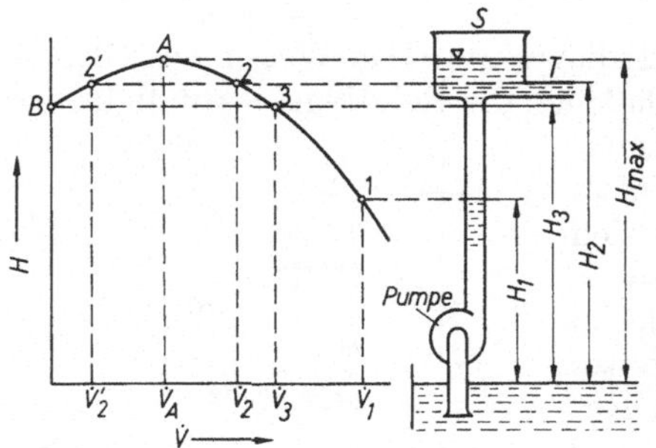

Abb. 141,1. Erläuterung des labilen Charakters des unteren Astes AB der Drosselkurve

Beim Beginn des Förderns sei die Pumpe angefüllt bis zur Höhe H_1. Sie wird deshalb im Punkt 1 zu arbeiten anfangen und die Druckleitung zunächst anfüllen bis zur Höhe H_2, bei welcher das Wasser zur Verbrauchsstelle T abfließen kann. Während dieser Zeit ist der Betriebspunkt von 1 nach 2 gewandert und der Förderstrom von $\dot{V}_1$ auf $\dot{V}_2$ gesunken. Ist der Förderstrom von $\dot{V}_2$ gerade gleich dem Bedarf, so tritt Beharrungszustand ein. Ist er aber größer als der Bedarf, d. h. fördert die Pumpe mehr als verbraucht wird, so steigt der Wasserstand im Sammelbehälter und der Betriebspunkt nähert sich dem höchsten Punkt A. Hierbei verkleinert sich der Förderstrom weiter, die Pumpe paßt sich also dem Verbrauch an.

Ist der Verbrauch jedoch kleiner als $\dot{V}_A$, so müßte der Wasserstand im Behälter S weiter steigen, was aber nicht möglich ist, da im Punkt A die größte Förderhöhe $H_{\max}$ erreicht ist. Die Pumpe kommt dadurch aus dem Gleichgewicht. Dies äußert sich darin, daß der Betriebspunkt auf die in das negative $\dot{V}$-Gebiet verlängerte Drosselkurve BCD (Abb. 141,2) überspringt. Die damit verbundene negative Förderung bedeutet ein Rückströmen, der Behälter entleert sich, wobei der Betriebspunkt von D nach C sinkt. Von hier ab, also längs CB, müßte die Förderhöhe steigen, was sich mit dem Rückströmen nicht vereinbaren läßt. Deshalb springt der Betriebspunkt von B nach dem positiven Ast der Drosselkurve über, worauf wieder positive Förderung beginnt, also der Speicher sich wieder auffüllt und das Spiel sich wiederholt.

Die Zeitdauer einer Pendelung ist von der Größe des Energiespeichers abhängig. Dieser ist bei der vorstehenden Betrachtung durch den Sammelbehälter dargestellt. Bei Pumpen zur *Förderung raumbeständiger Stoffe*, also von Flüssigkeiten, könnte ein Energiespeicher durch eingebaute Windkessel oder durch eine elastische Ausführung der Rohrleitung (wie bei Kesselspeisepumpen zur Aufnahme der Wärmedehnungen) gegeben sein. Fehlt der Speicher, oder ist er sehr klein, so kommen die Pendelungen nicht zustande.

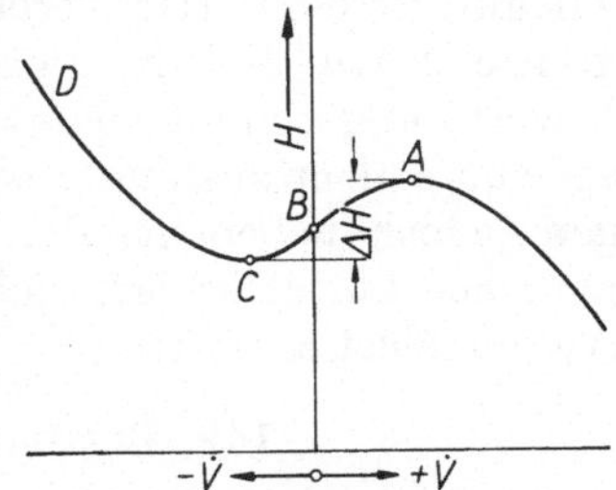

Abb. 141,2. Fortsetzung der Drosselkurve in das Gebiet negativer Strömung (Bremskurve)

Bei der *Förderung kompressibler Stoffe*, z. B. bei Druckluft-Kompressoren, ist der Energiespeicher durch die in der Förderleitung sowie im Verdichtergehäuse befindliche Druckluft dargestellt, also stets vorhanden. Außerdem ist der labile Ast der Drosselkurve fast immer länger als bei Flüssigkeitspumpen. Er erstreckt sich bei Turboverdichtern über 40 bis 50%, bei vielen mehrstufigen Verdichtern bis zu 60% des normalen Förderstromes.

Bei Kompressoren nennt man den Scheitelpunkt der Drosselkurve (Abb. 138,1) die Stabilitäts- oder *Pumpgrenze* und die beschriebene Pendelung das *Pumpen*. Auf die Maßnahmen zur Vermeidung des Pumpens bzw. die Verlegung der Pumpgrenze kann hier nicht näher eingegangen werden [1]. Es soll nur noch einmal darauf hingewiesen werden, daß im Gebiet unterhalb des höchsten Punktes der Drosselkurve nur bei vorhandenem Energiespeicher Pendelungen (Pumpen) auftreten können.

b) Abreißen der Förderung

Neben den besprochenen Pendelerscheinungen zeigen bestimmte Arten von Lauf- oder Leitschaufeln, insbesondere Axialräder wie in Abschn. 140 besprochen, eine ähnliche Erscheinung, nämlich das Abreißen der Förderung beim Sinken des Förderstromes unter eine bestimmte Grenze (Abreißgrenze). Diese ist daran zu erkennen, daß Förderhöhe und Wirkungsgrad plötzlich sinken (Abb. 141,3).

Die Ursache des Abreißens liegt nicht in einem Energiespeicher der Rohrleitung, sondern allein im Umkippen der Strömung innerhalb der Laufkanäle. Mit abnehmender Füllung und damit wachsendem An-

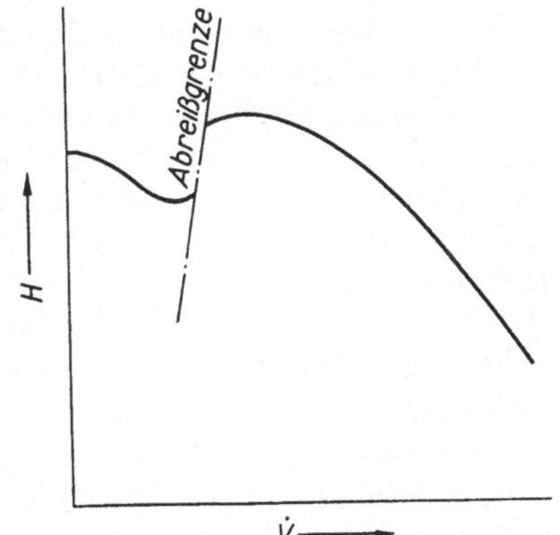

Abb. 141,3. Drosselkurve eines Axialverdichters mit Abreißerscheinung

---

[1] HOFFMANN: Lehrbuch der Bergwerksmaschinen, Springer 1956, 5. Aufl., Abschn. 219.

stellwinkel δ (Abb. 140,2) vergrößert sich das Totraumgebiet auf der Saugseite, dem Rücken der Laufschaufeln, bis schließlich eine plötzliche Ablösung der Strömung erfolgt. Es ist verständlich, daß dieser Vorgang bei Axialschaufeln leichter eintritt als bei Radialschaufeln mit großer Erstreckung, weil bei ersteren die unterstützende Wirkung der Fliehkräfte fehlt. Das Abreißen kann sowohl vor wie hinter der Pumpgrenze liegen. Bei den einstufigen Axialverdichtern für die Grubenbewetterung kommt vielfach ein Pumpen wegen des geringen Energiespeichers nicht zustande. In anderen Fällen können beide Erscheinungen jedoch nebeneinander herlaufen. Der schlechtere Wirkungsgrad mancher Lüfter erklärt sich u. U. dadurch, daß sie ausschließlich im Abreißgebiet arbeiten.

142. Bestimmung des Betriebspunktes

Die von der Pumpe verlangte Förderhöhe setzt sich gemäß Abschn. 121 zusammen aus einem unveränderlichen Anteil, nämlich dem Höhen- oder Druckunterschied zwischen Saug- und Druckwasserspiegel, und einem dynamischen Anteil, der Widerstandshöhe der Rohrleitung, die sich mit dem Förderstrom annähernd quadratisch ändert. Infolgedessen verläuft die verlangte Förderhöhe im $(\dot{V}H)$-Diagramm nach einer parabelähnlichen Kurve AB (Abb. 142,1), der *Rohrleitungskennlinie*. Die Pumpe arbeitet offenbar im Schnittpunkt B dieser Linie mit der Drosselkurve für die vorliegende Drehzahl. Aus der hier herrschenden Förderhöhe H_x ergibt sich der Förderstrom $\dot{V}_x$. Es ist im allgemeinen damit zu rechnen, daß dieser Betriebspunkt B nicht mit dem Punkt des stoßfreien Eintritts zusammenfällt.

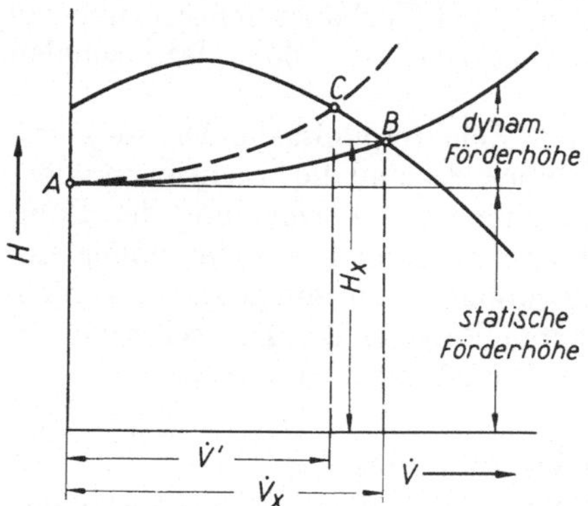

Abb. 142,1. Bestimmung des Betriebspunktes aus der Drosselkurve einer Kreiselpumpe und der Rohrleitungskennlinie

Bei Flüssigkeitspumpen muß dieser Arbeitspunkt auf dem stabilen Ast möglichst weit rechts des Höchstpunktes der Drosselkurve liegen, da durch Rostansätze und mehr noch durch Rohrverengungen infolge Ablagerungen die dynamische Förderhöhe wegen des vergrößerten Rohrwiderstandes ansteigt. Abb. 142,1 zeigt die Rohrleitungskennlinie AC bei erhöhtem Rohrwiderstand und läßt erkennen, daß mit zunehmender Förderhöhe die gleiche Pumpe einen kleineren Förderstrom $\dot{V}'$ liefert.

Auf die weiteren Betrachtungen des Betriebsverhaltens der Pumpen, insbesondere beim Parallelbetrieb mehrerer Pumpen auf eine Leitung kann hier nicht eingegangen werden[1].

---

[1] HOFFMANN: Bergwerksmaschinen, Springer 1956, 5. Aufl., Abschn. 190.

Diese Betrachtungen sind auf die Gas- und Luftförderung nur für den Fall vernachlässigbarer Volumenänderung innerhalb der betrachteten Rohrleitung ohne weiteres übertragbar. Bei starker Verdichtung wie bei Druckluft-Kompressoren muß der Förderstrom auf den Zustand in dieser Leitung bezogen werden.

Wir bestimmen deshalb bei *Druckluft-Kompressoren* den Betriebspunkt nicht aus der Rohrleitungskennlinie, zumal es sich hierbei um die Aufgabe handelt, bei stark schwankender Abnahme einen möglichst unveränderten Erzeugerdruck zu halten. Tatsächlich müßte der Erzeugerdruck bei zunehmender Abnahme erhöht werden, um den mit dem Quadrat des Mengenstromes zunehmenden Druckverlust der Versorgungsleitungen zu decken. Arbeitet der Kompressor auf dem stabilen, abfallenden Ast der Drosselkurve, so kann der größere Erzeugungsdruck nur durch Heraufsetzen der Drehzahl erreicht werden. Da es darauf ankommt, *an allen Verbrauchern unter Tage einen Mindestdruck*, im allgemeinen 4 atü, zu *halten*, werden vielfach Kompressoren nach einer Fernanzeige des Druckes entfernt gelegener Verbraucher geregelt.

Abb. 142,2 zeigt, daß bei Vergrößerung der Abnahme von $\dot{V}_1$ auf $\dot{V}_2$ der Kompressor auf dem Betriebspunkt 2a bei gleichbleibender Drehzahl n_1 mit kleinerem Druck arbeiten würde. Zur Erhaltung des bei der Abnahme $\dot{V}_1$ herrschenden Druckes müßte die Drehzahl für die Abnahme $\dot{V}_2$ von n_1 auf n_2 erhöht werden. Nach einer angenommenen Rohrleitungskennlinie ist die Drehzahl darüber hinaus auf die Drehzahl n_3 zu erhöhen, um einen größeren Erzeugungsdruck zu erreichen. Nur damit kann die Forderung gleichbleibenden Druckes am Verbraucher sichergestellt werden.

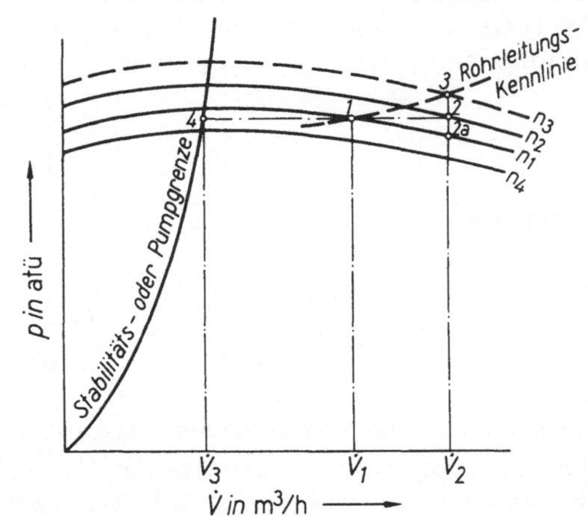

Abb. 142,2. Die Betriebspunkte bei Druckluft-Turbokompressoren

Es leuchtet ohne weiteres ein, daß die Drehzahlregelung in um so kleineren Grenzen gehalten werden kann, *je flacher die Drosselkurve* verläuft.

Eine größere Schwierigkeit ist es jedoch, bei sinkender Abnahme die Unterschreitung der Pumpgrenze zu vermeiden. Nach Abb. 142,2 ist diese bei gleichbleibendem Druck im Punkt 4 bei einer Abnahme auf $\dot{V}_3$ erreicht. Fällt der Druckluftverbrauch vorübergehend so weit, daß die Pumpgrenze unterschritten wird, so kann das Pumpen durch verschiedene Maßnahmen verhindert werden[1]. Im Rahmen dieses Buches soll hierauf nicht eingegangen werden. Es ist aber festzustellen, daß die Regelung der Kompressoren zur Vermeidung des Pumpens oder zur *Verlegung der Pumpgrenze* mit einer möglichst *flachen Drosselkurve* am wirtschaftlichsten erreicht werden kann. Da flache Drosselkurven im allgemeinen bei Radialpumpen auch einen flachen, d. h. über weite Bereiche der Abnahme wenig veränderlichen Wirkungsgradverlauf haben, werden diese für die Drucklufterzeugung bevorzugt.

Bei *Lüftern* dient die erzeugte Förderhöhe nur zur Überwindung des Widerstandes der Grubenbaue bzw. der Luttenleitung, weil der statische Teil der Förderhöhe praktisch fehlt. Die Kennlinie der Grube bzw. der Lutte ist dann eine Parabel mit dem Scheitel im Koordinatenursprung.

Für die Auslegung von *Hauptlüftern* benutzt man allgemein jedoch als Kennlinie nicht den Druckverbrauch der Grube in Abhängigkeit vom Wetterstrom, sondern die in Abschn. 131 dargestellte *gleichwertige* (äquivalente) *Grubenweite* A_w in m². Nach Gl. (131,5) ist

$$A_w = 0{,}38 \; \frac{\dot{V}}{\sqrt{\Delta p}}$$

Daraus folgt:

$$\Delta p = 0{,}144 \; \frac{\dot{V}^2}{A_w^2} \qquad \left| \begin{array}{l} \dot{V} \ \text{in m}^3/\text{s} \\ A_w \ \text{in m}^2 \\ \Delta p \ \text{in kp/m}^2 \end{array} \right. \qquad (142,1)$$

Diese Gleichung läßt erkennen, daß für jeden Wert A_w die Abhängigkeit Δp von $\dot{V}$ eine quadratische Parabel ergibt, deren Scheitel im Koordinatenursprung liegt. Abb. 142,3 zeigt die Grubenweiten A_w als ganzzahlige Werte von $1 \cdots 8$ m² im Mengenstrom-Druck-Diagramm und damit die Kennlinien der Grube. Wir werden uns mit dieser Kenngröße zunächst vertraut machen müssen, um damit ebenso arbeiten zu können wie mit der bisher benutzten Rohrleitungskennlinie: Förderhöhe (oder Druckhöhe) in Abhängigkeit vom Mengenstrom.

Wir betrachten darum Abb. 142,3 und finden, daß für $\dot{V} = 6\,000$ m³/min ein Druckverbrauch der Grube von 90 kp/m²: $A_w = 4$ m², ein solcher von 160 kp/m²: $A_w = 3$ m² und ein solcher von 360 kp/m²: $A_w = 2$ m² bedeutet.

Erklärung 1: *Bei gleichbleibendem Wetterstrom sinkt die gleichwertige Grubenweite mit zunehmendem Druckverbrauch,*

oder nach Gl. (142,1)

Der Druckverbrauch ist bei gleichbleibendem Wetterstrom dem Quadrat der Grubenweite umgekehrt proportional.

---

[1] HOFFMANN: Lehrbuch der Bergwerksmaschinen. Springer 1956, 5. Aufl., Abschn. 219.

Beispiel: Ist bei $\dot{V} = 6\,000\ \mathrm{m^3/min}$ und $A_w = 4\ \mathrm{m^2}$ der Druckverbrauch $\Delta p = 90\ \mathrm{kp/m^2}$, so ergibt sich
für $A_w = 3\ \mathrm{m^2}$

$$\Delta p = 90\ \mathrm{kp/m^2} \left(\frac{4\ \mathrm{m^2}}{3\ \mathrm{m^2}}\right)^2 = 160\ \mathrm{kp/m^2}$$

für $A_w = 2\ \mathrm{m^2}$

$$\Delta p = 90\ \mathrm{kp/m^2} \left(\frac{4\ \mathrm{m^2}}{2\ \mathrm{m^2}}\right)^2 = 360\ \mathrm{kp/m^2}$$

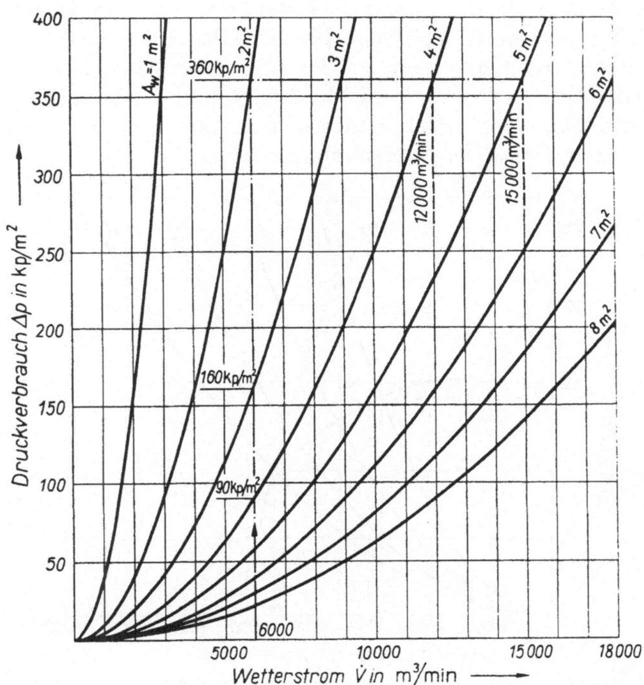

Abb. 142,3. Die gleichwertige Grubenweite als Kennlinie für den Drukverbrauch einer Grube in Abhängigkeit vom Wetterstrom

Wir finden ferner für $\Delta p = 360\ \mathrm{kp/m^2}$ bei $A_w = 2\ \mathrm{m^2}$ einen Wetterstrom $\dot{V} = 6\,000\ \mathrm{m^3/min}$, dagegen für den gleichen Druckverbrauch und für $A_w = 4\ \mathrm{m^2}$ den Wetterstrom $\dot{V} = 12\,000\ \mathrm{m^3/min}$ sowie für $A_w = 5\ \mathrm{m^2}$ den Wetterstrom $\dot{V} = 15\,000\ \mathrm{m^3/min}$.

Erklärung 2: *Bei gleichbleibendem Druckverbrauch steigt die Grubenweite mit dem Wetterstrom*
oder nach Gl. (131,5)

Der Wetterstrom ist bei gleichbleibendem Druckverbrauch der Grubenweite direkt proportional.

Beispiel: Ist bei $\Delta p = 360\ \mathrm{kp/m^2}$ und $A_w = 2\ \mathrm{m^2}$ der Wetterstrom $\dot{V} = 6\,000\ \mathrm{m^3/min}$, so ergibt sich für $A_w = 4\ \mathrm{m^2}$

$$\dot{V} = 6\,000\ \mathrm{m^3/min}\ \frac{4\ \mathrm{m^2}}{2\ \mathrm{m^2}} = 12\,000\ \mathrm{m^3/min}$$

für $A_w = 5\ \text{m}^2$

$$\dot{V} = 6000\ \text{m}^3/\text{min}\ \frac{5\ \text{m}^2}{2\ \text{m}^2} = 15\,000\ \text{m}^3/\text{min}$$

Wir können jetzt die gleichwertige Grubenweite als Kennwert für die Bewetterung benutzen, haben nur zu beachten, daß *kleine Grubenweiten* auf *hohen Widerstand der Wetterbewegung* hindeuten.

Betrachten wir die Arbeitsweise des Lüfters an Hand seiner Drosselkurve, so müssen wir zunächst feststellen, daß im Gegensatz zu Druckluftkompressoren der Wetterbedarf selbst bei zunehmender Ausdehnung der Grubenbaue keine größeren Änderungen erfährt. Dagegen wird sich der Druckverbrauch mit der Länge und Verästelung der Wetterwege erhöhen. Diesen Verhältnissen trägt am besten ein *Lüfter mit möglichst steiler Drosselkurve* Rechnung.

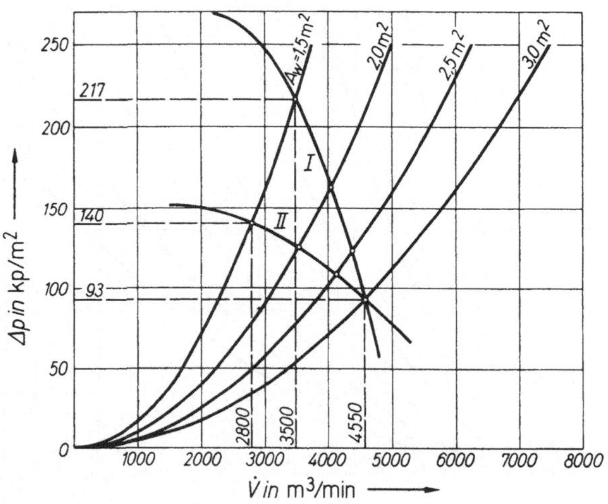

Abb. 142,4. Zur Arbeitsweise von Hauptlüftern mit steiler (I) und flacherer (II) Drosselkurve

Abb. 142,4 zeigt eine solche steile Drosselkurve I im $(\dot{V}, \varDelta p)$-Diagramm. Beträgt die Grubenweite $A_w = 3\ \text{m}^2$, so ergibt sich für $\dot{V} = 4550\ \text{m}^3/\text{min}$ eine Druckerzeugung von $93\ \text{kp/m}^2$. Mit einer Verringerung der Grubenweite auf $A_w = 1,5\ \text{m}^2$ würde der Lüfter mit der Kennlinie I bei $\dot{V} = 3500\ \text{m}^3/\text{min}$, d. h. einem um 23% geringeren Förderstrom, einen Druck $\varDelta p = 217\ \text{kp/m}^2$, d. h. einen um 133% höheren Druck erzeugen.

Die flache Drosselkurve II in Abb. 142,4 ergibt bei der gleichen Verringerung der Grubenweite auf $A_w = 1,5\ \text{m}^2$ einen Förderstrom $\dot{V} = 2800\ \text{m}^3/\text{min}$, d. h. eine Verringerung um 38% und nur eine Erhöhung des Druckes auf $\varDelta p = 140\ \text{kp/m}^2$ oder um 54%.

Das Beispiel zeigt deutlich, daß die Forderung nach möglichst großer Erhöhung der Druckerzeugung bei Rückgang der Grubenweite unter weitgehender Beibehaltung des Wetterstromes *am besten* von *Lüftern mit steiler Drosselkurve* erfüllt wird. Am einfachsten lassen sich steile Drosselkurven mit Axialverdichtern erreichen. Allerdings haben diese Lüfter ihren Bestwert des Wirkungsgrades im allgemeinen auch in der Nähe des Scheitels der Drosselkurve. Das hängt im wesentlichen aber von den Stoßverlusten ab und diese lassen sich z. B. bei Schichtlüftern bei Veränderung der Grubenweite durch verstellbare Leiträder auf der Saugseite — sogenannten Drallreglern — verringern. Jedenfalls kann allgemein nicht gesagt werden, daß steile Drosselkurven grundsätzlich auch einen mit dem Wetterstrom stark veränderlichen Wirkungsgrad haben, so daß der Lüfter gezwungen wäre, zeitweilig auf einem Betriebspunkt mit extrem schlechtem Wirkungsgrad zu arbeiten.

Aber auch Radiallüfter lassen sich mit steiler Drosselkurve im stabilen Bereich bauen, und zwar bei Ausführungen mit kürzeren Schaufeln, d. h. großem Durchmesserverhältnis D_1/D_2. Sie unterliegen dann allerdings u. U. wie Axiallüfter der Gefahr, daß sie bei abnehmender Grubenweite in ein Abreißgebiet kommen, was bei Radiallüftern mit langer Schaufelerstreckung nicht vorkommt. Sie können aber auch unterhalb des Scheitelpunktes zum Pendeln (Pumpen) kommen, wenn dieser Ast sehr stark abfällt und mit der Grubenweiten-Kennlinie mehrere Schnitte bildet.

Dieses Pendeln ist bei neueren Ausführungen jedoch selten und liegt selbst bei älteren Lüftern immer nur im Bereich positiven Förderstromes. Erscheinungen, wie sie beim Pumpen von Druckluft-Kompressoren bekannt sind, treten bei Radiallüftern nicht auf.

Für die Auslegung eines Hauptlüfters kann aber der von den Wettern in der Grube *durch Auftrieb erzeugte Druck* Δp_N (s. Abschn. 131) nicht vernachlässigt werden, da um diesen Betrag der Druckunterschied Δp verringert werden muß, will man den *vom Lüfter zu überwindenden Druckunterschied* Δp_L bei der Bestimmung des Betriebspunktes mit Hilfe der Drosselkurve finden.

Der Druckbedarf der Grube setzt sich gemäß Gl. (131,6b) zusammen aus

$$\Delta p = \Delta p_{gL} + \Delta p_N$$

Nach Gl. (131,8b) ist die gleichwertige Grubenweite der Wetterwege

$$A_{w_G} = 0{,}38 \frac{\dot{V}}{\sqrt{\Delta p_{gL} + \Delta p_N}}$$

Der Lüfter arbeitet demgegenüber mit der Grubenweite nach Gl. (131,8a)

$$A_{w_{HL}} = 0{,}38 \frac{\dot{V}}{\sqrt{\Delta p_{gL}}}$$

Der natürliche Druck läßt sich einigermaßen zuverlässig berechnen nach der empirischen Zahlenwertgleichung (131,7)

$$\Delta p_N = 0{,}5 \frac{\Delta H}{100} (t_A - t_E)$$

42*

(Bedeutung und Maßeinheiten der Größen vorstehender Gleichungen s. Abschn. 131, S. 624).

Beispiel: Bei gegebener Drosselkurve eines Lüfters (Abb. 142,5) soll unter der Voraussetzung gleichbleibender Grubenweite $A_{w_G} = 3\ \text{m}^2$ der Grube der Wetterstrom bei Berücksichtigung des natürlichen Druckes gesucht werden. Die Teufe betrage 800 m und der Temperaturunterschied $t_E - t_A$ a) im Sommer 6 °C, b) im Winter 16 °C.

Lösung: a) $\quad \Delta p_{N_1} = 0{,}5\,\dfrac{\Delta H}{100}\,(t_A - t_E) = 0{,}5 \cdot \dfrac{800}{100}\,6 = 24$ in kp/m²

b) $\quad \Delta p_{N_2} = 0{,}5\,\dfrac{800}{100}\,16 = 64$ in kp/m²

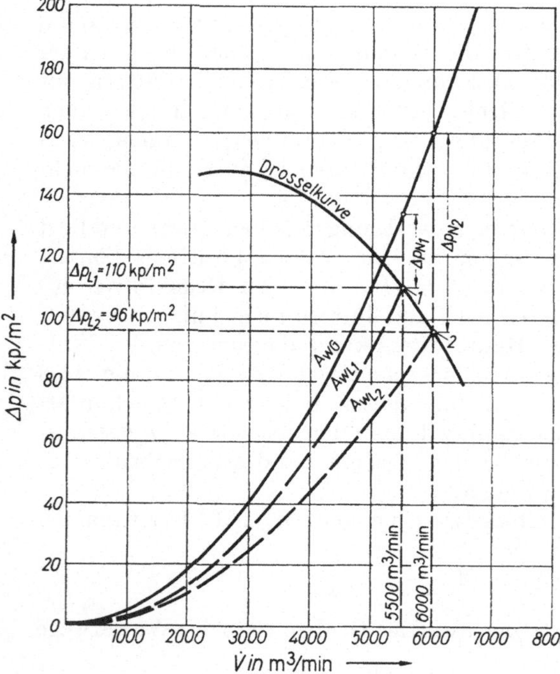

Abb. 142,5. Betriebspunkte eines Hauptlüfters bei Berücksichtigung des natürlichen Druckes p_N durch den Auftrieb

Abb. 142,5 zeigt die Arbeitsweise des Lüfters für eine angenommene Drosselkurve. Man erkennt, daß der Lüfter im Sommer im Betriebspunkt 1 der Drosselkurve bei $\Delta p_{L_1} = 110\ \text{kp/m}^2$ einen Wetterstrom 5 500 m³/min liefert, während er infolge der größeren Unterstützung durch den Auftrieb im Winter bei

$$\Delta p_{L_2} = 96\ \text{kp/m}^2$$

schon 6 000 m³/min liefert.

Man sieht daraus, daß die Auswirkungen des natürlichen Auftriebs den aus sicherheitlichen und klimatischen Gründen zu stellenden Forderungen entgegenstehen. Der Wetterstrom darf in Sommermonaten ein bestimmtes Mindestmaß nicht unterschreiten, und in den kalten Wintermonaten kann ein zu großer Wetterstrom zum mindesten für den schachtnahen Betrieb unerwünscht sein.

In einem Aufsatz gibt W. SCHMIDT[1] Hinweise für die Regelung des Hauptlüfters zur Anpassung des Wetterstromes an den jeweiligen Bedarf.

---

[1] SCHMIDT, W.: Jahreszeitliche Wettermengenschwankungen und eine Möglichkeit zu ihrem selbsttätigen Ausgleich, Technische Mitteilungen 1955, Heft 10.

Tabellen-Anhang

Tabelle 1. Potenzen, Wurzeln, Logarithmen, Reziproke Werte, Kreisumfänge und Kreisflächen

n	n^2	n^3	$\sqrt{n}$	$\sqrt[3]{n}$	$\lg n$	$\dfrac{1000}{n}$	πn	$\dfrac{\pi n^2}{4}$	n
1	1	1	1,0000	1,0000	0,00000	1000,000	3,142	0,7854	1
2	4	8	1,4142	1,2599	0,30103	500,000	6,283	3,1416	2
3	9	27	1,7321	1,4422	0,47712	333,333	9,425	7,0686	3
4	16	64	2,0000	1,5874	0,60206	250,000	12,566	12,5664	4
5	25	125	2,2361	1,7100	0,69897	200,000	15,708	19,6350	5
6	36	216	2,4495	1,8171	0,77815	166,667	18,850	28,2743	6
7	49	343	2,6458	1,9129	0,84510	142,857	21,991	38,4845	7
8	64	512	2,8284	2,0000	0,90309	125,000	25,133	50,2655	8
9	81	729	3,0000	2,0801	0,95424	111,111	28,274	63,6173	9
10	100	1000	3,1623	2,1544	1,00000	100,000	31,416	78,5398	10
11	121	1331	3,3166	2,2240	1,04139	90,9091	34,558	95,0332	11
12	144	1728	3,4641	2,2894	1,07918	83,3333	37,699	113,097	12
13	169	2197	3,6056	2,3513	1,11394	76,9231	40,841	132,732	13
14	196	2744	3,7417	2,4101	1,14613	71,4286	43,982	153,938	14
15	225	3375	3,8730	2,4662	1,17609	66,6667	47,124	176,715	15
16	256	4096	4,0000	2,5198	1,20412	62,5000	50,265	201,062	16
17	289	4913	4,1231	2,5713	1,23045	58,8235	53,407	226,980	17
18	324	5832	4,2426	2,6207	1,25527	55,5556	56,549	254,469	18
19	361	6859	4,3589	2,6684	1,27875	52,6316	59,690	283,529	19
20	400	8000	4,4721	2,7144	1,30103	50,0000	62,832	341,159	20
21	441	9261	4,5826	2,7589	1,32222	47,6190	65,973	346,361	21
22	484	10648	4,6904	2,8020	1,34242	45,4545	69,115	380,133	22
23	529	12167	4,7958	2,8439	1,36173	43,4783	72,257	415,476	23
24	576	13824	4,8990	2,8845	1,38021	41,6667	75,398	452,389	24
25	625	15625	5,0000	2,9240	1,39794	40,0000	78,540	490,874	25
26	676	17576	5,0990	2,9625	1,41497	38,4615	81,681	530,929	26
27	729	19683	5,1962	3,0000	1,43136	37,0370	84,823	572,555	27
28	784	21952	5,2915	3,0366	1,44716	35,7143	87,965	615,752	28
29	841	24389	5,3852	3,0723	1,46240	34,4828	91,106	660,520	29
30	900	27000	5,4772	3,1072	1,47712	33,3333	94,248	706,858	30
31	961	29791	5,5678	3,1414	1,49136	32,2581	97,389	754,768	31
32	1024	32768	5,6569	3,1748	1,50515	31,2500	100,531	804,248	32
33	1089	35937	5,7446	3,2075	1,51851	30,3030	103,673	855,299	33
34	1156	39304	5,8310	3,2396	1,53148	29,4118	106,814	907,920	34
35	1225	42875	5,9161	3,2711	1,54407	28,5714	109,956	962,113	35
36	1296	46656	6,0000	3,3019	1,55630	27,7778	113,097	1017,88	36
37	1369	50653	6,0828	3,3322	1,56820	27,0270	116,239	1075,21	37
38	1444	54872	6,1644	3,3620	1,57978	26,3158	119,381	1134,11	38
39	1521	59319	6,2450	3,3912	1,59106	25,6410	122,522	1194,59	39
40	1600	64000	6,3246	3,4200	1,60206	25,0000	125,66	1256,64	40
41	1681	68921	6,4031	3,4482	1,61278	24,3902	128,81	1320,25	41
42	1764	74088	6,4807	3,4760	1,62325	23,8095	131,95	1385,44	42
43	1849	79507	6,5574	3,5034	1,63347	23,2558	135,09	1452,20	43
44	1936	85184	6,6332	3,5303	1,64345	22,7273	138,23	1520,53	44
45	2025	91125	6,7082	3,5569	1,65321	22,2222	141,37	1590,43	45
46	2116	97336	6,7823	3,5830	1,66276	21,7391	144,51	1661,90	46
47	2209	103823	6,8557	3,6088	1,67210	21,2766	147,65	1734,94	47
48	2304	110592	6,9282	3,6342	1,68124	20,8333	150,80	1809,56	48
49	2401	117649	7,0000	3,6593	1,69020	20,4082	153,94	1885,74	49
50	2500	125000	7,0711	3,6840	1,69897	20,0000	157,08	1963,50	50

Tabelle 1 (Fortsetzung)

n	n^2	n^3	$\sqrt{n}$	$\sqrt[3]{n}$	$\lg n$	$\dfrac{1000}{n}$	πn	$\dfrac{\pi n^2}{4}$	n
50	2500	125000	7,0711	3,6840	1,69897	20,0000	157,08	1963,50	**50**
51	2601	132651	7,1414	3,7084	1,70757	19,6078	160,22	2042,82	51
52	2704	140608	7,2111	3,7325	1,71600	19,2308	163,36	2123,72	52
53	2809	148877	7,2801	3,7563	1,72428	18,8679	166,50	2206,18	53
54	2916	157464	7,3485	3,7798	1,73239	18,5185	169,65	2290,22	54
55	3025	166375	7,4162	3,8030	1,74036	18,1818	172,79	2375,83	55
56	3136	175616	7,4833	3,8259	1,74819	17,8571	175,93	2463,01	56
57	3249	185193	7,5498	3,8485	1,75587	17,5439	179,07	2551,76	57
58	3364	195112	7,6158	3,8709	1,76343	17,2414	182,21	2642,08	58
59	3481	205379	7,6811	3,8930	1,77085	16,9492	185,35	2733,97	59
60	3600	216000	7,7460	3,9149	1,77815	16,6667	188,50	2827,43	**60**
61	3721	226981	7,8102	3,9365	1,78533	16,3934	191,64	2922,47	61
62	3844	238328	7,8740	3,9579	1,79239	16,1290	194,78	3019,07	62
63	3969	250047	7,9373	3,9791	1,79934	15,8730	197,92	3117,25	63
64	4096	262144	8,0000	4,0000	1,80618	15,6250	201,06	3216,99	64
65	4225	274625	8,0623	4,0207	1,81291	15,3846	204,20	3318,31	65
66	4356	287496	8,1240	4,0412	1,81954	15,1515	207,35	3421,19	66
67	4489	300763	8,1854	4,0615	1,82607	14,9254	210,49	3525,65	67
68	4624	314432	8,2462	4,0817	1,83251	14,7059	213,63	3631,68	68
69	4761	328509	8,3066	4,1016	1,83885	14,4928	216,77	3739,28	69
70	4900	343000	8,3666	4,1213	1,84510	14,2857	219,91	3848,45	**70**
71	5041	357911	8,4261	4,1408	1,85126	14,0845	223,05	3959,19	71
72	5184	373248	8,4853	4,1602	1,85733	13,8889	226,19	4071,50	72
73	5329	389017	8,5440	4,1793	1,86332	13,6986	229,34	4185,39	73
74	5476	405224	8,6023	4,1983	1,86923	13,5135	232,48	4300,84	74
75	5625	421875	8,6603	4,2172	1,87506	13,3333	235,62	4417,86	75
76	5776	438970	8,7178	4,2358	1,88081	13,1579	238,76	4536,46	76
77	5929	456533	8,7750	4,2543	1,88649	12,9870	241,90	4656,63	77
78	6084	474552	8,8318	4,2727	1,89209	12,8205	245,04	4778,36	78
79	6241	493039	8,8882	4,2908	1,89763	12,6582	248,19	4901,67	79
80	6400	512000	8,9443	4,3089	1,90309	12,5000	251,33	5026,55	**80**
81	6561	531441	9,0000	4,3267	1,90849	12,3457	254,47	5153,00	81
82	6724	551368	9,0554	4,3445	1,91381	12,1951	257,61	5281,02	82
83	6889	571787	9,1104	4,3621	1,91908	12,0482	260,75	5410,61	83
84	7056	592704	9,1652	4,3795	1,92428	11,9048	263,89	5541,77	84
85	7225	614125	9,2195	4,3968	1,92942	11,7647	267,04	5674,50	85
86	7396	636056	9,2736	4,4140	1,93450	11,6279	270,18	5808,80	86
87	7569	658503	9,3274	4,4310	1,93952	11,4943	273,32	5944,68	87
88	7744	681472	9,3808	4,4480	1,94448	11,3636	276,46	6082,12	88
89	7921	704969	9,4340	4,4647	1,94939	11,2360	279,60	6221,14	89
90	8100	729000	9,4868	4,4814	1,95424	11,1111	282,74	6361,73	**90**
91	8281	753571	9,5394	4,4979	1,95904	10,9890	285,88	6503,88	91
92	8464	778688	9,5917	4,5144	1,96379	10,8696	289,03	6647,61	92
93	8649	804357	9,6437	4,5307	1,96848	10,7527	292,17	6792,91	93
94	8836	830584	9,6954	4,5468	1,97313	10,6383	295,31	6939,78	94
95	9025	857375	9,7468	4,5629	1,97772	10,5263	298,45	7088,22	95
96	9216	884736	9,7980	4,5789	1,98227	10,4167	301,59	7238,23	96
97	9409	912673	9,8489	4,5947	1,98677	10,3093	304,73	7389,81	97
98	9604	941192	9,8995	4,6104	1,99123	10,2041	307,88	7542,96	98
99	9801	970299	9,9499	4,6261	1,99564	10,1010	311,02	7697,69	99
100	10000	1000000	10,0000	4,6416	2,00000	10,0000	314,16	7853,98	**100**

Tabelle 2. Kreisfunktionen

Grad				Sinus				Grad
	0′	10′	20′	30′	40′	50′	60′	
0	0,00000	0,00291	0,00582	0,00873	0,01164	0,01454	0,01745	89
1	0,01745	0,02036	0,02327	0,02618	0,02908	0,03199	0,03490	88
2	0,03490	0,03781	0,04071	0,04362	0,04653	0,04943	0,05234	87
3	0,05234	0,05524	0,05814	0,06105	0,06395	0,06685	0,06976	86
4	0,06976	0,07266	0,07556	0,07846	0,08136	0,08426	0,08716	85
5	0,08716	0,09005	0,09295	0,09585	0,09874	0,10164	0,10453	84
6	0,10453	0,10742	0,11031	0,11320	0,11609	0,11898	0,12187	83
7	0,12187	0,12476	0,12764	0,13053	0,13341	0,13629	0,13917	82
8	0,13917	0,14205	0,14493	0,14781	0,15069	0,15356	0,15643	81
9	0,15643	0,15931	0,16218	0,16505	0,16792	0,17078	0,17365	**80**
10	0,17365	0,17651	0,17937	0,18224	0,18509	0,18795	0,19081	79
11	0,19081	0,19366	0,19652	0,19937	0,20222	0,20507	0,20791	78
12	0,20791	0,21076	0,21360	0,21644	0,21928	0,22212	0,22495	77
13	0,22495	0,22778	0,23062	0,23345	0,23627	0,23910	0,24192	76
14	0,24192	0,24474	0,24756	0,25038	0,25320	0,25601	0,25882	75
15	0,25882	0,26163	0,26443	0,26724	0,27004	0,27284	0,27564	74
16	0,27564	0,27843	0,28123	0,28402	0,28680	0,28959	0,29237	73
17	0,29237	0,29515	0,29793	0,30071	0,30348	0,30625	0,30902	72
18	0,30902	0,31178	0,31454	0,31730	0,32006	0,32282	0,32557	71
19	0,32557	0,32832	0,33106	0,33381	0,33655	0,33929	0,34202	**70**
20	0,34202	0,34475	0,34748	0,35021	0,35293	0,35565	0,35837	69
21	0,35837	0,36108	0,36379	0,36650	0,36921	0,37191	0,37461	68
22	0,37461	0,37730	0,37999	0,38268	0,38537	0,38805	0,39073	67
23	0,39073	0,39341	0,39608	0,39875	0,40142	0,40408	0,40674	66
24	0,40674	0,40939	0,41204	0,41469	0,41734	0,41998	0,42262	65
25	0,42262	0,42525	0,42788	0,43051	0,43313	0,43575	0,43837	64
26	0,43837	0,44098	0,44359	0,44620	0,44880	0,45140	0,45399	63
27	0,45399	0,45658	0,45917	0,46175	0,46433	0,46690	0,46947	62
28	0,46947	0,47204	0,47460	0,47716	0,47971	0,48226	0,48481	61
29	0,48481	0,48735	0,48989	0,49242	0,49495	0,49748	0,50000	**60**
30	0,50000	0,50252	0,50503	0,50754	0,51004	0,51254	0,51504	59
31	0,51504	0,51753	0,52002	0,52250	0,52498	0,52745	0,52992	58
32	0,52992	0,53238	0,53484	0,53730	0,53975	0,54220	0,54464	57
33	0,54464	0,54708	0,54951	0,55194	0,55436	0,55678	0,55919	56
34	0,55919	0,56160	0,56401	0,56641	0,56880	0,57119	0,57358	55
35	0,57358	0,57596	0,57833	0,58070	0,58307	0,58543	0,58779	54
36	0,58779	0,59014	0,59248	0,59482	0,59716	0,59949	0,60182	53
37	0,60182	0,60414	0,60645	0,60876	0,61107	0,61337	0,61566	52
38	0,61566	0,61795	0,60224	0,62251	0,62479	0,62706	0,62932	51
39	0,62932	0,63158	0,63383	0,63608	0,63832	0,64056	0,64279	**50**
40	0,64279	0,64501	0,64723	0,64945	0,65166	0,65386	0,65606	49
41	0,65606	0,65825	0,66044	0,66262	0,66480	0,66697	0,66913	48
42	0,66913	0,67129	0,67344	0,67559	0,67773	0,67987	0,68200	47
43	0,68200	0,68412	0,68624	0,68835	0,69046	0,69256	0,69466	46
44	0,69466	0,69675	0,69883	0,70091	0,70298	0,70505	0,70711	45
	60′	50′	40′	30′	20′	10′	0′	Grad
				Cosinus				

Tabelle 2 (Fortsetzung)

| Grad | Cosinus | | | | | | | Grad |
	0′	10′	20′	30′	40′	50′	60′	
0	1,00000	1,00000	0,99998	0,99996	0,99993	0,99989	0,99985	89
1	0,99985	0,99979	0,99973	0,99958	0,99949	0,99939	0,99966	88
2	0,99939	0,99929	0,99917	0,99905	0,99892	0,99878	0,99863	87
3	0,99863	0,99847	0,99831	0,99813	0,99795	0,99776	0,99756	86
4	0,99756	0,99736	0,99714	0,99692	0,99668	0,99644	0,99619	85
5	0,99619	0,99594	0,99567	0,99540	0,99511	0,99482	0,99452	84
6	0,99452	0,99421	0,99390	0,99357	0,99324	0,99290	0,99255	83
7	0,99255	0,99219	0,99182	0,99144	0,99106	0,99067	0,99027	82
8	0,99027	0,98986	0,98944	0,98902	0,98858	0,98814	0,98769	81
9	0,98769	0,98723	0,98676	0,98629	0,98629	0,98531	0,98481	**80**
10	0,98481	0,98430	0,98378	0,98325	0,98272	0,98218	0,98163	79
11	0,98163	0,98107	0,98050	0,97992	0,97934	0,97875	0,97815	78
12	0,97815	0,97754	0,97692	0,97630	0,97566	0,97502	0,97437	77
13	0,97437	0,97371	0,97304	0,97237	0,97169	0,97100	0,97030	76
14	0,97030	0,96959	0,96887	0,96815	0,96742	0,96667	0,96593	75
15	0,96593	0,96517	0,96440	0,96363	0,96285	0,96206	0,96126	74
16	0,96126	0,96046	0,95964	0,95882	0,95799	0,95715	0,95630	73
17	0,95630	0,95545	0,95459	0,95372	0,95284	0,95195	0,95106	72
18	0,95106	0,95015	0,94924	0,94832	0,94740	0,94646	0,94552	71
19	0,94552	0,94457	0,94361	0,94264	0,94167	0,94068	0,93969	**70**
20	0,93969	0,93869	0,93769	0,93667	0,93565	0,93462	0,93358	69
21	0,93358	0,93253	0,93148	0,93042	0,92935	0,92827	0,92718	68
22	0,92718	0,92609	0,92499	0,92388	0,92276	0,92164	0,92050	67
23	0,92050	0,91936	0,91822	0,91706	0,91590	0,91472	0,91355	66
24	0,91355	0,91236	0,91116	0,90996	0,90875	0,90753	0,90631	65
25	0,90631	0,90507	0,90383	0,90259	0,90133	0,90007	0,89879	64
26	0,89879	0,89752	0,89623	0,89493	0,89363	0,89232	0,89101	63
27	0,89101	0,88968	0,88835	0,88701	0,88566	0,88431	0,88295	62
28	0,88295	0,88158	0,88020	0,87882	0,87743	0,87603	0,87462	61
29	0,87462	0,87321	0,87178	0,87036	0,86892	0,86748	0,86603	**60**
30	0,86603	0,86457	0,86310	0,86163	0,86015	0,85866	0,85717	59
31	0,85717	0,85567	0,85416	0,85264	0,85112	0,84959	0,84805	58
32	0,84805	0,84650	0,84495	0,84339	0,84182	0,84025	0,83867	57
33	0,83867	0,83708	0,83549	0,83389	0,83228	0,83066	0,82904	56
34	0,82804	0,82741	0,82577	0,82413	0,82248	0,82082	0,81915	55
35	0,81915	0,81748	0,81580	0,81412	0,81242	0,81072	0,80902	54
36	0,80902	0,80730	0,80558	0,80386	0,80212	0,80038	0,79864	53
37	0,79864	0,79688	0,79512	0,79335	0,79158	0,78980	0,78801	52
38	0,78801	0,78622	0,78442	0,78261	0,78079	0,77897	0,77715	51
39	0,77715	0,77531	0,77347	0,77162	0,76977	0,76791	0,76604	**50**
40	0,76604	0,76417	0,76229	0,76041	0,75851	0,75661	0,75471	49
41	0,75471	0,75280	0,75088	0,74896	0,74703	0,74509	0,74314	48
42	0,74314	0,74120	0,73924	0,73728	0,73531	0,73333	0,73135	47
43	0,73135	0,72937	0,72737	0,72537	0,72337	0,72136	0,71934	46
44	0,71934	0,71732	0,71529	0,71325	0,71121	0,70916	0,70711	45
	60′	50′	40′	30′	20′	10′	0′	Grad
	Sinus							

Tabelle 2 (Fortsetzung)

Grad	Tangens 0′	10′	20′	30′	40′	50′	60′	
0	0,00000	0,00291	0,00582	0,00873	0,01164	0,01455	0,01746	89
1	0,01746	0,02036	0,02328	0,02619	0,02910	0,03201	0,03492	88
2	0,03492	0,03783	0,04075	0,04366	0,04658	0,04949	0,05241	87
3	0,05241	0,05533	0,05824	0,06116	0,06408	0,06700	0,06993	86
4	0,06993	0,07285	0,07578	0,07870	0,08163	0,08456	0,08749	85
5	0,08749	0,09042	0,09335	0,09629	0,09923	0,10216	0,10510	84
6	0,10510	0,10805	0,11099	0,11394	0,11688	0,11983	0,12278	83
7	0,12278	0,12574	0,12869	0,13165	0,13461	0,13758	0,14054	82
8	0,14054	0,14351	0,14648	0,14945	0,15243	0,15540	0,15838	81
9	0,15838	0,16137	0,16435	0,16734	0,17033	0,17333	0,17633	**80**
10	0,17633	0,17933	0,18233	0,18534	0,18835	0,19136	0,19438	79
11	0,19438	0,19740	0,20042	0,20345	0,20648	0,20952	0,21256	78
12	0,21256	0,21560	0,21864	0,22169	0,22475	0,22781	0,23087	77
13	0,23087	0,23393	0,23700	0,24008	0,24316	0,24624	0,24933	76
14	0,24933	0,25242	0,25552	0,25862	0,26172	0,26483	0,26795	75
15	0,26795	0,27107	0,27419	0,27732	0,28046	0,28360	0,28675	74
16	0,28675	0,28990	0,29305	0,29621	0,29938	0,30255	0,30573	73
17	0,30573	0,30891	0,31210	0,31530	0,31850	0,32171	0,32492	72
18	0,32492	0,32814	0,33136	0,33460	0,33783	0,34108	0,34433	71
19	0,34433	0,34758	0,35085	0,35412	0,35740	0,36068	0,36397	**70**
20	0,36397	0,36727	0,37057	0,37388	0,37720	0,38053	0,38386	69
21	0,38386	0,38721	0,39055	0,39391	0,39727	0,40065	0,40403	68
22	0,40403	0,40741	0,41081	0,41421	0,41763	0,42105	0,42447	67
23	0,42447	0,42791	0,43136	0,43481	0,43828	0,44175	0,44523	66
24	0,44523	0,44872	0,45222	0,45573	0,45924	0,46277	0,46631	65
25	0,46631	0,46985	0,47341	0,47698	0,48055	0,48414	0,48773	64
26	0,48773	0,49134	0,49495	0,49858	0,50222	0,50587	0,50953	63
27	0,50953	0,51320	0,51688	0,52057	0,52427	0,52798	0,53171	62
28	0,53171	0,53545	0,53920	0,54296	0,54673	0,55051	0,55431	61
29	0,55431	0,55812	0,56194	0,56577	0,56962	0,57348	0,57735	**60**
30	0,57735	0,58124	0,58513	0,58905	0,59297	0,59691	0,60086	59
31	0,60086	0,60483	0,60881	0,61280	0,61681	0,62083	0,62487	58
32	0,62487	0,62892	0,63299	0,63707	0,64117	0,64528	0,64941	57
33	0,64941	0,65355	0,65771	0,66189	0,66608	0,67028	0,67451	56
34	0,67451	0,67875	0,68301	0,68728	0,69157	0,69588	0,70021	55
35	0,70021	0,70455	0,70891	0,71329	0,71769	0,72211	0,72654	54
36	0,72654	0,73100	0,73547	0,73996	0,74447	0,74900	0,75355	53
37	0,75355	0,75812	0,76272	0,76733	0,77196	0,77661	0,78129	52
38	0,78129	0,78598	0,79070	0,79544	0,80020	0,80498	0,80978	51
39	0,80978	0,81461	0,81946	0,82434	0,82923	0,83415	0,83910	**50**
40	0,83910	0,84407	0,84906	0,85408	0,85912	0,86419	0,86929	49
41	0,86929	0,87441	0,87955	0,88473	0,88992	0,89515	0,90040	48
42	0,90040	0,90569	0,91099	0,91633	0,92170	0,92709	0,93252	47
43	0,93252	0,93797	0,94345	0,94896	0,95451	0,96008	0,96569	46
44	0,96569	0,97133	0,97700	0,98270	0,98843	0,99420	1,00000	45
	60′	50′	40′	30′	20′	10′	0′	Grad
				Cotangens				

Tabelle 2 (Fortsetzung)

Grad	Cotangens							Grad
	0′	10′	20′	30′	40′	50′	60′	
0	∞	343,77371	171,88540	114,58865	85,93979	68,75009	57,28996	89
1	57,28996	49,10388	42,96408	38,18846	34,36777	31,24158	28,63625	88
2	28,63625	26,43160	24,54176	22,90377	21,47040	20,20555	19,08114	87
3	19,08114	18,07498	17,16934	16,34986	15,60478	14,92442	14,30067	86
4	14,30067	13,72674	13,19688	12,70621	12,25051	11,82617	11,43005	85
5	11,43005	11,05943	10,71191	10,38540	10,07803	9,78817	9,51436	84
6	9,51436	9,25530	9,00983	8,77689	8,55555	8,34496	8,14435	83
7	8,14435	7,95302	7,77035	7,59575	7,42871	8,26873	7,11537	82
8	7,11537	6,96823	6,82694	6,69116	6,56055	6,43484	6,31375	81
9	6,31375	6,19703	6,08444	5,97576	5,87080	5,76937	5,67128	**80**
10	5,67128	5,57638	5,48451	5,39552	5,30928	5,22566	5,14455	79
11	5,14455	5,06584	4,98940	4,91516	4,84300	4,77286	4,70463	78
12	4,70463	4,63825	4,57363	4,51071	4,44942	4,38969	4,33148	77
13	4,33148	4,27471	4,21933	4,16530	4,11256	4,06107	4,01078	76
14	4,01078	3,96165	3,91364	3,86671	3,82083	3,77595	3,73205	75
15	3,73205	3,68909	3,64705	3,60588	3,56447	3,52609	3,48741	74
16	3,48741	3,44951	3,41236	3,37594	3,34023	3,30521	3,27085	73
17	3,27085	3,23714	3,20406	3,17159	3,13972	3,10842	3,07768	72
18	3,07768	3,04749	3,01783	2,98869	2,96004	2,93189	2,90421	71
19	2,90421	2,87700	2,85023	2,82391	2,79802	2,77254	2,74748	**70**
20	2,74748	2,72281	2,69853	2,67462	2,65109	2,62791	2,60509	69
21	2,60509	2,58261	2,56046	2,53865	2,51715	2,49597	2,47509	68
22	2,47509	2,45451	2,43422	2,41421	2,39449	2,37504	2,35585	67
23	2,35585	2,33693	2,31826	2,29984	2,28167	2,26374	2,24604	66
24	2,24604	2,22857	2,21132	2,19430	2,17749	2,16090	2,14451	65
25	2,14451	2,12832	2,11233	2,09654	2,08094	2,06553	2,05030	64
26	2,05030	2,03526	2,03039	2,00569	1,99116	1,97680	1,96261	63
27	1,96261	1,94858	1,93470	1,92098	1,90741	1,89400	1,88073	62
28	1,88073	1,86760	1,85472	1,84177	1,82906	1,81649	1,80405	61
29	1,80405	1,79174	1,77955	1,76749	1,75556	1,74375	1,73205	**60**
30	1,73205	1,72047	1,70901	1,69766	1,68643	1,67530	1,66428	59
31	1,66428	1,65337	1,64256	1,63185	1,62125	1,61074	1,60033	58
32	1,60033	1,59002	1,57981	1,56969	1,55966	1,54972	1,53987	57
33	1,53987	1,53010	1,52043	1,51084	1,50133	1,49190	1,48256	56
34	1,48256	1,47330	1,46411	1,45501	1,44598	1,43703	1,42815	55
35	1,42815	1,41934	1,41061	1,40195	1,39336	1,38484	1,37638	54
36	1,37638	1,36800	1,35968	1,35142	1,34323	1,33511	1,32704	53
37	1,32704	1,31904	1,31110	1,30323	1,29541	1,28764	1,27994	52
38	1,27994	1,27230	1,26471	1,25717	1,24969	1,24227	1,23490	51
39	1,23490	1,22758	1,22031	1,21310	1,20593	1,19882	1,19175	**50**
40	1,19165	1,18474	1,17777	1,17085	1,16398	1,15715	1,15037	49
41	1,15037	1,14363	1,13694	1,13029	1,12369	1,11713	1,11061	48
42	1,11061	1,10414	1,09770	1,09131	1,08496	1,07864	1,07237	47
43	1,07237	1,06613	1,05994	1,05378	1,04766	1,04158	1,03553	46
44	1,03553	1,02952	1,02355	1,01761	1,01170	1,00583	1,00000	45
	60′	50′	40′	30′	20′	10′	0′	Grad
	Tangens							

Tabelle 3. Reibzahlen für Backenbremsen

μ ist fast unveränderlich für Umfangsgeschwindigkeiten $v = 1 \cdots 20$ m/s,
und für Flächenpressungen . . . . $p = 0,5 \cdots 10$ kp/cm²

Brems-scheibe	μ für Bremsklötze mit Längsfasern auf abgedrehten Bremsscheiben					
	Buche	Eiche	Pappel	Ulme	Weide	Aluminium mit Ferrodo
Gußeisen	0,29 $\cdots$ 0,37	0,30 $\cdots$ 0,34	0,35 $\cdots$ 0,40	0,36 $\cdots$ 0,37	0,46 $\cdots$ 0,47	0,30 $\cdots$ 0,35
Stahl	0,35 $\cdots$ 0,54	0,51 $\cdots$ 0,40	0,65 $\cdots$ 0,60	0,60 $\cdots$ 0,49	0,63 $\cdots$ 0,60	0,35 $\cdots$ 0,45

Tabelle 4. Rollende Reibung

Rollende Körper	Hebelarm f in cm
Pockholz auf Pockholz	0,0547
Ulmenholz auf Pockholz	0,081
Eisen auf Eisen oder Stahl	0,005
Stahlkugeln in Kugellagern	0,0009 $\cdots$ 0,0015

Tabelle 5. Mittelwerte des Fahrwiderstandes von Flurfahrzeugen

Gleise der Straßenbahnen im Mittel . . . . $\mu_f = 0,006 \cdots 0,008$
Gute Asphaltstraße . . . . $= 0,010$
Gutes Steinpflaster . . . . $= 0,020$
Gutes Holzpflaster . . . . $= 0,018$
Chaussierte Straße, in gutem Zustand . . . . $= 0,023$
      mit Staub bedeckt . . . . $= 0,028$
      mit Schlamm bedeckt . . . . $= 0,035$
Erdwege, gute bis schlechte . . . . $= 0,08 \cdots 0,16$
Loser Sand . . . . $= 0,15 \cdots 0,30$
Motorfahrzeuge, Gummi auf Asphalt . . . . $= 0,021 \cdots 0,031$

Tabelle 6. Werte $e^{\mu\alpha}$ für Bandbremsen

$\alpha°$	Umspannungswinkel		Werte $e^{\mu\alpha}$ für folgende μ-Werte						
	Bogen-maß	n-fache Um-schlingung	0,10	0,18	0,20	0,25	0,30	0,40	0,50
45°	0,25 π	0,125	1,08	1,15	1,17	1,22	1,26	1,37	1,48
90°	0,50 π	0,250	1,17	1,30	1,37	1,48	1,60	1,90	2,20
180°	1,00 π	0,500	1,37	1,76	1,87	2,20	2,60	3,50	4,80
240°	1,33 π	0,665	1,52	2,12	2,31	2,84	3,51	5,32	8,13
250°	1,39 π	0,695	1,55	2,20	2,40	2,99	3,71	5,75	8,90
260°	1,45 π	0,725	1,58	2,27	2,49	3,12	3,93	6,20	9,78
270°	1,50 π	0,750	1,60	2,34	2,57	3,25	4,10	6,60	10,5
280°	1,55 π	0,775	1,63	2,40	2,64	3,38	4,31	7,00	11,5
290°	1,61 π	0,805	1,66	2,49	2,75	3,54	4,57	7,58	12,6
300°	1,67 π	0,835	1,69	2,57	2,86	3,71	4,83	8,16	13,8
310°	1,72 π	0,860	1,72	2,64	2,95	3,86	5,06	8,70	15,1
320°	1,78 π	0,890	1,75	2,74	3,06	4,03	5,35	9,38	16,4
330°	1,83 π	0,915	1,78	2,82	3,16	4,21	5,61	10,00	17,8
340°	1,89 π	0,945	1,81	2,92	3,28	4,41	5,95	10,7	19,5
360°	2 π	1,00	1,87	3,10	3,50	4,80	6,60	12,3	23,1

Tabelle 7. Werte $e^{\mu\alpha}$ für Riemenreibung

α^0	n-fache Umschlingung	Holzscheiben $\mu = 0,47$	Gußeisenscheiben		
			sehr gefettet $\mu = 0,12$	wenig gefettet $\mu = 0,28$	feucht $\mu = 0,38$
36°	0,1	1,34	1,01	1,19	1,27
72°	0,2	1,81	1,16	1,42	1,61
108°	0,3	2,43	1,25	1,69	2,05
144°	0,4	3,26	1,35	2,02	2,60
153°	0,425	3,51	1,38	2,11	2,76
162°	0,45	3,78	1,40	2,21	2,93
171°	0,475	4,07	1,43	2,31	3,11
180°	0,5	4,38	1,46	2,41	3,30
189°	0,525	4,71	1,49	2,52	3,50
198°	0,55	5,63	1,51	2,63	3,72
216°	0,6	5,88	1,57	2,81	4,19
252°	0,7	7,90	1,66	3,43	5,32
288°	0,8	10,60	1,83	4,09	6,75
324°	0,9	14,30	1,97	4,87	8,57
360°	1,0	19,20	2,12	5,81	10,90

Tabelle 8. Werte $e^{\mu\alpha}$ zur Berechnung von Gummigurtförderern

Reibzahl[2]	μ	Umschlingungswinkel α_{ges}[1]									
		180°	210°	240°	250°	270°	300°	420°	450°	480°	500°
Blanke Trommel nasser Betrieb	0,1	1,370	1,442	1,520	1,547	1,60	1,688	2,08	2,193	2,31	2,394
Gewebe- oder holzbekleidete Trommel schlüpfrig feucht	0,15	1,60	1,732	1,874	1,923	2,035	2,193	3,0	3,247	3,512	3,698
Blanke Trommel feuchter Betrieb	0,2	1,874	2,08	2,31	2,392	2,565	2,882	4,327	4,810	5,340	5,730
Blanke Trommel trockener Betrieb	0,3	2,566	3,0	3,51	3,70	4,107	4,807	9,0	10,55	12,33	13,71
Holzbekl. Trommel trockener Betrieb	0,35	2,968	3,605	4,328	4,602	5,198	6,245	12,98	15,62	18,75	21,21
Gewebebekl. Trommel trockener Betrieb	0,4	3,512	4,33	5,336	5,723	6,577	8,114	18,73	23,12	28,50	32,81

[1] Im Mittel rechnet man mit einem Umschlingungswinkel beim Eintrommelantrieb von 250°, beim Zweitrommelantrieb von 450°.

[2] Nach DIN 22101 (Statik, Abschn. 34b), Zahlentafel 3.

Tabelle 9. Werte $\dfrac{1}{e^{\mu\alpha}-1}$ zur Berechnung von Gummigurtförderern

Reibzahl	μ	Umschlingungswinkel α_{ges}									
		180°	210°	240°	250°	270°	300°	420°	450°	480°	500°
lanke Trommel asser Betrieb	0,1	2,70	2,26	1,92	1,80	1,67	1,45	0,926	0,838	0,763	0,717
ewebe- oder holz- kleidete Trommel hlüpfrig feucht	0,15	1,67	1,35	1,145	1,08	0,966	0,838	0,50	0,445	0,398	0,371
lanke Trommel uchter Betrieb	0,2	1,18	0,926	0,763	0,718	0,640	0,530	0,30	0,263	0,230	0,211
lanke Trommel ockener Betrieb	0,3	0,638	0,50	0,40	0,370	0,322	0,263	0,125	0,105	0,088	0,079
olzbekl. Trommel ockener Betrieb	0,35	0,508	0,384	0,30	0,278	0,238	0,191	0,083	0,068	0,056	0,05
ewebebekl. Trom- el ockener Betrieb	0,4	0,398	0,30	0,23	0,212	0,18	0,14	0,056	0,045	0,036	0,031

Tabelle 10. Elastizitätszahlen einiger Werkstoffe

Werkstoff		Elastizitätsmodul E kp/cm²	Gleitmodul G kp/cm²
Stahl		2 100 000	810 000
Stahlguß		2 100 000	830 000
Temperguß		1 700 000	680 000
Gußeisen		750 000	290 000
Kupfer		1 300 000	425 000
Bronze		1 100 000	450 000
Messing		970 000	360 000
Duralumin		720 000	280 000
Silumin		760 000	300 000
Magnesium		450 000	180 000
Granit	Druck	500 000	—
Marmor	Druck	420 000	—
Beton	Druck	320 000	—
Mauerziegel	Druck	120 000	

Tabelle 11. Zugfestigkeit, Proportionalitätsgrenze, Elastizitätszahl verschiedener Hölzer

Art der Beanspruchung	Zug-festigkeit σ_B kp/cm²	Pro-portion.-grenze σ_P kp/cm²	Elastizi-tätszahl E kp/cm²	Zug-festigkeit σ_B kp/cm²	Pro-portion.-grenze σ_P kp/cm²	Elastizi-tätszahl E kp/cm²
	Kiefer			Eiche		
Zug ⎱parallel	790	—	90 000	965	475	108 000
Druck⎰zur Faser	280	155	96 000	345	150	103 000
Biegung	470	200	108 000	600	215	100 000
Schub	45	—	—	75	—	—
	Fichte			Buche		
Zug ⎱parallel	750	—	92 000	1340	580	180 000
Druck⎰zur Faser	245	150	99 000	320	100	169 000
Biegung	420	230	111 000	670	240	128 000
Schub	40	—	—	85	—	—

Tabelle 12. Druckfestigkeit, zulässiger Druck von Steinen

	Basalt	Porphyr	Granit	Kalkstein	Sandstein	Ziegelstein
Druck-festigkeit kp/cm²	1000⋯2000	500⋯2000	800⋯2000	400⋯1600	250⋯1800	100⋯300
zul. Druck kp/cm²	25⋯60	20⋯60	25⋯60	15⋯30	10⋯20	8⋯18

Tabelle 13. Zulässige Spannungen für Bauteile im Hoch- und Brückenbau[1] nach DIN 1050 (Auszug) in kp/cm²

Beansprucht auf	Bela-stungs-fall[2]	St 37		St 52		GG 14		Maßgebender Querschnitt
		H	HZ	H	HZ	H	HZ	
Druck und Biegedruck, wenn Nachweis auf Knicken erforderlich . .		1400	1600	2100	2400	1000	1100	Voll-querschnitt
Zug, Biegezug, Biege-druck, wenn Ausweichen der Druckgurte unmöglich		1600	1800	2400	2700	900	1000	Voll-querschnitt abzügl. Löcher
Schub		900	1050	1350	1550			Steg-querschnitt abzügl. Löcher
Lochleibungsdruck bei Nieten oder Paßschrauben		2800	3200	4200	4800			Loch

[1] Siehe auch Dubbels Taschenbuch für den Maschinenbau, 12. Auflage Berlin/Göttingen/Heidelberg: Springer-Verlag 1963, S. 507.

[2] Belastungsfall H: Belastung durch Hauptlasten, das sind ständige Last, Verkehrslast, Schneelast. — Belastungsfall HZ: Belastung durch Hauptlasten und Zusatzlasten. Zusatzlasten sind Windlast, Bremskräfte, waagerechte Seitenkräfte, Wärmewirkungen.

Tabelle 14. Zulässige Spannungen im Maschinenbau[1] in kp/mm²

Werkstoff	St 37	St 50	GS 45	GG 14	GG 26	Silumin	Duralumin
Zug I	10,0···15,0	14,0···21,0	10,0···15,0	3,5··· 4,5	6,5··· 8,5	3,0···5,0	11,0···16,0
II	6,5··· 9,5	9,0···13,5	6,5··· 9,5	2,7··· 3,7	5,0··· 6,7	1,6···2,8	5,0··· 7,0
III	4,5··· 7,0	6,5··· 9,5	4,5··· 7,0	2,0··· 3,0	3,5··· 5,0	1,3···2,0	3,5··· 5,5
Druck I	10,0···15,0	14,0···21,0	11,0···16,5	8,5···11,5	16,0···21,5	4,0···6,0	11,0···16,0
II	6,5··· 9,5	9,0···13,5	7,0···10,5	5,5··· 7,5	10,0···13,5	2,0···2,4	5,0··· 7,0
III	4,5··· 7,0	6,5··· 9,5	4,5··· 7,0	2,0··· 3,0	3,5··· 5,0	1,3···2,0	3,5··· 5,5
Biegung I	11,0···16,5	15,0···22,0	11,0···16,5	5,0··· 7,0	10,0···13,5	3,5···5,0	12,0···17,5
II	7,0···10,5	10,0···15,0	7,0···10,5	3,5··· 5,0	6,5··· 9,0	2,0···2,8	5,0··· 7,0
III	5,0··· 7,5	7,0···10,5	5,0··· 7,5	2,5··· 3,5	4,0··· 6,0	1,4···2,1	3,5··· 5,5
Verdrehung I	6,5··· 9,5	8,5···12,5	6,5··· 9,5	4,0··· 5,5	7,5···10,0	2,5···3,5	6,5··· 9,5
II	4,0··· 6,0	5,5··· 8,5	4,0··· 6,0	3,0··· 4,0	5,5··· 7,5	1,6···2,8	3,2··· 4,8
III	3,0··· 4,5	4,0··· 6,0	3,0··· 4,5	2,0··· 3,0	3,5··· 5,0	0,8···1,5	2,2··· 3,2

Belastungsfälle nach C. Bach:	I = ruhend (Abb. 75,1), II = schwellend (Abb. 75,2), III = wechselnd (Abb. 75,3).

[1] Nach Hütte I, 27. Auflage, S. 771, Tafel 2. Siehe auch Dubbels Taschenbuch für Maschinenbau, 12. Auflage, Berlin/Göttingen/ Heidelberg: Springer-Verlag 1963, S. 836.

Tabelle 15. Förderseile in gedeckter Warrington-Machart nach DIN 21255

Die Drähte in den Litzen haben entgegengesetzte Drehrichtung gegenüber der Drehrichtung im Seil

Die Drähte in den Litzen und die Litzen im Seil haben gleiche Drehrichtung

Bezeichnung eines Rundförderseiles mit Aufbau 6×35 Drähte, von 60 mm Nenndurchmeser, mit einer Nennfestigkeit des Einzeldrahtes von 180 kp/mm², in Gleichschlag rechtsgängig (z/Z), Auführung blank, für Treibscheibenförderung:

Förderseil $6 \times 35 - 60 \times 180$ z/Z DIN 21255 blank, für Treibscheibenförderung

Anzahl			Seil-nenn-durch-messer	Draht-Nenndurchmesser					Metalli-scher Quer-schnitt des Seiles	Masse kg/m	Rechnerische Bruchlast des Seiles in kp bei Nennfestigkeit des Einzeldrahtes in kp/mm²			
der Litzen	der Drähte in einer Litze	aller Drähte		Kern	Innen-lage	Mittellage		Außen-lage						
			mm + 5%	mm	mm	mm	mm	mm	mm²	−2% + 5%	160	170	180	190
	1		28	1,4	1,3	1,0	1,3	1,6	302	2,87	48300	51300	54300	57300
	6		30	1,5	1,4	1,05	1,4	1,7	343	3,26	54800	58300	61700	65100
	6 + 6		32	1,6	1,5	1,1	1,5	1,8	387	3,68	61900	65700	69600	73500
	14		34	1,7	1,6	1,2	1,6	1,9	438	4,16	70000	74400	78800	83200
6	33	198	36	1,8	1,7	1,25	1,7	2,0	487	4,63	77900	82700	87600	92500
			38	1,9	1,8	1,35	1,8	2,1	542	5,15	86700	92100	97500	102900
			40	2,0	1,9	1,4	1,9	2,2	598	5,68	95600	101600	107600	113600

Aufbau												
	36	1,9	1,8	1,3	1,8	1,8	492	4,67	78700	83600	88500	93400
	38	2,0	1,9	1,4	1,9	1,9	551	5,23	88100	93600	99100	104600
	40	2,1	2,0	1,5	2,0	2,0	612	5,81	97900	104000	110100	116200
	42	2,2	2,1	1,55	2,1	2,1	672	6,38	107500	114200	120900	127600
1	44	2,4	2,2	1,65	2,2	2,2	743	7,06	118800	126300	133700	141100
6	46	2,5	2,3	1,7	2,3	2,3	808	7,68	129200	137300	145400	153500
6 + 6	48	2,6	2,4	1,8	2,4	2,4	883	8,39	141200	150100	158900	167700
16	50	2,7	2,5	1,85	2,5	2,5	956	9,08	152900	162500	172000	181600
———	52	2,8	2,6	1,95	2,6	2,6	1036	9,84	165700	176100	186400	196800
6 35 210	54	2,9	2,7	2,0	2,7	2,7	1115	10,6	178400	189500	200700	211800
	56	3,0	2,8	2,1	2,8	2,8	1202	11,4	192300	204300	216300	228300
	58	3,1	2,9	2,2	2,9	2,9	1292	12,3	206700	219600	232500	245400
	60	3,2	3,0	2,25	3,0	3,0	1379	13,1	220600	234400	248200	262000
	62	3,3	3,1	2,3	3,1	3,1	1469	13,9	235000	249700	264400	279100
	51	1,15	2,45	1,8	2,4	2,3	986	9,37	157700	167600	177400	187300
	53	1,2	2,5	1,85	2,45	2,35	1033	9,81	165200	175600	185900	196200
	55	1,25	2,6	1,9	2,55	2,45	1117	10,6	178700	189800	201000	212200
1	57	1,3	2,7	2,0	2,65	2,55	1212	11,5	193900	206000	218100	230000
6	59	1,3	2,8	2,05	2,75	2,65	1299	12,3	207800	220800	233800	246800
7	61	1,35	2,9	2,1	2,8	2,7	1361	12,9	217700	231300	244900	258500
7 + 7	63	1,4	3,0	2,2	2,9	2,8	1464	13,9	234200	248800	263500	278100
18	65	1,45	3,1	2,25	3,0	2,9	1564	14,9	250200	265800	281500	297100
———	67	1,5	3,2	2,35	3,1	3,0	1675	15,9	268000	284700	301500	318200
6 46 276	69	1,55	3,3	2,4	3,2	3,1	1781	16,9	284900	302700	320500	338300
	71	1,6	3,4	2,5	3,3	3,2	1899	18,0	303800	322800	341800	360800
	73	1,65	3,5	2,55	3,4	3,3	2013	19,1	322000	342200	362300	382400

Aufbau der Drahtseile dieser Norm 6 Litzen und 1 Faserstoffeinlage. Bei Seilen mit Aufbau 6×46 Drähte besteht der Kern aus einem Kerndraht und 6 weiteren Einzeldrähten. Bei Bestellung ist mit Rücksicht auf eine sachgemäße Schmierung stets anzugeben, ob das Seil für eine Trommel- oder Treibscheibenförderung bestimmt ist. Förderseile nach dieser Norm werden im allgemeinen in Gleichschlag rechtsgängig (z/Z) geliefert. Rundförderseile aus Stahldrähten 160, 170 und 180 kp/cm² werden blank oder verzinkt, mit 190 kp/cm² nur blank geliefert. Technische Lieferbedingungen nach DIN 21254.

Tabelle 16. Förderseile (Auszug aus DIN 21251)

Bezeichnung eines Rundförderseiles mit Aufbau 6×37 Drähte, von 50 mm Nenndurchmesser, mit einer Nennfestigkeit des Einzeldrahtes von 160 kp/mm², in Gleichschlag rechtsgängig (z/Z), Ausführung blank, für Treibscheibenförderung:
Förderseil $6 \times 37 - 50 \times 160$ z/Z DIN 21251 blank, für Treibscheibenförderung

| Anzahl | | | Seil-Nenn-durch-messer | Draht-Nenn-durch-messer | Metallischer Querschnitt des Seiles | Masse | Rechnerische Bruchlast des Seiles in kp bei Nennfestigkeit des Einzeldrahtes in kp/mm² | | | |
der Litzen	der Drähte in einer Litze	aller Drähte	mm +5%	mm	mm²	kg/m −2% +5%	160	170	180	190
6	7	42	14	1,5	74	0,70	11800	12600	13300	14100
			16	1,7	95	0,90	15200	16200	17100	18100
			18	1,9	119	1,13	19000	20200	21400	22600
			20	2,1	145	1,38	23200	24600	26100	27500
6	19	114	22	1,4	175	1,66	28000	29700	31500	33200
			24	1,5	202	1,92	32300	34300	36300	38300
			26	1,6	229	2,18	36600	38900	41200	43500
			28	1,8	290	2,76	46400	49300	52200	55100
			30	1,9	324	3,08	51800	55000	58300	61500
			32	2,0	358	3,40	57200	60800	64400	68000
			34	2,1	394	3,74	63000	66900	70900	74800
			36	2,3	473	4,49	75600	80400	85100	89800
			38	2,4	515	4,89	82400	87500	92700	97800
			40	2,5	560	5,32	89600	95200	100800	106400
			42	2,6	605	5,75	96800	102800	108900	114900
			44	2,8	702	6,67	112300	119300	126300	133300
			46	2,9	753	7,15	120400	128000	135500	143000
6	37	222	44	2,0	697	6,62	111500	118400	125400	132400
			46	2,1	768	7,30	122800	130500	138200	145900
			48	2,2	844	8,02	135000	143400	151900	160300
			50	2,3	921	8,75	147300	156500	165700	174900
			54	2,4	1003	9,53	160400	170500	180500	190500
			58	2,6	1179	11,2	188600	200400	212200	224000
			62	2,8	1368	13,0	218800	232500	246200	259900
			66	3,0	1570	14,9	251200	266900	282600	298300

Aufbau der Drahtseile dieser Norm 6 Litzen und 1 Faserstoffeinlage. Bei Bestellung ist mit Rücksicht auf eine sachgemäße Schmierung stets anzugeben, ob das Seil für eine Trommel- oder Treibscheibenförderung bestimmt ist. Förderseile nach dieser Norm werden im allgemeinen in Gleichschlag rechtsgängig (z/Z) geliefert. Rundförderseile aus Stahldrähten mit 160, 170 und 180 kp/cm² werden blank oder verzinkt, mit 190 kp/cm² nur blank geliefert. Technische Lieferbedingungen nach DIN 21254.

Tabelle 17. Drahtseile für Haspel und ähnliche Zwecke (Auszug aus DIN 21 250)

Bezeichnung eines Drahtseiles mit Aufbau 6×19 Drähte, von 20 mm Nenndurchmesser, mit einer Nennfestigkeit des Einzeldrahtes von 160 kp/mm², in Kreuzschlag rechtsgängig (s/Z), Ausführung blank:

Drahtseil 6 × 19—20 × 160 s/Z DIN 21 250

der Litzen	Anzahl der Drähte in einer Litze	aller Drähte	Seil-Nenn-durch-messer mm ±5%	Draht-Nenn-durch-messer mm	Metallischer Querschnitt des Seiles mm²	Masse kg/m ±5%	RechnerischeBruchlast des Seiles in kp bei Nennfestigkeit des Einzeldrahtes von 160 kp/mm²
6	7	42	10	1,1	40	0,38	6 400
			12	1,3	56	0,53	8 900
			14	1,5	74	0,70	11 800
			16	1,7	95	0,90	15 200
6	19	114	16	1,0	89	0,85	14 200
			18	1,1	108	1,03	17 200
			20	1,3	151	1,44	24 100
			22	1,4	175	1,66	28 000

Aufbau der Drahtseile dieser Norm 6 Litzen und 1 Faserstoffeinlage. Drahtseile nach dieser Norm werden im allgemeinen in Kreuzschlag rechtsgängig (s/Z) geliefert. Die übliche Oberflächenausführung ist blank. Förderseile für Seilfahrt siehe DIN 21 251, Tabelle 16.

Tabelle 18. Unterseile (Flachseile) (DIN 21256)

Bezeichnung eines doppelt genähten Flachunterseiles mit Aufbau $6 \times 4 \times 12$ Drähte von Breite $b = 130$ mm und Dicke $s = 29$ mm, mit einer Nennfestigkeit der Einzeldrähte der tragenden Litzen von 140 kp/mm², Ausführung verzinkt:

Flachunterseil $6 \times 4 \times 12 - 130 \times 29 \times 140$ DIN 21256

Nenngröße Breite $b \times$ Dicke s mm $\pm 10\%$		Draht-Nenn-durch-messer	Metallischer Quer-schnitt	Masse (des geschmierten Seiles) kg/m $\pm 5\%$		Rechnerische Bruchlast des Flachseiles in kp bei einer Nennfestigkeit des Einzeldrahtes von 140 kp/mm²
doppelt genäht	einfach genäht	mm	mm²	doppelt genäht	einfach genäht	
Aufbau: $6 \times 4 \times 7 = 6$ Schenkel zu je 4 Litzen zu je $1 + 6$ Drähten $= 168$ Drähte						
70×17	70×15	1,60	338	3,5	3,4	47300
74×18	74×16	1,70	381	4,0	3,8	53300
78×19	78×17	1,80	427	4,5	4,3	59700
82×20	82×18	1,90	477	5,0	4,8	66700
87×21	87×19	2,00	528	5,5	5,3	73900
91×22	91×20	2,10	581	6,1	5,8	81300
95×23	95×21	2,20	638	6,7	6,4	89300
Aufbau: $8 \times 4 \times 7 = 8$ Schenkel zu je 4 Litzen zu je $1 + 6$ Drähten $= 224$ Drähte						
110×20	110×18	1,90	636	6,7	6,4	89000
113×20	113×18	1,95	670	7,0	6,7	93800
116×21	116×19	2,00	703	7,4	7,0	98400
119×21	119×19	2,05	739	7,8	7,4	103400
122×22	122×20	2,10	775	8,1	7,8	108500
125×22	125×20	2,15	813	8,5	8,1	113800
128×23	128×21	2,20	851	8,9	8,5	119100
Aufbau: $6 \times 4 \times 12 = 6$ Schenkel zu je 4 Litzen zu je $3 + 9$ Drähten $= 288$ Drähte						
112×26	112×23	1,90	818	8,6	8,2	114500
115×26	115×23	1,95	861	9,0	8,6	120500
118×27	118×24	2,00	904	9,5	9,0	126500
121×27	121×24	2,05	950	10,0	9,5	133000
124×28	124×25	2,10	996	10,5	10,0	139400
127×28	127×25	2,15	1045	11,0	10,5	146300
130×29	130×26	2,20	1094	11,5	10,9	153100
Aufbau: $8 \times 4 \times 12 = 8$ Schenkel zu je 4 Litzen zu je $3 + 9$ Drähten $= 384$ Drähte						
146×26	146×23	1,90	1091	11,5	10,9	152700
149×26	149×23	1,95	1148	12,1	11,5	160700
154×27	154×24	2,00	1206	12,7	12,1	168800
157×27	157×24	2,05	1267	13,3	12,7	177300
160×28	160×25	2,10	1329	14,0	13,3	186000
165×28	165×25	2,15	1394	14,6	13,9	195100
168×29	168×26	2,20	1459	15,3	14,6	204200
Aufbau: $8 \times 4 \times 14 = 8$ Schenkel zu je 4 Litzen zu je $4 + 10$ Drähten $= 448$ Drähte						
160×27	160×24	1,90	1272	13,4	12,7	178000
164×28	164×25	1,95	1340	14,1	13,4	187600
168×28	168×25	2,00	1407	14,8	14,1	196900
172×29	172×26	2,05	1478	15,5	14,8	206900
176×29	176×26	2,10	1550	16,3	15,5	217000
180×30	180×27	2,15	1626	17,1	16,3	227600
184×30	184×27	2,20	1702	17,9	17,0	238200
Aufbau: $8 \times 4 \times 19 = 8$ Schenkel zu je 4 Litzen zu je $1 + 6 + 12$ Drähten $= 608$ Drähte						
186×31	186×28	1,90	1727	18,1	17,3	241700
190×32	190×29	1,95	1818	19,1	18,2	254500
194×33	194×30	2,00	1909	20,1	19,1	267200

Tabelle 19. Rundstahlketten für Stetigförderer, Langgliedrig, lehrenhaltig, geprüft, nach DIN 762

Maße in mm

Bezeichnung von ... m Rundstahlkette, Nenndicke $d = 20$ mm, verschleißfest gehärtet aus St 35.13 KE, Härtetiefe 1 mm, naturschwarz:

... m Kette 20 DIN 762 St 35.13 KE, Härtetiefe 1 mm

Nenn-dicke d	Teilung t	Zulässige Abweichung	Zulässige Abweichung für Maß $l = 11\,t$	Äußere Breite b $\approx$	Normalgüte		Vergütet		Masse (7,85 kg/dm³) kg/m $\approx$
					Prüf-last kp	Mindest-bruch-last kp	Prüf-last kp	Mindest-bruch-last kp	
10	50	±1,5	+4,0 −1,5	34	1400	4000	2000	5000	1,80
13	65		+5,5	44	2500	6400	3200	8480	3,05
16	80		−2,0	54	3550	10000	5000	12600	4,60
(18)	90	±2,0	+6,5 −2,0	60	4500	12600	6300	16000	5,85
20	100	±2,5	+8,0 −2,5	67	5600	16000	8000	20000	7,20

Werkstoff: Normalgüte St 35.13 K, Normalgüte verschleißfest gehärtet St 35.13 KE (mit Angabe der Härtetiefe), vergütet St 35.13 KH.

Ausführung: Naturschwarz (handelsüblich), blank (bei $d > 16$ mm vermeiden), rostgeschützt, z. B. verzinkt.

Die Zahl der Glieder muß stets ungerade und die Kettenenden einer Lieferung gleich groß sein. Werden sie als Zweistrangketten verwendet, müssen die Kettenenden gleich lang sein.

Tabelle 20. Rundstahlketten für Bergbau und Kraftfahrzeugbau, langgliedrig, nichtlehrenhaltig, geprüft, nach DIN 763

Maße in mm

Verwendungszweck im Bergbau: Anschlagketten. Bezeichnung von ... m Rundstahlkette, Nenndicke $d = 10$ mm, naturschwarz: *... m Kette 10 DIN 763*

Nenn-dicke d ±0,5	Teilung t	Äußere Breite b	Zulässige Abweichung für die Maße t und b	Nutz-last kp	Prüf-last kp	Mindest-bruchlast kp	Masse (7,85 kg/dm³) kg/m $\approx$
4	32	16	±2	100	200	600	0,270
5	36	20		160	320	1000	0,430
6	42	24		225	450	1400	0,630
7	48	28	±2,5	300	600	1800	0,860
8	54	32		400	800	2500	1,10
10	66	40		625	1250	4000	1,75
13	82	50	±3	1060	2120	6400	2,95
16	100	60	±4	1650	3300	10000	4,45
20	125	75	±5	2600	5200	16000	7,00

Werkstoff: St 35.13 K.

Ausführung: naturschwarz (handelsüblich), blank möglichst vermeiden.

Tabelle 21. Rundstahlketten für Stetigförderer. Halblanggliedrig, geprüft, nach DIN 764

Ausführung A: lehrenhaltig, Ausführung B: nicht lehrenhaltig
Maße in mm
Bezeichnung von ... m Rundstahlkette, lehrenhaltig (A), Nenndicke $d = 18$ mm
in Normalgüte aus St 35.13 K: *... m Kette A 18 DIN 764 St 35.13 K*

Nenndicke d	Teilung t	Teilung Zulässige Abweichung	Zulässige Abweichung für Maß $l = 11\,t$	Äußere Breite b ≈	Normalgüte Nutzlast kp	Normalgüte Prüflast kp	Normalgüte Mindestbruchlast kp	Vergütet Nutzlast kp	Vergütet Prüflast kp	Vergütet Mindestbruchlast kp	Masse (7,85 kg/dm³) kg/m ≈
10	35	±1,0	+2,5 / −1,0	34	1000	2000	4000	1250	2500	5000	2,05
13	45	±1,0	+2,5 / −1,0	44	1600	3200	6400	2120	4240	8480	3,45
16	56	±1,5	+4,0 / −1,5	54	2500	5000	10000	3150	6300	12600	5,20
18	63	±1,5	+5,5	60	3150	6300	12600	4000	8000	16000	6,50
20	70		−2,0	67	4000	8000	16000	5000	10000	20000	8,20
23	80	±2,0		77	5000	10000	20000	6700	13400	26800	10,8
26	91	±2,0	+6,5 / −2,0	87	6300	12600	25200	8500	17000	34000	14,0
28	98			94	7500	15000	30000	10000	20000	40000	16,5
30	105	±2,5		101	8500	17000	34000	11200	22400	44800	19,0
33	115	±3,0		112	10000	20000	40000	13200	26400	52800	22,3
36	126	±3,0	+9,0 / −4,0	122	12500	25000	50000	15000	30000	60000	26,5
39	136			132	14000	28000	56000	18000	36000	72000	31,0
42	147	±3,5		142	17000	34000	68000	20000	40000	80000	36,0

Werkstoff: Normalgüte St 35.13 K, Normalgüte verschleißfest gehärtet St 35.13 KE (mit Angabe der Härtetiefe), vergütet St 35.13 KH.
Ausführung: naturschwarz.

Tabelle 22. Hochfeste Rundstahlketten für Hebezeuge und Stetigförderer. Kurzgliedrig, lehrenhaltig, geprüft, nach DIN 5684

Maße in mm
Bezeichnung von ... m hochfester Kette, Nenndicke $d = 14$ mm:
... m Kette 14 DIN 5684

Nenndicke d	Teilung t	Teilung Zulässige Abweichung	Zulässige Abweichung für Maß $l = 11\,t$	Äußere Breite b ≈	Nutzlast kp ≈12,5 kp/mm²	Prüflast kp ≈25 kp/mm²	Mindestbruchlast kp ≈40 kp/mm²	Masse (7,85 kg/dm³) kg/m ≈
5	18,5	±0,5	+1,5 / −0,5	16	500	1000	1600	0,50
7	22	±0,5	+1,5 / −0,5	22	1000	2000	3200	1,00
9	27		+2,5 / −0,8	29	1600	3200	5000	1,75
11	31		+2,5 / −0,8	36	2500	5000	8000	2,70
14	41	±1,0	+3,8 / −1,3	46	4000	8000	12500	4,40
16	45	±1,0	+3,8 / −1,3	52	5000	10000	16000	5,80
18	50			58	6300	12500	20000	7,30

Werkstoff: Stahl 13 Mn 3, *Ausführung*: blank.

Tabelle 23. Hochfeste Rundstahlketten für den Bergbau nach DIN 22252

Bezeichnung von ... Kettenstücken von Nenndicke 18 mm, Teilung $t = 64$ mm mit 15 Gliedern der Güteklasse B: ... *Kettenstücke $18 \times 64 - 15$ DIN 22252 — B*
Bezeichnung von 2 Ketten je von $l = 15{,}05$ m, Nenndicke 22 mm, Teilung $t = 86$ mm mit 175 Gliedern der Güteklasse C:
2 Ketten $15{,}05/22 \times 86 - 175$ DIN 22252 — C

Tabelle 23a) Maße, Gewichte und Anwendungen

Nenn-dicke	Dicke d	zul. Abw.	Teilung t	zul. Abw.	Glie-der-zahl n	Länge l	zul. Abw.	Masse kg/m $\approx$	Anwendung für
14	14	$\pm 0{,}4$	50	$\pm 0{,}5$	15	750	$\pm 1{,}6$	3,9	ZKF[2] leichte Bauart
16	16	$\pm 0{,}5$	64	$\pm 0{,}6$	15	960	$\pm 2{,}1$	4,9	ZKF[2] mittelschwere Bauart
18	18	$\pm 0{,}5$	64	$\pm 0{,}6$	15	960	$\pm 2{,}1$	6,5	ZKF[2] mittel- und schwere Bauart
18	18	$\pm 0{,}5$	80	$\pm 0{,}8$	11	880	$\pm 2{,}1$	6,0	Trogbandförderer
18	18	$\pm 0{,}5$	120	$\pm 0{,}9$	7	840	$\pm 2{,}4$	5,3	Stauscheibenförderer
20	20	$\pm 0{,}6$	80	$\pm 0{,}8$	11	880	$\pm 2{,}1$	7,7	Trogbandförderer
22	22	$\pm 0{,}7$	86	$\pm 0{,}9$	11	946	$\pm 2{,}3$	9,4	Kohlenhobel
24	24	$\pm 0{,}8$	86	$\pm 0{,}9$	11	946	$\pm 2{,}3$	12,5	Kohlenhobel
26	26	$\pm 0{,}8$	92	$\pm 0{,}9$	11	1012	$\pm 2{,}4$	14,7	Kohlenhobel

[1] Zur Zeit gebräuchliche Kettenstücke.
[2] Zweiketten-Kratzerförderer. Nennwert der Länge einer Kette ist Nennwert Teilung t mal Anzahl n der Glieder (stets ungerade Zahl). Unterscheiden sich die Längen der Kettenstücke für Mehrkettenförderer um mehr als 2 mm, so sind die Kettenstücke paarweise mit Längen zu bündeln, die sich um weniger als 2 mm unterscheiden.

Tabelle 23 b) Güteklassen, mechanische Eigenschaften

| Güteklasse | A | | B | | C | | A | | B | | C | | A | | B | | C | |
| Nenndicke × Teilung | Prüf-kraft | Bruch-kraft | Prüf-kraft | Bruch-kraft | Prüf-kraft | Bruch-kraft | Spannung in kp/mm² *bei* | | | | | | Dehnung in % *bei* | | | | | |
mm	F_{Pr} Mp	F_{Br} Mp	F_{Pr} Mp	F_{Br} Mp	F_{Pr} Mp	F_{Br} Mp	F_{Pr}	F_{Br} mind.	F_{Pr}	F_{Br} mind.	F_{Pr}	F_{Br} mind.	F_{Pr} max.	F_{Br} mind.	F_{Pr} max.	F_{Br} mind.	F_{Pr} max.	F_{Br} mind.
14 × 50	11	15	15	19	20	25												
16 × 64	14	20	20	25	26	32												
18 × 64																		
18 × 80	18	25	25	32	33	41	35	50	50	63	64	80	1,0	10	1,4	10	2,0	8
18 × 120																		
20 × 80	22	31	31	40	40	50												
22 × 86	27	38	38	48	49	61												
24 × 86	31	45	45	57	58	72												
26 × 92	37	53	53	67	68	85												

Tabelle 24. Kettenschlösser für Ketten-Kratzerförderer nach DIN 22253

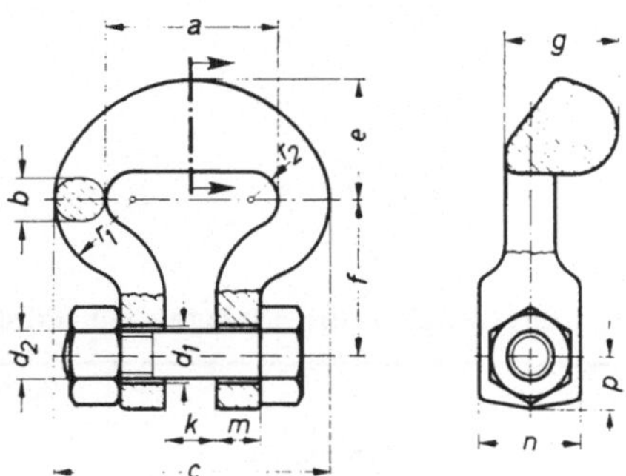

Bezeichnung eines vollständigen Kettenschlosses (Kettenbügel mit Schraube und Mutter) von Nenngröße 18×64 und Güteklasse B:

Kettenschloß 18×64 DIN 22253 — B

Tabelle 24a) Maße (in mm)

Nenn-größe	a min.	b max.	c max.	d_1	d_2	e max.	f max.	g max.	k min.	m max.	n max.	p min.	r_1 max.	r_2 min.
14×50	48	16	82	18	M 16	32	52	35	16	16	33	12	25	8
16×64	62	18	100	22	M 20	45	57	40	20	18	43	22	28	9
18×64	62	20,5	104	22	M 20	45	57	40	20	20	43	22	32	10

Tabelle 24b) Güteklassen und mechanische Eigenschaften von Kettenbügel, Schraube und Mutter

Güte-klasse	Nenn-größe	Vorspann-kraft (2,5kp/mm²) Mp	Prüfkraft F_{Pr} Mp	Prüfkraft Deh-nung % max.	Bruchkraft F_{Br} mind. Mp	Bruchkraft Deh-nung % mind.	Schraube	Festigkeit nach DIN 267 für Schraube	Festigkeit nach DIN 267 für Mutter	Anzugs-moment der Mutter max. kpm
A	14×50	0,8	11		15		M 16×65	5 D	5 S	9,5
A	16×64	1,0	14	2	20	8	M 20×75	5 D	5 S	18
A	18×64	1,3	18		25		M 20×80	5 D	5 S	18
B	14×50	0,8	15		19		M 16×65	8 G	6 S	18
B	16×64	1,0	20	2	25	6	M 20×75	8 G	6 S	30
B	18×64	1,3	25		32		M 20×80	8 G	6 S	30
C	14×50	0,8	20		25		M 16×65	8 G	6 S	18
C	16×64	1,0	26	2	32	6	M 20×75	8 G	6 S	30
C	18×64	1,3	33		41		M 20×80	8 G	6 S	30

Tabelle 25. Zugfestigkeit der Einlagen von Fördergurten [1]

Werkstoffe der Einlagen	Markenbezeichnung	Zugfestigkeit im Trockenzustand in kp/cm Einlage	
		Kette (längs)	Schuß (quer)
Baumwolle „B"	BZ 50/25	50	25
	BZ 60/30	60	30
Zellwolle „Z"	BZ 80/35	80	35
	BZ 100/50	100	50
Zellwolle „Z"	Z 70/30	70	30
	Z 90/40	90	40
	Z 125/50	125	50
Chemiefaser: Reyon „R"	RP oder EP 125/50	125	50
	RP oder EP 160/60	160	60
Polyamid „P"	RP oder EP 200/80	200	80
	RP oder EP 250/80	250	80
Polyester „E"	RP oder EP 300/80	300	80
	RP oder EP 400/100	400	100
	EP 500/100	500	100
	EP 600/100	600	100
		Bruchlast in kp/cm Breite	
Stahl „St"	St 1000	1000	
	St 1250	1250	
	St 1600	1600	
	St 2000	2000	
	St 2500	2500	
	St 3000	3000	

[1] Nach Phoenix Gummiwerke, Hamburg-Harbug, Druckschrift „Fördergurte".

Tabelle 26. Schrauben mit metrischem Gewinde

Bezeichnung für eine Schraube mit Nenndurchmesser $d = 30$ mm: M 30

Gewinde-Nenn-durchmesser	Sechskantschrauben				Sechskant-muttern		Unterlegscheiben			
	Kern-durch-messer	Kern-quer-schnitt	Stei-gung	Schrauben-kopfhöhe	Höhe	Schlüssel-weite	Außen-durch-messer	Stärke	Durchgangs-loch	
d mm	d_1 mm	mm²	h mm	mm	mm	mm	mm	mm	fein mm	mittel mm
3	2,35	4,34	0,5	2	2,4	5,5	7	0,5	3,2	3,6
4	3,09	7,50	0,7	2,8	3,2	7	9	0,8	4,3	4,8
5	3,96	12,3	0,8	3,5	4	9	11	1	5,3	5,8
6	4,70	17,3	1	4,5	5	10	12	1,5	6,4	7
8	6,38	31,9	1,25	5,5	6,5	14	17	2	8,4	9,4
10	8,05	50,9	1,5	7	8	17	21	2,5	10,5	11,5
12	9,73	74,3	1,75	8	9,5	19	24	3	13	14
14	11,40	102	2	9	11	22	28	3	15	16
16	13,40	141	2	10,5	13	24	30	3	17	18
18	14,75	171	2,5	12	15	27	34	4	19	20
20	16,75	220	2,5	13	16	30	36	4	21	23
22	18,75	276	2,5	14	17	32	40	4	23	25
24	20,10	317	3	15	18	36	44	4	25	27
27	23,10	419	3	17	20	41	50	5	28	30
30	25,45	509	3,5	19	22	46	56	5	31	33
33	28,45	636	3,5	21	25	50	60	5	34	36
36	30,80	745	4	23	28	55	68	6	37	39
39	33,80	897	4	25	30	60	72	6	40	42
42	36,15	1027	4,5	26	32	65	78	7	43	45
45	39,15	1204	4,5	28	35	70	85	7	46	48
48	41,50	1353	5	30	38	75	92	8	50	52
52	45,50	1626	5	32	40	80	98	8	54	56
56	48,86	1875	5,5	35	44	85	105	9	58	61
60	52,86	2194	5,5	38	48	90	110	9	62	65
64	56,21	2481	6	40	50	95	115	9	66	70
68	60,21	2847	6	42	52	100	120	10	70	74

Tabelle 27. I-Stahl

$a_2 = $ Mittenabstand der Profile, für den die beiden Hauptträgheitsmomente gleich groß und gleich $2\,I_x$ werden.

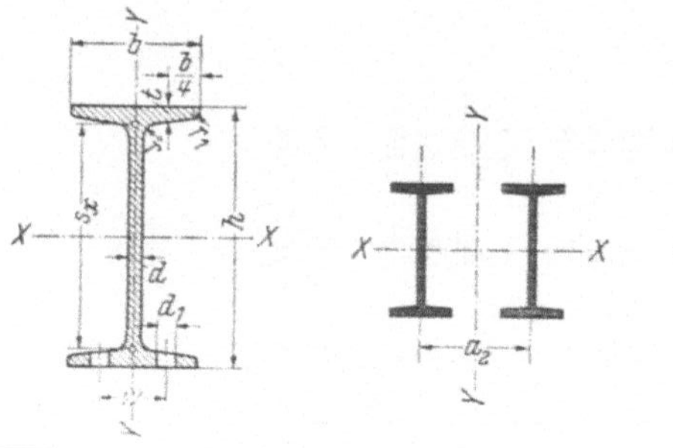

Be-zeich-nung	Abmessungen mm						A	Masse	Für die Biegeachse						a_2	Für die Flanschen-löcher		Be-zeich-nung
									$x-x$			$y-y$						
	h	b	$d=r$	t	r_1	s_x	cm²	kg/m	I_x cm⁴	W_x cm³	i_x cm	I_y cm⁴	W_y cm³	i_y cm	mm	d_1 mm	w mm	
8	80	42	3,9	5,9	2,3	59	7,58	5,95	77,8	19,5	3,20	6,29	3,00	0,91	62	—	22	8
10	100	50	4,5	6,8	2,7	75	10,6	8,32	171	34,2	4,01	12,2	4,88	1,07	78	—	26	10
12	120	58	5,1	7,7	3,1	92	14,2	11,2	328	54,7	4,81	21,5	7,41	1,23	94	—	30	12
14	140	66	5,7	8,6	3,4	109	18,3	14,4	573	81,9	5,61	35,2	10,7	1,40	108	11	34	14
16	160	74	6,3	9,5	3,8	125	22,8	17,9	935	117	6,40	54,7	14,8	1,55	124	13	38	16
18	180	82	6,9	10,4	4,1	142	27,9	21,9	1450	161	7,20	81,3	19,8	1,71	140	13	44	18
20	200	90	7,5	11,3	4,5	159	33,5	26,3	2140	214	8,00	117	26,0	1,87	156	17	46	20
22	220	98	8,1	12,2	4,9	175	39,6	31,1	3060	278	8,80	162	33,1	2,02	172	17	52	22
24	240	106	8,7	13,1	5,2	192	46,1	36,2	4250	354	9,59	221	41,7	2,20	188	17	56	24
26	260	113	9,4	14,1	5,6	208	53,4	41,9	5740	442	10,4	288	51,0	2,32	202	21	58	26
28	280	119	10,1	15,2	6,1	225	61,1	48,0	7590	542	11,1	364	61,2	2,45	218	21	62	28
30	300	125	10,8	16,2	6,5	241	69,1	54,2	9800	653	11,9	451	72,2	2,56	234	21	64	30
32	320	131	11,5	17,3	6,9	257	77,8	61,1	12510	782	12,7	555	84,7	2,67	248	21	70	32
34	340	137	12,2	18,3	7,3	274	86,8	68,1	15700	923	13,5	674	98,4	2,80	264	23	74	34
36	360	143	13,0	19,5	7,8	290	97,1	76,2	19610	1090	14,2	818	114	2,90	278	23	74	36
38	380	149	13,7	20,5	8,2	306	107	84,0	24010	1260	15,6	975	131	3,02	294	23	80	38
40	400	155	14,4	21,6	8,6	323	118	92,6	29210	1460	15,7	1160	149	3,13	308	23	84	40
42¹/₂	425	163	15,3	23,0	9,2	343	132	104	36970	1740	16,7	1440	176	3,30	328	25	86	42¹/₂
45	450	170	16,2	24,3	9,7	363	147	115	45850	2040	17,7	1730	203	3,43	348	25	92	45
47¹/₂	475	178	17,1	25,6	10,3	384	163	128	56480	2380	18,6	2090	235	3,60	366	28	96	47¹/₂
50	500	185	18,0	27,0	10,8	404	180	141	68740	2750	19,6	2480	268	3,72	384	28	100	50
55	550	200	19,0	30,0	11,9	444	213	167	99180	3610	21,6	3490	349	4,02	424	28	110	55
60	600	215	21,6	32,4	13,0	485	254	199	139000	4630	23,4	4670	431	4,30	460	28	120	60

Tabelle 28. [-Stahl

Neigung der inneren Flanschflächen: 8% bis Profil-Nr. 30,
5% bei Profilen ab Nr. 32

a_2 = Stegabstand zweier Profile, für den die beiden Hauptträgheitsmomente gleich groß und gleich $2\,I_x$ werden.

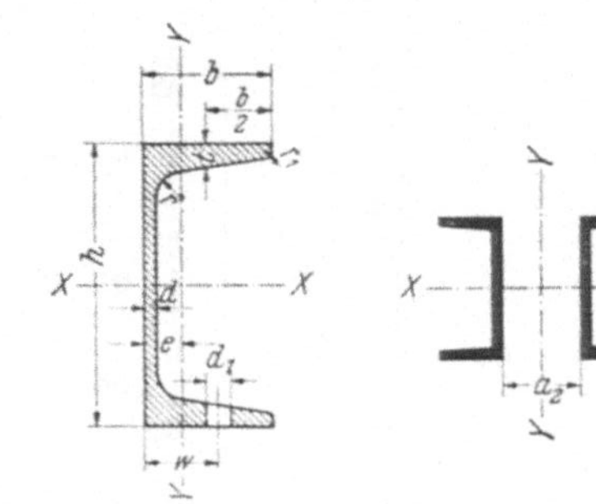

| Be-zeich-nung | Abmessungen mm | | | | | | A | Masse | Für die Biegeachse | | | | | | e | a_2 | Für die Flanschen-löcher | | Be-zeich-nung |
| | | | | | | | | | $x-x$ | | | $y-y$ | | | | | | | |
	h	b	d	$t=r$	r_1	h_1	cm²	kg/m	I_x cm⁴	W_x cm³	i_x cm	I_y cm⁴	W_y cm³	i_y cm	cm	mm	d_1 mm	w mm	
30·15	30	15	4	4,5	2	—	2,21	1,74	2,53	1,69	1,07	0,38	0,39	0,42	0,52	—	—	—	30·15
3	30	33	5	7	3,5	—	5,44	4,27	6,39	4,26	1,08	5,33	2,68	0,99	1,31	—	—	—	3
40·20	40	20	5	5	2,5	—	3,51	2,75	7,26	3,63	1,44	1,06	0,78	0,55	0,65	—	—	—	40·20
4	40	35	5	7	3,5	—	6,21	4,87	14,1	7,05	1,50	6,68	3,08	1,04	1,33	—	11	20	4
50·25	50	25	6	6,5	3	—	5,50	4,32	18,0	7,18	1,81	2,94	1,75	0,73	0,82	—	—	—	50·25
5	50	38	5	7	3,5	—	7,12	5,59	26,4	10,6	1,92	9,12	3,75	1,13	1,37	4	11	20	5
60·30	60	30	6	6	3	—	6,46	5,07	31,6	10,5	2,21	4,51	2,16	0,84	0,91	—	—	—	60·30
6½	65	42	5,5	7,5	4	—	9,03	7,09	57,5	17,7	2,52	14,1	5,07	1,25	1,42	16	11	25	6½
8	80	45	6	8	4	46	11,0	8,64	106	26,5	3,10	19,4	6,36	1,33	1,45	28	13	25	8
10	100	50	6	8,5	4,5	64	13,5	10,6	206	41,2	3,91	29,3	8,49	1,47	1,55	42	13	30	10
12	120	55	7	9	4,5	82	17,0	13,4	364	60,7	4,62	43,2	11,1	1,59	1,60	56	17	30	12
14	140	60	7	10	5	98	20,4	16,0	605	86,4	5,45	62,7	14,8	1,75	1,75	70	17	35	14
16	160	65	7,5	10,5	5,5	115	24,0	18,8	925	116	6,21	85,3	18,3	1,89	1,84	82	21	35	16
18	180	70	8	11	5,5	133	28,0	22,0	1350	150	6,95	114	22,4	2,02	1,92	96	21	40	18
20	200	75	8,5	11,5	6	151	32,2	25,3	1910	191	7,70	148	27,0	2,14	2,01	108	23	40	20
22	220	80	9	12,5	6,5	167	37,4	29,4	2690	245	8,48	197	33,6	2,30	2,14	122	23	45	22
24	240	85	9,5	13	6,5	184	42,3	33,2	3600	300	9,22	248	39,6	2,42	2,23	134	25	45	24
26	260	90	10	14	7	200	48,3	37,9	4820	371	9,99	317	47,7	2,56	2,36	146	25	50	26
(28)	280	95	10	15	7,5	216	53,3	41,8	6280	448	10,9	399	57,2	2,74	2,53	160	25	50	(28)
30	300	100	10	16	8	232	58,8	46,2	8030	535	11,7	495	67,8	2,90	2,70	174	25	55	30
(32)	320	100	14	17,5	8,75	246	75,8	59,5	10870	679	12,1	597	80,6	2,81	2,60	182	25	55	(32)
35	350	100	14	16	8	282	77,3	60,6	12840	734	12,9	570	75,0	2,72	2,40	204	25	55	35
40	400	110	14	18	9	324	91,5	71,8	20350	1020	14,9	846	102	3,04	2,65	240	25	60	40

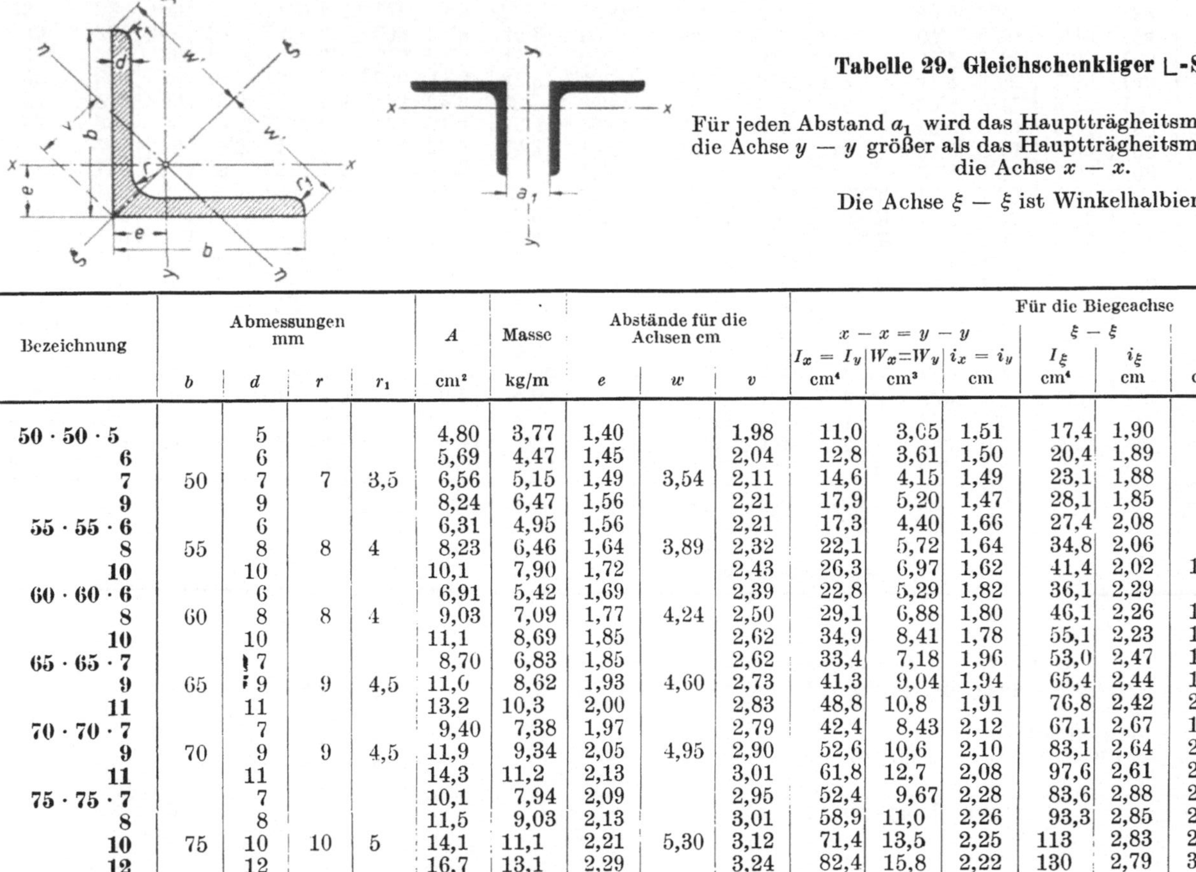

Tabelle 29. Gleichschenkliger ∟-Stahl

Für jeden Abstand a_1 wird das Hauptträgheitsmoment bezogen auf die Achse $y - y$ größer als das Hauptträgheitsmoment bezogen auf die Achse $x - x$.

Die Achse $\xi - \xi$ ist Winkelhalbierende.

Bezeichnung	Abmessungen mm				A	Masse	Abstände für die Achsen cm			Für die Biegeachse							
										$x - x = y - y$			$\xi - \xi$		$\eta - \eta$		
										$I_x = I_y$	$W_x = W_y$	$i_x = i_y$	I_ξ	i_ξ	I_η	W_η	i_η
	b	d	r	r_1	cm²	kg/m	e	w	v	cm⁴	cm³	cm	cm⁴	cm	cm⁴	cm³	cm
50 · 50 · 5		5			4,80	3,77	1,40		1,98	11,0	3,05	1,51	17,4	1,90	4,59	2,32	0,98
6		6			5,69	4,47	1,45		2,04	12,8	3,61	1,50	20,4	1,89	5,24	2,57	0,96
7	50	7	7	3,5	6,56	5,15	1,49	3,54	2,11	14,6	4,15	1,49	23,1	1,88	6,02	2,85	0,96
9		9			8,24	6,47	1,56		2,21	17,9	5,20	1,47	28,1	1,85	7,67	3,47	0,97
55 · 55 · 6		6			6,31	4,95	1,56		2,21	17,3	4,40	1,66	27,4	2,08	7,24	3,28	1,07
8	55	8	8	4	8,23	6,46	1,64	3,89	2,32	22,1	5,72	1,64	34,8	2,06	9,35	4,03	1,07
10		10			10,1	7,90	1,72		2,43	26,3	6,97	1,62	41,4	2,02	11,3	4,65	1,06
60 · 60 · 6		6			6,91	5,42	1,69		2,39	22,8	5,29	1,82	36,1	2,29	9,43	3,95	1,17
8	60	8	8	4	9,03	7,09	1,77	4,24	2,50	29,1	6,88	1,80	46,1	2,26	12,1	4,84	1,16
10		10			11,1	8,69	1,85		2,62	34,9	8,41	1,78	55,1	2,23	14,6	5,57	1,15
65 · 65 · 7		7			8,70	6,83	1,85		2,62	33,4	7,18	1,96	53,0	2,47	13,8	5,27	1,26
9	65	9	9	4,5	11,0	8,62	1,93	4,60	2,73	41,3	9,04	1,94	65,4	2,44	17,2	6,30	1,25
11		11			13,2	10,3	2,00		2,83	48,8	10,8	1,91	76,8	2,42	20,7	7,31	1,25
70 · 70 · 7		7			9,40	7,38	1,97		2,79	42,4	8,43	2,12	67,1	2,67	17,6	6,31	1,37
9	70	9	9	4,5	11,9	9,34	2,05	4,95	2,90	52,6	10,6	2,10	83,1	2,64	22,0	7,59	1,36
11		11			14,3	11,2	2,13		3,01	61,8	12,7	2,08	97,6	2,61	26,0	8,64	1,35
75 · 75 · 7		7			10,1	7,94	2,09		2,95	52,4	9,67	2,28	83,6	2,88	21,1	7,15	1,45
8		8			11,5	9,03	2,13		3,01	58,9	11,0	2,26	93,3	2,85	24,4	8,11	1,46
10	75	10	10	5	14,1	11,1	2,21	5,30	3,12	71,4	13,5	2,25	113	2,83	29,8	9,55	1,45
12		12			16,7	13,1	2,29		3,24	82,4	15,8	2,22	130	2,79	34,7	10,7	1,44

44*

80 · 80 · 8		8			12,3	9,66	2,26		3,20	72,3	12,6	2,42	115	3,06	29,6	9,25	1,55
10	80	10	10	5	15,1	11,9	2,34	5,66	3,31	87,5	15,5	2,41	139	3,03	35,9	10,9	1,54
12		12			17,9	14,1	2,41		3,41	102	18,2	2,39	161	3,00	43,0	12,6	1,54
14		14			20,6	16,1	2,48		3,51	115	20,8	2,36	181	2,96	48,6	13,9	1,56
90 · 90 · 9		9			15,5	12,2	2,54		3,59	116	18,0	2,74	184	3,45	47,8	13,3	1,75
11	90	11	11	5,5	18,7	14,7	2,62	6,36	3,70	138	21,6	2,72	218	3,41	57,1	15,4	1,74
13		13			21,8	17,1	2,70		3,81	158	25,1	2,69	250	3,39	65,9	17,3	1,73
16		16			26,4	20,7	2,81		3,97	186	30,1	2,66	294	3,34	79,1	19,9	1,75
100 · 100 · 10		10			19,2	15,1	2,82		3,99	177	24,7	3,04	280	3,82	73,3	18,4	1,95
12	100	12	12	6	22,7	17,8	2,90	7,07	4,10	207	29,2	3,02	328	3,80	86,2	21,0	1,93
14		14			26,2	20,6	2,98		4,21	235	33,5	3,00	372	3,77	98,3	23,4	1,94
16		16			29,6	23,2	3,06		4,32	262	37,7	2,97	413	3,74	111	25,6	1,93
110 · 110 · 10		10			21,2	16,6	3,07		4,34	239	30,1	3,36	379	4,23	98,6	22,7	2,16
12	110	12	12	6	25,1	19,7	3,15	7,78	4,45	280	35,7	3,34	444	4,21	116	26,1	2,15
14		14			29,0	22,8	3,21		4,54	319	41,0	3,32	505	4,18	133	29,3	2,14
120 · 120 · 11		11			25,4	19,9	3,36		4,75	341	39,5	3,66	541	4,62	140	29,5	2,35
13	120	13	13	6,5	29,7	23,3	3,44	8,49	4,86	394	46,0	3,64	625	4,59	162	33,3	2,34
15		15			33,9	26,6	3,51		4,96	446	52,5	3,63	705	4,56	186	37,5	2,34
17		17			38,1	29,9	3,59		5,08	493	58,7	3,60	778	4,51	208	41,0	2,34
130 · 130 · 12		12			30,0	23,6	3,64		5,15	472	50,4	3,97	750	5,00	194	37,7	2,54
14	130	14	14	7	34,7	27,2	3,72	9,19	5,26	540	58,2	3,94	857	4,97	223	42,4	2,53
16		16			39,3	30,9	3,80		5,37	605	65,8	3,92	959	4,94	251	46,7	2,52
140 · 140 · 13		13			35,0	27,5	3,92		5,54	638	63,3	4,27	1010	5,38	262	47,3	2,74
15	140	15	15	7,5	40,0	31,4	4,00	9,90	5,66	723	72,3	4,25	1150	5,36	298	52,7	2,73
17		17			45,0	35,3	4,08		5,77	805	81,2	4,23	1280	5,33	334	57,9	2,72
150 · 150 · 14		14			40,3	31,6	4,21		5,95	845	78,2	4,58	1340	5,77	347	58,3	2,94
16	150	16	16	8	45,7	35,9	4,29	10,6	6,07	949	88,7	4,56	1510	5,74	391	64,4	2,93
18		18			51,0	40,1	4,36		6,17	1050	99,3	4,54	1670	5,70	438	71,0	2,93
160 · 160 · 15		15			46,1	36,2	4,49		6,35	1100	95,6	4,88	1750	6,15	453	71,3	3,14
17	160	17	17	8,5	51,8	40,7	4,57	11,3	6,46	1230	108	4,86	1950	6,13	506	78,3	3,13
19		19			57,5	45,1	4,65		6,58	1350	118	4,84	2140	6,10	558	84,8	3,12
180 · 180 · 16		16			55,4	43,5	5,02		7,11	1680	130	5,51	2690	6,96	679	95,5	3,50
18	180	18	18	9	61,9	48,6	5,10	12,7	7,22	1870	145	5,49	2970	6,93	757	105	3,49
20		20			68,4	53,7	5,18		7,33	2040	160	5,47	3260	6,90	830	113	3,49
200 · 200 · 16		16			61,8	48,5	5,52		7,80	2340	162	6,15	3740	7,78	943	121	3,91
18	200	18	18	9	69,1	54,3	5,60	14,1	7,92	2600	181	6,13	4150	7,75	1050	133	3,90
20		20			76,4	59,9	5,68		8,04	2850	199	6,11	4540	7,72	1160	144	3,89

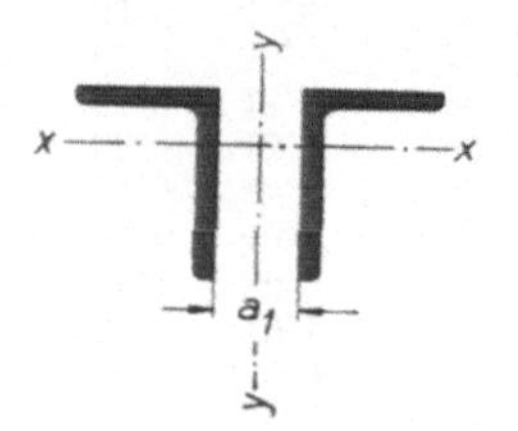

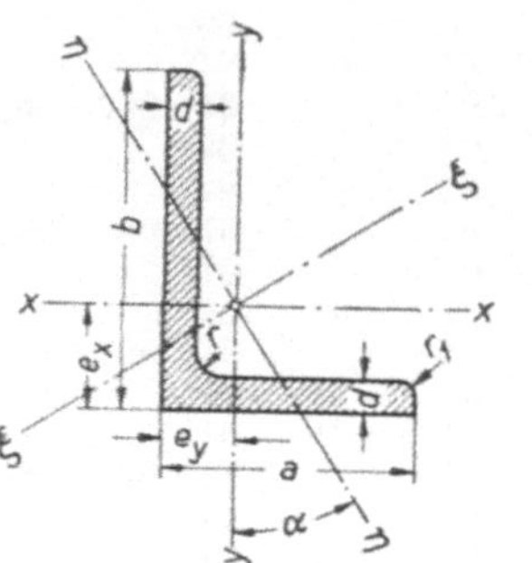

Tabelle 30. Ungleichschenkliger ∟-Stahl

a_1 = Abstand zweier ∟-Profile, für den die beiden Hauptträgheits-momente gleich groß und gleich $2\,I_x$ werden.

Bezeichnung	Abmessungen mm					A	Masse	Lage d. Achsen			Für die Biegeachse									a_1
								Abstände		Achse $\eta-\eta$	$x-x$			$y-y$			$\xi-\xi$		$\eta-\eta$		
	a	b	d	r	r_1	cm²	kg/m	e_x cm	e_y cm	$\tan\alpha$	I_x cm⁴	W_x cm³	i_x cm	I_y cm⁴	W_y cm³	i_y cm	I_ξ cm⁴	i_ξ cm	I_η cm⁴	i_η cm	mm
50 · 40 · 3			3			2,63	2,06	1,48	0,99	0,632	6,58	1,87	1,58	3,76	1,25	1,20	8,46	1,79	1,89	0,85	1,0
4	40	50	4	4	2	3,46	2,71	1,52	1,03	0,629	8,54	2,47	1,57	4,86	1,64	1,19	10,9	1,78	2,46	0,84	—
5			5			4,27	3,35	1,56	1,07	0,625	10,4	3,02	1,56	5,89	2,01	1,18	13,3	1,76	3,02	0,84	—
60 · 30 · 5			5			4,29	3,37	2,15	0,68	0,256	15,6	4,04	1,90	2,50	1,12	0,78	16,5	1,96	1,69	0,63	21,4
7	30	60	7	6	3	5,85	4,59	2,24	0,76	0,248	20,7	5,50	1,88	3,41	1,52	0,76	21,8	1,93	2,28	0,62	19,2
60 · 40 · 5			5			4,79	3,76	1,96	0,97	0,437	17,2	4,25	1,89	6,11	2,02	1,13	19,8	2,03	3,50	0,86	11,2
6	40	60	6	6	3	5,68	4,46	2,00	1,01	0,433	20,1	5,03	1,88	7,12	2,38	1,12	23,1	2,02	4,12	0,85	10,2
7			7			6,55	5,14	2,04	1,05	0,429	23,0	5,79	1,87	8,07	2,74	1,11	26,3	2,00	4,73	0,85	9,2
65 · 50 · 5			5			5,54	4,35	1,99	1,25	0,583	23,1	5,11	2,04	11,9	3,18	1,47	28,8	2,28	6,21	1,06	3,6
7	50	65	7	6,5	3,5	7,60	5,97	2,07	1,33	0,574	31,0	6,99	2,02	15,8	4,31	1,44	38,4	2,25	8,37	1,05	1,0
9			9			9,58	7,52	2,15	1,41	0,567	38,2	8,77	2,00	19,4	5,39	1,42	47,0	2,22	10,5	1,05	—
75 · 55 · 5			5			6,30	4,95	2,31	1,33	0,530	35,5	6,84	2,37	16,2	3,89	1,60	43,1	2,61	8,68	1,17	8,4
7	55	75	7	7	3,5	8,66	6,80	2,40	1,41	0,525	47,9	9,39	2,35	21,8	5,32	1,59	57,9	2,59	11,8	1,17	6,6
9			9			10,9	8,59	2,47	1,48	0,518	59,4	11,8	2,33	26,8	6,66	1,57	71,3	2,55	14,8	1,16	5,0

75 · 65 · 6			6			8,11	6,37	2,19	1,70	0,740	44,0	8,30	2,33	30,7	6,39	1,94	60,2	2,73	14,4	1,34	—
8	65	75	8	8	4	10,6	8,34	2,28	1,78	0,736	56,7	10,9	2,31	39,4	8,34	1,92	77,3	2,70	18,8	1,33	—
10			10			13,1	10,3	2,35	1,86	0,732	68,4	13,3	2,29	47,3	10,2	1,90	92,7	2,66	23,0	1,33	—
80 · 40 · 6			6			6,89	5,41	2,85	0,88	0,259	44,9	8,73	2,55	7,59	2,44	1,05	47,6	2,63	4,90	0,84	29,0
8	40	80	8	7	3,5	9,01	7,07	2,94	0,95	0,263	57,6	11,4	2,53	9,68	3,18	1,04	60,9	2,60	6,41	0,84	27,2
80 · 65 · 6			6			8,41	6,60	2,39	1,65	0,649	52,8	9,41	2,51	31,2	6,44	1,93	68,5	2,85	15,6	1,36	—
8	65	80	8	8	4	11,0	8,66	2,47	1,73	0,645	68,1	12,3	2,49	40,1	8,41	1,91	88,0	2,82	20,3	1,36	—
10			10			13,6	10,7	2,55	1,81	0,640	82,2	15,1	2,46	48,3	10,3	1,89	106	2,79	24,8	1,35	—
12			12			16,0	12,6	2,63	1,88	0,634	95,4	17,8	2,44	55,8	12,1	1,87	122	2,76	29,2	1,35	—
90 · 60 · 6			6			8,69	6,82	2,89	1,41	0,442	71,7	11,7	2,87	25,8	5,61	1,72	82,8	3,09	14,6	1,30	17,8
8	60	90	8	7	3,5	11,4	8,96	2,97	1,49	0,437	92,5	15,4	2,85	33,0	7,31	1,70	107	3,06	19,0	1,29	16,0
10			10			14,1	11,0	3,05	1,56	0,431	112	18,8	2,82	39,6	8,92	1,68	129	3,02	23,1	1,28	14,2
90 · 75 · 7			7			11,1	8,74	2,67	1,93	0,683	88,1	13,9	2,81	55,5	9,98	2,23	117	2,34	27,1	1,56	—
9	75	90	9	8,5	4,5	14,1	11,1	2,76	2,01	0,679	110	17,6	2,79	69,1	12,6	2,21	145	3,21	34,1	1,56	—
11			11			17,0	13,4	2,83	2,09	0,675	130	21,1	2,77	81,7	18,5	2,19	171	3,17	40,9	1,55	—
100 · 50 · 6			6			8,73	6,85	3,49	1,04	0,263	89,7	13,8	3,20	13,3	3,86	1,32	95,2	3,30	9,78	1,06	37,6
8	50	100	8	9	4,5	11,5	8,99	3,59	1,13	0,258	116	18,0	3,18	19,5	5,04	1,31	123	3,28	12,6	1,05	35,4
10			10			14,1	11,1	3,67	1,20	0,252	141	22,2	3,16	23,4	6,17	1,29	149	3,25	15,5	1,04	33,8
100 · 65 · 7			7			11,2	8,77	3,23	1,51	0,419	113	16,6	3,17	37,6	7,54	1,84	128	3,39	21,6	1,39	21,8
9	65	100	9	11	5	14,2	11,1	3,32	1,59	0,415	141	21,0	3,15	46,7	9,52	1,82	160	3,36	27,2	1,39	19,8
11			11			17,1	13,4	3,40	1,67	0,410	167	25,3	3,13	55,1	11,4	1,80	190	3,34	32,6	1,38	17,8
100 · 75 · 7			7			11,9	9,32	3,06	1,83	0,553	118	17,0	3,15	56,9	10,0	2,19	145	3,49	30,1	1,59	8,8
9	75	100	9	10	5	15,1	11,8	3,15	1,91	0,549	148	21,5	3,13	71,0	12,7	2,17	181	3,47	37,8	1,59	7,0
11			11			18,2	14,3	3,23	1,99	0,545	176	25,9	3,11	84,0	15,3	2,15	214	3,44	45,4	1,58	5,2
115 · 65 · 8			8			13,8	10,9	3,94	1,46	0,324	188	24,8	3,69	44,2	8,78	1,79	205	3,85	27,4	1,41	35,4
10	65	115	10	8	4	17,1	13,4	4,02	1,54	0,321	229	30,6	3,66	53,3	10,8	1,77	249	3,82	33,2	1,40	33,4
120 · 80 · 8			8			15,5	12,2	3,83	1,87	0,441	226	27,6	3,82	80,8	13,2	2,29	261	4,10	45,8	1,72	24,0
10			10			19,1	15,0	3,92	1,95	0,438	276	34,1	3,80	98,1	16,2	2,27	318	4,07	56,1	1,71	22,2
12	80	120	12	11	5,5	22,7	17,8	4,00	2,03	0,433	323	40,4	3,77	114	19,1	2,25	371	4,04	66,1	1,71	20,2
14			14			26,2	20,5	4,08	2,10	0,429	368	46,4	3,75	130	22,0	2,23	421	4,01	75,8	1,70	18,4
130 · 65 · 8			8			15,1	11,9	4,56	1,37	0,263	263	31,1	4,17	44,8	8,72	1,72	280	4,31	28,6	1,38	48,6
10	65	130	10	11	5,5	18,6	14,6	4,65	1,45	0,259	321	38,4	4,15	54,2	10,7	1,71	340	4,27	35,0	1,37	46,8
12			12			22,1	17,3	4,74	1,53	0,255	376	45,5	4,12	63,0	12,7	1,69	397	4,24	41,2	1,37	44,6
130 · 75 · 8			8			15,9	12,5	4,36	1,65	0,339	276	31,9	4,17	68,3	11,7	2,08	303	4,37	41,3	1,61	39,2
10	75	130	10	10,5	5,5	19,6	15,4	4,45	1,73	0,336	337	39,4	4,14	82,9	14,4	2,06	369	4,34	50,6	1,61	37,4
12			12			23,3	18,3	4,53	1,81	0,332	395	46,6	4,12	96,5	17,0	2,04	432	4,31	59,6	1,60	35,4

Tabelle 30 (Fortsetzung)

Bezeichnung	Abmessungen mm					A	Masse	Lage d. Achsen			Für die Biegeachse										a_1
								Abstände		Achse $\eta-\eta$	$x-x$			$y-y$			$\xi-\xi$		$\eta-\eta$		
	a	b	d	r	r_1	cm²	kg/m	e_x cm	e_y cm	$\tan\alpha$	I_x cm⁴	W_x cm³	i_x cm	I_y cm⁴	W_y cm³	i_y cm	I_ξ cm⁴	i_ξ cm	I_η cm⁴	i_η cm	mm
130 · 90 · 10	90	130	10	12	6	21,2	16,6	4,15	2,18	0,472	358	40,5	4,11	141	20,6	2,58	420	4,46	78,5	1,93	20,4
12			12			25,1	19,7	4,24	2,26	0,468	420	48,0	4,09	165	24,4	2,56	492	4,43	92,6	1,92	18,6
14			14			29,0	22,8	4,32	2,34	0,465	480	55,3	4,07	187	28,1	2,54	560	4,40	106	1,91	16,8
150 · 75 · 9	75	150	9	10,5	5,5	19,5	15,3	5,28	1,57	0,265	455	46,8	4,83	78,3	13,2	2,00	484	4,98	50,0	1,60	56,4
11			11			23,6	18,6	5,37	1,65	0,261	545	56,6	4,80	93,0	15,9	1,98	578	4,95	59,8	1,59	54,4
13			13			27,7	21,7	5,45	1,73	0,258	631	66,1	4,78	107	18,5	1,96	668	4,91	69,4	1,58	52,4
150 · 100 · 10	100	150	10	13	6,5	24,2	19,0	4,80	2,34	0,442	552	54,1	4,78	198	25,8	2,86	637	5,13	112	2,15	29,8
12			12			28,7	22,6	4,89	2,42	0,439	650	64,2	4,76	232	30,6	2,84	749	5,10	132	2,15	28,0
14			14			33,2	26,1	4,97	2,50	0,435	744	74,1	4,73	264	35,2	2,82	856	5,07	152	2,14	26,2
160 · 80 · 10	80	160	10	13	6,5	23,2	18,2	5,63	1,69	0,263	611	58,9	5,14	104	16,5	2,12	648	5,29	67,0	1,70	59,7
12			12			27,5	21,6	5,72	1,77	0,259	720	70,0	5,11	122	19,6	2,10	763	5,26	78,9	1,69	57,9
14			14			31,8	25,0	5,81	1,85	0,256	823	80,7	5,09	139	22,5	2,09	871	5,23	90,5	1,69	55,8
200 · 100 · 10	100	200	10	15	7,5	29,2	23,0	6,93	2,01	0,256	1220	93,2	6,46	210	26,3	2,68	1300	6,66	133	2,14	77,4
12			12			34,8	27,3	7,03	2,10	0,264	1440	111	6,43	247	31,3	2,67	1530	6,63	158	3,13	75,2
14			14			40,3	31,6	7,12	2,18	0,262	1650	128	6,41	282	36,1	2,65	1760	6,60	181	2,12	73,0
16			16			45,7	35,9	7,20	2,26	0,259	1860	145	6,38	316	40,8	2,63	1970	6,57	204	2,11	71,0

Tabelle 31. Grubenstahl, I-Profile (Auszug DIN 21541, Bl. 1)

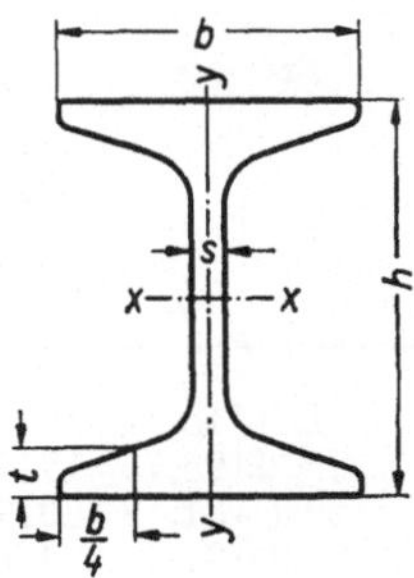

Bezeichnung eines Grubenstahl-I-Profiles G I 110 aus ... [1]: G I 110 DIN
21541 ... [1]

Kurz-zeichen	Maße in mm				Quer-schnitt	Masse (7,85 kg/dm³)	Für die Biegeachse					
							$x - x$			$y - y$		
	h	b	s	t	A cm²	kg/m	I_x cm⁴	W_x cm³	i_x cm	I_y cm⁴	W_y cm³	i_y cm
GI 70	70	68	7	9,5	16,2	12,7	122	34,7	2,74	36,0	10,6	1,49
GI 90	90	76	8	11,5	22,5	17,7	281	62,5	3,53	62,6	16,5	1,67
GI 100	100	80	9	12,5	26,4	20,7	403	80,7	3,91	80,5	20,1	1,75
GI 110	110	84	10	14	31,1	24,5	570	103	4,28	103	24,5	1,82
GI 120	120	92	11	15,5	37,6	29,5	816	136	4,66	150	32,6	2,00
GI 130	130	100	12	17	44,6	35,0	1130	175	5,05	211	42,3	2,18
GI 140	140	110	12	19	53,0	41,6	1586	227	5,47	315	57,3	2,44

[1] Werkstoff: Flußstahl (Stahlmarke bei Bestellung angeben).

Tabelle 32. Grubenausbaustahl, Gruben-U-Stahl nach DIN 21541, Bl. 2

Kurzzeichen	Höhe mm	Breite mm	Wand-stärke mm	A cm²	Masse kg/m	Trägheits-moment		Widerstands-moment	
						I_x cm⁴	I_y cm⁴	W_x cm³	W_y cm³
GU 14i	77	112	8	17,3	13,6	130	188	32,6	33,6
GU 14a	71	112	7	17,3	13,6	108	225	29,6	40,2
GU 18i	86	128	9	22,8	17,9	217	335	50,6	52,4
GU 18a	77	128	8	22,7	17,8	168	399	43,0	62,3
GU 21i	94	138	9,5	26,7	20,9	305	440	65,0	63,0
GU 21a	87	138	9	26,8	21,0	251	539	56,0	78,0
GU 28i	115	145	15	35,8	28,1	640	600	108	82,6
GU 28a	110	145	14,5	35,5	27,9	567	740	100	102

Tabelle 33. Grubenschienen

	Abmessungen und Masse						Momente		Belastungen F und Durchbiegungen bei $\sigma_b = 1000$ kp/cm²					
	Höhe	Fußbreite	Kopfbreite	Stegstärke	Länge	Masse	I	W	$l = 60$ cm		$l = 75$ cm		$l = 100$ cm	
									F	f	F	f	F	f
	mm	mm	mm	mm	m	kg/m	cm⁴	cm³	kp	mm	kp	mm	kp	mm
1	65	50	25	5	5	7	52,16	15,34	1022	0,4	818	0,62	614	1,12
2	75	58	30	6	5	10	99,29	25,75	1717	0,35	1373	0,55	1030	0,98
3	80	66	35	7	7	12	129,1	31,17	2077	0,33	1662	0,51	1247	0,91
4	80	70	38	9,5	7	14	152,2	37,26	2486	0,33	1987	0,52	1490	0,92
5	93	80	40	8	8	16	253,3	52,3	3487	0,28	2789	0,44	2092	0,78
6	93	83	43	11	8	18	273,4	56,6	3773	0,28	3018	0,44	2264	0,78
7	100	82	44	10	8	20	346	66,2	4414	0,26	3531	0,41	2648	0,73
8	115	90	53	12	8	24	569	98,0	6550	0,24	5250	0,37	3920	0,66

Raddruckkraft bei Druckluft-Lokomotiven (schwere Bauart) . . . 2,4 Mp

Raddruckkraft bei elektrischen Lokomotiven (schwere Bauart) . . 2,8 Mp

Tabelle 34. Eisenbahn-Schienen

Profil-Nr.	nach Abnutzung von	Stegstärke	Fußbreite	Kopfbreite	h	A	Masse	Abstand e der Nullinie von		Trägheitsmoment		Widerstandsmoment	
								unten	oben	I_x	I_y	W_x	W_y
	mm	mm	mm	mm	mm	cm²	kg/m	mm	mm	cm⁴	cm⁴	cm³	cm³
6	0	11	105	58	134	42,5	33,4	67,3	66,7	1037	151	154	28,7
	1				133	41,9	33,0	66,4	66,6	1016	149	153	28,4
	5				129	39,6	31,1	62,8	66,2	917	143	138	27,2
	10				124	36,7	28,9	57,9	66,1	796	135	120	25,6
	13				121	35	27,5	54,7	66,3	731	130	110	24,7
7	0	18	105	58	134	47,4	37,2	66,4	67,6	1063	153	157	29
8	0	14	110	72	138	52,3	41,0	70,0	68,0	1352	228	193	42
15	0	14	110	72	144	57,4	45,1	73,0	71,0	1583	259	217	47
S 45	0	14	125	67	142	57,6	45,3	69,5	72,5	1527	293	211	47
S 49	0	14	125	67	148	62,3	48,9	72	76	1751	319	234	51

Baustoff = Stahl von $60 \cdots 80$ kp/mm² Zugfestigkeit.

Tabelle 35. Knickzahlen ω für St 33, Handelsbaustahl und St 37

λ	0	1	2	3	4	5	6	7	8	9	λ
20	1,04	1,04	1,04	1,05	1,05	1,06	1,06	1,07	1,07	1,08	20
30	1,08	1,09	1,09	1,10	1,10	1,11	1,11	1,12	1,13	1,13	30
40	1,14	1,14	1,15	1,16	1,16	1,17	1,18	1,19	1,19	1,20	40
50	1,21	1,22	1,23	1,23	1,24	1,25	1,26	1,27	1,28	1,29	50
60	1,30	1,31	1,32	1,33	1,34	1,35	1,36	1,37	1,39	1,40	60
70	1,41	1,42	1,44	1,45	1,46	1,48	1,49	1,50	1,52	1,53	70
80	1,55	1,56	1,58	1,59	1,61	1,62	1,64	1,66	1,68	1,69	80
90	1,71	1,73	1,74	1,76	1,78	1,80	1,82	1,84	1,86	1,88	90
100	1,90	1,92	1,94	1,96	1,98	2,00	2,02	2,05	2,07	2,09	100
110	2,11	2,14	2,16	2,18	2,21	2,23	2,27	2,31	2,35	2,39	110
120	2,43	2,47	2,51	2,55	2,60	2,64	2,68	2,72	2,77	2,81	120
130	2,85	2,90	2,94	2,99	3,03	3,08	3,12	3,17	3,22	3,26	130
140	3,31	3,36	3,41	3,45	3,50	3,55	3,60	3,65	3,70	3,75	140
150	3,80	3,85	3,90	3,95	4,00	4,06	4,11	4,16	4,22	4,27	150
160	4,32	4,38	4,43	4,49	4,54	4,60	4,65	4,71	4,77	4,82	160
170	4,88	4,94	5,00	5,05	5,11	5,17	5,23	5,29	5,35	5,41	170
180	5,47	5,53	5,59	5,66	5,72	5,78	5,84	5,91	5,97	6,03	180
190	6,10	6,16	6,23	6,29	6,36	6,42	6,49	6,55	6,62	6,69	190
200	6,75	6,82	6,89	6,96	7,03	7,10	7,17	7,24	7,31	7,38	200
210	7,45	7,52	7,59	7,66	7,73	7,81	7,88	7,95	8,03	8,10	210
220	8,17	8,25	8,32	8,40	8,47	8,55	8,63	8,70	8,78	8,86	220
230	8,93	9,01	9,09	9,17	9,25	9,33	9,41	9,49	9,57	9,65	230
240	9,73	9,81	9,89	9,97	10,05	10,14	10,22	10,30	10,39	10,47	240
250	10,55										

250 | 10,55   Zwischenwerte brauchen nicht eingeschaltet zu werden.

Tabelle 36. Knickzahlen ω für St 52

λ	0	1	2	3	4	5	6	7	8	9	λ
20	1,06	1,06	1,07	1,07	1,08	1,08	1,09	1,09	1,10	1,11	20
30	1,11	1,12	1,12	1,13	1,14	1,15	1,15	1,16	1,17	1,18	30
40	1,19	1,19	1,20	1,21	1,22	1,23	1,24	1,25	1,26	1,27	40
50	1,28	1,30	1,31	1,32	1,33	1,35	1,36	1,37	1,39	1,40	50
60	1,41	1,43	1,44	1,46	1,48	1,49	1,51	1,53	1,54	1,56	60
70	1,58	1,60	1,62	1,64	1,66	1,68	1,70	1,72	1,74	1,77	70
80	1,79	1,81	1,83	1,86	1,88	1,91	1,93	1,95	1,98	2,01	80
90	2,05	2,10	2,14	2,19	2,24	2,29	2,33	2,38	2,43	2,48	90
100	2,53	2,58	2,64	2,69	2,74	2,79	2,85	2,90	2,95	3,01	100
110	3,06	3,12	3,18	3,23	3,29	3,35	3,41	3,47	3,53	3,59	110
120	3,65	3,71	3,77	3,83	3,89	3,96	4,02	4,09	4,15	4,22	120
130	4,28	4,35	4,41	4,48	4,55	4,62	4,69	4,75	4,82	4,89	130
140	4,96	5,04	5,11	5,18	5,25	5,33	5,40	5,47	5,55	5,62	140
150	5,70	5,78	5,85	5,93	6,01	6,09	6,16	6,24	6,32	6,40	150
160	6,48	6,57	6,65	6,73	6,81	6,90	6,98	7,06	7,15	7,23	160
170	7,32	7,41	7,49	7,58	7,67	7,76	7,85	7,94	8,03	8,12	170
180	8,21	8,30	8,39	8,48	8,58	8,67	8,76	8,86	8,95	9,05	180
190	9,14	9,24	9,34	9,44	9,53	9,63	9,73	9,83	9,93	10,03	190
200	10,13	10,23	10,34	10,44	10,54	10,65	10,75	10,85	10,96	11,06	200
210	11,17	11,28	11,38	11,49	11,60	11,71	11,82	11,93	12,04	12,15	210
220	12,26	12,37	12,48	12,60	12,71	12,82	12,94	13,05	13,17	13,28	220
230	13,40	13,52	13,63	13,75	13,87	13,99	14,11	14,23	14,34	14,47	230
240	14,59	14,71	14,83	14,96	15,08	15,20	15,33	15,45	15,58	15,71	240
250	15,83										

250   15,83   Zwischenwerte brauchen nicht eingeschaltet zu werden.

Sachverzeichnis